全国高等学校自动化专业系列教材

教育部高等学校自动化专业教学指导分委员会牵头规划

普通高等教育“十一五”国家级规划教材

Signals and Systems

信号与系统

清华大学　　王文渊　编著

Wang Wenyuan

清华大学　　阎平凡　主审

Yan Pingfan

清华大学出版社

北京

内 容 简 介

"信号与系统"是一门关键性的技术基础理论课，与大学本科前后课程的联系非常紧密，可起到承前启后的作用。国内外著名大学都非常重视这一课程，大多定为重点课程。

本书介绍确定性信号经线性时不变系统传输和处理的基本概念、基本理论和基本分析方法。主要包括连续时间和离散时间信号与系统的时域分析及变换域分析，还融入了"数字信号处理"课程核心理论的部分内容。

本书是普通高等教育"十一五"国家级规划教材，少而精的选材体现了作者多年的教学和科研经验。本书的主要特点是采用了并行-串行讲法，并坚持了学用结合的原则。选用本书的读者将在深刻理解、牢固掌握课程内容和相关的数学理论等方面达到事半功倍的效果。通过课程的学习，读者还可进一步提高分析问题和解决问题的能力。

本书可作为高等院校工科或理科信号与系统类型课程的教材，也可供科研和工程技术人员参考。

图书在版编目(CIP)数据

信号与系统/王文渊编著. —北京：清华大学出版社，2008.9 (2025.1重印)
(全国高等学校自动化专业系列教材)
ISBN 978-7-302-17491-2

Ⅰ. 信… Ⅱ. 王… Ⅲ. 信号系统—高等学校—教材 Ⅳ. TN911.6

中国版本图书馆 CIP 数据核字(2008)第 058897 号

责任编辑：王一玲　陈志辉
责任校对：时翠兰
责任印制：刘海龙

出版发行：清华大学出版社
　网　址：https://www.tup.com.cn，https://www.wqxuetang.com
　地　址：北京清华大学学研大厦 A 座　**邮　编**：100084
　社 总 机：010-83470000　**邮　购**：010-62786544
　投稿与读者服务：010-62776969，c-service@tup.tsinghua.edu.cn
　质量反馈：010-62772015，zhiliang@tup.tsinghua.edu.cn
印 装 者：北京建宏印刷有限公司
经　销：全国新华书店
开　本：175mm×245mm　**印　张**：35.75　**字　数**：756 千字
版　次：2008 年 9 月第 1 版　**印　次**：2025 年 1 月第 8 次印刷
定　价：109.00 元

产品编号：017432-02

出版说明

《全国高等学校自动化专业系列教材》

为适应我国对高等学校自动化专业人才培养的需要，配合各高校教学改革的进程，创建一套符合自动化专业培养目标和教学改革要求的新型自动化专业系列教材，“教育部高等学校自动化专业教学指导分委员会”（简称“教指委”）联合了“中国自动化学会教育工作委员会”、“中国电工技术学会高校工业自动化教育专业委员会”、“中国系统仿真学会教育工作委员会”和“中国机械工业教育协会电气工程及自动化学科委员会”四个委员会，以教学创新为指导思想，以教材带动教学改革为方针，设立专项资助基金，采用全国公开招标方式，组织编写出版了一套自动化专业系列教材——《全国高等学校自动化专业系列教材》。

本系列教材主要面向本科生，同时兼顾研究生；覆盖面包括专业基础课、专业核心课、专业选修课、实践环节课和专业综合训练课；重点突出自动化专业基础理论和前沿技术；以文字教材为主，适当包括多媒体教材；以主教材为主，适当包括习题集、实验指导书、教师参考书、多媒体课件、网络课程脚本等辅助教材；力求做到符合自动化专业培养目标、反映自动化专业教育改革方向、满足自动化专业教学需要；努力创造使之成为具有先进性、创新性、适用性和系统性的特色品牌教材。

本系列教材在“教指委”的领导下，从2004年起，通过招标机制，计划用3～4年时间出版50本左右教材，2006年开始陆续出版问世。为满足多层面、多类型的教学需求，同类教材可能出版多种版本。

本系列教材的主要读者群是自动化专业及相关专业的大学生和研究生，以及相关领域和部门的科学工作者和工程技术人员。我们希望本系列教材既能为在校大学生和研究生的学习提供内容先进、论述系统和适于教学的教材或参考书，也能为广大科学工作者和工程技术人员的知识更新与继续学习提供适合的参考资料。感谢使用本系列教材的广大教师、学生和科技工作者的热情支持，并欢迎提出批评和意见。

《全国高等学校自动化专业系列教材》编审委员会

2005年10月于北京

《全国高等学校自动化专业系列教材》编审委员会

序

FOREWORD

自动化学科有着光荣的历史和重要的地位，20世纪50年代我国政府就十分重视自动化学科的发展和自动化专业人才的培养。五十多年来，自动化科学技术在众多领域发挥了重大作用，如航空、航天等，“两弹一星”的伟大工程就包含了许多自动化科学技术的成果。自动化科学技术也改变了我国工业整体的面貌，不论是石油化工、电力、钢铁，还是轻工、建材、医药等领域都要用到自动化手段，在国防工业中自动化的作用更是巨大的。现在，世界上有很多非常活跃的领域都离不开自动化技术，比如机器人、月球车等。另外，自动化学科对一些交叉学科的发展同样起到了积极的促进作用，例如网络控制、量子控制、流媒体控制、生物信息学、系统生物学等学科就是在系统论、控制论、信息论的影响下得到不断的发展。在整个世界已经进入信息时代的背景下，中国要完成工业化的任务还很重，或者说我们正处在后工业化的阶段。因此，国家提出走新型工业化的道路和“信息化带动工业化，工业化促进信息化”的科学发展观，这对自动化科学技术的发展是一个前所未有的战略机遇。

机遇难得，人才更难得。要发展自动化学科，人才是基础、是关键。高等学校是人才培养的基地，或者说人才培养是高等学校的根本。作为高等学校的领导和教师始终要把人才培养放在第一位，具体对自动化系或自动化学院的领导和教师来说，要时刻想着为国家关键行业和战线培养和输送优秀的自动化技术人才。

影响人才培养的因素很多，涉及教学改革的方方面面，包括如何拓宽专业口径、优化教学计划、增强教学柔性、强化通识教育、提高知识起点、降低专业重心、加强基础知识、强调专业实践等，其中构建融会贯通、紧密配合、有机联系的课程体系，编写有利于促进学生个性发展、培养学生创新能力的教材尤为重要。清华大学吴澄院士领导的《全国高等学校自动化专业系列教材》编审委员会，根据自动化学科对自动化技术人才素质与能力的需求，充分吸取国外自动化教材的优势与特点，在全国范围内，以招标方式，组织编写了这套自动化专业系列教材，这对推动高等学校自动化专业发展与人才培养具有重要的意义。这套系列教材的建设有新思路、新机制，适应了高等学校教学改革与发展的新形势，立足创建精品教材，重视实践性环节在人才培养中的作用，采用了竞争机制，以激励和推动教材建设。在此，我谨向参与本系列教材规划、组织、编写的老师致以诚挚的感谢，并希望该系列教材在全国高等学校自动化专业人才培养中发挥应有的作用。

吴启迪教授

2005年10月于教育部

序

FOREWORD

《全国高等学校自动化专业系列教材》编审委员会在对国内外部分大学有关自动化专业的教材做深入调研的基础上，广泛听取了各方面的意见，以招标方式，组织编写了一套面向全国本科生（兼顾研究生）、体现自动化专业教材整体规划和课程体系、强调专业基础和理论联系实际的系列教材，自2006年起将陆续面世。全套系列教材共50多本，涵盖了自动化学科的主要知识领域，大部分教材都配置了包括电子教案、多媒体课件、习题辅导、课程实验指导书等立体化教材配件。此外，为强调落实“加强实践教育，培养创新人才”的教学改革思想，还特别规划了一组专业实验教程，包括《自动控制原理实验教程》、《运动控制实验教程》、《过程控制实验教程》、《检测技术实验教程》和《计算机控制系统实验教程》等。

自动化科学技术是一门应用性很强的学科，面对的是各种各样错综复杂的系统，控制对象可能是确定性的，也可能是随机性的；控制方法可能是常规控制，也可能需要优化控制。这样的学科专业人才应该具有什么样的知识结构，又应该如何通过专业教材来体现，这正是“系列教材编审委员会”规划系列教材时所面临的问题。为此，设立了《自动化专业课程体系结构研究》专项研究课题，成立了由清华大学萧德云教授负责，包括清华大学、上海交通大学、西安交通大学和东北大学等多所院校参与的联合研究小组，对自动化专业课程体系结构进行深入的研究，提出了按“控制理论与工程、控制系统与技术、系统理论与工程、信息处理与分析、计算机与网络、软件基础与工程、专业课程实验”等知识板块构建的课程体系结构。以此为基础，组织规划了一套涵盖几十门自动化专业基础课程和专业课程的系列教材。从基础理论到控制技术，从系统理论到工程实践，从计算机技术到信号处理，从设计分析到课程实验，涉及的知识单元多达数百个、知识点几千个，介入的学校50多所，参与的教授120多人，是一项庞大的系统工程。从编制招标要求、公布招标公告，到组织投标和评审，最后商定教材大纲，凝聚着全国百余名教授的心血，为的是编写出版一套具有一定规模、富有特色的、既考虑研究型大学又考虑应用型大学的自动化专业创新型系列教材。

然而，如何进一步构建完善的自动化专业教材体系结构？如何建设基础知识与最新知识有机融合的教材？如何充分利用现代技术，适应现代大学生的接受习惯，改变教材单一形态，建设数字化、电子化、网络化等多元形态、开放性的“广义教材”？等等，这些都还有待我们进行更深入的研究。

本套系列教材的出版，对更新自动化专业的知识体系、改善教学条件、创造个性化的教学环境，一定会起到积极的作用。但是由于受各方面条件所限，本套教材从整体结构到每本书的知识组成都可能存在许多不当甚至谬误之处，还望使用本套教材的广大教师、学生及各界人士不吝批评指正。

吴澄 院士

2005 年 10 月于清华大学

序

FOREWORD

信号与系统是一门重要的技术基础理论课,适用于大学本科的理工科专业。尽管国内、外已有一些很好的教材,但本着百花齐放的方针,出版能够反映国内外发展,适合于培养创新型人才的教材仍是当务之急。王文渊教授通过长期的科研、教学实践加上自己深入的钻研,编写了这本教材。我认为本书有以下几方面的特点:

(1) 作者在1981年第一次讲授本课程时就一改传统的把连续、离散信号与系统分别讲述的方法,提出并实施了并行-串行讲法,这是本课程的一大创新。由于计算机已经成为各种处理的主要工具,在实际计算中,连续与离散经常交织在一起,而二者的许多概念又是相通的。采用这一讲法既能深入掌握它们的区别和联系,又能节省时间,达到少而精的目的。

1984年在全国自动化学科的有关会议上,清华大学自动化系的教学主任吕林教授介绍了我系开设"信号与系统"课程的经验。特别是介绍了新的课程体系以及受到选课学生欢迎的情况之后,与会者的强烈反应促成了以大会名义发出的在全国自动化学科开设信号与系统课程的建议。

(2) 加强了物理概念与数学推导的联系。信号与系统课程中用到的数学工具很多,分析的对象是科学研究和实际工程中的问题。本书的特点是在许多数学推导及分析的过程中尽量说明相应的物理概念。这种做法既使学生更深入地掌握问题的实质,又能引起学习的兴趣,使学习的目的更为明确。

(3) 讲述过程注重启发式,鼓励学生在学习中进行创新性思考。我记得美国著名学者A. V. Oppenheim教授于1980年6月来华讲学时讲过一句话:"有些讲课只是让学生不断地点头(noding,noding,…),而我们的讲课是让学生不断地思考(thinking,thinking,…)"。这是非常精辟的见解,一本好的教材不能满足于学生跟着书本的思路搞懂所论的问题,还应引导他们养成发现问题和主动解决问题的习惯。本教材在讲解时不拘泥于已有方法的框框,在很多地方体现了这一点。如在适当的地方留一些思考题或直接给出结果后让学生自己推导的方法;从不同角度分析、思考同一个问题的方法;让学生自己进行方法的比较,找出不同方法的优缺点等。特别是在书上"开天窗"的方法更是在教科书上很少见到的。尽管还只是尝试,但或许是一个有益的思路。这些做法使学生不是被动地跟着书本走,而是通过自己的不断思考去加深对所学内容的理解,养成独立思考的习惯。我觉得这对培养、训练学生的创新思维是有益的。

(4) 论述深入浅出,易于自学。如前所述,信号与系统的数学推导多、理论性较强,其分析方法与已学过的高等数学、电路原理也不尽相同,学生自学时会有一定的困难。本书在讲解中既有抽象的数学模型和数学推导,又不乏对物理过程的叙述和分析,但都能做到深入浅出。以本书为例,以如此少的篇幅使讲解的内容既有深度又有广度,这在同类教材中还比较少见,作者对少而精的追求可见一斑。由于作者有长期的科研和教学经验,对学生容易产生的疑问比较清楚,不但做到了对一些关键内容的重点解释,用不同的方法进行类比,也做到了详略适当、合理安排,很适于读者自学。

正是以上特点,使得作者所授课程受到了学生的欢迎。在校、系两级进行的教学评估中多次名列前茅。2001 年秋季学期,在全校大学生、研究生 659 门课程,涉及 853 名教师的教学评估中获得了全校第二的好成绩。2003 年通过学校对毕业生的问卷调查,本课程和作者进入了 50 门学生心目中好课程和好教师的行列。

纵观全书内容,我认为本教材较好地反映了这一领域国内外的发展,很好地体现了先进性、创新性、适用性和少而精的要求,具有鲜明的特色,是一本值得大力推荐的优秀教材。

阎平凡

2007 年 5 月 22 日

于北京清华园

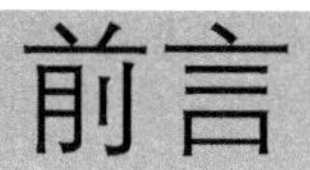

前言

PREFACE

本书是《全国高等学校自动化专业系列教材》的一员，系列教材提出了要“优化整体教学体系、拓宽专业面、面向研究型人才的培养”以及教材应具有“先进性、创新性、适用性”等要求。作者尽力去实现这些目标，自觉仍有差距。

本书可作为高等院校理工科“信号与系统”类型课程的教材，也可供科研和工程技术人员自学参考。

本教材的研究范围是确定性信号经线性、时不变系统传输与处理的基本概念和基本分析方法，囊括了时域到变换域以及连续到离散等非常丰富的内容。教材研究的重点是系统的输入、输出描述，应用的背景是控制工程、通信工程和信号处理。考虑到大学生的知识结构以及与其他课程分工、配合的需要，本书对传统的课程内容有所增删。

内容上的“少而精”以及着眼于学生分析、解决问题能力的提高是作者编写教材的理念。为此，全书贯穿了启发式、探索式分析，精心处理了某些理论与方法的比例、取舍和相互关系，使学生在有限的学时里掌握更多的知识，以适应教学、科研和其他领域对人才培养的需求。教材的体系建设和材料组织便于学生运用和巩固学过的知识，并实现了多层面的互相呼应，以提高学生的学习兴趣和学习效率。课程中使用的数学工具较多，通过阐述数学表达式的物理意义、引导学生学习并理解应用数学工具的方法，进一步提高学生对数学和基础理论重要性的认识，深化对课程内容的理解。教材注意了理论与实际的关系，使学生养成既能积极思考、长于分析、善于推导的本领和良好习惯，又能了解实际工作的需求，在掌握基础理论知识的同时加深对理论、概念和方法的理解。

为了全面掌握本门课程，本书精选、编写了一定数量的习题，并于书后给出了习题答案，供读者自学时参考。

使用本书的读者应该学过基本微积分学，并具备微分方程、复变函数的初步知识。为了加深对课程内容的理解，最好学过基本电路理论或相近的课程。除此之外，本书自成体系。也就是说，学习本门课程无需具备系统分析、卷积、傅里叶变换、拉普拉斯变换、Z 变换等方面的知识。作者希望在学习本门课程的过程中，基础和程度不同的学生都能达到温故知新和“各按步伐、共同前进”的目标。

为使读者更清晰、全面地了解本门课程，笔者在绪论中详细撰写了有关课程的重要性、本书在体系结构、教材内容和理论应用等几个方面的考虑，希望对读者有所帮助。

中科院学部委员（中科院院士）常迵教授和中国人工智能、神经网等学会理事、教研室主任阎平凡教授等曾多次建议笔者写出“信号与系统”教材，由于工作繁忙等多种原因一直未能动笔。最后，在系教学主任王雄教授的要求、支持下，在清华大学出版社王一玲编辑的督催、帮助下才得以完稿。

郑君里教授早我三年毕业，并共事10余年，我们就本门课程教学的多次交流使本人受益颇深。阎平凡教授仔细阅读了本书的全部手稿，并提出了许多宝贵的意见。

作者对以上各位表示衷心的感谢，并借此机会对所有关心本课程的师长、领导、同事和朋友们表示衷心的感谢。

20多年来，40多人次的老师和博士生担任了本门课程的辅导和作业的批改，先后有4000多学生听课。他们在课后提出的许多问题促进了笔者的思考，他们的留言和建议也给作者以极大的鼓舞和鞭策。在成书过程中，卓晴副教授，博士生杨琳赟、闾海荣、王路、温明、韩慧，硕士生王崇、何国勋、高楠、王磊、肖桓等曾与作者进行过多次讨论，提出了一些很好的想法，研究生们还认真绘制了本书的插图。作者对他们表示深深的谢意。

最后，作者要感谢我的兄长北京大学物理系王文采教授和我的夫人清华大学电子系王秀坛教授。我们之间的相互切磋常给作者以启发，后者还在工作、生活等方面给予了充分的理解和支持。

由于时间仓促，错误与不妥之处在所难免，敬请读者不吝赐教，以便再版时更正。

王文渊

2007年7月12日

于北京清华园

目录

CONTENTS

第 0 章 绪论 …… 1

0.1 课程的重要性 …… 1

0.2 本教材的特点 …… 2

0.3 信号与系统理论的应用举例 …… 6

0.3.1 语音信号处理 …… 6

0.3.2 石油勘探 …… 9

0.3.3 社会经济系统 …… 13

第 1 章 信号与系统 …… 15

1.1 连续时间信号 …… 16

1.1.1 信号的表征和分类 …… 16

1.1.2 基本连续时间信号 …… 19

1.1.3 连续时间奇异信号 …… 21

1.1.4 信号的分解 …… 28

1.2 离散时间信号——序列 …… 30

1.2.1 基本离散时间信号 …… 31

1.2.2 离散时间复指数信号的周期性质 …… 32

1.3 信号的基本运算 …… 35

1.3.1 对因变量进行的运算 …… 35

1.3.2 对自变量进行的变换 …… 37

1.4 系统 …… 42

1.4.1 基本概念 …… 42

1.4.2 系统的分类 …… 43

1.5 课程的研究内容 …… 44

1.6 小结 …… 45

习题 …… 45

第 2 章 线性时不变系统 …… 49

2.1 引言 …… 49

2.2 线性时不变系统的数学模型 …… 49

2.3 线性时不变系统的微分方程和差分方程 …… 51
2.4 微分方程和差分方程的求解 …… 52
2.4.1 齐次解 …… 52
2.4.2 特解 …… 54
2.4.3 初始条件的确定 …… 57
2.4.4 δ函数平衡法 …… 61
2.4.5 零输入响应和零状态响应 …… 63
2.5 用微分方程和差分方程描述的一阶系统的方框图表示 …… 70
2.6 系统的单位脉冲响应 …… 72
2.6.1 用$\delta[n]$表示任意序列 …… 72
2.6.2 用$\delta(t)$表示任意的连续时间信号 …… 73
2.6.3 系统的单位脉冲响应和阶跃响应 …… 74
2.7 卷积积分 …… 79
2.7.1 连续时间系统对任意输入的响应 …… 79
2.7.2 卷积运算的图解法 …… 81
2.8 卷积和 …… 84
2.9 卷积的性质 …… 86
2.9.1 卷积的运算规律 …… 87
2.9.2 卷积的主要性质 …… 89
2.10 线性时不变系统的特性 …… 93
2.11 小结 …… 105
习题 …… 106

第3章 信号的频谱分析 …… 112

3.1 周期信号的频谱分析——傅里叶级数(FS) …… 115
3.1.1 正交函数集 …… 115
3.1.2 三角函数形式的傅里叶级数 …… 115
3.1.3 指数形式的傅里叶级数 …… 119
3.1.4 傅里叶级数的收敛条件 …… 121
3.2 周期信号傅里叶级数示例 …… 123
3.2.1 奇谐函数的傅里叶级数 …… 124
3.2.2 周期矩形信号的傅里叶级数 …… 125
3.3 傅里叶变换(FT) …… 129
3.3.1 傅里叶变换 …… 129
3.3.2 傅里叶变换存在的充分条件 …… 133
3.4 典型非周期信号的傅里叶变换 …… 134
3.5 傅里叶变换的性质 …… 139

3.5.1 线性 …… 139
3.5.2 奇偶虚实性 …… 140
3.5.3 比例变换特性 …… 143
3.5.4 时移特性 …… 145
3.5.5 频移特性 …… 149
3.5.6 微分特性 …… 150
3.5.7 积分特性 …… 152
3.5.8 时域卷积特性 …… 156
3.5.9 频域卷积定理 …… 157
3.5.10 傅里叶变换的对偶性 …… 158
3.5.11 帕斯瓦尔定理 …… 160
3.6 周期信号的傅里叶变换 …… 162
3.6.1 正弦、余弦信号的傅里叶变换 …… 163
3.6.2 一般周期信号的傅里叶变换 …… 164
3.6.3 求取 F_n 的简便方法 …… 166
3.7 小结 …… 169
习题 …… 170

第4章 频谱分析技术的应用 …… 177

4.1 通信系统 …… 177
4.1.1 通信系统的模型 …… 177
4.1.2 信道 …… 178
4.2 幅度调制 …… 179
4.2.1 调制的分类 …… 179
4.2.2 正弦载波调幅 …… 182
4.2.3 复指数载波调制 …… 184
4.3 正弦调幅的解调 …… 185
4.3.1 同步解调(相干解调或相干检测) …… 185
4.3.2 非同步解调 …… 187
4.4 单边带(SSB)通信 …… 192
4.5 调制技术的应用举例 …… 193
4.6 连续时间信号的采样 …… 194
4.6.1 离散性与周期性的对应关系 …… 194
4.6.2 采样定理 …… 198
4.6.3 采样中的几个问题 …… 200
4.7 用采样样本值重建信号——采样内插公式 …… 202
4.8 零阶保持采样 …… 204

4.8.1 零阶保持 …… 204
4.8.2 采样恢复的实际重构 …… 206
4.9 频分复用与时分复用 …… 210
4.9.1 频分复用——FDM …… 210
4.9.2 时分复用——TDM …… 211
4.10 数据传输的有关概念 …… 215
4.10.1 数字通信的优点 …… 215
4.10.2 无失真传输 …… 217
4.11 数据传输机实现方案中的频谱分析 …… 218
4.11.1 技术实现的主要矛盾 …… 218
4.11.2 解决办法 …… 220
4.12 小结 …… 226
习题 …… 226

第5章 Z变换和拉普拉斯变换 …… 232

5.1 Z变换(ZT)的定义 …… 232
5.2 Z变换的收敛域 …… 233
5.2.1 级数收敛的充分条件 …… 233
5.2.2 Z变换的零点与极点 …… 234
5.2.3 序列形式与Z变换收敛域的关系 …… 235
5.3 Z反变换 …… 240
5.3.1 Z反变换公式 …… 240
5.3.2 长除法(幂级数展开法) …… 241
5.3.3 留数法 …… 243
5.3.4 部分分式法 …… 248
5.4 Z变换的基本性质 …… 254
5.4.1 线性 …… 254
5.4.2 序列移位 …… 255
5.4.3 序列的指数加权(z域比例变换) …… 257
5.4.4 时间反转特性 …… 259
5.4.5 时间扩展 …… 259
5.4.6 z域微分特性 …… 260
5.4.7 复序列的共轭 …… 262
5.4.8 初值定理 …… 262
5.4.9 终值定理 …… 263
5.4.10 时域卷积定理 …… 265
5.4.11 z域卷积定理 …… 266

5.4.12 差分和累加 …… 270

5.4.13 帕斯瓦尔定理 …… 271

5.5 有关拉普拉斯变换(LT)的几个问题 …… 273

5.5.1 拉普拉斯变换的引出 …… 273

5.5.2 0_-系统 …… 275

5.5.3 拉普拉斯变换的性质 …… 276

5.5.4 拉普拉斯变换的收敛域 …… 278

5.5.5 拉普拉斯变换中应注意的一些问题 …… 282

5.5.6 拉普拉斯变换与傅里叶变换的关系 …… 289

5.5.7 常用函数的拉普拉斯变换 …… 291

5.6 微分方程和差分方程的变换域解法 …… 291

5.6.1 用Z变换解差分方程 …… 291

5.6.2 用拉普拉斯变换解微分方程 …… 294

5.7 小结 …… 295

习题 …… 296

第6章 变换域分析 …… 303

6.1 拉普拉斯变换、傅里叶变换和Z变换 …… 303

6.1.1 s平面与z平面的映射关系 …… 303

6.1.2 变换域之间关系的进一步探讨 …… 307

6.2 传递函数和单位样值响应 …… 310

6.3 传递函数零、极点分布对系统特性的影响 …… 311

6.3.1 由传递函数$H(s)$的零、极点分布确定$h(t)$ …… 312

6.3.2 由传递函数$H(z)$的零、极点分布确定$h[n]$ …… 316

6.3.3 系统的稳定性 …… 318

6.4 系统的频率响应 …… 321

6.4.1 系统的频率响应 …… 322

6.4.2 系统频响的几何确定法 …… 323

6.5 零点分布对系统相位特性的影响 …… 333

6.5.1 零点分布与相频特性 …… 333

6.5.2 因果性最小相位系统 …… 335

6.5.3 连续系统的情况 …… 338

6.6 小结 …… 340

习题 …… 341

第7章 离散傅里叶变换(DFT)及其快速算法 …… 349

7.1 离散傅里叶级数(DFS) …… 349

7.2 离散傅里叶变换 …… 351
7.2.1 四种类型的信号及其傅里叶表示 …… 351
7.2.2 离散傅里叶变换的定义 …… 353
7.3 离散傅里叶变换的性质 …… 354
7.3.1 线性 …… 354
7.3.2 圆移位 …… 355
7.3.3 频域圆移位特性 …… 356
7.3.4 圆卷积特性 …… 357
7.3.5 频域圆卷积 …… 365
7.3.6 共轭对称性 …… 365
7.3.7 帕斯瓦尔定理 …… 367
7.4 用离散傅里叶变换计算线卷积 …… 368
7.5 频率采样理论 …… 371
7.5.1 离散傅里叶变换与Z变换的关系 …… 371
7.5.2 频域采样不失真条件 …… 372
7.5.3 $X(z)$的内插表达式 …… 373
7.5.4 对$X(z)$和$X(e^{j\omega})$进行时域、频域展开的小结 …… 375
7.6 离散傅里叶变换的快速算法——FFT …… 376
7.6.1 离散傅里叶变换在计算上存在的问题 …… 377
7.6.2 时域抽取快速傅里叶变换算法——Decimation in time(DIT) …… 378
7.6.3 时域抽取快速傅里叶变换算法的特性 …… 383
7.6.4 频域抽取快速傅里叶算法——Decimation in frequency(DIF) …… 384
7.6.5 DIT和DIF算法的比较 …… 387
7.7 利用离散傅里叶变换作谱分析 …… 388
7.8 小结 …… 391
习题 …… 392

第8章 数字滤波器 …… 397

8.1 理想低通滤波器 …… 397
8.1.1 定义 …… 397
8.1.2 矩形脉冲通过理想低通滤波器 …… 398
8.2 数字滤波器设计的基本概念 …… 402
8.2.1 数字低通滤波器的技术指标 …… 402
8.2.2 有限脉冲响应(FIR)与无限脉冲响应(IIR)数字滤波器 …… 403
8.2.3 无限脉冲响应数字滤波器的设计方法 …… 404

8.2.4 数字滤波器的设计步骤 …… 407
8.3 数字滤波器的结构 …… 407
8.3.1 IIR 数字滤波器的结构 …… 408
8.3.2 FIR 数字滤波器的结构 …… 413
8.4 常用模拟低通滤波器设计简介 …… 414
8.4.1 巴特沃斯滤波器 …… 414
8.4.2 切比雪夫滤波器 …… 421
8.5 无限长单位样值响应(IIR)数字滤波器的设计 …… 427
8.5.1 脉冲响应不变法 …… 427
8.5.2 双线性变换法 …… 433
8.6 IIR 数字滤波器的频率变换 …… 444
8.6.1 概述 …… 444
8.6.2 模拟域变换法 …… 445
8.6.3 模拟原型直接变换法 …… 447
8.6.4 数字域的频率变换法 …… 450
8.7 有限长单位样值响应(FIR)数字滤波器的设计 …… 454
8.7.1 线性相位 FIR 数字滤波器的特点 …… 454
8.7.2 FIR 数字滤波器的窗函数设计法 …… 460
8.8 小结 …… 469
习题 …… 470

附录A MATLAB 简介 …… 474

A.1 MATLAB 入门学习的要点 …… 474
A.2 MATLAB 语言初步 …… 476
A.2.1 变量和常量 …… 476
A.2.2 数组、向量和矩阵 …… 476
A.3 符号运算 …… 478
A.3.1 微分运算 …… 479
A.3.2 积分运算 …… 479
A.4 绘图函数 …… 479
A.4.1 基本绘图函数 …… 480
A.4.2 使用举例 …… 480
A.4.3 绘图技巧 …… 481
A.4.4 坐标轴的调整和标注 …… 482
A.4.5 其他绘图函数 …… 483
A.5 控制结构 …… 483
A.6 M 文件 …… 483

A.7 MATLAB的工具箱 …… 484

附录B 信号与系统中使用MATLAB的部分例子 …… 485

B.1 信号的产生和图形表示 …… 485
B.1.1 典型序列的产生 …… 485
B.1.2 信号的图形表示 …… 485
B.2 常用的多项式函数 …… 487
B.3 多项式的乘法、除法与卷积 …… 487
B.4 单位脉冲响应 …… 489
B.5 系统的零状态响应 …… 492
B.6 傅里叶变换和反变换 …… 494
B.7 部分分式展开 …… 495
B.8 拉普拉斯变换及反变换 …… 497
B.9 Z变换及Z反变换 …… 498
B.10 系统模型的转换 …… 499
B.11 零、极图的绘制 …… 499
B.12 系统的频率响应 …… 500
B.13 FFT …… 502

附录C 数字滤波器用到的MATLAB函数 …… 505

C.1 滤波器阶数的选择 …… 505
C.2 IIR模拟低通原型滤波器的设计 …… 505
C.3 模拟域的频率变换 …… 506
C.4 用模拟滤波器理论设计IIR数字滤波器 …… 506
C.5 直接设计数字和模拟低通滤波器的函数 …… 507
C.6 窗函数 …… 507
C.7 窗口法设计FIR数字滤波器 …… 507
C.8 零、极、增益模型向二阶节模型的转换 …… 508

附录D 传递函数零、极点分布与$h(t)$波形的对应关系 …… 509

D.1 传递函数的极点分布与$h(t)$波形的对应关系(一) …… 509
D.2 传递函数的极点分布与$h(t)$波形的对应关系(二) …… 510

附录E 序列傅里叶变换的性质 …… 511

习题答案 …… 512

索引 …… 532

参考书目 …… 543

第0章 绪　论

在全校大会上，蒋南翔校长多次引用过一位哲人的妙语“好的开始就意味着成功的一半”。

笔者认为，课程学习也跟任何事务一样，对该事物产生了强烈、浓厚的兴趣就是“最好的开始”。有了兴趣就能自觉地付出艰辛的劳动！对大学生来讲，这种兴趣主要来源于对课程重要性的认识。

不论是非曲直，姑且做个不甚恰当的比喻。例如一年一度的高考，学子们那种日夜苦读、精心准备的劲头令人感动。又如，曾有一段时间，一些学生备考 TOEFL、GRE 的劲头十足，从来不用别人督促。究其原因，自觉的动力来源于目标的明确。显然，如果做一件事情的时候能够拿出这种劲头来，事情就好办得多了。

在绪论里，我们就来尝试这种“好的开始”。

0.1 课程的重要性

在麻省理工学院（MIT）著名教授奥本海姆编著的 *Signals and Systems* 这本经典教材中，开宗名义地写下了如下的语句：

This book is designed as a text for an undergraduate course in signals and systems.

While such courses are frequently found in electrical engineering curricula, the concepts and techniques that form the core of the subject are of fundamental importance in all engineering disciplines. In fact the scope of potential and actual applications of the methods of signal and system analysis continues to expand as engineers are confronted with new challenges involving the synthesis or analysis of complex processes. For these reasons we feel that a course in signals and systems not only is an essential element in an engineering program but also can be one of the most rewarding, exciting, and useful courses that engineering students take during their undergraduate education.

以上引文给出了三个论断。那么，事实又是如何呢？

1. “作为该课程核心的一些基本概念和方法对于所有工程类专业来说都是很重要的”。

当前，国内外大学的电类专业（如电子工程系、自动化系、计算机系、电机系等），大多开设了这门课程。以清华大学为例，除电类专业外，在工程类专业如精仪系、水利系等也都开设了这门课程。本校应用数学系五个班级（每届一个班）的学生也曾随堂选修了作者讲授的这一课程。

2. “信号与系统分析方法潜在的和实际的应用范围都一直在扩大着”。

信号与系统以及数字信号处理已经应用到各种高科技领域，如雷达、声纳、通信、语音、图像、石油、医学、生物学、气象、天文、遥感等。此外，在各种社会经济系统也有广泛的应用，我们将在 0.3.3 节讨论。

3. 上述引文把本课程的重要性归结为三个“one of the most”，即“信号与系统是大学期间学生所修课程中最有得益、最引人入胜和最有用处的课程之一”。正因为如此，美国麻省理工学院的电气工程与计算机科学系曾把这门课程列定为该系的四门主干课程之一。

每个大学生在本科阶段都会学习几十门课程。应当说，能够同时达到这三个“most”的仅为少数。能否达到这三个“most”的效果，读者会在学习后得出自己的结论。但是，各种渠道的反馈信息已经给出了明确的答案。

此外，通过教学实践，讲授“信号与系统”课程的教师已经形成了下面的一些共识（以下转摘自 20 世纪 80 年代的一篇文章，遗憾的是其来源已无从考证）：

“信号与系统是一门关键性的技术基础理论课，其内容、体系比较完整，理论性较强。既有较为严格的数学基础，又有现代技术的实践背景，与前后课程的联系十分紧密。学生在一、二年级所学的大部分数学原理和电路分析原理几乎都能在本课程中得到运用和巩固，而本课程所有重要的概念和分析方法又能在大部分后续课程中得到应用和深化。因此，把本门课程的理论真正学到手，将能充分发挥承上启下的作用。很多院校把它定为重点课或核心课是很有道理的”。

学生的反馈信息已经证明，学过本课程的学生，大多记得并且非常欣赏上述两段引文的观点。

0.2 本教材的特点

现在，国内外同类教材的数目已经很多了。应该说作为一门基础性很强的课程，很多基本的内容都是一致的。在这本教材中，笔者最为关注的是在贯彻教材内容“少而精”的前提下，如何让读者高效地学到更多的知识，体会并领悟到学习的方法；使读者不仅知其然，而且知其所以然，以便进一步提高分析问题和解决问题的能力。本教材具有如下特点。

1. 并行-串行讲法

作者在1981年初首次讲授信号与系统课程时，参考文献所列的教材大多没有出版或在国内、校内未能见到。在深入研究能够获得的书籍和资料的基础上，作者提出并实践了“并行-串行”相结合的课程体系和讲授方法。什么是并行-串行讲法呢？

如果从1807年傅里叶在法兰西研究院提交他的研究成果算起，今年(2007年)恰好是傅里叶变换理论诞生200周年。历经了千锤百炼的傅里叶分析在理论和实践的发展过程中，相当部分的核心内容已经形成了逻辑性极强的理论框架和体系。作者认为，对于这些成熟的部分不宜另寻其他的结构和讲法。对于这些部分，我们顺理成章地采用了传统的讲法。对于教材中的Z变换也是这样，这就是所谓的串行讲法。

此外，所谓的“并行讲法”主要基于以下考虑：

“信号与系统”的传统教材是分别讲授“连续时间信号与系统”(continuous time signals and systems，CTSS，简称连续域)和“离散时间信号与系统”(discrete time signals and systems，DTSS，简称离散域)。在早期的研究中，连续域和离散域的来源和背景有所不同，故沿着各自的方向平行、独立地得到了发展和应用。随着技术的进步，这两个域的应用范围产生了重叠，而这一趋势正在并将日益强化，这就提醒人们要关注二者之间的联系。推动这一趋势的直接原因就是只有把连续时间信号(continuous time signal，CTS)转变为离散时间信号(discrete time signal，DTS)才能使用功能强大的数字计算机。在某些实践中，往往要把离散处理后的信号再返回到连续域。从这个角度观察，某些离散时间信号脱胎于连续时间信号，二者之间又要经常地互相转换。因此，揭示出二者的关系就显得更为重要。近20多年来，国内外一直进行着本课程改革的探索，出现了众多的版本。本教材尝试从统一的观点出发，通过对教材内容的精选、提炼、重组和引申，突出这两类信号、系统之间的共性和个性。

在考虑连续域和离散域的相互关系时，必须透彻理解以下三个关键问题：

(1) 采样定理和采样恢复。在把连续时间信号转变为离散时间信号时，须遵从著名的香农采样定理。把满足奈奎斯特频率的采样信号通过一个理想滤波器，又可以无失真地重建原来的连续时间信号。因而，以采样定理为中心的相关内容是维系连续域和离散域之间关系的“桥梁”。

(2) 离散性与周期性的对应关系。采样定理的另一个重要贡献是它揭示出“一个域的离散会导致另一个域的周期性”。这个结论是信号与系统的核心概念之一，由此出发可以解释并衍生出信号与系统中相当多的重要内容。

(3) s平面和z平面之间的映射关系。

上述三点揭示了连续域和离散域之间内在的、天然的联系，深刻理解这些概念将使课程中很多基本、重要的问题迎刃而解。

把注意点放在二者间的关系之后就会发现：不同域的变换如傅里叶变换、拉普拉斯变换和 Z 变换的性质和运算方法之间，尽管也存在不少的区别，但不同变换之间的相似点则更好地揭示了它们内在特性上天然的联系。

此外，本教材涉及到的常系数微分方程与常系数差分方程的解法、解的结构和特解的基本形式，卷积积分和卷积和的意义、求解步骤和性质，连续和离散两类系统的单位脉冲响应、传递函数以及系统特性等内容都表现出惊人的一致性。如果把原来分散在两类系统中的某些内容重新组合，对比地加以讲授，不但使相关的内容更具条理性，加深对两个域内在联系的认识，还可以从两类系统的共性出发，分享各自获得的概念、观点和结果。此外，强调了两类系统的差别又可以对每类系统的特殊性质有所认识。总之，通过教材的并行组织，可以使学生更易于理解课程的内容，更好地掌握事物的本质，因而记忆牢固，便于今后的应用。从讲授的角度看，这种讲法可以进一步挖掘出它们内在的规律性，从而达到举一反三、事半功倍和精简学时的目的。

例如，在比较完整地讲授了傅里叶变换的性质、双边 Z 变换的性质、收敛域和反变换求法等内容的基础上就会发现，拉普拉斯变换的相关内容都是类似的，通过"自悟"或者自学，读者完全能掌握这些内容。何况在引进拉普拉斯变换时，曾把它引申为广义的傅里叶变换，因此就不必花费更多的学时，只需指出应该注意的特点就能达到课程的要求。作者的教学实践已经证明了这个思路的合理性，它使学生达到了融会贯通的效果，在后续课程的学习中没有出现过不敷需要等方面的问题。在变换域分析一章我们进一步实践了这一思路。首先，我们推导出 s 平面和 z 平面之间的映射关系，并给出严格的数学公式。这样就使两个平面(或者连续域与离散域)处于同等的、平行的地位。因此，只要把连续或离散中任何一类系统的问题(如系统传递函数的零、极点特性等)研究透了，就可以把有关的概念、方法和结论直接引申到另一类系统。这种做法既培养了学生的自学能力，又加深了对相应内容的理解，还可以节省不少的学时。

尽管在教材中没有详细划分，但是上述的"并行"将体现在多个不同的层面，即信号与系统的并行、连续域和离散域的并行以及不同变换之间在某些内容上的并行。

总之，"并行-串行讲法"是根据事物的本质特征精心挑选内容，并以新课程体系的思路重新构建的结果。这个思路得到了中科院学部委员(相当于现在的院士)常迥教授的首肯和大力支持，也受到了选课同学的普遍欢迎。实践已经证明，这个讲法是一种可行的教学方案。

2. 关于课程内容的选择

由于数字计算机的迅猛发展，多数学科的研究重点都产生了向离散、数字方向转移的趋势。为顺应这一潮流，在执教本课程之初，作者就把曾执教过的"数字信号处理"中的部分内容和信号与系统的内容有机地结合起来，并构成了一个新的课程体系。这样做的目的有三：首先，刚开课时除作者所在的专业外，虽在全系安排了"信号与系统"课程，但很难挤出学时再为全系学生设置"数字信号处理"课程。考虑到这两门课程间的紧密联系等情况之后，我们作出了这种没有先例的安排。作者认为，这种选择可以让学生获得更加合理的知识结构。顺便说明的是，如果按著名学者拉宾纳(Rabiner)归纳的“数字信号处理”所含的内容而论，本书已经涵盖了该课程中相当部分的内容。其次，在系统理论的研究中，包括系统分析与系统综合两部分，而传统“信号与系统”课程偏重于系统的分析。本书包含的关于应用方面的题材和数字滤波器的章节均属系统综合的范畴，尽管讨论得不够详尽、深入，但能让学生得到不少的感性认识。第三，选入本教材的快速傅里叶变换(FFT)和数字滤波器主要是数字信号处理课程的内容。作者认为，它们都是传统信号与系统课程所建立概念和方法的自然发展，不要太多篇幅就可达到事半功倍的效果。举例来说，随着技术的发展，人们迫切需要离散傅里叶变换(DFT)的快速算法，但寻找了几十年竟毫无所得。值得注意的是，FFT 出现之后，一些快速算法如雨后春笋般涌现出来，如离散余弦变换、哈达马达变换、数论变换、Winoglad 变换等。可见 FFT 的思路对人类探索的启迪作用，因而人们把 FFT 誉为“开创了数字信号处理的新纪元”。这个算法有何神秘之处吗？其实，只要了解了离散傅里叶变换在运算上存在问题的症结，稍加引申就可以发展出 FFT，这是唾手可得的思路和成果，如果不列入教材或一笔带过就太可惜了。读者将会发现，数字滤波器中相当多的概念和方法不过是前几章内容的复习和自然引申。作者的一个理念就是，随着科学的发展和社会的进步，新的技术和方法层出不穷，学习这些理论固然重要，但是若仅停留在这个层面就会疲于奔命，事倍功半！一个科技工作者最需具备的乃是发现问题和解决问题的能力，我们选择课程题材时就是本着这种理念进行取舍。因此，尽管在信号与系统课程中大都讲解单边 Z 变换，而我们却选择了双边 Z 变换。这是因为收敛域问题在 Z 变换中具有非常突出的地位，研究双边 Z 变换有利于对收敛域以及 s 平面、z 平面间多重映射关系等问题的分析和理解，也可以更好地与数字信号处理课程的内容相衔接。

后续课程的学习以及信号与系统在工程设计、实现中的作用，要求学生对连续时间和离散时间系统的分析、综合都很熟悉。尽管计算机技术的发展导致了离散时间信号和系统的迅猛发展，但是连续时间信号与系统的分析、综合有明晰的物理概念和完整的理论体系，在培养、发展学生的创新思维方面有不可替代的作用。因此，二者在本教材中均占有非常重要的地位。

3. 课程内容中的应用题材

作为一门技术基础理论课程并不一定要引进应用的题材。但是当这种应用可以和课程的内容紧密结合，可以考查学生对课程掌握的深度或者可以考查读者归纳、总结和运用所学知识的能力时，适当地加入这类题材又何乐而不为?!

谈到应用的广泛性，最好通过例子加以说明。我们处理这一问题的方法是，在绪论里给出一些应用实例的概况。在课程进行到一定阶段时，再给出合适的例子，直接用课程中刚刚学习到的某些基本理论和方法加以解决。通过这样的内容安排，希望能不断地引导读者思考，进一步激发读者学习的兴趣，以便把本课程的内容真正学到手。

综上所述,本教材采用了新的课程体系,在内容上有所延伸,在难度上也有所增加。但是,由于上述特点,学生在学习时感觉得心应手,并对课程表现出极大的兴趣,而所用的学时却得到了较大的精简。

另外,本教材加入了少量 MATLAB 的内容。MATLAB 是在工程领域深受欢迎的一个数学软件包,它有非常多的优点。但是,MATLAB 毕竟只是个数学工具软件,它没有涉及物理概念。显然,工具的使用不能代替基本理论、基本概念和方法的学习,不能代替创造性思维的培养和运算能力的训练。尽管 MATLAB 很方便、实用,但一些新算法的添加跟不上迅速发展的需要,任何人要提出新的算法只能靠自己去编程,也就是说 MATLAB 在某些方面还不能满足我们的需要。过去曾有人认为,信号与系统教材中有大量的数学公式和运算,主要讲解几大变换,基本上属于数学门类。然而作者的教学实践证明,非电类学生要学好这门课程,最好先学习 1 门电子类的课程(如电路原理或电工技术等)。

有鉴于此,笔者建议:读者在本课程中使用 MATLAB 时最好限于复杂数学表达式的求解(例如用双线性变换法设计数字滤波器等场合)或运算结果的检验,并循这一途径增加对有关方法的理解。当然,在今后的研究、实践中使用这一工具则是另外的问题。

需要说明的是,在一些信号与系统的书籍中引入了有关"状态变量"的章节。鉴于相当多的国内外同类教材并没有把它列入课程内容以及课程分工等方面的考虑,本书没有讨论这一课题。有兴趣的读者可以参考有关的资料。

0.3 信号与系统理论的应用举例

这门课叫做"信号与系统"。我们将会学到"世界万物皆为系统",而我们每时每刻都在接触到信号。因此,课程的体系和内容具有天然的优势!我们将要学习的是这种"对象"的规律性。因此,出现"其潜在的和实际的应用范围一直在扩大着"这种令人欣喜的局面是极其自然的。下面举出几个实际应用的例子。

0.3.1 语音信号处理

1. 语音信号产生的数学模型

人类依靠语言交流思想,促进了科技的进步和社会的发展。人们离不开语言,每时每刻都以不同的方式使用着语言。从课程的角度看,说话发出的声音是信号,而包括气管、声带、口腔和鼻腔等在内的器官就是将要讨论的发声系统。

让计算机说话以便代替由人执行的某些功能是很久以来的愿望。为了实现这一点,语言处理专家们从语音信号的产生模型入手并进行了不懈的研究。

当声带振动时就会发出声音。除了这种有声的语音外,还有一种无声的语音,后者的发声无需声带的振动。例如气流通过牙齿时产生湍流,就会发出摩擦音(如/f/、/ʃ/、/h/等),而唇部突然张开就会产生爆破音(如/p/、/d/、/t/) 等。如何模仿人类的上述发音呢?研究发现,可以用一个准周期的三角波脉冲序列模仿声带的振动,用一个随机噪声发生器模仿无声音的激励或称为噪音的激励。这样,就可以用图 0.1 来模拟人的发声器官了。

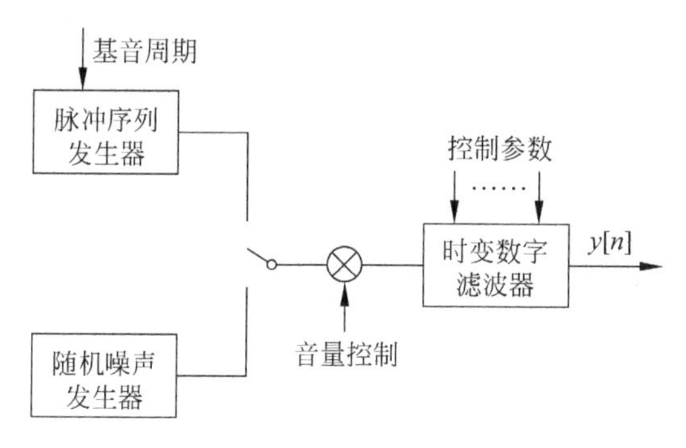

图 0.1 语音信号的产生模型

图 0.1 中的开关可以控制发音是有声音还是无声音,放大器可以调整音量,而时变数字滤波器可以模仿口腔和鼻腔的声道谐振作用。

需要说明的是,这个模型虽然简单但是很重要,对于语音信号处理领域的大多数研究和应用来说,这个模型已经能够满足基本的需要。

2. 一个实际应用的例子

这里举一个飞机订票的例子。一位航空公司(A)的签约顾客(B)拨通了电话,双方的对话如下:

A:这里是 ABC 航空公司的报导和购票服务。请按下您的账号。

(B 照作。)

A:早晨好! XYZ 先生,请说出您的确认短语,以便信用结账。

(B 照作。)

(A 核对正确后。)

A:谢谢,XYZ 先生,我同意您的记账。请问您飞往哪里?

B:华盛顿。

A:您打算从哪个机场飞到华盛顿?

B:纽约。

A:您打算哪天从纽约起飞?

(B 说出日期。)

A:您愿意什么时间起程?

B:上午九点。

A:请等一下,我将给出九点到十一点起飞的所有班次。

A：(查出后报告)请问您要订哪个航班?

B：123 次。

A：您要头等舱还是经济舱。

B：一张头等舱。

A：请等一下,看看是否有票?

A：我高兴地接受您的订票。您订的票是(报出上述的有关信息)。您的机票将在一小时内打印在您的传真机上,您的账单将在月底送到。您还需要其他服务吗?

B：不需要了。

A：感谢您的光临,再见。

这是一个非常普通的例子,大家已经司空见惯了。但是,这里不同寻常的是,上述的 A 是由计算机扮演的角色。这个例子选自 J. L. Flanagan 的文章[17]。

3. 讨论

下面着重考查航空订票例子所含的技术成就。可以发现

(1) 该例实现了用计算机说话,称为语音合成系统或者叫语音综合系统。

(2) 该例实现了语音识别系统。

所谓语音识别就是让机器听懂人类的口述语言。实际上这是个很困难的任务。由于人类的语言非常丰富,词汇量很大,因而识别的难度非常大。即使限定为普通话、小词汇量(例如几十到几百的词汇量),由于发音者的千差万别,要想达到较高的识别率也是很难的。从目前情况看,较高质量的实用系统还比较少见。

但是,对这类系统的需求是非常多的。例如:汽车驾驶员在行驶过程中希望用语音实现拨号,飞行员在驾驶飞机的过程中希望用语音发出必要的控制命令等。如能实现,带来的好处是显而易见的。另外,通过口述命令实现打字的“语音打字机”以及用语音代替计算机键盘的操作也是人们追求的目标之一。

(3) 实现了说话人识别系统。

说话人识别就是通过接收到的语音信号判断出说话人。它利用了从语音提取的特征,确认出说话者是否与留作参考的人相符等,这一技术主要用在公安和保安领域。

(4) 在通信技术上解决了数据的可靠传输等问题。

显然,上面的(2)、(3)承担了很大的风险,有些需要使用人员的积极配合。

本例给出了一系列系统的名称,如语音综合系统、语音识别系统、说话人识别系统和语音通信系统等。实际上,也可以认为它们共同组成了语音信号的传输和处理系统,整个系统实现了用语言进行交流的功能,而这一功能是人类天生具有的。从技术层面上看,该系统把人类的说话、思维等功能作了更为细致的划分,以便更好地达到实际的需求。从这个例子得到的知识是:可以从不同的角度划分系统,也可以由若干系统合成具有某种功能的系统。本例要传达的一个重要信息是,系统模型在系统的研究中占有非常重要的地位。

顺便说明的是，经济的发展和科技的进步对个人身份的识别提出了越来越高的要求，这就推动了“人体生物特征识别技术”的发展。该技术主要利用人体的生理特征和行为特征进行识别。可用的识别技术有指纹、声音、虹膜、掌形、人脸、签字以及步态等。以指纹识别为例，它把人体指纹（图像信号）的特征存为电子档案，通过识别系统鉴别出人的身份，还可利用通信系统进行远程识别（又是信号与系统）。由于人体指纹具有唯一性和终生不变的特征，故在反恐、刑侦、护照和过境、机要部门的门禁控制以及金融等领域获得了广泛的应用。

例如，作者研制的指纹识别系统[28,29]于 1996 年用于国内某银行的居民储蓄。使用该系统的用户只要在相应的设备上按一下手指就可进行相关的银行业务，而不必担心忘记密码以及银行卡丢失等问题。需要说明的是，使用该系统的 2000 多客户均为个体户，他们每天都要频繁地存取现金，而其手指的划伤、破损等现象也较为常见。就是在这种的使用环境下，该系统取得了运行四年无一差错的业绩。另外，本单位边肇祺、荣刚、张长水等教授研制的用于公安、刑侦的指纹识别系统是国内最早的实用系统之一，该系统已在很多省、市的公安局推广，并直接用于破案，取得了重大的社会效益。

0.3.2　石油勘探

1. 能源的重要性

能源对现代社会的发展日益重要，曾与信息、材料一起被列为现代社会发展的三大支柱。作者查阅了 2004 年到 2007 年的世界 500 强，其中世界著名的石油企业连续包揽了前四名中的三名。另外，中东战事不断也与它蕴藏的石油资源不无关系，而油价的涨落也会直接影响到各国经济的发展。因此，寻找石油资源的重要性是不言自明的。

2. 油气勘探

首先要指出的是，本节仅介绍了油气勘探的一般原理，并未涉及复杂地质情况下的岩性勘探等问题。实际上，到目前为止，人们对石油的生成只有一些模糊的认识，甚至仍然存在着争论。一般认为，在富有有机质的地方，在地下几千米的深度，在高温、高压、缺氧的条件下，经过亿万年才可以形成。在周围空隙度较大的环境下，生成的油气慢慢聚集到一定的“构造”里才具备了开采的条件。用地质的术语来说，这样的构造有断层、背斜等。

根据专业人员的知识和经验，可供开采的石油资源一定在上述的构造里面，但找到了构造并不一定有石油。在陆地上开采一口油井的费用可能高达几百万甚至上千万美元，在海上打井的费用会更高。如果钻井后找到了石油，财源就会滚滚而来。反之，钻井的费用就白白花费了。因此，石油勘探具有很大的冒险性和不可靠性。有人甚至认为，它是世界上最大的赌博。

3. 地震勘探的方法

石油深藏地下，看不见摸不到，怎么才能准确地找到呢？勘探石油的方法有很多种，如重力勘探、磁力勘探、地震勘探等。一般认为，地震勘探是更为有效的方法，这种勘探方法利用了声波的传播特性。从地震勘探的历史来看，著名地质学家和数字信号处理专家鲁宾逊(Robinson)在20世纪60年代提出的大地反射的"水平层状模型"极大地提高了石油勘探的成功率。实际上，这个模型很简单，它把地下性质不同的各个岩层看为平面。图0.2给出了利用这个模型进行地震勘探的示意图。

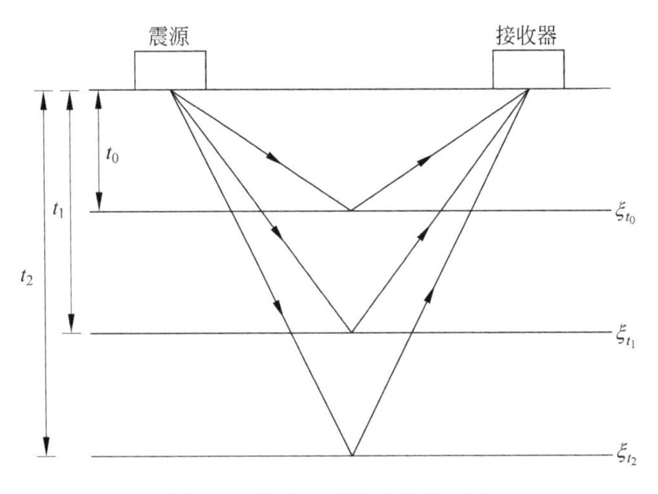

图0.2 石油地震勘探的示意图

该图左面的震源发出一个由爆炸产生的波，该声波对质点作一系列的压缩和解压缩，这一纵向振动从震源向外传播。振动传播的快慢即声波速度取决于传播物质的种类和物理状态。后者是指气态、液态或固态。根据经验，声波在不同传播物质中的传播速度约为

空气	海水	表土层	岩石
1000	4900	1500	1500～26000

上面采用的单位都是ft/s(英尺/秒)(1km=3280.89ft)。

当声波遇到速度不同的物质时，除了向前传播外，还会产生反射波，图0.2所示的接收器可以接收到这一反射。速度差异越大，反射波越强。岩石埋藏越深，岩石越致密，传播的速度也越高。

实际上，可以把地面震源发出的爆炸波看成是发射了一个窄脉冲，各个地层的反射也能用一个窄脉冲表示。图0.3(b)、(c)和(d)给出了不同层位分界面的反射脉冲。显然，收发脉冲的时间间隔反映了反射地层的深度，而反射波的极性和强度则取决于反射媒质的性质。由图0.2可见，每个接收器接收到的反射波$g(t)$都是各层反射波叠加的结果，即

$$g(t)=\sum_{k=0}^{n}\xi_{t_k}\delta(t-t_k) \tag{0.1}$$

式中，ξ_{t_k}，$k=0,1,\cdots,n$ 为相应反射层的反射系数，n 为反射层的数目。与此相关的波形示于图 0.3(e)。如果按一定的规则在一个矿区内预先铺设好接收器阵列，就可以根据反射信号分析出地下层位的状况。

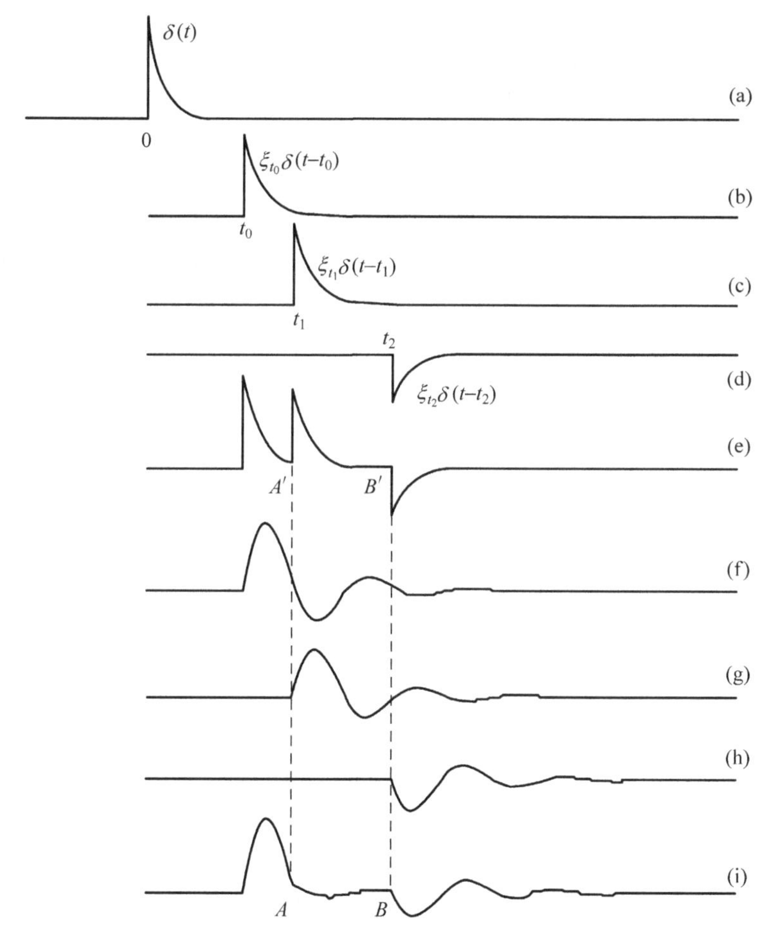

图 0.3　与石油地震勘探有关波形的示意图

(a) 发射脉冲；(b) 第一分层界面的纯反射脉冲；(c) 第二分层界面的纯反射脉冲；(d) 第三分层界面的纯反射脉冲；(e) 以上三个纯反射脉冲的叠加波形；(f) 第一分层界面的实际反射脉冲；(g) 第二分层界面的实际反射脉冲；(h) 第三分层界面的实际反射脉冲；(i) 以上三个实际反射脉冲波形的叠加

在地震勘探中遇到的一个问题是，当声波在地层中传播时，地层有吸收作用，使原始脉冲的高频成分相对减弱，而低频分量相对增强。因此，接收器收到的实际的反射波形是被拉长的波形 $b(t)$。我们把这种效应称为大地吸收系统，它所产生的影响如图 0.4 所示。

图 0.3(f)～(h)给出了吸收作用对每个反射波形的影响。由于接收器接收的波形是各个反射波的叠加，而拉长波形的叠加会导致某些反射层的消失，合成波形的

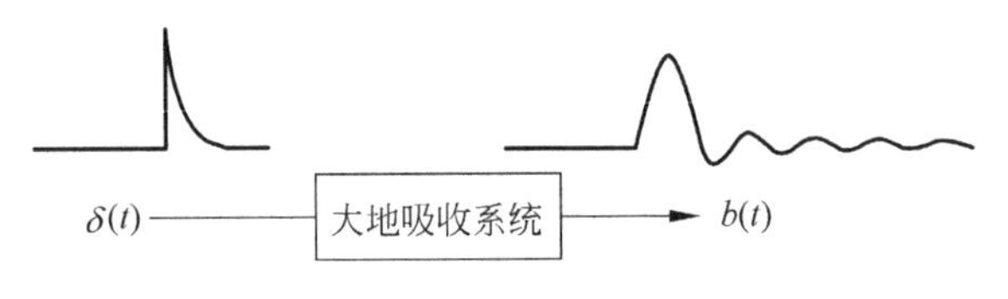

图 0.4 地层吸收作用的图示

峰值也不再能反映各个反射层的真实位置。从图 0.3(i)标示的 $A—A'$ 和 $B—B'$ 线可以清楚地看到这一点。实际发生的情况将比图 0.3 示意的情况复杂得多,因此给地下岩层的描述带来了很大的困难。为了解决这个问题,可以利用我们即将学习的"系统"的有关知识,即

(1) 把大地看成是一个系统,并称为大地系统。在地震勘探的应用中可以把地层对声波的作用进行简化,即把它看成是大地反射和大地吸收两个部分,分别用"大地反射子系统"和"大地吸收子系统"描述。根据信号和系统理论,这两个部分可以分开,并用它们的级联组合表示原来的大地系统。考虑大地的吸收作用后,实际的输出信号不再是式(0.1)表示的 $g(t)$,而是变为

$$y(t)=\sum_{k=0}^{n}\xi_{t_k}b(t-t_k) \tag{0.2}$$

其中的 $b(t)$ 就是图 0.4 中被拉长的波形。图 0.5(a)给出了这一简化的示意图。

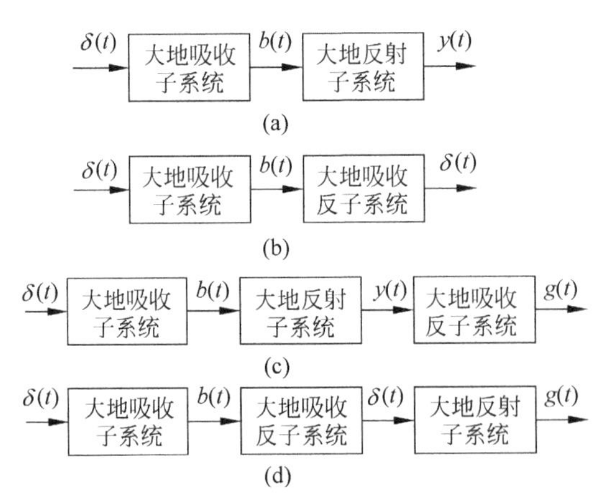

图 0.5 大地系统与大地吸收反子系统的级联组合

(2) 如上分解后,大地反射子系统的任务就是在各个分层处反射声波,不再考虑大地吸收的作用。因此,接收到反射信号的波形与原始脉冲相同,其幅度的变化仅依赖于界面的反射系数,而反射波的极性仍如前述。

(3) 大地吸收子系统只与地层的吸收作用有关,不再考虑大地反射的作用。也就是说,把声波输入大地吸收系统后,只有波形的拉长作用。

根据系统的上述特性,运用信号与系统的方法,可以解决大地吸收带来的问题。该方法是在大地吸收子系统的后面级联一个"大地吸收反系统"。该子系统的作用

是抵消掉大地吸收的作用，并使输入和输出的波形相同，这一情况示于图 0.5(b)。也就是说，把图 0.5(b)的两个子系统级联后，其输入和输出的波形一样。整个大地系统级联大地吸收反子系统后的系统框图如图 0.5(c)所示。

于是整个系统的输出又恢复到原来由式(0.1)表示的 $g(t)$。为了更好地理解这一过程，可做如下的分析：根据系统的理论，图 0.5(c)级联子系统的次序可以交换，并得到图 0.5(d) 的系统。这样一来，前两个子系统级联后的输出还是窄脉冲，并把它输入到级联的大地反射滤波器。由此可见，接收器输出的叠加波形 $g(t)$ 又回到了图 0.3(e)的情况。也就是说，叠加波形的峰值和极性重新反映了各个反射层的位置和有关的地质特性，这就为精确描绘地下岩层的结构提供了可能。

在石油地震勘探中，还需要考虑很多复杂的因素。首先，在声波传输过程中有很多干扰存在，除了规则干扰外还有很多随机的干扰；除了反射波之外还有绕射波、折射波以及地下复杂地质条件导致的乱反射等。地下的断层结构、岩石类别、生成年代等也非常复杂，需要用数字信号处理的方法作进一步的工作。在勘探中需要关注的问题有：提高信噪比以准确地识别有效波；提高地层的分辨率，以精确地划分层位；要尽可能多地求取速度谱、频谱、海底反射系数等有关的参数；要尽可能地给出地层的物理性质和地质的解释等。以前，由于考虑到地下情况的复杂性，所建立的描述地层的数学模型比较复杂。尽管如此，勘探的实际效果并不好。鲁宾逊提出的水平层位模型，抓住了主要矛盾，在石油的勘探方面收到了很好的效果。

0.3.3 社会经济系统

1. 什么是社会经济系统

与人类的社会活动或经济活动有关的系统都叫做社会经济系统。如

(1) 生态系统：与城市建设、海洋捕捞、环境污染、气候变化等因素都有关系。

(2) 食物：除与运输、销售、保管、保鲜(食物中毒)等环节有关外，还与农业的种植计划、种植品种、自然灾害、劳动力状况等有关。

(3) 环境、教育、人口、资源、能源、经济管理等系统都属于社会经济系统的范畴。

2. 社会经济系统与信息、系统科学的关系

社会经济系统的问题都是关系到人类生存和社会发展的重大问题。为了与大自然更为和谐地相处，也为了更加自觉地控制社会的发展，人们希望从自然科学中寻找行之有效的方法；另一方面，信息与系统科学在解决工程、非工程问题的过程中已日臻完善，对很多问题都取得了明显的成效，已经具备了解决更为复杂的某些社会经济问题的能力。

上述的需要和可能促成了二者的结合，也为信息与系统科学搭建了广阔的应用舞台。

3. 用信息系统技术解决社会经济系统问题时的几项主要工作

主要有数据采集、模型建立、系统分析和决策以及实施效果和存在问题的反馈等几个主要环节。由此可见，主要的工作与技术层面是完全一致的。然而，社会经济系统的分析和实验是比较困难的。可以想象的是很难对不同的实施方案进行比较，观察效果所需的时间也很长。但是，采用了数学模型等工具之后，就使这类系统的试验成为了可能，下面举例说明。

人口系统模型：把不同的人口控制率输入到人口系统模型，并观察它的反应。用这种方法可以对人口总量的递增和人口质量的复杂关系（如老、中、青人口的分布以及生产者和被供养人口的比例等）进行研究。

最优投资分析：用不同的投资作为数学模型的输入，考查它在不同投资总额、投资分配或逐年投资金额情况下的效果，即可考查该系统的生产率、产量、利润等。

市场预测：用市场预测模型研究某些社会经济系统在若干时期后的变化情况是社会经济系统中使用得非常普遍的方法。一般认为，在市场经济的竞争条件下，市场预测是决定企业经营成败的关键。

这类例子非常多，这里就不多举了。归结起来，上面的例子都是在建立系统模型的基础上，分析和研究各个社会经济系统对不同输入的反应，因而步入了信号与系统的研究范畴。

4. 信息系统科学在研究社会经济系统中的作用

对此，我们只能挂一漏万地举出以下几点：

(1) 可以对社会经济系统的某些关系作定量、半定量分析，并预测其变化趋势和发展规律。

(2) 对社会经济系统的构成方案作比较，探索其满足一定条件下的最优结构和参数。

(3) 对社会经济系统的某些政策作出评价。

(4) 为经济计划的制定提供数据。

(5) 帮助领导人决策，提供决策时所需要的数据和分析结果等。

由于时间和篇幅的限制，我们不可能把有关例证的来龙去脉都交代清楚，只是针对给出的几个例子做些简单的介绍。通过上述例子我们给出了“信号与系统”的一些感性知识，强调了系统模型的重要性并不加证明地引用了系统的某些特性。再次说明的是，这一介绍的目的是使读者了解本门课程应用的广泛性，并进一步提高学习这门课程的兴趣和自觉性。

第1章 信号与系统

我们每个人都很熟悉"信号"，每天都在接触各种各样的"信号"，只是还没有习惯这一称谓而已。在古代就有使用信号的例子，著名的"烽火戏诸侯"中，所谓的"烽火"就是用冲天而起的烟柱这一"信号"传递敌人入侵的"消息"。对于语言、文字、图像的传送也是如此。例如，电报是把要传送的电文(称为消息)编为电码，使它成为代表数字或文字的一系列电流或电压脉冲(称为电信号，简称信号)。这些信号传到接收端后，又译回为电文(消息)。电话把要传送的语言或音乐(消息)转换成与之对应的电流或电压(信号)，送到接收端后，再由耳机或扬声器还原为声音。

传真把固定的图像，如照片、图形、手稿等送出，而电视则把活动图像，如舞台演出、生产现场实况等送出(电视还送出伴音)。它们都是按一定规律将画面变换成相应的电信号，传到接收端后，再按一定规律转换为光，显现在感光纸(传真)或荧光屏(电视)上。

由上可见，信号是消息的表现形式，消息才是信号的具体内容。为了传送消息，需要用适当的设备把消息转换成信号。本教材只讨论电信号，它的基本形式是随时间变化的电流或电压。

通常可以把信号表示为时间的函数，该函数曲线叫做信号的波形。我们在讨论与信号有关的问题时，并不刻意区分信号和函数这两个词。

发送者把信号传到接收者有个传输过程，这不可避免地会混入噪声。在传输距离较远，信号微弱时，有用信号甚至会淹没在噪声之中，这就需要对接收到的信号进行处理，即滤除掉混杂在信号中的噪声或干扰。在另外一些应用中，可能要把信号变换成容易分析与识别的形式，以便估计和提取它的特征参数，并根据需要进行一系列的后续操作，这些就是所谓的"信号处理"。

近年来，由于高速电子计算机的运用，促成了信号处理技术的研究和发展，并运用于军事、气象、航天、测地、地球资源考察等许多科学技术领域，例如雷达信号处理、月球的探测、矿藏的勘探与识别以及农作物种类和长势的监测等。

显然，信号传输(即通信技术)与信号处理有着密切的联系。但是，由于它们的不同特点而形成了相对独立的学科，信号和系统则是它们共同的理论基础。

1.1 连续时间信号

1.1.1 信号的表征和分类

1. 信号的表征

表示信号的方法有如下几种。

(1) 函数式

$$f(t)=K\sin(\omega t+\theta) \tag{1.1}$$

(2) 图形表达

如前所述，信号是代表物理量的函数，信号中的信息都包括在某种变化的图形之中。例如，图1.1(a)给出了语音信号及其图形表示。由图1.1(b)和图1.1(c)可见，每个元音的波形都不一样，因而可用来表征信号。

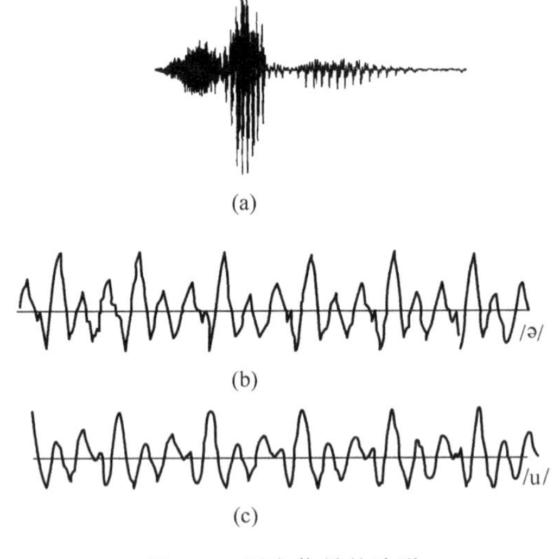

图1.1 语音信号的波形

(a) 一段语音信号的波形；(b) 元音/ə/的波形；(c) 元音/u/的波形（引自文献[32]）

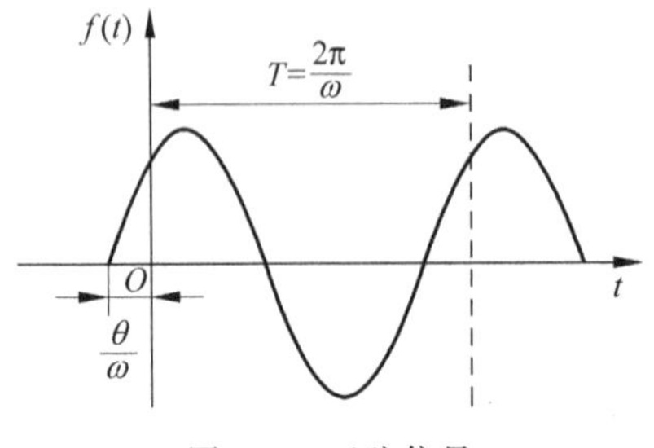

图1.2 正弦信号

此外，可以用图1.2的函数曲线表示式(1.1)的信号。

(3) 频谱分析或其他正交变换

以后会讲到，图1.3(a)表示余弦信号，图1.3(b)表示正弦信号。显然，这种表示方法非常简洁。

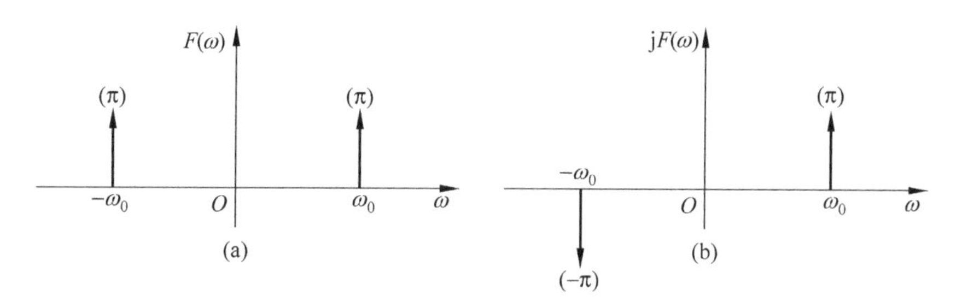

图 1.3 余弦和正弦信号的频谱表示

2. 信号的分类

可以从不同的角度把信号分类,我们仅介绍其中的几种。

(1) 确定性信号与随机信号

确定性信号:具有确定的函数形式,在任意时刻都有确定的函数值与之对应,如图 1.2 的正弦信号。

然而,实际传输的信号往往具有无法预知的不确定性,这种信号称为不确定性信号或随机信号。在观测随机物理现象的数据时可以遇到这种信号,但是我们无法用精确的数学关系式描述这种信号。对它进行观测时,每次的结果都不一样。也就是说,任何一次观测只能代表许多可能产生的结果之一。例如,把热噪声发生器的输出电压记录下来,虽然用相同结构、相同安装条件的热噪声发生器同时工作,但所得电压的时间历程记录等都不相同。也就是说,对于每个发生器来说,每次实验的结果都不相同,它们仅是无限多个可能的时间历程之一。对于这种信号,只能通过概率、统计和随机过程等数学手段进行描述和分析。

我们经常遇到的是随机信号,例如在进行通信时,接收者在收到所传送的消息之前,不可能完全知道信息源发出的消息,否则通信就没有意义了。此外,携带消息的信号在传输和处理的各个环节上会受到噪声的干扰,而这些干扰的具体情况总是不可能完全确知的,它们也具有随机的特征。

尽管如此,限于学时和课程分工等方面的原因,本课程主要研究确定性信号。应当注意的是,确定性信号与随机信号有密切的联系,前者是随机信号在理论上的抽象,是研究随机信号的重要基础。

(2) 连续时间信号和离散时间信号

在所讨论信号的持续时间内,任取一个时刻都有相应的函数值与之对应,独立变量可以连续取值,这种信号称为连续时间信号,并用连续时间变量 t 把该信号表示为 $x(t)$。

若仅在某些不连续的规定瞬时给出函数值,而在其他的时间没有定义,则称为离散时间信号或序列。对连续信号进行采样、离散记录或者用计算机执行某种迭代过程等,都会产生离散时间信号。在这里,离散时刻的间隔可以是均匀的,也可以是不均匀的,并分别称为均匀采样和不均匀采样。通常用离散时间变量 n 把离散时间

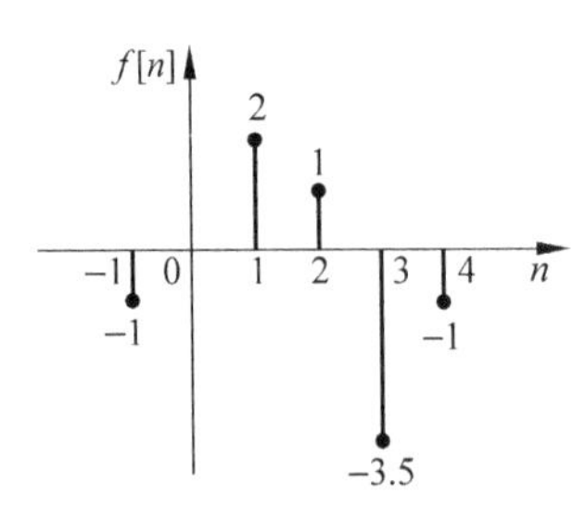

图 1.4 离散时间信号的图示

信号表示为 $x[n]$，这里的 n 表示顺序。另外，通常用方括号[·]表示离散时间信号，以区别于连续时间信号时的圆括号(·)。离散时间信号的波形如图 1.4 所示。

至于信号的幅值，可以是连续的，也可以是离散的。对连续时间信号来说，如果幅值也连续就称为模拟信号。在离散时间信号的情况下，当其幅值连续取值时称为抽样信号，而当幅值也为离散值时，则称为数字信号。

3. 周期信号与非周期信号

按一定的时间 T 周而复始、无始无终的信号叫做周期信号。其表达式可以写成

$$f(t)=f(t+nT),\quad n=0,\pm 1,\pm 2,\cdots \tag{1.2}$$

满足上式的最小 T 值叫做该信号的周期。不具有周期性的信号叫做非周期信号。显然，只要给出了周期信号在任意一个周期内的函数值或波形，就可以确知它在任一时刻的数值。

例 1.1 已知下列信号

$$\begin{aligned} x_1(t) &= 10\cos(2t) \\ x_2(t) &= \cos(2\pi t) \\ x_3(t) &= 10\cos(2t)+2\sin(3\pi t) \end{aligned} \tag{1.3}$$

试判断：(1)信号 $x_1(t)$ 和 $x_2(t)$ 的周期；(2) $x(t)=x_1(t)+x_2(t)$ 是周期信号吗？(3) $x_3(t)$ 是周期信号吗？

解 (1) 对于 $x_1(t)$，因为 $\omega=2$，所以周期 $T_1=\pi$。同样，$x_2(t)$ 的周期 $T_2=1$。

(2) 设周期信号 $x_1(t)$，$x_2(t)$ 的周期分别是 T_1，T_2。仅当 $\dfrac{T_1}{T_2}=\dfrac{m}{k}$ 为有理数时，$x(t)=x_1(t)+x_2(t)$ 才是周期函数。由上可知，本题的 $\dfrac{T_1}{T_2}=\pi$ 是无理数，所以 $x(t)$ 是非周期信号。

(3) 分析组成 $x_3(t)$ 的两个信号可知，它是非周期信号。 ■

4. 能量信号和功率信号

信号 $f(t)$ 的能量定义为信号电压或电流在 1Ω 电阻上消耗的能量，即

$$\begin{aligned} E &= \int_{-\infty}^{\infty} |f(t)|^2 \mathrm{d}t \\ &= \int_{-\infty}^{\infty} f(t)^2 \mathrm{d}t \end{aligned} \tag{1.4}$$

上面第二个式子是当 $f(t)$ 为实数时的情况。通常把能量为有限值的信号叫做能量有限信号并简称为能量信号。在实际应用中，非周期信号属于能量信号。

在周期、阶跃等信号的情况下，式(1.4)定义的能量 E 为无穷大。这时无法讨论

信号的能量,故转为对信号功率的研究。

信号平均功率的定义是信号电压或电流在1Ω电阻上消耗的功率,即

$$P=\lim_{T\to\infty}\left[\frac{1}{T}\int_{-\frac{T}{2}}^{\frac{T}{2}}|f(t)|^2\mathrm{d}t\right] \tag{1.5}$$

式(1.5)中,括号内的量是信号幅度的平方在一个周期的积分再除以周期长度。对它取$T\to\infty$时的极限就是信号的平均功率。当P为有限值时,叫做功率有限信号并简称为功率信号。信号功率的开方叫做信号的均方根值。

1.1.2 基本连续时间信号

基本连续时间信号是指经常使用的连续时间信号,因而要熟练掌握。

1. 指数信号

$$f(t)=K\mathrm{e}^{at},\quad a\text{为实数} \tag{1.6}$$

该信号如图1.5所示。由式(1.6)可知,当$a>0$时,信号随时间增长。其背景如原子弹爆炸、人口增长、通货膨胀等。反之,$a<0$时,信号随时间衰减。RC电路的衰减、放射性衰变、阻尼机械系统等都是这种信号的实例。当$a=0$时,信号不随时间而变化,指数信号转换为直流信号。

显然,指数信号对时间的微分或积分仍然是指数信号,这是它的一个重要特性。

2. 正弦信号

正弦信号和余弦信号只在相位上差π/2,常统称为正弦信号。

$$f(t)=K\sin(\omega t+\theta) \tag{1.7}$$

读者都很熟悉这个信号。这里仅给出衰减正弦信号的表达式

$$f(t)=\begin{cases}0, & t<0\\ K\mathrm{e}^{-at}\sin(\omega t), & t\geqslant 0\end{cases} \tag{1.8}$$

式中$a>0$。显然,正弦振荡的幅度依指数规律衰减,其波形如图1.6所示。

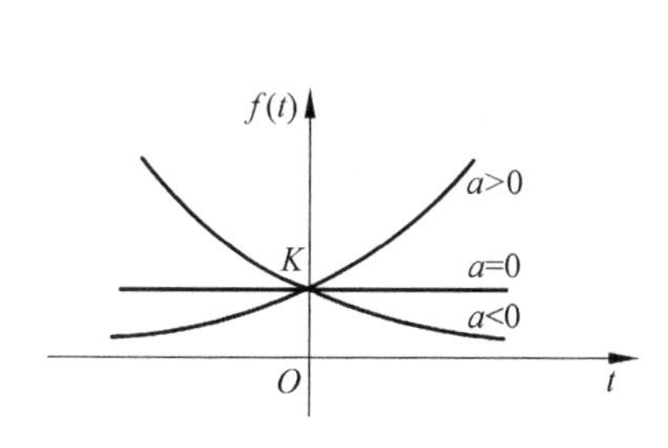

图1.5 指数信号

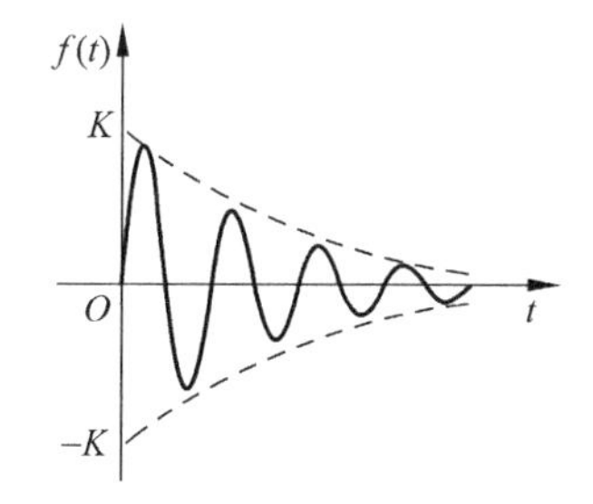

图1.6 指数衰减的正弦信号

在信号的分析与处理中,经常用复指数信号表示正弦、余弦信号

$$\sin(\omega t)=\frac{1}{2\mathrm{j}}(\mathrm{e}^{\mathrm{j}\omega t}-\mathrm{e}^{-\mathrm{j}\omega t}) \tag{1.9}$$

$$\cos(\omega t)=\frac{1}{2}(\mathrm{e}^{\mathrm{j}\omega t}+\mathrm{e}^{-\mathrm{j}\omega t})\tag{1.10}$$

上式引用了读者熟知的欧拉公式，即

$$\mathrm{e}^{\mathrm{j}\omega t}=\cos(\omega t)+\mathrm{j}\sin(\omega t)\tag{1.11}$$

$$\mathrm{e}^{-\mathrm{j}\omega t}=\cos(\omega t)-\mathrm{j}\sin(\omega t)\tag{1.12}$$

显然，正弦信号对时间的微分或积分仍然是同频率的正弦信号。正弦信号在本课程中经常使用，应熟练运用有关的公式。

3. 复指数信号

复指数信号的表达式为

$$f(t)=K\mathrm{e}^{st}\tag{1.13}$$

式中，s 为复数，其实部为 σ，虚部为 ω，即

$$s=\sigma+\mathrm{j}\omega\tag{1.14}$$

可以用欧拉公式将式(1.13)展开为

$$f(t)=K\mathrm{e}^{st}=K\mathrm{e}^{(\sigma+\mathrm{j}\omega)t}=K\mathrm{e}^{\sigma t}\cos(\omega t)+\mathrm{j}K\mathrm{e}^{\sigma t}\sin(\omega t)\tag{1.15}$$

由上式可见，复指数信号具有实部和虚部，这两个部分都可以是增长或衰减的余弦、正弦信号。其中，指数因子的实部 σ 表征了正弦、余弦信号振幅随时间变化的情况，而指数因子的虚部 ω 表示了正弦与余弦信号的角频率。

实际上不可能产生复指数信号，但是这一信号很适合理论分析的需要，并使相当多的运算和分析得到简化，因而是一个非常重要的基本信号。显然，可以用复指数信号描述多种基本信号。例如，当 $\sigma=0,\omega=0$ 时，$f(t)$就是一个直流信号。读者可以就 σ 大于零、小于零、等于零以及 ω 的不同情况自行分析和归纳。

4. 采样信号(抽样信号)

采样信号的定义为

$$\mathrm{Sa}(t)=\frac{\sin t}{t}\tag{1.16}$$

该函数的波形如图 1.7 所示。采样信号具有以下性质：

(1) 该信号为偶函数，在 t 轴的正、负两个方向均为衰减振荡。

(2) 当 $t=\pm\pi,\pm2\pi,\cdots$时，函数值等于零。

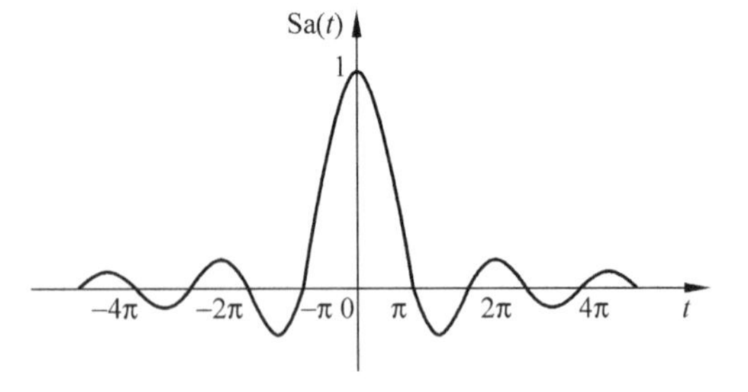

图 1.7　采样函数 Sa(t)

(3)

$$\int_0^{\infty}\mathrm{Sa}(t)\mathrm{d}t=\frac{\pi}{2}\tag{1.17}$$

$$\int_{-\infty}^{\infty}\mathrm{Sa}(t)\mathrm{d}t=\pi\tag{1.18}$$

1.1.3 连续时间奇异信号

如果信号本身、其导数或积分有不连续点(跳变点),则把该信号称为奇异信号。常用的奇异信号有以下几种。

1. 单位阶跃信号

单位阶跃信号 $u(t)$的定义是

$$u(t)=\begin{cases}0, & t<0\\1, & t>0\end{cases}\tag{1.19}$$

其波形示于图 1.8。应该注意的是,上式没有给出函数在 $t=0$ 时的定义。实际上,$t=0$为跳变点,对该点的函数值通常有两种处理方法,即不予定义或取 $u(0)=1/2$。后者表示从正、负两个方向趋于 $t=0$ 时,函数左、右极限的均值。本书采用第一种定义,即 $t=0$ 时 $u(t)$没有定义。

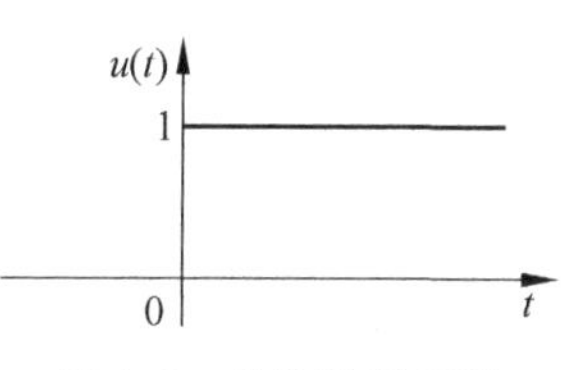

图 1.8　单位阶跃函数

在现实世界里阶跃信号 $u(t)$的实例有:在 $t=0$ 时刻,把幅度为 A 的恒定力加到一个对象上,并持续很长时间。其他的例子有,在 $t=0$ 时刻把幅度为 A 的电压加到负载电阻 R 上,在持续很长时间的情况下,电阻 R 两端的电压等。

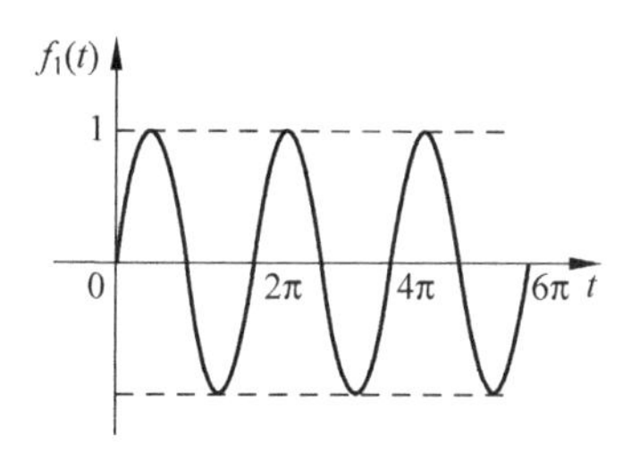

图 1.9　$\sin t\cdot u(t)$的波形

阶跃信号的用处很多。例如,可以把阶跃信号作为测试信号,通过系统对阶跃信号的响应检验系统对突然变化信号的快速响应能力。此外,还可以通过阶跃信号控制其他信号的输入时间或表示一个“接通”的过程等。例如,图 1.9 和图 1.10 的波形可以分别表示成:

$$f_1(t)=\sin t\cdot u(t)\tag{1.20}$$

$$f_2(t)=e^{-t}[u(t)-u(t-\tau)]\tag{1.21}$$

另外,本书会经常用到式(1.22)和图 1.11 所示的“符号函数”

$$\operatorname{sgn}(t)=\begin{cases}1, & t>0\\-1, & t<0\end{cases}\tag{1.22}$$

应当注意的是,符号函数也没有给出跳变点 $t=0$ 时的定义,有的文献把它定义为 $\operatorname{sgn}(0)=0$。应用阶跃信号可以把符号函数表示为

$$\operatorname{sgn}(t)=2u(t)-1\tag{1.23}$$

或

$$\operatorname{sgn}(t)=u(t)-u(-t)\tag{1.24}$$

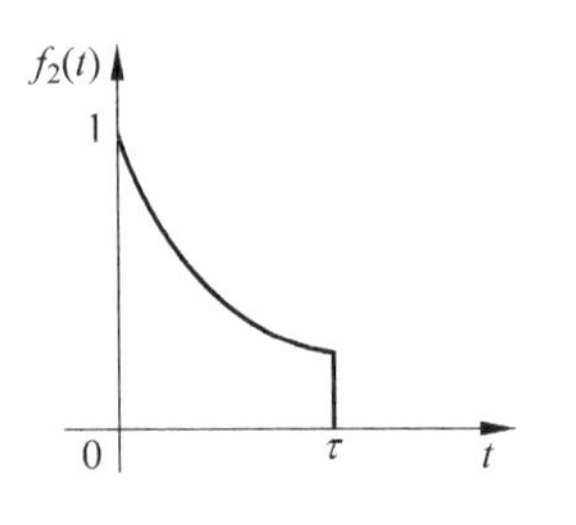

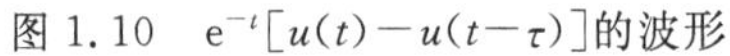
图 1.10 $e^{-t}[u(t)-u(t-\tau)]$的波形

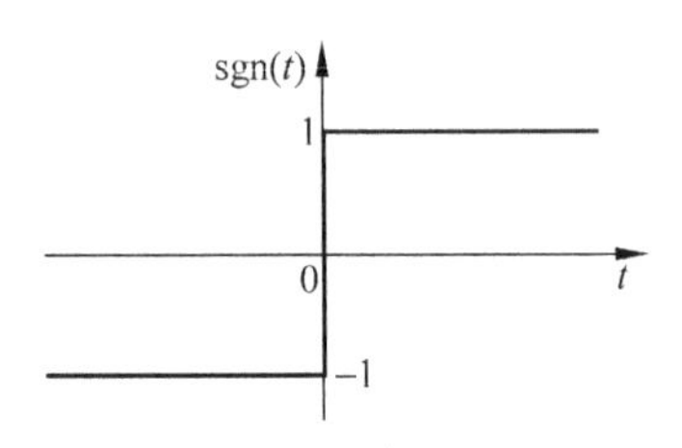

图 1.11 sgn(t)的信号波形

2. 单位脉冲信号

在生活、工作中常会遇到时间极短、取值很大的函数模型。例如,往墙上钉钉子时需要在极短的时间内给出一个较大的冲激力,井喷时突然产生的巨大油流,扣动步枪扳机射出子弹以及闪电、雷击等。由此可以归纳、引申出单位脉冲信号$\delta(t)$。在自动化领域常把$\delta(t)$称为单位脉冲信号,简称为脉冲信号或"δ函数"。在电子类书籍中常把它称为单位冲激信号,简称为冲激信号或"δ函数",有的资料中也把它称为"狄拉克函数"。这些名称在本教材中通用。

可以非常形象地从矩形脉冲演化出δ函数,一个附加的要求是该矩形脉冲要有单位面积。图 1.12 给出了宽度为τ,幅度为$1/\tau$的矩形脉冲,该脉冲是时间t的偶函数。通常把矩形脉冲下的面积定义为单位脉冲信号的强度。因此,当我们提到单位脉冲函数$\delta(t)$时,实际是指它的面积或者强度为 1。在保持矩形脉冲面积为 1 的前提下,若脉宽渐趋于零,脉冲幅度必然会趋于无穷大,从这一变化的极限过程可以得到δ函数的定义或者数学表达式,即

$$\delta(t)=\lim_{\tau\to 0}\frac{1}{\tau}\left[u\left(t+\frac{\tau}{2}\right)-u\left(t-\frac{\tau}{2}\right)\right] \tag{1.25}$$

通常用图 1.12(b)的箭头表示上式的δ函数。由上式可知,只是在$t=0$点$\delta(t)$有一个"冲激",其幅度为无穷大,但这个冲激的面积或者强度为 1。在$t=0$点以外的任何一点,该函数的数值都是零。此外,$a\delta(t)$是面积为a的冲激,并用箭头旁的a表示。可以把它看成是宽度为τ,幅度为a/τ的矩形脉冲在脉宽渐趋于零时的极限。

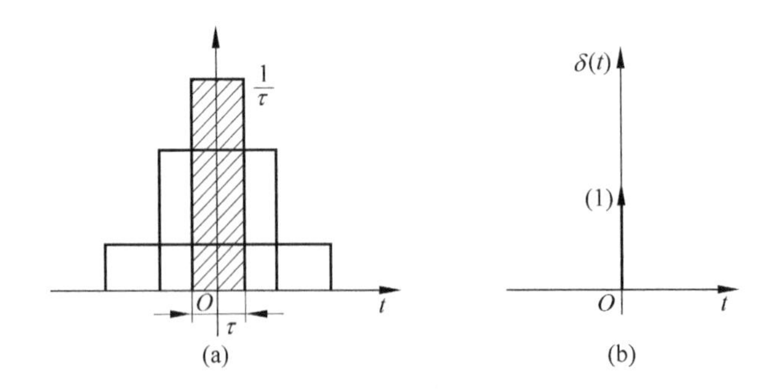

图 1.12 单位脉冲函数$\delta(t)$的图示说明

下面将会谈到，δ 函数只是一种理想化的结果，但鉴于它在科学领域特别是在理论分析方面的重要性，本课程将给予特殊的重视。

δ 函数具有以下性质。

(1)

$$\begin{cases} \int_{-\infty}^{\infty} \delta(t)\mathrm{d}t = 1 \\ \delta(t) = 0, \quad t \neq 0 \end{cases} \tag{1.26}$$

这是 δ 函数的另一种定义，它更为清楚、简洁地表达了 δ 函数的物理含义。显然，它与式(1.25)的定义式是完全一致的。

(2) δ 函数的筛选特性(抽样特性)

$$\begin{aligned} \int_{-\infty}^{\infty} \delta(t) f(t)\mathrm{d}t &= \int_{-\infty}^{\infty} \delta(t) f(0)\mathrm{d}t \\ &= f(0)\int_{-\infty}^{\infty} \delta(t)\mathrm{d}t = f(0) \end{aligned} \tag{1.27}$$

$$f(t)\delta(t) = f(0)\delta(t) \tag{1.28}$$

$$\int_{-\infty}^{\infty} \delta(t-t_0) f(t)\mathrm{d}t = f(t_0) \tag{1.29}$$

通过图 1.13 可以简单地证明式(1.28)的正确性。图中的 $\delta_\Delta(t)$ 是单位面积的窄脉冲。由于 $\delta(t)=\lim\limits_{\Delta\to 0}\delta_\Delta(t)$，故可把 $\delta(t)$ 看成为极限意义下的 $\delta_\Delta(t)$。由于 Δ 足够小，故在 Δ 范围内能把 $f(t)$ 看成为常数。因此

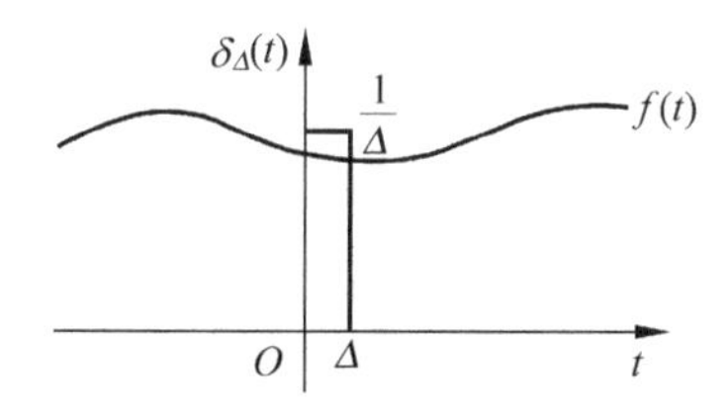

图 1.13　单位脉冲函数筛选特性的图示说明

$$f(t)\delta_\Delta(t) \cong f(0)\delta_\Delta(t)$$

当 $\Delta\to 0$ 时，由极限可得

$$f(t)\delta(t) = f(0)\delta(t)$$

由式(1.27)可见，把 $f(t)\delta(t)$ 在 $-\infty$ 到 $+\infty$ 的时间范围内积分，就能得到 $f(t)$ 在 $t=0$ 点的函数值 $f(0)$。这相当于“筛选”出了 $f(0)$，因此称为单位脉冲信号的筛选特性。同理可证，用式(1.29)能筛选出 $f(t)$ 在 $t=t_0$ 点的函数值 $f(t_0)$。

需要指出的是，在性质式(1.27)～式(1.29)中，单位脉冲函数 $\delta(t)$ 只是积分运算的一个因子。严格来说，只有被积函数的其他因子在 $\delta(t)$ 出现的时刻是连续的时间函数时，$\delta(t)$ 才具有数学上的意义。

(3) δ 函数是偶函数

$$\delta(t) = \delta(-t) \tag{1.30}$$

证明　由筛选特性可知

$$\int_{-\infty}^{\infty} \delta(t) f(t)\mathrm{d}t = f(0)$$

而

$$\int_{-\infty}^{\infty} \delta(-t) f(t)\mathrm{d}t = \int_{\infty}^{-\infty} \delta(\tau) f(-\tau)\mathrm{d}(-\tau)$$

$$= \int_{-\infty}^{\infty} \delta(\tau) f(0) \mathrm{d}\tau = f(0)$$

所以

$$\delta(t) = \delta(-t)$$ ■

（4）

$$\delta(t) = \lim_{\tau \to 0} Z_\tau(t) \tag{1.31}$$

其中

$$\int_{-\tau}^{\tau} Z_\tau(t) \mathrm{d}t = 1 \tag{1.32}$$

上式的 $Z_\tau(t)$可以是任意形状的函数，但必须是时间的偶函数。式(1.32)表示 $Z_\tau(t)$在 $-\tau$ 到 τ 的区间内具有单位面积。根据这一性质，我们定义 δ 函数时就有了更多的选择。也就是说，除了能从矩形脉冲引出 δ 函数外，还可在保持面积为 1 的前提下，用其他形状的信号引出。例如，可以用信号底宽是 2τ、高为 $1/\tau$ 的三角形脉冲（如图 1.14 所示）引出等。此时，由于它的面积等于 1，所以 $\tau \to 0$ 时的极限即为 δ 函数。显然，在保持面积为 1 的前提下，采用指数函数、钟形函数、抽样函数等也是可以的。

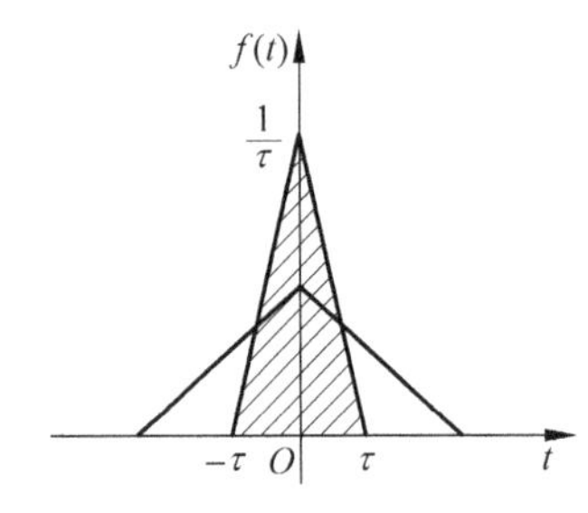

图 1.14 用三角形脉冲定义单位脉冲函数

总之，在把 $\delta(t)$定义成信号的逼近时会有多种选择，尽管这些信号的形状有很大差别，但在极限的意义下，恰好都是单位脉冲信号 $\delta(t)$。

（5）单位脉冲函数的积分为阶跃函数

$$u(t) = \int_{-\infty}^{t} \delta(\tau) \mathrm{d}\tau \tag{1.33}$$

证明 由性质(1)，连续时间单位脉冲信号 $\delta(\tau)$的面积集中在 $\tau=0$。由图 1.15 可见，当 $t<0$ 时，式(1.33)的积分为 0，而当 $t>0$ 时，该式的积分等于 1，用公式表示这一关系就是

$$\begin{cases} \int_{-\infty}^{t} \delta(\tau) \mathrm{d}\tau = 1, & t > 0 \\ \int_{-\infty}^{t} \delta(\tau) \mathrm{d}\tau = 0, & t < 0 \end{cases}$$

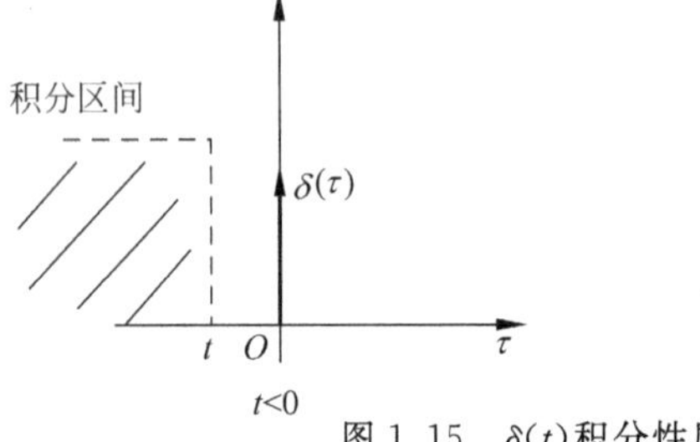

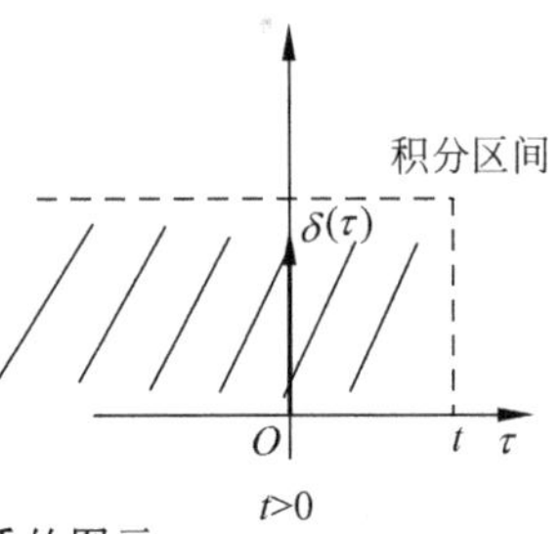

图 1.15 $\delta(t)$积分性质的图示

上式恰好是阶跃函数 $u(t)$ 的定义。所以

$$u(t)=\int_{-\infty}^{t}\delta(\tau)\mathrm{d}\tau$$ ■

由此可得到如下推论

$$\int_{0}^{\infty}\delta(t-\sigma)\mathrm{d}\sigma=u(t) \tag{1.34}$$

证明　由式(1.33)可知

$$u(t)=\int_{-\infty}^{t}\delta(\tau)\mathrm{d}\tau$$

令 $\tau=t-\sigma$，则

$$\int_{-\infty}^{t}\delta(\tau)\mathrm{d}\tau=\int_{\infty}^{0}\delta(t-\sigma)\mathrm{d}(-\sigma)=\int_{0}^{\infty}\delta(t-\sigma)\mathrm{d}\sigma$$

$$=u(t)$$ ■

请读者仿照上面的图形方法自行证明式(1.34)。

(6) 阶跃函数的微分为单位脉冲函数

由性质(5)，单位脉冲函数的积分等于阶跃函数。不言自明的是，阶跃函数的微分应该等于单位脉冲函数，其表达式为

$$\delta(t)=\frac{\mathrm{d}}{\mathrm{d}t}u(t) \tag{1.35}$$

同理可得

$$\delta(t\pm t_0)=\frac{\mathrm{d}}{\mathrm{d}t}u(t\pm t_0) \tag{1.36}$$

式(1.35)中，$u(t)$ 的跳变点在 $t=0$，而式(1.36)中 $u(t\pm t_0)$ 的跳变点在 $t=\mp t_0$。由此可直接得到结果。

(7)
$$\delta(at)=\frac{1}{|a|}\delta(t) \tag{1.37}$$

对任意的连续时间信号 $f(t)$ 来说，根据 $|a|>1$ 还是 $|a|<1$，$f(at)$ 的波形将是 $f(t)$ 或 $f(-t)$ 在时间轴上的压缩或扩展。有关这方面的问题将在1.3.2节讨论。

尽管式(1.37)中的 at 也是对 $\delta(t)$ 的自变量 t 进行了变换。但是，在单位脉冲信号的情况下将有所不同。由 $\delta(t)$ 的定义可知

$$\begin{cases}\int_{-\infty}^{\infty}\delta(t)\mathrm{d}t=1\\ \delta(t)=0,\quad t\neq 0\end{cases}$$

也就是说，上述压缩或扩展对 $\delta(t)$ 在时间轴的表达上没有反映。然而如前所述，$\delta(t)$ 的强度是个面积的概念，所以用 $\delta(at)$ 对 $\delta(t)$ 进行压扩时，其面积将发生变化，或者说 $\delta(t)$ 的强度会发生如下的变化

$$\delta(at)=\frac{1}{|a|}\delta(t)$$

(8) 关于单位脉冲偶(冲激偶)$\delta'(t)$ 的几个问题

① 概念和定义

线性时不变系统(LTIS)的数学模型是线性常系数微分方程。我们即将讨论，为

了检验LTIS的特性，在系统输入端加入的信号通常是$\delta(t)$或$u(t)$。因此，在求解微分方程时，就会出现单位脉冲信号$\delta(t)$及其一阶或高阶导数。通常把$\delta(t)$的一阶导数$\delta'(t)$叫做单位脉冲偶信号。其定义是

$$\delta'(t)=\frac{\mathrm{d}\delta(t)}{\mathrm{d}t} \tag{1.38}$$

$\delta'(t)$是单位脉冲信号$\delta(t)$的微分。回想引进δ函数时，曾把它看成是矩形脉冲$x(t)$的宽度趋近于零时的极限。其中，$x(t)$的宽度为τ，幅度为$1/\tau$，故具有单位面积。因此，$\delta'(t)$是该矩形脉冲的一阶导数在τ趋近于零时的极限。由此可见，$\delta'(t)$是一对正、负极性的单位脉冲函数，即上述的单位脉冲偶信号。下面进一步讨论这个问题。

把矩形脉冲分解成两个阶跃信号之差，即

$$x(t)=\frac{1}{\tau}\left[u\left(t+\frac{\tau}{2}\right)-u\left(t-\frac{\tau}{2}\right)\right]$$

由性质(6)，即式(1.36)可得

$$x'(t)=\frac{1}{\tau}\left[\delta\left(t+\frac{\tau}{2}\right)-\delta\left(t-\frac{\tau}{2}\right)\right]$$

如上所述，为了从$x'(t)$得到$\delta'(t)$，要求出τ趋近于零时的极限，即

$$\delta'(t)=\lim_{\tau\to 0}x'(t)=\lim_{\tau\to 0}\frac{1}{\tau}\left[\delta\left(t+\frac{\tau}{2}\right)-\delta\left(t-\frac{\tau}{2}\right)\right] \tag{1.39}$$

在$\tau\to 0$的极限情况下，上式两个δ函数相互靠近以至在原点重合。所以，$\delta'(t)$是一对正、负极性的δ函数，其中一个位于$t=0_-$，幅度为$+\infty$，而另一个位于$t=0_+$，幅度为$-\infty$。这里的0_-和0_+分别表示从负方向和正方向趋近于$t=0$时的情况。

② $\delta'(t)$的性质

$$\delta(t)=\int_{-\infty}^{t}\delta'(\tau)\mathrm{d}\tau \tag{1.40}$$

$$\int_{-\infty}^{\infty}\delta'(t)\mathrm{d}t=0 \tag{1.41}$$

这两个性质非常明显。例如，由于$\delta'(t)$中正、负两个单位脉冲的面积相互抵消，所以它包含的面积为零，式(1.41)得证。其他的性质是

$$\int_{-\infty}^{\infty}\delta'(t)f(t)\mathrm{d}t=-f'(0) \tag{1.42}$$

式中，$f'(0)$是$f'(t)$在零点的值，而$f'(t)$在0点连续。

证明

$$\int_{-\infty}^{\infty}\delta'(t)f(t)\mathrm{d}t=f(t)\delta(t)\Big|_{-\infty}^{\infty}-\int_{-\infty}^{\infty}\delta(t)f'(t)\mathrm{d}t=-f'(0)$$

同理可得

$$\int_{-\infty}^{\infty}\delta'(t-t_0)f(t)\mathrm{d}t=-f'(t_0) \tag{1.43}$$

式(1.43)表示的特性类似于单位脉冲信号的筛选特性。■

需要说明的是，如果对时间积分的被积函数中出现了冲激偶，则仅当冲激偶出现的时刻被积函数的其他因子对时间的导数连续时，$\delta'(t)$才具有数学意义，这与冲

激信号的情况是一样的。因此，式(1.43)中的 $f(t)$ 应该是时间的连续函数，而且在 $t=t_0$ 时的导数连续。式(1.42)有什么要求吗？

③ $\delta(t)$的高阶导数

由式(1.38)可知

$$\frac{\mathrm{d}^2}{\mathrm{d}t^2}\delta(t) = \frac{\mathrm{d}}{\mathrm{d}t}\delta'(t) = \lim_{\tau\to 0}\frac{1}{\tau}\left[\delta'\left(t+\frac{\tau}{2}\right)-\delta'\left(t-\frac{\tau}{2}\right)\right] \tag{1.44}$$

所以，$\delta(t)$的二阶导数是 $\delta'(t)$的一阶导数。同样，可以定义出 $\delta(t)$的 n 阶导数，并记为 $\delta^{(n)}(t)$。

下面进一步讨论 δ 函数的性质。

δ 函数是信号的理想化数学模型，这个模型的引入带来了很多方便，因而在很多学科、特别是在"信号与系统"中有很多应用。与此同时，我们对一些物理现象的理解也会得到进一步的深化。需要特别指出的是，δ 函数是个比较复杂的概念，但是从应用的角度来看，只要懂得该函数的性质并能正确地使用就可以了。因此，我们在叙述性质时，没有强调数学上的严谨性，只注重于运算的方便。教与学的经验已经证明，通过后续章节的使用，可以不断检验有关的概念，并加深对 δ 函数的理解。

不知读者是否发现，在上述的讨论中，我们对 δ 函数本身以及个别性质的证明是不够严格的，从数学的角度观察存在以下一些问题。

(1) 从 δ 函数的定义看，它是由极限的概念引出的。但是，当 $\tau\to 0$ 时，并不存在普通意义上的极限。具体来说，既然

$$\delta(t) = 0,\quad t \neq 0$$

那么，能够想象出 $t\neq 0$ 时处处为零的函数，在 $t=0$ 时刻的幅度会出现无穷大的情况吗？

(2) 从直觉来说，$t\neq 0$ 时处处为零的函数很难有单位面积！

(3) 在性质(6)即式(1.35)中曾经给出

$$\delta(t) = \frac{\mathrm{d}}{\mathrm{d}t}u(t)$$

为什么呢？我们解释说，在性质(5)即式(1.33)中已经证明了 $u(t)=\int_{-\infty}^{t}\delta(\tau)\mathrm{d}\tau$。因此性质(6)就顺理成章、无需证明了。但是，稍加考查就会发现，它在数学上是有问题的。因为，从 $u(t)$的定义可知

$$u(t) = \begin{cases}0, & t<0\\ 1, & t>0\end{cases}$$

也就是说，$u(t)$在 $t=0$ 点不连续。从理论上讲，不连续点不可导，那么何来 $\delta(t)$呢？因此，这个问题直接挑战于 $\delta(t)$的存在性。

前两个问题偏重于对 δ 函数的定义进行物理概念方面的考查。对这类问题的解释是，在零持续时间里产生一个无限幅度或单位面积的脉冲函数的确是不现实的。但是，实际的系统都有惯性存在，它们不可能对输入给出即时的响应，因此并不真正需要零持续时间的信号。一种折中的选择是：当脉冲信号的持续时间与系统的响应时间相比非常短时，就可以把它看成是单位脉冲函数，并直接应用 $\delta(t)$的性质。这也

验证了 δ 函数只是一种理想化的模型，而这种处理方法在理论和实践上已经得到了广泛的认同。

另外，对一些问题来说，只要稍微放松理论上的“严格性”，就不难看出问题的正确性。以上面提出的第三个问题为例，不连续函数确实不可导。但是，如果把 $u(t)$ 看成是图 1.16 所示连续函数 $u_{\Delta}(t)$ 的极限，即

$$u(t)=\lim_{\Delta\to 0}u_{\Delta}(t) \tag{1.45}$$

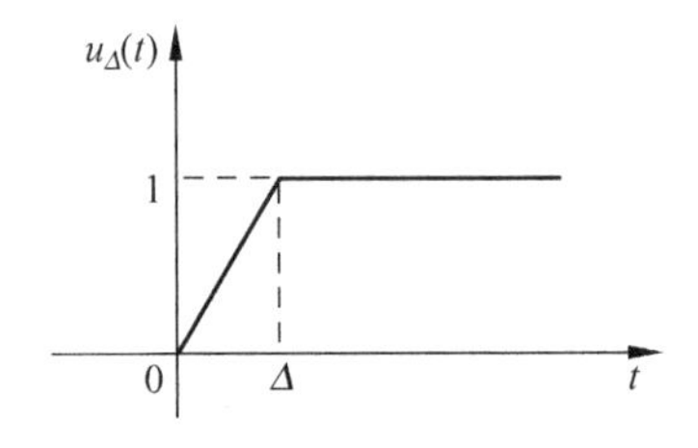

图 1.16　$u(t)$ 的连续近似，$u_{\Delta}(t)$

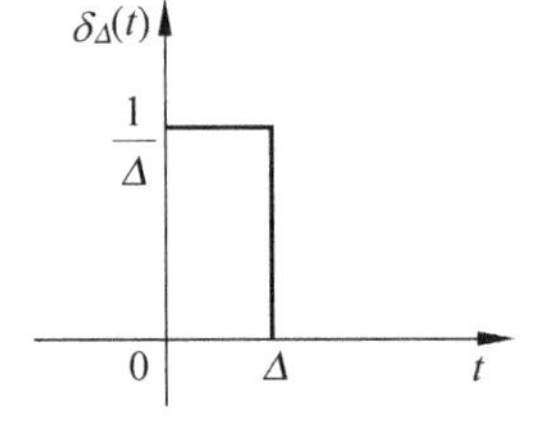

图 1.17　$u_{\Delta}(t)$ 的导数

那么，这个问题的解决就出现了转机。首先，由图 1.16 可见

$$\frac{\mathrm{d}u_{\Delta}(t)}{\mathrm{d}t}=\delta_{\Delta}(t)$$

与此同时，对于任意的 Δ 值，$\delta_{\Delta}(t)$ 都有单位面积，如图 1.17 所示，而且

$$\delta_{\Delta}(t)=\frac{1}{\Delta}\quad 0\leqslant t\leqslant\Delta$$

当 $\Delta\to 0$ 时，为了保持面积为 1，$\delta_{\Delta}(t)$ 必须随之加大，其极限为

$$\delta(t)=\lim_{\Delta\to 0}\delta_{\Delta}(t)=\lim_{\Delta\to 0}\frac{\mathrm{d}u_{\Delta}(t)}{\mathrm{d}t}=\frac{\mathrm{d}}{\mathrm{d}t}u(t) \tag{1.46}$$

这样我们就解决了上面的难题，并解除了对 $\delta(t)$ 性质(6)的疑惑。通过以上讨论可以看出，尽管我们对单位脉冲函数的讨论不大正规，但这种讨论的方法很适合于我们的需要，这种讨论的结果让我们对 $\delta(t)$ 有了一个重要的直觉。实际上，有关 δ 函数的问题，已经在广义函数(generalized function)和分配理论(theory of distribution)等数学课题中进行了深入的研究。由于篇幅的限制，这里就不再介绍了，有兴趣的读者可以参见文献资料[19]和[20]。

δ 函数及其性质是非常重要的，在后续章节中会陆续看到它所拥有的突出的优点。仍以上面提到的微分方程为例，当输入为系统中经常使用的阶跃信号 $u(t)$ 时，如果没引进 δ 函数，则函数在不连续点的导数是不存在的。δ 函数的引入，确认了跳变点导数的存在性，从而解决了这一异常重要而又非常棘手的问题。此外，在求解系统的脉冲响应等多种场合，δ 函数也将发挥非常重要的作用。

1.1.4　信号的分解

为了讨论问题的方便，在力学中常把一个力分解为几个分力。对此，读者已经非常熟悉。同样，为了便于信号的分析、处理和求解，也常把复杂信号表示为一些基

本信号的线性组合。一般来说，可以从不同的角度对信号进行分解，因而出现了多种分解形式。本节仅给出部分例子。

1. 直流分量与交流分量

在电工学中，读者非常熟悉信号 $f(t)$ 的直流分量 f_D 和交流分量 $f_A(t)$，即

$$f(t) = f_D + f_A(t) \tag{1.47}$$

上式的分解示于图1.18。式(1.47)中的直流分量是信号的平均值，而从信号中去除直流分量就可以得到交流分量。

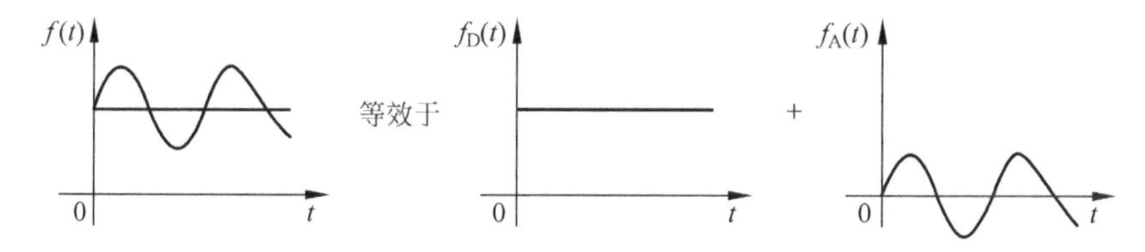

图1.18 信号的直流分量与交流分量

读者在预修课程中已经熟知，把上述分解用于电子线路中直流通路和交流通路的分析，将极大地简化电路的分析过程。

2. 偶分量与奇分量

信号偶分量 $f_e(t)$ 和奇分量 $f_o(t)$ 的定义是

$$f_e(t) = f_e(-t) \tag{1.48}$$

$$f_o(t) = -f_o(-t) \tag{1.49}$$

请读者自己证明，任意信号 $f(t)$ 的偶分量和奇分量可以表示为

$$\begin{cases} f_e(t) = \dfrac{1}{2}[f(t) + f(-t)] \\ f_o(t) = \dfrac{1}{2}[f(t) - f(-t)] \end{cases} \tag{1.50}$$

由此得到结论：任何信号都可以分解成偶分量和奇分量之和，即

$$\begin{aligned} f(t) &= f_e(t) + f_o(t) \\ &= \frac{1}{2}[f(t) + f(-t)] + \frac{1}{2}[f(t) - f(-t)] \end{aligned} \tag{1.51}$$

实际上，式(1.50)已经给出了偶分量和奇分量的分解方法。

例1.2 已知图1.19所示的信号 $f(t)$，画出它的偶分量和奇分量。

解 式(1.50)已经给出

$$\begin{cases} f_e(t) = \dfrac{1}{2}[f(t) + f(-t)] \\ f_o(t) = \dfrac{1}{2}[f(t) - f(-t)] \end{cases}$$

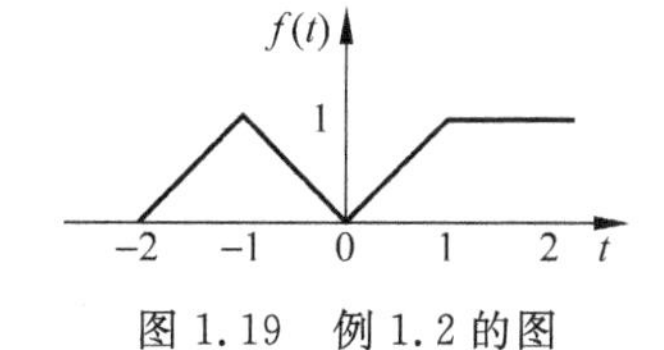

图1.19 例1.2的图

由上式可见，只要求出了 $f(-t)$，就可以得到图 1.20 所示的偶分量 $f_e(t)$ 和奇分量 $f_o(t)$。■

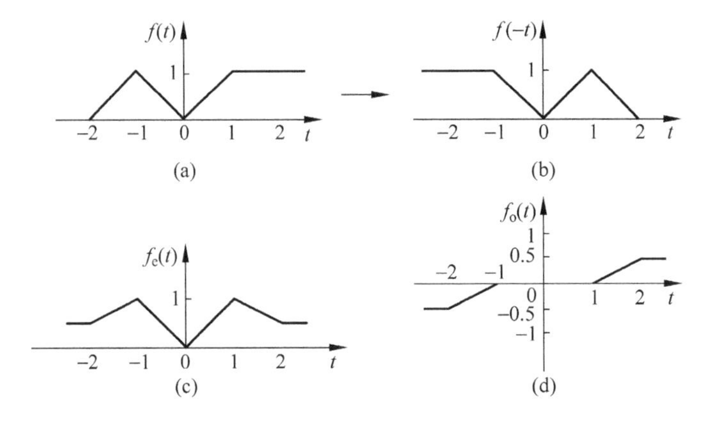

图 1.20　图 1.19 信号的偶分量和奇分量

(a) 信号 $f(t)$；(b) 反折信号 $f(-t)$；(c) 偶分量 $f_e(t)$；(d) 奇分量 $f_o(t)$

3. 复信号的分解

复信号 $f(t)$ 可以分解为实部分量 $f_r(t)$ 和虚部分量 $f_i(t)$，即

$$f(t)=f_r(t)+\mathrm{j}f_i(t) \tag{1.52}$$

显然

$$f_r(t)=\frac{1}{2}[f(t)+f^*(t)]$$

$$\mathrm{j}f_i(t)=\frac{1}{2}[f(t)-f^*(t)]$$

$$|f(t)|^2=f(t)f^*(t)=f_r^2(t)+f_i^2(t)$$

其中，$f^*(t)$ 为 $f(t)$ 的共轭复函数。

现实中存在的都是实信号，但是在信号分析中经常通过复信号研究实信号的某些问题。这一做法可以简化运算并建立起一些有益的概念。

本节的信号分解在即将讨论的离散时间信号的情况下也完全适用，请读者学习后再自行小结有关的内容。

1.2　离散时间信号——序列

如前所述，离散时间信号只在某些离散的瞬时给出函数值。因此，它是时间上不连续的信号或称为“序列”。通常把离散时间的间隔 T 取为均匀间隔，并用 $x(nT)$ 表示。其中的 n 取整数，即 $n=0,\pm1,\pm2,\cdots$。

实际上，尽管不全是，但也经常用采样的方法从 $x(t)$ 得到离散时间信号 $x(nT)$。因此，序列中第 n 个数或序号为 n 的序列值 $x(nT)$ 就等于 $x(t)$ 在 nT 时刻的函数值，并把它称为序列第 n 个样本的样值。与此同时，常把间隔 T 称为采样周期，而把 T

的倒数称为采样频率。

显然，T 是一个重要的参数，但在实际讨论或者应用时大都会在时间坐标上对 $x(nT)$ 进行归一化，进而把它表示为 $x[n]$。因此在一般情况下

$$x[n] = x(nT), \quad -\infty < n < \infty$$

式中的 n 仅表示函数值在序列中出现的序号。因而在 $x[n]$ 中不再包含间隔 T 的信息，在需要这一参数时，将另外注明。

因此，$x[n]$ 既能表示整个序列，也可以表示序号为 n 的序列值。在具体表示时，既能把 $x[n]$ 写成闭式表达式，也可以逐个列出 $x[n]$ 的数值。

1.2.1 基本离散时间信号

1. 单位阶跃序列

$$u[n] = \begin{cases} 1, & n \geqslant 0 \\ 0, & n < 0 \end{cases} \tag{1.53}$$

其波形如图 1.21 所示。由定义可见，在 $n=0$ 点，$u[n]$ 的数值为 $u[0]=1$。

2. 单位脉冲序列(单位样值序列)

$$\delta[n] = \begin{cases} 1, & n = 0 \\ 0, & n \neq 0 \end{cases} \tag{1.54}$$

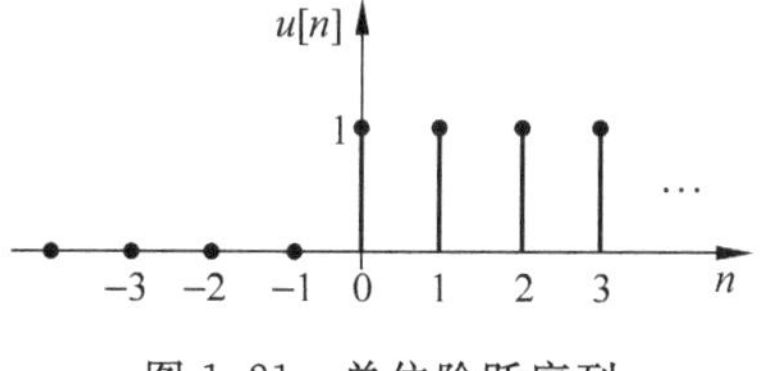

图 1.21 单位阶跃序列

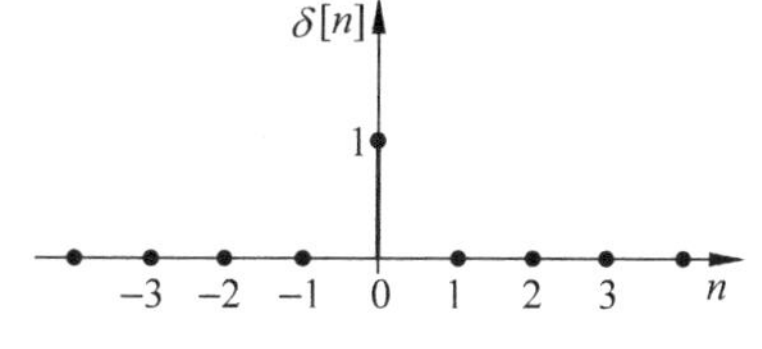

图 1.22 单位脉冲序列

可见，在 $n=0$ 点 $\delta[n]$ 取有限值 $\delta[n]=1$，其波形如图 1.22 所示。即将看到的是，可以用单位脉冲序列构造出所有的数字信号。

就所起的作用而言，$u[n]$、$\delta[n]$ 与连续时间信号 $u(t)$ 和 $\delta(t)$ 相类似，因而形成了两组对照物。然而，它们在 $t=0$ 或 $n=0$ 点的定义有明显的区别。请读者通过对比明确各自的特点，并加以记忆。

类似连续时间的对照物可以推知，$u[n]$ 和 $\delta[n]$ 之间有如下关系

$$\delta[n] = u[n] - u[n-1] \tag{1.55}$$

$$u[n] = \sum_{m=0}^{\infty} \delta[n-m] \tag{1.56}$$

$$u[n] = \sum_{m=-\infty}^{n} \delta[m] \tag{1.57}$$

$$x[n]\delta[n] = x[0]\delta[n] \tag{1.58}$$

下面仅给出式(1.57)的简单证明,其他性质请读者自行证明。

由图1.23可见,当求和区间的 $n<0$ 时,求和的结果为零。右图表示 $n>0$ 时的情况,由于求和区间内总包含 $\delta[n]$,故求和结果总是1。综合这两种求和的情况可知,式(1.57)是正确的。

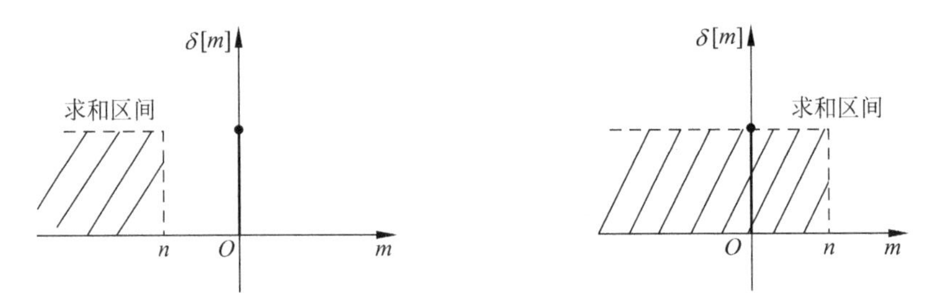

图1.23 式(1.57)关系的图解说明

3. 指数序列

$$x[n]=\alpha^n u[n] \tag{1.59}$$

显然,$|\alpha|<1$ 时序列收敛,$|\alpha|>1$ 时序列发散。又 $\alpha>0$ 时序列取正值,而 $\alpha<0$ 时序列值在正、负之间摆动。这些情况分别示于图1.24的(a)~(d)。

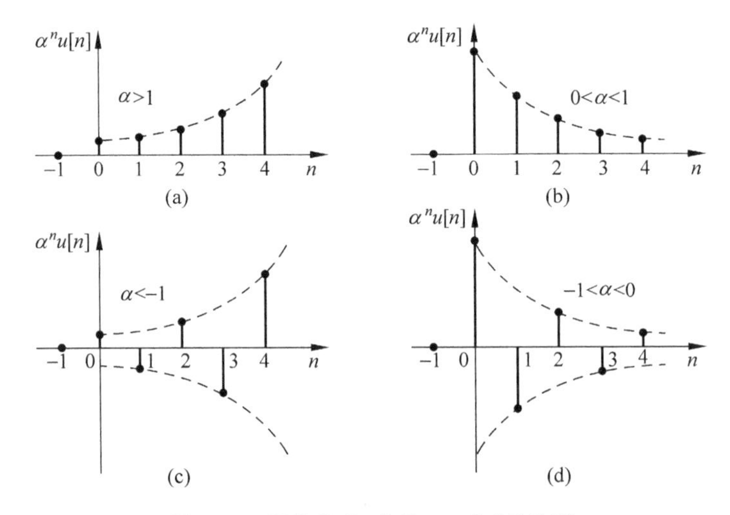

图1.24 指数序列 $x[n]=\alpha^n u[n]$ 的波形

1.2.2 离散时间复指数信号的周期性质

离散时间复指数序列的定义是

$$x[n]=e^{j\Omega_0 n} \tag{1.60}$$

复指数序列在本课程里有很重要的地位,它将出现在后面章节将要讨论的序列傅里叶变换、离散傅里叶级数(DFS)和离散傅里叶变换(DFT)的定义式之中。

如上所述，人们经常用采样的方法从连续时间信号得到实际使用的离散时间信号 $x[n]$。既然脱胎于连续时间信号，那么在信号的特性方面是否存在区别呢？本节讨论离散时间复指数序列的目的之一就是通过对比，进一步明确连续时间信号和离散时间信号之间的异同。为方便对比，我们把连续时间信号和离散时间信号的参数分别用 ω 和 Ω 表示。也就是说，与离散时间复指数信号 $e^{j\Omega_0 n}$ 相对应的连续时间信号是 $e^{j\omega_0 t}$。

首先，用欧拉公式分解 $e^{j\Omega_0 n}$ 和 $e^{j\omega_0 t}$

$$\begin{aligned} x[n] &= e^{j\Omega_0 n} \\ &= \cos[\Omega_0 n] + j\sin[\Omega_0 n] \\ x(t) &= e^{j\omega_0 t} \\ &= \cos(\omega_0 t) + j\sin(\omega_0 t) \end{aligned}$$

二者有什么不同呢？

(1) 无需赘言，对连续时间信号而言，只要 ω_0 不同，对应的信号 $e^{j\omega_0 t}$ 就不同。但是，由于

$$e^{j(\Omega_0+2\pi)n} = e^{j\Omega_0 n} \cdot e^{j2\pi n} = e^{j\Omega_0 n}$$

所以 $e^{j\Omega_0 n}$ 是 Ω_0 的周期为 2π 的离散时间信号。对周期信号而言，只要研究它在一个周期里的情况就能掌握全部情况。又由于 $e^{j\Omega_0 n}$ 的实部和虚部都是正弦序列，只要研究其中之一就能知道 $e^{j\Omega_0 n}$ 的整体特点。因此，我们只需研究 $\Omega_0=0,\frac{\pi}{8},\cdots,2\pi$ 这一个周期中 $\cos(\Omega_0 n)$ 变化的情况。图 1.25 给出了相应的波形。但是，该图仅给出了 $\Omega_0=0,\frac{\pi}{8},\frac{\pi}{4},\frac{\pi}{2},\pi$ 时的波形，即只给出了 Ω_0 变化半个周期而不是一个周期的情况。为什么呢？这是因为

$$\cos(2\pi \pm \alpha) = \cos\alpha$$

的缘故。读者可以自行补齐 $\Omega_0=\frac{3\pi}{2}$、$\frac{7\pi}{4}$、$\frac{15\pi}{8}$、2π 时 $\cos(\Omega_0 n)$ 的波形，然后再进行以下的分析和讨论。

(2) 对连续时间信号来说，ω_0 越高，信号 $e^{j\omega_0 t}$ 或 $\cos(\omega_0 t)$ 的振荡频率就越高。但是对离散时间信号 $e^{j\Omega_0 n}$ 或 $\cos(\Omega_0 n)$ 来说，由图 1.25 可见，当 Ω_0 从 0 增加到 π 时，信号 $\cos(\Omega_0 n)$ 的振荡频率增高，但与连续时间信号不同的是，当 Ω_0 从 π 增加到 2π 时，信号的振荡频率反而下降。由此可以看出余弦序列 $\cos(\Omega_0 n)$ 在其频率 Ω_0 变化时的一个特点：低频余弦序列或者慢变化余弦序列发生在 Ω_0 为 $0,2\pi$ 以及 π 的任何偶数倍附近，而高频余弦序列或者快变化余弦序列发生在 $\Omega_0=\pm\pi$ 以及 π 的任意奇数倍附近。

(3) 对于任何一个 ω_0 值而言，连续时间复指数信号 $e^{j\omega_0 t}$ 都是周期信号。在离散时间的情况又如何呢？

由上可知，若 $e^{j\Omega_0 n}$ 为周期信号，则要求

$$e^{j\Omega_0(n+N)} = e^{j\Omega_0 n} \tag{1.61}$$

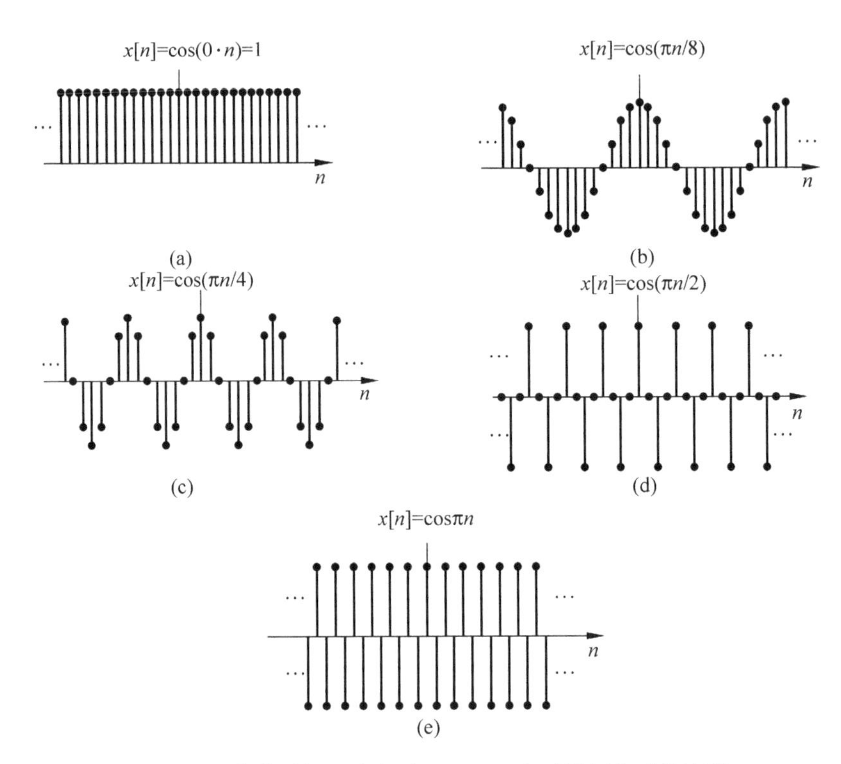

图 1.25　离散时间正弦序列 $\cos(\Omega_0 n)$在不同频率时的波形

其中，N 为大于零的整数。式(1.61)等效于

$$e^{j\Omega_0 N} = 1 = e^{j2\pi m}$$

式中，m 为任意整数，上式要求

$$\Omega_0 N = 2\pi m$$

或

$$\frac{\Omega_0}{2\pi} = \frac{m}{N} \tag{1.62}$$

因此，并不是任何一个 Ω_0 都能使 $e^{j\Omega_0 n}$成为周期信号，仅当$\frac{\Omega_0}{2\pi}$为有理数时，$e^{j\Omega_0 n}$才是周期信号。显然，这也是与连续时间信号 $e^{j\omega_0 t}$的重要差别之一。

综上所述，尽管连续时间信号和离散时间信号有很多非常相似的特性，后面的章节也会不断出现这方面的例证。但是，哪怕是通过 $f(t)$采样得到的离散时间信号 $f[n]$，二者之间也存在着重要的差别，在实际应用时要特别注意。

最后讨论与复指数序列有关的参数。

设 $x[n]$为周期序列，若基波周期为 N，则基波频率为$\frac{2\pi}{N}$。对于复指数序列 $x[n]=e^{j\Omega_0 n}(\Omega_0\neq 0)$来说，只有满足式(1.62)才是周期序列。因此可有若干对$\{m,N\}$满足这一条件。

由式(1.62)可以得到，当 N 和 m 没有公共因子时，周期序列 $e^{j\Omega_0 n}$的基波周期是

$$N = m\left(\frac{2\pi}{\Omega_0}\right), \quad \Omega_0 \neq 0 \tag{1.63}$$

相应的基波频率是

$$\frac{2\pi}{N} = \frac{\Omega_0}{m} \tag{1.64}$$

1.3　信号的基本运算

信号与系统研究的一个重要方面是利用系统对信号进行加工处理。在这一过程中经常遇到以下两类基本运算及其组合，它们对连续时间和离散时间的信号和系统均适用。其中大部分内容读者都很熟悉，我们仅给出归纳的结果，并通过例题进行练习。

1.3.1　对因变量进行的运算

1. 加法运算

设 $x_1(t)$，$x_2(t)$是两个连续时间信号，则连续时间的和信号为

$$y(t) = x_1(t) + x_2(t) \tag{1.65}$$

同样，离散时间的和信号为

$$y[n] = x_1[n] + x_2[n] \tag{1.66}$$

因此对连续时间信号而言，任一瞬时的和信号 $y(t)$就等于同一瞬时各分信号的和。在离散时间的情况下，把同序号的序列值逐项地对应相加，就可以得到和序列 $y[n]$。

2. 乘法运算

$$y(t) = x_1(t) \cdot x_2(t) \tag{1.67}$$

或

$$y[n] = x_1[n] \cdot x_2[n] \tag{1.68}$$

式中符号的含义与加法运算相同。当 $x_i[n]=C$ 或 $x_i(t)=C$，C 为非零常数时，称为信号的幅度变换。

3. 微分和差分运算

设 $x(t)$是连续时间信号，则对该信号的微分运算为

$$y(t) = \frac{\mathrm{d}}{\mathrm{d}t}x(t) \tag{1.69}$$

电感两端电压、电流的关系是微分运算的关系，读者可自行列出关系式。应该注意的是，进行微分运算时，在信号 $x(t)$的跳变点会出现脉冲信号 $\delta(t)$，这一情况示于图 1.26。连续时间微分器可以用电

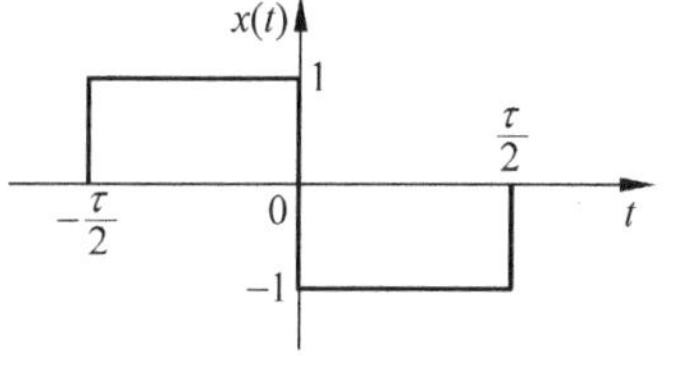

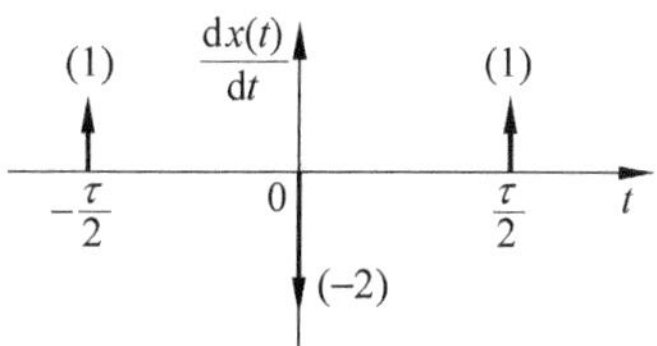

图 1.26　连续时间微分器

子器件直接实现。

在离散时间信号的情况下，与微分运算对应的是差分运算。一阶后向差分的定义是

$$y[n]=\nabla x[n]=x[n]-x[n-1] \tag{1.70}$$

由上式可见，差分信号$\nabla x[n]$的值是 n 时刻的 $x[n]$值减去前一时刻 $x[n-1]$的值。它表示了 n 时刻$x[n]$的变化率，因而与连续时间微分运算具有相同的含义。

此外，尚有离散时间信号的一阶前向差分运算，其定义是

$$y[n]=\Delta x[n]=x[n+1]-x[n]$$

由于经常遇到的大都是后向差分运算，如无特别说明，本书中的差分运算均指后向差分运算。一阶差分器在数字信号处理和数字通信中有着广泛的应用。

高阶微分和差分运算的定义如下

$$y(t)=x^{(k)}(t)=\frac{\mathrm{d}^k x(t)}{\mathrm{d}^k x} \tag{1.71}$$

$$y[n]=\nabla^k x[n]=\nabla^{k-1}x[n]-\nabla^{k-1}x[n-1] \tag{1.72}$$

式中 $k\geqslant 1$，表示微分或差分的阶次，式(1.71)和式(1.72)的意思都很明确，这里不再赘述。

4. 积分和累加运算

设 $x(t)$是连续时间信号，对该信号的积分运算为

$$y(t)=\int_{-\infty}^{t}x(\tau)\mathrm{d}\tau \tag{1.73}$$

式中，τ 是积分变量。显然，积分后信号在 t 时刻的值就等于原信号 $x(t)$在$(-\infty,t]$区间内，由信号波形所围的面积。电容器两端的电压是流过电流的积分，读者可自行列出相应的关系式。

在离散时间信号的情况下，与积分运算对应的是累加运算，其定义是

$$y[n]=\sum_{k=-\infty}^{n}x[k] \tag{1.74}$$

该式表明，n 时刻的 $y[n]$值是原序列 $x[n]$在该时刻和以前所有时刻的序列值之和。以上运算的框图表示见图 1.27。

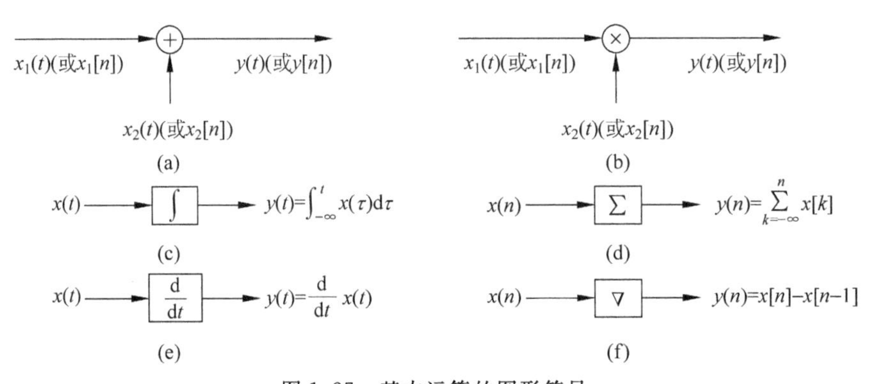

图 1.27 基本运算的图形符号

(a) 相加器；(b) 相乘器；(c) 积分器；(d) 累加器；(e) 微分器；(f) 差分器

1.3.2 对自变量进行的变换

在信号与系统分析中，经常要对信号的自变量进行运算或变换，并利用这些变换研究信号的特性或分析系统的性质。因此，自变量变换是信号与系统中非常重要的工具。尽管这些变换非常简单和熟悉，也应给予足够的重视。常用的自变量变换有以下几种：

1. 比例变换

设 $x(t)$是连续时间信号，比例变换的时间信号为

$$y(t)=x(at) \tag{1.75}$$

式中，a 为实常数。显然，$|a|>1$ 表示 $x(t)$的波形在时间轴上线性地压缩为原来的 $1/|a|$，而$|a|<1$ 表示 $x(t)$的波形在时间轴上展宽了$|a|$倍。根据这一特点，常把信号的比例变换称为信号的时域压扩。图 1.28 顺次给出了 $a=1/2,1,2$ 的情况。

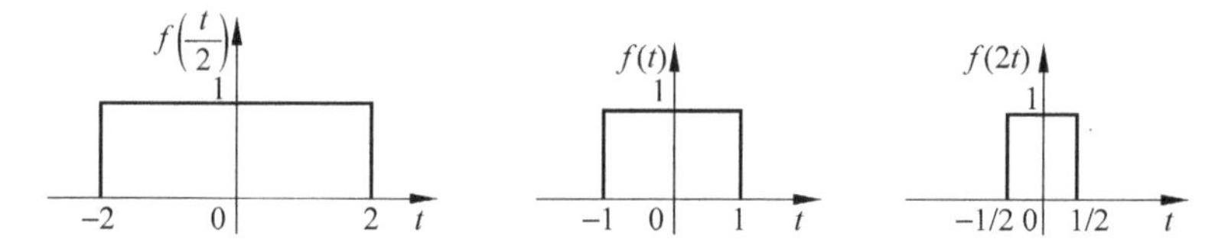

图 1.28 连续时间信号的比例变换

一般而言，经比例变换后，信号幅度的最大值和最小值不会发生变化。

离散时间信号的比例变换通常分为以下两种情况：

(1)

$$y[n]=x[kn],\quad k\text{ 为正整数} \tag{1.76}$$

相对于 $x[n]$而言，$k>1$ 时，序列 $y[n]$将丢失一些样本值。所以，也把这一变换称为序列的抽取。例如，$k=2$ 时，$y[n]$中只保留了 n 为 2 的整数倍时刻的序列值。这一情况示于图 1.29(b)。因此，抽取运算的结果可导致序列波形的改变，仅当$x[n]$的变化足够慢时，$y[n]$才代表了 $x[n]$的时域压缩信号。

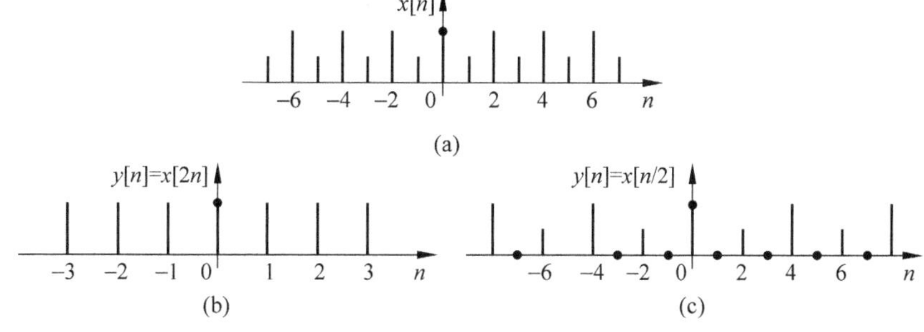

图 1.29 离散时间信号的比例变换

(a) 序列 $x[n]$；(b) $x[n]$的抽取序列；(c) $x[n]$的内插零序列

(2)

$$y[n]=\begin{cases}x[n/k], & n=lk\\ 0, & n\neq lk\end{cases}\quad l=0,\pm1,\pm2,\cdots,\qquad k>0 \tag{1.77}$$

此时需要在 $x[n]$ 相邻的序列值之间插入 $k-1$ 个零值才能得到 $y[n]$。图 1.29(c) 是 $k=2$ 时的情况。为此,常把式(1.77)表示的运算叫做序列的内插零运算。

2. 反褶(时间反转)

连续时间信号 $x(t)$ 和离散时间信号 $x[n]$ 的反褶信号分别为

$$y(t)=x(-t) \tag{1.78}$$

$$y[n]=x[-n] \tag{1.79}$$

显然,可以把上式的变换看成是 $a=-1$ 或 $k=-1$ 时的比例变换信号。直观地看,可以把反褶信号 $x(-t)$ 看成是以 $t=0$ 为轴,并把 $x(t)$ 反转的结果。当然,$x[-n]$ 就是以 $n=0$ 为轴,把 $x[n]$ 反转的结果。有时也把它们统称为相对于纵轴的镜像对称。

式(1.75)在实际中有很多应用。例如,设 $x(t)$ 是录音或录像的磁带信号,把该带倒放就是反褶信号。如果放音速度快于录音速度,就可以听到被压缩的声音。反之,就得到了扩展的声音。显然,这是比例变换的结果。

3. 时移

设 $x(t)$ 是连续时间信号,则 $x(t)$ 的时移信号为

$$y(t)=x(t-t_0) \tag{1.80}$$

式中,t_0 为时移量。当 $t_0>0$ 时,相对于 $x(t)$ 而言,$y(t)$ 右移。反之,若 $t_0<0$,则 $y(t)$ 左移。

离散时间信号的相应情况是

$$y[n]=x[n-m] \tag{1.81}$$

式中的 m 可正可负,但必须为整数。

在雷达、声纳或地震等应用领域都会遇到信号的时移变换。如用雷达探测敌机时,会接收到雷达的反射信号。由于目标的运动或者机群中各个飞机到雷达接收机距离的不同,各个反射信号出现的时间是不同的,这恰好体现了对发射信号的不同时移。

把以上三类基本运算组合起来,可以得到下面的运算,即

$$y(t)=x(at+b) \tag{1.82}$$

显然,$y(t)$ 是 $x(t)$ 经比例变换和时移的结果。必须指出的是,这类运算都是针对独立、单一的变量 t 进行的,而不是针对复合变量 at 或 $at+b$ 进行的。

以上三种运算并不复杂,但经常使用,一不小心就会出错,请读者仔细体会以下各例。

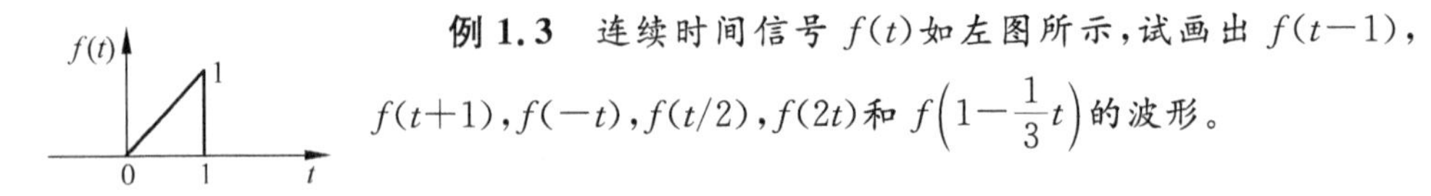

例 1.3　连续时间信号 $f(t)$ 如左图所示,试画出 $f(t-1)$,$f(t+1)$,$f(-t)$,$f(t/2)$,$f(2t)$ 和 $f\left(1-\frac{1}{3}t\right)$ 的波形。

解 各有关信号可由图1.30的纵轴直接看出，故没给出求解步骤，如有问题可从后面的例子得到解决。尽管本例比较简单，但它很好地注解了上述的三种运算。 ■

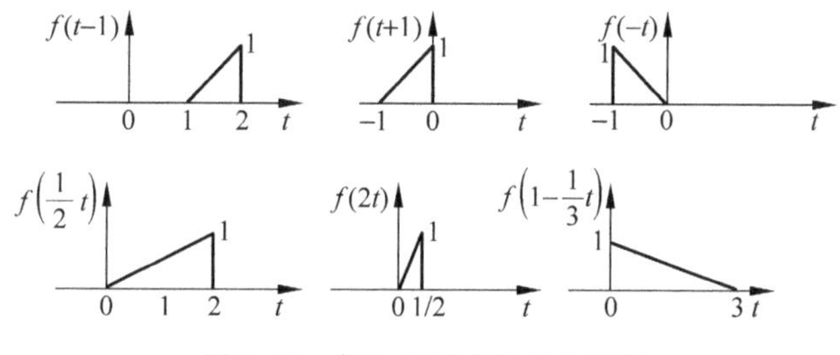

图1.30 例1.3要求的各个波形

例1.4 已知 $x(3-2t)$ 的波形如图1.31所示，求 $x(t)$ 的波形。

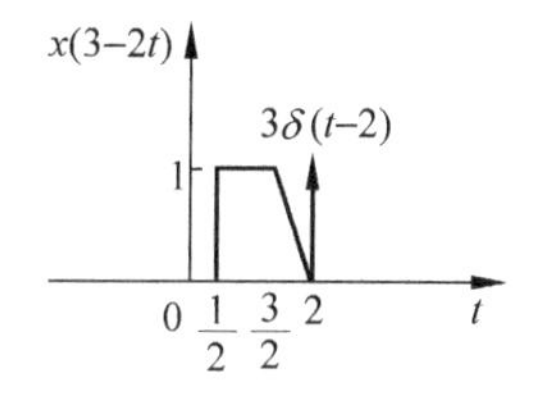

图1.31 例1.4的信号波形

解 从 $x(3-2t)$ 求 $x(t)$ 和从 $x(t)$ 求 $x(3-2t)$ 一样，都是综合利用了移位、反褶和比例变换等三种运算。实际上，这三种运算的顺序可以任意排列。根据排列的先后顺序，本题能有六种不同的解法。

例如，可以按比例变换—反褶—移位的顺序求解，即求解的顺序为

$$x(3-2t) \rightarrow x(3-t) \rightarrow x(3+t) \rightarrow x(t)$$

(1) 比例变换

用 $\frac{1}{2}t$ 代替 $x(3-2t)$ 中的变量 t，可以得到 $x(3-t)$。因此，$x(3-t)$ 的波形是把 $x(3-2t)$ 的波形扩展了两倍。另外，根据单位脉冲信号性质的式(1.37)可以得到

$$3\delta\left(\frac{1}{2}t-2\right)=3\delta\left[\frac{1}{2}(t-4)\right]=6\delta(t-4)$$

即，单位脉冲信号的强度增大了一倍。

(2) 反褶

以 $-t$ 代替 $x(3-t)$ 中的变量 t，可以得到 $x(3+t)$ 的波形。显然，它是 $x(3-t)$ 的反褶。

(3) 移位

用 $t-3$ 代替 $x(3+t)$ 中的变量 t，就可以得到 $x(t)$。显然，它是把 $x(3+t)$ 的波右移3个单位长度的结果。

与以上三步相关的波形示于图1.32，而图(d)则为求得的 $x(t)$ 的波形。

我们也可以按反褶—比例—移位的顺序求解，下面仅给出与各步有关的波形，如图1.33所示。

按其他顺序也可以求出解答，读者可自行练习。 ■

在离散时间信号的情况下，其组合运算是

$$y[n]=x[an+m] \tag{1.83}$$

例1.5 已知离散时间信号 $f[n]$ 如图1.34所示，试画出 $f[n-1]$，$f[n+1]$，$f[-n]$，$f[n/2]$，$f[2n]$ 和 $f\left[1-\frac{1}{2}n\right]$ 的波形。

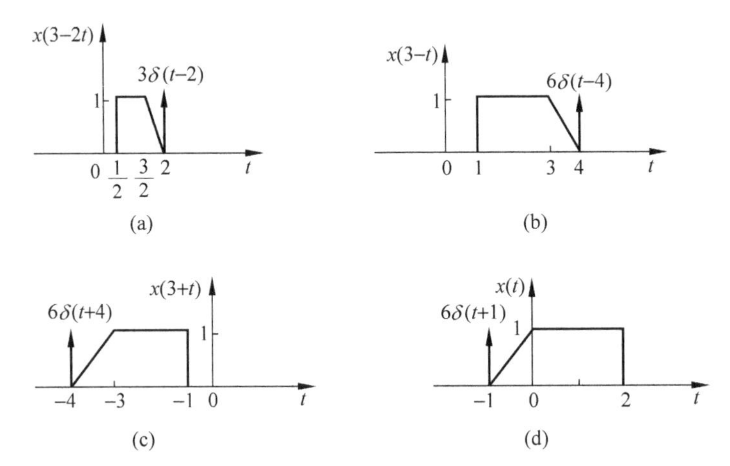

图 1.32 用比例压缩—反褶—移位的顺序求解例 1.4 的相应波形

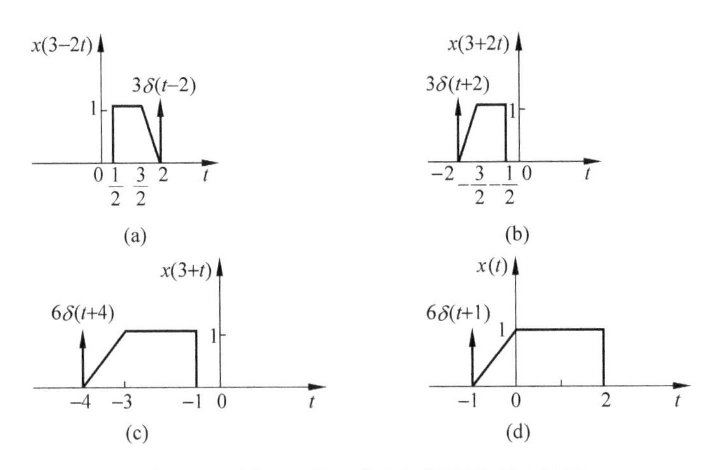

图 1.33 例 1.4 另一种求解顺序的相应波形

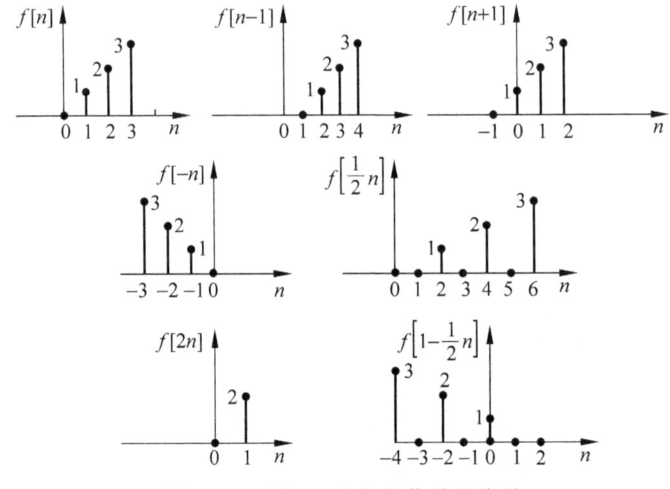

图 1.34 例 1.5 中各个信号的波形

解　各有关序列可由图 1.34 的纵坐标直接看出。其中，$f\left[1-\frac{1}{2}n\right]$是移位、反褶和比例相结合的运算。由于

$$f\left[1-\frac{1}{2}n\right]=f\left[-\frac{1}{2}(n-2)\right]$$

所以，若把时移操作放在最后，例如取反褶—比例—时移的次序解题时，对 n 的时移是 2 而不是 1。这是因为上述三种运算都是针对独立、单一的变量 n 进行的，而不是针对复合变量 an 或 $an+m$ 进行的。

本例说明，对离散时间信号而言，其时移和反褶运算与连续时间信号相同。需要注意的是比例运算，此时会出现前述的抽取运算或内插零运算的结果，这是离散时间信号的自变量 n 只能取整数的缘故。读者可以参考上例的 $f[2n]$和 $f[n/2]$等信号仔细体会。■

例 1.6　已知信号 $x(t)$的波形如图 1.35 所示，用图解法给出以下函数的波形。

(1) $x_1(t)=\frac{\mathrm{d}}{\mathrm{d}t}[x(6-2t)]$

(2) $x_2(t)=\int_{-\infty}^{t}x(2-\tau)\mathrm{d}\tau$

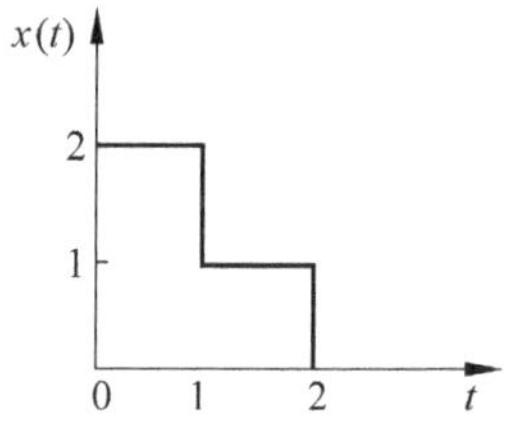

图 1.35　例 1.6 的信号波形

解　本题是对 $x(t)$的波形进行变换后再进行微分或积分运算。图 1.36 左面的三幅图即图(a)、(b)、(c)给出了 $x_1(t)=\frac{\mathrm{d}}{\mathrm{d}t}[x(6-2t)]$的图解过程和结果，而右面的三幅图即图(a)、(d)、(e)则是第二问的过程和结果。

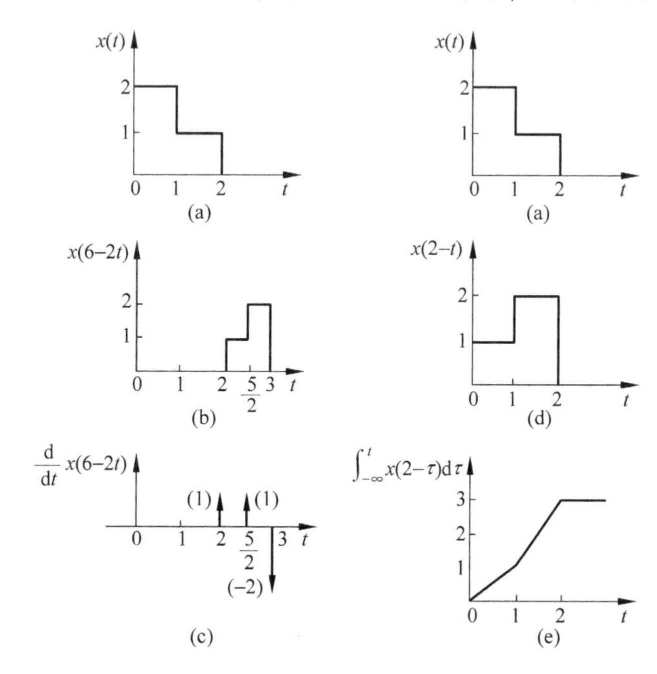

图 1.36　例 1.6 的图解法

由此可见，图解法可以很直观地给出结果。需要注意的问题是：

在求导运算中，凡是波形中有跳变的地方，无论跳变是正还是负，都会出现相应的冲激函数。另外，在 $x(2-t)$ 的跳变点处，函数的积分值是连续的，而且当被积函数的值为零以后，其积分值并不是零。 ■

例 1.7 已知序列为

n	-1	0	1	2	其他
$x[n]$	0.5	1.5	1	-0.5	0

求 $y[n]=x[n]+2x[n]\cdot x[n-2]$。

解

n	-1	0	1	2	3	4
$x[n]$	0.5	1.5	1	-0.5	0	0
$x[n-2]$	0	0	0.5	1.5	1	-0.5
$2x[n]\cdot x[n-2]$	0	0	1	-1.5	0	0

由上可得

n	-1	0	1	2	其他
$y[n]$	0.5	1.5	2	-2	0

本例用表格的方法进行了计算。请读者画出 $x[n]$ 等信号的波形，即用图解法给出 $y[n]$ 的求解过程和结果。 ■

1.4 系统

1.4.1 基本概念

由前述可以推论，不同领域遇到的信号是千差万别的，而我们即将讨论的系统也是如此。本课程将以通信和控制系统为主要背景，研究信号通过系统进行传输或处理的一般规律。需要特别强调的是，对于所有领域的信号和线性时不变系统，本课程讨论的理论、概念和方法都是适用的。

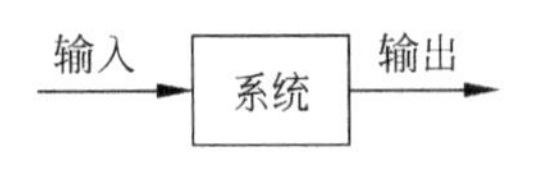

图 1.37 系统的框图表示

一般来说，系统的基本功能就是对输入信号作出响应，并产生出另外的信号。通常用图 1.37 的框图表示一个系统。图中的外加信号叫做系统的输入或激励，系统的输出也称为系统的响应。

由图 1.37 可见，输入到输出的转换导致了输入信号的变化，或者说系统对输入信号进行了某种加工或变换，而后者恰好是“信号处理”的定义。因此，从某种意义上说，“系统”与“信号处理”往往指向同一个事物，而不同的称谓不过是观察事物的着眼点或处理问题的角度不同而已。实际上,类似的情况还是很多的,我们在第8章将会看到,“数字滤波器”与“离散时间系统”具有相同的含义。

另外,信号和系统有着密不可分、互相依存的关系。图1.37清楚地说明了这一点:没有信号,系统就失去了加工、处理的对象,而离开了系统,也就失去了对信号进行传输或加工的手段和物质基础。在绪论中提到的烽火台、电报、电话、传真、电视以及订票、勘探和经济领域等各种应用中都会涉及信号的传输和信号的处理,它们形象地说明了信号与系统之间的关系。

在信息科技领域,经常会遇到多种系统组合成一个综合性复杂系统的情况。例如导弹的制导系统、金融领域的计算机系统以及雷达防护网等。在这些系统中,经常由其中的通信系统、控制系统和计算机系统完成对信号的传输和处理等任务。

实际上,系统的含义非常广泛,并非限于本书讨论的范畴。它可以是物理系统或非物理系统。前述社会经济系统中的经济组织、生产管理等属于非物理系统,而通信、电子、交通系统以及社会经济系统中的人口、能源、生态等系统则属于物理系统。不言自明的是,它们当中的某些是人工系统,而另外一些是自然系统,后者是自然形成的系统。稍加观察就可以发现,在我们每个人的身上也存在着无数的系统,如神经系统、视觉系统、听觉系统、味觉系统、嗅觉系统、消化系统、血液循环系统等。实际上,上述的每个系统又由一系列的子系统组成,而后者又可以做进一步的划分,并可精细划分到分子、原子和原子核。从所述的情况来看,可以毫不夸张地说“世界万物皆系统矣”!

另外,以上情况又引出了系统的另一种定义,即“由一些互相制约的事务组成的具有一定功能的整体”。

1.4.2　系统的分类

1. 连续时间系统与离散时间系统

输入和输出都是连续时间信号的系统叫做连续时间系统,而输入和输出都是离散时间信号的系统叫做离散时间系统。

2. 线性、非线性系统

首先介绍一个符号表示。若系统的输入为 $x(t)$,输出为 $y(t)$,则通常可表示成

$$x(t) \rightarrow y(t) \tag{1.84}$$

线性系统应该满足的特性是

(1) 叠加性或可加性

若

$$x_1(t) \rightarrow y_1(t), \quad x_2(t) \rightarrow y_2(t) \tag{1.85}$$

则

$$x_1(t) + x_2(t) \rightarrow y_1(t) + y_2(t) \tag{1.86}$$

(2) 比例性(scaling)或齐次性(homogeneity)

若

$$x_1(t) \rightarrow y_1(t)$$

则

$$cx_1(t) \rightarrow cy_1(t) \tag{1.87}$$

其中,c 为任意常数。

既满足叠加性又满足比例性的系统称为线性系统,用数学式表达就是:

若

$$x_1(t) \rightarrow y_1(t), \quad x_2(t) \rightarrow y_2(t)$$

则

$$c_1x_1(t)+c_2x_2(t) \rightarrow c_1y_1(t)+c_2y_2(t) \tag{1.88}$$

不满足叠加性或比例性的系统是非线性系统。

3. 时变、时不变系统

系统参数不随时间变化的系统叫做时不变系统,否则就叫做时变系统。

对于上述系统特性,我们将在后续的章节进行更为深入的讨论。为了配合讲授的进度先给出以上的简单介绍。

1.5 课程的研究内容

本课程研究信号与系统的基本概念、基本理论和基本的分析方法。研究对象为确定性信号经线性、时不变系统的传输与处理,研究内容涉及到两个方面的问题,即“信号的分析与处理”和“系统的分析与综合”。

1. 信号的分析与处理

(1) 信号的分析:主要研究时域信号及其变换域表示所涉及的诸多方面的问题。

(2) 信号的处理:指对信号进行的某种加工,其领域非常广泛。本教材涉及的有模拟信号的数字化,信号的恢复与重建,调制、解调以及信号的去噪、滤波等内容。

2. 系统的分析与综合

(1) 系统的分析

所谓系统分析就是对某些感兴趣的系统特性进行分析。在给定系统结构和输入信号的情况下,通过该系统对输入信号的响应来分析、研究系统的特性。

(2) 系统的综合

一般情况下,系统的综合就是规定了某种信号激励下的响应,要求设计相应的系统。也就是说,系统综合就是根据需要设计一个满足性能要求的系统。本课程涉及到系统综合的基本概念和方法,并较集中地安排在应用举例和数字滤波器等章节。根据经验可知，系统综合的解答不是唯一的。例如，要求设计一种新型步枪，在达到相同性能指标的情况下，不同设计者的设计方案也是五花八门的。依此类推，设计汽车、电视机，…的情况也是一样的。

系统的分析与综合紧密相连，虽然系统综合是科学工作者和工程师最富创造性的工作，但是不同领域的系统综合问题是各个专业课程的任务。一般来说，在设计系统之前总要先进行系统的分析，因此系统分析是基础，是最基本的工作。本课程正是从各不相同系统所具有的共性出发进行研究和归纳。因而，尽管本课程重点讨论系统的分析问题，但其地位之重要是不言而喻的。

此外，信号和系统之间有着紧密的联系。从数学表达来说，它们都可以表示成时间、频率或其他变量的函数，在使用的数学工具上也有很多相近之处，这就导致了它们密不可分的关系。因此，我们本着触类旁通的理念，在内容安排等方面虽然有所侧重，但大多情况下并没有刻意加以区分。例如，既可以用 $h(t)$ 代表系统的单位脉冲响应，也可以把它看成是一个时域信号；既可以用 $H(\omega)$，$H(s)$ 或 $H[z]$ 表示系统的传递函数，也可以把它看成是信号 $h(t)$ 的傅里叶变换、拉普拉斯变换或序列 $h[n]$ 的 Z 变换。又如在信号或系统中都可以使用卷积积分或卷积和等运算。当然，把这些工具用于信号还是系统取决于所研究问题的需要。

1.6　小结

本章讨论了连续时间、离散时间信号与系统的一些基本概念。介绍了信号的图解表示和相应的数学表示，并用这些表示讨论了信号的基本运算。

应当指出的是，我们并行地讨论了连续时间和离散时间的信号与系统。对这两种时域类型，本章分别定义、研究了一些基本信号。需特别关注的是单位脉冲信号和单位阶跃信号，它们在理论推导和计算方面具有不可替代的特殊功用，必须掌握它们的性质并能熟练地加以运用。

信号的周期性是个非常重要的概念。在信号与系统课程中，周期性与上述连续时间、离散时间等概念具有完全等同的地位。在即将讨论的傅里叶表示中，时域或频域信号的周期性是至关重要的。

本课程主要讨论连续时间和离散时间的线性时不变(LTI)系统，它们在信号与系统的分析、设计中起着重要的作用。这是因为实际遇到的系统大多可按这类系统的特性来建模，而我们已拥有一套比较成熟的数学理论可以对这类系统的特性进行深入的分析和研究。

习题

1.1　画出下列信号的波形。

(1) $f_1(t)=[2+\sin(\Omega t)]\sin(4\Omega t)$　　(2) $f_2(t)=tu(t)-\sum_{k=1}^{\infty}u(t-k)$

(3) $f_3(t)=(3\mathrm{e}^{-t}+5\mathrm{e}^{-2t})u(t)$

(4) $f_4(t)=2t\mathrm{e}^{-|t|}$

(5) $f_5(t)=\cos\pi(t-1)u(t+1)$

(6) $f_6(t)=u(t^2-6t+9)$

(7) $f_7(t)=u(\sin\pi t)$

(8) $f_8(t)=\dfrac{\mathrm{d}}{\mathrm{d}t}[\mathrm{e}^{-t}\sin tu(t)]$

(9) $f_9(t)=\sin[\omega(t-t_0)]u(t)$

(10) $f_{10}(t)=\left(1+\dfrac{1}{2}\sin\Omega t\right)\sin 6\Omega t$

1.2 已知序列 $f[n]$如图题 1.2 所示，画出下列各式的波形。

(1) $f_1[n]=f[n-5]$

(2) $f_2[n]=f[3n]$

(3) $f_3[n]=f[5-n]\delta[n-3]$

(4) $f_4[n]=f[-2n+2]$

(5) $f_5[n]=f[n^2]$

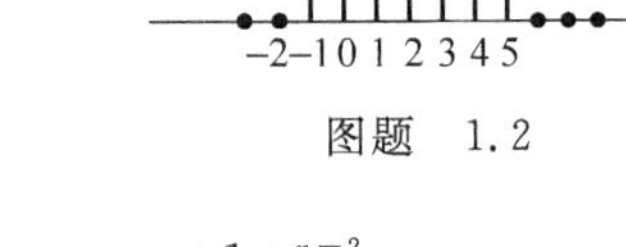

图题 1.2

1.3 画出以下序列的波形。

(1) $x_1[n]=\left(-\dfrac{1}{2}\right)^n u[n]$

(2) $x_2[n]=\left(\dfrac{1}{3}\right)^{n-2} u[n]$

(3) $x_3[n]=\left(\dfrac{1}{3}\right)^{n+2} u[n+2]$

(4) $x_4[n]=-nu[-n]$

1.4 画出以下序列的波形。

(1) $x_1[n]=\sin\left(\dfrac{n\pi}{8}-\dfrac{\pi}{4}\right)$

(2) $x_2[n]=\left(\dfrac{2}{3}\right)^n\sin\left(\dfrac{n\pi}{6}\right)$

1.5 设复数 z_0 的直角坐标和极坐标分别为(x_0,y_0)和(r_0,θ_0)。在复数平面上分别画出以下各点，并标明各自的实部和虚部。式中，$r_0=2,\theta_0=\pi/4$。

(1) $z_1=r_0\mathrm{e}^{-\mathrm{j}\theta_0}$ (2) $z_2=r_0$ (3) $z_3=r_0\mathrm{e}^{\mathrm{j}(\theta_0+\pi)}$

1.6 将下列复数用极坐标表示，画出各点的位置，并标明各自的模和相角。

(1) $z_1=3+4\mathrm{j}$

(2) $z_2=(2+\mathrm{j}\sqrt{2})^2$

(3) $z_3=(\sqrt{2}+\mathrm{j}^3)(1-\mathrm{j})$

(4) $z_4=(\sqrt{2}+\mathrm{j})2\sqrt{3}\,\mathrm{e}^{-\mathrm{j}\pi/4}$

(5) $z_5=\dfrac{2-\mathrm{j}8/\sqrt{2}}{2+\mathrm{j}8/\sqrt{2}}$

(6) $z_6=\dfrac{\mathrm{e}^{\mathrm{j}2\pi/3}-1}{1+\mathrm{j}\sqrt{2}}$

1.7 已知 $x[n]=0,n<-6$ 和 $n>4$，试确定以下各式中信号为零的 n 值区间。

(1) $x[n-2]$ (2) $x[n+6]$ (3) $x[-n]$ (4) $x[-n+8]$ (5) $x[-n-8]$

1.8 已知 $x(t)=0,t<2$，试确定以下各式中信号为零的 t 值区间。

(1) $x(2-t)$ (2) $x(3-t)+x(2-t)$ (3) $x(3-t)x(2-t)$ (4) $x(5t)$ (5) $x(t/5)$

1.9 应用单位脉冲信号的筛选特性求下列各式的积分。

(1) $\int_{-\infty}^{\infty} f(t-t_0)\delta(t)\mathrm{d}t$

(2) $\int_{-\infty}^{\infty}\delta(t-t_0)u\left(t-\dfrac{t_0}{2}\right)\mathrm{d}t$

(3) $\int_{-\infty}^{\infty}(t+\sin t)\delta\left(t-\dfrac{\pi}{3}\right)\mathrm{d}t$

(4) $\int_{-\infty}^{\infty}[2t+\sin 2t]\delta'(t)\mathrm{d}t$

(5) $\int_{-\infty}^{\infty}\mathrm{e}^{-t}[\delta(t-1)+\delta'(t-1)]\mathrm{d}t$

1.10 判断下列信号是能量信号还是功率信号。

(1) $x[n]=u[n]$　　(2) $x[n]=(-0.5)^n u[n]$

(3) $x[n]=3e^{-2n}u[n]$

1.11 求下列信号的能量 E 和功率 P,判断该信号为能量信号还是功率信号。

(1) $e^{-|t|}$　(2) $\mathrm{Sa}(t)$　(3) $\mathrm{sgn}(t)$　(4) $u(t+6)$

1.12 判断下列信号的周期性,并给出周期信号的基波周期。

(1) $x_1(t)=je^{j8t}$　　(2) $x_2(t)=e^{(-1+j)t}$

(3) $x_3(n)=e^{j15\pi n}$　　(4) $x_4(n)=8e^{j3(n+1/2)\pi/5}$

1.13 判断下列各信号是否为周期信号,若为周期信号,求出其基波周期。

(1) $b\cos 8t+a\sin 5t$　　(2) $\cos 2\pi t+\sin 5\pi t$

(3) $x(t)=5\cos(6t+1)-\sin(4t-1)$

1.14 求下列信号的基波周期。

(1) $x[n]=5\cos\left(\frac{\pi}{4}n\right)+\sin\left(\frac{\pi}{8}n\right)-2\cos\left(\frac{\pi}{2}n+\frac{\pi}{3}\right)$

(2) $x[n]=1+e^{j4n\pi/9}-e^{j2n\pi/3}$

(3) $x[n]=\cos\left(\frac{n}{6}\right)\cos\left(\frac{\pi n}{5}\right)$

(4) $x[n]=\sum_{k=-\infty}^{\infty}\{\delta[n-5k]-\delta[n-1-5k]\}$

1.15 (1) 设周期信号 $f_1(t)$和 $f_2(t)$的基波周期分别是 T_1 和 T_2,问在什么条件下 $f_1(t)+f_2(t)$是周期信号,求出其基波周期。

(2) 设周期序列 $f_1[n]$和 $f_2[n]$的基波周期分别是 N_1 和 N_2,问在什么条件下 $f_1[n]+f_2[n]$是周期序列,求出其基波周期。

1.16 已知 $x[n]$为离散时间信号,并且

$$y_1[n]=x[2n],\quad y_2[n]=\begin{cases}x[n/2], & n\text{ 为偶数}\\ 0, & n\text{ 为奇数}\end{cases}$$

判断以下说法的正误。当结论正确时,给出两个信号基波周期之间的关系。

(1) 若 $x[n]$是周期的,则 $y_1[n]$也是周期的;

(2) 若 $y_1[n]$是周期的,则 $x[n]$也是周期的;

(3) 若 $x[n]$是周期的,则 $y_2[n]$也是周期的;

(4) 若 $y_2[n]$是周期的,则 $x[n]$也是周期的。

1.17 设 z, z_1, z_2 均为复数,其一般表示为

$$z=x+jy=re^{j\theta}$$

又 z^* 是 z 的共轭复数,证明以下关系。

(1) $zz^*=r^2$　　(2) $\left(\frac{z_1}{z_2}\right)^*=\frac{z_1^*}{z_2^*}$

(3) $\mathrm{Re}\left(\frac{z_1}{z_2}\right)=\frac{1}{2}\frac{z_1 z_2^*+z_1^* z_2}{z_2 z_2^*}$

(4) $(|z_1|-|z_2|)^2 \leqslant |z_1+z_2|^2 \leqslant (|z_1|+|z_2|)^2$

(5) $z_1 z_2^* + z_1^* z_2 = 2\mathrm{Re}|z_1^* z_2| = 2\mathrm{Re}|z_1 z_2^*|$

(6) $|z_1 z_2^* + z_1^* z_2| \leqslant 2|z_1 z_2|$

1.18 已知电容器 C_1,C_2 与阶跃电压源 $v(t)=Eu(t)$ 相串联,分别写出回路电流 $i(t)$ 和每个电容端电压 $v_{C_1}(t)$,$v_{C_2}(t)$ 的表示式。

1.19 设连续时间线性系统 S 的输入为 $x(t)=\mathrm{e}^{\mathrm{j}3t}$ 时的输出为 $y(t)=\mathrm{e}^{\mathrm{j}5t}$,而 $x(t)=\mathrm{e}^{-\mathrm{j}3t}$ 时,$y(t)=\mathrm{e}^{-\mathrm{j}5t}$。求系统输入为 $x(t)=\cos\left[3\left(t-\frac{1}{3}\right)\right]$ 时的输出 $y(t)$。

1.20 画出图题 1.20 所示各信号的偶分量和奇分量。

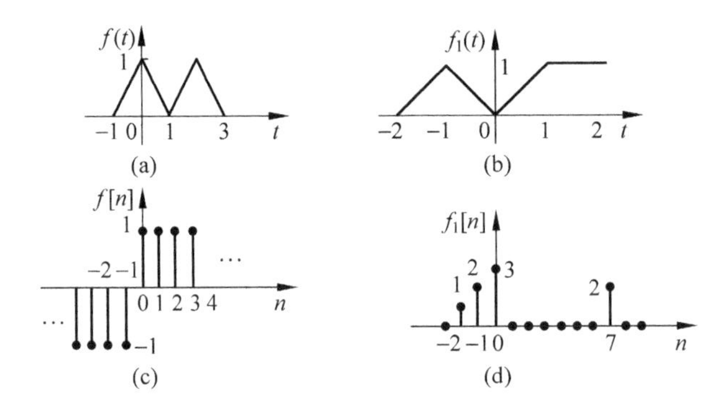

图题 1.20

1.21 已知图题 1.21(a)中的 $x_e(t)$ 是信号 $x(t)$ 的偶部,图(b)的信号为 $x(t+1)\cdot u(-t-1)$。画出 $x(t)$ 的奇部 $x_o(t)$ 的波形。

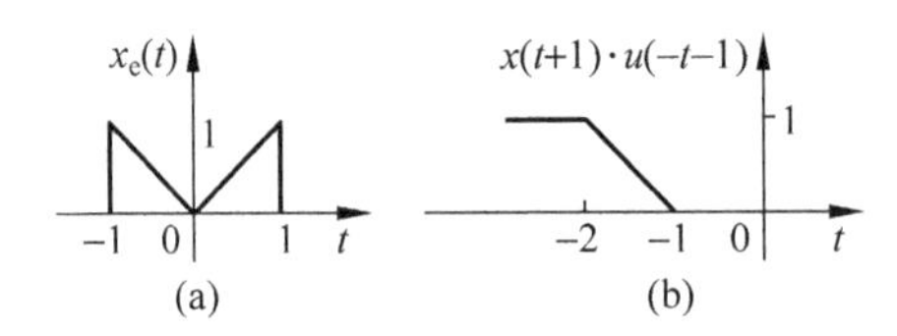

图题 1.21

1.22 已知信号 $f\left(2-\frac{1}{2}t\right)$ 的波形如图题 1.22 所示,试画出 $f(t)$ 的波形。

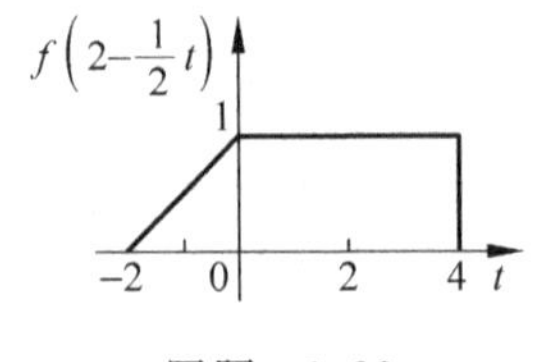

图题 1.22

第2章 线性时不变系统

2.1 引言

如前所述，本课程的研究范围是线性时不变系统，设定这一范畴有什么优点呢？首先，前面给出的线性时不变系统(linear time invariant system, LTIS)的定义并不是人为杜撰的，很多实际的物理过程都能用线性时不变系统进行表征。其次，我们已经积累了足够多的数学工具和手段，因而能对线性时不变系统进行透彻的分析。

从信号的角度来看，无论是连续时间信号还是离散时间信号，都可以表示为延时单位脉冲信号的线性组合。把信号的分解与系统的叠加特性结合起来，将极大地简化系统的分析过程，并得到简化的求解方法和表达方式。这就是本章将要讨论的卷积积分、卷积和以及系统的单位脉冲响应。

本章还将对连续和离散线性时不变系统的数学模型，即微分方程和差分方程进行较为详细的讨论。

线性时不变系统在信号与系统课程中占有十分重要的地位，必须给予足够的重视。

2.2 线性时不变系统的数学模型

为了分析一个实际的物理系统，经常采用的方法是建立起该系统的数学模型。所谓数学模型就是用数学表达式表征系统的特性，并用数学的方法求出它的解答；有时还要针对得到的结果给出物理解释，并赋予物理意义。因此，系统分析的过程就是从实际的物理问题抽象出数学模型，经数学分析后再回到实际的物理过程。另外，用具有理想特性的符号可以组成系统框图，这一表示方法颇具特色，我们即将进行讨论。

总之，数学模型是系统本质特征的数学抽象，具有非常重要的地位。

那么，哪类数学工具可以作为系统的数学模型呢？对这个数学工具最基本的要求就是：可以用非常类似的数学形式描述不同的物理系统。我们先看两个例子。

例 2.1 已知电路如图 2.1 所示，列出电压 $u(t)$的微分方程。

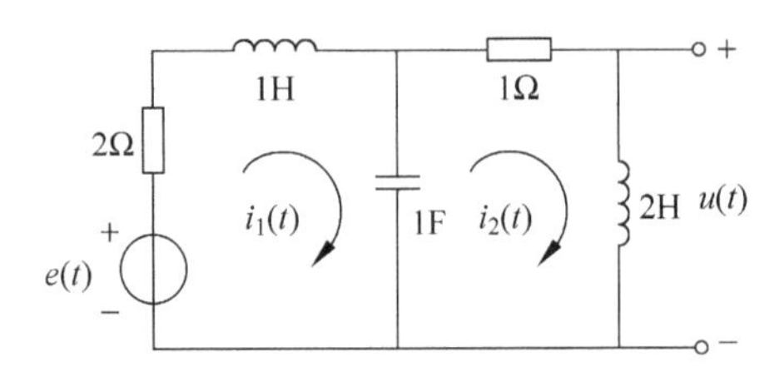

图 2.1 例 2.1 的电路

解 运用回路电流法可得

$$\begin{cases} 2i_1(t)+\dfrac{\mathrm{d}}{\mathrm{d}t}i_1(t)+\displaystyle\int_{-\infty}^{t}[i_1(\tau)-i_2(\tau)]\mathrm{d}\tau=e(t) \\ \displaystyle\int_{-\infty}^{t}[i_2(\tau)-i_1(\tau)]\mathrm{d}\tau+i_2(t)=-u(t) \end{cases}$$

其中

$$u(t)=L\frac{\mathrm{d}}{\mathrm{d}t}i_2(t)=2\frac{\mathrm{d}}{\mathrm{d}t}i_2(t)$$

运用消元法可得

$$2\frac{\mathrm{d}^3}{\mathrm{d}t^3}u(t)+5\frac{\mathrm{d}^2}{\mathrm{d}t^2}u(t)+5\frac{\mathrm{d}}{\mathrm{d}t}u(t)+3u(t)=2\frac{\mathrm{d}}{\mathrm{d}t}e(t)$$

由先修课程可知，电路中有三个独立的储能元件，故求得的方程是三阶微分方程。 ■

例 2.2 已知一个弹簧系统如图 2.2 所示。该弹簧的一端固定，另一端系有质量为 m 的物体。设作用于该物体的水平方向力为 $f(t)$，物体运动过程中受到的摩擦力与它的运动速度成正比，比例常数为 μ；弹簧的恢复力与弹簧的伸长成正比，比例常数为 k。求该物体的运动规律。

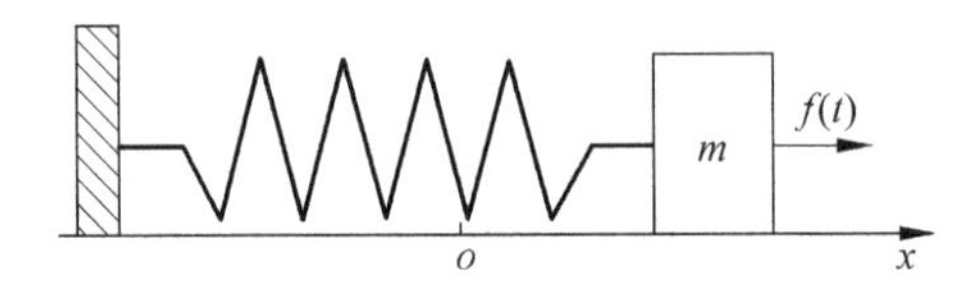

图 2.2 例 2.2 的系统

解 首先建立一个坐标系 ox，并把弹簧系统的初始平衡点选为坐标原点 o，根据牛顿定律可以建立以下的微分方程

$$m\frac{\mathrm{d}^2x}{\mathrm{d}t^2}=f(t)-kx-\mu\frac{\mathrm{d}x}{\mathrm{d}t}$$

由上式可以得到该重物的运动规律为

$$\frac{\mathrm{d}^2x}{\mathrm{d}t^2}+\frac{\mu}{m}\frac{\mathrm{d}x}{\mathrm{d}t}+\frac{k}{m}x=\frac{1}{m}f(t)$$

根据所加外力 $f(t)$ 以及上述参数的变化，还可把重物的运动规律作进一步的划分。

例如，当 $f(t)=0$ 时则为有阻尼的自由振动等。 ■

上面的例子对应两个完全不同的物理系统，但是描述它们输入、输出关系的方程式都是常系数、线性微分方程。当然，微分方程的阶次会因系统的不同而不同。

由此可见，线性常系数微分方程可以描述范围极广的系统和物理现象，可以用来表达系统输入、输出之间的关系。因此，可以把这一数学工具作为连续时间线性时不变系统的数学模型。在离散时间的情况下，它的数学模型是差分方程。与这两类模型有关的问题将在下面的章节作进一步的分析和讨论。

这里要强调的是，一个线性时不变系统可以用常系数微分方程或常系数差分方程来描述。但是，一个常系数微分方程或差分方程所描述的系统不一定是线性时不变系统。有关这方面的问题将在后续的章节里进行讨论。

2.3 线性时不变系统的微分方程和差分方程

如前所述，线性常系数微分方程和差分方程是线性时不变系统的数学模型，这类方程可以表示系统的输入输出特性。此外，微分方程用于连续时间系统，而差分方程用于离散时间系统。

显然，在进行连续时间系统分析时首先要解决如何建立系统微分方程的问题。一般来说，要根据给定的、具体系统的物理模型列出描述其工作特性的微分方程式。对于我们关心的电系统来说，建立模型时经常用到以下两个约束特性。

(1) 元件特性的约束。即读者非常熟悉的 RLC 电路中电压、电流的关系等。即

$$u_R(t) = Ri_R(t) \tag{2.1}$$

$$u_L(t) = L\frac{\mathrm{d}i_L(t)}{\mathrm{d}t} \tag{2.2}$$

$$u_C(t) = \frac{1}{C}\int_{-\infty}^{t} i_C(\tau)\mathrm{d}\tau \tag{2.3}$$

式中各符号分别表示 R,L,C 中相应的电压或电流。

(2) 网络拓扑的约束。用电工的语言来描述就是，由网络结构所决定的电压、电流间的约束关系，也就是读者非常熟悉的基尔霍夫电压定律和基尔霍夫电流定律等。

例 2.1 就是运用这些约束建立微分方程的一个例子。

线性常系数微分方程的一般形式是

$$\begin{aligned} &a_N\frac{\mathrm{d}^N}{\mathrm{d}t^N}y(t)+a_{N-1}\frac{\mathrm{d}^{N-1}}{\mathrm{d}t^{N-1}}y(t)+\cdots+a_1\frac{\mathrm{d}}{\mathrm{d}t}y(t)+a_0y(t)\\ =&b_M\frac{\mathrm{d}^M}{\mathrm{d}t^M}x(t)+b_{M-1}\frac{\mathrm{d}^{M-1}}{\mathrm{d}t^{M-1}}x(t)+\cdots+b_1\frac{\mathrm{d}}{\mathrm{d}t}x(t)+b_0x(t) \end{aligned} \tag{2.4}$$

或

$$\sum_{k=0}^{N}a_k\frac{\mathrm{d}^k}{\mathrm{d}t^k}y(t) = \sum_{k=0}^{M}b_k\frac{\mathrm{d}^k}{\mathrm{d}t^k}x(t) \tag{2.5}$$

式中,系数 a_k 和 b_k 是系统常数,它们与时间没有关系。$x(t)$是加到系统的输入信号或激励信号,$y(t)$是系统的输出或响应。当上式为线性函数关系,且 a_k,b_k 为常系数时,就称为线性常系数微分方程。

线性常系数差分方程的一般形式为

$$\sum_{k=0}^{N} a_k y[n-k] = \sum_{k=0}^{M} b_k x[n-k] \tag{2.6}$$

可见,它与线性常系数微分方程有类似的形式,只是用 $x[n]$、$y[n]$的位移代替了相应的微分。在式(2.6)中,未知序列变量的最高与最低序号之差是差分方程的阶次。如果该未知序列的序号是以递减的方式给出,即按

$$y[n], y[n-1], y[n-2], \cdots, y[n-N]$$

的方式给出,就称为后向形式的差分方程。反之,如果按递增的方式给出,即按

$$y[n], y[n+1], y[n+2], \cdots, y[n+N]$$

的方式给出,则称为前向形式的差分方程。对因果系统来说,采用后向的形式比较方便。

当给定初始条件后,可以利用递推法或经典法求出差分方程的完全解。

式(2.5)、式(2.6)所示微分方程或差分方程的阶次都是(N,M)。一般情况下 $N \geqslant M$,并且只用 N 来表示方程的阶数。

2.4 微分方程和差分方程的求解

由先修课程可知,在时域解法中,通常把微分方程或差分方程的完全解分解成如下两个部分,即

$$y(t) = y_{\mathrm{h}}(t) + y_{\mathrm{p}}(t) \tag{2.7}$$

或

$$y[n] = y_{\mathrm{h}}[n] + y_{\mathrm{p}}[n] \tag{2.8}$$

其中,$y_{\mathrm{h}}(t)$或 $y_{\mathrm{h}}[n]$为方程的齐次解,而 $y_{\mathrm{p}}(t)$或 $y_{\mathrm{p}}[n]$是方程的特解。

2.4.1 齐次解

在式(2.5)和式(2.6)中,当方程右端的各项,即与输入有关的各项全部为零时,就得到了齐次方程,该方程的解就是齐次解。

也就是说,微分方程的齐次方程是

$$\sum_{k=0}^{N} a_k \frac{\mathrm{d}^k}{\mathrm{d}t^k} y_{\mathrm{h}}(t) = 0 \tag{2.9}$$

齐次解的形式为

$$y_{\mathrm{h}}(t) = \sum_{i=1}^{N} c_i \mathrm{e}^{\alpha_i t} \tag{2.10}$$

其中 c_i 是待定系数；$\alpha_i, i=1,2,\cdots,N$ 是特征方程

$$\sum_{k=0}^{N} a_k \alpha^k = 0 \tag{2.11}$$

的 N 个根，并称为特征根。只要把式(2.10)代入齐次方程式(2.9)就可以证实，对于任意的一组常数 c_i，$y_h(t)$确是该齐次方程的解。显然，当特征根 α_i 是实数、纯虚数或复数时，齐次解分别为实指数函数、正弦函数以及指数增长或衰减的正弦函数。

对离散时间系统来说，齐次方程的形式为

$$\sum_{k=0}^{N} a_k y_h[n-k] = 0 \tag{2.12}$$

该方程对应的齐次解是

$$y_h[n] = \sum_{i=1}^{N} c_i \alpha_i^n \tag{2.13}$$

式中，c_i 是待定系数；$\alpha_i, i=1,2,\cdots,N$ 是离散系统特征方程

$$\sum_{k=0}^{N} a_k \alpha^{N-k} = 0 \tag{2.14}$$

的 N 个特征根。只要把式(2.13)代入齐次方程式(2.12)就可以证实，对于任意一组常数 c_i，$y_h[n]$确是该齐次方程的解。

对比式(2.11)和式(2.14)可知，连续系统和离散系统特征方程的形式是不同的。然而在两种系统中，都要由完全解满足初始条件来确定齐次解的待定系数 c_i，这将在后面详细讨论。

当特征方程式(2.11)或式(2.14)有重根时，齐次解的形式将有所变化。具体地说，当 α_j 是上述特征方程的 k 重根时，在式(2.10)或式(2.13)所表示的解中，与 α_j 有关的齐次解部分将变为

$$(d_0 + d_1 t + \cdots + d_{k-2} t^{k-2} + d_{k-1} t^{k-1}) e^{\alpha_j t} = \sum_{i=0}^{k-1} d_i t^i e^{\alpha_j t} \tag{2.15}$$

$$(d_0 + d_1 n + \cdots + d_{k-2} n^{k-2} + d_{k-1} n^{k-1}) \alpha_j^n = \sum_{i=0}^{k-1} d_i n^i \alpha_j^n \tag{2.16}$$

式中的 d_i 为常数。

为便于查阅，把微分方程和差分方程的齐次解小结于表 2.1。

对表 2.1 有以下说明：在实际求解时经常遇到特征方程为共轭复数根的情况，即

$$\alpha_1 = m + \mathrm{j}n, \quad \alpha_2 = m - \mathrm{j}n \tag{2.17}$$

在这种情况下，微分方程对应的齐次解为

$$y_h(t) = c_1 e^{\alpha_1 t} + c_2 e^{\alpha_2 t} \tag{2.18}$$

应用欧拉公式可得

$$\begin{aligned} y_h(t) &= c_1 e^{(m+\mathrm{j}n)t} + c_2 e^{(m-\mathrm{j}n)t} \\ &= e^{mt}[(c_1 + c_2)\cos nt + (c_1 - c_2)\mathrm{j}\sin nt] \\ &= e^{mt}[A_1 \cos nt + A_2 \sin nt] \end{aligned} \tag{2.19}$$

表 2.1 微分方程和差分方程的齐次解

系统		连续时间系统	离散时间系统
方程名称		微分方程	差分方程
方程式		$\sum_{k=0}^{N} a_k \frac{\mathrm{d}^k}{\mathrm{d}t^k} y(t) = \sum_{k=0}^{M} b_k \frac{\mathrm{d}^k}{\mathrm{d}t^k} x(t)$	$\sum_{k=0}^{N} a_k y[n-k] = \sum_{k=0}^{M} b_k x[n-k]$
齐次解	齐次方程	$\sum_{k=0}^{N} a_k \frac{\mathrm{d}^k}{\mathrm{d}t^k} y_h(t) = 0$	$\sum_{k=0}^{N} a_k y_h[n-k] = 0$
	特征方程	$\sum_{k=0}^{N} a_k \alpha^k = 0$	$\sum_{k=0}^{N} a_k \alpha^{N-k} = 0$
	齐次解	特征根 α_i 为单根时 $y_h(t) = \sum_{i=1}^{N} c_i \mathrm{e}^{\alpha_i t}$ 当 α_j 是特征方程的 k 重根时，上式中与 α_j 对应的项变为 $\sum_{i=0}^{k-1} d_i t^i \mathrm{e}^{\alpha_j t}$	特征根 α_i 为单根时 $y_h[n] = \sum_{i=1}^{N} c_i \alpha_i^n$ 当 α_j 是特征方程的 k 重根时，上式中与 α_j 对应的项变为 $\sum_{i=0}^{k-1} d_i n^i \alpha_j^n$

对于差分方程的情况也可以得到类似的结果。即

$$\alpha_1 = m + \mathrm{j}n = r\mathrm{e}^{\mathrm{j}\omega}, \quad \alpha_2 = m - \mathrm{j}n = r\mathrm{e}^{-\mathrm{j}\omega}$$

则

$$y_h[n] = r^n[A_1 \cos n\omega + A_2 \sin n\omega]$$

由前述可知，上面 $y_h(t)$、$y_h(n)$ 两式的待定系数 A_1 和 A_2 均由相应的完全解满足初始条件来确定，具体的求法将在下面讨论。

2.4.2 特解

在给定系统的输入时，微分方程或差分方程的任意一个解就叫做特解。如前所述，在式(2.7)和式(2.8)中用 $y_p(t)$ 或 $y_p(n)$ 表示特解。要注意的是，特解并不是唯一的。

一般把特解设为含有待定系数的特解函数式，并把激励函数的形式作为该特解函数式的形式。例如，当激励函数为 $x(t)=\mathrm{e}^{-at}$ 时，就把特解设为 $y_p(t)=c\mathrm{e}^{-at}$ 等。把这一特解代入微分方程式，求出待定系数 c，就得到了微分方程的特解 $y_p(t)$。

表 2.2 给出了一些常用的激励函数及相应特解的例子。对于更复杂的情况，可参见有关的资料。

对表 2.2 有如下几点说明：

(1) 表中列举的特解对应于全部时间内都有输入的情况。根据微分或差分方程给定的实际情况，特解将有相应的时间范围。

表 2.2　常用输入信号的特解形式

<table>
<tr><th colspan="2">微分方程</th><th colspan="2">差分方程</th></tr>
<tr><th>激励函数 $x(t)$</th><th>特解 $y_{\mathrm{p}}(t)$</th><th>激励函数 $x[n]$</th><th>特解 $y_{\mathrm{p}}(n)$</th></tr>
<tr><td>E(常数)</td><td>C(常数)</td><td>E(常数)</td><td>C(常数)</td></tr>
<tr><td>$\cos(\omega t+\phi)$</td><td rowspan="2">$c_1\cos(\omega t)+c_2\sin(\omega t)$</td><td>$\cos(\Omega n+\phi)$</td><td rowspan="2">$c_1\cos(\Omega n)+c_2\sin(\Omega n)$</td></tr>
<tr><td>$\sin(\omega t+\phi)$</td><td>$\sin(\Omega n+\phi)$</td></tr>
<tr><td rowspan="3">e^{at}</td><td>$c\mathrm{e}^{at}$,a 不是方程的特征根</td><td rowspan="3">a^n</td><td>ca^n,a 不是方程的特征根</td></tr>
<tr><td>$(c_0t+c_1)\mathrm{e}^{at}$
a 是方程的单特征根</td><td>$(c_0n+c_1)a^n$
a 是方程的单特征根</td></tr>
<tr><td>$\sum_{i=0}^{k}c_it^i\mathrm{e}^{at}$
a 是方程的 k 重特征根</td><td>$\sum_{i=0}^{k}c_in^ia^n$
a 是方程的 k 重特征根</td></tr>
<tr><td>t^n</td><td>$\sum_{i=0}^{n}c_it^i$</td><td>n^k</td><td>$\sum_{i=0}^{k}c_in^i$</td></tr>
</table>

对实际的物理系统来说,只有加上激励后才有响应,故所求的解答也是加上激励后的解。通常假定在 $t=0$ 时刻加入激励信号,也就是求 $t>0$ 时的响应 $y(t)$。因此,微分方程的解区间是

$$0_+\leqslant t<\infty$$

其中,0_+ 表示接入激励后的瞬时。同样,如果指明 $n=0$ 时刻才有输入,则差分方程的解区间为

$$0\leqslant n<\infty$$

(2) 由上可知,特解仅在 $t>0$ 时存在,故可采用在特解后面乘以 $u(t)$ 的方法来限定时间区域。然而,这种做法在 $t=0$ 点可能出现单位脉冲函数。虽然脉冲函数对 $t>0$ 的特解不会产生任何影响,但在特解后面乘以 $u(t)$ 会使计算过程变得复杂,因此在设定特解函数的形式时一般不带 $u(t)$。

(3) 表中的 c、c_k 等是待定系数。

(4) 要特别注意与齐次解函数形式相同,而 a 又是特征方程根时的情况。表中给出了特解为 e^{at}(或 a^n)时的例子。对于这种情况的处理方法是把特解设为

$$y_{\mathrm{p}}(t)=c_0t\mathrm{e}^{at}+c_1\mathrm{e}^{at} \tag{2.20}$$

由式(2.20)可见,它是在特解中增加了一项。一般情况下,所增加的项是把特解函数乘以一个 t 或 n。因此,增加项数后的特解与齐次解中所有项的函数形式都不同,把这种形式的特解代入原微分或差分方程,就可以确定出待定系数。

例 2.3　已知线性时不变系统的微分方程为

$$\frac{\mathrm{d}^3}{\mathrm{d}t^3}y(t)-y(t)=\sin t \tag{2.21}$$

初始条件为 $y(0)=0$,$y'(0)=0$ 和 $y''(0)=0$,求系统的完全响应。

解　系统的特征方程是

$$\gamma^3 - 1 = 0$$

特征根为

$$\gamma_1 = 1, \quad \gamma_2 = -0.5 + 0.866\mathrm{j}, \quad \gamma_3 = -0.5 - 0.866\mathrm{j}$$

因此，齐次解为

$$y_h(t) = c_1 \mathrm{e}^t + \mathrm{e}^{-0.5t}[a_1 \cos(0.866t) + a_2 \sin(0.866t)]$$

由于系统的激励信号是 $\sin(t)$，按照表 2.2，特解的形式为

$$y_p(t) = B_1 \cos t + B_2 \sin t$$

把特解代入方程式(2.21)可得

$$B_1 \sin t - B_2 \cos t - B_1 \cos t - B_2 \sin t = \sin t$$

合并同类项

$$(B_1 - B_2)\sin t - (B_1 + B_2)\cos t = \sin t$$

由上式可得

$$\begin{cases} B_1 - B_2 = 1 \\ B_1 + B_2 = 0 \end{cases}$$

特解的系数为

$$\begin{cases} B_1 = 1/2 \\ B_2 = -1/2 \end{cases}$$

由此可得完全响应的表达式为

$$y(t) = c_1 \mathrm{e}^t + \mathrm{e}^{-0.5t}[a_1 \cos(0.866t) + a_2 \sin(0.866t)] + \frac{1}{2}\cos t - \frac{1}{2}\sin t \tag{2.22}$$

根据给定的初始条件可得

$$\begin{cases} c_1 + a_1 + 0a_2 = -0.5 \\ c_1 - 0.5a_1 + 0.866a_2 = 0.5 \\ c_1 - 0.499a_1 - 0.866a_2 = 0.5 \end{cases}$$

由上式解出式(2.22)的待定系数为

$$c_1 = 0.1667, \quad a_1 = -0.6667, \quad a_2 = -0.0000169$$

因此，系统的完全响应是

$$y(t) = 0.1667\mathrm{e}^t - 0.6667\cos(0.866t)\mathrm{e}^{-0.5t} + 0.5\cos t - 0.5\sin t$$ ■

下面小结一下求微分方程或差分方程完全解的方法。

(1) 由特征方程的根求出齐次解 $y_h(t)$ 或 $y_h[n]$ 的表达式。

(2) 根据激励函数和特征根的情况，设定特解的形式。代入原方程，确定特解中的待定系数，并求得特解 $y_p(t)$ 或 $y_p[n]$。

(3) 完全解是以上两项的线性组合，即前面的式(2.7)或式(2.8)，现重新列在下面

$$y(t) = y_h(t) + y_p(t) \tag{2.7}$$

或

$$y[n] = y_h[n] + y_p[n] \tag{2.8}$$

(4) 在完全解的齐次解部分还有待定系数没有确定，可以根据初始条件求得。

需要强调的是，在确定齐次解的待定常数时，不能按齐次解 $y_h(t)$ 或 $y_h[n]$ 满足初始条件确定，而要根据完全解式(2.7)或式(2.8)满足初始条件来确定。也就是说，必须按上述步骤求出 $y(t)$ 或 $y[n]$ 的表达式后，才能用初始条件求出齐次解的各个待定系数。

2.4.3 初始条件的确定

1. 微分方程的初始条件

微分方程的一般形式是

$$\sum_{k=0}^{N} a_k \frac{\mathrm{d}^k}{\mathrm{d}t^k} y(t) = \sum_{k=0}^{M} b_k \frac{\mathrm{d}^k}{\mathrm{d}t^k} x(t) \tag{2.23}$$

上式描述了激励函数 $x(t)$ 和输出 $y(t)$ 之间的关系。但是，该式只给出了一种隐含的特性，没有用显式给出 $y(t)$ 和 $x(t)$ 的关系，只有求解微分方程才能得到所需要的显式关系。

由前述可知，在求解微分方程时必须给出初始条件。谈到初始条件，我们给出以下一些有助于理解的关键点：

(1) 从数学解法上分析，在求解微分方程时需要一组初始条件。可以把它看成是一组已知的数据，利用这种数据，就可以确定出方程完全解中有关的系数。

(2) 从系统的角度观察，初始条件就是 $t=t_0$ 瞬时的系统状态，把它作为已知数据，再根据系统模型和 $t>t_0$ 时刻的激励信号，就可以求出 t_0 瞬时以后任意时刻的系统响应。

(3) 对 n 阶系统来说，其数学模型是 n 阶微分方程，求解时需要的初始条件为 n 个。这些数据要由 n 个独立的条件给出，而这些条件通常取为系统的响应(即输出 $y(t)$)及其各阶导数在激励加入瞬时的数值，即

$$y^{(k)}(t)\big|_{t=0},\quad k=0,1,2,\cdots,n-1 \tag{2.24}$$

其中，$y^{(k)}(t)$ 表示 $y(t)$ 的 k 阶导数，而 $t=0$ 表示激励加入的时刻。

(4) 通常，系统的激励是在 $t=0$ 时刻加入的。对系统来说，存在着“激励加入前瞬时”的状态和“激励加入后瞬时”的状态。

我们用符号 $y(t=0_-)=y(0_-)$ 表示激励接入前瞬时系统的状态，它总结了计算响应所需要的所有过去的信息，称为系统的起始状态。我们还用符号 $y(t=0_+)=y(0_+)$ 表示激励接入后瞬时系统的状态，并称为系统的初始状态。

从物理概念上讲，加入激励信号后，系统响应及其各阶导数有可能在 $t=0$ 时刻发生跳变，即

$$y^{(k)}(0_+) \neq y^{(k)}(0_-) \tag{2.25}$$

这一条件说明，系统的起始状态发生了跳变。反之，若

$$y^{(k)}(0_+) = y^{(k)}(0_-) \tag{2.26}$$

则说明 $y^{(k)}(t)$ 在 $t=0$ 时刻连续。我们即将说明，系统的起始状态是否发生跳变对于

微分方程的求解来说是非常重要的。因此，区分 0_+ 和 0_- 状态是非常必要的。

我们用 $y_{zs}^{(k)}(0_+)$ 表示从 0_- 状态到 0_+ 状态的跳变量，即

$$y_{zs}^{(k)}(0_+) = y^{(k)}(0_+) - y^{(k)}(0_-) \tag{2.27}$$

或

$$y^{(k)}(0_+) = y^{(k)}(0_-) + y_{zs}^{(k)}(0_+) \tag{2.28}$$

因此，只要求出了跳变量，就可以依照式(2.28)从 $y^{(k)}(0_-)$ 求得 $y^{(k)}(0_+)$。

2. 初始条件的确定

如前所述，微分方程的解区间是

$$0_+ \leqslant t < \infty$$

也就是说，在实际的物理系统中，我们求解的是加入激励后系统的情况。因此，解微分方程时，为了求出齐次解中的待定常数，需要给出 t 在 0_+ 时刻的初始状态 $y^{(k)}(0_+)$。然而在实际系统的分析中，我们知道的往往是 t 在 0_- 时刻的起始状态 $y^{(k)}(0_-)$。所以，必须给出从 $y^{(k)}(0_-)$ 求出 $y^{(k)}(0_+)$ 的方法。为了实现这一点，需要根据系统本身、系统的起始状态以及激励信号的情况加以判断。

在包含电感和电容的系统中，初始条件的转换很直接，只需利用“系统内部储能的连续性”即可得到，也就是说：

电容上的电压不能跳变和电感中的电流不能跳变

上述储能连续性的前提是什么呢？

(1) 电容上电压不能跳变的前提是没有阶跃电压(或冲激电流)强迫作用于电容，此时

$$u_C(0_+) = u_C(0_-) \tag{2.29}$$

(2) 电感中电流不能跳变的前提是没有阶跃电流(或冲激电压)强迫作用于电感，此时

$$i_L(0_+) = i_L(0_-) \tag{2.30}$$

在解方程时，我们可以先求得 $u_C(0_-)$ 和 $i_L(0_-)$，根据以上两条规则就可以求出 $u_C(0_+)$ 和 $i_L(0_+)$。

除了 $u_C(t)$、$i_L(t)$ 之外，以下各量的初始值不受上述储能连续性条件的约束，如 $i_C(t)$、$u_L(t)$ 以及电阻两端的电压 $u_R(t)$、流经电阻的电流 $i_R(t)$ 等。因此，在接入激励的瞬时，这些量可能会发生跳变。通过前述元件特性约束和网络拓扑约束就可以求出 0_+ 时刻的相应值。

例 2.4 已知电路如图 2.3 所示。在 $t<0$ 时开关位于“1”，并已达到稳态，在 $t=0$ 时刻开关由位置“1”转换到位置“2”。从物理概念上判断 $i(0_-)$，$i'(0_-)$ 和 $i(0_+)$，$i'(0_+)$ 的数值。

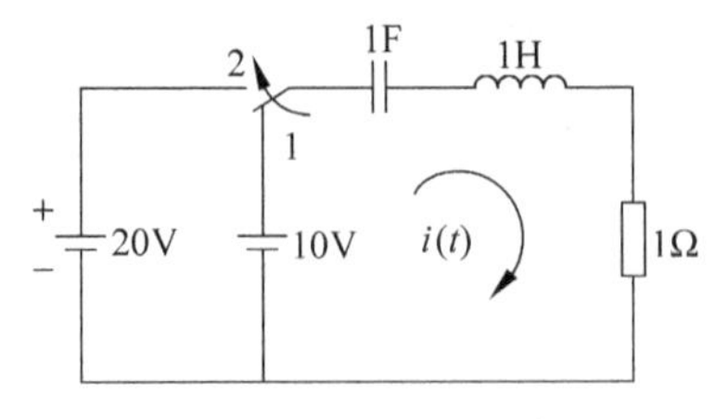

图 2.3 例 2.4 电路

解 当 $t<0$ 时，系统处于稳态，由于电容的存在，回路的电流为零，即

$$i(0_-) = 0$$

由于此时的电感相当于短路，其两端的电压为零，即

$$u_L(0_-) = 0$$

所以

$$i'(0_-) = 0$$

换路后，电感中的电流以及电容上的电压不会跳变，即

$$i(0_+) = i(0_-) = 0$$

$$u_C(0_+) = u_C(0_-) = 10\text{V}$$

但是，当开关换到 2 之后，接上了 20V 的电压，由于电容的存在，回路的电流为零，电阻两端的电压仍为零。因此，只有电感两端有一定的电压才能维持电路的平衡，由图 2.3 可以求得

$$u_L(0_+) = 10\text{V}$$

因此

$$i'(0_+) = 10\text{A/s}$$ ■

3. 差分方程的边界条件(即初始条件)

如前所述，可以用线性常系数差分方程来表征离散系统输入输出的关系。然而，对于一个给定的输入来说，系统的输出不是唯一的。和线性常系数微分方程一样，必须给出边界条件。不同的边界条件将导致不同的输入输出关系。由于 N 阶差分方程有 N 个待定系数，故需给出 N 个条件。和微分方程时的情况一样，边界条件也分为起始条件和初始条件。如果加入激励的时刻是 $n=0$，则初始条件是指加入激励后系统的状态 $y[0], y[1], y[2], \cdots, y[N-1]$，而起始条件是加入激励前的系统状态，即 $y[-1], y[-2], y[-3], \cdots, y[-N]$。

用经典法求解时，在分别求出齐次解和特解后，把边界条件代入完全解才可以确定出相应齐次解的待定系数。需要注意的另一个问题是，求待定系数时需要使用初始条件。所有这些都是因为我们求系统的全响应时，要考虑激励的作用，所以需要使用系统在 $n\geqslant 0$ 时的初始条件。如果系统给出的是 $n<0$ 时的起始条件，则要使用迭代法求出所需的初始条件。迭代法很简单，我们将通过例子加以说明。

例 2.5　已知系统的差分方程为

$$y[n] + \frac{1}{3}y[n-1] - \frac{5}{9}y[n-2] + \frac{1}{9}y[n-3] = x[n] - x[n-1]$$

系统激励信号为 $x[n]=\left(\frac{1}{2}\right)^n u[n]$，起始条件为 $y[-1]=0, y[-2]=1, y[-3]=\frac{1}{2}$。求系统的完全响应。

解　(1) 求差分方程的齐次解

系统的特征方程为

$$\alpha^3 + \frac{1}{3}\alpha^2 - \frac{5}{9}\alpha + \frac{1}{9} = 0$$

其特征根为

$$\alpha_1 = -1, \quad \alpha_2 = \alpha_3 = 1/3$$

故方程的齐次解为

$$y_h[n] = A_1(-1)^n + A_2\left(\frac{1}{3}\right)^n + A_3 n\left(\frac{1}{3}\right)^n$$

(2) 求差分方程的特解

系统的激励信号为 $x[n]=\left(\frac{1}{2}\right)^n u[n]$，而 $1/2$ 不是方程的特征根，故可把特解的形式选为

$$y_p[n] = D\left(\frac{1}{2}\right)^n$$

其中 D 为待定系数，代入原差分方程

$$D\left(\frac{1}{2}\right)^n + \frac{1}{3}D\left(\frac{1}{2}\right)^{n-1} - \frac{5}{9}D\left(\frac{1}{2}\right)^{n-2} + \frac{1}{9}D\left(\frac{1}{2}\right)^{n-3} = \left(\frac{1}{2}\right)^n - \left(\frac{1}{2}\right)^{n-1}$$

可得 $D=-3$，特解为

$$y_p[n] = -3\left(\frac{1}{2}\right)^n$$

由上可得完全解的表达式为

$$y[n] = y_h[n] + y_p[n] = A_1(-1)^n + A_2\left(\frac{1}{3}\right)^n + A_3 n\left(\frac{1}{3}\right)^n - 3\left(\frac{1}{2}\right)^n, \quad n \geqslant 0$$

(3) 求待定系数

根据题目所给的起始条件 $y[-1]=0, y[-2]=1, y[-3]=\frac{1}{2}$ 可以求得初始条件。例如把 $n=0$ 代入原差分方程可得

$$y[0] + \frac{1}{3}y[-1] - \frac{5}{9}y[-2] + \frac{1}{9}y[-3] = x[0] - x[-1]$$

由给定的 $x[n]$ 的表达式可知，$x[-1]=0$，故可求出 $y[0]=\frac{3}{2}$。同理可得 $y[1]=-\frac{10}{9}$，$y[2]=\frac{103}{108}$。把以上初始值代入完全解表达式可得

$$\begin{cases} y[0] = A_1 + A_2 - 3 = \dfrac{3}{2} \\ y[1] = -A_1 + \dfrac{1}{3}A_2 + \dfrac{1}{3}A_3 - \dfrac{3}{2} = -\dfrac{10}{9} \\ y[2] = A_1 + \dfrac{1}{9}A_2 + \dfrac{2}{9}A_3 - \dfrac{3}{4} = \dfrac{103}{108} \end{cases}$$

解联立方程可得 $A_1=\frac{35}{32}, A_2=\frac{109}{32}, A_3=\frac{25}{24}$。

(4) 系统的完全响应为

$$y[n] = \frac{35}{32}(-1)^n + \frac{109}{32}\left(\frac{1}{3}\right)^n + \frac{25}{24}n\left(\frac{1}{3}\right)^n - 3\left(\frac{1}{2}\right)^n, \quad n \geqslant 0$$

■

由本例可见，系统给出的起始条件是 N 个顺序的输出值 $y[-1],y[-2],\cdots,y[-N]$。但是，本题是在 $n=0$ 时刻加入激励，这意味着系统的响应区间为 $0\leqslant n<\infty$。我们用迭代法求得了所需的初始条件，即 $y[0],y[1],\cdots,y[N-1]$。

需要注意的一个重要问题是，在解差分方程时，通常采用的边界条件是如下的起始松弛条件：若离散时间系统的激励在 n 小于某个 n_0 时为零，则在 n 小于 n_0 时的输出 $y[n]$ 也为零，其公式表达如下。若

$$x[n]=0,\quad n<n_0$$

则

$$y[n]=0,\quad n<n_0$$

可以证明，当边界条件为起始松弛条件时，系统的特性为

(1) 表征系统的差分方程具有唯一解。

(2) 该系统为因果、线性、时不变系统。

反之，当系统为因果、线性、时不变系统时，其边界条件必然满足起始松弛条件。

上式的 n_0 可以是大于零或小于零的整数。显然，当上式的 $n_0<0$ 时，$y[-1]\neq 0$。所以，N 阶系统的起始松弛并不总是指 $y[-1]=y[-2]=\cdots=y[-N]=0$，而是说，若

$$x[n]=0,\quad n<n_0$$

则

$$y[n_0-1]=y[n_0-2]=\cdots=y[n_0-N]=0$$

在微分方程的情况下，N 阶系统的起始松弛条件是指：若由 $x(t)=0,t\leqslant t_0$ 可以得到 $y(t)=0,t\leqslant t_0$，则对 $t>t_0$ 的响应可以使用的初始条件为

$$y(t_0)=\frac{\mathrm{d}y(t_0)}{\mathrm{d}t}=\cdots=\frac{\mathrm{d}^{N-1}y(t_0)}{\mathrm{d}t^{N-1}}=0$$

所以，起始松弛条件就相应于激励信号加入时刻的零起始条件。

总之，由于我们主要讨论因果、线性、时不变系统，如无特别说明，凡涉及用微分方程或差分方程描述的系统时，总假设系统是起始松弛的；对于没有注明下标的所有初值一律按初始样值处理。

2.4.4 δ 函数平衡法

当阶跃电压(或冲激电流)作用于电容，或有阶跃电流(或冲激电压)作用于电感时，前述的储能连续性条件不再满足，因而 $u_C(0_-)$ 或 $i_L(0_-)$ 会发生跳变。鉴于求解跳变值的难度，一般不用直接的方法求，而是用本节讨论的 δ 函数平衡法求解。下面通过例题说明这一方法的要点。

例 2.6　已知微分方程

$$\frac{\mathrm{d}^3}{\mathrm{d}t^3}y(t)+4\frac{\mathrm{d}^2}{\mathrm{d}t^2}y(t)+5\frac{\mathrm{d}}{\mathrm{d}t}y(t)+2y(t)=\delta''(t)+3\delta(t)\qquad(2.31)$$

求跳变量 $y_{zs}(0_+)$，$y'_{zs}(0_+)$和 $y''_{zs}(0_+)$。

解　由于是三阶微分方程，需要三个初始条件，分析及求解的步骤如下：

(1) 式(2.31)的右端出现了 δ 函数,最高阶次为二阶。作为方程,左端应该有相应的函数项。显然,两边的匹配应该从方程左端的最高阶导数项开始,即认为在 $\frac{\mathrm{d}^3}{\mathrm{d}t^3}y(t)$ 中含有 $\delta''(t)$。

问题:既然式(2.31)右端 δ 函数的最高阶次为二阶,即 $\delta''(t)$,那么可以认为是在 $\frac{\mathrm{d}^2}{\mathrm{d}t^2}y(t)$ 项,而不是在最高阶导数项中含有 $\delta''(t)$ 吗,为什么?

(2) 由于在 $\frac{\mathrm{d}^3}{\mathrm{d}t^3}y(t)$ 项中含有 $\delta''(t)$,于是 $\frac{\mathrm{d}^2}{\mathrm{d}t^2}y(t)$ 项中就含有 $\delta'(t)$,$\frac{\mathrm{d}}{\mathrm{d}t}y(t)$ 项中含有 $\delta(t)$ 等。我们用→表示 δ 函数高阶、低阶导数项间的这种关联关系。

显然,还必须考虑微分方程中各项前面的系数。例如 $\frac{\mathrm{d}^2}{\mathrm{d}t^2}y(t)$ 项前面的系数是 4,所以对应有 $4\delta'(t)$ 等。我们把上面的过程图示如下:

$$
\begin{array}{llll}
\multicolumn{4}{l}{\frac{\mathrm{d}^3}{\mathrm{d}t^3}y(t)+4\frac{\mathrm{d}^2}{\mathrm{d}t^2}y(t)+5\frac{\mathrm{d}}{\mathrm{d}t}y(t)+2y(t)=\delta''(t)+3\delta(t)} \\
\delta''(t) & \rightarrow\delta'(t) & \rightarrow\delta(t) & \rightarrow u(t) \\
 & \downarrow\times 4 & \downarrow\times 5 & \\
 & 4\delta'(t) & 5\delta(t) &
\end{array}
\tag{2.32}
$$

(3) 由式(2.32)可见,等式左边出现了 $4\delta'(t)$,而右端没有相应的项。为了保持方程两端的平衡,左端必须自己"消化"掉 $4\delta'(t)$。也就是说,在左端一定要出现 $-4\delta'(t)$ 项。同样,$-4\delta'(t)$ 应该出现在最高阶导数项。于是,在 $\frac{\mathrm{d}^3}{\mathrm{d}t^3}y(t)$ 中除含有 $\delta''(t)$ 外,还应含有 $-4\delta'(t)$。式(2.33)中向左的箭头就表示这种自端平衡的功能项。

(4) 反复使用上述的"关联"和"自端平衡"等步骤,就可以实现方程两边 δ 函数的平衡。完整的步骤如下:

$$
\begin{array}{llll}
\multicolumn{4}{l}{\frac{\mathrm{d}^3}{\mathrm{d}t^3}y(t)+4\frac{\mathrm{d}^2}{\mathrm{d}t^2}y(t)+5\frac{\mathrm{d}}{\mathrm{d}t}y(t)+2y(t)=\delta''(t)+3\delta(t)} \\
\delta''(t) & \rightarrow\delta'(t) & \rightarrow\delta(t) & \rightarrow u(t) \\
 & \downarrow\times 4 & \downarrow\times 5 & \\
-4\delta'(t) & \leftarrow 4\delta'(t) & 5\delta(t) & \\
\quad\downarrow & \rightarrow -4\delta(t) & \rightarrow -4u(t) & \\
 & \quad\downarrow\times 4 & & \\
14\delta(t) & \leftarrow -16\delta(t) & & \\
\downarrow\ \rightarrow & \quad 14u(t) & &
\end{array}
\tag{2.33}
$$

根据式(2.33)可以得到

$$y_{zs}(0_+)=1,\quad y'_{zs}(0_+)=-4,\quad y''_{zs}(0_+)=14 \qquad ■$$

从上例可见:

(1) 如果微分方程的右端有 $\delta(t)$ 或 $\delta(t)$ 的导数项,方程的左端就应该有相应项并导致 $u(t)$ 的出现,而 $u(t)$ 的出现就意味着该项的状态发生了跳变,即意味着

$$y^{(k)}(0_+) \neq y^{(k)}(0_-)$$

这里的 k 为整数,表示系统响应的 k 阶导数。

由此可见,微分方程初始条件连续的充要条件就是微分方程的右端不包含单位脉冲 $\delta(t)$或者 $\delta(t)$的导数项。

(2) 由上述可知,δ 函数平衡法不是求微分方程的解,它通过平衡两边的 δ 函数求出 $y(t)$以及 $y^{(k)}(t)$在激励函数不连续点处的跳变量,并据此求出解方程所需要的初始条件。

(3) 由式(2.33)可见,在$\frac{\mathrm{d}^3}{\mathrm{d}t^3}y(t)$的纵列中除 $\delta''(t)$外还出现了 $\delta'(t)$和 $\delta(t)$等项。这表明在$\frac{\mathrm{d}^3}{\mathrm{d}t^3}y(t)$项中包含有 $\delta(t)$及其各阶导数的情况。观察$\frac{\mathrm{d}^2}{\mathrm{d}t^2}y(t)$等项纵列的情况也可以判断出该项包含 $\delta(t)$及其各阶导数的情况。通过这一观察得到的结论将用于后面的推导。

(4) 设微分方程表示的系统如下

$$\begin{aligned} &a_N \frac{\mathrm{d}^N}{\mathrm{d}t^N}y(t) + a_{N-1} \frac{\mathrm{d}^{N-1}}{\mathrm{d}t^{N-1}}y(t) + \cdots + a_1 \frac{\mathrm{d}}{\mathrm{d}t}y(t) + a_0 y(t) \\ &= b_M \frac{\mathrm{d}^M}{\mathrm{d}t^M}x(t) + b_{M-1} \frac{\mathrm{d}^{M-1}}{\mathrm{d}t^{M-1}}x(t) + \cdots + b_1 \frac{\mathrm{d}}{\mathrm{d}t}x(t) + b_0 x(t) \end{aligned} \tag{2.34}$$

在方程式(2.34)中,当右端出现了 $\delta(t)$及其导数项时,在 $y(t)$中就有可能含有 $\delta(t)$或 $\delta(t)$的高阶导数项。仔细观察并归纳本节内容可以发现,$y(t)$中是否含有这些项与 N 和 M 的相对大小有关系,下面就来讨论这个问题。N,M 之间的关系有以下三种:

① $N>M$

由前可知,左端的$\frac{\mathrm{d}^N}{\mathrm{d}t^N}y(t)$对应于右端的$\frac{\mathrm{d}^M}{\mathrm{d}t^M}\delta(t)$。设 $N=M+1$,则$\frac{\mathrm{d}}{\mathrm{d}t}y(t)\leftrightarrow\delta(t)$。所以 $y(t)$中不含 $\delta(t)$。

② $N=M$

由上可知,$y(t)$中只含有 $\delta(t)$项,不含 $\delta(t)$的导数项。

③ $N<M$

$y(t)$中含有 $\delta(t)$的某些高阶导数项。

因此,根据 N 和 M 之间的关系,可以判断出所需的初始条件以及求得结果的正误。

2.4.5　零输入响应和零状态响应

从物理概念上分析,可以把系统的完全响应分解成由系统激励产生的响应和由系统起始状态产生响应的线性组合。当然,进行这种分解的前提是该系统必须为线性系统。这一思路形成了在信息、控制和系统等领域获得广泛应用的零输入响应和零状态响应的求解方法。

在本节的讨论中，一个隐含的假定是，把加入激励的时刻定为 $t=0$ 或 $n=0$。

1. 零输入响应 $y_{zi}(t)$ 和 $y_{zi}[n]$

当激励信号 $x(t)$（或 $x[n]$）为零，或者不考虑激励信号的作用，只由系统起始状态产生的响应称为系统的零输入响应，并记为 $y_{zi}(t)$（或 $y_{zi}[n]$）。

因此，零输入响应满足齐次微分方程和相应的起始状态，即满足

$$\sum_{k=0}^{N} a_k \frac{\mathrm{d}^k}{\mathrm{d}t^k} y_{zi}(t) = 0$$

和

$$y^{(k)}(0_-), \quad k = 1,2,\cdots,N$$

由此可见，零输入响应具有齐次解的形式。由于没有激励信号的作用，系统在起始时刻的储能或系统的状态不会发生变化，即

$$y^{(k)}(0_+) = y^{(k)}(0_-)$$

因此，只需根据特征根设定齐次解的形式，并利用系统的起始状态 $y^{(k)}(0_-)$ 就可以确定出零输入响应的待定系数。

应该注意的是，尽管零输入响应具有齐次解的形式，但零输入响应只是齐次解的一部分。与零输入响应不同的是，齐次解的系数要由系统的初始状态和激励信号共同确定。因此在初始状态为零时，系统的零输入响应为零，但在激励信号的作用下，齐次解并不为零。

在离散系统的情况下，零输入响应满足如下的齐次差分方程和相应的起始条件，即满足

$$\sum_{k=0}^{N} a_k y_{zi}[n-k] = 0$$

和

$$y_{zi}[-k], \quad k = 1,2,\cdots,N$$

2. 零状态响应

系统的起始状态为零，或者不考虑系统起始时刻储能的作用，仅由系统的激励信号 $x(t)$ 产生的响应称为零状态响应。零状态响应满足微分方程

$$\sum_{k=0}^{N} a_k \frac{\mathrm{d}^k}{\mathrm{d}t^k} y_{zs}(t) = \sum_{k=0}^{M} b_k \frac{\mathrm{d}^k}{\mathrm{d}t^k} x(t)$$

以及起始状态 $y^{(k)}(0_-)=0, k=0,1,\cdots,N-1$。

系统的零状态响应为

$$y_{zs}(t) = \sum_{i=1}^{N} c_i \mathrm{e}^{\alpha_i t} + y_p(t) \tag{2.35}$$

由前述可知，加入激励后，系统的起始状态可能会发生跳变，在求解微分方程时应该

使用 $y^{(k)}(0_+)$。由式(2.28)可知

$$y^{(k)}(0_+) = y^{(k)}(0_-) + y_{zs}^{(k)}(0_+)$$

而 $y^{(k)}(0_-)=0$,所以

$$y^{(k)}(0_+) = y_{zs}^{(k)}(0_+)$$

也就是说,求解系统零状态响应的待定系数,即式(2.35)的系数 $c_i, i=1,2,\cdots,N$ 时,使用的初始条件就是上面的跳变量 $y_{zs}^{(k)}(0_+)=y^{(k)}(0_+)$。显然,也可以把式(2.35)的结果看成是 $y^{(k)}(0_-)=0$ 条件下的全响应。

由式(2.35)可见,零状态响应既含齐次解(该式右端的第一项)又含特解 $y_p(t)$。因此,零状态响应既与系统有关,也与激励信号有关。

对于离散系统来说,它满足差分方程

$$\sum_{k=0}^{N} a_k y_{zs}[n-k] = \sum_{k=0}^{M} b_k x[n-k]$$

以及相应的起始条件

$$y[-k] = 0, \quad k = 1,2,\cdots,N$$

3. 完全响应

由零输入响应和零状态响应的定义可知

完全响应 = 零输入响应 + 零状态响应

即

$$y(t) = y_{zi}(t) + y_{zs}(t)$$

或

$$y[n] = y_{zi}[n] + y_{zs}[n]$$

例 2.7 已知系统的差分方程为

$$y[n] - 3y[n-1] = u[n], \quad y[0] = 2 \tag{2.36}$$

求该系统的零输入响应、零状态响应和全响应。

解 根据上述讨论,在求解零输入响应和零状态响应时,先要分清各自的边界条件。例如在求解零输入响应时,应根据系统的起始条件或零输入响应的边界条件求其待定系数。

由式(2.36)可见,差分方程为一阶,故仅需一个起始条件。但是,本题给出的 $y[0]=2$ 是全响应的初始条件,不能用来求零输入响应的系数。由于

$$y(0) = y_{zi}(0) + y_{zs}(0)$$

所以,可以从给定的 $y(0)$ 求出相应的 $y_{zi}(0)$ 和 $y_{zs}(0)$。具体的求法如下:把 $n=0$ 代入式(2.36),则

$$y[0] - 3y[0-1] = 1$$

可以求出 $y[-1]$。由于式(2.36)中的激励是 $u[n]$,所以 $y[-1]$ 仅取决于系统的起始状态,即

$$y_{zi}[-1] = y[-1] = \frac{1}{3}$$

由上述可知,求得的 $y[-1]$ 应该满足齐次方程式,即

$$y[n]-3y[n-1]=0 \tag{2.37}$$

把 $n=0$ 代入上式可以解出

$$y_{zi}[0]=1$$

由此可以求出零状态响应的初始条件为

$$y_{zs}[0]=y[0]-y_{zi}[0]=1$$

通过以上分析,我们分清并求得了全响应的初始条件、零输入响应的初始条件和零状态响应的初始条件,下面进行具体的求解。

(1) 用迭代法求解

① 零输入响应

把式(2.37)写成递推形式,当 $n\geqslant 0$ 时

$$y[n]=3y[n-1]$$

经迭代可得

$$\begin{cases} y[0]=3y[-1]=1 \\ y[1]=3y[0]=3 \\ y[2]=3y[1]=3^2 \\ \cdots \end{cases}$$

即

$$y[n]=3^n,\quad n\geqslant 0$$

当 $n<0$ 时,可以得到如下的迭代公式和迭代结果

$$y[n-1]=\frac{1}{3}y[n]$$

$$\begin{cases} y[-1]=\dfrac{1}{3}y[0]=\dfrac{1}{3}=3^{-1} \\ y[-2]=\dfrac{1}{3}y[-1]=\left(\dfrac{1}{3}\right)^2=3^{-2} \\ y[-3]=\dfrac{1}{3}y[-2]=\left(\dfrac{1}{3}\right)^3=3^{-3} \\ \cdots \end{cases}$$

即

$$y[-n]=3^{-n},\quad n<0$$

因此,系统的零输入响应为

$$y_{zi}[n]=3^n,\quad 全部\ n$$

② 零状态响应

零状态响应意味着 $y[n]=0,n<0$。由式(2.36)可得

$$y[n]=u[n]+3y[n-1]$$

$$\begin{cases} y[0]=u[0]+3y[-1]=1 \\ y[1]=u[1]+3y[0]=4 \\ y[2]=u[2]+3y[1]=13 \\ \cdots \end{cases}$$

所以

$$y_{zs}[n]=\frac{1}{2}(3^{n+1}-1),\quad n\geqslant 0$$

③ 系统的全响应为

$$\begin{aligned}y[n]&=y_{zi}[n]+y_{zs}[n]\\&=3^n u[-n-1]+\frac{1}{2}(5\times 3^n-1)u[n]\end{aligned}$$

(2) 用经典法求解

① 零输入响应

由式(2.36)可以求得系统的齐次解和特解分别为

$$y_h[n]=C3^n$$

$$y_p[n]=B=-\frac{1}{2}$$

由此可以求得零输入响应

$$y_{zi}[n]=C3^n$$

代入起始条件 $y_{zi}[0]=1$，可得 $C=1$，所以

$$y_{zi}[n]=3^n,\quad \text{全部 } n$$

② 全响应

由于全响应为 $y[n]=C3^n-\frac{1}{2}$，代入初始条件 $y[0]=2$ 可以求出 $C=\frac{5}{2}$。所以全响应为

$$y[n]=\frac{1}{2}(5\times 3^n-1)u[n]$$

在确定上式的系数 C 时，使用的初始条件为 $y[0]=2$，它包含了输入序列，即 $u[n]$ 的作用，所以该式的解区间为 $n\geqslant 0$。

一个明显的事实是：如果在 $n=0$ 时刻加入输入信号，则 $n\geqslant 0$ 时的输出序列 $y[n]$ 就与 $n<0$ 时的解不一样。上面仅求出了 $n\geqslant 0$ 时的解，若需给出所有 n 的全响应时，还应该包括 $n<0$ 范围的解，而这部分解与 $n<0$ 时的零输入响应相同。所以

$$y[n]=3^n u[-n-1]+\frac{1}{2}(5\times 3^n-1)u[n]$$

③ 零状态响应

$$\begin{aligned}y_{zs}[n]&=y[n]-y_{zi}[n]\\&=\frac{1}{2}(3^{n+1}-1),\quad n\geqslant 0\end{aligned}$$

■

4. 其他分解方法

在信号与系统中，把完全响应进行分解的常见方法还有：

(1) 暂态响应和稳态响应

所谓暂态响应是指系统的完全响应中，当 $t\to\infty$ 时趋近于零的那部分响应分量，

而把 $t\to\infty$ 时不趋近于零的分量称为稳态响应。也就是说，在全响应中，凡是按指数衰减的各项都是暂态分量。

(2) 自由响应(固有响应)和强迫响应

当用微分方程模拟系统时，常把齐次解称为系统的自由响应。这是因为齐次解的函数形式与激励函数的形式无关，仅与系统的特征根有关，即仅依赖于系统本身的特性。此外，特解的形式取决于系统的激励信号，故也称为系统的强迫响应。

5. 几种分解方法之间的关系

系统响应的不同分解方法之间有着紧密的联系。例如，零状态响应为强迫响应加上一部分自由响应，零输入响应是自由响应的一部分；强迫响应中不随时间变化的部分为稳态响应、随时间衰减的部分是暂态响应等。

需要明确的是，尽管系统的响应有多种描述方法，但主要应掌握用零输入响应和零状态响应进行分解的方法。由于读者比较熟悉齐次解和特解的分解方法，要做到这点是比较容易的。

为便于对比和记忆，并加深对初始条件等问题的理解，我们把微分方程完全解不同分解方法之间主要的关系归纳成表 2.3。

表 2.3　微分方程完全响应不同分解方法之间的关系

<table>
<tr><th rowspan="2">项目</th><th colspan="2">方程解的组合方式一</th><th colspan="2">方程解的组合方式二</th></tr>
<tr><th>齐次解或自由响应</th><th>特解或强迫响应</th><th>零输入响应</th><th>零状态响应</th></tr>
<tr><td>对应的方程</td><td>齐次方程</td><td>整个微分方程</td><td>齐次方程</td><td>整个微分方程</td></tr>
<tr><td>解的符号表示</td><td>$y_h(t)$</td><td>$y_p(t)$</td><td>$y_{zi}(t)$</td><td>$y_{zs}(t)$</td></tr>
<tr><td>求待定系数使用的条件</td><td colspan="2">齐次解的待定系数要由完全响应的表达式和初始状态 $y^{(k)}(0_+)$ 确定</td><td>由起始状态确定
$y^{(k)}(0_-)$
$k=0,1,\cdots,N-1$</td><td>由跳变值确定
$y_{zs}^{(k)}(0_+)=y^{(k)}(0_+)$
$k=0,1,\cdots,N-1$</td></tr>
<tr><td>相互关系</td><td>齐次解为零输入响应＋零状态响应的一部分</td><td>特解为零状态响应的一部分</td><td>齐次解的一部分</td><td>特解＋齐次解的一部分</td></tr>
</table>

例 2.8　线性时不变系统的微分方程是

$$\frac{\mathrm{d}^2}{\mathrm{d}t^2}y(t)+3\frac{\mathrm{d}}{\mathrm{d}t}y(t)+2y(t)=\frac{\mathrm{d}}{\mathrm{d}t}x(t)+2x(t)$$

已知 $x(t)=u(t)$，$y(0_-)=1$，$y'(0_-)=1$。求该系统的齐次解、特解、完全解以及零输入响应和零状态响应。指出其中的自由响应和强迫响应分量。

解　把激励信号代入上述微分方程可得

$$\frac{\mathrm{d}^2}{\mathrm{d}t^2}y(t)+3\frac{\mathrm{d}}{\mathrm{d}t}y(t)+2y(t)=\delta(t)+2u(t)$$

(1) 完全响应

特征方程为

$$\alpha^2+3\alpha+2=0$$

齐次解为

$$y_h(t)=c_1\mathrm{e}^{-t}+c_2\mathrm{e}^{-2t}$$

特解为

$$y_p(t)=1$$

所以，系统的完全响应为

$$y(t)=c_1\mathrm{e}^{-t}+c_2\mathrm{e}^{-2t}+1,\quad t>0 \tag{2.38}$$

由 δ 函数平衡法可得 $y_{zs}(0_+)=0$，$y'_{zs}(0_+)=1$。所以

$$y(0_+)=y(0_-)+y_{zs}(0_+)=1$$
$$y'(0_+)=y'(0_-)+y'_{zs}(0_+)=2$$

把上面的两个初始条件代入式(2.38)，则

$$y(0_+)=c_1+c_2+1=1$$
$$y'(0_+)=-c_1-2c_2=2$$

由此可以求出 $c_1=2$，$c_2=-2$，所以系统的完全解为

$$y(t)=2\mathrm{e}^{-t}-2\mathrm{e}^{-2t}+1,\quad t>0$$

显然，前两个指数项是齐次解或系统的自由响应，而第三项是特解或系统的强迫响应。

(2) 零输入响应

由于没有输入，特解为零。还是由于没有输入，状态不会跳变，故可使用 $y^{(k)}(0_-)$ 求解，即把 $y(0_-)=1$，$y'(0_-)=1$ 直接代入上面的齐次解表达式

$$y(0_-)=c_1+c_2=1$$
$$y'(0_-)=-c_1-2c_2=1$$

由上两式可以求出 $c_1=3$，$c_2=-2$，所以系统的零输入响应为

$$y_{zi}(t)=3\mathrm{e}^{-t}-2\mathrm{e}^{-2t}$$

(3) 零状态响应

此时要使用 $y_{zs}^{(k)}(0_+)$，代入式(2.38)可得

$$y_{zs}(0_+)=c_1+c_2+1=0$$
$$y'_{zs}(0_+)=-c_1-2c_2=1$$

由上两式可以求出 $c_1=-1$，$c_2=0$，所以系统的零状态响应为

$$y_{zs}(t)=-\mathrm{e}^{-t}+1,\quad t>0$$

此外，通常可以按

零状态响应 = 完全响应 − 零输入响应

求解，得到的结果与上面相同。 ■

如前所述，在解微分方程时总会遇到从 $y^{(k)}(0_-)$ 求 $y^{(k)}(0_+)$ 的问题。为此，我们介绍了用物理概念分析电路模型的方法以及 δ 函数平衡法。从求解过程可见，这些方法都比较繁琐。

在线性时不变系统的分析中，经常利用以下方法避开求取 $y^{(k)}(0_+)$ 这一步，常用

的方法是：

(1) 通过求零输入响应和零状态响应的方法求完全解

求零状态响应时可以采用即将讨论的卷积积分法，该法可以非常简便地得到结果，无需求解 $y_{zs}^{(k)}(0_+)$。

在求零输入响应时，由于没有外界激励的作用，系统的状态不会发生跳变，即

$$y^{(k)}(0_+)=y^{(k)}(0_-),\quad k=0,1,\cdots,N-1$$

所以，可用 $y^{(k)}(0_-)$直接求得零输入响应。

把上述二者相加就得到了完全响应。我们即将看到这一求解过程是非常简单的。

(2) 在拉普拉斯变换中用 0_- 系统求解，我们将在第 5 章进行讨论。

2.5 用微分方程和差分方程描述的一阶系统的方框图表示

以上介绍了用线性常系数微分方程或线性常系数差分方程描述的系统。尽管我们强调了这类方程是系统的数学模型，对方程的建立和求解也进行了较为深入的复习和讨论。但是，读者对方程与系统之间的联系可能还停留在具体的电路或比较抽象的概念上。通过对系统框图的介绍可以加深对系统特性等问题的理解。

本节将对微分方程、差分方程和系统之间的关系给出更为直观的解释，并介绍系统的实现方法。读者即将发现，上述数学工具所表示的系统原本是非常熟悉的！

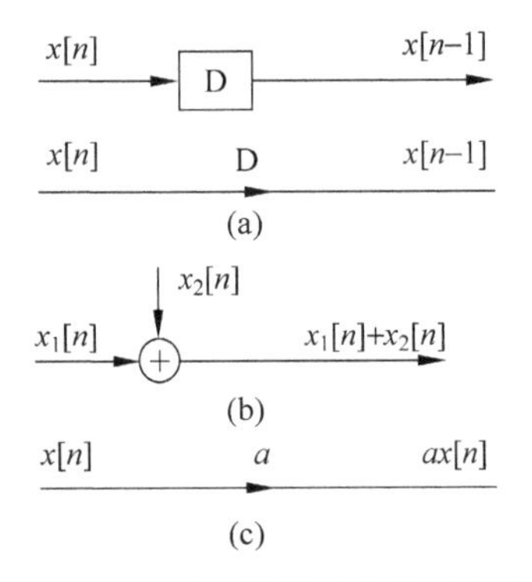

图 2.4 基本运算单元的符号表示
(a) 延时；(b) 相加运算；(c) 乘以系数

在离散时间系统中，LTIS 的输入输出关系常用 N 阶线性常系数差分方程表示，即

$$\sum_{i=0}^{N}b_iy[n-i]=\sum_{j=0}^{M}a_jx[n-j]\tag{2.39}$$

广义地说，上式是一种算法，既可以在数字计算机上实现，也可用专门的硬件实现。由该式可知，它只包含三种运算，即相加运算、乘以系数和延时。尽管在第 1 章已经介绍过某些运算的图形符号，但为简化起见，也可以用图 2.4 的符号表示这些运算。其中，图 2.4(a)的两种表示等效。利用图 2.4 的基本单元可以实现一个任意的 LTIS。

例 2.9 设有一阶差分方程

$$y[n]-ay[n-1]=bx[n-1]\tag{2.40}$$

画出该系统的框图。

解 从式(2.40)可知，它包含三种基本的运算单元，即相加、乘以系数和延迟。为了进一步了解如何用上述基本单元构造出系统，把式(2.40)重写如下

$$y[n]=ay[n-1]+bx[n-1]\tag{2.41}$$

分析式(2.41)可知，把系统的输出 $y[n]$延迟一个时间单元，并乘以一个系数 a

之后，就可以得到 $ay[n-1]$，用同样的方法可以得到 $bx[n-1]$。把这两项相加就得到了系统的响应 $y[n]$，其实现框图如图 2.5 所示。这是一个多么熟悉又多么简单的数字系统！而它的数学模型就是式(2.40)！由于该系统把 $ay[n-1]$反馈回来并作为输入的一部分，所以是一个反馈系统。■

例 2.10　画出以下系统的框图

$$y[n]=b_0x[n]+b_1x[n-1]$$

解　显然，这个 LTIS 与例 2.9 不同，它不包含反馈环节。其实现框图见图 2.6。■

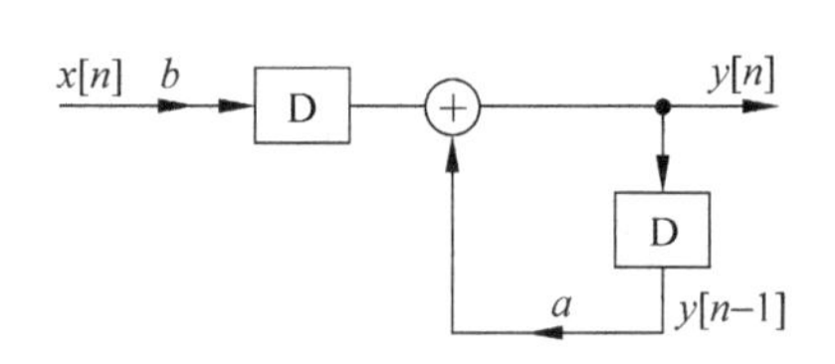

图 2.5　式(2.41)所描述系统的框图表示

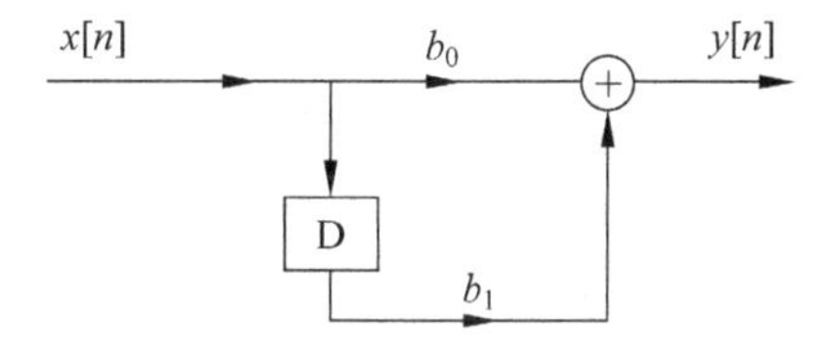

图 2.6　例 2.10 的系统框图

下面讨论用微分方程描述的连续时间系统，设系统的数学模型是

$$\frac{\mathrm{d}y(t)}{\mathrm{d}t}+ay(t)=bx(t) \tag{2.42}$$

方程中也有三种基本运算，即相加、乘以系数和微分。这些运算单元在前面已有介绍，把它们适当组合就得到了式(2.42)的框图，并示于图 2.7(a)。

需要说明的是，微分器对误差和噪声比较敏感，故在实用上常使用积分器。为此，把式(2.42)改写为

$$\frac{\mathrm{d}}{\mathrm{d}t}y(t)=-ay(t)+bx(t)$$

对方程的两边积分，在 $y(-\infty)=0$ 的情况下可得

$$y(t)=\int_{-\infty}^{t}[-ay(\tau)+bx(\tau)]\mathrm{d}\tau \tag{2.43}$$

系统的框图实现如图 2.7(b)所示。顺便说明的是，积分器是连续时间系统的存储单元，用运算放大器可以实现积分运算。

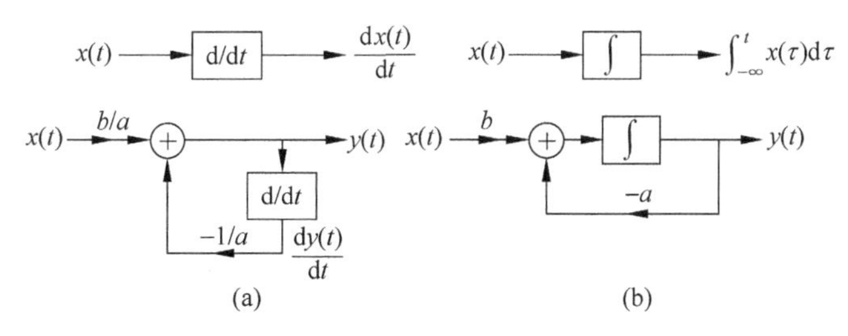

图 2.7　系统框图表示及组成系统的基本单元

(a) 微分器和式(2.42)表示的系统；(b) 积分器和式(2.43)表示的系统

采用类似的方法可以构建出用高阶微分方程或高阶差分方程描述的系统框图。当阶数更高时，系统的结构会复杂一些，但方程和它所描述系统的关系是完全一样的。

总之,对于线性时不变系统可以列出相应的线性常系数微分方程或线性常系数差分方程,进而可用上述的框图表示。实际上,每个框图都是对系统进行模拟的一种算法,除了可用硬件实现外,也可以在计算机上进行模拟。在模拟过程中,只要调整框图中的系数,就可以得到不同的响应,直到设计出满足性能要求的系统为止。

框图表示法非常直观,对于理解课程内容很有帮助,作为系统模拟的方法也受到了广大设计和试验工作者的普遍欢迎。

2.6 系统的单位脉冲响应

在分析和综合线性时不变系统时,经常使用线性时不变系统的一个非常重要的性质,这就是如果知道了系统对某个或若干个输入的响应,就能直接计算出它对相当多其他激励的响应。这样做的主要依据是系统的叠加特性和时不变特性,而主要的手段就是本节讨论的系统的脉冲响应。我们即将看到,为了求得线性时不变系统对任意激励的响应,最好的方法就是把输入信号分解。我们已经讨论过信号分解的一些方法,而信号分解的实质就是根据需要把信号分解成简单信号的叠加。

如果把信号分解成一组基本信号的组合,即

$$x(t) = x_1(t) + x_2(t) + \cdots + x_n(t) \tag{2.44}$$

又求出了系统对基本信号 $x_i(t)$ 的响应 $y_i(t)=H[x_i(t)]$, $i=1,2,\cdots,n$。那么根据线性系统的叠加特性,就可以求出系统对任意复杂信号的响应

$$y(t) = \sum_{i=1}^{n} y_i(t) = \sum_{i=1}^{n} H[x_i(t)] \tag{2.45}$$

显然,用这种方法可以非常方便地求出我们需要的结果。

2.6.1 用 $\delta[n]$ 表示任意序列

设有图 2.8 所示的序列。可以把这一序列写成单位样值信号 $\delta[n]$ 的线性组合,即把 $\delta[n]$ 作为上述的基本信号。由图 2.8 可知

$$\begin{aligned} x[n] &= -3\delta[n+3]+4\delta[n+2]+2\delta[n+1] \\ &\quad +5\delta[n]+3\delta[n-1]-2\delta[n-2] \\ &= x[-3]\delta[n+3]+x[-2]\delta[n+2] \\ &\quad +x[-1]\delta[n+1]+x[0]\delta[n] \\ &\quad +x[1]\delta[n-1]+x[2]\delta[n-2] \\ &= \sum_{k=-\infty}^{\infty} x[k]\delta[n-k] \end{aligned} \tag{2.46}$$

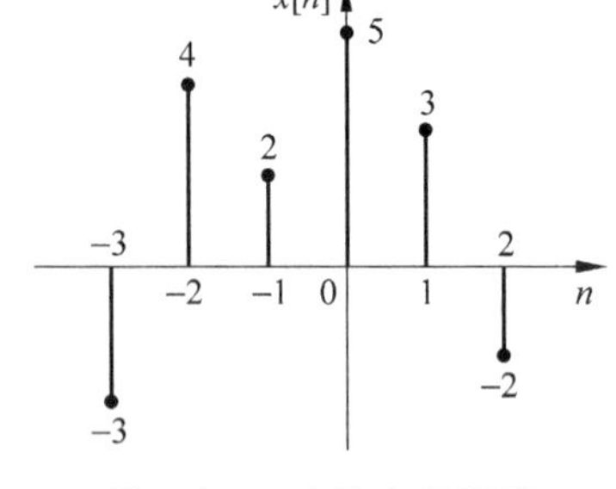

图 2.8 一个给定的序列

式(2.46)说明,任何一个序列都可以写成移位、加权的单位样值信号的线性组合。值得注意的是,尽管式子右边是无穷项的求和,但对任意的 n 值而言,右边只有一项

不为零，该项的加权因子即为 $k=n$ 时的 $x[k]$值。

2.6.2 用 $\boldsymbol{\delta}(t)$表示任意的连续时间信号

对于连续时间信号 $f(t)$来说，可以把基本信号选为 $\delta(t)$。

在图 2.9 中，把任意信号 $f(t)$分解成一系列相邻的矩形窄脉冲之和。设 $t=t_1$时刻的脉冲宽度为 Δt_1。由于脉冲很窄，可以把整个窄脉冲的幅度近似为 $t=t_1$时刻 $f(t)$的值，即整个窄脉冲的幅度均为$f(t)=f(t_1)$。因而，窄脉冲的面积为$f(t_1)\cdot\Delta t_1$，或者写成

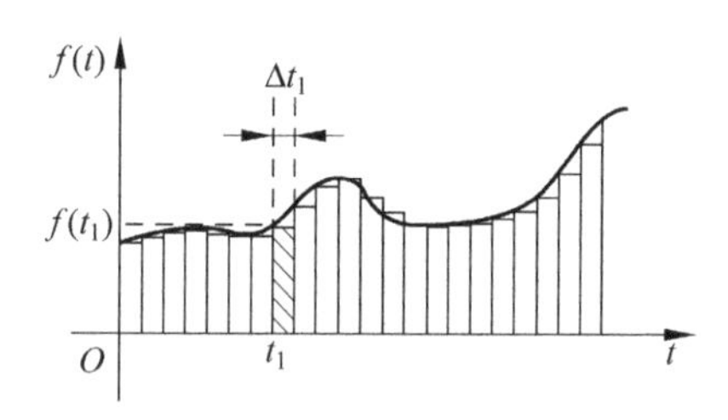

图 2.9 把任意信号分解成矩形窄脉冲分量

$$f(t_1)[u(t-t_1)-u(t-t_1-\Delta t_1)]$$

显然，可以把 $f(t)$近似为图示各个矩形窄脉冲之和，当 t_1 从 $-\infty$变到 $+\infty$时可以得到 $f(t)$的近似表达式为

$$\begin{aligned} f(t) &\approx \sum_{t_1=-\infty}^{\infty} f(t_1)[u(t-t_1)-u(t-t_1-\Delta t_1)] \\ &= \sum_{t_1=-\infty}^{\infty} f(t_1)\frac{[u(t-t_1)-u(t-t_1-\Delta t_1)]}{\Delta t_1}\Delta t_1 \end{aligned}$$

当窄脉冲的宽度趋于零，即 $\Delta t_1\to 0$ 时，上式的极限就是 $f(t)$的精确值，即

$$f(t)=\lim_{\Delta t_1\to 0}\sum_{t_1=-\infty}^{\infty} f(t_1)\frac{[u(t-t_1)-u(t-t_1-\Delta t_1)]}{\Delta t_1}\Delta t_1$$

此外，当 $\Delta t_1\to 0$ 时，窄脉冲的极限就是单位脉冲函数 $\delta(t)$，而上面的和式将趋近于如下的积分式，即

$$f(t)=\int_{-\infty}^{\infty} f(t_1)\delta(t-t_1)\mathrm{d}t_1$$

作变量代换，令 $\tau=t_1$，则

$$f(t)=\int_{-\infty}^{\infty} f(\tau)\delta(t-\tau)\mathrm{d}\tau \tag{2.47}$$

上式是用移位、加权的单位脉冲信号表示任意连续时间信号的一般表达式。其中，$f(\tau)$是时移单位脉冲的加权系数。因此，可以把任意的连续时间信号看成是移位、加权的单位脉冲信号的线性组合。

实际上，利用 δ 函数的性质也能求得上述结果。在图 2.9 中，设矩形窄脉冲出现的时刻为 t_1，用 δ 函数表示这一出现时刻则为 $\delta(t-t_1)$。由于窄脉冲的面积为 $f(t_1)\cdot\Delta t_1$，故矩形窄脉冲的完整表示为

$$f(t_1)\cdot\Delta t_1\cdot\delta(t-t_1)$$

根据线性特性，可以把 $f(t)$近似为图示各个矩形窄脉冲之和，当 $\Delta t_1\to 0$ 时的极限就是 $f(t)$的精确值。用数学式子表示则为

$$
\begin{aligned}
f(t) &= \lim_{\Delta t_1 \to 0} \sum_{t_1=-\infty}^{\infty} f(t_1) \cdot \Delta t_1 \cdot \delta(t-t_1) \\
&= \int_{-\infty}^{\infty} f(t_1)\delta(t-t_1)\mathrm{d}t_1 \\
&= \int_{-\infty}^{\infty} f(\tau)\delta(t-\tau)\mathrm{d}\tau
\end{aligned}
$$

这样就得到了与前面相同的结果。

此外,也可以把信号 $f(t)$分解成阶跃信号 $u(t)$的叠加。作为练习,读者可自行给出相应的关系式。

2.6.3 系统的单位脉冲响应和阶跃响应

1. 单位脉冲响应的特性

以单位脉冲信号 $\delta(t)$作为系统激励所产生的零状态响应叫做系统的单位脉冲响应,简称为脉冲响应,并用 $h(t)$表示。在多数学科中也把 $h(t)$称为单位冲激响应或冲激响应,本书中这两种叫法通用。

同样,以单位阶跃信号 $u(t)$作为系统激励所产生的零状态响应叫做系统的单位阶跃响应,简称阶跃响应,并用 $g(t)$表示。显然

$$
\begin{cases}
h(t) = \dfrac{\mathrm{d}}{\mathrm{d}t}g(t) \\
g(t) = \displaystyle\int_{-\infty}^{t} h(\tau)\mathrm{d}\tau
\end{cases}
\tag{2.48}
$$

$\delta(t)$和 $u(t)$是两种最常用的典型信号,用它们作激励时的零状态响应 $h(t)$或 $g(t)$是线性系统分析中最为常见的典型问题。此外,正如上节所述,常把分解信号时的基本信号选为 $\delta(t)$或 $u(t)$。这样一来,当任意信号激励线性时不变系统时,根据线性时不变系统的特性,只要求出了各个分量信号的零状态响应,就能求得系统对该激励信号的零状态响应。这种处理方法使问题的求解得到了很大的简化,并成为即将讨论的卷积方法的基础。

由脉冲响应的定义,可以看到 $h(t)$的两个重要的特性。

(1) 从实际情况看,通常把加入信号的瞬时定为 $t=0$。对于一个物理可实现的系统来说,没加激励时,系统不可能有响应。对这个特性的数学表述就是

$$h(t) = 0, \quad t < 0 \tag{2.49}$$

读者在例题、习题解答或其他场合会发现,$h(t)$的表达式中经常包含 $u(t)$,即

$$h(t) = (\cdot)u(t) \tag{2.50}$$

其原因也就在此。

(2) 实际的物理系统肯定是有损系统。所以在 $t=0$ 加入 $\delta(t)$后,这一能量不会无限期地维持下去,即

$$h(t) = 0, \quad t\text{很大时}(t \to \infty) \tag{2.51}$$

当然，不同应用领域对 $h(t)$ 的要求会有很大的差别。例如，尽管在汽车减震器的设计中要考虑很多实用的因素，但一个主要的要求就是要滤除掉路面不平引起的快速颠簸。一个好的汽车减震系统应当保证即使在较差的路面上行驶时，乘客特别是驾驶员仍会感到比较舒适，它将减少驾驶员的疲劳，从而避免事故的发生。当汽车减震系统的单位脉冲响应不含振荡的波形时，就可以满足这项设计指标。另一个例子是，在设计钢琴等乐器时，应该使它们的单位脉冲响应衰减得较慢，以便更好地保持音律。

对离散系统来说，当激励为单位样值序列 $\delta[n]$ 时，系统的零状态响应

$$h[n]=T[\delta[n]] \tag{2.52}$$

叫做单位样值响应或单位脉冲响应，简称样值响应或脉冲响应。上式的 T 表示把 $\delta[n]$ 变为零状态响应的一个运算关系。同样

$$g[n]=T[u[n]] \tag{2.53}$$

是离散系统的单位阶跃响应。$h[n]$ 与 $g[n]$ 的关系是

$$\begin{aligned} g[n] &= \sum_{m=-\infty}^{n} h[m] = \sum_{m=0}^{\infty} h[n-m] \\ h[n] &= g[n]-g[n-1] \end{aligned} \tag{2.54}$$

2. 单位脉冲响应的求解

由前述可知，系统脉冲响应 $h(t)$ 应该满足的微分方程是

$$\begin{aligned} & a_N \frac{\mathrm{d}^N}{\mathrm{d}t^N}h(t)+a_{N-1}\frac{\mathrm{d}^{N-1}}{\mathrm{d}t^{N-1}}h(t)+\cdots+a_1\frac{\mathrm{d}}{\mathrm{d}t}h(t)+a_0h(t) \\ =\ & b_M\frac{\mathrm{d}^M}{\mathrm{d}t^M}\delta(t)+b_{M-1}\frac{\mathrm{d}^{M-1}}{\mathrm{d}t^{M-1}}\delta(t)+\cdots+b_1\frac{\mathrm{d}}{\mathrm{d}t}\delta(t)+b_0\delta(t) \end{aligned}$$

根据单位脉冲响应的定义，需要求出系统的零状态响应，因此

$$h^{(k)}(0_-)=0,\quad k=0,1,\cdots,N-1$$

又由于 $\delta(t)$ 及其各阶导数在 $t\geqslant 0_+$ 时都为零，所以在 $t\geqslant 0_+$ 时微分方程的右端恒为零。也就是说，系统的单位脉冲响应与微分方程的齐次解具有相同的形式。由此可得

(1) 当 $N>M$ 时

$$h(t)=\left(\sum_{k=1}^{N}A_k\mathrm{e}^{\alpha_k t}\right)u(t) \tag{2.55}$$

(2) 当 $N\leqslant M$ 时

在 $h(t)$ 的表达式(2.55)中还会含有 $\delta(t)$ 及其导数项。

可以用 δ 函数平衡法求出相应的 $h^{(k)}(0_+)$ 值，并进而求出式(2.55)的系数 A_k，$k=1,2,\cdots,N$。

由上述可知，我们可以用求解零状态响应的各种方法求出系统的脉冲响应。

例 2.11　已知

$$\frac{\mathrm{d}^2}{\mathrm{d}t^2}y(t)+3\frac{\mathrm{d}}{\mathrm{d}t}y(t)+2y(t)=\frac{\mathrm{d}}{\mathrm{d}t}x(t)+4x(t) \tag{2.56}$$

求系统的单位脉冲响应。

解 根据单位脉冲响应的定义，上式可以写成

$$\frac{d^2}{dt^2}h(t)+3\frac{d}{dt}h(t)+2h(t)=\delta'(t)+4\delta(t) \tag{2.57}$$

它的齐次解为

$$h(t)=A_1e^{-t}+A_2e^{-2t} \tag{2.58}$$

在式(2.57)中，由于$\delta(t)$的存在会使系统的状态发生跳变，即

$$h^{(k)}(0_+)\neq h^{(k)}(0_-),\quad k=0,1$$

所以要求出起始状态的跳变量

$$\begin{aligned}h^{(k)}(0_+)&=h^{(k)}(0_-)+h_{zs}^{(k)}(0_+)\\&=h_{zs}^{(k)}(0_+),\quad k=0,1\end{aligned}$$

可以用δ函数平衡法求取，本节采用一个更为一般的方法。

从2.4.4节的例2.6可以看到，该例题的$\frac{d^3}{dt^3}y(t)$中含有$\delta''(t)$，$\delta'(t)$和$\delta(t)$；$\frac{d^2}{dt^2}y(t)$中含有$\delta'(t)$和$\delta(t)$等。受此启发，可以得到下面的解法。由于方程右端的最高阶次为$\delta'(t)$，故可列出如下的一组等式

$$\begin{aligned}h''(t)&=a\delta'(t)+b\delta(t)+cu(t)\\h'(t)&=a\delta(t)+bu(t)\\h(t)&=au(t)\end{aligned}$$

考虑到方程式(2.57)左端的系数后，可以得到以下等式

$$\begin{aligned}h''(t)&=a\delta'(t)+b\delta(t)+cu(t)\\3h'(t)&=3a\delta(t)+3bu(t)\\2h(t)&=2au(t)\end{aligned}$$

把上式的各项相加就是式(2.57)的左边，再根据式(2.57)两边δ函数的平衡即可求得如下的方程组

$$\begin{cases}a=1\\b+3a=4\\c+3b+2a=0\end{cases}$$

所以

$$\begin{cases}a=1\\b=1\\c=-5\end{cases}$$

由前可知

$$h'(0_-)=h(0_-)=0$$

因此

$$\begin{cases}h(0_+)=a+h(0_-)=1\\h'(0_+)=b+h'(0_-)=1\end{cases} \tag{2.59}$$

请读者说明式(2.59)的来源。以上就是用δ函数平衡法求跳变量的过程。在题设条件

下，二阶微分方程需要两个初始状态，只需使用 $h(0_+)$ 和 $h'(0_+)$ 即可。把式(2.59)代入式(2.58)

$$A_1 + A_2 = 1$$
$$-A_1 - 2A_2 = 1$$

解方程可以求得

$$A_2 = -2,\quad A_1 = 3$$

系统的脉冲响应为

$$h(t) = (3\mathrm{e}^{-t} - 2\mathrm{e}^{-2t})u(t)$$

相应的波形如图 2.10 所示。■

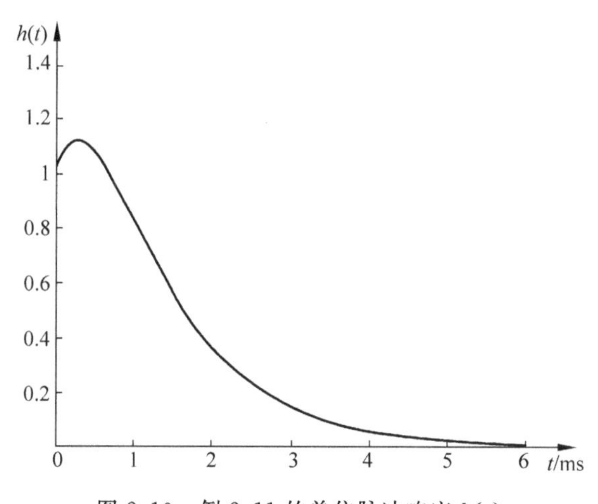

图 2.10　例 2.11 的单位脉冲响应 $h(t)$

还可以用其他的方法求解系统的单位脉冲响应，我们将在后续的章节陆续介绍。

3. 离散系统的单位样值响应

如前所述，离散系统单位样值响应的定义是：以单位脉冲信号 $\delta[n]$ 作为系统激励所产生的零状态响应，并用 $h[n]$ 表示。单位样值响应也常称为单位脉冲响应，其作用与连续时间系统的单位脉冲响应相同。

例 2.12　离散时间系统的差分方程为

$$y[n] - 0.6y[n-1] = x[n]$$

(1) 已知初始条件为 $n<0$ 时，$y[n]=0$，求该系统的单位样值响应。

(2) 已知初始条件为 $n\geqslant 0$ 时，$y[n]=0$，求该系统的单位样值响应。

解　我们在 2.4.5 节的例子里讨论过用迭代法求解的问题，本例也能用迭代法求解，请读者自行练习。上面两小题的答案是

(1)

$$h[n] = 0.6^n u[n] = \begin{cases} 0.6^n, & n \geqslant 0 \\ 0, & n < 0 \end{cases}$$

(2)

$$h[n]=-(0.6)^n u[-n-1]=\begin{cases}-0.6^n, & n<0\\ 0, & n\geqslant 0\end{cases}$$ ■

由本例可见，常系数线性差分方程所描述的系统不一定是因果系统。只有选择合适的边界条件时才是因果系统。除非另作说明，本书所指的上述系统均为因果系统。

一般来说，用迭代法不易求得解析形式的答案。为了解决这个问题，通常采用等效初始条件法。该法的基本思想是，单位样值序列 $\delta[n]$只在 $n=0$ 时为 1。由于 $n>0$ 时系统的输入为零，描述系统的差分方程等效于齐次方程。这里出现的问题是，单位样值响应是系统的零状态响应，在输入和状态均为零的情况下如何求解呢？实际上，从能量的角度看，单位脉冲序列 $\delta[n]$输入到系统之后，它的能量不会消失，而是转化为系统的储能，或者说转化为系统的等效初始条件。该初始条件可以从差分方程以及零状态条件

$$h_1[-1]=h_1[-2]=\cdots=h_1[-n]=0$$

用递推法求出。因此，求系统单位样值响应的问题可以转化为求解齐次方程的问题。下面的例子就是这一方法的注解。

例 2.13 已知 LTI 系统的差分方程为

$$y[n]-5y[n-1]+6y[n-2]=x[n]-x[n-2]$$

求系统的单位样值响应。

解 根据单位样值响应的定义，它应满足如下的差分方程

$$h[n]-5h[n-1]+6h[n-2]=\delta[n]-\delta[n-2]$$

在求解 $h[n]$时，如果利用 LTI 系统的叠加特性分别求出 $\delta[n]$和 $\delta[n-2]$的响应，再进行二者的叠加，当可简化求解的过程。

(1) 设 $\delta[n]$单独作用时系统的响应为 $h_1[n]$，则对应的差分方程为

$$h_1[n]-5h_1[n-1]+6h_1[n-2]=\delta[n]$$

下面求等效初始条件。如前所述，用差分方程描述系统时，如无特别说明，总假设系统是起始松弛的。这相应于激励信号加入时刻的零起始条件，即 $h_1[-1]=h_1[-2]=0$。从 $h[n]$的定义或因果系统的角度也可以得到同样的结果。

取 $n=0$，可以求出

$$h_1[0]-5h_1[-1]+6h_1[-2]=\delta[0]=1, \quad 所以\ h_1[0]=1$$

对于二阶差分方程而言，需要两个初始条件。其等效初始条件为

$$\begin{cases}h_1[0]=1\\ h_1[-1]=0\end{cases}$$

如上所述，应该求差分方程的齐次解。由特征方程

$$\alpha^2-5\alpha+6=0$$

求得特征根为 $\alpha_1=2, \alpha_2=3$，所以差分方程的齐次解为

$$h_1[n]=(A_1 2^n+A_2 3^n)u[n]$$

将等效初始条件代入上式可得

$$\begin{cases} h_1[-1] = A_1/2 + A_2/3 = 0 \\ h_1[0] = A_1 + A_2 = 1 \end{cases}$$

解得 $A_1=-2, A_2=3$，所以

$$h_1[n] = (-2\times 2^n + 3\times 3^n)u[n]$$

(2) 设 $\delta[n-2]$单独作用于系统时的响应为 $h_2[n]$，根据系统的线性时不变特性可得

$$h_2[n] = (-2\times 2^{n-2} + 3\times 3^{n-2})u[n-2]$$

(3) 把以上两部分结果叠加可以得到系统的单位样值响应为

$$\begin{aligned} h[n] &= h_1[n] + h_2[n] \\ &= (-2^{n+1} + 3^{n+1})u[n] - (-2^{n-1} + 3^{n-1})u[n-2] \\ &= -\frac{1}{6}\delta[n] - 3\times 2^{n-1}u[n] + 8\times 3^{n-1}u[n] \end{aligned}$$ ■

问题：在求连续时间系统的单位脉冲响应 $h(t)$时，等效初始条件是如何体现的？

2.7　卷积积分

2.7.1　连续时间系统对任意输入的响应

式(2.47)指出，可以用移位、加权的单位脉冲信号来表示任意的连续时间信号，即

$$f(t) = \int_{-\infty}^{\infty} f(\tau)\delta(t-\tau)\mathrm{d}\tau \tag{2.60}$$

其中，$f(\tau)$是移位脉冲信号的加权系数。

根据定义，当输入为 $\delta(t)$时，系统的零状态响应就是系统的单位脉冲响应 $h(t)$。这一描述的符号表示为

$$\delta(t) \rightarrow h(t)$$

如果该系统为时不变系统，则激励和响应之间将有如下的对应关系

$$\delta(t-\tau) \rightarrow h(t-\tau) \tag{2.61}$$

根据线性系统的比例性，式(2.61)的两边可以分别乘上同一个系数 $f(\tau)$，即

$$f(\tau)\delta(t-\tau) \rightarrow f(\tau)h(t-\tau)$$

根据线性系统的叠加性，可以对上式的两边分别作求和(积分)运算，即

$$\int_{-\infty}^{\infty} f(\tau)\delta(t-\tau)\mathrm{d}\tau \rightarrow \int_{-\infty}^{\infty} f(\tau)h(t-\tau)\mathrm{d}\tau \tag{2.62}$$

根据我们对符号的约定，当系统的输入是式(2.62)左边表示的信号时，右边的表达式就是系统的零状态响应。又由式(2.60)可知，式(2.62)的左边就是输入信号 $f(t)$，因此

$$f(t) \rightarrow y(t)$$

上式说明：当系统的激励为任意信号 $f(t)$时，系统对 $f(t)$的零状态响应为

$$y(t)=\int_{-\infty}^{\infty}f(\tau)h(t-\tau)\mathrm{d}\tau=f(t)*h(t)$$

通常把上式称之为 $f(t)$与 $h(t)$的卷积积分，并用 $f(t)*h(t)$表示。由该式可见，线性时不变系统对任意输入 $f(t)$的零状态响应也能表示为移位、加权单位脉冲响应的线性组合(积分)。因此，单位脉冲响应可以充分表征连续时间、线性时不变系统。

由上面的推导过程可以看出，在把卷积运算用于系统时，必须满足以下两个使用条件。

1. 卷积运算仅适用于线性、时不变系统

(1) 卷积运算只适用于时不变系统

推导中使用了 $\delta(t-\tau)\to h(t-\tau)$的关系，所以卷积只适用于时不变系统。当系统为时变系统时，相应的关系是：若

$$\delta(t)\to h(t)$$

则

$$\delta(t-\tau)\to h(t,\tau)$$

式中，$h(t,\tau)$是与 t、τ 两个参数有关的冲激响应。其中，τ 为激励加入的时刻，而 t 为观测时刻。因此时变系统输出的表达式为

$$y(t)=\int_{-\infty}^{\infty}f(\tau)h(t,\tau)\mathrm{d}\tau$$

(2) 卷积运算仅适用于线性系统

在上述推导中使用了线性系统的叠加性和比例性。所以，非线性系统不能使用卷积运算。

2. 卷积运算只能求解系统的零状态响应

我们把连续时间信号看成为移位、加权单位脉冲信号的线性组合，而系统的单位脉冲响应 $h(t)$是输入为 $\delta(t)$时的零状态响应。这一事实已经说明，卷积运算只能求解系统的零状态响应。

关于这一点，我们还可以从另一个角度进行分析。上一节曾经交代过一个重要的概念，即线性时不变系统可以用一个线性常系数微分方程来描述。但是，线性常系数微分方程描述的系统不一定是线性时不变系统。这是因为微分方程一定会涉及到起始状态，而仅当系统的起始状态为零(亦即系统内部无储能)时，它才满足叠加性和比例性，才是线性系统。换句话说，当线性常系数微分方程的起始状态不为零时，它所描述的系统不一定是线性时不变系统。因为就外激励与响应的关系而言，这类系统可能不满足叠加性和比例性。下面仅给出定性的说明。

(1) 系统的响应可分解为零输入响应和零状态响应，亦即

$$y(t)=y_{zi}(t)+y_{zs}(t)$$

(2) 由定义可知，线性系统需满足叠加性和比例性。若

$$x_1(t)\leftrightarrow y_1(t),\quad x_2(t)\leftrightarrow y_2(t)$$

则

$$c_1x_1(t)+c_2x_2(t)\leftrightarrow c_1y_1(t)+c_2y_2(t)$$

(3) 从系统的外特性看，零输入响应不满足比例性。设系统的输入、输出关系为

$$x(t)\rightarrow y(t)=y_{zi}(t)+y_{zs}(t)$$

若系统的输入由 $x(t)$ 变成了 $x_1(t)=cx(t)$，则由输入导致的零状态响应 $y_{1zs}(t)$ 会同比例地变化，即

$$x_1(t)=cx(t)\rightarrow cy_{zs}(t)=y_{1zs}(t)$$

上式说明系统的零状态响应满足线性系统的比例性。

但是，当 $x(t)$ 增大 c 倍时，系统内部的储能并没有相应地增大，或者说系统的起始状态并没有变化。因此，虽然 $x(t)$ 增大并变成了 $x_1(t)=cx(t)$，而由起始状态决定的零输入响应 $y_{1zi}(t)$ 并没有增大 c 倍，即当

$$x_1(t)=cx(t)$$

时，零输入响应不变

$$y_{1zi}(t)=y_{zi}(t)$$

因此，从外激励与响应的关系而言，零输入响应不满足比例性，因而不是线性关系。由卷积运算必须满足的使用条件可知，不能用卷积积分求解系统的零输入响应。

综上所述，卷积积分只能求系统的零状态响应，不能求解系统的零输入响应。那么，如果系统有起始储能，又如何求系统的全响应呢？

通常的做法是用卷积积分求出系统的零状态响应 $y_{zs}(t)$，用常规的方法求出系统的零输入响应 $y_{zi}(t)$，再把二者相加就得到了解答，即

$$y(t)=y_{zi}(t)+y_{zs}(t)$$

我们即将看到，用卷积积分求解 $y_{zs}(t)$ 很简洁、方便。与此同时，零输入响应 $y_{zi}(t)$ 的求取也比较容易，这是因为 $y_{zi}^{(k)}(0_+)=y_{zi}^{(k)}(0_-)$ 的缘故。

2.7.2 卷积运算的图解法

卷积积分既是一种重要的数学方法也是一种重要的系统分析方法。用卷积可以求解系统对任意输入信号的零状态响应。本节所介绍的卷积积分的图解法不但形象地说明了卷积积分表达式的含义，有助于对卷积概念的理解，还能有效地避免运算差错、简化运算过程，因而是一种值得推荐的求解方法。

由卷积积分的表达式可知

$$y(t)=f(t)*h(t)=\int_{-\infty}^{\infty}f(\tau)h(t-\tau)\mathrm{d}\tau \tag{2.63}$$

其中，$f(t)$ 是系统激励，$h(t)$ 是系统的单位脉冲响应。对照式(2.63)中的各个函数可以得到卷积积分的计算步骤如下：

(1) 式(2.63)是积分变量为 τ 的积分式。为方便起见，最好使图解和该式参数的表示相一致。所以，要把相关波形的横坐标由 t 换为 τ，即

$$f(t)\rightarrow f(\tau),\quad h(t)\rightarrow h(\tau)$$

(2) 为了得到 $h(t-\tau)$,可分两步进行

① 先由 $h(\tau)\to h(-\tau)$

这是由 $h(\tau)$得到 $h(-\tau)$的符号表示。实际上,以纵坐标为轴把 $h(\tau)$翻转就可以实现,因而称之为“卷”操作。

② 再由 $f(-\tau)\to h(t-\tau)$,这是使 $h(-\tau)$沿 τ 轴平移 t 的操作,并称之为“移”。

(3) 求 $f(\tau)h(t-\tau)$,这是一个“相乘”的操作。

(4) 把 $f(\tau)h(t-\tau)$进行积分就得到了结果,而积分的实质就是“求和”。

综上所述,用卷积积分从 $f(t)$和 $h(t)$求取 $y(t)$的过程经过了“卷、移、积、和”四个步骤。

另外,式(2.63)的积分限是从 $-\infty$ 到 ∞。如果对 $f(t)$和 $h(t)$的作用时间有所限制,这个积分限将有相应的变化。例如,当 $h(t)$是因果系统,即

$$h(t)=\begin{cases}h(t), & t\geqslant 0\\ 0, & t<0\end{cases}$$

则式(2.63)的卷积变为

$$y(t)=\int_{-\infty}^{t}f(\tau)h(t-\tau)\mathrm{d}\tau \tag{2.64}$$

即积分上限由 ∞ 变成了 t。同样,若把激励信号的作用时间限制在某个给定的范围时,积分限还会有进一步的变化,从下面的例子可以清楚地看到这一点。卷积积分限的确定是非常重要的,在课程的学习中要给予更多的关注。

例 2.14 已知线性时不变系统的激励信号 $f(t)$和系统的单位脉冲响应 $h(t)$如图 2.11 所示,求系统的零状态响应 $y(t)$。

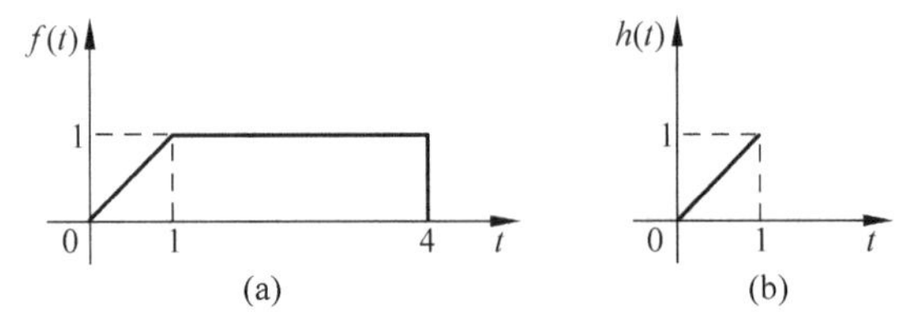

图 2.11 激励信号 $f(t)$和单位脉冲响应 $h(t)$

解 系统的零状态响应 $y(t)$为

$$y(t)=f(t)*h(t)=\int_{-\infty}^{\infty}f(\tau)h(t-\tau)\mathrm{d}\tau$$

根据上述“卷、移、积、和”四个步骤可以求得结果。实际上,可以把 $h(-\tau)$看成是 $h(0-\tau)$,即把 $h(-\tau)$看成是 $h(t-\tau)$在 $t=0$ 时的情况。由于 t 是一个参变量,它的值可正可负,而 $t=0$ 就位于 τ 轴的原点。当然,t 值的正、负决定了 $h(-\tau)$沿 τ 轴移动的方向。

在着手解题时,可以根据波形先写出 $f(t)$和 $h(t)$的函数表达式

$$h(t)=\begin{cases}t, & 0\leqslant t\leqslant 1\\ 0, & 其它\end{cases}$$

$$f(t)=\begin{cases}t, & 0\leqslant t\leqslant 1\\ 1, & 1\leqslant t\leqslant 4\\ 0, & \text{其他}\end{cases}$$

图 2.12 是 $h(t)$ 反褶后平移范围的示意图。

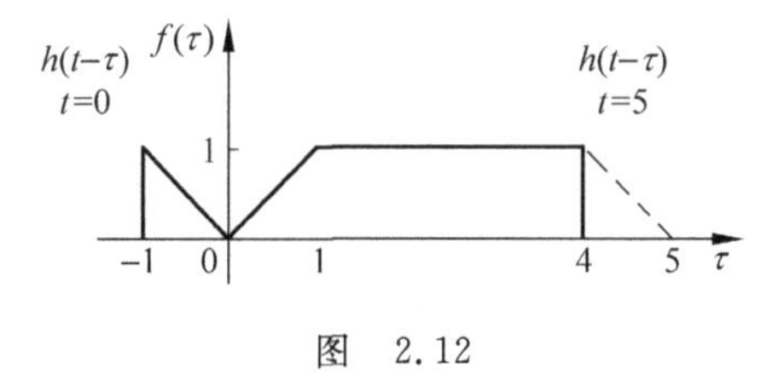

图 2.12

据此可把分段卷积积分的过程示于图 2.13。

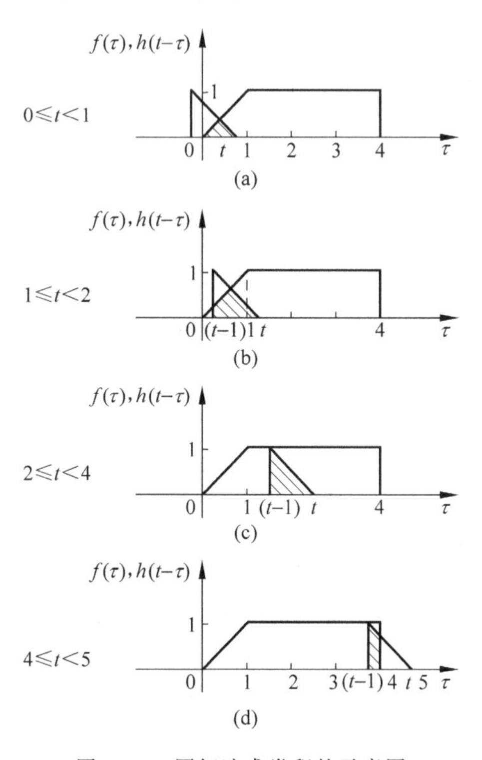

图 2.13 图解法求卷积的示意图

下面进行具体的求解。由于

$$y(t)=f(t)*h(t)=\int_{-\infty}^{\infty}f(\tau)h(t-\tau)\mathrm{d}\tau$$

从前述卷积积分图解法的步骤，参照图 2.13 可以看出，在 $h(-\tau)$ 移动的过程中，卷积的积分限会相应地变化，根据两个信号相交的面积（图中用阴影表示）可以求出各段相乘积分的结果。

$$
\begin{aligned}
&t<0 && y(t)=0\\
&0\leqslant t<1 && y(t)=\int_0^t \tau(t-\tau)\mathrm{d}\tau = t\int_0^t \tau\,\mathrm{d}\tau-\int_0^t \tau^2\,\mathrm{d}\tau\\
& && \quad\;\;=\frac{t^3}{6}\\
&1\leqslant t<2 && y(t)=\int_{t-1}^1 \tau(t-\tau)\mathrm{d}\tau+\int_1^t (t-\tau)\mathrm{d}\tau\\
& && \quad\;\;=-\frac{t^3}{6}+\frac{t^2}{2}-\frac{1}{6}\\
&2\leqslant t<4 && y(t)=\int_{t-1}^t (t-\tau)\mathrm{d}\tau\\
& && \quad\;\;=\frac{1}{2}\\
&4\leqslant t<5 && y(t)=\int_{t-1}^4 (t-\tau)\mathrm{d}\tau\\
& && \quad\;\;=-\frac{1}{2}(t-4)^2+\frac{1}{2}\\
&t>5 && y(t)=0
\end{aligned}
$$

以上分段表示的 $y(t)$ 就是在 $f(t)$ 激励下系统 $h(t)$ 的零状态响应。 ■

从求解的过程可见，进行卷积的两个函数的表达式以及各个分段积分限的确定是至关重要的，请读者仔细体会分段的原则和积分限的表示方法。

显然，若以 t 为横坐标，把与 t 对应的积分值绘成曲线，就可得到卷积积分的函数图像，请读者自己完成。

2.8 卷积和

卷积和是分析、计算离散时间系统的重要工具，可用于求解离散时间系统对任意输入序列的零状态响应。卷积和的概念、表达式的含义、运算步骤等都与卷积积分相近。因而，卷积和在离散时间系统的地位与卷积积分在连续时间系统的地位相当。

前已述及，离散时间系统就是输入、输出都是离散时间信号(或序列)的系统。因此，离散时间系统的本质就是把输入序列转变成输出序列的一个运算 T。

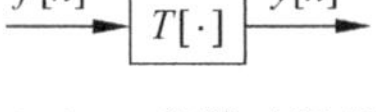

$f[n]$ $T[\cdot]$ $y[n]$

图 2.14 离散时间系统

$$y[n]=T[f[n]] \tag{2.65}$$

通常用图 2.14 表示离散时间系统，其中的 $T[\cdot]$ 表示离散系统的运算关系。

下面讨论离散时间系统的卷积和，其求解思路与连续时间系统的情况基本相同。设 $f[n]$ 是离散时间线性时不变系统的激励信号，由式(2.46)可知，它可以表达为

$$f[n]=\sum_{k=-\infty}^{\infty} f[k]\delta[n-k] \tag{2.66}$$

设激励信号为 $\delta[n]$时，离散时间系统的零状态响应为 $h[n]$，用符号表示就是

$$\delta[n] \rightarrow h[n]$$

由时不变系统的性质可得

$$\delta[n-k] \rightarrow h[n-k]$$

由线性系统的比例性，两边同乘一个加权因子 $f[k]$后，上面的关系式仍然成立，即

$$f[k]\delta[n-k] \rightarrow f[k]h[n-k]$$

根据线性系统的叠加性，可以对上式的两边分别作求和运算。左边求和的结果就是用式(2.66)表达的输入序列 $f[n]$，而右边就是系统的零状态响应，即

$$y[n] = \sum_{k=-\infty}^{\infty} f[k]h[n-k] \tag{2.67}$$

上式表明，离散时间线性时不变系统的输出可以表示成移位、加权单位样值响应的线性组合，通常称之为 $f[n]$与 $h[n]$的离散卷积或卷积和，并表示成

$$y[n] = f[n] * h[n] \tag{2.68}$$

可见，线性时不变系统对任意输入的响应可以通过单位样值响应来表达。因此，单位样值响应可以充分表征离散时间线性时不变系统。

与连续时间系统一样，卷积和仅适用于线性、时不变系统，求出的结果是系统的零状态响应。对于时变系统而言，其卷积表达式为

$$y[n] = \sum_{k=-\infty}^{\infty} x[k]h[n,k] \tag{2.69}$$

式中，$h[n,k]$是时变系统的单位样值响应。其中，n 为观测时刻，而 k 为激励加入的时刻。

例 2.15　设系统的激励信号是

$$x[n] = \begin{cases} 1, & 0 \leqslant n \leqslant 4 \\ 0, & \text{其他} \end{cases}$$

系统的单位样值响应为

$$h[n] = \begin{cases} \alpha^n, & 0 \leqslant n \leqslant 6 \\ 0, & \text{其他} \end{cases}$$

其中 α 为常数，求系统的零状态响应 $y[n]$。

解　先画出两个信号的波形，如图 2.15 所示。由于

$$y[n] = \sum_{m=-\infty}^{\infty} x[m]h[n-m]$$

与连续时间时的情况一样，可以用图解法求解卷积和。因此在具体的求解之前先要作以下的准备工作：把信号的 n 轴变换为 m 轴，并根据上式把信号 $h[m]$翻转。在使用图解法时，也要进行以下的分段，以区分出不同的求和间隔。

(1) 当 $n<0$ 时，由于两个序列没有重迭部分，故

$$y[n] = 0$$

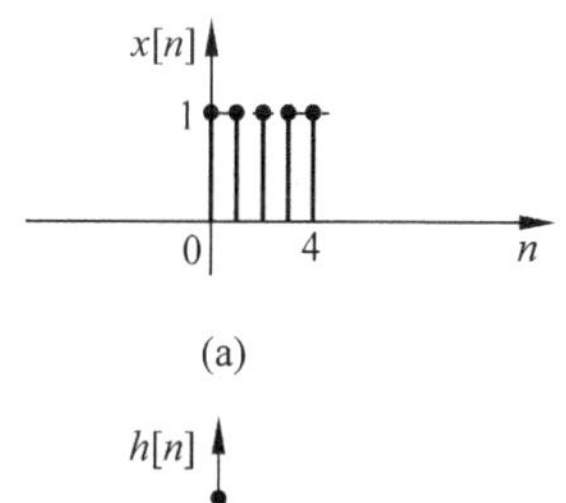

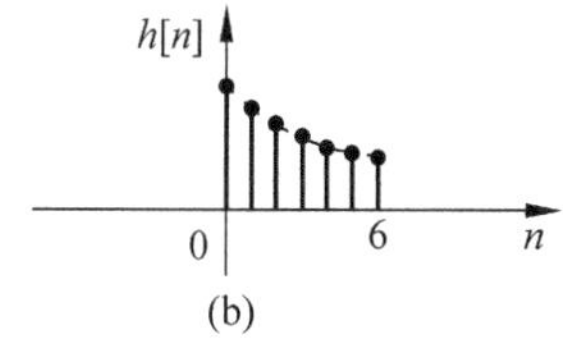

图 2.15　例 2.15 的信号

(2) $0 \leqslant n \leqslant 4$

$$y[n]=\sum_{m=0}^{n}\alpha^{n-m}=\frac{1-\alpha^{n+1}}{1-\alpha}$$

(3) $4 \leqslant n \leqslant 6$

$$y[n]=\sum_{m=0}^{4}\alpha^{n-m}=\frac{\alpha^{n-4}-\alpha^{n+1}}{1-\alpha}$$

(4) $6 \leqslant n \leqslant 10$

$$y[n]=\sum_{m=n-6}^{4}\alpha^{n-m}=\frac{\alpha^{n-4}-\alpha^{7}}{1-\alpha}$$

(5) $n>10$

$$y[n]=0$$

以上各步的相应波形示于图2.16。从定义式和本例的图解过程可见,卷积和的计算步骤也可以归纳为“卷、移、积、和”四步。 ■

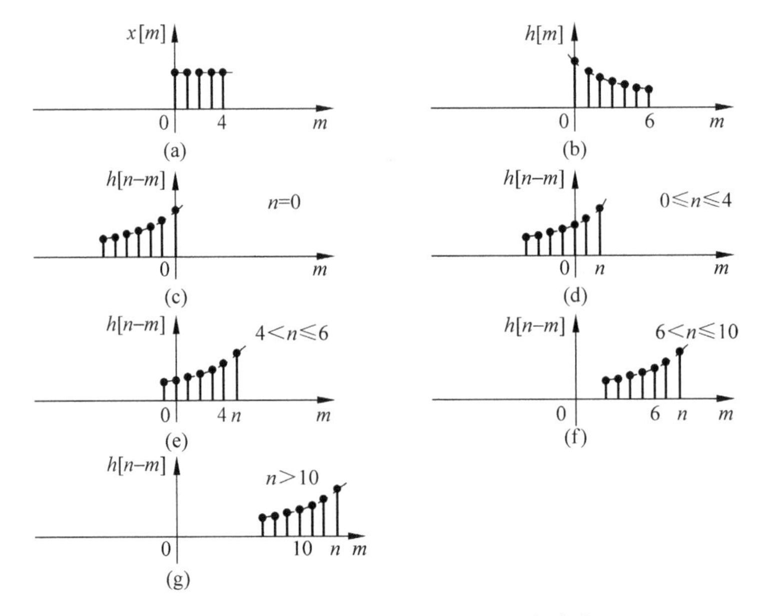

图2.16 例2.15中进行卷积的相应波形

进一步研究例2.14和例2.15,读者可否总结出:在卷积公式中,三个函数的时宽之间有什么共同的规律?

2.9 卷积的性质

通过前面的讨论,我们得到了可以用单位脉冲响应表示线性时不变系统的结论。应用卷积的概念及其计算方法还可以求出系统对任意输入信号的零状态响应。这样一来,卷积的重要性就不言而喻了。作为一种数学运算,卷积具有某些特殊的性质,这些性质可以简化卷积的运算,在信号与系统的分析、计算中有非常重要的作用。

2.9.1　卷积的运算规律

普通乘法运算中的一些代数定律也适用于卷积运算。当系统为 LTIS 时，卷积运算满足：

1. 交换律

$$
\begin{aligned}
x[n]*h[n] &= \sum_{k=-\infty}^{\infty} x[k]h[n-k] \\
&= \sum_{k=-\infty}^{\infty} h[k]x[n-k] \\
&= h[n]*x[n]
\end{aligned}
\tag{2.70}
$$

和

$$
\begin{aligned}
x(t)*h(t) &= \int_{-\infty}^{\infty} x(\tau)h(t-\tau)\mathrm{d}\tau \\
&= \int_{-\infty}^{\infty} h(\tau)x(t-\tau)\mathrm{d}\tau \\
&= h(t)*x(t)
\end{aligned}
\tag{2.71}
$$

通过简单的变量代换，即令 $m=n-k$ 或 $\lambda=t-\tau$，就可以证明以上性质，读者可以自行推导。

这一性质意味着卷积运算的次序是可以交换的。在式(2.70)和式(2.71)中分别给出了交换前、后的两种表达形式。在进行具体的求解时，尽管交换与否的计算结果相同，但计算的难易会有所差别，建议在计算之前进行选择。读者可通过翻转例 2.14 的 $f(\tau)$ 或例 2.15 的 $x[m]$ 进行练习和验证。

2. 分配律

$$x[n]*(h_1[n]+h_2[n]) = x[n]*h_1[n]+x[n]*h_2[n] = y[n] \tag{2.72}$$

和

$$x(t)*[h_1(t)+h_2(t)] = x(t)*h_1(t)+x(t)*h_2(t) = y(t) \tag{2.73}$$

以上两式的证明都很简单，请读者自行验证。

分配律用于系统分析时相当于对并联系统的分析。图 2.17 给出了这种说明。由该图可见，两个线性时不变系统具有相同的输入，而系统的输出为两个子系统的输出之和。即

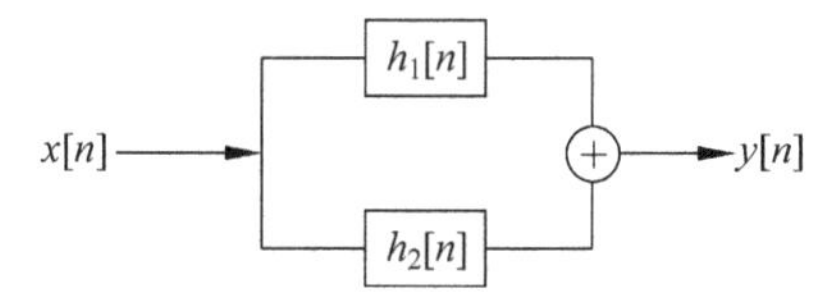

图 2.17　并联系统的 $h[n]=h_1[n]+h_2[n]$

$$y[n] = x[n]*h_1[n]+x[n]*h_2[n]$$

由分配率可得

$$x[n]*h_1[n]+x[n]*h_2[n] = x[n]*(h_1[n]+h_2[n])$$

因此

$$y[n]=x[n]*(h_1[n]+h_2[n])=x[n]*h[n]$$

上式表明,可以把并联组合系统等效为一个单个的系统,后者的单位样值响应是各个子系统单位样值响应之和,即

$$h[n]=h_1[n]+h_2[n]$$

同理可证

$$h(t)=h_1(t)+h_2(t)$$

3. 结合律

$$(x[n]*h_1[n])*h_2[n]=x[n]*(h_1[n]*h_2[n]) \tag{2.74}$$

和

$$[x(t)*h_1(t)]*h_2(t)=x(t)*[h_1(t)*h_2(t)] \tag{2.75}$$

式(2.75)包含了两次卷积运算,是一个二重积分。通过改换积分次序等步骤就可以证明这一性质。

结合律用于系统分析时相当于对串联系统的分析。从图2.18可见,能把级联组合看成一个单一的系统,该系统的单位样值响应等于各个子系统单位样值响应的卷积,即

$$h[n]=h_1[n]*h_2[n] \tag{2.76}$$

或

$$h(t)=h_1(t)*h_2(t) \tag{2.77}$$

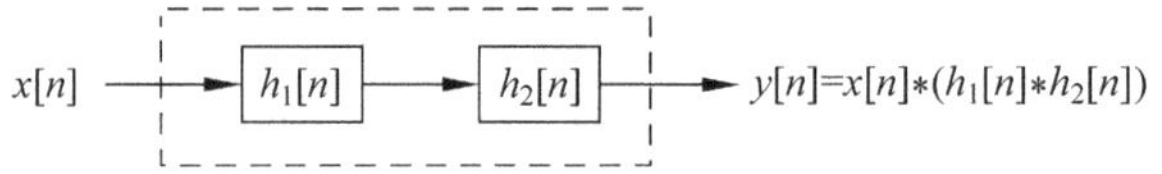

图2.18 串联系统的 $h[n]=h_1[n]*h_2[n]$

把卷积的交换律、结合律与图2.18所示的系统模型相结合可以得到

$$\begin{aligned} x[n]*(h_1[n]*h_2[n]) &= x[n]*(h_2[n]*h_1[n]) \\ &= x[n]*h[n] \\ &= h[n]*x[n] \end{aligned} \tag{2.78}$$

式(2.78)说明,在连续时间系统或离散时间系统的分析中,不但串联系统的次序可以交换(见式(2.78)第一行),还可以把激励信号和系统(用单位样值响应表达)的角色互换。

这是一个非常重要的结论!在前面的讨论中已经明确,无论“信号”还是“系统”都能用数学表达式加以表征。现在又证明了二者的角色可以交换,亦即可以把信号 $x[n]$看成是系统 $h[n]$,或者把系统 $h[n]$看成是信号,故在大多数情况下,能够对二者进行统一的讨论。有鉴于此,除非另有说明,在与数学表达式有关的推导和运算等场合,本书没有刻意区分信号还是系统,而是把它们“并行”地讲授和应用。这对课程体系、内容的选择、安排以及后续章节的讨论都会带来极大的启发和便利,进而

达到“少而精”的目的。

由上可见，卷积的代数性质与乘法运算类似，在记忆和使用上都非常方便。

必须指出的是，上述卷积的性质只适用于线性时不变系统，如已知

$$y(t)=[3x(t)]^2$$

显然，可以把该运算看成是系数3乘以 $x(t)$ 之后再进行平方等两个步骤，即

$$y_1(t)=[3\cdot x(t)]^2=9x^2(t)$$

从系统的角度看就是系统的输入经过了乘以系数和进行平方两个子系统，其图示说明见图2.19(a)。如果按照卷积的交换律改变通过系统的次序，即把这一过程看成是图2.19(b)所示的先把 $x(t)$ 平方，再乘以系数就会得到

$$y_2(t)=[x(t)]^2\times 3=3x^2(t)$$

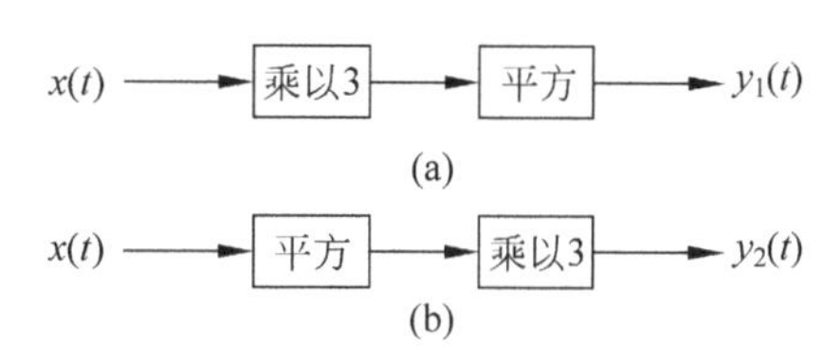

图2.19 卷积交换律不能用于非线性系统的图示说明

显然

$$y_1(t)\neq y_2(t)$$

产生错误的原因是平方运算子系统为非线性系统，故不能应用卷积运算的交换律。

2.9.2 卷积的主要性质

1. 微分、积分性质

(1) 微分性质

$$\begin{aligned}\frac{\mathrm{d}}{\mathrm{d}t}[f_1(t)*f_2(t)]&=f_1(t)*\frac{\mathrm{d}f_2(t)}{\mathrm{d}t}\\&=\frac{\mathrm{d}f_1(t)}{\mathrm{d}t}*f_2(t)\end{aligned}\tag{2.79}$$

证明

$$\begin{aligned}\frac{\mathrm{d}}{\mathrm{d}t}[f_1(t)*f_2(t)]&=\frac{\mathrm{d}}{\mathrm{d}t}\int_{-\infty}^{\infty}f_1(\tau)f_2(t-\tau)\mathrm{d}\tau\\&=\int_{-\infty}^{\infty}f_1(\tau)\frac{\mathrm{d}f_2(t-\tau)}{\mathrm{d}t}\mathrm{d}\tau\\&=f_1(t)*\frac{\mathrm{d}f_2(t)}{\mathrm{d}t}\end{aligned}$$

同理可证

$$\frac{\mathrm{d}}{\mathrm{d}t}[f_1(t)*f_2(t)]=\frac{\mathrm{d}f_1(t)}{\mathrm{d}t}*f_2(t)$$ ■

卷积的微分性质说明，函数卷积后的导数等于其中一个函数的导数与另一个函数的卷积。

对离散卷积而言，相应的差分性质为

$$\nabla(f_1[n] * f_2[n]) = \nabla f_1[n] * f_2[n] = f_1[n] * \nabla f_2[n] \tag{2.80}$$

式中，∇表示序列的后向差分运算。式(2.80)表明，卷积和的差分等于其中一个函数的差分与另一个函数的卷积。

(2) 积分性质

$$\begin{aligned}\int_{-\infty}^{t}[f_1(\lambda) * f_2(\lambda)]\mathrm{d}\lambda &= f_1(t) * \int_{-\infty}^{t} f_2(\lambda)\mathrm{d}\lambda \\ &= f_2(t) * \int_{-\infty}^{t} f_1(\lambda)\mathrm{d}\lambda\end{aligned} \tag{2.81}$$

证明

$$\begin{aligned}\int_{-\infty}^{t}[f_1(\lambda) * f_2(\lambda)]\mathrm{d}\lambda &= \int_{-\infty}^{t}\left[\int_{-\infty}^{\infty} f_1(\tau) f_2(\lambda-\tau)\mathrm{d}\tau\right]\mathrm{d}\lambda \\ &= \int_{-\infty}^{\infty} f_1(\tau)\left[\int_{-\infty}^{t} f_2(\lambda-\tau)\mathrm{d}\lambda\right]\mathrm{d}\tau \\ &= f_1(t) * \int_{-\infty}^{t} f_2(\lambda)\mathrm{d}\lambda\end{aligned}$$

同理可证

$$\int_{-\infty}^{t}[f_1(\lambda) * f_2(\lambda)]\mathrm{d}\lambda = f_2(t) * \int_{-\infty}^{t} f_1(\lambda)\mathrm{d}\lambda$$

所以，函数卷积后的积分等于其中一个函数的积分与另一个函数的卷积。 ■

离散时间情况下卷积和的相应性质为

$$\sum_{m=-\infty}^{n}(f_1[m] * f_2[m]) = f_1[n] * \left(\sum_{m=-\infty}^{n} f_2[m]\right) = f_2[n] * \left(\sum_{m=-\infty}^{n} f_1[m]\right) \tag{2.82}$$

(3) 微分、积分特性

$$\begin{aligned}\frac{\mathrm{d}f_1(t)}{\mathrm{d}t} * \int_{-\infty}^{t} f_2(\tau)\mathrm{d}\tau &= \frac{\mathrm{d}f_2(t)}{\mathrm{d}t} * \int_{-\infty}^{t} f_1(\tau)\mathrm{d}\tau \\ &= f_1(t) * f_2(t)\end{aligned} \tag{2.83}$$

这一性质的证明与上面的证明类似，留作读者练习。

(4) 高阶导数或多重积分的相互卷积

若

$$f(t) = f_1(t) * f_2(t)$$

则

$$f^{(i)}(t) = f_1^{(j)}(t) * f_2^{(i-j)}(t) \tag{2.84}$$

上式中，当 i、j 为正整数时表示微分的阶次，而 i、j 为负整数时表示重积分的次数。显然，这一性质是性质(3)的推广。

2. 时移特性

若

$$f_1(t) * f_2(t) = f(t)$$

则

$$f_1(t) * f_2(t-t_0) = f(t-t_0)$$

$$f_1(t-t_1) * f_2(t-t_2) = f(t-t_1-t_2) \tag{2.85}$$

上式说明,进行卷积的信号产生平移时,卷积的时不变特性仍然成立。

同样,若

$$f_1[n] * f_2[n] = f[n]$$

则

$$f_1[n] * f_2[n-m] = f[n-m]$$

$$f_1[n-m_1] * f_2[n-m_2] = f[n-m_1-m_2] \tag{2.86}$$

以上各式的证明比较简单,这里从略。实际上,只要应用卷积运算的图解法就可以直观地看出以上各式的正确性。

3. 函数 $f(t)$ 与单位脉冲函数或阶跃函数的卷积

(1) 与单位脉冲函数的卷积

$$f(t) * \delta(t) = f(t) \tag{2.87}$$

$$f(t) * \delta(t-t_0) = f(t-t_0) \tag{2.88}$$

证明

$$\begin{aligned} f(t) * \delta(t) &= \int_{-\infty}^{\infty} f(\tau)\delta(t-\tau)\mathrm{d}\tau \\ &= \int_{-\infty}^{\infty} f(\tau)\delta(\tau-t)\mathrm{d}\tau \\ &= f(t) \end{aligned}$$

■

证明中使用了 δ 函数为偶函数的性质,即 $\delta(t-\tau)=\delta(\tau-t)$。式(2.87)说明,任意信号与单位脉冲信号的卷积就等于该信号本身。

同理可证式(2.88)。该式表明,函数 $f(t)$ 与位移单位脉冲信号 $\delta(t-t_0)$ 的卷积就等于把函数 $f(t)$ 位移了相同的时间 t_0。

在离散时间的情况下

$$f[n] * \delta[n] = f[n] \tag{2.89}$$

$$f[n] * \delta[n-m] = f[n-m] \tag{2.90}$$

推论:

$$f(t-t_1) * \delta(t-t_2) = f(t-t_1-t_2) \tag{2.91}$$

$$\delta(t-t_1) * \delta(t-t_2) = \delta[t-t_1-t_2] \tag{2.92}$$

$$f[n-m_1] * \delta[n-m_2] = f[n-m_1-m_2] \tag{2.93}$$

$$\delta[n-m_1] * \delta[n-m_2] = \delta[n-m_1-m_2] \tag{2.94}$$

(2) 与单位脉冲偶 $\delta'(t)$ 的卷积

$$f(t) * \delta'(t) = f'(t) * \delta(t) = f'(t) \tag{2.95}$$

上式说明,任意信号 $f(t)$ 与脉冲偶信号 $\delta'(t)$ 的卷积,相当于信号 $f(t)$ 通过微分器的响应。

(3) 与 $\delta(t)$ 的高阶导数或 $\delta(t)$ 多重积分的卷积

$$f(t) * \delta^{(k)}(t) = f^{(k)}(t) \tag{2.96}$$

$$f(t) * \delta^{(k)}(t-t_0) = f^{(k)}(t-t_0) \tag{2.97}$$

式中 k 表示求导或取重积分的次数,当 k 取正整数时表示导数的阶次,k 取负整数时为重积分的次数。

(4) 与单位阶跃函数 $u(t)$ 的卷积

$$f(t) * u(t) = \int_{-\infty}^{t} f(\tau)\mathrm{d}\tau \tag{2.98}$$

上式说明,任意信号 $f(t)$ 与阶跃信号 $u(t)$ 的卷积,相当于信号 $f(t)$ 通过积分器的响应。

以上性质的证明都很简单,例如只要用卷积的微分特性就可以证明性质(2),这里不再赘述,留作读者练习。

在离散时间的情况下

$$f[n] * u[n] = \sum_{m=-\infty}^{n} f[m] \tag{2.99}$$

我们多次强调过 $\delta(t)$、$u(t)$ 以及 $\delta[n]$、$u[n]$ 的重要性。显然,它们的卷积特性尤为重要,这些性质在信号与系统的分析中有着广泛的应用,必须牢固掌握。

例 2.16 已知信号如图 2.20 所示,求 $f_1(t) * f_2(t)$。

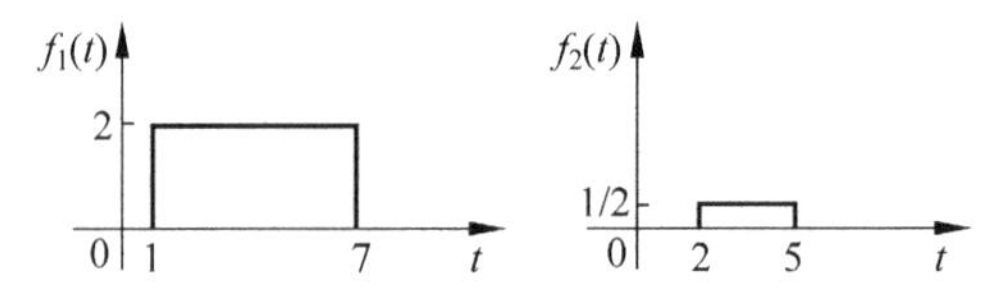

图 2.20 例 2.16 中的信号波形

解 由图 2.20 可见,两个信号均为时限信号。我们利用卷积的微、积分性质求解此题。为此,先把 $f_1(t)$ 微分,而把 $f_2(t)$ 积分,其波形见图 2.21(b)。由于

$$f_1(t) * f_2(t) = \frac{\mathrm{d}f_1(t)}{\mathrm{d}t} * \int_{-\infty}^{t} f_2(\tau)\mathrm{d}\tau$$

所以把微、积分后的信号 $\frac{\mathrm{d}f_1(t)}{\mathrm{d}t}$ 和 $\int_{-\infty}^{t} f_2(\tau)\mathrm{d}\tau$ 作卷积,其卷积过程见图 2.21(c),而卷积结果如图 2.21(d)所示。 ■

读者可以利用定义自行求解本例的 $f_1(t) * f_2(t)$,以比较并验证利用性质求解卷积的优点。值得指出的是,利用微分、积分特性求解卷积时,如果通过信号的微分可以得到单位脉冲信号或其组合,就可利用单位脉冲信号的卷积特性求解。由本例可见,这种方法可以使比较复杂的卷积运算得到简化。

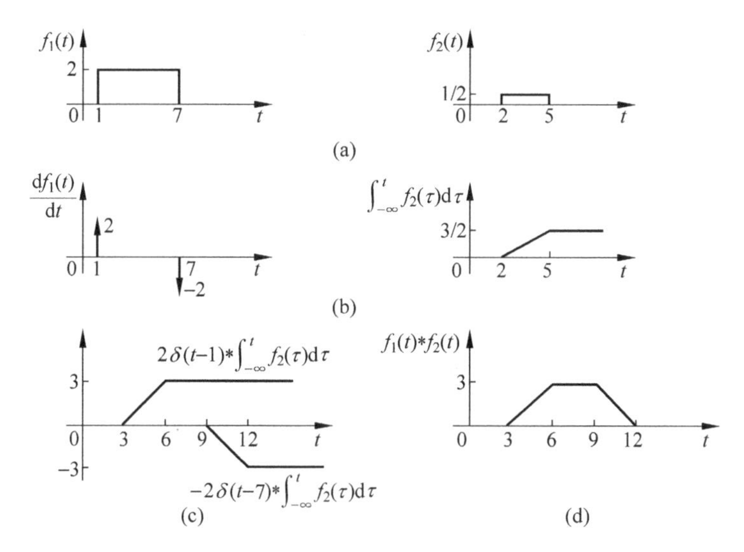

图 2.21 利用微分、积分性质求卷积的图示说明

2.10 线性时不变系统的特性

我们讨论过卷积积分和卷积和,并着重说明了这些概念、方法的重要性。卷积方法除了可用于求解系统对任意输入的零状态响应之外,还给出了很多重要的分析问题的方法。当然,使用这个方法是有条件的,不满足这些条件,就不能使用卷积。条件之一就是系统的“线性、时不变特性”。尽管我们已经给出了线性、时不变特性的定义,但在遇到实际问题时,如何作出正确的判断仍有相当的难度。举例来说,$y[n]=ax[n]+b$ 是个线性方程,如果据此就对该方程表征的系统施以卷积运算将会产生错误的结果。原因就是该线性方程所表征的系统是个非线性系统!为什么会得到这样的结论呢?自有它的判断方法。本节将进一步讨论上述两个特性,并给出另外几个最基本、最重要的特性。

如前所述,可以用单位脉冲响应来表征连续时间或离散时间线性时不变系统。进一步研究可以发现,用单位脉冲响应还可判断或确定线性时不变系统的一些特性。本节所给线性时不变系统的性质都具有实际的物理背景,并有相当简洁的数学表达式。通过这一研究,可以更深入地了解信号与系统数学表示的方便性。总而言之,本节介绍的概念和系统特性都是非常基本的,在后续章节中也将起到特别重要的作用。

本节主要讨论线性时不变系统的特性,它表明这些结论仅适用于该类系统。需要强调的是,这里讲述的性质既适用于连续时间系统也适用于离散时间系统。所以在某类系统(如连续时间系统)中证明或给出的性质,在另一类系统(如离散时间系统)中同样有效。

此外,为了讲述的方便,有时也会采用非线性系统的例子。如在无记忆系统等处将会出现这种情况。由于所用的例子都非常明显,就不另加说明了。

1. 记忆系统与无记忆系统

(1) 无记忆系统

如果系统在任意时刻的输出仅取决于该时刻的输入,就称为无记忆系统,否则为有记忆系统。显然,无记忆系统的输入、输出特性具有单值的函数关系。例如,下式表达的系统

$$y[n]=(8x[n]+3x^2[n])^2$$

就是一个无记忆系统。同样,连续或离散时间的数乘器、相加器等都是无记忆系统。对这些系统而言,任何时刻的输出值仅由同一时刻的输入值决定,而与其他时刻的输入值无关。

显然,仅当单位样值响应为

$$h[n]=\begin{cases}k, & n=0\\0, & n\neq 0\end{cases}$$

即

$$h[n]=k\delta[n] \tag{2.100}$$

时才能满足系统无记忆的要求。式中,$k=h[0]$为常数。

同理,对于连续时间系统来说,无记忆系统的单位脉冲响应为

$$h(t)=k\delta(t) \tag{2.101}$$

其中,k 为常数。因此

$$\begin{aligned}y(t)&=\int_{-\infty}^{\infty}x(\tau)h(t-\tau)\mathrm{d}\tau=\int_{-\infty}^{\infty}x(\tau)k\delta(t-\tau)\mathrm{d}\tau\\&=kx(t)\end{aligned}$$

连续时间无记忆系统的例子有 $y(t)=x^2(t)$,$y(t)=|x(t)|$等。

(2) 记忆系统

由上可知,当

$$h[n]\neq 0,\quad n\neq 0 \tag{2.102}$$

或

$$h(t)\neq 0,\quad t\neq 0 \tag{2.103}$$

时,该系统为有记忆系统。

例 2.17 证明以下系统为记忆系统

$$h[n]=\begin{cases}1, & n=0,1\\0, & 其他\end{cases}$$

解 由给定条件

$$h[n]=\delta[n]+\delta[n-1]$$

可以求得系统的输出为

$$y[n]=x[n]*h[n]=x[n]+x[n-1]$$

所以该系统为记忆系统。 ■

此外，累加器或移位器

$$y[n]=\sum_{k=-\infty}^{n}x[k] \tag{2.104}$$

$$y[n]=x[n-n_0] \tag{2.105}$$

也是离散时间记忆系统，而积分器

$$y(t)=\int_{-\infty}^{t}x(\tau)\mathrm{d}\tau \tag{2.106}$$

是连续时间记忆系统。其原因是这些系统必须记住或存储过去输入的某些信息。例如，累加器就要把全部输入连续求和，直到当前时刻为止。

2. 可逆性与可逆系统

若从系统的输出可以唯一确定系统的输入，或系统的输入不同将产生不同的输出，则该系统是可逆的，称为可逆系统，否则就是不可逆系统。可以证明，如果一个系统是可逆的，就必定存在一个逆系统。

对于线性时不变系统而言，逆系统的定义是：设有单位脉冲响应为 $h_0(t)$的线性时不变系统，其输入为 $x(t)$。若 $h_0(t)$是可逆系统，就可以构造出一个线性时不变的逆系统 $h_-(t)$。该逆系统 $h_-(t)$与 $h_0(t)$级联后的输出等于第一个系统 $h_0(t)$的输入信号 $x(t)$，上述情况如图 2.22 所示。该图还给出了离散时间的情况下对应的线性时不变系统 $h_0[n]$和线性时不变逆系统 $h_-[n]$。

求解逆系统的问题就是在给定 $h_0(t)$或 $h_0[n]$的情况下，求出 $h_-(t)$或 $h_-[n]$。由前述可知，该级联系统可以等效为一个单一的系统。根据逆系统的定义，级联后的系统可以等效为图 2.23 所示的系统。

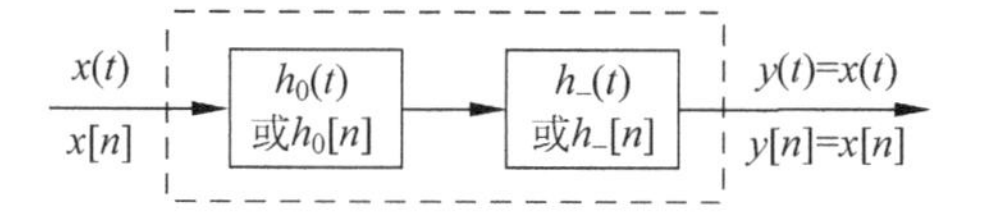

图 2.22　线性时不变系统及其逆系统

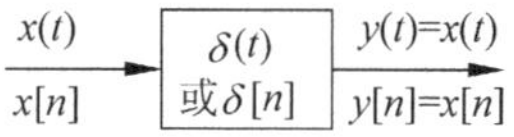

图 2.23　图 2.22 系统的等效系统

所以，图 2.22 系统的单位脉冲响应是

$$h(t)=h_0(t)*h_-(t)=\delta(t) \tag{2.107}$$

常把具有式(2.107)特性的系统称为单位系统。实际上，利用式(2.107)可以判断系统的可逆性。

同样，在离散时间系统中，逆系统应该满足

$$h[n]=h_0[n]*h_-[n]=\delta[n] \tag{2.108}$$

例 2.18　设离散时间线性时不变系统的 $h_0[n]=u[n]$，求该系统的逆系统。

解 1　线性时不变系统的输出为

$$y_0[n]=\sum_{k=-\infty}^{\infty}x[k]h_0[n-k]$$

$$= \sum_{k=-\infty}^{\infty} x[k]u[n-k] = \sum_{k=-\infty}^{n} x[k] \tag{2.109}$$

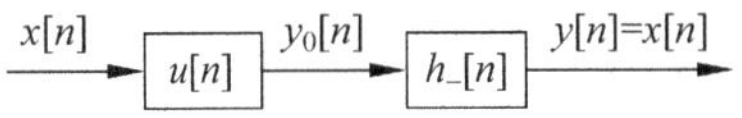

图 2.24　例 2.18 的系统及其逆系统

分析该式可知，系统的输出等于直到当前时刻 n 的所有输入之和，因此是个累加器系统。该系统及其逆系统的构成示于图 2.24。

由式(2.109)可知，能够把 $x[n]$表示成

$$x[n] = \sum_{k=-\infty}^{n} x[k] - \sum_{k=-\infty}^{n-1} x[k]$$

因此

$$x[n] = y_0[n] - y_0[n-1]$$

由图 2.24 可见，逆系统 $h_-[n]$的输入为 $y_0[n]$，而其输出为

$$y[n] = x[n] = y_0[n] - y_0[n-1]$$

所以逆系统的单位样值响应为

$$h_-[n] = \delta[n] - \delta[n-1]$$

解 2　由定义可知，与逆系统级联后整个系统的单位样值响应为

$$\begin{aligned} h[n] &= \delta[n] \\ &= h_0[n] * h_-[n] \\ &= u[n] * h_-[n] \end{aligned}$$

由于

$$\delta[n] = u[n] - u[n-1]$$

所以

$$\begin{aligned} h[n] &= u[n] * h_-[n] = \delta[n] \\ &= u[n] - u[n-1] \\ &= u[n] * (\delta[n] - \delta[n-1]) \end{aligned}$$

由此可得

$$h_-[n] = \delta[n] - \delta[n-1]$$

■

例 2.19　已知 $y(t)=a\cos(x(t))$，判断该系统是否为可逆系统。

解　设该系统的两个输入分别为 $x_1(t)=x(t)$，$x_2(t)=x(t)+n\pi$，并设 n 为偶整数。则相应的输出为

$$\begin{aligned} y_1(t) &= a\cos(x_1(t)) = a\cos(x(t)) \\ y_2(t) &= a\cos(x_2(t)) \\ &= a\cos(x(t)+n\pi) = a\cos(x(t)) = y_1(t) \end{aligned}$$

由于两个不同的输入信号产生了相同的输出，所以该系统是不可逆系统。同理，$y(t)=x^2(t)$以及 $y(t)=|x(t)|$等也都是不可逆系统。其原因是从输出确定的输入不唯一。

■

可逆性在很多领域都是一个重要的概念。例如，在蓬勃发展的电子商务中，可以用 IC 卡支付各种费用。用户在各个商业网点敲入密码后验证了持有者的身份就

可以进行各种消费。为了保证使用的安全，维护银行和用户双方的权益，必须对密码、付款等信息进行处理后才能在通信线路中传送。显然，为了把这些信息完整、准确、无误地恢复出来，进行的处理必须是可逆的。目前，各类可逆的处理器在金融、通信、控制等领域已经得到了广泛的应用。

3. 因果性

(1) 定义

若系统在任何时刻的输出只取决于当前和过去的输入，而与未来的输入无关，该系统为因果系统。另一种表述是：在系统中，若输出的变化不会发生在输入的变化之前，称该系统为因果系统或物理可实现系统。因此，若在某一时间 t_0 或 n_0 以前，一个因果系统的两个输入相等，则在同一时间以前的输出也相等。

只有因果系统才是物理可实现的，例如汽车的运动是因果的，因为汽车(对应于系统)的运动(对应于输出)取决于输入(供油)的情况，当汽车司机没踩油门时，汽车是不可能运动的。所有无记忆系统以及积分器或累加器等记忆系统都是因果的，因为它们仅对当前和过去的输入值作出响应。

如果系统的输出 $y[n]$ 不仅与 $x[n]$，$x[n-1]$ 等有关，还取决于 $x[n+1]$，$x[n+2]$，…，即系统的输出不仅取决于当前和过去的输入，还与未来的输入有关，就在时间上违背了因果关系，因此是非因果系统，或称为物理不可实现的系统。

例 2.20　式(2.110)和式(2.111)表示的系统都是离散时间平滑器或移动平均系统，其中，N、M 均为正整数，试判断哪个是因果系统？

①

$$y_1[n] = \frac{1}{N}\sum_{k=0}^{N-1} x[n-k] \tag{2.110}$$

②

$$y_2[n] = \frac{1}{2M+1}\sum_{k=-M}^{+M} x[n-k] \tag{2.111}$$

解　由以上两式可见，当 k 在 $[0, N-1]$ 区间或 $[-M, M]$ 区间时，式中的 $y[n]$ 是样本 $x[n-k]$ 的平均值。此外，当 $x[n]$ 沿着离散时间轴移动时，$y[n]$ 的值也会随之改变。因此把该类系统称为移动平均系统。

显然，上述①是因果系统，而②是非因果系统。在②中，当 $k=-M$ 时，要用到将来时刻的输入值 $x[n+M]$。 ■

(2) 用 $h(t)$ 或 $h[n]$ 判断系统因果性的方法

利用线性时不变系统的卷积积分或者卷积和，可以把线性时不变系统的单位样值响应与该系统的因果性联系起来。由前可知

$$\begin{aligned} y[n] &= \sum_{k=-\infty}^{\infty} x[k]h[n-k] \\ &= \sum_{k=-\infty}^{n} x[k]h[n-k] + \sum_{k=n+1}^{\infty} x[k]h[n-k] \end{aligned}$$

当离散时间线性时不变系统是因果系统时，$y[n]$应当与 $x[k](k>n)$的值无关，即与上式中的第二项无关。或者说，上式的第二项应为零，因而

$$y[n]=\sum_{k=-\infty}^{n}x[k]h[n-k]$$

上述的 $\sum_{k=n+1}^{\infty}x[k]h[n-k]=0$ 实质上是要求该系统满足

$$h[n-k]=0,\quad k>n$$

上式等效于

$$h[n]=0,\quad n<0 \tag{2.112}$$

因此，式(2.112)就是离散时间线性时不变系统为因果系统的条件。

同理可得，连续时间线性时不变系统为因果系统的条件是

$$h(t)=0,\quad t<0 \tag{2.113}$$

在因果系统的情况下，用卷积积分求解线性时不变系统输出时通常采用下面的公式

$$y(t)=\int_{-\infty}^{t}x(\tau)h(t-\tau)\mathrm{d}\tau=\int_{0}^{\infty}h(\tau)x(t-\tau)\mathrm{d}\tau$$

例 2.21 判断下列系统的因果性。

(1) $h_1[n]=u[n]$

(2) $h_2[n]=\delta[n]-\delta[n-1]$

(3) $h_3(t)=\delta(t-t_0)$

解 系统(1)和(2)为因果系统。系统(3)为纯时移系统，当 $t_0>0$ 时为因果系统，而 $t_0<0$ 时为非因果系统。■

系统是否因果的重要性是极其明显的。在现实世界里，总是先有原因(系统激励)后有结果(系统响应)。换句话说，没有激励就不能有响应。前面关于汽车的例子就清楚地说明了这一点。实际上，对于独立变量为时间变量的连续时间系统而言，只有因果系统才是物理可实现的，而非因果系统是无法实现的。所以，因果性是设计、实现连续时间系统最为关键的特性之一。

需要说明的是，当独立变量不是时间变量时，系统可否实现与系统的因果性没有关系。例如在图像处理中，独立变量是空间坐标，因而不存在因果性问题。另外，在离散时间系统如语音处理、地球物理等数据处理系统中，往往有大量的数据已经事先记录了下来。因此，对于某个时刻的输出 $y[n]$来说，已经有大量“未来的”输入 $x[n+1]$，$x[n+2]$，…记录在存储器中可供调用，因而无需强调因果性的问题。实际上，这等效于用一个具有很大延时的因果系统去逼近一个非因果系统。由于连续时间系统中信号的存储比较困难，所以很难实现类似的非因果系统的逼近，这也是离散时间系统优于连续时间系统的一个特点。

4. 稳定性

(1) 概念和定义

稳定性是系统自身的重要特性之一，一个系统是否稳定与激励信号无关。直观

地看，如果在系统上加一个小的输入，其响应不会发散，该系统为稳定系统。

在日常生活中有关稳定性的例子很多。例如某甲的双手抓住吊环，经某乙的推动而产生摆动，并规定甲不得自己用力。通常可把推力看成是系统的输入 $x(t)$，把相对于吊环垂直方向的角度偏移 $y(t)$ 看成是系统的输出。显然，人的重力和阻力引起的摩擦损耗总是趋向于把人拉回到垂直位置，因此系统是稳定的。相反，如果一个人站在平衡木上，在水平方向施加任何一个小的扰动，都可能使人掉下来，所以是不稳定系统。实际上，系统具有稳定性都是能量消耗的结果。

稳定系统的定义是，若每个有界的输入（即输入的幅度不是无界增长的）都产生一个有界的输出，该系统就是稳定系统。一般来说，用衰减指数表示的信号如 RC 电路的衰减，放射性衰变、阻尼机械系统等都是稳定系统的例子，而用增长指数表示的信号，如原子弹爆炸、人口增长、通货膨胀等都是不稳定系统响应的例子。

需要指出的是，由于不同学科研究问题的类型和要求有所差别，定义系统稳定性的形式也不相同。因此，在已修和后续课程中会多有涉及，本书不必也不可能作更多的介绍。然而，本节介绍的内容具有普遍的意义。

(2) 系统稳定的条件

设系统输入 $x[n]$ 的幅度有界，即

$$|x[n]| \leqslant B < \infty, \quad \text{所有 } n \tag{2.114}$$

也就是说，式中的 B 为有限值。把 $x[n]$ 输入到一个线性时不变系统，设该系统的单位样值响应为 $h[n]$，则系统输出的绝对值为

$$|y[n]| = \left|\sum_{k=-\infty}^{\infty} h[k]x[n-k]\right| \tag{2.115}$$

由于和的绝对值小于等于绝对值的和，以及

$$|x[n-k]| \leqslant B, \quad \text{所有的 } n,k$$

所以

$$\begin{aligned} |y[n]| &\leqslant \sum_{k=-\infty}^{\infty} |h[k]|\,|x[n-k]| \\ &\leqslant B\sum_{k=-\infty}^{\infty} |h[k]| \end{aligned}$$

因此，在输入 $x[n]$ 有界的条件下，为了使输出的幅度 $|y[n]|$ 有界，需要满足的条件是

$$\sum_{k=-\infty}^{\infty} |h[k]| < \infty \tag{2.116}$$

式(2.116)就是离散时间线性时不变系统稳定的充分条件。该条件可以表述为：线性时不变系统稳定的充分条件是系统的单位样值响应满足绝对可和的要求。

此外，式(2.116)也是系统稳定的必要条件，证明如下：

从高等数学充分、必要条件的知识可知，为了判断式(2.116)也是系统稳定的必要条件，只需证明：如果 $h[n]$ 不满足式(2.116)，总能找到某些有界的输入，使得输出的响应无界。也就是说，为了证明这点，只要举出一个特例就可以了。

设系统的激励为

$$x[n]=\begin{cases}\dfrac{h^*[-n]}{|h[-n]|}, & h[n]\neq 0\\ 0, & h[n]=0\end{cases}$$

其中,$h^*[n]$是$h[n]$的复共轭。显然

$$|x[n]|=\begin{cases}1, & h[n]\neq 0\\ 0, & h[n]=0\end{cases}$$

即$|x[n]|$是有界的。下面求$n=0$时系统的输出值,由卷积和公式可知

$$y[n]=\sum_{k=-\infty}^{\infty}h[k]x[n-k]$$

所以

$$y[0]=\sum_{k=-\infty}^{\infty}h[k]x[-k]=\sum_{k=-\infty}^{\infty}\frac{|h[k]|^2}{|h[k]|}$$

$$=\sum_{k=-\infty}^{\infty}|h[k]|$$

可见,在不满足式(2.116)的情况下,$y[0]\to\infty$。

也就是说,有界的输入$x[n]$产生了无界的输出,原因是系统的单位样值响应不满足式(2.116)。所以,式(2.116)是系统稳定的必要条件。综上所述

$$\sum_{k=-\infty}^{\infty}|h[k]|<\infty$$

是系统稳定的充要条件。

同理,在连续时间系统中,系统稳定的充要条件是单位脉冲响应绝对可积,即

$$\int_{-\infty}^{\infty}|h(\tau)|\,\mathrm{d}\tau<\infty \tag{2.117}$$

根据式(2.116)或式(2.117),读者可以自行证明,连续或离散的纯时移系统是稳定系统。这里只提供一个物理解释。在时移系统中,只要输入有界,把它作任何移动也必然有界。

例 2.22 判断累加器的稳定性。

解 前面已经给出累加器的单位样值响应为$h[n]=u[n]$,所以

$$\sum_{k=-\infty}^{\infty}|h[k]|=\sum_{k=-\infty}^{\infty}|u[k]|=\sum_{k=0}^{\infty}u[k]=\infty$$

因此,累加器是不稳定系统。 ■

实际上这一点也很好理解。当$h[n]=u[n]$时,系统的输出为

$$y[n]=\sum_{n=-\infty}^{n}x[n] \tag{2.118}$$

即累加器是把所有过去的输入累加起来。即使输入$x[n]$是有界的,按式(2.118)求得的输出也将连续增长,因而会出现无界的结果。例如,当系统的输入为$x[n]=u[n]$时,$x[n]$的幅度有界。此时的输出为

$$y[n]=\sum_{k=-\infty}^{n}x[n]=\sum_{k=0}^{n}u[n]=(n+1)u[n]$$

可见，当$n\to\infty$时，$y[n]\to\infty$，所以系统不稳定。

例2.23 已知积分器系统$y(t)=\int_{-\infty}^{t}x(\tau)\mathrm{d}\tau$，且$|x(t)|\leqslant\beta<\infty$，即$\beta$为有限值。试判断该系统的稳定性。

解1 按定义判断

$$|y(t)|=\left|\int_{-\infty}^{t}x(\tau)\mathrm{d}\tau\right|\leqslant\int_{-\infty}^{t}|x(\tau)|\mathrm{d}\tau\leqslant\beta\int_{-\infty}^{t}\mathrm{d}\tau$$

而

$$\int_{-\infty}^{t}\mathrm{d}\tau=\tau\Big|_{-\infty}^{t}=t+\infty=\infty$$

上式说明：有界的输入产生了无界的输出，因而系统不稳定。

解2 题目给定的条件为

$$y(t)=\int_{-\infty}^{t}x(\tau)\mathrm{d}\tau$$

令$x(t)=\delta(t)$，该系统的单位脉冲响应为

$$h(t)=\int_{-\infty}^{t}\delta(\tau)\mathrm{d}\tau=u(t)$$

由于

$$\int_{-\infty}^{\infty}|h(\tau)|\mathrm{d}\tau=\int_{-\infty}^{\infty}|u(\tau)|\mathrm{d}\tau=\int_{0}^{\infty}\mathrm{d}\tau=\infty$$

即单位脉冲响应不满足绝对可积的条件，所以积分器系统是不稳定系统。 ■

5. 时不变特性

从直观的概念上看，如果系统的特性不随时间而改变，该系统就为时不变系统。时不变系统的外在表现是，如果系统的输入有一个时移，该系统的输出也会产生相同的时移，而相应信号的形状不会改变。在离散系统的情况下，也把这一特性称为移不变特性。

以离散系统为例，若用符号$x[n]\to y[n]$表示系统的输入为$x[n]$时，系统的输出为$y[n]$，则时不变系统的要求是：输入为$x[n-n_0]$时的输出为$y[n-n_0]$，即

$$x[n-n_0]\to y[n-n_0]$$

在连续时间系统情况下的时不变特性为，若

$$x(t)\to y(t)$$

则

$$x(t-t_0)\to y(t-t_0) \tag{2.119}$$

一般来说，从上面的定义就可以直接判断出某系统是否为时不变系统或移不变系统，判断的步骤如下：

(1) 设该系统的单位脉冲响应为$h_1(t)$，而系统的输入、输出关系为

$$x_1(t)\to y_1(t)$$

(2) 根据给出的时移t_0，求出$y_1(t-t_0)$。

(3) 令$x_2(t)=x_1(t-t_0)$，把该时移信号输入到系统$h_1(t)$，并求出相应的输出$y_2(t)$。

(4) 检查 $y_1(t-t_0)$是否等于 $y_2(t)$？若相等，则为时不变系统，否则为时变系统。

例 2.24 若 $y(t)=\cos(x(t))$，判断该系统是否为时不变系统。

解 设系统输入为 $x_1(t)$，则

$$y_1(t)=\cos(x_1(t))$$

把 $y_1(t)$移位 t_0，可得

$$y_1(t-t_0)=\cos(x_1(t-t_0))$$

令 $x_2(t)=x_1(t-t_0)$，则

$$y_2(t)=\cos(x_2(t))=\cos(x_1(t-t_0))$$

由于

$$y_1(t-t_0)=y_2(t)$$

该系统为时不变系统。 ■

为什么采用上述步骤能够判别系统的时不变特性呢？我们在图 2.25 中给出了定性的说明。图中的 $h_1(t)$是要求判别的子系统，$h_2(t)$表示延时为 t_0 的子系统。可见，图 2.25(a)表示了前两个步骤，而图 2.25(b)实现了步骤(3)。在这两个图中，输入 $x_1(t)$都经过了 $h_1(t)$和 $h_2(t)$级联的两个子系统。根据卷积的交换律

$$h(t)=h_1(t)*h_2(t)=h_2(t)*h_1(t)$$

也就是说，图 2.25(a)和图 2.25(b)表示的两个系统中，$x_1(t)$都经过了相同的系统 $h(t)$。由于卷积的交换律仅适用于线性时不变系统，即仅当系统满足“线性”和“时不变”条件时，图 2.25(a)、图 2.25(b)两个系统的输出才相等。所以，当

$$y_1(t-t_0)=y_2(t)$$

时，该系统是线性、时不变系统。这样，我们就根据线性时不变系统的特性证明了判断时不变系统步骤的正确性。

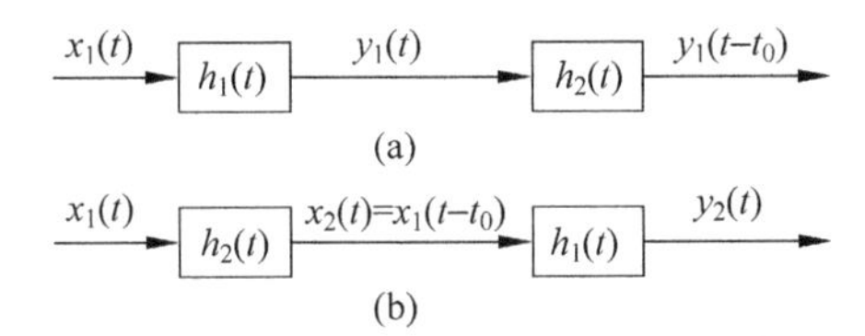

图 2.25 时不变系统判断方法的图解说明

例 2.25 判断下列系统是否为时不变系统，已知

$$y(t)=te^{-t}x(t)$$

解 设系统的输入为 $x_1(t)$，则该系统的输出为

$$y_1(t)=te^{-t}x_1(t)$$

把 $y_1(t)$移位 t_0 可得

$$y_1(t-t_0)=(t-t_0)e^{-(t-t_0)}x_1(t-t_0)$$

令 $x_2(t)=x_1(t-t_0)$，则

$$y_2(t)=te^{-t}x_1(t-t_0)$$

由于

$$y_1(t-t_0) \neq y_2(t)$$

所以,这一系统为时变系统。 ■

例 2.26 已知系统

$$y[n]=nx[n]$$

判断该系统是否为时不变系统。

解 1
$$y_1[n]=nx_1[n]$$

把 $y_1[n]$移位 n_0,可得

$$y_1[n-n_0]=(n-n_0)x_1[n-n_0]$$

令 $x_2[n]=x_1[n-n_0]$,则

$$y_2[n]=nx_1[n-n_0]$$

由于

$$y_1[n-n_0] \neq y_2[n]$$

该系统为移变系统。

由以上两个例题可见,$y(t)$和 $y[n]$都是带有时变增益的系统,因而是时变系统。然而,如果这一增益为常数,则该系统为时不变系统,读者可以自行证明。

解 2 设输入信号 $x_1[n]=\delta[n]$,由于 $n\delta[n]=0$,故输出 $y_1[n]$恒为0,即

$$y_1[n]=0$$

令

$$x_2[n]=x_1[n-1]=\delta[n-1]$$

则

$$y_2[n]=n\delta[n-1]=\delta[n-1]$$

由上可知,$x_2[n]$是 $x_1[n]$的时移,但 $y_2[n]$并不是 $y_1[n]$的时移,故该系统是移变系统。

■

此例提示我们,当觉得一个系统为时变系统时,可以采用找一个反例的办法。也就是找一个使得时不变条件不成立的输入信号再求解。

一般认为,当系统参数不随时间改变时,该系统的特性就不会随着时间而改变,也就是说该系统具有时不变特性。自然界的很多系统都具有这种特性。我们使用的电子测试设备如示波器、电压计等,其特性就与我们使用的时间没有关系,否则就会“天下大乱”了。我们学过的乘法器、加法器、微分器、差分器等也都是时不变系统。

6. 线性

已知系统的输入输出关系为

$$x(t) \rightarrow y(t), \quad x_1(t) \rightarrow y_1(t), \quad x_2(t) \rightarrow y_2(t)$$

若系统满足:

(1) 叠加性

$$x_1(t)+x_2(t) \rightarrow y_1(t)+y_2(t) \tag{2.120}$$

(2) 比例性(scaling)(或齐次性(homogeneity))

$$cx(t) \rightarrow cy(t), \quad c \text{ 为任意复常数} \tag{2.121}$$

则该系统为线性系统。当然,这一定义对离散时间系统也是适用的。

只有同时满足上述两个特性的系统才是线性系统,只满足特性之一的系统不是线性系统,而是非线性系统。把上述两个性质合在一起称为系统的线性特性或者线性条件。这个特性是说,若系统的输入为几个信号的加权和,则系统的输出就是该系统对每个分信号响应的加权和,即

$$\sum_k c_k x_k[n] \rightarrow \sum_k c_k y_k[n], \quad k = 1,2,3,\cdots \tag{2.122}$$

其中 $x_k[n]$为系统的一组输入,$y_k[n]$为相应的各个输出,c_k 是一组任意的复常数。需要注意的是,$x_k[n]$和 $y_k[n]$也可以是复数。

在连续系统的情况下,请读者自行写出式(2.122)的对偶式。

我们学过的多数系统都满足线性特性。应当注意的是,线性系统不一定是时不变系统,反过来也一样。要按照相应的定义分别判断。

下面,根据线性系统的线性条件研究一个有趣的现象。设

$$x(t) \rightarrow y(t)$$

根据比例性,并选取 $c=0$,则

$$0 \cdot x(t) = 0 \rightarrow 0 \cdot y(t) = 0 \tag{2.123}$$

上式说明,当系统为零输入时就应该产生零输出。显然,不满足这一特性就不是线性系统。但是,满足这一特性的系统并不一定是线性系统。因此,零输入产生零输出是判断一个系统为线性系统的必要条件而不是充要条件。

例 2.27 已知 $y[n]=ax[n]+b$,判断该系统是否为线性系统。

解 由判定线性系统的必要条件可知,当 $x[n]=0$ 时,$y[n]=b\neq 0$,所以该系统不是线性系统。读者也可用线性系统的定义式直接验证这一结论。 ■

这个例子很值得我们思考,即式(2.123)的变换关系是个线性方程,但它竟然是个非线性系统!原因就是违反了系统的线性特性。因此,不能根据线性函数的变换关系去判断一个系统是否为线性系统。

例 2.28 已知系统 $y(t)=\sqrt{x(t)}$,判断该系统是否为线性系统。

解 设

$$x_1(t) \rightarrow y_1(t) = \sqrt{x_1(t)}$$

$$x_2(t) \rightarrow y_2(t) = \sqrt{x_2(t)}$$

当系统的输入为 $x(t)=\alpha x_1(t)+\beta x_2(t)$,$\alpha,\beta$ 为任意常数时,由 $y(t)=\sqrt{x(t)}$ 可得

$$y(t) = \sqrt{\alpha x_1(t) + \beta x_2(t)}$$

而当输入为 $x(t)=\alpha x_1(t)+\beta x_2(t)$时,根据系统的线性特性可以求出

$$y_+(t) = \alpha y_1(t) + \beta y_2(t) = \alpha\sqrt{x_1(t)} + \beta\sqrt{x_2(t)}$$

由于

$$y_+(t) \neq y(t)$$

所以该系统是非线性系统。■

例 2.29　已知系统 $y[n]=x^2[n]$，判断该系统是否为线性系统。

解　根据线性条件，读者可以自行判断出该系统为非线性系统。■

利用单位脉冲响应可以判断线性时不变系统的部分特性，我们给出表 2.4，并作为本节的结束。

表 2.4　线性时不变系统的部分特性与单位脉冲响应的关系

特　　性	连续时间系统	离散时间系统
非记忆性	$h(t)=c\delta(t)$	$h[n]=c\delta[n]$
因果性	$h(t)=0, t<0$	$h[n]=0, n<0$
稳定性	$\int_{-\infty}^{\infty} \mid h(t) \mid \mathrm{d}t < \infty$	$\sum_{n=-\infty}^{\infty} \mid h[n] \mid < \infty$
可逆性	$h_{\circ}(t) * h_{-}(t)=\delta(t)$	$h_{\circ}[n] * h_{-}[n]=\delta[n]$

线性时不变系统的其他特性可按本节所述的方法进行相应的判断。

2.11　小结

本章讨论 LTI 系统的时域分析，所谓时域分析就是在不进行任何变换（如即将讨论的傅里叶变换、拉普拉斯变换等）的情况下，直接在时域进行的分析。时域分析法非常直观、物理概念也很清楚，是学习本课程中各种变换分析法的基础。

LTI 系统的数学模型是常系数线性微分方程或常系数线性差分方程。显然，时域分析应能在时域求解微分或差分方程。在这两类方程的求解中，我们讨论了经典解法以及把完全响应分解为零输入响应和零状态响应的解法。经典解法有明确的物理概念，而后者把 LTI 系统的响应分解为由输入信号引起的响应和由起始状态引起的响应。LTI 系统的脉冲响应以及卷积的方法是系统分析中非常重要的概念和非常方便的求解方法，而零状态响应恰为它们存在或应用的前提。所以说，零输入响应和零状态响应的引入是对系统理论的重要贡献。

系统的单位脉冲响应 $h(t)$ 或 $h[n]$ 是输入为单位脉冲信号时系统的零状态响应。它们很好地描述了 LTI 系统的特性，用单位脉冲响应可以直接判断出因果、稳定等 LTI 系统的特性。

卷积是时域分析的基本方法之一，本章对连续域的卷积积分和离散域的卷积和进行了深入的讨论。根据这一方法，LTI 系统对任意输入信号的零状态响应就等于输入信号与单位脉冲响应的卷积。应该牢记的是，卷积运算仅适用于 LTI 系统，而求得的结果是系统的零状态响应。在后续的变换域分析中，把卷积与相应变换的性质相结合将可简化零状态响应的求解。

习题

2.1 已知LTI因果系统的微分方程,画出它们的方框图。

(1) $y(t)=-\frac{1}{8}\frac{\mathrm{d}y(t)}{\mathrm{d}t}+5x(t)$　　(2) $\frac{\mathrm{d}y(t)}{\mathrm{d}t}+8y(t)=6x(t)$

2.2 已知LTI因果系统的差分方程,画出该系统的方框图。

(1) $y[n]=\frac{1}{12}y[n-1]+8x[n]$　　(2) $y[n]=\frac{1}{8}y[n-2]+9x[n-1]$

(3) $y[n]=\sum_{i=0}^{6}b_i x[n-i]$

2.3 在图题2.3电路中,已知$R_1=1\Omega$,$R_2=\frac{1}{2}\Omega$,$C_1=1\mathrm{F}$,$C_2=\frac{1}{2}\mathrm{F}$,列出该电路的微分方程。

2.4 图题2.4电路中$t<0$时开关位于1,并进入稳态。在$t=0$时刻开关从1打到2。

(1) 从物理概念判断$i(0_-)$、$i'(0_-)$、$i(0_+)$和$i'(0_+)$;

(2) 列出$t\geqslant 0_+$时间内描述系统的微分方程式。

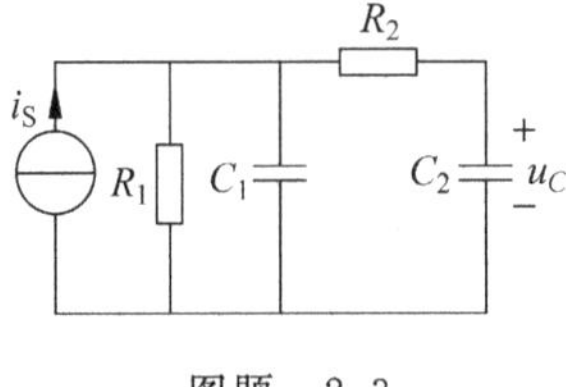

图题 2.3

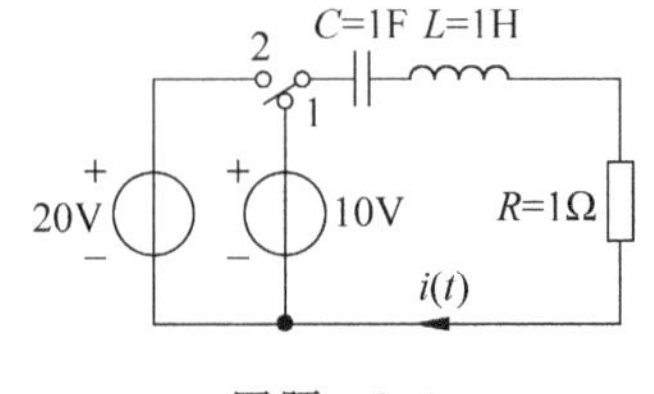

图题 2.4

2.5 已知互感电路如图题2.5所示,当输入$e(t)=u(t)$时,响应为$i_2(t)$。

(1) 列出电路的微分方程;

(2) 当电路的起始条件$i_2(0_-)=i_2'(0_-)=0$时,求$i_2(0_+)$,$i_2'(0_+)$。

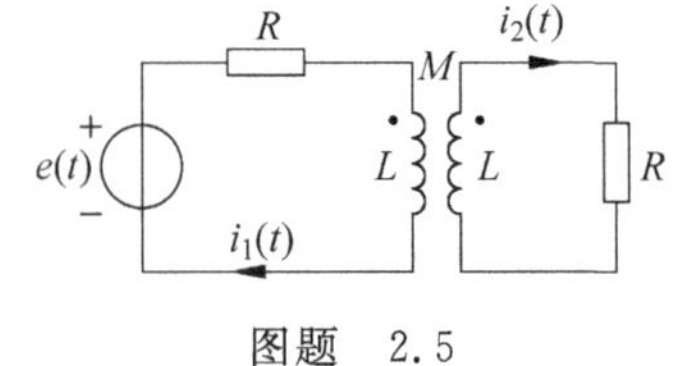

图题 2.5

2.6 已知系统的微分方程、起始状态和激励

(1) $\frac{\mathrm{d}^2y(t)}{\mathrm{d}t^2}+4\frac{\mathrm{d}y(t)}{\mathrm{d}t}+3y(t)=x(t)$,$y(0_-)=2$,$y'(0_-)=1$,$x(t)=u(t)$

(2) $\frac{\mathrm{d}^2y(t)}{\mathrm{d}t^2}+6\frac{\mathrm{d}y(t)}{\mathrm{d}t}+8y(t)=\frac{\mathrm{d}x(t)}{\mathrm{d}t}+2x(t)$,$y(0_-)=1$,$y'(0_-)=2$,$x(t)=\delta(t)$

求$y(0_+)$和$y'(0_+)$。

2.7 LTI系统的微分方程是

$$\frac{\mathrm{d}y(t)}{\mathrm{d}t}+4y(t)=x(t)$$

并满足起始松弛条件，即 $y(0_-)=0$。

(1) 若 $x(t)=\mathrm{e}^{(-1+3\mathrm{j})t}u(t)$，求 $y(t)$；

(2) 若 $x(t)=\mathrm{e}^{-t}\cos(3t)u(t)$，求 $y(t)$。

提示：$\mathrm{Re}[x(t)]$和 $\mathrm{Re}[y(t)]$的关系也满足上面 LTI 系统的微分方程式。

2.8　LTI 因果系统的差分方程为

$$y[n]=\frac{1}{4}y[n-1]+x[n]$$

已知输入 $x[n]=\delta[n-1]$，求 $y[n]$。

2.9　已知二阶线性时不变系统

$$\frac{\mathrm{d}^2y(t)}{\mathrm{d}t^2}+a_0\frac{\mathrm{d}y(t)}{\mathrm{d}t}+a_1y(t)=b_0\frac{\mathrm{d}x(t)}{\mathrm{d}t}+b_1x(t)$$

当激励为 $x_1(t)=\mathrm{e}^{-2t}u(t)$时系统的全响应为 $y_1(t)=[-\mathrm{e}^{-t}+4\mathrm{e}^{-2t}-\mathrm{e}^{-3t}]u(t)$。在起始状态相同的情况下，当激励为 $x_2(t)=\delta(t)-2\mathrm{e}^{-2t}u(t)$时系统的全响应为

$$y_2(t)=[3\mathrm{e}^{-t}+\mathrm{e}^{-2t}-5\mathrm{e}^{-3t}]u(t)$$

求：

(1) 微分方程的系数 a_0,a_1；

(2) 系统的零输入响应和单位脉冲响应；

(3) 微分方程的系数 b_0,b_1。

2.10　图题 2.10 电路中，已知 $R=\frac{3}{4}\Omega,C=\frac{1}{3}\mathrm{F}$，$L=1\mathrm{H}$。

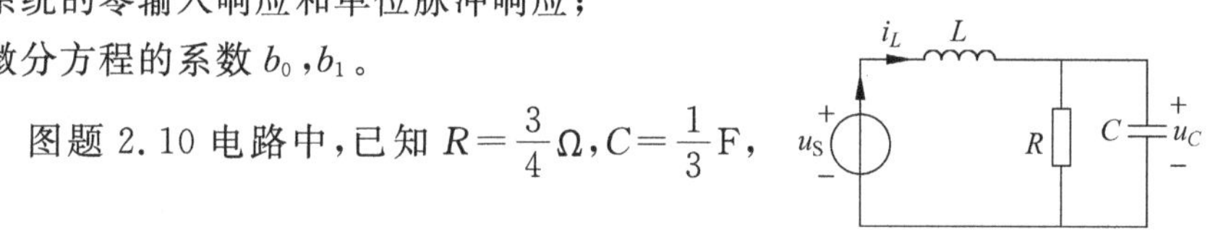

图题　2.10

(1) 列出该电路的微分方程。

(2) 若 $i_L(0_-)=2\mathrm{A},u_C(0_-)=1\mathrm{V},u_S(t)=u(t)$，求该电路的零输入响应 $u_{C\mathrm{zi}}$和零状态响应 $u_{C\mathrm{zs}}$。

2.11　已知系统的微分方程为

$$\frac{\mathrm{d}^2y(t)}{\mathrm{d}t^2}+4\frac{\mathrm{d}y(t)}{\mathrm{d}t}+3y(t)=\frac{\mathrm{d}x(t)}{\mathrm{d}t}+x(t)$$

激励信号为

$$x(t)=\sin t[u(t)-u(t-\pi)]$$

求系统的零状态响应。

2.12　系统的差分方程为

$$y[n]-2y[n-1]+2y[n-2]-2y[n-3]+y[n-4]=0$$

已知 $y[0]=0,y[1]=1,y[2]=2,y[3]=5$，求该方程的解。

2.13　离散时间系统的差分方程为

$$y[n+2]+3y[n+1]+2y[n]=x[n+1]-x[n]$$

已知 $y_{\mathrm{zi}}[0]=0,y_{\mathrm{zi}}[1]=1,x[n]=(-2)^nu[n]$。求系统的零状态响应、零输入响应、全响应，并指出其中的自由响应分量和强迫分量。

2.14　离散时间系统如图题 2.14 所示，D 为单位延时器。

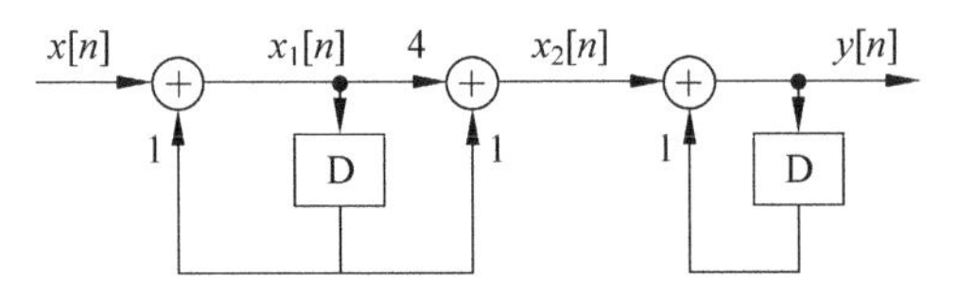

图题 2.14

(1) 写出系统的差分方程;

(2) 已知 $x[n]=\delta[n]$,全响应初始条件为 $y[-1]=-1, y[0]=1$,求系统的零输入响应 $y_{zi}[n]$;

(3) 当激励 $x[n]=\delta[n]$时,求系统的零状态响应 $y_{zs}[n]$。

2.15 已知系统的微分方程为

$$\frac{\mathrm{d}y(t)}{\mathrm{d}t}+2y(t)=\frac{\mathrm{d}^2x(t)}{\mathrm{d}t^2}+3\frac{\mathrm{d}x(t)}{\mathrm{d}t}+3x(t)$$

求系统的单位脉冲响应和单位阶跃响应。

2.16 求下列系统的单位脉冲响应

(1) $\frac{\mathrm{d}^2y(t)}{\mathrm{d}t^2}+4\frac{\mathrm{d}y(t)}{\mathrm{d}t}+5y(t)=\frac{\mathrm{d}x(t)}{\mathrm{d}t}$

(2) $\frac{\mathrm{d}^2y(t)}{\mathrm{d}t^2}+4\frac{\mathrm{d}y(t)}{\mathrm{d}t}+4y(t)=2\frac{\mathrm{d}x(t)}{\mathrm{d}t}+x(t)$

2.17 已知系统的微分方程为

(1) $\frac{\mathrm{d}^2y(t)}{\mathrm{d}t^2}+2\frac{\mathrm{d}y(t)}{\mathrm{d}t}+4y(t)=\frac{\mathrm{d}^3x(t)}{\mathrm{d}t^3}+x(t)$

(2) $\frac{\mathrm{d}^3y(t)}{\mathrm{d}t^3}+4\frac{\mathrm{d}^2y(t)}{\mathrm{d}t^2}+5\frac{\mathrm{d}y(t)}{\mathrm{d}t}+2y(t)=\frac{\mathrm{d}^2x(t)}{\mathrm{d}t^2}+2\frac{\mathrm{d}x(t)}{\mathrm{d}t}+x(t)$

求系统的单位脉冲响应和单位阶跃响应。

2.18 已知某系统的框图如图题 2.18 所示,求该系统的单位脉冲响应。

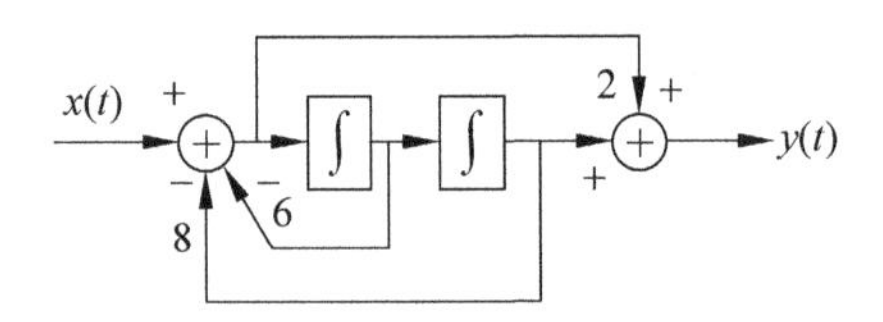

图题 2.18

2.19 因果、线性时不变系统的微分-积分方程是

$$\frac{\mathrm{d}}{\mathrm{d}t}y(t)+5y(t)=\int_{-\infty}^{\infty}x(\tau)f(t-\tau)\mathrm{d}\tau-x(t)$$

其中 $f(t)=\mathrm{e}^{-t}u(t)+3\delta(t)$求该系统的单位脉冲响应 $h(t)$。

2.20 已知 LTI 系统的输入为 $x(t)=2\mathrm{e}^{-3t}u(t-1)$时,该系统的响应为 $y(t)$,即 $y(t)=H[x(t)]$,又已知

$$H\left[\frac{\mathrm{d}}{\mathrm{d}t}x(t)\right]=-3y(t)+\mathrm{e}^{-2t}u(t)$$

求该系统的单位脉冲响应。

2.21　求下列系统的单位样值响应 $h[n]$。

(1) $y[n]-y[n-2]=x[n]$

(2) $y[n]-y[n-2]=x[n]+x[n-2]$

2.22　系统的差分方程为

$$y[n]-3y[n-1]+2y[n-2]=x[n]+x[n-1]$$

已知 $y_{zi}[-1]=2, y_{zi}[0]=0$。求：

(1) 系统的零输入响应；

(2) 单位样值响应 $h[n]$；

(3) 单位阶跃响应 $g[n]$；

(4) 已知输入 $x[n]=2^n u[n]$，求系统的零状态响应 $y_{zs}[n]$。

2.23　计算下列卷积积分。

(1) $f(t)=t[u(t)-u(t-2)]*\delta(1-t)$

(2) $f(t)=1*\mathrm{e}^{-3t}u(t)$

(3) $f(t)=[(t+2)u(t+2)-2tu(t)+(t-2)u(t-2)]*[\delta'(t+2)-\delta'(t-2)]$

(4) $f(t)=[2(t+1)u(t+1)-3tu(t)+(t-2)u(t-2)]*\delta'(2-t)$

2.24　已知 $f_1(t)=\mathrm{e}^{-\frac{1}{2}t}u(t), f_2(t)=u(t)-u(t-2)$，求卷积积分 $f(t)=f_1(t)*f_2(t)$。

2.25　已知 $f_1(t)$ 和 $f_2(t)$ 的波形如图题 2.25 所示，若 $f(t)=f_1(t)*f_2(t)$，求 $f(2), f(3), f(4)$ 的值。

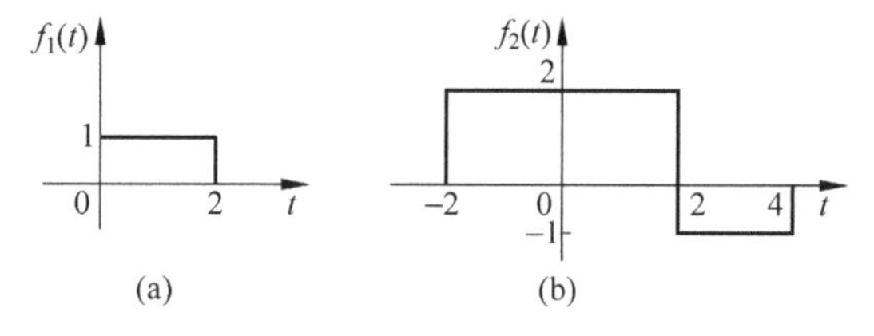

图题　2.25

2.26　已知序列 $x[n]=\alpha^n u[n]$。

(1) 求序列 $g[n]=x[n]-\alpha x[n-1]$；

(2) 已知 $x[n]$ 通过一个系统 $h[n]$ 后的输出为

$$y[n]=x[n]*h[n]=\left(\frac{1}{2}\right)^n(u[n+2]-u[n-2])$$

求该系统的 $h[n]$。

提示：求 $h[n]$ 时可以结合(1)的结果并利用卷积的性质。

2.27　求 $y[n]=x[n]*h[n]$，已知

(1) $h[n]=1, -\infty<n<\infty$；$x[n]=\left(\frac{1}{2}\right)^{|n|}$

(2) $h[n]=(2)^{n+1}u[n+1], x[n]=\delta[2-n]+u[n-1]$

(3) $h[n]=\begin{cases} n, & 0\leqslant n\leqslant 7 \\ 7, & n=8 \\ 0, & 其他 \end{cases}$, $x[n]=\begin{cases} 2, & 0\leqslant n\leqslant 5 \\ 0, & 其他 \end{cases}$

2.28 判断下列系统是否为线性、时不变系统。

(1) $y(t)=t^2x(t-1)$

(2) $y[n]=x^2[n-3]$

(3) $y(t)=\mathrm{Od}[x(t)]$(其中,$\mathrm{Od}[x(t)]$表示 $x(t)$的奇分量)

(4) $y[n]=5x[n]\sin\left(\frac{2\pi}{5}n+\frac{\pi}{3}\right)$

2.29 判断下列说法的正误。

(1) 两个线性时不变系统的级联还是一个线性时不变系统;

(2) 两个非线性系统的级联还是非线性系统。

2.30 判断下列系统的因果性、线性和时不变性。

(1) $y(t)=\frac{\mathrm{d}x(t)}{\mathrm{d}t}$

(2) $y(t)=\cos[x(t)]u(t)$

(3) $y(t)=x(2t)$

(4) $y(t)=\int_{-\infty}^{8t}x(\tau)\mathrm{d}\tau$

(5) $y(t) = x(1-t)$

2.31 设离散时间系统的输入输出关系为 $y[n] = \mathrm{Re}\{x[n]\}$,其中 $x[n]$ 不一定是实数。证明该系统是可加的。若上述关系变为 $y[n] = \mathrm{Re}\{\mathrm{e}^{\mathrm{j}\frac{n\pi}{4}}x[n]\}$,该系统仍为可加吗?

2.32 已知三个系统的输入输出关系分别为

$$y_1[n] = \begin{cases} x[n/2], & n \text{ 为偶数} \\ 0, & n \text{ 为奇数} \end{cases}$$

$$y_2[n] = x[n] + \frac{1}{2}x[n-1] + \frac{1}{4}x[n-2]$$

$$y_3[n] = x[2n]$$

把上述三个子系统进行图题 2.32 所示的级联,求整个系统的输入输出关系,它是线性、时不变系统吗?

图题 2.32

2.33 判断下列系统的因果性、线性、时不变性和稳定性。

(1) $y[n]=nx[n]$

(2) $y[n]=\mathrm{e}^{x[n]}$

(3) $y[n] = \sum_{m=n-6}^{n+8}x[m]$

(4) $y[n]=x[n]\cdot x[n-1]$

(5) $y[n]=x[n]+x[-n+1]$

2.34　已知以下系统的单位脉冲响应，问哪些对应于稳定的线性时不变系统。

(1) $h_1(t)=\mathrm{e}^{-(6-8\mathrm{j})t}u(t)$　　(2) $h_2(t)=8\mathrm{e}^{-3t}\cos(5t)u(t)$

(3) $h_3(t)=\mathrm{e}^{-5|t|}$　　(4) $h_4(t)=\mathrm{e}^{-5t}u(3-t)$

2.35　已知系统的单位样值响应，问哪些对应于稳定的线性时不变系统。

(1) $h_1[n]=\frac{n}{2}\cos\left(\frac{\pi}{8}n\right)u[n]$　　(2) $h_2[n]=5^n u[-n+8]$

(3) $h[n]=\frac{1}{n}u[n]$　　(4) $h[n]=\left(\frac{1}{2}\right)^n u[-n]$

(5) $h_5[n]=\left(-\frac{1}{3}\right)^n u[n]+1.2^n u[1-n]$

2.36　在图题 2.36 所示的级联系统中，A 为 LTI 系统，B 是 A 的逆系统。已知 $y_1(t)$、$y_2(t)$分别是系统 A 对输入 $x_1(t)$、$x_2(t)$的响应。

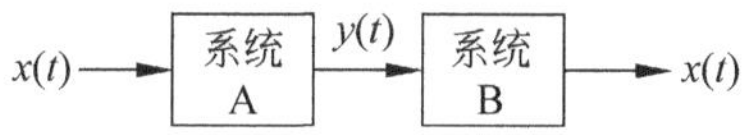

图题　2.36

(1) 当系统 B 的输入为 $ay_1(t)+by_2(t)$时，求系统 B 的响应。其中，a 和 b 都是常数；

(2) 当系统 B 的输入为 $y_1(t-\tau)$时，求系统 B 的响应。

2.37　判定下列系统的可逆性。如为可逆系统，给出其逆系统；如不可逆，给出两个不同的输入信号，使得该系统的输出相同。

(1) $y(t)=\cos[x(t)]$　　(2) $x[n]=nx[n]$

(3) $y(t)=x(2t)$　　(4) $y[n]=x[n]x[n-1]$

(5) $y[n]=\begin{cases}x[n/2], & n\text{ 为偶数}\\ 0, & n\text{ 为奇数}\end{cases}$　　(6) $y(t)=\frac{\mathrm{d}}{\mathrm{d}t}x(t)$

第3章 信号的频谱分析

本章从信号、系统的时域分析转到频域分析，其核心内容是傅里叶级数和傅里叶变换理论。频域分析法与人们熟知的时域分析法有所不同又有着非常紧密的联系，该法有许多突出的优点，已经成为信号分析和系统设计中不可缺少的重要工具。

傅里叶变换有完整的理论体系，研究成果已经在科学领域（特别是数学）和众多的工程技术领域获得了非常广泛的应用。然而，更为深远、重大的意义在于：这一重大发现开创了变换域分析和研究的先河。

回顾傅里叶变换发展的历史，人们可以得到很多有益的启示。美国麻省理工学院的奥本海姆教授在他编著的 *Signals and Systems* 教材中简略地叙述了有关的历史，本书试摘一二并简述如下：利用三角函数和的概念描述周期性过程的近代历史始于 1748 年。在振动弦问题的研究中，欧拉、伯努利等著名科学家都曾试图用上述概念去描述运动的过程，但是他们没能坚持这一研究，因为他们的工作遭到了著名科学家拉格朗日的强烈批评。傅里叶在 1768 年诞生于法国，并于 1807 年在法国科学院提交了他的论文。当时，曾指定四位著名的科学家和数学家评审他的论文。在拉克劳克斯、孟济和拉普拉斯等三位评委均赞成发表该论文的情况下，由于拉格朗日的坚决反对，论文没能发表。经过多次努力，傅里叶在 1822 年出版的著作《热的分析理论》中，首次发表了他的研究成果。

正是拉格朗日的“顽固态度”，把傅里叶重大发现的面世时间推迟了 15 年！也使得傅里叶的发现没能在他的有生之年得到完全的承认。那么，拉格朗日的做法是否有道理呢？

1. 拉格朗日认为，不可能用三角级数严格表示具有间断点的函数。实际上，这个看法也是正确的！直到 1899 年，也就是在傅里叶首次提交论文的 90 多年之后，才由吉布斯给出了这个问题的合理解释，并称之为“吉布斯现象”。如果考虑到使用阶跃信号、矩形信号、符号函数等具有间断点信号的普遍性，拉格朗日的疑点确实是个非常关键的问题。

2. 直到 1829 年狄义赫利才提出了傅里叶级数收敛的条件。因此，在傅里叶提交论文的时候，傅里叶级数在理论上是不够完善的，人们持怀疑态度也是很正常的。顺便说明的是，正是这种严谨的治学态度和方法才使拉格朗日获得了非常丰硕的科研成果。

作者认为，激烈的学术争论可以促使人们更多的思考，并将推动理论和实践的发展。因而，在我们对天才发明家傅里叶所具有的敏锐的洞察力、深厚的学术造诣、孜孜不倦献身科学的精神表示钦佩和赞赏的同时，也应对拉格朗日先生认真负责、不徇私情的学者风度大声喝彩并表示由衷的敬意！

作为入门，可以把信号的频域分析通俗地理解为寻找并分析信号中的频率成分。例如，图3.1(a)的 $f(t)$ 是个常见的周期信号。从它的时域波形可以直观地看出其幅度、宽窄、对称性以及信号的周期性等情况。但是，这个信号中还存在其他信息吗？假定用图3.1(b)的余弦信号去逼近它，二者的区别极大，这是非常明显的。但是，如果继续这一过程，即用图3.1(c)、图3.1(d)的合成信号去逼近 $f(t)$ 时就会发现，二者的差别在逐渐缩小。在本例中，上述的合成信号是不同幅度虚线信号的叠加，各虚线信号都是余弦信号，它们的频率之间也保持一定的比例关系。可以想象，按照这一方法继续下去，将会得到比较满意的逼近效果。

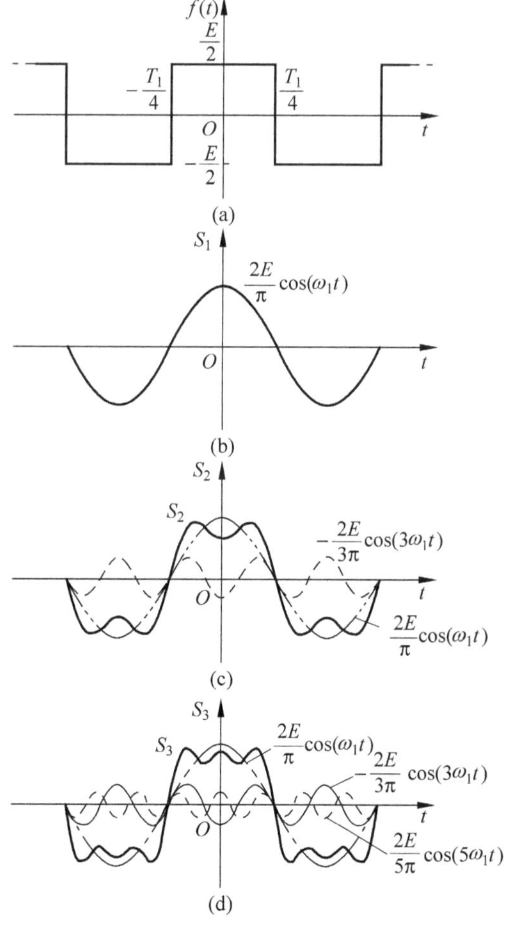

图3.1　时域波形的频率分量 $\left(\omega_1=\frac{2\pi}{T}\right)$

反过来说，若已知信号 $f(t)$，经常需要把它分解成一些正弦信号的线性组合，我们把这些正弦信号称为 $f(t)$的频率分量。显然，这就是上述方法的逆过程。总而言之，频域分析方法的主要内容之一就是研究信号的分解与合成，其目的就是找出信号中的频率成分，以便从频率的角度对信号进行分析和研究。顺便指出，频域分解后找到了时域信号的所有频率分量，所以把它称为频谱分析，而使用的数学工具就是下面即将研究的傅里叶级数和傅里叶变换。

为了进一步理解信号的频域表示，我们给出了图 3.2。在该图中，左侧(a)图的"时域观测"就是通常从时间轴上观察信号的情况。中间的(b)图是把信号分解成各个组成分量的情况。如果把各分量的频率列于横轴，而把相应的幅度作为纵轴，就可以得到该图上方的(c)图。(c)图给出了该信号不同频率分量的幅度值，常称为信号的幅度频谱。这样一来，我们就从时间信号中提取了新的信息并得到了相应的表示方法。

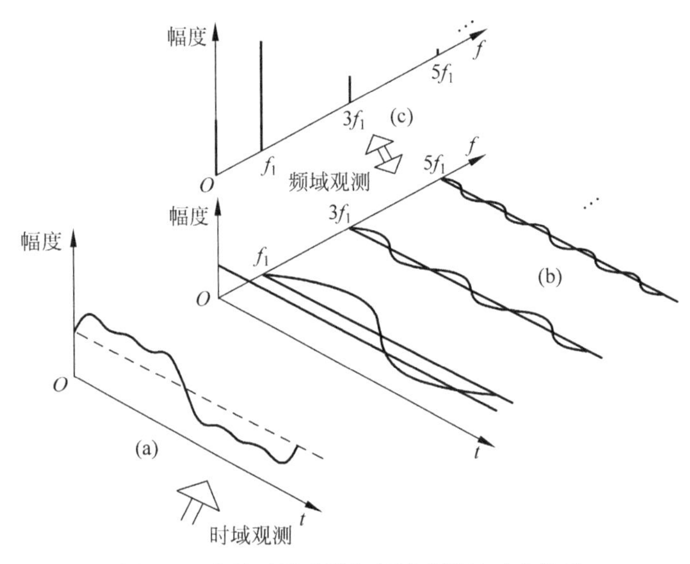

图 3.2 信号时域观测与频域观测的对应关系

上述的频谱表示方法有什么特点吗？图 3.3(a)是我们非常熟悉的余弦信号，图 3.3(b)是它的频谱表示。我们即将讨论，这两种表示方法是等效的。也就是说，不必管图 3.3(a)，只要看到图 3.3(b)就可以知道它是个余弦信号。从信号的表达来看，这是非常简洁的。实际上，稍加分析就会同意，既然知道了余弦信号的幅度和频

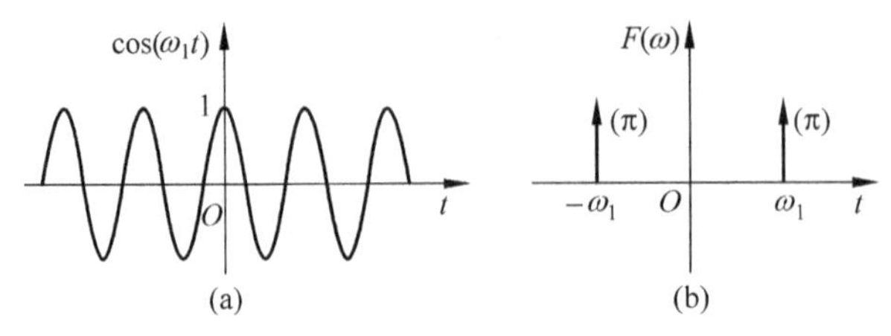

图 3.3 余弦信号及其频谱

率，当然就知道了这个信号的主要参数(如果说它不全面，就是还缺少相位信息，这将在以后讨论)。因此，这种表示方法是非常自然的。对于这种表示方法的其他疑问将在后续的讨论中得以解决。

总之，时域分析或波形分析是以时间为坐标轴，并表示出信号的动态变化，而频谱分析是把动态的信号以频率为坐标表示出来。一般来说，时域表示比较直观、形象，而频域表示更为简练，剖析问题也更加深刻。这两种方法各自独立，并形成了相辅相成的关系。

3.1 周期信号的频谱分析——傅里叶级数(FS)

对信号进行正弦分解或用正弦函数合成信号的定性说明已如上述。在数学上可以证明，在满足一定条件的前提下，任何周期函数都可以展开为正交函数的线性组合。当正交函数集是三角函数集或指数函数集时，周期函数展成的级数称为傅里叶级数。

3.1.1 正交函数集

1. 正交函数集

设 n 个函数，$f_1(t),f_2(t),\cdots,f_n(t)$ 构成了一个函数集，若在 (t_1,t_2) 区间内满足以下条件

$$\int_{t_1}^{t_2} f_i(t)f_j(t)\mathrm{d}t = 0, \quad i \neq j \tag{3.1}$$

$$\int_{t_1}^{t_2} f_i^2(t)\mathrm{d}t = k_i \tag{3.2}$$

就把该函数集称为正交函数集。当 $k_i=1$ 时，就把该函数集称为归一化正交函数集。

2. 完备的正交函数集

如果在正交函数集 $f_1(t),f_2(t),\cdots,f_n(t)$ 之外不存在函数 $x(t)$

$$0 < \int_{t_1}^{t_2} x^2(t)\mathrm{d}t < \infty \tag{3.3}$$

满足等式

$$\int_{t_1}^{t_2} x(t)f_i(t)\mathrm{d}t = 0 \tag{3.4}$$

其中 i 为正整数 $[1,n]$，则把该函数集称为完备的正交函数集。

3.1.2 三角函数形式的傅里叶级数

设 $f(t)$ 是以 T_1 为周期的周期函数，其角频率 $\omega_1=2\pi f_1=\dfrac{2\pi}{T_1}$，当 $f(t)$ 满足狄义

赫利条件时①,可以把它展开成如下的傅里叶级数,即

$$f(t)=a_0+\sum_{n=1}^{\infty}[a_n\cos(n\omega_1 t)+b_n\sin(n\omega_1 t)] \tag{3.5}$$

可见,上式把一个任意的周期函数 $f(t)$分解成为不同频率的正弦函数(由前定义,正弦和余弦函数通称为正弦函数)之和。在这一展开式中,各个分量的频率是已知量,要得到 $f(t)$的展开式,只需求出相应的系数即可。为了熟练运用有关的数学工具,也为了复习、巩固有关的概念和记忆的方便,我们给出如下的推导思路。

1. 三角函数集是一组完备的正交函数集,可以利用它的正交特性计算式(3.5)中的系数

具体来说,就是在如下的三角函数集中,即在

$$1,\sin(\omega_1 t),\cos(\omega_1 t),\sin(2\omega_1 t),\cos(2\omega_1 t),\cdots,\sin(n\omega_1 t),\cos(n\omega_1 t)$$

这个函数集中:

(1) 任意两个不同函数的乘积(含1与函数集中任一函数的乘积),在$\left[-\frac{T_1}{2},\frac{T_1}{2}\right]$区间上的积分为零。实际上,上述积分区间可以取为函数的任意一个周期,即$[t_0,t_0+T_1]$。

(2) 该函数集中除1之外的任何函数进行自乘后在$\left[-\frac{T_1}{2},\frac{T_1}{2}\right]$区间进行积分,其结果均为$\frac{T_1}{2}$。只有函数集中的1进行自乘后在$\left[-\frac{T_1}{2},\frac{T_1}{2}\right]$区间的积分值为 T_1。

请读者自己证明上述两条结论。要注意的是,在某些情况下无需求积分就能得到结论,例如:

$$\int_{T_1}\sin(n\omega_1 t)\cos(n\omega_1 t)\,\mathrm{d}t=0$$

这是因为被积函数中的正弦函数为奇函数,而余弦函数为偶函数,其乘积为奇函数。因此,在一个周期中的积分为零。

2. 傅里叶级数系数的求法

根据上述正交性,很容易求得式(3.5)的系数。

(1) 求 a_0

把式(3.5)的两端在$\left[-\frac{T_1}{2},\frac{T_1}{2}\right]$ 区间上进行积分,则

$$\begin{aligned}\int_{-\frac{T_1}{2}}^{\frac{T_1}{2}}f(t)\,\mathrm{d}t&=\int_{-\frac{T_1}{2}}^{\frac{T_1}{2}}\left[a_0+\sum_{n=1}^{\infty}[a_n\cos(n\omega_1 t)+b_n\sin(n\omega_1 t)]\right]\mathrm{d}t\\&=a_0T_1\end{aligned}$$

所以

$$a_0=\frac{1}{T_1}\int_{-\frac{T_1}{2}}^{\frac{T_1}{2}}f(t)\,\mathrm{d}t \tag{3.6}$$

① 狄义赫利条件将在3.1.4节讨论。

请读者仔细推敲有关的推导细节。

(2) 求 a_n

仍利用三角函数的正交性，把式(3.5)的两端乘以 $\cos(k\omega_1 t)$(a_k 就是 $\cos(k\omega_1 t)$ 这一项的系数)，再在 $\left[-\frac{T_1}{2},\frac{T_1}{2}\right]$ 区间上积分，即

$$
\begin{aligned}
&\int_{-\frac{T_1}{2}}^{\frac{T_1}{2}} f(t)\cos(k\omega_1 t)\mathrm{d}t \\
&= \int_{-\frac{T_1}{2}}^{\frac{T_1}{2}} \left\{a_0\cos(k\omega_1 t) + \sum_{n=1}^{\infty}\left[a_n\cos(n\omega_1 t)\cos(k\omega_1 t) + b_n\sin(n\omega_1 t)\cos(k\omega_1 t)\right]\right\}\mathrm{d}t \\
&= \int_{-\frac{T_1}{2}}^{\frac{T_1}{2}} a_k\cos(k\omega_1 t)\cos(k\omega_1 t)\mathrm{d}t \\
&= \frac{a_k T_1}{2}, \quad k = 1,2,3,\cdots
\end{aligned}
$$

所以

$$
a_k = \frac{2}{T_1}\int_{-\frac{T_1}{2}}^{\frac{T_1}{2}} f(t)\cos(k\omega_1 t)\mathrm{d}t, \quad k = 1,2,3,\cdots \tag{3.7}
$$

(3) 同理可得

$$
b_k = \frac{2}{T_1}\int_{-\frac{T_1}{2}}^{\frac{T_1}{2}} f(t)\sin(k\omega_1 t)\mathrm{d}t, \quad k = 1,2,3,\cdots \tag{3.8}
$$

以上表达式就是三角函数形式的傅里叶级数。由于其特殊的重要性，特重新整理如下：

$$
f(t) = a_0 + \sum_{n=1}^{\infty}\left[a_n\cos(n\omega_1 t) + b_n\sin(n\omega_1 t)\right] \tag{3.5}
$$

$$
a_0 = \frac{1}{T_1}\int_{-\frac{T_1}{2}}^{\frac{T_1}{2}} f(t)\mathrm{d}t \tag{3.6}
$$

$$
a_n = \frac{2}{T_1}\int_{-\frac{T_1}{2}}^{\frac{T_1}{2}} f(t)\cos(n\omega_1 t)\mathrm{d}t, \quad n = 1,2,3,\cdots \tag{3.7}
$$

$$
b_n = \frac{2}{T_1}\int_{-\frac{T_1}{2}}^{\frac{T_1}{2}} f(t)\sin(n\omega_1 t)\mathrm{d}t, \quad n = 1,2,3,\cdots \tag{3.8}
$$

总之，对于任何周期函数 $f(t)$，只要满足狄义赫利条件，则

(1) 可以把 $f(t)$ 分解成直流分量和许多正弦分量之和。

(2) 正弦分量的频率必然是频率 $f_1=\frac{1}{T_1}$ 的整数倍。通常把频率为 f_1 的分量叫做基波，而频率为 $2f_1, 3f_1, \cdots$ 的分量分别称为二次谐波、三次谐波等。

(3) 显然，直流分量的大小以及基波和各次谐波的幅度与相位均取决于周期信号 $f(t)$ 的波形和有关的参数。

3. 三角形式傅里叶级数的另一种表达式

为了表示和计算上的方便，在三角形式的傅里叶级数中还经常使用另一组等效的式子，即

$$f(t)=c_0+\sum_{n=1}^{\infty}c_n\cos(n\omega_1 t+\varphi_n) \tag{3.9}$$

为了便于记忆，我们进行简单的推导：由式(3.5)可知

$$\begin{aligned}f(t)&=a_0+\sum_{n=1}^{\infty}[a_n\cos(n\omega_1 t)+b_n\sin(n\omega_1 t)]\\&=a_0+\sum_{n=1}^{\infty}\sqrt{a_n^2+b_n^2}\left[\frac{a_n}{\sqrt{a_n^2+b_n^2}}\cos(n\omega_1 t)+\frac{b_n}{\sqrt{a_n^2+b_n^2}}\sin(n\omega_1 t)\right]\\&=a_0+\sum_{n=1}^{\infty}\sqrt{a_n^2+b_n^2}[\cos\varphi_n\cos(n\omega_1 t)-\sin\varphi_n\sin(n\omega_1 t)]\\&=c_0+\sum_{n=1}^{\infty}c_n\cos(n\omega_1 t+\varphi_n)\end{aligned}$$

由上式可见

$$\begin{cases}c_0=a_0\\c_n=\sqrt{a_n^2+b_n^2}\\b_n=-c_n\sin\varphi_n\\a_n=c_n\cos\varphi_n\\\tan\varphi_n=\dfrac{\sin\varphi_n}{\cos\varphi_n}=-\dfrac{b_n}{a_n}\end{cases} \tag{3.10}$$

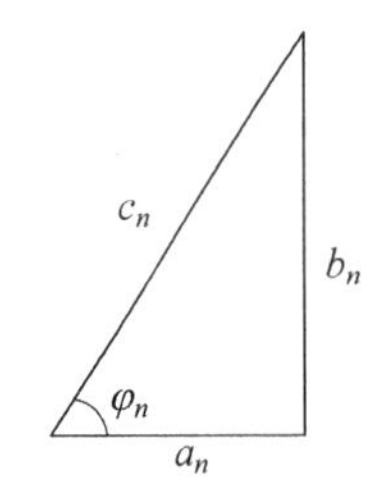

图 3.4 记忆三角形

上述各式的关系可以用图 3.4 所示的图形加以表示，并称之为“记忆三角形”。负号的来源可参见推导过程。

用式(3.5)或式(3.9)可以求得信号 $f(t)$ 的频谱，或者说求得了组成 $f(t)$ 的各个频率分量。由于各个系数如 a_n、b_n、c_n、φ_n 等都是 $n\omega_1$ 的函数，故可画出它们对 $n\omega_1$ 的函数关系图形。作为一个例子，在图 3.5 中给出了周期矩形信号的频谱曲线，其来源将在后续的章节讨论。

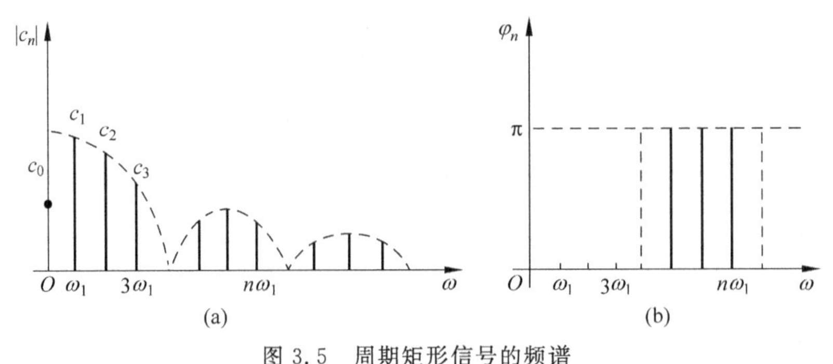

图 3.5 周期矩形信号的频谱

(a) 幅度谱；(b) 相位谱

从图 3.5 可以直观地看出信号 $f(t)$ 所包含的频率分量以及各个频率分量的相对关系。其中图(a)称为信号的幅度谱，图(b)称为信号的相位谱。在图(a)中，每条纵向直线叫做谱线，它代表某个频率分量的幅度。另外，连接各谱线顶点的曲线叫做包络线，它反映了各个分量幅度变化的情况。同样，从图(b)可以看出各频率分量的相位 φ_n 与 $n\omega_1$ 的关系。

要特别注意的是，周期信号 $f(t)$ 频谱的主要特点就是离散谱。也就是说，周期信号的频谱只会出现在 $0, \omega_1, 2\omega_1, 3\omega_1, \cdots$ 等离散的频率点上。

3.1.3 指数形式的傅里叶级数

由于三角函数和指数函数间存在着欧拉公式的关系，即

$$\cos(n\omega_1 t) = \frac{1}{2}(e^{jn\omega_1 t} + e^{-jn\omega_1 t})$$

$$\sin(n\omega_1 t) = \frac{1}{2j}(e^{jn\omega_1 t} - e^{-jn\omega_1 t})$$

所以

$$\begin{aligned} f(t) &= a_0 + \sum_{n=1}^{\infty}[a_n\cos(n\omega_1 t) + b_n\sin(n\omega_1 t)] \\ &= a_0 + \sum_{n=1}^{\infty}\left[\frac{a_n - jb_n}{2}e^{jn\omega_1 t} + \frac{a_n + jb_n}{2}e^{-jn\omega_1 t}\right] \\ &= F(0) + \sum_{n=1}^{\infty}[F(n\omega_1)e^{jn\omega_1 t} + F(-n\omega_1)e^{-jn\omega_1 t}] \\ &= \sum_{n=-\infty}^{\infty}F(n\omega_1)e^{jn\omega_1 t} \end{aligned} \tag{3.11}$$

式中定义了

$$F(0) = a_0 \tag{3.12}$$

$$F(n\omega_1) = \frac{1}{2}(a_n - jb_n), \quad n = 1, 2, \cdots \tag{3.13}$$

由于 a_n 是 n 的偶函数，而 b_n 是 n 的奇函数，所以

$$F(-n\omega_1) = \frac{1}{2}(a_n + jb_n) \tag{3.14}$$

$$\sum_{n=1}^{\infty}F(-n\omega_1)e^{-jn\omega_1 t} = \sum_{n=-1}^{-\infty}F(n\omega_1)e^{jn\omega_1 t} \tag{3.15}$$

把式(3.15)代入式(3.11)就得到了最后的结果，而式(3.12)～式(3.14)给出了式(3.11)中有关各量的定义。另外，由式(3.13)和式(3.7)、(3.8)可得

$$F_n = F(n\omega_1) = \frac{1}{T_1}\int_{-\frac{T_1}{2}}^{\frac{T_1}{2}}f(t)e^{-jn\omega_1 t}dt \tag{3.16}$$

其中 n 为整数，$-\infty \leqslant n \leqslant \infty$。

这样，式(3.11)和式(3.16)就构成了指数形式的傅里叶级数对，特重新写在下面

$$f(t)=\sum_{n=-\infty}^{\infty}F(n\omega_1)e^{jn\omega_1 t} \tag{3.11}$$

$$F_n=F(n\omega_1)=\frac{1}{T_1}\int_{-\frac{T_1}{2}}^{\frac{T_1}{2}}f(t)e^{-jn\omega_1 t}dt \tag{3.16}$$

通常把式(3.16)称为 $f(t)$的傅里叶级数分析式，把式(3.11)称为 $f(t)$的傅里叶级数综合式。其中，F_n 是周期信号 $f(t)$指数形式傅里叶级数的系数。另外，也常用以下符号表示傅里叶级数对 $f(t)$和 F_n 之间的关系

$$f(t)\xleftrightarrow{\text{FS}}F_n$$

其中 FS 表示傅里叶级数。由于傅里叶级数给出了各个频率分量的有关参数，常把它称为周期信号的频谱分析。对上述系数稍加整理可以得到如下的关系：

$$\begin{cases}F_0=F(0)=c_0=a_0\\ F_n=|F_n|e^{j\varphi_n}=\dfrac{1}{2}(a_n-jb_n)\\ F_{-n}=|F_{-n}|e^{-j\varphi_n}=\dfrac{1}{2}(a_n+jb_n)\\ |F_n|=|F_{-n}|=\dfrac{1}{2}c_n=\dfrac{1}{2}\sqrt{a_n^2+b_n^2}\\ a_n=F_n+F_{-n}\\ b_n=j(F_n-F_{-n})\\ c_n=|F_n|+|F_{-n}|\\ c_n^2=a_n^2+b_n^2=4F_nF_{-n}\end{cases} \tag{3.17}$$

$$n=1,2,\cdots$$

同样，也可以画出指数形式的信号频谱图。一般情况下 F_n 是复函数，所以称为复数频谱。

图 3.6 表示了周期信号的复数频谱，并给出了相应的幅度谱和相位谱。下面分析这一频谱的几个特点：

(1) 周期信号的复数谱是离散频谱。

(2) 在图 3.6 和式(3.11)中出现了负频率项，即$-n\omega_1$ 项，这是使用欧拉公式的结果。实际上负频率是不存在的，因而没有物理意义。

(3) 由于负频率的出现，导致了以纵轴为对称轴的频谱。

(4) 图 3.5 的每一条谱线都代表某个频率分量的幅度。由于$|F_n|+|F_{-n}|=c_n$，所以在图 3.6 中，要把相应正、负频率的两条谱线加起来才代表该频率分量的幅度，即原来的谱线已经被一分为二。

(5) 当 F_n 为实数时，其相位 φ_n 只能是 0 或 π，这时只要用 F_n 波形的正、负就可以表示了。为此，可以把幅度谱和相位谱画在同一张图上，如图 3.6(a)所示。

周期信号 $f(t)$的功率特性可以推导如下

$$f(t)=a_0+\sum_{n=1}^{\infty}[a_n\cos(n\omega_1 t)+b_n\sin(n\omega_1 t)]$$

把上式的两边平方，并在一个周期内积分可以求得信号的功率，根据三角函数的正

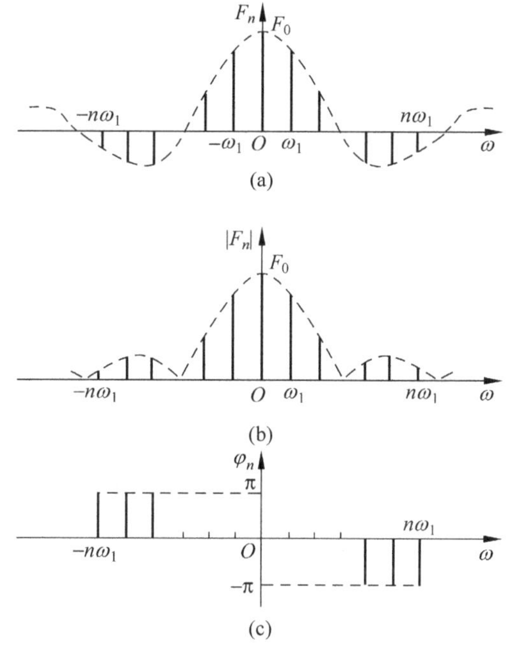

图3.6 周期矩形信号的复数频谱

交性可以得到以下结果

$$\begin{aligned} P &= \overline{f^2(t)} = \frac{1}{T_1}\int_{t_0}^{t_0+T_1} f^2(t)\mathrm{d}t \\ &= a_0^2 + \frac{1}{2}\sum_{n=1}^{\infty}(a_n^2+b_n^2) = c_0^2 + \frac{1}{2}\sum_{n=1}^{\infty}c_n^2 \\ &= \sum_{n=-\infty}^{\infty} |F_n|^2 \end{aligned} \tag{3.18}$$

请读者用指数形式的傅里叶级数证明上述关系式。

由于$|F_n|^2$就是$x(t)$中第n次谐波的平均功率，所以式(3.18)表明，周期信号$f(t)$在一个周期内的平均功率(即单位时间内的能量)等于频域中各谐波分量的平均功率之和。这个关系称为帕塞瓦尔定理，其物理意义是时域信号及其傅里叶级数符合能量守恒这一普遍的规律。

3.1.4 傅里叶级数的收敛条件

下面研究傅里叶级数(FS)表示的有效性问题。在讨论这一问题时仅介绍几个重要的概念，没有给出完整的数学证明，有兴趣的读者可以参阅有关的文献资料[21]。

1. 傅里叶级数与周期信号的最佳近似

已知周期为T的信号$f(t)$，用有限项复指数信号的线性组合来近似该信号，即取

$$f_N(t) = \sum_{n=-N}^{N} F_n e^{jn\omega_1 t} \tag{3.19}$$

上式的各个分量成谐波关系，即各分量的频率分别是基波分量 $\omega_1 = 2\pi/T$ 的某个整数倍。$f(t)$与 $f_N(t)$的近似误差为

$$e_N(t) = f(t) - f_N(t) = f(t) - \sum_{n=-N}^{N} F_n e^{jn\omega_1 t} \tag{3.20}$$

令

$$E_N = \int_0^T | e_N(t) |^2 dt \tag{3.21}$$

表示一个周期内的误差能量，用以度量近似误差 $e_N(t)$的大小。可以证明，如果式(3.19)的 F_n 能够选为

$$F_n = \frac{1}{T_1}\int_{-\frac{T_1}{2}}^{\frac{T_1}{2}} f(t) e^{-jn\omega_1 t} dt \tag{3.22}$$

则式(3.21)表达的误差能量最小，而且当选取的项数 $N\to\infty$时，该式表示的误差能量为零。即

$$\lim_{N\to\infty} E_N = 0 \tag{3.23}$$

由式(3.16)可知，式(3.22)就是傅里叶级数系数的表达式。因此，如果周期信号$f(t)$能够展开成傅里叶级数，那么它的有限项表示 $f_N(t)$就是 $f(t)$的最佳近似。

2. 傅里叶级数的收敛条件

对于周期信号 $f(t)$而言，当然可用式(3.16)求得一组傅里叶级数的系数。但是，求得的 F_n 值有可能无穷大。另一种情况是，求得的 F_n 都是有限值，但把这些系数代入式(3.11)后，得到的无穷项级数并不收敛于原来的信号 $f(t)$。我们把这些情况统称为傅里叶级数不收敛。在讨论式(3.21)时我们曾经强调：使该式表达的误差能量最小并趋近于零的前提是，“如果式(3.19)的 F_n 能够选为傅里叶级数的系数”。那么，什么条件下周期信号 $f(t)$才确实具有傅里叶级数的表示呢？实际上，这就是本节将要讨论的收敛问题。

讨论傅里叶级数的收敛问题时，通常有两组条件。对于周期信号 $f(t)$而言，满足任何一组条件时，其傅里叶级数收敛，因而可把 $f(t)$展开成傅里叶级数。这两类条件稍有不同，前一组主要从能量的角度考虑，后一组除了要求信号为绝对可积外还对信号的不连续点和极值点进行了考察。

(1) 能量条件

如果周期信号 $f(t)$在一个周期内的能量有限，即

$$\int_0^T | f(t) |^2 dt < \infty \tag{3.24}$$

则周期信号 $f(t)$的傅里叶级数收敛。

这就是说，当信号 $f(t)$满足式(3.24)时，就可以保证用式(3.16)展成的傅里叶级数的系数 F_n 都是有限值，而且用有限项傅里叶级数去近似 $f(t)$时，式(3.19)的

$f_N(t)$就是对原周期信号 $f(t)$的最佳近似。因此，当所取的项数 $N \to \infty$时，式(3.21)的误差能量 E_N 等于零。

必须指出的是，这里的“误差能量为零”并不意味着信号 $f(t)$和它的傅里叶级数表示在每一个时刻 t 的函数值都相等，它只表示二者在能量上没有差别。这一表述的意义是：

① 由于 $f(t)$和它的傅里叶级数表示在能量上没有差别，而实际系统都是对信号的能量产生响应，所以用时域波形 $f(t)$或者用频谱 $F_n = F(n\omega_1)$来表示同一个信号是等效的。

② 如果信号满足一个周期内能量有限的条件，就保证了用傅里叶级数表示该信号的有效性，而工程实践中遇到的周期信号大多满足这一条件。

(2) 狄义赫利条件

我们不加证明地给出狄义赫利条件，它是傅里叶级数收敛的充分条件。在傅里叶分析理论中，这一收敛条件用得更为普遍。该条件要求：

① 在一个周期内，信号是绝对可积的，即

$$\int_{T_1} |x(t)|\, \mathrm{d}t < \infty \tag{3.25}$$

② 在一个周期内，极大值和极小值的数目应该是有限个。

③ 一个周期内只能含有限个间断点，而且这些间断点的函数值为有限值。

对比式(3.16)可知，满足条件①时可以保证$|F_n| < \infty, n = 1, 2, \cdots$，因而傅里叶级数的每个系数 F_n 都是有限值。

通常可以把傅里叶级数的收敛问题理解为：当满足狄义赫利条件时，对一个不存在任何间断点的周期信号来说，其傅里叶级数收敛，即在每一点上的傅里叶级数都等于原信号 $f(t)$。对于有间断点的周期信号，除间断点外，每一点上的傅里叶级数都等于原信号 $f(t)$，而间断点处的傅里叶级数收敛于不连续点左右极限的中点。因此，信号 $f(t)$和它的傅里叶级数表示之间没有任何能量上的差别，二者在任何区间的积分都是一样的。这就揭示了二者在卷积意义上的一致性，从而都能用于线性时不变系统的分析和处理。

需要说明的是，实际应用中遇到的周期信号大都能满足上述的收敛条件。尽管从数学上也能举出个别不满足狄氏条件的例子，但在应用实践中不会出现这类情况，所以本书不再讨论傅里叶级数的收敛问题。

3.2 周期信号傅里叶级数示例

本节给出周期信号傅里叶级数分析的实例。通过这些例子读者可以熟悉用傅里叶级数进行分析的方法，并进一步体会到数学分析手段与其物理意义之间的紧密联系。

3.2.1 奇谐函数的傅里叶级数

例 3.1 周期信号 $f(t)$ 如图 3.7(a) 所示，其中，$\omega_1=\dfrac{2\pi}{T_1}$。分析该信号傅里叶级数的特点。

解 由 $f(t)$ 的波形可知，它在时域的特点是：把任意半个周期的波形沿着时间轴移动半个周期后，其前后半个周期的波形对称于横轴，即满足

$$f(t)=-f\left(t\pm\frac{T_1}{2}\right) \qquad (3.26)$$

下面用图解法观察 $f(t)$ 中的频率分量。由图可见，其直流分量 a_0 必然为零。在求 a_n，b_n 时，可以如图 3.7 所示，把 $\cos(\omega_1 t)$，$\sin(\omega_1 t)$，$\cos(2\omega_1 t)$ 和 $\sin(2\omega_1 t)$ 等函数波形分别与 $f(t)$ 的波形画在同一张图上。通过简单的定性分析可知，$f(t)\cos(2\omega_1 t)$ 和 $f(t)\sin(2\omega_1 t)$ 在一个周期内的积分为零，故由傅里叶级数的定义式(3.7)和式(3.8)可以得到

$$\begin{cases}a_2=0\\ b_2=0\end{cases}$$

但是，$f(t)\cos(\omega_1 t)$ 和 $f(t)\sin(\omega_1 t)$ 在一个周期内的积分不为零(请对照图解给出说明)，并可用下式简化求解过程，即

$$\begin{cases}a_1=\dfrac{4}{T_1}\displaystyle\int_0^{\frac{T_1}{2}} f(t)\cos(\omega_1 t)\,\mathrm{d}t\\ b_1=\dfrac{4}{T_1}\displaystyle\int_0^{\frac{T_1}{2}} f(t)\sin(\omega_1 t)\,\mathrm{d}t\end{cases}$$

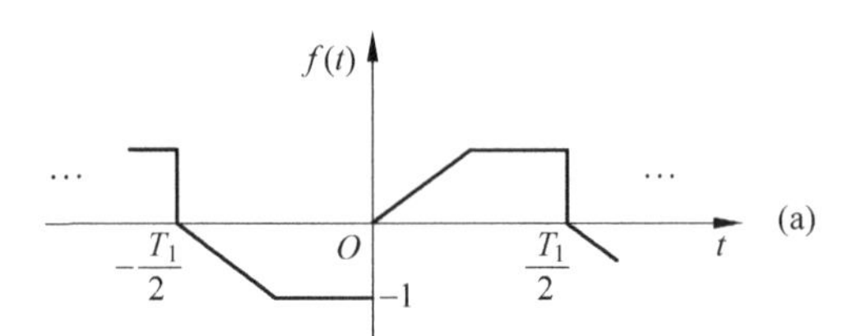

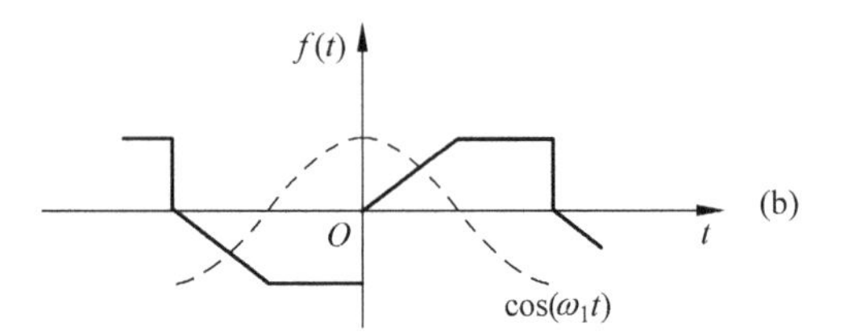

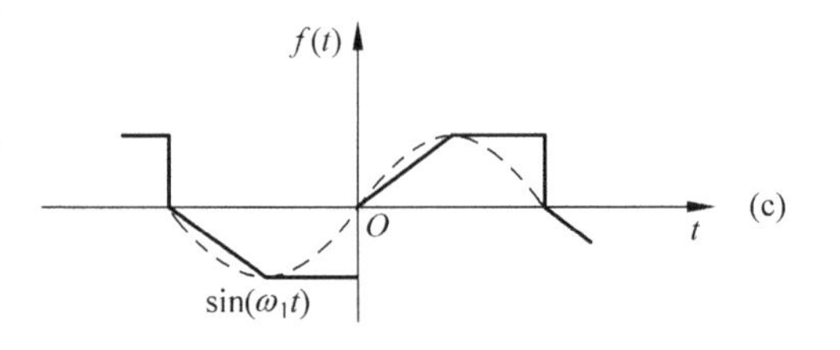

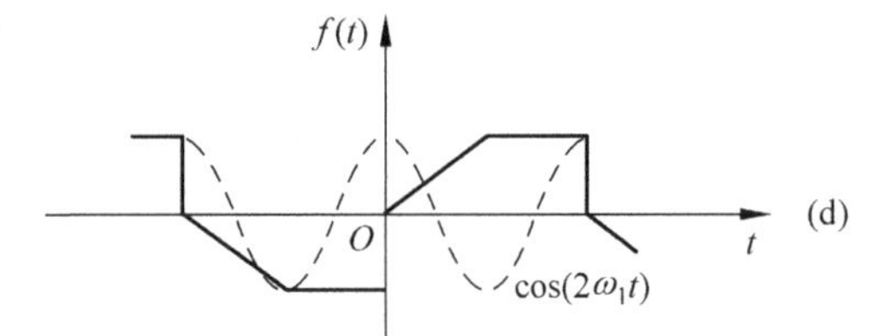

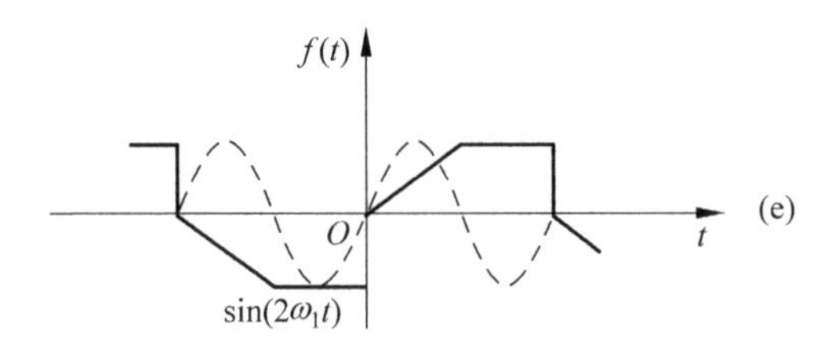

图 3.7 奇谐函数 $f(t)$ 的波形及其频率分量

依此类推可以得到，当 n 为奇数时

$$\begin{cases}a_n=\dfrac{4}{T_1}\displaystyle\int_0^{\frac{T_1}{2}} f(t)\cos(n\omega_1 t)\,\mathrm{d}t\\ b_n=\dfrac{4}{T_1}\displaystyle\int_0^{\frac{T_1}{2}} f(t)\sin(n\omega_1 t)\,\mathrm{d}t\end{cases}$$

而当 n 为偶数时

$$\begin{cases} a_0 = 0 \\ a_n = b_n = 0 \end{cases}$$

由上述分析可知，在 $f(t)$的频谱中只含有奇次谐波的正弦项和余弦项，不存在直流以及偶次谐波分量。因此，把具有式(3.26)特点的 $f(t)$叫做奇谐函数。 ■

这里顺便说明，当时域函数 $f(t)$满足以下的对称性时，其频谱也会表现出一定的特点，即

(1) 当 $f(t)$为偶函数时，其傅里叶级数中只含有直流项和余弦项，但不会出现正弦项。因此偶函数的 F_n 为实数。

(2) 当 $f(t)$为奇函数时，其傅里叶级数中只含有正弦项，但不会出现余弦项，所以奇函数的 F_n 为虚数。对于去掉直流后为奇函数的信号，其傅里叶级数中也不会有余弦项。

请读者自行证明以上结论，并给出傅里叶级数的系数公式。

3.2.2 周期矩形信号的傅里叶级数

例 3.2 设周期矩形信号 $f(t)$如图 3.8 所示，其脉宽为 τ，幅度为 E，重复周期为 T_1。求 $f(t)$的傅里叶级数表达式。

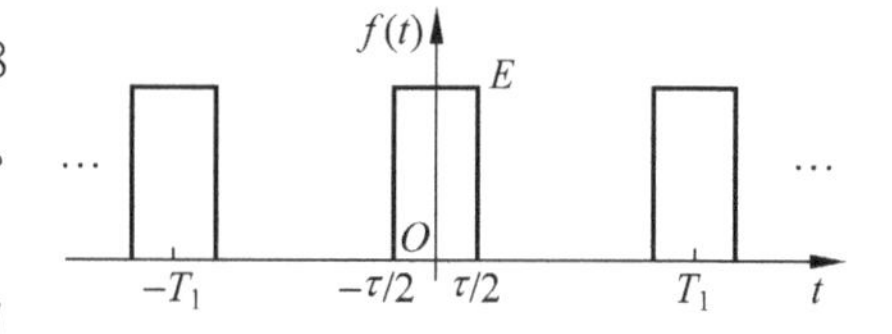

图 3.8　周期矩形信号的波形

解　由图 3.8 可知，$f(t)$在一个周期内的函数表达式为

$$f(t) = E\left[u\left(t+\frac{\tau}{2}\right)-u\left(t-\frac{\tau}{2}\right)\right], \quad -\frac{T_1}{2} \leqslant t \leqslant \frac{T_1}{2} \tag{3.27}$$

(1) 把 $f(t)$展成三角形式的傅里叶级数，即

$$f(t) = a_0 + \sum_{n=1}^{\infty}\left[a_n\cos(n\omega_1 t) + b_n\sin(n\omega_1 t)\right]$$

其直流分量为

$$a_0 = \frac{1}{T_1}\int_{-\frac{T_1}{2}}^{\frac{T_1}{2}} f(t)\mathrm{d}t = \frac{1}{T_1}\int_{-\frac{\tau}{2}}^{\frac{\tau}{2}} E\mathrm{d}t = \frac{E\tau}{T_1} \tag{3.28}$$

由题设条件可知，信号的角频率为 $\omega_1 = \frac{2\pi}{T_1}$，所以

$$\begin{aligned} a_n &= \frac{2}{T_1}\int_{-\frac{T_1}{2}}^{\frac{T_1}{2}} f(t)\cos(n\omega_1 t)\mathrm{d}t = \frac{2}{T_1}\int_{-\frac{\tau}{2}}^{\frac{\tau}{2}} E\cos(n\omega_1 t)\mathrm{d}t \\ &= \frac{2E}{n\pi}\sin\left(\frac{n\omega_1\tau}{2}\right) = \frac{2E}{n\pi}\frac{\sin\left(\frac{n\omega_1\tau}{2}\right)}{\frac{n\omega_1\tau}{2}}\frac{n\omega_1\tau}{2} \qquad (3.29) \\ &= \frac{2E\tau}{T_1}\mathrm{Sa}\left(\frac{n\omega_1\tau}{2}\right) \end{aligned}$$

式中的

$$\mathrm{Sa}\left(\frac{n\omega_1\tau}{2}\right)=\frac{\sin\left(\frac{n\omega_1\tau}{2}\right)}{\frac{n\omega_1\tau}{2}} \tag{3.30}$$

为抽样函数，由于 $f(t)$是偶函数，$b_n=0$。所以，$f(t)$的傅里叶级数为

$$f(t)=\frac{E\tau}{T_1}+\frac{2E\tau}{T_1}\sum_{n=1}^{\infty}\mathrm{Sa}\left(\frac{n\omega_1\tau}{2}\right)\cos(n\omega_1 t) \tag{3.31}$$

(2) 把 $f(t)$展成指数形式的傅里叶级数，由于

$$\begin{aligned}F_n&=\frac{1}{T_1}\int_{-\frac{\tau}{2}}^{\frac{\tau}{2}}E\mathrm{e}^{-\mathrm{j}n\omega_1 t}\mathrm{d}t\\&=\frac{E\tau}{T_1}\mathrm{Sa}\left(\frac{n\omega_1\tau}{2}\right)\end{aligned} \tag{3.32}$$

所以，

$$\begin{aligned}f(t)&=\sum_{n=-\infty}^{\infty}F_n\mathrm{e}^{\mathrm{j}n\omega_1 t}\\&=\frac{E\tau}{T_1}\sum_{n=-\infty}^{\infty}\mathrm{Sa}\left(\frac{n\omega_1\tau}{2}\right)\mathrm{e}^{\mathrm{j}n\omega_1 t}\end{aligned} \tag{3.33}$$

如果用式(3.9)形式的三角级数表达式，则

$$\begin{cases}c_n=a_n=\dfrac{2E\tau}{T_1}\mathrm{Sa}\left(\dfrac{n\omega_1\tau}{2}\right), & n=1,2,\cdots\\ c_0=a_0=\dfrac{E\tau}{T_1}\end{cases} \tag{3.34}$$

在进行傅里叶分析时，通常要画出信号的频谱曲线，以便更直观地判断该信号频谱的情况或分析、比较不同信号的频谱成分。

由式(3.32)可以画出 $f(t)$的复数频谱，即示于图 3.9 的 $F_n\sim\omega$ 曲线。为便于比较，该图还给出了用$|c_n|$，φ_n 等表示的幅度谱和相位谱曲线。当然，也可以画出 F_n 的幅度谱曲线$|F_n|\sim\omega$ 和相位谱曲线 $\varphi_n\sim\omega$，请读者自行练习。 ■

分析求得的结果可以看出：

(1) 周期矩形信号 $f(t)$的频谱是离散频谱，其谱线的间隔是 $\omega_1=\frac{2\pi}{T_1}$。因此，脉冲重复的周期 T_1 愈大，谱线也愈靠近。

(2) 频谱包络线的形状是抽样函数，即各个频率分量的幅度是按抽样函数 $\mathrm{Sa}(\cdot)$ 的规律变化(参见式(3.32)及图 3.9)。

(3) 各频率分量的大小正比于脉冲的幅度 E 和脉宽 τ，并反比于信号的周期 T_1。

(4) 求解式(3.32)可知，当 $\omega=\frac{2\pi}{\tau}m\,(m=1,2,\cdots)$时，谱线的包络线过零点，这说明在$\frac{2\pi}{\tau}$整数倍的频率上，频率分量的幅度都为零。为了分析的需要，我们把频谱的包络线画于图 3.10。

由该图可见，尽管周期矩形信号可以分解成无穷多个频率分量，但其大部分能

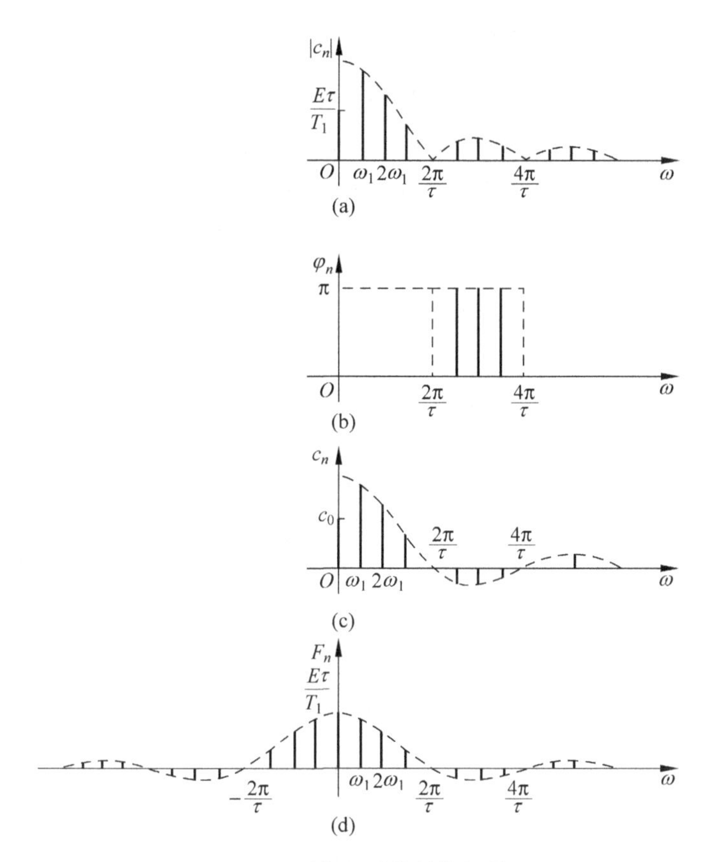

图 3.9　周期矩形信号的频谱

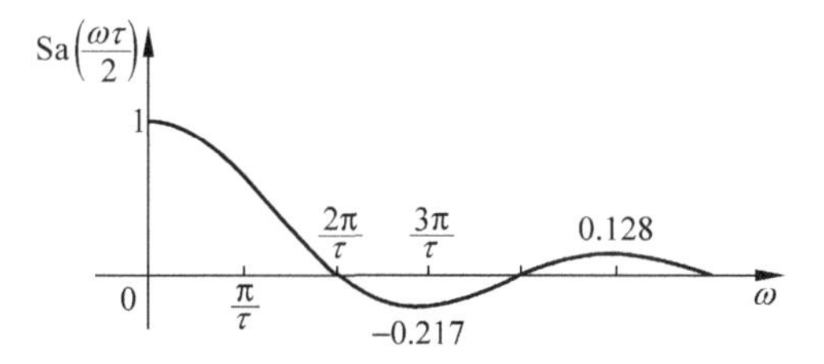

图 3.10　周期矩形信号归一化频谱的包络线

量集中在第一个零点以内，即集中于$\left[0,\frac{2\pi}{\tau}\right]$这一频率范围。因此，在允许一定失真的条件下，为了突出事物的本质，经常用$\left[0,\frac{2\pi}{\tau}\right]$区间的频率分量来表示周期信号的频谱。这种做法意味着可以舍弃掉$\omega>\frac{2\pi}{\tau}$的分量。因此，也常把这段频率范围称为矩形信号的频带宽度，并记作

$$B=\frac{2\pi}{\tau} \tag{3.35}$$

当然，具体舍弃哪些频率分量要根据应用的场合和要求决定。

综上所述，周期矩形信号频谱的包络线形状、频谱的第一个过零点$\frac{2\pi}{\tau}$以及谱线的间隔ω_1决定了该信号频谱的主要特点。知道了这三个特征，可以立即勾画出信号频谱的大致形状，从而对该信号的频谱有了一个基本的、感性的认识，并掌握了该频谱的主要特点。因此，可以把以上三项内容称为周期信号频谱分析的三要素。

实际上，只要给定了周期矩形信号，就知道了E，T_1和τ，也就是知道了三要素的相关参数。一个明显的事实是，当周期信号$f(t)$的幅度E越大、脉宽τ越宽和周期T_1越小时，信号的能量就越大。这就是说从能量的角度考察，各个相应的频谱分量应当与E，τ成正比，而与T_1成反比。因此，从物理概念进行的判断与上述结论的第(3)点也是一致的。

在本节周期矩形信号傅里叶级数的分析中，除了求解它的频谱并分析了频谱的特点之外，还探讨了相应的物理解释，这是一个完整的分析过程。对于其他形状的周期信号，这些分析都是一样的，只是信号的表达式$f(t)$不同而已，读者可以通过习题自行练习。

例 3.3 已知周期信号$x(t)$的波形如图3.11所示，求$x(t)$的傅里叶级数。

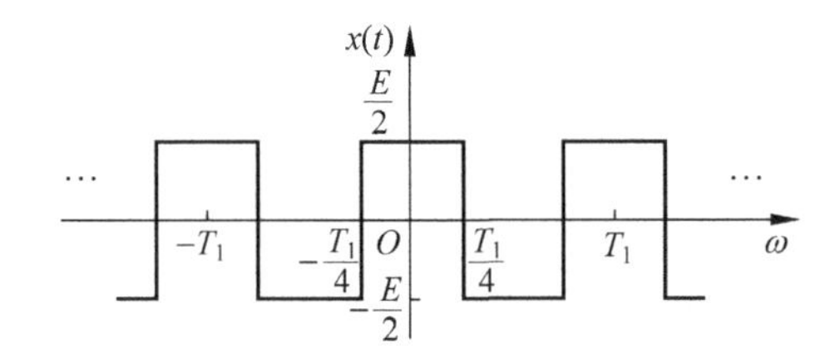

图 3.11 对称方波信号$x(t)$的波形

解 由$x(t)$的波形可知，它是一个对称方波信号。除了按傅里叶级数法直接求解外，通过$x(t)$与上例周期矩形脉冲信号$f(t)$的比较可以简化求解过程。请读者自行验证以下结果

$$
\begin{aligned}
x(t) &= \frac{2E}{\pi}\sum_{n=1}^{\infty}\frac{1}{n}\sin\left(\frac{n\pi}{2}\right)\cos(n\omega_1 t) \\
&= \frac{2E}{\pi}\left[\cos(\omega_1 t)-\frac{1}{3}\cos(3\omega_1 t)+\frac{1}{5}\cos(5\omega_1 t)-\cdots\right]
\end{aligned}
\tag{3.36}
$$

对称方波信号的频谱示于图3.12。 ■

注：可以把$x(t)$看成是例3.2周期矩形信号$f(t)$的一个特例。因此在式(3.31)的结果中去除直流分量，并按$\tau=T_1/2$代入，即可得到式(3.36)结果。

请读者把式(3.36)与式(3.31)进行比较，找出式(3.36)中频谱分量的特点，并给出合理的解释。

后续章节即将讲到，线性时不变系统对正弦输入的响应是具有相同频率的正弦信号。可以想见，利用正弦或复指数来表示信号(即傅里叶表示)在线性系统的理论中具有非常重要的地位。

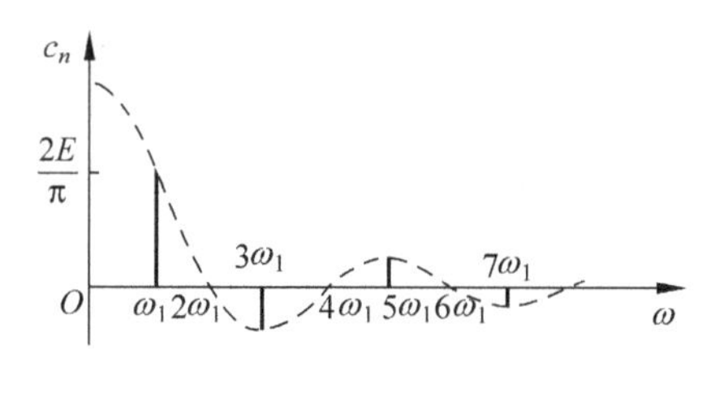

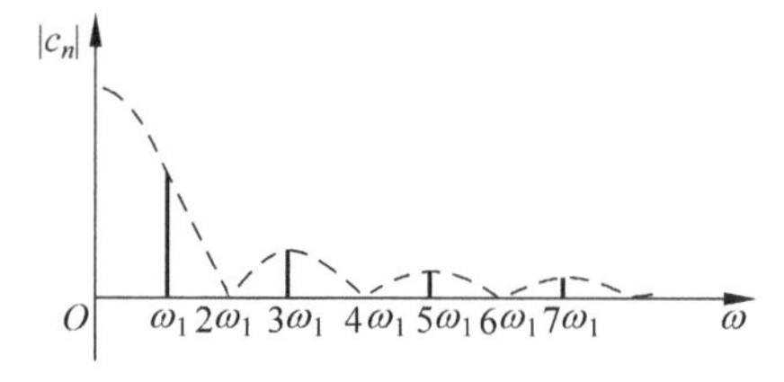

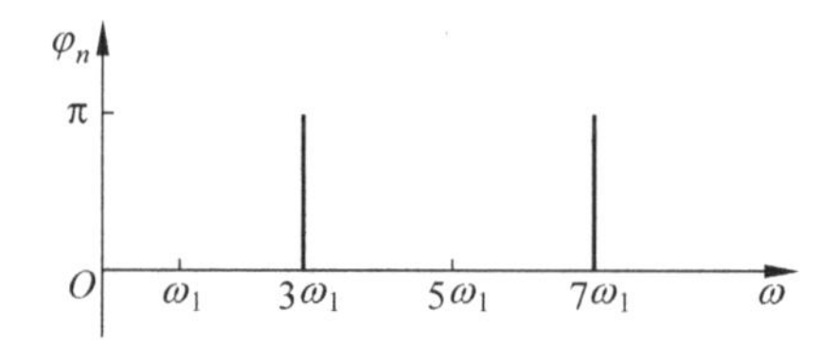

图 3.12　对称方波信号的频谱

3.3　傅里叶变换(FT)

前面讨论了傅里叶级数,它是周期信号的傅里叶表示。然而在现实世界里,较少遇到"周而复始、无始无终"的周期信号,非周期信号倒比较常见,即后者的傅里叶表示才更具实际意义。本节就来讨论这种情况。采用的方法是尽量继承周期信号傅里叶分析的方法和成果。

3.3.1　傅里叶变换

据常识可知,当周期 T_1 无限增大时,周期信号就变成了非周期信号。从这个事实出发,可以从周期信号的频谱导出非周期信号的频谱。为此,需要仔细研究指数形式傅里叶级数的表达式,特重新列在下面

$$F_n = F(n\omega_1) = \frac{1}{T_1}\int_{-\frac{T_1}{2}}^{\frac{T_1}{2}} f(t)\mathrm{e}^{-\mathrm{j}n\omega_1 t}\mathrm{d}t \tag{3.37}$$

使周期信号的 T_1 趋于无限大可以导出非周期信号,然而从式(3.37)可见,当 $T_1\to\infty$ 时,谱线的幅度 F_n 均趋于零,因而这一思路是行不通的。但是,从物理概念上说,无论信号的周期增大到什么程度,它仍然是一个信号,就必然含有一定的能量,应该存在一定的频谱分布。也就是说,当 T_1 趋于无限大时 F_n 趋于零是说不通的。原因何

在呢？我们还是从数学里找到了依据。即，尽管 T_1 趋于无限大时，式(3.37)中各个谱线的高度 F_n 都会趋于零，但是在极限的情况下，无限多个无穷小量之和为有限值，而这个有限值的大小取决于信号的能量。既然从数学和物理的角度都找到了上述思路的根据，我们就可以沿此思路继续进行研究。

设周期信号 $f(t)$及其复数频谱 $F(n\omega_1)$构成了如下的傅里叶级数对

$$f(t) = \sum_{n=-\infty}^{\infty} F(n\omega_1)\mathrm{e}^{\mathrm{j}n\omega_1 t}$$

$$F(n\omega_1) = \frac{1}{T_1}\int_{-\frac{T_1}{2}}^{\frac{T_1}{2}} f(t)\mathrm{e}^{-\mathrm{j}n\omega_1 t}\mathrm{d}t \tag{3.38}$$

把上式的两边乘以 T_1，则

$$F(n\omega_1)T_1 = \frac{2\pi F(n\omega_1)}{\omega_1}\int_{-\frac{T_1}{2}}^{\frac{T_1}{2}} f(t)\mathrm{e}^{-\mathrm{j}n\omega_1 t}\mathrm{d}t \tag{3.39}$$

下面从式(3.39)出发进行推导。如前所述，为了从周期信号过渡到非周期信号，要取 $T_1\to\infty$时的极限，与此有关的几个问题如下。

1. 周期信号的离散频谱演变为非周期信号的连续谱

在讨论傅里叶级数时已经强调，周期信号 $f(t)$的参数决定了离散频谱的过零点及谱线间隔等要素，下面进一步讨论这一关系。图 3.13(a)和图 3.13(b)给出了 τ 保持不变而 T_1 变化时周期矩形脉冲的频谱，从图可以归纳出来 T_1 和 τ 取不同数值的情况下，周期矩形信号频谱变化的规律。例如，当 T_1 增大时，谱线的间隔将缩小，而当

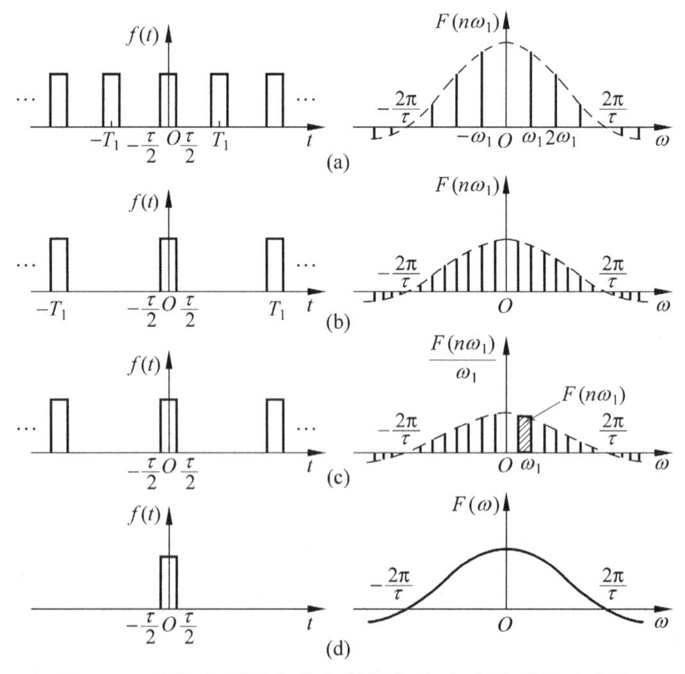

图 3.13 周期信号演变为非周期信号时，频谱的相应变化

$T_1 \to \infty$时，信号的间隔将趋于零，即

$$\omega_1 = \frac{2\pi}{T_1} \xrightarrow{T_1 \to \infty} 0$$

从图 3.13 可见，当 $\omega_1 \to 0$ 时，离散频率 $n\omega_1$ 就变为了连续频率 ω，即

$$n\omega_1 \to \omega$$

或者说，$T_1 \to \infty$时，周期信号的离散频谱将演变为非周期信号的连续谱。

2. 下面对$\lim\limits_{\omega_1 \to 0} \dfrac{2\pi F(n\omega_1)}{\omega_1}$进行考察

根据式(3.39)和对 $T_1 \to \infty$的论述，我们定义

$$F(\omega) = \lim_{\omega_1 \to 0} \frac{2\pi F(n\omega_1)}{\omega_1} = \lim_{T_1 \to \infty} F(n\omega_1) T_1 \tag{3.40}$$

为了寻找非周期信号傅里叶分析的表达方法，必须对式(3.40)给出合理的物理解释。因为当 $T_1 \to \infty$时，不但 ω_1 趋于零，而由式(3.38)可知，此时的 $F(n\omega_1)$也趋于零。

从数学理论可知，尽管此时的 $F(n\omega_1) \to 0$，$\omega_1 \to 0$。但是$\dfrac{0}{0}$型的极限可以是一个有限值，即$\lim\limits_{\omega_1 \to 0} \dfrac{2\pi F(n\omega_1)}{\omega_1}$可能为有限值，因此可用以上的思路继续我们的研究。

3. $\dfrac{F(n\omega_1)}{\omega_1}$ 的物理意义

在式(3.39)和式(3.40)中都出现了$\dfrac{F(n\omega_1)}{\omega_1}$，它是否具有物理意义呢？为此，我们画出$\dfrac{F(n\omega_1)}{\omega_1} \sim \omega$ 的函数曲线(图 3.13(c))，并把它与原来的 $F(n\omega_1) \sim \omega$ 的函数曲线(图 3.13(b))相比较。由前，图 3.13(b)中的每一条谱线都代表该频率处的频谱值 $F(n\omega_1)$，而在图 3.13(c)中，由于纵坐标被 ω_1 除，如果还谈论频谱值的话，就要用高为$\dfrac{F(n\omega_1)}{\omega_1}$，宽为 ω_1 的小矩形来表示了。显然，图 3.13(c)中标以阴影的小矩形面积恰好等于 $F(n\omega_1)$。或者说，该矩形的面积是 $\omega = n\omega_1$ 处的频谱值 $F(n\omega_1)$。总之，这个式子是用面积来表示相应的函数值。由于$\dfrac{F(n\omega_1)}{\omega_1}$是用 $\omega = n\omega_1$ 处的频谱值 $F(n\omega_1)$除以谱线间隔 ω_1 所得的商，所以具有单位频带频谱值的含义。因此，把 $F(\omega)$称为原函数 $f(t)$的频谱密度函数，简称为频谱函数。

把式(3.38)代入式(3.40)可以得到

$$\begin{aligned} F(\omega) &= \lim_{T_1 \to \infty} \int_{-\frac{T_1}{2}}^{\frac{T_1}{2}} f(t) e^{-jn\omega_1 t} dt \\ &= \int_{-\infty}^{\infty} f(t) e^{-j\omega t} dt \end{aligned} \tag{3.41}$$

对于傅里叶级数的综合式也能用同样的方法进行处理，由前可知

$$f(t)=\sum_{n=-\infty}^{\infty}F(n\omega_1)e^{jn\omega_1 t}$$

由于谱线间隔 $\Delta(n\omega_1)=\omega_1$，所以

$$f(t)=\sum_{n\omega_1=-\infty}^{\infty}\frac{F(n\omega_1)}{\omega_1}e^{jn\omega_1 t}\Delta(n\omega_1) \tag{3.42}$$

下面对式(3.42)的有关符号进行考察。例如，该式的谱线间隔是 ω_1。从数学表达上看，谱线之间的间隔可以表示成 $\Delta(n\omega_1)$，当 $T_1\to\infty$ 时，非周期信号的频谱演变为连续谱，因此

$$\Delta(n\omega_1)\xrightarrow{T_1\to\infty}d\omega$$

依此类推，在所述极限的情况下，式(3.42)的各个量有如下的相应变化：

$$n\omega_1\to\omega$$

$$\frac{F(n\omega_1)}{\omega_1}\to\frac{F(\omega)}{2\pi}$$

$$\sum_{n\omega_1=-\infty}^{\infty}\to\int_{-\infty}^{\infty}$$

于是，傅里叶级数演变为积分形式，即

$$f(t)=\frac{1}{2\pi}\int_{-\infty}^{\infty}F(\omega)e^{j\omega t}d\omega \tag{3.43}$$

这样，我们就从周期信号的傅里叶级数导出了非周期信号的频谱表示式，即著名的傅里叶变换对

$$F(\omega)=\mathcal{F}[f(t)]=\int_{-\infty}^{\infty}f(t)e^{-j\omega t}dt \tag{3.44}$$

$$f(t)=\mathcal{F}^{-1}[F(\omega)]=\frac{1}{2\pi}\int_{-\infty}^{\infty}F(\omega)e^{j\omega t}d\omega \tag{3.45}$$

其中，式(3.44)称为傅里叶正变换(FT)或傅里叶变换的分析式，而式(3.45)称为傅里叶逆变换(IFT)或傅里叶变换的综合式。由于 $F(\omega)$通常是复函数，故可以表达为

$$F(\omega)=|F(\omega)|e^{j\varphi(\omega)} \tag{3.46}$$

其中$|F(\omega)|$是 $F(\omega)$的模，表示信号 $f(t)$中各频率分量的相对大小，$\varphi(\omega)$是 $F(\omega)$的相位函数，表示信号 $f(t)$中各频率分量的相位关系。二者与 ω 的关系曲线分别称为信号 $f(t)$的幅度谱和相位谱。

可以用傅里叶变换分析连续时间信号、系统的特性以及连续时间信号和系统之间的相互作用。它的一些应用将在后续的章节中加以介绍。

需要说明的是，有些书籍、文献中常用 $F(j\omega)$表示 $f(t)$的傅里叶变换。从数学表达来看，使用 $F(\omega)$或 $F(j\omega)$都是正确的，从上面的式(3.44)就可以看出这一点。一般来说，在通信、傅里叶光学以及图像处理的文献中，经常使用符号 $F(\omega)$，在控制系统的文献里，$F(\omega)$和 $F(j\omega)$均有使用。用 $F(\omega)$的优点是可以直接写出独立变量 ω 的傅里叶变换表示式，而 $F(j\omega)$就不够直接。但是，后者的优点将体现在后续章节有关拉普拉斯变换的研究中，在那里可以用 s 直接代替 $j\omega$。实际上，只要知道傅里叶变换

有两种符号表示，在进行表示或阅读文献时就不会遇到问题。一般来说，在有关文献中，通常会采用其中的一种。在本书中，这两种符号通用，但为方便起见，主要采用 $F(\omega)$。在有必要区分时将会给出说明。

本节利用周期信号变为非周期信号的方法，从傅里叶级数引出了傅里叶变换。实际上，周期信号与非周期信号，傅里叶级数与傅里叶变换，离散谱与连续谱，在一定条件下可以互相转化。因此，也可以采用从非周期信号演变为周期信号的方法进行以上章节的研究。

3.3.2 傅里叶变换存在的充分条件

设用傅里叶逆变换求得的时域信号为

$$\hat{f}(t) = \frac{1}{2\pi}\int_{-\infty}^{\infty} F(\omega)\mathrm{e}^{\mathrm{j}\omega t}\,\mathrm{d}\omega \tag{3.47}$$

与傅里叶级数类似，只要原来的时域信号 $f(t)$ 是平方可积或能量有限的信号

$$\int_{-\infty}^{\infty} |f(t)|^2 \mathrm{d}t < \infty \tag{3.48}$$

则用傅里叶逆变换求得的 $\hat{f}(t)$ 就与 $f(t)$ 在能量上没有差别。因而 $\hat{f}(t)$ 就是 $f(t)$ 的精确表示。

傅里叶变换存在的充分条件也可以归结为如下的狄义赫利条件。

(1) 在无限区间里满足绝对可积条件，即

$$\int_{-\infty}^{\infty} |f(t)|\,\mathrm{d}t < \infty \tag{3.49}$$

(2) 在任何有限区间内，$f(t)$ 极大值和极小值的数目应该是有限个。

(3) 在任何有限区间内，$f(t)$ 只能含有限个不连续点，而在这些不连续点上，信号为有限值。

显然，在自然界遇到的非周期信号都能满足上述的条件(2)和条件(3)。因此，在提到傅里叶变换的狄义赫利条件时，主要指上述的绝对可积条件。

另外，只要满足狄义赫利条件，除不连续点外，在任何时间 t 上用式(3.47)求得的 $\hat{f}(t)$ 都等于原来的信号 $f(t)$，而不连续点处的 $\hat{f}(t)$ 收敛于不连续点处 $f(t)$ 左、右极限的中点。

必须指出的是，狄义赫利条件不是傅里叶变换存在的充要条件，只是其存在的充分条件，在后续章节中还会涉及这方面的问题。

此外，如果在傅里叶变换的表达式中引入单位脉冲函数 $\delta(\omega)$，那么在无限区间内既不满足绝对可积又不满足平方可积的周期信号也可以有傅里叶变换。这样就有可能用统一的观点研究傅里叶级数和傅里叶变换。我们即将看到，引进单位脉冲函数后，不满足狄义赫利条件的某些非周期信号，如阶跃信号等也存在傅里叶变换。因此，单位脉冲函数的引进极大地扩展了傅里叶变换的应用范围。

3.4 典型非周期信号的傅里叶变换

1. 移位矩形脉冲信号的傅里叶变换

例 3.4 已知 $f(t)=E[u(t)-u(t-\tau)]$，求该信号的频谱 $F(\omega)$，并画出相应的幅度谱。

解 由 $f(t)$表达式可知，该信号的幅度为 E，宽度为 τ，所以

$$F(\omega)=\int_{-\infty}^{\infty}f(t)\mathrm{e}^{-\mathrm{j}\omega t}\mathrm{d}t$$

$$=\int_{0}^{\tau}E\mathrm{e}^{-\mathrm{j}\omega t}\mathrm{d}t=\frac{E}{-\mathrm{j}\omega}(\mathrm{e}^{-\mathrm{j}\omega\tau}-1) \tag{3.50}$$

根据傅里叶变换的定义，式(3.50)就是求解的结果。与傅里叶级数时的情况类似，我们希望能直观地看出 $F(\omega)$中各频率分量的分布情况，故最好用函数曲线表示出这个频谱。

画出 $F(\omega)\sim\omega$ 关系曲线时通常采用的办法是给出一系列的频率值 ω，并由式(3.50)求出相应的函数值 $F(\omega)$，然后画出函数图形。实际上，可以用简单的方法实现这个要求，具体的做法如下。首先，提取式(3.50)括号中两个分量的公因子，即

$$\mathrm{e}^{-\mathrm{j}\omega\tau}-1=\mathrm{e}^{-\mathrm{j}\frac{\omega\tau}{2}}\left[\mathrm{e}^{-\mathrm{j}\frac{\omega\tau}{2}}-\mathrm{e}^{\mathrm{j}\frac{\omega\tau}{2}}\right]$$

$$=-2\mathrm{j}\sin\left(\frac{\omega\tau}{2}\right)\mathrm{e}^{-\mathrm{j}\frac{\omega\tau}{2}}$$

因此

$$F(\omega)=\mathrm{e}^{-\mathrm{j}\frac{\omega\tau}{2}}\frac{E}{-\mathrm{j}\omega}\left[\mathrm{e}^{-\mathrm{j}\frac{\omega\tau}{2}}-\mathrm{e}^{\mathrm{j}\frac{\omega\tau}{2}}\right]$$

$$=E\tau\mathrm{Sa}\left(\frac{\omega\tau}{2}\right)\mathrm{e}^{-\mathrm{j}\frac{\omega\tau}{2}} \tag{3.51}$$

其中

$$\mathrm{Sa}\left(\frac{\omega\tau}{2}\right)=\frac{\sin\left(\frac{\omega\tau}{2}\right)}{\frac{\omega\tau}{2}}$$

于是，矩形脉冲信号的幅度谱和相位谱分别为

$$|F(\omega)|=E\tau\left|\mathrm{Sa}\left(\frac{\omega\tau}{2}\right)\right| \tag{3.52}$$

$$\varphi(\omega)=-\frac{\omega\tau}{2} \tag{3.53}$$

上式的函数曲线示于图 3.14。可见，根据包络线可以快速画出 $F(\omega)$的幅度谱。实际上，我们在傅里叶级数的例子里也采用了类似的方法，即把正弦函数变为抽样信号的方法，只是本例更为典型。需要说明的是，在频谱分析中经常需要了解的是各个频率分量的相对大小，故本例方法的实用性就不言自明了。 ■

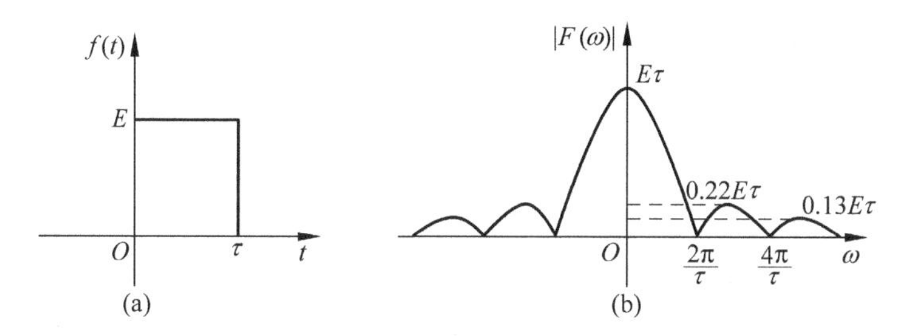

图 3.14　移位矩形脉冲信号及其幅度谱

2. 对称矩形脉冲信号的傅里叶变换

例 3.5　已知 $f(t)=E\left[u\left(t+\frac{\tau}{2}\right)-u\left(t-\frac{\tau}{2}\right)\right]$，求该信号的频谱 $F(\omega)$。

解

$$F(\omega) = E\tau \mathrm{Sa}\left(\frac{\omega\tau}{2}\right) \tag{3.54}$$

由式(3.54)可得 $f(t)$ 的幅度谱和相位谱分别为

$$|F(\omega)| = E\tau \left|\mathrm{Sa}\left(\frac{\omega\tau}{2}\right)\right| \tag{3.55}$$

$$\varphi(\omega) = \begin{cases} 0, & \frac{4n\pi}{\tau} < |\omega| < \frac{2(2n+1)\pi}{\tau} \\ \pi, & \frac{2(2n+1)\pi}{\tau} < |\omega| < \frac{4(n+1)\pi}{\tau} \end{cases} \quad n = 0,1,2,\cdots \tag{3.56}$$

本例与上例基本相同，请读者自己添加求解过程。这一信号谱在本书经常使用，并已示于图 3.15。■

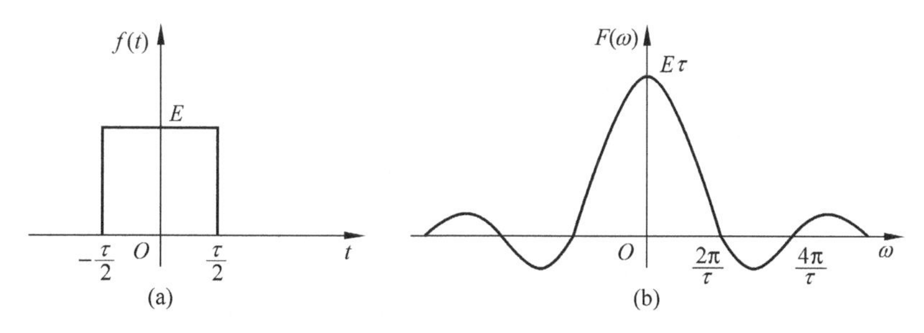

图 3.15　矩形脉冲信号及其幅度谱

请对以上两例进行比较，并仿照 3.2.2 节的方法分析 $F(\omega)$ 的相应特点。

3. 矩形频谱的逆变换

例 3.6　已知矩形频谱

$$F(\omega) = \begin{cases} 1, & |\omega| \leqslant W \\ 0, & |\omega| > W \end{cases} \tag{3.57}$$

如图 3.16(a)所示，求 $F(\omega)$的逆变换 $f(t)$。

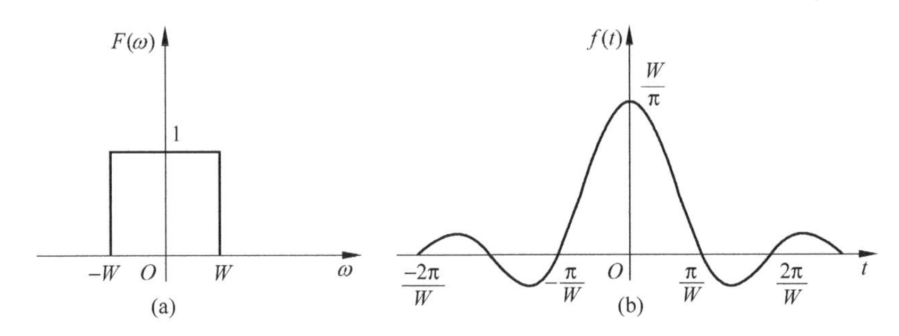

图 3.16 矩形频谱的逆变换

解 由 $F(\omega)$的逆变换式(3.45)可知

$$f(t)=\frac{1}{2\pi}\int_{-W}^{W}F(\omega)\mathrm{e}^{\mathrm{j}\omega t}\,\mathrm{d}\omega=\frac{1}{2\pi}\int_{-W}^{W}\mathrm{e}^{\mathrm{j}\omega t}\,\mathrm{d}\omega=\frac{\sin(Wt)}{\pi t}$$

所以

$$f(t)=\begin{cases}\dfrac{W}{\pi}\mathrm{Sa}(Wt), & t\neq 0\\ \dfrac{W}{\pi}, & t=0\end{cases}\tag{3.58}$$

在式(3.58)中，$t=0$ 的值是通过求极限得到的。

矩形频谱及其逆变换的波形示于图 3.16，进一步分析这个例子可以发现：

(1) 如果增大 W，$F(\omega)$变宽，$|t|=\frac{\pi}{W}$将减小。也就是说 $f(t)$第一个对称零点的位置将向纵轴靠拢或 $f(t)$的主瓣宽度要变窄。与此同时，$f(t)$在 $t=0$ 处的幅度会加大。因此，$f(t)$、$F(\omega)$的集中程度呈现出一种反比关系。当 W 趋向无穷的极限情况下，$f(t)$将收敛成单位脉冲函数 $\delta(t)$。所以，$\delta(t)$的频谱是均匀谱(各个频率的频谱值都相同)，它们构成了一对傅里叶变换。依此类推，$\delta(\omega)$与直流信号也是一对傅里叶变换。

实际上，上述现象很容易理解，当时域信号变窄时，信号随时间的变化加快了，它所包含的频率分量当然会增加，或者说其频谱会展宽。从能量的角度考虑，频谱的展宽会带来频率分量幅度减小的结果。

(2) 把本例的结果推而广之，当频域信号的频率范围有限时，对应的时域信号 $f(t)$将分布在无限宽的时间范围上。反之，当时域信号 $f(t)$的时间范围有限时，对应的频谱信号 $F(\omega)$会分布在无限宽的频率范围上。这是时域、频域对应信号之间的一个普遍规律！

(3) 时域矩形脉冲的频谱是抽样函数 $\mathrm{Sa}(\tau\omega)$，而频域矩形脉冲又对应于时域的抽样函数 $\mathrm{Sa}(Wt)$。因此，时域信号与它的频谱之间表现出强烈的对偶关系，我们将在 3.5 节详加讨论。 ■

4. 双边指数信号的傅里叶变换

例 3.7 已知

$$f(t)=\mathrm{e}^{-a|t|},\quad -\infty<t<+\infty\tag{3.59}$$

其中 a 为正实数。求该信号的频谱 $F(\omega)$。

解　因为

$$F(\omega)=\int_{-\infty}^{\infty}f(t)\mathrm{e}^{-\mathrm{j}\omega t}\mathrm{d}t=\int_{-\infty}^{\infty}\mathrm{e}^{-a|t|}\mathrm{e}^{-\mathrm{j}\omega t}\mathrm{d}t$$

所以

$$\begin{aligned}F(\omega)&=\frac{2a}{a^2+\omega^2}\\|F(\omega)|&=\frac{2a}{a^2+\omega^2}\\\varphi(\omega)&=0\end{aligned}\tag{3.60}$$

$f(t)$及其幅度谱$|F(\omega)|$如图 3.17 所示。■

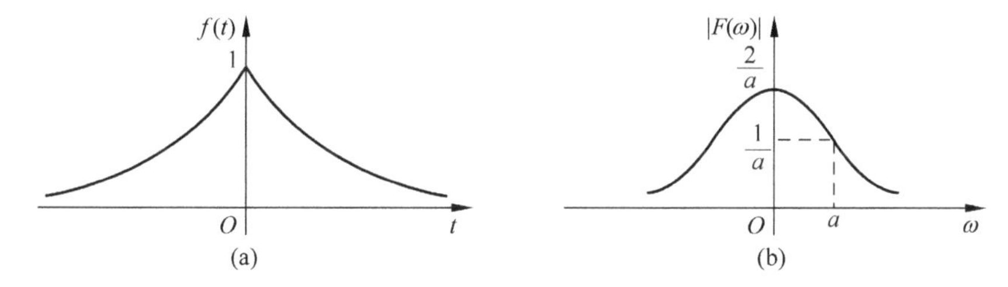

图 3.17　双边指数信号及其幅度谱

5. 符号函数的傅里叶变换

例 3.8　已知

$$f(t)=\mathrm{sgn}(t)=\begin{cases}+1, & t>0\\0, & t=0\\-1, & t<0\end{cases}\tag{3.61}$$

求该信号的频谱 $F(\omega)$。

解　直接按定义求解傅里叶变换会遇到麻烦而无法得到结果。究其原因是这个信号不满足狄义赫利条件。但是,狄义赫利条件只是信号存在傅里叶变换的充分条件,所以该函数仍有可能存在傅里叶变换。为此,我们改变解题的策略如下。

首先,把 $f(t)$看成是图 3.18(a)所示信号 $f_1(t)$的极限,即

$$f(t)=\lim_{a\to0}f_1(t)\tag{3.62}$$

由图 3.18 可见,$f_1(t)$是衰减的指数信号,故满足狄义赫利条件。循此思路当可求得 $F(\omega)$。对本题而言,可以设

$$\begin{aligned}f_1(t)&=f(t)f_2(t)\\f_2(t)&=\mathrm{e}^{-a|t|},\quad -\infty<t<+\infty\end{aligned}$$

即 $f_2(t)$是例 3.7 的双边指数信号。可见

$$F_1(\omega)=\int_{-\infty}^{\infty}f_1(t)\mathrm{e}^{-\mathrm{j}\omega t}\mathrm{d}t=\int_{-\infty}^{0}(-\mathrm{e}^{at})\mathrm{e}^{-\mathrm{j}\omega t}\mathrm{d}t+\int_{0}^{\infty}\mathrm{e}^{-at}\mathrm{e}^{-\mathrm{j}\omega t}\mathrm{d}t$$

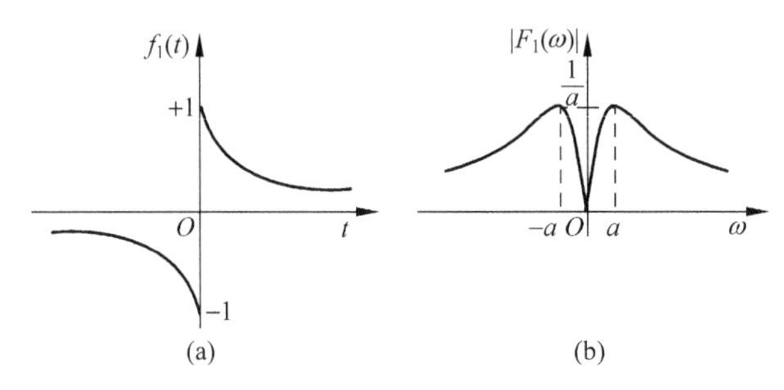

图 3.18 指数信号 $f_1(t)$ 的波形和频谱

积分并化简后可得

$$F_1(\omega) = \frac{-2\mathrm{j}\omega}{a^2+\omega^2}$$

$$|F_1(\omega)| = \frac{2|\omega|}{a^2+\omega^2}$$

$$\varphi_1(\omega) = \begin{cases} +\frac{\pi}{2}, & \omega < 0 \\ -\frac{\pi}{2}, & \omega > 0 \end{cases}$$

幅度谱 $F_1(\omega)$ 示于图 3.18(b)。由于

$$f(t) = \lim_{a\to 0} f_1(t)$$

所以符号函数 $\mathrm{sgn}(t)$ 的频谱 $F(\omega)$ 为

$$\begin{aligned} F(\omega) &= \lim_{a\to 0} F_1(\omega) \\ &= \lim_{a\to 0}\left(\frac{-2\mathrm{j}\omega}{a^2+\omega^2}\right) \end{aligned}$$

由此可得

$$\begin{aligned} F(\omega) &= \frac{2}{\mathrm{j}\omega} \\ |F(\omega)| &= \frac{2}{|\omega|} \\ \varphi(\omega) &= \begin{cases} +\frac{\pi}{2}, & \omega < 0 \\ -\frac{\pi}{2}, & \omega > 0 \end{cases} \end{aligned} \tag{3.63}$$

其波形和频谱如图 3.19 所示，图(b)的虚线表示 $f(t)$ 的相位谱。 ■

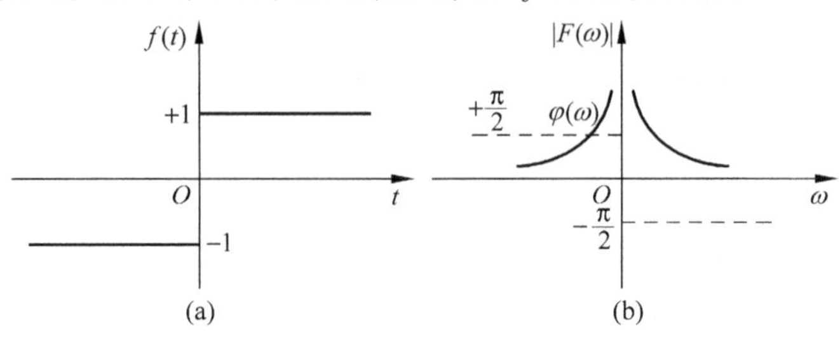

图 3.19 符号函数及其幅度谱

从本题的求解可以看出：

(1) 尽管符号信号不满足绝对可积条件，但绝对可积只是傅里叶变换存在的充分条件，因此它仍有可能存在傅里叶变换，可以想办法求解。

(2) 经常采用的一种求解思路是利用某个已知的、存在傅里叶变换的信号。如在本题中选取了双边指数信号，再根据它与 $f(t)$ 的关系进行求解。请读者按此思路仔细体会本题采用的求解方法。

6. 单位脉冲信号的傅里叶变换

(1) 求 $\delta(t)$ 的傅里叶变换。

由于

$$F(\omega)=\int_{-\infty}^{\infty}\delta(t)\mathrm{e}^{-\mathrm{j}\omega t}\,\mathrm{d}t$$

根据 $\delta(t)$ 的筛选特性可得

$$\delta(t)\leftrightarrow 1 \tag{3.64}$$

上式说明，$\delta(t)$ 的频谱为常数，也就是说在整个频率范围内，$\delta(t)$ 频谱的幅度都相等或者说是均匀分布。实际上，这一点也很好理解：由于 $\delta(t)$ 在时域的变化非常剧烈，频率分量异常丰富，以致形成了称为“均匀谱”或“白色谱”的频谱特性。

(2) 频域脉冲信号 $\delta(\omega)$ 的傅里叶反变换。

如果单位脉冲信号出现在频域，可以表达为 $\delta(\omega)$，它的傅里叶反变换为

$$f(t)=\mathcal{F}^{-1}[\delta(\omega)]=\frac{1}{2\pi}\int_{-\infty}^{\infty}\delta(\omega)\mathrm{e}^{\mathrm{j}\omega t}\,\mathrm{d}\omega=\frac{1}{2\pi}$$

该式表明，直流信号的傅里叶变换为频域脉冲信号 $\delta(\omega)$，或表示为

$$1\leftrightarrow 2\pi\delta(\omega) \tag{3.65}$$

显然，上式与直流信号的频率成分完全集中在 $\omega=0$ 这一物理概念是一致的。

3.5 傅里叶变换的性质

所谓性质就是事物自身内在的一些规律性。傅里叶变换有一些重要的性质，灵活、巧妙地运用这些性质可以简化傅里叶变换的求解过程，并加深对信号时域、频域描述关系的理解，这对后续章节的学习会有很多启发和借鉴的作用。因此，本节的内容是非常重要的。

我们用下面的符号表示 $f(t)$ 及其傅里叶变换 $F(\omega)$ 之间的关系，即

$$f(t)\xleftrightarrow{\text{FT}}F(\omega) \tag{3.66}$$

在后续的章节中，经常使用类似的符号来表示相应变换对的关系。在不致引起误解的情况下，往往略去箭头上的 FT 等字样。

3.5.1 线性

若

$$\mathcal{F}[f_i(t)]=F_i(\omega),\quad i=1,2,\cdots,n$$

则

$$\mathcal{F}\left[\sum_{i=1}^{n} a_i f_i(t)\right] = \sum_{i=1}^{n} a_i F_i(\omega) \tag{3.67}$$

其中 a_i 为常数，n 为正整数。

傅里叶变换是一种线性运算，当然满足叠加特性。为此，上式左端相加信号的频谱应该等于各个分信号频谱的线性组合，从傅里叶变换的定义式很容易证明这一性质。

例 3.9 求单位阶跃信号 $u(t)$ 的频谱。

解 $u(t)$ 信号不满足绝对可积的条件。为了求得其频谱仍可采用前述的策略，即利用已知的、存在傅里叶变换的信号求解。因为

$$u(t) = \frac{1}{2} + \frac{1}{2}\text{sgn}(t)$$

而

$$\frac{1}{2} \leftrightarrow \pi\delta(\omega), \quad \text{sgn}(t) \leftrightarrow \frac{2}{\text{j}\omega}$$

由傅里叶变换的线性特性可得

$$u(t) \leftrightarrow \pi\delta(\omega) + \frac{1}{\text{j}\omega}$$

与以上各步有关的波形如图 3.20 所示，要注意的是图中仅给出了幅度谱。 ■

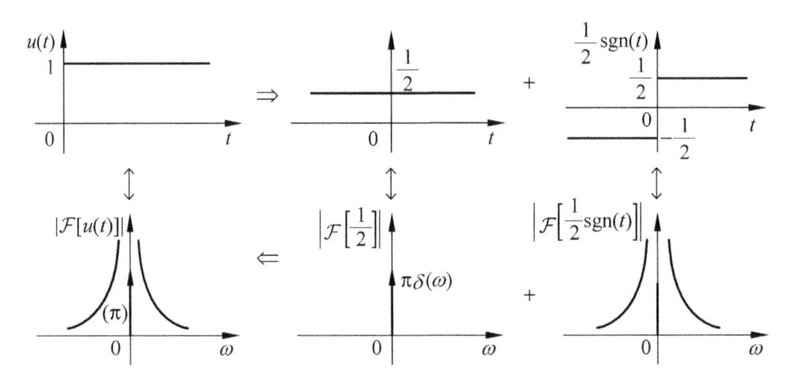

图 3.20 单位阶跃信号及其幅度谱

3.5.2 奇偶虚实性

一般情况下，$F(\omega)$ 是复函数，它可以表示成

$$F(\omega) = |F(\omega)| \text{e}^{\text{j}\varphi(\omega)} = R(\omega) + \text{j}X(\omega) \tag{3.68}$$

不言自明的是，式(3.68)中的各项分别是 $F(\omega)$ 的幅度、相位、实部和虚部。表 3.1 给出了 $f(t)$ 为实函数(含实偶函数和实奇函数)或虚函数时，它所对应频谱的情况。这些对应关系统称为傅里叶变换的奇偶虚实性。

表 3.1 傅里叶变换的奇偶虚实特性

$f(t)$	实函数	实偶函数	实奇函数	虚函数
$F(\omega)$	实部为偶函数 虚部为奇函数	实偶函数	虚奇函数	自己填上
$\|F(\omega)\|$	偶函数	偶函数	偶函数	偶函数
$\varphi(\omega)$	奇函数	奇函数	奇函数	奇函数
$R(\omega)$	偶函数	偶函数	零	奇函数
$X(\omega)$	奇函数	零	奇函数	偶函数

表中第一列符号的意义同上。另外,表中的"实偶函数"表示既是实函数又是偶函数,其余类推。由表可见,无论 $f(t)$ 为实函数还是虚函数,其幅度谱均为偶函数,相位谱均为奇函数。这一特点在本课程的后续内容中会多次使用,在信号分析领域也有广泛的应用。另由该表可见,实偶函数 $f(t)$ 的频谱为实偶函数,而实奇函数 $f(t)$ 的频谱为虚奇函数等。

下面仅给出表 3.1 特性的证明思路,具体的证明请读者自己完成。由前可知

$$\begin{aligned}F(\omega)&=\int_{-\infty}^{\infty}f(t)\mathrm{e}^{-\mathrm{j}\omega t}\mathrm{d}t\\&=\int_{-\infty}^{\infty}f(t)\cos(\omega t)\mathrm{d}t-\mathrm{j}\int_{-\infty}^{\infty}f(t)\sin(\omega t)\mathrm{d}t\\&=R(\omega)+\mathrm{j}X(\omega)\\&=|F(\omega)|\mathrm{e}^{\mathrm{j}\varphi(\omega)}\end{aligned}\tag{3.69}$$

其中

$$\begin{cases}R(\omega)=\int_{-\infty}^{\infty}f(t)\cos(\omega t)\mathrm{d}t\\X(\omega)=-\int_{-\infty}^{\infty}f(t)\sin(\omega t)\mathrm{d}t\\|F(\omega)|=\sqrt{R^2(\omega)+X^2(\omega)}\\\varphi(\omega)=\arctan\left[\dfrac{X(\omega)}{R(\omega)}\right]\end{cases}\tag{3.70}$$

根据上式和有关函数的奇、偶特性很容易得出表 3.1 的结论。应当注意 $f(t)$,$F(\omega)$ 为奇、偶函数的含义,即 $f(t)$ 的奇、偶是针对时域变量 t,而 $F(\omega)$ 的奇、偶是针对频域变量 ω。

稍加推导即可得到:无论 $f(t)$ 为实函数还是复函数都具有以下性质,可在使用中参考。

$$\begin{cases}\mathcal{F}[f(-t)]=F(-\omega)\\\mathcal{F}[f^*(t)]=F^*(-\omega)\\\mathcal{F}[f^*(-t)]=F^*(\omega)\end{cases}\tag{3.71}$$

其中,$f^*(t)$ 和 $F^*(\omega)$ 分别表示 $f(t)$ 和 $F(\omega)$ 的共轭函数。

例 3.10 用单边指数函数取极限的方法求单位阶跃信号 $u(t)$ 的傅里叶变换。

解 如前所述,$u(t)$不满足绝对可积的条件。本题要求用给定的方法求出傅里叶变换,其实质还是利用已知的、存在傅里叶变换的信号间接求解。根据题意,可以把 $u(t)$写成

$$u(t)=\lim_{a\to 0}\mathrm{e}^{-at},\quad t\geqslant 0 \tag{3.72}$$

由于

$$\mathcal{F}[\mathrm{e}^{-at}u(t)]=\frac{1}{a+\mathrm{j}\omega} \tag{3.73}$$

所以

$$\mathcal{F}[u(t)]=\lim_{a\to 0}\frac{1}{a+\mathrm{j}\omega}$$

如果直接按上式求解可以得到

$$\mathcal{F}[u(t)]=\frac{1}{\mathrm{j}\omega}$$

然而,这一答案是错误的!因为 $u(t)$ 不是奇函数,所以它的傅里叶变换不可能是虚函数。显然,即使去掉 $u(t)$直流后的部分为奇函数,$u(t)$的傅里叶变换也不应当是纯虚函数!因此,需用其他方法求解。由于 e^{-at}不是奇函数也不是偶函数,其傅里叶变换应当具有实部和虚部。我们用下式表示为

$$\mathcal{F}[u(t)]=\lim_{a\to 0}\frac{1}{a+\mathrm{j}\omega}=\lim_{a\to 0}[R(\omega)+X(\omega)]$$

其中

$$\lim_{a\to 0}R(\omega)=\lim_{a\to 0}\frac{a}{a^2+\omega^2}$$

$$\lim_{a\to 0}X(\omega)=\lim_{a\to 0}\frac{-\mathrm{j}\omega}{a^2+\omega^2}$$

分别表示$\mathcal{F}[u(t)]$的实部和虚部。下面分析有关$\lim\limits_{a\to 0}R(\omega)$的第一个等式,其特点是:

(1) 它是 ω 的偶函数。

(2) $\lim\limits_{a\to 0}R(\omega)=0,\omega\neq 0$。

(3) $\lim\limits_{a\to 0}R(\omega)$所覆盖的面积是

$$C=\lim_{a\to 0}\int_{-\infty}^{\infty}R(\omega)\mathrm{d}\omega=\lim_{a\to 0}\int_{-\infty}^{\infty}\frac{a}{a^2+\omega^2}\mathrm{d}\omega=\lim_{a\to 0}\int_{-\infty}^{\infty}\frac{\mathrm{d}\left(\frac{\omega}{a}\right)}{1+\left(\frac{\omega}{a}\right)^2}$$

$$=\lim_{a\to 0}\arctan\left(\frac{\omega}{a}\right)\Bigg|_{-\infty}^{\infty}=\pi$$

以上特点说明,$\lim\limits_{a\to 0}R(\omega)$是幅度为 π 的 δ 函数,即

$$\lim_{a\to 0}R(\omega)=\pi\delta(\omega)$$

此外,$\lim\limits_{a\to 0}X(\omega)$是奇函数,它的特征是

$$\lim_{a\to 0}X(\omega)\neq 0,\quad \omega\neq 0$$

因此$\lim\limits_{a\to 0}X(\omega)$不具备 δ 函数的特征,可以求得

$$\lim_{a\to 0}X(\omega)=\lim_{a\to 0}\frac{-\mathrm{j}\omega}{a^2+\omega^2}=\frac{1}{\mathrm{j}\omega}$$

因此

$$\mathcal{F}[u(t)]=\pi\delta(\omega)+\frac{1}{\mathrm{j}\omega} \tag{3.74}$$

以上是运用傅里叶变换的奇偶虚实特性和有关的概念进行判断和求解的结果。单位阶跃函数 $u(t)$ 及其幅度谱示于图 3.21。■

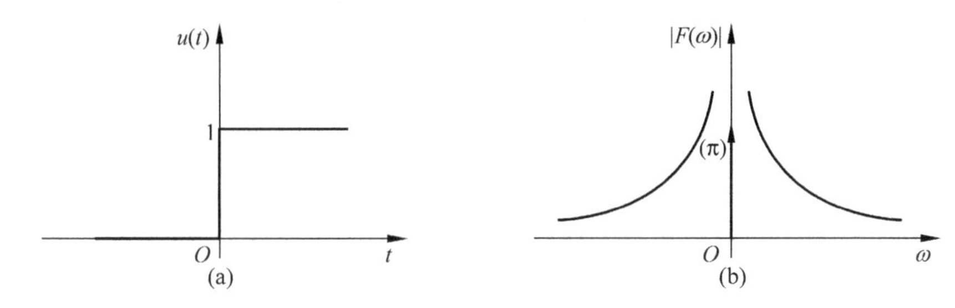

图 3.21　单位阶跃信号及其幅度谱

3.5.3　比例变换特性

若

$$\mathcal{F}[f(t)]=F(\omega)$$

则

$$\mathcal{F}[f(at)]=\frac{1}{|a|}F\left(\frac{\omega}{a}\right),\quad a\text{ 为非零的实常数} \tag{3.75}$$

证明

$$\mathcal{F}[f(at)]=\int_{-\infty}^{\infty}f(at)\mathrm{e}^{-\mathrm{j}\omega t}\mathrm{d}t$$

令

$$x=at$$

当 $a>0$ 时

$$\begin{aligned}\mathcal{F}[f(at)]&=\frac{1}{a}\int_{-\infty}^{\infty}f(x)\mathrm{e}^{-\mathrm{j}\omega\frac{x}{a}}\mathrm{d}x\\&=\frac{1}{a}F\left(\frac{\omega}{a}\right)\end{aligned}$$

而 $a<0$ 时

$$\begin{aligned}\mathcal{F}[f(at)]&=\frac{1}{a}\int_{+\infty}^{-\infty}f(x)\mathrm{e}^{-\mathrm{j}\omega\frac{x}{a}}\mathrm{d}x\\&=-\frac{1}{a}\int_{-\infty}^{\infty}f(x)\mathrm{e}^{-\mathrm{j}\omega\frac{x}{a}}\mathrm{d}x\\&=-\frac{1}{a}F\left(\frac{\omega}{a}\right)\end{aligned}$$

由上可得傅里叶变换的比例变换特性为

$$\mathcal{F}[f(at)] = \frac{1}{|a|}F\left(\frac{\omega}{a}\right)$$

当 $a=-1$ 时，可由上式得到

$$\mathcal{F}[f(-t)] = F(-\omega)$$ ■

为了说明傅里叶变换的比例变换特性，我们给出了图 3.22。其中，图 3.22(b)画出了矩形脉冲及其频谱，在例 3.5 中曾经求过 $f(t)$信号的频谱，即

$$f(t) = u\left(t+\frac{\tau}{2}\right) - u\left(t-\frac{\tau}{2}\right) = \begin{cases} 1, & |t| \leqslant \tau/2 \\ 0, & |t| > \tau/2 \end{cases}$$

则

$$F(\omega) = \tau \mathrm{Sa}\left(\frac{\omega\tau}{2}\right)$$

图 3.22(a)和图 3.22(c)给出了 $f(t)$宽度变化时相应的频谱。该图形象地说明了傅里叶变换的比例变换特性，请读者自行验证它们的图形表示和参数。

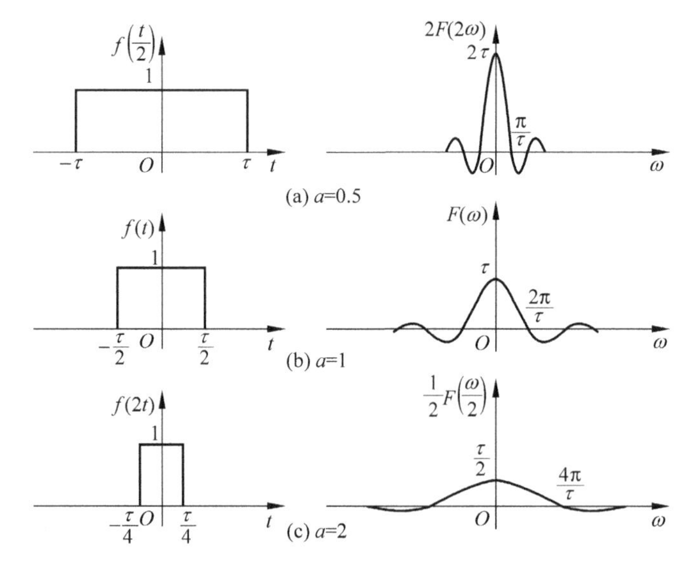

图 3.22 比例变换特性的举例说明

借助于图 3.22 顺便介绍一个重要的概念，即时间-带宽积。这里的时间是指时域信号的宽度，而带宽则指信号主要频率分量所占的频率范围或宽度。

由图 3.22(b)可见，信号 $f(t)$的时间宽度为 τ，而傅里叶变换的频宽为无限宽。如何定义信号的带宽呢？通常采取以下两种方法。

(1) 3dB 带宽：在信号的幅度谱中，当幅度下降为峰值幅度的 $1/\sqrt{2}$时的频率。需要提醒的是，这一表示的定义域为正频率轴，并常用于幅频关系为单峰的信号，因为多峰情况下的 3dB 带宽不具唯一性。在系统的频率响应以及滤波器的设计和应用中经常使用这个参数，在后续的章节中将进一步讨论。

(2) 主能量带宽：由图 3.22(b)可见，信号 $f(t)$的带宽应为无限宽。前面已经说

明该信号的能量主要集中在Sa(·)函数的主瓣区间内,或者说集中在Sa(·)的第一个过零点之内,因此常把这个宽度叫做信号的带宽。必须指出的是,不同应用对这种定义的“带宽”要求会有所差别,后续章节将涉及这方面的问题。

为了进行精确的分析,定义了下式表示的有效时宽 T_d

$$T_d = \left[\frac{\int_{-\infty}^{\infty} t^2 \mid f(t) \mid^2 \mathrm{d}t}{\int_{-\infty}^{\infty} \mid f(t) \mid^2 \mathrm{d}t}\right]^{1/2}$$

上式的分母是 $f(t)$ 的总能量,而在分子的积分式中加进了时间因素,故可表达与信号持续时间的关系。同样的方法定义了信号的有效带宽 B_ω

$$B_\omega = \left[\frac{\int_{-\infty}^{\infty} \omega^2 \mid F(\omega) \mid^2 \mathrm{d}\omega}{\int_{-\infty}^{\infty} \mid F(\omega) \mid^2 \mathrm{d}\omega}\right]^{1/2}$$

可以证明,任意信号都有如下的关系,即

$$T_d B_\omega \geqslant K$$

其中,K 为常数。上式说明:有效时宽 T_d 和有效带宽 B_ω 的乘积总有一个常数下界,二者呈现出一种反比的关系。因此,不可能同时减小这两个参数。在现代物理学和生物等科学的应用中,把类似的关系称为测不准原理,它揭示了自然界的一个普遍规律,即在具有某种关系的成对量之间,一个量的测量越准确,另一个量的误差就越大。

可以把图 3.22 看成是上述原理的一个例证。由图 3.22(c)可见,信号在时域的压缩($a>1$)等效于频域的扩展,而信号在时域的扩展($a<1$)又等效于频域的压缩(见图 3.22(a))。这一关系也可以等效地表述为:如果在一个域(如时域信号)里相对集中,另一个域(相当于频域)的变换对就会比较分散。

3.5.4　时移特性

若

$$\mathcal{F}[f(t)] = F(\omega)$$

则

$$\mathcal{F}[f(t-t_0)] = F(\omega)\mathrm{e}^{-\mathrm{j}\omega t_0} \tag{3.76}$$

证明

$$\mathcal{F}[f(t-t_0)] = \int_{-\infty}^{\infty} f(t-t_0)\mathrm{e}^{-\mathrm{j}\omega t}\,\mathrm{d}t$$

令

$$x = t - t_0$$

则

$$\begin{aligned}\mathcal{F}[f(t-t_0)] &= \mathcal{F}[f(x)] = \int_{-\infty}^{\infty} f(x)\mathrm{e}^{-\mathrm{j}\omega(x+t_0)}\,\mathrm{d}x \\ &= \mathrm{e}^{-\mathrm{j}\omega t_0}\int_{-\infty}^{\infty} f(x)\mathrm{e}^{-\mathrm{j}\omega x}\,\mathrm{d}x\end{aligned}$$

所以

$$\mathcal{F}[f(t-t_0)] = \mathrm{e}^{-\mathrm{j}\omega t_0}F(\omega)$$

同理可证

$$\mathcal{F}[f(t+t_0)] = \mathrm{e}^{\mathrm{j}\omega t_0}F(\omega) \tag{3.77}$$

由以上两式可见，信号 $f(t)$ 沿时间轴的右移（或左移）等效于把原来的频谱 $F(\omega)$ 乘以因子 $\mathrm{e}^{-\mathrm{j}\omega t_0}$（或 $\mathrm{e}^{\mathrm{j}\omega t_0}$）。因此，移动前后的幅度谱不变，而附加在相位谱上的变化是频率的线性函数。■

此外，可以证明

$$\mathcal{F}[f(at-t_0)] = \frac{1}{|a|}F\left(\frac{\omega}{a}\right)\mathrm{e}^{-\mathrm{j}\frac{\omega t_0}{a}} \tag{3.78}$$

$$\mathcal{F}[f(t_0-at)] = \frac{1}{|a|}F\left(-\frac{\omega}{a}\right)\mathrm{e}^{-\mathrm{j}\frac{\omega t_0}{a}}$$

稍加分析可知，比例变换特性和时移特性是上式的两个特例。

例 3.11 已知图 3.23 所示的三脉冲信号 $f(t)$，其中 $T=3\tau$，求频谱 $F(\omega)$。

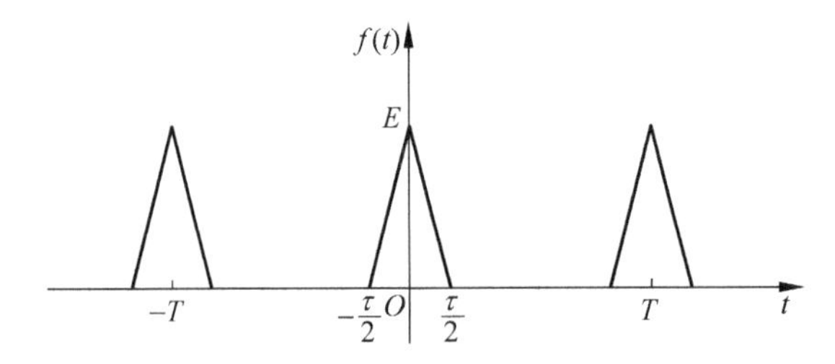

图 3.23 三脉冲信号的波形

解 令 $f_0(t)$ 和 $F_0(\omega)$ 分别表示单个三角脉冲信号及其频谱，经推导可得

$$F_0(\omega) = \frac{E\tau}{2}\mathrm{Sa}^2\left(\frac{\omega\tau}{4}\right)$$

由图 3.23 可知

$$f(t) = f_0(t) + f_0(t+T) + f_0(t-T)$$

根据时移特性可得

$$\begin{aligned} F(\omega) &= F_0(\omega)(1+\mathrm{e}^{\mathrm{j}\omega T}+\mathrm{e}^{-\mathrm{j}\omega T}) \\ &= F_0(\omega)[1+2\cos(\omega T)] \\ &= \frac{E\tau}{2}\mathrm{Sa}^2\left(\frac{\omega\tau}{4}\right)[1+2\cos(\omega T)] \end{aligned}$$

由此可以画出频谱图如图 3.24(b)所示。■

在本例中，读者需要注意的几点是：

(1) 在求得频谱表达式之后，如何快速、准确地画出频谱图 3.24 是本例主要考察的内容。

(2) 本例没有给出单个三角脉冲频谱 $F_0(\omega)$ 的解法。读者可以用傅里叶变换的定义或者傅里叶变换的性质自行求解。

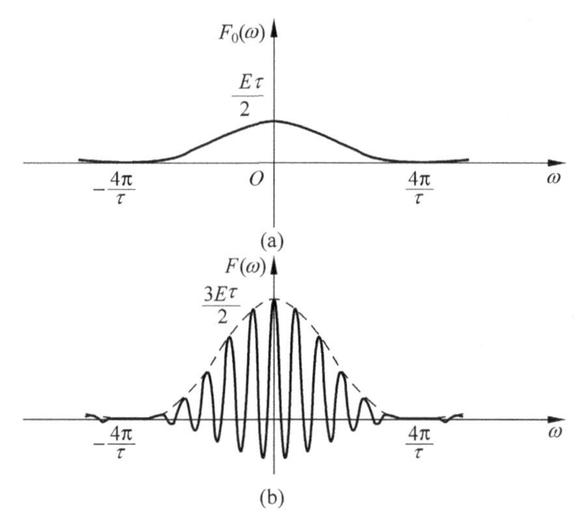

图 3.24　三脉冲信号及其频谱

(3) 三角脉冲和矩形脉冲是本课程经常使用的信号,分析它们频谱表达式的区别并加以记忆将有利于后续的学习。

例 3.12　已知双抽样信号(或称为双 Sa 信号)如下式所示

$$f(t)=\frac{\omega_c}{\pi}\{\mathrm{Sa}(\omega_c t)-\mathrm{Sa}[\omega_c(t-2\tau)]\}$$

其中,τ 为抽样信号 $\mathrm{Sa}(\omega_c t)$的第一个过零点。求 $f(t)$的频谱 $F(\omega)$。

解　设

$$f_0(t)=\frac{\omega_c}{\pi}\mathrm{Sa}(\omega_c t)$$

由例 3.6 可知,当 $f_0(t)$为 Sa 波形时,可以立即判断出它的频谱 $F_0(\omega)$为矩形。$f_0(t)$及 $F_0(\omega)$的波形示于图 3.25。根据 $f_0(t)$的表达式,可以求出图中标示的参数,如有关的幅度、ω_c 以及 $\tau=\frac{\pi}{\omega_c}$等。由于

$$\mathcal{F}[f_0(t)]=F_0(\omega)=\begin{cases}1, & |\omega|<\omega_c\\ 0, & |\omega|>\omega_c\end{cases}$$

根据傅里叶变换的特性可得

$$\mathcal{F}[f_0(t-2\tau)]=\begin{cases}e^{-j2\omega\tau}, & |\omega|<\omega_c\\ 0, & |\omega|>\omega_c\end{cases}$$

所以 $f(t)$的频谱为

$$\begin{aligned}F(\omega)&=\mathcal{F}[f_0(t)]-\mathcal{F}[f_0(t-2\tau)]\\&=\begin{cases}1-e^{-j2\omega\tau}, & |\omega|<\omega_c\\ 0, & |\omega|>\omega_c\end{cases}\end{aligned}$$

由上式可以得到 $f(t)$的幅度谱为

$$|F(\omega)|=\begin{cases}2|\sin(\omega\tau)|, & |\omega|<\omega_c\\ 0, & |\omega|>\omega_c\end{cases}$$

双 Sa 信号的波形和幅度谱如图 3.25(d)和图 3.25(e)所示。■

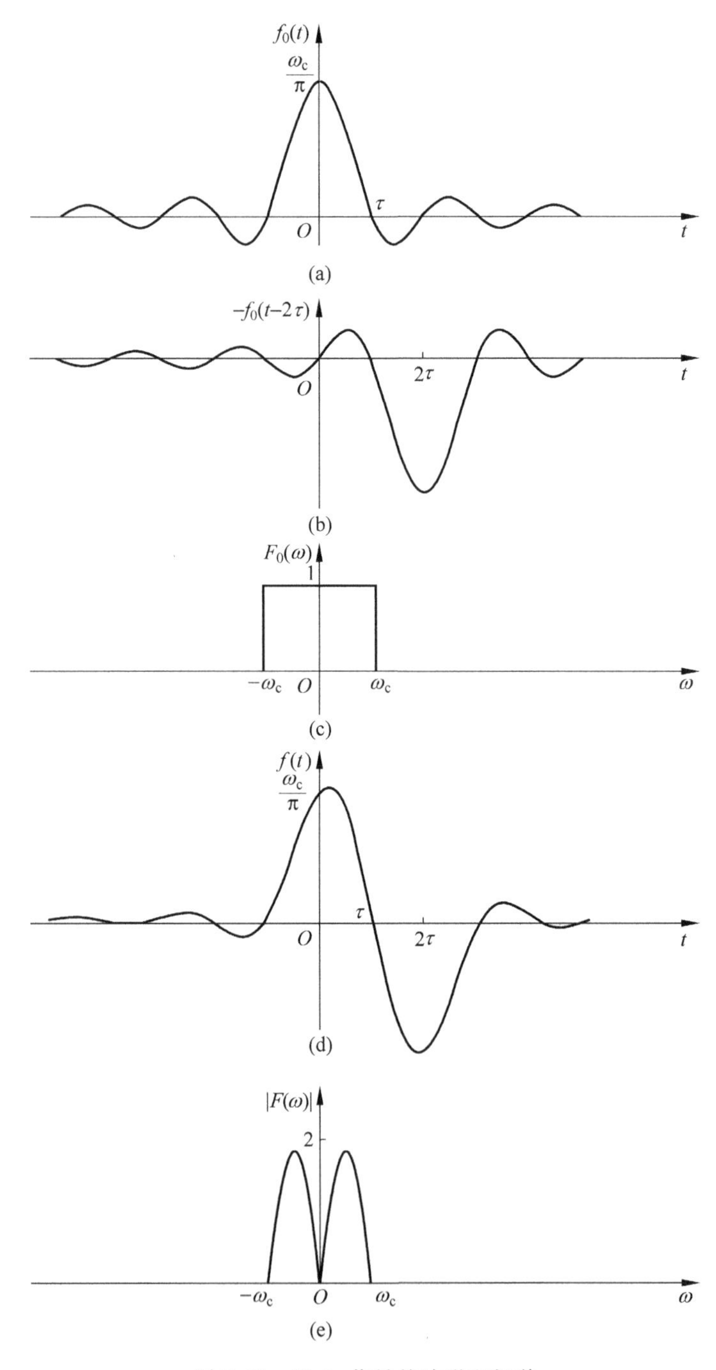

图 3.25 双 Sa 信号的波形和频谱

由以上结果可知：$f_0(t)$的频谱 $F_0(\omega)$为矩形，是个有限带宽信号，因而能量最为集中。但是，由于频谱中含有较大的直流分量，在进行传输时会带来一些问题。观察双 Sa 信号的频谱表达式和相应的波形可知，该信号没有直流分量，其频谱也呈现出偶对称和严格的有限带宽特性。这些优点在实际使用中受到了极大的重视和欢迎。当然，带来优点的代价是时域信号的产生比较复杂，用于多电平传输时，接收端幅值的判别也有较大的难度等。

3.5.5　频移特性

若

$$\mathcal{F}[f(t)] = F(\omega)$$

则

$$\mathcal{F}[f(t)\mathrm{e}^{\mathrm{j}\omega_0 t}] = F(\omega - \omega_0)$$

证明

$$\mathcal{F}[f(t)\mathrm{e}^{\mathrm{j}\omega_0 t}] = \int_{-\infty}^{\infty} f(t)\mathrm{e}^{\mathrm{j}\omega_0 t} \cdot \mathrm{e}^{-\mathrm{j}\omega t}\mathrm{d}t$$

$$= \int_{-\infty}^{\infty} f(t)\mathrm{e}^{-\mathrm{j}(\omega-\omega_0)t}\mathrm{d}t$$

所以

$$\mathcal{F}[f(t)\mathrm{e}^{\mathrm{j}\omega_0 t}] = F(\omega - \omega_0) \tag{3.79}$$

同理可得

$$\mathcal{F}[f(t)\mathrm{e}^{-\mathrm{j}\omega_0 t}] = F(\omega + \omega_0) \tag{3.80}$$

其中 ω_0 为实常数。■

由上式可见，把时间信号 $f(t)$乘以相位因子 $\mathrm{e}^{\pm\mathrm{j}\omega_0 t}$就等效于原频谱 $F(\omega)$沿频率轴的右移或左移，故常称为频谱搬移技术。这一技术在通信系统中获得了广泛的应用，我们将在第 4 章讨论基于这一概念的调幅、同步解调、频分多路等技术。从傅里叶变换的频移定理可知，实现频谱搬移的方法非常简单，只要把信号 $f(t)$和称为载波信号的 $\mathrm{e}^{\mathrm{j}\omega_0 t}$相乘就可以得到所需的结果。

在式(3.79)和式(3.80)中应用欧拉公式

$$\cos(\omega_0 t) = \frac{1}{2}(\mathrm{e}^{\mathrm{j}\omega_0 t} + \mathrm{e}^{-\mathrm{j}\omega_0 t})$$

$$\sin(\omega_0 t) = \frac{1}{2\mathrm{j}}(\mathrm{e}^{\mathrm{j}\omega_0 t} - \mathrm{e}^{-\mathrm{j}\omega_0 t})$$

可以得到

$$\mathcal{F}[f(t)\cos(\omega_0 t)] = \frac{1}{2}[F(\omega+\omega_0) + F(\omega-\omega_0)]$$

$$\mathcal{F}[f(t)\sin(\omega_0 t)] = \frac{\mathrm{j}}{2}[F(\omega+\omega_0) - F(\omega-\omega_0)]$$

因此，把时间信号 $f(t)$乘以 $\sin\omega_0 t$ 或 $\cos\omega_0 t$ 就等效于把 $f(t)$的频谱 $F(\omega)$一分为二，

并沿着频率轴进行平移。实际上，把频谱搬移到新位置的目的之一是为了适应不同传输媒质的特性，以便更好地实现通信的要求。频移特性在通信系统中有着非常重要和广泛的应用，我们将在下一章进行详细的讨论。

3.5.6 微分特性

1. 时域微分特性

若

$$\mathcal{F}[f(t)] = F(\omega)$$

则

$$\begin{cases} \mathcal{F}\left[\dfrac{\mathrm{d}f(t)}{\mathrm{d}t}\right] = \mathrm{j}\omega F(\omega) \\ \mathcal{F}\left[\dfrac{\mathrm{d}^n f(t)}{\mathrm{d}t^n}\right] = (\mathrm{j}\omega)^n F(\omega) \end{cases} \tag{3.81}$$

证明 因为

$$f(t) = \frac{1}{2\pi}\int_{-\infty}^{\infty} F(\omega)\mathrm{e}^{\mathrm{j}\omega t}\mathrm{d}\omega$$

把上式的两边对 t 求导可得

$$\frac{\mathrm{d}f(t)}{\mathrm{d}t} = \frac{1}{2\pi}\int_{-\infty}^{\infty}[\mathrm{j}\omega F(\omega)]\mathrm{e}^{\mathrm{j}\omega t}\mathrm{d}\omega$$

所以

$$\mathcal{F}\left[\frac{\mathrm{d}f(t)}{\mathrm{d}t}\right] = \mathrm{j}\omega F(\omega)$$

同理可证

$$\mathcal{F}\left[\frac{\mathrm{d}^n f(t)}{\mathrm{d}t^n}\right] = (\mathrm{j}\omega)^n F(\omega)$$

上式就是傅里叶变换的时域微分特性，也就是说 $f(t)$ 对 t 的 n 阶导数的频谱是把原信号的频谱 $F(\omega)$ 乘以 $(\mathrm{j}\omega)^n$。 ■

2. 频域微分特性

若

$$\mathcal{F}[f(t)] = F(\omega)$$

则

$$\mathcal{F}^{-1}\left[\frac{\mathrm{d}F(\omega)}{\mathrm{d}\omega}\right] = (-\mathrm{j}t)f(t) \tag{3.82}$$

$$\mathcal{F}^{-1}\left[\frac{\mathrm{d}^n F(\omega)}{\mathrm{d}\omega^n}\right] = (-\mathrm{j}t)^n f(t) \tag{3.83}$$

证明与时域微分特性类似，请读者自行补上。

用微分方程描述的线性系统中，应用傅里叶变换的微分特性可以极大地简化系统求解和分析的过程。显然，这是个极为重要的应用领域。

根据微分特性可以非常简单地求出 $\delta(t)$和 $\delta'(t)$的傅里叶变换。由前已知

$$\mathcal{F}[u(t)] = \frac{1}{\mathrm{j}\omega} + \pi\delta(\omega)$$

所以

$$\mathcal{F}[\delta(t)] = \mathcal{F}\left[\frac{\mathrm{d}u(t)}{\mathrm{d}t}\right] = \mathrm{j}\omega\left[\frac{1}{\mathrm{j}\omega} + \pi\delta(\omega)\right] = 1$$

$$\mathcal{F}[\delta'(t)] = \mathcal{F}\left[\frac{\mathrm{d}\delta(t)}{\mathrm{d}t}\right] = \mathrm{j}\omega$$

例 3.13　式(3.84)定义的信号称为高斯脉冲，其波形示于图 3.26，利用傅里叶变换的特性求 $F(\omega)$。

$$f(t) = \frac{1}{\sqrt{2\pi}}\mathrm{e}^{-\frac{t^2}{2}} \tag{3.84}$$

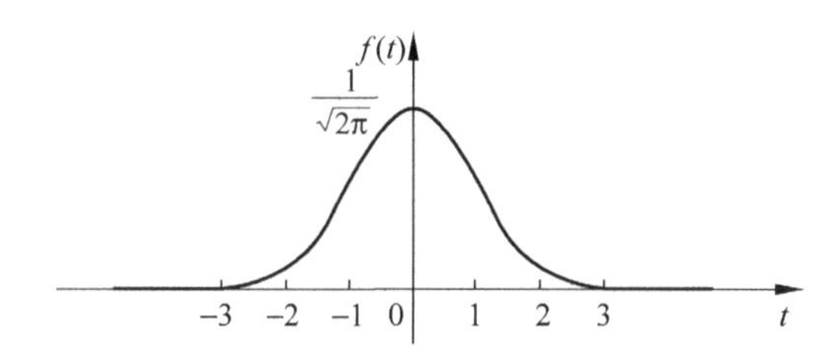

图 3.26　高斯脉冲 $f(t)$

解　可以利用傅里叶变换的微分特性求解本题。对 $f(t)$求导可得

$$\frac{\mathrm{d}}{\mathrm{d}t}f(t) = \frac{-t}{\sqrt{2\pi}}\mathrm{e}^{-\frac{t^2}{2}} = -tf(t) \tag{3.85}$$

其中

$$f(t) = \frac{1}{\sqrt{2\pi}}\mathrm{e}^{-\frac{t^2}{2}} \tag{3.86}$$

由傅里叶变换的微分特性

$$\frac{\mathrm{d}}{\mathrm{d}t}f(t) \leftrightarrow \mathrm{j}\omega F(\omega)$$

把式(3.85)代入上式，则

$$-tf(t) \leftrightarrow \mathrm{j}\omega F(\omega)$$

另由傅里叶变换的频域微分特性可知

$$-\mathrm{j}tf(t) \leftrightarrow \frac{\mathrm{d}}{\mathrm{d}\omega}F(\omega)$$

综合以上两式可得

$$\frac{\mathrm{d}}{\mathrm{d}\omega}F(\omega) = -\omega F(\omega)$$

可以把上式看成是关于 $F(\omega)$的微分方程。同样，上面的式(3.85)是关于 $f(t)$的微分方程。由于这两个方程的数学形式完全相同，所以 $F(\omega)$和 $f(t)$应该具有相同的

函数形式。从式(3.86)可得

$$F(\omega)=C\mathrm{e}^{-\frac{\omega^2}{2}}$$

其中的常数 C 可如下确定

$$F(\omega)=\int_{-\infty}^{\infty}f(t)\mathrm{e}^{-\mathrm{j}\omega t}\mathrm{d}t=\int_{-\infty}^{\infty}\frac{1}{\sqrt{2\pi}}\mathrm{e}^{-\frac{t^2}{2}}\mathrm{e}^{-\mathrm{j}\omega t}\mathrm{d}t$$

$$C=F(0)=\int_{-\infty}^{\infty}\frac{1}{\sqrt{2\pi}}\mathrm{e}^{-\frac{t^2}{2}}\mathrm{d}t$$

查积分表可知高斯脉冲的如下积分为

$$\int_{-\infty}^{\infty}\mathrm{e}^{-\frac{t^2}{2\sigma^2}}\mathrm{d}t=\sigma\sqrt{2\pi},\quad \sigma>0$$

所以

$$C=1$$

$$F(\omega)=\mathrm{e}^{-\frac{\omega^2}{2}} \tag{3.87}$$

本例说明,高斯脉冲的傅里叶变换仍然是高斯脉冲,而高斯波形是信号分析与处理中经常使用的信号。■

3.5.7 积分特性

1. 时域积分特性

若

$$\mathcal{F}[f(t)]=F(\omega)$$

则

$$\mathcal{F}\left[\int_{-\infty}^{t}f(\tau)\mathrm{d}\tau\right]=\frac{F(\omega)}{\mathrm{j}\omega}+\pi F(0)\delta(\omega) \tag{3.88}$$

证明

$$\mathcal{F}\left[\int_{-\infty}^{t}f(\tau)\mathrm{d}\tau\right]=\int_{-\infty}^{\infty}\left[\int_{-\infty}^{t}f(\tau)\mathrm{d}\tau\right]\mathrm{e}^{-\mathrm{j}\omega t}\mathrm{d}t \tag{3.89}$$

根据 $u(t)$ 的特性可以把式(3.89)内层的积分写成

$$\int_{-\infty}^{t}f(\tau)\mathrm{d}\tau=\left[\int_{-\infty}^{\infty}f(\tau)u(t-\tau)\mathrm{d}\tau\right]$$

把上式代入式(3.89),并交换积分次序可得

$$\begin{aligned}\mathcal{F}\left[\int_{-\infty}^{t}f(\tau)\mathrm{d}\tau\right]&=\int_{-\infty}^{\infty}\left[\int_{-\infty}^{\infty}f(\tau)u(t-\tau)\mathrm{d}\tau\right]\mathrm{e}^{-\mathrm{j}\omega t}\mathrm{d}t\\&=\int_{-\infty}^{\infty}f(\tau)\left[\int_{-\infty}^{\infty}u(t-\tau)\mathrm{e}^{-\mathrm{j}\omega t}\mathrm{d}t\right]\mathrm{d}\tau\end{aligned}$$

由傅里叶变换的移位特性,延时阶跃信号的傅里叶变换为

$$\mathcal{F}[u(t-\tau)]=\left[\pi\delta(\omega)+\frac{1}{\mathrm{j}\omega}\right]\mathrm{e}^{-\mathrm{j}\omega\tau}$$

所以

$$
\begin{aligned}
&\mathcal{F}\left[\int_{-\infty}^{t} f(\tau)\mathrm{d}\tau\right] \\
&= \int_{-\infty}^{\infty} f(\tau)\left[\int_{-\infty}^{\infty} u(t-\tau)\mathrm{e}^{-\mathrm{j}\omega t}\mathrm{d}t\right]\mathrm{d}\tau = \int_{-\infty}^{\infty} f(\tau)\left[\pi\delta(\omega)+\frac{1}{\mathrm{j}\omega}\right]\mathrm{e}^{-\mathrm{j}\omega\tau}\mathrm{d}\tau \\
&= \left[\pi\delta(\omega)+\frac{1}{\mathrm{j}\omega}\right]\int_{-\infty}^{\infty} f(\tau)\mathrm{e}^{-\mathrm{j}\omega\tau}\mathrm{d}\tau \\
&= \pi F(0)\delta(\omega)+\frac{F(\omega)}{\mathrm{j}\omega}
\end{aligned}
$$

式中 $F(0)=\int_{-\infty}^{\infty} f(t)\mathrm{d}t$ 是信号 $f(t)$ 的零频分量或直流分量。当 $F(0)=0$ 时，傅里叶变换的积分特性简化为

$$
\mathcal{F}\left[\int_{-\infty}^{t} f(\tau)\mathrm{d}\tau\right] = \frac{F(\omega)}{\mathrm{j}\omega} \tag{3.90}
$$

■

2. 使用微分、积分特性时的几个问题

(1) 微分-积分特性的联合运用

利用傅里叶变换的微分特性可以简化求解过程，即

$$
\mathcal{F}\left[\frac{\mathrm{d}^n f(t)}{\mathrm{d}t^n}\right] = (\mathrm{j}\omega)^n F(\omega)
$$

从上式可知，只要把上式两边除以 $(\mathrm{j}\omega)^n$，即可求出 $F(\omega)$。仔细分析这一过程可知，运用微分特性的方法是先把原函数进行微分，直至出现单位脉冲函数或已知变换对的其他函数，并由此求出 $\frac{\mathrm{d}^n f(t)}{\mathrm{d}t^n}$ 的傅里叶变换表达式。由于最后需求解的仍是 $f(t)$ 的傅里叶变换 $F(\omega)$，所以要把上式的两边除以 $(\mathrm{j}\omega)^n$。究其实质，这相当于在时域里把 $\frac{\mathrm{d}^n f(t)}{\mathrm{d}t^n}$ 积分直至 $f(t)$，而这恰好体现了傅里叶变换的积分特性。所以，利用微分特性求解的实际情况是联合使用了微分-积分特性。

(2) 微分-积分特性用于有限时宽信号

由上可知，在运用积分性质时，应该明确求得的结果中是否存在单位脉冲项。为此，需要对积分前函数的傅里叶变换进行检查，看其零频分量 $F(0)$ 是否为零，以便决定求解时使用式(3.90)还是式(3.88)。进行这种检查的一个直接的方法就是看积分前函数的面积是否为零(为什么)。在很多情况下可以直接进行判断，而下面的定理也为这种判断提供了方便。

定理 如果信号 $f(t)$ 为有限时宽，则

$$
\int_{-\infty}^{\infty} f^{(n)}(t)\mathrm{d}t = 0,\quad n=1,2,3\cdots \tag{3.91}
$$

证明 由于 $f(t)$ 为有限时宽，故可用下式表达

$$
f(t) = f(t)[u(t-\tau_1)-u(t-\tau_2)],\quad \tau_1<\tau_2
$$

$$
f'(t) = f'(t)[u(t-\tau_1)-u(t-\tau_2)] + f(t)[\delta(t-\tau_1)-\delta(t-\tau_2)]
$$

把 $f'(t)$在无穷区间上积分可得

$$\int_{-\infty}^{\infty} f'(t)\mathrm{d}t = \int_{\tau_1}^{\tau_2} f'(t)\mathrm{d}t + f(\tau_1) - f(\tau_2)$$

$$= f(t)\Big|_{\tau_1}^{\tau_2} + f(\tau_1) - f(\tau_2) = 0$$

一个明显的事实是：有限时宽信号的导数还是有限时宽。因此，$f''(t)$在无穷区间的积分还是零。依此类推就可以证明式(3.91)。 ■

如上所述，在使用傅里叶变换的积分特性时，需要检查积分前函数的傅里叶变换，看其零频分量 $F(0)$是否为零。由本定理可知，对于有限时宽信号而言，$f^{(n)}(t)$的面积为零。因此，在利用积分特性求这类信号的傅里叶变换时，不必另行考察是否存在单位脉冲项的问题。总之，在运用微分-积分特性求解有限时宽信号的傅里叶变换时，恰好利用了式(3.91)表明的积分前函数面积为零的特性！

例 3.14 已知余弦信号

$$x(t) = \begin{cases} A\cos\omega_1 t, & -\dfrac{T}{4} \leqslant t \leqslant \dfrac{T}{4} \\ 0, & \text{其他} \end{cases}$$

其中 $\omega_1 = \dfrac{2\pi}{T}$，利用性质求 $x(t)$的傅里叶变换 $X(\omega)$。

解 信号 $x(t)$可以表示为

$$x(t) = A\cos\omega_1 t\left[u\left(t+\frac{T}{4}\right) - u\left(t-\frac{T}{4}\right)\right]$$

对 $x(t)$连续求两次导数，可以得到 $x'(t)$、$x''(t)$的波形，其图形如图 3.27 所示。由上式和图 3.27(c)可见

$$x''(t) = -\omega_1^2 x(t) + A\omega_1\delta\left(t+\frac{T}{4}\right) + A\omega_1\delta\left(t-\frac{T}{4}\right)$$

对上式的两边求傅里叶变换可得

$$(\mathrm{j}\omega)^2 X(\omega) = -\omega_1^2 X(\omega) + A\omega_1(\mathrm{e}^{\mathrm{j}\omega T/4} + \mathrm{e}^{-\mathrm{j}\omega T/4})$$

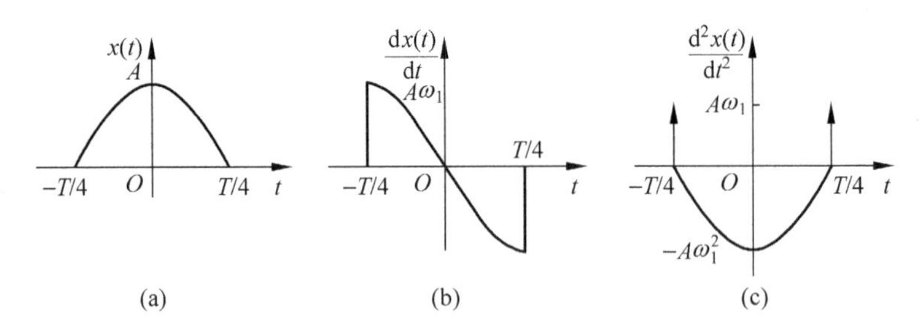

图 3.27 例 3.14 中 $x(t)$及其导数的图形

上面的方程中使用了傅里叶变换的微分性质，即

$$x'(t) \leftrightarrow \mathrm{j}\omega X(\omega)$$

$$x''(t) \leftrightarrow (\mathrm{j}\omega)^2 X(\omega)$$

由前述定理可知，$x'(t)$和 $x''(t)$的面积为零，因而不含直流分量，可以直接用式(3.90)

求解。由此可以得到

$$X(\omega)=\frac{2A\omega_1\cos(\omega T/4)}{\omega_1^2-\omega^2}$$ ■

(3) 微分-积分特性用于$x(-\infty)\neq 0$时的解决办法

在运用傅里叶变换的微分-积分特性求解时，不言自明的是，希望函数微分再继以积分运算后，能够恢复微分前的函数，但在某些情况下不能实现这一复原。

例 3.15 利用傅里叶变换的微分-积分特性，求图3.28所示信号$f(t)$的傅里叶变换。

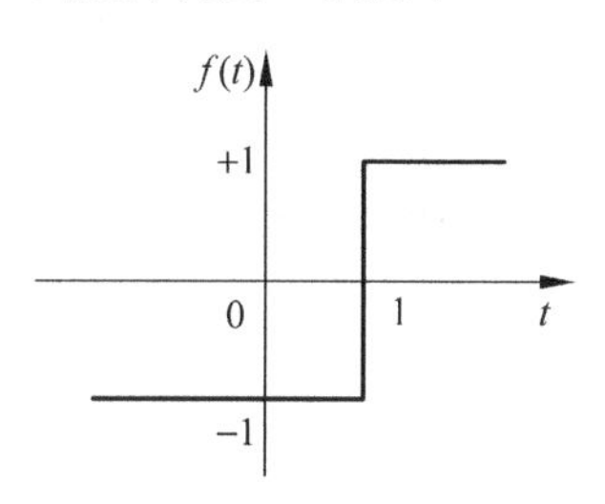

图3.28 例3.15的信号

解 求$f(t)$的导数，并写出其傅里叶变换

$$\frac{\mathrm{d}f(t)}{\mathrm{d}t}=2\delta(t-1)\leftrightarrow 2\mathrm{e}^{-\mathrm{j}\omega}$$

由于$2\delta(t-1)$的面积为2，由积分特性式(3.88)可以得到$f(t)$的傅里叶变换为

$$F(\omega)=\frac{2\mathrm{e}^{-\mathrm{j}\omega}}{\mathrm{j}\omega}+2\pi\delta(\omega)$$

例题是解完了，但结果是错误的！为什么呢？因为这一结果不是$f(t)$的傅里叶变换，而是$y(t)=2u(t-1)$的傅里叶变换！或者说是$y(t)=f(t)+1$的傅里叶变换。

为了找到产生问题的原因，可以观察下面的表达式

$$\begin{aligned}\int_{-\infty}^{t}\frac{\mathrm{d}f(\tau)}{\mathrm{d}\tau}\mathrm{d}\tau&=f(\tau)\Big|_{-\infty}^{t}=f(t)-f(-\infty)\\&=f_1(t)\end{aligned}\tag{3.92}$$

因此，对$f(t)$进行先微分再积分的运算，当$f(-\infty)\neq 0$时，不能恢复出原函数$f(t)$。从另一角度看，式(3.92)的运算把$t=-\infty$时的$f_1(t)$变成为零。

由式(3.92)可得

$$f(t)=\int_{-\infty}^{t}\frac{\mathrm{d}f(\tau)}{\mathrm{d}\tau}\mathrm{d}\tau+f(-\infty)=f_1(t)+f(-\infty)\tag{3.93}$$

所以，利用微、积分特性求出$f_1(t)$的傅里叶变换后还要加上$f(-\infty)$的傅里叶变换才能得到正确的结果。

现在回到例3.15，如上所述

$$\int_{-\infty}^{t}\frac{\mathrm{d}f(\tau)}{\mathrm{d}\tau}\mathrm{d}\tau=\int_{-\infty}^{t}2\delta(\tau-1)\mathrm{d}\tau=2u(t-1)$$

由式(3.93)可得

$$f(t)=\int_{-\infty}^{t}\frac{\mathrm{d}f(\tau)}{\mathrm{d}\tau}\mathrm{d}\tau+f(-\infty)=2u(t-1)-1$$

上式右边两项的傅里叶变换为

$$2u(t-1)\leftrightarrow\frac{2\mathrm{e}^{-\mathrm{j}\omega}}{\mathrm{j}\omega}+2\pi\delta(\omega)$$

$$-1\leftrightarrow-2\pi\delta(\omega)$$

所以

$$F(\omega)=\frac{2\mathrm{e}^{-\mathrm{j}\omega}}{\mathrm{j}\omega}$$

请读者对照这一例题理解上面给出的方法。 ■

把微分-积分特性用于 $x(-\infty)\neq 0$ 时的另一种解决办法是使用如下形式的傅里叶变换积分特性，即

$$f(t)\leftrightarrow \frac{1}{\mathrm{j}\omega}\mathcal{F}\left(\frac{\mathrm{d}f(t)}{\mathrm{d}t}\right)+\pi[f(\infty)+f(-\infty)]\delta(\omega) \tag{3.94}$$

其中，$\mathcal{F}\left(\frac{\mathrm{d}f(t)}{\mathrm{d}t}\right)$表示$\frac{\mathrm{d}f(t)}{\mathrm{d}t}$的傅里叶变换。从式(3.93)出发很容易证明式(3.94)的正确性。

3. 频域积分特性

若

$$\mathcal{F}[f(t)]=f(\omega)$$

则

$$\mathcal{F}^{-1}\left[\int_{-\infty}^{\omega}F(\Omega)\mathrm{d}\Omega\right]=-\frac{f(t)}{\mathrm{j}t}+\pi f(0)\delta(t) \tag{3.95}$$

请读者自己证明这一特性。一般来说，该特性的应用比较少。

3.5.8 时域卷积特性

如前所述，时域卷积在信号和 LTI 系统的研究中起着重要的、核心的作用，并在通信系统、控制系统和信号处理等领域获得了广泛的应用。不言而喻的是，时域卷积的傅里叶变换也占有同等重要的地位。通过后续章节的学习将会更为深刻地认识到这一点。

时域卷积定理的内容是：已知时间函数 $f_1(t)$、$f_2(t)$及其傅里叶变换

$$f_1(t)\leftrightarrow F_1(\omega)$$

$$f_2(t)\leftrightarrow F_2(\omega)$$

则

$$f_1(t)*f_2(t)\leftrightarrow F_1(\omega)F_2(\omega) \tag{3.96}$$

证明 由卷积的定义可知

$$f_1(t)*f_2(t)=\int_{-\infty}^{\infty}f_1(\tau)f_2(t-\tau)\mathrm{d}\tau$$

所以

$$\begin{aligned}\mathcal{F}[f_1(t)*f_2(t)]&=\int_{-\infty}^{\infty}\left[\int_{-\infty}^{\infty}f_1(\tau)f_2(t-\tau)\mathrm{d}\tau\right]\mathrm{e}^{-\mathrm{j}\omega t}\mathrm{d}t\\&=\int_{-\infty}^{\infty}f_1(\tau)\left[\int_{-\infty}^{\infty}f_2(t-\tau)\mathrm{e}^{-\mathrm{j}\omega t}\mathrm{d}t\right]\mathrm{d}\tau\\&=\int_{-\infty}^{\infty}f_1(\tau)F_2(\omega)\mathrm{e}^{-\mathrm{j}\omega\tau}\mathrm{d}\tau\\&=F_2(\omega)\int_{-\infty}^{\infty}f_1(\tau)\mathrm{e}^{-\mathrm{j}\omega\tau}\mathrm{d}\tau\end{aligned}$$

即

$$\mathcal{F}[f_1(t)*f_2(t)]=F_1(\omega)F_2(\omega)$$

上式说明,两个时域信号卷积的频谱等于各个信号频谱的乘积。这个性质称为时域卷积定理。 ■

例 3.16 已知 $f(t)$的波形如图 3.29 所示,试用傅里叶变换的卷积定理求 $F(\omega)$。

解 稍作分析可知,$f(t)$是两个不同宽度矩形脉冲的卷积,即

$$f(t)=f_1(t)*f_2(t)$$

根据卷积操作中卷、移、积、和的步骤很容易得到 $f_1(t)$和 $f_2(t)$的幅度和宽度,这些参数如图 3.30 所示。于是

$$F_1(\omega)=\frac{\tau+\tau_1}{2}\mathrm{Sa}\left[\frac{\omega(\tau+\tau_1)}{4}\right]$$

$$F_2(\omega)=\frac{2E}{\tau-\tau_1}\frac{\tau-\tau_1}{2}\mathrm{Sa}\left[\frac{\omega(\tau-\tau_1)}{4}\right]=E\mathrm{Sa}\left[\frac{\omega(\tau-\tau_1)}{4}\right]$$

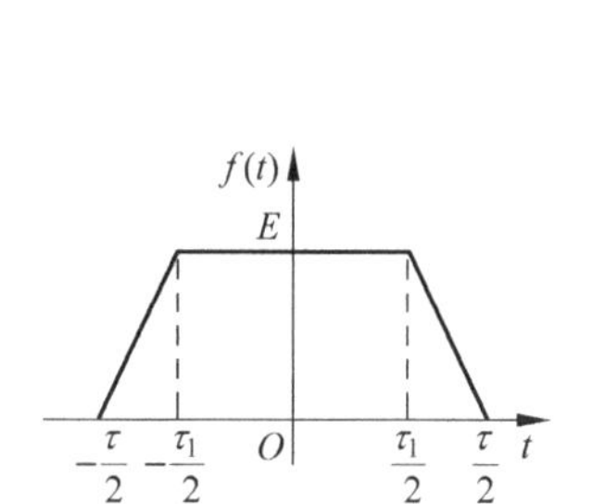

图 3.29 例 3.16 的波形

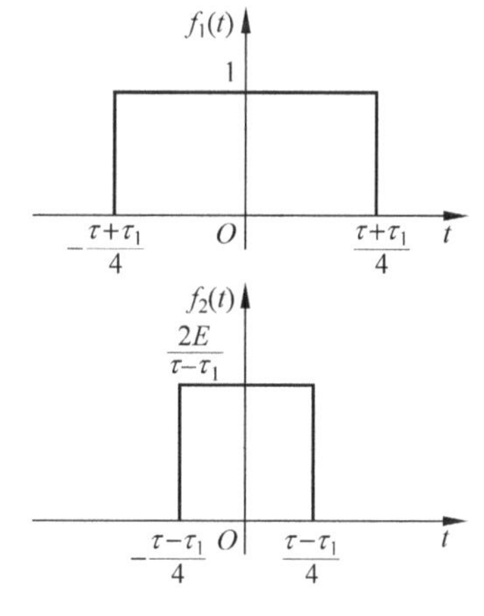

图 3.30 由图示两个信号的卷积得到图 3.29 的信号

由傅里叶变换的时域卷积定理

$$f_1(t)*f_2(t)\leftrightarrow F_1(\omega)F_2(\omega)$$

可以得到最后的结果

$$F(\omega)=\frac{E(\tau+\tau_1)}{2}\mathrm{Sa}\left[\frac{\omega(\tau+\tau_1)}{4}\right]\mathrm{Sa}\left[\frac{\omega(\tau-\tau_1)}{4}\right]$$ ■

3.5.9 频域卷积定理

已知时域函数 $f_1(t)$、$f_2(t)$及其傅里叶变换

$$f_1(t)\leftrightarrow F_1(\omega)$$

$$f_2(t)\leftrightarrow F_2(\omega)$$

则

$$f_1(t)f_2(t) \leftrightarrow \frac{1}{2\pi}F_1(\omega) * F_2(\omega) \tag{3.97}$$

这一定理的形式和证明方法类似于时域卷积定理，请读者自行证明。

由式(3.97)可知，两个时域信号相乘的频谱等于该二信号各自频谱的卷积并乘以 $1/2\pi$。这个性质称为频域卷积定理，它在线性时不变系统的研究、应用中起着非常重要的作用，并形成了信号采样、调制、解调等后续章节的基础。

由以上两个特性不难看出，时域卷积定理与频域卷积定理是对偶的，这一特点也是由傅里叶变换的对偶性决定的。

3.5.10 傅里叶变换的对偶性

本章讨论了傅里叶变换及其性质，从这些讨论可见：

(1) 在傅里叶变换的特性中存在着一系列的对偶性。如傅里叶变换的微分和积分特性、时域微分和频域微分特性、时移和频移特性、时域卷积和频域卷积特性等都出现了对偶性。

(2) 从傅里叶变换对的实例来看，我们已经求解过：

时域矩形脉冲的频谱为 Sa(·)函数，而时域波形为 Sa(·)的频谱是矩形函数；

$\delta(t) \leftrightarrow 1$，即单位脉冲信号 $\delta(t)$ 的频谱为常数或者均匀谱；

$\delta(\omega) \leftrightarrow \frac{1}{2\pi}$，即频域单位脉冲 $\delta(\omega)$ 对应于直流信号；

这种波形上的对偶关系示于图 3.31。

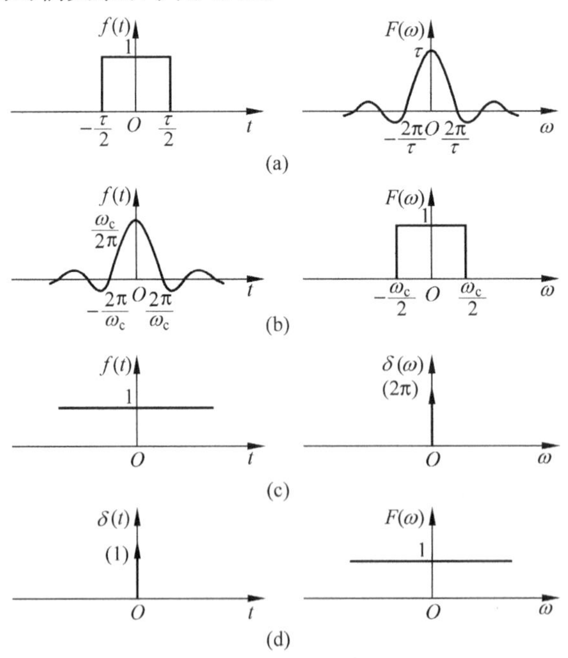

图 3.31 时间函数与频谱函数的对偶性举例

从本质上来看，上述现象来源于傅里叶正、反变换的对偶性。下面把这个特性作进一步的引申和归纳，并得到了傅里叶变换的第 10 个性质，即傅里叶变换的对偶性。

若

$$\mathcal{F}[f(t)] = F(\omega) \tag{3.98}$$

则

$$\mathcal{F}[F(t)] = 2\pi f(-\omega) \tag{3.99}$$

证明　由傅里叶逆变换的定义式

$$f(t) = \frac{1}{2\pi}\int_{-\infty}^{\infty} F(\omega)e^{j\omega t}d\omega$$

可以得到

$$f(-t) = \frac{1}{2\pi}\int_{-\infty}^{\infty} F(\omega)e^{-j\omega t}d\omega$$

把上式中的变量 t 和 ω 互换可以得到

$$2\pi f(-\omega) = \int_{-\infty}^{\infty} F(t)e^{-j\omega t}dt$$

所以

$$\mathcal{F}[F(t)] = 2\pi f(-\omega)$$

该性质的一个特例是：若 $f(t)$ 为偶函数，则上式变为

$$\mathcal{F}[F(t)] = 2\pi f(\omega) \tag{3.100}$$

式(3.99)是傅里叶变换的对偶特性。该式说明，在一般情况下，若 $f(t)$ 的频谱为 $F(\omega)$，则波形为 $F(t)$ 的频谱就是 $f(-\omega)$ 的 2π 倍。从证明过程也能看到，只要把时间和频率变量相交换，就能得到式(3.99)的对偶的关系。■

例 3.17　求信号 $f(t)$ 的傅里叶变换，已知

$$f(t) = \frac{\sin 2\pi(t-5)}{\pi(t-5)}, \quad -\infty < t < \infty$$

解　可以把 $f(t)$ 表示成

$$f(t) = 2\frac{\sin 2\pi(t-5)}{2\pi(t-5)} = 2\text{Sa}[2\pi(t-5)]$$

令

$$f_1(t) = 2\text{Sa}(2\pi t)$$

可见 $f_1(t)$ 是抽样函数 Sa(·)。根据傅里叶变换的对偶特性，$f_1(t)$ 的傅里叶变换 $F_1(\omega)$ 必然是矩形函数，该矩形函数的宽度为 4π。若把高度设为 h，则图 3.32 给出了 $F_1(\omega)$ 的有关参数。

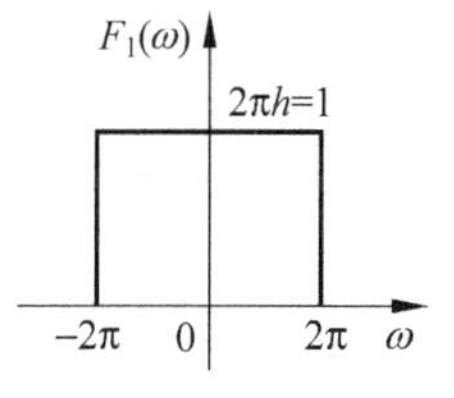

图 3.32　例 3.17 的图

由矩形脉冲信号频谱的例题可知，上述矩形的面积应该等于信号 $f_1(t)$ 的幅度 2，由此可以求出 h，即

$$h \cdot 4\pi = 2$$

所以

$$h = \frac{1}{2\pi}$$

实际上，图3.32给定的 $F_1(\omega)$ 的幅度应该是 $2\pi h$，为什么呢？因为傅里叶变换的对偶性质是

$$\mathcal{F}[f(t)]=F(\omega)$$
$$\mathcal{F}[F(t)]=2\pi f(-\omega)$$

所以，要在 $f(-\omega)$ 上乘以系数 2π。因此，$F_1(\omega)$ 是个幅度为1，宽度为 4π 的矩形函数，即

$$f_1(t)\leftrightarrow F_1(\omega)=R_{4\pi}(\omega)=\begin{cases}1, & |\omega|\leqslant 2\pi\\ 0, & \text{其他}\end{cases}$$

又因为

$$f(t)=f_1(t-5)$$

所以

$$F(\omega)=F_1(\omega)\mathrm{e}^{-\mathrm{j}5\omega}=R_{4\pi}(\omega)\mathrm{e}^{-\mathrm{j}5\omega}$$ ■

例3.18 已知信号 $f(t)=\dfrac{1}{a^2+t^2}$，求该信号的傅里叶变换。

解 由3.4节可知，双边指数信号的傅里叶变换对为

$$\mathcal{F}[\mathrm{e}^{-a|t|}]=\frac{2a}{a^2+\omega^2}$$

根据傅里叶变换的对偶性

$$\mathcal{F}\left[\frac{2a}{a^2+t^2}\right]=2\pi\mathrm{e}^{-a|\omega|}$$

由此可以得到

$$F(\omega)=\mathcal{F}\left[\frac{1}{a^2+t^2}\right]=\frac{\pi}{a}\mathrm{e}^{-a|\omega|}$$ ■

3.5.11 帕斯瓦尔定理

已知

$$x(t)\leftrightarrow X(\omega)$$

则

$$\int_{-\infty}^{\infty}|x(t)|^2\mathrm{d}t=\frac{1}{2\pi}\int_{-\infty}^{\infty}|X(\omega)|^2\mathrm{d}\omega \tag{3.101}$$

证明 通常 $x(t)$ 为复数，所以

$$|x(t)|^2=x(t)\cdot x^*(t)$$

由于式(3.101)左边是非周期信号的能量，因此

$$W_x=\int_{-\infty}^{\infty}|x(t)|^2\mathrm{d}t=\int_{-\infty}^{\infty}x(t)x^*(t)\mathrm{d}t=\int_{-\infty}^{\infty}x(t)\left[\frac{1}{2\pi}\int_{-\infty}^{\infty}X^*(\omega)\mathrm{e}^{-\mathrm{j}\omega t}\mathrm{d}\omega\right]\mathrm{d}t$$

在上式中，把 $x^*(t)$ 表示为

$$x^*(t)=\frac{1}{2\pi}\int_{-\infty}^{\infty}X^*(\omega)\mathrm{e}^{-\mathrm{j}\omega t}\mathrm{d}\omega$$

交换积分次序，则

$$W_x = \frac{1}{2\pi}\int_{-\infty}^{\infty} X^*(\omega)\left[\int_{-\infty}^{\infty} x(t)\mathrm{e}^{-\mathrm{j}\omega t}\mathrm{d}t\right]\mathrm{d}\omega = \frac{1}{2\pi}\left[\int_{-\infty}^{\infty} X^*(\omega)X(\omega)\mathrm{d}\omega\right]$$

$$= \frac{1}{2\pi}\int_{-\infty}^{\infty} |X(\omega)|^2\mathrm{d}\omega$$

因此

$$\int_{-\infty}^{\infty} |x(t)|^2\mathrm{d}t = \frac{1}{2\pi}\int_{-\infty}^{\infty} |X(\omega)|^2\mathrm{d}\omega \tag{3.102}$$

■

式(3.102)称为帕斯瓦尔定理。该定理说明，对 $x(t)$ 的总能量而言，既可用单位时间能量($|x(t)|^2$)在整个时间范围的积分进行计算，也可通过单位频率能量($|X(\omega)|^2/2\pi$)在整个频率范围的积分得到。因此帕斯瓦尔定理揭示出，有限能量信号在时域表示的能量等于它在频域表示的能量。换句话说，在傅里叶表示中，时域和频域的能量是守恒的。通常把 $|X(\omega)|^2$ 称为信号 $x(t)$ 的能量密度谱。

例 3.19　已知 $f(t)=\mathrm{e}^{-t}u(t)$，通过求信号的能量验证帕斯瓦尔定理

解　给定信号的时域能量为

$$\int_{-\infty}^{\infty} |f(t)|^2\mathrm{d}t = \int_0^{\infty}\mathrm{e}^{-2t}\mathrm{d}t = -\frac{1}{2}\mathrm{e}^{-2t}\Big|_0^{\infty} = \frac{1}{2}$$

因为

$$\mathrm{e}^{-t}u(t) \leftrightarrow \frac{1}{1+\mathrm{j}\omega} = F(\omega)$$

所以该信号的频域能量为

$$\frac{1}{2\pi}\int_{-\infty}^{\infty} |F(\omega)|^2\mathrm{d}\omega = \frac{1}{2\pi}\int_{-\infty}^{\infty}\left|\frac{1}{1+\mathrm{j}\omega}\right|^2\mathrm{d}\omega = \frac{1}{2\pi}\int_{-\infty}^{\infty}\frac{1}{1+\omega^2}\mathrm{d}\omega$$

$$= \frac{1}{\pi}\int_0^{\infty}\frac{1}{1+\omega^2}\mathrm{d}\omega = \frac{1}{\pi}\arctan(\omega)\Big|_0^{\infty} = \frac{1}{2}$$

由于求出的时域能量和频域能量相等，即

$$\int_{-\infty}^{\infty} |f(t)|^2\mathrm{d}t = \frac{1}{2\pi}\int_{-\infty}^{\infty} |F(\omega)|^2\mathrm{d}\omega$$

所以验证了帕斯瓦尔定理。 ■

为便于使用，我们把傅里叶变换的基本性质列于表 3.2。在表中，设

$$\mathcal{F}[f(t)] = F(\omega)$$

$$\mathcal{F}[f_i(t)] = F_i(\omega),\quad i = 1,2,\cdots,n$$

表 3.2　傅里叶变换的基本性质

性　　质	时　　域	频　　域
线性	$\sum_{i=1}^{n} a_i f_i(t)$	$\sum_{i=1}^{n} a_i F_i(\omega)$
比例变换	$f(at)$	$\frac{1}{\lvert a\rvert}F\left(\frac{\omega}{a}\right)$
	$f(-t)$	$F(-\omega)$

续表

性　　质	时　　域	频　　域
时移	$f(t-t_0)$	$F(\omega)\mathrm{e}^{-\mathrm{j}\omega t_0}$
	$f(at-t_0)$	$\frac{1}{\|a\|}F\left(\frac{\omega}{a}\right)\mathrm{e}^{-\mathrm{j}\frac{\omega t_0}{a}}$
频移	$f(t)\mathrm{e}^{\mathrm{j}\omega_0 t}$	$F(\omega-\omega_0)$
	$f(t)\cos(\omega_0 t)$	$\frac{1}{2}[F(\omega+\omega_0)+F(\omega-\omega_0)]$
	$f(t)\sin(\omega_0 t)$	$\frac{\mathrm{j}}{2}[F(\omega+\omega_0)-F(\omega-\omega_0)]$
时域微分	$\frac{\mathrm{d}f(t)}{\mathrm{d}t}$	$\mathrm{j}\omega F(\omega)$
	$\frac{\mathrm{d}^n f(t)}{\mathrm{d}t^n}$	$(\mathrm{j}\omega)^n F(\omega)$
频域微分	$(-\mathrm{j}t)f(t)$	$\frac{\mathrm{d}F(\omega)}{\mathrm{d}\omega}$
	$(-\mathrm{j}t)^n f(t)$	$\frac{\mathrm{d}^n F(\omega)}{\mathrm{d}\omega^n}$
时域积分	$\int_{-\infty}^{t} f(\tau)\mathrm{d}\tau$	$\frac{F(\omega)}{\mathrm{j}\omega}+\pi F(0)\delta(\omega)$
频域积分	$-\frac{f(t)}{\mathrm{j}t}+\pi f(0)\delta(t)$	$\int_{-\infty}^{\omega} F(\Omega)\mathrm{d}\Omega$
时域卷积	$f_1(t)*f_2(t)$	$F_1(\omega)F_2(\omega)$
频域卷积	$f_1(t)\cdot f_2(t)$	$\frac{1}{2\pi}F_1(\omega)*F_2(\omega)$
对偶性	$F(t)$	$2\pi f(-\omega)$
帕斯瓦尔定理	$\int_{-\infty}^{\infty}\|x(t)\|^2\mathrm{d}t=\frac{1}{2\pi}\int_{-\infty}^{\infty}\|X(\omega)\|^2\mathrm{d}\omega$	
奇偶虚实	见表 3.1	

3.6 周期信号的傅里叶变换

在此前的讨论中，我们曾经强调：

(1) 周期信号对应的数学工具是傅里叶级数，而非周期信号对应的是傅里叶变换。

(2) 用傅里叶级数可以求出信号的频谱，而用傅里叶变换求的是信号的频谱密度。

(3) 当周期信号的周期 T 趋近∞时，周期信号演变为非周期信号，并从傅里叶级数导出了傅里叶变换。

那么周期信号是否存在傅里叶变换呢？这个问题好像难于回答，因为它们不满足狄义赫利条件。然而，狄义赫利条件仅是傅里叶变换存在的充分条件，即使不满足这一条件，仍有可能存在傅里叶变换。这就给出了它们存在傅里叶变换的希望，此前也曾举出过这方面的一些例证。当然，既然是“有可能存在”就意味着有可能不存在。实际上,我们非常关注各类信号尤其是不满足狄义赫利条件的各类信号是否存在傅里叶变换的问题,为什么呢?

以傅里叶变换的卷积特性为例,它是求解系统零状态响应的一个常用的方法,在频域里会更加方便。然而,如果进行卷积的信号之一不存在傅里叶变换,当然就无法使用这个性质。一个最常见的信号是单位脉冲串序列 $\delta_T(t)$,它是一个周期信号,把连续时间信号转化成离散时间信号的抽样过程就依靠这个信号。如果 $\delta_T(t)$ 不存在傅里叶变换,将会给相当多问题的解决带来不便,这在以后的章节里将有更深的体会。另外,我们已经讨论过并将进一步看到离散和周期之间的密切联系,即一个域的离散会导致另一个域的周期性。这样一来,离散信号和周期信号就是我们经常遇到的、庞大的信号族!为此,我们非常需要它们的频域分析的手段。对于抽样信号的频谱我们将在第4章讨论,本节先研究周期信号的频谱。

3.6.1 正弦、余弦信号的傅里叶变换

周期信号中最简单、最常用的信号就是正弦信号,研究它们的傅里叶变换具有普遍的意义。

正弦和复指数信号由欧拉公式相联系。因此,可以把求解正弦、余弦等周期信号傅里叶变换的问题转化为求解复指数信号傅里叶变换的问题。由傅里叶变换的频移特性可知,若

$$\mathcal{F}[f_0(t)] = F_0(\omega)$$

则

$$\mathcal{F}[f_0(t)e^{j\omega_1 t}] = F_0(\omega-\omega_1)$$

由于

$$1 \leftrightarrow 2\pi\delta(\omega)$$

所以

$$\mathcal{F}[e^{j\omega_1 t}] = 2\pi\delta(\omega-\omega_1)$$

$$\mathcal{F}[e^{-j\omega_1 t}] = 2\pi\delta(\omega+\omega_1)$$

这样,由欧拉公式和傅里叶变换的线性特性可以得到

$$\mathcal{F}[\cos(\omega_1 t)] = \pi[\delta(\omega+\omega_1)+\delta(\omega-\omega_1)]$$

$$\mathcal{F}[\sin(\omega_1 t)] = j\pi[\delta(\omega+\omega_1)-\delta(\omega-\omega_1)]$$

以上就是正弦和余弦信号的傅里叶变换,其时域波形和频谱示于图3.33。

例3.20 已知 $f_1(t)=e^{-t}u(t)$,$f_2(t)=\cos(2t)$,用傅里叶变换的性质求 $y(t)=f_1(t)*f_2(t)$。

解 由傅里叶变换的卷积特性知

$$\mathcal{F}[f_1(t)*f_2(t)] = F_1(\omega)F_2(\omega)$$

所以

$$Y(\omega) = \frac{1}{1+j\omega}[\pi\delta(\omega-2)+\pi\delta(\omega+2)]$$

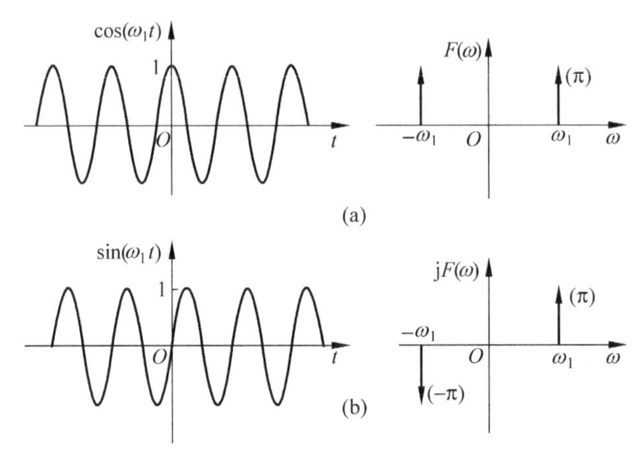

图 3.33 余弦、正弦信号的波形及其频谱

由 δ 函数的性质

$$F(\omega)\delta(\omega-\omega_0)=F(\omega_0)\delta(\omega-\omega_0)$$

可得

$$Y(\omega)=\frac{\pi\delta(\omega-2)}{1+2\mathrm{j}}+\frac{\pi\delta(\omega+2)}{1-2\mathrm{j}}$$

上式两项中，移位 δ 函数前的系数都是常数，故 $Y(\omega)$ 的反变换为

$$y(t)=\left[\frac{\pi}{1+2\mathrm{j}}\right]\frac{1}{2\pi}\mathrm{e}^{2\mathrm{j}t}+\left[\frac{\pi}{1-2\mathrm{j}}\right]\frac{1}{2\pi}\mathrm{e}^{-2\mathrm{j}t}$$

稍作分析可知，上式的两项是共轭复数，而共轭复数相加是其实部的 2 倍，即

$$y(t)=2\mathrm{Re}\left\{\left[\frac{\pi}{1+2\mathrm{j}}\right]\frac{1}{2\pi}\mathrm{e}^{2\mathrm{j}t}\right\}=2\mathrm{Re}\left\{\frac{1}{2}\left[\frac{1-2\mathrm{j}}{5}\right]\left[\cos 2t+\mathrm{j}\sin 2t\right]\right\}$$

所以

$$y(t)=\frac{1}{5}\left[\cos 2t+2\sin 2t\right]$$

■

3.6.2 一般周期信号的傅里叶变换

由周期信号傅里叶级数的讨论可知，周期信号可以分解成直流和众多复指数信号(或众多正弦分量)的线性组合。既然已经求得了复指数信号、正弦信号和余弦信号傅里叶变换的表达式，那么根据傅里叶变换的线性特性就可以直接求出周期信号的傅里叶变换。

设周期信号 $f(t)$ 的周期为 T_1，角频率为 $\omega_1=2\pi f_1=2\pi/T_1$，把 $f(t)$ 展成傅里叶级数

$$f(t)=\sum_{n=-\infty}^{\infty}F_n\mathrm{e}^{\mathrm{j}n\omega_1 t}$$

两边取傅里叶变换可得

$$\mathcal{F}[f(t)]=\mathcal{F}\left[\sum_{n=-\infty}^{\infty}F_n\mathrm{e}^{\mathrm{j}n\omega_1 t}\right]=\sum_{n=-\infty}^{\infty}F_n\,\mathcal{F}[\mathrm{e}^{\mathrm{j}n\omega_1 t}]$$

$$=2\pi\sum_{n=-\infty}^{\infty}F_n\delta(\omega-n\omega_1)\tag{3.103}$$

式中

$$\mathcal{F}[\mathrm{e}^{\mathrm{j}n\omega_1 t}]=2\pi\delta(\omega-n\omega_1)$$

$$F_n=\frac{1}{T_1}\int_{-\frac{T_1}{2}}^{\frac{T_1}{2}}f(t)\mathrm{e}^{-\mathrm{j}n\omega_1 t}\mathrm{d}t$$

式(3.103)就是周期信号 $f(t)$的傅里叶变换表达式$\mathcal{F}[f(t)]$。该式表明,周期信号的傅里叶变换是由单位脉冲串组成,这些脉冲位于信号各次谐波即 $\omega=0,\pm\omega_1,\pm 2\omega_1,\cdots$的位置上,而各个单位脉冲的幅度等于 F_n的 2π 倍,即等于 $f(t)$傅里叶级数相应系数的 2π 倍。由此可知:

(1) 周期信号的傅里叶变换也是离散的。这与信号在时域的周期性会导致频域离散性的结论是一致的。

(2) 由于傅里叶变换是信号的频谱密度,故$\mathcal{F}[f(t)]$不再是有限值,而是一个单位脉冲序列。其物理意义是在 $\omega=0,\pm\omega_1,\pm 2\omega_1,\cdots$这些点上,在各自无穷小的频带范围内取得了无限大的频谱值。由式(3.103)可以进一步体会傅里叶级数和傅里叶变换之间的区别和联系。

(3) 关于周期信号傅里叶变换的一个说明。

我们讨论过周期信号,它在无限区间内既不绝对可积、也不平方可积,因而不满足狄义赫利条件。但是,从本节的讨论可知,对周期信号而言,已经导出了普遍适用的傅里叶变换的公式,即式(3.103)。这互相矛盾的双方,又是如何统一的呢?

原因就是变换的结果中出现了加权的单位脉冲串 $\delta_\omega(\omega)=\sum_{n=-\infty}^{\infty}\delta(\omega-n\omega_1)$!实际上,一个直流信号的傅里叶变换是 $\delta(\omega)$,即$\frac{1}{2\pi}\leftrightarrow\delta(\omega)$,而$\frac{1}{2\pi}$ 就是既不绝对可积、也不平方可积的信号,但是它与 $\delta(\omega)$组成了傅里叶变换对。同样,周期信号、阶跃信号等虽不满足狄义赫利条件,但都求出了傅里叶变换,在它们的傅里叶变换中也出现 δ 函数。进一步探讨可以发现,包含 δ 函数的上述结果能够满足傅里叶变换对的所有特性。

根据以上事实可以推论出,只要在变换式中允许单位脉冲函数的存在,就可以大大扩充用傅里叶变换表示信号的种类,这就提高了用傅里叶变换解决问题的能力,也扩大了用傅里叶变换解决问题的范围。显然,这是 δ 函数对信号与系统研究方法和手段的又一个贡献!

(4) 上述周期信号傅里叶变换的结论把周期和非周期信号的分析方法统一起来,这就使我们能从更深的层次上分析它们的异同,进而归纳出更为一般的规律性。

3.6.3 求取 F_n 的简便方法

由于周期信号 $f(t)$ 的傅里叶变换为

$$\mathcal{F}[f(t)]=2\pi\sum_{n=-\infty}^{\infty}F_n\delta(\omega-n\omega_1) \tag{3.104}$$

因此，在知道了 $f(t)$ 周期信息 T 的情况下，只要求出 F_n 就可以得到周期信号的傅里叶变换 $F(\omega)$。根据定义

$$F_n=F(n\omega_1)=\frac{1}{T_1}\int_{-\frac{T_1}{2}}^{\frac{T_1}{2}}f(t)\mathrm{e}^{-\mathrm{j}n\omega_1 t}\mathrm{d}t \tag{3.105}$$

有没有求取 F_n 的简单方法呢？观察上式可知，它与傅里叶变换的表达式相似。受此启发可以找出求解 F_n 的简便方法。

设 $f_0(t)$ 是从周期信号 $f(t)$ 中截取的一个周期。即

$$f_0(t)=f(t),\quad -\frac{T_1}{2}<t<\frac{T_1}{2}$$

把 $f_0(t)$ 称为单脉冲信号，则

$$F_0(\omega)=\int_{-\frac{T_1}{2}}^{\frac{T_1}{2}}f_0(t)\mathrm{e}^{-\mathrm{j}\omega t}\mathrm{d}t \tag{3.106}$$

比较式(3.105)和式(3.106)可知

$$F_n=\frac{1}{T_1}F_0(\omega)\bigg|_{\omega=n\omega_1} \tag{3.107}$$

式(3.107)就是周期信号傅里叶级数的系数与单脉冲信号傅里叶变换之间的关系。因此，可以从单脉冲信号的傅里叶变换 $F_0(\omega)$ 直接求出 F_n。由学习频谱的经验可知，我们有较多的手段求解信号的傅里叶变换，也可以通过查表得到，因此带来了较大的方便。

例 3.21 已知周期单位脉冲函数 $\delta_T(t)$，其周期为 T_1，即

$$\delta_T(t)=\sum_{n=-\infty}^{\infty}\delta(t-nT_1)$$

求该信号的傅里叶级数和傅里叶变换。

解 通常把具有上述特点的信号 $\delta_T(t)$ 叫做(时域)单位脉冲串。由于

$$\begin{aligned}F_n&=\frac{1}{T_1}\int_{-\frac{T_1}{2}}^{\frac{T_1}{2}}\delta_T(t)\mathrm{e}^{-\mathrm{j}n\omega_1 t}\mathrm{d}t\\&=\frac{1}{T_1}\int_{-\frac{T_1}{2}}^{\frac{T_1}{2}}\delta(t)\mathrm{e}^{-\mathrm{j}n\omega_1 t}\mathrm{d}t\\&=\frac{1}{T_1}\end{aligned}$$

所以 $\delta_T(t)$ 的傅里叶级数为

$$\delta_T(t) = \frac{1}{T_1}\sum_{n=-\infty}^{\infty} \mathrm{e}^{\mathrm{j}n\omega_1 t}$$

单位脉冲串属周期信号。由前可知,这一周期信号的傅里叶变换为

$$\begin{aligned} F(\omega) &= \mathcal{F}[\delta_T(t)] = 2\pi\sum_{n=-\infty}^{\infty} F_n\delta(\omega - n\omega_1) \\ &= \omega_1\sum_{n=-\infty}^{\infty}\delta(\omega - n\omega_1) \\ &= \omega_1\delta_\omega(\omega) \end{aligned} \tag{3.108}$$

式中

$$\omega_1 = \frac{2\pi}{T_1} = 2\pi F_n$$

由上可知,$\delta_T(t)$的傅里叶级数和傅里叶变换都只在 $\omega=0,\pm\omega_1,\pm 2\omega_1,\cdots,\pm n\omega_1,\cdots$ 处才含有频率分量。这再次表明,周期信号的频谱是离散谱。但是,这两种表示的频率分量的大小是不同的:对于 $\delta_T(t)$的傅里叶级数或 $\delta_T(t)$的频谱而言,其系数的大小相等,均为 $F_n=\dfrac{1}{T_1}$。对于 $\delta_T(t)$的傅里叶变换,或 $\delta_T(t)$的频谱密度而言,它的各个分量都是 δ 函数,幅度均为 ω_1。我们把式(3.108)中的

$$\delta_\omega(\omega) = \sum_{n=-\infty}^{\infty}\delta(\omega - n\omega_1) \tag{3.109}$$

称为频域单位脉冲序列或频域单位脉冲串。所以,时域单位脉冲串的傅里叶变换是幅度为 ω_1 的频域单位脉冲串。$\delta_T(t)$的傅里叶级数和傅里叶变换示于图 3.34。■

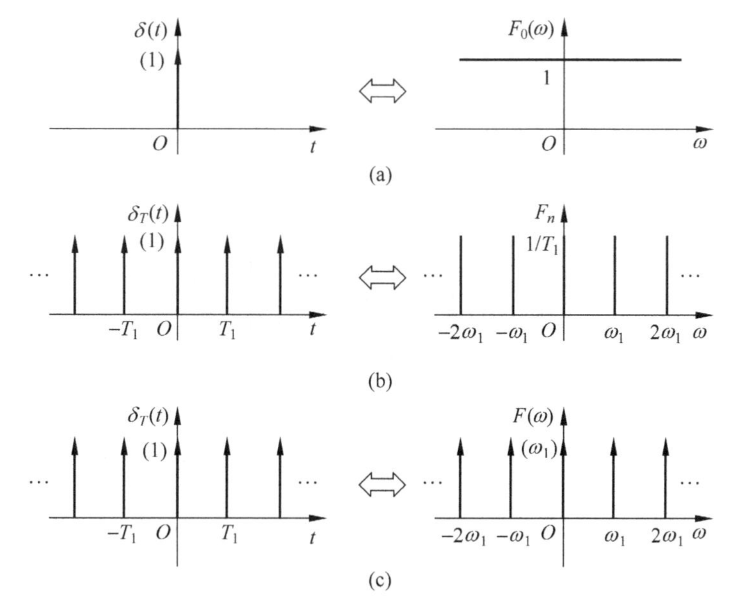

图 3.34　周期脉冲序列 $\delta_T(t)$的傅里叶级数系数 F_n 和傅里叶变换 $F(\omega)$

例 3.22 已知周期矩形脉冲信号 $f(t)$如图 3.35 所示，其周期为 T_1，幅度为 E，脉宽为 τ。求 $f(t)$的傅里叶变换。

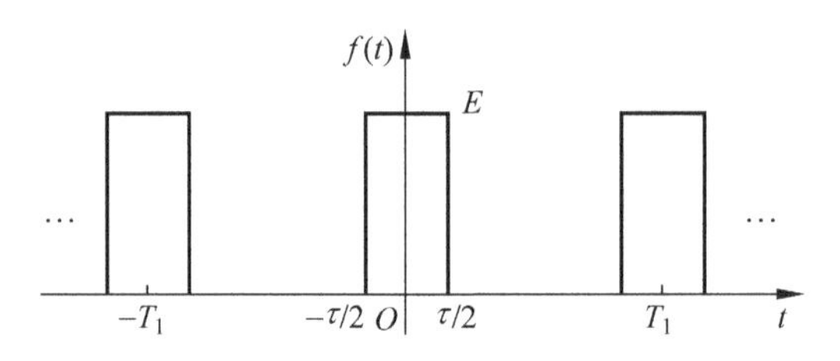

图 3.35 周期矩形信号的波形

解 周期信号的傅里叶变换为

$$\mathcal{F}[f(t)] = 2\pi \sum_{n=-\infty}^{\infty} F_n \delta(\omega - n\omega_1)$$

由于周期信号 $f(t)$的傅里叶级数的系数为

$$F_n = \frac{1}{T_1} F_0(\omega) \bigg|_{\omega = n\omega_1} = \frac{E\tau}{T_1} \mathrm{Sa}\left(\frac{n\omega_1 \tau}{2}\right)$$

所以，$f(t)$的傅里叶变换为

$$F(\omega) = E\tau\omega_1 \sum_{n=-\infty}^{\infty} \mathrm{Sa}\left(\frac{n\omega_1 \tau}{2}\right) \delta(\omega - n\omega_1)$$

$$\omega_1 = \frac{2\pi}{T_1}$$

从以上讨论可见，周期信号的频谱是离散谱，该频谱由间隔为 $\omega_1 = \dfrac{2\pi}{T_1}$的单位脉冲序列组成，其包络线的形状与单脉冲频谱的形状相同。

请读者自行画出 $f(t)$的傅里叶级数和傅里叶变换的波形，并加以比较。 ■

例 3.23 已知周期信号 $f(t)$如图 3.36 所示，利用傅里叶变换的性质求 $F(\omega)$。

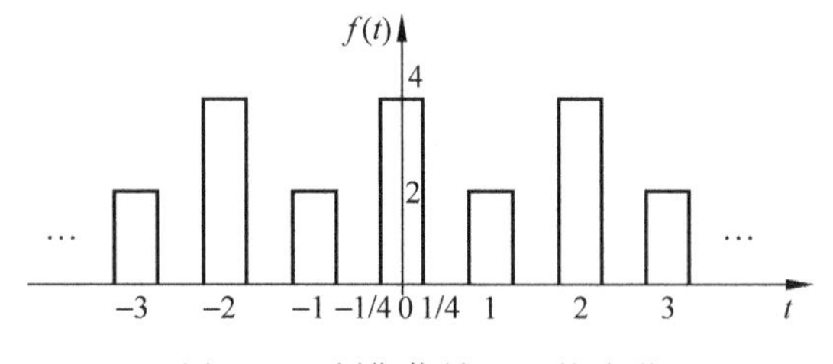

图 3.36 周期信号 $f(t)$的波形

解 为了求解 $f(t)$的傅里叶变换，可以利用傅里叶变换的卷积特性。首先，从 $f(t)$中抽取出一个周期的信号 $f_0(t)$

$$f_0(t) = \begin{cases} f(t), & -\dfrac{1}{2} \leqslant t \leqslant \dfrac{3}{2} \\ 0, & \text{其他} \end{cases}$$

可以把 $f_0(t)$ 看成是矩形窗函数 $R_{1/2}(t)$ 与 $4\delta(t)+2\delta(t-1)$ 进行卷积的结果，即

$$f_0(t)=R_{1/2}(t)*[4\delta(t)+2\delta(t-1)]$$

由傅里叶变换的性质可得

$$f_0(t)\leftrightarrow \mathcal{F}[R_{1/2}(t)]\cdot\mathcal{F}[4\delta(t)+2\delta(t-1)]$$

即

$$F_0(\omega)=\frac{1}{2}\mathrm{Sa}\left(\frac{\omega}{4}\right)(4+2\mathrm{e}^{-\mathrm{j}\omega})=\mathrm{Sa}\left(\frac{\omega}{4}\right)\cdot(2+\mathrm{e}^{-\mathrm{j}\omega})$$

又由于 $f(t)$ 是 $f_0(t)$ 与 $\delta_T(t)$ 的卷积，即

$$f(t)=f_0(t)*\delta_T(t),\quad T=2$$

而

$$\delta_T(t)\leftrightarrow\omega_1\delta_\omega(\omega)=\omega_1\sum_{n=-\infty}^{\infty}\delta(\omega-n\omega_1),\quad \omega_1=\frac{2\pi}{T}=\pi$$

由时域卷积定理可知，图 3.36 所示信号 $f(t)$ 的频谱为

$$\begin{aligned}F(\omega)&=F_0(\omega)\cdot\mathcal{F}[\delta_T(t)]\\&=\left[\mathrm{Sa}\left(\frac{\omega}{4}\right)(2+\mathrm{e}^{-\mathrm{j}\omega})\right]\left[\pi\sum_{n=-\infty}^{\infty}\delta(\omega-n\pi)\right]\\&=\sum_{n=-\infty}^{\infty}\pi\mathrm{Sa}\left(\frac{n\pi}{4}\right)[2+(-1)^n]\delta(\omega-n\pi)\end{aligned}$$

上式表达的频谱图示于图 3.37。■

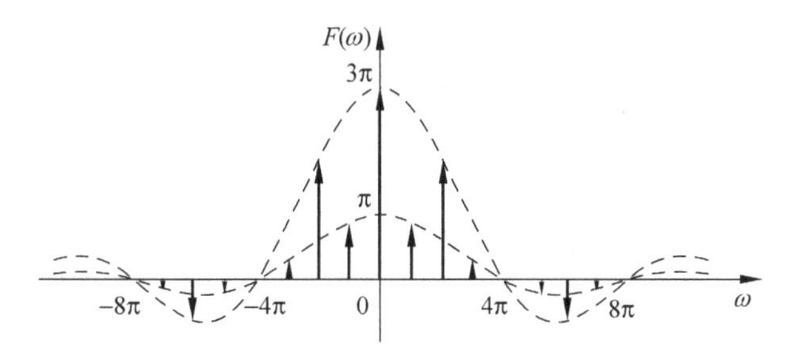

图 3.37　例 3.23 的频谱图

3.7　小结

傅里叶分析是一项具有开创性意义的科研成果，有着不可磨灭的历史功绩。这个理论体系把信号与系统的分析、研究从时域带到了频域。

我们把傅里叶级数、傅里叶变换、周期信号的傅里叶变换以及将在后续章节讨论的离散情况下的相应方法统称为信号的傅里叶分析。利用傅里叶分析的主要原因是相当广泛的一类信号都可以表示为复指数信号的加权积分或加权和，而复指数信号又是线性时不变系统的特征函数。

本章从正交函数的展开引出了周期信号的傅里叶级数。在把非周期信号看成是周期趋于无限大的周期信号之后，又从周期信号的傅里叶级数得到了非周期信号的傅

里叶变换。傅里叶级数和傅里叶变换分别表示了信号的频谱和信号的频谱密度。

3.5节讨论了傅里叶变换的性质。实际上,它们既是傅里叶变换内在的规律性也是信号的各种特征在傅里叶变换中的反映。这些性质不但简化了傅里叶变换的计算,也给出了傅里叶变换某些应用的理论依据。例如,傅里叶变换的卷积特性就使得系统零状态响应的求解更为方便,而傅里叶变换的相乘性质则是用频域方法研究采样和调制的基础,这些应用将在第4章详加讨论。

3.6节讨论了周期信号的傅里叶变换,它由周期信号谐波频率上加权的单位脉冲串所表达。实际上,单位脉冲信号的引入解除了对周期信号绝对可积条件的限制。通过该节的讨论不但把周期、非周期信号的分析方法统一了起来,也扩大了傅里叶变换的应用范围。

总之,频域分析法是信号与系统相互作用的另一种分析方法,它与时域分析法相辅相成,各具特色。至于在实际应用中采用哪种方法则取决于所面对问题的特点。

顺便说明的是:从某种意义上看,傅里叶变换也是一种特征表示的方法。例如,只要知道了信号的基频和傅里叶变换系数等频域参数就等效于知道了余弦信号在时域的全部信息。这为用特征表示一个事物并进行有效的识别提供了思路和方法。实际上,这恰好是通常所说的"模式识别"。在信号处理、模式识别等现代科技领域,傅里叶变换是用精确的特征参数表示一个对象的最早的方法。

习题

3.1 (1) 图题3.1所示 $x_1(t)$、$x_2(t)$在区间(0,4)上是否正交?

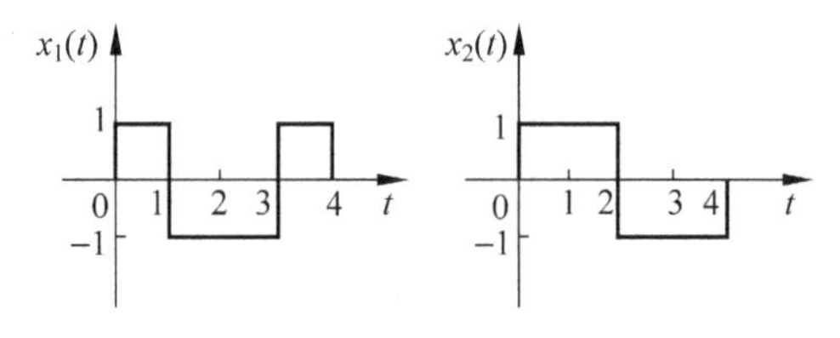

图题 3.1

(2) 设 $T=\dfrac{2\pi}{\omega_0}$,函数 $\sin m\omega_0 t$ 和 $\sin n\omega_0 t$ 在区间$(0,T)$上是否正交,它们是归一化正交吗?

3.2 周期相同的三个信号如图题3.2所示。

(1) 求 $f_1(t)$的傅里叶级数;

(2) 利用上题结果,求 $f_2(t)$、$f_3(t)$的傅里叶级数。

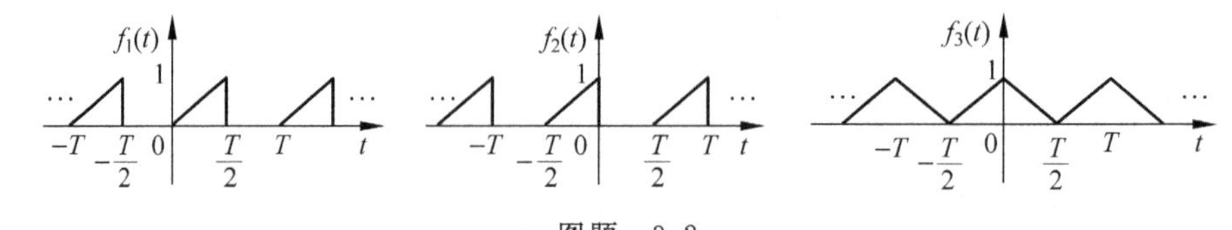

图题 3.2

3.3　已知图题 3.3 所示的周期信号 $f(t)$，其周期为 2，且 $f(t)=e^{-t}$，$-1<t<1$。

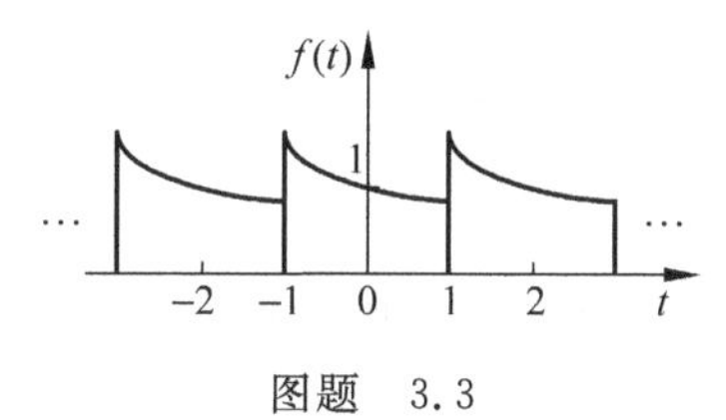

图题　3.3

求 $f(t)$ 的傅里叶级数，并画出幅度谱和相位谱。

3.4　已知周期信号如图题 3.4 所示。利用信号 $f(t)$ 的对称性，定性判断它们傅里叶级数中含有的频率分量。

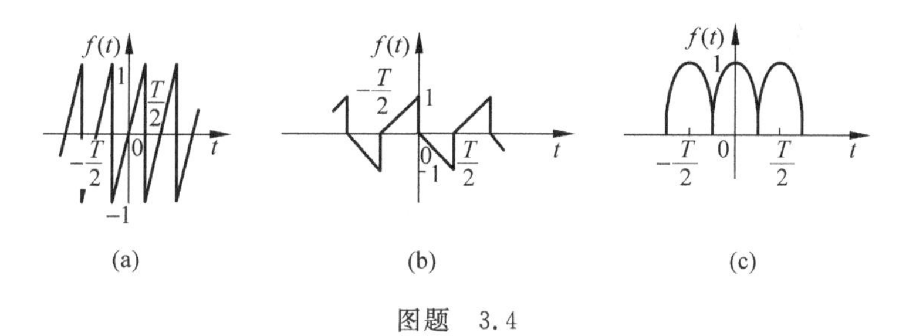

图题　3.4

3.5　已知周期信号的傅里叶级数表达式为

$$f(t)=2+3\cos 2t+4\sin 2t+2\sin(3t+30^\circ)-\cos(7t+150^\circ)$$

(1) 求出 $f(t)$ 的基频；

(2) 画出 $f(t)$ 的幅度谱和相位谱。

3.6　已知周期信号 $f(t)$ 傅里叶级数的系数为

$$F_n=\begin{cases}2, & n=0\\ \mathrm{j}\left(\dfrac{1}{2}\right)^{|n|}, & \text{其他}\end{cases}$$

(1) $f(t)$ 是否为实函数、偶函数？

(2) $\mathrm{d}f(t)/\mathrm{d}t$ 是否为偶函数？

3.7　已知信号 $f(t)=\cos(2\pi t)$，其基波周期为 1。显然，可以把 $f(t)$ 看成是周期为任意正整数 N 的周期信号。当 $N=3$ 时，给出 $f(t)$ 傅里叶级数的系数，它对应于几次谐波？

3.8　设连续时间实值信号 $f(t)$ 为周期信号，它的基波周期 $T=8$。已知 $f(t)$ 非零傅里叶级数的系数为

$$F_1=F_{-1}^*=\mathrm{j},\quad F_5=F_{-5}=2$$

试把 $f(t)$ 表示成如下形式

$$f(t)=\sum_{n=0}^{\infty}C_n\cos(n\omega_1 t+\varphi_n)$$

3.9　设 $f(t)$ 的傅里叶变换为 $F(\omega)$，用 $F(\omega)$ 表示下列信号的傅里叶变换。式中的 a,b,ω_0 等皆为实系数。

(1) $\frac{\mathrm{d}}{\mathrm{d}t}f(at-b)$　　　　(2) $f^2(t)\cos\omega_0 t$

(3) $(1-t)f(1-t)$　　　　(4) $(t-2)f(-2t)$

(5) $t\frac{\mathrm{d}f(t)}{\mathrm{d}t}$

3.10　已知周期信号 $f(t)$的单脉冲表达式

$$f_0(t)=\begin{cases}\frac{2A}{T}t^2+At, & -T/2\leqslant t\leqslant 0\\ -\frac{2A}{T}t^2+At, & 0\leqslant t\leqslant T/2\end{cases}$$

(1) 画出 $f_0(t)$及其导数 $f_0'(t)$，$f_0''(t)$，$f_0'''(t)$的波形；

(2) 求以上各个函数的傅里叶变换。

3.11　利用性质求图题 3.11 所示各信号的傅里叶变换。

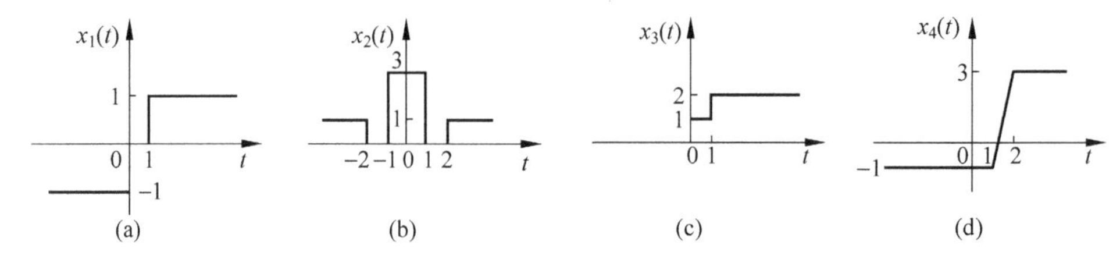

图题　3.11

3.12　求下列信号的傅里叶变换，并画出相应的幅频特性。

(1) $\delta(t+1)+\delta(t-1)$　　　　(2) $\frac{\mathrm{d}}{\mathrm{d}t}[u(-2-t)+u(t-2)]$

3.13　求下列各式的傅里叶反变换

(1) $F(\omega)=\frac{1}{\omega^2}$　　　　(2) $F(\omega)=8\pi\delta(\omega)+\frac{5}{(\mathrm{j}\omega-2)(\mathrm{j}\omega+3)}$

3.14　求图题 3.14 频谱的反变换

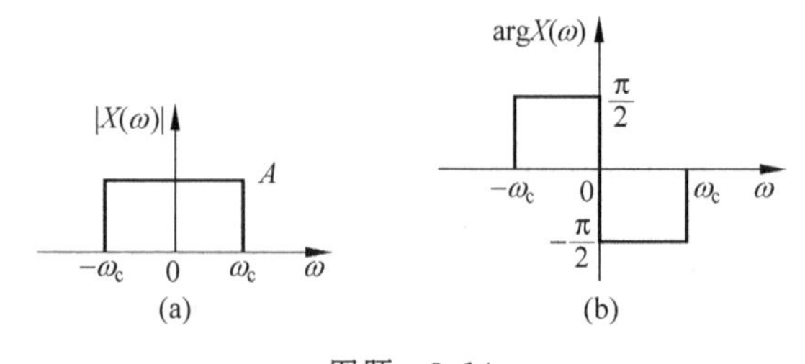

图题　3.14

3.15　已知 $\mathrm{e}^{\mathrm{j}g(t)}$ 的傅里叶变换为 $G(\omega)$，其中 $g(t)$为实函数。试证明以下的傅里叶变换对。

(1) $\cos[g(t)]\leftrightarrow\frac{1}{2}[G(\omega)+G^*(-\omega)]$

(2) $\sin[g(t)]\leftrightarrow\frac{1}{2\mathrm{j}}[G(\omega)-G^{*}(-\omega)]$

3.16　已知 $F(\omega)$如图题 3.16 所示，求它的逆变换 $f(t)$。

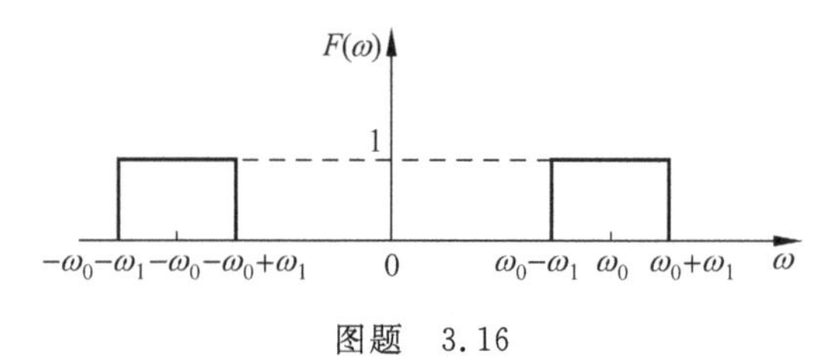

图题　3.16

3.17　求下列信号的傅里叶变换。

(1) $\mathrm{e}^{2+t}u(-t+1)$　　(2) $\mathrm{e}^{-3t}[u(t+2)-u(t-3)]$

(3) $(\mathrm{e}^{-at}\cos\omega_0 t)u(t),a>0$　　(4) $t\mathrm{e}^{-2t}\sin 4tu(t)$

(5) $\mathrm{e}^{t+2}u(-t-1)$　　(6) $tf(t)\mathrm{e}^{\mathrm{j}\omega_0(t-3)}$

(7) $f\left(\frac{t}{2}-1\right)$

3.18　用频移定理求下列函数的傅里叶逆变换。

(1) $F_1(\omega)=\frac{a^2}{a^2+(\omega+\omega_0)^2}$　　(2) $F_2(\omega)=\frac{2A\sin[(\omega-\omega_0)T]}{\omega-\omega_0}$

3.19　已知信号

$$f(t)=\frac{t^{n-1}}{(n-1)!}\mathrm{e}^{-at}u(t),\quad a>0$$

利用傅里叶变换的性质证明，$f(t)$的傅里叶变换是

$$F(\omega)=\frac{1}{(a+\mathrm{j}\omega)^n}$$

提示：可以利用傅里叶变换的频域微分性质。

3.20　判断下列说法的正误，并说明理由。

(1) 一个纯虚、奇信号的傅里叶变换也是纯虚的奇函数。

(2) 设信号的傅里叶变换 $F(\omega)$是奇函数，而 $H(\omega)$为偶函数，则 $G(\omega)=F(\omega)*H(\omega)$总是奇函数。

3.21　$f_1(t)$，$f_2(t)$的波形如图题 3.21 所示，已知 $f_1(t)$的频谱为 $F_1(\omega)$，求 $f_2(t)$的频谱函数 $F_2(\omega)$。

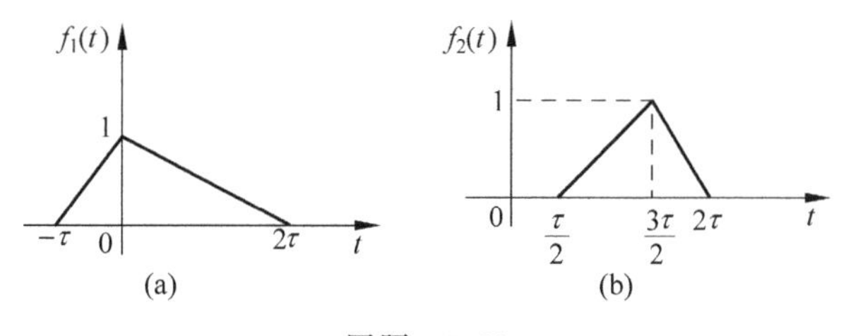

图题　3.21

3.22　已知三角脉冲 $f(t)$ 的傅里叶变换为 $F(\omega)=\dfrac{E\tau}{2}\mathrm{Sa}^2\left(\dfrac{\omega\tau}{4}\right)$，用傅里叶变换的性质求

$$f_1(t)=f(t-2\tau)\cos(\omega_0 t)$$

的傅里叶变换。

3.23　已知

$$f(t)=\begin{cases}0, & t<-1/2\\ t+\dfrac{1}{2}, & -1/2\leqslant t\leqslant 1/2\\ 1, & t>1/2\end{cases}$$

(1) 利用傅里叶变换的微积分特性求 $f(t)$ 的傅里叶变换 $F(\omega)$；

(2) 若

$$g(t)=f(t)-\frac{1}{2}$$

求 $g(t)$ 的傅里叶变换。

3.24　已知信号波形如图题 3.24 所示。其中，图 3.24(b)为半波正弦信号。求它们的傅里叶变换。

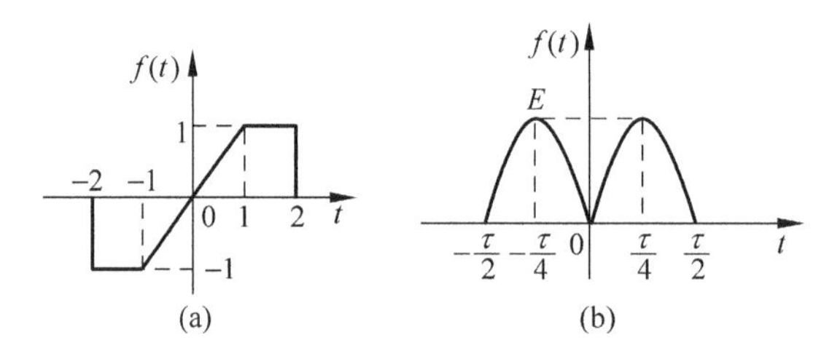

图题　3.24

3.25　已知

$$F(\omega)=\delta(\omega)+\delta(\omega-\pi)+\delta(\omega-5)$$
$$h(t)=u(t)-u(t-2)$$

(1) $f(t)$ 是否为周期信号？

(2) 卷积信号 $y(t)=f(t)*h(t)$ 是否为周期信号？

3.26　已知 $f(t)$ 的傅里叶变换为

$$F(\omega)=\begin{cases}1, & 2\leqslant|\omega|\leqslant 4\\ \delta(\omega), & 其他\end{cases}$$

并已示于图题 3.26。求 $f^2(t)$ 的傅里叶变换，并画出 $\mathcal{F}[f^2(t)]$ 的图形。

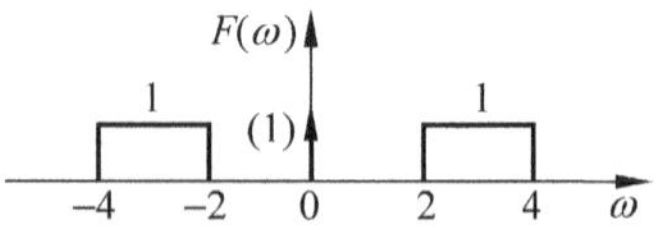

F(ω)
1
(1)
1
−4 −2 0 2 4 ω

图题　3.26

3.27　已知 $f(t)$ 的傅里叶变换 $F(\omega)=\dfrac{\sin^3(\omega)}{\left(\dfrac{\omega}{2}\right)^3}$，求 $f(0)$ 和 $f(4)$。

3.28　设 $f(t)$的频谱如图题 3.28 所示，利用卷积定理粗略画出 $f(t)\cos(\omega_0 t)$，$f(t)e^{j\omega_0 t}$，$f(t)\cos(\omega_1 t)$的频谱，并注明频谱的边界频率。

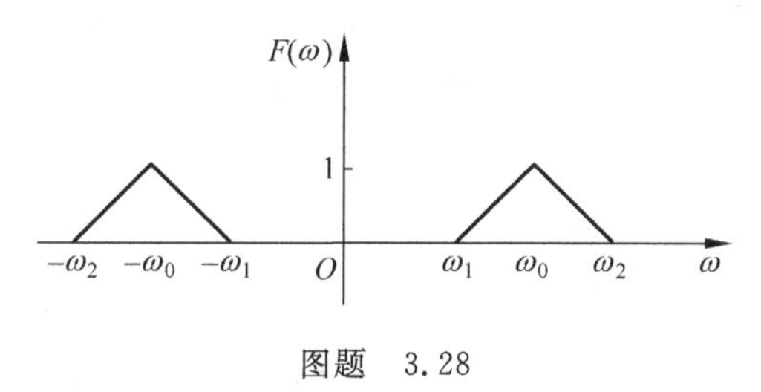

图题　3.28

3.29　用下面指定的几种方法证明

$$\mathcal{F}[u(t)] = \pi\delta(\omega) + \frac{1}{j\omega}$$

(1) 利用矩形脉冲取极限，$\tau\to\infty$，其中 τ 为矩形脉冲的底宽；

(2) 利用积分定理，$u(t) = \int_{-\infty}^{t}\delta(\tau)d\tau$。

3.30　通过等式两边取傅里叶变换并利用有关的性质证明

(1) $e^{-2t}u(t) * t^n u(t) * [\delta''(t) + 3\delta'(t) + 2\delta(t)] * e^{-t}u(t) = t^n u(t)$

(2) $f(t)\sum_{n=-\infty}^{\infty}\delta(t - nT_s) = \sum_{n=-\infty}^{\infty} f(nT_s)\delta(t - nT_s)$

3.31　已知傅里叶变换对 $e^{-|t|}\leftrightarrow\frac{2}{1+\omega^2}$。

(1) 利用傅里叶变换的性质求 $te^{-|t|}$ 的傅里叶变换；

(2) 根据(1)的结果和傅里叶变换对偶特性求解 $g(t)$的傅里叶变换，其中

$$g(t) = \frac{4t}{(1+t^2)^2}$$

3.32　利用傅里叶变换的对偶特性求下列信号的傅里叶变换。

(1) $f(t)=\frac{2a}{a^2+t^2}$　　(2) $f(t)=\left(\frac{\sin 2\pi t}{2\pi t}\right)^2$

3.33　求信号 $f(t)=\frac{\sin 2\pi(t-2)}{\pi(t-2)}$，$-\infty<t<\infty$的傅里叶变换。

3.34　已知 $F(\omega)=[u(\omega)-u(\omega-2)]e^{-j\omega}$，求原函数 $f(t)$。

3.35

(1) 求 $f(t)$的傅里叶变换

$$f(t) = t\left(\frac{\sin t}{\pi t}\right)^2$$

(2) 用帕斯瓦尔定理求

$$A = \int_{-\infty}^{\infty} t^2\left(\frac{\sin t}{\pi t}\right)^4 dt$$

3.36 已知 $f(t)$的波形如图题 3.36 所示，利用傅里叶变换的性质用多种方法求它的频谱。

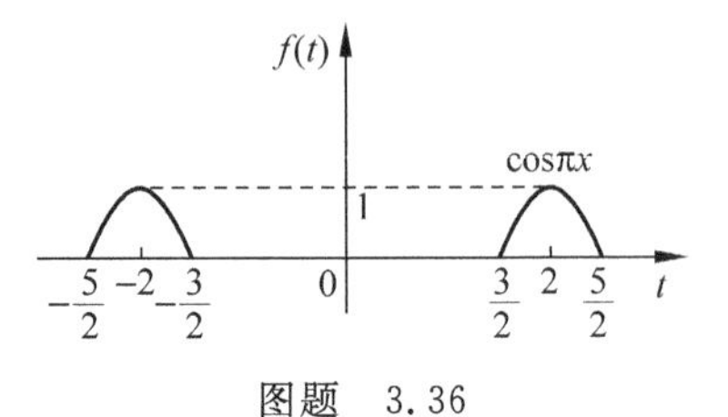

图题 3.36

3.37 已知实信号 $f(t)$的傅里叶变换为 $F(\omega)$。如果 $\ln|F(\omega)|=-|\omega|$，求 $f(t)$为偶函数时的表达式。

3.38 求下列周期信号的傅里叶变换

(1) $f_1(t)=\sin\left(2\pi t+\frac{\pi}{4}\right)$ (2) $f_2(t)=1+\cos\left(6\pi t+\frac{\pi}{8}\right)$

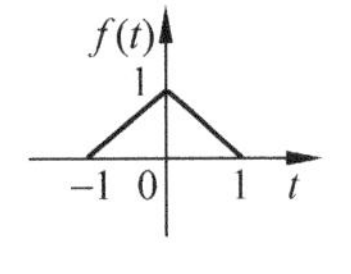

图题 3.39

3.39 信号 $f(t)$的波形如图题 3.39 所示。

(1) 求 $f(t)$的傅里叶变换 $F(\omega)$；

(2) 大致画出信号$\tilde{f}(t)$的波形，其中

$$\tilde{f}(t)=f(t)*\sum_{k=-\infty}^{\infty}\delta(t-4k)$$

(3) 寻找一个不同于 $f(t)$的 $g(t)$，使之满足

$$\tilde{f}(t)=g(t)*\sum_{k=-\infty}^{\infty}\delta(t-4k)$$

(4) 由(3)可见 $G(\omega)\neq F(\omega)$，证明

$$G\left(\frac{k\pi}{2}\right)=F\left(\frac{k\pi}{2}\right)\text{，全部整数 }k\text{。}$$

注：在证明过程中不必算出 $G(\omega)$。

3.40 LTI 系统的框图和 $H(\omega)$的带通特性如图题 3.40 所示，图中的 $x_2(t)$是周期为 $T=\frac{\pi}{4\Omega}$的周期信号。已知

$$x_1(t)=\sin\Omega t+\frac{1}{3}\sin 3\Omega t$$

(1) 求 $x_1(t)$，$x_2(t)$，$x_3(t)$的频谱，绘出频谱图；

(2) 写出 $x_4(t)$的表达式，并绘出 $X_4(\omega)$。

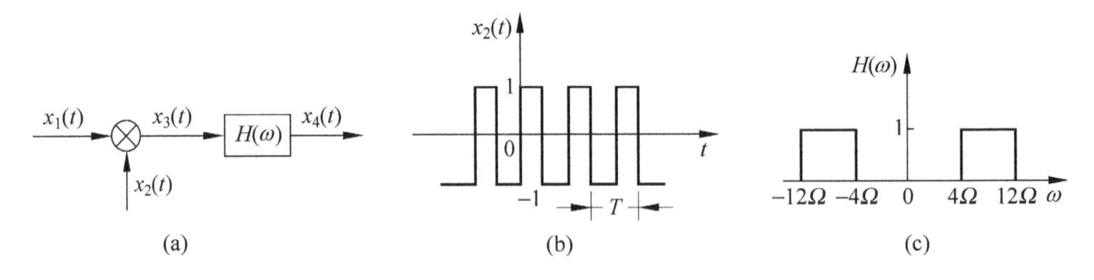

图题 3.40

(a) LTI 系统的框图；(b) 周期信号 $x_2(t)$；(c) $H(\omega)$的带通特性

第4章 频谱分析技术的应用

前面几章讨论了信号和系统的许多概念和方法，它们在通信、控制等系统的分析、设计中都起着核心的作用。虽然全面、详细地分析这些系统已经超出了本书的范围，但通过前几章的学习已为进一步了解某些系统的基本原理打下了基础。本章的目的是运用所学的知识，加深对某些关键概念的理解，进一步提高分析问题和解决问题的能力，并增加对本课程学习的兴趣和自觉性。

4.1 通信系统

4.1.1 通信系统的模型

通信的目的是把发信者拥有的消息传递给收信者，通信系统的组成如图 4.1 所示。在信息源部分，根据输出信号的不同，又可分为模拟信息源和离散信息源。实际上，从信息源发送的可以是语言、广播、传真、电视、数据等各种形式的消息。

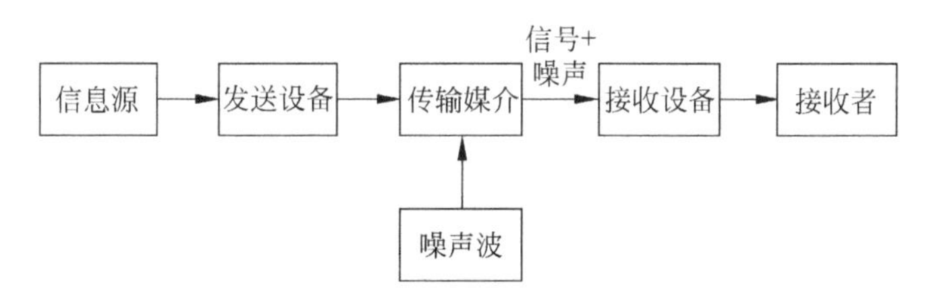

图 4.1 通信系统示意图

为了达到通信的目的，要把信息源的消息经由发送设备转变为适合于信道上传输的信号，这需要进行诸如调制、编码、放大等某些环节的操作。此外，为了满足一些特殊的需要，在图 4.1 的发送和接收设备中还可能包括多路复用、加密、纠错等处理设备。

图中的传输媒介也称为信道，它是发、收之间的媒介。实际的信道可以是一对导线、同轴线、光缆线或一个射频带、一束光等。另外，混入信道的噪声是无法避免的！在组成通信系统时必须考虑到这一因素，并采取相应的技术措施。

4.1.2 信道

通信系统分类的方法很多，仅以上面介绍的通信系统模型而言就可以按以下类型进行分类：

(1) 按消息的物理特征分类：如电话通信系统、数据通信系统、图像通信系统等。

(2) 按调制的方式分类：如本章将介绍的常规双边带调幅、单边带调幅以及频率调制、相位调制等。

(3) 按传输信号的特征分类：可以分为模拟通信系统和数字通信系统等。

(4) 按传送信号的复用方式分类：如本章将介绍的频分复用、时分复用和码分复用等。

(5) 按传输的媒质分类：根据后续讨论内容的需要，本节着重介绍这一分类。

按照传输媒质的情况通常可分为有线信道(含架空长线、电缆、光缆等)和无线信道(主要有长波、中波、短波、微波和光通信等)。另一种常用的分法是按照表 4.1 所示的频率范围划分。这是因为不同波段使用的传输媒质是不同的。例如在有线通信中，短波要使用同轴电缆，而表 4.1 中分米波以上波段会使用波导等。另外，表中的 kHz 为千赫兹、MHz 为兆赫兹，GHz 为吉(千兆)赫兹，即 $1\text{GHz}=10^9\text{Hz}=10^3\text{MHz}$，而表中的 m、cm 和 mm 等分别表示米、厘米和毫米。

表 4.1 信道波段的划分

名称(波段)	长波	中波	短波	米波 超短波	分米波	厘米波	毫米波
频段	低频	中频	高频	甚高频	特高频	超高频	极高频
符号	LF	MF	HF	VHF	UHF	SHF	EHF
波长范围	10000～1000m	1000～100m	100～10m	10～1m	100～10cm	10～1cm	10～1mm
频率范围	30～300kHz	0.3～3MHz	3～30MHz	30～300MHz	0.3～3GHz	3～30GHz	30～300GHz

实用中常把高于 30MHz 的电波叫做微波。由表 4.1 可见，长、中、短波所占频带的总和约为 30MHz，而微波波段的频带约为 300GHz，是前者的 1 万倍以上。众所周知

$$\text{波长(m)} = \frac{\text{波速(m/s)}}{\text{频率(Hz)}}$$

由于任何频率的无线电波在自由空间的传播速度均为 $3\times10^8\text{m/s}$，故可得到表 4.1 中波长和频率之间的对应关系。

由于信道是通信系统的一个部分，其特性将影响到信号传输的质量。当信号在

指定的信道上传输时，常需采取“调制”的手段。例如，频率范围为 20Hz～20kHz 的音频信号在大气层传输时会急剧衰减，但较高频率的信号在大气层中能传到较远的距离。另外，只有天线的长度与辐射电波波长的数量级一致（1/4 波长以上）时，才能得到较好的辐射特性，并使信号传到远方。根据这些特点，若音频信号 $f(t)$ 的频率为 10kHz，为了满足天线长度与信号波长的匹配，要求天线的长度为 7.5km 以上。显然，这是不现实的。因此，要想通过大气层传输音频，就要把这类低频信号 $f(t)$“加载”或“嵌入”到一个高频振荡 $C(t)$ 上，再通过天线向空间辐射。这样，天线的尺寸较小而易于制作。上述加载过程称为“调制”。当然，在接收过程中必须“去载”，即从含有低频信号的高频振荡中把低频信号提取出来，这个过程叫做“解调”。因此，“调制”和“解调”是发射机和接收机中必不可少的环节。

4.2　幅度调制

在以上所谈的“调制”中，通常把 $f(t)$ 称为调制信号，把完成载送信号任务的高频振荡 $C(t)$ 称为载波信号，把调制后的高频振荡称为已调波。

需要说明的是，上述的调制信号 $f(t)$ 是指要传输的信号，它不一定是低频信号。例如，把要传输的几个信号加载到不同频率的载波上，不但便于接收时的区分，避免相互的干扰，还能实现同一条信道上的“多路通信”。

我们即将看到，从频域上进行观察时，调制的效果就是进行了频谱的搬移。

4.2.1　调制的分类

在把 $f(t)$“嵌入”到高频振荡 $C(t)$ 的过程中，可以使载波 $C(t)$ 的某个参数（幅度、频率或相位）随着 $f(t)$ 作有规律的变动，从而达到传送信号的目的。

设载波电流（或电压）为

$$C(t) = A\cos(\omega_c t + \varphi) = A\cos\theta(t) \tag{4.1}$$

其中，ω_c 是载波角频率，φ 为起始相位，$\theta(t)$ 为全相位，A 是振荡幅度。在调制过程中，A，ω_c，φ 和 $\theta(t)$ 都可以随调制信号而变化。因此，从被调参数的角度观察可以把调制分为以下几类。

1. 幅度调制

在式(4.1)中，若载波幅度随调制信号 $f(t)$ 线性改变，而 ω_c 和 φ 保持不变，就称为幅度调制，其符号表示为 AM。本章将着重介绍这种调制方式，故留待后叙。

2. 角度调制

式(4.1)中的 $\theta(t)$ 随调制信号 $f(t)$ 线性改变，而载波幅度保持不变的调制方式称为角度调制。角度调制的两种基本类型是频率调制和相位调制，特说明如下。

(1) 频率调制(FM)

载波的瞬时频率受调制信号的控制,即载波的瞬时频率随调制信号 $f(t)$线性改变的调制方式叫频率调制,用 FM 表示。

式(4.1)给出的载波表达式为

$$C(t) = A\cos(\omega_c t + \varphi) = A\cos\theta(t)$$

在频率调制中频率要改变,通常用瞬时频率来表征它的特性。所谓瞬时频率是指单位时间内相位的变化量,即

$$\omega(t) = \frac{\mathrm{d}\theta(t)}{\mathrm{d}t}$$

下面以单频信号为例加以说明,设调制信号为

$$f(t) = B\cos\Omega t$$

在频率调制中载波的瞬时频率应随调制信号线性地改变,即

$$\omega(t) = \frac{\mathrm{d}\theta(t)}{\mathrm{d}t} = \omega_c + k_f B\cos\Omega t = \omega_c + \Delta\omega\cos\Omega t$$

式中 ω_c 为载波角频率,k_f 为比例系数,$\Delta\omega$ 为最大频率偏移。$\Delta\omega$ 与调制信号的幅度成比例,即 $\Delta\omega = k_f B$。对上式积分可以得到瞬时相位

$$\begin{aligned}\theta(t) &= \int(\omega_c + \Delta\omega\cos(\Omega t))\mathrm{d}t \\ &= \omega_c t + \frac{\Delta\omega}{\Omega}\sin\Omega t + \varphi \end{aligned} \tag{4.2}$$

式中的 φ 是积分常数,表示起始相位或附加相位。把上式代入式(4.1)就得到了调频波的表达式

$$\begin{aligned}C(t) &= A\cos\left(\omega_c t + \frac{\Delta\omega}{\Omega}\sin\Omega t + \varphi\right) \\ &= A\cos(\omega_c t + m_f\sin\Omega t + \varphi)\end{aligned}$$

式中的

$$m_f = \frac{\Delta\omega}{\Omega}$$

称为调频指数,它表示在调频过程中,随信号变化的最大相位偏移。可以理解为由于调频而在载波相位上叠加的最大相位偏移 $\Delta\varphi$。

以上介绍了单频调制信号的情况。仿此可以推出调制信号为复杂信号 $f(t)$时的调频波表达式

$$C(t) = A\cos\left\{\int[\omega_c + k_f f(t)]\mathrm{d}t\right\} = A\cos\theta(t)$$

其中

$$\begin{cases}\theta(t) = \omega_c t + k_f\int f(t)\mathrm{d}t \\ \omega(t) = \omega_c + k_f f(t)\end{cases}$$

(2) 相位调制(PM)

由以上可知,瞬时相位的微分是瞬时频率,故瞬时频率的积分就是瞬时相位。

载波的瞬时相位随调制信号线性改变的调制方式叫相位调制，并用 PM 表示。

设单频调制信号为

$$f(t)=B\cos\Omega t$$

则调相波瞬时相位的变化为

$$\theta(t)=\omega_c t+k_p B\cos\Omega t+\varphi$$

式中，k_p 为比例系数。把上式代入式(4.1)可以得到调相波的表达式

$$\begin{aligned}C(t)&=A\cos(\omega_c t+k_p B\cos\Omega t+\varphi)\\&=A\cos(\omega_c t+\Delta\varphi\cos\Omega t+\varphi)\\&=A\cos(\omega_c t+m_p\cos\Omega t+\varphi)\end{aligned}$$

式中

$$m_p=\Delta\varphi=k_p B$$

称为调相指数，表示在调相过程中随调制信号变化的最大相位偏移。

在调相中伴随产生的瞬时频率的变化为

$$\omega(t)=\frac{\mathrm{d}\theta}{\mathrm{d}t}=\omega_c-\Delta\varphi\Omega\sin\Omega t$$

以上介绍了单频调制信号的情况。仿此可以推出调制信号为复杂信号 $f(t)$时的调相波表达式

$$\begin{aligned}C(t)&=A\cos[\omega_c t+k_p f(t)]\\&=A\cos\theta(t)\end{aligned}$$

其中

$$\begin{cases}\theta(t)=\omega_c t+k_p f(t)\\\omega(t)=\dfrac{\mathrm{d}\theta}{\mathrm{d}t}=\omega_c+k_p\dfrac{\mathrm{d}f(t)}{\mathrm{d}t}\end{cases}$$

(3) 有关角度调制的几个问题

① 两种角调制的频移和相移

我们用表 4.2 小结与调频、调相有关的几个问题。

表 4.2　调频和调相的差别与联系

	相　　移		频　　移	
调制信号	$f(t)$为单频信号 $f(t)=B\cos(\Omega t)$	$f(t)$为复杂信号	$f(t)$为单频信号 $f(t)=B\cos(\Omega t)$	$f(t)$为复杂信号
调频	$\frac{\Delta\omega}{\Omega}\sin\Omega t$ $\Delta\omega=k_f\cdot B$	$k_f\int f(t)\mathrm{d}t$	$\Delta\omega\cos\Omega t$ $\Delta\omega=k_f B$	$k_f f(t)$
调相	$\Delta\varphi\cos\Omega t$ $\Delta\varphi=k_p B$	$k_p f(t)$	$-\Delta\varphi\Omega\sin\Omega t$	$k_p\frac{\mathrm{d}f(t)}{\mathrm{d}t}$

由表 4.2 可见，在调频波中，频移与调制信号成比例变化，伴随的相移与调制信号成积分关系。在调相波中，相移与调制信号成比例地变化，而伴随的频移与调制信号成微分关系。

② 有关调角概念方面的问题

综上所述，在频率调制的瞬时频率和瞬时相位之间存在着微分、积分的关系。由式(4.2)可见，在频率调制中，当瞬时频率变化时，瞬时相位也会发生相应的变化。那么可否认为在进行调频时也进行了调相呢？我们说调相是指高频载波的瞬时相位随调制信号的线性变化，这个线性变化是同步进行的。然而在调频时，其瞬时相位的变化与调制信号之间经过了积分运算，已经不再保持简单的线性关系，因而上述看法是错误的。总之，在调频时，只能把伴随瞬时频率变化而产生的瞬时相位变化看成是相位的一种改变，不能称为调相。

以上解释同样适用于相位调制时的情况。

③ 角度调制的主要优缺点

角度调制的主要优点是：能获得较高的载波功率利用系数，抗干扰能力较强等，其主要原因是调制过程中载波的幅度保持不变。利用角度调制的优点可以提高通信的质量，因此得到了广泛的应用。角度调制的主要缺点是占用的频带较宽，一般用在超短波以上的波段。

4.2.2 正弦载波调幅

如前所述，式(4.1)的 $C(t)$ 表示载波信号，当它的幅度 A 随调制信号 $f(t)$ 线性改变，而 ω_c 和 φ 保持不变时，该调制方式称为幅度调制。如果 $C(t)$ 为正弦信号，则称为正弦载波调幅。显然，为了使幅度 A 随调制信号 $f(t)$ 线性改变，或者说把需要传递的信号 $f(t)$“嵌入”到 $C(t)$ 之中，只要把二者相乘就可以了，即

$$y(t) = f(t)C(t)$$

相应的波形如图 4.2 的(a)、(b)、(c)所示。因此，调幅器就是一个乘法器，下面对此进行分析和讨论。

首先讨论调幅波的频谱。设图 4.2(a)所示的载波信号为

$$C(t) = A\cos(\omega_c t + \varphi) \tag{4.3}$$

为简单计，令

$$\varphi = 0, \quad A = 1$$

用图 4.2(b)所示的信号 $f(t)$ 去调制载波信号 $C(t)$，可以得到图 4.3(c)所示的调幅波

$$y(t) = f(t)C(t) = f(t)\cos(\omega_c t) \tag{4.4}$$

可见，载波信号 $C(t)$ 的幅度随着调制信号 $f(t)$ 而改变。设 $f(t)$ 的傅里叶变换为 $F(\omega)$，即

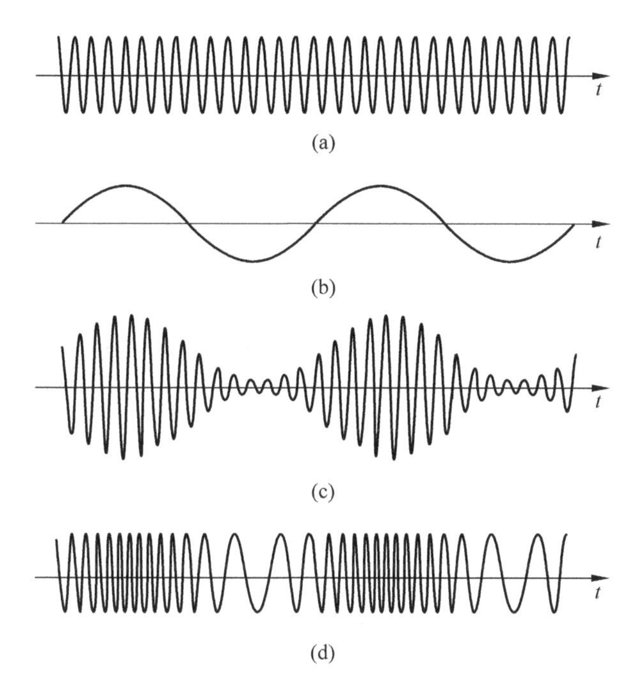

图 4.2　调幅与调频

(a) 载波信号 $C(t)$；(b) 调制信号 $f(t)$；(c) 调幅波 $y(t)$；(d) 调频波

$$f(t) \leftrightarrow F(\omega)$$

由于载波信号的傅里叶变换为

$$\cos\omega_c t \leftrightarrow \pi[\delta(\omega+\omega_c)+\delta(\omega-\omega_c)]$$

所以

$$\begin{aligned} Y(\omega) &= \frac{1}{2\pi}\{F(\omega) * \pi[\delta(\omega+\omega_c)+\delta(\omega-\omega_c)]\} \\ &= \frac{1}{2}[F(\omega+\omega_c)+F(\omega-\omega_c)] \end{aligned} \tag{4.5}$$

上式说明，经载波 $\cos\omega_c t$ 调制后，所得信号 $y(t)$的频谱由两部分组成，它们分别是原信号频谱 $F(\omega)$向左和右移动了 ω_c，而二者的幅度均为原来幅度的一半。各相关部分的频谱如图 4.3 所示。由图 4.3 可见，当 $F(\omega)$为有限带宽，即其最高的频率分量为 ω_m 时，只要 $\omega_c>\omega_m$，上述两部分频谱就不会发生重叠。图 4.3(d)还给出了 $\omega_c<\omega_m$ 时发生频谱重叠的情况。

在 $Y(\omega)$的图中，标有斜线的部分称为频谱的上边带，而标以“下”字的部分表示频谱的下边带，后续讨论中会用到这一概念。

提请注意的是，本节给出的“信号 $f(t)$”是指所要传送的语言、文字、图像等信号。

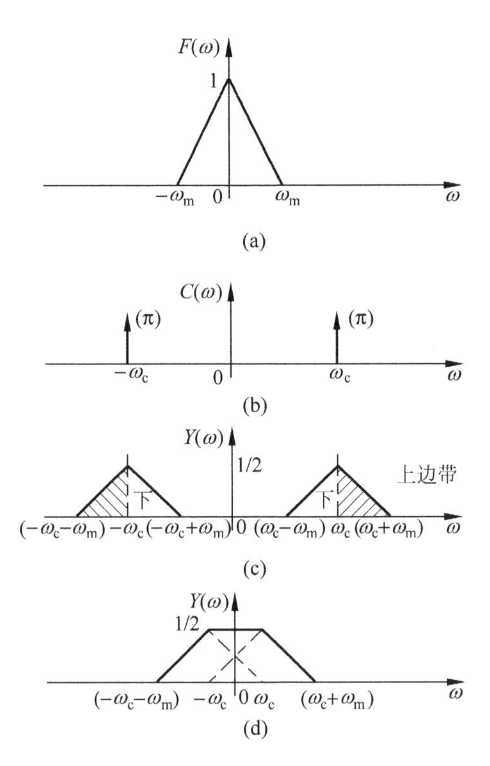

(a)
(b)
(c)
(d)

图 4.3 正弦载波调幅的频谱

4.2.3 复指数载波调制

设幅度调制的载波信号为

$$C(t)=e^{j(\omega_c t+\varphi)},\quad \varphi=0 \tag{4.6}$$

由于

$$y(t)=f(t)\cdot C(t) \tag{4.7}$$

所以

$$\begin{aligned}Y(\omega)&=\frac{1}{2\pi}[F(\omega)*C(\omega)]\\&=\frac{1}{2\pi}[F(\omega)*2\pi\delta(\omega-\omega_c)]\\&=F(\omega-\omega_c)\end{aligned} \tag{4.8}$$

因此,用式(4.6)的复指数载波信号也能实现幅度调制,并达到通信的目的。相关的频谱图示于图 4.4。

比较以上两种调幅方式可知,两种调制的效果是一样的:都是用信号调制了载波的幅度,或者说实现了信号频谱的搬移。另外,从图 4.4 可以看出,复指数载波调制不要求 $\omega_c>\omega_m$,而正弦载波调制在实现上更为简单。

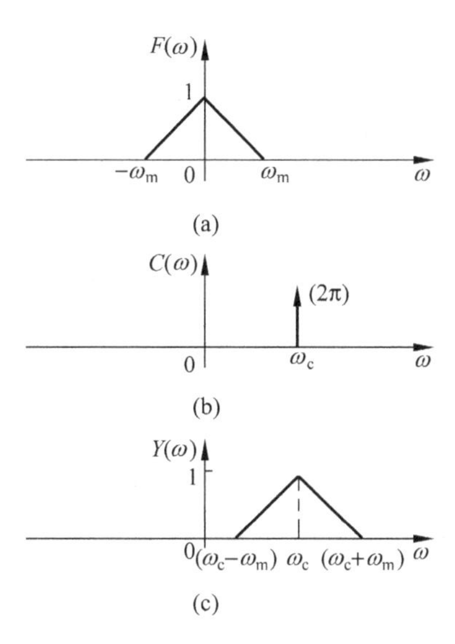

图 4.4　复指数载波调幅的频谱

4.3　正弦调幅的解调

从 $y(t)$得到 $f(t)$或者说从已调信号恢复出调制信号的过程叫做解调。因而，解调是调制的逆过程。

4.3.1　同步解调(相干解调或相干检测)

1. 同步解调的频谱和实现方法

解调是从 $y(t)$恢复出调制信号 $f(t)$。为了实现这一点，可以从频谱的角度寻求办法。也就是说，可以把解调看成是从 $Y(\omega)$得到 $F(\omega)$的过程。从图 4.3 可见，正弦调幅的 $Y(\omega)$无失真地保留了 $F(\omega)$的形状，只是把 $F(\omega)$沿着频率轴进行了位移，并在幅度上减小了一倍。显然，为了恢复 $F(\omega)$，只要把相应的频谱移回来再乘上一个系数就可以了。

设已调信号为

$$y(t)=f(t)\cos(\omega_c t) \tag{4.9}$$

解调后的信号为 $w(t)$。由频移定理可知，为了移回 $F(\omega)$，只需用 $\cos\omega_c t$ 再次乘以 $y(t)$，即

$$\begin{aligned} w(t)&=y(t)\cos\omega_c t=f(t)\cos^2\omega_c t \\ &=f(t)\left(\frac{1}{2}+\frac{1}{2}\cos 2\omega_c t\right) \\ &=\frac{1}{2}f(t)+\frac{1}{2}f(t)\cos 2\omega_c t \end{aligned} \tag{4.10}$$

所以

$$W(\omega)=\frac{1}{2}F(\omega)+\frac{1}{4}[F(\omega+2\omega_c)+F(\omega-2\omega_c)] \tag{4.11}$$

有关的频谱如图 4.5 所示。

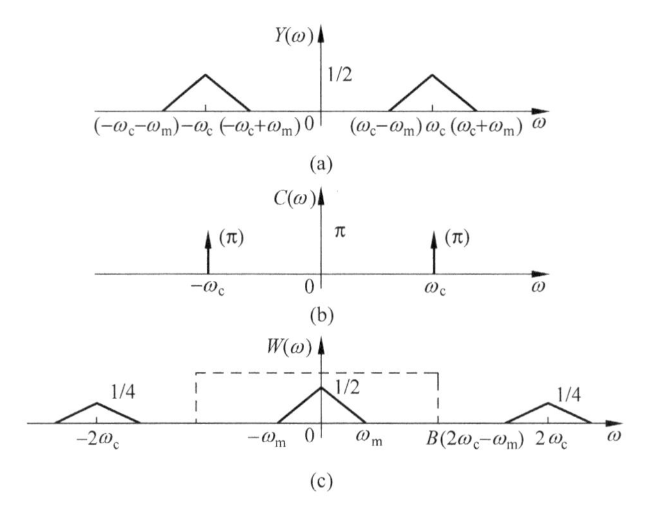

图 4.5 正弦载波调幅的解调

(a) 已调信号的频谱；(b) 载波信号的频谱；(c) 已调信号乘以载波后的频谱

不出所料，如上处理后的 $W(\omega)$ 中含有 $F(\omega)$ 的信息。另从图 4.5 可见，除了一个系数 1/2 之外，$F(\omega)$ 保存完好，因此可在频域把 $F(\omega)$ 分离出来。实际上，用图中虚线所示的"滤波器" $H(\omega)$，可以非常方便地实现这一要求。解调的方法如图 4.6 所示，解调的输出为 $y_1(t)=f(t)$。

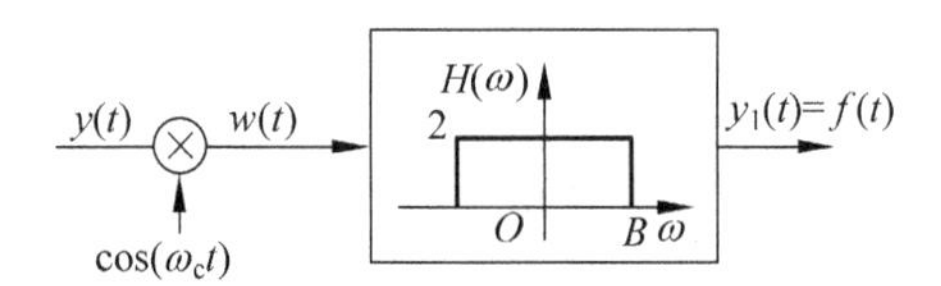

图 4.6 正弦载波调幅中解调系统的框图

由图 4.5 可知，图 4.6 中滤波器 $H(\omega)$ 的带宽应满足

$$\omega_m < B < 2\omega_c-\omega_m$$

2. 收、发载波相位不相等时出现的问题

为突出方法的要点，在以上讨论中都把载波信号的相位设为零，或者说认为调制、解调的载波是同频同相的，因此叫做同步解调。当收、发载波的相位不同时又会如何呢？设调制使用的载波为

$$C_t(t)=\cos(\omega_c t+\varphi) \tag{4.12}$$

而解调载波为

$$C_r(t)=\cos(\omega_c t+\theta) \tag{4.13}$$

由前可知

$$
\begin{aligned}
w(t) &= f(t)\cos(\omega_c t+\varphi)\cos(\omega_c t+\theta) \\
&= f(t)\left[\frac{1}{2}\cos(\varphi-\theta)+\frac{1}{2}\cos(2\omega_c t+\varphi+\theta)\right] \\
&= \frac{1}{2}f(t)\cos(\varphi-\theta)+\frac{1}{2}f(t)\cos(2\omega_c t+\varphi+\theta)
\end{aligned}
\tag{4.14}
$$

仍采用图4.6的同步解调方案，则滤波器的输出为

$$
y_1(t) = f(t)\cos(\varphi-\theta) \tag{4.15}
$$

所以

$$
y_1(t) = \begin{cases} f(t), & \varphi=\theta \\ 0, & \varphi-\theta=\dfrac{\pi}{2} \end{cases} \tag{4.16}
$$

上式说明，只有两个载波完全同相，即 $\varphi=\theta$ 时，才能得到所需的输出信号。在极端的情况下，当二者的相位差为 $\frac{\pi}{2}$，即 $\varphi-\theta=\frac{\pi}{2}$ 时，将会出现严重的后果。显然，这一输出不符合解调的要求。

以上推导说明了调制、解调中同频、同相的重要性。下面进一步解释“同相”的意义。

(1) 由上可知，通信系统接收端的相位 θ 和发送端的相位 φ 应该相同，或二者的相位差要尽量小，至少也要保持二者的相位差不变。否则，输出信号就会失真。

(2) 在实际系统中，当信号经信道传到接收端时，会引入信道产生的频飘和相移，该相移是一个随时间慢变化的量。如上所述，为了满足同相的要求，接收端的载波相位必须随时跟踪上这一变化，并用于随后的解调。

一般的情况下，通信系统的接收端和发送端是在不同的地方。因此，调制和解调使用的载波信号是由不同的设备产生的。不同的设备产生载波时，尽管能把频率误差做得很小，但很难实现“同相”的要求，特别是要跟踪信道引入的相位变化，其难度就更大了。由此可见，实现同步解调的条件是比较苛刻的，需加上一些复杂的技术措施才能实现。因此，只在性能要求较高的场合才会使用。

4.3.2 非同步解调

为避开上述同步解调的困难，可以另想办法。分析图4.2(c)已调波的波形可知，其包络线的形状恰好保留了 $f(t)$ 的波形。既然解调的目的是要恢复出调制信号 $f(t)$，所以提取出包络线也就实现了这一要求。

1. 包络检波器

提取包络线的电路称作包络检波器，其构成如图4.7所示。

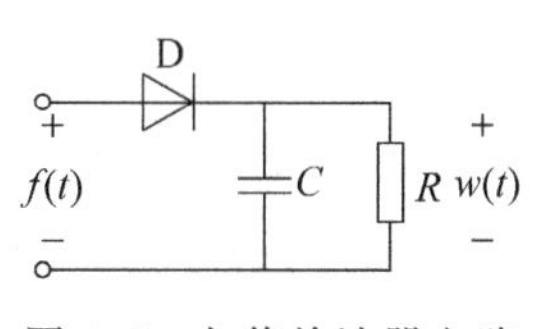

图4.7 包络检波器电路

包络检波器的工作原理很简单。在输入信号 $f(t)$的正半周，二极管 D 导通并对电容 C 充电，一直充到输入信号的峰值为止。当输入信号下降，并小于 C 上的电压时，二极管截止。于是 C 通过 R 放电。当下一个输入信号正半周的电压大于 C 上的电压时，二极管再次导通，C 又被充到新的峰值电压。以后则重复上述过程，解调的波形如图 4.8 所示。其中，$w(t)$为包络检波电路的输出，$f(t)$是调制信号的包络，$d(t)$是半波整流信号。需要说明的是，为便于理解，图 4.8 中夸大了 $w(t)$和 $f(t)$的差别。实际的情况是二者非常接近。

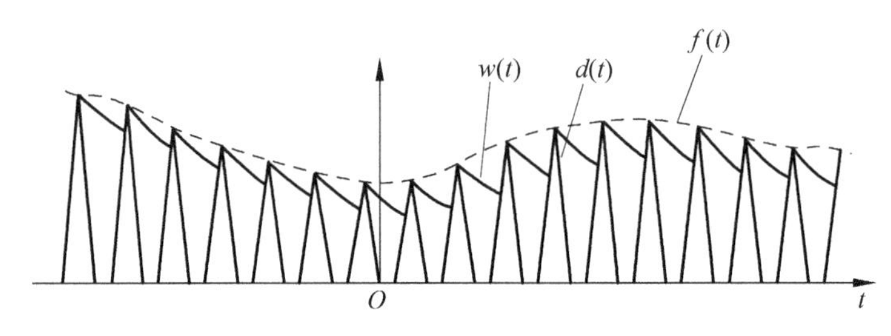

图 4.8 包络检波的解调波形

由上述工作过程可知，为了得到最佳工作状态，包络检波器电路必须满足：

(1) 电路的充电很快，即充电的时间常数很小。

(2) 放电时间常数足够大，以便保留 $f(t)$的信息，并容易跟踪包络线。

为此，要求：

(1) $R_{-} \gg R \gg R_{+}$，其中，R_{-}，R_{+}分别为二极管截止、导通时的电阻。

(2) 当调制信号的频率为 f、载波信号频率为 f_c 时，要求放电时间常数 RC 满足

$$\frac{1}{f} \gg RC \gg \frac{1}{f_c} \tag{4.17}$$

实际上，这两个条件都很容易满足。例如，在射频信道上传输音频信号时，$f(t)$的最高频率为 20kHz，而载波频率通常选为 $\omega_c/2\pi=(500\sim2000)$kHz 的范围。当满足上述条件时，在二极管通、断的时间间隔内，C 的端电压基本上维持不变，因而在电容 C 的两端出现了一个随调幅波包络变化的电压。由式(4.17)可知，$f(t)$的变化比 f_c 慢得多，所以电压中的低频成分就是被还原的调制信号 $f(t)$，在输出端加低通滤波器甚至一个隔直流电容就可以把 $f(t)$提取出来。

2. 调幅波的偏置问题

为了更好地理解调幅技术的实现，我们把图 4.2 进行扩展并把有关波形的细节重绘于图 4.9。仔细观察后可以发现，在包络检波中存在一个非常严重的问题，即在图 4.9(b)中出现了“反相点”，我们用符号 O，P，Q 表示这些点的位置。显然，如果仍用包络检波器解调将会导致错误的结果。

分析原因后可知，只要在调制端的 $f(t)$上增加一个合适的直流电压 A，就可以解决这一问题，我们把这个直流电压称为偏置电压。当然，需要适当选择电压的大

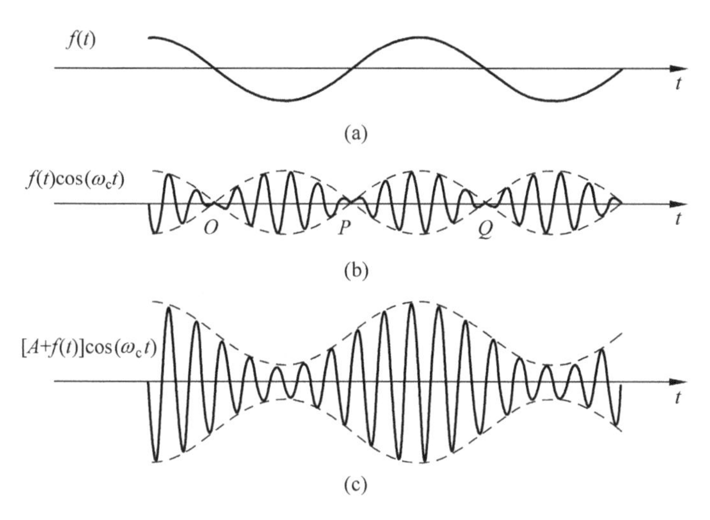

图 4.9　调幅波的反相点

(a) 调制信号 $f(t)$；(b) 调幅波中出现反相点；(c) 通过偏置去除了反相点的调幅波

小。实际上，只要

$$A \geqslant \max_{-\infty<t<\infty}(|f(t)|)$$

就可以保证加偏置后的 $f(t)$ 总是正的，否则将会产生"过调制"的错误。

加直流电压 A 的一种方法如图 4.10 所示。由图可见

$$y(t)=[A+f(t)]\cos\omega_c t \tag{4.18}$$

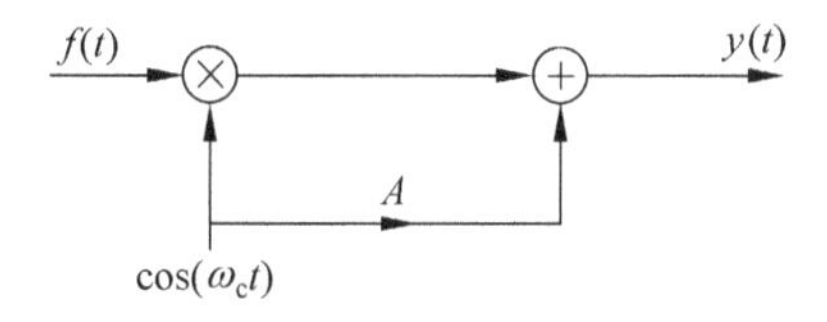

图 4.10　非同步解调系统中的调制器

3. 非同步解调系统中的频谱关系

如上所述，为了保证包络检波结果的正确性，实际使用的调幅信号为式(4.18)。在这种情况下，其频谱有什么特点呢？

(1) 单频调制的情况。设调制信号为

$$f(t)=A_m\cos(\Omega t) \tag{4.19}$$

则

$$\begin{aligned}y(t)&=f_{am}(t)\\&=[A+f(t)]\cos(\omega_c t)\\&=[A+A_m\cos(\Omega t)]\cos(\omega_c t)\\&=A[1+m\cos(\Omega t)]\cos(\omega_c t)\\&=A\cos(\omega_c t)+\frac{1}{2}A_m\cos(\omega_c+\Omega)t+\frac{1}{2}A_m\cos(\omega_c-\Omega)t\end{aligned} \tag{4.20}$$

其中

$$m=\frac{A_m}{A}\leqslant 1 \tag{4.21}$$

式(4.20)的 $y(t)$ 就是单频调制的调幅波，其波形如图 4.9(c)所示。其中，式(4.21)的 m 称为调制指数。由式(4.20)可得

$$\begin{aligned} Y(\omega) &= F_{\mathrm{am}}(\omega) \\ &= \pi A[\delta(\omega-\omega_c)+\delta(\omega+\omega_c)] \\ &\quad + \frac{1}{2}\pi A_m[\delta(\omega-\omega_c-\Omega)+\delta(\omega-\omega_c+\Omega)] \\ &\quad + \frac{1}{2}\pi A_m[\delta(\omega+\omega_c-\Omega)+\delta(\omega+\omega_c+\Omega)] \end{aligned} \tag{4.22}$$

式(4.22)的 $Y(\omega)$ 是调幅波的频谱，该频谱图示于图 4.11。

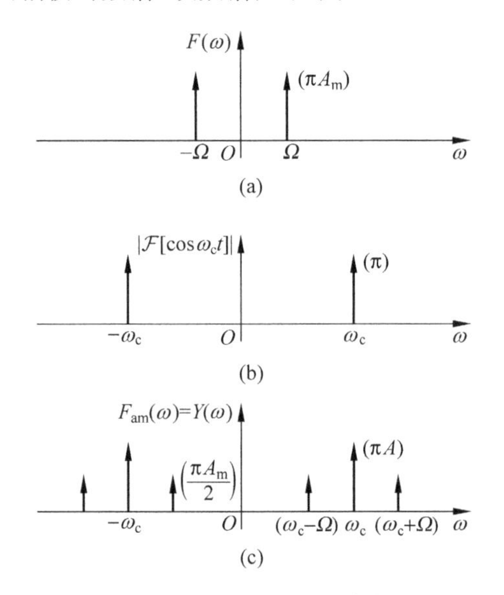

图 4.11 正弦调幅的频谱特性

(a) 调制波的频谱；(b) 载波的频谱；(c) 调幅波的频谱

(2) 复杂调制信号的情况

当调制信号 $f(t)$ 不是单频正弦信号，而是具有一定频带的确知信号时，也能得到相同的结论，相应的频谱示于图 4.12。其中，图 4.12(a)给定了调制信号 $f(t)$ 的幅度谱，图 4.12(c)是已调信号 $y_1(t)=[A+f(t)]\cos\omega_c t$ 的频谱。为便于比较，图 4.12(d)给出了同步解调时相应的频谱，即已调信号为 $y_2(t)=f(t)\cos\omega_c t$ 的频谱。由该图可见，非同步解调时输出 $y_1(t)$ 的频谱比同步解调时多出了 $A\cos\omega_c t$ 的频谱分量。也就是说，在 $\omega=\pm\omega_c$ 处，图 4.12(c)的频谱多出了幅度为 πA 的分量，这与式(4.20)或图 4.11 所示单频调制时的情况是一样的。该分量的主要作用是保证已调信号的包络线总是正的，因此在非同步解调系统中，其发送端信号中必须包含这个分量。由于该分量不含任何需要传送的信息，又要求一定的输出功率，因而是不经济的。

图 4.12(e)给出了另一个调制信号 $f_1(t)$ 的幅度谱 $|F_1(\omega)|$，请仿照以上过程画出相应于图 4.12(b)、(c)和(d)的频谱图。

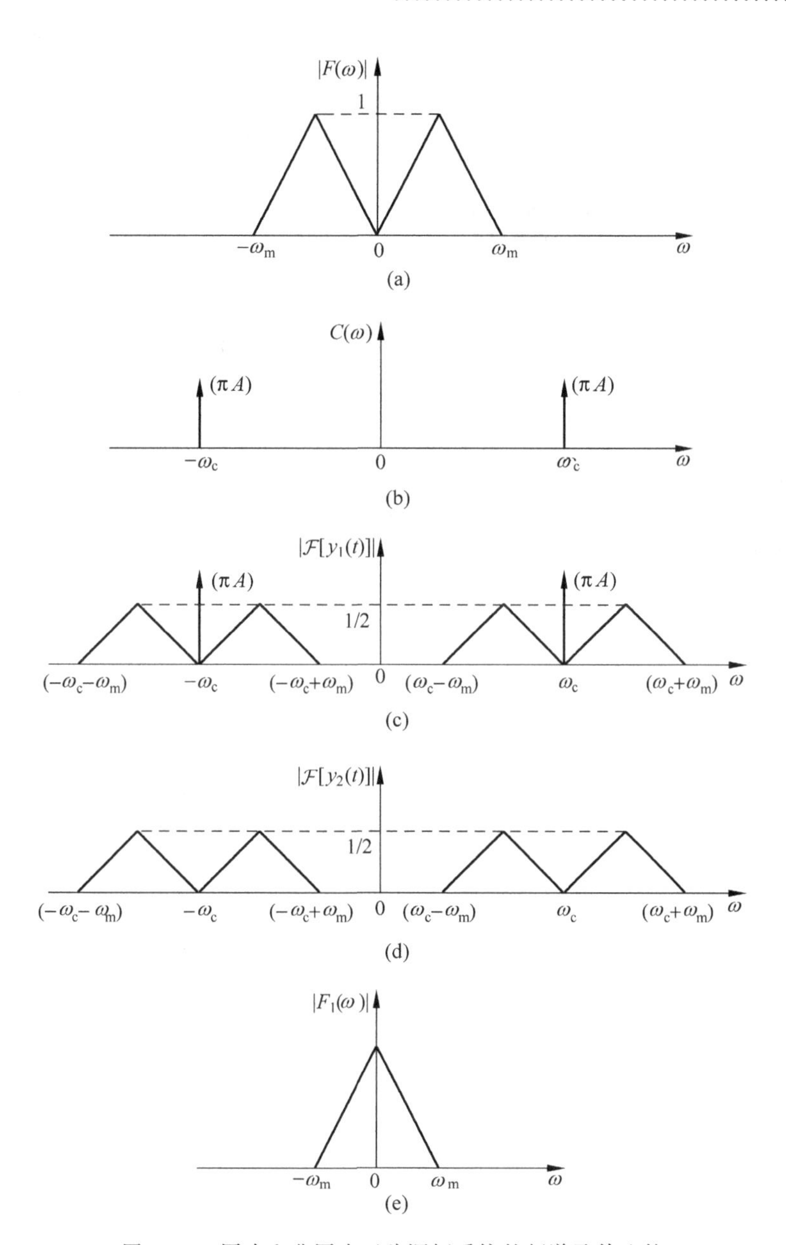

图 4.12 同步和非同步正弦调幅系统的频谱及其比较

(a) 调制信号的频谱；(b) 载波信号的频谱；(c) 非同步解调系统中，已调信号的频谱；(d) 同步解调系统中，已调信号的频谱；(e) 另一个调制信号的频谱

以上情况决定了非同步解调的应用领域，即要求解调设备比较简单而允许发射功率较大的场合，如无线电广播系统等。相反，在通信卫星系统等应用场合，对功率消耗的大小更为关注。因此，尽管在技术上比较复杂，还是选择了高档的同步解调方案。

顺便说明的是，在多数资料中，常把式(4.20)所示的情况，即

$$f_{\mathrm{am}}(t)=[A+f(t)]\cos(\omega_{\mathrm{c}}t)$$

称为幅度调制或常规双边带调幅，其缩写为 AM。这一调制方式的特点是可以采用非同步解调，已调频谱中具有载波功率等。与此同时，常把式(4.9)或图 4.12(d)所对应的情况称为抑制载波双边带调幅，并缩写成 DSB-SC，其特点是可以采用同步解调等。

4.4 单边带(SSB)通信

如前所述，信号被幅度调制后，每个信号谱都被分为两部分，这两部分是原来频谱 $F(\omega)$ 沿频率轴的平移，幅度虽然小了一半，其他情况没有改变。因此，这两部分含有完全相同的信息。由于它们占据了原来频宽的两倍，从频带使用和功率消耗的角度来看是不经济的。

从通信的目的看，我们是要传递信息，既然上述两个部分包含着同样的信息，只传送其中的一个就可以了。为此，我们可以只传输频谱的上边带，并在接收端恢复出需要的信息。这种技术叫做单边带(SSB)调幅。图 4.13 给出了单边带调幅系统的框图，其中的图 4.13(c)给出了实现单边带调制的滤波器 $H_{\mathrm{SSB}}(\omega)$。它是一个锐截止的高通或带通滤波器。

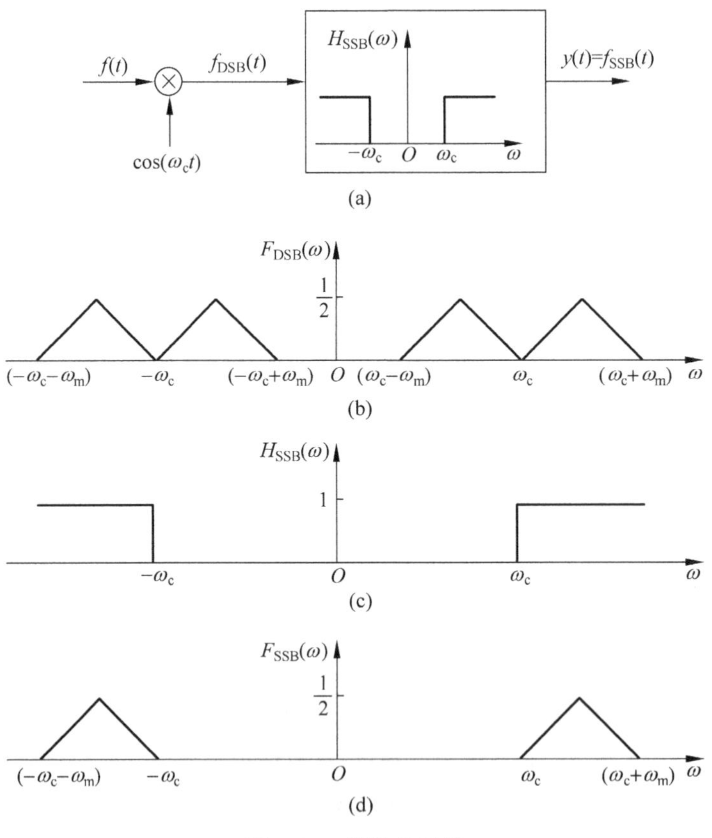

图 4.13 单边带调幅

(a) 系统框图；(b) 正弦载波调制后的频谱；(c) 单边带滤波器；(d) 仅含上边带的频谱

根据同样的原理，也可以用频谱的下边带实现单边带通信。在这种情况下，图 4.13(c)的 $H_{SSB}(\omega)$是个带通滤波器(可以是低通滤波器吗?)。

4.5　调制技术的应用举例

调幅技术实现了频谱的搬移，有什么实际的意义呢？由前述可知，当要传送的单频信号的频率 Ω 为低频信号或要传送信号的频带($|\omega|\leqslant\omega_m$)处于低频时，将不利于信号在空间的远距离传输。采用调幅之后，可以把频谱移到以 ω_c 为中心的区域。当载波频率 $3\text{MHz}\leqslant f_c\leqslant 30\text{MHz}$ 时上述信号就进入了适于短波通信的波段，而 $f_c\geqslant 30\text{MHz}$ 则进入了适于微波通信的波段。把频率提高后再进行传输，一个直接的好处是天线的尺寸可随之减小。

此外，某些无线通信使用的频率要受到约束或管制，例如数字通信允许使用的频率为 1.8GHz 等。显然，实现这一要求的办法也是用调制技术把数字通信的频谱移到规定的频带之内。下面即将讨论，应用调制技术还可以在同一个信道里同时传输若干路信号，从而形成了所谓“多路通信”的体制。我们在看电视、听广播时所以能区分出不同的电视台或广播电台，正是应用了调制技术的结果。

采用不同的调制方式会带来不同的特点。例如频率调制具有改善噪声或提高抗干扰能力的优点，因此应用得十分广泛。以连续波调频为例，它已经应用于调频广播、小型移动式通信电台、电视节目的伴音信号、测高雷达及雷达设备中的线性调频脉冲压缩等。此外，在数字通信中也广泛采用了数字调相。当然，获得上述好处需付出一定的代价，例如调频信号占用的频带宽、调频接收机比调幅接收机复杂等。因此在具体选用时需权衡利弊，决定取舍。

需要说明的是，调制技术在实用上的分类还有很多。例如，从调制信号的类型看，可以划分为模拟调制和数字调制。根据载波的类型又可以分为正弦调制和脉冲调制等，它们涉及的内容相当丰富。正如本章开始所指出的，我们的目的是了解课程内容的广泛的用途，并体会应用的方法。所以，尽管我们不可能对涉及到的技术都进行深入的讨论，但读者当能通过有关的讲述达到举一反三的效果，并为今后的自学和深造打下基础。为此，我们在图 4.14 中给出了二进制频移键控的有关波形。这里的频移键控是指用数字信号进行的频率调制，它用不同频率的载波代表图中的数字调制信号。换句话说，它是利用已调波的频率变化携带信息，而载波的幅度和相位不变。在具有带通特性的信道中进行传输时，使用的数字调制方式还有幅移键控和相移键控等。

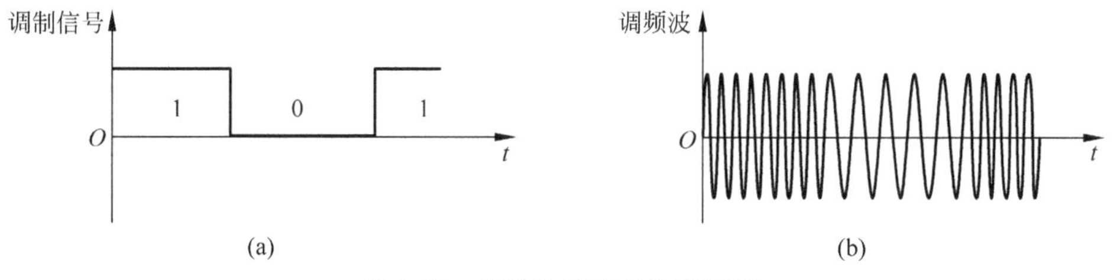

图 4.14　频移键控方式的波形图

(a) 调制信号；(b) 已调信号波形

4.6 连续时间信号的采样

4.6.1 离散性与周期性的对应关系

1. 时域采样

设有时间信号 $f(t)$，用单位脉冲串 $\delta_T(t)=\sum_{n=-\infty}^{\infty}\delta(t-nT_s)$ 采样后得到的 $f_s(t)$ 如图 4.15 所示。图中给出了上述信号和各自的频谱，其对应关系不言自明，下面求相应的频谱关系式。

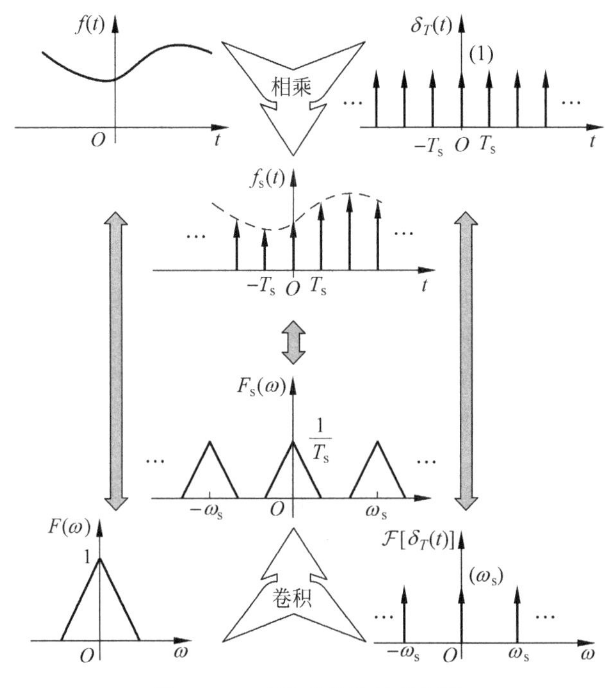

图 4.15 时域采样信号的频谱

由于

$$f_s(t)=f(t)\cdot\delta_T(t)$$

$$\mathcal{F}[f(t)]=F(\omega)$$

在例 3.21 中已经求出

$$\mathcal{F}[\delta_T(t)]=\omega_s\delta_\omega(\omega)=\omega_s\sum_{n=-\infty}^{\infty}\delta(\omega-n\omega_s) \tag{4.23}$$

$$\omega_s=2\pi/T_s$$

故由频域卷积特性可得

$$
\begin{aligned}
F_s(\omega) &= \frac{1}{2\pi}F(\omega) * F[\delta_T(t)] \\
&= \frac{1}{2\pi}F(\omega) * \omega_s \sum_{n=-\infty}^{\infty}\delta(\omega - n\omega_s) \\
&= \frac{1}{T_s}\sum_{n=-\infty}^{\infty}F(\omega - n\omega_s)
\end{aligned} \tag{4.24}
$$

由式(4.24)可见，把时域信号采样或离散化之后，它所对应的频谱是连续时间信号频谱 $F(\omega)$的周期性重复。简略地说：时域的离散化导致了频域的周期性。可以对照图 4.15 的 $F_s(\omega)$理解式(4.24)的含义。

当采样信号是图 4.16 所示的周期矩形信号 $p(t)$时，仿照上例，可以求出采样后信号的频谱 $F_s(\omega)$。

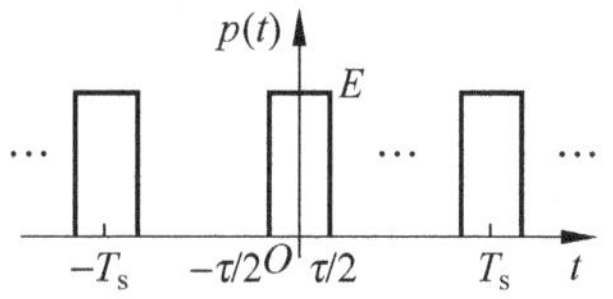

图 4.16　周期矩形信号的波形

由前

$$f_s(t) = f(t) \cdot p(t)$$

由于 $p(t)$是周期信号，它的频谱是

$$P(\omega) = 2\pi \sum_{n=-\infty}^{\infty} P_n \delta(\omega - n\omega_s) \tag{4.25}$$

前面已经求出，$p(t)$的傅里叶级数的系数是

$$P_n = \frac{1}{T_s}\int_{-\frac{T_s}{2}}^{\frac{T_s}{2}} p(t)\mathrm{e}^{-\mathrm{j}n\omega_s t}\mathrm{d}t = \frac{E\tau}{T_s}\mathrm{Sa}\left(\frac{n\omega_s\tau}{2}\right)$$

所以

$$
\begin{aligned}
F_s(\omega) &= \frac{1}{2\pi}F(\omega) * P(\omega) = \sum_{n=-\infty}^{\infty} P_n F(\omega - n\omega_s) \\
&= \frac{E\tau}{T_s}\sum_{n=-\infty}^{\infty}\mathrm{Sa}\left(\frac{n\omega_s\tau}{2}\right)F(\omega - n\omega_s)
\end{aligned} \tag{4.26}
$$

上式说明，采样后的频谱 $F_s(\omega)$是连续时间频谱 $F(\omega)$的周期性重复，重复的周期是采样频率 ω_s，而重复过程的加权系数是 P_n。其中，P_n 为周期信号 $P(t)$的傅里叶级数的系数。以上过程如图 4.17 所示。

实际上，式(4.26)给出了时域采样后频谱的一般规律，即

$$F_s(\omega) = \sum_{n=-\infty}^{\infty} P_n F(\omega - n\omega_s)$$

当然，周期信号 $P(t)$不同时，其 P_n 也不同。

顺便说明的是，在信号与系统中，常把上述用单位脉冲串 $\delta_T(t)$进行的采样称为"理想采样"。由图 4.15 可见，采样后得到的 $f_s(t)$也是一个脉冲序列。根据 δ 函数的特性可知，$f_s(t)$序列准确地出现在每个采样瞬间，而在各个采样瞬间的信号值就等于相应瞬间输入信号的幅度，即

$$
\begin{aligned}
f_s(t) &= f(t) \cdot \delta_T(t) \\
&= f(t)\sum_{n=-\infty}^{\infty}\delta(t - nT_s) = \sum_{n=-\infty}^{\infty} f(nT_s)\delta(t - nT_s)
\end{aligned}
$$

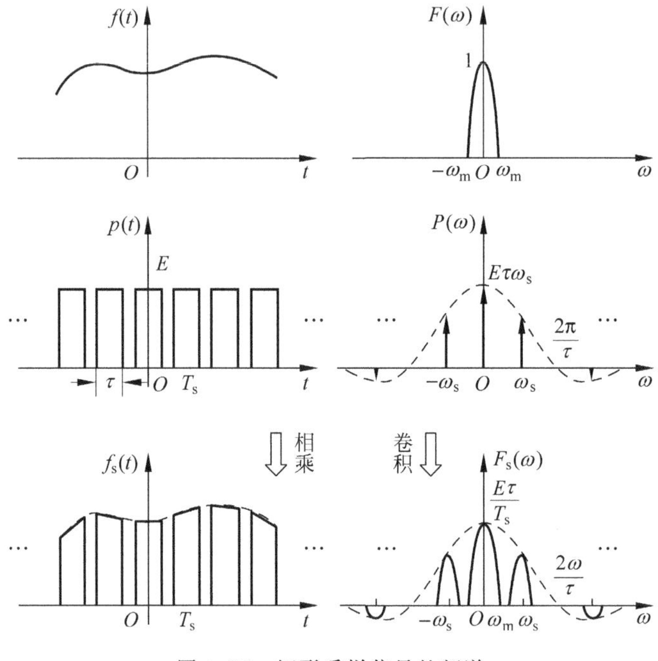

图 4.17 矩形采样信号的频谱

由于宽度为零的采样脉冲是不可能实现的，故对连续时间信号采样时，实际使用的是周期矩形脉冲信号 $p(t)$。只要 $p(t)$ 的脉宽"足够窄"，即图 4.16 的脉冲宽度 τ 远小于周期 T_s 时，就可以认为近似于理想采样。因此，周期矩形采样更具工程上的实用性，即式(4.26)是采样后信号频谱的更为一般的表达式。当然，由于理想采样在理论分析等方面具有的特殊重要性，故在后续章节中将多次使用。

2. 频域采样

用频域脉冲序列 $\delta_\omega(\omega)=\sum_{n=-\infty}^{\infty}\delta(\omega-n\omega_1)$ 对频域信号 $F(\omega)$ 进行采样，得到 $F_1(\omega)$，如图 4.18 所示。由于

$$\begin{aligned}F_1(\omega)&=F(\omega)\cdot\delta_\omega(\omega)\\ \mathcal{F}^{-1}[F(\omega)]&=f(t)\\ \mathcal{F}^{-1}[F_1(\omega)]&=f_1(t)\end{aligned}\tag{4.27}$$

又由于

$$\mathcal{F}[\delta_T(t)]=\omega_1\delta_\omega(\omega)$$

所以

$$\mathcal{F}^{-1}[\delta_\omega(\omega)]=\frac{1}{\omega_1}\delta_T(t)$$

从时域卷积特性可以得到

$$
\begin{aligned}
f_1(t) &= f(t) * \mathcal{F}^{-1}[\delta_\omega(\omega)] \\
&= f(t) * \left[\frac{1}{\omega_1}\sum_{n=-\infty}^{\infty}\delta(t-nT_1)\right] \\
&= \frac{1}{\omega_1}\sum_{n=-\infty}^{\infty} f(t-nT_1) \qquad (4.28)
\end{aligned}
$$

其中

$$\omega_1 = 2\pi/T_1$$

可以对照图 4.18 理解式(4.27)和式(4.28)的含义。需特别强调的是，频域采样得到的 $f_1(t)$是连续时间信号 $f(t)$的周期延拓，即频域的离散化导致了时域的周期性。

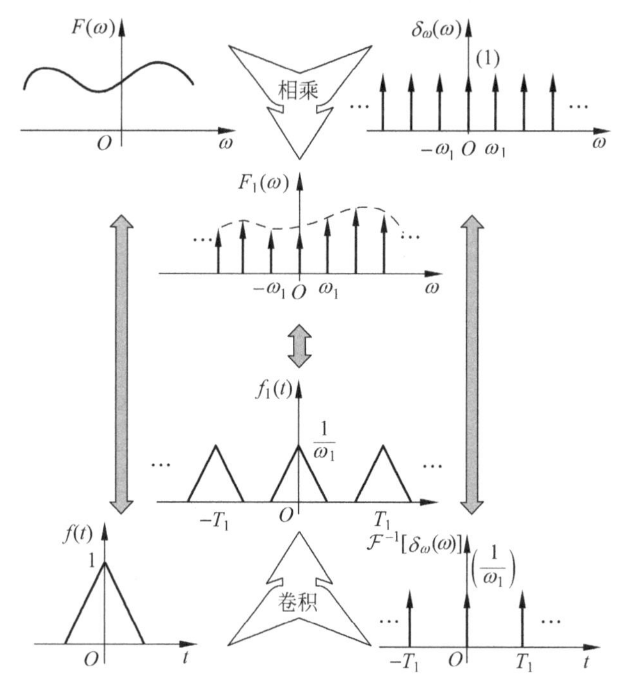

图 4.18　频域采样及其对应的时域波形

3. 重要结论

通过上面的分析已经知道："时域的离散导致了频域的周期性"和"频域的离散导致了时域的周期性"。因此，当时域为"离散"、"周期"信号时，频域也必定为"周期"、"离散"的信号。

总而言之，不管时域还是频域，必然存在的规律是："一个域的离散化必定与另一个域的周期性相对应"。反之，"一个域的连续性必定与另一个域的非周期性相对应"。这是一个非常重要的结论，在理论研究和实际应用中占有非常重要的地位，也是第 6 章讨论离散傅里叶变换的基础。

4.6.2 采样定理

“采样定理”是非常著名、非常重要、也是非常实用的一个定理。其内容是：若连续时间信号 $f(t)$是一个频带受限的信号，即当$|\omega|>\omega_m$ 时，$F(\omega)=0$；$f(t)$等间隔的样本值为 $f_s(t)$，则用 $f_s(t)$唯一表示 $f(t)$的条件是，采样间隔 $T_s\leqslant\frac{1}{2f_m}$，或者说，采样频率应大于信号最高频率的两倍，即 $f_s\geqslant 2f_m$。其中，$f_s=1/T_s$，$\omega_m=2\pi f_m$。

采样定理也称为香农定理、奈奎斯特定理等，其中的 f_s 常称为奈奎斯特频率或采样频率。下面对这一定理加以证明。

用理想单位脉冲序列采样后的信号频谱可由式(4.24)和图 4.15 表达，即采样后的频谱 $F_s(\omega)$是原来连续信号谱 $F(\omega)$的周期性重复，重复的周期是采样频率 ω_s。其中，$F(\omega)$的非零最高频率分量 ω_m 为有限值。为方便起见，我们把与此有关的图形重绘于图 4.19 中，并把公式重新列在下面

$$F_s(\omega)=\frac{1}{T_s}\sum_{n=-\infty}^{\infty}F(\omega-n\omega_s)$$

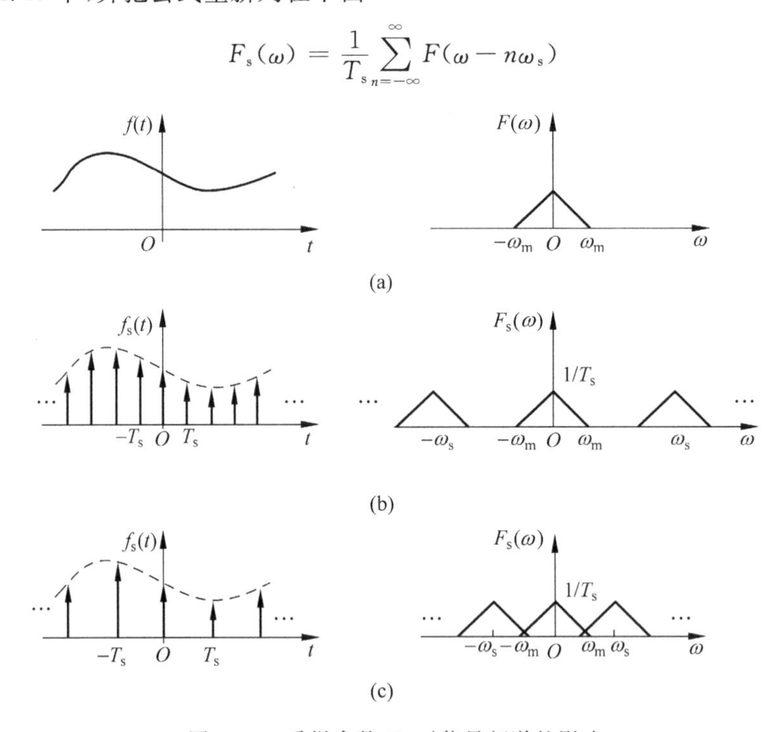

图 4.19 采样参数 T_s 对信号频谱的影响

由图 4.19(b)可见，当 $\omega_s-\omega_m>\omega_m$ 或 $\omega_s>2\omega_m$ 时，周期重复的 $F_s(\omega)$不会发生重叠。这样，在频谱序列 $F_s(\omega)$中，在采样频率 ω_s 的整数倍上，各个分频谱的形状都与原来连续时间信号频谱 $F(\omega)$的形状相同，只是在幅度上附加了一个尺度因子 $1/T_s$。因此，只要用一个幅度为 T_s 的理想低通滤波器 $H_r(\omega)$就可以从 $F_s(\omega)$中直接提取出 $F(\omega)$，该滤波器的特性为

$$H_r(\omega)=\begin{cases}T_s, & |\omega|<\omega_c\\ 0, & |\omega|\geqslant\omega_c\end{cases}\tag{4.29}$$

其中

$$\omega_m<\omega_c<\omega_s-\omega_m$$

这样，我们就得到了完整的 $F(\omega)$。根据时域信号与其频谱一一对应的理论，这意味着无失真地恢复了原来的连续时间信号 $f(t)$。也就是说，采样信号 $f_s(t)$ 中保留了原来信号的全部信息，故可用 $f_s(t)$ 唯一地表示原来的信号 $f(t)$。上述过程的实现框图和相应的频谱示于图 4.20。

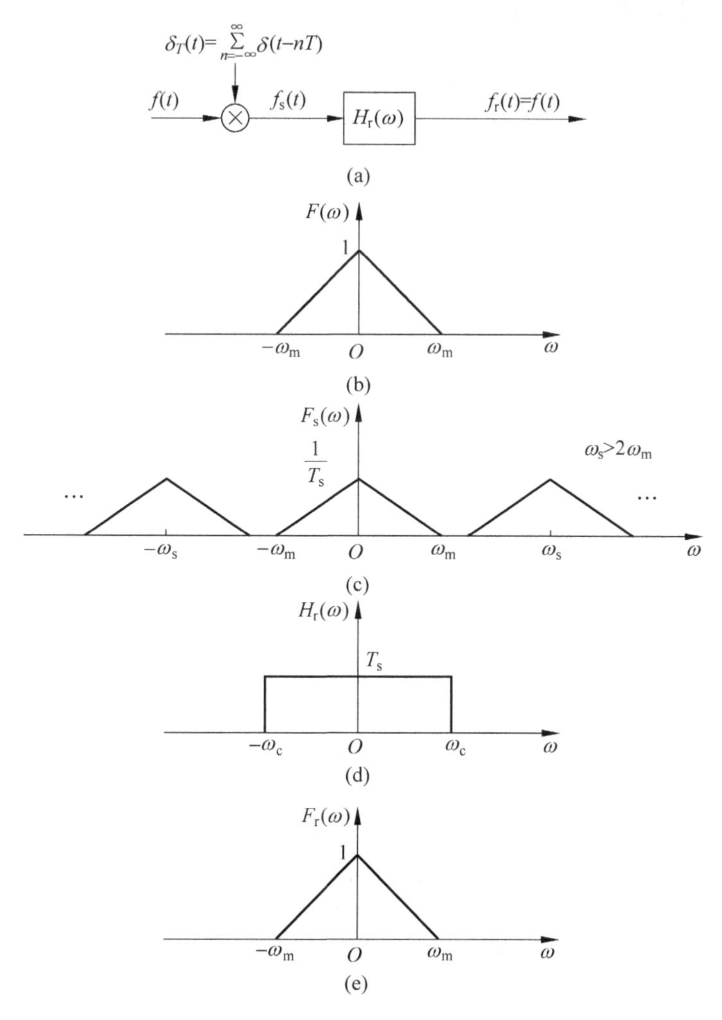

图 4.20　利用理想低通滤波器从样本中恢复连续时间信号的原理图

此外，图 4.19(c)给出了 $\omega_s<2\omega_m$ 时 $F_s(\omega)$ 的情况。此时，按前述规律重复的各个 $F(\omega)$ 会相互重叠。显然，在 $F_s(\omega)$ 中无法找出完整的 $F(\omega)$ 的形状。也就是说，我们没有办法从 $F_s(\omega)$ 中恢复出 $F(\omega)$。这种情况通常称为频谱的“混叠”(aliasing)。

综上所述,我们已经完整地证明了采样定理。

实际上,从时域、频域的对应关系也可以解释采样定理:定理的先决条件是信号 $f(t)$ 的频谱受限,也就是说它有一个最高的频率分量 f_m。显然,时域波形 $f(t)$ 变化的快慢与 f_m 有内在的紧密关系,即 $f(t)$ 波形变化得越快,f_m 就越高。为了把 $f(t)$ 中变化最快的信息保留下来,必须使采样间隔足够小,至于小到什么程度则取决于 f_m 的数值。上面推出的数量关系是 $T_s \leqslant \frac{1}{2f_m}$ 或 $\omega_s \geqslant 2\omega_m$。

4.6.3 采样中的几个问题

实际工作中,可以用模数转换器(A/D 变换器)实现上述的采样过程,读者已在相应的课程里学习过与此有关的部分内容。下面将从信号与系统的角度进一步分析这一问题。

1. 采样过程的分解模型

设有连续时间信号 $f(t)$,周期采样后的离散时间信号为

$$f[n] = f(nT), \quad -\infty < n < \infty \tag{4.30}$$

式中,T 为采样周期,采样圆频率为 $\omega_s = \frac{2\pi}{T}$,单位是 rad/s(弧度/秒)。

通常,把实现式(4.30)的系统称为连续到离散时间的理想转换器,其符号表示为 C/D(可以把 A/D 变换器看成是理想 C/D 变换器的近似),框图如图 4.21 所示。

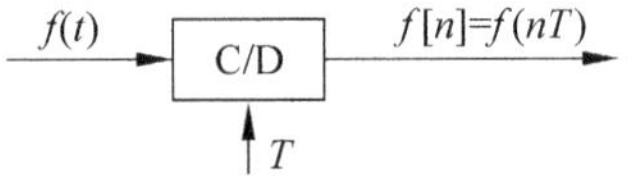

图 4.21 连续到离散时间理想转换器方框图

为了理论分析的需要并避开实际使用的不便,在数学上常把上述采样过程进一步细分为单位脉冲串调制器和单位脉冲串到离散时间序列的转换两个部分,其框图表示如图 4.22(a)所示。图 4.22(b)给出了同一个连续时间信号用不同采样频率采样的结果。当然,在图示情况下,不同的采样周期 T 均满足采样定理的要求。图 4.22(c)给出了相应的输出序列 $f[n]$。

从图 4.22 可以总结出 $f_s(t)$ 和 $f[n]$ 的区别以及各自的特点,即

(1) $f_s(t)$ 是用单位脉冲串对 $f(t)$ 采样后的信号,它的时间间隔等于采样周期 T,而离散时间序列 $f[n]$ 的单位间隔 n 是整数变量。因此,可以把 $f_s(t)$ 到 $f[n]$ 的转换看成是对时间坐标进行了归一化,在 $f[n]$ 中已经不含采样率的信息。

(2) $f_s(t)$ 在 T 的整数倍时刻的数值是 δ 脉冲,即 $f_s(t)$ 是赋予了一定权值(由 $f(t)$ 决定)的单位脉冲串,而 $f[n]$ 的样本值为有限数值。

需要指出的是,图 4.22 的模型只是一种数学上的表示。那么,为什么要作这种数学上的抽象呢?这是因为在产生离散信号的过程中存在着一些不可回避的问题。

我们曾经讲过,对连续时间信号进行采样是离散时间信号的一个重要来源。通过采样可以得到

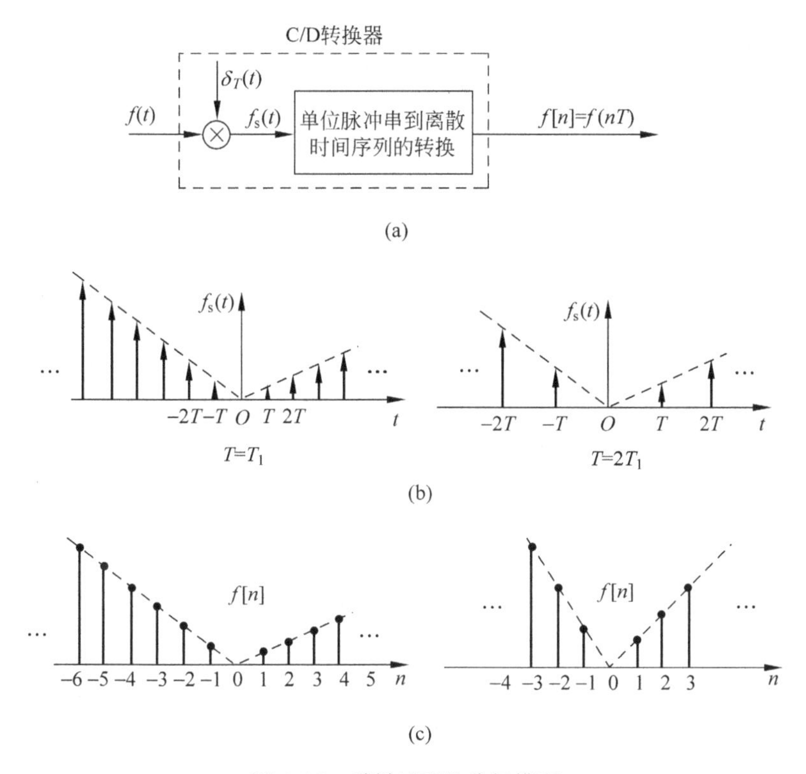

图 4.22 采样过程的分解模型

(a) 系统框图；(b) 采样率不同时的 $f_s(t)$，虚线表示 $f(t)$的包络；(c) 不同采样率所对应的输出序列 $f[n]$

$$f_s(t) = f(t) \cdot \delta_T(t) = \sum_{n=-\infty}^{\infty} f(nT_s)\delta(t - nT_s)$$

由上式可见，$f_s(t)$中的各个样本均为加权的单位脉冲信号！尽管 δ 函数及其特性非常重要，使用起来非常方便，有其不可替代的用途。然而，在某些应用场合，$f_s(t)$样本的幅度和时间标度也会给概念的理解或具体的运算带来一些不必要的麻烦。

在图 4.22 的模型中，把 δ 脉冲的面积表示巧妙地转换为数值表示，并对时间坐标进行了归一化。因此，这个分解模型不但在某些推导和计算上提供了方便，还可以解决课程学习中的诸多疑问。总之，这个模型完美地实现了 $f_s(t)$与 $f[n]$之间，在概念和方法等方面的衔接，也为离散时间信号与系统理论的研究和应用提供了方便。我们即将看到这一简化对于从时域和频域去深刻理解采样等课程内容有很大的帮助。

需要说明的是，在实际使用模/数转换器件时，不必专门考虑上述模型。除了该模型只是一种数学上的表示之外，还因为实际使用的采样脉冲并不是严格意义上的 δ 函数，只是足够窄的脉冲而已。

2. 信号离散化中的几个实际问题

如上所述，采样定理的前提条件是 $f(t)$为频带受限信号。从实际应用来看，很难做到严格的频带受限。因为我们使用的大多是时间有限的连续时间信号，从理论上讲，它们的频谱可以延伸到整个 ω 轴。因此，采样后的信号谱必然会发生重叠。为了减少信号采样带来的失真，通常会采取如下的某些措施：

(1) 当超出某频率后的信号谱分量微弱到可以忽略的程度时，就可以把它看成是带限信号。当然，所谓的“可以忽略”取决于实际应用的场合。

(2) 为了避免频谱混叠的发生，通常把采样频率选为

$$\omega_s = (3 \sim 4)\omega_m$$

或者更高，而不是按采样定理恰恰选为 $\omega_s = 2\omega_m$。式中，ω_m 为信号的最高频率。

(3) 在采样器的前面加上一个前置低通滤波器，它把原信号的上限频率 ω_m 限制在采样频率的一半，即 $\omega_s/2$。该滤波器阻止了高于 $\omega_s/2$ 的频率分量的进入，避免了频谱混叠的出现，因而称为抗混叠滤波器。

4.7 用采样样本值重建信号——采样内插公式

4.6.2 节讨论了采样信号频谱和连续信号频谱之间的关系，并从频域解释了采样恢复的原理，论述的主要依据是时域信号与其频谱表示是一一对应的。但是，如果从时域角度考察采样的恢复时，估计不少读者仍会感到不好想象，以至对采样恢复的结论存有疑惑。原因是既然离散时间信号的采样点之间是没有定义的，怎么能从一系列离散的样本值无失真地恢复出原来连续的时间信号呢？本节就来探讨这一问题。

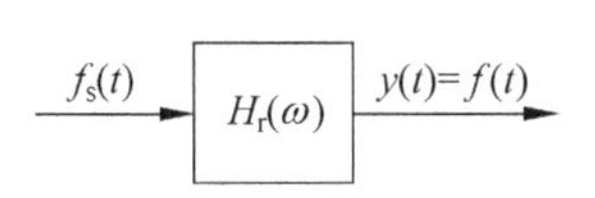

图 4.23 采样恢复的系统框图

4.6.2 节曾经提到，用一个幅度为 T_s 的理想低通滤波器 $H_r(\omega)$ 就可以从 $F_s(\omega)$ 中恢复出 $F(\omega)$，其恢复框图如图 4.23 所示。我们就以这个方案为起点，观察采样信号 $f_s(t)$ 通过滤波器 $H_r(\omega)$ 的响应过程，以便得到时域方面的解释。

由图 4.20 可见，所需的理想低通滤波器是

$$H_r(\omega) = \begin{cases} T_s, & |\omega| < \omega_c \\ 0, & |\omega| \geqslant \omega_c \end{cases} \tag{4.31}$$

其中，$\omega_m < \omega_c < \omega_s - \omega_m$。为简单计，取 $\omega_c = \dfrac{\omega_s}{2} \geqslant \omega_m$。

为了从时域进行考察，先求出 $H_r(\omega)$ 的单位脉冲响应。为方便计，把 $h_r(t)$ 写成 $h(t)$。

$$h(t) = \frac{1}{2\pi}\int_{-\infty}^{\infty} H_r(\omega)\mathrm{e}^{\mathrm{j}\omega t}\,\mathrm{d}\omega = \frac{T}{2\pi}\int_{-\omega_s/2}^{\omega_s/2} \mathrm{e}^{\mathrm{j}\omega t}\,\mathrm{d}\omega$$

$$= \frac{\sin\dfrac{\omega_s}{2}t}{\dfrac{\omega_s}{2}t} = \frac{\sin\dfrac{\pi}{T}t}{\dfrac{\pi}{T}t} = \mathrm{Sa}\left(\frac{\pi}{T}t\right) \tag{4.32}$$

由前文可知，滤波器的输入为

$$f_s(t)=f(t)\delta_T(t)=f(t)\sum_{n=-\infty}^{\infty}\delta(t-nT)=\sum_{n=-\infty}^{\infty}f(t)\delta(t-nT)$$

根据时域卷积特性,低通滤波器的输出为

$$\begin{aligned}y(t)&=\int_{-\infty}^{\infty}f_s(\tau)h(t-\tau)\mathrm{d}\tau=\int_{-\infty}^{\infty}\left[\sum_{n=-\infty}^{\infty}f(\tau)\delta(\tau-nT)\right]h(t-\tau)\mathrm{d}\tau\\&=\sum_{n=-\infty}^{\infty}\int_{-\infty}^{\infty}f(\tau)h(t-\tau)\delta(\tau-nT)\mathrm{d}\tau\\&=\sum_{n=-\infty}^{\infty}f(nT)h(t-nT)\end{aligned}\tag{4.33}$$

由式(4.32)可得

$$h(t-nT)=\frac{\sin\frac{\pi}{T}(t-nT)}{\frac{\pi}{T}(t-nT)}=\mathrm{Sa}\left[\frac{\pi}{T}(t-nT)\right]$$

通常把 $h(t-nT)$称为内插函数,其波形如图 4.24 所示。内插函数的特点是:在采样点 $t=nT$ 上的函数值为 1,而在其余采样点处的函数值均为零。

把 $h(t-nT)$的表达式代入式(4.33),可以得到低通滤波器的输出为

$$y(t)=\sum_{n=-\infty}^{\infty}f(nT)\mathrm{Sa}\left[\frac{\pi}{T}(t-nT)\right]\tag{4.34}$$

式(4.34)叫做采样内插公式,它给出了连续时间函数 $y(t)$跟采样值 $f(nT)$之间的关系。由式可见,$y(t)$等于样值信号 $f(nT)$乘上相应内插函数之后的线性组合,这一关系示于图 4.25。由图可见,在每个采样点上,只有该采样值所对应的内插函数不为零,而其他内插函数在该采样点的值均为零,这就保证了式(4.34)等号右边的和信号在各个采样点上严格等于原信号,即 $f(nT)=f(t)$。此外,各采样点之间的信号则由相应的采样内插函数按式(4.34)的关系相互叠加而得到。

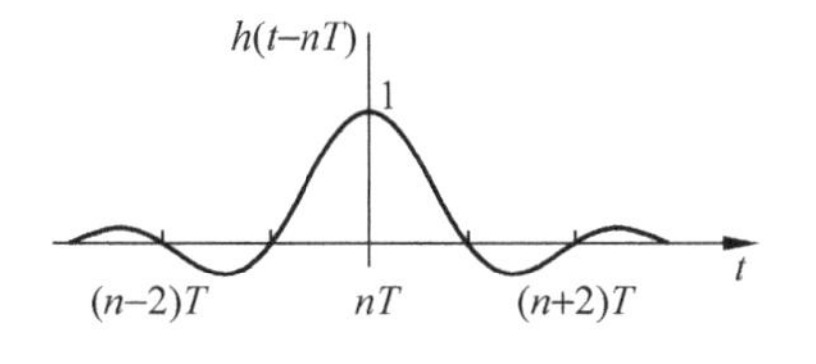

图 4.24　内插函数

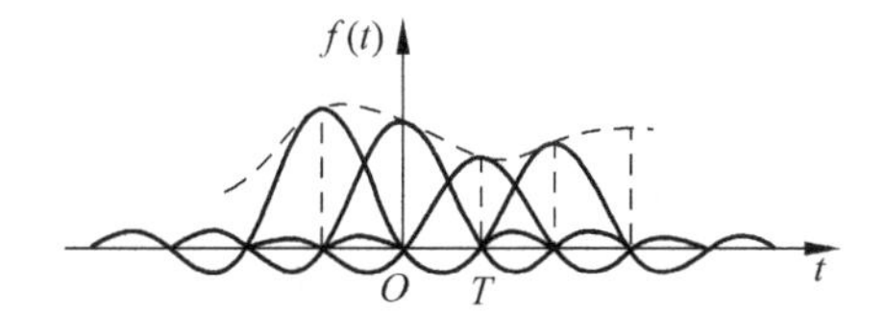

图 4.25　采样内插恢复

从上述过程可见,尽管从离散信号的角度看,在采样点之间的信号是没有定义的。但是,从采样恢复过程的角度进行考查时就会发现,在各个连续的时刻 t 上,按式(4.34)叠加、恢复出来的信号并不是零。而且,它将严格等于原来的连续时间信号 $f(t)$! 即

$$f(t)=y(t)=\sum_{n=-\infty}^{\infty}f(nT)\mathrm{Sa}\left[\frac{\pi}{T}(t-nT)\right]$$

虽然可以从数学上证明这一“严格相等”,但本节的主要目的是让读者直观地想象出时域信号的恢复过程。因此,再进行“严格的证明”就不是特别必要了,因为无失真

恢复原信号频谱的事实已经验证了这个结论。

上述内插公式(4.34)的理论意义在于,它从时域的角度验证了,当采样频率高于信号最高频率的两倍时,就可以用采样后的样本值完全表达该连续时间信号。或者说,可以用样本值恢复出原来的连续时间信号,而不损失任何信息。实际上,这是采样定理的理论价值和取得广泛应用的根本原因。另外,本节的推导还给出了理想低通滤波器对于输入信号的响应过程,通常把这一过程称为"理想重构"。

把以上各节的内容贯穿起来就可以实现连续时间信号的离散处理。其方法是:

(1) 从连续时间信号采样得到相应的离散时间信号。

(2) 用数字信号处理的方法对上述离散时间信号进行处理。

(3) 根据处理的结果重建一个连续时间信号。

4.8 零阶保持采样

4.8.1 零阶保持

如前所述,C/D 变换器通过理想采样把输入的模拟电压或电流转换为多位二进制码。由于幅度大、持续时间短的脉冲在产生和传输方面都比较困难,所以在实际的通信和控制系统中,大多通过增加保持环节的方式产生采样信号。从另一个角度看,实际使用的 A/D 转换器只能在外部时钟的控制下在每个采样周期 T_s 内起动并完成一次 A/D 转换。也就是说,A/D 转换不是瞬时的,所以高性能 A/D 系统中都包含采样和保持环节。下面以示于图 4.26(a)的零阶保持系统说明保持环节的原理。

在图 4.26(b)中把采样分成了两个部分,虚线前面就是我们经常谈及的采样,也就是把单位脉冲串作用于连续时间信号,以便在各个采样瞬间采集信号 $f(t)$,并得到所谓的"理想采样信号"$f_s(t)$。虚线后面框图的作用是把采集到的样本值保持到下一个采样瞬间为止,因而输出信号 $f_o(t)$具有阶梯形状。$f(t)$、$f_s(t)$和 $f_o(t)$的波形如图 4.26(c)所示。稍加分析可知,可以把采样保持的阶梯状输出 $f_o(t)$看成是把矩形脉冲 $h_0(t)$顺次移到抽样周期整数倍上的加权和。或者说,$f_o(t)$等于 $f_s(t)$与 $h_0(t)$的卷积,即

$$f_o(t) = f_s(t) * h_0(t) \tag{4.35}$$

$$h_0(t) = u(t) - u(t - T_s) \tag{4.36}$$

由于

$$\mathcal{F}[f(t)] = F(\omega), \quad \mathcal{F}[f_o(t)] = F_o(\omega), \quad \mathcal{F}[f_s(t)] = F_s(\omega)$$

以及

$$F_s(\omega) = \frac{1}{T_s}\sum_{n=-\infty}^{\infty} F(\omega - n\omega_s)$$

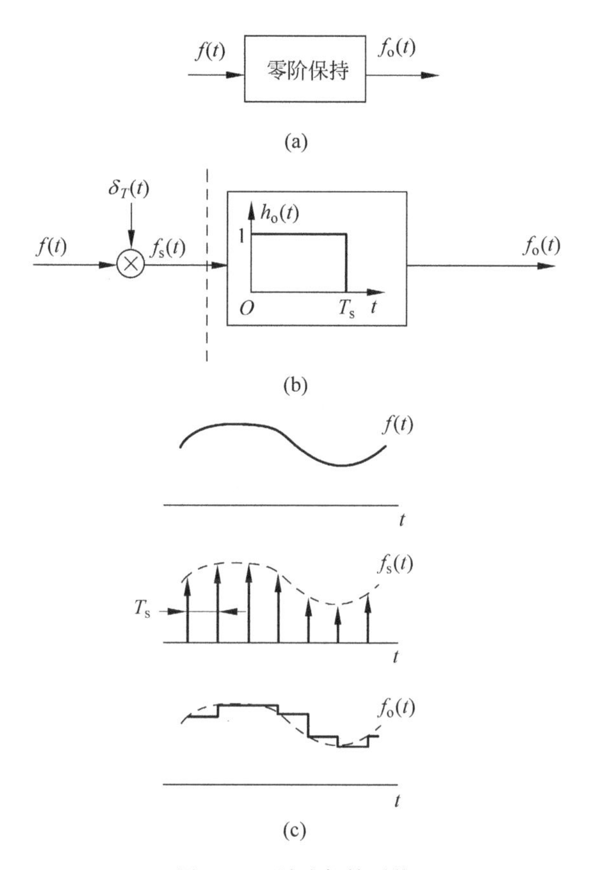

图 4.26　零阶保持系统

(a) 系统示意图；(b) 零阶保持系统分解为单位脉冲串采样和矩形单位脉冲响应的串联；(c) 相应的波形

$$H_0(\omega) = \mathcal{F}[h_0(t)] = T_s \mathrm{Sa}\left(\frac{\omega T_s}{2}\right) e^{-j\frac{\omega T_s}{2}} \tag{4.37}$$

所以

$$\begin{aligned} F_o(\omega) &= F_s(\omega) \cdot H_0(\omega) \\ &= \sum_{n=-\infty}^{\infty} \mathrm{Sa}\left(\frac{\omega T_s}{2}\right) e^{-j\frac{\omega T_s}{2}} F(\omega - n\omega_s) \end{aligned} \tag{4.38}$$

由式(4.38)可见，零阶保持器输出信号的频谱 $F_o(\omega)$是连续时间信号频谱 $F(\omega)$的周期性重复，重复的周期是 ω_s。与此同时，$F_o(\omega)$还拥有一个幅度加权因子 $\mathrm{Sa}\left(\frac{\omega T_s}{2}\right)$和 $-\frac{\omega T_s}{2}$的线性相移。显然，该相移对应于 $f_o(t)$信号的 $T_s/2$ 时延。由式(4.37)可知，这两项因子是由式(4.36)表达的级联 LTI 系统的 $h_0(t)$决定的，$h_0(t)$的频响特性示于图 4.27。

由于 $h_0(t)$是矩形脉冲，它的幅频特性已经很熟悉，我们不再讨论，这里只说明它的相位特性。由式(4.37)可见，$H_0(\omega)$的相位与 ω 的关系是线性关系，即 $\varphi(\omega) = -\frac{\omega T_s}{2}$。

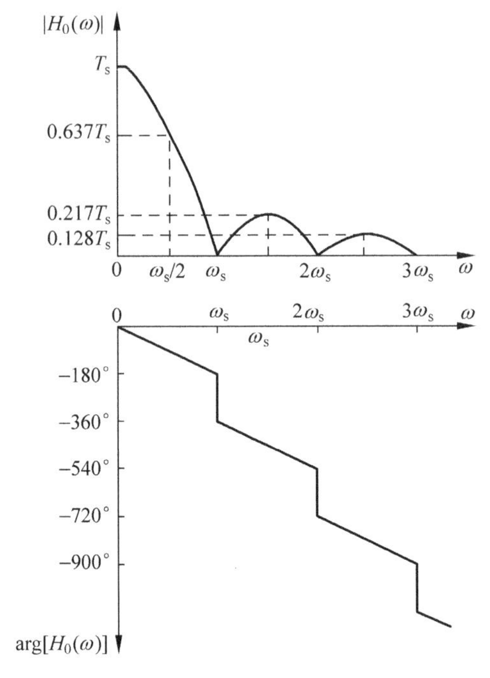

图 4.27 零阶保持的频率响应特性

此外，由于 $\mathrm{Sa}\left(\frac{\omega T_s}{2}\right)$ 的值是正负交替的，所以在 $\omega=k\omega_s=2\pi k/T, k=1,2,\cdots$ 处的相位曲线会有突变。可以把这种突变看成是 $\pm180°$ 的相移。考虑突变后的相位特性示于图 4.27，图中给出了相移为 $-180°$（也可以设为 $+180°$）的情况。

4.8.2 采样恢复的实际重构

在讨论图 4.23 所示的采样恢复时，我们把 $f_s(t)$ 直接输入到理想低通滤波器 $H_r(\omega)$，从而得到了理想重构的结果。但从 4.8.1 节可知，输入到 $H_r(\omega)$ 的实际信号并不是单位脉冲序列采样后的输出信号 $f_s(t)$，而是零阶保持输出的 $f_o(t)$。因此，采样恢复的实际情况是图 4.28 所示的框图。

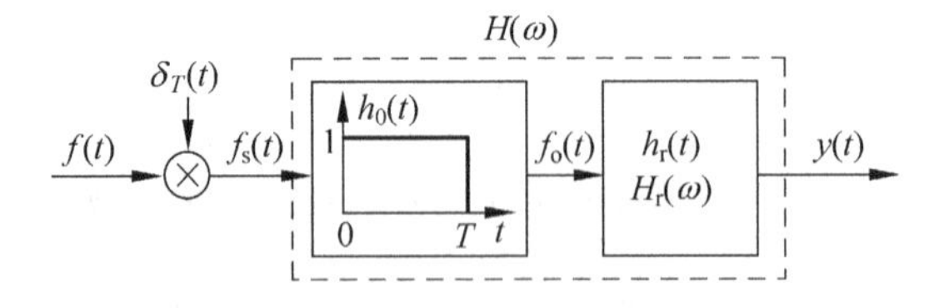

图 4.28 零阶保持与一个重建滤波器的级联

这样看来，理想重构是由 $f_s(t)$ 重建 $y(t)=f(t)$，而实际的重构是由 $f_o(t)$ 重建 $f(t)$。很明显，为了把二者统一起来，只需把图 4.28 中 $h_0(t)$ 与滤波器 $h_r(t)$ 的级联看成是

理想低通滤波器 $h(t)$ 即可，也就是说

$$h(t) = h_0(t) * h_r(t) \tag{4.39}$$

正如图 4.28 中的虚线框所示。由此可得

$$H(\omega) = H_0(\omega) H_r(\omega) \tag{4.40}$$

其中，理想低通滤波器 $H(\omega)$ 的特性为

$$H(\omega) = \begin{cases} T_s, & |\omega| < \omega_s/2 \\ 0, & |\omega| \geqslant \omega_s/2 \end{cases} \tag{4.41}$$

而零阶保持的特性为

$$H_0(\omega) = \mathcal{F}[h_0(t)] = T_s \mathrm{Sa}\left(\frac{\omega T_s}{2}\right) e^{-j\frac{\omega T_s}{2}}$$

这两个滤波器特性的比较如图 4.29 所示。

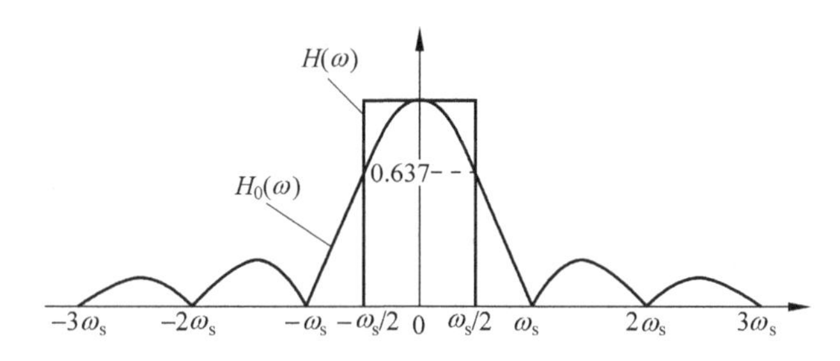

图 4.29　理想低通滤波器和零阶保持的比较

可见，$H_0(\omega)$ 的引入带来了失真。为了实现式(4.41)中 $H(\omega)$ 的特性，可以把图 4.28 的 $H_r(\omega)$ 看成是补偿滤波器。显然，$H_r(\omega)$ 的补偿特性为

$$H_r(\omega) = \frac{H(\omega)}{H_0(\omega)} = \begin{cases} \dfrac{e^{j\frac{\omega T_s}{2}} H(\omega)}{T_s \mathrm{Sa}\left(\dfrac{\omega T_s}{2}\right)} = \dfrac{e^{j\frac{\omega T_s}{2}}}{\mathrm{Sa}\left(\dfrac{\omega T_s}{2}\right)}, & |\omega| \leqslant \dfrac{\omega_s}{2} \\ 0, & |\omega| > \dfrac{\omega_s}{2} \end{cases} \tag{4.42}$$

图 4.30 给出了 $H_0(\omega)$，$H_r(\omega)$ 等有关的频谱特性。由图 4.29 和图 4.30(b)可见，尽管零阶保持 $H_0(\omega)$ 也是个低通滤波器，但其特性并不太好。正是 $H_0(\omega)$ 的特性导致了零阶保持输出信号谱的失真，这一 $F_o(\omega)$ 的失真示于图 4.30(c)。在图 4.30(d)中我们给出了补偿滤波器 $H_r(\omega)$ 的频率特性。显然，我们只需考虑 $|\omega| \leqslant \omega_m$ 这段频率范围，而对于图 4.30(d)虚线所示的频率范围(即 $\omega_m \sim (\omega_s - \omega_m)$ 等)不必关注。由图 4.30的(b)，(d)两图可知，在上述频率范围内，$H_r(\omega)$ 与 $H_0(\omega)$ 主瓣的弯曲方向恰好相反。所以，通过 $H_r(\omega)$ 的补偿就得到了图 4.30(e)所示的 $H(\omega)$ 的形状(该图的 ω_c 满足 $\omega_m < \omega_c < \omega_s - \omega_m$ 的关系)。由于 $H(\omega)$ 实现了理想重构的要求，所以在图 4.30(f)得到了完整恢复的频谱 $Y(\omega) = F(\omega)$。

在具体实现中，为了消除高于 $\frac{1}{2}\omega_s$ 频率分量的影响，常在采样之前让信号先通

过一个低通滤波器，以减少混叠效应的影响。当然，也可以采取其他办法来减少这一影响。

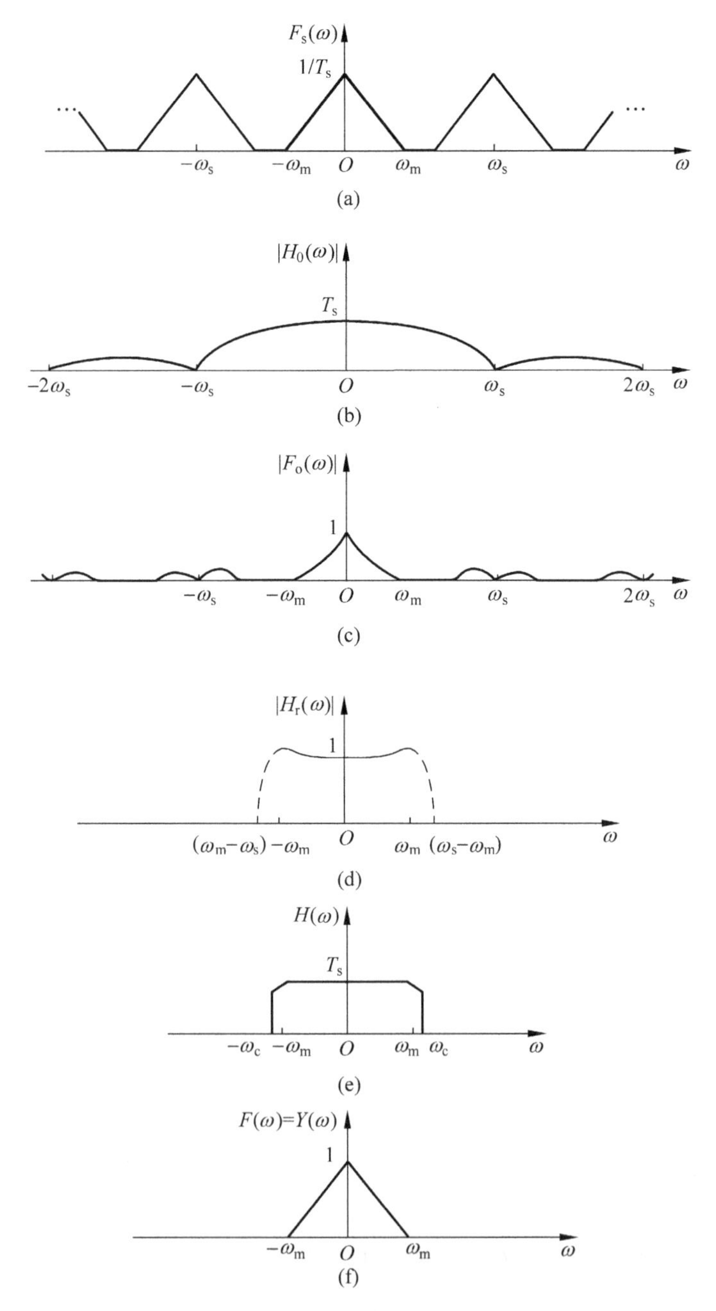

图 4.30 零阶保持和补偿滤波器的幅度谱

此外，由图 4.26 可知，由于保持环节的引入，在时域波形 $f_o(t)$ 中出现了阶梯波，或者说在 $f_o(t)$ 中出现了波形跃变，这说明它具有高频分量。图 4.28 中补偿滤波器

$H_r(\omega)$的作用就是对$f_0(t)$进行了一定程度的平滑。从频域的角度看，正是$H_0(\omega)$主瓣的弯曲引入了失真，加入补偿滤波器后，得到了比较满意的频域特性$H(\omega)$，因而减少了上述失真。应该说明的是，实际上不能真正实现式(4.42)的$H_r(\omega)$，故只能近似地实现$H(\omega)$的特性。

在4.7节讨论采样恢复时，曾把它看成是通过内插的重建过程。同样，也能把零阶保持的输出看成是样本之间的内插，但它所实现的是一种非常粗糙的近似。此外，尽管我们从理论上分析了理想重构的概念和实现的机理，但很多实际的应用中并不追求理想重构的结果，而零阶保持器的输出已经能满足实际的需要。因此，一般认为零阶保持器的输出已经相当充分地近似了原信号，可以直接用零阶保持器实现样本值之间的内插，不必再附加其他的低通滤波器。正是上述原因使零阶保持器获得了比较广泛的应用。

另外一种比较有效的内插形式是线性内插，它把相邻的样本点用图4.31(c)所示的直线连接。线性内插也称为一阶保持器。它不过是把零阶保持中具有方波特性的$h_0(t)$用具有三角波特性的$h_1(t)$代替而已。建议读者参照图4.31自行分析。

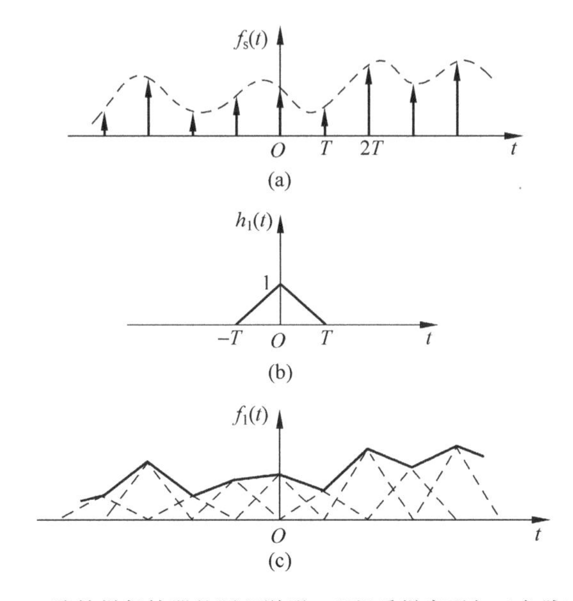

图 4.31　一阶抽样保持器的原理说明：理想采样序列与三角脉冲的卷积

此外，根据应用的要求，还可以采用二阶以至高阶保持器，它们的性能更接近于理想滤波器，从而得到更好的恢复效果。当然，在具体实现时它们将比零阶保持器更复杂。另外，高阶保持器的主要缺点是具有更大的时间延迟。在闭环控制系统中，附加的时间延迟会减小稳定裕量，甚至引起不稳定。从这个角度考虑，并不一定采用高阶保持器，本书也不再讨论高阶保持器的问题。

4.9 频分复用与时分复用

4.9.1 频分复用——FDM

很多通信系统的传输信道都能提供一个比信号频带宽得多的信息通路。例如，根据大量的实验分析，用电话进行通话时，为了达到清晰度、自然度俱佳的效果，所需的频带仅为300～3400Hz，通常把一个话路的带宽定为4kHz。由于架空明线的带宽有150kHz，所以在一条线路里通话的数目可以达到16对。依此类推，采用不同的通信媒质时，可以同时通话的路数也不同，部分情况如表4.3所示。

表4.3 不同通信媒质同时通话的路数

通信介质	带宽(kHz)	可容纳通话对数
架空明线	150	16
对称电缆	500	60
小同轴电缆	3000	300

在同一信道中传输若干路信号称为多路复用。一个现实的问题是，在同一根小同轴电缆里，如何使600个人不受干扰地同时通话呢？使用调制技术就可以实现这一要求。如图4.32所示，搬移后的频谱不相重叠，所以能在一个宽带信道上同时传输这些信号，这种技术称为频分复用(FDM)。

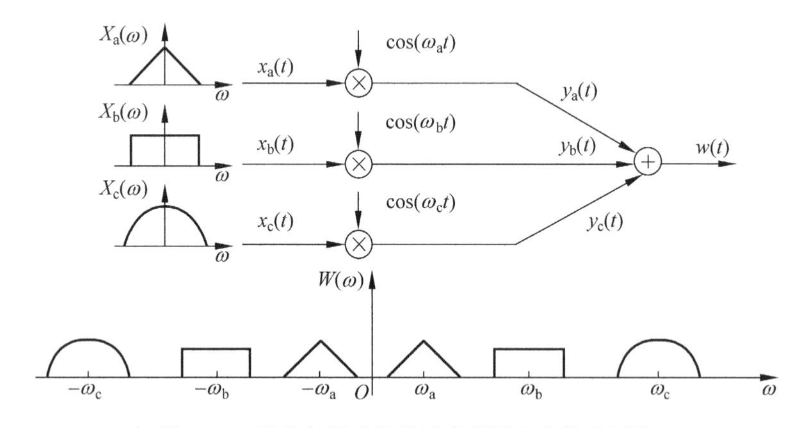

图4.32 频分复用系统的原理框图和有关的频谱

把多个通话在同一个信道上传输后，在接收端必须把它们分开，并送到相应的接收者。使用的方法是解调技术，$x_a(t)$路的实现框图如图4.33所示。

图4.33的第一个方框是解复用，它是一组带通滤波器，可以把各个话路的信号从队列里分离出来。图中的ω_a与图4.32的调制话路相对应，故可滤出该话路的已调信号。图中的第二个方框是低通滤波器，它和乘法器的组合可以对分离后的某个

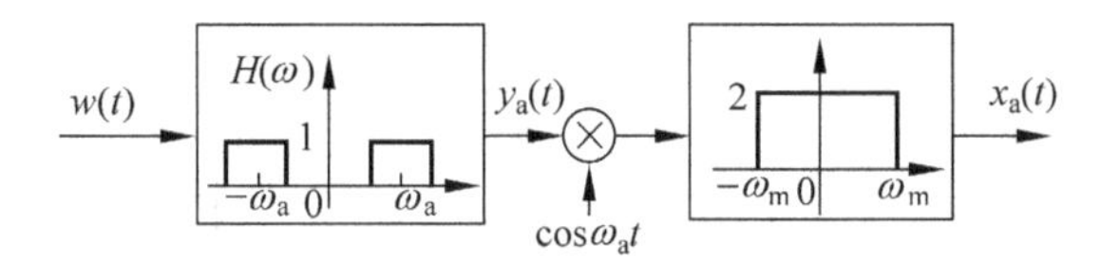

图 4.33 频分复用中解调部件的原理框图

话路进行解调。请读者自行分析该系统的工作原理。

需要说明的是，通常使用的实际信号不是严格的限带信号，所以实际的频分复用系统要比图 4.32 的系统复杂。例如，在把各路信号进行调制之前，要让它们先通过低通滤波器(其作用是什么)。此外，为了避免频谱之间的相互交叠，消除各个话路信号之间的串扰，还要使各路已调信号通过带通滤波器之后再去合成，这些修改思路示于图 4.34。

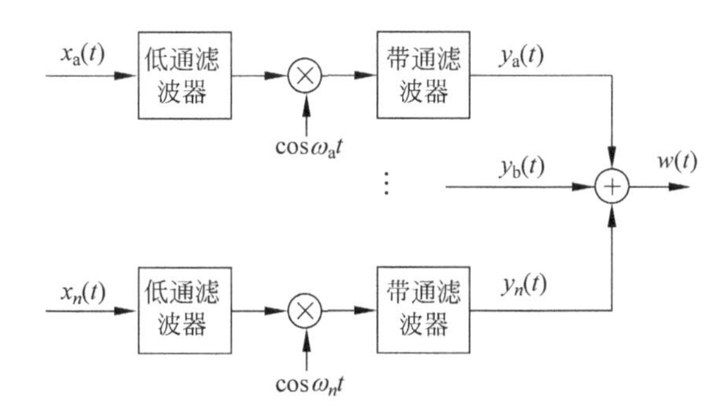

图 4.34 图 4.32 所示频分复用系统框图的进一步完善

频分复用通信常用于模拟信号的多路传输，它在电话、无线电台、电视台以及导航、移动通信、军事通信、空间遥测等领域都有广泛的应用。这些应用的基本原理与上面介绍的大体相同，只是传输的对象和媒质不同时，使用技术的细节会有所差异。对于数字通信的多路传输而言，常使用下面讨论的时分复用技术。

4.9.2 时分复用——TDM

1. 脉冲调幅(PAM)

当幅度调制的“载波”是宽度恒定的周期脉冲序列时，称为脉冲幅度调制(PAM)。脉冲调幅是一种脉冲调制方式，它的载波不是正弦信号，但与 4.2.2 节讨论的调幅相同的是载波序列的幅度将随调制信号而变化。当满足采样定理时，通过解调可以在接收端恢复出调制信号。

图 4.35 给出了脉冲调幅的示意图。由该图可见，脉冲调幅有两种情况：图 4.35(c)为平顶采样脉冲调幅，图 4.35(d)为自然采样脉冲调幅。从采样区间的样本值来看，前者为常数，后者按调制信号的瞬时样本值变化。从图 4.35 来看，其间差别一目了然，这里不再详述。

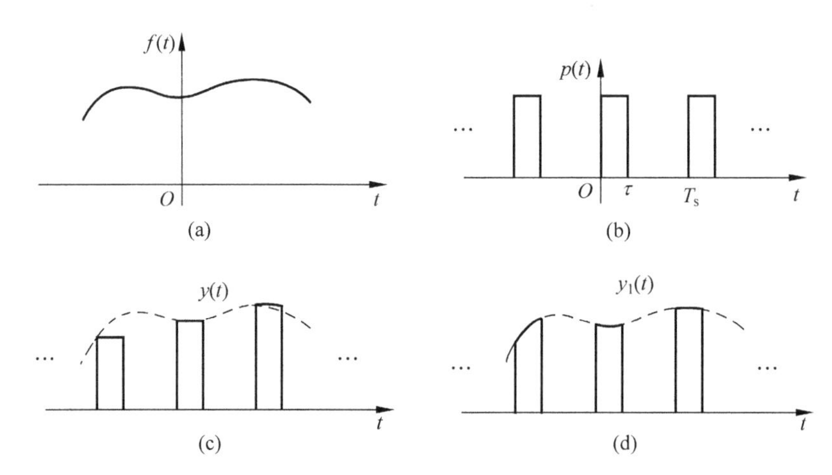

图 4.35　脉冲调幅的图示说明

(a) 调制信号；(b) 脉冲载波序列；(c) 平顶采样脉冲调幅；(d) 自然采样脉冲调幅

本节以平顶采样为例加以说明，因为实际通信系统中使用的 PAM 都是指这种情况。另外，自然采样的情况已于 4.6.1 节讨论。

已知脉冲调幅的调制信号为 $f(t)$，调幅以后的信号为 $y(t)$，脉冲载波序列 $p(t)$ 的周期为 T_s，脉宽为 τ。设 $p(t)$ 的单个脉冲为

$$h(t)=u(t)-u(t-\tau)$$

则已调信号 $y(t)$ 就是理想采样信号 $f_s(t)$ 与单个矩形脉冲 $h(t)$ 的卷积，即

$$y(t)=f_s(t)*h(t) \tag{4.43}$$

其中

$$f_s(t)=f(t)\sum_{n=-\infty}^{\infty}\delta(t-nT_s)=\sum_{n=-\infty}^{\infty}f[nT_s]\delta(t-nT_s) \tag{4.44}$$

把式(4.43)的两边取傅里叶变换可得

$$\begin{aligned}Y(\omega)&=F_s(\omega)\cdot H(\omega)\\&=\frac{1}{T_s}\left[\sum_{k=-\infty}^{\infty}F(\omega-k\omega_s)\right]\cdot\left[\tau\mathrm{Sa}\left(\frac{\omega\tau}{2}\right)\mathrm{e}^{-\mathrm{j}\frac{\omega\tau}{2}}\right]\\&=\frac{\tau}{T_s}\mathrm{Sa}\left(\frac{\omega\tau}{2}\right)\mathrm{e}^{-\mathrm{j}\frac{\omega\tau}{2}}\sum_{k=-\infty}^{\infty}F(\omega-k\omega_s)\end{aligned} \tag{4.45}$$

由式(4.45)可见，PAM 信号的频谱 $Y(\omega)$ 中包含了原信号频谱 $F(\omega)$ 的周期性重复，因而能实现无失真恢复。问题是要考虑 $H(\omega)$ 对 $Y(\omega)$ 的影响，由于

$$H(\omega)=\tau\mathrm{Sa}\left(\frac{\omega\tau}{2}\right)\mathrm{e}^{-\mathrm{j}\frac{\omega\tau}{2}}$$

因此，$H(\omega)$ 将引入幅度失真和 $\tau/2$ 的时间延迟。

由以上推导可见，脉冲调幅与 4.8 节讨论的零阶保持器的情形是非常类似的。

只不过当前的 $p(t)$ 或 $h(t)$ 的脉冲宽度是 τ，而零阶保持器时的脉冲宽度是采样间隔 T_s。因此，有关 PAM 的某些技术细节及其解决办法可以参考 4.8 节的有关内容。在通常情况下，用一个低通滤波器就可以从脉冲调幅信号 $y(t)$ 中恢复出调制信号 $f(t)$。

2. 时分复用

时分复用系统的理论基础是采样定理。由该定理可知，对于最高频率为 f_m 的信号 $f(t)$，当采样频率 $f_s \geqslant 2f_m$ 时，可以从采样后的信号 $f_s(t)$ 中无失真地恢复出 $f(t)$。图 4.36 的右下方给出了用窄脉冲序列对信号 $f_3(t)$ 进行脉冲调幅的图解。由图可见，采样之后在 $t_1 \sim t_2$ 以及 $t_3 \sim t_4$ 等区间上是没有信号的，而这些时间间隔也是非常宝贵的资源，它为我们的开发利用提供了空间。具体来说，利用上述空闲的时间间隔可以传输其他的通信信号。

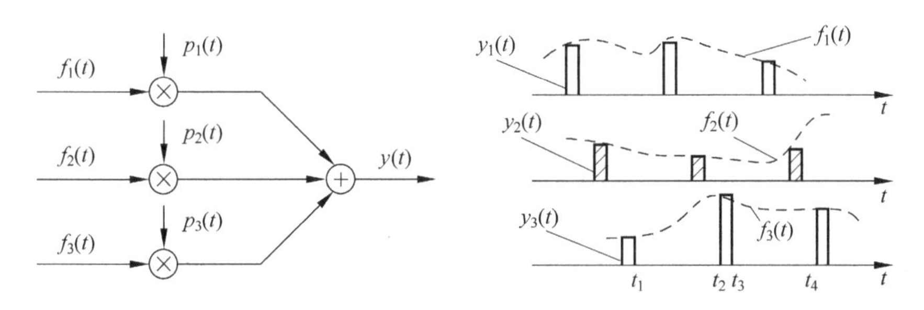

图 4.36　时分复用发送端的原理框图

图 4.36 是时分复用发送端的原理框图。由图可见，三路信号的时序是彼此分开、互不重叠的，故可传输三路不同的信号，这就是“时分复用通信”名称的来源。在图 4.36 中，各路采样窄脉冲序列分别标为 $p_i(t)$，$i=1,2,3,\cdots$。当然，每路信号的采样频率必须符合采样定理的要求。

3. 时分复用系统的实用框图

图 4.37 是时分复用系统的框图。该图的左方是系统的发送端，它有 m 路输入信号。这些信号就是前述的脉冲调幅信号。图中的 LPF 是低通滤波器，它起抗混叠的作用，也就是进一步限制各路输入信号的带宽。LPF 的输出进入转换开关。该开关的作用是把 m 路输入的 m 个样本按次序插入到抽样间隔 T_s 之内。图 4.37 的右端是系统的接收端，它的转换开关起多路分离的作用，即把发端的合路信号分开，送到各个相应的 LPF，并重构出 m 个分路信号。

收、发两端脉冲调制器和脉冲解调器的作用是为了更好地实现信号与通信信道之间的匹配。

另外，收、发的转换开关之间要保证精确的同步，以便正确地进行合路与分路。对这方面问题有兴趣的读者可以参见有关的资料。

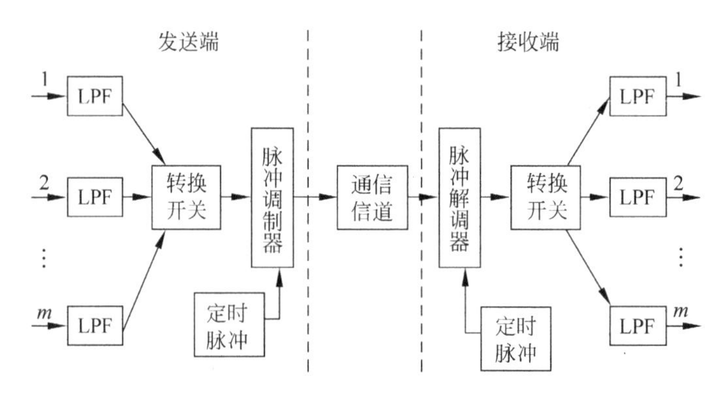

图 4.37　时分复用系统的框图

4. 关于时分复用技术的再讨论

(1) PAM 的频谱

采用脉冲调幅系统时必须满足采样定理，这具有两重含义。以通信系统为例，当它用于有限带宽、能量有限的信号时，只有满足了采样定理中对采样频率的要求才能使用 PAM，否则，其发送端的信号不能唯一地确定。第二重含义是，只有满足了采样定理的要求才能在接收端进行无失真的恢复。

由前述可知，现实中的信号不可能是严格的带限信号，这必然会产生频谱的混叠并导致信号的失真。为此，必须采取相应的技术措施，如 4.6.3 节所述。

(2) 时分复用(TDM)与频分复用(FDM)的比较

由前述可见，TDM 与 FDM 在原理上的差别是：TDM 中的各路信号在时域是分开的，但在频域上仍然混叠在一起，而 FDM 则正好相反。相比于 FDM 而言，TDM 的优点是：

① 在 FDM 中，使用模拟技术产生不同的载波，并用滤波器进行多路信号的复用和分路，而 TDM 系统中用数字电路实现所需的功能。因而，TDM 的分、合路更为简单和可靠。

② 为了避免各路信号之间的串扰，FDM 对组成部件非线性失真的指标要求非常高，而 TDM 系统类似的要求较低。

关于数字通信系统的其他优点将在下节讨论。相比于 FDM 系统，TDM 的主要不足是：

① 传输时占用的频带较宽

其原因之一是 PAM 中的载波是窄脉冲序列。此外，该系统必须把 PAM 中离散时间连续幅度的信号转换为数字信号。幅度的量化增加了信号传输的速率，这进一步加大了信号占用的频带。有关这方面的问题可以参见有关资料，在下一节也会略有涉及。

② 对某些部件的要求较高

为了把多路信号分路，TDM 系统对时钟稳定性的要求较高。这体现在对时钟相位的抖动和收、发时钟的同步等问题提出了较高的要求。

4.10　数据传输的有关概念

4.10.1　数字通信的优点

当传输媒质中传送的信号是数字脉冲时就叫做“数字通信”。

对通信系统的基本要求可以用“迅速、准确、可靠”六个字加以概括。根据这一要求，相对于模拟通信来说，数字通信系统显示出非常突出的优点。数字通信最大的优点是可以使用计算机并联网。下面仅给出针对六字要求的一些特点。

1. 保密性好

对模拟通信来讲，即使采用了非常复杂的保密措施，破解起来还是比较容易。一个著名的例子就是二战期间，美军破译了日军的通信密码，从而在空中击毙了日军战犯山本五十六。从技术的角度来看，当时采用的是模拟通信体制，很难避免失密的问题。使用数字通信后，要破解军事、经济等领域的加密措施就比较困难了。为说明这一点，我们举出一个简单的例子。

设要发送的信号是

$$x_1[n] = 1001011001$$

采用一个“密码”

$$x_2[n] = 1010010001$$

把二者作“异或”运算后可得

$$y[n] = 0011001000$$

我们在发送端实际发出的信号是 $y[n]$。经过解密手段，可在接收端重新得到信号 $x_1[n]$，而解密方法不过是把 $y[n]$ 和 $x_2[n]$ 再作一次异或运算。当然，如果不知道密码 $x_2[n]$，要得到 $x_1[n]$ 就比较困难。以上过程示于图 4.38。

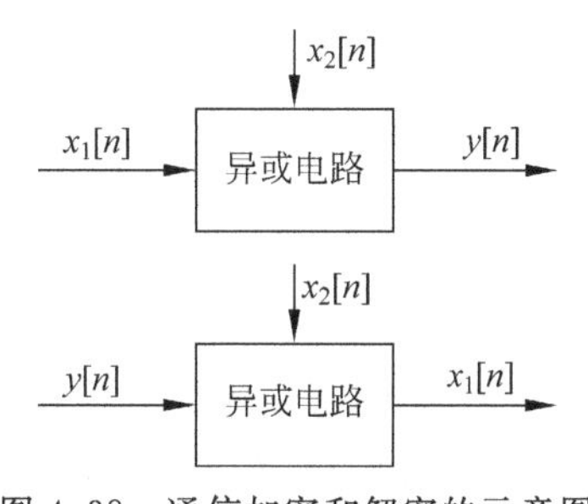

图 4.38　通信加密和解密的示意图

在模拟和数字通信中，信道上传的都是加密信号，并有可能被敌方截获。从保密的角度看，二者的主要区别是破解的难度。显然，数字通信中所用密码的长度越长，越难破解。若采用一台大型计算机专门产生随机的长密码，并不时更换，破解的难度就会增加。如果采用特殊的加密算法，就更难破解了。另外一个特点是，无论加密算法多复杂，数字通信中加密、解密的实现都比较容易，而在模拟通信时，需要考虑一个方案的实现难度和能否实现的问题。

2. 抗干扰能力强

只要通信就会受到干扰的影响，随着通信距离的增加，这些干扰会有积累效应。

对于模拟和数字通信来说,这些都是相同的。但是在数字通信中,可以很方便地消除这些干扰。例如在传输了一定距离后,接上一个称为“再生器”的设备,就可以去除干扰,并恢复出原来的发送信号。

上述系统的工作原理如图 4.39 所示。其中,$x[n]$是 $x(t)$的数字表示。在数字通信中只传输数字信号,即为 1,0 等二进制信号或多进制(四进,八进等)信号,通信过程中积累了干扰之后,在接收端有可能出现误码或判决错误。例如把二进制的 1 判作 0,或者相反。再生器的方案是,在干扰的积累还不足以产生错误时就处理一次。例如用一个判决电平在各个时钟点作一次判决,大于该判决电平时就判作 1,相反则判作 0。把这个去除了干扰的信号重新发送到下一个再生器,并依次延续直到接收端为止。显然,用这种方法可以在数字通信中获得很强的抗干扰能力。相反,对于模拟通信来说,要想完全去掉混在信号中的干扰几乎是不可能的。

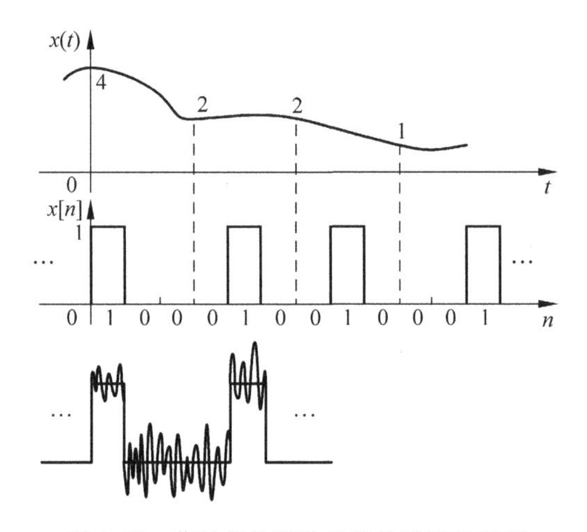

图 4.39 信号的数字化及传输干扰示意图

3. 速度快、精度高、易于集成

实际上,随着元器件研制和生产水平的提高,速度快、位数长的 A/D 变换器和滤波、传输、存储等具有优异性能的各类数字器件不断涌现,因而在硬件实现上的优点日趋明显。

4. 灵活、可靠性高

数字通信还有很多优点,其主要缺点就是占用的频带较宽。

当前电话已经很普及,但是大多还都采用模拟的通信体制,这是技术发展的过程决定的。如果能够利用遍布各地的电话线路进行数字通信将是一个非常好的选择,有什么问题呢?

4.10.2 无失真传输

设系统的激励信号为 $f(t)$，响应信号为 $y(t)$，如果

$$y(t) = kf(t - t_0) \tag{4.46}$$

k 是一个常数，t_0 为滞后时间，则称该系统为无失真传输系统。

由上式可见，所谓无失真传输就是系统的响应与激励之间只在信号的大小或出现的时间上有所不同，而二者的波形没有变化。图 4.40 是无失真传输系统的示意图。

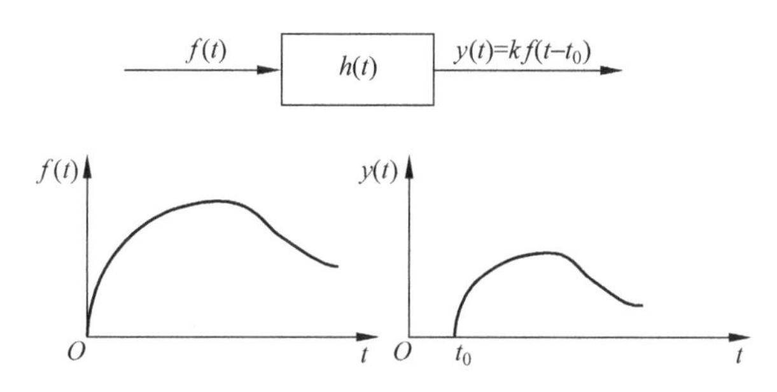

图 4.40　无失真传输系统的示意图

对式(4.46)作傅里叶变换可得

$$Y(\omega) = kF(\omega)\mathrm{e}^{-\mathrm{j}\omega t_0}$$

式中，$Y(\omega)$，$F(\omega)$分别是 $y(t)$和 $f(t)$的傅里叶变换。由上式可得

$$Y(\omega) = kF(\omega)\mathrm{e}^{-\mathrm{j}\omega t_0} = F(\omega)H(\omega) \tag{4.47}$$

所以

$$H(\omega) = k\mathrm{e}^{-\mathrm{j}\omega t_0} = |H(\omega)|\mathrm{e}^{\mathrm{j}\varphi(\omega)} \tag{4.48}$$

通常把 $H(\omega)$称为系统的频率响应，并把$|H(\omega)|$，$\varphi(\omega)$对 ω 的函数关系分别称为系统的幅频响应和相频响应，第 6 章将进一步讨论它们的特性。

由上可知，无失真传输系统对系统频率响应特性的要求是

$$\begin{aligned} |H(\omega)| &= k \\ \varphi(\omega) &= -\omega t_0 \end{aligned} \tag{4.49}$$

式(4.49)的特性如图 4.41 所示，它们表明，无失真传输系统要求幅频响应是常数，而相频响应是通过原点的直线。

另由式(4.46)和式(4.49)可见，在具有线性相位特性的系统中，相位特性的斜率就是时移的大小。也就是说，在连续时间的情况下，若 $\varphi(\omega) = -\omega t_0$，在系统产生的时移就是 $-t_0$，或者说产生的延时为 t_0。

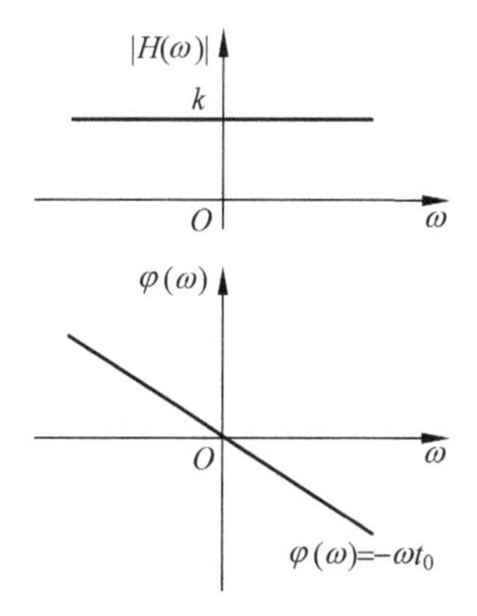

图 4.41　无失真传输系统的幅频特性和相频特性

同样，在离散时间的情况下，若 $\arg[H[e^{j\omega}]]=-\omega n_0$，则对应于 n_0 的延时。

这里顺便介绍“群延时”的概念。群延时的定义是

$$\tau=-\frac{d\varphi(\omega)}{d\omega}$$

式中的 $\varphi(\omega)$ 是系统的相频特性。群延时是系统相频特性对频率导数的负值，它是系统相移特性的另一种描述方法，常用于滤波器平均延时的测量。由图 4.41 可见，无失真传输系统的 $\frac{d\varphi(\omega)}{d\omega}$ 为负值，所以系统的群延时 τ 为正值。用群延时表示相位特性的优点是便于实际测量。

如果信号通过系统后的响应波形与激励信号的波形不同，就称信号产生了失真。用式(4.49)可以很简洁地分析出产生失真的条件：

(1) 当 $|H(\omega)|\sim\omega$ 的关系不为常数时，系统对不同频率分量的加权系数不一样，这当然会引起相应时域波形的“失真”。

(2) 当 $\varphi(\omega)\sim\omega$ 的关系不是通过原点的直线，或当系统的群延时不是常数时将会产生失真。其原因是系统对不同频率分量的相移与频率不成正比。由前述可知，这将导致系统响应的各频率分量与激励信号中对应分量的滞后时间不同，这种各频率分量在时间轴相对位置上的变化当然会引起失真。

上述失真分别称为幅度失真和相位失真。当信号通过非线性系统时还会产生非线性失真。需要说明的是，幅度失真和相位失真都不产生新的频率分量，但非线性失真会产生新的频率分量。非线性失真不属于本课程的研究范围，这里不再讨论。

应该说明的是，实际应用中常利用系统的失真特性来形成某些特定的波形。例如，本课程多次使用的升余弦波形就是通过升余弦成形滤波器得到的，而后者不满足式(4.49)的条件。

4.11 数据传输机实现方案中的频谱分析

本节给出了一个频谱应用的实例。众所周知，任何一项发明或者新技术都与当时的科技水平有密切的联系。如果站在当代科技发展的高水平去议论过去的一些技术，而不考虑相应时代的客观条件，那么电磁的发明、飞机的使用等都是不足与论的。相反，如果在研究前人经验的过程中，在研究解决问题的方案、方法的同时，也兼顾到当时的技术水平和实际需求，就会对所提方法的意义、问题的难度等有个全面的认识，从而不断提高自己分析问题和解决问题的能力。总之，用辩证的态度研习本节的实例对频谱的学习会有很大的帮助。

4.11.1 技术实现的主要矛盾

本节以 4800 比特数据传输机* 实现方案中的频谱分析为例介绍频谱技术的应

* 4800 比特数据传输机为清华大学电子系通信教研室在 1965 年的科研成果，并曾应用于军事通信等领域。

用。该数据传输机的主要技术指标是：

(1) 信息传输速度为 4800 比特

数字通信系统在单位时间内传送的信息量称为信息传输速度。在本节可以看成是单位时间内传送的二进制码元数。下面例子要求的传输速度为 4800 比特。为便于理解，我们不讨论信息论中对“比特”这个信息量单位的严格定义，只是根据惯例把它理解为在 1s 的时间里要传输 4800 个二进制码元(数字脉冲)。也就是说，认为所传输的每个 0 或 1 都携带一比特的信息。

(2) 误差率为 1×10^{-6}

误差率是衡量数字通信系统传输可靠性的指标，最为常用的是误码率 P_e。如果在一个二进制序列中，码元 1 出现的概率以及码元 0 出现的概率和以前任何码元是 1 或 0 无关，则码元是相互独立的。在这一前提下，通常可以把实践中的误码率 P_e 看成是码元的错误概率。通俗地说，当所传输的数字序列接近于无限长时，误码率为被错传的二进制码元数 n_e 在所传码元总数 n 中的比例，即

$$P_e=\frac{n_e}{n},\quad 当\ n\to\infty$$

本例要求达到的误码率指标为 1×10^{-6}。为了达到上述技术指标要考虑哪些问题呢？下面先归纳一下有关的知识。

1. 数字脉冲信号要占据较宽的频带

在二进制通信系统中，每个码元代表一个比特的信息量，该系统的码元只能是 1，0 两个状态之一。由前可知，每个信号都具有相应的频谱。图 4.42 画出了极其熟悉的矩形脉冲信号的频谱图。

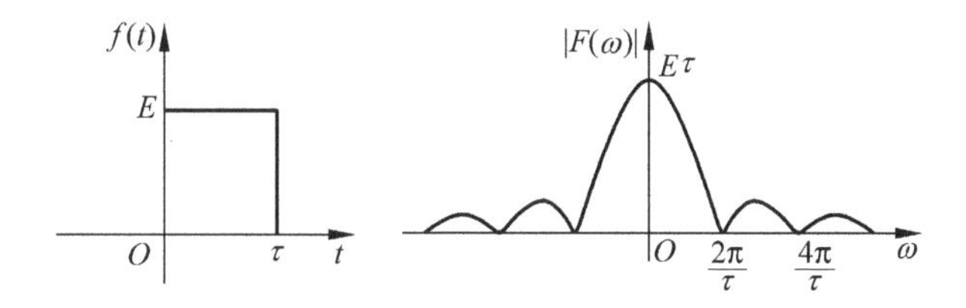

图 4.42　矩形脉冲信号及其幅度谱

在把该信号传到接收端的过程中，如果人为地把它的某些频率分量去掉，则变形的频谱反变换到时域就不再是矩形，相关的参数也会发生相应的变化，传到接收端后就会出现误码。一般情况下，为了无失真地传输矩形脉冲，所需的频带宽度将远大于它第一个频谱零点的宽度，而这个宽度与传输速度直接有关。我们即将讨论的例子将会说明，传输数据脉冲时需要的频带是比较宽的。

但是，如果传输的是语音信号，在模拟通信中只要有 4kHz 带宽就够了！因此，不同的通信体制和不同的应用领域对频带的需求会有很大的差别。

2. 数据通信的传输媒质

(1) 数字线路——昂贵

数字通信有很多突出的优点，当然为人们所青睐。由于数据通信需要较宽的频带，为了在有线信道中传输数字脉冲，就要铺设能够传输数字脉冲的宽带线路或"数字线路"。在20世纪60～70年代，所谓的宽带线路主要指小同轴电缆线路。问题是电缆的价格非常昂贵，如果大规模铺设将需要很大的投资。

(2) 电话线——带宽太窄，不满足使用要求

有没有既能获得数字通信的好处又能节省投资的办法呢？一个自然的想法就是利用已经遍布全国的电话线来传输数据。

语音信号的频率范围是20Hz～20kHz，目前所用模拟电话信道的标称带宽是4kHz。在语音通信的场合，人们不大在意波形形状的某些变化以及相位失真等方面的问题，只要满足语音的清晰度并可听懂就行了。在这一前提下通过大量的实验和统计，得到了带宽为4kHz的结果。由于电话通信有相当长的应用历史，令人满意的使用效果，并已铺设了遍及各地的电话线路，因此4kHz带宽的选择是合理的。由频分复用的原理可知，在信道资源确定的情况下，选定的带宽越窄，容纳的电话通道就越多。

在把通话的标称带宽定为4kHz之后，就大量制造了相应的频分复用通信设备——载波机，其主要部件就是载波频率产生器、调制器、解调器和大量的滤波器。为理解本节的后续内容，可以把它看成是在电话信道里设置了若干组4kHz带宽的"话路滤波器"。实际上，它们都是中心频率各不相同的带通滤波器。

如果信号的频带与传输信道的带宽匹配得较好，就能有效地传输信号，否则就会造成较大的失真。既然要传4800个脉冲/s，每个脉冲的最大宽度就是$\tau=1/4800$s，由图4.42可知，信号的带宽或频谱的第一个过零点就是$\omega=2\pi/\tau$，$f=\omega/2\pi=1/\tau=4800$Hz。显然，这一速率的矩形脉冲信号不能无失真地通过载波机4kHz带宽的话路滤波器。

4.11.2 解决办法

需要说明的是，在载波机的技术方案中有诸多技术和实用上的考虑，如在实现上述的话路滤波器时要有一定的过渡带，在多路通信的各个话路之间要留出一定的保护间隔等。因此，尽管电话信道的标称带宽为4kHz，但实际使用的话路带宽仅为300～3400Hz。

根据传输信号的性质，本节讨论的目的或出发点就是让时域信号通过信道后产生的失真较小，或者说要使信号的频谱分量尽量完整地通过信道，以达到所要求的传输速度和误码率指标。解决问题的办法如下所述。

1. 全占空脉冲的传输

图4.43(a)的传输信号是101001…。在保证速度为每秒传输4800个脉冲的情

况下，传输脉冲的宽度可以有多种选择，该图给出了两种情况。其中，虚线脉冲的宽度为所能得到的最大时宽，即 1/4800s。因而，它把整个“时隙”都占满了，而实线脉冲的宽度为最大时隙的 1/3。

下面分析单脉冲情况下不同宽度信号的频谱。

显然，实线信号频谱的第一个过零点或频带宽度是虚线信号相应值的三倍。由图 4.43(b)可以看出，虚线信号第一个过零点的频率为 4800Hz，而实线信号的相应值为 3×4800Hz。

一般把占有全部传输时隙的脉冲叫做全占空脉冲。显然，针对当前的课题，用全占空脉冲进行传输是唯一的选择。

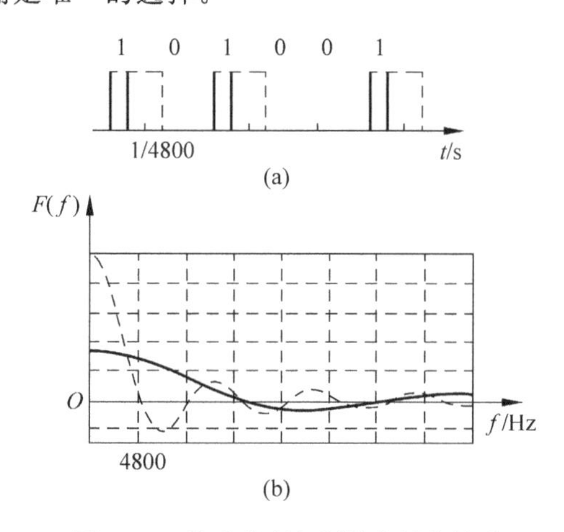

图 4.43　脉冲宽度与频谱之间的关系

2. 四电平传输

由前可知，为了实现本例的通信任务，必须使信号占有的频带尽量窄，如果能窄到电话信道的带宽就成功了。

由图 4.43(b)可见，采用全占空脉冲传输后，信号的带宽仍不满足课题的要求。但是，从全占空传输得到的启发是，如果能把脉冲的宽度再加大，就可以进一步减少信号的带宽。然而，如果脉宽大于 1/4800s，又不能满足传输速度的要求。可否两全呢？我们想起了多进制传输。如果采用表 4.4 所示的四进制，即用每个脉冲传输两位信息就可以在满足传输速度的前提下，进一步加大传输脉冲的宽度。

表 4.4　四电平脉冲对应表

二进制数	00	01	10	11
幅度值	－1	＋1	－3	＋3

由表 4.4 可见，当接收端收到幅度为＋3 的信号后，就知道发送的是 11 脉冲码，而收到－3 时，发送的就是 10 码等。这样，每发送 2400 波特(即传输速度为每秒传 2400 个多进制脉冲)的信号，实际传输的就是 4800 个二进制脉冲。因此，对

传输速度的要求从 4800 比特降低为 2400 波特，这意味着相应的传输脉宽可以增大一倍。

3. 时域信号的设计

采用上述方法后，信号的频谱如图 4.44 所示，图中用斜线标出了电话信道的频带，即 300～3400Hz。从频带占用情况看已经比图 4.43 有了很大的改进。但是，图的斜线区内仍有很多频率分量，这部分频率分量不能通过信道滤波器，其结果仍会导致较大的误码。一般把第一个零点内的频谱分量称为频谱的主瓣，而其余各分量称为频谱的旁瓣。从减少误码的角度出发，需要考虑以下问题。

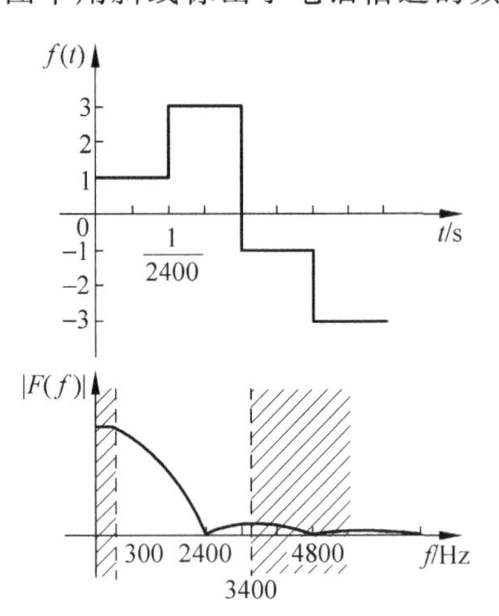

图 4.44 四电平脉冲的频谱

(1) 必须减小频谱的旁瓣

从第 3 章傅里叶变换的学习可知，频谱的形状取决于时域信号。为了减少旁瓣，可以在时域信号波形的选择上下功夫。通过仔细的分析、比较可知，“升余弦”信号的频谱具有较小的旁瓣，它的时域表达式为

$$f(t)=\begin{cases}\dfrac{E}{2}\left[1+\cos\left(\dfrac{2\pi t}{\tau}\right)\right], & |t|<\dfrac{\tau}{2}\\[2mm] 0, & |t|\geqslant\dfrac{\tau}{2}\end{cases}\tag{4.50}$$

相应的频谱为

$$F(\omega)=\frac{E\tau}{2}\,\frac{\mathrm{Sa}\left(\dfrac{\omega\tau}{2}\right)}{1-\left(\dfrac{\omega\tau}{2\pi}\right)^2}\tag{4.51}$$

升余弦信号的波形和频谱如图 4.45 所示。

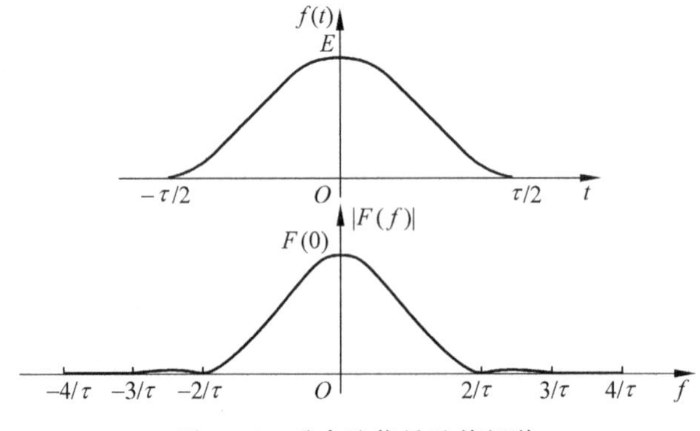

图 4.45 升余弦信号及其频谱

为了考查升余弦信号谱的旁瓣，我们把有关的计算结果列于表 4.5 中。

表 4.5　不同信号的频谱在给定频率点上的归一化幅值 $|F(f)|/F(0)$

频率点 / 归一化幅值 / 信号波形	第一旁瓣中心点	第二旁瓣中心点
升余弦	0.024	0.008
矩形脉冲	0.217	0.128

由表 4.5 可见，当频率位于升余弦信号频谱第一旁瓣的中心点时，其频谱的幅度已经很小，$F(f)/F(0)=0.024$，忽略该旁瓣对信号能量的损失微不足道，因而忽略旁瓣对时域信号恢复的影响比较小。作为对照，表中也给出了矩形脉冲相应的情况。

(2) 升余弦的带宽问题

图 4.46 是矩形脉冲和升余弦脉冲频谱的比较，其中虚线是升余弦脉冲谱。二者的时域宽度都是 $\tau=1/2400\text{s}$。研究该图的频谱可知，尽管升余弦信号频谱的旁瓣很小，但决定其带宽的第一个过零点位于 $f=\frac{2}{\tau}=4800\text{Hz}$(为什么？请自己推出这一结果)，而矩形脉冲频谱的第一个过零点仅为 $f=\frac{1}{\tau}=2400\text{Hz}$。因此，为了减少旁瓣而选用升余弦脉冲的话，将会带来更大的问题，即主瓣中相当部分的能量不能通过信道。显然，这将导致更多的误码。

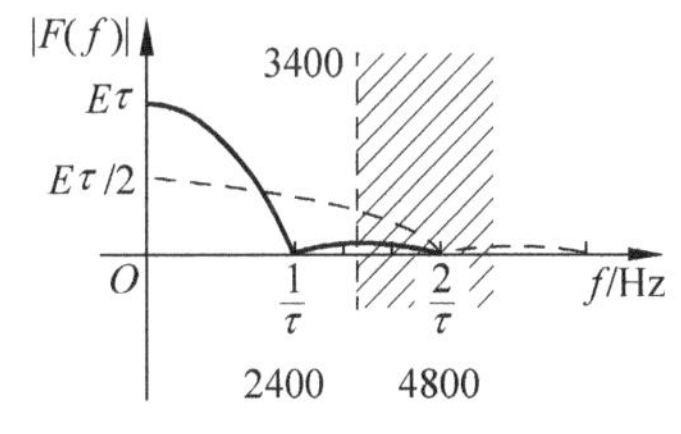

图 4.46　矩形脉冲和升余弦脉冲频谱的比较

能否得到忽略旁瓣的好处，又不损失主瓣的能量呢？一种思路是再次求助于脉冲宽度的扩展。假定把升余弦的脉宽再增加一倍，即把其底宽选为 1/1200s，则相应频谱第一个过零点的位置就与底宽为 $\frac{1}{2400}\text{s}$ 的矩形脉冲相同了。两种情况的对比示于图 4.47。

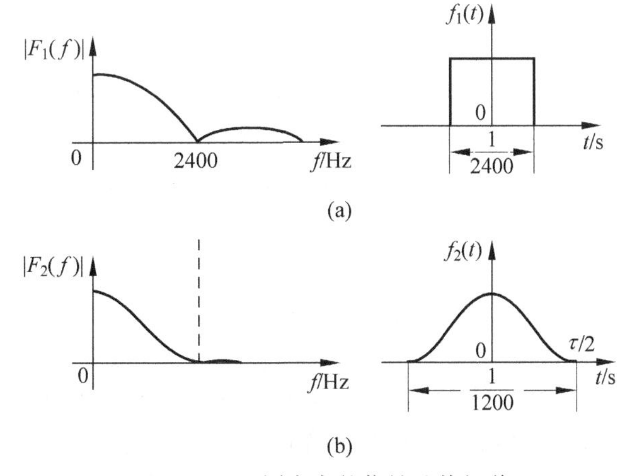

图 4.47　不同底宽的信号及其频谱

(a) 矩形脉冲；(b) 升余弦脉冲

读者肯定会指出：这样做的结果不能满足传输速度的要求?! 是的！但是，研究升余弦波形的特点可以解决这个问题。仔细观察升余弦的时域波形可知，在 $t=\pm\frac{\tau}{2}$ 处，该波形的幅度为零。如果把相邻的升余弦波形按照图 4.48(b)的方法进行重叠时，会出现什么情况呢？观察该图的 A 点和 B 点可知，当一个升余弦波形的幅度达到最大时，其左、右相邻波形的幅值全为零。也就是说在这些点上，相邻信号不会产生任何影响。如果把这种类型的点选为接收端的判决点，当然会无误地判断出该点的幅值，并能依次得到整个接收序列。为了进一步说明这个问题，我们在图 4.48(a)给出了用矩形波传输相同信号时的情况。由图可见，实际传输的矩形脉冲信号为 3131，只要遵从在 A，B 等采样点进行判决的原则，那么用图 4.48(b)的升余弦信号传输时也会得到同样的结果。

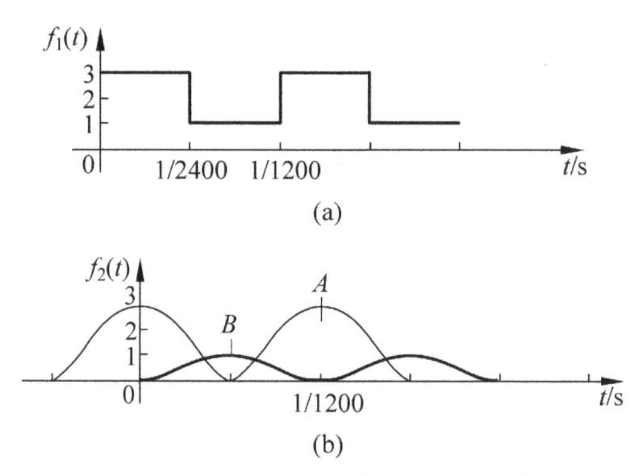

图 4.48 按一定规律重叠的升余弦脉冲

由此可见，上述“重叠”就意味着用底宽为 $\frac{1}{1200}$s 的升余弦信号进行传输时，相邻信号传输的时间间隔仍然是 $\frac{1}{2400}$s，再加上四电平传输，最后的传输速度就达到了 4800 比特。

4. 调制

以上措施解决了频谱高端的问题，但观察图 4.49 可知，在频谱低端还遗留一个很大的问题。由于电话信道的带宽是 300～3400Hz，所以 0～300Hz 的信号分量无法通过信道。由该图可见，升余弦信号频谱的主瓣恰好位于这段频率，并具有较大的能量。为了达到数字通信的指标要求必须使这些信号分量通过信道，如何解决呢？

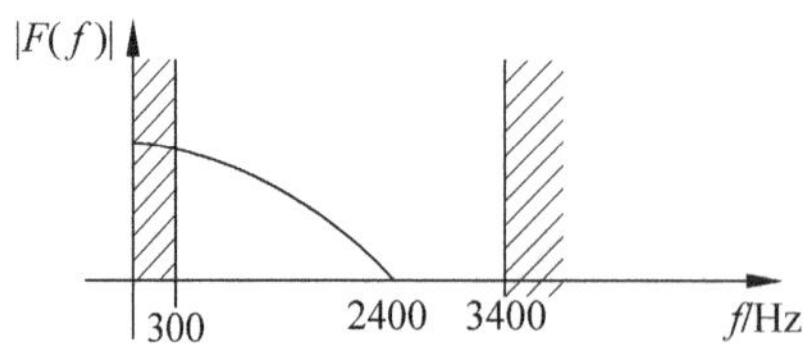

图 4.49 电话信道在频带低端存在的问题

直观地看，只要把频谱的位置进行平移就可以解决了。本章讨论过的调制技术正好用于频谱的搬移。当然，这需要选择合适的载波。例如，把载波频率选为 $f_c=\frac{\omega_c}{2\pi}=2700$Hz，则调制后的频谱如图 4.50(a)所示。

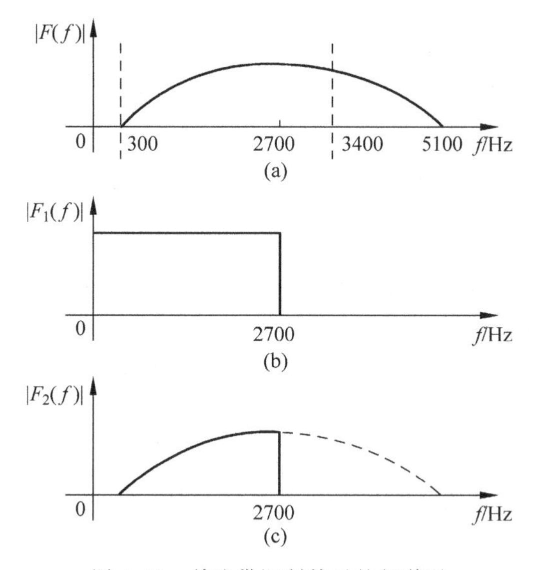

图 4.50　单边带调制前后的频谱图

(a) 双边带调制的频谱；(b) 单边带滤波器；(c) 单边带调制的频谱

5. 单边带通信

从图 4.50 可见，经过调制的处理步骤之后，频谱的高端又出现了新的问题，即 3400～5100Hz 段的频率分量无法通过信道滤波器。结合前面单边带通信的知识可知，由于该图的频谱呈对称形状，只要传送一个边带就可以了。图 4.50(b)给出了单边带滤波器的频率响应 $F_1(f)$。用它进行滤波就可以得到需要的频谱并示于图 4.50(c)。

图 4.51(b)给出了用升余弦传输四电平信号的波形 $f_2(t)$。作为参照物，图 4.51(a)给出了使用矩形脉冲 $f_1(t)$的情况。由图可见，二者所要传输的信号都是 3，−1，1，−3。显然，对升余弦信号来说，只要接收端在图示的 t_1,t_2,t_3,t_4 等时刻进行判决就可以得到正确的结果。

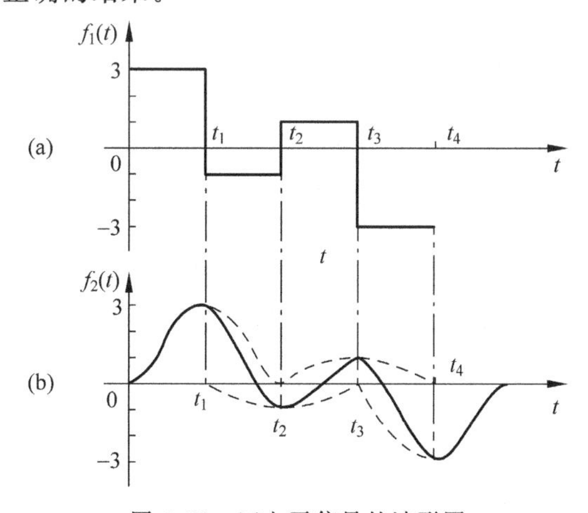

图 4.51　四电平信号的波形图

(a) 矩形信号波形；(b) 升余弦信号波形

综上所述，我们通过全占空、四电平、升余弦、单边带调制等方法，为在 300～3400Hz 的电话信道上传输 4800 比特的信息奠定了基础。

当然，以上只是针对频谱问题进行了可行性研究，并给出了一种可行的方案。在具体实现时还有诸多的理论问题和相当多的技术问题需要解决。即使在频谱问题上，具体的方案也比本节所述的情况复杂。但是无论如何我们得到的一个结论是：只要综合利用学过的理论、概念和方法，就可以解决技术上有相当难度的实际问题。本课程通常安排在大二的第二学期或大三的第一学期。也就是说，读者学习本课程时刚走到大学生活的中途。现在已是如此，大学、研究生毕业时又当如何！

由于技术的进步，目前已经实现了更高速率、更高性能和更加小型的数据传输设备，并已广泛用于互联网之中。技术的发展正不断涌现出新的难题，急切地等待着大家去一展身手。

问题：如果要求在电话信道中传输 2400 比特的数据，请自行设计出可行的方案。

4.12 小结

本章讨论傅里叶变换众多应用中的少数例证。

首先讨论了与通信系统有关的一些概念，特别是信号在通信信道中传输时的调制技术。我们以幅度调制为例介绍了双边带调幅、抑制载波双边带调幅、单边带调幅等在传输带宽、传输功率和调制、解调等方面的特点并进行了相应的理论分析。实际上，幅度调制就是傅里叶变换的频移定理或频域卷积定理的应用，其实质是实现了信号频谱的搬移。通过频谱的搬移还可以实现信道在频域的共用，这就是我们介绍的频分复用。

在时域实现的信道共用是时分复用，我们从脉冲调幅的角度介绍了时分复用的有关概念，而脉冲调幅的“载波”是宽度恒定的周期脉冲序列。

本章的第二个主题是连续时间信号的采样。采样定理是连续时间信号和离散时间信号之间的桥梁，也是使连续时间信号实现数字处理的理论基础。该定理要求采样频率必须大于信号最高频率的两倍。在此条件下，通过理想低通滤波器就可以无失真地恢复被采样的信号，或者说重建了原始信号。在时域中常把理想重建过程称为理想带限内插。当采样过程不满足奈奎斯特频率的要求时，会出现频谱的混叠或重建信号的失真。由于理想低通滤波器和理想带限内插是不能实现的，实用中常用零阶保持或一阶保持实现上述的内插过程。

数据传输属于数字通信领域，本章从频谱分析的角度进行了数据传输机实现方案的讨论。从这个意义上说，可以把它看成是傅里叶变换应用的又一个实例。

习题

4.1 已知调制信号为

$$x(t)=(1+1.2\cos\Omega_{\mathrm{m}}t)\cos\omega_{\mathrm{c}}t,\quad \omega_{\mathrm{c}}=4\Omega_{\mathrm{m}}$$

画出该信号及包络检波后的波形。

4.2　已知调制信号波形如图题 4.2 所示，画出双边带调幅和抑制载波双边带调幅信号的波形图，并分别画出经包络检波后各自的波形图。

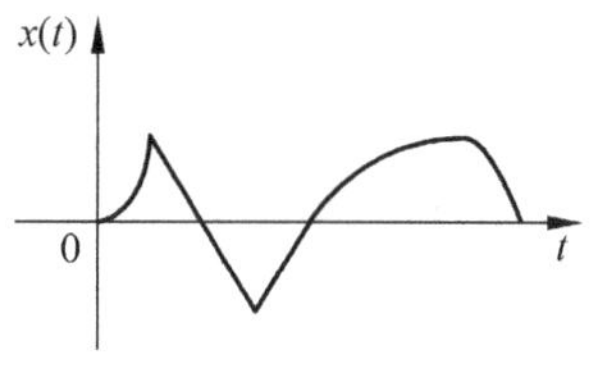

图题　4.2

4.3　已知线性调制信号为

(1) $x_1(t)=\cos\Omega t\cos\omega_c t$

(2) $x_2(t)=(1+0.5\sin\Omega t)\cos\omega_c t$

其中 $\omega_c=4\Omega$，求 $X_1(\omega)$，$X_2(\omega)$，并画出它们的波形图和频谱图。

4.4　图题 4.4(a)为调制信号的频谱 $F(\omega)$，图 4.4(b)斜线所示的 $F_1(\omega)$是相应的单边带调制信号的频谱。试证明，可以用同步解调从 $F_1(\omega)$恢复出原来的信号 $F(\omega)$。

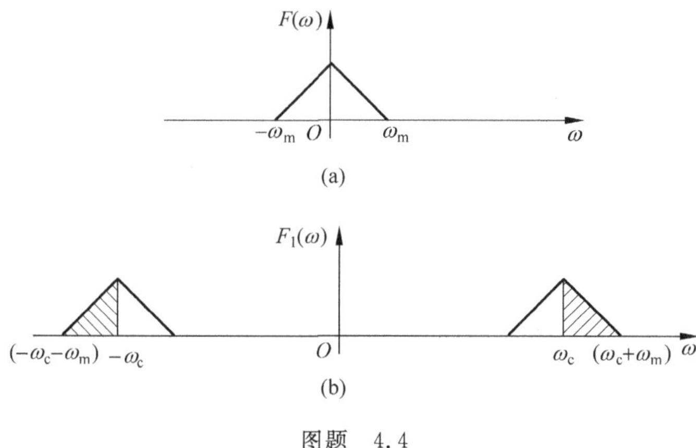

图题　4.4

4.5　已知信号 $f(t)=8+A\sin\omega t$，$A\leqslant 15\text{V}$。设 $f(t)$被均匀量化成 101 个电平。求表达 $f(t)$所需的二进码位数 N 和量化级间隔。

4.6　设 $f(t)$的奈奎斯特频率是 ω_0，求下列信号的奈奎斯特频率。

(1) $f(t)+f(t-t_0)$　　(2) $\dfrac{\mathrm{d}f(t)}{\mathrm{d}t}$

(3) $f^2(t)$　　(4) $f(t)\cos\omega_0 t$

4.7　已知信号 $x_1(t)$，$x_2(t)$的频谱为

$$\begin{cases}X_1(\omega)=0, & |\omega|\geqslant\omega_1\\ X_2(\omega)=0, & |\omega|\geqslant\omega_2\end{cases}$$

设 $y(t)=x_1(t)\cdot x_2(t)$，用 $\delta_T(t)$对 $y(t)$采样得到的信号为 $y_s(t)$。给出能从 $y_s(t)$恢复 $y(t)$的最大采样间隔。

4.8　已知信号 $x(t)=28\cos(40\pi t)\cos(280\pi t)$，用 $f_s=350\text{Hz}$ 的频率对该信号采样。

(1) 画出采样后信号的频谱；

(2) 为了从采样信号中无失真地恢复出 $x(t)$，求所用理想低通滤波器的带宽；

(3) 对 $x(t)$进行采样的奈奎斯特频率为多少？

4.9 已知 $x(t)$和 $X(\omega)$是一对傅里叶变换，$x_s(t)$是 $x(t)$的采样，即

$$x_s(t)=\sum_{n=-\infty}^{\infty}x(nT)\delta(t-nT)$$

采样周期选为 $T=10^{-4}$，根据采样定理判断，在下列条件下，可否从 $x_s(t)$中完全恢复 $x(t)$。

(1) $X(\omega)=0,|\omega|>6000\pi$　　(2) $X(\omega)=0,|\omega|>18000\pi$

(3) $\mathrm{Re}|X(\omega)|=0,|\omega|>5000\pi$　　(4) $x(t)$为实函数，$X(\omega)=0,\omega>6000\pi$

(5) $x(t)$为实函数，$X(\omega)=0,\omega<-12000\pi$

(6) $X(\omega)*X(\omega)=0,|\omega|>1800\pi$

4.10 信号 $x(t)$的频谱为 $X(f)$，已知

$$X(f)=\begin{cases}1-\dfrac{2|f|}{\tau}, & |f|\leqslant\dfrac{\tau}{2}\\ 0, & \text{其他}\end{cases}$$

其中 $\tau=800\text{Hz}$。

(1) 若对 $x(t)$进行理想采样，采样频率为 $f_s=600\text{Hz}$，画出采样后信号 $x_s(t)$在 $|f|\leqslant400\text{Hz}$ 范围内的频谱。

(2) 当采样频率 $f_s=900\text{Hz}$ 时，画出采样后信号 $x_s(t)$在 $|f|\leqslant400\text{Hz}$ 范围内的频谱。

4.11 设三角形和升余弦信号的底宽均为 τ，用抽样间隔为 T_s 的单位脉冲串对它们进行采样。当 $T_s=\dfrac{\tau}{8}$时，分别画出采样后信号的频谱。

4.12 已知信号的频谱 $X(\omega)$如图题 4.12 所示。

(1) 求 $x(2t)$和 $x(t/2)$的奈奎斯特采样周期；

(2) 用 $\delta_T(t)=\sum\limits_{n=-\infty}^{\infty}\delta\left(t-\dfrac{n\pi}{8}\right)$对 $x(t/2)$，$x(t)$和 $x(2t)$进行采样，画出采样信号 $x_s(t/2)$，$x_s(t)$和 $x_s(2t)$的频谱，并判断是否会发生混叠。

4.13 已知 $f(t)$和 $F(\omega)$是一对傅里叶变换，$F(\omega)$为频带有限信号，$|\omega|\leqslant\omega_m$。用周期矩形脉冲 $p(t)$把 $f(t)$进行平顶采样得到 $f_s(t)$，并已示于图题 4.13，采样周期为 T_s。

(1) 证明 $f_s(t)$的傅里叶变换为

$$F_s(\omega)=\frac{1}{T_s}\sum_{n=-\infty}^{\infty}F(\omega-n\omega_s)\cdot P(\omega)$$

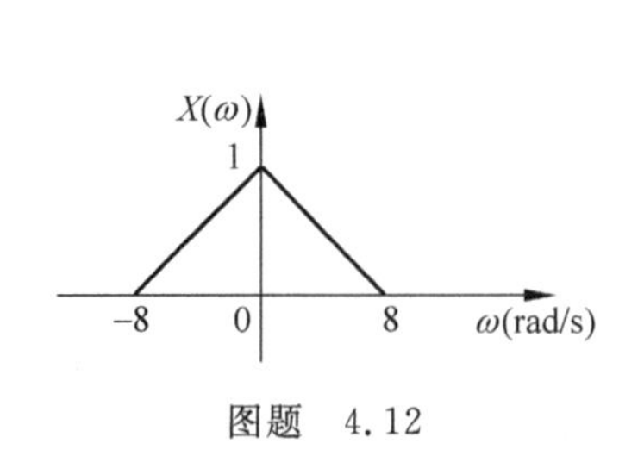

图题 4.12

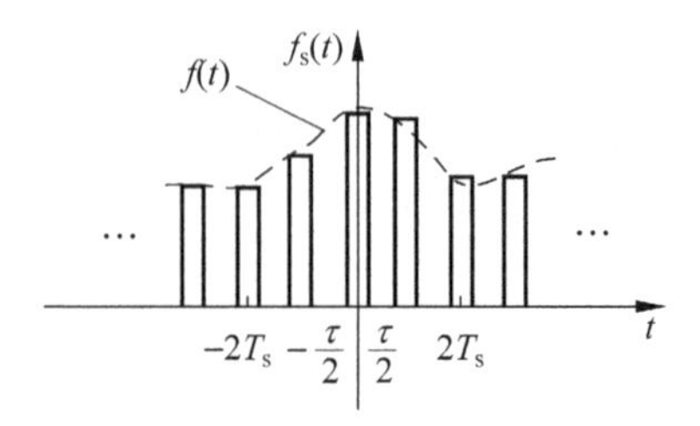

图题 4.13

其中

$$P(\omega)=\int_{-\frac{\tau}{2}}^{\frac{\tau}{2}} p(t)\mathrm{e}^{-\mathrm{j}\omega t}\,\mathrm{d}t$$

(2) 说明平顶采样频谱与自然采样频谱的异同。

(3) 给出从 $f_s(t)$无失真恢复 $f(t)$所需满足的条件。

4.14　信号 $g(t)$的最高频率为 f_m，其频谱 $G(\omega)$示于图题 4.14(b)。用图题 4.14(a)所示的周期信号 $f(t)$对 $g(t)$进行自然采样。求采样后信号频谱的表达式，并画出频谱图。

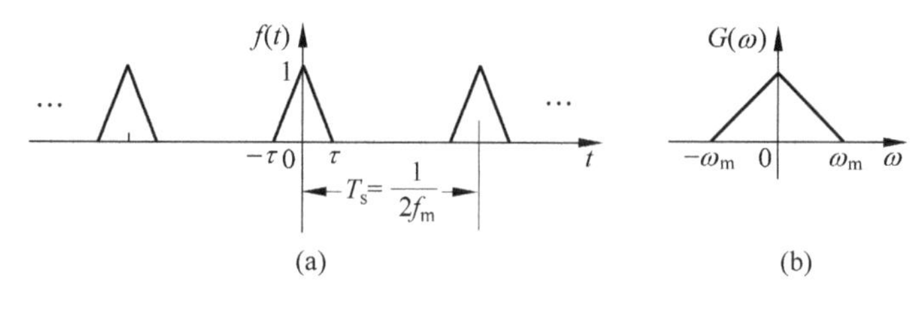

图题　4.14

4.15　已知矩形信号的底宽为 $\tau=2.5\text{ms}$。设该信号第 8 个零点以外的频率分量可以忽略，对该信号抽样的最小频率是多少?

4.16　已知周期函数 $x(t)$为实奇函数，其傅里叶级数为

$$x(t)=\sum_{n=0}^{5}\left(\frac{1}{2}\right)^n\sin(n\pi t)$$

用 $\delta_T(t)=\sum_{n=-\infty}^{\infty}\delta(t-nT)$，$T=0.2$ 对 $x(t)$采样得到的采样信号为 $x_s(t)$。

(1) $x_s(t)$的频谱会发生混叠吗？请说明理由。

(2) 令 $x_s(t)$通过一个幅度为 T，截止频率为 π/T 的理想低通滤波器，求输出信号 $y(t)$的傅里叶级数表达式。

4.17　系统的发送端和接收端分别示于图题 4.17 的(a)和(b)，$X(\omega)$和 $H_1(\omega)$示于图题 4.17(c)。其中，$X(\omega)$为 $x(t)$的频谱。

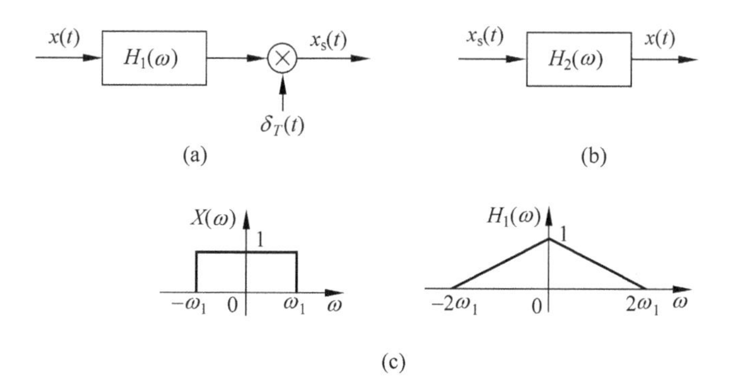

图题　4.17

(1) 求采样频率 f_s；

(2) 设采样频率 $f_s=3f_1$，画出 $x_s(t)$的频谱；

(3) 为了从 $x_s(t)$不失真地恢复 $x(t)$，求接收端的传递函数 $H_2(\omega)$。

4.18 已知 $x(t)$的频谱为 $X(\omega)=0$，$|\omega|>\omega_m$，如图题 4.18(a)所示。画出图题 4.18(b)中 $y_1(t)$，$y_2(t)$，$y(t)$的频谱，并以此证明：用图题 4.18(b)所示电路可以得到仅保留下边带的调幅系统，其中，$\omega_c\gg\omega_m$。

$$H(\omega)=\begin{cases}-\mathrm{j}, & \omega>0\\ +\mathrm{j}, & \omega<0\end{cases}$$

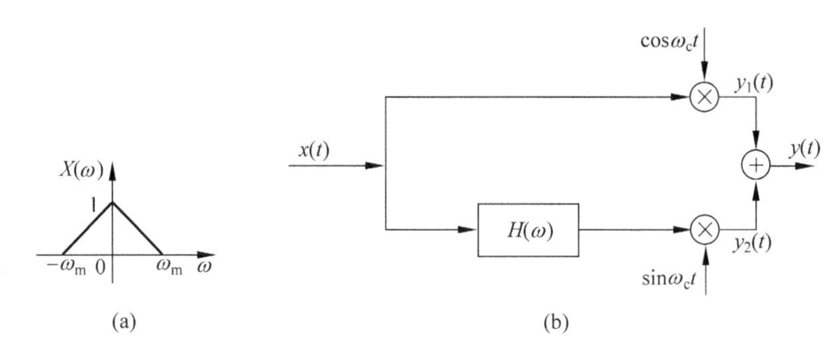

图题 4.18

4.19 给定条件同上题，根据该题自行设计一个仅保留上边带的幅度调制系统，并画出有关部位的频谱。

4.20 调制系统的框图如图题 4.20 所示，已知

$$H(\omega)=\begin{cases}-\mathrm{j}, & \omega>0\\ +\mathrm{j}, & \omega<0\end{cases}$$

输入信号 $x(t)$的频谱 $X(\omega)=0$，$|\omega|>\omega_m$，又 $\omega_c>\omega_m$。回答以下问题并说明理由。

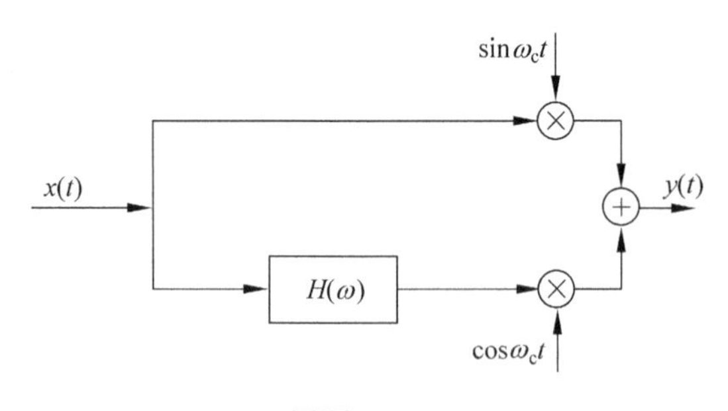

图题 4.20

(1) 当 $x(t)$为实值信号时能保证 $y(t)$也是实值信号吗？

(2) 可以从 $y(t)$中恢复 $x(t)$吗？

4.21 已知调幅信号为

$$y(t)=[x(t)+A]\cos(10000\pi t)$$

其中，调制信号为

$$x(t)=\frac{\sin(1000\pi t)}{\pi t}$$

设抽样信号 Sa(t)中各旁瓣的最大值位于含该旁瓣的两个过零点的正中间。为了用包络检波从 $y(t)$中恢复 $x(t)$，最大可容许的调制指数 m 的值为多少？

4.22　已知 $x(t)=f(t)\cdot g(t)$，$f(t)=\frac{\sin\omega_c t}{\omega_c t}$，$g(t)=\cos\omega_0 t$，$\omega_0\gg\omega_c$。使 $x(t)$通过一个传递函数为 $H(\omega)=|H(\omega)|e^{j\varphi(\omega)}$的理想带通系统，其中

$$|H(\omega)|=\begin{cases}1, & \omega_0-\omega_c<|\omega|<\omega_0+\omega_c\\ 0, & \text{其他}\end{cases}$$

$$\varphi(\omega)=\begin{cases}-(\omega-\omega_0)t_0, & \omega>0\\ -(\omega+\omega_0)t_0, & \omega<0\end{cases}$$

(1) 画出 $H(\omega)$的特性；

(2) 求输出信号 $y(t)$的表达式。

第5章 Z变换和拉普拉斯变换

在离散时间控制系统、数字通信系统等离散时间系统中，特别是在线性、时不变系统中，Z 变换(ZT)占有非常重要的地位，是分析、综合离散时间信号和系统的重要的数学工具。线性差分方程表征了系统的动力学特征，是离散时间线性、时不变系统的数学模型。除了用时域的方法解差分方程外，还可以用变换域的方法求解，即采用 Z 变换的方法求解。用 Z 变换方法求解的实质就是把差分方程变换为 z 域的代数方程，从而简化了求解过程。

本章从傅里叶变换的角度引申出连续时间信号与系统中的拉普拉斯变换(LT)。连续时间线性、时不变系统的数学模型是微分方程，我们在第 2章已经讨论过微分方程的时域解法。与离散域的情况相似，可以用拉普拉斯变换即用变换域的方法求解微分方程，而该方法的实质就是把微分方程变换为 s 域的代数方程。

总之，拉普拉斯变换与 Z 变换的地位相当，二者的作用也是非常类似的。

5.1 Z 变换(ZT)的定义

已知离散时间信号或序列 $x[n]$，其 Z 变换的定义为

$$X(z) = \sum_{n=-\infty}^{\infty} x[n]z^{-n} \tag{5.1}$$

经常用 $\mathcal{Z}[x[n]]$ 表示序列 $x[n]$ 的 Z 变换，它是以 z 为变量的函数，即 $\mathcal{Z}[x[n]]=X(z)$。由于 z 是复变量，所以 $X(z)$ 是复变函数，它在一定的收敛域内为解析函数。显然，z 具有实部和虚部，也就是说，z 是一个以实部为横坐标，虚部为纵坐标的平面上的变量，一般把该平面叫做 z 平面。显然，它是一个复平面。对于 Z 变换来说，经常采用极坐标表示法。

另由式(5.1)可见，$X(z)$ 是复变量 z^{-1} 的幂级数，这在数学上称为罗朗级数，该级数的系数就是序列 $x[n]$ 的值。

以上是双边 Z 变换的定义和有关概念，式(5.2)表示的 Z 变换叫做单边 Z 变换

$$X(z) = \sum_{n=0}^{\infty} x[n]z^{-n} \tag{5.2}$$

在大部分信号与系统的书籍中主要研究单边 Z 变换。实际上，单边 Z 变换和双边 Z 变换只在少数几种情况下有区别。一般来说，单边 Z 变换可以考虑起始条件的影响，便于求因果系统差分方程的瞬态解。但是在离散时间因果、LTI 系统和数字信号处理中，多数情况下的约定都是起始松弛状态，即输入序列加到系统之前系统处于“零状态”，或者说是研究系统的稳态响应，故无需考虑上述的起始状态。

考虑到与数字信号处理等现代技术以及后续课程的衔接，本教材选择的研究对象是双边 Z 变换，当涉及与单边 Z 变换有关的问题时，将另行注明。一般来说，序列与其单边 Z 变换是一一对应的，而在双边 Z 变换中，同一个 Z 变换式可以对应于不同的序列，为了单值确定 Z 变换所对应的序列，不仅要给出序列的 Z 变换式，还必须说明它的收敛域。因此，对于学过复变函数的读者来说，通过本章的学习可以更深入地理解收敛域的概念，很好地复习、巩固和扩展以前学过的知识。此外，研究双边 Z 变换的另一个目的是，通过对双边 Z 变换收敛域的研究，使读者对即将讨论的 s 平面和 z 平面之间的映射关系有一个更为全面的认识，以更好地理解连续时间信号、系统与离散时间信号、系统之间的区别与联系。

读者在阅读参考书时，首先要搞清楚该书讨论的是双边 Z 变换还是单边 Z 变换。

本节预先说明，Z 变换具有线性特性，即满足以前讨论过的叠加性和比例特性。因为在讨论 Z 变换性质的 5.4 节之前，我们会用到这一性质。

5.2　Z 变换的收敛域

由 Z 变换的定义可知，仅当级数收敛时 Z 变换才有意义。对任意给定的有界序列 $x[n]$，使级数 $X(z)=\sum_{n=-\infty}^{\infty}x[n]z^{-n}$ 收敛的所有 z 值的集合叫做 Z 变换的收敛域(region of convergence)，简记为 ROC。

5.2.1　级数收敛的充分条件

由数学课程已知，绝对可和是级数一致收敛的充分条件，即

$$\sum_{n=-\infty}^{\infty}|x[n]z^{-n}|<\infty \tag{5.3}$$

Z 变换的收敛域就是由满足不等式(5.3)的全部 z 值所组成。通常 $x[n]$是有界序列，所以，为了满足这一条件要对$|z|$施加一定的限制。当 $z=z_i$ 在 ROC 内时，$|z|=|z_i|$所确定圆上的全部 z 值也都在 ROC 内。显然，序列 $x[n]$不同时，对应 Z 变换的收敛域也不同。

实际上，收敛域内的 Z 变换及其导数都是 z 的连续函数，所以 Z 变换函数是收敛域内每一点上的解析函数。由复变函数理论可知，上述的 Z 变换式是在$z=$

0点展开的罗朗级数，而罗朗级数的收敛域是一个环域，该收敛域的内、外边界应当是圆，因而可以表示成

$$R_{x_-} < |z| < R_{x_+}$$

其中，R_{x_-} 可以小到零，R_{x_+} 可以大到∞，这一收敛域示于图5.1。一般把 R_{x_-} 和 R_{x_+} 叫做收敛半径。

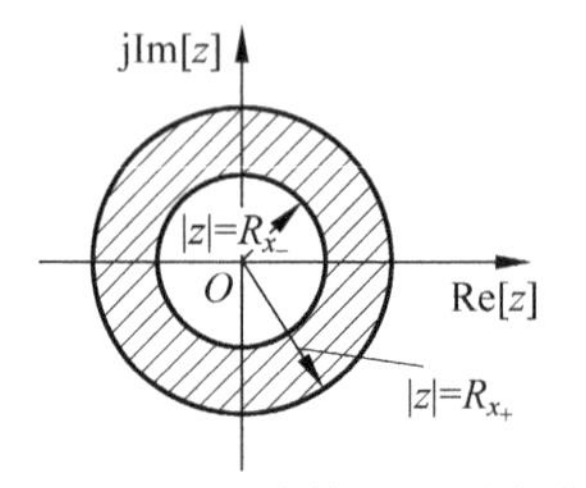

图5.1 双边Z变换的环形收敛域

5.2.2 Z变换的零点与极点

为了研究Z变换的收敛域，我们先讨论 $X(z)$ 的零点和极点问题。一般来说，序列的Z变换常可表示成有理分式或两个复变量 z 的多项式 $N(z)$ 与 $D(z)$ 之比，因而称为有理Z变换，用式子表示就是

$$X(z) = \frac{N(z)}{D(z)} \tag{5.4}$$

当 z 等于分子多项式 $N(z)$ 的根时，$X(z)=0$，这些根叫做 $X(z)$ 的零点。当 z 等于分母多项式 $D(z)$ 的根时，$X(z)=\infty$，这些根叫做 $X(z)$ 的极点。一般来说，任何能表示成实指数或复指数线性组合的序列，其Z变换一定是有理的，而且除了一个常数幅度因子之外，上述的零点和极点可以完全表征这个有理Z变换。

在具体考虑 $X(z)$ 的表达式时，既可把它写成两个 z 的多项式之比，也可以写成两个 z^{-1} 的多项式之比。尽管这两种表达方式都是可以的，但在使用要注意选择。例如，在涉及 $X(z)$ 零点或极点的时候，最好采用两个 z 多项式之比。如果采用 z^{-1} 的形式，在求Z变换时往往会漏掉零点。用留数法求反变换时，也容易在确定原点处的极点数目时出现错误。反之，对因果序列或者 $n<0$ 时为零的序列来说，$X(z)$ 中仅含 z 的负幂，所以把它表示成 z^{-1} 的多项式是特别方便的。

Z变换的收敛域和极点分布密切相关，在极点处Z变换不收敛。所以，在Z变换的收敛域内不能包含任何极点，而且收敛域的边界是通过极点的圆。一般来说可以用 z 平面内零、极点的分布图来表示Z变换，详见例5.1。

例5.1 求序列 $x[n]=a^n u[n]$ 的Z变换。

解

$$X(z)=\sum_{n=-\infty}^{\infty} a^n u[n] z^{-n} = \sum_{n=0}^{\infty}(az^{-1})^n$$

$$= \frac{1}{1-az^{-1}} = \frac{z}{z-a} \quad |z|>|a|$$

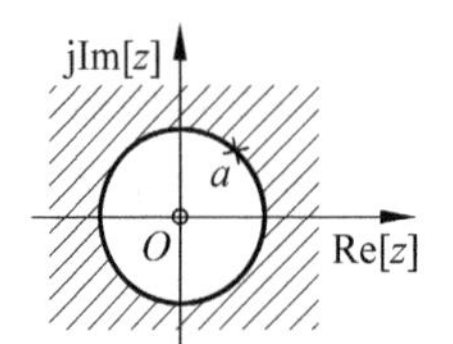

图5.2 指数序列的收敛域

可见，$X(z)$ 的零点是 $z=0$，极点是 $z=a$，如图5.2所示。图中用"∘"表示零点，用"×"表示极点，用阴影表示 $X(z)$ 的收敛域。■

$X(z)$ 的收敛域是由序列 $x[n]$ 的形式决定的，为说

明二者的关系，我们按下节所述的四种情况进行讨论。

5.2.3　序列形式与 Z 变换收敛域的关系

1. 有限长序列

$$x[n]=\begin{cases}x[n], & n_1\leqslant n\leqslant n_2\\ 0, & \text{其他}\end{cases}$$

该序列只在有限长区间内具有非零的有限值，其 Z 变换为

$$X(z)=\sum_{n=n_1}^{n_2}x[n]z^{-n}$$

有限长序列 Z 变换的收敛域是有限 z 平面，即 $0<|z|<\infty$，并有可能包含 0 点或 ∞ 点。

证明　在上式中，$X(z)$是有限项级数之和，只要级数的每一项有界，$X(z)$就有界。由于输入 $x[n]$为有界函数，故只需满足

$$|z|^{-n}<\infty,\quad n_1\leqslant n\leqslant n_2$$

就可求出 $X(z)$的收敛域。稍作分析可知，由上式决定的有限长序列的收敛域是除了 0 和∞两个特殊点以外的整个 z 平面，即

$$0<|z|<\infty \tag{5.5}$$

通常把这个开域$(0,\infty)$叫做“有限 z 平面”。■

此外，如果对有限长序列的始点 n_1 或终点 n_2 施加一定的限制，上述收敛域还可能扩大为包括 0 点或∞点的半开域，例如

当 $n_1\geqslant 0$ 时，

$$|z|>0$$

而 $n_2\leqslant 0$ 时，

$$|z|<\infty$$

以上情况示于图 5.3 中。

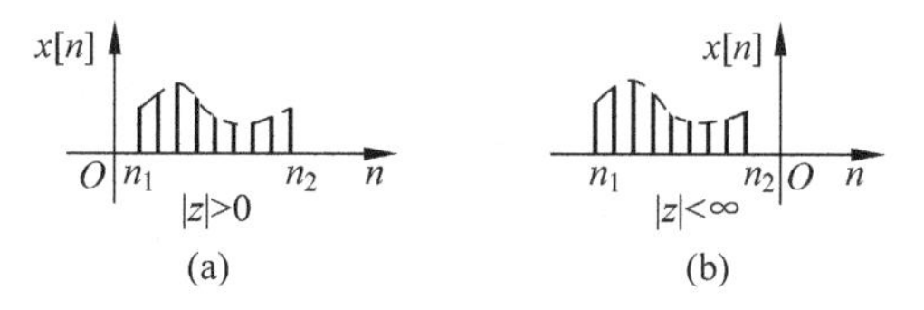

图 5.3　有限长序列及其 Z 变换的收敛域

举例来说，如下的矩形脉冲是一个有限长序列

$$x[n]=R_N[n]=\begin{cases}1, & 0\leqslant n\leqslant N-1\\ 0, & \text{其他}\end{cases}$$

它的 Z 变换是

$$X(z)=\sum_{n=-\infty}^{\infty}R_N[n]z^{-n}=\sum_{n=0}^{N-1}z^{-n}=\frac{1-z^{-N}}{1-z^{-1}},\quad |z|>0$$

可见，收敛域包括∞点，其原因就是矩形序列的始点在零点，满足 $n_1\geqslant 0$ 的条件。

总之，有限长序列的收敛域是有限 z 平面，并有可能包含 0 点或∞点。

2. 右边序列

右边序列是有始无终的序列，即

$$x[n]=\begin{cases}x[n], & n\geqslant n_1\\ 0, & n<n_1\end{cases}$$

其 Z 变换为

$$X(z)=\sum_{n=n_1}^{\infty}x[n]z^{-n}$$

右边序列的收敛域为

$$R_{x\_}<|z|<\infty \tag{5.6}$$

式(5.6)表明，右边序列的收敛域是除去∞点的、z 平面上半径为 $R_{x\_}$ 的圆的外部。但是，右边序列的收敛域有可能包含∞点。右边序列及其 Z 变换的收敛域如图 5.4 所示。

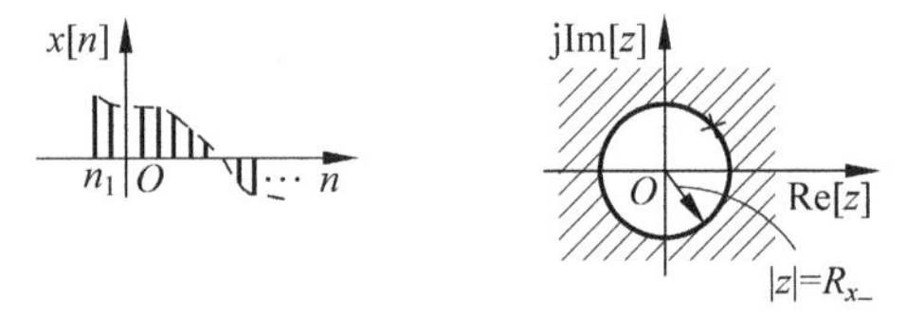

图 5.4　右边序列及其 Z 变换的收敛域($R_{x\_}<|z|<\infty$)

证明　设 $X(z)$在$|z|=R$ 上收敛，即

$$X(z)=\sum_{n=n_1}^{\infty}|x[n]R^{-n}|<\infty$$

任意选择一个整数 $n_2\geqslant 0$，则右边序列的 Z 变换可以写成

$$X(z)=\sum_{n=n_1}^{\infty}|x[n]z^{-n}|=\sum_{n=n_1}^{n_2}|x[n]z^{-n}|+\sum_{n=n_2+1}^{\infty}|x[n]z^{-n}| \tag{5.7}$$

我们先看上式的第二项，由于 $n>n_2\geqslant 0$，在$|z|>R$ 时，$|z|^{-n}<R^{-n}$，于是

$$\sum_{n=n_2+1}^{\infty}|x[n]z^{-n}|=\sum_{n=n_2+1}^{\infty}|x[n]||z^{-n}|<\sum_{n=n_2+1}^{\infty}|x[n]|R^{-n}<\infty,\quad |z|>R$$

由于第一项为有限长序列，前已证明它在有限 z 平面收敛，故右边序列的收敛域为

$$R<|z|<\infty$$

显然，收敛域内不能包含极点，或者说收敛域要以极点所在的圆周为边界。因此，当右边序列的 $X(z)$有多个极点存在时，其收敛域一定在某个极点所在的圆之外，而该极点的模值必须大于其他极点($z_1,z_2,\cdots,z_N$)的模值。即

$$R_{x_-}=\max(|z_1|,|z_2|,\cdots,|z_N|)$$

因此，只要

$$R_{x_-}<|z|<\infty \tag{5.8}$$

就可以保证 $X(z)$是解析的，或者说上式就是右边序列的收敛域。

此外，由于式(5.7)中 $X(z)$的第一项是有限长序列，故可得到关于∞点的结论。也就是说，如果 $x[n]=0, n_1<0$，或 $x[n]$为因果序列，它的收敛域还应该包括∞，即

$$|z|>R_{x_-}$$ ■

总之，如果Z变换的收敛域为除去∞点的某个圆之外，它对应于右边序列。如果收敛域还包含 $z=\infty$，该序列必然是因果序列。或者说，$X(z)$的收敛域包含∞点是因果序列的特征。

3. 左边序列

左边序列是无始有终的序列

$$x[n]=\begin{cases}x[n], & n\leqslant n_2\\ 0, & n>n_2\end{cases}$$

即当 $n>n_2$ 时，$x[n]=0$。左边序列的Z变换为

$$X(z)=\sum_{n=-\infty}^{n_2}x[n]z^{-n}$$

其收敛域是除0之外半径为 R_{x_+} 的圆内

$$0<|z|<R_{x_+} \tag{5.9}$$

并有可能包含零点。左边序列及其Z变换的收敛域如图5.5所示。

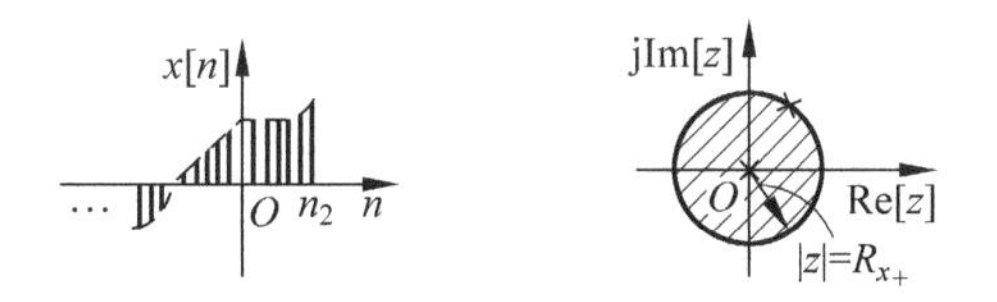

图5.5　左边序列及其Z变换的收敛域($0<|z|<R_{x_+}$)

证明　其证明思路与右边序列相同。设 $X(z)$在$|z|=R$上收敛，即

$$X(z)=\sum_{n=-\infty}^{n_2}|x[n]R^{-n}|<\infty$$

任选一个整数 $n_1\leqslant 0, n_1<n_2$ 使

$$X(z)=\sum_{n=-\infty}^{n_2}|x[n]z^{-n}|=\sum_{n=n_1}^{n_2}|x[n]z^{-n}|+\sum_{n=-\infty}^{n_1-1}|x[n]z^{-n}|$$

在上式的第二项中，由于 $n<0$，若$|z|<R$，则$|z^{-n}|<R^{-n}$，因此

$$\sum_{n=-\infty}^{n_1-1}|x[n]z^{-n}|=\sum_{n=-\infty}^{n_1-1}|x[n]||z^{-n}|<\sum_{n=-\infty}^{n_1-1}|x[n]|R^{-n}<\infty$$

$$|z|<R$$

上式中的第一项为有限长序列,它在有限 z 平面上收敛。由此可得

$$X(z)=\sum_{n=-\infty}^{n_2}|x[n]z^{-n}|<\infty$$
$$0<|z|<R$$

同样,由于收敛域内不能包含极点,故当 $X(z)$ 存在多个极点时,其收敛域为模值最小的一个极点所在的圆(R_{x_+})之内,这样才能保证 $X(z)$ 是解析的。因而左边序列的收敛域是不含原点的某个圆 R_{x_+} 的内部。

参照右边序列的推导可知,要仔细分析 $z=0$ 点的收敛情况。显然,收敛域是否包含 0 点取决于 n_2 的情况。具体来说,如果 $n_2>0$,则收敛域不包括 $z=0$,即 $0<|z|<R_{x_+}$。如果 $n_2\leqslant 0$,则收敛域包括 $z=0$,即 $|z|<R_{x_+}$。实际上,这正是我们在有限长序列时得到的结论。对于 $n_2\leqslant 0$ 时收敛域的情况示于图 5.6。 ■

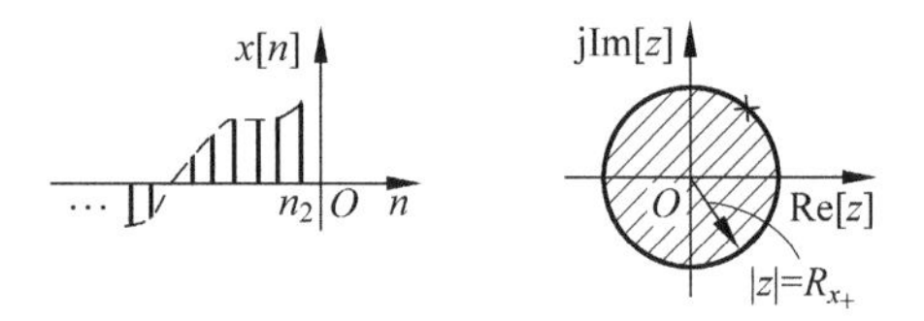

图 5.6 逆因果序列及其 Z 变换的收敛域($|z|<R_{x_+}$)

以上所述 R_{x_-}、R_{x_+} 的具体含义将通过例题加以说明。

4. 双边序列

双边序列是无始无终的序列,即 n 从 $-\infty$ 延伸到 ∞ 的序列。对于双边序列而言,如果它的 Z 变换收敛,其收敛域必为 z 平面上的环域,即

$$R_{x_-}<|z|<R_{x_+}$$

双边序列及其 Z 变换的收敛域如图 5.7 所示。

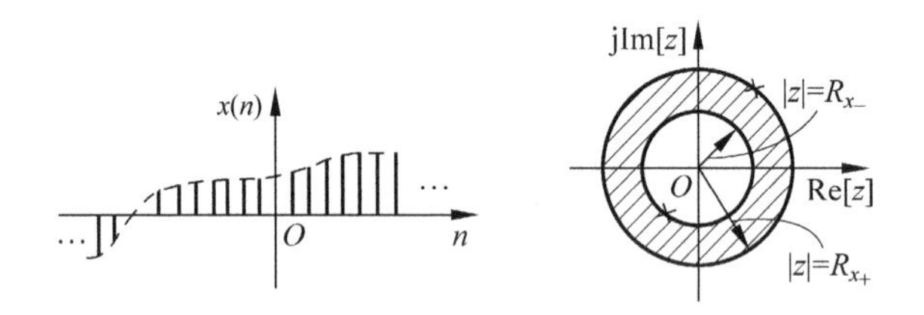

图 5.7 双边序列及其 Z 变换的收敛域

证明 可以把双边序列看成为一个右边序列和一个左边序列之和。所以,双边序列 Z 变换的收敛域就是该二序列 Z 变换的公共收敛域即

$$X(z)=\sum_{n=-\infty}^{\infty}x[n]z^{-n}=\sum_{n=-\infty}^{n_1}x[n]z^{-n}+\sum_{n=n_1+1}^{\infty}x[n]z^{-n}=X_1(z)+X_2(z)$$

其中

$$X_1(z)=\sum_{n=-\infty}^{n_1}x[n]z^{-n},\quad |z|<R_{x_+}$$

$$X_2(z)=\sum_{n=n_1+1}^{\infty}x[n]z^{-n},\quad |z|>R_{x_-}$$

如果 $R_{x_+}>R_{x_-}$，则存在公共的收敛域，即 $X(z)$的收敛域是

$$R_{x_-}<|z|<R_{x_+}\tag{5.10}$$

所以，双边序列的收敛域是个环域。当然，如果 $R_{x_-}>R_{x_+}$，两个级数不存在公共收敛域，$X(z)$就不收敛。此时，在 z 平面的任何地方都没有有界的 $X(z)$值，这种 Z 变换是没有意义的。■

以上讨论了四种序列双边 Z 变换的收敛域。显然，Z 变换的收敛域取决于序列的形式。请读者自行归纳、对比，并将其整理成表格。

当涉及以上序列单边 Z 变换的收敛域时，可以参照因果序列的相应结果，这里不再讨论。

例 5.2　已知双边指数序列

$$x[n]=x_1[n]+x_2[n]$$

其中，$x_1[n]=a^nu[n]$，$x_2[n]=-b^nu[-n-1]$，且 a,b 为实数，$|a|<|b|$，求

(1) $X_1(z)$，$X_2(z)$，$X(z)$；

(2) 画出 $X_1(z)$，$X_2(z)$，$X(z)$的零、极点图并标明收敛域；

(3) 若 $a=b=\frac{1}{2}$，画出 $x_1[n]$，$x_2[n]$并对 $X_1(z)$，$X_2(z)$的零、极点和收敛域进行讨论。

解　(1)

$$X_1(z)=\sum_{n=-\infty}^{\infty}x_1[n]z^{-n}=\sum_{n=0}^{\infty}a^nz^{-n}=\frac{1}{1-az^{-1}}=\frac{z}{z-a}$$

$$|z|>|a|$$

$$X_2(z)=\sum_{n=-\infty}^{\infty}x_2[n]z^{-n}=\sum_{n=-\infty}^{-1}-b^nz^{-n}=\sum_{n=1}^{\infty}-b^{-n}z^n=\frac{z}{z-b}$$

$$|z|<|b|$$

$$X(z)=X_1(z)+X_2(z)=\frac{z}{z-a}+\frac{z}{z-b}=\frac{z(2z-a-b)}{(z-a)(z-b)}$$

$$|a|<|z|<|b|$$

(2) 相应的零、极点图和收敛域如图 5.8 所示。

(3) 当 $a=b=\frac{1}{2}$时

$$X_1(z)=X_2(z)=\frac{z}{z-\frac{1}{2}}$$

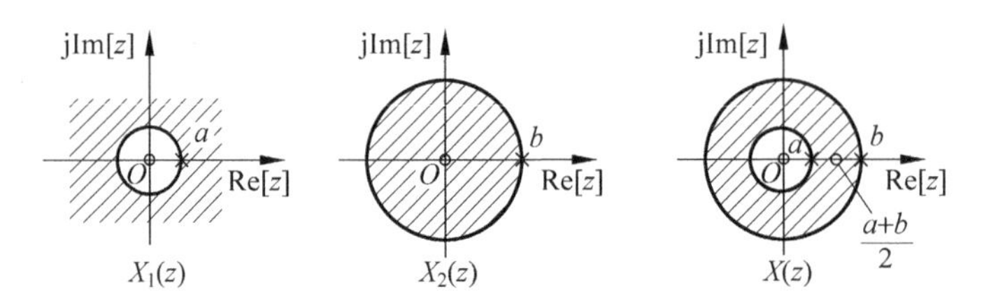

图 5.8 双边指数序列 Z 变换的零极点与收敛域

即，两个 Z 变换的表达式以及零点、极点分布是完全相同的。然而，从题目所给 $x_1[n]$，$x_2[n]$的波形来看，它们是两个完全不同的序列(见图 5.9)，不同序列的 Z 变换应该是不同的。那么，上述结果又如何解释呢？我们注意到，第(1)问三个 Z 变换的表达式都给出了相应的收敛域。其中，$X_1(z)$的收敛域在圆外，而 $X_2(z)$的收敛域在圆内。因此，依靠 Z 变换的收敛域可以把 $X_1(z)$和 $X_2(z)$区分开来。或者说，这两个 Z 变换并不相等。

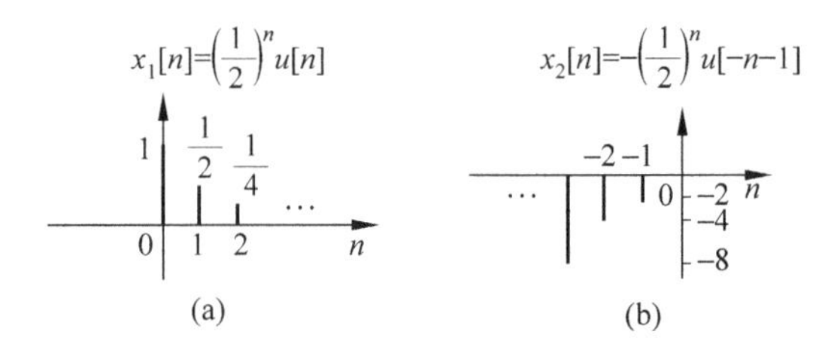

图 5.9 $a=b=\frac{1}{2}$时的序列 $x_1[n]$和 $x_2[n]$

所以，一个序列的 Z 变换不仅指收敛函数本身，还要特别注意它的收敛域。在求解 Z 变换的问题时，必须时刻注意这一点。也就是说，在求得的结果中必须注明相应的收敛域。 ■

5.3 Z 反变换

5.3.1 Z 反变换公式

根据 $X(z)$及其收敛域，求出序列 $x[n]$就叫做 Z 反变换或 Z 逆变换，并用 $\mathscr{Z}^{-1}[X(z)]$表示。Z 反变换的定义如下。

若序列 $x[n]$的 Z 变换为

$$X(z)=\sum_{n=-\infty}^{\infty}x[n]z^{-n},\quad R_{x_-}<|z|<R_{x_+}$$

则 $X(z)$反变换的公式为

$$x[n]=\mathscr{Z}^{-1}[X(z)]=\frac{1}{2\pi \mathrm{j}}\oint_C X(z)z^{n-1}\mathrm{d}z \tag{5.11}$$

$$C \in (R_{x_-}, R_{x_+})$$

可见,反变换是对 $X(z)z^{n-1}$ 作围线积分。式中的积分路径 C 是在 $X(z)$ 的收敛域 (R_{x_-}, R_{x_+}) 内逆时针方向环绕原点的单围线,一般选为收敛域内以原点为中心的圆,如图5.10所示。

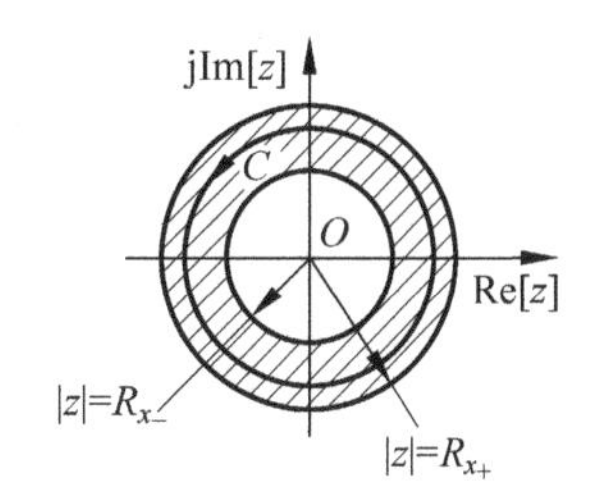

图5.10 Z反变换积分围线的选择

证明 从图5.10可见,积分路径位于 $X(z)$ 的收敛域内,即把 C 选为半径是 R 的圆。式(5.11)的右端为

$$\frac{1}{2\pi \mathrm{j}}\oint_C X(z)z^{n-1}\mathrm{d}z = \frac{1}{2\pi \mathrm{j}}\oint_C \left[\sum_{m=-\infty}^{\infty} x[m]z^{-m}\right]z^{n-1}\mathrm{d}z$$

交换求和、积分的次序可得

$$\frac{1}{2\pi \mathrm{j}}\oint_C X(z)z^{n-1}\mathrm{d}z = \sum_{m=-\infty}^{\infty} x[m]\frac{1}{2\pi \mathrm{j}}\oint_C z^{(n-m)-1}\mathrm{d}z \tag{5.12}$$

根据复变函数中的柯西定理,即

$$\frac{1}{2\pi \mathrm{j}}\oint_C z^k \mathrm{d}z = \begin{cases} 1, & k=-1 \\ 0, & k\neq -1 \end{cases}, \quad k \text{ 为整数}$$

把上式代入式(5.12)可得

$$\sum_{m=-\infty}^{\infty} x[m]\frac{1}{2\pi \mathrm{j}}\oint_C z^{(n-m)-1}\mathrm{d}z = \begin{cases} x[n], & n=m \\ 0, & n\neq m \end{cases}$$

于是,我们就求得了最后的结果,即如下表示的Z反变换定义式

$$x[n] = \mathcal{Z}^{-1}[X(z)] = \frac{1}{2\pi \mathrm{j}}\oint_C X(z)z^{n-1}\mathrm{d}z \quad C \in (R_{x_-}, R_{x_+})$$ ■

从复变函数课程已经知道,直接计算围线积分比较麻烦,所以求Z反变换时通常不按定义式直接计算,而是用下面介绍的方法求解。

5.3.2 长除法(幂级数展开法)

长除法的基本思想是把 $X(z)$ 表示为Z变换定义式的形式。把 $X(z)$ 展开成 z^{-1} 或 z 的幂级数之后,从幂级数各项的系数就可以直接得到 $x[n]$。

例5.3 已知

$$X(z) = \frac{1+2z^{-1}}{1-2z^{-1}+z^{-2}}$$

用长除法求Z反变换 $x[n]$。

解

$$\begin{array}{r} 1+4z^{-1}+7z^{-2}+\cdots \\ 1-2z^{-1}+z^{-2}\overline{)\ 1+2z^{-1}\qquad\qquad} \\ 1-2z^{-1}+z^{-2}\qquad \\ \hline 4z^{-1}-z^{-2}\qquad \\ 4z^{-1}-8z^{-2}+4z^{-3} \\ \hline 7z^{-2}-4z^{-3} \end{array}$$

由此可得

$$X(z)=1+4z^{-1}+7z^{-2}+\cdots$$
$$=\sum_{n=0}^{\infty}(3n+1)z^{-n}$$

所以

$$x[n]=(3n+1)u[n]$$ ■

例 5.4 已知

$$X(z)=\frac{2z^{-1}+1}{z^{-2}-2z^{-1}+1}$$

用长除法求 Z 反变换 $x[n]$。

解

$$\begin{array}{r} 2z+5z^{2}+8z^{3}+\cdots \\ z^{-2}-2z^{-1}+1\overline{)\ 2z^{-1}+1\qquad\qquad} \\ 2z^{-1}-4+2z\qquad \\ \hline 5-2z\qquad \\ 5-10z+5z^{2} \\ \hline 8z+5z^{2} \end{array}$$

由此可得

$$X(z)=2z+5z^{2}+8z^{3}+\cdots$$
$$=\sum_{n=1}^{\infty}(3n-1)z^{n}$$
$$=-\sum_{n=-\infty}^{-1}(3n+1)z^{-n}$$

所以

$$x[n]=-(3n+1)u[-n-1]$$ ■

以上两个例子的求解都很简单。读者是否发现：在这两个例子中，给出的 $X(z)$ 是完全一样的，但求得的 $x[n]$ 却有天壤之别！

仔细分析两个例子的差别可知，给定 $X(z)$ 的分子和分母多项式在两个例子中的排列次序是相反的。在例 5.3 中，求得的 $x[n]$ 为右边序列。因此，它所对应 Z 变换的收敛域是在某个圆的外部，即 $|z|>R_{x_-}$。得到这一结果的 $X(z)$ 的分子、分母是按 z^{-1} 的升幂排列的，求得的 $x[n]$ 也是按 z^{-1} 的升幂排列。按照同样的思路可以分析例 5.4 的情况。

实际上,这还是我们多次强调的老问题,即求解 Z 反变换时必须注意收敛域!在长除法中得到的结论如下。

当给定 $X(z)$的收敛域是$|z|>R_{x_-}$时,应该把 $X(z)$的分子、分母均按 z^{-1}的升幂排列或按 z 的降幂排列,此时求得的 $x[n]$是右边序列。当 $X(z)$的收敛域是$|z|<R_{x_+}$时的情况正好相反,即要把 $X(z)$的分子、分母均按 z^{-1}的降幂排列或按 z 的升幂排列,此时求得的 $x[n]$是左边序列。

一般情况下,在要求把信号表示为一个序列的样值(如表示成 $x[0]$,$x[1]$,$x[2]$,…),特别是只需求取 $x[n]$的前几项时,用长除法求解特别合适。但是要从一系列的 $x[n]$值得到 $x[n]$的闭合表达式往往是困难的。

5.3.3　留数法

留数法是求解 Z 反变换时常用的一个方法。

在上面给出的 Z 反变换式中,围线 C 是在 $X(z)$的收敛域内,并包围坐标原点。由复变函数的留数定理可以得到

$$\begin{aligned} x[n] &= \frac{1}{2\pi \mathrm{j}}\oint_C X(z)z^{n-1}\mathrm{d}z \\ &= \sum_m \mathrm{Res}[X(z)z^{n-1}]_{z=z_m} \\ &= X(z)z^{n-1}\text{ 在围线 } C \text{ 内所有极点的留数和} \end{aligned} \tag{5.13}$$

式中,$\mathrm{Res}[X(z)z^{n-1}]_{z=z_m}$表示 $X(z)z^{n-1}$在极点 z_m 处的留数值。

显然,为了用留数定理求解 $x[n]$,必须知道极点留数的求法。由复变函数理论可知,

(1) 若 $X(z)z^{n-1}$在 $z=z_m$ 处有一阶极点,其留数为

$$\mathrm{Res}[X(z)z^{n-1}]_{z=z_m} = [(z-z_m)X(z)z^{n-1}]_{z=z_m}$$

(2) 若 $X(z)z^{n-1}$在 $z=z_m$ 处有 s 阶极点,则留数的求法是

$$\mathrm{Res}[X(z)z^{n-1}]_{z=z_m} = \frac{1}{(s-1)!}\left\{\frac{\mathrm{d}^{s-1}}{\mathrm{d}z^{s-1}}[(z-z_m)^s X(z)z^{n-1}]\right\}_{z=z_m} \tag{5.14}$$

在利用上式求留数时,要注意围线 C 包围极点的情况,特别要注意 n 值不同时 $z=0$处极点的情况。

例 5.5　已知

$$X(z) = \frac{1}{1-az^{-1}}, \quad |z|>|a|$$

用留数法求 Z 反变换 $x[n]$。

解

$$\begin{aligned} x[n] &= \frac{1}{2\pi \mathrm{j}}\oint_C X(z)z^{n-1}\mathrm{d}z = \frac{1}{2\pi \mathrm{j}}\oint_C \frac{z^{n-1}}{1-az^{-1}}\mathrm{d}z \\ &= \frac{1}{2\pi \mathrm{j}}\oint_C \frac{z^n}{z-a}\mathrm{d}z \end{aligned}$$

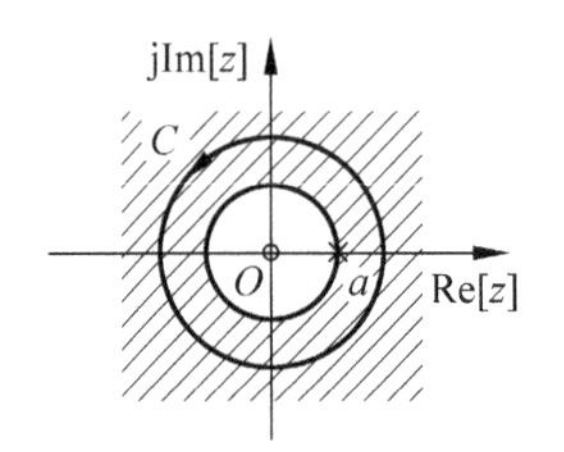

图 5.11 例 5.5 的零、极点和收敛域

由题设条件，$X(z)$的极点为 $z=a$。上式的 C 是以原点为圆心，半径大于$|a|$的圆，如图 5.11 所示。

先研究 $n\geqslant 0$ 时的情况，此时围线 C 内仅包含 $z=a$ 这一极点。

所以

$$x[n]=\operatorname{Res}\left[\frac{z^n}{z-a}\right]_{z=a}=z^n\big|_{z=a}=a^n,\quad n\geqslant 0$$

或者

$$x[n]=a^n u[n]$$

下面研究 $n<0$ 时的情况。此时在围线 C 内，除了 $z=a$ 处的极点外，在 $z=0$ 处还有一个 n 阶极点。所以

$$x[n]=\operatorname{Res}\left[\frac{z^n}{z-a}\right]_{z=a}+\operatorname{Res}\left[\frac{z^n}{z-a}\right]_{z=0}\tag{5.15}$$

显然

$$\operatorname{Res}\left[\frac{z^n}{z-a}\right]_{z=a}=a^n$$

对于式(5.15)的第二项，即对于 $z=0$ 处 n 阶极点的留数可以用式(5.14)求解。由于 $n<0$，我们用以下方法求解。

(1) 设 $n=-1$，可求得 $z=0$ 处一阶极点的留数是 $-a^{-1}$

$$\operatorname{Res}\left[\frac{z^n}{z-a}\right]_{z=0}=\frac{1}{z(z-a)}z\bigg|_{z=0}=-a^{-1}=-a^n$$

所以

$$x[n]=x[-1]=a^{-1}-a^{-1}=0$$

(2) 设 $n=-2$，可以求得

$$\operatorname{Res}\left[\frac{z^n}{z-a}\right]_{z=0}=\operatorname{Res}\left[\frac{1}{z^2(z-a)}\right]_{z=0}=\left[\frac{\mathrm{d}}{\mathrm{d}z}\frac{1}{z-a}\right]_{z=0}=-a^{-2}=-a^n$$

所以

$$x[n]=x[-2]=a^{-2}-a^{-2}=0$$

依此类推可得

$$x[n]=0,\quad n<0$$

综合以上结果可以得到本题的答案是

$$x[n]=a^n u[n]$$

其波形如图 5.12 所示。 ■

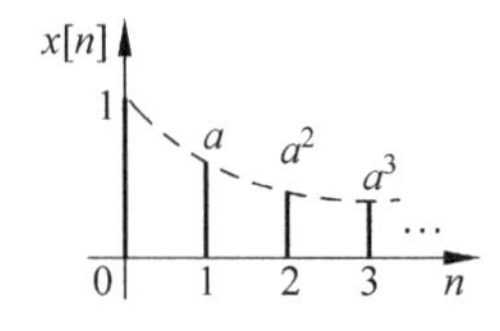

图 5.12 例 5.5 所求 $x[n]$的波形

讨论：这个例子有以下几点值得思考：

(1) 本例题的 Z 变换式极其简单，在实际计算中，很难找到比它更简单的算题。此外，在解题过程中还采用了归纳的方法，即使这样也可以体会到计算的复杂性。

从求解过程可见，式(5.13)虽然适用于任何 n 值，但在 n 为负值时，有理分式 $X(z)z^{n-1}$在 $z=0$ 点将出现高阶极点，用留数定理进行计算时非常繁琐。

(2) 在本例的计算中，虽然进行了复杂的计算，但计算的结果竟然是

$$x[n]=0,\quad n<0$$

实际上，应该能预见到这个结果。题目给定的条件是：收敛域$|z|>|a|$，即收敛域是半径为$|a|$的圆的外面，而且包含∞点。由前可知，对应的$x[n]$一定是因果序列。上面得到的$x[n]=0(n<0)$这一计算结果恰好说明了这一点。所以在求Z反变换时，若能通过收敛域判断出该序列为因果序列，就不必计算$n<0$的情况了，或者说不必考虑$n<0$时出现的极点。

所以，上面求$n<0$时的计算尽管繁琐，也不过是"画蛇添足"之举。如果作了这种计算只能说明基本概念还没有搞清楚！因此，本例进一步证明了Z变换中收敛域的重要性。在求Z反变换时，一定要注意给出的收敛域！

例5.6　已知

$$X(z)=\frac{1}{1-az^{-1}},\quad |z|<|a|$$

用留数法求Z反变换$x[n]$。

解

$$x[n]=\frac{1}{2\pi j}\oint_C X(z)z^{n-1}dz=\frac{1}{2\pi j}\oint_C\frac{z^{n-1}}{1-az^{-1}}dz$$
$$=\frac{1}{2\pi j}\oint_C\frac{z^n}{z-a}dz$$

当$n>0$时，上式只有一个极点a，图5.13(a)给出了$X(z)$的极点和收敛域。由图可见，该极点在围线C之外(为什么?)。所以，在$n>0$时，C的围线内没有极点。由此可得，$n>0$时$x[n]=0$。实际上，从给出的收敛域可知，$x[n]$一定是非因果序列。故不必分析$n>0$的情况。

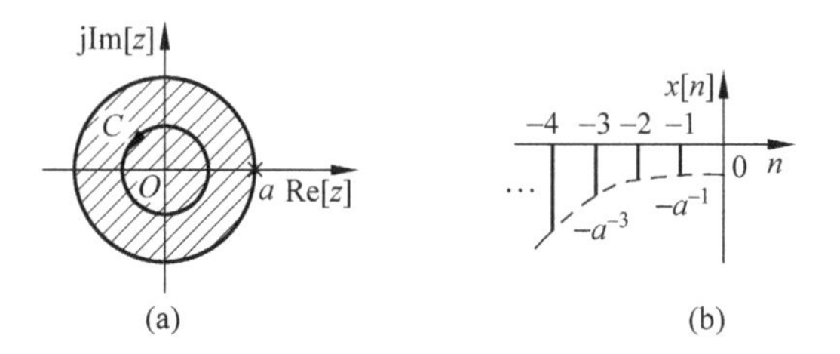

图5.13　例5.6的Z变换收敛域和相应的序列$x[n]$

当$n<0$时，在$z=0$点有n阶极点。为了用对比的形式说明收敛域与序列形式的关系，以加深印象、提高学习效果，已经把求解的方法和结果在例5.5中给过了，因此

$$x[n]=\begin{cases}0, & n\geqslant 0\\ \text{Res}\left[\dfrac{z^n}{z-a}\right]_{z=0}=-a^n, & n<0\end{cases}$$

上式结果可以表示为简洁的形式，即

$$x[n]=-a^n u[-n-1]$$

该序列的波形如图5.13(b)所示。■

讨论

(1) 应用留数定理求解时,收敛域非常重要。从上面两个例子可知,虽然 $X(z)$ 的表达式完全一样,由于收敛域不同,求得的结果完全不同。观察图 5.12 和图 5.13 中 $x[n]$ 的波形会得到更深的印象。

(2) 这里再次强调,如果从已知的收敛域能够对序列形式进行判断的情况下仍然作不必要的计算,不但增加了计算时出错的可能性,也反映了基本概念方面存在的问题。

由以上的例子可以看出,当 n 为负数时,在 $z=0$ 点会出现高阶极点,留数的计算比较复杂。特别是在 $X(z)z^{n-1}$ 的表达式比较复杂时,就更加繁琐。

为了避开这种情况,必须从源头上做文章。读者将会发现,解决的方法虽然很简单,但其思路还是比较巧妙的。

首先作变量代换

$$z=\frac{1}{p}$$

并令

$$F(z)=X(z)z^{n-1}$$

我们把变量 p 所在的平面称为 p 平面,由于

$$\mathrm{d}z=-p^{-2}\mathrm{d}p$$

所以

$$x[n]=\frac{1}{2\pi \mathrm{j}}\oint_C X(z)z^{n-1}\mathrm{d}z=\frac{-1}{2\pi \mathrm{j}}\oint_{C'} F\left(\frac{1}{p}\right)p^{-2}\mathrm{d}p \tag{5.16}$$

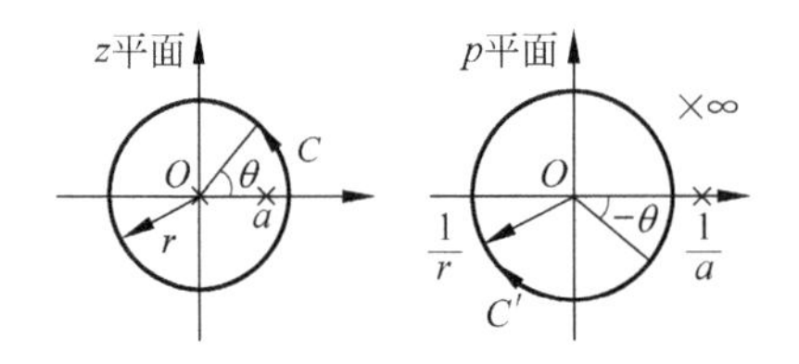

图 5.14 z 平面和 p 平面之间的映射

式中的围线 C' 是围线 C 在 p 平面的映射,如图 5.14 所示。

仔细分析可知,变量代换 $z=\frac{1}{p}$ 在 z、p 两个平面导致的变化是:

(1) 因为 $z=\frac{1}{p}$, $z=r\mathrm{e}^{\mathrm{j}\theta}$,所以 $p=\frac{1}{z}=\frac{1}{r}\mathrm{e}^{-\mathrm{j}\theta}$。也就是说,如果 z 平面上的围线 C 是半径为 r 的圆,则 p 平面上的围线 C' 就是半径为 $1/r$ 的圆。另外,由于 z、p 两个变量的辐角相反,因此围线 C' 与 C 的方向相反,即 C' 的方向是顺时针方向。

(2) z 平面上 $F(z)$ 在围线 C 之内(之外)的极点 z_j,映射到 p 平面后成为围线 C' 之外(之内)的极点 $p_j=\frac{1}{z_j}$。

(3) 由于式(5.16)中出现了 p^{-2},故在 $p=0$ 处有可能增加一个二阶极点。

与以上变化相关的几个问题如下。

(1) 由上面的第(2)点,z 平面围线 C 内的极点映射到 p 平面的围线 C' 之外。因此,原来 z 平面上在 $z=0$ 处的高阶极点在 p 平面上就到了围线的外面,这就解决了

用留数定理求解时的困境，而这正是我们选择变量代换 $z=\dfrac{1}{p}$ 的本意，请读者仔细体会。

(2) 由上面的第(1)点，C' 的方向为顺时针方向。为了应用留数定理，围线 C' 必须是逆钟向。由复变函数的知识可知，只需对式(5.16)乘以 -1 就可以了，即

$$x[n]=\frac{-1}{2\pi j}\oint_{C'}F\left(\frac{1}{p}\right)p^{-2}\mathrm{d}p=\frac{1}{2\pi j}\oint_{C'}F\left(\frac{1}{p}\right)p^{-2}\mathrm{d}p=\frac{1}{2\pi j}\oint_{C'}X\left(\frac{1}{p}\right)p^{-n-1}\mathrm{d}p$$

(3) 由上面的第(3)点，我们只是说在 $p=0$ 处"有可能"增加一个二阶极点。为什么呢？因为这个极点是否增加取决于 $F(z)$ 在 $z=\infty$ 处的情况。如果在 $z=\infty$ 处 $F(z)$ 有零点，则零点映射后，在 $p=0$ 处会抵消掉这个额外增加的二阶极点或降低该极点的阶次。当 $F(z)$ 分母多项式的阶次比分子多项式的阶次至少高二阶时，就会起到零、极点抵消的效果。这时，就不必考虑 p^{-2} 的问题了。

综上所述，在 $F(z)$ 的分母多项式比分子多项式的阶次至少高二阶的情况下，p 平面的围线 C' 内仅包含了原来 $F(z)$ 在 C 外的各阶极点 z_i，而且 $p_i=\dfrac{1}{z_i}$，所以

$$\begin{aligned}x[n]&=\frac{1}{2\pi j}\oint_{C'}F\left(\frac{1}{p}\right)p^{-2}\mathrm{d}p\\&=\sum_{i=1}^{k}\mathrm{Res}\left[F\left(\frac{1}{p}\right)p^{-2}\right]_{p=p_i=\frac{1}{z_i}}\end{aligned}$$

总之，采用变量代换法之后，通过两个平面的映射，使得 Z 反变换的计算得到了简化。根据上式，可以用 $F\left(\dfrac{1}{p}\right)p^{-2}$ 在围线 C' 内所有极点的留数和求出 Z 反变换 $x[n]$。

实际上，沿着上述思路，可以使 Z 反变换的计算更加方便、快捷。

根据复变函数理论，如果把围线的半径取为 ∞，并用 C_∞ 表示，则 C_∞ 包含了整个 z 平面。当 $F(z)$ 分母多项式比分子多项式的阶数至少高二阶时，就可以保证 $F(z)$ 在围线 C_∞ 上以不慢于二阶无穷小的速率趋于零。于是，围线积分 $\oint_{C_\infty}F(z)\mathrm{d}z$ 将以不慢于一阶无穷小的速率趋于零。这样就可以得到下式的关系

$$\begin{aligned}\oint_{C_\infty}F(z)\mathrm{d}z&=\sum_{z\text{平面},m}\mathrm{Res}[F(z)]_{z}=z_m\\&=F(z)\ \text{在}\ z\ \text{平面上全部极点的留数和}\\&=0\end{aligned}\tag{5.17}$$

由上可知，z_m 是 $F(z)$ 在 z 平面上的极点，Res 表示极点的留数。根据式(5.17)，如果在 $F(z)$ 的解析域里任取一条闭合围线 C，就可引申出下面的关系

$$\sum_{C_{\text{内}},\mathrm{i}}\mathrm{Res}[F(z)]_{z=z_\mathrm{i}}=-\sum_{C_{\text{外}},\mathrm{o}}\mathrm{Res}[F(z)]_{z=z_\mathrm{o}}\tag{5.18}$$

其中，$z_\mathrm{i}(z_\mathrm{o})$ 是 $F(z)$ 在围线 C 内(C 外)的极点。由于 $F(z)=X(z)z^{n-1}$，因此用留数定理求解 Z 反变换时就有了以下两种手段

$$x[n]=\frac{1}{2\pi j}\oint_{C}X(z)z^{n-1}\mathrm{d}z$$

$$= X(z)z^{n-1} \text{ 在围线 } C \text{ 内极点的留数和} \tag{5.19}$$

$$= -[X(z)z^{n-1} \text{ 在围线 } C \text{ 外极点的留数和}] \tag{5.20}$$

当然，使用式(5.20)的条件是 $F(z)$ 分母多项式的阶次要比分子多项式的阶次至少高二阶。显然，在求取 Z 反变换时，这两种留数形式都可采用，得到的结果也相同，但计算的复杂程度确有很大的差别。特别是当 $F(z)$ 在 C 内有高阶极点或在 C 外极点的数目较少时，式(5.20)的优点就更为突出。

例 5.7　已知

$$X(z) = \frac{z(2z-a-b)}{(z-a)(z-b)}, \quad |a| < |z| < |b|$$

用留数法求序列 $x[n]$。

解　$X(z)$ 的极点、收敛域和围线 C 如图 5.15 所示。

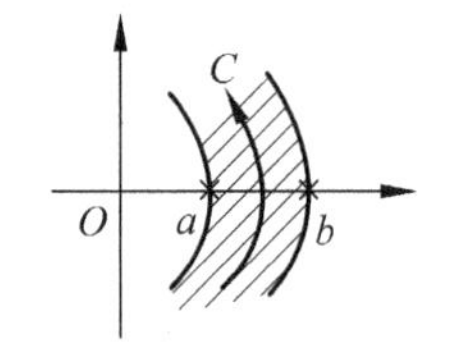

图 5.15　例 5.7 中 $X(z)$ 的极点和收敛域

由于

$$X(z)z^{n-1} = \frac{2z-a-b}{(z-a)(z-b)}z^n$$

所以

$$x[n] = \frac{1}{2\pi \mathrm{j}}\oint_C X(z)z^{n-1}\mathrm{d}z = \frac{1}{2\pi \mathrm{j}}\oint_C \frac{2z-a-b}{(z-a)(z-b)}z^n \mathrm{d}z \tag{5.21}$$

由于收敛域是环域，故所求序列是双边序列。为此

(1) 当 $n \geqslant 0$ 时，$X(z)z^{n-1}$ 在围线 C 内仅含一个单极点 $z=a$，用留数法可得

$$x[n] = \mathrm{Res}\left[\frac{2z-a-b}{(z-a)(z-b)}z^n\right]_{z=a} = \left.\frac{2z-a-b}{z-b}z^n\right|_{z=a} = a^n u[n]$$

(2) 当 $n<0$ 时，$X(z)z^{n-1}$ 在围线 C 内的 $z=0$ 处还有一个 n 阶极点。如前所述，使用式(5.19)求解比较复杂，希望能用第二种留数公式，即用式(5.20)求解。

在式(5.21)中，由于分母与分子 z 多项式的阶数之差为 $2-n-1=1-n \geqslant 2$，所以能使用式(5.20)求解。由于在 C 外只有单极点 $z=b$，所以

$$x[n] = -\mathrm{Res}\left[\frac{2z-a-b}{(z-a)(z-b)}z^n\right]_{z=b} = -\left.\frac{2z-a-b}{z-a}z^n\right|_{z=b} = -b^n u[-n-1]$$

建议读者用圆内极点的留数法，即式(5.19)再次求解这道题，以便掌握用不同形式留数法求解原函数的方法。此外，通过与本例方法的比较可以了解不同解法的难易。■

5.3.4　部分分式法

根据 Z 变换的线性性质，我们能用部分分式展开法求取 $X(z)$ 的反变换。顺便说明的是，也可以用这一方法求取即将讨论的拉普拉斯变换的反变换。在这两种变换中，部分分式法都是非常有效的，可以用来解决与之有关的很多问题。

读者在高等数学关于有理函数的不定积分部分曾经学过，为了便于积分的求取，常把真有理分式分解成简单的分式之和。它所依据的定理如下。

定理 若真有理分式 $R(x)=\frac{N(x)}{D(x)}$的分母多项式可以分解成

$$D(x)=(x-a)^s(x-b)^t\cdots \quad 其中,a,b 为实数$$

则

$$R(x)=\frac{N(x)}{D(x)}=\frac{A_1}{x-a}+\frac{A_2}{(x-a)^2}+\cdots+\frac{A_{s-1}}{(x-a)^{s-1}}+\frac{A_s}{(x-a)^s}$$
$$+\frac{B_1}{x-b}+\frac{B_2}{(x-b)^2}+\cdots+\frac{B_{t-1}}{(x-b)^{t-1}}+\frac{B_t}{(x-b)^t}+\cdots \tag{5.22}$$

上式表明,对分母中每个$(x-a)^s$ 的因子,分解式中对应有 s 个简单分式,它们的分母分别是$(x-a)$的一次、二次直到 s 次幂,而分子都是常数。

在上述定理中已经给出了部分分式法的使用条件,即 $R(x)$必须为有理真分式,对于这一条件必须给予充分的重视。

在 Z 变换中,序列的 Z 变换通常是 z 的有理函数,它可以表示为

$$X(z)=\frac{N(z)}{D(z)} \tag{5.23}$$

根据上述定理,为了用部分分式法从 $X(z)$反求 $x[n]$,可以把 $X(z)$分解成一些简单而常见的部分分式之和,分别求出各个子式的逆变换,再利用 Z 变换的线性特性,把它们相加就可以得到结果。

由前可知,$\frac{z}{z-a}\leftrightarrow a^n u[n]$是一个 Z 变换对,它是最基本、最常用的变换形式。分析这个式子可见,$\frac{z}{z-a}$的分子是 z,而上面定理中部分分式的分子是常数。为了便于求各个子式的逆变换,可以用$\frac{X(z)}{z}$的分解来代替对 $X(z)$的分解。显然,只要分解后在$\frac{X(z)}{z}$式子的两边同时乘以 z,就可以很方便地求出各项的 Z 反变换。在学习 Z 变换的性质以后就可以知道,如果应用 Z 变换的位移定理,也可以直接把 $X(z)$展开成部分分式。

由于求 Z 反变换时是对$\frac{X(z)}{z}$进行分解,所以在 $X(z)$分母多项式的阶次 N 和分子的阶次 M 相同时仍符合使用部分分式法的条件,即$\frac{X(z)}{z}$为真有理分式的要求。

当 $N<M$ 时,可以用长除法把 $X(z)$变为 z 的多项式与真有理分式之和再把后者展开为部分分式。在部分分式中经常遇到的情况如下。

1. 若 $X(z)$只含有一阶极点,可以把$\frac{X(z)}{z}$分解为

$$\frac{X(z)}{z}=\sum_{m=0}^{K}\frac{A_m}{z-z_m}$$

其中,z_m 是$\frac{X(z)}{z}$的极点,A_m 是$\frac{X(z)}{z}$在极点 z_m 处的留数

$$A_m = \text{Res}\left[\frac{X(z)}{z}\right]_{z=z_m} = \left[(z-z_m)\frac{X(z)}{z}\right]_{z=z_m}$$

由$\frac{X(z)}{z}$的表达式可把 $X(z)$写为

$$X(z) = \sum_{m=0}^{K}\frac{A_m z}{z-z_m} = A_0 + \sum_{m=1}^{K}\frac{A_m z}{z-z_m} \tag{5.24}$$

其中

$$A_0 = [X(z)]_{z=z_0=0}$$

即 A_0 是$\frac{X(z)}{z}$的极点在 $z_0=0$ 时的留数，它在数值上等于 $X(0)$。

根据式(5.24)和以前求过的 Z 变换对，可以求出如下表示的 $x[n]$。

(1) 若 $X(z)$的收敛域为$|z|>R$，则 $x[n]$为因果序列

$$x[n] = A_0\delta[n] + \sum_{m=1}^{k}A_m(z_m)^n u[n] \tag{5.25}$$

(2) 若 $X(z)$的收敛域为$|z|<R$，则

$$x[n] = A_0\delta[n] - \sum_{m=1}^{k}A_m(z_m)^n u[-n-1] \tag{5.26}$$

2. $X(z)$中有高阶极点

设 $X(z)$中除有 k 个一阶极点外，在 $z=z_i$ 处还有 s 阶极点，分解后可得

$$\frac{X(z)}{z} = \sum_{m=0}^{k}\frac{A_m}{z-z_m} + \sum_{j=1}^{s}\frac{B_j}{(z-z_i)^j} = \frac{X_1(z)}{z} + \frac{X_2(z)}{z} \tag{5.27}$$

式(5.27)中第一项的求法同上，而第二项的系数为

$$B_j = \frac{1}{(s-j)!}\left\{\frac{\mathrm{d}^{s-j}}{\mathrm{d}z^{s-j}}\left[(z-z_i)^s\frac{X_2(z)}{z}\right]\right\}_{z=z_i} \tag{5.28}$$

下面给出求取 B_j 公式的证明

证明 式(5.27)右边的第二项为

$$\frac{X_2(z)}{z} = \sum_{j=1}^{s}\frac{B_j}{(z-z_i)^j} = \frac{B_1}{z-z_i} + \frac{B_2}{(z-z_i^2)} + \cdots + \frac{B_{s-1}}{(z-z_i)^{s-1}} + \frac{B_s}{(z-z_i)^s} \tag{5.29}$$

所以

$$B_s = \left[(z-z_i)^s\frac{X_2(z)}{z}\right]_{z=z_i}$$

$$B_{s-1} = \left\{\frac{\mathrm{d}}{\mathrm{d}z}\left[(z-z_i)^s\frac{X_2(z)}{z}\right]\right\}_{z=z_i}$$

$$B_{s-2} = \frac{1}{2}\left\{\frac{\mathrm{d}^2}{\mathrm{d}z^2}\left[(z-z_i)^s\frac{X_2(z)}{z}\right]\right\}_{z=z_i}$$

$$\vdots$$

把以上各式进行归纳可得

$$B_{s-n}=\frac{1}{n!}\left\{\frac{\mathrm{d}^n}{\mathrm{d}z^n}\left[(z-z_i)^s\frac{X_2(z)}{z}\right]\right\}_{z=z_i}$$

一般来说，人们习惯于从一个式子的前面按顺序求取系数。以式(5.29)为例，就是习惯于按 $B_1\to B_s$ 的顺序求系数。但是，上面的系数公式是从后往前以逆序给出的，也就是以 $B_s\to B_1$ 的顺序给出的，通过简单的换算可以改变这个顺序，即

$$B_j=\frac{1}{(s-j)!}\left\{\frac{\mathrm{d}^{s-j}}{\mathrm{d}z^{s-j}}\left[(z-z_i)^s\frac{X_2(z)}{z}\right]\right\}_{z=z_i}\tag{5.30}$$

式中，j 从1到 s 排列。这样，我们就实现了$\frac{X_2(z)}{z}$的部分分式分解。■

3. Z反变换的求法

分解式各项的系数确定后，就可以求解相应各项的Z反变换，从而得到 $x[n]$。显然，$x[n]$是所有子项Z反变换的线性组合，下面以式(5.29)的求解为例加以说明。

(1) 设$|z|>|z_i|$，这相当于求 $n\geqslant 0$ 的情况

把式(5.29)的两边乘以 z 可得

$$X_2(z)=\sum_{j=1}^{s}\frac{B_jz}{(z-z_i)^j}=\frac{B_1z}{z-z_i}+\frac{B_2z}{(z-z_i)^2}+\cdots+\frac{B_{s-1}z}{(z-z_i)^{s-1}}+\frac{B_sz}{(z-z_i)^s}$$

分析上式可见，各个分项的形式是相近的，如能求得通式$\frac{z}{(z-z_i)^m}$的反变换，问题就解决了。

由已知条件$|z|>|z_i|$，所以

$$\frac{z}{z-z_i}\leftrightarrow z_i^nu[n],\quad |z|>|z_i|$$

两边对 z_i 微分可得

$$\frac{z}{(z-z_i)^2}\leftrightarrow nz_i^{n-1}u[n]$$

再对 z_i 微分，则

$$\frac{2z}{(z-z_i)^3}\leftrightarrow n(n-1)z_i^{n-2}u[n]$$

依此类推可得

$$\frac{z}{(z-z_i)^m}\leftrightarrow\frac{n(n-1)\cdots(n-m+2)}{(m-1)!}z_i^{n-m+1}u[n]\tag{5.31}$$

因此

$$x_2[n]=B_1z_i^nu[n]+B_2nz_i^{n-1}u[n]+\cdots\tag{5.32}$$

(2) $|z|<|z_i|$，这相当于求 $n<0$ 时的情况，此时

$$\frac{z}{(z-z_i)^m}\leftrightarrow\frac{-n(n-1)\cdots(n-m+2)}{(m-1)!}z_i^{n-m+1}u[-n-1]\tag{5.33}$$

读者可仿照$|z|>|z_i|$的情况验证上式，并自行添加由Z反变换求出 $x_2[n]$的表达式。

下面通过例题熟悉求取原函数 $x[n]$的步骤和方法。

例 5.8 已知

$$X(z)=\frac{2z^2-2z}{(z-3)(z-5)^2},\quad |z|>5$$

用部分分式法求出 Z 反变换 $x[n]$。

解

$$\frac{X(z)}{z}=\frac{2z-2}{(z-3)(z-5)^2}=\frac{A_1}{z-3}+\frac{B_1}{z-5}+\frac{B_2}{(z-5)^2}$$

$$A_1=\frac{X(z)}{z}(z-3)\bigg|_{z=3}=1$$

$$B_2=\frac{X(z)}{z}(z-5)^2\bigg|_{z=5}=4$$

$$B_1=\left\{\frac{\mathrm{d}}{\mathrm{d}z}\left[\frac{X(z)}{z}(z-5)^2\right]\right\}_{z=5}=-1$$

所以

$$X(z)=\frac{z}{z-3}-\frac{z}{z-5}+\frac{4z}{(z-5)^2}$$

$$x[n]=3^n u[n]-5^n u[n]+4n\cdot 5^{n-1}u[n]$$
$$=[3^n-(1-0.8n)5^n]u[n]$$

■

例 5.9 已知

$$X(z)=\frac{3z^2-\frac{5}{6}z}{z^2-\frac{7}{12}z+\frac{1}{12}}$$

在收敛域为(1) $|z|>\frac{1}{3}$，(2) $\frac{1}{4}<|z|<\frac{1}{3}$时，用部分分式法求出 Z 反变换 $x[n]$。

解

$$\frac{X(z)}{z}=\frac{3z-\frac{5}{6}}{\left(z-\frac{1}{4}\right)\left(z-\frac{1}{3}\right)}=\frac{A_1}{z-\frac{1}{4}}+\frac{A_2}{z-\frac{1}{3}}=\frac{1}{z-\frac{1}{4}}+\frac{2}{z-\frac{1}{3}}$$

所以，(1) $|z|>\frac{1}{3}$时，

$$x[n]=\left(\frac{1}{4}\right)^n u[n]+2\left(\frac{1}{3}\right)^n u[n]$$

(2) $\frac{1}{4}<|z|<\frac{1}{3}$时，

$$x[n]=\left(\frac{1}{4}\right)^n u[n]-2\left(\frac{1}{3}\right)^n u[-n-1]$$

请说明得到上述结果的理由。 ■

由 5.3.2 节的例 5.3 和例 5.4 可知，长除法对于求解单边信号是非常方便的，对

于双边信号是否可用呢？又如何解决呢？

例 5.10 已知

$$X(z)=\frac{-3z^{-1}}{2-5z^{-1}+2z^{-2}},\quad 0.5<|z|<2$$

用长除法求 Z 反变换。

解 由 $X(z)$的收敛域为环域可知，欲求的 $x[n]$为双边序列。为了用长除法求 Z 反变换，可以先把 $X(z)$展开成部分分式，即

$$X(z)=\frac{2}{2-z}+\frac{1}{2z-1}$$

上式右边的第一项是左边序列，因为它对应于$|z|<2$ 的收敛域。在展成幂级数时，其分子、分母多项式应按 z 的升幂排列。

应用长除法可求得

$$\begin{aligned}\frac{2}{2-z}&=1+\frac{1}{2}z+\frac{1}{4}z^2+\frac{1}{8}z^3+\frac{1}{16}z^4+\cdots\\&=\sum_{n=0}^{\infty}\left(\frac{z}{2}\right)^n=\sum_{n=0}^{-\infty}2^nz^{-n}\end{aligned}$$

同理可知，上式右边的第二项是右边序列，因为它对应于$|z|>0.5$ 的收敛域。在展成幂级数时，其分子、分母多项式应按 z 的降幂排列。长除法的结果是

$$\begin{aligned}\frac{1}{2z-1}&=\frac{1}{2}z^{-1}+\frac{1}{4}z^{-2}+\frac{1}{8}z^{-3}+\frac{1}{16}z^{-4}+\cdots\\&=\sum_{n=1}^{\infty}\left(\frac{1}{2}\right)^nz^{-n}\end{aligned}$$

把以上两式相加可得

$$X(z)=\frac{2}{2-z}+\frac{1}{2z-1}=\sum_{n=-\infty}^{0}2^nz^{-n}+\sum_{n=1}^{\infty}\left(\frac{1}{2}\right)^nz^{-n}$$

所以

$$x[n]=\left(\frac{1}{2}\right)^nu[n-1]+2^nu[-n]$$

实际上，从求解的角度看，既然已经进行了部分分式分解，就没有必要再使用长除法了。因此，本例题仅为说明与长除法有关的一些概念。 ■

由 5.3.2 节到 5.3.4 节的讨论可以知道，在求 Z 反变换时，这三种方法的繁简程度会有所差别，所以在求解之前应该进行选择，即采用给定情况下最简便的方法或自己最熟悉的方法求解。但是，作为课程学习的环节，读者应熟练掌握求 Z 反变换的几种方法。

在本章第 5.5 节学习拉普拉斯变换时就会知道，对连续时间系统的 $X(s)$而言，求反变换的方法基本相同，请读者留意并进行对比和总结。

5.4 Z变换的基本性质

5.4.1 线性

Z变换是一种线性变换，若

$$\mathcal{Z}[x[n]] = X(z) \quad (R_{x_-} < |z| < R_{x_+})$$

$$\mathcal{Z}[y[n]] = Y(z) \quad (R_{y_-} < |z| < R_{y_+})$$

则

$$\begin{aligned} &\mathcal{Z}[ax[n] + by[n]] = aX(z) + bY(z) \\ &\max(R_{x_-}, R_{y_-}) < |z| < \min(R_{x_+}, R_{y_+}) \end{aligned} \tag{5.34}$$

线性特性表明，Z变换满足如上的叠加性和比例性。其中a,b为任意常数。

由Z变换的定义可以直接证明上式，请读者自行推导。

另由式(5.34)可见，组合后序列Z变换的收敛域为$X(z)$和$Y(z)$的公共收敛域，即为两个收敛域的重叠部分。但是，当$aX(z)+bY(z)$中出现收敛边界的零、极点对消时收敛域还可能扩大。下面通过例子加以说明。

例5.11 已知

$$x[n] = a^n u[n]$$

$$h[n] = a^n u[n-m]$$

$$y[n] = x[n] - h[n]$$

求：(1)$Y(z)=\mathcal{Z}[y[n]]$；(2)画出$Y(z)$的零、极点图；(3)讨论$Y(z)$的收敛域。

解 (1)

$$X(z) = \frac{1}{1-az^{-1}}, \quad |z| > |a|$$

$$\begin{aligned} H(z) &= \sum_{n=-\infty}^{\infty} h[n] z^{-n} = \sum_{n=m}^{\infty} a^n z^{-n} \\ &= \sum_{n=0}^{\infty} a^n z^{-n} - \sum_{n=0}^{m-1} a^n z^{-n} \\ &= \frac{a^m z^{-m}}{1-az^{-1}}, \quad |z| > |a| \end{aligned}$$

所以

$$\begin{aligned} Y(z) &= \mathcal{Z}[y[n]] = \mathcal{Z}[x[n] - h[n]] \\ &= \frac{1-a^m z^{-m}}{1-az^{-1}} = \frac{z^m - a^m}{z^{m-1}(z-a)}, \quad |z| > 0 \end{aligned}$$

(2) 画出$Y(z)$的零、极点图

由上式可见，$Y(z)$除了在$z=a$有极点外，在$z=0$处还有$m-1$阶极点。其零点为$z^m-a^m=0$。下面求解$Y(z)$的零点。

设 $z=re^{j\theta}$，由 $z^m-a^m=0$，得：

$$r^m e^{jm\theta} = a^m e^{j2\pi k}$$

解方程可得

$$r = |a|$$

$$\theta = \frac{2\pi k}{m}$$

所以 $Y(z)$ 的零点为

$$z_k = |a| e^{j\frac{2\pi}{m}k}, \quad k = 0,1,\cdots,m-1$$

$Y(z)$ 的零、极点分布如图 5.16 所示，这些零点分布在 $|z|=|a|$ 的圆周上、把圆周 m 等分，并在 $z=a$ 处导致了零点和极点的对消。在图 5.16 中用虚线框出了相消的零、极点，而箭头所指之处为相消零、极点的实际位置。

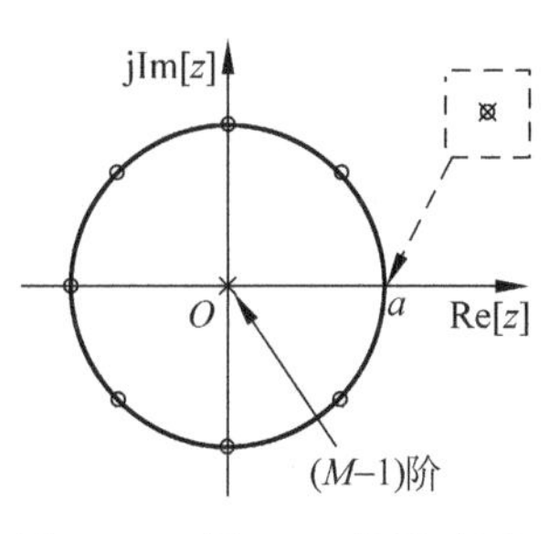

图 5.16　例 5.11 的零、极点

由上可见，原来 $X(z)$ 和 $H(z)$ 各自的收敛域都是 $|z|>|a|$。在进行迭加后，$Y(z)=X(z)-H(z)$ 的收敛域不再是 $|z|>|a|$，而是扩展为 $|z|>0$，即线性迭加后，Z 变换的收敛域扩大了。 ■

5.4.2　序列移位

序列的移位特性是指原序列的 Z 变换与移位后序列的 Z 变换之间的关系。下面分别讨论单边 Z 变换和双边 Z 变换的移位特性。

1. 双边 Z 变换

若序列 $x[n]$ 的双边 Z 变换为

$$\mathcal{Z}[x[n]] = X(z), \quad R_{x_-} < |z| < R_{x_+}$$

则序列移位后的双边 Z 变换为

$$\mathcal{Z}[x[n-m]] = z^{-m}X(z), \quad R_{x_-} < |z| < R_{x_+} \tag{5.35}$$

$$\mathcal{Z}[x[n+m]] = z^{m}X(z), \quad R_{x_-} < |z| < R_{x_+} \tag{5.36}$$

证明　根据双边 Z 变换的定义

$$\begin{aligned}\mathcal{Z}[x[n-m]] &= \sum_{n=-\infty}^{\infty} x[n-m]z^{-n} \\ &= z^{-m}\sum_{k=-\infty}^{\infty} x[k]z^{-k} \\ &= z^{-m}X(z), \quad R_{x_-} < |z| < R_{x_+}\end{aligned}$$

同理可证

$$\mathcal{Z}[x[n+m]] = z^{m}X(z)$$

式中，m 为任意正整数。上式表明，把双边序列移位只会使 $z^{\pm m}X(z)$ 的零、极点在 $z=0$ 或 $z=\infty$ 处与 $X(z)$ 不同。对于双边 Z 变换来说，$X(z)$ 的收敛域为环域，所以序列位移后，其 Z 变换的收敛域不变。 ■

2. 单边 Z 变换

设 $x[n]$ 为双边序列，其单边 Z 变换为

$$\mathcal{Z}[x[n]u[n]] = X(z) \tag{5.37}$$

序列左移后的单边 Z 变换是

$$\mathcal{Z}[x[n+m]u[n]] = z^{m}\left[X(z) - \sum_{k=0}^{m-1} x[k]z^{-k}\right] \tag{5.38}$$

序列右移后的单边 Z 变换是

$$\mathcal{Z}[x[n-m]u[n]] = z^{-m}\left[X(z) + \sum_{k=-m}^{-1} x[k]z^{-k}\right] \tag{5.39}$$

其中，m 为正整数。

证明 由单边 Z 变换定义

$$\begin{aligned}\mathcal{Z}[x[n+m]u[n]] &= \sum_{n=0}^{\infty} x[n+m]z^{-n} = z^{m}\sum_{n=0}^{\infty} x[n+m]z^{-(n+m)} \\ &= z^{m}\sum_{k=m}^{\infty} x[k]z^{-k} = z^{m}\left[\sum_{k=0}^{\infty} x[k]z^{-k} - \sum_{k=0}^{m-1} x[k]z^{-k}\right] \\ &= z^{m}\left[X(z) - \sum_{k=0}^{m-1} x[k]z^{-k}\right]\end{aligned} \tag{5.40}$$

同理可证

$$\mathcal{Z}[x[n-m]u[n]] = z^{-m}\left[X(z) + \sum_{k=-m}^{-1} x[k]z^{-k}\right] \tag{5.41}$$

■

序列左移或右移的性质不容易记忆，在后面用 Z 变换解差分方程时，稍有不慎就会发生错误。实际上，通过图 5.17 的解释可以很形象地看出并记住上面的结论。

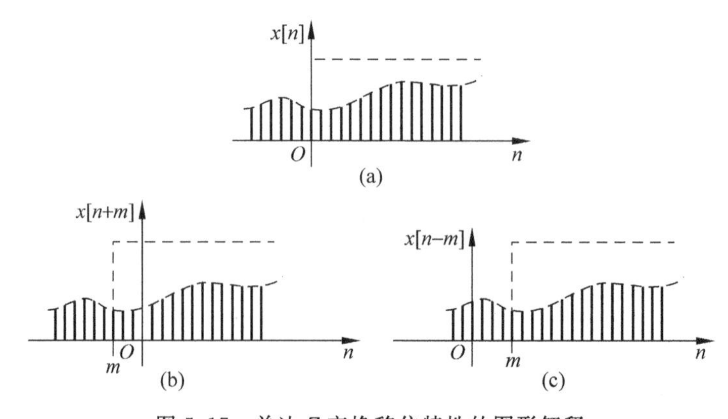

图 5.17 单边 Z 变换移位特性的图形解释

单边 Z 变换是求 $x[n]u[n]$的 Z 变换，如图 5.17(a)所示。图中的虚线部分框出了求单边 Z 变换用到的序列值。右移序列的 Z 变换是求 $x[n-m]u[n]$的 Z 变换，如图 5.17(c)所示。在求右移序列的 Z 变换时，除用到了图 5.17(a)原来的数据(在图 5.17(c)中为 $x[n-m]u[n-m]$，并已经用虚线框出)外，还用到了图 5.17(a)中 $-m$ 到 -1 共 m 个序列值，后者在图 5.17(c)中移到了 $n>0$ 的区域(在该图中用粗线表示了这些序列值)，因而参与了求单边 Z 变换的计算。以上解释恰好是式(5.41)中方括号里的内容，记忆起来非常容易。

对于因果序列来说，右移序列的单边 Z 变换与双边 Z 变换相同，因此

$$\mathcal{Z}[x[n-m]u[n]] = z^{-m}X(z)$$

对于式(5.38)的左移序列 $x[n+m]u[n]$来说，不管 $x[n]$是否为因果序列，都是把图 5.17(a)中 $0\sim(m-1)$共 m 个序列值移出了求解单边 Z 变换的区域，因而也很容易记忆，图 5.17(b)给出了这种情况的图示。

总之，运用上述方法可以非常形象地记住右移或左移序列的 Z 变换，不会发生混淆，在用之解差分方程时不会发生错误，因而非常实用。

例 5.12　已知 $x[n]=2\delta[n-1]+\delta[n]+3\delta[n+1]$，求 $x[n]$，$x[n-1]$和 $x[n+1]$的单边 Z 变换。

解

$$X(z)=\sum_{n=0}^{\infty}x[n]z^{-n}=\sum_{n=0}^{\infty}[2\delta[n-1]+\delta[n]+3\delta[n+1]]z^{-n}$$
$$=1+2z^{-1}$$

根据 Z 变换的移位特性可得

$$\mathcal{Z}[x[n-1]] = z^{-1}\left[X(z)+\sum_{k=-1}^{-1}x[k]z^{-k}\right] = z^{-1}(1+2z^{-1}+3z)$$
$$=3+z^{-1}+2z^{-2}$$
$$\mathcal{Z}[x[n+1]] = z^{1}\left[X(z)-\sum_{k=0}^{0}x(k)z^{-k}\right] = z^{1}[1+2z^{-1}-1]$$
$$=2$$

本例题主要为了熟悉单边 Z 变换的移位特性，读者可以用其他的解法进行验证。■

把 Z 变换的移位特性与 Z 变换的其他性质相结合，在求解 Z 反变换时是很有用的。由于用 Z 变换解差分方程时要频繁使用 Z 变换的移位特性，读者应熟练掌握。

5.4.3　序列的指数加权(z 域比例变换)

若

$$X(z)=\mathcal{Z}[x[n]],\quad R_{x_-}<|z|<R_{x_+}$$

则

$$\mathcal{Z}[a^n x[n]] = X\left(\frac{z}{a}\right),\quad R_{x_-}|a|<|z|<R_{x_+}|a| \tag{5.42}$$

其中，a 为复数

证明

$$\mathcal{Z}[a^n x[n]] = \sum_{n=-\infty}^{\infty} a^n x[n] z^{-n} = \sum_{n=-\infty}^{\infty} x[n]\left(\frac{z}{a}\right)^{-n}$$

所以

$$\mathcal{Z}[a^n x[n]] = X\left(\frac{z}{a}\right)$$

$$R_{x_-} < \left|\frac{z}{a}\right| < R_{x_+}$$

即

$$R_{x_-} \mid a \mid < \mid z \mid < R_{x_+} \mid a \mid$$ ■

推论，若

$$X(z) = \mathcal{Z}[x[n]], \quad R_{x_-} < \mid z \mid < R_{x_+}$$

则

$$\mathcal{Z}[a^{-n} x[n]] = X(az), \quad R_{x_-} < \mid az \mid < R_{x_+} \tag{5.43}$$

$$\mathcal{Z}[(-1)^n x[n]] = X(-z), \quad R_{x_-} < \mid z \mid < R_{x_+} \tag{5.44}$$

这一推论是非常明显的，其结论很有用。

我们考查一下这个性质的收敛域。如前所述，Z 变换的收敛域与序列的形式有关，即主要关心的是左边、右边还是双边序列等。把序列指数加权后，序列的形式没变，所以收敛域在圆内、圆外还是环域等特性不变。但是，由于序列幅、相的变化，它的 Z 变换零、极点的情况会发生相应的变化。当 a 是一个正实数时，等效于 z 平面的扩展或压缩，即零、极点位置在 z 平面上沿径向变化。当 $a=\mathrm{e}^{\mathrm{j}\omega_0}$ 时，即 a 是幅度为 1 的复数时，由于

$$\mathrm{e}^{\mathrm{j}\omega_0 n} x[n] \leftrightarrow X[\mathrm{e}^{-\mathrm{j}\omega_0} z]$$

其零、极点在 z 平面上旋转一个角度 ω_0，而当 $a=r\mathrm{e}^{\mathrm{j}\omega_0}$ 时，其零、极点位置在幅度上还要有相应的变化。

例 5.13 求序列的 Z 变换，已知

$$x[n] = \mathrm{e}^{-n/8} \sin\left(\frac{\pi n}{4}\right) u[n]$$

解 可把 $x[n]$ 写成下式

$$x[n] = \mathrm{e}^{-n/8} \frac{\mathrm{e}^{\mathrm{j}\pi n/4} - \mathrm{e}^{-\mathrm{j}\pi n/4}}{2\mathrm{j}} u[n] = -\frac{\mathrm{j}}{2}[\mathrm{e}^{-n/8}\mathrm{e}^{\mathrm{j}\pi n/4} - \mathrm{e}^{-n/8}\mathrm{e}^{-\mathrm{j}\pi n/4}]u[n]$$

由于

$$\mathrm{e}^{-n/8} u[n] \leftrightarrow \frac{z}{z - \mathrm{e}^{-1/8}}$$

根据序列的指数加权特性可以得到

$$e^{-n/8}e^{\pm j\pi n/4}u[n]\leftrightarrow \frac{ze^{\mp j\pi/4}}{ze^{\mp j\pi/4}-e^{-1/8}}$$

于是

$$\begin{aligned}&\mathcal{Z}\left[-\frac{j}{2}[e^{-n/8}e^{j\pi n/4}-e^{-n/8}e^{-j\pi n/4}]u[n]\right]\\&=-\frac{j}{2}\left[\frac{ze^{-j\pi/4}}{ze^{-j\pi/4}-e^{-1/8}}-\frac{ze^{j\pi/4}}{ze^{j\pi/4}-e^{-1/8}}\right]\\&=\frac{ze^{-1/8}\sin(\pi/4)}{z^2-2ze^{-1/8}\cos(\pi/4)+e^{-1/4}}\end{aligned}$$

本题的另一解法如下,令

$$x[n]=e^{-n/8}\sin\left(\frac{\pi n}{4}\right)u[n]=e^{-n/8}x_1[n]$$

$$x_1[n]=\sin\left(\frac{\pi n}{4}\right)u[n]$$

先求出 $X_1(z)$,再运用序列的指数加权特性求出 $X(z)$。请读者自行求解,并比较结果。

■

5.4.4 时间反转特性

若

$$X(z)=\mathcal{Z}[x[n]],\quad R_{x_-}<|z|<R_{x_+}$$

则

$$\mathcal{Z}[x[-n]]=X\left(\frac{1}{z}\right),\quad \frac{1}{R_{x_+}}<|z|<\frac{1}{R_{x_-}} \tag{5.45}$$

这一特性请读者自己证明。

5.4.5 时间扩展

所谓时间扩展就是在 1.3.2 节介绍的序列内插零运算,它在离散时间序列 $x[n]$ 的各个值之间插入若干个零,并与连续时间比例变换的概念相对应。傅里叶变换的比例变换特性为

$$\mathcal{F}[f(at)]=\frac{1}{|a|}F\left(\frac{\omega}{a}\right)$$

由于离散时间信号与系统的变量为整数值。所以,要想定义一个 $x[an]$,或者利用 $a<1$ 来减慢信号的变化都是不可能的。因此,连续和离散信号的比例变换性质将有一些区别,或者说不能把连续时间比例变换的概念直接推广到离散时间的情况。此前已经定义

$$x_{(k)}[n]=\begin{cases}x[n/k], & n\text{ 为 }k\text{ 的整数倍}\\0, & \text{其他}\end{cases} \tag{5.46}$$

式中，k 为正整数。当 $k>1$ 时，在 $x[n]$ 的各个值之间插入 $k-1$ 个零值就可以得到 $x_{(k)}[n]$。图 5.18 给出了 $x[n]$ 与 $x_{(3)}[n]$ 的波形。图中，$x_{(3)}[n]$ 的 $k=3$，它在 $x[n]$ 的相邻值之间插入了两个零值。从时间上看，$x_{(3)}[n]$ 把序列 $x[n]$ 拉开了，或者说把 $x[n]$ 减慢了。

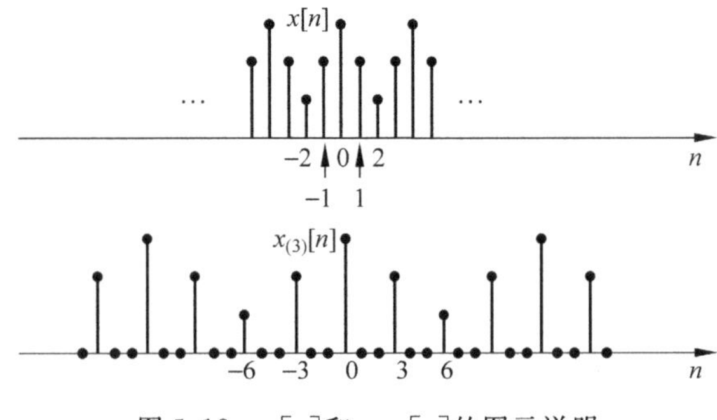

图 5.18　$x[n]$ 和 $x_{(3)}[n]$ 的图示说明

Z 变换的时间扩展性质是，若

$$\mathcal{Z}[x[n]] = X(z),\quad R_{x_-} < |z| < R_{x_+}$$

则

$$\mathcal{Z}[x_{(k)}[n]] = X(z^k),\quad R_{x_-}^{1/k} < |z| < R_{x_+}^{1/k} \tag{5.47}$$

证明

$$\begin{aligned}\mathcal{Z}[x_{(k)}[n]] &= \sum_{n=-\infty}^{\infty} x_{(k)}[n]z^{-n} \\ &= \sum_{n=-\infty}^{\infty} x[n/k]z^{-n} \quad (n\text{ 为 }k\text{ 的整数倍}) \\ &= \sum_{m=-\infty}^{\infty} x[m]z^{-km} = \sum_{m=-\infty}^{\infty} x[m](z^k)^{-m} \\ &= X(z^k) \\ &\quad R_{x_-}^{1/k} < |z| < R_{x_+}^{1/k}\end{aligned}$$

由上式可见，若 $X(z)$ 在半径 $z=|r|$ 的圆周上有一个极点（或零点），那么在半径为 $z=|r|^{1/k}$ 的圆周上，$X(z^k)$ 就有 k 个等间隔的极点（或零点），由此可以定出相应的收敛边界。 ■

5.4.6　z 域微分特性

若

$$X(z) = \mathcal{Z}[x[n]],\quad R_{x_-} < |z| < R_{x_+}$$

则

$$\mathcal{Z}[nx[n]] = -z\frac{\mathrm{d}}{\mathrm{d}z}X(z),\quad R_{x_-} < |z| < R_{x_+} \tag{5.48}$$

证明

$$\frac{\mathrm{d}X(z)}{\mathrm{d}z}=\frac{\mathrm{d}}{\mathrm{d}z}\left[\sum_{n=-\infty}^{\infty}x[n]z^{-n}\right]$$

交换求导、求和的次序可得

$$\begin{aligned}\frac{\mathrm{d}X(z)}{\mathrm{d}z}&=\sum_{n=-\infty}^{\infty}x[n]\frac{\mathrm{d}}{\mathrm{d}z}(z^{-n})\\&=\sum_{n=-\infty}^{\infty}x[n](-n)z^{-n-1}=-\sum_{n=-\infty}^{\infty}nx[n]z^{-n}z^{-1}\end{aligned}$$

所以

$$-z\frac{\mathrm{d}}{\mathrm{d}z}X(z)=\sum_{n=-\infty}^{\infty}nx[n]z^{-n}=\mathcal{Z}[nx[n]]$$

即

$$\mathcal{Z}[nx[n]]=-z\frac{\mathrm{d}}{\mathrm{d}z}X(z)$$

$$R_{x_-}<|z|<R_{x_+}$$

可见，序列线性加权的 Z 变换，即 $nx[n]$的 Z 变换就是对 $X(z)$取导后再乘以$(-z)$。

■

例 5.14　已知序列

$$x[n]=n^2a^nu[n]$$

利用 Z 变换的性质求 $X(z)$。

解　令 $x_1[n]=a^nu[n]$，由前可得

$$\mathcal{Z}[x_1[n]]=\mathcal{Z}[a^nu[n]]=\frac{z}{z-a},\quad |z|>|a|$$

设 $x_2[n]=nx_1[n]$，根据 Z 变换的微分定理可得

$$\begin{aligned}X_1(z)&=\mathcal{Z}[na^nu[n]]=-z\frac{\mathrm{d}}{\mathrm{d}z}\left(\frac{z}{z-a}\right)\\&=\frac{az}{(z-a)^2}\end{aligned}$$

再次使用微分定理可得

$$\begin{aligned}X(z)&=\mathcal{Z}[n^2a^nu[n]]=\mathcal{Z}[n\cdot x_2[n]]\\&=-z\frac{\mathrm{d}}{\mathrm{d}z}\left[\frac{az}{(z-a)^2}\right]=\frac{az(z+a)}{(z-a)^3},\quad |z|>|a|\end{aligned}$$

■

例 5.14 给出了用 Z 变换性质求 $n^2x[n]$的 Z 变换的方法，即

$$\begin{aligned}\mathcal{Z}[n^2x[n]]&=-z\frac{\mathrm{d}}{\mathrm{d}z}\left[-z\frac{\mathrm{d}}{\mathrm{d}z}X(z)\right]\\&=z^2\frac{\mathrm{d}^2X(z)}{\mathrm{d}z^2}+z\frac{\mathrm{d}X(z)}{\mathrm{d}z}\end{aligned}$$

依此类推，可得

$$\mathcal{Z}[n^mx[n]]=\left[-z\frac{\mathrm{d}}{\mathrm{d}z}\right]^mX(z)$$

其中$\left[-z\frac{\mathrm{d}}{\mathrm{d}z}\right]^m$表示对$X(z)$进行$m$次形式为$\left[-z\frac{\mathrm{d}}{\mathrm{d}z}\right]$的运算，即

$$\overbrace{-z\frac{\mathrm{d}}{\mathrm{d}z}\left\{-z\frac{\mathrm{d}}{\mathrm{d}z}\left[-z\frac{\mathrm{d}}{\mathrm{d}z}\cdots\left(-z\frac{\mathrm{d}}{\mathrm{d}z}X(z)\right)\right]\right\}}^{m\text{次}}$$

5.4.7 复序列的共轭

若

$$X(z)=\mathcal{Z}[x[n]],\quad R_{x_-}<|z|<R_{x_+}$$

则

$$\mathcal{Z}[x^*[n]]=X^*(z^*),\quad R_{x_-}<|z|<R_{x_+} \tag{5.49}$$

其中$*$号表示取共轭复数

证明

$$\sum_{n=-\infty}^{\infty}x^*[n]z^{-n}=\left[\sum_{n=-\infty}^{\infty}x[n](z^*)^{-n}\right]^*=X^*(z^*)$$

$$R_{x_-}<|z|<R_{x_+}$$ ■

5.4.8 初值定理

若$x[n]$为因果序列，$X(z)=\mathcal{Z}[x[n]]$

则

$$x[0]=\lim_{z\to\infty}X(z) \tag{5.50}$$

证明 因为$x[n]$是因果序列，所以

$$X(z)=\sum_{n=0}^{\infty}x[n]z^{-n}=x[0]+x[1]z^{-1}+x[2]z^{-2}+\cdots+x[k]z^{-k}+\cdots$$

当$z\to\infty$时，除$x[0]$外，上式各项都趋近于零，即

$$\lim_{z\to\infty}X(z)=\lim_{z\to\infty}\sum_{n=0}^{\infty}x[n]z^{-n}=\lim_{z\to\infty}[x[0]+x[1]z^{-1}+x[2]z^{-2}+\cdots]=x[0]$$ ■

初值定理要求$x[n]$为因果序列，由证明过程很容易看到这一点。如果$n<0$时$x[n]\neq0$，就不可能得到上述结果。另外，从z域看，初值定理要求$z\to\infty$时$X(z)$存在，实际上这也说明了$x[n]$为因果序列。为什么？请读者思考并给出答案。

例 5.15 已知$X(z)=\mathcal{Z}[x[n]]$，$|z|>|R|$，求$n=m$时$x[n]$的序列值$x[m]$。

解 由题设条件知$x[n]$为因果序列

$$X(z)=\sum_{n=0}^{\infty}x[n]z^{-n}=x[0]+x[1]z^{-1}+x[2]z^{-2}+\cdots+x[k]z^{-k}+\cdots$$

对$X(z)-x[0]$的公式两边乘以z可得

$$z[X(z)-x[0]]=x[1]+x[2]z^{-1}+\cdots+x[k]z^{-(k-1)}+\cdots$$

对上式两边求 $z\to\infty$ 时的极限

$$x[1]=\lim_{z\to\infty}\{z[X(z)-x[0]]\}$$

依此类推可得

$$\begin{aligned}x[m]&=\lim_{z\to\infty}\left\{z^m\left[X(z)-\sum_{k=0}^{m-1}x[k]z^{-k}\right]\right\}\\&=\lim_{z\to\infty}\{\mathcal{Z}[x[n+m]u[n]]\}\end{aligned}\tag{5.51}$$

上式右边恰好是对 $x[n]$ 左移序列的单边 Z 变换求极限。显然，$x[n+m]$ 在 $n=0$ 点的“初值”就是 $x[m]$，因此也把式(5.51)称为广义的初值定理。 ■

5.4.9 终值定理

若 $x[n]$ 是因果序列，而且除在 $z=1$ 处可以有一阶极点外，$X[z]$ 的全部极点都在单位圆内，则

$$\lim_{n\to\infty}x[n]=\lim_{z\to1}[(z-1)X(z)]\tag{5.52}$$

证明 显然，只有 $n\to\infty$ 时 $x[n]$ 收敛或 $x[\infty]$ 存在才可谈及终值定理。从式(5.52)可见，终值定理是通过 $X(z)$ 去求 $x[\infty]$，故无法准确判断 $x[n]$ 的收敛情况。定理给出“除在 $z=1$ 处可以有一阶极点外，$X(z)$ 的全部极点都在单位圆内”。设 $X(z)$ 在 $z=1$ 处有一阶极点，则 $(z-1)X(z)$ 会消去这个极点，因此，$(z-1)X(z)$ 的全部极点就都在单位圆内了，或者说 $(z-1)X(z)$ 的收敛域包含了单位圆，其收敛域为 $|z|\geqslant1$。这样一来，式(5.52)的运算就是在收敛域内进行的，故可对等式的两边求极限。以上就是终值定理中附加极点信息的原因。下面给出具体的证明。

方程式(5.52)的右边为

$$\begin{aligned}\lim_{z\to1}[(z-1)X(z)]&=\lim_{z\to1}[zX(z)-X(z)]\\&=\lim_{z\to1}\left[\sum_{n=0}^{\infty}x[n+1]z^{-n}+zx[0]-\sum_{n=0}^{\infty}x[n]z^{-n}\right]\\&=x[0]+\sum_{n=0}^{\infty}\left[x[n+1]-\sum_{n=0}^{\infty}x[n]\right]\\&=x[0]+(x[1]-x[0])+(x[2]-x[1])+(x[3]-x[2])+\cdots\\&=x[0]-x[0]+x[\infty]\end{aligned}$$

所以

$$\lim_{z\to1}[(z-1)X(z)]=x[\infty]$$ ■

顺便说明，第 6 章将会证明，当系统传递函数 $H(z)$ 的收敛域包含单位圆时，系统稳定，系统的单位脉冲响应 $h[n]$ 为衰减震荡，从而可以保证 $h[\infty]$ 一定存在。两相对照会进一步加深对终值定理的理解。

应用式(5.52)可以用 Z 变换很方便地确定出 $n\to\infty$ 时 $x[n]$ 的特性。

上述证明中，多次使用了 $x[n]$ 为因果序列这一条件，但没有直白。请读者找出

使用这一条件的地方。

例 5.16 设有差分方程

$$x[n]-ax[n-1]=u[n],\quad -1<a<1$$

且 $x[n]=0, n<0$

(1) 用初值定理和终值定理求 $x[0], x[\infty]$;

(2) 求出 $x[n]$的表达式,并验证以上结果。

解 (1) 用初值定理和终值定理求解

把上式两边取 Z 变换,可得

$$X(z)-az^{-1}X(z)=\frac{1}{1-z^{-1}}$$

所以

$$\begin{aligned}X(z)&=\frac{1}{(1-z^{-1})(1-az^{-1})}\\&=\frac{1}{1-a}\left(\frac{1}{1-z^{-1}}-\frac{a}{1-az^{-1}}\right),\quad |z|>1\end{aligned}\tag{5.53}$$

由初值定理可得

$$x[0]=\lim_{z\to\infty}X(z)=\lim_{z\to\infty}\frac{1}{(1-z^{-1})(1-az^{-1})}=1$$

由式(5.53)可知,$X(z)$符合使用终值定理的条件,故可得

$$\begin{aligned}x[\infty]&=\lim_{z\to 1}[(z-1)X(z)]=\lim_{z\to 1}\left[(z-1)\frac{1}{(1-z^{-1})(1-az^{-1})}\right]\\&=\frac{1}{1-a}\end{aligned}$$

(2) 验证

已知 $X(z)$如式(5.53)所示,求 Z 反变换可得

$$x[n]=\frac{1}{1-a}(1-a^{n+1})u[n]$$

所以

$$x[0]=\frac{1-a}{1-a}=1$$

$$x[\infty]=\frac{1-a^{\infty}}{1-a}=\frac{1}{1-a},\quad -1<a<1$$

可见,两种方法求得的结果相同。 ■

由本例可见,在已知序列 $x[n]$的 Z 变换 $X(z)$的情况下,用初值或终值定理不必求逆变换,就可以得到序列的初值 $x[0]$或终值 $x[\infty]$。

此外,运用初值定理可以检验所求 Z 变换结果的正误。因为求序列的 Z 变换时通常知道 $x[0]$,通过计算$\lim\limits_{z\to\infty}X(z)$可以核对 $x[0]$的数值,从而很容易判断出求得的 $X(z)$是否正确。

5.4.10 时域卷积定理

已知序列 $x[n]$、$y[n]$的 Z 变换为

$$X(z)=\mathcal{Z}[x[n]],\quad R_{x_-}<|z|<R_{x_+}$$

$$Y(z)=\mathcal{Z}[y[n]],\quad R_{y_-}<|z|<R_{y_+}$$

则

$$\mathcal{Z}[x[n]*y[n]]=X(z)Y(z) \tag{5.54}$$

$$\max(R_{x_-},R_{y_-})<|z|<\min(R_{x_+},R_{y_+})$$

所以,序列卷积的收敛域为两个序列的公共收敛域,当出现收敛边界的零、极点对消时,其收敛域有可能扩大。

证明 因为

$$\begin{aligned}\mathcal{Z}[x[n]*y[n]]&=\sum_{n=-\infty}^{\infty}(x[n]*y[n])z^{-n}\\&=\sum_{n=-\infty}^{\infty}\left\{\sum_{m=-\infty}^{\infty}x[m]y[n-m]\right\}z^{-n}\\&=\sum_{m=-\infty}^{\infty}x[m]\sum_{n=-\infty}^{\infty}y[n-m]z^{-(n-m)}z^{-m}\\&=\sum_{m=-\infty}^{\infty}x[m]z^{-m}Y(z)\end{aligned}$$

所以

$$\mathcal{Z}[x[n]*y[n]]=X(z)Y(z)$$ ■

上式表明,两个序列时域卷积的 Z 变换就等于各自 Z 变换的乘积。当 $x[n]$、$y[n]$分别是系统的激励和系统的单位脉冲响应时,用本定理可以求出系统的零状态响应。因此,本定理给出了求解系统零状态响应的频域解法,请读者自己给出运算步骤。

例 5.17 已知 LTI 系统的单位脉冲响应为 $h[n]=a^nu[n]$,$0<a<1$,系统的输入为

$$x[n]=\begin{cases}1, & 0\leqslant n\leqslant N-1\\0, & 其他\end{cases}$$

用 Z 变换的性质求系统的零状态响应 $y[n]=x[n]*h[n]$。

解

$$H(z)=\mathcal{Z}[h[n]]=\frac{z}{z-a},\quad |z|>|a|$$

$$X(z)=\mathcal{Z}[x[n]]=\frac{z}{z-1}-\frac{z^{-N+1}}{z-1},\quad |z|>1$$

所以

$$Y(z)=X(z)H(z)=\frac{z(z-z^{-N+1})}{(z-a)(z-1)},\quad |z|>1$$

令

$$Y_1(z)=\frac{z^2}{(z-a)(z-1)},\quad |z|>1$$

把 $Y_1(z)/z$ 部分分式，则

$$\frac{Y_1(z)}{z}=\frac{z}{(z-a)(z-1)}=\frac{1}{1-a}\frac{1}{z-1}-\frac{a}{1-a}\frac{1}{z-a}$$

因此

$$y_1[n]=\frac{1-a^{n+1}}{1-a}u[n]$$

由于

$$Y(z)=Y_1(z)(1-z^{-N})$$

所以

$$\begin{aligned}y[n]&=y_1[n]-y_1[n-N]\\&=\frac{1-a^{n+1}}{1-a}u[n]-\frac{1-a^{n-N+1}}{1-a}u[n-N]\end{aligned}$$

■

本题运用了序列移位特性从而简化了求解过程。读者可以用时域离散卷积的方法求解并加以比较。

5.4.11 z 域卷积定理

已知

$$w[n]=x[n]y[n]$$

$$X(z)=\mathcal{Z}[x[n]],\quad R_{x_-}<|z|<R_{x_+}$$

$$Y(z)=\mathcal{Z}[y[n]],\quad R_{y_-}<|z|<R_{y_+}$$

则

$$\mathcal{Z}[x[n]y[n]]=W(z)=\frac{1}{2\pi\mathrm{j}}\oint_C X(v)Y\left(\frac{z}{v}\right)v^{-1}\mathrm{d}v \tag{5.55}$$

$$\max\left(R_{x_-},\frac{|z|}{R_{y_+}}\right)<|v|<\min\left(R_{x_+},\frac{|z|}{R_{y_-}}\right)$$

$$R_{x_-}R_{y_-}<|z|<R_{x_+}R_{y_+}$$

式中 C 是 v 平面收敛域内一条逆时针旋转的单封闭围线。另外，v 平面的收敛域为 $X(v)$ 与 $Y\left(\frac{z}{v}\right)$ 的公共收敛域。

证明

$$\begin{aligned}\mathcal{Z}[x[n]y[n]]&=\sum_{n=-\infty}^{\infty}[x[n]y[n]]z^{-n}\\&=\sum_{n=-\infty}^{\infty}y[n]\left[\frac{1}{2\pi\mathrm{j}}\oint_C X(v)v^{n-1}\mathrm{d}v\right]z^{-n}\end{aligned}$$

$$= \frac{1}{2\pi j}\oint_C X(v)\sum_{n=-\infty}^{\infty} y[n]v^{n-1}z^{-n}\mathrm{d}v$$

$$= \frac{1}{2\pi j}\oint_C X(v)\sum_{n=-\infty}^{\infty} y(n)\left(\frac{z}{v}\right)^{-n}\frac{\mathrm{d}v}{v}$$

$$= \frac{1}{2\pi j}\oint_C X(v)Y\left(\frac{z}{v}\right)v^{-1}\mathrm{d}v$$

从证明过程可见，$X(v)$的收敛域与 $X(z)$相同，$Y\left(\frac{z}{v}\right)$的收敛域与 $Y[z]$相同。即

$$\begin{aligned} R_{x_-} < |v| < R_{x_+} \\ R_{y_-} < \left|\frac{z}{v}\right| < R_{y_+} \end{aligned} \tag{5.56}$$

所以

$$R_{x_-}R_{y_-} < |z| < R_{x_+}R_{y_+}$$

又由式(5.56)可知

$$\frac{1}{R_{y_+}} < \left|\frac{v}{z}\right| < \frac{1}{R_{y_-}}$$

由此得到

$$\max\left(R_{x_-},\frac{|z|}{R_{y_+}}\right) < |v| < \min\left(R_{x_+},\frac{|z|}{R_{y_-}}\right)$$ ■

按照同样的步骤，只要把上述证明中 $x[n]$和 $y[n]$的位置对调，就可以证明

$$\mathcal{Z}[x[n]y[n]] = \frac{1}{2\pi j}\oint_C X\left(\frac{z}{v}\right)Y(v)v^{-1}\mathrm{d}v \tag{5.57}$$

$$\max\left(R_{y_-},\frac{|z|}{R_{x_+}}\right) < |v| < \min\left(R_{y_+},\frac{|z|}{R_{x_-}}\right)$$

$$R_{x_-}R_{y_-} < |z| < R_{x_+}R_{y_+}$$

z 域卷积定理是序列乘积的 Z 变换，所以也叫序列相乘定理。可以用留数定理求解式(5.55)，并求出 $W(z)$。应用这一定理时要特别注意围线 C 以及极点分布的情况，稍有不慎就会出现“画蛇添足”的结果。关于这一点，可以参见下面的例题。

例 5.18　已知 $x[n]=a^n u[n]$，$y[n]=b^n u[n]$，$w[n]=x[n]y[n]$，用 z 域卷积定理求 $W(z)$。

解　由 z 域卷积定理可知

$$W[z] = \frac{1}{2\pi j}\oint_C X(v)Y\left(\frac{z}{v}\right)v^{-1}\mathrm{d}v$$

$$= \sum_{i=1}^{k}\mathrm{Res}\left[X(v)Y\left(\frac{z}{v}\right)v^{-1}\right]_{v=v_i}$$

其中，v_i 是 $X(v)Y\left(\frac{z}{v}\right)v^{-1}$在围线 C 内的极点。由于

$$X(z) = \frac{z}{z-a},\quad |z| > |a|$$

$$Y(z)=\frac{z}{z-b},\quad |z|>|b|$$

所以

$$W(z)=\mathcal{Z}[x[n]y[n]]=\frac{1}{2\pi \mathrm{j}}\oint_C X(v)Y\left(\frac{z}{v}\right)v^{-1}\mathrm{d}v$$

$$=\frac{1}{2\pi \mathrm{j}}\oint_C \frac{v}{v-a}\,\frac{\frac{z}{v}}{\frac{z}{v}-b}v^{-1}\mathrm{d}v$$

可见,被积函数 $X(v)Y\left(\frac{z}{v}\right)v^{-1}$ 共有两个极点,即 $v_1=a, v_2=z/b$。一般来说,用留数定理求解时,需要求这两个极点的留数和。但是,在使用 z 域卷积特性和留数定理求解时,必须注意围线包围极点的情况。为此,我们进行如下的分析。参照定理的证明过程可知,此时

$$|v|>|a|,\quad \left|\frac{z}{v}\right|>|b|$$

即

$$\left|\frac{v}{z}\right|<\left|\frac{1}{b}\right| \quad 或 \quad |v|<\left|\frac{z}{b}\right|$$

所以

$$|a|<|v|<\left|\frac{z}{b}\right|$$

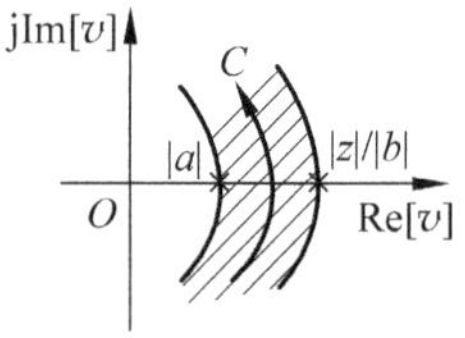

围线 C 应该在收敛域内,如图 5.19 所示。因此,围线 C 内仅有一个极点 $|v|=|a|$。由留数定理可以求出

图 5.19 例 5.18 的收敛域和围线 C

$$W[z]=\frac{1}{2\pi \mathrm{j}}\oint_C X(v)Y\left(\frac{z}{v}\right)v^{-1}\mathrm{d}v$$

$$=\mathrm{Res}\left[X(v)Y\left(\frac{z}{v}\right)v^{-1}\right]_{v=a}=\mathrm{Res}\left[\frac{v}{v-a}\,\frac{\frac{z}{v}}{\frac{z}{v}-b}v^{-1}\right]_{v=a}$$

$$=\left.\frac{\frac{z}{v}}{\frac{z}{v}-b}\right|_{v=a}=\left.\frac{z}{z-bv}\right|_{v=a}=\frac{z}{z-ab}$$

$$|z|>|ab|$$

如上所述,本例的被积函数 $X(v)Y\left(\frac{z}{v}\right)v^{-1}$ 有两个极点,用留数定理求解时如果不考虑围线 C 的位置,而是按两个极点计算,就会得到错误的结果。 ■

例 5.19 已知 $x[n]=nu[n]$, $y[n]=a^n u[n]$, $w[n]=x[n]y[n]$,用 z 域卷积定理求 $W(z)$。

解 1 用式(5.55)求解,即

$$\mathscr{Z}[x[n]y[n]]=W(z)=\frac{1}{2\pi \mathrm{j}}\oint_C X(v)Y\left(\frac{z}{v}\right)v^{-1}\mathrm{d}v$$

由于

$$X(z)=\frac{z}{(z-1)^2},\quad |z|>1$$

$$Y(z)=\frac{z}{z-a},\quad |z|>|a|$$

所以

$$W(z)=\mathscr{Z}[x[n]y[n]]=\frac{1}{2\pi \mathrm{j}}\oint_C X(v)Y\left(\frac{z}{v}\right)v^{-1}\mathrm{d}v$$

$$=\frac{1}{2\pi \mathrm{j}}\oint_C \frac{v}{(v-1)^2}\frac{\frac{z}{v}}{\frac{z}{v}-a}v^{-1}\mathrm{d}v$$

下面讨论 v 平面的收敛域。由于 $X(v)Y\left(\frac{z}{v}\right)v^{-1}$ 有两个极点，参照定理的证明过程可知

$$|v|>1$$

$$\left|\frac{z}{v}\right|>|a|,\quad 即\ |v|<\left|\frac{z}{a}\right|$$

其收敛域为 $1<|v|<\left|\frac{z}{a}\right|$，如图5.20所示。

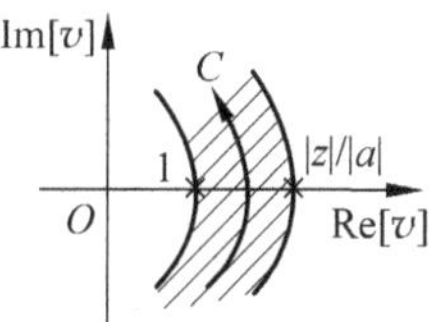

图5.20　例5.19的收敛域和围线 C

把 C 选择在收敛域内，可见在 C 内仅有一个二阶极点 $|v|=1$，根据留数定理可以求出

$$W(z)=\mathrm{Res}\left[X(v)Y\left(\frac{z}{v}\right)v^{-1}\right]_{v=1}=\mathrm{Res}\left[\frac{\frac{z}{v}}{\frac{z}{v}-a}\frac{v}{(v-1)^2}v^{-1}\right]_{v=1}$$

$$=\left\{\frac{\mathrm{d}}{\mathrm{d}v}\left[\frac{\frac{z}{v}}{\frac{z}{v}-a}\frac{1}{(v-1)^2}(v-1)^2\right]\right\}_{v=1}=\left[\frac{\mathrm{d}}{\mathrm{d}v}\left(\frac{z}{z-av}\right)\right]_{v=1}=\frac{az}{(z-a)^2}$$

$$|z|>|a|$$

■

同样，尽管 $X(v)Y\left(\frac{z}{v}\right)v^{-1}$ 有两个极点，但在求解时要注意选择，不要出现“画蛇添足”之举。

解2　用式(5.57)求解

$$X(z)=\frac{z}{(z-1)^2},\quad |z|>1$$

$$Y(z)=\frac{z}{z-a},\quad |z|>a$$

$$W(z)=\mathscr{Z}[x[n]y[n]]=\frac{1}{2\pi \mathrm{j}}\oint_C X\left(\frac{z}{v}\right)Y(v)v^{-1}\mathrm{d}v$$

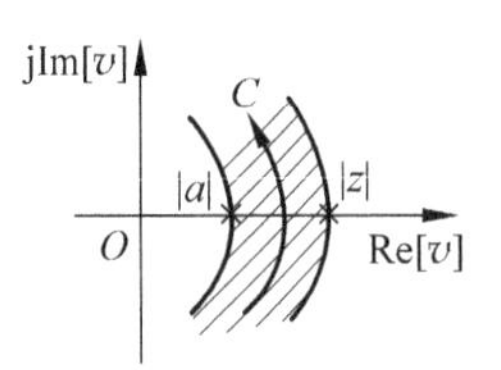

图 5.21 例 5.19 收敛域和围线的另一种选择

显然

$$|v|>|a|$$

$$\left|\frac{z}{v}\right|>1,\quad 即\ |v|<|z|$$

其收敛域为 $|a|<|v|<|z|$。把 C 选在收敛域内，由图 5.21 可见 C 内仅有一个极点 $|v|=a$。

根据留数定理可以求出

$$W(z)=\operatorname{Res}\left[X\left(\frac{z}{v}\right)Y(v)v^{-1}\right]_{v=a}=\operatorname{Res}\left[\frac{v}{v-a}\frac{\frac{z}{v}}{\left(\frac{z}{v}-1\right)^2}v^{-1}\right]_{v=a}$$

$$=\left.\frac{\frac{z}{v}}{\left(\frac{z}{v}-1\right)^2}\right|_{v=a}=\frac{az}{(z-a)^2}$$

$$|z|>|a|$$ ■

两种解法的结果相同。由此可见，在进行计算时，对 $X(z)$ 和 $Y(z)$ 可以有不同的选择。然而，不同选择会使求解过程的复杂程度有较大的区别，当序列存在高阶极点时更是如此。对本题来说，解法 2 会稍微简单一些。所以，在求解之前，最好先进行适当的选择。

5.4.12 差分和累加

1. 差分特性

已知 $X(z)=\mathcal{Z}[x[n]]$，$R_{x_-}<|z|<R_{x_+}$，若

$$\nabla x[n]=x[n]-x[n-1]$$

则

$$x[n]-x[n-1]\leftrightarrow(1-z^{-1})X(z),\quad R_{x_-}<|z|<R_{x_+}$$

直接应用 Z 变换的时移特性就可以证明这个性质。由前述 Z 变换的线性特性可知：$\mathcal{Z}[\nabla x[n]]$ 的收敛域是 $X(z)$ 和 $(1-z^{-1})X(z)$ 的公共收敛域。因此，在发生零、极点相消时，$\mathcal{Z}[\nabla x[n]]$ 的收敛域有可能扩大。

2. 累加特性

已知 $X(z)=\mathcal{Z}[x[n]]$，$R_{x_-}<|z|<R_{x_+}$，则

$$\sum_{m=-\infty}^{n}x[m]\leftrightarrow\frac{1}{1-z^{-1}}X(z),\quad \max[R_{x_-},1]<|z|<R_{x_+}$$

证明

$$\sum_{m=-\infty}^{n}x[m]=x[n]*u[n]=\sum_{m=-\infty}^{n}x[m]u[n-m]$$

两边取 Z 变换可得

$$\mathcal{Z}\left[\sum_{m=-\infty}^{n} x[m]\right] = \mathcal{Z}[x[n] * u[n]] = X(z)U(z) = \frac{1}{1-z^{-1}}X(z)$$

$\mathcal{Z}\left[\sum_{m=-\infty}^{n} x[m]\right]$的收敛域是 $X(z)$和 $U(z)$的公共收敛域。由于后者的收敛域是$|z|>1$，故当 $z=1$ 发生零、极点相消时，$\sum_{m=-\infty}^{n} x[m]$ 的 Z 变换收敛域有可能扩大。 ■

5.4.13　帕斯瓦尔定理

已知序列 $x[n]$、$y[n]$的 Z 变换为

$$X(z) = \mathcal{Z}[x(n)],\quad R_{x_-} < |z| < R_{x_+}$$

$$Y(z) = \mathcal{Z}[y(n)],\quad R_{y_-} < |z| < R_{y_+}$$

它们的 ROC 满足 $R_{x_-}R_{y_-} < 1 < R_{x_+}R_{y_+}$，则帕斯瓦尔定理为

$$\sum_{n=-\infty}^{\infty} x[n]y^*[n] = \frac{1}{2\pi \mathrm{j}}\oint_C X(v)Y^*(1/v^*)v^{-1}\mathrm{d}v \tag{5.58}$$

其中，$*$ 表示取复共轭，积分路径 C 位于 $X(v)$和 $Y^*(1/v^*)$的公共收敛域，即

$$\max\left(R_{x_-}, \frac{1}{R_{y_+}}\right) < |v| < \min\left(R_{x_+}, \frac{1}{R_{y_-}}\right)$$

证明　令

$$w[n] = x[n]y^*[n]$$

根据复序列的共轭及 z 域卷积定理可得

$$W(z) = \mathcal{Z}[w[n]] = \frac{1}{2\pi \mathrm{j}}\oint_C X(v)Y^*(z^*/v^*)v^{-1}\mathrm{d}v$$

$$R_{x_-}R_{y_-} < |z| < R_{x_+}R_{y_+}$$

由给定条件 $R_{x_-}R_{y_-} < 1 < R_{x_+}R_{y_+}$ 可知，$W(z)$的收敛域包含单位圆，所以

$$W(1) = \frac{1}{2\pi \mathrm{j}}\oint_C X(v)Y^*(1/v^*)v^{-1}\mathrm{d}v$$

由 Z 变换的定义

$$W(z) = \mathcal{Z}[w[n]] = \mathcal{Z}[x[n]y^*[n]] = \sum_{n=-\infty}^{\infty} x[n]y^*[n]z^{-n}$$

取单位圆$|z|=1$ 上的 $W(z)$，则

$$W(1) = \sum_{n=-\infty}^{\infty} x[n]y^*[n]z^{-n}\bigg|_{z=1} = \sum_{n=-\infty}^{\infty} x[n]y^*[n]$$

由以上两个 $W(1)$的表达式可得

$$W(1) = \sum_{n=-\infty}^{\infty} x[n]y^*[n] = \frac{1}{2\pi \mathrm{j}}\oint_C X(v)Y^*(1/v^*)v^{-1}\mathrm{d}v$$ ■

此外，当 $x[n]$、$y[n]$均满足绝对可和条件时，$X(v)$、$Y(v)$均在单位圆上收敛。因此，可以把积分围线 C 选为单位圆 $v=\mathrm{e}^{\mathrm{j}\omega}$。在这种情况下，由上式可得

$$\sum_{n=-\infty}^{\infty} x[n]y^*[n] = \frac{1}{2\pi}\int_{-\pi}^{\pi} X(\mathrm{e}^{\mathrm{j}\omega})Y^*(\mathrm{e}^{\mathrm{j}\omega})\mathrm{d}\omega \tag{5.59}$$

式(5.59)就是帕斯瓦尔定理。该定理的一个重要应用是计算序列的能量。当 $y[n]=x[n]$时，$\sum_{n=-\infty}^{\infty}x[n]y^*[n]=\sum_{n=-\infty}^{\infty}|x[n]|^2$，所以

$$\sum_{n=-\infty}^{\infty}|x[n]|^2=\frac{1}{2\pi}\int_{-\pi}^{\pi}X(e^{j\omega})X^*(e^{j\omega})d\omega$$

$$=\frac{1}{2\pi}\int_{-\pi}^{\pi}|X(e^{j\omega})|^2d\omega \tag{5.60}$$

函数$|X(e^{j\omega})|^2/2\pi$表示单位频率的能量，通常把$|X(e^{j\omega})|^2$称为信号的能量密度谱。由 4.6.1 节可知，离散时间信号 $x[n]$的频谱具有周期性。所以，应该计算它的功率。上式右边把单位频率的能量在一个周期(即 2π)内积分又除以周期，这恰好是该信号的平均功率。因此式(5.60)揭示出：在时域中所求的序列能量 $\sum_{n=-\infty}^{\infty}|x(n)|^2$ 和在频域中所求的能量是守恒的。

以上讨论了 Z 变换的重要性质和定理，读者可从傅里叶变换的经验、本节所举例题和章末的习题体会到利用性质求解 Z 变换是非常有效的。为方便起见，把它们汇总在下面的表 5.1 中。

表 5.1 Z 变换的主要性质

序号	序列	Z 变换	收 敛 域
	$x[n]$ $y[n]$	$X(z)$ $Y(z)$	$R_{x_-}<\|z\|<R_{x_+}$ $R_{y_-}<\|z\|<R_{y_+}$
1	$ax[n]+by[n]$	$aX(z)+bY(z)$	$\max(R_{x_-},R_{y_-})<\|z\|<\min(R_{x_+},R_{y_+})$ 有可能扩大
2	$x[n-m]$ $x[n+m]$	$z^{-m}X(z)$ $z^mX(z)$	$R_{x_-}<\|z\|<R_{x_+}$ $R_{x_-}<\|z\|<R_{x_+}$
3	$a^nx[n]$ $(-1)^nx[n]$	$X(z/a)$ $X(-z)$	$R_{x_-}\|a\|<\|z\|<R_{x_+}\|a\|$ $R_{x_-}<\|z\|<R_{x_+}$
4	$x[-n]$	$X(1/z)$	$R_{x_-}<\|z^{-1}\|<R_{x_+}$
5	$x_{(k)}[n]$	$X(z^k)$	$R_{x_-}^{1/k}<\|z\|<R_{x_+}^{1/k}$
6	$nx[n]$	$-z\dfrac{d}{dz}X(z)$	$R_{x_-}<\|z\|<R_{x_+}$
7	$x^*[n]$	$X^*(z^*)$	$R_{x_-}<\|z\|<R_{x_+}$
8	$x[0]$	$\lim\limits_{z\to\infty}X(z)$	$x[n]$为因果序列，$\|z\|>R_{x_-}$
9	$\lim\limits_{n\to\infty}x[n]$	$\lim\limits_{z\to 1}[(z-1)X(z)]$	$x[n]$为因果序列， $(z-1)X(z)$收敛于$\|z\|\geqslant 1$
10	$x[n]*y[n]$	$X(z)Y(z)$	$\max(R_{x_-},R_{y_-})<\|z\|<\min(R_{x_+},R_{y_+})$，有可能扩大
11	$x[n]y[n]$	$\dfrac{1}{2\pi j}\oint_C X(v)Y\left(\dfrac{z}{v}\right)v^{-1}dv$	$\max\left(R_{x_-},\dfrac{\|z\|}{R_{y_+}}\right)<\|v\|<\min\left(R_{x_+},\dfrac{\|z\|}{R_{y_-}}\right)$， $R_{x_-}R_{y_-}<\|z\|<R_{x_+}R_{y_+}$

5.5　有关拉普拉斯变换(LT)的几个问题

我们曾经指出,拉普拉斯变换与 Z 变换的地位相当,二者的作用也非常类似。实际上,在涉及到信号和线性时不变系统的问题时,拉普拉斯变换、Z 变换和傅里叶变换都有着广泛的应用。

在拉普拉斯变换的定义式中,用复指数信号 e^{-st} 取代了傅里叶变换定义中的复正弦信号 $e^{-j\omega t}$。这两种信号都是连续时间线性时不变系统的特征函数,故可用它们的线性组合来表示相当广泛的一类信号。我们将从傅里叶变换的角度引出拉普拉斯变换,或者说把拉普拉斯变换看成是傅里叶变换的推广,在傅里叶变换受到限制的场合仍能使用拉普拉斯变换。

拉普拉斯变换是求解线性常系数微分方程的数学工具。该方法的突出的优点是把微分、积分方程转换为 s 域的代数方程。特别是该法把微分方程的初始条件自动地包含在变换式中,因而极大地简化了求解过程。

Z 变换和拉普拉斯变换有很多相似点,例如可以把时域的卷积运算转换为变换域的乘法运算,二者均可用于不稳定系统的分析等。另外,把 Z 变换或拉普拉斯变换的特性与系统的传递函数相结合就为系统的研究提供了强有力的手段,并形成了一整套重要的系统分析工具。例如,可以用之研究系统的输入、输出特性;通过传递函数的零、极点分布判断系统的频率特性、相位特性以及系统的稳定性等。

正如绪论中指出的,我们是在熟练掌握傅里叶变换和 Z 变换的基础上进行拉普拉斯变换及其特性的研究。对于信号和线性时不变系统的分析来说,以上三种变换的很多特性都是平行的。因而,我们没有按照拉普拉斯变换原有的课程体系进行讨论,而是采取了引申、借用和对比等方法,其目的是为了达到温故知新、触类旁通的效果。

5.5.1　拉普拉斯变换的引出

如前所述,$f(t)$的傅里叶变换对为

$$F(\omega)=\int_{-\infty}^{\infty}f(t)e^{-j\omega t}dt$$

$$f(t)=\frac{1}{2\pi}\int_{-\infty}^{\infty}F(\omega)e^{j\omega t}d\omega$$

傅里叶变换收敛的充分条件是下式所示的狄义赫利条件

$$\int_{-\infty}^{\infty}|f(t)|dt<\infty$$

因此,对于不满足狄义赫利条件的信号,如一些增长的函数(e^{at},$a>0$ 等)就有可能不存在傅里叶变换。此外,对于阶跃、周期等信号,虽然已经推导出它们的傅里叶变换,但在它们的变换式中出现了单位脉冲函数 $\delta(\omega)$,而这种表示在具体使用上也有不方便之处。本节就来进一步探讨这些方面的问题。

设 $f(t)$为不满足狄义赫利条件的信号,容易想到的是,若在 $f(t)$中引入一个衰

减因子 $e^{-\sigma t}$（σ 为任意正实数），并使 $f_1(t)=e^{-\sigma t}f(t)$ 满足狄义赫利条件，则 $f_1(t)$ 存在傅里叶变换，该变换的表达式为

$$F_1(\omega)=\int_{-\infty}^{\infty}f_1(t)e^{-j\omega t}dt \tag{5.61}$$

为了进一步研究上式与原信号 $f(t)$ 的关系，可把上式写成

$$F_1(\omega)=\int_{-\infty}^{\infty}f_1(t)e^{-j\omega t}dt=\int_{-\infty}^{\infty}[f(t)e^{-\sigma t}]e^{-j\omega t}dt=\int_{-\infty}^{\infty}f(t)e^{-(\sigma+j\omega)t}dt$$

令

$$s=\sigma+j\omega$$

则上式右边的积分变为

$$\int_{-\infty}^{\infty}f(t)e^{-st}dt$$

上式的积分变量是 t，积分结果是变量 s 的函数，我们用 $F(s)$ 表示并把这个新的变换称为拉普拉斯变换，简称拉氏变换（LT），其符号表示为 $\mathcal{L}[f(t)]$。因此

$$F(s)=\mathcal{L}[f(t)]=\int_{-\infty}^{\infty}f(t)e^{-st}dt \tag{5.62}$$

从学习傅里叶变换和 Z 变换的理论和经验可知，只有构成一个变换对，该变换才有实际意义。下面求解 $F(s)$ 的反变换。通过比较可知，在上述推导使用的符号之间有如下的关系

$$F_1(\omega)=\mathcal{F}(f_1(t))=\mathcal{L}(f(t))=F(s) \tag{5.63}$$

所以，通过求解 $F_1(\omega)$ 的傅里叶反变换 $f_1(t)$ 就能间接得到 $F(s)$ 的拉普拉斯反变换 $f(t)$。

$$f_1(t)=f(t)e^{-\sigma t}=\frac{1}{2\pi}\int_{-\infty}^{\infty}F_1(\omega)e^{j\omega t}d\omega$$

在等式两边同乘 $e^{\sigma t}$，因为它不是 ω 的函数，故可放到积分号内

$$f(t)=\frac{1}{2\pi}\int_{-\infty}^{\infty}F_1(\omega)e^{(\sigma+j\omega)t}d\omega$$

由于 $s=\sigma+j\omega$，$ds=jd\omega$，所以由 $F(s)$ 求 $f(t)$ 的公式为

$$f(t)=\frac{1}{2\pi j}\int_{\sigma-j\infty}^{\sigma+j\infty}F(s)e^{st}ds \tag{5.64}$$

式(5.64)称为拉普拉斯反变换，并表示为 $f(t)=\mathcal{L}^{-1}[F(s)]$，它与上面的式(5.62)组成了拉普拉斯变换对。

以上是“双边拉普拉斯变换”的定义。有别于此，如果积分下限取为 0，则称为单边拉普拉斯变换，并表示成

$$F(s)=\mathcal{L}[f(t)]=\int_{0}^{\infty}f(t)e^{-st}dt \tag{5.65}$$

需要注意的是，积分下限为 0 并不意味着信号 $f(t)=0,t<0$。实际上，对于 $f(t)\neq 0$，$t<0$ 的信号也存在单边拉普拉斯变换。

考虑到实际应用中遇到的连续时间信号总是因果信号，所以在信号与系统等类书籍中多研究单边拉普拉斯变换。如无注明，本书谈及的拉普拉斯变换也是单边拉

普拉斯变换。为了对拉普拉斯变换的收敛域以及与其他变换的相互关系等内容有更为全面的理解，下一章将着重讨论双边拉普拉斯变换的一些问题。

在数学文献里，常把 $f(t)$叫做原函数，而把 $F(s)$叫做象函数。

由分析可见，拉普拉斯变换与傅里叶变换的表达式在形式上很相似，故可推知它们在性质上会有很多相同之处。实际上，二者的主要差别是 $F(\omega)$为实函数，而 $F(s)$是复变函数，故常把变量 s 称为复频率。从物理意义来看，拉普拉斯变换把傅里叶变换的实频率 ω 变换为复频率 s。s 不仅描述了振荡的重复频率 ω，还通过 σ 表达了振荡幅度增长或衰减的速率。当然，对于给定的 $f(t)$来说，只有选择合适的常量 σ，才能保证 $f_1(t)=e^{-\sigma t}f(t)$满足绝对可积的条件。

这样，我们就从傅里叶变换引出了拉普拉斯变换，对于正变换的计算，二者的区别只是积分核不同。对于拉普拉斯反变换来说，从数学形式上看，它是一个复变函数的积分，因此可以用留数定理求解。另外，由于常见函数的拉普拉斯变换经常用有理分式表达，因而也适于用部分分式的方法求解。在 Z 变换中我们已经学习并掌握了这些方法。因此，尽可通过习题解决拉普拉斯正、反变换的求解问题。

5.5.2 0_- 系统

设有函数 $f(t)$如图 5.22 所示。

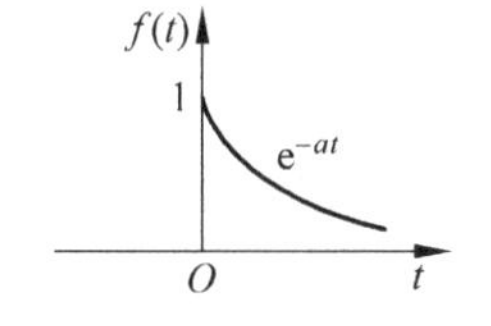

图 5.22 指数衰减的函数 $f(t)$

其拉普拉斯变换为

$$F(s)=\frac{1}{a+s}$$

而逆变换为

$$\mathcal{L}^{-1}\left[\frac{1}{a+s}\right]=e^{-at}u(t)$$

仔细观察 $f(t)$可知，它在 $t=0$ 时刻发生了跳变。若用 $f(0_-)$和 $f(0_+)$分别表示 t 从左、右两侧趋近于 $t=0$ 时的 $f(t)$值，就会得到 $f(0_-)=0$，而 $f(0_+)=1$。这一问题在第 2 章也讨论过，当时通过 0_- 和 0_+ 分别表示接入激励前、后瞬时的系统状态。

既然存在着 $f(0_-)$和 $f(0_+)$，那么在单边拉普拉斯变换的定义等处用到 $t=0$ 时刻的数值时就出现了如何选择的问题。如果把式(5.62)的积分下限取为 0_-，即

$$F(s)=\int_{0_-}^{\infty}f(t)e^{-st}\,dt$$

则称为拉普拉斯变换的 0_- 系统。反之，若把积分下限取为 0_+，则称为拉普拉斯变换的 0_+ 系统。在单边拉普拉斯变换中，这两种系统都可以采用。

与傅里叶变换和 Z 变换等变换方法一样，在用拉普拉斯变换求解问题时，既可以用拉普拉斯变换的定义式直接求解，也可以应用拉普拉斯变换的性质(如拉普拉斯变换的微分定理等)求解。应该指出的是：在拉普拉斯变换中，无论定义成 0_+ 系统还是 0_- 系统，用不同的性质或方法求解后，所得的结果必须一致。我们在讨论过拉普拉斯变换的性质之后，再对这一问题进行详细的研究。

当 $f(t)$在 $t=0$ 点有跳变时，$f(t)$的导数中会出现单位脉冲函数项。显然，0_- 系

统的拉普拉斯变换会自动考虑这一跳变或单位脉冲的作用。因此用拉普拉斯变换法解微分方程时，0_- 系统能直接引用已知的起始状态 $f(0_-)$，无需考虑由 0_- 到 0_+ 的跳变。如前所述，在解微分方程时，这一跳变的计算是很麻烦的。此外，在 0_- 系统中不但能求出 $t=0$ 时刻的响应，还可以非常简单地把系统的完全响应分解为零输入响应和零状态响应。由于 0_- 系统这些突出的优点，在本书的单边拉普拉斯变换中采用了 0_- 系统。

需要说明的是，在不至引起混淆的情况下，为方便起见，把 0_- 系统的单边拉普拉斯变换仍表示成

$$F(s)=\int_0^{\infty} f(t)\mathrm{e}^{-st}\,\mathrm{d}t$$

5.5.3 拉普拉斯变换的性质

如前所述，我们从傅里叶变换引出了拉普拉斯变换。由二者的密切关系可以预知，拉普拉斯变换的性质与傅里叶变换的性质基本相近。对于傅里叶变换中没有的性质，如初值定理、终值定理等，我们在 Z 变换里曾讨论过类似的概念，在理解上不存在问题。因此，拉普拉斯变换的性质就无需赘述了。读者可以参照傅里叶变换和 Z 变换掌握这些性质的内容、推导、使用方法和技巧等。为便于读者使用，我们不加证明地列出拉普拉斯变换的性质，并在其后给出使用性质时的某些注意事项，有兴趣的读者可以查阅有关的参考文献。

1. 线性

若

$$\mathcal{L}[f_1(t)]=F_1(s),\quad \mathcal{L}[f_2(t)]=F_2(s),\quad K_1,K_2\ \text{为常数}$$

则

$$\mathcal{L}[K_1 f_1(t)+K_2 f_2(t)]=K_1F_1(s)+K_2F_2(s) \tag{5.66}$$

2. 比例变换特性

若

$$\mathcal{L}[f(t)]=F(s)$$

则

$$\mathcal{L}[f(at)]=\frac{1}{a}F\left(\frac{s}{a}\right),\quad a>0 \tag{5.67}$$

3. 时移特性

若

$$\mathcal{L}[f(t)]=F(s)$$

则

$$\mathcal{L}[f(t-t_0)u(t-t_0)]=\mathrm{e}^{-st_0}F(s) \tag{5.68}$$

4. 频移特性

若

$$\mathcal{L}[f(t)] = F(s)$$

则

$$\mathcal{L}[f(t)\mathrm{e}^{-at}] = F(s+a) \tag{5.69}$$

在拉普拉斯变换的频移特性中，a 可以是复数，也可以是实数或虚数。所以，时间上乘以复指数对应于拉普拉斯变换中的频移，而频移的大小为 $\mathrm{Re}(a)$。

5. 微分特性

若

$$\mathcal{L}[f(t)] = F(s)$$

则

$$\mathcal{L}\left[\frac{\mathrm{d}f(t)}{\mathrm{d}t}\right] = sF(s) - f(0) \tag{5.70}$$

当 $f(t)$ 在 $t=0$ 处不连续时，$\frac{\mathrm{d}f(t)}{\mathrm{d}t}$ 在 $t=0$ 处会出现 $\delta(t)$。需要注意的是，按照 0_- 系统的规定，式(5.70)中的 $f(0)$ 为 $f(t)$ 在 $t=0$ 时的起始值，即

$$f(0) = f(0_-) \tag{5.71}$$

另外，$f(t)$ 对时间 t 高阶导数的相应性质为

$$\mathcal{L}\left(\frac{\mathrm{d}^n f(t)}{\mathrm{d}t^n}\right) = s^n F(s) - \sum_{r=0}^{n-1} s^{n-r-1} f^{(r)}(0_-) \tag{5.72}$$

式中，$f^{(r)}(0_-)$ 是 $f(t)$ 的 r 阶导数 $\frac{\mathrm{d}^r f(t)}{\mathrm{d}t^r}$ 在 0_- 时刻的取值。

6. 积分特性

若

$$\mathcal{L}[f(t)] = F(s)$$

则

$$\mathcal{L}\left(\int_{-\infty}^{t} f(\tau)\mathrm{d}\tau\right) = \frac{F(s)}{s} + \frac{f^{(-1)}(0)}{s} \tag{5.73}$$

式中的 $f^{(-1)}(0) = \int_{-\infty}^{0} f(\tau)\mathrm{d}\tau$ 是 $f(t)$ 的积分式在 $t=0$ 的取值。当积分式在 $t=0$ 处有跳变时，则

$$f^{(-1)}(0) = f^{(-1)}(0_-) = \int_{-\infty}^{0_-} f(\tau)\mathrm{d}\tau \tag{5.74}$$

7. 初值定理

设 $f(t)$ 为因果序列，而且在 $t=0$ 时，$f(t)$ 中不含 $\delta(t)$ 及其任意阶导数 $\delta^{(n)}(t)$，则

$$\lim_{t \to 0_+} f(t) = f(0_+) = \lim_{s \to \infty} sF(s) \tag{5.75}$$

其中，$\mathcal{L}[f(t)]=F(s)$。初值定理仅能用于 $F(s)$ 为真有理分式的情况。

8. 终值定理

设 $f(t)$ 为因果序列，而且在 $t=0$ 时，$f(t)$ 不含 $\delta(t)$ 及其高阶导数 $\delta^{(n)}(t)$，则

$$\lim_{t \to \infty} f(t) = \lim_{s \to 0} sF(s) \tag{5.76}$$

其中，$\mathcal{L}[f(t)]=F(s)$。终值定理仅适用于 $F(s)$ 的全部极点都在左半 s 平面，而在 $s=0$ 处至多有一个单极点的情况。

由初值和终值定理可知，只要知道了 $F(s)$，无需作反变换就可以由初值定理直接求得 $f(0_+)$ 或由终值定理求出 $t \to \infty$ 时的 $f(t)$ 值。显然，用初值或终值定理还可以非常简单地验证所求拉普拉斯正、反变换结果的正确性，这些都与 Z 变换时的情况相同。

9. 卷积定理

若

$$\mathcal{L}[f_1(t)] = F_1(s), \quad \mathcal{L}[f_2(t)] = F_2(s)$$

则

$$\mathcal{L}[f_1(t) * f_2(t)] = F_1(s)F_2(s) \tag{5.77}$$

10. s 域卷积定理（时域相乘定理）

若

$$\mathcal{L}[f_1(t)] = F_1(s), \quad \mathcal{L}[f_2(t)] = F_2(s)$$

则

$$\mathcal{L}[f_1(t)f_2(t)] = \frac{1}{2\pi \mathrm{j}}[F_1(s) * F_2(s)] = \frac{1}{2\pi \mathrm{j}}\int_{\sigma-\mathrm{j}\infty}^{\sigma+\mathrm{j}\infty} F_1(p)F_2(s-p)\,\mathrm{d}p \tag{5.78}$$

5.5.4 拉普拉斯变换的收敛域

1. 单边拉普拉斯变换

如前所述，我们是把 $f(t)$ 变为 $f_1(t)=\mathrm{e}^{-\sigma t}f(t)$ 后引出了拉普拉斯变换。从表现形式上说，可以把 $f(t)$ 的拉普拉斯变换看成是 $f_1(t)=\mathrm{e}^{-\sigma t}f(t)$ 的傅里叶变换，即

$$\begin{aligned} F(s) &= \int_0^\infty f(t)\mathrm{e}^{-st}\mathrm{d}t = \int_0^\infty f(t)\mathrm{e}^{-(\sigma+\mathrm{j}\omega)t}\mathrm{d}t = \int_0^\infty [f(t)\mathrm{e}^{-\sigma t}]\mathrm{e}^{-\mathrm{j}\omega t}\mathrm{d}t \\ &= \int_0^\infty f_1(t)\mathrm{e}^{-\mathrm{j}\omega t}\mathrm{d}t \\ &= F_1(\omega) \end{aligned}$$

由前可知，傅里叶变换存在的充分条件是如下的狄义赫利条件，即

$$\int_0^{\infty} |f_1(t)| \mathrm{d}t = \int_0^{\infty} |f(t)\mathrm{e}^{-\sigma t}| \mathrm{d}t < \infty \tag{5.79}$$

显然，若满足下面的条件

$$\lim_{t\to\infty} f(t)\mathrm{e}^{-\sigma t} = 0, \quad \sigma > \sigma_0 \tag{5.80}$$

则在 $\sigma>\sigma_0$ 的条件下，函数 $f(t)\mathrm{e}^{-\sigma t}$ 收敛，并可满足式(5.79)的绝对可积条件。因此，傅里叶变换 $F_1(\omega)$ 或其相应的拉普拉斯变换 $F(s)$ 在 $\sigma>\sigma_0$ 的区域内是存在的。

不言自明的是，不同的 $f(t)$ 要求的 σ_0 是不一样的，或者说 σ_0 给出了收敛条件。根据 σ_0 的数值，可以把 s 平面划分为图 5.23 所示的两个区域。图中的阴影区是拉普拉斯变换的收敛域，通常把 σ_0 称为收敛坐标，把通过 σ_0 的垂直线称为收敛轴，它是收敛域的边界。

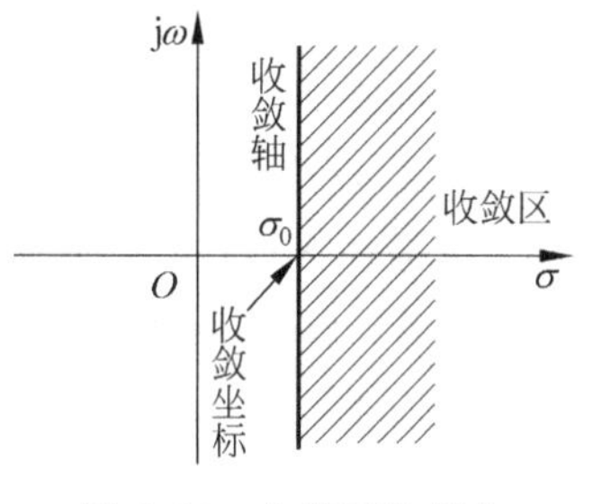

图 5.23　收敛区的划分

下面分析常见信号单边拉普拉斯变换的收敛域。

(1) 对有始有终，能量有限的信号，如一个幅度有限的脉冲信号，其收敛坐标落于 $-\infty$，即整个 s 平面都属于收敛区。所以，有界非周期信号的拉普拉斯变换一定存在。

(2) 对于周期信号或者直流信号，它们的幅度恒定。也就是说，这些信号的幅度不增长也不衰减。因此，它们的收敛坐标位于原点($\sigma_0=0$)，收敛域为 s 平面的右半平面。

非常明显的原因是，对于这类信号而言，只要稍加衰减就能满足式(5.80)的收敛要求。

(3) 对于 $f(t)=t$ 这类随时间成正比增长的信号，其收敛坐标也落于原点。

这点很容易证明。由式(5.80)可得

$$\lim_{t\to\infty} t\mathrm{e}^{-\sigma t} = 0 \quad (\sigma > 0)$$

实际上，通过线性函数增长速度和指数函数衰减速度的比较，可以直观地证明这一点。

(4) 对于按 t^n 成比例增长的函数，即 $f(t)=t^n$ 而言，其收敛坐标也落在原点。用数学中的罗比达法则可以证明：$f(t)=t^n$，$\sigma_0=0$ 也满足式(5.80)的要求。

(5) 按指数规律 e^{at} 增长的函数，其收敛域为 $\sigma>a$，收敛坐标为 $\sigma_0=a$。

(6) 对于 e^{t^2}，$t\mathrm{e}^{t^2}$ 等比指数函数增长得还快的函数，不存在拉普拉斯变换。当然，如果这类信号只在有限时间范围内存在，就可以归纳到上述的情况(1)。

综上所述，单边拉普拉斯变换的收敛问题比较简单。一般情况下，求函数的单边拉普拉斯变换时不必考虑收敛域的问题，也就不必注明其收敛范围。

2. 双边拉普拉斯变换

双边拉普拉斯变换的定义是

$$F(s) = \int_{-\infty}^{\infty} f(t)\mathrm{e}^{-st}\mathrm{d}t = \int_{-\infty}^{\infty} f(t)\mathrm{e}^{-\sigma t}\mathrm{e}^{-\mathrm{j}\omega t}\mathrm{d}t$$

通常认为双边拉普拉斯变换的收敛问题比较复杂。但是，我们已经对双边 Z 变换的收敛域问题进行过深入的研究，只要把二者适当地联系就可以驾轻就熟地理解并掌握有关双边拉普拉斯变换收敛域的内容。

下面给出双边拉普拉斯变换收敛域的一些性质。

(1) 对于有理拉普拉斯变换，其收敛域(ROC)内不能包含任何极点。

(2) 若 $x(t)$为有限时间信号，并且是绝对可积的，则 $X(s)$的 ROC 是整个 s 平面。

(3) 若 $x(t)$为右边信号，而且 $\mathrm{Re}[s]=\sigma_0$ 这条线位于 ROC 内，则 $\mathrm{Re}[s]>\sigma_0$ 的全部 s 值都在 $X(s)$的 ROC 内。

(4) 若 $x(t)$为左边信号，而且 $\mathrm{Re}[s]=\sigma_0$ 这条线位于 ROC 内，则 $\mathrm{Re}[s]<\sigma_0$ 的全部 s 值都在 $X(s)$的 ROC 内。

(5) 若 $x(t)$为双边信号，而且 $\mathrm{Re}[s]=\sigma_0$ 这条线位于 ROC 内，则 $X(s)$的 ROC 是 s 平面内平行于 $\mathrm{j}\omega$ 轴的一条带状区域，而且 $\mathrm{Re}[s]=\sigma_0$ 这条直线也在该带域内。

以上性质将在第 6 章给出证明。下面通过例子说明双边拉普拉斯变换收敛域方面的问题。

例 5.20 已知信号 $x(t)=-\mathrm{e}^{-at}u(-t)$，求 $x(t)$的双边拉普拉斯变换 $X(s)$。

解

$$X(s)=\int_{-\infty}^{\infty}x(t)\mathrm{e}^{-st}\mathrm{d}t=-\int_{-\infty}^{\infty}\mathrm{e}^{-at}u(-t)\mathrm{e}^{-st}\mathrm{d}t$$

$$=-\int_{-\infty}^{0}\mathrm{e}^{-(a+s)t}\mathrm{d}t=-\frac{1}{-(a+s)}\mathrm{e}^{-(a+s)t}\bigg|_{-\infty}^{0}$$

显然，上式可能无解。为了求出解答，必须满足一定的条件。我们把式中的

$$-\int_{-\infty}^{0}\mathrm{e}^{-(a+s)t}\mathrm{d}t=-\int_{-\infty}^{0}\mathrm{e}^{-(a+\sigma)t}\mathrm{e}^{-\mathrm{j}\omega t}\mathrm{d}t$$

看成是求解函数 $\mathrm{e}^{-(a+\sigma)t}$的傅里叶变换。因此在满足下式条件时

$$\mathrm{Re}[a+s]=a+\sigma<0$$

可以得到

$$X(s)=\frac{1}{a+s},\quad \mathrm{Re}[s]<-a$$

作为对比，设

$$x_1(t)=\mathrm{e}^{-at}u(t)$$

前面已经求得，它的拉普拉斯变换为

$$X_1(s)=\frac{1}{a+s},\quad \mathrm{Re}[s]>-a$$

由上可见，$x(t)$和 $x_1(t)$是两个完全不同的信号，但它们有相同的 $X(s)$表达式，区别的方法就是拉普拉斯变换的 ROC，这一点必须给予足够的重视。■

例 5.21 信号 $x(t)=u(t)+\mathrm{e}^{t}u(-t)$如图 5.24 所示，试确定 $x(t)$双边拉普拉斯变换的 ROC。

解

$$x(t)=x_1(t)+x_2(t)$$

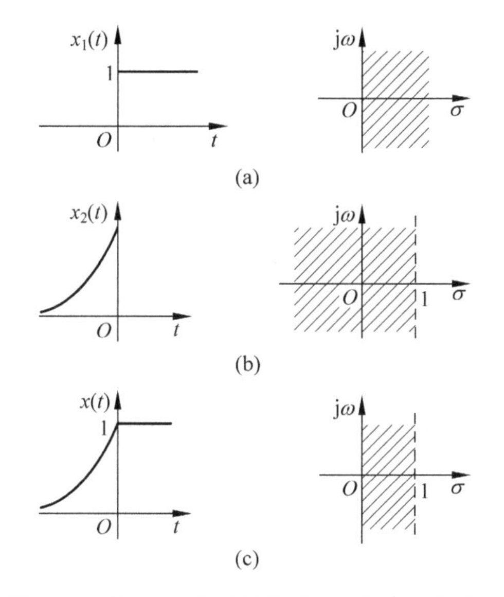

图5.24 例5.21的时间信号及其相应的收敛域

其中

$$x_1(t) = u(t)$$

$$X_1(s) = \frac{1}{s}, \quad \sigma > 0$$

而

$$x_2(t) = \mathrm{e}^t u(-t)$$

$$X_2(s) = \int_{-\infty}^{\infty} \mathrm{e}^t u(-t)\mathrm{e}^{-st}\,\mathrm{d}t = \int_{-\infty}^{0} \mathrm{e}^{(1-s)t}\,\mathrm{d}t$$

$$= \int_{-\infty}^{0} \mathrm{e}^{(1-\sigma)t}\mathrm{e}^{-\mathrm{j}\omega t}\,\mathrm{d}t$$

为使 $X_2(s)$存在，要求

$$1 - \sigma > 0$$

或

$$\sigma < 1$$

综合上述情况，可得 $X(s)$的 ROC 为

$$0 < \sigma < 1$$ ■

从以上两个例子可知，在双边拉普拉斯变换的情况下，它的特性不仅与其代数表达式有关，还必须给出收敛域的说明。这一问题已经在双边Z变换中进行过深入的研究，这里不再赘述。

例5.22 已知双边拉普拉斯变换

$$X(s) = \frac{1}{(s+1)(s+2)}$$

求 $x(t)$。

解 这个例子要求解双边拉普拉斯变换的反变换，但没给出相应的收敛域，所以要分别情况进行讨论。由原式可知，$X(s)$的极点为 $s=-1$ 和 $s=-2$，把 $X(s)$展开成部分分式，则

$$X(s)=\frac{1}{s+1}-\frac{1}{s+2}$$

根据 $X(s)$收敛域的不同可以求得

$$\begin{aligned}&\mathrm{Re}[s]<-2, && x(t)=-\mathrm{e}^{-t}u(-t)+\mathrm{e}^{-2t}u(-t)\\&-2<\mathrm{Re}[s]<-1, && x(t)=-\mathrm{e}^{-2t}u(t)-\mathrm{e}^{-t}u(-t)\\&\mathrm{Re}[s]>-1, && x(t)=-\mathrm{e}^{-2t}u(t)+\mathrm{e}^{-t}u(t)\end{aligned}$$

由本例可以看出，在已知 $X(s)$为双边拉普拉斯变换的情况下，必须根据收敛域的情况才能确定与 $X(s)$相对应的时域表达式 $x(t)$。 ■

5.5.5 拉普拉斯变换中应注意的一些问题

1. 0_-系统的再讨论

在 5.5.2 节曾经讲过“在拉普拉斯变换中，无论取 0_+ 系统还是 0_- 系统，用不同的性质或方法求解后，所得的结果必须一致”。如何理解这一点呢？我们先研究下面的例题。

例 5.23 已知 $x(t)=\mathrm{e}^{-at}u(t)$，在拉普拉斯变换的 0_+ 系统和 0_- 系统中，分别用定义式和微分定理求$\frac{\mathrm{d}x(t)}{\mathrm{d}t}$的拉普拉斯变换。通过计算结果的比较说明拉普拉斯变换中采用 0_- 系统的优点。

解 通过这个例子的求解希望达到三个目的：

① 熟悉用定义求解拉普拉斯变换的方法。这一点在傅里叶变换、Z 变换中已经作过较多的练习和习题。通过例题读者当能达到举一反三的效果。

② 熟悉用拉普拉斯变换性质求解拉普拉斯变换的方法，这一点在傅里叶变换、Z 变换中也做过较多的练习。

③ 进一步说明采用 0_- 系统的理由。

(1) 在 0_- 系统中求解

① 用拉普拉斯变换的定义计算

$$\mathcal{L}\left[\frac{\mathrm{d}x(t)}{\mathrm{d}t}\right]=\int_{0_-}^{\infty}\frac{\mathrm{d}x(t)}{\mathrm{d}t}\mathrm{e}^{-st}\,\mathrm{d}t=\int_{0_-}^{\infty}[\delta(t)-a\mathrm{e}^{-at}u(t)]\mathrm{e}^{-st}\,\mathrm{d}t$$

$$=1-\frac{a}{s+a}=\frac{s}{s+a}$$

② 用拉普拉斯变换的微分定理求解

由于

$$\mathcal{L}[x(t)]=X(s)=\frac{1}{s+a}$$

$$\mathcal{L}\left[\frac{\mathrm{d}x(t)}{\mathrm{d}t}\right]=sX(s)-x(0_-)$$

$$x(0_-)=0$$

所以

$$\mathcal{L}\left[\frac{\mathrm{d}x(t)}{\mathrm{d}t}\right]=\frac{s}{s+a}$$

可见，采用 0_- 系统时，用定义和用拉普拉斯变换性质计算的结果相同。

(2) 在 0_+ 系统中求解

① 用拉普拉斯变换的定义计算

$$\mathcal{L}\left[\frac{\mathrm{d}x(t)}{\mathrm{d}t}\right]=\int_{0_+}^{\infty}\frac{\mathrm{d}x(t)}{\mathrm{d}t}\mathrm{e}^{-st}\mathrm{d}t=\int_{0_+}^{\infty}[\delta(t)-a\mathrm{e}^{-at}u(t)]\mathrm{e}^{-st}\mathrm{d}t$$
$$=\frac{-a}{s+a}$$

请读者仔细研究上式的推导过程。

② 用拉普拉斯变换的微分定理求解

由于

$$\mathcal{L}[x(t)]=X(s)=\frac{1}{s+a}$$

又

$$\mathcal{L}\left[\frac{\mathrm{d}x(t)}{\mathrm{d}t}\right]=sX(s)-x(0_+)$$
$$x(0_+)=1$$

所以

$$\mathcal{L}\left[\frac{\mathrm{d}x(t)}{\mathrm{d}t}\right]=\frac{s}{s+a}-1=\frac{-a}{s+a}$$

可见，采用 0_+ 系统时，用定义式和用拉普拉斯变换性质计算的结果也相同。 ■

下面，对 0_- 系统和 0_+ 系统的优劣进行比较。

首先，在 0_- 系统中求解本例，用定义和用性质计算的结果相同，在 0_+ 系统中求解也是如此。但是，对于同一个信号，用 0_- 系统或 0_+ 系统求出的拉普拉斯变换并不相同。究其原因可知，信号 $x(t)$ 在 $t=0$ 处发生了跳变，或者说 $\frac{\mathrm{d}x(t)}{\mathrm{d}t}$ 在 $t=0$ 点产生了一个单位脉冲信号 $\delta(t)$。一般来说，当函数在 $t=0$ 点没有跳变时，用 0_- 系统或 0_+ 系统求得的拉普拉斯变换是一样的。因此，在这两种系统中，我们主要关心产生跳变时的微分特性，而这一特性在解系统的微分方程时是至关重要的。

那么，到底采用哪个系统好呢？对于实际的系统来说，往往在开关闭合时接入激励信号，即在 0_+ 时刻接入激励信号。由第 2 章可知，在求解微分方程时，需要考虑开关闭合前后的跳变值。观察上面例子的运算过程可知，采用 0_- 系统时，可以直接利用其起始状态，并把 $t=0$ 点跳变的作用自动考虑到变换之中，这为实际问题的解决提供了方便。反之，如果采用 0_+ 系统，对于 t 从 0_- 至 0_+ 发生的跳变还需另行处理。从第 2 章的讨论可知，这是比较复杂的。总之，为使 $t=0$ 处的单位脉冲信号 $\delta(t)$ 不丢失，在单边拉普拉斯变换中一般都采用 0_- 系统。因此，在牵涉到拉普拉斯变换的内容时，如果没有注明，本教材中的 $t=0$ 都是指 $t=0_-$，而相应函数的起始值

$f(0)$也是指 $f(0_-)$。

2. 使用拉普拉斯变换性质的注意点

由于单边拉普拉斯变换研究 $t \geqslant 0_-$ 时 $f(t)$ 的情况，所以在应用性质时与傅里叶变换有一些差异。特别要注意以下几个方面的问题。

(1) 时移定理

① 时移定理中的"单边"和"因果"

在讨论之前，我们先强调一个曾经指出的概念：对于 $f(t) \neq 0, t<0$ 的信号也存在单边拉普拉斯变换，并不是只有因果信号才存在单边拉普拉斯变换。实际上，"单边"和"因果"是两个完全不同的概念，如果不加区分，就会在使用拉普拉斯变换的性质时导致错误的结果。对此，可以考查下面的例题。

例 5.24 已知信号 $f(t)=\mathrm{e}^{-t}\cos(t)$，讨论用微分定理求解$\mathcal{L}\left[\frac{\mathrm{d}f(t)}{\mathrm{d}t}\right]$时的 $f(0_-)$。

解

$$\mathcal{L}\left[\frac{\mathrm{d}f(t)}{\mathrm{d}t}\right]=sF(s)-f(0) \tag{5.81}$$

由于

$$f(t)=\mathrm{e}^{-t}\cos(t)$$

如果认为只有因果信号才有单边 LT，从而把 $f(t)$ 当作因果信号，即

$$f(t)=0, \quad t<0$$

则

$$f(0_-)=0$$

但是在例题中并没把 $f(t)$ 限制为因果信号，因此正确的结果是

$$f(0_-)=1$$

由于上述两个 $f(0_-)$ 不同，用式(5.81)求得的$\mathcal{L}\left[\frac{\mathrm{d}f(t)}{\mathrm{d}t}\right]$当然也就不同。 ■

② 时移定理的使用条件

时移定理的内容是

若

$$\mathcal{L}[f(t)]=F(s)$$

则

$$\mathcal{L}[f(t-t_0)u(t-t_0)]=\mathrm{e}^{-st_0}F(s)$$

由上式可见，拉普拉斯变换的时移定理是把 $f(t-t_0)$ 乘以 $u(t-t_0)$ 后才去求拉普拉斯变换，这等效于 $f(t)=0, t<t_0$。但是，FT 的时移定理就不是这样。为什么呢？前面曾经约定，除非特别注明，遇到拉普拉斯变换时都是指单边拉普拉斯变换。当求解非因果信号 $f(t)$ 的单边拉普拉斯变换时，其积分下限是 $t=0_-$。在把 $f(t)$ 位移成 $f(t-t_0)$ 再求拉普拉斯变换时，可以看成是求 $f(t-t_0)u(t)$ 的拉普拉斯变换。此时，它把 $f(t)$ 在$[-t_0, 0]$区间的信号值，即把图 5.25(a) 中阴影区的信号值移到了图 5.25(b) 的阴影区，并参与了 $f(t-t_0)$ 的拉普拉斯变换的计算。显然，新移进的

$f(t)$值是原先求 $F(s)$时未予考虑的函数值，故无法用时移定理给出结论。这种情况与单边 Z 变换的移位特性有些类似，但处理的方法却不相同。我们用下面的例子作进一步的说明。

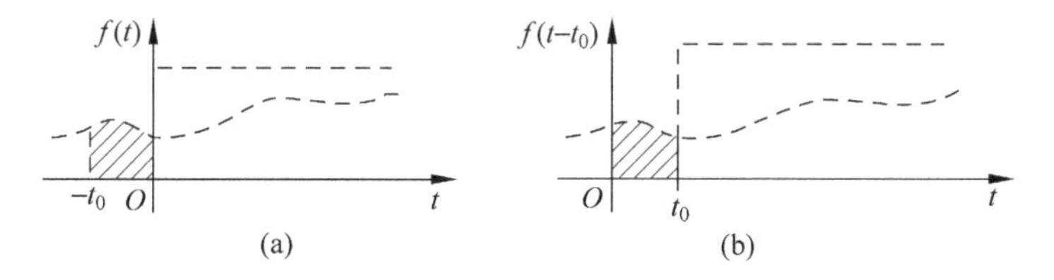

图 5.25　拉普拉斯变换时移特性的图解说明

例 5.25　已知信号

$$f(t)=\sin(\omega_0 t)\cdot u(t)$$

试判断以下信号中哪些可以应用拉普拉斯变换的时移定理。

$$f_1(t)=\sin\omega_0(t-1)\cdot u(t)$$

$$f_2(t)=\sin\omega_0(t-1)\cdot u(t-1)$$

$$f_3(t)=\sin\omega_0(t)\cdot u(t-1)$$

解　$f(t)\sim f_3(t)$的波形示于图 5.26。显然，在给出的几条曲线中，只有 $f_2(t)$才是 $f(t)u(t)$右移的结果，二者的拉普拉斯变换才会发生关系，因而可以使用拉普拉斯变换的时移定理。

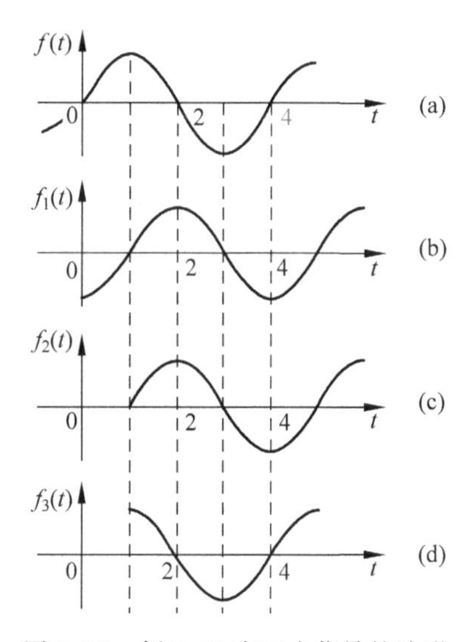

图 5.26　例 5.25 中四个信号的波形

根据这个例子可以推论出，使用时移定理的条件是

$$f(t)=0,\quad t<t_0 \tag{5.82}$$

由以上讨论可见，在时移定理中，先乘以 $u(t-t_0)$再求 $f(t-t_0)u(t-t_0)$的拉普拉斯变换就是考虑到上述情况后采取的措施。 ■

例 5.26　已知 $f(t)=tu(t-1)$，用拉普拉斯变换的性质求 $F(s)$。

解　由以上讨论形成了使用拉普拉斯变换时移定理时的如下解法。首先，把 $f(t)$写成下面的形式

$$f(t)=tu(t-1)=(t-1)u(t-1)+u(t-1)$$

所以

$$\begin{aligned}F(s)&=\mathcal{L}[(t-1)u(t-1)+u(t-1)]\\&=\left(\frac{1}{s^2}+\frac{1}{s}\right)\mathrm{e}^{-s}\end{aligned}$$ ■

以上讨论了非因果信号和单边拉普拉斯变换的问题。为了避免误解，我们必须再次强调：不管时间信号是否为因果信号，在求单边拉普拉斯变换时我们只考虑了 $t\geqslant 0_-$时 $f(t)$的值。即单边拉普拉斯变换是从 $t=0_-$开始积分的，其结果与 $t<0_-$区

间的函数值无关,这一点可以从以下的讨论中得到证实。

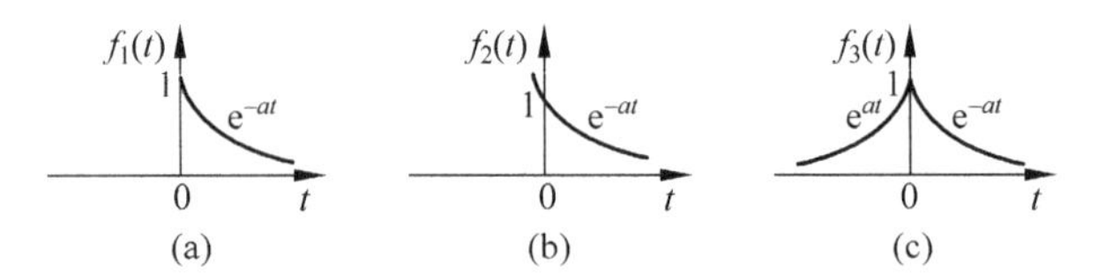

图 5.27　三个具有相同单边拉普拉斯变换的函数

在图 5.27 中,$f_1(t)$,$f_2(t)$,$f_3(t)$是三个不同的信号,但是它们的拉普拉斯变换均为

$$F(s)=\frac{1}{a+s}$$

由上式可以求得

$$\mathcal{L}^{-1}\left[\frac{1}{a+s}\right]=\mathrm{e}^{-at}u(t)$$

也就是说,求得的反变换只给出了 $t\geqslant0$ 时 $f(t)$的函数值,或表示为

$$\mathcal{L}^{-1}\left[\frac{1}{s+a}\right]=\mathrm{e}^{-at},\quad t\geqslant0$$

如前所述,在系统分析中,往往只需求解 $t\geqslant0$ 时的系统响应,而 $t<0$ 的情况由系统的起始状态决定,所以上式求得的结果已经能够满足实用的要求。

思考题:本节强调了“非因果信号也存在单边拉普拉斯变换”,但又说明“单边拉普拉斯变换的结果与 $t<0_-$ 区间的函数值无关”,是否自相矛盾?

(2) 微分、积分特性

已知

$$\mathcal{L}[f(t)]=F(s)$$

则

$$\mathcal{L}\left[\frac{\mathrm{d}f(t)}{\mathrm{d}t}\right]=sF(s)-f(0_-)$$

和

$$\mathcal{L}\left[\int_{-\infty}^{t}f(\tau)\mathrm{d}\tau\right]=\frac{F(s)}{s}+\frac{f^{(-1)}(0_-)}{s}$$

$$f^{(-1)}(0_-)=\int_{-\infty}^{0_-}f(\tau)\mathrm{d}\tau$$

关于这点上面已经给出说明,这里再次强调的是,在微分、积分特性中,凡遇到 $f(0)$ 时,都要取 0_- 时刻的值。

(3) 时域卷积定理

在使用时域卷积定理时,要求参与卷积的两个信号都是因果信号,否则就会导致错误的结果。例如在图 5.28(a)中,以原点为中心的两个矩形信号进行卷积,并希望得到该图所示的结果。由于单边拉普拉斯变换的结果与 $t<0$ 区间的函数值无关,所以要把它们改成以原点为起点(如图 5.28(b)所示)后再求卷积。试用拉普拉斯变换的性质求图 5.28(a)信号的卷积,请读者自行给出结果。

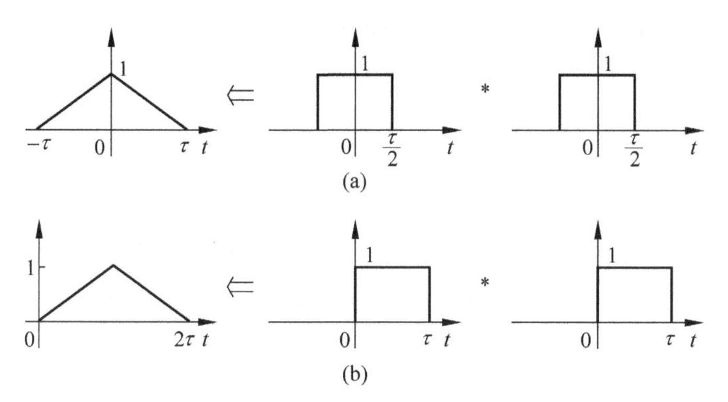

图 5.28　对卷积信号的说明

(4) 关于拉普拉斯变换的初值定理

① 初值定理求得的初值是 $f(0_+)$而不是 $f(0_-)$。

我们在拉普拉斯变换的定义以及微分、积分等特性中都提到了 0_- 问题。但是，用拉普拉斯变换的初值定理时，求出的是 $f(0_+)$。为了搞清这一点，我们给出这一性质的证明。

证明　由时域微分定理式(5.70)可知

$$\mathcal{L}\left[\frac{\mathrm{d}f(t)}{\mathrm{d}t}\right]=sF(s)-f(0_-)$$

根据定义有

$$\begin{aligned}\mathcal{L}\left[\frac{\mathrm{d}f(t)}{\mathrm{d}t}\right]&=\int_{0_-}^{\infty}\frac{\mathrm{d}f(t)}{\mathrm{d}t}\mathrm{e}^{-st}\mathrm{d}t\\&=\int_{0_-}^{0_+}\frac{\mathrm{d}f(t)}{\mathrm{d}t}\mathrm{e}^{-st}\mathrm{d}t+\int_{0_+}^{\infty}\frac{\mathrm{d}f(t)}{\mathrm{d}t}\mathrm{e}^{-st}\mathrm{d}t\\&=f(0_+)-f(0_-)+\int_{0_+}^{\infty}\frac{\mathrm{d}f(t)}{\mathrm{d}t}\mathrm{e}^{-st}\mathrm{d}t\end{aligned}$$

由以上两式可得

$$sF(s)=f(0_+)+\int_{0_+}^{\infty}\frac{\mathrm{d}f(t)}{\mathrm{d}t}\mathrm{e}^{-st}\mathrm{d}t$$

对上式的两边取 $s\to\infty$的极限，则

$$\lim_{s\to\infty}sF(s)=\lim_{s\to\infty}f(0_+)+\int_{0_+}^{\infty}\frac{\mathrm{d}f(t)}{\mathrm{d}t}\left[\lim_{s\to\infty}\mathrm{e}^{-st}\right]\mathrm{d}t=f(0_+)$$

所以

$$f(0_+)=\lim_{s\to\infty}sF(s)$$ ■

② 初值定理的应用条件是 $F(s)$必须是真有理分式，其原因说明如下。初值定理的内容是

$$\lim_{t\to 0_+}f(t)=f(0_+)=\lim_{s\to\infty}sF(s)$$

也就是说初值定理是从给定的 $F(s)$直接求出 $f(t)$的初值。

下面通过从 $F(s)$求出 $f(t)$的方法，即运用拉普拉斯反变换的方法直接求取初

值，以观察使用初值定理时与 $F(s)$ 有关的问题。实际上，用部分分式法求拉普拉斯反变换时，要求 $F(s)$ 为真有理分式，这与 Z 变换的情况是一样的。因为当 $F(s)$ 为假分式，即 $F(s)$ 分子的阶次高于或等于分母的阶次时，$\lim\limits_{s\to\infty} sF(s)=\infty$，式(5.75)不成立。下面进一步分析这一问题，设

$$F(s)=\frac{a_m s^m+a_{m-1}s^{m-1}+\cdots+a_0}{b_n s^n+b_{n-1}s^{n-1}+\cdots+b_0}=\frac{N(s)}{D(s)}$$

当 $m>n$ 时 $F(s)$ 为有理假分式，设 $m=n+k$。这时可以用长除法把 $F(s)$ 变为多项式和真有理分式之和，再用部分分式去分解真分式。

设 $F(s)$ 的分母多项式可以表为 $D(s)=b_n(s-p_1)(s-p_2)\cdots(s-p_n)$，则

$$\begin{aligned}F(s)&=\frac{a_m}{b_n}s^k+c_1 s^{k-1}+\cdots+c_k+\frac{k_1}{s-p_1}+\cdots+\frac{k_n}{s-p_n}\\&=\frac{a_m}{b_n}s^k+c_1 s^{k-1}+\cdots+c_k+F_0(s)\end{aligned}\tag{5.83}$$

从拉普拉斯反变换可得

$$f(t)=\frac{a_m}{b_n}\delta^k(t)+c_1\delta^{k-1}(t)+\cdots+c_k\delta(t)+(k_1\mathrm{e}^{p_1 t}+\cdots+k_n\mathrm{e}^{p_k t})u(t)$$

由于 $\delta(t)$ 及其高阶导数项 $\delta^{(n)}(t)$ 在 $t=0$ 时刻全为零。因此

$$f(0_+)=f_0(0_+)=\lim_{s\to\infty} sF_0(s)$$

其中的 $F_0(s)$ 如式(5.83)所示，即 $F_0(s)$ 是用长除法从 $F(s)$ 中得到的真有理分式。

从以上推导可见，对初值定理中 $F(s)$ 必须为真有理分式的要求也可以等效地表达为：当 $t=0$ 时，$f(t)$ 中不含 $\delta(t)$ 及其任意阶导数 $\delta^{(n)}(t)$。

(5) 拉普拉斯变换终值定理的应用条件

① 既然求 $t\to\infty$ 时的 $f(t)$，$\lim\limits_{t\to\infty} f(t)$ 就必须存在。例如，当 $f(t)$ 为周期信号时，就不能使用终值定理。

② $sF(s)$ 在右半 s 平面和虚轴上均为解析时(原点除外)才能应用终值定理，这是从 s 域观察时必须满足的条件。学习了 6.3.1 节的内容后，读者将能更好地理解这些限制条件的缘由。

3. 其他

5.5.1 节曾经指出："可以用部分分式展开法或留数法求解拉普拉斯反变换，而在学习 Z 变换时已经掌握了这些方法"。但是，在具体使用时应该注意的是：

(1) 使用部分分式展开法时应把 $X(s)$ 直接展开，而在 Z 变换中是把 $\frac{X(z)}{z}$ 展开。

(2) 用留数法求解时，拉普拉斯变换的有关公式中使用了 $X(s)\mathrm{e}^{st}$，而在 Z 变换中则为 $X(z)z^{n-1}$，例如

$$\begin{aligned}\mathcal{L}^{-1}[X(s)]&=\sum_m \mathrm{Res}[X(s)\mathrm{e}^{st}]_{s=p_m}\\&=X(s)\mathrm{e}^{st}\ \text{在围线}\ r\ \text{内所有极点的留数和}\end{aligned}$$

上式的围线 r 是由积分路径 $\sigma_1-\mathrm{j}\infty$ 到 $\sigma_1+\mathrm{j}\infty$ 与其左边半径无限大的圆弧所构成的闭合围线。对于 $s=p_m$ 处一阶极点的留数为

$$\mathrm{Res}[X(s)\mathrm{e}^{st}]_{s=p_m}=[(s-p_m)X(s)\mathrm{e}^{st}]_{s=p_m}$$

而在 Z 变换中相应的公式为

$$x[n]=X(z)z^{n-1}\text{ 在围线 }C\text{ 内所有极点的留数和}$$

$$\mathrm{Res}[X(z)z^{n-1}]_{z=z_m}=[(z-z_m)X(z)z^{n-1}]_{z=z_m}$$

以上差别是由两种变换的反变换式中积分核的不同造成的，即

$$x[n]=\mathscr{Z}^{-1}[X(z)]=\frac{1}{2\pi\mathrm{j}}\oint_C X(z)z^{n-1}\mathrm{d}z$$

$$x(t)=\mathcal{L}^{-1}[X(s)]=\frac{1}{2\pi\mathrm{j}}\int_{\sigma-\mathrm{j}\infty}^{\sigma+\mathrm{j}\infty}X(s)\mathrm{e}^{st}\mathrm{d}s$$

5.5.6　拉普拉斯变换与傅里叶变换的关系

由前可知，拉普拉斯变换与傅里叶变换有紧密的联系，用 $f_1(t)=\mathrm{e}^{-\sigma t}f(t)$ 代替 $f(t)$ 就从傅里叶变换过渡到拉普拉斯变换。

$$F(\omega)=\int_{-\infty}^{\infty}f(t)\mathrm{e}^{-\mathrm{j}\omega t}\mathrm{d}t$$

$$\begin{aligned}F(s)&=\mathcal{L}[f(t)]=\int_{-\infty}^{\infty}f(t)\mathrm{e}^{-st}\mathrm{d}t=\int_{-\infty}^{\infty}f(t)\mathrm{e}^{-(\sigma+\mathrm{j}\omega)t}\mathrm{d}t=\int_{-\infty}^{\infty}[f(t)\mathrm{e}^{-\sigma t}]\mathrm{e}^{-\mathrm{j}\omega t}\mathrm{d}t\\&=\int_{-\infty}^{\infty}f_1(t)\mathrm{e}^{-\mathrm{j}\omega t}\mathrm{d}t\end{aligned}$$

从以上二式可知，若在双边拉普拉斯变换中取 $\sigma=0$，则 $s=\sigma+\mathrm{j}\omega=\mathrm{j}\omega$。也就是说，在 $f(t)$ 满足绝对可积的条件下它的傅里叶变换就是 $\sigma=0$ 时的拉普拉斯变换。由于 $\sigma=0$ 正是 s 平面的虚轴，故虚轴上的拉普拉斯变换就是该信号的傅里叶变换，或者说双边拉普拉斯变换就是广义的傅里叶变换。二者的积分限都是 $-\infty<t<\infty$。

通过本课程的学习读者已经体会到，对同一个信号 $f(t)$ 而言，拉普拉斯变换的求解比傅里叶变换简单、频域的表达式也易于记忆。考虑到两种变换间的紧密的关系，我们希望通过已知的拉普拉斯变换直接求出相应的傅里叶变换。

如前所述，在信号与系统等类书籍中多研究单边拉普拉斯变换。各种表格给出的结果也多是针对单边拉普拉斯变换的。对于单边拉普拉斯变换而言，它的积分限是 $0<t<\infty$，即

$$F(s)=\mathcal{L}[f(t)]=\int_0^{\infty}f(t)\mathrm{e}^{-st}\mathrm{d}t$$

因此，“从已知的拉普拉斯变换直接求相应的傅里叶变换”是指“从已知的单边拉普拉斯变换求傅里叶变换”。从求解的角度考虑，可以把它看成是从 $f(t)u(t)$ 的拉普拉斯变换求解相应的傅里叶变换。

例 5.27　已知信号单边拉普拉斯变换的表达式如表 5.2 的 $X(s)$，求对应的傅里叶变换，$X(\omega)$。

解 我们把时域信号 $x(t)$ 作为媒介，寻找两种变换间的对应。为此，先求出拉普拉斯反变换的时域表达式 $x(t)$，再由 $x(t)$ 求出相应的傅里叶变换的表达式 $X(\omega)$，以上过程的结果示于表 5.2。■

表 5.2 说明拉普拉斯变换与傅里叶变换之间关系的表格一(其中 $a>0$)

序号	$X(s)$	$x(t)$	$X(\omega)$
1	$\frac{1}{s+a}$	$e^{-at}u(t)$	$\frac{1}{j\omega+a}$
2	$\frac{\omega_0}{(s+a)^2+\omega_0^2}$	$e^{-at}\sin(\omega_0 t)u(t)$	$\frac{\omega_0}{(j\omega+a)^2+\omega_0^2}$

由表 5.2 可见，只要把 $s=j\omega$ 代入 $X(s)$ 表达式，就可以得到相应的傅里叶变换 $X(\omega)$。由于用代入法求解会带来很大的方便，因而是个令人鼓舞的结果。

那么，是否总能通过代入 $s=j\omega$ 的办法来求解傅里叶变换呢？我们再做表 5.3 的练习。

表 5.3 拉普拉斯变换与傅里叶变换之间关系的表格二

序号	$X(s)$	$x(t)$	$X(\omega)$
3	$\frac{1}{s}$	$u(t)$	$\frac{1}{j\omega}+\pi\delta(\omega)$
4	$\frac{\omega_0}{s^2+\omega_0^2}$	$\sin(\omega_0 t)u(t)$	$\frac{\omega_0}{\omega_0^2-\omega^2}+j\frac{\pi}{2}[\delta(\omega+\omega_0)-\delta(\omega-\omega_0)]$
5	$\frac{1}{s-a}$	$e^{at}u(t), a>0$	/

从表 5.3 的 3、4 两项可见，把 $s=j\omega$ 代入后，得到的只是傅里叶变换结果的一部分。因此，用直接代入法求得的结果是错误的。

产生这种差别的原因何在呢？仔细分析可知：在表 5.2 的情况下，根据所给拉普拉斯变换及其反变换可以判断，$X(s)$ 的收敛边界都落于左半 s 平面，即 $\sigma_0<0$。它所对应的时域信号是衰减信号，无需在 $f(t)$ 上加 $e^{-\sigma t}$ 即可收敛。因此，它的傅里叶变换肯定是存在的，把 $s=j\omega$ 代入 $X(s)$，就可以得到相应的 $X(\omega)$。

对于表 5.3 的前两行而言，所给 $X(s)$ 的收敛边界是在 $\sigma_0=0$，即在虚轴上。由该表可知，二者之间不再是直接代入的关系。尽管也有从拉普拉斯变换求解傅里叶变换的相应公式，但并不实用，这里就不介绍了。

最后，对于表 5.3 的序号 5 而言，其傅里叶变换空缺。因为这时的收敛边界落于 s 的右半平面，其收敛域为 $\sigma>a$，相应的时域信号是增长信号。该信号不满足狄义赫利条件，不存在傅里叶变换，也就谈不上从拉普拉斯变换代入求解的问题。

总之，尽管能把拉普拉斯变换看成是傅里叶变换的推广，或者把傅里叶变换看成是拉普拉斯变换在虚轴上的特例。但是，在运用从拉普拉斯变换求傅里叶变换这一方法时，必须考虑收敛域的情况。仅当单边拉普拉斯变换的收敛边界落于左半 s 平面(即 $\sigma_0<0$)时，才存在着下面的关系

$$X(s)\big|_{s=j\omega}=X(\omega)$$

5.5.7 常用函数的拉普拉斯变换

由于很多场合都会用到拉普拉斯变换，我们把常用函数的拉普拉斯变换列在表 5.4中。读者可以根据此表练习拉普拉斯变换和拉普拉斯反变换的求法。

表 5.4　常用信号的拉普拉斯变换

序号	$f(t)$	$F(s)=\mathcal{L}[f(t)]$
1	$\delta(t)$	1
2	$u(t)$	$\frac{1}{s}$
3	$e^{-at}u(t)$	$\frac{1}{s+a}$
4	$t^n u(t)$（n 为正整数）	$\frac{n!}{s^{n+1}}$
5	$\cos(\omega_1 t)u(t)$	$\frac{s}{s^2+\omega_1^2}$
6	$\sin(\omega_1 t)u(t)$	$\frac{\omega_1}{s^2+\omega_1^2}$
7	$e^{-at}\cos(\omega_1 t)u(t)$	$\frac{s+a}{(s+a)^2+\omega_1^2}$
8	$e^{-at}\sin(\omega_1 t)u(t)$	$\frac{\omega_1}{(s+a)^2+\omega_1^2}$
9	$t^n e^{-at}u(t)$（n 为正整数）	$\frac{n!}{(s+a)^{n+1}}$
10	$t\cos(\omega_1 t)u(t)$	$\frac{s^2-\omega_1^2}{(s^2+\omega_1^2)^2}$
11	$t\sin(\omega_1 t)u(t)$	$\frac{2s\omega_1}{(s^2+\omega_1^2)^2}$
12	$\frac{d^n\delta(t)}{dt^n}$	s^n

5.6 微分方程和差分方程的变换域解法

通过变换域的方法可以把微分方程或差分方程转换为代数方程。求解该方程可以得到变换域的解答，接着进行反变换就求得了对应的时域解。由于求解的思路很清晰，而方法又很简单，我们主要通过例子进行说明和讨论。

5.6.1 用 Z 变换解差分方程

例 5.28　解系统的差分方程

$$y[n+2]-\frac{3}{2}y[n+1]+\frac{1}{2}y[n]=\left(\frac{1}{4}\right)^n,\quad n\geqslant 0 \tag{5.84}$$

已知 $y[0]=10$ 和 $y[1]=4$。

解 对方程两边取 Z 变换

$$z^2[Y(z)-y[0]-z^{-1}y[1]]-\frac{3}{2}z[Y(z)-y[0]]+\frac{1}{2}Y(z)=\frac{z}{z-1/4}$$

解上面的代数方程可以得到

$$Y(z)=\frac{\dfrac{z}{z-1/4}+z^2y[0]+zy[1]-\dfrac{3}{2}zy[0]}{z^2-\dfrac{3}{2}z+\dfrac{1}{2}}$$

$$=z\frac{z^2y[0]-z\left(\dfrac{7}{4}y[0]-y[1]\right)-\dfrac{y[1]}{4}+\dfrac{3y[0]}{8}+1}{\left(z-\dfrac{1}{4}\right)\left(z^2-\dfrac{3z}{2}+\dfrac{1}{2}\right)}$$

代入初始条件

$$Y(z)=z\frac{10z^2-\dfrac{27}{2}z+\dfrac{15}{4}}{\left(z-\dfrac{1}{4}\right)\left(z-\dfrac{1}{2}\right)(z-1)}$$

把上式分解为部分分式

$$\frac{Y(z)}{z}=\frac{16/3}{z-\dfrac{1}{4}}+\frac{4}{z-\dfrac{1}{2}}+\frac{2/3}{z-1}$$

求上式的 Z 反变换可得

$$y[n]=\left[\frac{16}{3}\left(\frac{1}{4}\right)^n+4\left(\frac{1}{2}\right)^n+\frac{2}{3}\right]u[n] \tag{5.85}$$

■

讨论

(1) 我们可以用下面的方法进行验证：

当 $n=0$ 和 1 时，由式(5.85)可得

$$y[0]=\left[\frac{16}{3}\left(\frac{1}{4}\right)^0+4\left(\frac{1}{2}\right)^0+\frac{2}{3}\right]=10$$

$$y[1]=4$$

与给定的初始条件一致。如果把式(5.85)代入式(5.84)也可以得到方程两边恒等的结果。需要说明的是，在正式解题时无需列出验算步骤。

(2) 由例题可见，只要使用 Z 变换的线性特性和时移特性就可以把差分方程转化为代数方程，从而大大简化了求解的过程。

(3) 当差分方程式(5.84)的形式有所变化，如变为齐次方程或者右端的激励信号有所变化时，其变换域求解方法与上面的解法完全一样。例如当激励为零，即 $x[n]=0$时，系统处于零输入状态，因而可求出系统的零输入响应 $y_{zi}[n]$等。

例 5.29 已知系统的差分方程为

$$y[n]-\frac{3}{2}y[n-1]+\frac{1}{2}y[n-2]=\left(\frac{1}{4}\right)^n,\quad n\geqslant 0$$

用 Z 变换法求系统的全响应、齐次解和特解、暂态响应和稳态响应、零状态响应和零输入响应等。已知 $y[-1]=4,y[-2]=10$。

解 对方程两边取 Z 变换

$$Y(z)-\frac{3}{2}[Y(z)z^{-1}+y[-1]]+\frac{1}{2}[Y(z)z^{-2}+z^{-1}y[-1]+y[-2]]=\frac{1}{1-(1/4)z^{-1}}$$

代入初始条件并解上面的代数方程可得

$$Y(z)=\frac{\dfrac{1}{1-(1/4)z^{-1}}+1-2z^{-1}}{1-\dfrac{3}{2}z^{-1}+\dfrac{1}{2}z^{-2}} \tag{5.86}$$

整理式(5.86)并分解为部分分式可得

$$\begin{aligned}Y(z)&=\frac{2-\dfrac{9}{4}z^{-1}+\dfrac{1}{2}z^{-2}}{\left(1-\dfrac{1}{4}z^{-1}\right)\left(1-\dfrac{1}{2}z^{-1}\right)(1-z^{-1})}\\&=\frac{1/3}{1-\dfrac{1}{4}z^{-1}}+\frac{1}{1-\dfrac{1}{2}z^{-1}}+\frac{2/3}{1-z^{-1}}\end{aligned}$$

求上式的反变换可以得到差分方程的全响应为

$$y[n]=\left[\frac{1}{3}\left(\frac{1}{4}\right)^n+\left(\frac{1}{2}\right)^n+\frac{2}{3}\right]u[n]$$

上面的解可以表示为以下形式。

(1) 齐次解和特解：齐次解由系统的极点确定，而特解由输入信号的极点确定。

$$y[n]=\underbrace{\left[\left(\frac{1}{2}\right)^n+\frac{2}{3}\right]u[n]}_{\text{齐次解}}+\underbrace{\frac{1}{3}\left(\frac{1}{4}\right)^n u[n]}_{\text{特解}}$$

(2) 暂态响应和稳态响应：暂态响应由单位圆内的极点确定，稳态响应由单位圆上的极点确定。

$$y[n]=\underbrace{\left[\frac{1}{3}\left(\frac{1}{4}\right)^n+\left(\frac{1}{2}\right)^n\right]u[n]}_{\text{暂态响应}}+\underbrace{\frac{2}{3}u[n]}_{\text{稳态响应}}$$

(3) 零输入响应和零状态响：由式(5.86)可得

$$\begin{aligned}Y(z)&=\frac{\dfrac{1}{1-(1/4)z^{-1}}+1-2z^{-1}}{1-\dfrac{3}{2}z^{-1}+\dfrac{1}{2}z^{-2}}\\&=\frac{\dfrac{1}{1-(1/4)z^{-1}}}{1-\dfrac{3}{2}z^{-1}+\dfrac{1}{2}z^{-2}}+\frac{1-2z^{-1}}{1-\dfrac{3}{2}z^{-1}+\dfrac{1}{2}z^{-2}}\end{aligned} \tag{5.87}$$

在式(5.87)中，$Y[z]$的第一项仅与系统的激励有关，所以是系统零状态响应的 Z 变换，又式中的第二项仅取决于系统的起始状态，因而是系统零输入响应的 Z 变换。

按次序把式(5.87)分解为部分分式可得

$$Y(z)=\frac{1/3}{1-\frac{1}{4}z^{-1}}-\frac{2}{1-\frac{1}{2}z^{-1}}+\frac{8/3}{1-z^{-1}}+\frac{3}{1-\frac{1}{2}z^{-1}}-\frac{2}{1-z^{-1}}$$

所以

$$y[n]=\underbrace{\left[\frac{1}{3}\left(\frac{1}{4}\right)^n-2\left(\frac{1}{2}\right)^n+\frac{8}{3}\right]u[n]}_{\text{零状态响应}}+\underbrace{\left[3\left(\frac{1}{2}\right)^n-2\right]u[n]}_{\text{零输入响应}}$$ ■

第 2 章讨论了系统完全响应的不同分解方法，而例 5.29 又给出了这些响应分量在极点分布等方面的特点。请对照前述章节的内容进行归纳和复习。

5.6.2 用拉普拉斯变换解微分方程

例 5.30 求解以下微分方程

$$\frac{d^2f(t)}{dt^2}+13\frac{df(t)}{dt}+40f(t)=0 \tag{5.88}$$

已知 $f[0_-]=2, f'[0_-]=-4$。

解 对方程的两边进行拉普拉斯变换，则

$$s^2F(s)-sf(0_-)-f'(0_-)+13[sF(s)-f(0_-)]+40F(s)=0$$

由上式可得

$$F(s)=\frac{sf(0_-)+13f(0_-)+f'(0_-)}{s^2+13s+40}$$

$$=\frac{2s+22}{s^2+13s+40}$$

把 $F(s)$ 分解为部分分式

$$F(s)=\frac{4}{s+5}-\frac{2}{s+8}$$

求 $F(s)$ 的拉普拉斯反变换可得

$$f(t)=(4e^{-5t}-2e^{-8t})u(t) \tag{5.89}$$

把式(5.89)代入式(5.88)可以验证所求结果是正确的。用式(5.89)求出 $f(0_-)$ 和 $f'(0_-)$ 也可以达到同样的目的。 ■

例 5.31 因果、线性时不变系统的微分方程为

$$\frac{d^2y(t)}{dt^2}+\frac{3}{2}\frac{dy(t)}{dt}+\frac{1}{2}y(t)=5e^{-3t}u(t)$$

已知 $y(0_-)=1, y'(0_-)=0$，求系统的全响应 $y(t)$ 以及 $y_{zi}(t), y_{zs}(t)$。

解 在方程两边取拉普拉斯变换

$$s^2Y(s)-sy(0_-)-y'(0_-)+\frac{3}{2}[sY(s)-y(0_-)]+\frac{1}{2}Y(s)=\frac{5}{s+3}$$

可以解出

$$Y(s)=\frac{\frac{5}{s+3}+sy(0_-)+y'(0_-)+\frac{3}{2}y(0_-)}{s^2+\frac{3}{2}s+\frac{1}{2}}$$

代入初始条件后可得

$$Y(s)=\frac{\frac{5}{s+3}}{s^2+\frac{3}{2}s+\frac{1}{2}}+\frac{s+\frac{3}{2}}{s^2+\frac{3}{2}s+\frac{1}{2}}\tag{5.90}$$

分析式(5.90)可知,$Y(s)$的第一项仅与系统的激励有关,所以是系统零状态响应的拉普拉斯变换。此外,$Y(s)$式的第二项仅取决于系统的起始状态,因而是系统零输入响应的拉普拉斯变换,由此可得

$$Y_{zs}(s)=\frac{\frac{5}{s+3}}{s^2+\frac{3}{2}s+\frac{1}{2}}=\frac{-5}{s+1}+\frac{4}{s+\frac{1}{2}}+\frac{1}{s+3}$$

$$Y_{zi}(s)=\frac{s+\frac{3}{2}}{s^2+\frac{3}{2}s+\frac{1}{2}}=\frac{-1}{s+1}+\frac{2}{s+\frac{1}{2}}$$

求以上两式的拉普拉斯反变换可以得到

$$y_{zs}(t)=(-5\mathrm{e}^{-t}+4\mathrm{e}^{-t/2}+\mathrm{e}^{-3t})u(t)$$

$$y_{zi}(t)=(-\mathrm{e}^{-t}+2\mathrm{e}^{-t/2})u(t)$$

系统的全响应为

$$y(t)=y_{zi}(t)+y_{zs}(t)=[6(\mathrm{e}^{-t/2}-\mathrm{e}^{-t})+\mathrm{e}^{-3t}]u(t)$$ ■

5.7 小结

本章讨论了离散时间信号与系统的 Z 变换。以后将可看到,当相应的傅里叶变换不存在时,Z 变换所定义的幂级数有可能收敛。对于双边 Z 变换来说,深刻理解收敛域是正确运用 Z 变换的关键。因此,我们详细讨论了序列形式与 Z 变换收敛域的相互关系。

本章给出了 Z 变换的定义,小结了求解 Z 反变换的三种方法,并重点讨论了 Z 变换的性质。与傅里叶变换的情形相似,Z 变换性质是信号的各种特征在 Z 变换中的反映。这些性质在分析离散时间信号与系统时是非常有用的,必须熟练掌握。

拉普拉斯变换用于连续时间信号与系统,它将连续时间信号表示为复指数加权叠加的形式,可以表示比傅里叶变换更为一般的信号类型。拉普拉斯变换与离散时间的 Z 变换紧密并行,但也有所不同。拉普拉斯变换常用于系统的瞬态分析和稳定性分析,因而在控制系统中获得了广泛的应用。

拉普拉斯变换在信号与系统中占有举足轻重的地位,在讨论这部分内容时本章采

用了并行的方法,即从傅里叶变换出发引出拉普拉斯变换,从与傅里叶变换、Z变换异同的角度进行选材。根据三种变换的某些共性直接引申出拉普拉斯变换的性质、收敛域以及反变换求法等内容。本章还对拉普拉斯变换独具的某些特点着重进行了讨论。

本章主要讨论了双边Z变换,也介绍了单边Z变换。实际上,可以把单边变换看成是双边变换的特例。考虑到拉普拉斯变换应用的场合、特点和查阅资料的方便,本章着重讨论了单边拉普拉斯变换,并介绍了双边拉普拉斯变换。我们即将看到,在平面映射以及系统特性分析等后续章节的理解上双边变换是非常关键的内容,而双边Z变换的深入讨论已经为双边拉普拉斯变换的理解和运用打下了坚实的基础。需要注意的是,尽管有关拉普拉斯变换的篇幅不长,但对相应内容的要求与傅里叶变换以及Z变换是完全相同的。

根据Z变换和拉普拉斯变换的性质,对于由线性常系数微分方程或差分方程所表示的系统来说,可以用代数运算求解。实际上,在求解非零起始条件的线性常系数差分(微分)方程时,单边Z变换(单边拉普拉斯变换)是非常方便的工具。在第8章还会看到,这种代数属性的表示方法也为系统框图的表示以及系统结构的分析提供了极大的方便。

习题

5.1 求以下序列的Z变换,标明收敛域,绘出$X(z)$的零极点图。

(1) $x[n]=0.5nu[n]$ (2) $x[n]=ne^{an}u[n]$

(3) $x[n]=\sin(bn)u[n]$ (4) $x[n]=(n-1)^2u[n-1]$

(5) $x[n]=\left(\frac{1}{2}\right)^n(u[n]-u[n-8])$ (6) $x[n]=\delta[n]-\frac{1}{6}\delta[n-5]$

5.2 求以下序列的Z变换,标明收敛域,绘出$X(z)$的零极点图。

(1) $x[n]=\left(\frac{1}{2}\right)^{|n|}$ (2) $x[n]=-\left(\frac{1}{2}\right)^n u[-n-1]$

(3) $X[n]=\left(\frac{1}{2}\right)^{n+1}u[n+3]$ (4) $x[n]=u[n]-u[n-N]$

5.3 设$x[n]$的Z变换为$X(z)$,用$X(z)$表示$y[n]$的Z变换。

$$y[n]=x[n]-x[n-1]$$

5.4 已知$g[n]=x[n]-x[n-1]$,其中

$$x[n]=\begin{cases}1, & 0\leqslant n\leqslant 5\\ 0, & \text{其他}\end{cases}$$

求信号$g[n]$和它的Z变换$G(z)$。

5.5 已知斜坡序列

$$x[n]=\begin{cases}n, & 0\leqslant n\leqslant N-1\\ 0, & \text{其他}\end{cases}$$

求$x[n]$的Z变换$X(z)$。

5.6　求以下序列的单边 Z 变换，并标明相应的收敛域。

(1) $x[n]=\left(\frac{1}{2}\right)^{|n|}$　　(2) $x[n]=\left(\frac{1}{4}\right)^{n}u[n+8]$

(3) $x[n]=\delta[n+8]$　　(4) $x[n]=\delta[n-8]$

(5) $x[n]=\left(\frac{1}{4}\right)^{n}u[3-n]$

5.7　已知序列 $x_1[n]=\left(\frac{1}{2}\right)^{n+1}u[n+1]$，$x_2[n]=\left(\frac{1}{4}\right)^{n}u[n]$，二者的双边 Z 变换分别为 $X_1(z)$和 $X_2(z)$；而它们的单边 Z 变换分别为 $R_1(z)$和 $R_2(z)$。

(1) 令 $G(z)=X_1(z)\cdot X_2(z)$，求 $G(z)$以及 $G(z)$的双边 Z 反变换 $g[n]$。

(2) 令 $Q(z)=R_1(z)\cdot R_2(z)$，求 $Q(z)$以及 $Q(z)$的单边 Z 反变换 $q(n)$，$n\geqslant 0$。

(3) 对于 $n\geqslant 0$，对 $g[n]$和 $q[n]$进行比较。

5.8　求下列 $X(z)$的 Z 反变换 $x[n]$。

(1) $X(z)=\dfrac{z^2}{(z-0.5)(z-0.25)}$，$|z|>0.5$

(2) $X(z)=\dfrac{z^{-1}}{(1-6z^{-1})^2}$，$|z|>6$

(3) $X(z)=\dfrac{1-az^{-1}}{z^{-1}-a}$，$|z|>\left|\dfrac{1}{a}\right|$

(4) $X(z)=\dfrac{z^{-2}}{1+z^{-2}}$，$|z|>1$

(5) $X(z)=\dfrac{1+z^{-1}}{1-2z^{-1}\cos\omega+z^{-2}}$，$|z|>1$

5.9　已知$\mathcal{Z}[x[n]]=X(z)$，试证明

$$\mathcal{Z}\left[\sum_{k=-\infty}^{n}x[k]\right]=\frac{z}{z-1}X(z)$$

5.10　已知 $X(z)=\dfrac{1+z^{-1}}{1+\frac{1}{3}z^{-1}}$

(1) 当 ROC 为$|z|>1/3$ 时，用长除法求 $x[0]$，$x[1]$和 $x[2]$；

(2) 当 ROC 为$|z|<1/3$ 时，用长除法求 $x[0]$，$x[-1]$和 $x[-2]$。

5.11　已知

$$X(z)=\frac{1-\frac{1}{4}z^{-2}}{\left(1+\frac{1}{4}z^{-2}\right)\left(1+\frac{5}{4}z^{-1}+\frac{3}{8}z^{-2}\right)}$$

列出 $X(z)$可能的收敛域，并给出它们对应的左边、右边等序列的名称。

5.12　已知序列的 Z 变换为

(1) $X(z)=\dfrac{10z^2}{(z-1)(z+1)}$，$|z|>1$　　(2) $X(z)=\dfrac{4z^3+7z^2+3z+1}{z^3+z^2+z}$，$|z|>1$

分别用部分分式法和留数法求 Z 反变换。

5.13 已知 $x[n]$的单边 Z 变换为 $X(z)$,用 $X(z)$表示以下序列的单边 Z 变换。

(1) $y_1[n]=x[n+3]$ (2) $y_2[n]=x[n-3]$

(3) $y_3[n]=\sum_{k=-\infty}^{n}x[k]$

5.14 利用 Z 变换的性质求以下序列的 Z 变换,标明收敛域。

(1) $x_1[n]=(-1)^n nu[n]$ (2) $x_2[n]=(n-1)^2u[n-1]$

(3) $x_3[n]=n^2a^{n-1}u[n]$ (4) $x_4[n]=2^n\sum_{k=0}^{\infty}(-2)^k u[n-k]$

(5) $x_5[n]=\frac{a^n}{n+2}u[n+1]$ (6) $x_6[n]=\left(\frac{1}{2}\right)^n\cos\left(\frac{n\pi}{2}\right)u[n]$

5.15 求 $X(z)=e^{a/z}$,$|z|>0$ 的 Z 反变换。注:可通过用幂级数表示 e^a 的方法求解。

5.16 已知

$$F(z)=\frac{1}{1-\frac{1}{4}z^{-2}},\quad f[n]=A_1\alpha_1^n u[n]+A_2\alpha_2^n u[n]$$

求 A_1、A_2、α_1、α_2的值。

5.17 用三种方法求下式的 Z 反变换。

$$X(z)=\frac{z^3+2z+1}{z^3-1.5z^2+0.5z},\quad |z|>1$$

5.18 画出 $X(z)$的零极点图,并求出不同收敛域下对应的序列。

$$X(z)=\frac{2z^3}{\left(z-\frac{1}{2}\right)^2(z-1)}$$

5.19 设 $f[n]$的 Z 变换为 $F(z)$,试用 $F(z)$表示以下序列的 Z 变换。

(1) $f_1[n]=\begin{cases}f[n/2], & n\text{ 为偶数}\\ 0, & n\text{ 为奇数}\end{cases}$

(2) $f_2[n]=f[2n]$,$f_3[n]=f[2n+1]$

提示:$f_2[n]+f_3[n]=f[n]$

5.20 设 $x[n]$为因果序列,$x[0]$为有限值,且 $x[0]\neq 0$。

(1) 根据初值定理证明:在 $z=\infty$处,$X(z)$不存在任何极点或零点;

(2) 根据(1)的结论证明:在有限 z 平面内,$X(z)$零点的个数等于其极点的个数(有限 z 平面不包括 $z=\infty$)。

5.21 已知因果序列的 Z 变换如下式所示,试确定 $x[n]$的初值和终值。

(1) $X(z)=\frac{2z\left(z-\frac{5}{12}\right)}{\left(z-\frac{1}{2}\right)\left(z-\frac{1}{3}\right)}$,$|z|>\frac{1}{2}$

(2) $X(z)=\frac{z^2}{z^2-1.5z+0.5}$,$|z|>1$

5.22　已知因果序列的Z变换如下式所示，求 $x[0]$，$x[\infty]$。

(1) $X(z)=\dfrac{z^4}{(z-1)(z-0.2)(z-0.5)}$，$|z|>1$

(2) $X(z)=\dfrac{5z^2-\dfrac{8}{3}z}{(z-3)\left(z-\dfrac{1}{3}\right)}$，$|z|>3$

5.23　利用Z变换的性质求序列的卷积 $y[n]=x[n]*h[n]$，已知

$$x[n]=\left(\frac{1}{3}\right)^n u[n]+\left(\frac{1}{2}\right)^{-n}u[-n-1],\quad h[n]=\left(\frac{1}{2}\right)^n u[n]$$

5.24　利用Z变换的性质求以下序列的卷积，已知

(1) $x[n]=a^{n-1}u[n-1]$，$h[n]=u[n]$

(2) $x[n]=2u[n-1]$，$h[n]=\sum\limits_{k=0}^{\infty}(-1)^k\delta[n-k]$

5.25　已知 $X(z)$ 和 $H(z)$ 如下式所示，用 z 域卷积定理求 $\mathcal{Z}[x[n]\cdot h[n]]$。

(1) $X(z)=\dfrac{1}{1-\dfrac{1}{2}z^{-1}}$，$|z|>0.5$；$H(z)=\dfrac{1}{1-2z}$，$|z|<0.5$

(2) $X(z)=\dfrac{z}{z-e^{-b}}$，$|z|>e^{-b}$；$H(z)=\dfrac{z\cdot\sin\omega_0}{z^2-2z\cos\omega_0+1}$，$|z|>1$

5.26　已知序列 $x_1[n]=(n+3)u[n+2]$，$x_2[n]=(-n+3)u[-n+2]$，试证明

(1) $X_2(z)=X_1\left(\dfrac{1}{z}\right)$；

(2) 若 $z=z_0$ 是 $X_1(z)$ 的一个极点或零点，则 $z=1/z_0$ 必然是 $X_2(z)$ 的一个极点或零点。

5.27　用单边Z变换解下列各差分方程。

(1) $y[n]+3y[n-1]+2y[n-2]=u[n]$，$y[-1]=0$，$y[-2]=0.5$

(2) $y[n]+y[n-1]-6y[n-2]=x[n-1]$，$x[n]=4^n u[n]$，$y[0]=0$，$y[1]=1$

(3) $y[n]+2y[n-1]=(n-2)u[n]$，$y[0]=1$

(4) $y[n+2]+y[n+1]+y[n]=u[n]$，$y[0]=1$，$y[1]=2$

5.28　用单边Z变换解下列差分方程，并求出零输入响应和零状态响应。

(1) $y[n]+3y[n-1]=x[n]$，$x[n]=\left(\dfrac{1}{2}\right)^n u[n]$，$y[-1]=1$

(2) $y[n]-\dfrac{1}{2}y[n-1]=x[n]-\dfrac{1}{2}x[n-1]$，$x[n]=u[n]$，$y[-1]=1$

5.29　已知系统的差分方程为 $y[n-1]+2y[n]=x[n]$。

(1) 若 $y[-1]=2$，求系统的零输入响应；

(2) 当 $x[n]=(1/4)^n u[n]$ 时，求系统的零状态响应；

(3) 当 $x[n]=(1/4)^n u[n]$ 和 $y[-1]=2$ 时，求 $n\geqslant 0$ 时的系统输出。

5.30　系统的差分方程为

$$y[n]-y[n-1]-2y[n-2]=x[n]+2x[n-2]$$

已知 $y_{zi}[-1]=2, y_{zi}[-2]=-\frac{1}{2}$，激励为 $x[n]=u[n]$。用 Z 变换法求系统的零输入响应和零状态响应。

5.31　线性时不变系统在输入 $x_1[n]=u[n], y[-1]=1$ 时的全响应为 $y_1[n]=2u[n]$；在输入 $x_2[n]=0.5nu[n], y[-1]=-1$ 时的全响应为 $y_2[n]=(n-1)u[n]$。求输入为 $x_3[n]=(0.5)^n u[n]$ 时的零状态响应。

5.32　求下列信号的单边拉普拉斯变换。

(1) $x(t)=\sin\left(t-\frac{3\pi}{2}\right)u(t)$　　(2) $x(t)=t\cdot\sin t\cdot u(t)$

(3) $x(t)=e^{-2t}u(t+1)$　　(4) $x(t)=\delta(t+1)+\delta(t)+e^{-2(t+3)}u(t+1)$

5.33　求下列信号的拉普拉斯变换。

(1) $x(t)=e^{-(t-2)}[u(t-2)-u(t-3)]$　　(2) $x(t)=t[u(t)-u(t-1)]$

(3) $x(t)=te^{-(t+3)}u(t+1)$　　(4) $x(t)=\sin(\omega t+\varphi)$

5.34　求下列信号的拉普拉斯变换。

(1) $x(t)=\sum_{n=0}^{\infty}\left(\frac{1}{2}\right)^n u(t-n)$　　(2) $x(t)=\sum_{n=0}^{\infty}e^{-t}(-1)^n u(t-n)$

5.35　求下列信号的双边拉普拉斯变换及其收敛域。

(1) $x(t)=te^{-a|t|}, a>0$　　(2) $x(t)=e^{-a|t|}\sin\omega_0 t, a>0$

(3) $x(t)=e^{-2t}[u(t)-u(t-2)]$　　(4) $x(t)=u(t)+e^t u(-t)$

(5) $x(t)=(1-t)u(-t-2)$

5.36　求下列信号的拉普拉斯反变换。

(1) $X(s)=\frac{3s+8}{s^2+5s+6}(1-e^{-s})$　　(2) $X(s)=\frac{e^{-s}}{s(s^2+1)}$

(3) $X(s)=\frac{1-e^{-s\tau}}{s^2+4}$　　(4) $X(s)=\frac{1}{s(1+e^{-s})}$

(5) $X(s)=\frac{(1-e^{-2s})^2}{s^3}$　　(6) $X(s)=\frac{(s^2+s+1)e^{-2s}}{s^2+4}$

5.37　已知拉普拉斯变换及其收敛域，确定相应的时间函数。

(1) $X(s)=\frac{s^2-s+1}{(s+1)^2}, \mathrm{Re}[s]>-1$　　(2) $X(s)=\frac{s+1}{s^2+5s+6}, \mathrm{Re}[s]<-3$

(3) $X(s)=\frac{s^2-s+1}{s^2(s-1)}, 0<\mathrm{Re}[s]<1$　　(4) $X(s)=\frac{2+2se^{-2s}+4e^{-4s}}{s^2+4s+3}, \mathrm{Re}[s]>-1$

5.38　已知信号 $x(t)$ 的单边拉普拉斯变换为

$$X(s)=\frac{s^3+8s^2+14s+9}{s^3+6s^2+11s+6}$$

求 $x(t)$。

5.39　已知 $x(t)$ 的双边拉普拉斯变换 $X(s)=\frac{3s^2+s-1}{s(s-1)(s+2)}$，求 $X(s)$ 在不同收敛域时的拉普拉斯反变换。

5.40　利用拉普拉斯变换的性质求下列信号的拉普拉斯变换。

(1) $x(t)=tu(2t-1)$　　(2) $x(t)=u\left(\frac{t}{2}-1\right)$

(3) $x(t)=\sin\pi t[u(t)-u(t-1)]$　　(4) $x(t)=\sin\left(2t-\frac{\pi}{4}\right)u(t)$

(5) $x(t)=\frac{\mathrm{d}^2}{\mathrm{d}t^2}[\mathrm{e}^{-t}\sin tu(t)]$　　(6) $x(t)=\frac{\sin at}{t}$

(7) $x(t)=\frac{\mathrm{e}^{-3t}-\mathrm{e}^{-5t}}{t}$

5.41　已知因果信号 $x(t)$，用拉普拉斯变换的性质从下面的方程求出相应的 $x(t)$。

$$\int_0^t \mathrm{e}^{-(t-\lambda)}x(\lambda)\mathrm{d}\lambda=(1-\mathrm{e}^{-t})u(t)$$

5.42　已知 $x_1(t)=\mathrm{e}^{-t}u(t)$，$x_2(t)=\mathrm{e}^{-2t}u(t+1)$，求 $x_1(t)$ 和 $x_2(t)$ 的双边拉普拉斯变换，并求 $x(t)=x_1(t)*x_2(t)$。

5.43　已知下列 $X(s)$，求各自拉普拉斯反变换的初值和终值。

(1) $X(s)=\frac{s+6}{(s+4)(s+5)}$　　(2) $X(s)=\frac{s+3}{(s+1)^2(s+2)}$

(3) $X(s)=\frac{2s^2+2s+3}{(s+1)(s^2+\omega_0^2)}$　　(4) $X(s)=\frac{\mathrm{e}^{-s}}{s^2(s-2)^3}$

5.44　已知图题 5.44 所示电路，在 $t=0$ 之前开关 S 闭合并已进入稳态，在 $t=0$ 时刻把开关打开。用拉普拉斯变换求解 $u_r(t)$，说明 R 对波形的影响。

5.45　已知电流源 $2u(t)$，$i_L(0_-)=1\mathrm{A}$，$u_C(0_-)=3\mathrm{V}$，用拉普拉斯变换求图题 5.45 电路的输出电压 $u_0(t)$。

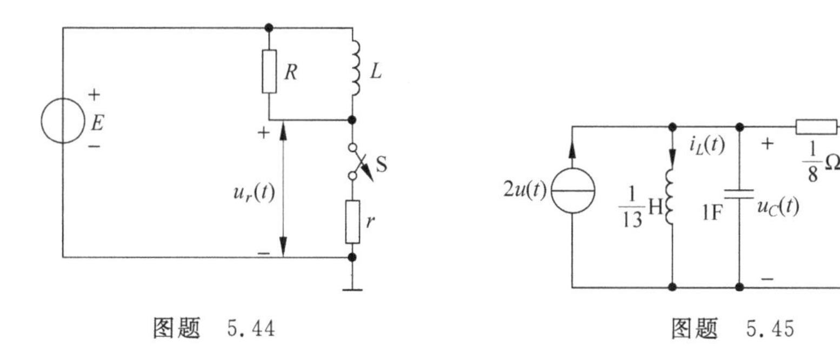

图题　5.44　　　图题　5.45

5.46　用拉普拉斯变换解下列微分方程。

$$\frac{\mathrm{d}^2}{\mathrm{d}t^2}y(t)+2\frac{\mathrm{d}}{\mathrm{d}t}y(t)+y(t)=\delta(t)+2\delta'(t),\quad y(0_-)=1,\quad y'(0_-)=2$$

5.47　系统的微分方程为

$$\frac{\mathrm{d}^2}{\mathrm{d}t^2}y(t)+5\frac{\mathrm{d}}{\mathrm{d}t}y(t)+6y(t)=3x(t)$$

已知 $x(t)=\mathrm{e}^{-t}u(t)$，$y(0_-)=0$，$y'(0_-)=1$，用拉普拉斯变换求系统的响应 $y(t)$。

5.48　系统的微分方程为

$$2\frac{\mathrm{d}^2}{\mathrm{d}t^2}y(t)+4\frac{\mathrm{d}}{\mathrm{d}t}y(t)+4y(t)=4\delta(t)+2u(t)-3u(t-1)$$

已知 $y(0_-)=y'(0_-)=0$,求系统的初值 $y(0_+)$和 $y'(0_+)$。

5.49 系统的微分方程为

$$\frac{\mathrm{d}^2}{\mathrm{d}t^2}y(t)+3\frac{\mathrm{d}}{\mathrm{d}t}y(t)+2y(t)=\frac{\mathrm{d}}{\mathrm{d}t}x(t)+3x(t)$$

已知 $x(t)=\mathrm{e}^{-3t}u(t)$,$y(0_-)=1$,$y'(0_-)=2$,用拉普拉斯变换的性质求系统的初值 $y(0_+)$和$y'(0_+)$。

注:$y(0_+)=y(0_-)+y_{zs}(0_+)$。

5.50 系统的微分方程为

$$\frac{\mathrm{d}^2}{\mathrm{d}t^2}y(t)+2\frac{\mathrm{d}}{\mathrm{d}t}y(t)+y(t)=\frac{\mathrm{d}}{\mathrm{d}t}x(t)$$

已知 $y(0_-)=1$,$y'(0_-)=2$,激励信号为 $x(t)=\mathrm{e}^{-t}u(t)$,用拉普拉斯变换求系统的零输入响应、零状态响应、全响应以及自由响应和强迫响应。

5.51 已知信号 $x(t)$如图题 5.51 所示,分别用定义式和拉普拉斯变换的性质求 $x(t)$、$\frac{\mathrm{d}^2x(t)}{\mathrm{d}t^2}$和 $\int_{-\infty}^{t}x(2\tau-1)\mathrm{d}\tau$ 的拉普拉斯变换。

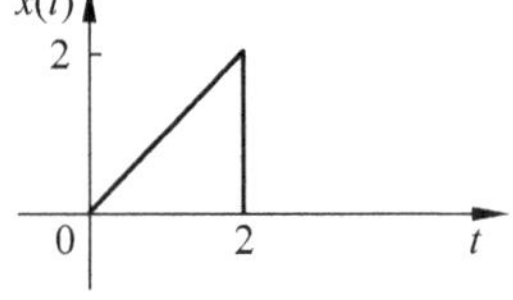

图题 5.51

5.52 求下列周期信号的拉普拉斯变换

(1) 已知 $x(t)$为周期信号,试推导周期信号拉普拉斯变换的公式。

(2) 已知信号 $x(t)$如图题 5.52(a)所示,求该信号的拉普拉斯变换。

(3) 已知信号 $x(t)$如图题 5.52(b)所示,求该信号的拉普拉斯变换。

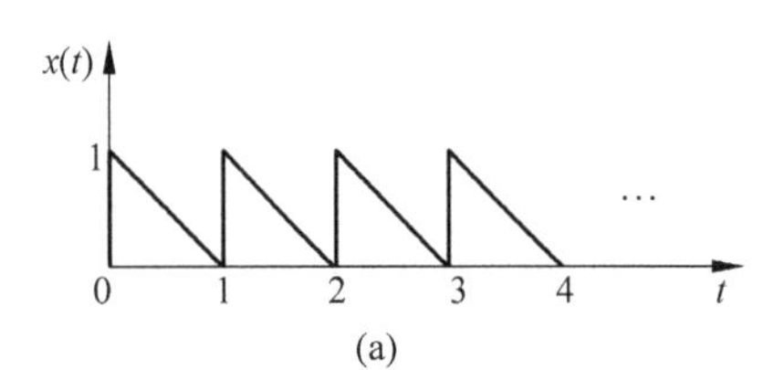

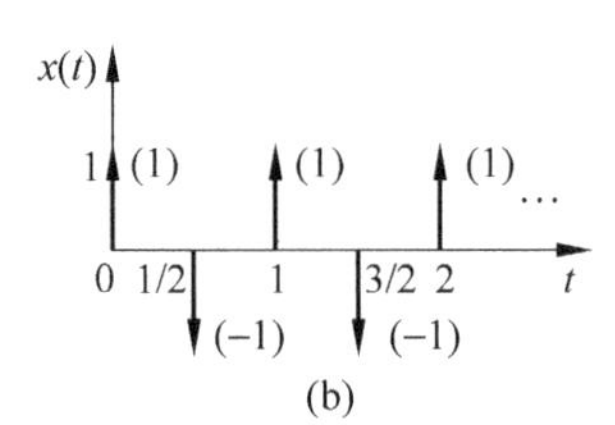

图题 5.52

第6章 变换域分析

对时域表达式施以变换后进行的分析，统称为变换域分析。如把信号进行傅里叶变换（拉普拉斯变换或 Z 变换等）之后再在频域（复频域或 z 域）进行的分析就属于这种类型。本章 6.1 节研究了几种变换之间的关系，而其余各节对系统的传递函数、频率响应和相位特性进行了讨论。

6.1 拉普拉斯变换、傅里叶变换和 Z 变换

6.1.1 s 平面与 z 平面的映射关系

一般来说，学习一门新的课程或新的知识时兴趣都比较大、自觉投入的精力也比较多。然而，每个善于学习的人都深有体会的是，经常对学过的知识进行整理和总结，当可达到温故知新、融会贯通、举一反三和开拓思路的效果。正所谓："学而时习之不亦乐乎"！实际上，如果在分析问题时经常从不同的角度进行观察、对比和联想就能得到更为全面、更加深刻的认识，也便于抓住事物的本质。

本节内容就是这种思路的一个范例。我们在前几章分别讲述了傅里叶变换、拉普拉斯变换和 Z 变换，但它们并不是孤立的，而是有着紧密的联系，在一定的条件下可以相互转换。下面就来研讨这方面的问题。

1. 映射关系式

我们在连续域讨论过连续时间信号 $x(t)$ 和它的拉普拉斯变换 $X(s)$；在离散域讨论过离散时间信号 $x[n]$ 和它的 Z 变换 $X(z)$。如果通过 $x(t)$ 的采样得到了 $x[n]$，那么相应的 $X(s)$ 和 $X(z)$ 会有怎样的关系呢？实际上，通过理想采样提供的桥梁，可以深入探讨二者之间的关系。

设有连续时间信号 $x(t)$，对其进行理想采样可得

$$\hat{x}(t) = x(t)\delta_T(t) = \sum_{n=-\infty}^{\infty} x(nT)\delta(t-nT) \tag{6.1}$$

理想采样信号 $\hat{x}(t)$ 的拉普拉斯变换为

$$\hat{X}(s)=\int_{-\infty}^{\infty}\hat{x}(t)\mathrm{e}^{-st}\mathrm{d}t=\int_{-\infty}^{\infty}\sum_{n=-\infty}^{\infty}x(nT)\delta(t-nT)\mathrm{e}^{-st}\mathrm{d}t \tag{6.2}$$

对调积分、求和的次序，并利用单位脉冲函数的筛选特性，可以得到理想采样信号的拉普拉斯变换为

$$\hat{X}(s)=\sum_{n=-\infty}^{\infty}x(nT)\mathrm{e}^{-snT}$$

由前已知，采样序列 $x[n]=x(nT)$ 的 Z 变换为

$$X(z)=\sum_{n=-\infty}^{\infty}x[n]z^{-n}$$

所以，当 $z=\mathrm{e}^{sT}$ 时可以得到

$$\hat{X}(s)=X(z)\big|_{z=\mathrm{e}^{sT}}=X(\mathrm{e}^{sT}) \tag{6.3}$$

式(6.3)给出了 $\hat{X}(s)$ 与 $X(z)$ 的关系。该式说明：当 $z=\mathrm{e}^{sT}$ 时，理想采样信号的拉普拉斯变换就等于采样序列的 Z 变换。

从数学上看，以上结论给出了 s 平面和 z 平面之间的映射关系。其中的 s、z 都是复变量，而这个映射关系的表达式就是

$$z=\mathrm{e}^{sT} \tag{6.4}$$

一般来说，s 平面经常采用直角坐标系，而 z 平面经常用极坐标系，即

$$\begin{aligned}s&=\sigma+\mathrm{j}\Omega\\ z&=r\mathrm{e}^{\mathrm{j}\omega}\end{aligned} \tag{6.5}$$

把式(6.5)代入式(6.4)可以得到

$$r\mathrm{e}^{\mathrm{j}\omega}=\mathrm{e}^{(\sigma+\mathrm{j}\Omega)T}$$

因此

$$\begin{cases}r=\mathrm{e}^{\sigma T}\\ \omega=\Omega T\end{cases} \tag{6.6}$$

式中，T 为采样周期，采样角频率 $\Omega_{\mathrm{s}}=\dfrac{2\pi}{T}$。

读者已经注意到，在式(6.5)中，s 平面的频率使用了 Ω，而把前面章节使用的符号 ω 让给了 z 平面的幅角，我们即将对幅角 ω 的意义加以说明。在后续章节特别是在本章中还会延续这种符号表示，这是因为我们讨论的问题涉及到两个平面的关系，必须把有关参数加以区分的缘故。当然，这种符号表示的选择也是考虑到今后阅读数字信号处理等领域文献资料的需要。

2. z、s 两个平面的映射

由式(6.6)可知，z 的模 r 只与 s 的实部 σ 有关，而 z 的幅角 ω 仅与 s 的虚部 Ω 有关。下面讨论该式给出的两个平面的映射关系。

(1) s 平面的一条横带映射为整个 z 平面。

在讨论之初，先把 s 平面限定为平行于实轴的一条带域，即

$$-\frac{\pi}{T} \leqslant \Omega \leqslant \frac{\pi}{T}, \quad -\infty \leqslant \sigma \leqslant \infty$$

由式(6.6)

$$r = e^{\sigma T}$$

的关系可知

$$\begin{cases} \sigma = 0 \rightarrow r = 1 \\ \sigma < 0 \rightarrow r < 1 \\ \sigma > 0 \rightarrow r > 1 \end{cases} \tag{6.7}$$

上式表明,指定带域内的虚轴($\sigma=0$)映射为 z 平面的单位圆(即半径 $r=1$ 的圆),虚轴右面的带域($\sigma>0$)映射到 z 平面的单位圆外($r>1$),而虚轴左面的带域映射到 z 平面的单位圆内。

另由式(6.6)的幅角关系

$$\omega = \Omega T$$

可知,当 Ω 从 $-\frac{\pi}{T}$ 增加到 $\frac{\pi}{T}$ 时,ω 从 $-\pi$ 增加到 π,即 ω 旋转的角度为 2π。因此,s 平面上 $-\frac{\pi}{T} \leqslant \Omega \leqslant \frac{\pi}{T}$ 的一条横带映射为整个 z 平面,恰如图 6.1 所示。

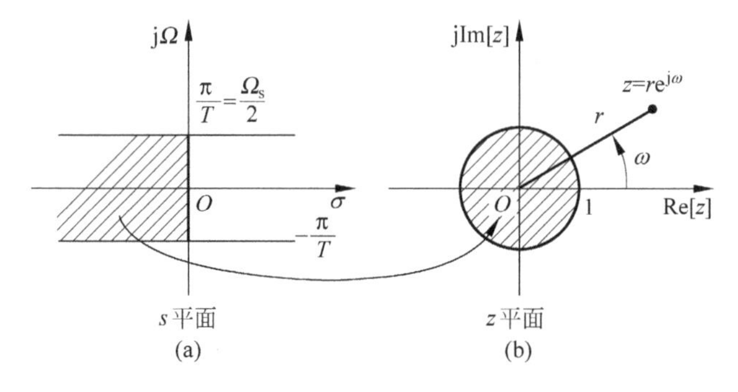

图 6.1　s 平面与 z 平面之间的映射关系

(2) 仿照上述分析,请读者自行证明:s 平面上平行于虚轴的若干条直线映射到 z 平面是以原点为中心的同心圆;s 平面的实轴映射为 z 平面的正实轴,平行于实轴的直线映射为 z 平面上始于原点的辐射线;平行于实轴通过带域边界的直线,即通过 $\Omega=\pm\frac{\pi}{T}=\pm\frac{\Omega_s}{2}$ 的直线映射为 z 平面的负实轴。s 平面的原点 $s=0$ 映射为 z 平面的 $z=1$ 等。

(3) 必须强调的是:s 平面到 z 平面的映射是多值映射的关系。

由上可知,s 平面的一条带域映射为整个 z 平面。考察 $-\infty \leqslant \Omega \leqslant \infty$ 的情况可知,Ω 每增加一个采样角频率 $\Omega_s=\frac{2\pi}{T}$,ω 就会增加 2π,幅角又旋转了一周,并把 z 平面重叠地覆盖一次。

发生这种情况的原因是，$z=re^{j\omega}$是ω的周期函数。在s平面虚轴上的移动相应于z平面上沿单位圆的旋转。旋转的周期$\omega_s=2\pi$恰好对应于s平面虚轴上的$\Omega_s=\frac{2\pi}{T}$。因此，如果把s平面裁成宽度为Ω_s的若干条带域，它们将会多次重叠地映射到整个z平面，这很形象地描绘了两个平面间的多值函数映射关系，也是本节开始时只选择一个带域进行分析的原因。为此，上述(2)中对z平面上负实轴的映射可以扩充为：平行于实轴并通过$\mathrm{j}\frac{k\Omega_s}{2}, k=\pm1,\pm3,\cdots$的直线，都映射为$z$平面的负实轴。其中

$$\Omega_s=\frac{2\pi}{T}$$

所以，也常把Ω_s称为重复角频率。为了便于记忆和使用，特把两个平面的映射关系和图形表示列于表6.1。

表6.1 s平面与z平面的映射关系

s平面($s=\sigma+\mathrm{j}\Omega$)		z平面($z=re^{\mathrm{j}\omega}$)	
虚轴 $\begin{pmatrix}\sigma=0\\ s=\mathrm{j}\Omega\end{pmatrix}$	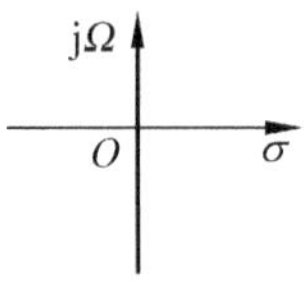	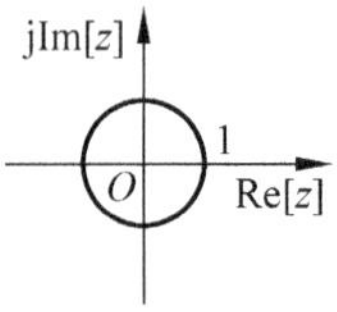	单位圆 $\begin{pmatrix}r=1\\ \omega\text{ 任意}\end{pmatrix}$
左半平面 ($\sigma<0$)	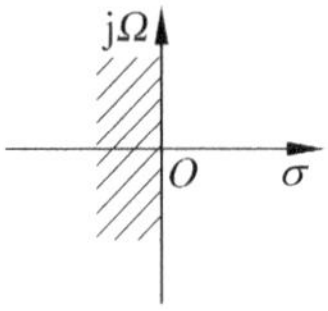	…	单位圆内 $\begin{pmatrix}r<1\\ \omega\text{ 任意}\end{pmatrix}$
…	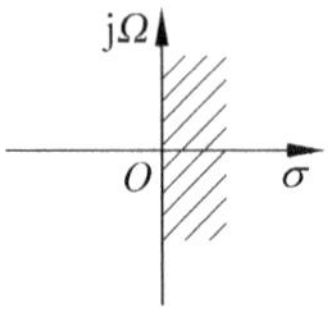	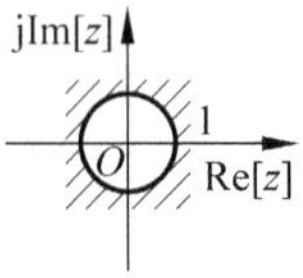	单位圆外 $\begin{pmatrix}r>1\\ \omega\text{ 任意}\end{pmatrix}$
…	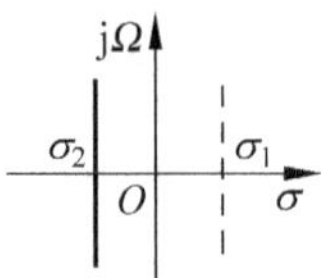	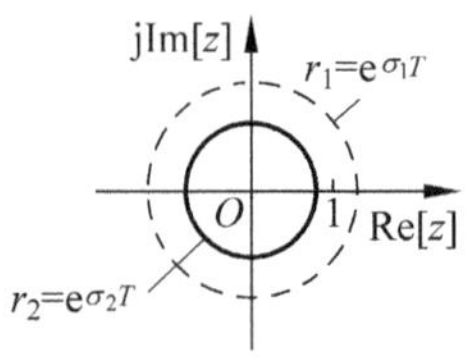	圆 $\begin{pmatrix}\sigma_1>0, r_1>1\\ \sigma_2<0, r_2<1\end{pmatrix}$
实轴 $\begin{pmatrix}\Omega=0\\ s=\sigma\end{pmatrix}$	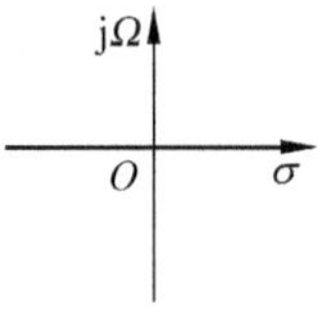	…	…

续表

s 平面($s=\sigma+\mathrm{j}\Omega$)		z 平面($z=r\mathrm{e}^{\mathrm{j}\omega}$)	
…	…	jIm[z] $\Omega_1 T$ O $-\Omega_2 T$ Re[z]	始于原点的辐射线 (ω 为常数，r 任意)
通过$\pm\mathrm{j}\dfrac{k\Omega_s}{2}$平行于实轴的直线 $k=(1,3,\cdots)$	…	jIm[z] O Re[z]	负实轴 ($\omega=\pi$，r 任意)

请对照上表已给的内容在标有…的地方自行填上文字解释、相应的图形和有关的参数。

3. 双边拉普拉斯变换的收敛域

在 5.5.4 节我们曾不加证明地给出了双边拉普拉斯变换收敛域的有关结论，并且说明将在后续的章节加以证明。读者是否注意到，我们已经证明了这些性质！请给出这一说法的依据。

6.1.2 变换域之间关系的进一步探讨

1. 连续时间信号的拉普拉斯变换与采样信号拉普拉斯变换之间的关系

本节研究 $X(s)$与$\hat{X}(s)$之间的关系。我们从理想采样信号的拉普拉斯变换入手

$$\hat{x}(t) = x(t)\delta_T(t) \tag{6.8}$$

由于 $\delta_T(t)$是周期函数，故可用傅里叶级数表达为

$$\delta_T(t) = \sum_{n=-\infty}^{\infty} F_n \mathrm{e}^{\mathrm{j}n\Omega_s t} \tag{6.9}$$

式中，T 是 $\delta_T(t)$的时间间隔或重复周期，而 $\Omega_s=\dfrac{2\pi}{T}$是级数的基频。

由傅里叶级数可知

$$\begin{aligned}
F_n &= \frac{1}{T}\int_{-\frac{T}{2}}^{\frac{T}{2}} \delta_T(t)\mathrm{e}^{-\mathrm{j}n\Omega_s t}\mathrm{d}t \\
&= \frac{1}{T}\int_{-\frac{T}{2}}^{\frac{T}{2}} \sum_{n=-\infty}^{\infty}\delta(t-nT)\mathrm{e}^{-\mathrm{j}n\Omega_s t}\mathrm{d}t \\
&= \frac{1}{T}\int_{-\frac{T}{2}}^{\frac{T}{2}} \delta(t)\mathrm{e}^{-\mathrm{j}n\Omega_s t}\mathrm{d}t \\
&= \frac{1}{T}
\end{aligned} \tag{6.10}$$

(请说明：第二、三个等号为什么能成立!)所以

$$\delta_T(t) = \frac{1}{T}\sum_{n=-\infty}^{\infty} e^{jn\Omega_s t} \tag{6.11}$$

下面求$\hat{X}(s)$

$$\begin{aligned}\hat{X}(s) &= \int_{-\infty}^{\infty} \hat{x}(t)e^{-st}dt = \int_{-\infty}^{\infty} x(t)\delta_T(t)e^{-st}dt \\ &= \int_{-\infty}^{\infty} x(t)\left(\frac{1}{T}\sum_{n=-\infty}^{\infty} e^{jn\Omega_s t}\right)e^{-st}dt \\ &= \frac{1}{T}\sum_{n=-\infty}^{\infty}\int_{-\infty}^{\infty} x(t)e^{-(s-jn\Omega_s)t}dt \end{aligned} \tag{6.12}$$

根据拉普拉斯变换的定义，即 $X(s)=\int_{-\infty}^{\infty} x(t)e^{-st}dt$ 可知

$$X(s-jn\Omega_s) = \int_{-\infty}^{\infty} x(t)e^{-(s-jn\Omega_s)t}dt$$

把上式代入式(6.12)可得

$$\begin{aligned}\hat{X}(s) &= \frac{1}{T}\sum_{n=-\infty}^{\infty} X(s-jn\Omega_s) \\ &= \frac{1}{T}\left[X(s)+X\left(s-j\frac{2\pi}{T}\right)+X\left(s+j\frac{2\pi}{T}\right)+\cdots\right]\end{aligned} \tag{6.13}$$

上式以混叠的形式表达了理想采样信号的拉普拉斯变换（即$\hat{X}(s)$）与连续时间信号拉普拉斯变换($X(s)$)之间的关系。它说明，在 s 平面上，理想采样后信号的拉普拉斯变换沿着虚轴周期延拓。也就是说在 s 平面的虚轴上，$\hat{X}(s)$是周期函数。我们在采样定理处已经知道：在满足一定约束条件的情况下，“时域的离散会导致频域的周期性”。通过本节的讨论，这一结论扩展成“时域的离散会导致复频域的周期性”。

2. 傅里叶变换与 Z 变换之间的关系——序列傅里叶变换的引出

前面讨论了理想采样信号的拉普拉斯变换与采样序列 Z 变换的关系。由于傅里叶变换是双边拉普拉斯变换在虚轴上的特例，即 $s=j\Omega$ 时的特例，因而在傅里叶变换与 Z 变换之间也存在着必然的联系。

由前述可知，s 平面的虚轴 $s=j\Omega$ 映射到 z 平面是单位圆，即 $z=e^{j\Omega T}$。从式(6.3)和式(6.13)已知

$$\begin{aligned}\hat{X}(s) &= X(z)\big|_{z=e^{sT}} = X(e^{sT}) \\ &= \frac{1}{T}\sum_{n=-\infty}^{\infty} X(s-jn\Omega_s)\end{aligned}$$

此外，从 5.5.6 节已知，当拉普拉斯变换的收敛边界落于左半 s 平面(即 $\sigma_0<0$)时，把 $s=j\Omega$ 代入 $X(s)$就可以得到相应的傅里叶变换 $X(j\Omega)$。因此

$$\begin{aligned}\hat{X}(j\Omega) &= X(z)\big|_{z=e^{j\Omega T}} = X(e^{j\Omega T}) \\ &= \frac{1}{T}\sum_{n=-\infty}^{\infty} X(j\Omega-jn\Omega_s)\end{aligned} \tag{6.14}$$

另外，s 平面与 z 平面之间映射关系的一个基本式为

$$\omega = \Omega T = \frac{\Omega}{f_s}$$

即 z 平面的角变量 ω 对应于 s 平面的频率变量 Ω，或者看成是 Ω 对采样频率 f_s 的归一化。因此 ω 也具有频率的意义，通常称之为数字频率。把它代入式(6.14)可得

$$\begin{aligned}\hat{X}(s) = \hat{X}(\mathrm{j}\Omega) &= X(\mathrm{e}^{\mathrm{j}\Omega T}) = X(\mathrm{e}^{\mathrm{j}\omega}) \\ &= \frac{1}{T}\sum_{n=-\infty}^{\infty} X\left(\mathrm{j}\Omega - \mathrm{j}\,\frac{2\pi n}{T}\right) \\ &= \frac{1}{T}\sum_{n=-\infty}^{\infty} X\left(\mathrm{j}\,\frac{\omega - 2\pi n}{T}\right)\end{aligned} \tag{6.15}$$

式(6.15)给出了 $\hat{X}(s)$、$\hat{X}(\mathrm{j}\Omega)$ 与 $X(\mathrm{e}^{\mathrm{j}\omega})$ 之间的关系。该式表明：单位圆上的Z变换（即 $X(\mathrm{e}^{\mathrm{j}\omega})$）就是理想采样信号的拉普拉斯变换（$\hat{X}(s)$）；特别是，在收敛域满足一定的约束时，单位圆上的Z变换 $X(\mathrm{e}^{\mathrm{j}\omega})$ 也是理想采样信号的傅里叶变换（$\hat{X}(\mathrm{j}\Omega)$）。因此，单位圆上的Z变换就是数字序列的频谱。

此外，由于 $\mathrm{e}^{\mathrm{j}\Omega T}$ 是 Ω 的周期函数，随着 Ω 的变化，$\mathrm{e}^{\mathrm{j}\Omega T} = \mathrm{e}^{\mathrm{j}\omega}$ 在单位圆上重复循环，所以单位圆上的Z变换是周期函数。实际上，在采样定理处我们已经证明，理想采样信号的频谱 $\hat{X}(\mathrm{j}\Omega)$ 是连续信号频谱 $X(\mathrm{j}\Omega)$ 的周期延拓，现在又得到了同样的结论。

既然单位圆上的Z变换与 $\hat{X}(\mathrm{j}\Omega)$ 有关系，因而能从傅里叶变换的角度研究单位圆上的Z变换。为此，常把单位圆上的Z变换称为序列傅里叶变换，即

$$\begin{aligned}X(\mathrm{e}^{\mathrm{j}\omega}) = X(z)\big|_{z=\mathrm{e}^{\mathrm{j}\omega}} &= \sum_{n=-\infty}^{\infty} x[n]\mathrm{e}^{-\mathrm{j}n\omega} \\ &= \mathcal{F}[x[n]]\end{aligned}$$

根据Z反变换公式，将积分围线取为单位圆就可以得到序列傅里叶变换的反变换。为此，把

$$z = \mathrm{e}^{\mathrm{j}\omega}$$

代入Z反变换公式可得

$$\begin{aligned}x[n] &= \frac{1}{2\pi\mathrm{j}}\oint_{|z|=1} X(z) z^{n-1}\,\mathrm{d}z \\ &= \frac{1}{2\pi\mathrm{j}}\int_{-\pi}^{\pi} X(\mathrm{e}^{\mathrm{j}\omega})\mathrm{e}^{\mathrm{j}n\omega}\mathrm{e}^{-\mathrm{j}\omega}\mathrm{j}\mathrm{e}^{\mathrm{j}\omega}\,\mathrm{d}\omega \\ &= \frac{1}{2\pi}\int_{-\pi}^{\pi} X(\mathrm{e}^{\mathrm{j}\omega})\mathrm{e}^{\mathrm{j}n\omega}\,\mathrm{d}\omega\end{aligned}$$

这样，我们就得到了一个非常有用的变换对——序列傅里叶变换对。为完整起见，重新列写如下

$$\begin{cases}\mathcal{F}[x[n]] = X(\mathrm{e}^{\mathrm{j}\omega}) = \displaystyle\sum_{n=-\infty}^{\infty} x[n]\mathrm{e}^{-\mathrm{j}\omega n} \\ x[n] = \mathcal{F}^{-1}[X(\mathrm{e}^{\mathrm{j}\omega})] = \dfrac{1}{2\pi}\displaystyle\int_{-\pi}^{\pi} X(\mathrm{e}^{\mathrm{j}\omega})\mathrm{e}^{\mathrm{j}\omega n}\,\mathrm{d}\omega\end{cases} \tag{6.16}$$

作为傅里叶变换，上面变换对成立的充分条件仍是 $x[n]$ 必须绝对可和，即

$$\sum_{n=-\infty}^{\infty}|x[n]|<\infty \tag{6.17}$$

从 Z 变换的角度看，式(6.17)要求 $X(z)$ 在单位圆上必须收敛。

最后，我们特别强调以下几点。

(1) 序列傅里叶变换是单位圆上的 Z 变换。因此，只要在 Z 变换的特性中用 $e^{j\omega}$ 代替 z 就得到了序列傅里叶变换的特性。为此，我们把它的特性列于附录 E，不再进行讨论。

(2) 由于单位圆上的 Z 变换就是采样信号的频谱 $X(e^{j\omega})$，因此单位圆上的 Z 变换或序列傅里叶变换有非常重要的意义，通常把它叫做数字序列的频谱。

(3) $X(e^{j\omega})$ 是以 2π 为周期的 ω 的连续函数，而 $x[n]$ 是离散信号或序列。这又一次验证了离散与周期的关系，也又一次复习了采样定理和频谱周期延拓等基本概念。图 6.2 给出了 $x[n]$ 和 $X(e^{j\omega})$ 的示意波形，读者可以仔细体会。

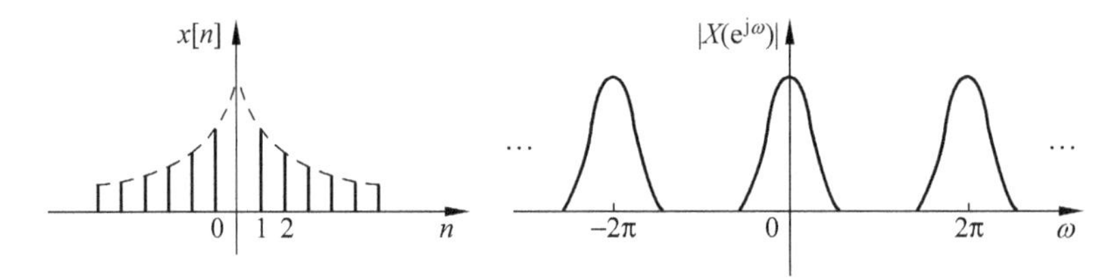

图 6.2 序列傅里叶变换的示意图

(4) 在数字信号处理中，常把序列傅里叶变换叫做“离散时间傅里叶变换”。必须强调的是，它与我们将在第 7 章讨论的“离散傅里叶变换”有完全不同的含义，注意不要混淆。

6.2 传递函数和单位样值响应

如前所述，离散时间线性时不变系统的差分方程是

$$y[n]+\sum_{i=1}^{N}b_i y[n-i]=\sum_{j=0}^{M}a_j x[n-j] \tag{6.18}$$

设系统的激励为因果序列，且系统处于起始松弛状态，即在加入激励以前，系统的任何部位都没有赋予初值。在这些前提下对上式作 Z 变换可得

$$Y(z)+Y(z)\sum_{i=1}^{N}b_i z^{-i}=X(z)\sum_{j=0}^{M}a_j z^{-j}$$

由此可得

$$H(z)=\frac{Y(z)}{X(z)}=\frac{\sum_{j=0}^{M}a_j z^{-j}}{1+\sum_{i=1}^{N}b_i z^{-i}} \tag{6.19}$$

式(6.19)中的 $H[z]$是系统零状态响应的 Z 变换与激励的 Z 变换之比，常称为离散时间系统的传递函数。

传递函数的另外一种求法是利用卷积的方法。如前所述，可以用单位样值响应 $h[n]$表示线性时不变系统的输入、输出关系，即

$$y[n]=x[n]*h[n]$$

由 Z 变换的卷积定理可得

$$Y(z)=X(z)H(z)$$

所以

$$H(z)=\frac{Y(z)}{X(z)} \tag{6.20}$$

由于使用了 $h[n]$的卷积运算，故求得的结果是系统的零状态响应。由此可见，式(6.19)和式(6.20)求得的结果是一样的。由以上推导可以看出：

(1) 传递函数 $H(z)$与单位样值响应 $h[n]$是一对 Z 变换。即

$$H(z)=\mathcal{Z}[h[n]]=\sum_{n=-\infty}^{\infty}h[n]z^{-n}$$

$$h[n]=\mathcal{Z}^{-1}[H(z)]$$

(2) 由 $H(z)$的表达式式(6.19)可知，它只由系统的参数 a_j、b_i 以及 M、N 决定。因此，$H(z)$以及 $h[n]$均为系统的固有特性，与任何其他因素如系统的激励等参数无关。对照第 2 章介绍的系统框图可以更好地理解这一点。

(3) $H(z)$是系统的传递函数，它是系统零状态响应的 Z 变换与激励的 Z 变换之比。可见，除了用卷积法求系统的零状态响应 $y[n]$之外，还可以通过系统的传递函数求出 $y[n]$，即利用式(6.20)求出 $Y(z)$，再通过 Z 反变换就可以求得 $y[n]$。

以上讨论了离散时间系统的 $H(z)$和 $h[n]$。需要说明的是，对于连续时间系统的传递函数 $H(s)$和单位脉冲响应 $h(t)$也有相同的意义和结论，即 $H(s)$是系统的传递函数，它是系统零状态响应的拉普拉斯变换与激励的拉普拉斯变换之比；传递函数 $H(s)$与单位脉冲响应是一对拉普拉斯变换；$H(s)$和 $h(t)$是系统的固有特性等，用公式表示则为

$$H(s)=\frac{Y(s)}{X(s)}$$

$$H(s)=\mathcal{L}[h(t)]$$

传递函数是非常重要的概念，必须熟练地掌握，后续章节还将进行更为深入的研究。

6.3　传递函数零、极点分布对系统特性的影响

由上节已知，线性时不变系统的差分方程和传递函数分别为

$$y[n]+\sum_{i=1}^{N}b_iy[n-i]=\sum_{j=0}^{M}a_jx[n-j]$$

$$H(z)=\frac{Y(z)}{X(z)}=\frac{\sum_{j=0}^{M}a_jz^{-j}}{1+\sum_{i=1}^{N}b_iz^{-i}} \tag{6.21}$$

其中,$H(z)$是 z^{-1}的 N 阶常系数有理分式,其系数就是差分方程的系数。把 $H(z)$ 的分子和分母多项式作因式分解可得

$$H(z)=K\frac{\prod_{j=1}^{M}(1-z_jz^{-1})}{\prod_{i=1}^{N}(1-p_iz^{-1})} \tag{6.22}$$

式中 z_j 是 $H(z)$的零点,p_i 是 $H(z)$的极点。显然,除了系数 K 之外,可以用零、极点唯一地确定传递函数 $H(z)$。

同样,在连续时间线性时不变系统的情况下,当传递函数 $H(s)$为有理分式时,也可以把它的分子和分母多项式分解成如下的因子形式

$$\begin{aligned}H(s)=\frac{Y(s)}{X(s)}&=K\frac{\prod_{j=1}^{M}(s-z_j)}{\prod_{i=1}^{N}(s-p_i)}\\&=\mathcal{L}[h(t)]\end{aligned} \tag{6.23}$$

式中,$Y(s)$为系统零状态响应的拉普拉斯变换,$X(s)$为系统激励的拉普拉斯变换,$h(t)$为系统的单位脉冲响应。z_j、p_i 分别是 $H(s)$的零点和极点。

显然,可以把式(6.22)的 $H(z)$从 z^{-1}的有理分式化为 z 的有理分式。这样一来,从数学表达式和物理意义上考察,$H(z)$与 $H(s)$的情况就完全一样了。特别是,不管连续时间系统还是离散时间系统,它们的传递函数都可以用零、极点唯一地表示。因此,研究零、极点对系统特性的影响时,就可以统一地考虑,不必区分连续还是离散的情况。也就是说,从连续时间系统推出的有关结论将适用于离散时间系统,反过来也是一样。因此,在下面的讨论中,我们只对连续或离散时间系统的某一类进行研究,并把得到的结论不加证明地推广到另一类系统。顺便说明的是,这正是“并行讲法”的一个组成部分。

6.3.1 由传递函数 H(s)的零、极点分布确定 h(t)

我们多次强调,任何变换中的变换对都是一个整体,它们从不同的侧面反映了事物的本质。既然 $h(t)$和 $H(s)$构成了拉普拉斯变换对,当然可以从 $H(s)$的典型形式推断出 $h(t)$的性质。此外,前面的讨论又得到了可以由零、极点唯一确定传递函数 $H(s)$的结论。因此,通过 $H(s)$零、极点分布的情况去推断 $h(t)$的特性就是可行的。为了对这一点有个直观、感性的认识,我们先举一个例子。

例 6.1 设 $H(s)$的极点为一对共轭极点 $P_{1,2}=-a\pm j\Omega, a>0$;零点为 $s=-b$,

$b>0$。讨论该系统的单位脉冲响应与零、极点分布的关系。

解 由题设条件可以得到

$$H(s)=K\frac{s+b}{(s+a)^2+\Omega^2}$$

由于题设的零、极点只能给出零、极点的位置，未能完全反映 $H(s)$ 的大小。通常要由给定的初值条件或给定的低频、高频特性确定出 K 的数值。由于本例题的出发点是研究 $H(s)$ 的零、极点分布与 $h(t)$ 的关系。为了突出重点，可以设 $K=1$。

求 $H(s)$ 的拉普拉斯反变换可得

$$h(t)=\frac{\sqrt{(b-a)^2+\Omega^2}}{\Omega}\mathrm{e}^{-at}\sin(\Omega t+\varphi)u(t)$$

式中

$$\varphi=\arctan\frac{\Omega}{b-a}$$

$H(s)$ 的零、极点分布和 $h(t)$ 的波形如图 6.3 所示。可见，$h(t)$ 是衰减的正弦振荡，当 $t\to\infty$ 时，$h(t)\to 0$。

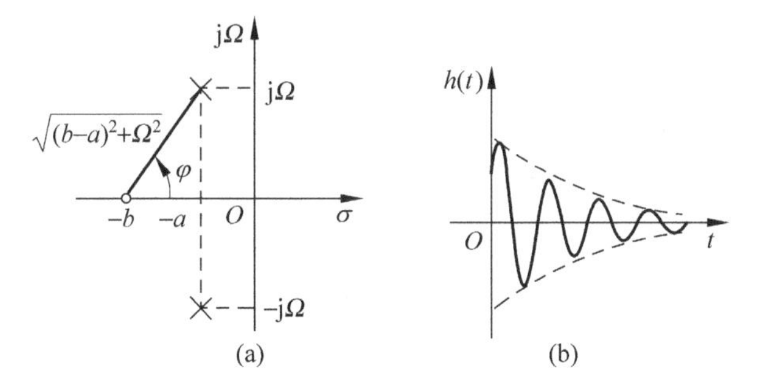

图 6.3 例 6.1 的图示说明

分析上式可知，$H(s)$ 极点的实部 $-a$ 和虚部 Ω 分别决定了 $h(t)$ 的衰减速率和振荡的角频率，而 $h(t)$ 的幅度和相角则与零、极点的位置有关。从 $h(t)$ 的表达式和图 6.3 可见，$h(t)$ 的幅度是零点到极点的距离除以 Ω，而相角是零、极点的连线与实轴的夹角。

由本例可见，系统的单位脉冲响应 $h(t)$ 与 s 平面上 $H(s)$ 零、极点分布的关系是：$h(t)$ 的函数形式仅与相应极点的位置有关，而 $h(t)$ 的幅度和相角则由 $H(s)$ 零点和极点的位置共同确定。 ■

问题：验证例 6.1 给出的 $H(s)$ 和 $h(t)$ 是拉普拉斯变换对。

根据这个例子得到的启发，可以进一步讨论 $H(s)$ 零、极点分布与 $h(t)$ 特性的关系。首先，把式(6.23)的 $H(s)$ 进行部分分式展开，并假定 $H(s)$ 只有 N 个一阶极点 p_i，$1\leqslant i\leqslant N$，即

$$H(s)=\sum_{i=1}^{N}\frac{K_i}{s-p_i}=\sum_{i=1}^{N}H_i(s)$$

则

$$h(t)=\mathcal{L}^{-1}[H(s)]=\sum_{i=1}^{N}h_i(t)=\sum_{i=1}^{N}K_i e^{p_i t}$$

应当注意的是，由于 $H(s)$为有理函数，p_i 只能是实数或共轭复数（请考虑为什么）。另外，$h(t)$的幅值由 K_i 确定，而 K_i 与 $H(s)$的零、极点分布有关。

例 6.2 设 $H_i(s)$的极点位于 s 平面的坐标原点，求 $h_i(t)$的波形。

解 由于

$$H_i(s)=\frac{1}{s}$$

所以

$$h_i(t)=u(t)$$

可见，与 $H_i(s)$相应的单位脉冲响应是阶跃函数，如图 6.4 所示。 ■

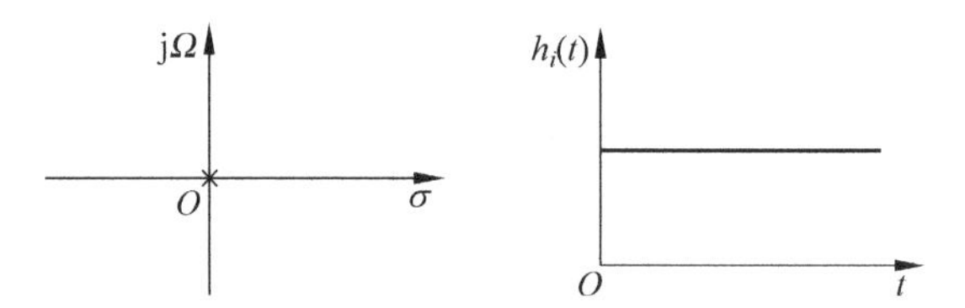

图 6.4 例 6.2 的极点分布和 $h_i(t)$的波形

例 6.3 已知 $H_i(s)$的极点是落于 s 右半平面的共轭极点，求 $h_i(t)$的波形。

解 由式(6.23)可知

$$H(s)=K\frac{\prod_{j=1}^{M}(s-z_j)}{\prod_{i=1}^{N}(s-p_i)}$$

已知极点位置为

$$p_{1,2}=a\pm j\Omega_0,\quad a>0$$

设 $K=1$，则

$$H_i(s)=\frac{\Omega_0}{(s-a)^2+\Omega_0^2}$$

$$h_i(t)=e^{at}\sin(\Omega_0 t)$$

由于 $a>0$，相应的 $h(t)$是增长的正弦振荡。$H_i(s)$的极点分布和 $h_i(t)$的波形示于图 6.5。 ■

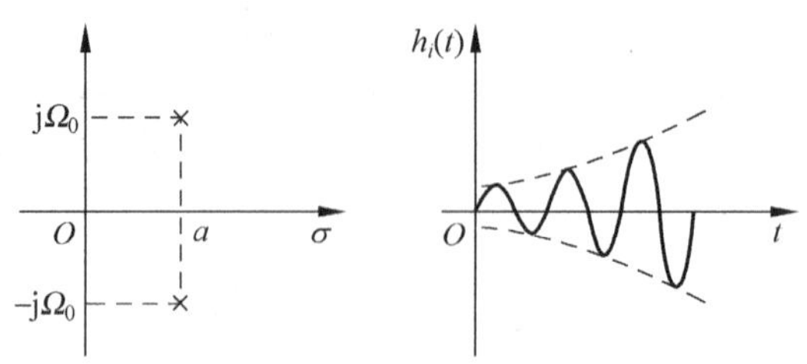

图 6.5 例 6.3 的极点分布和 $h_i(t)$的波形

由例 6.1、例 6.3 的 $H(s)$以及相应的零、极点分布可知，当 $H(s)$的极点位于左半 s 平面时，$h(t)$为衰减波形，即$|h(t)|\to 0, t\to\infty$；而当极点位于右半 s 平面时，$h(t)$为增长波形，因而$|h(t)|\to\infty, t\to\infty$。

以上三个例子进一步说明了 $h(t)$的函数形式与传递函数极点的关系。依此思路我们设计了两个表格，请读者仿照上面的例子自行填写。填表的方法是：先在 s 平面上指定 $H(s)$的极点，写出相应的 $H(s)$表达式，求出 $h(t)$，并画出 $h(t)$的波形。这两个表格分别对应于以下情况。

1. $H(s)$有一阶极点

表 6.2 的第二行给出了示例。实际上，它就是上面例 6.2 的情况。表格中可以选择的极点位置是：

(1) 极点位于 s 平面的正实轴；

(2) 极点位于 s 平面的负实轴；

(3) s 平面虚轴上的共轭极点；

(4) 落于右半 s 平面的共轭极点；

(5) 落于左半 s 平面的共轭极点。

表 6.2　极点分布与 $h(t)$波形的对应(1)

$H(s)$	s 平面上的零、极点	$h(t), t\geqslant 0$	$h(t)$的波形
$\frac{1}{s}$	极点位于坐标原点	$u(t)$	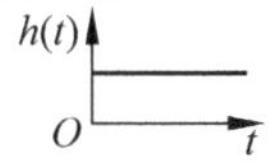 $h(t)$ O t
自行补齐	…	…	…

2. $H(s)$有二阶极点

对于 $H(s)$有二阶极点的情况，给出以下几个例子。读者可以分析各个例子中 s 平面上极点分布的情况，仿照一阶极点的方法进行讨论，并自行填写表 6.3。

(1) $\frac{1}{s^2}$；

(2) $\frac{1}{(s+a)^2}$；

(3) $\frac{2\Omega_0 s}{(s^2+\Omega_0^2)^2}$。

表 6.3　极点分布与 $h(t)$波形的对应(2)

$H(s)$	s 平面上的零、极点	$h(t), t\geqslant 0$	$h(t)$的波形
$\frac{1}{s^2}$	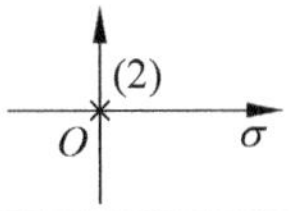 (2) O σ	$tu(t)$	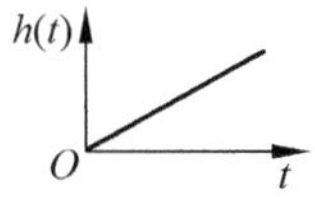 $h(t)$ O t
自行补齐	…	…	…

读者可在附录D找到以上两个表格的答案，以便对照检查。由上述结果可以归纳出传递函数极点分布与单位脉冲响应波形之间的规律，并列于表6.4。

表6.4 传递函数的极点分布与单位脉冲响应波形的对应关系

$h(t)$或$h[n]$	$H(s)$	$H(z)$
波形衰减	极点在左半平面	极点在单位圆内
阶跃	极点位于原点	极点位于单位圆和实轴的交点
等幅振荡	虚轴上的共轭极点	单位圆上的共轭极点
波形增长	极点在右半平面	极点在单位圆外
请读者自填	极点在实轴上	请读者自填

表6.4还给出了$H(z)$的相应结果，但此前我们只讨论过s平面的情况，并未涉及z平面上零、极点分布与$h[n]$关系的问题。为什么能得到第三列的结果呢？请读者给出这一引申的依据。

另外，表中的波形衰减是指$t\to\infty$时$h(t)\to 0$或$n\to\infty$时$h[n]\to 0$，其数学表示为

$$\lim_{t\to\infty}h(t)=0 \quad 或 \quad \lim_{n\to\infty}h[n]=0$$

同样，波形增长是指$t\to\infty$时$h(t)\to\infty$或$n\to\infty$时$h[n]\to\infty$的情况。

6.3.2 由传递函数H(z)的零、极点分布确定h[n]

前面详细讨论过Z变换与拉普拉斯变换之间的联系。显然，通过z平面和s平面之间的映射关系可以把s域中零、极点分析的结果直接用于z域的分析。尽管表6.4已经给出了有关的结论，但其条文稍嫌抽象。基于这一问题在本课程中的重要性，本节将作进一步的讨论。

设传递函数$H(z)$为有理真分式，把它分解为部分分式可得

$$H(z)=K\frac{\prod_{j=1}^{M}(1-z_jz^{-1})}{\prod_{i=1}^{N}(1-p_iz^{-1})}=\sum_{i=0}^{N}\frac{A_iz}{z-p_i}=A_0+\sum_{i=1}^{N}\frac{A_iz}{z-p_i},\quad |z|>R \tag{6.24}$$

式中，p_i，$0\leqslant i\leqslant N$是$H(z)$的一阶极点，$A_0=H(0)$是$\frac{H(z)}{z}$在极点$p_0=0$的留数。在一般情况下，p_i是成对出现的共轭复数，也可以是实数。

在式(6.24)中，$H(z)$的每个极点将决定一项对应的时间序列，把该式作反变换可求得系统的单位样值响应为

$$h[n]=\mathscr{Z}^{-1}[H(z)]=\mathscr{Z}^{-1}\left[A_0+\sum_{i=1}^{N}\frac{A_iz}{z-p_i}\right]=A_0\delta[n]+\sum_{i=1}^{N}A_i(p_i)^nu[n] \tag{6.25}$$

与连续时间的情况相似，$H(z)$的极点决定了$h[n]$的函数形式，而$h[n]$的幅度和

相位则由 $H(z)$零、极点的位置共同确定。

实际上，根据 z、s 两个平面的映射关系，即

$$z = r\mathrm{e}^{\mathrm{j}\omega} = \mathrm{e}^{sT}, \quad s = \sigma + \mathrm{j}\Omega$$

可以把 6.3.1 节中 $H(s)$零、极点分布与 $h(t)$的关系，直接映射为 $H(z)$零、极点分布与 $h[n]$的关系。当 $H(z)$有一阶极点或共轭极点时，可以得到图 6.6 的结果。

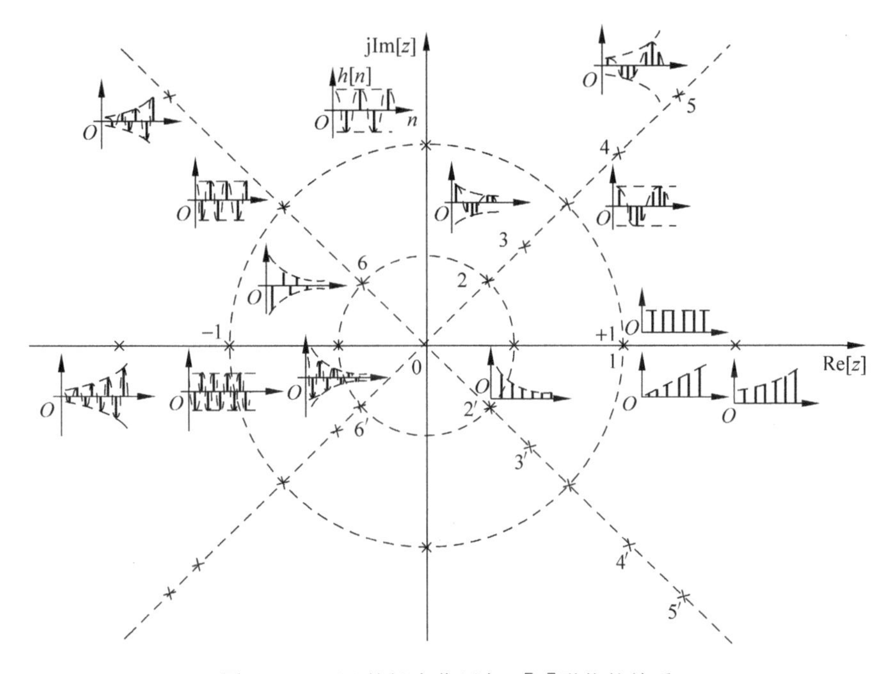

图 6.6　$H(z)$的极点位置与 $h[n]$形状的关系

在图 6.6 中，×表示 $X(z)$一阶极点或共轭极点的位置，下面对该图稍作解释。由于

$$\begin{cases} r = \mathrm{e}^{\sigma T} \\ \omega = \Omega T \end{cases}$$

所以：

(1) 对于图 6.6 中的点 1，其位置是单位圆与横轴的交点，即 $r=1$，$\omega=0$ 点。根据映射关系，它对应于 $\sigma=0$，$\Omega=0$，或 $s=0$ 点。也就是说，点 1 对应于 s 平面上的坐标原点，或者说它映射到 s 平面后的极点为 $s=0$，即

$$H(s) = \frac{1}{s} \rightarrow h(t) = u(t)$$

由此可以得到点 1 的波形为 $u[n]$。依此类推，可以得到其余各点 $h[n]$的波形。

(2) 极点 2～6 皆为共轭极点。尽管 $X(z)$极点的位置分为了单位圆内和单位圆外，但要特别注意 z 平面上极点位于负实轴的情况，要联系 z 平面和 s 平面的映射关系仔细地进行比较和判断。

(3) 对于 z 平面单位圆内的极点，如点 2 和点 3 的 $h[n]$有什么区别呢？原因又

是什么呢？对于点 2 和点 3 来说，它们位于同一条辐射线上，二者的辐角 ω 是相同的。因此 $h[n]$的振荡频率相同。此外，由于 2、3 两点都是圆内极点，$|z|<1$，因而对应于 s 的左半平面，其相应的时域波形是衰减的波形。又由于 $r=e^{\sigma T}$，$r<1$ 时对应的 σ 为负值，此时

$$r = \frac{1}{e^{|\sigma|T}} \tag{6.26}$$

显然，z 平面上的 r 越小，说明 s 平面上的$|\sigma|$越大，或者说 σ 越负，因而 $h(t)$的幅度衰减越快。也就是说与 3 点相比，2 点的 $h[n]$衰减得更快。对于这类极点的情况可以用图 6.7(a)说明。

对于 z 平面单位圆外的极点，如极点 4 和 5 的情况，读者可进行类似的分析。

(4) 极点 2 和 6 对应的 $h[n]$有什么区别呢？原因又是什么呢？

极点 2 和 6(其共轭极点分别为 2′和 6′)位于半径相同的圆上，它们的 r 相同，因此二者的幅度衰减相同，或者说包络衰减的形状是一样的。但是从幅角来看，6 点的 ω 比 2 点的 ω 大。由于 $\omega=\Omega T$，所以在 s 平面上，6 点对应的 Ω 也大于 2 点的 Ω。在 s 平面上，Ω 表示 $h(t)$的振荡频率，因而与 2 点相比，6 点的振荡频率更高。以上情况可用图 6.7(b)说明。

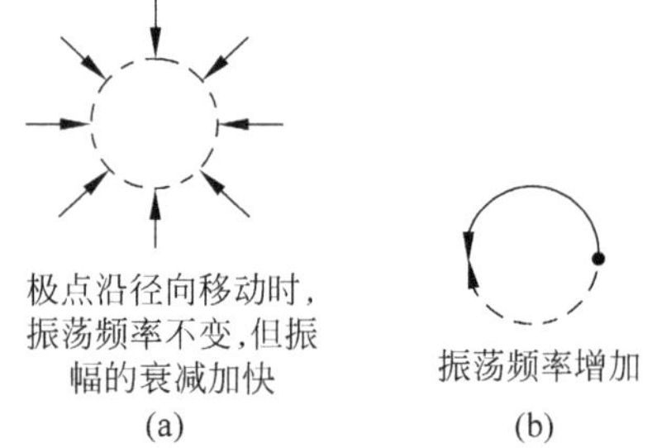
极点沿径向移动时，振荡频率不变，但振幅的衰减加快
(a)
振荡频率增加
(b)
图 6.7 极点位置与 $h[n]$波形关系的说明

(5) 在图 6.6 的 1 点处有两个 $h[n]$的波形，它们分别是该处有一阶极点和二阶极点时所对应的波形。

6.3.3 系统的稳定性

1. 离散系统的稳定性

当输入有界时输出也有界的系统是稳定系统。另由前述可知，系统稳定的充要条件是单位样值响应 $h[n]$绝对可和，即

$$\sum_{n=-\infty}^{\infty} |h[n]| < \infty \tag{6.27}$$

上式给出了用 $h[n]$判断系统稳定的准则。既然 $h[n]$与 $H(z)$是一对 Z 变换，当然也能从传递函数的角度进行判断。下面讨论系统稳定对 $H(z)$提出的要求。已知

$$H(z) = \sum_{n=-\infty}^{\infty} h[n]z^{-n}$$

首先，$H(z)$必须收敛才能进一步讨论稳定的问题，而 $H(z)$收敛的充分条件是

$$\sum_{n=-\infty}^{\infty} |h[n]z^{-n}| < \infty \tag{6.28}$$

由 Z 变换的知识可知，系统传递函数 $H(z)$ 的收敛域可以是整个 z 平面或 z 平面上的某个区域。如果 $|z|=1$ 时式(6.28)仍成立，说明 $|z|=1$ 在 $H(z)$ 的收敛域内。

与此同时，当 $|z|=1$ 时式(6.28)就变成了式(6.27)，而式(6.27)恰好是系统稳定的条件。因此，只要 $|z|=1$ 在 $H(z)$ 的收敛域内就可以满足系统稳定的要求。由于 $|z|=1$ 就是 z 平面上的单位圆。因此，我们得到了一个非常重要的结论，即

“稳定系统 $H(z)$ 的收敛域必须包含单位圆”

下面给出几个稳定系统收敛域的例子。

(1) 因果、稳定系统 $H(z)$ 的收敛域为 $|z|>R, |R|<1$

对因果系统来说，它的收敛域是在某个圆的外部，即

$$|z|>R$$

由于稳定系统 $H(z)$ 的收敛域必须包含单位圆。所以，因果、稳定系统的收敛域是 $|z|>R, |R|<1$。这一条件也可以表达为：因果、稳定系统 $H(z)$ 的极点全在单位圆内。

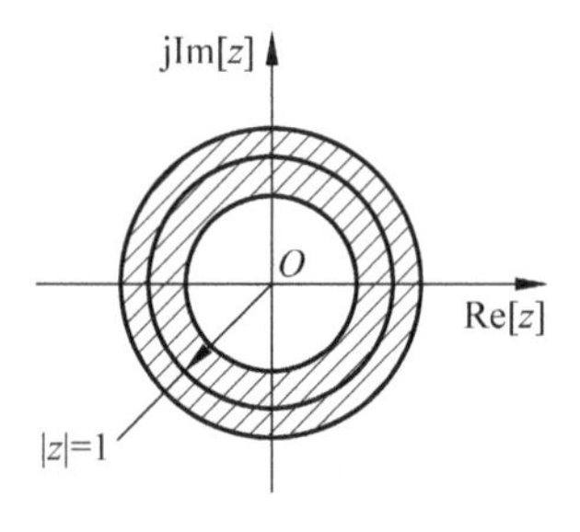

图 6.8 双边 Z 变换的收敛域和单位圆的关系

(2) 收敛域为环域时的稳定系统

当收敛域为环域时，为使系统稳定也需满足“收敛域必须包含单位圆”的条件，图 6.8 给出了这种情况。

对于收敛域为其他类型的系统来说，什么样的收敛域才能保证系统稳定呢？请读者自行总结。

综上所述，当用 z 平面的零、极点图描述传递函数 $H(z)$ 时，一个好的习惯就是画出收敛域和单位圆。这样做可以使极点在单位圆内、外分布的情况一目了然，从而迅速判断出系统的因果性和稳定性。

由表 6.4 可知，$h[n]$ 的波形与 $H(z)$ 极点分布的情况密切相关。既然 $H(z)$ 的极点全部在 z 平面的单位圆内时，系统为因果、稳定的系统，而此时的 $h[n]$ 为单调衰减函数。因此，根据 $h[n]$ 增长、衰减等情况也可以判断出系统是否稳定。显然，这为系统是否稳定提供了一个非常简单、直观的判断方法，而这一方法与式(6.27)的结论是一致的。

2. 连续系统的稳定性

根据 s、z 平面之间的映射关系，在连续时间系统中也能得到相应的结论，即

(1) 连续系统稳定的充要条件是绝对可积条件，即

$$\int_{-\infty}^{\infty} |h(t)| \mathrm{d}t < \infty \tag{6.29}$$

其中，$h(t)$ 是系统的单位脉冲响应。同样，根据 $h(t)$ 的增长、衰减等情况也可以判断出系统是否稳定。

(2) 连续时间因果、稳定系统 $H(s)$ 的极点必然位于左半 s 平面，其等效说法是连续时间因果、稳定系统 $H(s)$ 的收敛域必然包含虚轴。

3. 极点分布与系统稳定性的对应关系

通过以上讨论可以得到极点分布与系统稳定性关系的结论，并小结于表 6.5。由于表 6.4 与表 6.5 内容的联系非常紧密，故在表 6.5 的…部分多有重叠，请读者自行补齐。

表 6.5 传递函数极点分布与系统稳定性的对应关系

	$h(t)$或$h[n]$	$H(s)$	$H(z)$	系统的稳定性
1	波形衰减	极点位于…	极点位于…	稳定系统
2	波形增长	极点位于…	极点位于…	不稳定系统
3	波形增长	虚轴上的 n 重极点($n\geqslant 2$)	单位圆上的 n 重极点($n\geqslant 2$)	不稳定系统
4	等幅振荡	虚轴上的共轭极点	极点位于…	临界稳定系统
5	阶跃	极点位于…	极点位于…	临界稳定系统

需特别注意的是，表 6.5 的 4、5 两行给出了临界稳定系统，它是处于稳定和不稳定之间的状态。对因果线性时不变系统的频域分析而言，当 $H(s)$分子的阶次高于分母的阶次或 $H(s)$的一阶极点位于虚轴时就会出现临界稳定的情况。时域分析的临界稳定是指：当激励有界时，系统的响应可能有界也可能无界，而是否有界将取决于系统的激励。

回想以前章节，我们曾给出过稳定系统的定义，即：每个有界的输入都应产生一个有界的输出。从频域观察稳定系统时，传递函数的收敛域应包括虚轴或单位圆，而收敛域不能含有极点。故对因果系统来说，其全部极点应位于左半 s 平面或 z 平面的单位圆之内。

因此，临界稳定属于不稳定系统。然而，临界稳定的划分也是某些系统研究的实际需要。例如在分析连续时间系统的无源 LC 网络时，其网络函数在 $j\omega$ 轴上就有一阶极点，为便于研究，常把无源网络归于类稳定系统或临界稳定系统。

例 6.4 已知线性时不变系统

$$H(z)=\frac{z^3+7z^2+z+2}{z^3-2.5z^2+z}$$

求单位脉冲响应 $h[n]$，并讨论系统的稳定性。

解 对 $H(z)$的分母作因式分解，并对 $H(z)/z$ 做部分分式展开，则

$$\begin{aligned}\frac{H(z)}{z}&=\frac{z^3+7z^2+z+2}{z^2(z-2)(z-0.5)}\\&=\frac{2}{z^2}+\frac{6}{z}+\frac{20/3}{z-2}-\frac{35/3}{z-0.5}\end{aligned}$$

根据 $H(z)$的极点分布可得以下结果

(1) $0<|z|<0.5$

$$h[n]=2\delta[n-1]+6\delta[n]-\frac{20}{3}2^n u[-n-1]+\frac{35}{3}\left(\frac{1}{2}\right)^n u[-n-1]$$

(2) $0.5<|z|<2$

$$h[n]=2\delta[n-1]+6\delta[n]-\frac{20}{3}2^n u[-n-1]-\frac{35}{3}\left(\frac{1}{2}\right)^n u[n]$$

(3) $|z|>2$

$$h[n]=2\delta[n-1]+6\delta[n]+\frac{20}{3}2^n u[n]-\frac{35}{3}\left(\frac{1}{2}\right)^n u[n]$$

仅当传递函数的收敛域包含单位圆的系统才是稳定系统，故只有(2)对应的系统稳定，而其余的系统不稳定。■

例 6.5 离散因果系统的传递函数为

$$H(z)=\frac{z^2-1}{z^2+z+k}$$

问 k 为何值时系统稳定。

解 由于是离散因果系统，为使系统稳定，$H(z)$的极点应该在单位圆内。

由已知条件可以求出 $H(z)$的极点为

$$p_{1,2}=\frac{-1\pm\sqrt{1-4k}}{2}$$

(1) 当 $1-4k\geqslant 0$ 时为实极点，为使极点在单位圆内，必须满足

$$\begin{cases}\dfrac{-1+\sqrt{1-4k}}{2}<1\\[2ex]\dfrac{-1-\sqrt{1-4k}}{2}>-1\end{cases}$$

解以上二式得到的结果分别是 $k>-2$ 和 $k>0$，取其公共区域 $k>0$。

(2) 当 $1-4k<0$ 时，为复极点

$$p_{1,2}=\frac{-1\pm \mathrm{j}\sqrt{4k-1}}{2}$$

为使极点在单位圆内，必须满足

$$|p_{1,2}|=\frac{\sqrt{(-1)^2+(\sqrt{4k-1})^2}}{2}<1$$

求解上式可得 $k<1$。

综上结果可知，当 $0<k<1$ 时系统稳定。■

6.4 系统的频率响应

在复指数信号的激励下，系统稳态响应随信号频率变化的情况称为系统的频率响应。频率响应包括幅度随频率的响应和相位随频率的响应，并分别称为幅频响应和相频响应。

6.4.1 系统的频率响应

设把频率为 ω_0 的复指数序列 $x[n]=e^{j\omega_0 n}$输入到一个稳定的因果系统，该系统的单位样值响应为 $h[n]$，则系统的输出为

$$\begin{aligned} y[n] &= x[n] * h[n] = \sum_{m=-\infty}^{\infty} h[m]x[n-m] \\ &= \sum_{m=-\infty}^{\infty} h[m]e^{j(n-m)\omega_0} = e^{jn\omega_0} \sum_{m=-\infty}^{\infty} h[m]e^{-jm\omega_0} \\ &= e^{jn\omega_0} H(e^{j\omega_0}) \\ &= x[n]H(e^{j\omega_0}) \end{aligned} \tag{6.30}$$

其中

$$H(e^{j\omega_0}) = \sum_{m=-\infty}^{\infty} h[m]e^{-jm\omega_0} = |H(e^{j\omega_0})| e^{j\varphi(\omega_0)} \tag{6.31}$$

式中的 $H(e^{j\omega_0})$是系统对频率为 ω_0 的复指数信号的稳态响应，它由传递函数在 $e^{j\omega_0}$ 处的取值所确定。所以，在频率为 ω_0 复指数信号的激励下，系统的稳态响应仍是同频率的复指数信号，但是信号的幅度改变了 $|H(e^{j\omega_0})|$ 倍，相位的变化为 $\arg[H(e^{j\omega_0})]$。当复指数激励信号的频率 ω_0 连续变化时（用 ω 表示），$H(e^{j\omega_0})$也随之变为相应的 $H(e^{j\omega})$，这就是系统的频率响应。

应用序列傅里叶变换的卷积特性也能得到同样的结论，由于

$$y[n] = x[n] * h[n]$$

对上式两端取序列傅里叶变换可得

$$Y(e^{j\omega}) = X(e^{j\omega})H(e^{j\omega})$$

其中

$$\begin{aligned} H(e^{j\omega}) &= \mathcal{F}[h[n]] = \sum_{n=-\infty}^{\infty} h[n]e^{-jn\omega} \\ &= | H(e^{j\omega}) | e^{j\varphi(\omega)} \end{aligned} \tag{6.32}$$

以上两式的意义与前述相同，而且 $H(e^{j\omega})$就是系统单位样值响应 $h[n]$的序列傅里叶变换

$$H(e^{j\omega}) = H(z) \big|_{z=e^{j\omega}}$$

由以上推导可以归纳并引申出系统频率响应的以下概念。

(1) $H(e^{j\omega})$是单位样值响应 $h[n]$的序列傅里叶变换，它是频率 ω 的周期函数，常称作系统的数字域频率响应，简称为系统的频率响应或频响。其中，$|H(e^{j\omega})|$为系统的幅频响应，$\varphi(\omega)$为系统的相频响应。所以，单位圆上的传递函数就是系统的数字域频响。

显然，在 $h[n]$绝对可和的意义上，系统的稳定性就意味着系统的频率响应 $H(e^{j\omega})$存在，并且具有连续性。

(2) 在实际应用中，常画出 $|H(e^{j\omega})|\sim\omega$ 和 $\varphi(\omega)\sim\omega$ 关系曲线，分别称为幅频特性曲线和相频特性曲线。

(3) 对于连续时间线性时不变系统可以得到同样的结论，即系统的激励为复指数信号 $x(t)=e^{j\Omega t}$、系统的单位脉冲响应为 $h(t)$ 时，系统的输出为

$$y(t)=\int_{-\infty}^{\infty}h(\tau)e^{j\Omega(t-\tau)}d\tau=H(\Omega)e^{j\Omega t} \tag{6.33}$$

其中

$$H(\Omega)=\int_{-\infty}^{\infty}h(\tau)e^{-j\Omega\tau}d\tau=|H(\Omega)|e^{j\varphi(\Omega)} \tag{6.34}$$

称为连续时间系统的频率响应。所以在连续时间系统的情况下，系统的稳态响应也是与输入具有相同频率的复正弦信号。

(4) 由上可知，一个线性时不变系统对输入信号的作用就是改变了信号中每个频率分量的复振幅。或者说，系统把输入信号傅里叶变换的模乘上了系统频响的模，同时把输入信号傅里叶变换的相位附加了一个系统频响的相位。因此，常把系统频响的模 $|H(\Omega)|$ 或 $|H(e^{j\omega})|$ 称为系统的增益，而把系统频响的相位 $\varphi(\Omega)$ 或 $\varphi(\omega)$ 称为系统的相移。

(5) 在数学上，从矩阵特征值的角度来看，如果一个线性变换 L 满足式(6.35)

$$L\{\boldsymbol{\Phi}(t)\}=\lambda\boldsymbol{\Phi}(t) \tag{6.35}$$

其中 λ 为常数或复数，则把 $\boldsymbol{\Phi}(t)$ 称为线性变换 L 的特征函数，并把 λ 称为对应于该特征函数的特征值。

从式(6.30)、(6.33)可见，线性时不变系统对复指数信号的响应恰好满足上述条件。所以，复指数信号 $e^{j\omega n}$ 和 $e^{j\Omega t}$ 分别是离散时间线性时不变系统和连续时间线性时不变系统的特征函数。对于某一个给定的 ω 和 Ω 值，常数 $H(e^{j\omega})$ 和 $H(\Omega)$ 是与特征函数相应的特征值。

(6) 我们曾经讨论过，可以把信号表示成基本信号的线性组合，而上述的特征函数就可以作为这种“基本信号”。由傅里叶变换、拉普拉斯变换等变换可见，用上述特征函数可以表示相当广泛的一类信号，而本节又揭示出线性时不变系统对特征函数的响应是非常简单的。因此，以上结论为求取系统对任意输入的响应提供了非常有用的思路和方法，读者可以据此回想有关的内容并进行小结。

问题：e^{st} 和 z^n 分别是连续域和离散域的信号，如何理解并证明它们也是 LTI 系统的特征函数？它们与本节所述内容有何联系？与本课程学过的哪些概念有联系？

6.4.2 系统频响的几何确定法

例 6.6 已知离散系统的传递函数为

$$H(z)=\frac{1+z^{-1}}{1-0.5z^{-1}}$$

求该系统的频率响应。

解 由$H(z)$的表达式可知，其极点为$z=0.5$。显然，系统稳定才谈得上频率响应，因而传递函数的收敛域应包含单位圆，即$|z|>0.5$。所以，系统的频响为

$$H(e^{j\omega})=H(z)\big|_{z=e^{j\omega}}=\frac{1+e^{-j\omega}}{1-0.5e^{-j\omega}}=\frac{1+\cos\omega-j\sin\omega}{1-0.5\cos\omega+j0.5\sin\omega}$$

$$=\frac{\sqrt{(1+\cos\omega)^2+\sin^2\omega}\cdot e^{j\varphi}}{\sqrt{(1-0.5\cos\omega)^2+(0.5\sin\omega)^2}\cdot e^{j\theta}}=\frac{\sqrt{2+2\cos\omega}}{\sqrt{1.25-\cos\omega}}e^{j(\varphi-\theta)}$$

$$=|H(e^{j\omega})|e^{j\varphi_d(\omega)}$$

其中

$$\varphi=\arctan\frac{-\sin\omega}{1+\cos\omega}$$

$$\theta=\arctan\frac{0.5\sin\omega}{1-0.5\cos\omega}$$

$$\varphi_d=\varphi-\theta=-\arctan\frac{3\sin\omega}{1+\cos\omega}$$

$$|H(e^{j\omega})|=\sqrt{\frac{2+2\cos\omega}{1.25-\cos\omega}}$$ ■

上式就是系统幅频响应和相频响应的表达式。由上式可见，若想大致画出幅频特性，需要给出一系列的ω值，对于每个ω值都要计算相应的$\cos\omega$并进行开方等运算。若想大致画出相频特性则要计算一系列ω的三角函数和反三角函数等。所以，尽管题目给出的$H(z)$非常简单，但要画出系统幅频特性和相频特性的工作量仍旧比较大。如果遇到复杂的式子，就更为繁琐了。有没有比较直观、简单的方法呢？这就是下面要讨论的几何确定法。

1. 离散系统频响的几何确定法

为了求解频响，系统必须稳定，也就是说收敛域应当包括单位圆。由前可知，我们常用$H(z)$的零、极点表征一个N阶系统的传递函数，即

$$H(z)=K\frac{\prod_{j=1}^{M}(1-z_jz^{-1})}{\prod_{i=1}^{N}(1-p_iz^{-1})} \tag{6.36}$$

式(6.36)中，z_j是零点，p_i是极点。为便于分析，先设$M=N$。由于频响是传递函数在单位圆上的Z变换，所以系统的频率响应是

$$H(e^{j\omega})=K\frac{\prod_{j=1}^{N}(e^{j\omega}-z_j)}{\prod_{i=1}^{N}(e^{j\omega}-p_i)} \tag{6.37}$$

由上式可知，能够用零点和极点表征系统的频响，由此引申出观察系统频响的一个简单、有效的几何方法。这个方法的要点是：

(1) 给式(6.37)赋予几何意义。

为简单起见，我们先取出该式的一对因子，并把它看成是某个子系统的频响，例

如取出

$$\frac{e^{j\omega}-z_j}{e^{j\omega}-p_i}$$

显然，任意复数都能用 z 平面上有方向的线段来表示，并称之为矢量。如果把 $z=e^{j\omega}$ 的位置用图 6.9 中单位圆上的 A 表示，其几何矢量就是 OA。在该图中还用◦和×分别表示零点 z_j 和极点 p_i 的位置，并用矢量$\overrightarrow{OZ}_j$ 和$\overrightarrow{OP}_i$ 表示复数 z_j、p_i。于是

$$e^{j\omega}-z_j=\overrightarrow{OA}-\overrightarrow{OZ}_j=\overrightarrow{Z_jA}=\boldsymbol{Z}_j=|\boldsymbol{Z}_j|e^{j\alpha_j}$$

称作零矢量或零向量，它是从零点 z_j 指向单位圆上 $e^{j\omega}$点的矢量。同样

$$e^{j\omega}-p_i=\overrightarrow{OA}-\overrightarrow{OP}_i=\overrightarrow{P_iA}=\boldsymbol{P}_i=|\boldsymbol{P}_i|e^{j\beta_i}$$

称作极矢量或极向量，它是从极点 p_i 指向单位圆上 $e^{j\omega}$点的矢量。因此

$$\frac{e^{j\omega}-z_j}{e^{j\omega}-p_i}=\frac{\boldsymbol{Z}_j}{\boldsymbol{P}_i}=\frac{\text{零矢量}}{\text{极矢量}}$$

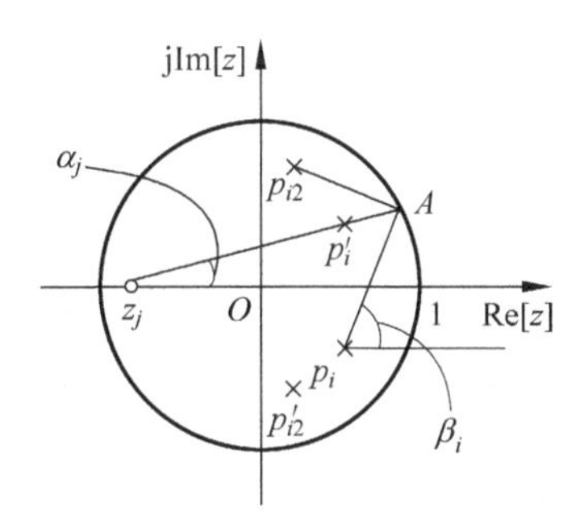

图 6.9　几何确定法的图解说明

(2) 零、极点位置对上式的影响是很明显的。当角频率 ω 变动时，点 A 沿着单位圆移动，零、极矢量的幅度和幅角也随之变化。于是，当 A 点沿着单位圆逆时针方向旋转一周时，就可以估算出该子系统的频响(请读者给出理由)。由图 6.9 可见，当 ω 移近极点 p_i 时，极矢量 $\boldsymbol{P}_i$ 渐短，频响会出现峰值。极点 p_i 越靠近单位圆，峰值越大，频响曲线在该峰值处也越尖锐，当极点位于单位圆上时，频响变为 ∞。如果极点越出单位圆，系统将处于不稳定状态。在图 6.9 中给出了两对共轭极点，读者可以进行比较。

同样，当 ω 移近零点 z_j 时，频响将出现谷点。零点越靠近单位圆，谷点越接近零，而且频响曲线在该谷值处越尖锐。当零点位于单位圆上时，频响变为零。当然，对零点来说，即使位于单位圆外，也不存在稳定性问题。

(3) 下面回到式(6.37)，由上面分析可得

$$H(e^{j\omega})=K\frac{\prod_{j=1}^{N}(e^{j\omega}-z_j)}{\prod_{i=1}^{N}(e^{j\omega}-p_i)}=K\frac{\prod_{j=1}^{N}\boldsymbol{Z}_j}{\prod_{i=1}^{N}\boldsymbol{P}_i}=K\frac{\prod_{j=1}^{N}|\boldsymbol{Z}_j|e^{j\alpha_j}}{\prod_{i=1}^{N}|\boldsymbol{P}_i|e^{j\beta_i}}=|H(e^{j\omega})|e^{j\varphi(\omega)} \tag{6.38}$$

其中

$$\left|\frac{H(e^{j\omega})}{K}\right|=\frac{\prod_{j=1}^{N}|\boldsymbol{Z}_j|}{\prod_{i=1}^{N}|\boldsymbol{P}_i|}=\frac{\text{零矢量模的连乘积}}{\text{极矢量模的连乘积}} \tag{6.39}$$

$$\varphi(\omega)=\sum_{j=1}^{N}\alpha_j-\sum_{i=1}^{N}\beta_i=\text{零矢量的幅角和}-\text{极矢量的幅角和} \tag{6.40}$$

这样，通过上面两个式子就可以很方便地确定出系统的幅频响应和相频响应。

通常 $M\neq N$，由式(6.36)可得

$$H(z)=K\frac{\prod_{j=1}^{M}(1-z_jz^{-1})}{\prod_{i=1}^{N}(1-p_iz^{-1})}=K\frac{\prod_{j=1}^{M}(z-z_j)}{\prod_{i=1}^{N}(z-p_i)}z^{N-M}$$

对应的系统频响为

$$H(e^{j\omega})=K\frac{\prod_{j=1}^{M}(e^{j\omega}-z_j)}{\prod_{i=1}^{N}(e^{j\omega}-p_i)}e^{j\omega(N-M)}$$

所以

$$\frac{H(e^{j\omega})}{K}e^{j\omega(M-N)}=\frac{\prod_{j=1}^{M}\boldsymbol{Z}_j}{\prod_{i=1}^{N}\boldsymbol{P}_i}$$

即在上式中出现了因子 $e^{j\omega(M-N)}$。因此，根据$(M-N)$大于零还是小于零，在坐标原点 $z=0$ 处 $H(e^{j\omega})$会多出$(M-N)$阶零点或极点。由于这些零、极点到单位圆的距离不变，所以幅频特性不受影响。但是，上述相频特性会产生附加的相移$(N-M)\omega$，所以式(6.40)变为

$$\begin{aligned}\varphi(\omega)&=\sum_{j=1}^{M}\alpha_j-\sum_{i=1}^{N}\beta_i+(N-M)\omega\\&=\text{零矢量的幅角和}-\text{极矢量的幅角和}+(N-M)\omega\end{aligned} \tag{6.41}$$

以上介绍的内容就是几何确定法，该法为我们认识零、极点分布对系统性能的影响提供了一个非常简捷的观察方法，这对系统的分析和设计是很重要的。例如，只要适当地选择零、极点，就可以非常直观地控制系统的频率特性，从而给应用带来极大的方便。

例 6.7 已知离散系统的传递函数为

$$H(z)=\frac{1+z^{-1}}{1-0.5z^{-1}}$$

用几何确定法求系统的频率响应。

解 首先，画出 $H(z)$的零点、极点以及零矢量 $Be^{j\varphi}$和极矢量 $Ae^{j\theta}$，如图 6.10(a)所示。当 ω 从 0 增大时，零矢量和极矢量均逆时针旋转，可以用几何的方法粗略画出其幅频和相频特性。我们按以下步骤求解

(1) 设 $\omega=0$，由图可见 $A=0.5$，$B=2$，$\varphi=\theta=0$，所以，$|H(e^{j\omega})|=\dfrac{B}{A}=4$，相角 $\varphi_d(\omega)=\varphi-\theta=0$。

(2) 当 ω 增加且 $\omega<\pi$ 时，A 单调增大而 B 单调减小，所以$|H(e^{j\omega})|$逐渐减小。此

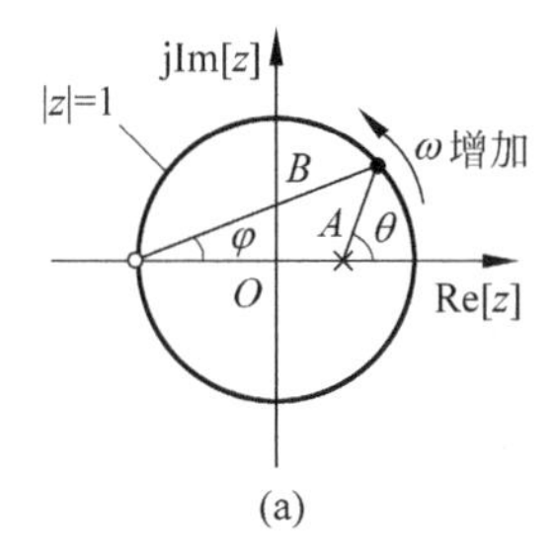

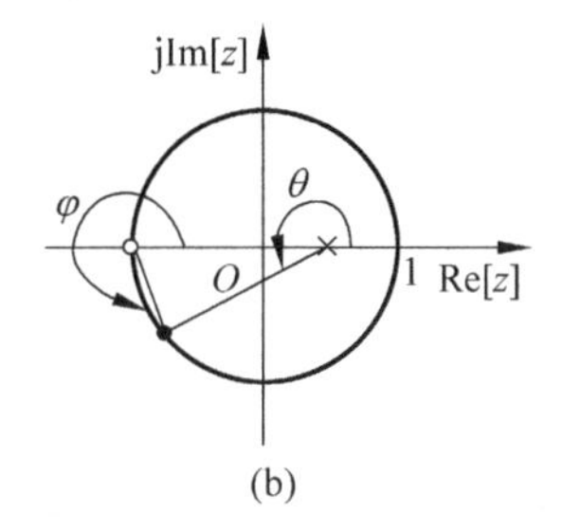

图 6.10 用几何确定法求系统频率响应的图解说明

外，当 ω 增加时，φ、θ 都增大，由于 $\varphi<\theta$，所以 $\varphi_d(\omega)=\varphi(\omega)-\theta(\omega)$ 单调减小且为负值。

(3) 当 $\omega=\pi$ 时，$B=0$，$A=1.5$ 以及 $\varphi=\frac{\pi}{2}$，$\theta=\pi$。所以，$|H(e^{j\omega})|=0$，$\varphi_d(\omega)=-\frac{\pi}{2}$。

(4) ω 继续增大为 $\omega>\pi$ 时的情况示于图 6.10(b)，此时 A、B 的变化与上面的步骤(2)相反，所以 $|H(e^{j\omega})|$ 的值逐渐增大。与此同时，φ、θ 仍在增大，但此时的 $\varphi>\theta$。需要注意的是，$\varphi_d(\omega)$ 在 $\omega=\pi$ 时出现了跳变，即先跳到 $\frac{\pi}{2}$，然后单调地减小。

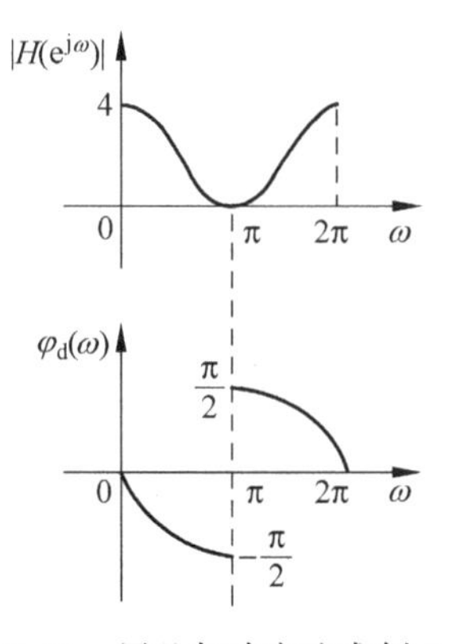

图 6.11 用几何确定法求例 6.7 的频率响应

(5) 由前述可知，$H(e^{j\omega})$ 是周期为 2π 的周期函数。为此，只要画出一个周期的变化就可以了。

求得的系统特性如图 6.11 所示。由上可知，用几何确定法很容易求得并画出系统的幅频和相频特性曲线。尽管不是处处精确，但其变化趋势一目了然，这为很多应用提供了极大的方便。

(6) 回想傅里叶变换的特性可知，其幅频特性为偶函数而相频特性为奇函数。根据这一特点，可以检查图 6.11 的结果是否正确，也可以简化上述的求解过程。 ■

读者应该发现，例 6.7 和例 6.6 完全相同，但在求系统的频率响应时后者所用的方法更加简便、实用。

思考题：使用计算机程序可以很快地求出系统的频率响应，几何确定法还有存在的价值吗？

2. 连续时间系统频响的几何确定法

我们已经详尽地讨论了离散系统的频响。对连续系统的情况来说，结论和方法也是一样的。设连续系统的传递函数为

$$H(s)=K\frac{\prod_{j=1}^{M}(s-z_j)}{\prod_{i=1}^{N}(s-p_i)} \tag{6.42}$$

其频率响应为

$$H(\mathrm{j}\Omega)=K\frac{\prod\limits_{j=1}^{M}(\mathrm{j}\Omega-z_j)}{\prod\limits_{i=1}^{N}(\mathrm{j}\Omega-p_i)} \tag{6.43}$$

为了用几何确定法求出所需的幅频和相频特性曲线，图 6.12 给出了连续时间系统的示意图。由该图可见，当 A 点沿虚轴移动时，频率 Ω 改变，零、极矢量的模和相角也会产生相应的变化。为简单计，设 $K=1$，则

$$\left|\frac{H(\mathrm{j}\Omega)}{K}\right|=|H(\mathrm{j}\Omega)|=\frac{\text{零矢量模的连乘积}}{\text{极矢量模的连乘积}} \tag{6.44}$$

$$\varphi(\omega)=\text{零矢量的幅角和}-\text{极矢量的幅角和} \tag{6.45}$$

需要注意的是，在连续时间的情况下，频响不是周期函数，所画频响的频率区间通常取为 $0\leqslant\Omega<\infty$。

例 6.8 已知 RC 系统如图 6.13 所示，求系统的频率响应。

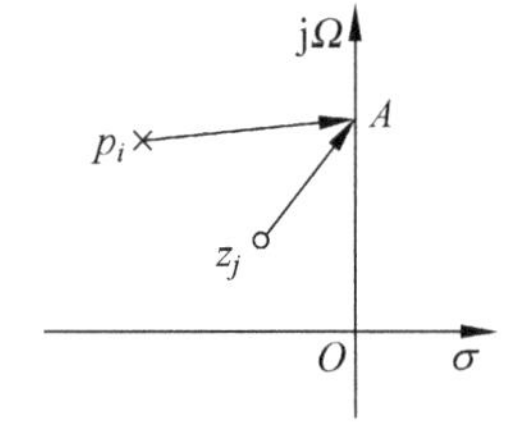

图 6.12 用几何确定法求系统频率响应的示意图

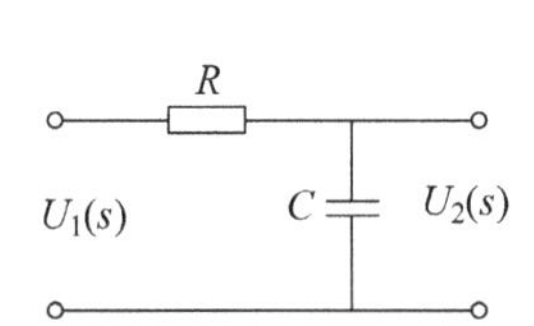

图 6.13 例 6.8 的系统

解

$$H(s)=\frac{U_2(s)}{U_1(s)}=\frac{\frac{1}{sC}}{R+\frac{1}{sC}}=\frac{\frac{1}{RC}}{s+\frac{1}{RC}}$$

所以

$$H(\mathrm{j}\Omega)=\frac{\frac{1}{RC}}{\mathrm{j}\Omega+\frac{1}{RC}}=|H(\mathrm{j}\Omega)|\mathrm{e}^{\mathrm{j}\varphi(\Omega)}$$

显然，可以求出 $|H(\mathrm{j}\Omega)|$ 和 $\varphi(\Omega)$ 的表达式并画出相应的幅频特性和相频特性曲线。与例 6.6 同样的道理，直接求解比较繁琐，故可按例 6.7 的思路用几何确定法求解。由上面 $H(s)$ 的表达式可知，该系统的极点为 $s=-\frac{1}{RC}$，即极点位于负实轴，极矢量为 $\mathbf{A}$，如图 6.14 所示。当 Ω 从零变到

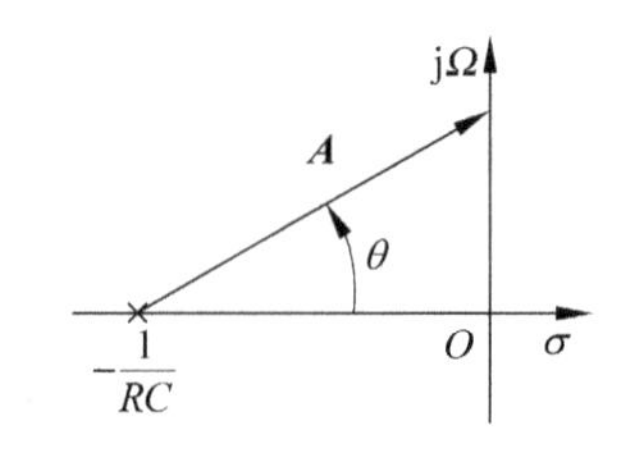

图 6.14 例 6.8 中 s 平面的零、极点图

∞时，极矢量的长度$|\boldsymbol{A}|$单调增加，而幅角θ从零单调地增加到$\frac{\pi}{2}$。所以相频响应的相角φ由0变到$-\frac{\pi}{2}$。

根据以上分析，可以直接得到图6.15所示的幅频和相频特性。■

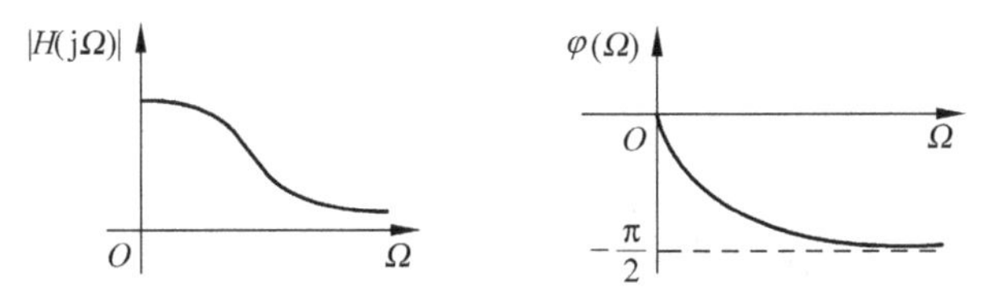

图6.15 例6.8的幅频特性和相频特性

3. 常用的连续域和数字域滤波器

众所周知，连续时间系统常用的滤波器有图6.16所示的几种类型，即低通、高通、带通、带阻和全通滤波器。

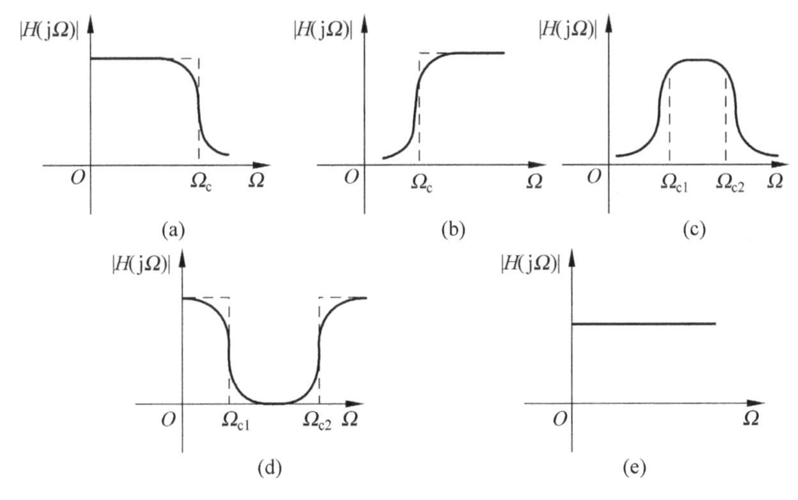

图6.16 连续系统的各类滤波器

(a) 低通；(b) 高通；(c) 带通；(d) 带阻；(e) 全通

图6.16中的虚线表示相应理想滤波器的频率响应曲线。由于具体实现时诸多因素的影响，只能实现实线所示的特性。读者可以自行设置并画出上述类型滤波器在s平面上的零、极点分布，以加深对频响几何作图法等概念的理解。

在离散系统中经常使用的滤波器仍然是以上几种，相应类型滤波器的频响曲线示于图6.17。需要说明的是，在离散时间系统中，很容易把滤波器的类型搞错！例如把图6.17(b)看成是带通滤波器等。

为什么容易把滤波器的类型搞错呢？还是对离散系统的特点理解不深的缘故。可以从以下几个方面考虑这一问题。

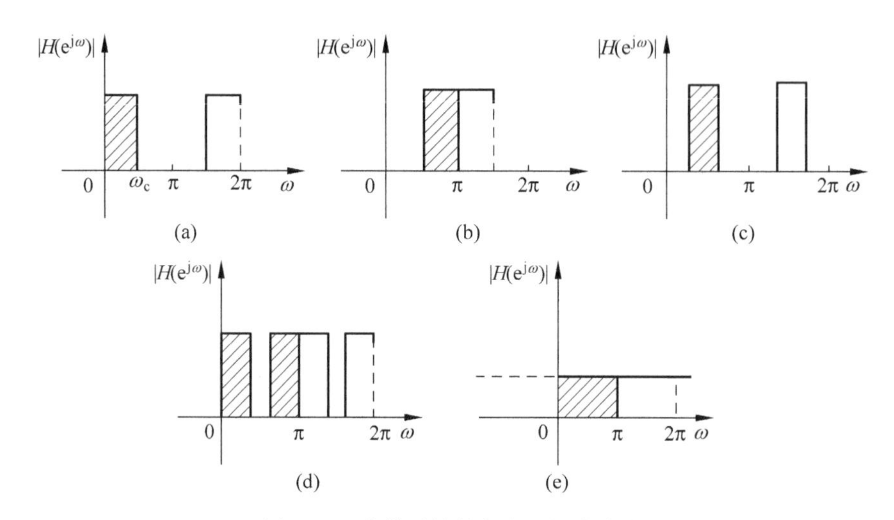

图 6.17 离散系统的各类理想滤波器

(a) 低通;(b) 高通;(c) 带通;(d) 带阻;(e) 全通

其中,标以斜线的区域表示通带,而幅度响应的偶对称部分没有标示。

(1) 数字域频响是周期为 2π 的 ω 的周期函数。对周期函数而言,只要研究它在一个周期里的特性就可以了,通常给出的频率范围是 $0\leqslant\omega\leqslant2\pi$。

(2) 从傅里叶变换对幅频特性的讨论可知,幅频特性为偶函数,而纵轴 $\Omega=0$ 是幅频特性的对称轴。在离散情况下,ω 从 $-\pi$ 到 0 与 ω 从 0 到 π 的幅频特性为偶对称,从频响特性的几何确定法可以很清楚地看出这一点。这相当于把 $\omega=\pi$ 看成是幅频特性的对称轴,由此可知,$\omega=0$ 是低频,而 $\omega=\pi$ 是高频。

(3) 综上所述,在研究离散系统的滤波器时,应该从 $0\leqslant\omega\leqslant\pi$ 这一频率范围,即图 6.17 标以斜线的部分确定出滤波器的类型。由此可见,图 6.17(b) 是高通滤波器。

图 6.17 给出了 $[0,2\pi]$ 区间的滤波器特性。请读者画出 $[-\pi,\pi]$ 区间的情况,并从该图理解上述滤波器类型的问题。

4. 二阶连续和离散系统的频率响应

二阶系统数学模型的特点是:连续时间系统的微分方程或离散时间系统的差分方程均为二阶方程。

例 6.9 已知二阶离散系统的差分方程是

$$y[n]-b_1y[n-1]-b_2y[n-2]=a_1x[n-1] \tag{6.46}$$

且

$$0<-b_2<1,\quad b_1^2<-4b_2 \tag{6.47}$$

(1) 画出系统的框图;

(2) 求系统的传递函数 $H(z)$;

(3) 求单位样值响应 $h[n]$;

(4) 画出 $H(z)$ 的零、极图和幅频特性的略图。

解 (1) 系统框图如图 6.18(a)所示。

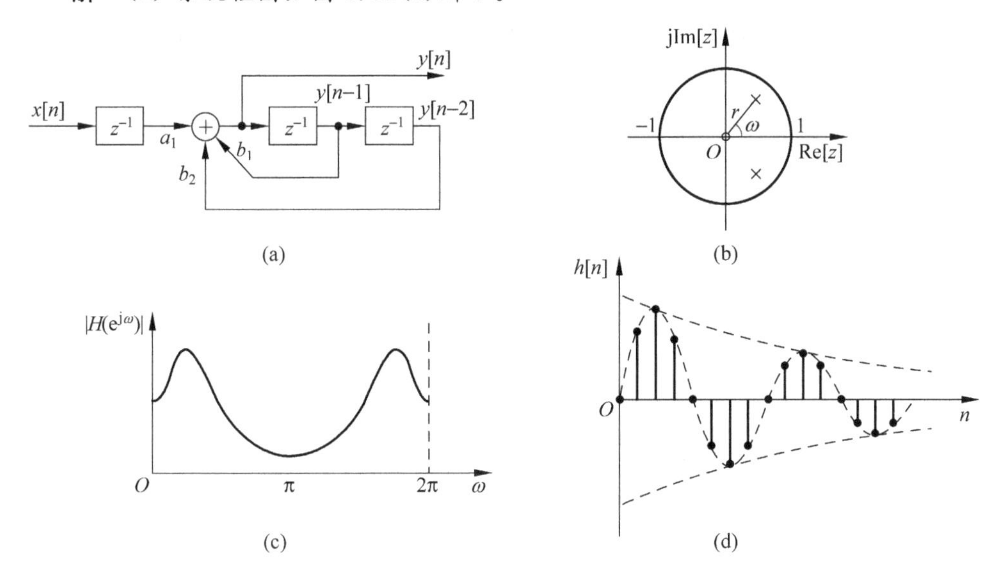

图 6.18 二阶离散系统

(a) 系统框图；(b) 零、极点图；(c) 系统的幅频响应；(d) 系统的单位样值响应

(2) 对式(6.46)两边取 Z 变换可得

$$Y(z)-b_1z^{-1}Y(z)-b_2z^{-2}Y(z)=a_1z^{-1}X(z)$$

系统的传递函数为

$$H(z)=\frac{a_1z^{-1}}{1-b_1z^{-1}-b_2z^{-2}},\quad |z|\geqslant 1$$

由给出的条件式(6.47)可知，$H(z)$有一对共轭极点

$$z_{1,2}=re^{\pm j\omega}$$

简单推导(请自行验证)可知

$$\begin{cases}r^2=-b_2\\ 2r\cos\omega=b_1\end{cases}$$

(3) 由上述可知，$H(z)$的极点在单位圆内(为什么)。把 $H(z)$分解为部分分式，则

$$\begin{aligned}\frac{H(z)}{z}&=\frac{a_1}{(z-re^{j\omega})(z-re^{-j\omega})}\\&=\frac{A_1}{z-re^{j\omega}}+\frac{A_2}{z-re^{-j\omega}}\end{aligned}$$

求出系数

$$A_1=-A_2=\frac{a_1}{2jr\sin\omega}=A$$

所以

$$\begin{aligned}h[n]&=A(r^n e^{jn\omega}-r^n e^{-jn\omega})u[n]=Ar^n 2j\sin(n\omega)u[n]\\&=\frac{a_1}{\sin\omega}r^{n-1}\sin(n\omega)u[n]\\&=k_0r^{n-1}\sin(n\omega)u[n]\end{aligned}$$

$h[n]$的波形如图 6.18(d)所示。

(4) 由上面的分析可以得到 $H(z)$的零、极点图和幅频特性的略图，并已示于图 6.18的(b)和(c)。 ■

例 6.10 连续时间系统如图 6.19(a)所示，已知 $2\sqrt{L/C}>R$，求

(1) 系统的传递函数 $H(s)$；

(2) 系统的单位脉冲响应 $h(t)$；

(3) 画出系统的零、极点分布、$h(t)$以及幅频特性的略图。

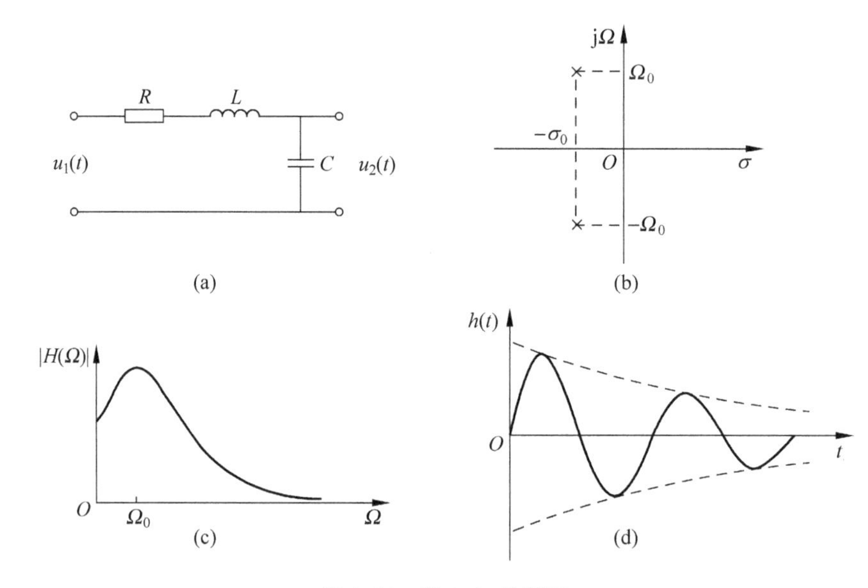

图 6.19 例 6.10 的图形

(a) 二阶 RLC 系统图；(b) 零、极点图；(c) 系统的幅频特性；(d) 系统的单位脉冲响应

解 (1) 系统的传递函数为

$$H(s)=\frac{U_2(s)}{U_1(s)}=\frac{\frac{1}{sC}}{R+sL+\frac{1}{sC}}=\frac{\frac{1}{LC}}{s^2+\frac{R}{L}s+\frac{1}{LC}}$$

(2) 求 $h(t)$

由于 $2\sqrt{L/C}>R$，$H(s)$有一对共轭极点

$$p_{1,2}=-\sigma_0\pm \mathrm{j}\Omega_0$$

可见

$$\begin{cases}p_1+p_2=-2\sigma_0=-\dfrac{R}{L}\\[2ex] p_1\cdot p_2=(-\sigma_0+\mathrm{j}\Omega_0)(-\sigma_0-\mathrm{j}\Omega_0)=\sigma_0^2+\Omega_0^2=\dfrac{1}{LC}\end{cases}$$

即

$$\begin{cases}\sigma_0^2+\Omega_0^2=\dfrac{1}{LC}\\2\sigma_0=\dfrac{R}{L}\end{cases}$$

将 $H(s)$ 展开成部分分式可得

$$H(s)=\frac{\frac{1}{LC}}{(s+\sigma_0-\mathrm{j}\Omega_0)(s+\sigma_0+\mathrm{j}\Omega_0)}=\frac{A_1}{s+\sigma_0-\mathrm{j}\Omega_0}+\frac{A_2}{s+\sigma_0+\mathrm{j}\Omega_0}$$

$$A_1=-A_2=\frac{1/LC}{2\mathrm{j}\Omega_0}$$

求 $H(s)$ 的拉普拉斯反变换可以得到系统的单位脉冲响应为

$$\begin{aligned}h(t)&=\mathcal{L}^{-1}[H(s)]=\mathrm{e}^{-\sigma_0 t}(A_1\mathrm{e}^{\mathrm{j}\Omega_0 t}-A_1\mathrm{e}^{-\mathrm{j}\Omega_0 t})u(t)\\&=2A_1\mathrm{e}^{-\sigma_0 t}\mathrm{j}\sin\Omega_0 tu(t)\\&=k\mathrm{e}^{-\sigma_0 t}\sin\Omega_0 tu(t)\end{aligned}$$

$$k=\frac{\sigma_0^2+\Omega_0^2}{\Omega_0}$$

(3) 在图 6.19 中给出了 $H(s)$ 的零、极点分布、$h(t)$ 的波形图和系统的幅频特性。

■

由以上两个例子的结果可见

(1) 如果把两种系统极点的参数选为

$$\begin{cases}r=\mathrm{e}^{-\sigma_0 T}\\\omega=\Omega_0 T\end{cases}\tag{6.48}$$

那么,这两种系统的特性就非常相似。这就启示人们,可以参照某种系统(如连续时间系统)的有关资料和零、极点设置去设计另一种类型的系统(如离散时间系统)。在后续章节中还会给出进一步的讨论。

(2) 从本节可见,Z 变换、拉普拉斯变换和几何确定法是研究系统特性和频响的强有力的工具。相比于一阶系统,尽管二阶系统的数学模型和系统结构会复杂一些,但用上述工具求解时增加的工作量并不大,而二阶系统的特性确有相当的改善。依此类推,高阶系统也会有类似的性价比,读者当会举一反三,并根据实际的需要进行选择。

6.5　零点分布对系统相位特性的影响

6.5.1　零点分布与相频特性

前面几节曾多次谈到传递函数的零、极点分布对系统的特性有较大的影响,但实际上我们主要研究了极点分布的影响。例如,可以根据极点位于 z 平面的单位圆内、圆外、圆上或者在 s 平面分布的情况推断出 $h[n]$、$h(t)$ 的形状;为了得到因果、稳定的系统,也对传递函数的极点分布提出了要求等。在这些讨论中,零点出现的场合并不多。那么,零点分布对系统特性的影响有没有规律呢?本节主要讨论这方面的问题。

式(6.41)曾经给出,离散系统的相频特性为

$$\varphi(\omega)=\text{零矢量的幅角和}-\text{极矢量的幅角和}+(N-M)\omega$$

另外,我们曾多次强调,频率响应 $H(\mathrm{e}^{\mathrm{j}\omega})$是周期为 2π 的周期函数。这一周期性体现在频率 ω 沿着单位圆旋转时,频响特性的周期性重复。既然是周期函数,只要研究一个周期的情况就可以了。因此在研究相位特性时,只需关注一个周期里的相位变化,即

$$\Delta\varphi(\omega)\mid_{\Delta\omega=2\pi} \tag{6.49}$$

这就是说需要考查频率 ω 变化 2π 时,单位圆内、外的零、极点对相位变化 $\Delta\varphi(\omega)$的贡献。

零点或者极点位于单位圆内、外的情况如图 6.20 所示。由几何确定法可知,如果零、极点位于单位圆内(图 6.20(b)),则频率 ω 沿着单位圆逆时针方向旋转一周时,零矢量或极矢量幅角的变化是 2π。反之,如果零、极点位于单位圆外,则频率 ω 沿着单位圆旋转一周时,零矢量或极矢量幅角的变化是 0。即

$$\Delta\varphi(\omega)\mid_{\Delta\omega=2\pi}=\begin{cases}2\pi, & \text{零、极点位于单位圆内}\\ 0, & \text{零、极点位于单位圆外}\end{cases} \tag{6.50}$$

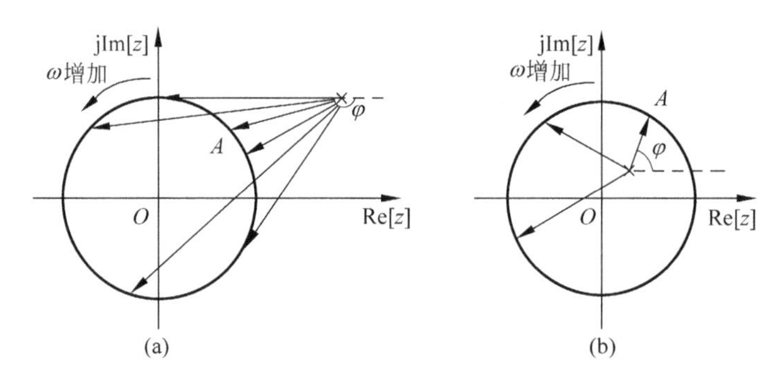

图 6.20 零、极点分布对相位的影响

(a) 单位圆外的零、极点;(b) 单位圆内的零、极点

为了研究整个系统 $\Delta\varphi(\omega)\mid_{\Delta\omega=2\pi}$的数量关系,先定义一些符号:令 $m_{\mathrm{i}}, p_{\mathrm{i}}, m_{\mathrm{o}}, p_{\mathrm{o}}$ 分别表示单位圆内零、极点的个数和单位圆外零、极点的个数,而 M 和 N 分别表示传递函数零点和极点的总数,即

$$\begin{cases}M=m_{\mathrm{i}}+m_{\mathrm{o}}\\ N=p_{\mathrm{i}}+p_{\mathrm{o}}\end{cases}$$

由于

$$\varphi(\omega)=\text{零矢量的幅角和}-\text{极矢量的幅角和}+(N-M)\omega$$

所以

$$\Delta\varphi(\omega)\mid_{\Delta\omega=2\pi}=\Delta[\text{零向量幅角和}-\text{极向量幅角和}]+(N-M)\cdot 2\pi$$

由式(6.50)可得

$$\begin{aligned}\Delta\varphi(\omega)\,|_{\Delta\omega=2\pi} &= 2\pi(m_i - p_i) + 2\pi(N - M) \\ &= 2\pi(m_i - p_i) + 2\pi[(p_i + p_o) - (m_i + m_o)] \\ &= -2\pi m_o + 2\pi p_o\end{aligned}$$

由于实际感兴趣的系统通常是因果、稳定的系统，这类系统 $H(z)$的极点必然在单位圆内，所以

$$\Delta\varphi(\omega)\,|_{\Delta\omega=2\pi} = -2\pi m_o \tag{6.51}$$

其中，m_o 为单位圆外零点的个数。因此

(1) 当单位圆外无零点时，即 $m_o=0$ 或 $M=m_i$ 时

$$\Delta\varphi(\omega)\,|_{\Delta\omega=2\pi} = 0$$

它对应着最小的相位变化，通常称为最小相位系统。结论是：因果、最小相位系统 $H(z)$的零、极点全在单位圆内。

(2) 当单位圆内无零点时，即 $m_i=0$ 或 $M=m_o$ 时

$$\Delta\varphi(\omega)\,|_{\Delta\omega=2\pi} = -2\pi M \tag{6.52}$$

对应着最大的相位滞后变化，因而叫做最大相位系统。也就是说，$H(z)$的零点全在单位圆外的系统是最大相位系统，该系统每个周期内相频特性的变化由式(6.52)确定。对于单位圆内、外都有零点的因果稳定系统称为因果性混合相位系统，该系统相频特性在每个周期内的变化由式(6.51)确定。

此外，对于 $h[n]=0, n>0$ 的系统称为逆因果系统。一个稳定逆因果系统的极点全部在单位圆外，以使得 $H(z)$的收敛域位于半径大于 1 的某个圆之内。逆因果系统也有最小相位、最大相位系统之分，这里不再讨论，有兴趣的读者可以参见有关的资料。

6.5.2　因果性最小相位系统

在后续课程中即将学到，因果性最小相位系统在理论和实用上都颇受关注，但现实的系统并不都是最小相位系统。如何把非最小相位系统演变为因果性最小相位系统具有非常现实的意义，也是本节研究的课题。

1. 全通系统

全通系统是幅频特性为常数的系统。具有一阶零、极点的全通系统的传递函数为

$$H_{ap}(z) = \frac{z^{-1} - z_0^*}{1 - z_0 z^{-1}} \tag{6.53}$$

式中，* 表示共轭复数。式(6.53)的零、极点示于图 6.21，其极点 z_0 位于单位圆内，以保证系统的稳定性。具有图示特点的零、极分布称为倒共轭分布。

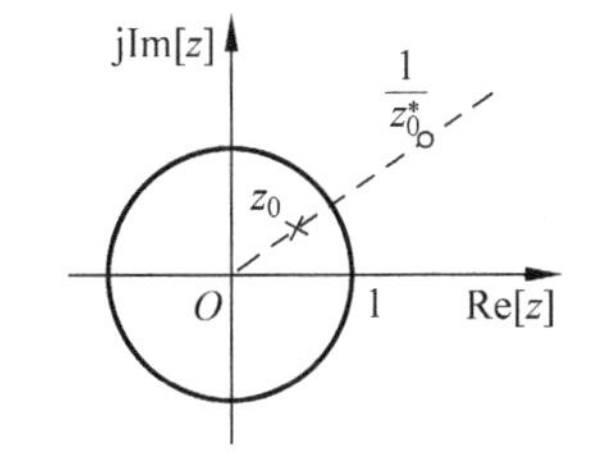

图 6.21　一阶全通系统的零、极点分布

式(6.53)所示系统的幅频特性$|H_{ap}(e^{j\omega})|$为常数，证明如下：由于

$$H_{ap}(e^{j\omega})=\frac{e^{-j\omega}-z_0^*}{1-z_0e^{-j\omega}}=\frac{e^{-j\omega}-z_0^*}{e^{-j\omega}(e^{j\omega}-z_0)}$$

所以

$$|H_{ap}(e^{j\omega})|=\left|\frac{e^{-j\omega}-z_0^*}{e^{-j\omega}(e^{j\omega}-z_0)}\right|=1$$

由于系统的幅频特性为常数，所以该系统是全通系统。

下面介绍一个常见的全通系统的应用。设系统$G(z)$满足所需的幅频特性，但具有非线性相位。为了校正其相位特性，可以级联一个图6.22所示的全通系统$H(z)$。显然，级联后系统的相位是$G(z)$和$H(z)$的相位之和。需要说明的是，图示的$H(z)$可以是多个全通子系统$H_i(z)$的级联，即

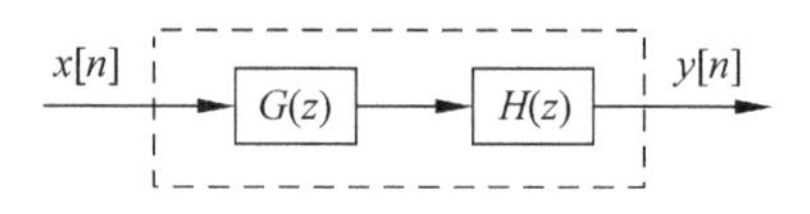

图6.22 通过全通系统调整原系统的相位特性

$$H(z)=\prod_{i=1}^{N}H_i(z)$$

这样一来，通过对全通系统的设计就可以在感兴趣的频率范围内，把整体的相位调整到近似于线性相位或某种需要的相位特性。然而，由于$H(z)$具有单位幅频响应，故级联后的幅频响应仍旧是$|G(e^{j\omega})|$。

2. 非最小相位系统

(1) 因果性最小相位系统

$H(z)$的零、极点全在单位圆内的系统是因果最小相位系统。它的传递函数可以表示为

$$H_{\min}(z)=K\frac{\prod_{k=1}^{m_i}(1-z_kz^{-1})}{\prod_{k=1}^{p_i}(1-p_kz^{-1})},\quad\begin{cases}|z_k|<1\\|p_k|<1\end{cases},\quad |z|>\max|p_k| \tag{6.54}$$

式中

$$\begin{cases}z_k, & k=1,2,\cdots,m_i\\p_k, & k=1,2,\cdots,p_i\end{cases}$$

分别是系统的零、极点。式(6.54)给出的条件

$$\begin{cases}|z_k|<1\\|p_k|<1\end{cases} \tag{6.55}$$

说明该系统的零、极点都在单位圆内，也就是说

$$\begin{cases}M=m_i\\N=p_i\end{cases}$$

其中，M是传递函数零点的总数，N是传递函数极点的总数。下面证明式(6.54)表示的系统为最小相位系统。

证明　显然，式(6.54)的每个因子都可以表示成

$$1-z_kz^{-1}=\frac{z-z_k}{z}\quad 或\quad 1-p_kz^{-1}=\frac{z-p_k}{z} \tag{6.56}$$

由式(6.55)可知，z_k、p_k 都在单位圆内，而式(6.56)的极点位于坐标原点，即 $z=0$ 点。由前述可知，式(6.56)的零矢量和极矢量在一个周期内的辐角变化都是 2π，因而该因子的 $\Delta\varphi(\omega)|_{\Delta\omega=2\pi}=0$。

也就是说，在式(6.55)的条件下，式(6.56)的因子在一个周期上的相位变化为零，即

$$\begin{cases}\Delta\arg[1-z_kz^{-1}]_{z=e^{j\omega},\Delta\omega=2\pi}=0\\ \Delta\arg[1-p_kz^{-1}]_{z=e^{j\omega},\Delta\omega=2\pi}=0\end{cases} \tag{6.57}$$

推而广之，用式(6.56)表示的因子组成式(6.54)后，由于每个因子都满足式(6.57)，故整个系统必然也满足 $\Delta\varphi(\omega)|_{\Delta\omega=2\pi}=0$，因而是最小相位系统。■

由于所有极点都在圆内，由式(6.54)给出的收敛域可知该系统是因果系统。

(2) 最小相位系统与全通系统的级联

设系统 $H(z)$的全部极点都在单位圆内。除一个零点外，所有的零点也都在单位圆内。其圆外零点为

$$z=\frac{1}{z_0},\quad |z_0|<1 \tag{6.58}$$

因此，系统 $H(z)$为非最小相位系统，并可以表示为

$$H(z)=H_1(z)(z^{-1}-z_0) \tag{6.59}$$

式中，$(z^{-1}-z_0)$项表示 $H(z)$的圆外零点，而除去 z_0 之外的 $H(z)$用 $H_1(z)$表示，因而 $H_1(z)$是最小相位系统。把式(6.59)乘、除同一个因子可得

$$\begin{aligned}H(z)&=H_1(z)\frac{z^{-1}-z_0}{1-z_0^*z^{-1}}(1-z_0^*z^{-1})\\ &=H_1(z)(1-z_0^*z^{-1})\frac{z^{-1}-z_0}{1-z_0^*z^{-1}}\end{aligned} \tag{6.60}$$

因为$|z_0|<1$，$H_1(z)(1-z_0^*z^{-1})$是最小相位系统，而$\frac{z^{-1}-z_0}{1-z_0^*z^{-1}}$是一个全通系统。因此，可以把式(6.60)看成为经$(1-z_0^*z^{-1})$的作用，原来单位圆外的零点 $z=\frac{1}{z_0}$变成了单位圆内的零点 $z=z_0^*$。也就是说，通过该式可以把一个非最小相位系统 $H(z)$变换成全通系统与一个最小相位系统的级联。以上结论可以推广到一般情况，即

$$H(z)=H_{\min}(z)\cdot H_{\mathrm{ap}}(z) \tag{6.61}$$

其中 $H(z)$、$H_{\min}(z)$分别为非最小相位系统和最小相位系统。$H_{\mathrm{ap}}(z)$表示全通系统，它是 m_0 个单阶全通系统的级联，其作用是把单位圆外的 m_0 个零点倒共轭地映射到单位圆内。

分析式(6.60)可知，从式(6.59)变换为该式后，等式两边的幅值没有改变。或

者说 $H_{ap}(z)$不会影响幅频特性$|H(e^{j\omega})|$。但是，$H_{ap}(z)$改变了系统的相频特性。由此可知，从一个非最小相位系统可以找到一个最小相位系统，并保持二者的幅频特性不变。

进一步引申上述结论可知，对于某个给定的幅频特性，可以有若干个因果、稳定的系统与之对应，这些系统的区别就是它们的相频特性。在这些系统中只有一个是最小相位系统，而其余系统都是非最小相位系统。例如，某因果系统有 M 个零点，则幅频特性相同系统的个数是 2^M 个(为什么?)。这些系统的相频特性与传递函数零、极点的分布有关。当系统的全部零点都位于单位圆内时，该系统是因果性最小相位系统。显然，在上述幅频特性相同的 2^M 个系统中，最小相位系统是唯一的，而非最小相位系统的个数是 2^M-1。当然，考虑到零点尚可细分为实轴上的零点和共轭零点等情况，上述数值会有相应的变化。

3. 因果最小相位系统的特性

因果最小相位系统是最重要、最常用的系统之一。其主要特性有

(1) $H(z)$的零、极点全在单位圆内。

(2) 在每个周期($\Delta\omega=2\pi$)内，$H(z)$相频特性的变化量为零。因而在幅频特性相同的各种混合相位系统中它有最小的相位滞后。

(3) 可以用式(6.61)把非最小相位系统转化为最小相位系统。

(4) 因果最小相位系统是可逆的，即一定存在一个因果、稳定的逆系统，该逆系统的传递函数为

$$H^{-1}(z)=\frac{1}{H(z)} \tag{6.62}$$

由于因果最小相位系统 $H(z)$的零、极点都在单位圆内，所以$\dfrac{1}{H(z)}$系统的零、极点也都在单位圆内。

(5) 最小相位系统的单位样值响应 $h[n]$的包络线的形状和能量相对地集中在前端；最小相位系统 $H(z)$的幅频和相频特性之间存在希尔伯特变换关系等。限于篇幅我们不再讨论这方面的内容，有兴趣的读者可参阅有关的资料。

6.5.3 连续系统的情况

1. 全通系统

连续系统的频响为

$$H(j\Omega)=K\frac{\prod\limits_{j=1}^{M}(j\Omega-z_j)}{\prod\limits_{i=1}^{N}(j\Omega-p_i)} \tag{6.63}$$

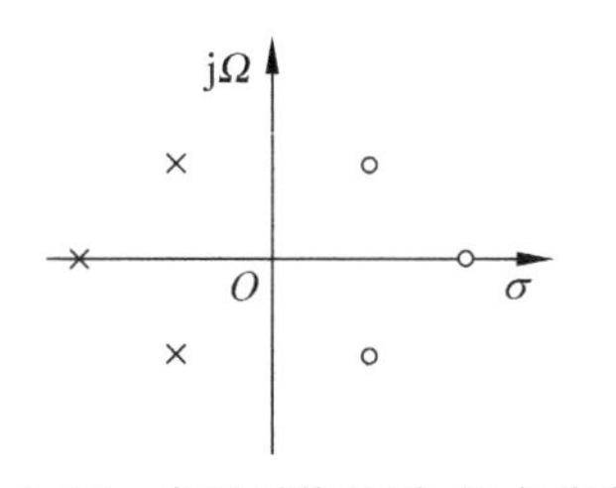

图 6.23　全通系统的零、极点分布

$H(\mathrm{j}\Omega)$的零、极点如何分布才能满足全通系统的要求呢？根据频响的几何确定法

$$\left|\frac{H(\mathrm{j}\Omega)}{K}\right| = \frac{\text{零矢量模的连乘积}}{\text{极矢量模的连乘积}}$$

因此，只要极点和零点分别位于 s 平面的左半部和右半部，并对虚轴互为镜像就可以了，图 6.23 给出了这一结论的示意图。

2. 因果最小相位系统

我们已经研究了离散时间因果最小相位系统的零、极点分布，它是零、极点均在单位圆内的系统。根据 s 平面和 z 平面的映射关系，在右半 s 平面没有零、极点的连续时间系统是因果性最小相位系统。对此，我们仅用一个简单的例子加以说明。

图 6.24 给出了两个系统 $H_1(s)$和 $H_2(s)$。设两个系统传递函数的极点相同，极矢量的幅角都是 θ_1 和 θ_2；又零点分别为 $z_1, z_1^*, -z_1, -z_1^*$，即两个系统传递函数的零点以虚轴成镜像关系。

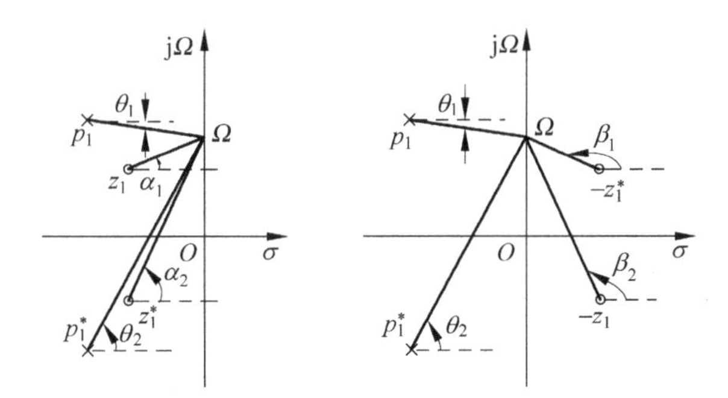

图 6.24　零点分布和系统的相位特性

两个系统的传递函数可以表示为

$$H_1(s) = \frac{(s-z_1)(s-z_1^*)}{(s-p_1)(s-p_1^*)}$$

$$H_2(s) = \frac{(s+z_1)(s+z_1^*)}{(s-p_1)(s-p_1^*)}$$

可见，对于任意的频率，这两个系统相应零、极矢量的长度相等，所以它们的幅频特性相同。

图中给出了各个零矢量的相角，由图可见，相角之间的关系是

$$\begin{cases}\beta_1 = \pi - \alpha_1 \\ \beta_2 = \pi - \alpha_2\end{cases}$$

因此，两个系统的相频特性分别是

$$\varphi_1(\Omega) = (\alpha_1 + \alpha_2) - (\theta_1 + \theta_2)$$

$$\varphi_2(\Omega) = (\beta_1 + \beta_2) - (\theta_1 + \theta_2) = (\pi - \alpha_1 + \pi - \alpha_2) - (\theta_1 + \theta_2)$$

二者的差是

$$\varphi_2(\Omega)-\varphi_1(\Omega)=2\pi-2(\alpha_1+\alpha_2)$$

对于频响来说，当 Ω 从 0 增加到 ∞ 时，$\alpha_1+\alpha_2$ 从 0 增加到 π，即

$$\alpha_1+\alpha_2\leqslant\pi$$

因此，对任意的角频率 Ω 均有

$$\varphi_2(\Omega)-\varphi_1(\Omega)=2\pi-2(\alpha_1+\alpha_2)\geqslant 0$$

即

$$\varphi_2(\Omega)>\varphi_1(\Omega),\quad 0\leqslant\Omega<\infty$$

上式表明，当 Ω 从 0 增加到 ∞ 时，零点在左半 s 平面系统的幅角值总是小于零点在右半 s 平面系统的幅角值。

显然，这个结论可以推广到更为一般的情况，所以把 $H(s)$ 的零、极点均位于左半 s 平面的系统称为最小相位系统。

3. 非最小相位系统

与离散时间系统的情况相同，非最小相位系统 $H(s)$ 也可以表示为最小相位系统与全通系统的级联。由图 6.25 的示例就可以明确这一点，请读者自行分析、讨论。

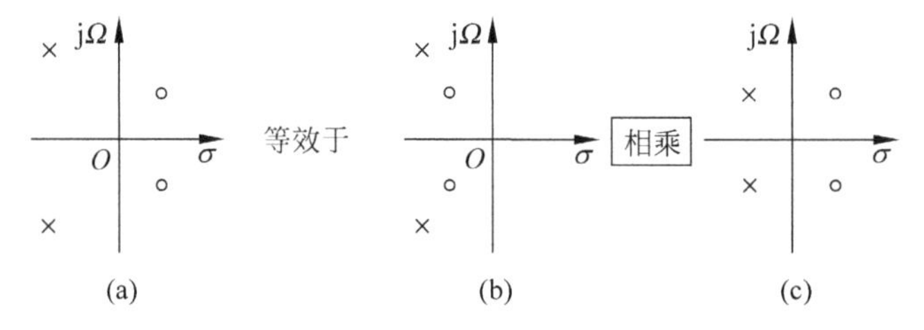

图 6.25 非最小相位系统的级联组合

(a) 非最小相位系统；(b) 最小相位系统；(c) 全通系统

6.6 小结

本章讨论了 s 平面与 z 平面之间的映射关系，利用这一映射我们直接验证了双边拉普拉斯变换收敛域的结论。对傅里叶变换、拉普拉斯变换和 Z 变换之间关系的讨论不但复习了学过的一些概念，还引出了傅里叶分析族的重要成员——序列傅里叶变换。

系统的传递函数与单位脉冲响应构成了一个变换对。此外，复指数是线性时不变系统的特征函数，而有关的特征值又相应于系统的传递函数或频率响应。因此，作为描述线性时不变系统输入、输出关系一种方法的传递函数和频率响应是非常重要的概念。

传递函数通常是两个多项式之比，故可很方便地标出它的零、极点在复平面上的位置，并进而获得相应的收敛域。传递函数的零、极图和相应的收敛域提供了系统瞬态响应的基本信息，也可以推断出系统的因果性、稳定性、相位特性等线性时不变系统的重要特征。由于零、极点分布非常简明、直观地表达了系统性能的规律性，因

而在系统时域特性、频域特性以及系统稳定性等方面的研究中具有非常重要的意义。

频率响应是用频域方法分析线性时不变系统的基础。频率响应常用幅频响应和相频响应来表征，本章介绍了求解频响的方法。

在系统研究中经常关心系统的相位特性。最小相位系统有很多诱人的特点，而实际存在的系统大多是非最小相位系统。因此，应该掌握用最小相位系统和全通系统的级联组合表示非最小相位系统的方法。

习题

6.1　信号 $x(t)$ 的有理拉普拉斯变换为 $X(s)$，$X(s)$ 的极点为 $s_1=-1$ 和 $s_2=-3$。已知 $g(t)=e^{2t}x(t)$，其傅里叶变换 $G(\omega)$ 收敛。判断 $g(t)$、$x(t)$ 为左边、右边还是双边信号，并说明理由。

6.2　已知系统的微分方程为

$$\frac{d^2}{dt^2}y(t)+5\frac{d}{dt}y(t)+6y(t)=2\frac{d}{dt}x(t)+8x(t)$$

且 $y(0_-)=3$，$y'(0_-)=2$，系统的激励信号为 $x(t)=e^{-t}u(t)$。

(1) 用拉普拉斯变换求解系统的响应 $y(t)$；

(2) 画出该系统的框图。

6.3　已知离散时间 LTI 系统的零、极点分布如图题 6.3 所示。

(1) 设系统为因果系统，单位样值响应的初值为 $h[0]=2$，求该系统的单位样值响应 $h[n]$ 和传递函数 $H(z)$。

(2) 画出该系统的框图。

(3) 设系统的激励为 $x[n]=u[n]$，求系统的响应 $y[n]$。

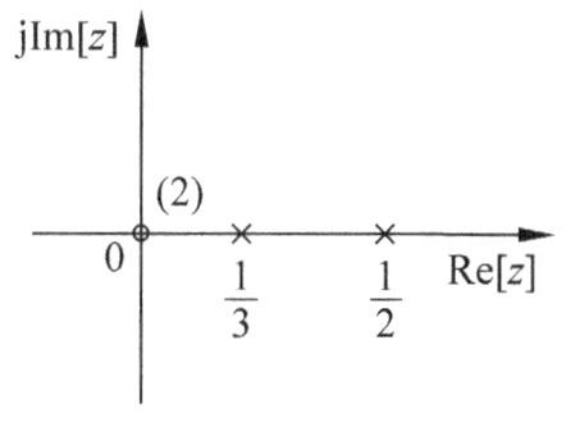

图题　6.3

6.4　已知系统如图题 6.4(a)所示，传递函数 $H(s)=\frac{U_2(s)}{U_1(s)}$ 的零极点分布示于图 6.4(b)，且 $H(0)=1$，求 R,L,C 的值。

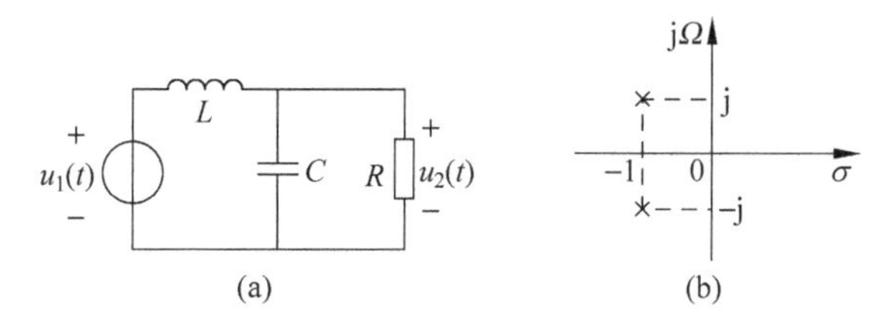

图题　6.4

6.5　图题 6.5 表示 s 平面，当 $H(s)$ 的一阶极点落于图示方框的位置时，画出对应的 $h(t)$ 波形，图中给出了示例。

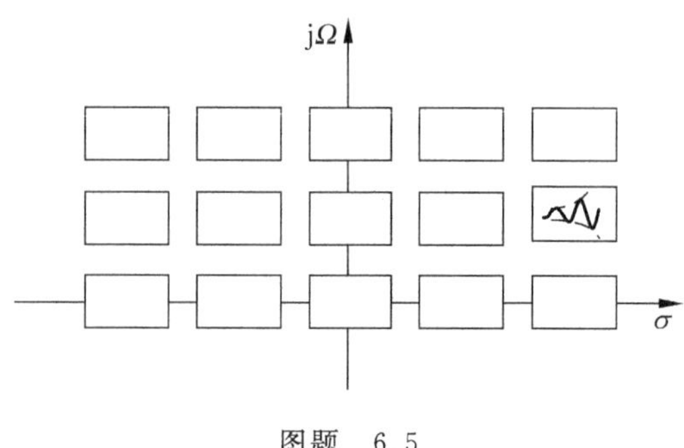

图题 6.5

6.6 设激励 $x(t)=\mathrm{e}^{-t}$时，系统的零状态响应为 $y(t)=\frac{1}{2}\mathrm{e}^{-t}-\mathrm{e}^{-2t}+2\mathrm{e}^{3t}$，求该系统的单位脉冲响应 $h(t)$。

6.7 在起始状态完全相同的情况下，当激励为 $x_1(t)=\delta(t)$时，线性时不变系统的全响应为 $y_1(t)=\delta(t)+\mathrm{e}^{-t}u(t)$；当激励为 $x_2(t)=u(t)$时的全响应为 $y_2(t)=3\mathrm{e}^{-t}u(t)$。求：

(1) 系统的单位脉冲响应；

(2) 系统的零输入响应；

(3) 激励为 $x_3(t)=tu(t)-(t-1)u(t-1)-u(t-1)$时的全响应。

6.8 设系统的激励 $x[n]$为因果序列，系统的响应为 $y[n]=\sum_{j=0}^{n}\sum_{i=0}^{j}x[i]$，求该系统的单位样值响应。

6.9 离散时间系统示于图题 6.9，求该系统的传递函数和单位样值响应。

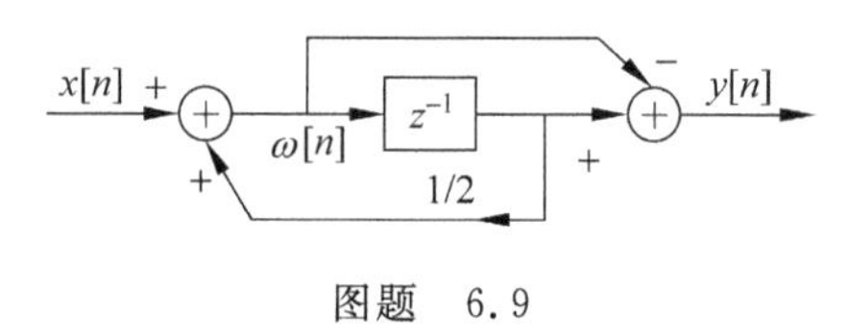

图题 6.9

6.10 已知 LTI 系统的单位脉冲响应和零状态响应分别为

$$h(t)=\frac{1}{2}\delta(t)+\mathrm{e}^{-2t}u(t)$$

$$y_{zs}(t)=[1+(3t+1)\mathrm{e}^{-2t}]u(t)$$

求系统的输入 $x(t)$。

6.11 已知系统的差分方程为 $y[n]-\frac{1}{3}y[n-1]=x[n]$。

(1) 设系统的零状态响应为 $y_{zs}[n]=3\left[\left(\frac{1}{2}\right)^n-\left(\frac{1}{3}\right)^n\right]u[n]$，求系统的激励信号 $x[n]$；

(2) 粗略画出该系统的幅频响应特性；

(3) 画出系统的结构框图。

6.12　LTI系统如图题6.12所示，求该系统的传递函数，粗略画出幅频响应曲线。

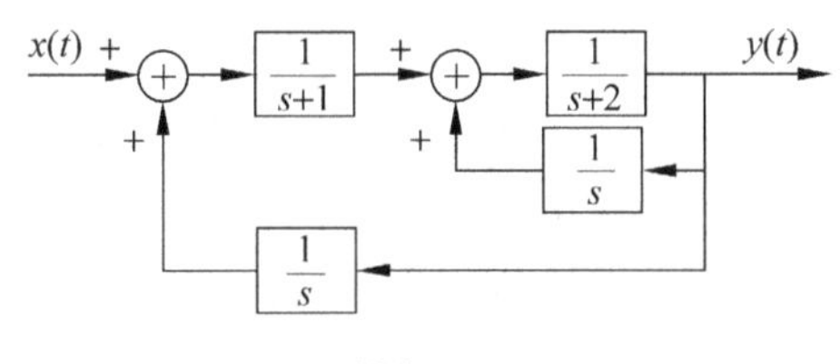

图题　6.12

6.13　已知系统如图题6.13所示，求：

(1) 传递函数 $H(s)=Y(s)/X(s)$；

(2) 粗略画出幅频响应曲线；

(3) 当激励 $x(t)=\mathrm{e}^{-2t+1}u(t)$ 时的零状态响应 $y_{zs}(t)$。

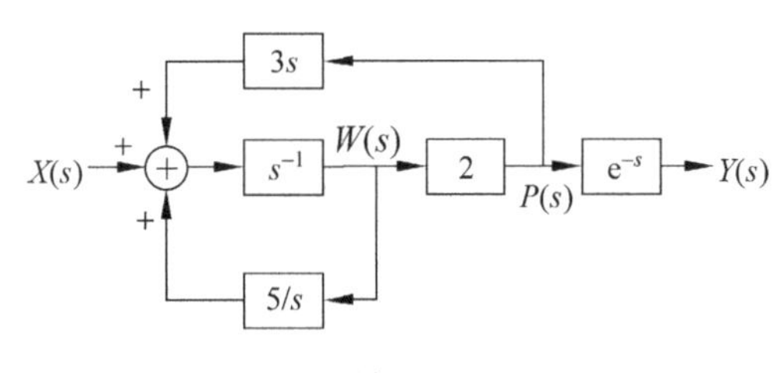

图题　6.13

6.14　因果、稳定、LTI系统的传递函数为 $H(s)$，该系统的输入为

$$x(t)=\delta(t)+\mathrm{e}^{s_0 t}+x_1(t)$$

其中 $x_1(t)$ 未知，s_0 为复常数。由 $x(t)$ 产生的输出信号为

$$y(t)=\delta(t)-6\mathrm{e}^{-t}u(t)+\frac{8}{34}\mathrm{e}^{4t}\cos 3t-\frac{36}{34}\mathrm{e}^{4t}\sin 3t$$

求符合上述条件的传递函数。

6.15　离散时间系统如图题6.15所示。

(1) 求该系统的传递函数 $H(z)$。

(2) 设系统的激励为 $x[n]=[(-1)^n+(-2)^n]u[n]$，用Z变换法求该系统的零状态响应。

(3) 已知 $x[n]=\delta[n]$，$y[0]=1$，$y[-1]=-1$，用Z变换法求该系统的零输入响应。

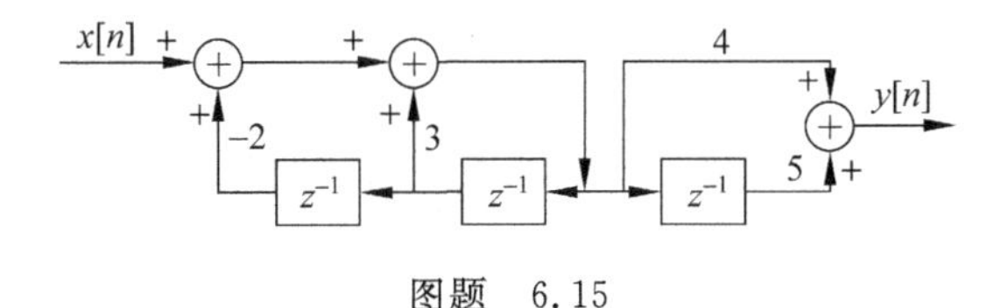

图题　6.15

6.16　设下面的差分方程组确定了一个线性时不变离散系统

$$\begin{cases} y[n]-\dfrac{5}{4}y[n-1]+2w[n]-2w[n-1]=-\dfrac{5}{3}x[n] \\ y[n]+\dfrac{1}{4}y[n-1]+w[n]+\dfrac{1}{2}w[n-1]=\dfrac{2}{3}x[n] \end{cases}$$

其中，$x[n]$为输入序列，$y[n]$为输出序列，$w[n]$为中间序列

(1) 求该系统的传递函数和单位样值响应；

(2) 列出仅以 $x[n]$、$y[n]$为变量的差分方程；

(3) 画出该系统的框图。

6.17　设因果、稳定、LTI 系统的单位脉冲响应和有理传递函数分别为 $h(t)$和 $H(s)$。已知系统输入为 $u(t)$时，系统的输出绝对可积，而输入为 $tu(t)$时输出不是绝对可积。此外，$\dfrac{\mathrm{d}^2h(t)}{\mathrm{d}t^2}+2\dfrac{\mathrm{d}h(t)}{\mathrm{d}t}+2h(t)$为有限长，$H(1)=0.2$，$H(s)$在无穷远点只有一个零点。求系统的传递函数 $H(s)$，给出收敛域，并说明各已知条件的作用。

6.18　离散时间系统 S_1 和 S_2 级联组成系统 S。已知 S_1、S_2 的输入、输出关系分别为 $y_1[n]=2x_1[n]+4x_1[n-1]$和 $y_2[n]=2x_2[n-2]+0.5x_2[n-3]$，而系统 S 的输入为 $x[n]$，输出为 $y[n]$。

(1) 求出系统 S 的输入、输出关系，并画出系统的框图；

(2) 粗略画出系统的幅频特性；

(3) 交换系统 S_1 和 S_2 的级联次序，系统 S 的输入、输出关系改变吗？

6.19　图题 6.19 所示的线性时不变系统由三个因果子系统组成，已知 $h_2[n]=(-1)^nu[n]$，$H_3(z)=\dfrac{z}{z+1}$。当系统的激励 $x[n]=u[n]$时，整个系统的零状态响应为 $y[n]=3(n+1)u[n]$。求子系统 1 的单位样值响应 $h_1[n]$。

6.20　在图题 6.20 所示的因果离散时间系统中，已知

$$H_0(z)=\frac{z}{z-\dfrac{1}{2}},\quad H_1(z)=\frac{z}{z-\dfrac{1}{3}},\quad H_2(z)=\frac{z}{z+\dfrac{1}{2}}$$

求该系统的传递函数，判断系统的稳定性。

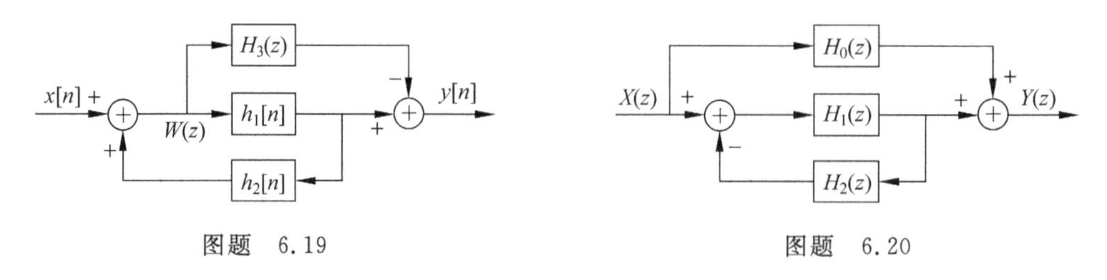

图题　6.19　　　　图题　6.20

6.21　执行下面的传递函数时可以发现什么问题吗？

$$H(z)=\frac{z^4-2z^3+1}{z^3+0.5z-0.25}$$

6.22　在下列 Z 变换中，哪些可以作为离散时间线性系统的传递函数？该系统

不一定稳定,但要求为因果系统,请说明理由。

(1) $\dfrac{(1-z^{-1})^2}{1-\dfrac{1}{2}z^{-1}}$　(2) $\dfrac{(z-1)^2}{z-\dfrac{1}{2}}$　(3) $\dfrac{\left(z-\dfrac{1}{6}\right)^7}{\left(z-\dfrac{1}{2}\right)^6}$

6.23　已知系统的差分方程为 $y[n]-5y[n-1]+6y[n-2]=x[n]-3x[n-2]$。

(1) 画出系统的框图;

(2) 求系统的传递函数 $H(z)$和单位样值响应 $h[n]$。

6.24　已知离散时间系统的传递函数为

$$H(z)=\frac{1}{(1-0.5z^{-1})(1+0.5z^{-1})}$$

(1) 求该系统的单位样值响应 $h[n]$;

(2) 应用 Z 变换的性质求 $h[n]$的初值和终值;

(3) 判断该系统的因果性和稳定性。

6.25　已知因果系统如图题 6.25 所示。

(1) 求该系统的传递函数,给出收敛域并画出零极点图;

(2) 求出系统稳定时的 p 值区间;

(3) 设 $p=1$,求激励为 $x[n]=\left(\dfrac{2}{3}\right)^n u[n]$时系统的零状态响应 $y[n]$。

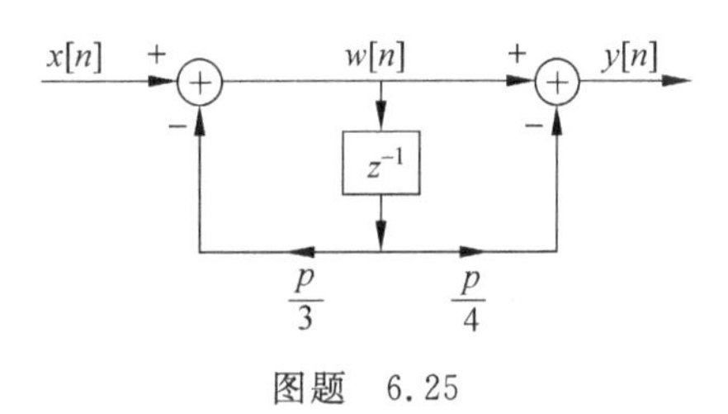

图题　6.25

6.26　已知系统的差分方程

(1) $y[n]=0.14x[n]+0.14x[n-1]+1.02y[n-1]$

(2) $y[n]=0.5x[n]-0.3x[n-2]-2y[n-1]-y[n-2]$

通过传递函数的极点判断该系统的稳定性。

6.27　已知离散时间系统 $y[n+2]+a_1y[n+1]+a_2y[n]=x[n]$,该系统稳定的条件是 $n\to\infty$时,$y[n]=0$。分别把 a_1,a_2 的取值作为 x 轴和 y 轴,求解并画出系统稳定时 a_1,a_2 的取值范围。

6.28　LTI 系统的单位样值响应和传递函数分别为 $h[n]$和 $H(z)$,已知 $h[n]$为右边序列和实序列;$H(z)$有两个零点,而它的一个极点位于$|z|=3/4$ 圆上的非实数位置。此外,$\lim\limits_{z\to\infty}H(z)=1$。试问,该系统是因果、稳定的系统吗?在给出答案时,说明每个已知条件的作用。

6.29　用几何确定法粗略画出下列系统的幅频特性。

(1) $H_1(s)=\dfrac{1}{(s+2)(s+3)}$,$\mathrm{Re}[s]>-2$

(2) $H_2(s)=\dfrac{s^2}{s^2+2s+1}$,$\mathrm{Re}[s]>-1$

(3) $H_3(s)=\dfrac{s^2-s+1}{s^2+s+1}$,$\mathrm{Re}[s]>-\dfrac{1}{2}$

6.30 已知下列系统,用几何作图法粗略画出它们的幅频和相频特性。

(1) $H(z)=\dfrac{2z}{z-0.6}$　　　　(2) $H(z)=\dfrac{(0.96+z^{-1})^2}{0.36z^{-2}+1}$

6.31 求图题 6.31 系统的传递函数 $H(z)$和单位样值响应 $h[n]$,用几何作图法粗略画出系统的幅频响应。

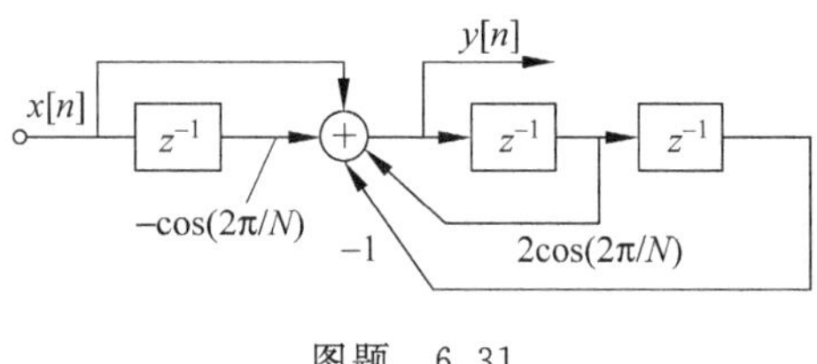

图题 6.31

6.32 已知系统的传递函数为 $H(z)=\dfrac{z}{z-k}$,k 为常数。分别求出 $k=0$、0.5、1.0 时系统的幅频和相频特性,粗略画出相应的特性曲线。

6.33 系统传递函数 $H(s)$的零、极点分布如图题 6.33 所示,求 $H(s)$和幅频响应 $|H(\mathrm{j}\Omega)|$的表达式,粗略画出幅频响应曲线。已知:

(1) 图 6.33(a)中的 $s=0$ 时 $H(0)=1$;

(2) 图 6.33(b)中的 $s=\mathrm{j}\sqrt{5}$时 $H(\mathrm{j}\sqrt{5})=1$。

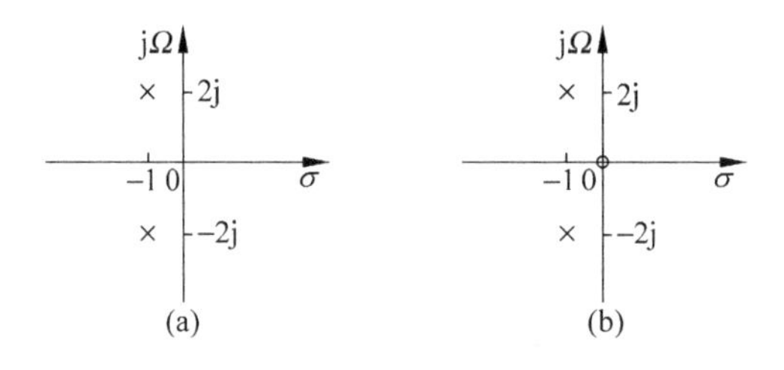

图题 6.33

6.34 $H(s)$零、极点分布如图题 6.34 所示,用频响的几何确定法粗略画出各自的幅频特性和相频特性。

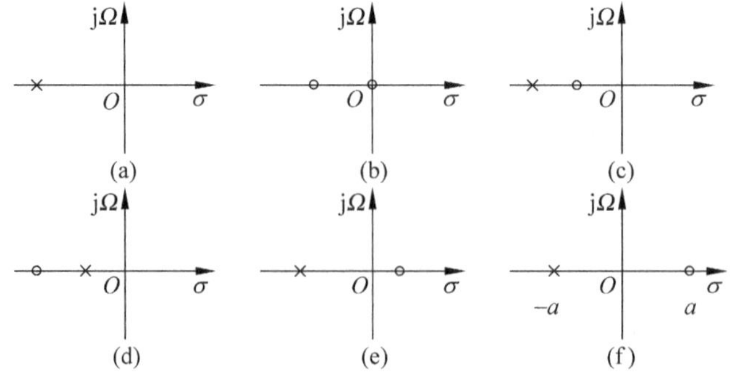

图题 6.34

6.35 $H(s)$的零、极点分布如图题 6.35 所示，它们各自是哪种类型的滤波网络(低通、高通、带通或带阻)？

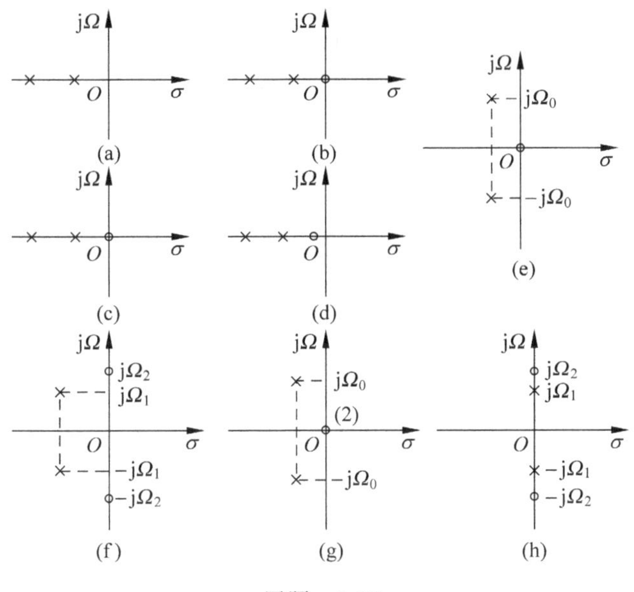

图题 6.35

6.36 已知系统的差分方程为

$$y[n]+\frac{11}{24}y[n-1]+\frac{1}{24}y[n-2]=2x[n]+\frac{1}{3}x[n-1]$$

(1) 求系统的传递函数和单位样值响应；

(2) 粗略画出该系统的幅频响应和系统的结构框图。

6.37 已知离散时间 LTI 系统的差分方程为

$$y[n]-ay[n-1]=x[n]-bx[n-1]$$

(1) 求系统的频率响应 $H(e^{j\omega})$；

(2) a,b 满足什么条件时，$|H(e^{j\omega})|$为常数；

(3) 当 $a=\frac{1}{2},b=0$ 时，粗略画出系统的幅频特性和相频特性。

6.38 已知系统传递函数 $H(s)$的极点为 $s=-3$，零点为 $s=-a$，且 $H(\infty)=1$。在该系统的阶跃响应中包含一项 k_1e^{-3t}。问 a 从 0 变到 5 时 k_1 应如何变化？

6.39 在图题 6.39 所示电路中，u_2 端开路。

(1) 求电压转移函数 $H(s)=\frac{U_2(s)}{U_1(s)}$。

(2) 如果电路参数满足 $R_1C_1=R_2C_2$，该电路是全通系统吗？

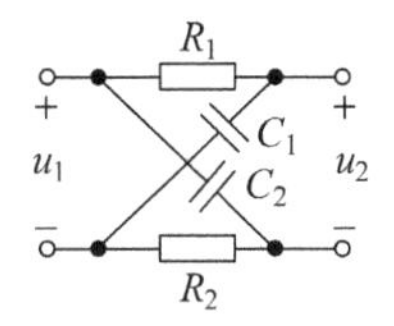

图题 6.39

6.40 已知系统的传递函数为

$$H(z)=\frac{z^2-2a(\cos\omega_0)z+a^2}{z^2-2a^{-1}(\cos\omega_0)z+a^{-2}}$$

根据 $H(z)$的零、极点分布说明该系统为全通系统,式中 $a>1$。

注:在进行说明时,可以根据 s-z 平面的映射规律,并利用 $H(s)$的零、极点分布特性。

6.41　$H(s)$零、极点分布如图题 6.41 所示,它们是最小相位系统吗?如果不是,把它分解成最小相位系统和全通系统的级联,并给出相应的零极点分布。

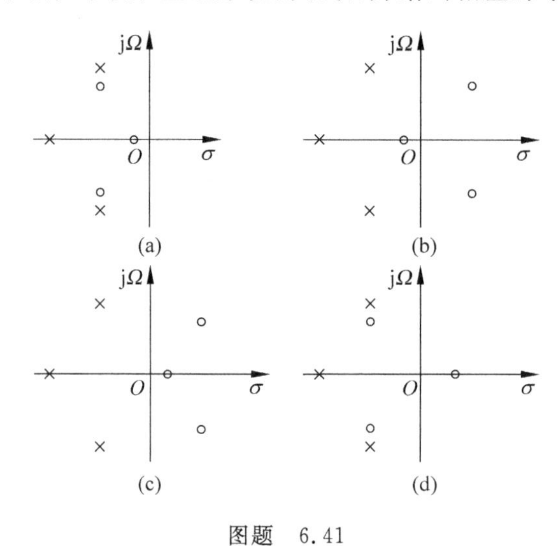

图题　6.41

6.42　最小相位系统及其逆系统都应该是因果、稳定的系统。根据这一陈述对最小相位系统传递函数的零、极点位置进行讨论,并分别就 z 平面和 s 平面的情况加以说明。

6.43　已知系统

$$H(s)=\frac{(s-3)^2+1}{(s+3)[(s+2)^2+1]}$$

求以下系统,并给出相应的传递函数表达式。

(1) 极点在 s 平面的左半平面,与 $H(\omega)$的幅频特性相同,但相频特性不同;

(2) 极点在 s 平面的左半平面,与 $H(\omega)$的相频特性相同,但幅频特性不同。

6.44　下列传递函数表达式中,哪个系统是稳定的全通系统,为什么?

(1) $H_1(s)=\dfrac{(s+2)(s+e^{j\frac{\pi}{3}})(s+e^{-j\frac{\pi}{3}})}{(s-2)(s+e^{j\frac{2\pi}{3}})(s+e^{-j\frac{2\pi}{3}})}$

(2) $H_2(s)=\dfrac{(s-2)(s+e^{j\frac{\pi}{3}})(s+e^{-j\frac{\pi}{3}})}{(s+2)(s+e^{j\frac{2\pi}{3}})(s+e^{-j\frac{2\pi}{3}})}$

(3) $H_3(s)=\dfrac{(s-2)(s+e^{j\frac{2\pi}{3}})(s+e^{-j\frac{2\pi}{3}})}{(s+2)(s+e^{j\frac{\pi}{3}})(s+e^{-j\frac{\pi}{3}})}$

第7章 离散傅里叶变换(DFT)及其快速算法

我们已经讨论过连续时间信号的傅里叶级数(FS)和傅里叶变换(FT),并初步了解了它们的广泛应用。对于离散时间信号来说,是否也可以应用傅里叶分析方法呢?答案是肯定的。实际上,在第4章采样信号的频域表示以及第6章有关序列傅里叶变换的讨论中已经涉及这方面的问题,下面将进行更为深入、全面的讨论。

7.1 离散傅里叶级数(DFS)

线性时不变系统对正弦输入的响应是具有相同频率的正弦信号,所以利用正弦或复指数来表示信号(即傅里叶表示)在线性系统理论中有着广泛的应用,而傅里叶级数分析的实质就是把周期信号分解成正交函数的线性组合。从数学理论来说,无论信号是否连续,只要是周期信号并满足级数收敛的条件就可以展开为傅里叶级数。此外,在讨论连续时间信号的傅里叶级数时,我们把正交函数选为复指数信号 $e^{j\Omega t}$。考虑到线性时不变系统的特点以及连续和离散信号之间的联系,对于离散周期信号而言,最好把其傅里叶级数的正交函数族也选为复指数信号,即选为 $e^{j\omega n}$。

设$\tilde{x}[n]$是周期为 N 的序列,即

$$\tilde{x}[n]=\tilde{x}[n+mN] \tag{7.1}$$

把$\tilde{x}[n]$展开为傅里叶级数,就是把它表示为呈谐波关系的复指数序列之和。在6.1.2节曾经讨论过离散、非周期信号 $x[n]$的傅里叶表示,并把它称为序列傅里叶变换(即 $X(e^{j\omega})$),它是一个频域周期信号。本节欲求解的是离散、周期信号$\tilde{x}[n]$的傅里叶表示。显然,二者的区别就在于 $x[n]$的周期性。我们曾多次强调,时域的周期性会带来频域的离散化。所以在$\tilde{x}[n]$的傅里叶分析中,复指数信号及其系数的频率 ω 不再是连续变量,而是离散的变量 $k\omega_0$,k 为整数,即

$$e^{j\omega n}=e^{jk\omega_0 n}$$

因此,可以把周期序列$\tilde{x}[n]$的傅里叶级数表示为

$$\tilde{x}[n]=\sum_k \widetilde{X}[k]e^{jk\omega_0 n} \tag{7.2}$$

在上式中，由于$\tilde{x}[n]$为离散序列，它在频域对应的函数$X[k]$应该是周期信号。为便于讨论$X[k]$的周期性，令

$$e_k[n]=\mathrm{e}^{\mathrm{j}k\omega_0 n}=\mathrm{e}^{\mathrm{j}\omega n}\big|_{\omega=k\omega_0} \tag{7.3}$$

于是

$$\tilde{x}[n]=\sum_k \tilde{X}[k]e_k[n]$$

$e_k[n]$的特性是

(1) $e_k[n]$是n的周期函数，其周期为N。

在1.2.3节已经给出周期复指数序列的基频为$\omega_0=\dfrac{2\pi}{N}$，当m为整数时

$$e_k[n]=\mathrm{e}^{\mathrm{j}k\omega_0 n}=\mathrm{e}^{\mathrm{j}\frac{2\pi}{N}kn}=\mathrm{e}^{\mathrm{j}\frac{2\pi}{N}k(n+mN)}=e_k[n+mN] \tag{7.4}$$

(2) $e_k[n]$是k的周期函数，其周期为N。这是因为当l为整数时

$$e_{k+lN}[n]=\mathrm{e}^{\mathrm{j}\frac{2\pi}{N}(k+lN)n}=\mathrm{e}^{\mathrm{j}\frac{2\pi}{N}kn}\mathrm{e}^{\mathrm{j}2\pi ln}=\mathrm{e}^{\mathrm{j}\frac{2\pi}{N}kn}=e_k[n] \tag{7.5}$$

总之，$e_k[n]$是参数n和k的周期函数，其周期均为N。如前所述，$\tilde{X}[k]$是周期信号，作为$e_k[n]$的系数，它的周期也应该是N。只有这样，作为加权叠加的式(7.2)才能表示周期为N的周期序列$\tilde{X}[n]$。尽管周期序列是无限长序列，但只有一个周期的信息是独立的，只要研究它的一个周期就可以了。因此

$$\tilde{x}[n]=\sum_{k=0}^{N-1}\tilde{X}[k]\mathrm{e}^{\mathrm{j}\frac{2\pi}{N}kn}=\sum_{k=0}^{N-1}\tilde{X}[k]\mathrm{e}^{\mathrm{j}k\omega_0 n} \tag{7.6}$$

式(7.6)说明，和连续时间的情况一样，可以把$\tilde{x}[n]$看成是基波$\mathrm{e}^{\mathrm{j}\omega_0 n}$和各次谐波$\mathrm{e}^{\mathrm{j}k\omega_0 n}$的线性组合，式中的$\tilde{X}[k]$是相应谐波的加权系数。

下面推导式(7.6)的对偶式。到目前为止，对于离散周期信号$\tilde{x}[n]$的傅里叶表示来说，我们掌握的全部知识就是式(7.6)。为了求得$\tilde{X}[k]$的表达式，只能从式(7.6)出发。在该式中，为了从右端求得单一的$\tilde{X}[k]$，只能借助于相关的数学工具。在推导Z反变换式时，曾应用了复变函数中的柯西定理，在目前情况下如何解决呢？经类比分析可知，如下表示的复指数序列的正交性正好符合我们的需要，即

$$\sum_{n=0}^{N-1}\mathrm{e}^{\mathrm{j}(k-m)n\omega_0}=\begin{cases}N, & m=k\\ 0, & m\neq k\end{cases} \tag{7.7}$$

为了应用式(7.7)，可在式(7.6)的两端乘以$\mathrm{e}^{-\mathrm{j}m\omega_0 n}$，并对变量$n$求和，于是

$$\begin{aligned}\sum_{n=0}^{N-1}\tilde{x}[n]\mathrm{e}^{-\mathrm{j}m\frac{2\pi}{N}n}&=\sum_{n=0}^{N-1}\left[\sum_{k=0}^{N-1}\tilde{X}[k]\mathrm{e}^{\mathrm{j}k\frac{2\pi}{N}n}\right]\mathrm{e}^{-\mathrm{j}m\frac{2\pi}{N}n}\\&=\sum_{k=0}^{N-1}\tilde{X}[k]\sum_{n=0}^{N-1}\mathrm{e}^{\mathrm{j}n\frac{2\pi}{N}(k-m)}=N\tilde{X}[k]\end{aligned} \tag{7.8}$$

这样就求得了式(7.6)的对偶式，并表示成

$$\tilde{X}[k]=\frac{1}{N}\sum_{n=0}^{N-1}\tilde{x}[n]\mathrm{e}^{-\mathrm{j}\frac{2\pi}{N}kn} \tag{7.9}$$

由于$\omega_0=\dfrac{2\pi}{N}$，为了使表达更为简洁，引入符号

$$W_N = W = \mathrm{e}^{-\mathrm{j}\frac{2\pi}{N}} \tag{7.10}$$

其中,W_N 的下标 N 表示该符号的周期。在不致引起混淆的情况下,经常把 W_N 直接写成 W。这样,就得到了一个新的变换对

$$\begin{cases} \mathrm{DFS}[\tilde{x}[n]] = \widetilde{X}[k] = \sum\limits_{n=0}^{N-1} \tilde{x}[n]W^{nk} \\ \mathrm{IDFS}[\widetilde{X}[k]] = \tilde{x}[n] = \dfrac{1}{N}\sum\limits_{k=0}^{N-1} \widetilde{X}[k]W^{-nk} \end{cases} \tag{7.11}$$

式(7.11)称为离散傅里叶级数,并用符号 DFS 表示。与式(7.6)和式(7.9)相比,式(7.11)把系数$\frac{1}{N}$的位置作了交换,这是为了与连续时间表达式在形式上保持一致的缘故。对于离散傅里叶级数而言,这一常数的移动不会产生任何影响。由于$\widetilde{X}[k]$表达了$\tilde{x}[n]$中各次谐波的大小,故把$\widetilde{X}[k]$称为离散傅里叶级数的系数或者频谱系数。通常$\widetilde{X}[k]$是复数,因而有相应的幅度谱和相位谱。

综上所述,尽管周期序列是无限长序列,但只要知道了它一个周期的内容,就知道了与整个序列有关的全部信息。正因为如此,在离散傅里叶级数的谐波成分中只有 N 个独立的谐波分量。也就是说,离散傅里叶级数的系数只有 N 个不同的数值。

相反,在连续时间周期信号中,需要有无穷多个成谐波关系的复指数才能表示周期信号的傅里叶级数,所以离散傅里叶级数与连续时间傅里叶级数的情况有很大的区别。

7.2 离散傅里叶变换

7.2.1 四种类型的信号及其傅里叶表示

到目前为止,我们已经介绍了四种形式的傅里叶表示,它们分别适用于四种不同类型的信号。实际上,根据连续、离散、周期、非周期等情况进行归纳就可以区分出这四种时域信号,并列于表 7.1 的第二行。每种情况与频域的对应列于第四行,而与"傅里叶分析工具"的对应则列于第五行。该表的主要依据就是 4.6.1 节的结论:"一个域的离散化会导致另一个域的周期性"。换句话说,"一个域的连续性必然与

表 7.1 四种形式傅里叶分析方法的周期性和离散性

序号	1	2	3	4
时域	周期、连续	非周期、连续	周期、离散	非周期、离散
↕	↕ ↕	↕ ↕	↕ ↕	↕ ↕
频域	离散、非周期	连续、非周期	离散、周期	连续、周期
傅里叶分析工具	FS	FT	DFS	DTFT

注:表中的 DTFT 为离散时间傅里叶变换的缩写,就是 6.1.2 节讨论过的序列傅里叶变换。

另一个域的非周期性相对应”。在表 7.1 中用↕表示了这种对应关系，例如时域周期信号对应于频域的离散谱等。

对于周期、离散对应关系的问题，我们用表 7.2 的形式做了进一步的总结。

表 7.2 四种形式傅里叶分析方法的定义和关键特性

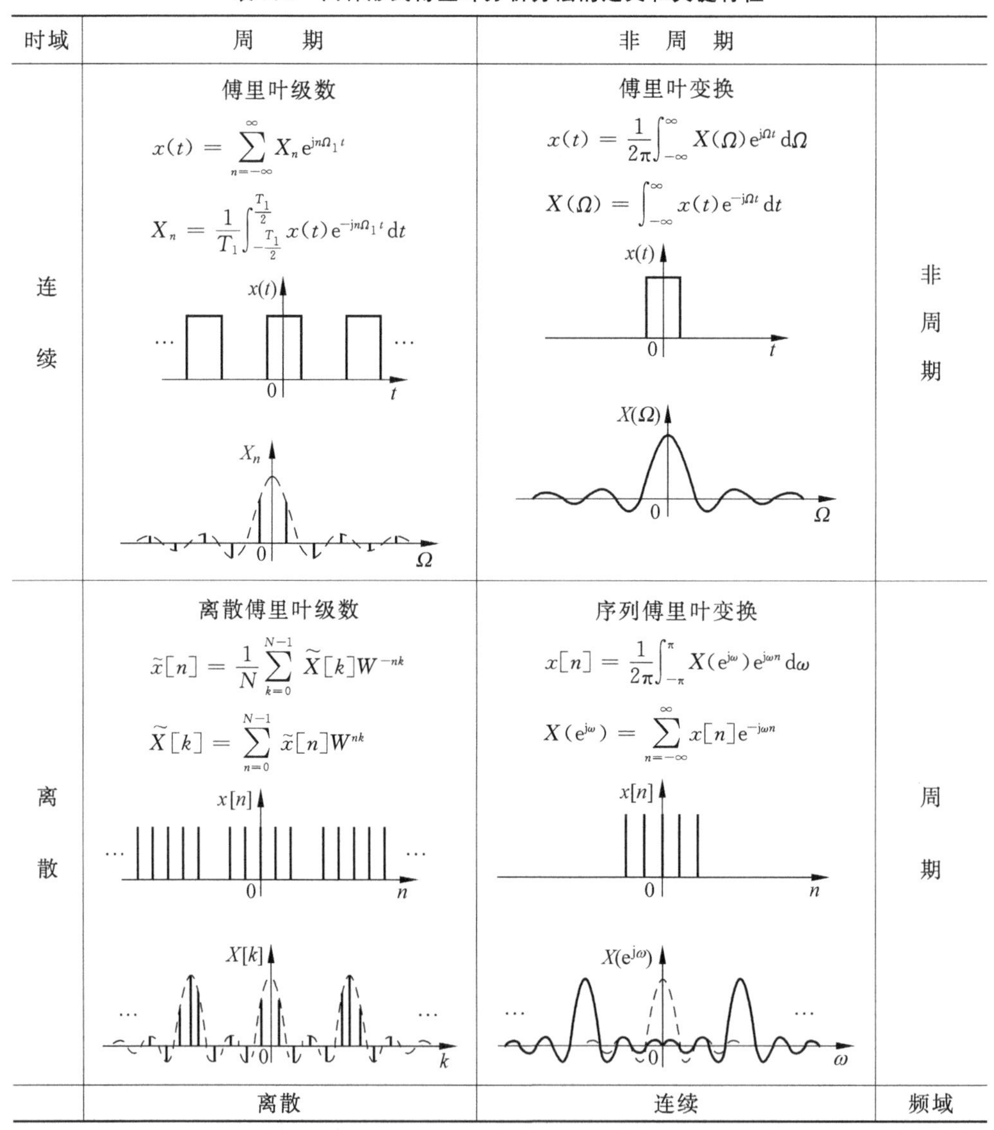

时域	周期	非周期	
连续	傅里叶级数 $x(t)=\sum_{n=-\infty}^{\infty}X_n e^{jn\Omega_1 t}$ $X_n=\frac{1}{T_1}\int_{-\frac{T_1}{2}}^{\frac{T_1}{2}}x(t)e^{-jn\Omega_1 t}dt$	傅里叶变换 $x(t)=\frac{1}{2\pi}\int_{-\infty}^{\infty}X(\Omega)e^{j\Omega t}d\Omega$ $X(\Omega)=\int_{-\infty}^{\infty}x(t)e^{-j\Omega t}dt$	非周期
离散	离散傅里叶级数 $\tilde{x}[n]=\frac{1}{N}\sum_{k=0}^{N-1}\tilde{X}[k]W^{-nk}$ $\tilde{X}[k]=\sum_{n=0}^{N-1}\tilde{x}[n]W^{nk}$	序列傅里叶变换 $x[n]=\frac{1}{2\pi}\int_{-\pi}^{\pi}X(e^{j\omega})e^{j\omega n}d\omega$ $X(e^{j\omega})=\sum_{n=-\infty}^{\infty}x[n]e^{-j\omega n}$	周期
	离散	连续	频域

表 7.2 中的虚线表示包络线，但在序列傅里叶变换中的虚线是为了区分不同部分的波形。另外，为清楚起见，在离散傅里叶级数的图中，没像序列傅里叶变换那样，画出更多的旁瓣波形。

从表 7.1 和表 7.2 可见，表中序号 3,4 所指分别是前述的离散傅里叶级数和序列傅里叶变换(DTFT)。这两种傅里叶表示的区别就在于时域信号的周期性。请读者循此线索从离散时间傅里叶变换出发推导出上节离散傅里叶级数的结果。

7.2.2 离散傅里叶变换的定义

从前述章节可知,无论在物理概念、理论分析还是工程实用等方面,傅里叶分析都有非常重要的意义。但是,由于傅里叶分析方法的计算比较复杂,在相当长的时间里,该领域研究的重点之一就是实现它的快速算法,其目标就是使用数字计算机。

下面就针对这一问题进行讨论。为了使用数字计算机,要求输入、输出信号是数字信号。然而在表7.1中,除3之外,都有一个域的信号是连续信号。也就是说,在表列四种方法中只有第三种,即离散傅里叶级数的输入、输出信号都是数字信号,从而有可能使用计算机。为便于分析,特把离散傅里叶级数的公式重新列在下面

$$\begin{cases} \mathrm{IDFS}[\widetilde{X}[k]] = \tilde{x}[n] = \dfrac{1}{N}\sum\limits_{k=0}^{N-1} \widetilde{X}[k]W^{-nk} \\ \mathrm{DFS}[\tilde{x}[n]] = \widetilde{X}[k] = \sum\limits_{n=0}^{N-1} \tilde{x}[n]W^{nk} \end{cases} \tag{7.12}$$

由式(7.12)可见,在离散傅里叶级数中$\tilde{x}[n]$、$\widetilde{X}[k]$都是周期序列。显然,若把$\tilde{x}[n]$约束为周期序列,必然使其应用受到极大的限制,因为在自然界中毕竟是非周期序列更为常见。这恰好是连续时间情况下,傅里叶变换比傅里叶级数应用得更为广泛的主要原因。另外,根据周期信号的定义,式(7.12)的周期序列应该是个无始无终的序列,如何输入到计算机也是个问题。因此,我们希望得到离散、非周期信号的傅里叶分析和表示方法。根据连续时间情况下的经验可以肯定,这样的算法公式是存在的,而且可以正确无误地推导出来。由表7.1可知,我们所希望的时域信号恰好对应于序号4,它的傅里叶分析工具是离散时间傅里叶变换(DTFT)。

设用图7.1所示的计算机输入一个离散、非周期的时域信号$x[n]$,并用离散时间傅里叶变换算法的公式进行计算。由前可知,算得的结果是周期、连续的频域信号。既然是连续信号,当然不能从数字计算机上输出。也就是说,离散时间傅里叶变换不能满足使用计算机的要求。

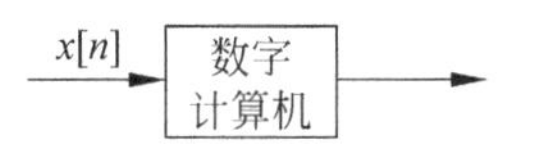

图7.1　计算$x[n]$频谱的装置

然而,从使用数字计算机的经验可以知道,加入任何一个数字信号后,只要指定了一个任意的算法A(设这个算法A就是有关傅里叶分析的算法),就必定有输出,而且这个输出是离散信号,不会出现上述那种无法输出连续时间信号的情况。那么,其中的原委又是什么呢?输出的结果正确吗?

实际上,这是离散、周期对应关系在所述问题上的反映。既然经算法A输出了离散的频域信号,根据前述时域、频域间离散和周期的关系,它必然会反过来认为输入的时域信号是周期信号。又由于实际输入的信号$x[n]$是离散信号,故所对应的频域输出信号也应该是周期信号。

总之,当我们输入序列$x[n]$时,经过算法A的频域输出是离散、周期的信号,它

必然会反过来确认输入的时域信号是离散、周期的信号！也就是说，周期、离散的对应关系表现出一种互为映射的规律性。所以，尽管输入了非周期序列，但计算机计算时，把它当成了周期序列！当然，这个“周期序列”是由输入的 $x[n]$ 延拓而成的。这就启示我们：可以利用上述特点，借用离散傅里叶级数的公式，计算出离散、非周期序列的频谱，并把相应的变换对叫做离散傅里叶变换(DFT)。

综上所述，离散傅里叶变换的周期就是输入信号 $x[n]$ 的长度，也就是式(7.12)计算的长度 N。这样一来，对于计算机来说，就跟计算离散傅里叶级数时的情况一样了。

对于周期序列来说，只要知道了一个周期的内容，就知道了整个序列的信息。在定义离散傅里叶变换时，规定取主值序列的值，即取它第一个周期中从 $n=0$ 到 $n=N-1$ 这个主值区间的序列值。这样就得到了非周期序列离散傅里叶变换的定义。

$$\begin{cases} \mathrm{DFT}[x[n]] = X[k] = \sum_{n=0}^{N-1} x[n] W^{nk}, & 0 \leqslant k \leqslant N-1 \\ \mathrm{IDFT}[X[k]] = x[n] = \frac{1}{N}\sum_{k=0}^{N-1} X[k] W^{-nk}, & 0 \leqslant n \leqslant N-1 \end{cases} \tag{7.13}$$

式中，N 为输入序列 $x[n]$ 的长度，因此把 $x[n]$ 称为有限长序列。应再次强调的是，从输入的形式上看，$x[n]$ 不是周期序列，但实际上，输入、输出序列的周期性被“隐藏”了。这是一个非常重要的概念，它体现了离散傅里叶变换的规律。表面上看来，这一点在定义离散傅里叶变换时并不重要，或只要理解了就可以了。然而，它的重要性在讨论离散傅里叶变换的性质时才会充分体现出来，它是理解离散傅里叶变换一些独特而有用性质的基础。

在以下的讨论中，我们采用一种方便的符号表示，即

$$x((n))_N = \tilde{x}[n] = \sum_{r=-\infty}^{\infty} x[n+rN] \tag{7.14}$$

其中，$((n))_N$ 是余数运算表达式，表示 n 对 N 取余数。

7.3 离散傅里叶变换的性质

设 $x[n]$ 和 $y[n]$ 都是长度为 N 的有限长序列，其离散傅里叶变换分别为

$$\begin{aligned} X[k] &= \mathrm{DFT}[x[n]] = \sum_{n=0}^{N-1} x[n] W_N^{nk}, \quad 0 \leqslant k \leqslant N-1 \\ Y[k] &= \mathrm{DFT}[y[n]] = \sum_{n=0}^{N-1} y[n] W_N^{nk}, \quad 0 \leqslant k \leqslant N-1 \end{aligned} \tag{7.15}$$

7.3.1 线性

$$\mathrm{DFT}[ax[n]+by[n]] = aX[k]+bY[k], \quad a,b \text{ 为任意常数} \tag{7.16}$$

7.3.2 圆移位

1. 圆移位的定义

有限长序列 $x[n]$圆移位的定义为

$$f[n]=x((n-m))_N R_N[n] \tag{7.17}$$

其中

$$R_N[n]=\begin{cases}1, & 0\leqslant n\leqslant N-1\\0, & \text{其他}\end{cases}$$

式(7.17)的含义是,对序列 $x[n]$进行了三种操作。

(1) 把序列 $x[n]$延拓为周期序列

$$x[n]\rightarrow x((n))_N=\tilde{x}[n]$$

(2) 使 $x((n))$沿着 n 轴移动 m 位,成为移位的周期序列

$$x((n-m))_N=\tilde{x}[n-m]$$

(3) 取出上式的主值序列,即进行 $x((n-m))_N R_N[n]$的操作。所以,$f[n]$仍然是一个长度为 N 的有限长序列。以上过程如图 7.2 所示。

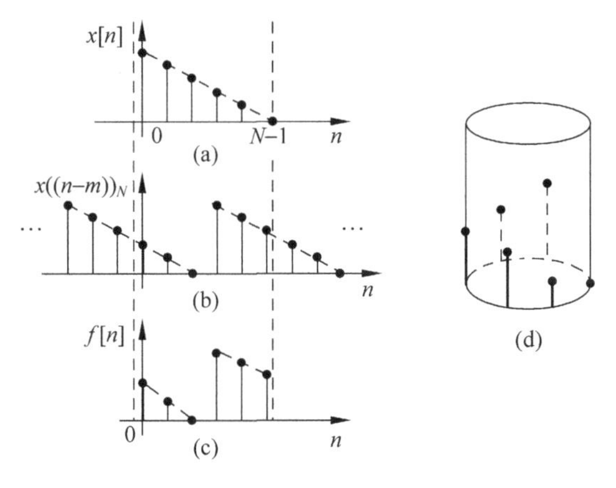

图 7.2 有限长序列的圆移位

(4) 图 7.2 中用虚线给出了主值区间。由图可见,$f[n]$是把 $x[n]$延拓成周期序列 $x((n))_N$,并右移了 m 位的主值序列。对照图 7.2(b)和图 7.2(c),在主值区间上观察时,也可以把右移序列看成是向右移出主值区间的序列值又从该区间的左边循环了回来。对于这种情况,最形象的说明就是把一个长度为 N 的序列等距地排列在一个圆筒上,当圆筒步进式旋转时就产生与上述周期序列相应的位移,并且不会丢失任何一个序列值。这样就把周期延拓、移位以及 $R_N[n]$的作用全都体现了。正因为如此,常把式(7.17)的移位特性形象地称为圆移位,而图 7.2(d)则是以上说明的示意图。

在信号与系统所涉及的几种变换中都具有移位特性,但在本书讨论的其他变换中,移位就是移位,唯独离散傅里叶变换具有如上定义的圆移位。究其原因恰好是

离散傅里叶变换定义中隐含了周期性的缘故。因此,表面上只是有限长序列 $x[n]$的移位,实际应该考虑的是延拓为周期序列的 $x((n))_N$ 的移位。在定义式中采用 $R_N[n]$只是取得约定观察范围的一个方法。

2. 时域圆移位特性

若

$$f[n]=x((n+m))_N R_N[n],\quad x[n]\leftrightarrow X[k]$$

则

$$F[k]=\mathrm{DFT}[f[n]]=W^{-mk}X[k] \tag{7.18}$$

证明

$$\begin{aligned}\mathrm{DFT}[f[n]]&=\mathrm{DFT}[x((n+m))_N R_N[n]]\\&=\mathrm{DFT}[\tilde{x}[n+m]R_N[n]]\\&=\sum_{n=0}^{N-1}\tilde{x}[n+m]W^{nk}\end{aligned}$$

设 $l=n+m$,则

$$\begin{aligned}\mathrm{DFT}[f[n]]&=\sum_{l=m}^{N+m-1}\tilde{x}[l]W^{(l-m)k}\\&=\left(\sum_{l=m}^{N+m-1}\tilde{x}[l]W^{lk}\right)W^{-mk}\end{aligned}$$

由于$\tilde{x}[l]$和 W^{lk} 都是周期为 N 的周期函数,所以

$$\sum_{l=m}^{N+m-1}\tilde{x}[l]W^{lk}=\sum_{l=0}^{N-1}\tilde{x}[l]W^{lk}=\sum_{l=0}^{N-1}x[l]W^{lk}=X[k]$$

因此

$$F[k]=\mathrm{DFT}[f[n]]=W^{-mk}X[k]$$

同理可证

$$x((n-m))_N R_N[n]\leftrightarrow W^{mk}X[k] \tag{7.19}$$

■

7.3.3 频域圆移位特性

若

$$\mathrm{DFT}[x[n]]=X[k]$$

则

$$\mathrm{IDFT}[X((k\pm l))_N R_N[k]]=W^{\pm nl}x[n] \tag{7.20}$$

如上所述,也可把频域有限长序列认为是分布在一个 N 等分的圆上,从而得出对 $X[k]$圆移位的结果,请读者自行证明。

由上可见,把 $X[k]$乘以复指数 $W^{mk}=\mathrm{e}^{-\mathrm{j}\frac{2\pi}{N}mk}$ 就相当于时域信号 $x[n]$的圆移位;

而把时域信号 $x[n]$乘以复指数 $W^{mk}=\mathrm{e}^{-\mathrm{j}\frac{2\pi}{N}mk}$ 又相当于频谱 $X[k]$的圆移位。后者相当于调制信号频谱的搬移，因而与傅里叶变换的性质是类似的。

7.3.4　圆卷积特性

1. 时域圆卷积定理

设

$$y[n]\leftrightarrow Y[k],\quad x[n]\leftrightarrow X[k],\quad f[n]\leftrightarrow F[k]$$

若

$$F[k]=X[k]Y[k]$$

则

$$f[n]=\mathrm{IDFT}[F[k]]=\sum_{m=0}^{N-1}x[m]y((n-m))_N R_N[n] \tag{7.21}$$

或

$$f[n]=\sum_{m=0}^{N-1}y[m]x((n-m))_N R_N[n] \tag{7.22}$$

证明

$$\begin{aligned}\mathrm{IDFT}[F[k]]&=\mathrm{IDFT}[X[k]Y[k]]\\&=\frac{1}{N}\sum_{k=0}^{N-1}X[k]Y[k]W^{-nk}\\&=\frac{1}{N}\sum_{k=0}^{N-1}\left[\sum_{m=0}^{N-1}x[m]W^{mk}\right]Y[k]W^{-nk}\\&=\sum_{m=0}^{N-1}x[m]\left[\frac{1}{N}\sum_{k=0}^{N-1}Y[k]W^{mk}W^{-nk}\right]\\&=\sum_{m=0}^{N-1}x[m]y((n-m))_N R_N[n]\end{aligned}$$

在上式的推导中使用了时域圆移位特性，即

$$\frac{1}{N}\sum_{k=0}^{N-1}Y[k]W^{mk}W^{-nk}=\mathrm{IDFT}[Y[k]W^{mk}]=y((n-m))_N R_N[n]$$

同理可证式(7.22)。 ■

下面就式(7.21)进行讨论。回忆离散时间卷积和的计算，即

$$g[n]=x[n]*y[n]=\sum_{m=-\infty}^{\infty}x[m]y[n-m]$$

把上式的 $g[n]$和式(7.21)的 $f[n]$进行比较可以发现，除了求和限之外，二者的区别只是用圆移位序列 $y((n-m))_N R_N[n]$代替了通常的移位序列 $y[n-m]$。由此很容易联想到，$f[n]$的求解也是包含了卷、移、积、和四个步骤。只不过在第二步中是用圆移位代替了一般的移位而已。因此，常把式(7.21)或式(7.22)的 $f[n]$叫作 $x[n]$

与 $y[n]$ 的 N 点圆卷积，并用Ⓝ表示为

$$f[n]=x[n] \circledN y[n]$$

于是

$$X[k]\cdot Y[k]\leftrightarrow x[n] \circledN y[n] \tag{7.23}$$

为区别起见，通常把 $g[n]=x[n]*y[n]$，叫作 $x[n]$ 与 $y[n]$ 的线卷积，仍用 * 表示。

前面提到，可以把圆移位 $y((n-m))_N R_N[n]$ 看成是等距排列在一个圆筒上的序列的转动。根据圆卷积与线卷积求解步骤的比较可知，若把式(7.21)中的 $x[n]$ 想象成等距排列在另一个同心圆筒上，但它是固定不动的，那么这两个圆筒的作用恰好与圆卷积的原理相一致。也就是说，代表 $x[n]$ 的圆筒不动，而代表 $y((-n))$ 的圆筒旋转，每转动一个时间间隔后，把二者进行相乘和相加，当动筒旋转一周时，整个过程就模拟了圆卷积的操作。读者可以看到，这个比拟非常形象。从这一角度理解圆卷积就可以发现，进行圆卷积的两个序列的长度必须相等。只有这样，在代表 $y((-n))$ 序列的圆筒作步进旋转的圆移位时，才能保证移位后相乘、求和的正常进行(读者可自行分析，序列长度不等时会发生什么情况)。分析公式(7.21)，也能得到相同的结论。当然，一般情况下不能保证这一条件。为此，可以把较短序列(如 $y[n]$)的尾部补充一些零点，人为地使两个序列的长度相等(可以参见后面图 7.3 的 $h[n]$)。

显然，这没有改变序列值的情况，看上去也很自然。容易产生的疑问是，原来为零的地方再“补充”或“添加”一些零会有什么效果呢？出乎意料的是，这一措施在数字信号处理中的用处很大，并称之为“补零技术”，后面还要谈到它的一些应用。从本质上看，补零的结果改变了 $y[n]$ 的周期。需要注意的是，圆卷积结果序列的长度与进行卷积的两个序列的长度都是相等的。

2. 圆卷积计算举例

我们多次强调过用图解法求(线)卷积的优点。既然圆卷积的求解也可以归纳成卷、圆移、积、和等四个步骤，使用图解计算就是非常自然的选择，下面通过例题加以说明。

例 7.1 序列 $x[n]$ 如下图所示，另有有限长序列

$$h[n]=(n+1)R_4[n]$$

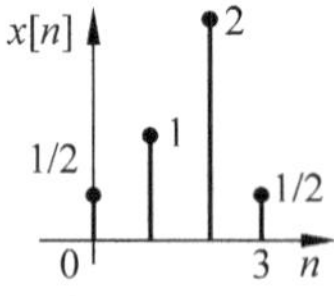

求两个序列的圆卷积 $y[n]=x[n] \circledN h[n]$。

解 为便于求解，特把圆卷积的公式重列如下

$$y[n]=\sum_{m=0}^{N-1}x[m]h((n-m))_N R_N[n]$$

由上式可见，为了求出 $y[n]$ 就要先求出

$h((0-m))_4R_4(m), h((1-m))_4R_4(m), h((2-m))_4R_4(m), h((3-m))_4R_4(m)$

在讨论离散傅里叶变换时曾经指出，尽管 $h((n-m))_N$ 是把序列 $h[n]$ 延拓成周期序列并在反褶后右移了 m 位。但是在主值区间上观察时，可以把它看成是向右移出主值区间的序列值又从该区间的左边循环了回来。这样，只要画出主值区间内的序列值就可以了。为了和式(7.22)相对照，我们把两个序列的自变量用 m 表示，即表示成 $x[m]$ 和 $h[m]$，并用表格的形式表达出相应的序列值。

第 2 章曾讨论过线卷积运算的图解法。同样，求圆卷积时也可应用这一方法。在随后的例 7.2 中给出了这种方法，读者可以对照学习。

表 7.3 例 7.1 的圆卷积过程

m	0	1	2	3	$y[n]$
$x[m]$	1/2	1	2	1/2	
$h[m]$	1	2	3	4	
$h((0-m))_4$	1	4	3	2	11.5
$h((1-m))_4$	2	1	4	3	11.5
$h((2-m))_4$	3	2	1	4	7.5
$h((3-m))_4$	4	3	2	1	9.5

由表 7.3 可见，求解中关键的一步是要正确地求出 $h((0-m))_4$。实际上，$h((0-m))_4$ 是把 $h[-m]$ 周期化并取出主值区间序列值的结果。只要 $h((0-m))_4$ 求对了，其余的 $h((n-m))_N$ 不过是把 $h((0-m))_4$ 的序列值在主值区间内进行循环移位而已。

这样就求得了最后的圆卷积结果，这一结果列于表 7.3 的最后一列，即

$$y[n]=\{11.5, 11.5, 7.5, 9.5\}$$ ■

3. 圆卷积与线卷积之间的关系

如前所述，信号与系统分析就是在系统已知的条件下，研究该系统对输入激励的响应。线卷积正是求解系统零状态响应最为方便、实际的方法，因而在本课程和实际应用中占有十分重要的地位。

除了线卷积之外，在离散傅里叶变换中又出现了圆卷积，二者的计算结果是否一样呢？如果不一样，那么花费了卷、圆移、积、和等计算步骤得到的结果就失去了线卷积那样的普遍意义。如果相等，我们就得到了求取线卷积的另外一个途径，而其主要优点是能够用计算机进行快速计算。下面主要讨论圆卷积，但追求的是与线卷积相同的结果。为了揭示二者之间的相互关系，可以先看一个例子。

例 7.2 已知序列 $h[n]$ 和 $x[n]$ 如图 7.3 的(a)所示，求它们的线卷积和圆卷积。

解 图 7.3 给出了两种卷积的结果。如前所述，在进行圆卷积时，要求两个序列的长度相同，通过补零可以满足这一要求。由图可见，两种卷积的结果并不相等，其表现是：

(1) 线卷积长度为 $N+M-1=7$，而圆卷积的长度为 $\max(N,M)=5$。其中，N、M 分别表示 $x[n]$ 和 $h[n]$ 的长度。

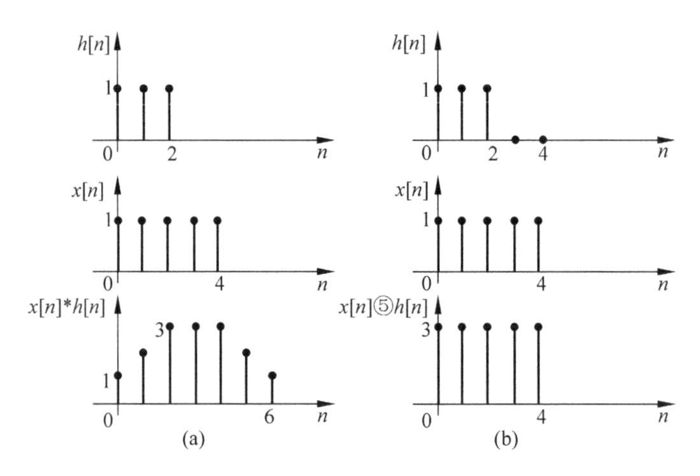

图 7.3 例 7.2 中的序列和卷积结果

(a) 线卷积；(b) 圆卷积

(2) 即使在 $n=0\sim4$ 的相同区间内，结果的数值也不相同。 ■

为了探讨出现差异的原因，可以回溯一下产生结果的过程，图 7.4 就是这一过程的示意图。

本例给出了计算圆卷积时的有关图形，需要注意的关键图形还是 $h((-m))_N$。读者可以自行比较本例方法和例 7.1 中采用的表格法。显然，二者的实质是一样的，可以根据自己的喜好选用。

下面根据图 7.4 进行线卷积和圆卷积的对比。图中给出了进行相乘、求和的两个序列，特别是移位序列 $h[n]$ 的情况。其中，图 7.4(a)给出了线卷积的情况，图 7.4(b)给出了长度为 $\max(N,M)$ 时圆卷积的情况。由图可见，若把比较的范围限制在圆卷积的主值区间，则在 $n=2$ 之后，两种卷积的情况是完全相同的。但是，当 $n=0$ 和 $n=1$ 时却不相同(见图 7.4(b)中纵坐标为 $h((-m))_5$ 和 $h((1-m))_5$ 的两张图)。稍加分析可以发现，恰好是两种卷积中移位机理的不同造成了这种差别。线卷积中的 $h[n-m]$ 是 $h[m]$ 反褶后向右平移的序列，而在圆卷积中的 $h((n-m))_N$ 则是序列反褶后的圆移位，即对 $h((-m))_N$ 的圆移位。因此，在把有限长序列 $h[m]$ 周期化并进行反褶后，就在主值区间出现了“不应出现”的序列值。在图 7.4(b)中，用虚线框出了这些值。所谓“不应出现”，只是与图 7.4(a)线卷积的情况比较而言。从本质上说，这些值的出现正是离散傅里叶变换隐含的周期性造成的，从圆卷积的角度看，它们都是“应该出现的”，不出现倒是错误的。显然，当这些“不应出现”的序列值移出主值区间后，两种卷积的结果就相同了。

找出了两种卷积产生差异的原因，也就找到了解决问题的办法。为了追求和线卷积相同的结果，只要使周期化并反褶后产生的“不该出现的序列值”，在随后进行相乘、求和的过程中不起作用就可以了。显然，若在这些值出现的位置上，$x[m]$ 的序列值为零就可以达到这样的目的(见图 7.4(b)中虚线框与 $x[m]$ 的对应关系)。解决的办法就是再次运用补零技术，考虑到我们的目的，只要把 $x[n]$，$h[n]$ 的长度都取为

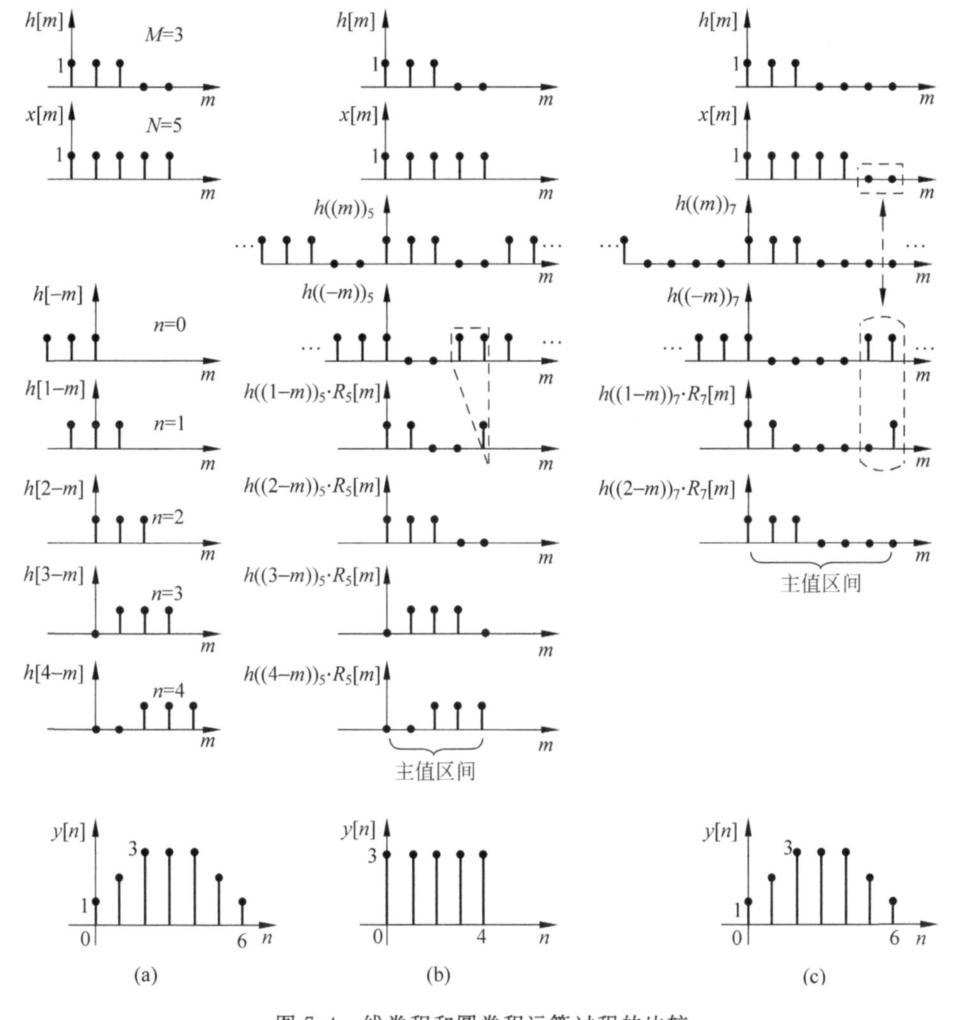

图 7.4　线卷积和圆卷积运算过程的比较

(a) 线卷积；(b) 当 $L=\max(N,M)$时的圆卷积过程；(c) 当 $L=N+M-1$ 时的圆卷积过程

$L=N+M-1$ 就可以了。

图 7.4(c)给出了 $L=M+N-1=7$ 时，$x[n]$、$h[n]$进行圆卷积的说明，读者可自行验证上述论断的正确性。应当指出，补零的结果改变了主值区间的长度。实际上，选择 $L>M+N-1$ 还是 $L=M+N-1$ 计算圆卷积，所得结果的非零位数值是一样的。但是，把长度取大，白白增加了计算量，并没带来任何额外的好处。

在前面的讨论中，曾有意回避了 $n=5$ 和 $n=6$ 时两种卷积结果的差异，并且提出“把比较的范围限制在圆卷积的主值区间”。显然，这一限制很不合理。不过，采用补零技术并选取合适的 L 之后，这一问题已经自然地得到解决，而其机理也是不言自明的。总之，通过以上讨论，读者可以领悟出如何巧妙地使用补零技术的问题。

研究这个例子还能看到，可以把两个序列圆卷积的步骤归结为：把其中一个序列延拓为周期序列后与另一个序列作线卷积，再取出主值序列。当然，进行圆卷积的两个序列的长度都应取为 $L=M+N-1$。在计算圆卷积时，这一步骤非常清晰，它与两个圆筒的模型也是等效的。

此外，从图 7.4(b)可以看到，当 $M=3$ 时，在圆卷积的主值区间里，线卷积和圆卷积不相等的序列值是 $M-1=2$ 个。从图 7.4(b)还可看到，尽管这种不相等的序列值出现在卷积结果序列的前 $M-1$ 个位置上，但是，在$[0,\max(N,M)]$区间里，出现在 $h((n-m))_N R_N[n]$尾部的几个"不应出现的序列值"才是造成差异的原因。因此，我们把两种卷积结果不等的现象称为"终端效应"。由以上讨论可见，产生终端效应的条件是，两个卷积序列的长度选成了 $\max(N,M)$，而解决这一问题的措施就是通过补零技术把该长度扩展成 $L=M+N-1$。

根据离散傅里叶变换的圆卷积定理，可以用图 7.5 的方法求取两个序列的圆卷积，即

$$y[n]=\mathrm{IDFT}[X[k]\cdot H[k]]=x[n]\text{Ⓝ}h[n]$$

以后会学到在计算离散傅里叶变换时有快速算法，所以用图 7.5 的方法求解 $y[n]$既方便又省时间，通常把它叫作快速卷积法。当然，实现快速卷积的条件是，把圆卷积的长度取为 $L=M+N-1$。

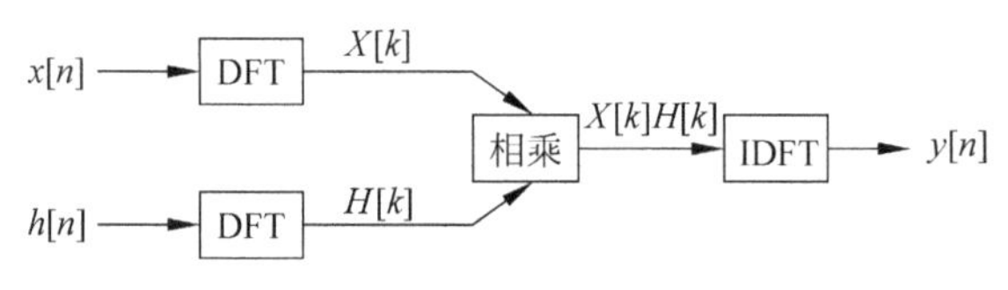

图 7.5 快速卷积的原理框图

4. 用系统模型解释圆卷积

本课程使用的数学工具较多，实际上，相当多的数学内容都有深刻的物理含义和实际的应用背景。不断揭示这些内涵是使本课程更富吸引力的一个重要内容，也是一项基本要求。从系统的角度看，尽管用框图实现去理解一些内容仍是高度概括的一种方法，但这种方法的重要意义是显而易见的。本节通过对圆卷积表达式的分析说明用系统模型进行解释的方法。

式(7.21)给出了两个序列圆卷积的表达式，为便于讨论，重列于下面

$$y[n]=\sum_{m=0}^{N-1}x[m]h((n-m))_N R_N[n] \tag{7.24}$$

如前所述，上式给出了求取圆卷积 $y[n]$的方法和步骤，即卷、圆移、积、和等步骤。下面试着用一系列子系统的组合来实现式(7.24)。为了说明这一点，在图 7.6 里给出了按照上式步骤实现圆卷积的各个子系统和整个系统的框图。

(1) 产生序列 $x[n]$，如图 7.6(a)所示。

(2) 周期序列 $h((n))_N$ 的产生。

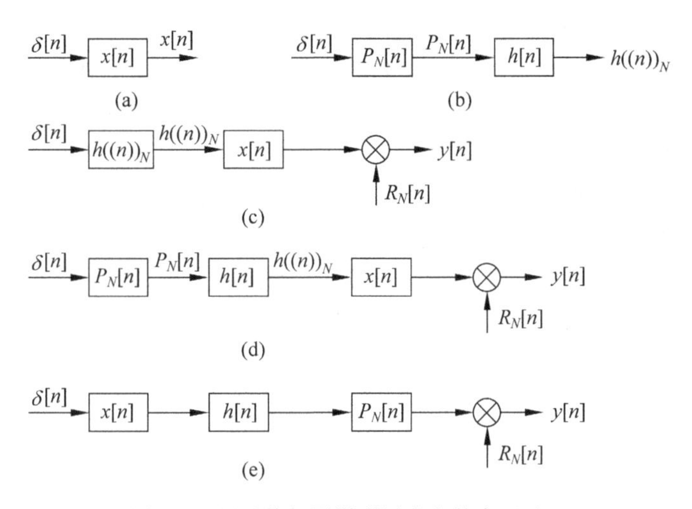

图 7.6　用系统框图说明圆卷积的实现过程

设

$$P_N[n]=\sum_{k=-\infty}^{\infty}\delta[n-kN]$$

为某系统的单位脉冲响应，通过 $h[n]$产生 $h((n))_N$ 的方法是

$$\begin{aligned}h[n]*P_N[n]&=h[n]*\sum_{k=-\infty}^{\infty}\delta[n-kN]\\&=\sum_{k=-\infty}^{\infty}h[n-kN]\\&=h((n))_N\end{aligned}$$

实现这一过程的框图如图 7.6(b)所示。

(3) 求 $y[n]$。

如前所述，两个序列的圆卷积等效于把其中一个序列周期化后与另一个序列作线卷积，再取出主值序列，亦即

$$y[n]=[x[n]*h((n))_N]R_N[n]$$

上式可以用图 7.6(c)实现。综合上面图 7.6(b)和图 7.6(c)的结果后，可以用图 7.6(d)的框图表示出上式的运算。

(4) 根据卷积的交换律，可以用图 7.6(e)的框图等效地实现图 7.6(d)，并求出 $y[n]$。

上述的(3)和(4)都实现了两个序列的圆卷积，在(4)中运用了卷积的交换律。从(4)和图 7.6(e)的框图我们得到了一个重要的结论，即两个有限长序列的圆卷积等效为先对该二序列作线卷积，把线卷积的结果延拓为周期序列后再取主值序列。

显然，通过这一结论可以更深入地理解圆卷积与线卷积之间的关系。因为我们先前得到的结论是："两个序列的圆卷积等效于把其中一个序列周期化后与另一个序列做线卷积，再取出主值序列"。

实际上，只要不产生混叠，“把线卷积的结果延拓为周期序列”和“取主值序列”这两个步骤的作用就相互抵消了。显然，这取决于重复周期的选取，在离散傅里叶变换的情况下，就取决于圆卷积长度的选取。只要把圆卷积的长度选对了，圆卷积和线卷积的结果就完全一样了。

以上用框图进行解释的方法再次说明了卷积性质在系统分析中的作用。

下面通过两个序列进行卷积的计算进一步说明上述解释的正确性。

在图 7.7(a)、(b)中给出了长度 $N=M=4$ 的两个序列，图 7.7(c)给出了二者线卷积的结果，即

$$y[n]=x[n]*h[n]$$

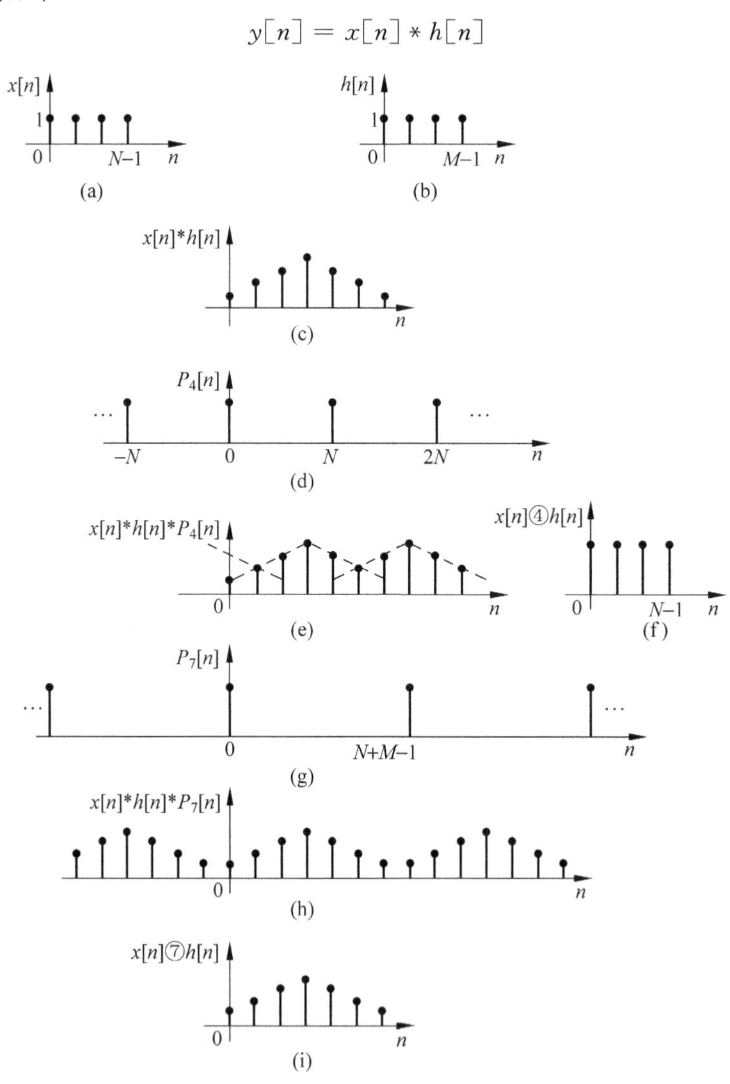

图 7.7 用图 7.6 系统实现的圆卷积结果

(a) N 长序列 $x[n]$；(b) M 长序列 $h[n]$；(c) $x[n]*h[n]$；(d) 周期序列 $P_4[n]$；(e) $x[n]*h[n]*P_4[n]$；(f) $x[n]④h[n]$此图圆卷积的长度为 $\max(N,M)$；(g) 周期序列 $P_7[n]$；(h) $x[n]*h[n]*P_7[n]$；(i) $y[n]=x[n]⑦h[n]=x[n]*h[n]$，此图圆卷积的长度为 $N+M-1$

此外,在图 7.7(d)和图 7.7(g)中定义了两个周期序列,即 $P_4[n]$和 $P_7[n]$,其中

$$P_N[n]=\begin{cases}1, & n=kN, k=0,1,2,\cdots \\ 0, & \text{其他}\end{cases}$$

按上述“两个有限长序列的圆卷积等效于对该二序列作线卷积,把线卷积的结果延拓为周期序列后,再取主值序列”的结论,当圆卷积长度选为 $L=\max(N,M)=4$ 时,求出的圆卷积 $x[n]④h[n]$的结果示于图 7.7(f)。可见,它与图 7.7(c)线卷积的结果不同!产生错误的原因如图 7.7(e)所示。由该图可见,在把线卷积结果延拓为周期序列时,序列值出现了重叠,这些重叠值相加的直接后果就是使得线卷积与圆卷积的结果不等,这种现象叫作混叠效应。显然,我们不希望出现这种情况。回想前面的内容,当 $L=\max(N,M)$时,会出现终端效应,它将导致错误的卷积结果。这样,就从不同的角度解释了产生“错误”的原因,收到了异途同归的效果。总之,只有把 L 取为 $L=M+N-1$ 才能解决这一问题。图 7.7(g)、(h)和(i)给出了 $L=M+N-1$ 时的图示。显然,这次得到了圆卷积的正确答案。

由此可见,运用系统理论求得的结果与前面分析的情况是完全一致的。当然,这里只是尝试性地给出了一个思路和例子,请读者仔细体会运用系统概念和性质的方法,并引申到解决实际问题中去。

7.3.5 频域圆卷积

已知

$$x[n]\longleftrightarrow X[k],\quad h[n]\longleftrightarrow H[k]$$

若

$$y[n]=x[n]h[n]$$

则

$$\begin{aligned}Y[k]&=\mathrm{DFT}[y[n]]\\&=\frac{1}{N}\sum_{l=0}^{N-1}X[l]H((k-l))_N R_N[k]\end{aligned}\tag{7.25}$$

或

$$Y[k]=\frac{1}{N}\sum_{l=0}^{N-1}H[l]X((k-l))_N R_N[k]\tag{7.26}$$

请读者自行证明这一性质。

7.3.6 共轭对称性

1. 离散傅里叶变换的共轭对称性

设 $x^*[n]$是 $x[n]$的共轭复数序列,则

$$\mathrm{DFT}[x^*[n]]=X^*[N-k]\tag{7.27}$$

证明

$$\begin{aligned}\mathrm{DFT}[x^*[n]] &= \sum_{n=0}^{N-1} x^*[n]W^{nk} \\ &= \left[\sum_{n=0}^{N-1} x[n]W^{-nk}\right]^* = \left[\sum_{n=0}^{N-1} x[n]W^{(N-k)n}\right]^* \\ &= X^*((N-k))_N R_N[k] \\ &= X^*[N-k] \\ & 0 \leqslant k \leqslant N-1\end{aligned} \tag{7.28}$$

证明中使用了 $W_N^{nN} = \mathrm{e}^{-\mathrm{j}\frac{2\pi}{N}nN} = 1$，所以 $W^{-nk} = W^{(N-k)n}$。 ■

需要注意的是，当式(7.28)中的 $k=0$ 时，$X^*[N-k]=X^*[N-0]$ 并不等于 $X^*[N]$，而是

$$\begin{aligned}\mathrm{DFT}[x^*[n]]\,|_{k=0} &= X^*((N-k))_N R_N[k]\,|_{k=0} \\ &= X^*[0]\end{aligned}$$

这是取主值区间函数 $R_N[k]$ 作用的结果。综上所述可知，严格来说，共轭对称性的表达式应该是式(7.28)中的

$$\mathrm{DFT}[x^*[n]] = X^*((N-k))_N R_N[k]$$

但一般还是习惯于用式(7.27)表达，因为在 $X[k]$ 的定义中已经隐藏了周期的概念。实际上，$X^*[N]$ 已经超出了主值区间，因此 $X((N))_N = X[0]$。另一种理解是 $X[k]$ 是分布在 N 等分的圆周上，其起点和终点是重合的。

2. 序列 $x[n]$ 的实部与虚部序列的离散傅里叶变换

设 $x[n]$ 为复数序列，可以把它表示为

$$x[n] = x_{\mathrm{r}}[n] + \mathrm{j}x_{\mathrm{i}}[n] \tag{7.29}$$

其中，$x_{\mathrm{r}}[n]$ 和 $x_{\mathrm{i}}[n]$ 分别表示 $x[n]$ 的实部和虚部，又 $x[n] \leftrightarrow X[k]$。

可以证明，序列实部的离散傅里叶变换是 $X[k]$ 的共轭偶部 $X_{\mathrm{e}}[k]$，而序列虚部的离散傅里叶变换是 $X[k]$ 的共轭奇部 $X_{\mathrm{o}}[k]$。其中，下标 e、o 分别表示序列 $X[k]$ 的偶部和奇部。

证明 由式(7.29)可知

$$\begin{cases} x_{\mathrm{r}}[n] = \dfrac{1}{2}(x[n] + x^*[n]) \\ \mathrm{j}x_{\mathrm{i}}[n] = \dfrac{1}{2}(x[n] - x^*[n]) \end{cases} \tag{7.30}$$

设以上二式的离散傅里叶变换分别是 $X_{\mathrm{e}}[k]$ 和 $X_{\mathrm{o}}[k]$，则

$$\begin{cases} X_{\mathrm{e}}[k] = \mathrm{DFT}[x_{\mathrm{r}}[n]] = \dfrac{1}{2}(X[k] + X^*[N-k]) \\ X_{\mathrm{o}}[k] = \mathrm{DFT}[\mathrm{j}x_{\mathrm{i}}[n]] = \dfrac{1}{2}(X[k] - X^*[N-k]) \end{cases} \tag{7.31}$$

$$X[k] = X_{\mathrm{e}}[k] + X_{\mathrm{o}}[k] \tag{7.32}$$

由式(7.31)可知

$$X_e^*[N-k]=\frac{1}{2}(X[N-k]+X^*[N-N+k])^*=\frac{1}{2}(X[k]+X^*[N-k])$$

所以

$$X_e[k]=X_e^*[N-k] \tag{7.33}$$

通常把具有上式关系的 $X_e[k]$ 叫做 $X[k]$ 的共轭偶部。其含义是：若把 $X_e[k]$ 看成是位于 N 等分圆周上的样值时，则以 $k=0$ 为原点，其左半圆上的序列和右半圆上的序列是共轭对称的。由于 $X_e[k]$ 通常为复数，所以

$$\begin{cases}|X_e[k]|=|X_e[N-k]|\\ \arg[X_e[k]]=-\arg[X_e[N-k]]\end{cases} \tag{7.34}$$

同理可证，$x[n]$ 虚部的 DFT($X_o[k]$)是 $X[k]$ 的共轭奇部，并具有共轭奇对称的特性，即

$$X_o[k]=-X_o^*[N-k]$$

一般情况下，$X_o[k]$ 为复数，所以

$$\begin{cases}\mathrm{Re}[X_o[k]]=-\mathrm{Re}[X_o[N-k]]\\ \mathrm{Im}[X_o[k]]=\mathrm{Im}[X_o[N-k]]\end{cases} \tag{7.35}$$

以上两式表明，对于离散傅里叶变换的共轭对称特性而言，既可用模和相角表示也可以用实部和虚部表示。 ■

3. 用 $X_r[k]$ 和 $X_i[k]$ 的表达式进行分析的方法

除了用上述方法讨论 DFT 的共轭对称性之外，也可以仿照第 3 章中分析傅里叶变换性质的方法进行讨论，即

$$\begin{aligned}X[k]&=\sum_{n=0}^{N-1}x[n]\mathrm{e}^{-\mathrm{j}\left(\frac{2\pi}{N}\right)nk}\\&=\sum_{n=0}^{N-1}x[n]\cos\left(\frac{2\pi nk}{N}\right)-\mathrm{j}\sum_{n=0}^{N-1}x[n]\sin\left(\frac{2\pi nk}{N}\right)\\&=X_r[k]+\mathrm{j}X_i[k]\end{aligned} \tag{7.36}$$

式中，$X_r[k]$ 和 $X_i[k]$ 分别是 $X[k]$ 的实部和虚部。针对 $x[n]$ 为奇、偶、虚、实等序列的情况，可以分析相应离散傅里叶变换的情况。例如在式(7.36)中，当 $x[n]$ 为实函数时，其离散傅里叶变换为复函数。根据正弦函数的奇、偶特性，很容易判断出 $X_r[k]$ 为 k 的偶函数，而 $X_i[k]$ 为 k 的奇函数。请读者自行验证表 7.4 中的其余各项。

表 7.4 离散傅里叶变换的奇、偶、虚、实特性

$x[n]$	实函数	实偶函数	实奇函数	虚函数	虚偶函数	虚奇函数
$X[k]$	实部为偶 虚部为奇	实偶函数	虚奇函数	实部为奇 虚部为偶	虚偶函数	实奇函数

7.3.7 帕斯瓦尔定理

若 $\mathrm{DFT}[x[n]]=X[k]$，则

$$\sum_{n=0}^{N-1} |x[n]|^2 = \frac{1}{N}\sum_{k=0}^{N-1} |X[k]|^2$$

证明

$$\begin{aligned}\sum_{n=0}^{N-1} |x[n]|^2 &= \sum_{n=0}^{N-1} x[n]x^*[n] = \sum_{n=0}^{N-1} x[n]\left[\frac{1}{N}\sum_{k=0}^{N-1} X[k]W^{-nk}\right]^* \\ &= \frac{1}{N}\sum_{k=0}^{N-1} X^*[k]\sum_{n=0}^{N-1} x[n]W^{nk} = \frac{1}{N}\sum_{k=0}^{N-1} X[k]X^*[k] \\ &= \frac{1}{N}\sum_{k=0}^{N-1} |X[k]|^2\end{aligned}$$

■

由前述可知,能量适用于非周期信号,而功率适用于周期信号。功率的定义是信号幅度的平方在一个周期内求和再除以周期长度。因此,这个定理的物理意义是,有限长信号在时域的能量就等于主值区间内的功率谱之和。(为什么是这种能量、功率混杂的表述?)

7.4 用离散傅里叶变换计算线卷积

学习离散傅里叶变换特别是快速卷积法之后,人们将更加关注如何使圆卷积和线卷积的结果相同。除了上节讨论的有限长序列圆卷积和线卷积的问题之外,还存在其他问题吗?假定求卷积

$$y[n] = x[n] * h[n]$$

其中

$$h[n] = \begin{cases} h[n], & 0 \leqslant n < M \\ 0, & \text{其他} \end{cases}$$

为系统的单位样值响应。当输入序列 $x[n]$的持续时间很长时,在数字设备上计算圆卷积就会出现以下的不利情况:首先,在输入数据没有收集完之前,无法进行圆卷积的计算,即把全部序列值输入到系统之前,不会得到任何一个输出值(请读者给出这一说法的依据)。由此可知,输出结果具有很大的延迟,这在很多实际应用特别是某些实时的应用中是无法接受的。其次,必须把输入数据进行存储后才能进行计算,这也导致了较大的存储量需求。

既然上述问题的出现是由序列的长度引起的,一个直观的解决办法就是把输入序列分割成一些短序列后再进行计算。这样一来,一个持续时间较长的输入序列 $x[n]$与 M 长序列 $h[n]$作卷积的问题就转化为 $x[n]$中每个长度为 L(通常取为和 M 的数量级相同或 $L>M$)的子段 $x_h[n]$分别与 $h[n]$作卷积,再用适当的方式把各个结果组合起来的问题(见图 7.8)。

不言而喻,对这种方法的基本要求是:分段计算的结果应当与原来不分段时计算的结果相同。解决这一问题的方法很多,其中的重叠相加法和重叠舍弃法都是很基本而且非常有效的方法。

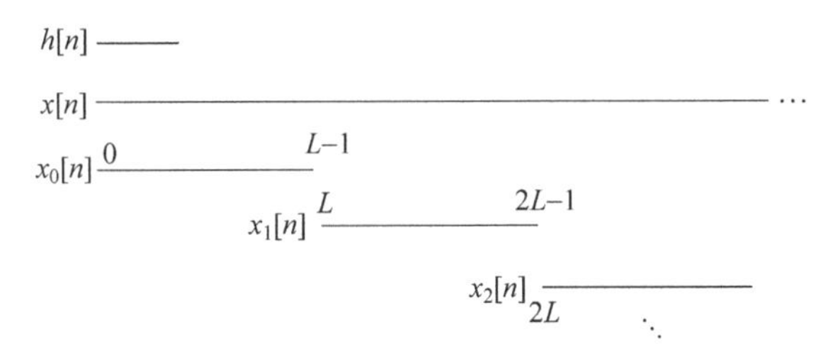

图 7.8　长序列的分段

1. 重叠舍弃法

该法的分段如图 7.9 所示。其中，M 为 $h[n]$ 的长度，把 $x[n]$ 分割为 $x_k[n]$ 后各段的长度为 L。由图可见，把 $x[n]$ 分段后，各相邻的 $x_k[n]$ 段中都有一部分输入数据相重叠，而重叠的长度为 $M-1$。用公式表示就是

$$x_k[n]=x[n+k(L-M+1)],\quad 0\leqslant n\leqslant L-1 \tag{7.37}$$

由式(7.37)和图 7.9 可见，每段时间的原点都定义在该段的起点，而不是从 $x[n]$ 的原点算起。

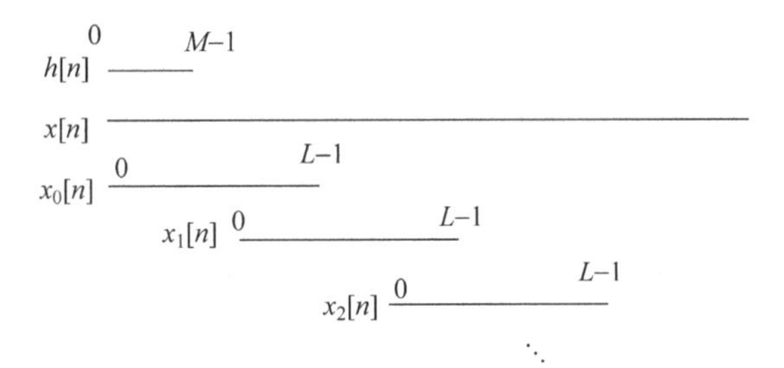

图 7.9　重叠舍弃法

把长输入序列 $x[n]$ 分割为长度为 L 的重叠段

要特别注意的是：在 $h[n]$ 和 $x_k[n]$，$k=1,2,3,\cdots$ 进行分段圆卷积时，要把进行圆卷积的两个序列的长度都取为 $L=\max(L,M)$(如何实现?)。于是

$$y'_k(n)=x_k[n]Ⓛh[n],\quad k=0,1,2,\cdots \tag{7.38}$$

由上节的讨论可知，这样做的结果会出现终端效应，即每一段 $y'_k(n)$ 的前 $M-1$ 个值都会出现错误，或者说这些值与线卷积的相应值不相等，在图 7.10 中用阴影标注了这些数值。这样一来，在每一段的卷积结果中都出现了含阴影和不含阴影的部分，而不含阴影的部分恰好等于线卷积的数值。因此，只要把图示各段中含阴影的段落舍弃掉，并把不含阴影的部分组合起来就得到了与不分段线卷积相同的运算结果，(为什么?)。由于划分每一段信号时都有所重叠，而每一段结果中又要舍弃掉含阴影的部分，故把本法称为“重叠舍弃法”。

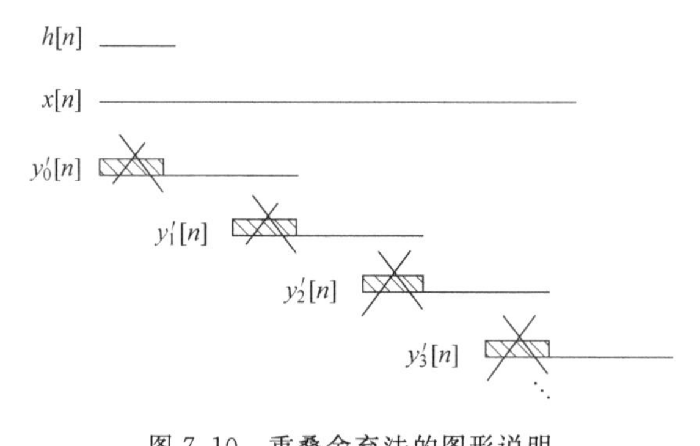

图 7.10 重叠舍弃法的图形说明

这一过程可用公式表示为

$$y[n]=\sum_{k=0}^{\infty}y_k[n-k(L-M+1)] \tag{7.39}$$

其中

$$y_k[n]=\begin{cases}y'_k[n]=x_k[n]\textcircled{L}h[n], & M-1\leqslant n\leqslant L-1\\ 0, & \text{其他}\end{cases}$$

$x_k[n]$和 $y'_k[n]$分别与图 7.9、图 7.10 的标注相对应。从图 7.10 可见,第一段输出 $y'_0[n]$的前 $M-1$ 个值也打了阴影,因而也是错误的,应该去掉。请读者考虑:去掉这部分后再进行组合的结果还等于线卷积的结果吗?请给出解决这个问题的方法。

从离散傅里叶变换的性质可以推论,在分段截取后,为了保证每段圆卷积都与相应线卷积的结果相同,必须把每段的长度选为 $L_0\geqslant L+M-1$,然而令人迷惑的是,我们竟选取了必然会出错的 $L=\max(L,M)$。通过本节的讨论可以看到,尽管从每一段这个局部来看,出现了不受欢迎的终端效应,但从整体来看结果仍是正确的,或者说我们已经解决了长序列圆卷积的问题。因此,在面对实际问题时,不拘泥于现成的理论,在进行缜密的构思后,作出巧妙的安排,正是每个科技工作者真才实学的体现,这种本领需要在不断的学习、实践中加以积累。请读者仔细体会本节所用方法的优点。

2. 重叠相加法

在把输入序列分割成一些短序列以解决圆卷积的计算问题时,各段可以不相重叠,而每段圆卷积长度的选取也可以不同于重叠舍弃法。当然,不管怎样截取,都应保证最后的结果与不分段时线卷积的计算结果一致。在重叠相加法中,对 $x[n]$的分段如图 7.11 所示。其中,M 为 $h[n]$的长度。把 $x[n]$分解为 $x_k[n]$之后,各段的长度均为 L。把这一过程用公式表示就是

$$x_k[n]=\begin{cases}x[n], & kL\leqslant n\leqslant(k+1)L-1\\ 0, & \text{其他}\end{cases}$$

$$x[n]=\sum_{k=-\infty}^{\infty}x_k[n]$$

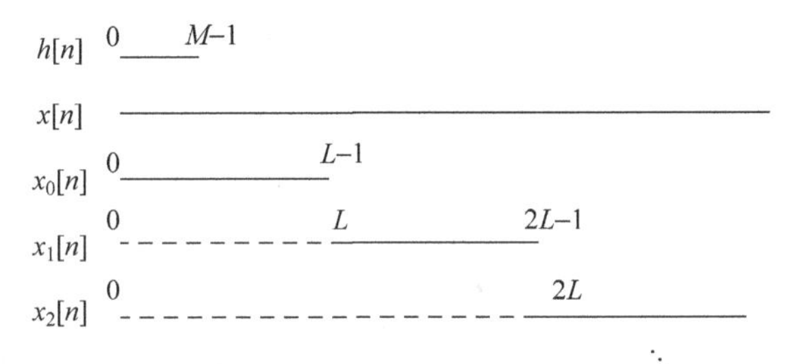

图 7.11 重叠相加法中输入序列的分段

与重叠舍弃法不同，在进行分段圆卷积时，重叠相加法把每一段输入的起点都选为时间坐标的原点，而圆卷积的长度都取成 $R=L+M-1$(如何实现)，于是

$$\begin{aligned} y[n] &= x[n] * h[n] \\ &= \sum_{k=0}^{\infty} x_k[n] \circledR h[n] \end{aligned} \tag{7.40}$$

其分段卷积结果的示意图如图 7.12 所示。

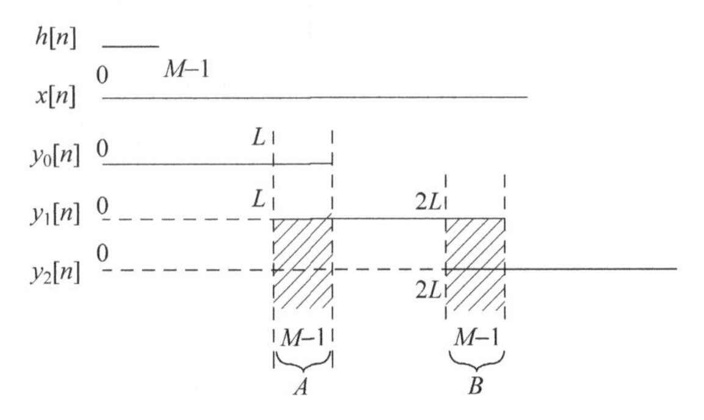

图 7.12 重叠相加法的图形说明

该图的一些区域打上了斜线，为什么呢？以斜线区 A 为例，该区域中既有 $y_0[n]$的输出，也有 $y_1[n]$的输出。也就是说，在这个区域的输出发生了重叠，而重叠区的长度是 $M-1$。依此类推，在每相邻的两段都会发生类似的情况。例如，斜线区 B 中既有 $y_1[n]$的输出，也有 $y_2[n]$的输出等。由式(7.40)可知，只有把这些重叠部分的输出相加才能得到正确的结果。也就是说，各段的输出序列 $y_k[n]$都由两部分组成，一是该段非斜线区的输出，二是相邻段重叠部分相加的输出，这就是重叠相加法名称的来源。

7.5 频率采样理论

7.5.1 离散傅里叶变换与 Z 变换的关系

我们已经知道，有限长序列 $x[n]$的 Z 变换为

$$X(z) = \mathcal{Z}[x[n]] = \sum_{n=0}^{N-1} x[n] z^{-n} \tag{7.41}$$

该序列的离散傅里叶变换是

$$X[k]=\mathrm{DFT}[x[n]]=\sum_{n=0}^{N-1}x[n]W^{nk} \tag{7.42}$$

比较以上二式可知

$$X(z)\big|_{z=W^{-k}}=\sum_{n=0}^{N-1}x[n]W^{nk}=\mathrm{DFT}[x[n]]$$

上式表明，当 $z=W^{-k}$ 时，$x[n]$ 的 Z 变换就等于该序列的离散傅里叶变换，即

$$X[k]=X(z)\big|_{z=W^{-k}}$$

式中，

$$z=W^{-k}=\mathrm{e}^{\mathrm{j}\frac{2\pi}{N}k},\quad \left|\mathrm{e}^{\mathrm{j}\frac{2\pi}{N}k}\right|=1 \tag{7.43}$$

由式(7.43)可见，z 平面单位圆上幅角为 $\omega=\frac{2\pi}{N}k$ 的点，或者说把 z 平面单位圆 N 等分后的第 k 点，恰好是 $X[k]$ 序列的第 k 点。这一关系如图 7.13 所示。

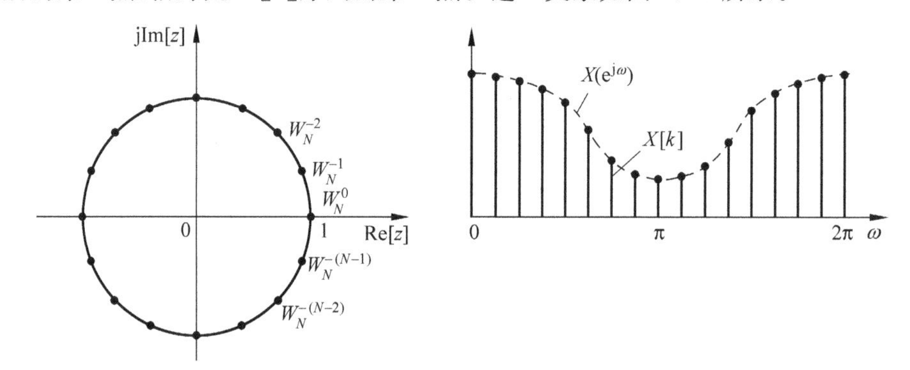

图 7.13 离散傅里叶变换与 Z 变换

前面的讨论曾经得到结论：序列傅里叶变换是单位圆上的 Z 变换。因此，可以把离散傅里叶变换看成是序列傅里叶变换的采样或者是单位圆上 Z 变换的采样，其采样间隔为 $\omega_N=\frac{2\pi}{N}$。用式子表示则为

$$X[k]=X(\mathrm{e}^{\mathrm{j}k\omega_N}),\quad \omega_N=\frac{2\pi}{N}$$

由采样定理可以知道，一个频带有限信号的时域采样可以不丢失任何信息。通过上面的分析可知，一个时间有限序列的频域采样也可以不丢失任何信息。这正是傅里叶变换中时域、频域对应关系的反映。这一关系的重要意义在于，时域采样开辟了用数字技术处理时域信号的领域。通过离散傅里叶变换理论的研究，信号在时域和频域都离散化了，所以数字处理的各项技术也可以用于频域信号。

7.5.2 频域采样不失真条件

上面提到了频域离散化或频域采样的概念，通过与时域采样的对比可以加深对这一问题的理解。实际上，为了不丢失任何信息，时域采样定理中提出了两个约束：

(1) 对 $x(t)$采样时,该信号的频带应该有限。

(2) 时域采样的间隔要足够小。

当然,对应于这两条约束,采样定理给出了一定的数量关系。纵观这两条约束,都与时域离散化之后带来的频域周期性有关。由于频谱的重复周期取决于采样间隔($f_s=1/T_s$),间隔太大时会使周期重复的频谱发生重叠。当然,从时域信号直接观察也可看出,采样间隔太大将不利于采样的恢复。

对照以上情况,有限长序列 $x[n]$的频域采样对应于单位圆上 Z 变换的采样,即

$$X(z)\big|_{z=W^{-k}} = X(z)\big|_{z=e^{j\frac{2\pi}{N}k}}$$

同样,频域的离散将使时域信号发生周期性重复,也就是说,频域采样所对应的时域信号是原序列的周期延拓,因而也会产生与采样定理类似的两个约束。

(1) 对应时域信号的长度要有限,即为有限长序列,设该序列的长度为 M。

(2) 频域采样的间隔要足够小,或者说要有足够多的采样点数。

为什么呢?因为在离散傅里叶变换中,$x[n]$和 $X[k]$这一对离散傅里叶变换的长度是一样的,并等于单位圆上 Z 变换采样的点数,设该点数为 N。也就是说,频域离散导致的 $x[n]$的重复周期就是 N。

显然,当频域采样的间隔不够密,以至于 $N<M$ 时,在 $x[n]$的周期性重复中,就会出现某些序列值重叠在一起的结果。通常把这一现象也称为混叠,其后果是无法从混叠的信号中不失真地恢复出原来的序列 $x[n]$。

由此可以得到结论:对于有限长序列

$$x[n]=\begin{cases} x[n], & 0\leqslant n\leqslant M-1 \\ 0, & \text{其他} \end{cases}$$

频率采样不失真的条件是

$$N\geqslant M$$

其中,N 为频域采样的点数。究根溯源,这个问题的产生仍在于离散傅里叶变换中隐藏的周期性。当然,如果 $x[n]$不是有限长序列,恢复出来的序列必然会带有误差,只有进一步增加采样点数才能减少这种误差。

7.5.3　X(z)的内插表达式

已知有限长序列 $x[n]$的离散傅里叶变换为 $X[k]$,其隐含的周期为 N。该序列的 Z 变换和频率响应分别为 $X(z)$和 $X(e^{j\omega})$。由前述可知,可以用 N 个频域样值 $X[k]$不失真地表示 $x[n]$,因此 $X[k]$的 N 个样值也应该能完整地表征 $X(z)$和 $X(e^{j\omega})$。为了找出这种关系,先把离散傅里叶变换对列在下面

$$\begin{cases} X[k]=\sum\limits_{n=0}^{N-1}x[n]W^{nk}, & k=0,1,\cdots,N-1 \\ x[n]=\dfrac{1}{N}\sum\limits_{n=0}^{N-1}X[k]W^{-nk}, & n=0,1,\cdots,N-1 \end{cases} \tag{7.44}$$

把上述关系带入到 $x[n]$ 的 Z 变换中可得

$$\begin{aligned}X(z)&=\sum_{n=0}^{N-1}x[n]z^{-n}=\sum_{n=0}^{N-1}\left[\frac{1}{N}\sum_{k=0}^{N-1}X[k]W^{-nk}\right]z^{-n}\\&=\frac{1}{N}\sum_{k=0}^{N-1}X[k]\left(\sum_{n=0}^{N-1}W^{-nk}z^{-n}\right)=\frac{1}{N}\sum_{k=0}^{N-1}X[k]\left(\frac{1-W^{-Nk}z^{-N}}{1-W^{-k}z^{-1}}\right)\\&=\frac{1-z^{-N}}{N}\sum_{k=0}^{N-1}\frac{X[k]}{1-W^{-k}z^{-1}}\\&=\sum_{k=0}^{N-1}X[k]\phi_k(z)\end{aligned}\tag{7.45}$$

上式就是用单位圆上的采样值 $X[k]$ 表示 $X(z)$ 的内插公式。该式说明，可以由 $X[k]$ 确定出 $X(z)$。式中的 $\phi_k(z)$ 叫做内插函数

$$\phi_k(z)=\frac{1}{N}\frac{1-z^{-N}}{1-W^{-k}z^{-1}}=\frac{1}{N}\frac{z^N-1}{z^{N-1}(z-W^{-k})}\tag{7.46}$$

由式(7.46)可见，$\phi_k(z)$ 在原点有 $N-1$ 阶极点。由于 $z=W^{-k}=\mathrm{e}^{\mathrm{j}\frac{2\pi}{N}k}$ 处的零、极点相互抵消(如图 7.14 虚线框所示)，故在单位圆的 N 等分点上(或采样点上)只有 $N-1$ 个零点，这一情况已经示于图 7.14。

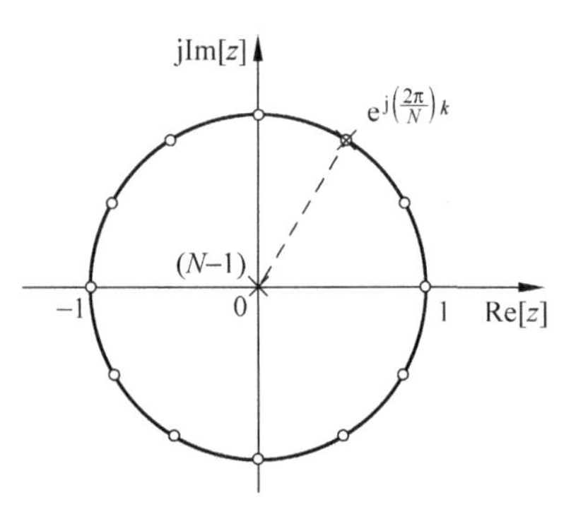

图 7.14　内插函数的零、极点

由于系统频率响应的特殊重要性，下面对 $X(\mathrm{e}^{\mathrm{j}\omega})$ 作进一步的研究。由前可知，频响是单位圆上的 Z 变换，由式(7.45)可得

$$X(\mathrm{e}^{\mathrm{j}\omega})=X(z)\Big|_{z=\mathrm{e}^{\mathrm{j}\omega}}=\sum_{k=0}^{N-1}X[k]\phi_k(\mathrm{e}^{\mathrm{j}\omega})\tag{7.47}$$

其中

$$\phi_k(\mathrm{e}^{\mathrm{j}\omega})=\frac{1}{N}\frac{1-\mathrm{e}^{-\mathrm{j}\omega N}}{1-\mathrm{e}^{-\mathrm{j}\left(\omega-\frac{2\pi}{N}k\right)}}=\frac{1}{N}\frac{\sin\left(\frac{\omega N}{2}\right)}{\sin\left[\frac{\left(\omega-k\frac{2\pi}{N}\right)}{2}\right]}\mathrm{e}^{-\mathrm{j}\left(\frac{N\omega}{2}-\frac{\omega}{2}+\frac{k\pi}{N}\right)}\tag{7.48}$$

设

$$\phi(\omega)=\frac{1}{N}\frac{\sin\left(\frac{\omega N}{2}\right)}{\sin\left(\frac{\omega}{2}\right)}\mathrm{e}^{-\mathrm{j}\omega\left(\frac{N-1}{2}\right)}\tag{7.49}$$

可以证明

$$\phi_k(\mathrm{e}^{\mathrm{j}\omega})=\phi\left(\omega-k\frac{2\pi}{N}\right)\tag{7.50}$$

根据式(7.50)可以把式(7.47)改写成

$$X(\mathrm{e}^{\mathrm{j}\omega})=\sum_{k=0}^{N-1}X[k]\phi\left(\omega-k\frac{2\pi}{N}\right)\tag{7.51}$$

式(7.49)的 $\phi(\omega)$ 叫做内插函数,其幅频特性和相频特性如图 7.15 所示。

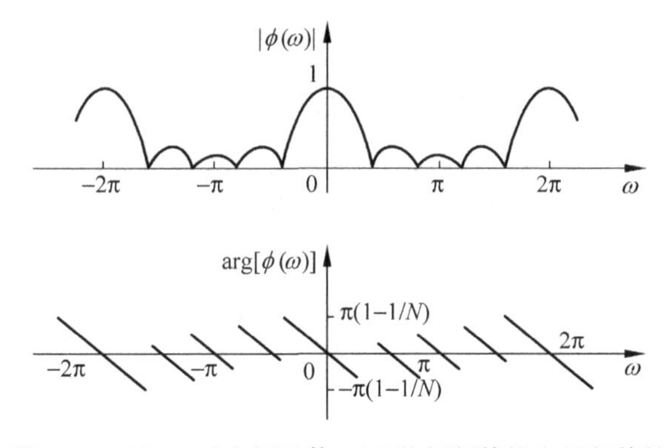

图 7.15 $N=5$ 时内插函数 $\phi(\omega)$ 的幅频特性和相频特性

由图 7.15 和 $\phi(\omega)$ 的表达式(7.49)可知,当 $\omega=0$ 时,$\phi(\omega)$ 位于本采样点,$|\phi(\omega)|=1$,而在 $\phi(\omega)$ 的其余采样点上都有 $\phi(\omega)=0$。把这一关系用式子表达就是

$$\phi\left(k\frac{2\pi}{N}\right)=\begin{cases}1, & k=0\\ 0, & k=1,2,\cdots,N-1\end{cases} \tag{7.52}$$

另由式(7.51)可见,$\phi\left(\omega-\frac{2\pi}{N}k\right)$ 的加权系数是 $X[k]$,而 $X(e^{j\omega})$ 是 N 个乘积函数 $X[k]\phi\left(\omega-\frac{2\pi}{N}k\right)$ 的和。其中,$\phi\left(\omega-\frac{2\pi}{N}k\right)$ 是 $\phi(\omega)$ 的移位,故由 $\phi(\omega)$ 可以推知各相应 $\phi\left(\omega-\frac{2\pi}{N}k\right)$,$k=1,2,\cdots,N-1$ 的波形。

在每个采样点 k_i,$k_i=1,2,\cdots,N-1$ 处,由于只有该采样点的 $\phi\left(\omega-\frac{2\pi}{N}k_i\right)=1$,故 $X[k_i]\phi\left(\omega-\frac{2\pi}{N}k_i\right)=X[k_i]$,又由于其余 $N-1$ 个内插函数在 k_i 点的值都是零,它们相应的乘积函数 $X[k]\phi\left(\omega-\frac{2\pi}{N}k\right)$ 也等于零,因此每个采样点处的 $X(e^{j\omega})=X[k_i]$,$k_i=1,2,\cdots,N-1$。

下面讨论各采样点之间任意点 ω_j 处 $X(e^{j\omega_j})$ 的值。由式(7.51)可知,它是各个乘积函数 $X[k]\phi\left(\omega-\frac{2\pi}{N}k\right)$,$k=1,2,\cdots,N-1$ 在频率 ω_j 处的叠加值。可以证明,这个叠加值就等于 $X(e^{j\omega})$ 在该频率点 ω_j 处的函数值 $X(e^{j\omega_j})$。

另由式(7.49)可知,内插函数 $\phi(\omega)$ 的重要特征之一是具有线性相位特性,该特性已经示于图 7.15。

7.5.4 对 $X(z)$ 和 $X(e^{j\omega})$ 进行时域、频域展开的小结

前述章节讨论过有限长序列的 $X(z)$ 和 $X(e^{j\omega})$,二者既可用 $x[n]$ 表达也可用 $X[k]$ 表达,特归纳如下。

1. 时域展开式

$$X(z)=\sum_{n=0}^{N-1}x[n]z^{-n}$$

由上式可见,对时域序列来说,$X(z)$是按 z 的负幂级数展开的,$x[n]$恰好为级数的系数。与此相对应,频率响应 $X(\mathrm{e}^{\mathrm{j}\omega})$也可以展开为傅里叶级数,而级数的系数也是 $x[n]$,即

$$X(\mathrm{e}^{\mathrm{j}\omega})=\sum_{n=0}^{N-1}x[n]\mathrm{e}^{-\mathrm{j}n\omega}$$

2. 频域展开式

由前可知

$$X(z)=\sum_{n=0}^{N-1}X[k]\phi_k(z)$$

由上式可见,对频域序列来说,$X(z)$是按函数族 $\phi_k(z)$展开的,而 $X[k]$恰为级数的系数。与此相对应,频率响应 $X(\mathrm{e}^{\mathrm{j}\omega})$也可以展开为内插函数 $\phi(\omega)$的级数,而级数的系数也是 $X[k]$,即

$$X(\mathrm{e}^{\mathrm{j}\omega})=\sum_{k=0}^{N-1}X[k]\phi\left(\omega-k\,\frac{2\pi}{T}\right)$$

显然,用不同完备的正交函数族展开,得到的结果也不一样。

7.6 离散傅里叶变换的快速算法——FFT

傅里叶分析在理论和实践中有非常广泛的应用,其主要问题是无法忍受的处理时间。数字计算机出现后,用之实现的数字信号处理算法往往不能应用于实际。主要问题是所需的处理时间不能满足实时处理的要求。在相当长的时间里,这个问题的瓶颈就是离散傅里叶变换,因为在早期的信号处理中大都包含谱分析。为此,人们一直在研究加快处理速度的方法。

减少离散傅里叶变换中复数乘法的次数就可以提高运算速度,为了实现这一点,人们进行了长期的研究。经过失败—成功—失败直到成功的漫长探索,终于在 1965 年实现了快速傅里叶变换(FFT)算法[18]。这一算法的出现带来了深刻的变化。

首先,快速傅里叶变换把离散傅里叶变换的运算速度提高了几个数量级,特别是快速傅里叶变换算法可以用专用的数字硬件来实现,这使得一些复杂的算法甚至曾被认为是不可实现的信号处理算法得以实现。这一变化极大地促进了信号处理理论和技术的发展。

其次,快速傅里叶变换计算涉及的性质和数学方法均属于离散时间的范畴,这启发人们要把离散时间信号处理作为一个重要的领域进行研究,由此带来的变化是离散时间数学方法在信号处理的概念和算法上获得了惊人的发展和应用。快速傅

里叶变换出现之后,一些快速算法如雨后春笋般涌现出来就是这一论点的明证,而快速傅里叶变换算法思路对人类探索的启迪作用也可见一斑。为此,人们把快速傅里叶变换誉为“开创了数字信号处理的新纪元”。这个算法有何神秘之处吗?本章就来讨论与快速算法有关的几个问题。

7.6.1　离散傅里叶变换在计算上存在的问题

快速傅里叶变换(简称 FFT)是计算离散傅里叶变换的一种快速算法。已知离散傅里叶变换对为

$$\begin{cases} X[k]=\sum_{n=0}^{N-1}x[n]W^{nk}, & k=0,1,\cdots,N-1 \\ x[n]=\frac{1}{N}\sum_{n=0}^{N-1}X[k]W^{-nk}, & n=0,1,\cdots,N-1 \end{cases} \tag{7.53}$$

其中

$$W=W_N=\mathrm{e}^{-\mathrm{j}\left(\frac{2\pi}{N}\right)} \tag{7.54}$$

由前可知,式(7.53)中的 $x[n]$和 $X[k]$都可能是复数,W^{nk} 也是复数。因此,按该式计算 $X[k]$时,对每个 k 值都要作 N 次复数乘法和 $N-1$ 次复数加法。$X[k]$共有 N 个值,为了求出 N 个 $X[k]$总共需要 N^2 次复数乘法和 $N(N-1)$次复数加法。由于一次复数乘法相当于 4 次实数乘法和 2 次实数加法,而一次复数加法又相当于两次实数加法,所以整个离散傅里叶变换运算就需要 $4N^2$ 次实数乘法和 $2N(2N-1)$次实数加法。也就是说,乘法和加法的数量级相同。

需要说明的是,在 20 世纪 60 年代,由于电子器件性能的限制,在实现离散傅里叶变换算法时,人们更关心所需复数乘法的次数,乘法次数太多或运算时间过长就意味着很难实现。所以在下面的讨论中,我们只关注与复数乘法有关的问题。

由上可知,如果用定义式直接计算离散傅里叶变换,总的复乘或复加的次数都近似地正比于 N^2,当 N 很大时,运算量会非常大。例如,当序列的长度为 $N=10$ 时仅需要 100 次复乘,而当 $N=2^{10}=1024$ 时需要的复乘次数约为一百万次,计算量增长得非常快。实际上,$N=1024$ 只是一个很小的数据量。假定有一个语音信号,通常采用 8kHz 采样、8 位编码(即每次采样得到的样本值要用 8 位二进制数字表示)的体制。所以一秒钟的数据量是 64kb(千比特),$N=64000$。因此,复数乘法的次数为 $(64\times10^3)^2\approx4\times10^9$。但是,8kHz 采样仅是针对语音特性的例子,相对来说,语音是频率较低的信号,而 1s 的时间也太短了。即使如此,所需的复乘次数已经大得惊人。由此可见,直接计算离散傅里叶变换的方法是行不通的,必须寻找减少运算次数的途径。对于雷达信号处理等实时性要求很高的领域来说,这一需求更为迫切。

快速傅里叶变换算法主要分成两大类,即时域抽取法和频域抽取法。为了纪念该算法的发明人,又把这两种算法分别称为库利算法和图基算法。这两位发明者在 1965 年分别发表了各自独立的研究成果。

7.6.2 时域抽取快速傅里叶变换算法——Decimation in time(DIT)

离散傅里叶变换的计算时间正比于 N^2，为了减少运算量，一个直观的想法就是减少序列的长度 N。但是，从定义式(7.53)和前面的讨论可知，不同长度的离散傅里叶变换是不一样的。因此，用减少 N 的方法求解离散傅里叶变换不符合实用的要求。

那么，能否采用把 N 分成几段，分别求各段的离散傅里叶变换，再把结果加以组合的方法呢？不言自明的是：组合的结果必须与原序列没分段时的计算结果相同，而复乘的次数还必须大幅度地减少。

尝试的方法如下：把 N 分解成 $N=\frac{N}{2}+\frac{N}{2}$，计算这种情况下的离散傅里叶变换，由前可知，此时所需的复数乘法次数为

$$2\times\left(\frac{N}{2}\right)^2\approx\frac{N^2}{2} \tag{7.55}$$

显然，这个简单的方法非常有效，它极大地减少了运算量！因此可以按照这一思路进行研究。

设有一个 N 点序列 $x[n]$。为了讨论的方便，先把序列的长度设为 $N=2^M$，即长度 N 是 2 的整数次幂。把长度为 N 的序列 $x[n]$分解成两个长度为$\frac{N}{2}$序列的方法很多。一个最巧妙的方法是把它按奇数项和偶数项的方法进行分解，即

$$x[n]=x[2p]+x[2p+1],\quad p=0,1,\cdots,\frac{N}{2}-1$$

因此

$$\begin{aligned}X[k]&=\mathrm{DFT}[x[n]]=\sum_{n=0}^{N-1}x[n]W_N^{nk}\\&=\sum_{n=\text{偶}}x[n]W_N^{nk}+\sum_{n=\text{奇}}x[n]W_N^{nk}\end{aligned}$$

上式中，把 W^{nk} 写成为 W_N^{nk}，即在下标中注明了序列的长度 N，这是为了下面推导的需要。我们即将见到，不同 N 值的离散傅里叶变换会出现在同一个式子里，在 W^{nk} 的表示上很容易发生混淆。

由上式可得

$$\begin{aligned}X[k]&=\sum_{p=0}^{\frac{N}{2}-1}x[2p]W_N^{2pk}+\sum_{p=0}^{\frac{N}{2}-1}x[2p+1]W_N^{(2p+1)k}\\&=\sum_{p=0}^{\frac{N}{2}-1}x[2p](W_N^2)^{pk}+W_N^k\sum_{p=0}^{\frac{N}{2}-1}x[2p+1](W_N^2)^{pk}\end{aligned} \tag{7.56}$$

令

$$\begin{aligned}x_1[p]&=x[2p]\\x_2[p]&=x[2p+1]\end{aligned}$$

由于

$$W_N^2 = (e^{-j\frac{2\pi}{N}})^2 = e^{-j\frac{2\pi}{N/2}} = W_{\frac{N}{2}}$$

从式(7.56)可得

$$\begin{aligned} X[k] &= \sum_{p=0}^{\frac{N}{2}-1} x_1[p] W_{\frac{N}{2}}^{pk} + W_N^k \sum_{p=0}^{\frac{N}{2}-1} x_2[p] W_{\frac{N}{2}}^{pk} \\ &= X_1[k] + W_N^k X_2[k] \end{aligned} \tag{7.57}$$

上式的 $X_1[k]$和 $X_2[k]$分别是 $x_1[p]$和 $x_2[p]$的$\frac{N}{2}$点离散傅里叶变换,即

$$X_1[k] = \sum_{p=0}^{\frac{N}{2}-1} x_1[p] W_{\frac{N}{2}}^{pk} \tag{7.58}$$

$$X_2[k] = \sum_{p=0}^{\frac{N}{2}-1} x_2[p] W_{\frac{N}{2}}^{pk} \tag{7.59}$$

这样就求出了一个 N 点序列的离散傅里叶变换。从式(7.57)可知,它由两个$\frac{N}{2}$点离散傅里叶变换组合而成,因而实现了减少复乘次数的要求,通过式(7.55)可以推出减少的次数。因此,上述思路是可行的。但是,还有什么问题吗?

进一步分析可知,原来的 $X[k]$是个 N 点序列,即在 $0 \leqslant k \leqslant N-1$ 时均有定义。而 $X_1[k]$和 $X_2[k]$只在 $0 \leqslant k \leqslant \frac{N}{2}-1$ 区间上有定义,$X_1[k]$和 $X_2[k]$相加后也只有$\frac{N}{2}$点的长度,即 $0 \leqslant k \leqslant \frac{N}{2}-1$。所以,要用 $X_1[k]$和 $X_2[k]$表达 $X[k]$还必须对 $k \geqslant \frac{N}{2}$的情况给予说明。

根据离散傅里叶变换的知识,立即出现的一个直观的想法是进一步利用它的周期特性。具体来说就是

$$X_1\left[k+\frac{N}{2}\right] = X_1[k]$$

$$X_2\left[k+\frac{N}{2}\right] = X_2[k]$$

$$W_N^{\frac{N}{2}+k} = W_N^{\frac{N}{2}} \cdot W_N^k = -W_N^k$$

把以上三个式子代入式(7.57),可得

$$\begin{aligned} X\left[k+\frac{N}{2}\right] &= X_1\left[k+\frac{N}{2}\right] + W_N^{k+\frac{N}{2}} X_2\left[k+\frac{N}{2}\right] \\ &= X_1[k] - W_N^k X_2[k] \end{aligned}$$

$$0 \leqslant k \leqslant \frac{N}{2}-1$$

这样就得到了 $X[k]$分解后的表达式

$$\begin{cases} X[k] = X_1[k] + W_N^k X_2[k] \\ X\left[k+\frac{N}{2}\right] = X_1[k] - W_N^k X_2[k] \end{cases}, \quad 0 \leqslant k \leqslant \frac{N}{2}-1 \tag{7.60}$$

到此为止，我们把 N 点 $X[k]$ 分解成为两个 $\frac{N}{2}$ 点的离散傅里叶变换，即 $X_1[k]$ 和 $X_2[k]$，或者说按照上式，用 $X_1[k]$ 和 $X_2[k]$ 可以组合成所要求的 $X[k]$。

显然，用式(7.60)进行组合计算的结果与用定义直接计算离散傅里叶变换的结果相同。那么，前者的运算量是多大呢？

每个 $\frac{N}{2}$ 点离散傅里叶变换只需要 $\left(\frac{N}{2}\right)^2$ 次复数乘法，两个 $\frac{N}{2}$ 点离散傅里叶变换的复乘次数为 $2\times\left(\frac{N}{2}\right)^2=\frac{N^2}{2}$。此外，为计算式(7.60)的 $W_N^k X_2[k]$，还需要 $\frac{N}{2}$ 次复乘。所以，总的复乘次数是

$$\frac{N^2}{2}+\frac{N}{2}=\frac{N(N+1)}{2}\approx\frac{N^2}{2}$$

式中的 N 越大，近似式越精确。因此，与直接运算相比，运算量大约减少了一半。

为方便起见，在继续推导之前，先引进一个非常有用的符号表示。图 7.16(a)左面标有 A、B 的两支表示输入序列，中间的小圆表示相加或相减运算，而右上支为和值输出，右下支为差值输出。图 7.16(b)的箭头代表乘法运算，即把箭头旁边的系数与该支路的信号相乘。于是，式(7.60)的运算可以用图 7.16(b)表示。

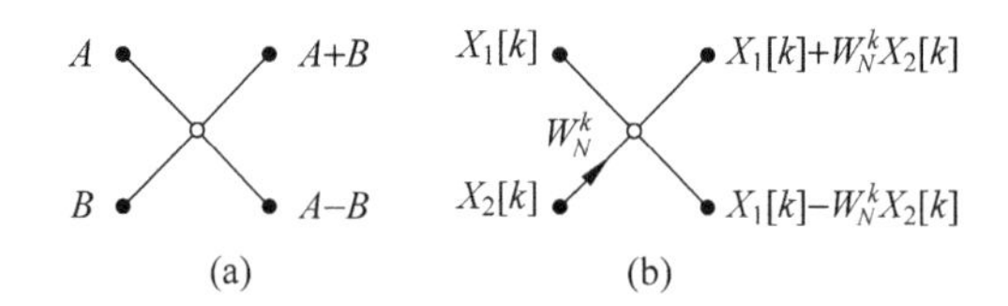

图 7.16 蝶形运算流图符号

通常把这一图形表示叫做蝶形流图或者“蝶形运算”。

采用蝶形算法进行分解的过程示于图 7.17。为简便起见，设 $N=2^3=8$。

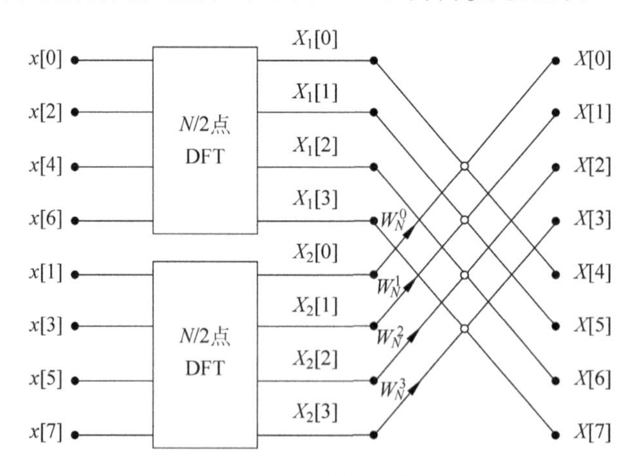

图 7.17 时域抽取算法

把 N 点 DFT 分解为两个 $\frac{N}{2}$ 点 DFT 的图示，$N=8$

在图 7.17 中，右面的蝶形群称为组合运算。可见，上述方法减少了乘法次数。然而，在序列长度 N 较大时，即使是 $N^2/2$ 次复数乘法，其数量级也是很大的，怎么解决呢？

请读者停下来自行构想解决的策略，再继续下面的研读！

回想开始时曾经假设序列 $x[n]$ 的长度是 $N=2^M$，进行一次分解后，$\frac{N}{2}$ 仍然是偶数。既然上面的方法是有效的，为什么不继续分解呢？也就是说，可以把 $\frac{N}{2}$ 长的序列按照 n 的奇、偶进一步分解成两个 $\frac{N}{4}$ 长的序列，针对后者求离散傅里叶变换并进行组合。或者说，可以用两个 $\frac{N}{4}$ 点的离散傅里叶变换组合成一个 $\frac{N}{2}$ 点的离散傅里叶变换。其方法与上面完全相同，有兴趣的读者可以自行推导类似的公式，这里只给出图 7.18 的流图表示。

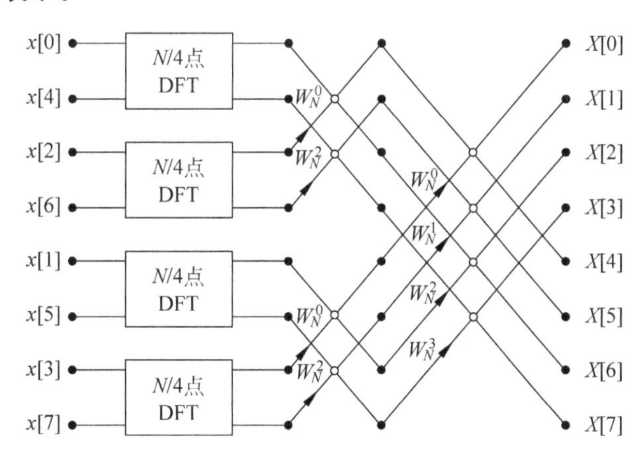

图 7.18　$N=8$ 时，把一个 N 点 DFT 分解成四个 $\frac{N}{4}$ 点 DFT 的图示

在图 7.18 中，上面两个方框是针对 $X_1[k]$ 的计算，下面两个方框是针对 $X_2[k]$ 的计算。应当注意的是，每次分解时都要把相应的输入序列按奇、偶分解。研究以上两张图中最左边 $x[n]$ 的次序就可以看出这一点。依此类推，当 N 较大时，$\frac{N}{8}$，$\frac{N}{16}$，…等长度的序列都可以进一步按奇、偶序列进行分解，并一直分解到每个子序列都只有两点为止，而一个两点的离散傅里叶变换也能用上面的蝶形公式完成运算。

以上分解、组合过程可以概括成图 7.19。由该图可见，每一级分解都能使复乘次数减少了一半左右，因而整个离散傅里叶变换的运算加快了。另外由前述可知，离散傅里叶变换的每一次分解都是按输入序列的次序为偶数还是奇数抽取的，所以称为“时域抽取法”或“时均分法”(Decimation in time)。图 7.20 给出了时间抽取离散傅里叶变换在 $N=8$ 时的完整流图。

以上步骤实现了 N 点离散傅里叶变换的计算，所需复乘的精确次数是多少呢？

由于 $N=2^M$，要达到最后的两点离散傅里叶变换需要进行 M 次分解。或者说

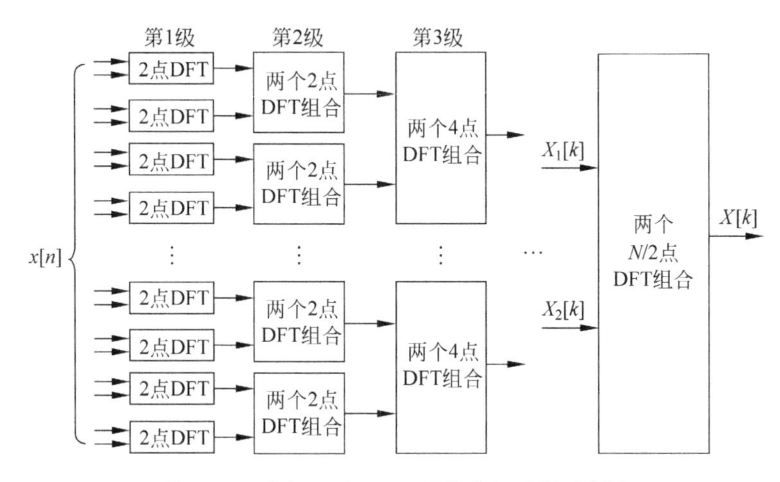

图 7.19 求解 N 点 FFT 时的分解过程示意图

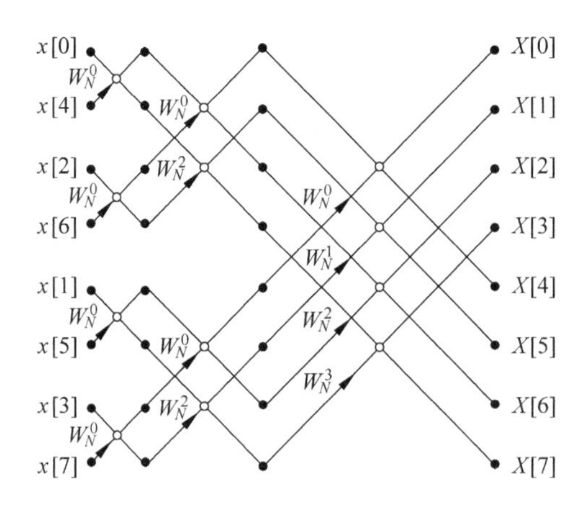

图 7.20 时域抽取 FFT 算法的运算流图($N=8$)

由 $x[n]$到$X[k]$的运算过程共有 M 级。由图 7.20 可见，每一级都由$\frac{N}{2}$个蝶形运算构成，而每一个蝶形运算只需要一次复乘，因此每级运算只含$\frac{N}{2}$次复乘。此外，从图上还可看出，每个蝶形的复数加法和复数减法各一次，所以每级的复加次数是 N。因此，时间抽取的总运算量为：复数乘法次数

$$\frac{N}{2}\cdot M=\frac{N}{2}\cdot \log_2 N \tag{7.61}$$

复数加法次数

$$N\cdot M=N\cdot \log_2 N \tag{7.62}$$

因此，时域抽取算法所需要的复乘或复加次数都与 $N\cdot\log_2 N$ 成正比。由前述可知，直接运算时的次数都与 N^2 成正比。所以时间抽取算法的运算速度有很大的提高，而且 N 越大，速度提高得越快。例如 $N=16$ 时，二者的比为 $256/32=8$，而 $N=2048$

时二者的比就达到了372。不妨想象一下,在$N=2048$时,如果直接运算需要6个小时的话,用FFT只要1分钟就完成了。在这个意义上把它称为“快速”实不为过!表7.5给出了不同N值时运算速度的比较。

顺便说明,由于把序列的长度N选为2的整数次幂,即$N=2^M$,故把它冠名为“基-2 FFT算法”。

表7.5 FFT算法与DFT直接算法复乘次数的比较

N	N^2	$\frac{N}{2}\log_2 N$	$N^2\Big/\left(\frac{N}{2}\log_2 N\right)$
2	4	1	4.0
4	16	4	4.0
8	64	12	5.4
16	256	32	8.0
32	1024	80	12.8
64	4096	192	21.4
128	16384	448	36.6
256	65536	1024	64.0
512	262144	2304	113.8
1024	1048576	5120	204.8
2048	4194304	11264	372.4

7.6.3 时域抽取快速傅里叶变换算法的特性

1. 可置换运算

仔细研究图7.20可知,输入序列$x[n]$按一定规律排列后,由$x[n]$到$X[k]$的运算过程共有M级。显然,每一级运算均需要两个复存贮阵列,分别存贮该级的输入数据和输出结果。由该图可见,在执行第一级运算时,需要的输入数据是$x[n]$,而第二级的输入数据是第一级的输出结果。从第二级开始,后续的所有运算都不再需要原来的输入序列$x[n]$了。例如,在执行第l级的运算时只需要前一级,即$l-1$级的输出数据,而与更前面各级的数据无关,即与$l-2,l-3,\cdots,2,1$等各级的输出数据以致与$x[n]$无关。因此,清除这些数据并不影响第l级和后面各级的计算。实际上,只要把各级的输出数据直接存入该级输入数据的存贮位置就可以达到这一效果。这就是说,每级运算只要有一个复存贮阵列就够了。由上可见,在整个FFT流程中,除了用于存贮N个复输入数据的存储器外,不再需要任何附加的存储器。利用各级存贮地址的这种可置换特性实现计算的过程就叫做可置换计算或即位计算。这种运算结构可以节省存储单元,降低设备成本,这在20世纪60年代是个很大的优点。

2. 码位倒置

由图7.20可知,FFT算法的输出序列$X[k]$是按照自然顺序排列的,因此可以按照顺序直接输出。但是,FFT 输入序列 $x[n]$的排列是“乱序”的,似乎没有规律可循。特别是当 N 很大时较难排出所需的输入次序。一个明显的事实是,$x[n]$的次序或者任何一级的输入次序稍有差错,按时域抽取方法计算 DFT 的结果就全错了。为此,必须研究输入序列的排序问题。

作为一个完整的算法,库利给出了输入序列的如下规律:设二进码 n 表示自然次序,则时域抽取算法的输入顺序正好是“码位倒置”的顺序。以图 7.20 最左上角第一个蝶式运算的输入为例,如果按自然顺序排列,应该是 $x[0]$和 $x[1]$,而图中标示的输入是 $x[0]$和 $x[4]$。也就是说,要用 $x[4]$代替原来的 $x[1]$作输入。其规律是什么呢?用二进制表示的 $x[1]=x[001]$,而 $x[4]=x[100]$。显然,后者(即 100)恰好是把 001 这个自然顺序二进码的码位颠倒了过来!表 7.6 给出了 $N=8$ 时码位倒置的例子,而最右列码位倒置的顺序就是图 7.20 中输入序列的顺序。显然,实现这一算法的程序是非常简单的。

表 7.6　码位倒置顺序

自然顺序	二进码表示	码位倒置	码位倒置顺序
0	000	000	0
1	001	100	4
2	010	010	2
3	011	110	6
4	100	001	1
5	101	101	5
6	110	011	3
7	111	111	7

在实际运算中,直接按码位倒置的顺序输入 $x[n]$很不方便。总是先按自然顺序把 $x[n]$输入到存储单元,把它换算成码位倒置顺序后,再去作快速傅里叶变换运算。

3. 其他

快速傅里叶变换有很强的对偶性,如各个蝶式单元的形式相同,每级均有$\frac{N}{2}$个蝶式运算;每级蝶式运算的权系数 W_N^k 也有简明的规律性等。

7.6.4 频域抽取快速傅里叶算法——Decimation in frequency(DIF)

与时域抽取算法(DIT)相对应,另一种常用的快速傅里叶变换算法是频域抽取算法(DIF)。仍旧设 $N=2^M$,DIF 的基本思想还是把输入序列分解成两个更短的子序列。分解的方法也很简单,是根据序列的顺序按照前一半和后一半把 $x[n]$平分,即

$$
\begin{aligned}
X[k] &= \sum_{n=0}^{\frac{N}{2}-1} x[n]W_N^{nk} + \sum_{n=\frac{N}{2}}^{N-1} x[n]W_N^{nk} \\
&= \sum_{n=0}^{\frac{N}{2}-1} x[n]W_N^{nk} + \sum_{n=0}^{\frac{N}{2}-1} x\left[n+\frac{N}{2}\right]W_N^{\left(n+\frac{N}{2}\right)k} \\
&= \sum_{n=0}^{\frac{N}{2}-1} x[n]W_N^{nk} + W_N^{\frac{N}{2}k}\sum_{n=0}^{\frac{N}{2}-1} x\left[n+\frac{N}{2}\right]W_N^{nk} \\
&= \sum_{n=0}^{\frac{N}{2}-1} \left(x[n] + W_N^{\frac{N}{2}k}x\left[n+\frac{N}{2}\right]\right)W_N^{nk}
\end{aligned}
\tag{7.63}
$$

上式是两个$\frac{N}{2}$项的求和式，但每个和式都不满足$\frac{N}{2}$点离散傅里叶变换的定义，因为和式中的权系数是 W_N^{nk} 而不是 $W_{\frac{N}{2}}^{nk}$，故需进一步完善。因为

$$
W_N^{\frac{N}{2}k} = (-1)^k = \begin{cases} 1, & k \text{ 为偶数} \\ -1, & k \text{ 为奇数} \end{cases}
$$

故可按 k 为奇、偶的情况对 $X[k]$进行分解，由于

$$
X[k] = \sum_{n=0}^{\frac{N}{2}-1} \left[x[n] + (-1)^k x\left[n+\frac{N}{2}\right]\right]W_N^{nk}
$$

所以

$$
\begin{aligned}
X[2p] &= \sum_{n=0}^{\frac{N}{2}-1} \left(x[n] + x\left[n+\frac{N}{2}\right]\right)W_N^{2np} \\
&= \sum_{n=0}^{\frac{N}{2}-1} x_1[n]W_{\frac{N}{2}}^{np}
\end{aligned}
\tag{7.64}
$$

$$
\begin{aligned}
X[2p+1] &= \sum_{n=0}^{\frac{N}{2}-1} \left(x[n] - x\left[n+\frac{N}{2}\right]\right)W_N^{(2p+1)n} \\
&= \sum_{n=0}^{\frac{N}{2}-1} \left(x[n] - x\left[n+\frac{N}{2}\right]\right)W_N^{n}W_N^{2pn} \\
&= \sum_{n=0}^{\frac{N}{2}-1} x_2[n]W_{\frac{N}{2}}^{np}
\end{aligned}
\tag{7.65}
$$

显然，上式定义了

$$
\begin{cases}
x_1[n] = x[n] + x\left[n+\dfrac{N}{2}\right] \\
x_2[n] = \left(x[n] - x\left[n+\dfrac{N}{2}\right]\right)W_N^n
\end{cases}
\quad n = 0,1,\cdots,\frac{N}{2}-1
\tag{7.66}
$$

式(7.64)～式(7.66)等三个式子表明，$x[n]$与 $x\left[n+\frac{N}{2}\right]$之和构成了序列 $x_1[n]$，其

$\frac{N}{2}$点离散傅里叶变换就是 $X[k]$的偶数序列，而 $x[n]$与 $x\left[n+\frac{N}{2}\right]$之差再乘以 W_N^n 构成了序列$x_2[n]$，其$\frac{N}{2}$点离散傅里叶变换就是 $X[k]$的奇数序列。这样，就按 k 的奇、偶把 N 点离散傅里叶变换分解成了两个$\frac{N}{2}$点的离散傅里叶变换之和。

由式(7.66)可知，可以用图 7.21 所示的蝶形运算来表示这个运算关系。

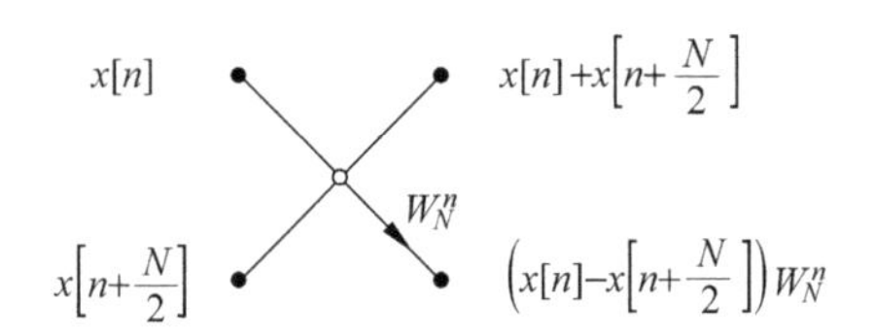

图 7.21 频域抽取算法的蝶形运算

把以上过程进行归纳可以得到计算 N 点离散傅里叶变换的步骤如下。

先形成 $x_1[n]$和 $x_2[n]$子序列，再分别求它们的$\frac{N}{2}$点离散傅里叶变换。其运算流图示于图 7.22。

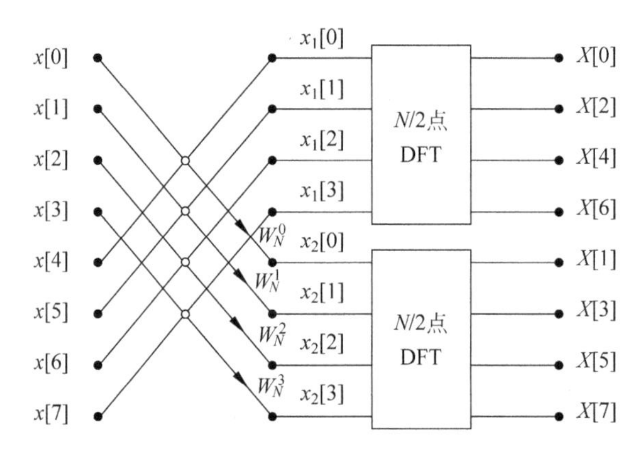

图 7.22 频域抽取算法中把 N 点 DFT 分解成两个 $N/2$ 点 DFT 的图示，$N=8$

由于 $N=2^M$，$\frac{N}{2}$仍然是偶数。类似于时域抽取 FFT 算法(DIT)，可以对两个$\frac{N}{2}$子序列继续分解。也就是说，把$\frac{N}{2}$点离散傅里叶变换的输出再分解成偶数组和奇数组，并形成两个$\frac{N}{4}$点离散傅里叶变换，其实现框图示于图 7.23。依此类推，经过 M 次分解后，就变成了全部是 2 点的离散傅里叶变换。图 7.24 给出了 $N=8$ 时按频率抽取的离散傅里叶变换流程图。

综上所述，本节算法是把 $X[k]$按 k 为偶数还是奇数进行分解的，所以称为频域抽取法。

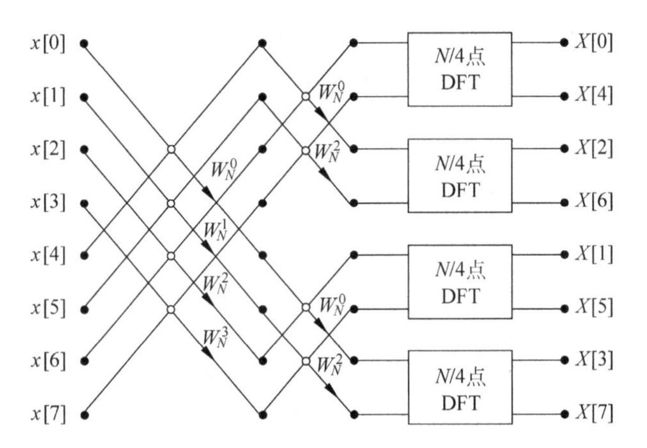

图 7.23 频域抽取算法中把 N 点 DFT 分解成四个 $N/4$ 点 DFT 的图示，$N=8$

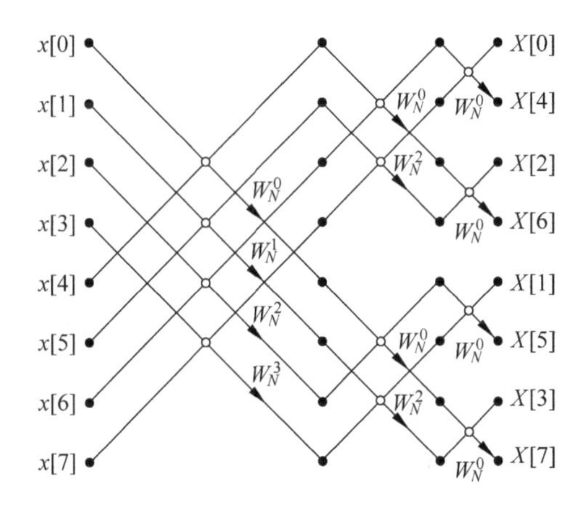

图 7.24 $N=8$ 时，频域抽取 FFT 算法流图

7.6.5 DIT 和 DIF 算法的比较

1. 两种算法的相同点

(1) 都是使用蝶形运算。

(2) 当序列长度为 $N=2^M$ 时，都要进行 M 级分解，每级都是 $\frac{N}{2}$ 个蝶形运算，所以两种算法中复乘和复加的次数相同，即复数乘法次数

$$\frac{N}{2}\cdot M=\frac{N}{2}\cdot\log_2 N \tag{7.67}$$

复数加法次数

$$N\cdot M=N\cdot\log_2 N \tag{7.68}$$

(3) 都是可置换运算，并具有明显的对称性。

在本节的推导中都曾经限制了序列的长度，即要求 $N=2^M$。实际上，这是为了讲解的方便，(请读者考虑，这一说法体现在哪里?)熟悉了推导的思路后，在具体实现时可以去除这一限制。这方面现存的算法非常多，这里就不再介绍了。可资利用的一个简单方法就是 7.3.4 节提到的“补零技术”。尽管大量补零会降低算法的效率，但可人为地满足 $N=2^M$ 的要求。

2. 不同点

(1) 蝶形运算流图的区别

两种算法的蝶形运算流图(见图 7.16 和图 7.21)是有区别的。DIT 是先乘后加，而 DIF 是先加后乘。由推导可知，这是两种算法中采用了不同分解方法的结果，因而是本质上的差别。实际上，往往可以从流图的这一特点分辨出该算法是属于 DIT 还是 DIF。

(2) 码位倒置的问题

DIF 的输入是自然顺序、输出是码位倒置顺序。因此，在运算完毕后，DIF 还需要作码位调整，使输出成为自然顺序。与此相对照，DIT 的输入是码位倒置顺序、输出是自然顺序，故 DIT 要在运算开始前作码位调整。至于调整的方法，两种算法都是一样的。然而，这一点并不是两种算法的真正区别。因为在同一种算法中（指 DIT 或 DIF)，可以把输入、输出序列之一人为地定为自然顺序，而另一个必然是乱序。即输入和输出次序中只能有一个是自然顺序，上述两种算法的讨论已经说明了这一点。因而上述 DIT 和 DIF 输入、输出的次序并不是本质的区别。

7.7 利用离散傅里叶变换作谱分析

我们在定义离散傅里叶变换和讨论它的性质时非常严格，而离散傅里叶变换的快速算法又大大提高了算法的运算速度，这就为离散傅里叶变换在信号处理中的广泛应用奠定了基础。但是，离散傅里叶变换本身的特点也给谱分析带来了一些误差，在使用时必须注意。应该说明的是，本节内容不过是前述内容的复习而已。

1. 混叠效应

设 $x(t)$的傅里叶变换是 $X(\Omega)$，采样后的信号是 $x[n]$，即

$$x[n]=x(t)\big|_{t=nT},\quad n\text{ 为整数}$$

则

$$X(\mathrm{e}^{\mathrm{j}\omega})=\frac{1}{T}\sum_{k=-\infty}^{\infty}X\left(\mathrm{j}\,\frac{\omega-2\pi k}{T}\right)\tag{7.69}$$

其中，$X(\mathrm{e}^{\mathrm{j}\omega})$是 $x[n]$的序列傅里叶变换。仍以 Ω 和 ω 分别表示模拟频率和数字频率，则

$$\omega=\Omega T=\Omega/f_s$$

由式(7.69)可知,$X(e^{j\omega})$是 $X(\Omega)$的周期性重复。显然,如果信号不是严格带限的,采样后的频谱就会发生混叠。即使是带限信号,即

$$X(\Omega)=0,\quad 0\leqslant|\Omega|\leqslant\Omega_m$$

当 $\Omega_m\geqslant f_s/2$ 时(f_s 为采样频率),采样后的频谱也会产生混叠!

总之,对非带限信号采样或采样频率不满足奈奎斯特频率的要求时,都会因频谱的混叠而导致采样前、后频谱的差异。由于离散傅里叶变换 $X[k]$是单位圆上 Z 变换的采样,即为 $X(e^{j\omega})$的采样。如果 $X(e^{j\omega})$与 $X(\Omega)$不一致,它的采样值 $X[k]$就无法真正反映原来信号的频谱。

解决这一问题的方法就是要保证足够高的采样频率,已如 4.6 节所述。但是,对采样频率的要求意味着要预知信号的频谱范围,在某些情况下做不到这一点。为了确保无混叠现象,可以采用抗混叠滤波器,有关内容可参见 4.6 节。

2. 泄漏现象

在实际应用中常对信号或序列的某一段感兴趣,例如要分析某段时间内的脑电图、心电图或分析歌手某一段演唱的音域等。这相当于对序列 $x[n]$的子序列 $x_N[n]$感兴趣,因而要求出它的离散傅里叶变换。可以通过时域"截断"的方法得到 $x_N[n]$,这相当于把序列 $x[n]$乘以一个宽度为 N 的矩形信号 $R_N[n]$,即

$$x_N[n]=x[n]R_N[n]$$

因此

$$X_N(e^{j\omega})=\frac{1}{2\pi}[X(e^{j\omega})*R_N(e^{j\omega})]=\frac{1}{2\pi}\int_{-\pi}^{\pi}X(e^{j\theta})R_N(e^{j(\omega-\theta)})d\theta \tag{7.70}$$

式中

$$R_N(e^{j\omega})=e^{-j\frac{N-1}{2}\omega}\frac{\sin\left(\frac{N}{2}\omega\right)}{\sin\left(\frac{\omega}{2}\right)} \tag{7.71}$$

由式(7.70)可见,$X_N(e^{j\omega})$是两个频谱的卷积。由信号卷积的知识可知,由于 $R_N(e^{j\omega})$的作用,将给 $X_N(e^{j\omega})$带来频谱的扩展和较大的波动,这就是所谓的频谱泄漏效应,而频谱泄漏会给频谱分析带来误差。

例如,信号卷积将导致频谱展宽。当展宽的高频分量超过 $\omega=\pi$ 时,就会出现混叠效应。稍加推导可知,截断长度 N 越小带来的误差越大。

另外,在上述的时域截断中使用了矩形信号 $R_N[n]$,通常把它称为矩形窗函数。实际上,窗的形状将影响窗函数频谱的主瓣宽度以及主瓣、旁瓣的相对幅度,并进一步影响到频谱泄漏的程度。由于矩形窗频谱的旁瓣收敛较慢,带来的泄漏效应比较明显。为了减少频谱泄漏的影响,通常用其他形状的窗函数进行截断。有关这方面的问题将在第 8 章进行讨论。

3. 栅栏效应

离散傅里叶变换 $X[k]$是序列傅里叶变换 $X(e^{j\omega})$的采样,它只给出了离散点 $\omega=$

$\frac{2\pi}{N}k(0\leqslant k\leqslant N-1)$上的频谱值，而无法得知这些点之间的频谱内容。

频谱的峰点或谷点通常是人们关心的所在，如果恰好落于 $X[k]$的两个离散点之间，就无法看到它们。这就跟透过栅栏去观看景象时，人们无法看到被栅栏挡住景物的情形相类似。

改善栅栏效应的方法可以采用前述的“补零技术”，即在 $x[n]$的后面增补若干个零值点。这一措施没有改变 $x[n]$的内容，只是改变了信号的长度或周期，其效果是改变了采样点的位置。这相当于移动了“栅栏”，从而改变了透过栅栏的视野，并把所关心的部分(如频谱的峰点、谷点等)显露出来。

4. 离散傅里叶变换的频率分辨率

所谓频率分辨率是指能够分辨的两个不同频率分量的最小间隔。在进行频谱分析时，它反映了把两个相邻谱峰分开的能力，因而是十分重要的参数。离散傅里叶变换频率分辨率的定义是：$\Delta f=f_s/N$。其中，Δf 为频率分辨率或频域采样间隔，f_s 为采样频率，N 是序列的长度。

从 $\Delta f=f_s/N$ 可见，增加序列长度 N 可以提高频率分辨率指标。那么，用补零技术人为增大 $x[n]$的长度不就可以提高这一指标吗？实际上这是一种误解！

由前述可知，离散傅里叶变换是序列傅里叶变换的采样，而离散傅里叶变换中的 $X[k]$与 $x[n]$具有相同的长度。因此，为了解释与补零有关的问题，应该从源头下手。

6.1.2 节曾经指出，序列傅里叶变换是单位圆上的 Z 变换，其定义为

$$\mathcal{F}[x[n]] = X(e^{j\omega}) = \sum_{n=-\infty}^{\infty} x[n]e^{-j\omega n}$$

当给定序列 $x[n](0\leqslant n\leqslant N-1)$时，可由上式求出它的序列傅里叶变换，$X(e^{j\omega})$。显然，求解过程仅使用了 $x[n]$的 N 个数值。尽管补零可以增加 $x[n]$的长度，但由上式可见，无论补多少个零对求得的 $X(e^{j\omega})$都是毫无贡献的。也就是说，在求取$X(e^{j\omega})$时，只使用了信息的有效长度 N！

另外，$X(e^{j\omega})$是周期函数，对它进行采样可以得到离散傅里叶变换，根据 $X[k]$与 $x[n]$具有相同长度的事实，其频率分辨率 $\Delta f=f_s/N$ 仅与没有补零的 $x[n]$的有效长度 N 有关。

总之，相同有效长度 $x[n]$的 $X(e^{j\omega})$是相同的，其频率分辨率也保持不变。因此，提高离散傅里叶变换频率分辨率的唯一办法就是增加序列 $x[n]$的截取长度。

问题：应用离散傅里叶变换进行谱分析时，补零技术会产生什么影响？

5. 用离散傅里叶变换作频谱分析的参数选择

综上所述，用离散傅里叶变换作频谱分析时涉及的一些参数是：

(1) 采样频率 f_s，它应满足奈奎斯特频率的要求。

(2) 模拟信号的持续时间(或记录长度)为

$$t_c = NT = N/f_s = 1/\Delta f$$

式中，T 为采样间隔，Δf 为频率分辨率。虽然 Δf 越小越好，但它使 N 加大，并导致计算量的增加，因而要根据实际需要合理地进行选择。

(3) 离散傅里叶变换的点数：由上式可得

$$N \geqslant 2f_m/\Delta f$$

式中的 f_m 为该信号的最高频率。

例 7.3 用离散傅里叶变换求信号 $x(t)$的频谱时要求：采样间隔 $T=0.1\text{ms}$，采样点数为 2 的整数次幂，谱线间隔(频率分辨率)$\Delta f \leqslant 10\text{Hz}$。试确定以下参量：(1)最小记录长度；(2)允许的待分析信号的最高频率；(3)一个记录的最小点数。

解 (1) 根据频率分辨率的要求确定最小记录长度

$$t_c = 1/\Delta f \geqslant \frac{1}{10}\text{s}$$

即最小记录长度为 0.1s。

(2) 根据给定的采样间隔确定信号的最高频率。

$$f_s = 1/T = \frac{1}{0.1 \times 10^{-3}\text{s}} = 10\text{kHz}, \quad 而\ f_s \geqslant 2f_m$$

所以，允许的待分析信号的最高频率为

$$f_m \leqslant f_s/2 = 5\text{kHz}$$

(3) 最小记录点数应满足

$$N \geqslant t_c/T = \frac{0.1}{0.1} \times 10^3 = 1000$$

又因为 N 必须为 2 的整数次幂，所以一个记录中的最小点数为

$$N = 2^{10} = 1024$$

■

7.8 小结

在连续时间信号采样或通过样本重建连续时间信号等场合会遇到连续时间信号与离散时间信号同时存在的混合信号。另外，在信号通过系统或者在信号之间进行相乘等基本操作时，也经常出现周期与非周期信号的相互作用。本章根据时域信号连续、离散、周期、非周期等情况对学过的傅里叶表示进行了归纳，并进一步证实了以下的结论，即："一个域的离散性会导致另一个域的周期性"以及"一个域的连续性对应于另一个域的非周期性"。

通过对四种傅里叶表示方法的比较可以更为透彻地理解各种情况的区别、联系以及时域、频域信号的特征。由于傅里叶分析都利用了复指数信号加权叠加的表示方法，因此具有相似的特性。

本章重点讨论了有限长序列的傅里叶变换，即离散傅里叶变换。在把有限长序列看成是离散、周期信号的一个周期之后，我们从离散、周期序列的离散傅里叶级数引出了有限长序列的离散傅里叶变换表达式。因此，离散傅里叶变换具有"隐藏的周期性"。离散傅里叶变换是单位圆上 Z 变换的采样，它所具有的圆移位、圆卷积特性也比较特殊。隐藏的周期性是正确理解上述特性的基础，也是利用离散傅里叶变

换实现线卷积和正确解释快速傅里叶变换计算结果的关键。

本章主要介绍了 DIT 和 DIF 两种快速傅里叶变换算法，这些讨论的目的就是介绍快速计算离散傅里叶变换的基本原理及其特点，根据本章介绍的内容不难编出快速傅里叶变换算法的程序。

几十年来人们一直在寻找快速计算离散傅里叶变换的方法，快速傅里叶变换的出现极大地扩展了傅里叶方法的应用范围，用之实现的软件已经广泛用于数据处理的各个领域。快速傅里叶变换出现之后，各种数字信号处理的快速算法大量涌现。快速傅里叶变换算法已经得到了公认，并被誉为“开创了数字信号处理的新纪元”。

仔细体会快速傅里叶变换算法的思路吧，正是这一算法才揭开了数字信号处理中快速算法的神秘面纱！

习题

7.1 已知时间序列 $x[n]=\{1,2,-1,3\}$，求它的离散傅里叶变换 $X[k]$。

7.2 已知 $x[n]=R_4[n]$，$\tilde{x}[n]=x((n))_6$。求$\widetilde{X}[k]$，画出$\tilde{x}[n]$和$\widetilde{X}[k]$的图形。

7.3 已知序列 $x[n]=a^n u[n]$，并用 $x[n]$构成如下的周期序列：

$$\tilde{x}[n]=\sum_{r=-\infty}^{\infty}x[n+rN]。$$

(1) 求 $x[n]$的序列傅里叶变换 $X(e^{j\omega})$；

(2) 求$\tilde{x}[n]$的离散傅里叶级数$\widetilde{X}[k]$；

(3) 给出 $X(e^{j\omega})$与$\widetilde{X}[k]$的关系。

7.4 设以下序列的长度为 N，N 为偶数，求它们的离散傅里叶变换。

(1) $x[n]=\delta[n]$

(2) $x[n]=\delta[n-n_0]$，$0\leqslant n_0\leqslant N-1$

(3) $x[n]=\begin{cases}1, & n\text{ 为偶数}, 0\leqslant n\leqslant N-1\\ 0, & n\text{ 为奇数}, 0\leqslant n\leqslant N-1\end{cases}$

(4) $x[n]=\begin{cases}1, & 0\leqslant n\leqslant N/2-1\\ 0, & N/2\leqslant n\leqslant N-1\end{cases}$

7.5 已知时宽为 N 的矩形序列 $x[n]=R_N[n]$，求

(1) $X(z)=\mathcal{Z}[x[n]]$；

(2) $x[n]$的序列傅里叶变换 $X(e^{j\omega})$，画出其幅度谱；

(3) $X[k]=\mathrm{DFT}[x[n]]$。

7.6 以下序列的长度为 N，求其离散傅里叶变换的闭合表达式。

(1) $x[n]=\sin(\omega_0 n)R_N[n]$

(2) $x[n]=a^n R_N[n]$

(3) $x[n]=n^2 R_N[n]$

7.7 已知 $x[n]$是长度为 N 的有限长序列，$X[k]=\mathrm{DFT}[x[n]]$，用 $X[k]$表示

以下序列的离散傅里叶变换。

(1) $y[n]=x[n]\cos\left(\frac{2\pi m}{N}n\right)$　　(2) $y[n]=x[n]\sin\left(\frac{2\pi m}{N}n\right)$

7.8　已知序列 $x[n]$ 的长度为 N，其离散傅里叶变换为 $X[k]$，试证明：

(1) 若 $x[n]=-x[N-1-n]$，则 $X[0]=0$；

(2) 若 $x[n]=x[N-1-n]$，N 为偶数，则 $X[N/2]=0$。

7.9　已知如下的 $X[k]$：

(1) $X[k]=\begin{cases}\frac{N}{2}e^{j\varphi}, & k=m\\ \frac{N}{2}e^{-j\varphi}, & k=N-m\\ 0, & 其他\end{cases}$　　(2) $X[k]=\begin{cases}-j\frac{N}{2}e^{j\varphi}, & k=m\\ j\frac{N}{2}e^{-j\varphi}, & k=N-m\\ 0, & 其他\end{cases}$

求它们的离散傅里叶反变换。其中，m 为正整数，且 $0<m<\frac{N}{2}$。

7.10　已知序列 $x[n]=\{1,2,5,3\}$，画出 $x[n]$ 和以下序列的波形。

(1) $x((n))_3R_3[n]$　　(2) $x((n))_8R_8[n]$

(3) $x((-n))_6R_6[n]$　　(4) $x((n-2))_5R_5[n]$

7.11　已知 $x[n]$ 是长度为 N 的序列，$X[k]=\mathrm{DFT}[x[n]]$，把 $x[n]$ 的长度扩大 r 倍，即

$$y[n]=\begin{cases}x[n], & 0\leqslant n\leqslant N-1\\ 0, & N\leqslant n\leqslant rN-1\end{cases}$$

又

$$Y[k_1]=\mathrm{DFT}[y[n]],\quad 0\leqslant k_1\leqslant rN-1$$

求 $Y[k_1]$ 与 $X[k]$ 的关系。

7.12　已知 $X[k]=\mathrm{DFT}[x[n]]$，长度为 N，又

$$y[n]=\begin{cases}x[n/r], & n=ir, i=0,1,\cdots,N-1\\ 0, & n\neq ir, i=0,1,\cdots,N-1\end{cases}$$

即 $y[n]$ 是长度为 rN 的有限长序列，它在 $x[n]$ 的每两个点之间补了 $r-1$ 个零的序列，又 $Y[k]=\mathrm{DFT}[y[n]]$，求 $Y[k]$ 与 $X[k]$ 的关系。

7.13　已知长度为 N 的序列 $x[n]$，N 为偶数，$X[k]=\mathrm{DFT}[x[n]]$。利用 $X[k]$ 表示以下序列的离散傅里叶变换。

(1) $x_1[n]=x[N-1-n]$

(2) $x_2[n]=(-1)^n x[n]$

(3) $x_3[n]=\begin{cases}x[n], & 0\leqslant n\leqslant N-1\\ x[n-N], & N\leqslant n\leqslant 2N-1\\ 0, & 其他\end{cases}$

(4) $x_4[n]=\begin{cases}x[n]+x\left[n+\frac{N}{2}\right], & 0\leqslant n\leqslant \frac{N}{2}-1\\ 0, & 其他\end{cases}$

(5) $x_5[n]=\begin{cases}x[n], & 0\leqslant n\leqslant N-1\\ 0, & N\leqslant n\leqslant 2N-1\\ 0, & 其他\end{cases}$

离散傅里叶变换的长度取为 $2N$。

(6) $x_6[n]=\begin{cases}x\left[\dfrac{n}{2}\right], & n\text{ 为偶数}\\ 0, & n\text{ 为奇数}\end{cases}$

离散傅里叶变换的长度取为 $2N$。

(7) $x_7[n]=x[2n]$,离散傅里叶变换的长度取为$\dfrac{N}{2}$。

7.14 图题 7.14 给出了几个周期序列,可以把它们表示成如下的傅里叶级数:

$$\tilde{x}[n]=\frac{1}{N}\sum_{k=0}^{N-1}\widetilde{X}[k]\mathrm{e}^{\mathrm{j}\frac{2\pi}{N}kn}$$

回答以下问题并说明理由。

(1) 通过选择时间起始点,哪些序列能使所有的$\widetilde{X}[k]$为实数?

(2) 通过选择时间起始点,哪些序列能使所有的$\widetilde{X}[k]$(k 为 N 的整数倍时除外)为虚数?

(3) 哪些序列的$\widetilde{X}[k]=0, k=\pm 2,\pm 4,\pm 6,\cdots$。

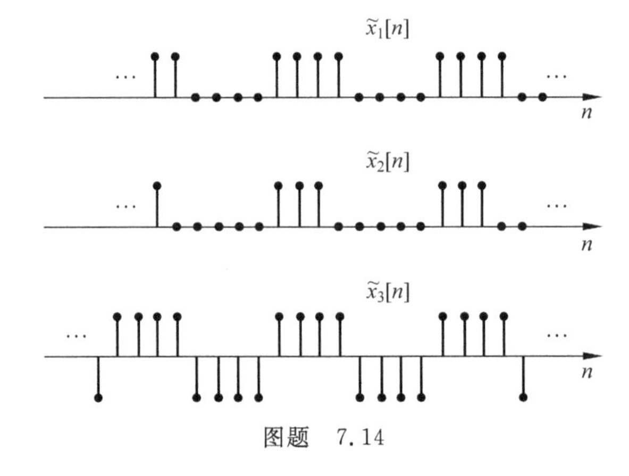

图题 7.14

7.15 已知 $X[k]=\mathrm{DFT}[x[n]]$,$Y[k]=\mathrm{DFT}[y[n]]$,其中

$$x[n]=(-1)^n+1,\quad 0\leqslant n\leqslant 3$$

$$y[n]=\begin{cases}(-1)^n+1, & 0\leqslant n\leqslant 3\\ 0, & 4\leqslant n\leqslant 23\end{cases}$$

求:

(1) $X[k]$;

(2) 用 $X[k]$表示 $Y[18]$的值。

7.16 已知 $x[n]$和 $h[n]$的长度分别为 10 和 25,设

$$y_1[n]=x[n]*h[n]$$

把 $x[n]$和 $h[n]$分别进行 25 点离散傅里叶变换后相乘,即

$$Y[k] = X[k]H[k]$$

由 $Y[k]$求出 $y[n]$,指出 $y_1[n]$和 $y[n]$相同的点。

7.17　已知序列 $x[n]=\{1,2,3,4,5\}$,$h[n]=\{1,1,1,1\}$,求

(1) $y[n]=x[n]*h[n]$

(2) $y[n]=x[n]⑦h[n]$

(3) $y[n]=x[n]⑧h[n]$

7.18　已知

$$x[n] = \cos\left(\frac{2\pi n}{N}\right)R_N[n]$$

$$h[n] = \sin\left(\frac{2\pi n}{N}\right)R_N[n]$$

用直接卷积法和离散傅里叶变换方法分别求

(1) $y_1[n]=x[n]*h[n]$

(2) $y_2[n]=x[n]*x[n]$

(3) $y_3[n]=h[n]*h[n]$

以上计算的圆卷积长度取为 N。

7.19　已知

$$x[n] = n+1, \quad 0 \leqslant n \leqslant 3$$
$$h[n] = (-1)^n, \quad 0 \leqslant n \leqslant 3$$

用圆卷积方法求出 $x[n]$与 $h[n]$的线卷积,即求出

$$y[n] = x[n] * h[n]$$

7.20　已知序列 $x[n]$的长度为 218,$h[n]$的长度为 12。

(1) 用直接卷积法求其线卷积,给出乘法的次数。

(2) 采用基-2 快速傅里叶变换的快速卷积法求解线卷积,给出乘法的次数。

(3) 比较以上结果,并得到你的结论。

7.21　序列 $x[n]$的长度为 8192,已知一台计算机每次复乘和复加所需的时间分别为 80μs 和 16μs,求直接计算 DFT$[x[n]]$和用快速傅里叶变换计算各需多少时间?

7.22　已知序列 $x[n]$的长度 $N=2^5=32$,用输入为自然次序的频域抽取快速傅里叶变换算法求 $X[k]$。问计算出来的第 11 点和第 21 点相应于 $X[k]$的哪一点?提示:使用快速傅里叶变换算法时,无论 $x[n]$还是 $X[k]$,其第一点的标号皆为 0,即为 $x[0]$或 $X(0)$。

7.23　已知序列 $x[n]$的长度为 $N=2^M$,$X[k]=$DFT$[x[n]]$。试判断以下说法的正误并说明理由。

“要构造一个由 $x[n]$计算 $X[k]$的信号流图,使得 $x[n]$和 $X[k]$均为自然次序(不是倒序)是不可能的”。

7.24　用快速傅里叶变换程序计算如下所示的 DFT 时,程序的输入为 $x[n]$,输出为 $X[k]$。

$$X[k]=\mathrm{DFT}[x[n]]=\sum_{n=0}^{N-1}x[n]\mathrm{e}^{-\mathrm{j}\frac{2\pi}{N}kn},\quad k=0,1,\cdots,N-1$$

给出利用该程序计算如下离散傅里叶反变换的方法。

$$x[n]=\frac{1}{N}\sum_{k=0}^{N-1}X[k]\mathrm{e}^{\mathrm{j}\frac{2\pi}{N}kn},\quad n=0,1,\cdots,N-1$$

7.25 已知 $x[n]$、$y[n]$均为 N 点实序列，$X[k]=\mathrm{DFT}[x[n]]$，$Y[k]=\mathrm{DFT}[y[n]]$。设计一个从 $X[k]$、$Y[k]$求出 $x[n]$和 $y[n]$的 N 点离散傅里叶反变换的算法，为了提高运算效率，要求该运算能一次完成。

7.26 画出 $N=16$ 时频域抽取快速傅里叶变换算法的蝶形流图，要求输入序列为码位倒置顺序，输出序列为自然顺序。

7.27 画出 $N=16$ 时域抽取快速傅里叶变换算法的蝶形流图，要求输入序列为自然顺序，输出序列为码位倒置顺序。

第8章 数字滤波器

8.1 理想低通滤波器

8.1.1 定义

所谓“理想滤波器”就是将滤波器的滤波特性理想化，以理想低通滤波器为例，它的频率响应为

$$H(\omega)=\begin{cases}\mathrm{e}^{-\mathrm{j}\omega t_0}, & |\omega|\leqslant\omega_c\\ 0, & |\omega|>\omega_c\end{cases}=|H(\omega)|\mathrm{e}^{\mathrm{j}\varphi(\omega)} \tag{8.1}$$

因此

$$|H(\omega)|=\begin{cases}1, & |\omega|\leqslant\omega_c\\ 0, & \omega\text{ 为其他值}\end{cases} \tag{8.2}$$

$$\varphi(\omega)=-t_0\omega$$

式(8.1)的特性示于图8.1。由图可见，对于$|\omega|\leqslant\omega_c$的所有信号都可以无失真地通过该滤波器，因而称为滤波器的通带，并把ω_c称为滤波器的截止频率。由于$|\omega|>\omega_c$时，信号被完全衰减掉，不能通过该滤波器，故把该范围称为滤波器的阻带。图中还给出了滤波器的相位特性，它是通过坐标原点的直线。

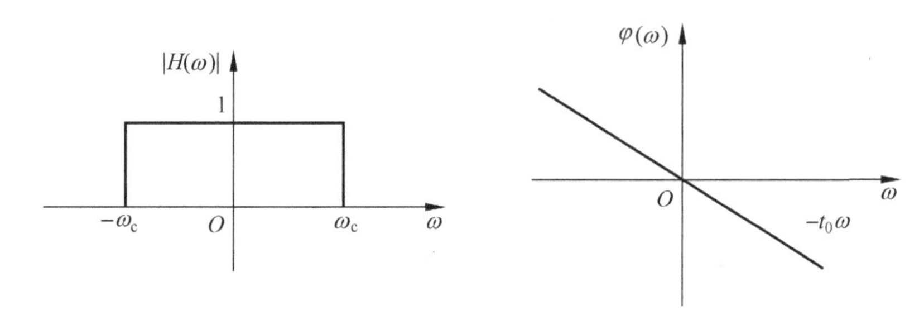

图8.1 理想低通滤波器特性

可以有多种方法求得理想低通滤波器的脉冲响应。例如，直接求取式(8.1)的傅里叶反变换可得

$$h(t)=\mathcal{F}^{-1}[H(\omega)]=\frac{1}{2\pi}\int_{-\infty}^{\infty}H(\omega)\mathrm{e}^{\mathrm{j}\omega t}\mathrm{d}\omega$$

$$=\frac{\omega_c}{\pi}\mathrm{Sa}[\omega_c(t-t_0)] \tag{8.3}$$

直接用傅里叶变换的对偶性以及时移定理也可以得到式(8.3)的结果，建议读者参照第3章的例子进行复习。

由式(8.3)可见，$h(t)$具有抽样函数 Sa(·)的形式，峰值位于 t_0，该波形示于图8.2。根据式(8.3)可以得出一个非常重要的结论："理想低通滤波器是不能物理实现的"。为什么呢？

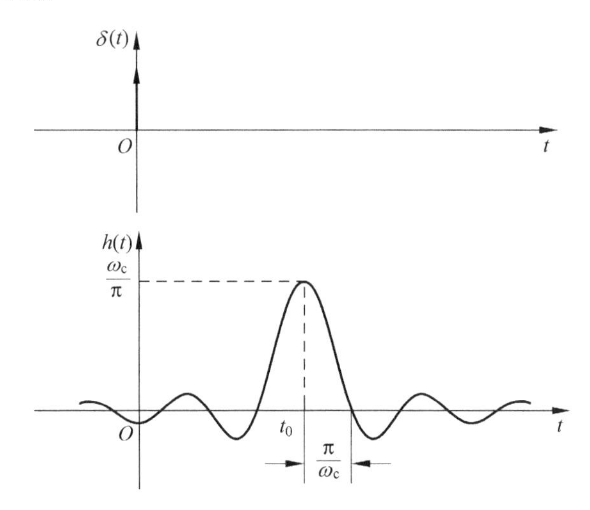

图 8.2 理想低通滤波器的单位样值响应

根据脉冲响应的定义，$h(t)$是激励信号为 $\delta(t)$时系统的响应。也就是说，是在 $t=0$时刻加入了激励信号，而在 $t<0$ 时没有激励信号。但从式(8.3)和图 8.2 可见，在 $t<0$ 时系统已经有了输出！这说明它不是因果系统，因而是不能实现的。实际上，从图 8.1 所示的特性也可以得出同样的结论。因为该图所示的幅频特性没有过渡带，前后沿极其陡峭，而这种要求是无法实现的。

尽管这一模型不能实现，但在理论分析和滤波器的分析、设计中有着非常重要的地位。这也是冠以"理想"的一个原因。

8.1.2 矩形脉冲通过理想低通滤波器

以上是 $\delta(t)$通过理想低通滤波器的情况。下面分析激励为矩形脉冲的情况。

设把矩形脉冲 $x(t)=u\left(t+\frac{T_0}{2}\right)-u\left(t-\frac{T_0}{2}\right)$加到式(8.1)所示的理想低通滤波器，用卷积积分可以求得滤波器的响应为

$$y(t)=\int_{-\infty}^{\infty}x(\tau)h(t-\tau)\mathrm{d}\tau \tag{8.4}$$

把式(8.3)表示成 $h(t-\tau)$ 并代入式(8.4)可得

$$y(t)=\frac{\omega_c}{\pi}\int_{-T_0/2}^{T_0/2}\frac{\sin[\omega_c(t-t_0-\tau)]}{\omega_c(t-t_0-\tau)}d\tau=\frac{1}{\pi}\int_b^a\frac{\sin\lambda}{\lambda}d\lambda$$
$$=\frac{1}{\pi}\left[\int_0^a\frac{\sin\lambda}{\lambda}d\lambda-\int_0^b\frac{\sin\lambda}{\lambda}d\lambda\right] \tag{8.5}$$

式中，$\lambda=\omega_c(t-t_0-\tau)$，$a=\omega_c\left(t-t_0+\frac{T_0}{2}\right)$，$b=\omega_c\left(t-t_0-\frac{T_0}{2}\right)$。为简化上式的表达，引入正弦积分

$$\mathrm{Si}(u)=\int_0^u\frac{\sin\lambda}{\lambda}d\lambda \tag{8.6}$$

可见，正弦积分 $\mathrm{Si}(u)$ 是 $\frac{\sin\lambda}{\lambda}$ 的定积分。我们不能用基本函数求出正弦积分的闭式解，但通过幂级数的积分能够得到结果，也可以从正弦积分表直接得到它的函数值。正弦积分的图形如图 8.3 所示。

由图可见，$\mathrm{Si}(u)$ 的特点为：它是奇函数；随着 $|u|$ 值的增加，$\mathrm{Si}(u)$ 趋于极限值 $\pm\frac{\pi}{2}$；它的各个极值点与 $\frac{\sin\lambda}{\lambda}$ 函数的零点相对应，即在 π 的整数倍点上具有极大值或极小值等。

把式(8.6)代入式(8.5)可得

$$y(t)=\frac{1}{\pi}[\mathrm{Si}(a)-\mathrm{Si}(b)] \tag{8.7}$$

式(8.7)就是矩形脉冲通过理想低通滤波器的输出，其波形如图 8.4 所示。

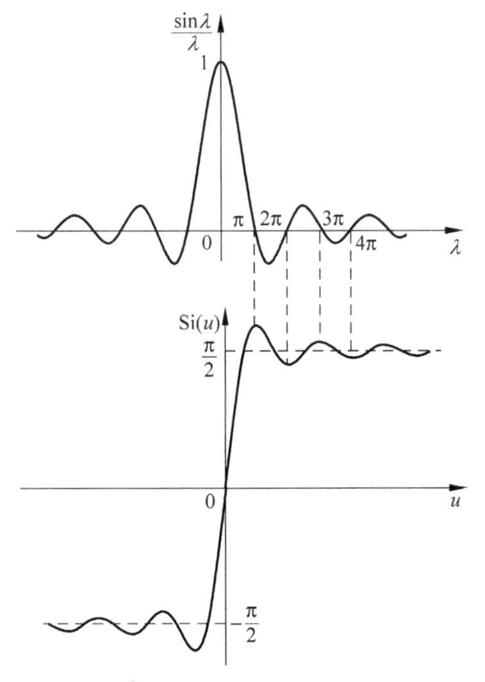

图 8.3 $\frac{\sin\lambda}{\lambda}$ 函数和 $\mathrm{Si}(u)$(正弦积分)函数

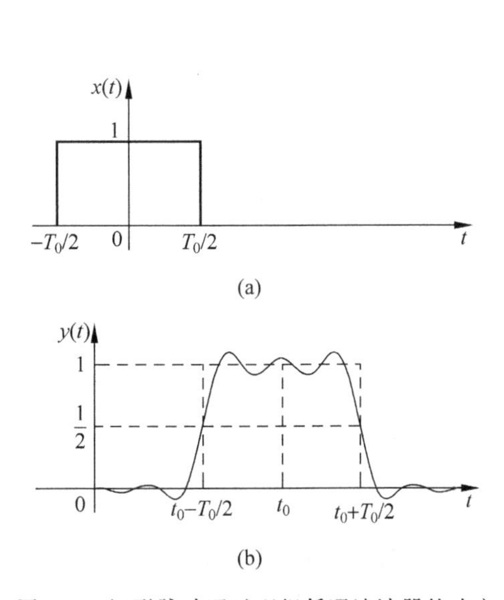

图 8.4 矩形脉冲通过理想低通滤波器的响应

在矩形脉冲通过理想低通滤波器的推导中，输入信号是 $x(t)=u\left(t+\frac{T_0}{2}\right)-u\left(t-\frac{T_0}{2}\right)$，它是两个移位阶跃信号的叠加。显然，如果把阶跃脉冲 $x(t)=u(t)$ 加到式(8.1)所示的理想低通滤波器，通过与上面类似的推导就可以得到相应的输出

$$g(t)=\frac{1}{2}+\frac{1}{\pi}\mathrm{Si}(\omega_c(t-t_0)) \tag{8.8}$$

式(8.8)的结果称为理想低通滤波器的阶跃响应，并示于图 8.5。

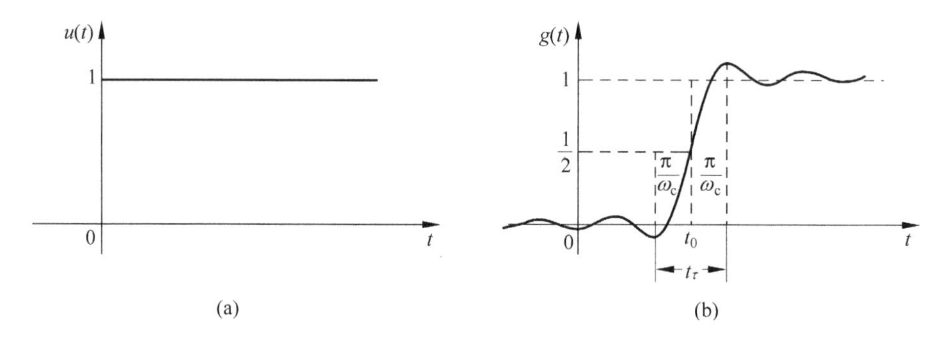

图 8.5　理想低通滤波器的阶跃响应

由图 8.5 可见，阶跃响应 $g(t)$ 不再有 $u(t)$ 那样的跳变沿，而是斜率为

$$\frac{\mathrm{d}g(t)}{\mathrm{d}t}=h(t)$$

的斜升沿。该斜率在 $t=t_0$ 时取最大值，且等于 $\frac{\omega_c}{\pi}$。如果把上升时间 t_τ 定义为 $g(t)$ 从最小值到最大值所需的时间，则由图 8.5 可见

$$t_\tau=2\cdot\frac{\pi}{\omega_c}=\frac{1}{f_c}=\frac{1}{B} \tag{8.9}$$

式中 $f_c=\frac{\omega_c}{2\pi}$，而 ω_c 就是式(8.1)中理想低通滤波器的截止频率。由于

$$B=f_c-0=f_c(\mathrm{Hz})$$

故把 B 称为滤波器的通带宽度或带宽。由式(8.9)可以得到一个重要的结论：阶跃响应的上升时间 t_τ 与系统的带宽 B 成反比。也就是说，滤波器的截止频率越高或滤波器的带宽越宽，阶跃响应的上升时间越短，因而响应的波形越陡直。

下面讨论著名的吉布斯现象。由信号的频谱分析可知，用周期信号傅里叶级数的有限项去合成该信号时，所取的项数越多，近似的程度越好。所谓吉布斯现象是指，当波形具有跳变点(或不连续点)时，在不连续点附近的合成值会出现一个峰起或上冲。尽管项数增加时该上冲向跳变点靠近，但它与原信号的差趋向于百分之九这个常数。

从数学上看，吉布斯现象说明，用有限项傅里叶级数逼近原信号时不是一致逼近。研究理想低通滤波器对矩形脉冲的响应可以对这个问题看得更为清晰。

一个很自然的想法是，增大理想低通滤波器的带宽 ω_c 会不会减少这个上冲呢？观察矩形脉冲通过理想低通的响应可以说明这个问题。图 8.6(a)、(b)给出了矩形脉冲及其傅里叶变换，该信号通过图 8.6(d)理性低通滤波器后的响应波形示于图 8.6(c)。当滤波器的带宽从图 8.6(d)增加到图 8.6(f)时，相应的输出波形示于该图 8.6(e)。由图 8.6(e)可见，它的波形更接近于矩形，上冲也更靠近跳变点，这是因为输入信号中更多的高频分量通过了该滤波器的缘故。然而，不管 ω_c 如何变化，相应响应在跳变点附近的上冲均为 9%左右。对这个问题的解释如下：由图 8.3 可见，正弦积分的第一个峰起在 $u=\pi$。当 $u=\pi$ 时，由式(8.6)可以求出 $\mathrm{Si}(\pi)=1.8514$。把 $\mathrm{Si}(\pi)$的值代入阶跃响应的表达式(8.8)，可以求出阶跃响应的峰值为

$$g(t)=\frac{1}{2}+\frac{1.8514}{\pi}\approx 1.0895$$

因此，第一个上冲约为跳变值的 9%，其大小是这个特定问题的内在特性，不会随着其他因素的变化而改变。

读者是否注意到，我们把图 8.6(c)、(e)的波形在横轴上进行了位移，这是为了便于与图 8.6(a)的输入波形进行比较的缘故。

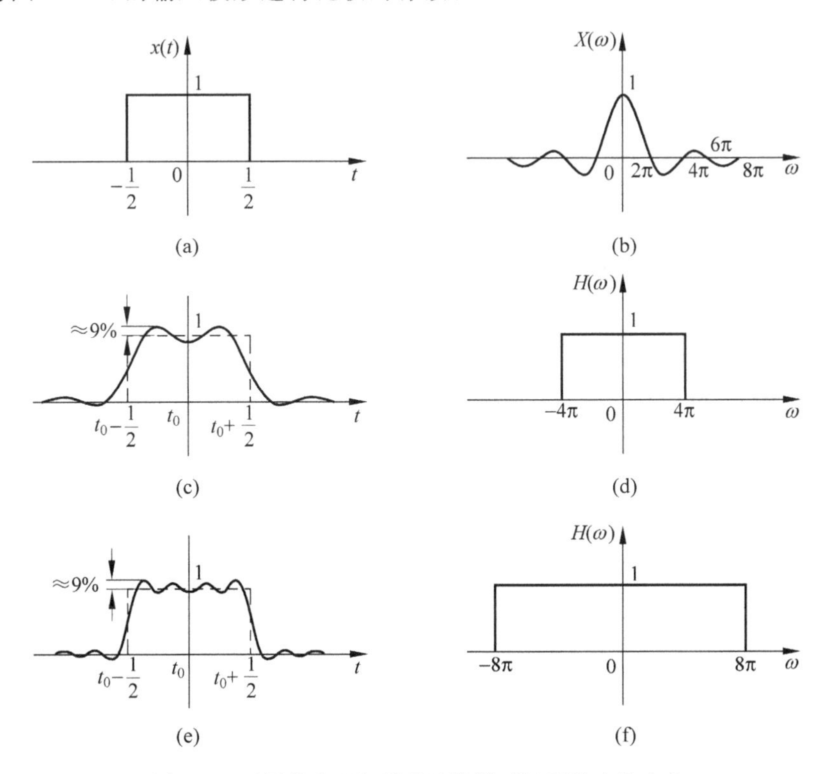

图 8.6　不同带宽理想低通滤波器对矩形脉冲的响应

(a) 滤波器的矩形脉冲激励；(b) 矩形脉冲的频谱；(c) $\omega_c=4\pi$ 时的响应波形；(d) $\omega_c=4\pi$ 的理想低通滤波器；(e) $\omega_c=8\pi$ 时的响应波形；(f) $\omega_c=8\pi$ 的理想低通滤波器

8.2 数字滤波器设计的基本概念

实际上,“数字滤波器”就是一个离散时间系统。由前述可知,它的激励和输出信号都是离散时间信号或序列。因此,离散时间系统的概念、方法、结论和成果都适用于数字滤波器。例如,可以用差分方程、传递函数来描述数字滤波器等。除了用芯片电路实现之外,一个突出的优点是可以用计算机软件来实现数字滤波器。此外,一个数字滤波器的设计就是在给定系统要求的情况下,设计出该系统,因此属于系统综合的范畴。当然,限于课程的性质和篇幅,本章只能介绍数字滤波器最基本的概念和某些简单的设计方法。

8.2.1 数字低通滤波器的技术指标

根据实际应用的要求,人们可能对信号中的某些分量感兴趣,当信号的频率成分可以分离时,就能通过“滤波”提取出有用的分量。当然,在信号被“干扰或噪声”污染时,也能通过滤波去除某些有害的分量。因此,可以把滤波器看成一个信号选择系统,它的主要任务就是改变输入信号的频谱。在传统滤波器的设计中主要关心频率响应,这是因为在初期的应用中,主要涉及低通、带通等频率信号的处理。当前,数字滤波的应用日益广泛,早已脱离了狭义的、单纯“滤波”的概念,并成为信号处理中一种非常基本、非常重要的技术。

前面讨论过理想低通滤波器并说明它是物理不可实现的。因此,为了设计出实用的滤波器,必须放松要求。也就是说,实用的滤波器与理想滤波器在技术指标上存在着一定的偏差。通常把容许偏差的极限称为容限或容差,图 8.7 给出了数字低通滤波器的容限图。由该图可见,实用的数字低通滤波器仍由通带、阻带和过渡带组成。但是

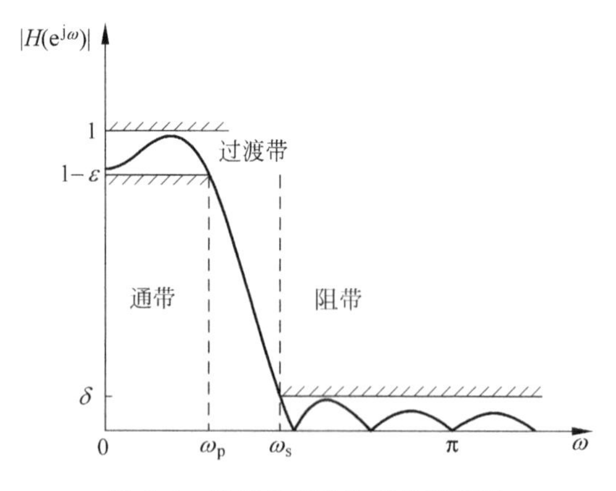

图 8.7 数字低通滤波器的容限图

(1) 滤波器通带内的幅度不再恒为 1,其变化范围在 1 和 $1-\varepsilon$ 之间,即

$$1-\varepsilon \leqslant |H(e^{j\omega})| \leqslant 1, \quad 0 \leqslant |\omega| \leqslant \omega_p$$

式中,ω_p 是通带的截止频率,而 ε 是通带的容差系数。

(2) 滤波器阻带内的幅度不再恒为零,而是允许一个不超过 δ 的偏差,即

$$|H(e^{j\omega})| \leqslant \delta, \quad |\omega| \geqslant \omega_s$$

式中,ω_s 是阻带的截止频率,而 δ 是阻带的容差系数。

(3) 过渡带不再是跃变,而是具有一定的宽度

$$\omega_s - \omega_p$$

所谓低通滤波器的技术指标就是根据实用的要求给出所需的 ε、δ 以及 ω_p、ω_s 等技术参数。由于离散信号的周期性,在数字滤波器的情况下,传递函数将表现出周期性,其重复周期为 2π。

8.2.2 有限脉冲响应(FIR)与无限脉冲响应(IIR)数字滤波器

1. 概念

设计滤波器时首先要寻求满足性能要求的传递函数

$$H(z) = \frac{\sum_{i=0}^{M} a_i z^{-i}}{1 - \sum_{j=1}^{N} b_j z^{-j}} \tag{8.10}$$

为方便起见,在本章的讨论中往往把输入序列的长度也取为 N,即在上式中取 $M=N$。下面讨论式(8.10)的参数关系。

(1) 若

$$b_j = 0, \quad j = 1,2,\cdots,N$$

则

$$H(z) = \sum_{i=0}^{M} a_i z^{-i} = a_0 + a_1 z^{-1} + a_2 z^{-2} + \cdots + a_M z^{-M} \tag{8.11}$$

因此

$$h[n] = a_0\delta[n] + a_1\delta[n-1] + a_2\delta[n-2] + \cdots + a_M\delta[n-M] \tag{8.12}$$

可见,求得的 $h[n]$是个有限长序列。由前述可知,其 Z 变换在有限 z 平面上没有极点,即 $H(z)$的收敛域为$|z|>0$。(请读者考虑,为什么不写成 $0<|z|<\infty$?)

由于单位样值响应 $h[n]$是有限长序列,故称为有限长单位样值响应数字滤波器或有限脉冲响应数字滤波器简写为 FIR 数字滤波器或 FIR 系统。

(2) 在式(8.10)的 b_j,$j=1,2,\cdots,N$ 中,只要有一个系数 $b_j\neq 0$,在有限 z 平面上就会出现极点,单位样值响应 $h[n]$不再是有限长序列,故称为无限长单位样值响应数字滤波器或无限脉冲响应数字滤波器简写为 IIR 数字滤波器或 IIR 系统。

2. FIR 与 IIR 系统的区别

(1) 对 IIR 系统来说,至少有一个 $b_j \neq 0$,其差分方程为

$$y[n] = \sum_{i=0}^{N} a_i x[n-i] + \sum_{j=1}^{M} b_j y[n-j] \tag{8.13}$$

由于至少有一个 $b_j \neq 0$,在式(8.13)中就会存在延时的输出序列 $y[n-j]$,并通过反馈起作用。因而,IIR 系统都会带有反馈环路。通常把实现这种系统的相应结构称为“递归型结构”。与此同时,把没有反馈环路的系统称为“非递归型结构”。一般来说,FIR 系统是“非递归型结构”。

(2) 通过第 6 章的讨论已经明确,传递函数的极点对系统特性的影响是至关重要的。可以预见的是 IIR 系统和 FIR 系统在特性上会表现出很大的差别,设计方法也不一样。二者各自的主要优点是:

FIR 滤波器可以得到严格的线性相位;可以采用快速傅里叶变换算法,因而运算速度较高;不存在系统的不稳定性问题等。

由于采用了递归结构,IIR 滤波器可以用较少的存储单元和较少的运算获得很高的选择性;可以借助于模拟滤波器的成果设计 IIR 滤波器,因而工作量较小等。

总而言之,这两类滤波器各有所长。不言自明的是,它们的优点是相对而言的,某类的优点就是对应类的不足。因此,可以根据需要在实际应用中进行选择。

8.2.3 无限脉冲响应数字滤波器的设计方法

设 N 阶 IIR 数字滤波器的传递函数为

$$H(z) = \frac{\sum_{i=0}^{N} a_i z^{-i}}{1 - \sum_{j=1}^{N} b_j z^{-j}} = K \frac{\prod_{i=1}^{N}(1 - z_i z^{-1})}{\prod_{j=1}^{N}(1 - p_j z^{-1})} \tag{8.14}$$

所谓数字滤波器设计就是根据性能要求设计出用式(8.14)表达的传递函数。为此,要确定出满足给定要求的系数 a_i、b_j 或者零点 z_i 和极点 p_j 等。IIR 数字滤波器的设计方法一般有三种。

1. 简单的零、极点调整法

由前述频率响应的几何确定法可知,数字频率 ω 沿单位圆旋转一周就能得到系统的频响。频响特性与零、极点的分布密切相关,即 ω 接近于极点或零点时频响会出现峰值或谷点;极点或零点越接近单位圆,峰、谷值就越尖锐等。例如把极点设置在低频范围,即单位圆的 $\omega=0$ 附近,并把零点安排在高频区域,即 $\omega=\pi$ 的附近,就可以实现一个低通滤波器。因此,在设计一个系统时,可以根据指标要求,大致定出零、极点的位置,并通过零、极点的移动改进系统的性能。一般来说,在要求简单和阶数较低(一、二阶)的情况下,两三次调整就能得到比较满意的结果。

2. 用最优化技术设计数字滤波器

在自动化和信息处理领域，最优化技术得到了广泛的应用。所谓最优化设计就是在某种准则下，使逼近误差最小的设计方法。可以根据不同的出发点实现上述准则，如使最大误差最小化等。

这就是说，在进行最优化设计时，先要选定一个拟采用的“最优”准则。下面以最常用的最小均方误差准则进行说明，该准则是

$$\varepsilon = \sum_{i=1}^{N}\left[\,|H(e^{j\omega_i})| - |H_d(e^{j\omega_i})|\,\right]^2 \tag{8.15}$$

其中，$H(e^{j\omega})$和 $H_d(e^{j\omega})$分别是实际设计的频响特性和要求的理想特性，ε 是二者的均方误差。所谓“最小均方准则”就是按 ε 最小的准则设计 $H(e^{j\omega})$。

由式(8.14)可以看出，$H(e^{j\omega})$是系数为 a_i、b_j 的两个多项式之比。所以在具体设计时，通过 a_i、b_j 的改变计算出相应的 ε，并选定使 ε 最小的系数 a_i 和 b_j。这就是用最优化技术设计数字滤波器的方法。由于参数间存在高度的非线性关系，故要根据数值逼近的方法通过大量的迭代运算来解决。这正好发挥了计算机的优势，因而这类设计方法已经取得并将取得日益广泛的应用。

3. 运用模拟滤波器理论设计数字滤波器

(1) 基本概念

模拟滤波器已经有很长的应用历史，在设计方法和应用实践等方面都积累了丰富的经验，在理论上已经非常成熟。在模拟滤波器的设计中，已经把很多常用、典型滤波器的设计参数表格化，可供设计者直接引用，因而非常方便、实用。根据连续和离散之间的紧密联系，有可能把这套方法直接继承过来，并用于数字滤波器的设计和实践。此外，从应用的角度分析，两类滤波器要求完成的任务也有很多相同之处，如低通、高通、带通、带阻等。因而，在 IIR 滤波器的设计中将着重讨论和研究这一设计方法。

用模拟滤波器理论设计数字滤波器，就是先设计出一个满足性能要求的模拟滤波器的传递函数 $H(s)$，并通过它设计出数字滤波器的传递函数 $H(z)$。实际上，这就是第 6 章研究的平面映射关系。为了保证设计后的性能相近，这一映射应满足以下两个要求。

① 数字滤波器的频率响应 $H(e^{j\omega})$应该模仿模拟滤波器的频响 $H(j\Omega)$，因而要求 s 平面的虚轴 $s=j\Omega$ 映射为 z 平面的单位圆 $z=e^{j\omega}$。

② 映射前后的传递函数 $H(s)$和 $H(z)$都应满足因果、稳定的要求。因此，s 平面的左半平面应该映射到 z 平面的单位圆内，即满足 $\mathrm{Re}[s]<0 \rightarrow |z|<1$ 的要求。

(2) 幅度平方函数

根据模拟滤波器设计的理论和实践，可实现的滤波器传递函数 $H(s)$必须满足以下条件：

① $H(s)$为具有实系数的有理函数；

② $H(s)$的极点分布在左半 s 平面；

③ $H(s)$分子多项式的阶次必须小于或等于分母多项式的阶次。

如前所述，滤波器设计就是要设计出满足使用要求的传输函数 $H(s)$。若只对稳定的幅频特性感兴趣，就要求设计出$|H(\mathrm{j}\Omega)|$。其中，$H(\mathrm{j}\Omega)=H(s)\big|_{s=\mathrm{j}\Omega}$表示模拟滤波器的频率响应。实际上，最常用的方法是从“幅度平方函数”$|H(\mathrm{j}\Omega)|^2$出发来进行设计。为什么呢?

① 在工程上，滤波器的设计指标往往是通带和阻带的工作衰耗，而这一衰耗取决于反映功率增益的幅度平方函数，即取决于$|H(\mathrm{j}\Omega)|^2$。

② 一些著名的、常用滤波器的逼近模型都是以$|H(\mathrm{j}\Omega)|^2$的形式表示的。

③ 从$|H(\mathrm{j}\Omega)|^2$可以非常方便地求出 $H(s)$。

在稳态条件下，当系统的单位脉冲响应 $h(t)$为实函数时，由傅里叶变换的共轭对称性可以得到

$$\begin{aligned}|H(\mathrm{j}\Omega)|^2_{\mathrm{j}\Omega=s}&=H(\mathrm{j}\Omega)H^*(\mathrm{j}\Omega)\big|_{\mathrm{j}\Omega=s}=H(\mathrm{j}\Omega)H(-\mathrm{j}\Omega)\big|_{\mathrm{j}\Omega=s}\\&=H(s)H(-s)\end{aligned}\tag{8.16}$$

因此，从$|H(\mathrm{j}\Omega)|^2$求出 $H(s)$的关键就是把式(8.16)与 s 平面联系起来，其要点是：

① 在复平面 s 上标出$|H(\mathrm{j}\Omega)|^2$的极点和零点。

由于$h(t)$为实系数，所以 $H(s)$的零点或极点必然以共轭对的形式出现。因而，$|H(\mathrm{j}\Omega)|^2$的零、极点将“成对地”对称于 s 平面的实轴和虚轴，即呈现出象限对称的分布。如果零、极点位于虚轴，则一定是二阶的。当然，只有临界稳定的系统才会在虚轴上出现极点。

② 可以把$|H(\mathrm{j}\Omega)|^2$对称零、极点的任何一半作为 $H(s)$的极点和零点。

③ 为了保证 $H(s)$为稳定系统，应把$|H(\mathrm{j}\Omega)|^2$在左半 s 平面的极点选为 $H(s)$的极点。另外，如果要求 $H(s)$为最小相位系统，还应选择$|H(\mathrm{j}\Omega)|^2$在左半 s 平面的零点。

例 8.1 已知$|H(\mathrm{j}\Omega)|^2=\dfrac{2+\Omega^2}{1+\Omega^4}$，求 $H(s)$。

解

$$\begin{aligned}|H(\mathrm{j}\Omega)|^2\Big|_{\mathrm{j}\Omega=s}&=\frac{2+\Omega^2}{1+\Omega^4}\Big|_{\mathrm{j}\Omega=s}=\frac{2-s^2}{1+s^4}\\&=\frac{(\sqrt{2}-s)(\sqrt{2}+s)}{\left(s-\frac{1+\mathrm{j}}{\sqrt{2}}\right)\left(s+\frac{1+\mathrm{j}}{\sqrt{2}}\right)\left(s-\frac{1-\mathrm{j}}{\sqrt{2}}\right)\left(s+\frac{1-\mathrm{j}}{\sqrt{2}}\right)}\end{aligned}$$

可见，$|H(\mathrm{j}\Omega)|^2$有四个极点和两个零点，它们在 s 平面的分布如图 8.8 所示。当要求系统稳定时，应选取左半 s 平面的两个极点和任意一个零点。如果还要求系统为最小相位系统，则应选取左半 s 平面的一个零点，并用之组成 $H(s)$，因此

$$H(s)=\frac{\sqrt{2}+s}{\left(s+\frac{1+\mathrm{j}}{\sqrt{2}}\right)\left(s+\frac{1-\mathrm{j}}{\sqrt{2}}\right)}$$ ■

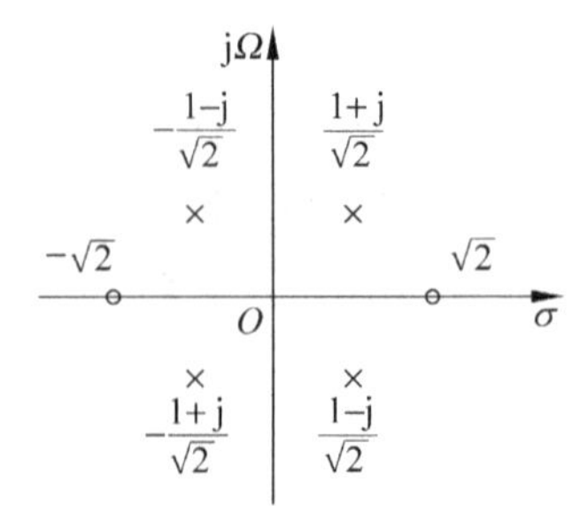

图 8.8 例 8.1 的零、极点分布

8.2.4　数字滤波器的设计步骤

设计数字滤波器的步骤如下。

(1) 根据实际需要确定数字滤波器的技术指标。

(2) 求出数字滤波器的传递函数 $H(z)$或单位样值响应 $h[n]$的表达式，即用一个因果稳定的系统去逼近上述指标。

(3) 用实际的离散系统实现 $H(z)$或 $h[n]$。其中包括运算结构、字长以及数字处理方法的选择等环节。

(4) 检验系统的特性是否满足给定的技术指标。

8.3　数字滤波器的结构

设数字滤波器的传递函数为

$$H(z)=\frac{\sum_{i=0}^{N}a_i z^{-i}}{1-\sum_{j=1}^{N}b_j z^{-j}} \tag{8.17}$$

相应的差分方程为

$$y[n]=\sum_{i=0}^{N}a_i x[n-i]+\sum_{j=1}^{N}b_j y[n-j] \tag{8.18}$$

如前所述，尽管能用差分方程、单位样值响应或传递函数来表示一个数字系统，但不言自明的是，方块图表示是更为直接的方法，也便于研究系统的具体实现。

例如，一阶数字滤波器为

$$y[n]=a_0 x[n]+a_1 x[n-1]+b_1 y[n-1] \tag{8.19}$$

其方块图(或结构图)表示如图 8.9 所示。

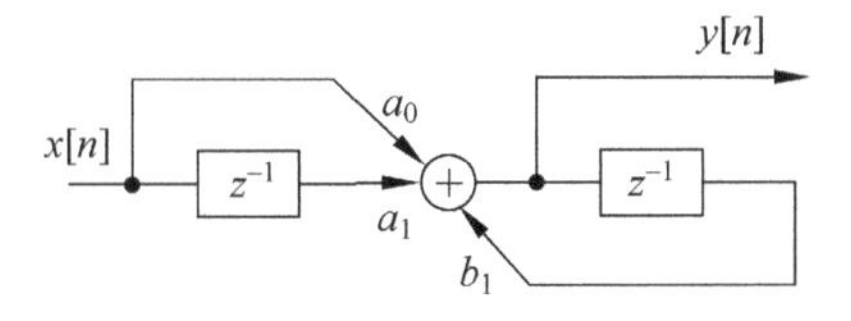

图 8.9　一阶数字滤波器的结构图

在数字信号处理中，通常用图 8.10 所示的信号流图表示滤波器的结构，该图还给出了延时、乘以系数和相加等三种基本运算单元的方块图表示和信号流图表示。稍加分析可知，图中④号节点的信号值为 $x[n-1]$，请读者自行分析其余各节点上的信号值。显然，对于式(8.19)的一阶数字滤波器而言，图 8.10 的信号流图表示比图 8.9更为简明、实用。

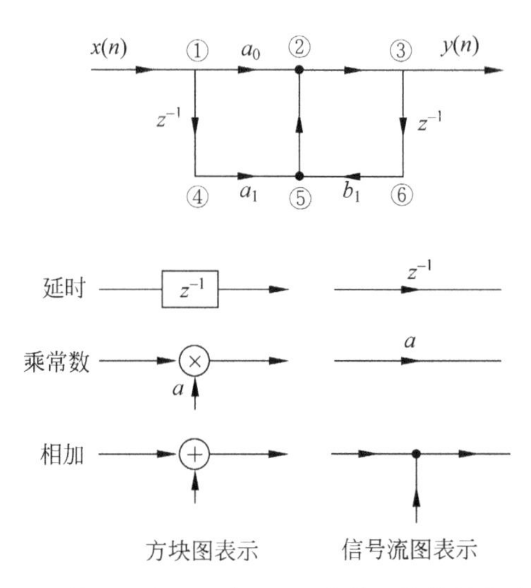

图 8.10　数字滤波器及其基本运算单元的信号流图表示

8.3.1　IIR 数字滤波器的结构

前面已经讨论过 IIR 数字滤波器，其实现结构为递归型，即带有反馈。需要说明的是在具体实现时，IIR 数字滤波器的结构并不唯一，下面对其结构的主要类型进行介绍。

1. 直接 Ⅰ 型

式(8.17)和式(8.18)是 IIR 数字滤波器的传递函数和差分方程。为方便计，把它的差分方程重新列在下面。

$$y[n]=\sum_{i=0}^{N}a_ix[n-i]+\sum_{j=1}^{N}b_jy[n-j] \tag{8.20}$$

由上式可见，右边两项分别是输入和输出延时后的加权和。图 8.11 表示了这类系统的实现结构。

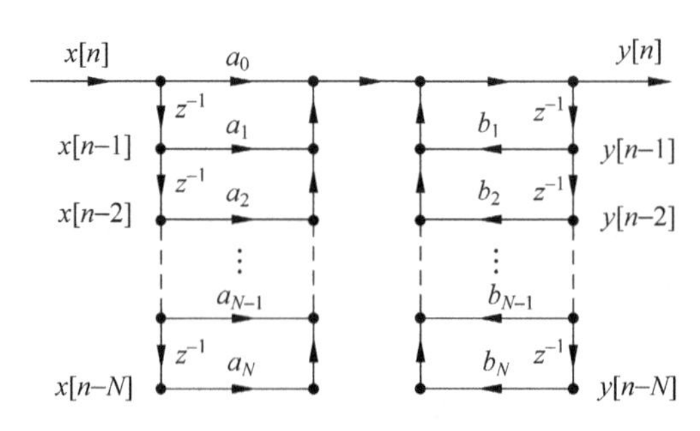

图 8.11　直接 Ⅰ 型滤波器的结构图

2. 直接Ⅱ型(正准型)

式(8.17)表示的传递函数可以改写为

$$H(z)=\frac{\sum_{i=0}^{N}a_i z^{-i}}{1-\sum_{j=1}^{N}b_j z^{-j}}=\sum_{i=0}^{N}a_i z^{-i}\cdot\frac{1}{1-\sum_{j=1}^{N}b_j z^{-j}}=H_1(z)H_2(z)$$

由于 $H(z)$为线性时不变系统,故可交换系统的级联次序

$$H(z)=H_2(z)H_1(z)$$

交换前、后的框图示于图 8.12。

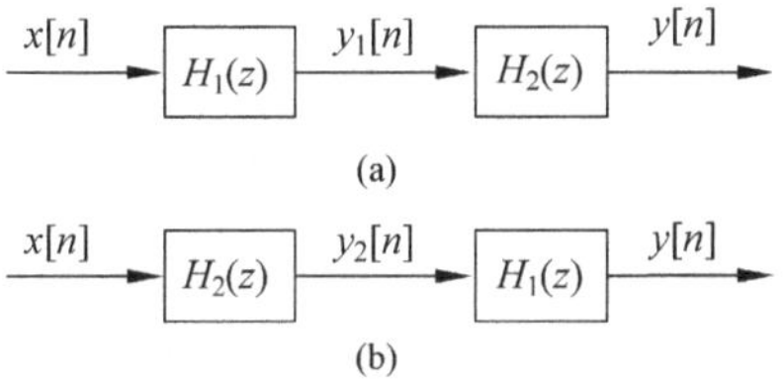

图 8.12　子系统及其交换律

由图 8.12(b)可见,输入信号 $x[n]$要先通过反馈子系统 $H_2(z)$,由于

$$H_2(z)=\frac{1}{1-\sum_{j=1}^{N}b_j z^{-j}}$$

所以

$$y_2[n]=\sum_{j=1}^{N}b_j y_2[n-j]+x[n] \tag{8.21}$$

由图 8.12(b)可见,$y_2[n]$输入到 $H_1(z)$,输出为 $y[n]$。由于

$$H_1(z)=\sum_{i=0}^{N}a_i z^{-i}$$

所以

$$y[n]=\sum_{i=0}^{N}a_i y_2[n-i] \tag{8.22}$$

据此可以画出系统的结构图如图 8.13 所示。图的左半部表示了式(8.21),而图的右半部表示了式(8.22)。

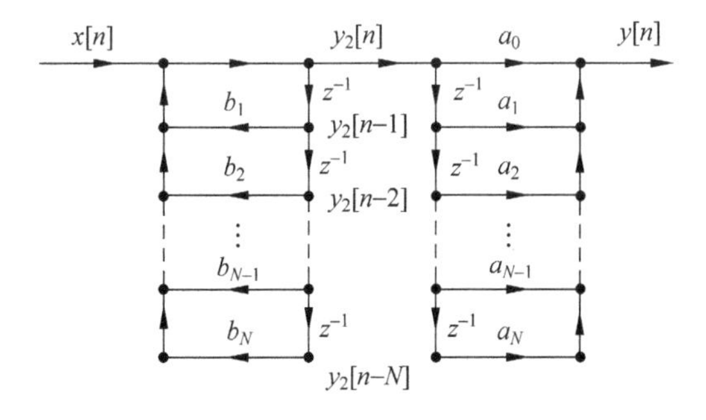

图 8.13　直接型滤波器结构的变形图

研究图 8.13 结构图可知,中间两条支路上的信号值相同,都是 $y_2[n]$的延时值。从差分方程式(8.21)和式(8.22)也可以得到这一结论。因此,可以把这两条延时支路

合并为一条。显然，图 8.14 和图 8.13 表示的数字滤波器是等效的，但前者更为经济。

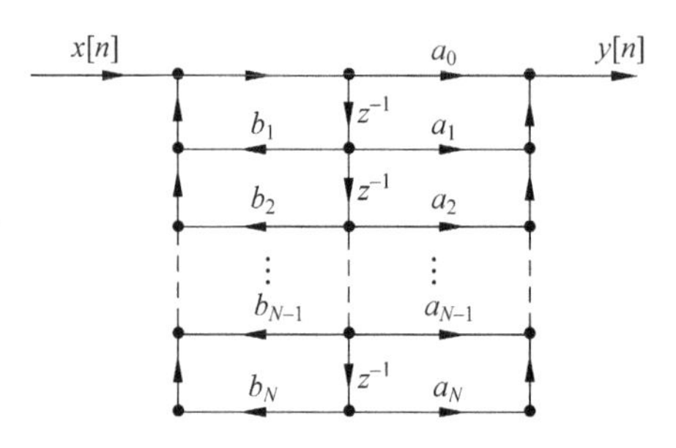

图 8.14 直接Ⅱ型数字滤波器的结构图

通常把图 8.14 的结构称为直接Ⅱ型结构。和直接Ⅰ型一样，它们都是从差分方程直接得到的。直接Ⅱ型也称为正准型，其主要特点是可以节省存储单元，而这个优点的获得不过是运用了系统级联的交换律。

3. 级联型结构

式(8.10)为 N 阶数字滤波器的传递函数，为方便计重新列在下面。

$$H(z)=\frac{\sum_{i=0}^{N}a_iz^{-i}}{1-\sum_{j=1}^{N}b_jz^{-j}}=K\frac{\prod_{i=1}^{N}(1-z_iz^{-1})}{\prod_{j=1}^{N}(1-p_jz^{-1})} \tag{8.23}$$

$H(z)$的系数 a_i，b_j 都是实系数，所以式(8.23)的零点 z_i 和极点 p_j 只能是实数或者共轭复数。由于共轭复数可以构成一个实系数的二阶因子，因此

$$\begin{aligned}H(z)&=K\frac{\prod_{i=1}^{M_1}(1-c_iz^{-1})\prod_{i=1}^{M_2}(1-d_iz^{-1})(1-d_i^*z^{-1})}{\prod_{j=1}^{N_1}(1-p_jz^{-1})\prod_{j=1}^{N_2}(1-q_jz^{-1})(1-q_j^*z^{-1})}\\&=K\frac{\prod_{i=1}^{M_1}(1-c_iz^{-1})\prod_{i=1}^{M_2}(1+\alpha_{1i}z^{-1}+\alpha_{2i}z^{-2})}{\prod_{j=1}^{N_1}(1-p_jz^{-1})\prod_{j=1}^{N_2}(1-\beta_{1j}z^{-1}-\beta_{2j}z^{-2})}\end{aligned} \tag{8.24}$$

显然，$M_1+2M_2=N_1+2N_2=N$。为了进一步简化表达方式，可以把上式的单实根因子看成是二阶因子的特例。因此可以把 $H(z)$分解成都是实系数二阶因子的形式，即

$$H(z)=K\prod_{i=1}^{\left[\frac{N+1}{2}\right]}\frac{1+\alpha_{1i}z^{-1}+\alpha_{2i}z^{-2}}{1-\beta_{1i}z^{-1}-\beta_{2i}z^{-2}}=K\prod_{i=1}^{\left[\frac{N+1}{2}\right]}H_i(z) \tag{8.25}$$

式中$\left[\frac{N+1}{2}\right]$表示对$\frac{N+1}{2}$取整，通常把

$$H_i(z)=\frac{1+\alpha_{1i}z^{-1}+\alpha_{2i}z^{-2}}{1-\beta_{1i}z^{-1}-\beta_{2i}z^{-2}} \tag{8.26}$$

称为数字滤波器的二阶基本节(简称二阶节)。因此整个滤波器就是 $H_i(z)$的级联,而 $H_i(z)$可以用直接Ⅱ型实现。于是,整个滤波器的结构如图 8.15 所示。其中 $M=\left[\frac{N+1}{2}\right]$。从式(8.26)和图 8.15 可见,每一个基本节都由一对零点和一对极点组成。因此,调整系数 α_{1i}和 α_{2i}就是调整了第 i 对零点,这一调整对其他的零点和极点没有任何影响。调整系数 β 的情况也是如此。因而,这种结构能够比较准确地实现滤波器的零、极点。从频率响应的几何作图法可知,这种结构能够很方便、快捷地调整滤波器的性能。尤其重要的是,由于极点的位置便于控制,因而能有效地避免系统的不稳定问题。作为对比,在直接型结构中,由于系数 a_i、b_j 对滤波器性能的控制不够直接,因而不具备上述特点。

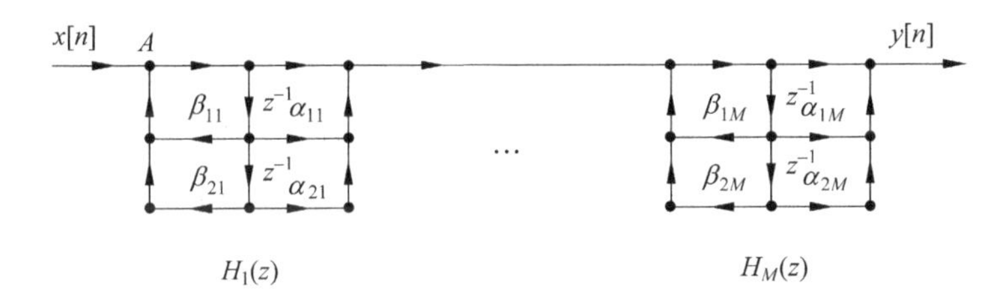

图 8.15 级联型数字滤波器的结构图

另由式(8.25)可见,其分子和分母各有 $M=\left[\frac{N+1}{2}\right]$个二阶因子。在组成 $H_i(z)$时又可以任意地两两配对,因而形成了 $M!$ 种二阶基本节。此外,$H_i(z)$的级联次序也能有 $M!$ 种,所以组成级联型 $H(z)$的方案数是很多的。尽管这些方案都实现了同一个 $H(z)$,但不同方案带来的误差会有差别,在实际应用时可进一步选择。这种选择不但涉及最优化问题,还与数字滤波器课程中专门讨论的误差问题有关,有兴趣的读者可参阅数字滤波器的教材。

4. 并联型结构

如前所述,通过部分分式分解可以把系统的传递函数表示为

$$H(z)=\frac{\sum_{i=0}^{N}a_iz^{-i}}{1-\sum_{j=1}^{N}b_jz^{-j}}=A_0+\sum_{i=1}^{N}\frac{A_i}{1-p_iz^{-1}} \tag{8.27}$$

这种表示方法在滤波器的结构上有什么特点呢?类似于级联型,把上式的共轭复根合并,则

$$\begin{aligned}H(z)&=A_0+\sum_{i=1}^{M_1}\frac{A_i}{1-p_iz^{-1}}+\sum_{i=1}^{M_2}\frac{B_i(1-C_iz^{-1})}{(1-q_iz^{-1})(1-q_i^*z^{-1})}\\&=A_0+\sum_{i=1}^{M_1}\frac{A_i}{1-p_iz^{-1}}+\sum_{i=1}^{M_2}\frac{\alpha_{0i}+\alpha_{1i}z^{-1}}{1-\beta_{1i}z^{-1}-\beta_{2i}z^{-2}}\end{aligned} \tag{8.28}$$

上式对应的滤波器结构如图 8.16 所示，它由常数 A_0 以及一阶节、二阶节构成。

这种结构形式的优点是：可以用并行处理实现，运算速度很快；由于各个并联单元之间互不影响，在各个单元上产生的误差不会积累，所以在误差特性方面稍好于级联型；另由式(8.28)和图 8.16 可见，这一结构可以单独调整极点位置，但不能直接控制零点的位置。

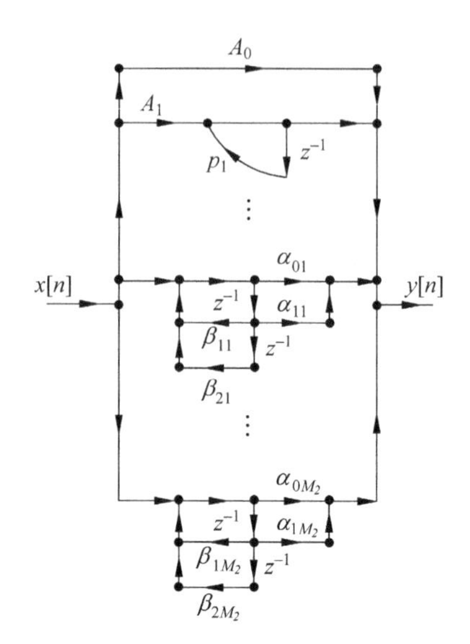

图 8.16 并联型数字滤波器的结构图

例 8.2 设系统的差分方程为

$$y[n]-\frac{7}{8}y[n-1]+\frac{3}{16}y[n-2]$$

$$=x[n]+\frac{1}{3}x[n-1]$$

画出该滤波器的直接Ⅱ型以及全部为一阶节的级联型和并联型结构。

解 对差分方程两边求 Z 变换可得

$$Y(z)-\frac{7}{8}z^{-1}Y(z)+\frac{3}{16}z^{-2}Y(z)=X(z)+\frac{1}{3}z^{-1}X(z)$$

于是

$$H(z)=\frac{Y(z)}{X(z)}=\frac{1+\frac{1}{3}z^{-1}}{1-\frac{7}{8}z^{-1}+\frac{3}{16}z^{-2}}=\frac{1+\frac{1}{3}z^{-1}}{\left(1-\frac{1}{2}z^{-1}\right)\left(1-\frac{3}{8}z^{-1}\right)}$$

$$=\frac{20/3}{1-\frac{1}{2}z^{-1}}+\frac{-17/3}{1-\frac{3}{8}z^{-1}}$$

由此可得图 8.17 所示的各种结构。 ■

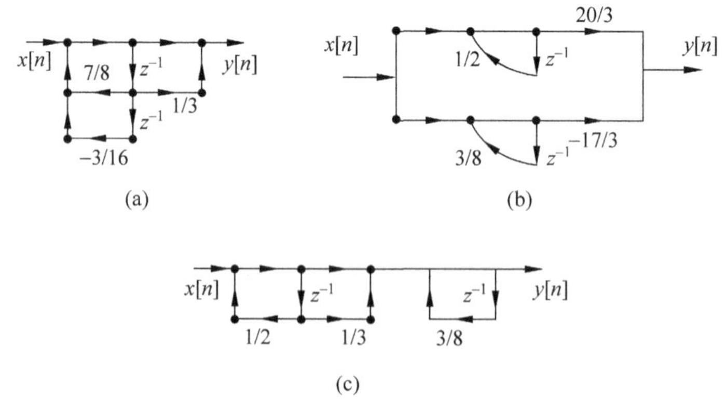

图 8.17 例 8.2 的滤波器结构

(a) 直接Ⅱ型结构；(b) 并联型结构；(c) 级联型结构

8.3.2 FIR 数字滤波器的结构

如前所述，FIR 滤波器的 $h[n]$为有限长，其传递函数为

$$H(z)=\sum_{n=0}^{N-1}h[n]z^{-n} \tag{8.29}$$

请读者自行分析上式零、极点的情况。FIR 滤波器的基本结构形式有以下几种。

1. 直接型结构

把式(8.29)写成差分方程式，则

$$y[n]=\sum_{m=0}^{N-1}h[m]x[n-m] \tag{8.30}$$

可见，$y[n]$是 $x[n]$延时序列的加权和，由此画出的实现结构如图 8.18(a)所示。由差分方程式(8.30)可见，它就是信号的卷积形式，所以 FIR 直接型结构也称为卷积型结构，有的文献中把它称为横截型结构。

在此，我们顺便介绍单输入-单输出系统中“流图转置”的概念。该定理的内容是：如果把信号流图所有支路“倒向”的同时，交换系统输入、输出的位置，则系统的传递函数保持不变。由此可以得到图 8.18(b)所示的另一种 FIR 系统的直接型结构。

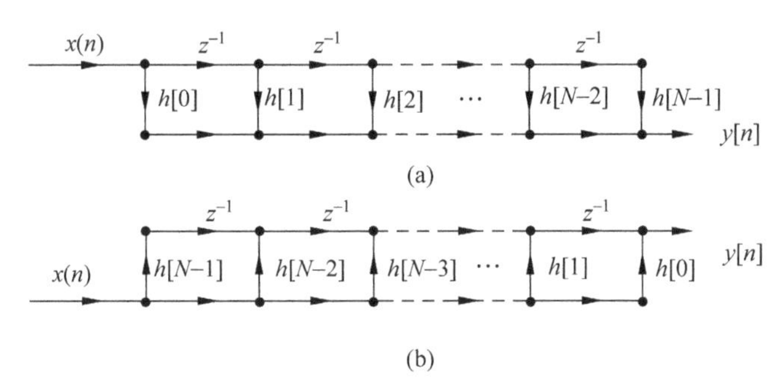

图 8.18　FIR 系统的直接型结构

2. 级联型结构

把式(8.29)分解为二阶实系数因子可得

$$H(z)=\sum_{n=0}^{N-1}h[n]z^{-n}=\prod_{i=1}^{\left[\frac{N}{2}\right]}(\alpha_{0i}+\alpha_{1i}z^{-1}+\alpha_{2i}z^{-2})$$

其中，$\left[\dfrac{N}{2}\right]$表示对$\dfrac{N}{2}$取整。显然，可以用图 8.19 所示的二阶节实现上式。

由图 8.19 可见，该图的每个子节都可以控制一对零点，故多用于需要控制滤波器传输零点的情况。

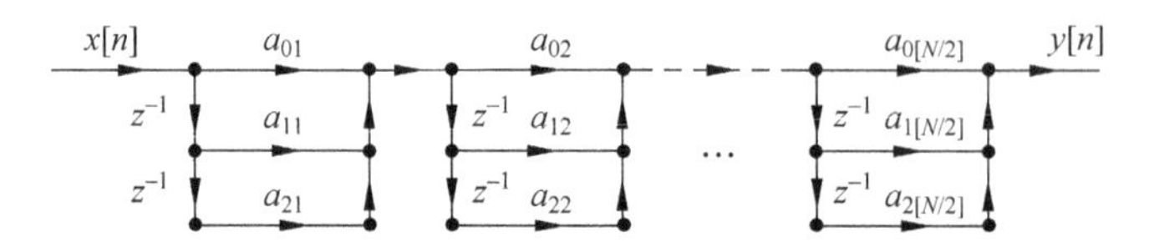

图 8.19 级联型 FIR 数字滤波器结构

此外，还有其他的结构形式，如线性相位结构以及频率采样型结构等，可以根据实际需要的不同加以选择。限于篇幅，本书不再讨论。

8.4 常用模拟低通滤波器设计简介

8.4.1 巴特沃斯滤波器

设计模拟滤波器时通常采用基于近似函数的综合方法。也就是说，要选择一个近似函数去逼近理想滤波器的特性。因此，传递函数的选择非常重要，它决定了滤波器的性能。一般来说，近似问题是一个最优化问题，需要给出最优化准则，因而解决方案并不唯一。按照最大平坦幅度响应准则设计的滤波器就是巴特沃斯滤波器。

1. 巴特沃斯滤波器的幅频特性和零、极点分布

巴特沃斯滤波器是一种最基本的逼近函数，它的特点是幅频特性最平坦。其幅度平方函数为

$$|H(\mathrm{j}\Omega)|^2=\left(\frac{1}{\sqrt{1+\left(\frac{\Omega}{\Omega_c}\right)^{2N}}}\right)^2,\quad N=1,2,3,\cdots \tag{8.31}$$

式中，N 为整数，是滤波器的阶次，Ω_c 是滤波器的 3dB 截止频率。$\Omega=\Omega_c$ 时，$|H(\mathrm{j}\Omega)|^2=1/2$，$|H(\mathrm{j}\Omega)|=\frac{1}{\sqrt{2}}$。所以 Ω_c 是滤波器的半功率点，也称为滤波器的通带宽度或 3 分贝带宽。

从给出的 $|H(\mathrm{j}\Omega)|^2$ 可以求得传递函数 $H(s)$。由前可知

$$|H(\mathrm{j}\Omega)|^2=H(s)H(-s)\big|_{s=\mathrm{j}\Omega} \tag{8.32}$$

由于 $\Omega=\frac{s}{\mathrm{j}}$，所以

$$H(s)H(-s)=\frac{1}{1+\left(\frac{s}{\mathrm{j}\Omega_c}\right)^{2N}}=\frac{(\mathrm{j}\Omega_c)^{2N}}{s^{2N}+(\mathrm{j}\Omega_c)^{2N}}$$

由上式可以求出 $|H(\mathrm{j}\Omega)|^2$ 的极点为

$$s^{2N}+(\mathrm{j}\Omega_c)^{2N}=0$$

$$s_k=\mathrm{j}\Omega_c(-1)^{\frac{1}{2N}}=\Omega_c\mathrm{e}^{\mathrm{j}\pi(2k+N-1)/2N},\quad k=1,2,\cdots,2N \tag{8.33}$$

$|H(\mathrm{j}\Omega)|^2$ 的极点分布示于图 8.20。对于 N 阶滤波器而言，$|H(\mathrm{j}\Omega)|^2$ 有 $2N$ 个极点，它们在 s 平面的分布有以下几个特点。

(1) 这些极点均匀分布在半径为 Ω_c 的圆周上，该圆称为巴特沃斯圆。

(2) 所有复数极点均为共轭对称分布，而在 $\mathrm{j}\Omega$ 轴上没有极点。

(3) 实轴上是否有极点取决于 N 为奇数还是偶数，当 N 为偶数时实轴上没有极点，其第一个极点必定出现于 $\pi/2N$ 处。当 N 为奇数时，$s=\pm\Omega_c$ 处有极点。

(4) 所有零点都位于 $s=\infty$。

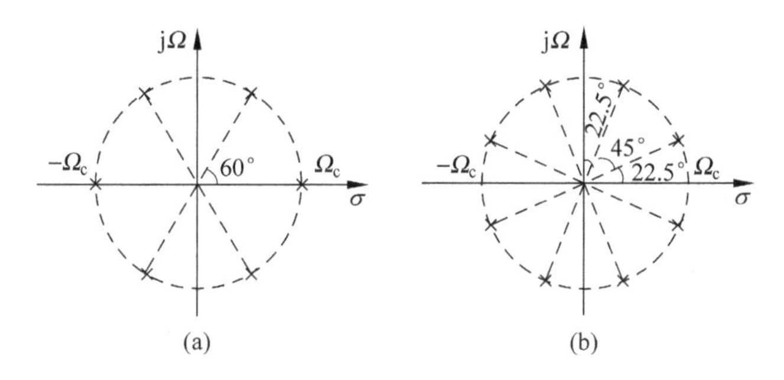

图 8.20 巴特沃斯滤波器的幅度平方函数 $|H(\mathrm{j}\Omega)|^2$ 的极点分布

(a) $N=3$，为奇数；(b) $N=4$，为偶数

为使求得的 $H(s)$ 稳定，取左半平面的 N 个极点作为滤波器传递函数的极点。于是，巴特沃斯滤波器的传递函数为

$$H(s)=\frac{\Omega_c^N}{\prod_{k=1}^{N}(s-s_k)} \tag{8.34}$$

2. 巴特沃斯滤波器的特点

(1) 幅度特性为最大平坦

设 $|H(\mathrm{j}\Omega)|$ 为 N 阶模拟低通滤波器的幅频响应。一般来说，如果满足下式的条件

$$\left.\frac{\partial^k}{\partial\Omega^k}|H(\mathrm{j}\Omega)|\right|_{\Omega=0}=0,\quad k=1,2,\cdots,2N-1$$

即在 $\Omega=0$ 点的前 $2N-1$ 阶导数都为零，则称 $|H(\mathrm{j}\Omega)|$ 为关于原点的最大平坦特性。巴特沃斯滤波器是否满足上式的条件呢？

为简单计，取 $\Omega_c=1$，则 $\Omega=\dfrac{\Omega}{\Omega_c}$ 为归一化频率。式(8.31)在 $\Omega=0$ 的泰勒级数展开为

$$|H(\mathrm{j}\Omega)|^2=1-\Omega^{2N}+\Omega^{4N}\cdots$$

所以

$$\left.\frac{\partial^k}{\partial\Omega^k}|H(\mathrm{j}\Omega)|^2\right|_{\Omega=0}=0,\quad k=1,2,\cdots,2N-1$$

因此，巴特沃斯滤波器具有对 $\Omega=0$ 点的最大平坦特性。也就是说，在 $\Omega=0$ 附近的一段范围内，$|H(\mathrm{j}\Omega)|$ 是非常平坦的。

（2）随着频率的升高，巴特沃斯滤波器的幅度特性会单调下降。这是因为

当 $\frac{\Omega}{\Omega_c}<1$ 时，$\left(\frac{\Omega}{\Omega_c}\right)^{2N}$ 非常小，所以式(8.31)的 $|H(\mathrm{j}\Omega)|^2$ 趋近于 1。当 $\frac{\Omega}{\Omega_c}>1$ 时，$\left(\frac{\Omega}{\Omega_c}\right)^{2N}$ 远大于 1，所以 $|H(\mathrm{j}\Omega)|^2$ 将急剧下降。

（3）3 分贝点的不变性

由式(8.31)可以求出，$|H(0)|^2=1$，$|H(\Omega_c)|^2=\frac{1}{2}$，$|H(\infty)|^2=0$。因此 Ω_c 是滤波器的半功率点，即不管 N 为多少，在 $\Omega=\Omega_c$ 时，其频响特性都通过 3 分贝点。此外，随着阶次 N 的增加，巴特沃斯滤波器的频带边缘更为陡峭、频响特性更趋近于矩形。

需要说明的是，在给定滤波器性能指标的情况下，通常希望用最小阶次的滤波器来实现。因此，滤波器阶次的选择在整个滤波器的设计中占有极其重要的地位。

（4）在 $\Omega\gg\Omega_c$ 的高频范围里，$|H(\mathrm{j}\Omega)|^2$ 的滚降率为 $6N$dB/倍频程，即频率每增加一倍，其损耗增加 $6N$dB。这是因为当 $\Omega\gg\Omega_c$，即下式

$$|H(\mathrm{j}\Omega)|^2=\frac{1}{1+\Omega^{2N}}\approx\frac{1}{\Omega^{2N}}$$

的 $\Omega\gg1$ 时，用分贝表示上式，则

$$A(\omega)=-10\lg|H(\mathrm{j}\Omega)|^2=10\lg\Omega^{2N}=20N\lg\Omega(\mathrm{dB})$$

$$\begin{cases}\Omega=1, & A(\omega)=0\\ \Omega=2, & A(\omega)=20N\lg2\approx6N\mathrm{dB}\\ \Omega=2^2, & A(\omega)\approx12N\mathrm{dB}\end{cases}$$

问题　十倍频程的高频衰减是多少？

图 8.21 给出了阶次 N 增大时滤波器的特性曲线，从中可以看出巴特沃斯滤波器的上述特点。

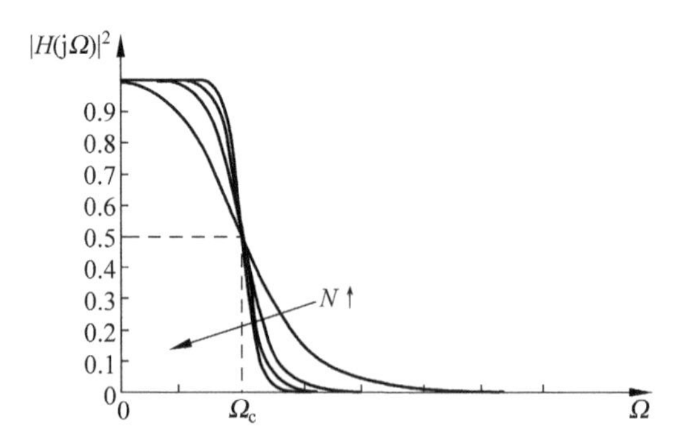

图 8.21　巴特沃斯滤波器的幅度平方函数

3. 巴特沃斯滤波器的设计方法

(1) 传递函数的求法：这里用例子加以说明。

例 8.3　已知巴特沃斯滤波器的阶次 $N=2$，求 $H(s)$。

解　$N=2$ 时，$|H(\mathrm{j}\Omega)|^2=H(s)H(-s)$ 的极点个数为 $2N=4$ 个。从式(8.33)可以求出这些极点为

$$s_k=\Omega_c \mathrm{e}^{\mathrm{j}\left[\frac{1}{2N}(2k+N-1)\pi\right]}=\Omega_c \mathrm{e}^{\mathrm{j}\left[\frac{1}{4}(2k+1)\pi\right]},\quad k=1,2,\cdots,2N$$

把左半平面的极点分配给 $H(s)$，则当 $k=1$ 时

$$s_1=\Omega_c \mathrm{e}^{\mathrm{j}\frac{3\pi}{4}}=\Omega_c\left(\cos\frac{3\pi}{4}+\mathrm{j}\sin\frac{3\pi}{4}\right)=\Omega_c\left(-\frac{\sqrt{2}}{2}+\mathrm{j}\frac{\sqrt{2}}{2}\right)$$

当 $k=2$ 时

$$s_2=\Omega_c \mathrm{e}^{\mathrm{j}\frac{5\pi}{4}}=\Omega_c\left(-\frac{\sqrt{2}}{2}-\mathrm{j}\frac{\sqrt{2}}{2}\right)$$

所以

$$\begin{aligned}(s-s_1)(s-s_2)&=\Omega_c^2\left(\frac{s}{\Omega_c}+\frac{\sqrt{2}}{2}-\mathrm{j}\frac{\sqrt{2}}{2}\right)\left(\frac{s}{\Omega_c}+\frac{\sqrt{2}}{2}+\mathrm{j}\frac{\sqrt{2}}{2}\right)\\&=\Omega_c^2\left[(\tilde{s})^2+\sqrt{2}\,\tilde{s}+1\right]\end{aligned}$$

式中 $\tilde{s}=\dfrac{s}{\Omega_c}$ 表示对变量 s 的归一化。从式(8.34)可得

$$H(\tilde{s})=\frac{1}{(\tilde{s})^2+\sqrt{2}\,\tilde{s}+1}$$

显然，若在上式中设 $\Omega_c=1$，则 $\tilde{s}=s$，$H(\tilde{s})=H(s)$。■

实际上，可以根据零、极点的分布规律简化上面的求解过程。例如，要求设计 $N=3$ 的巴特沃斯滤波器。为方便起见，设 3dB 截止频率 $\Omega_c=1$。由前可知，$|H(\mathrm{j}\Omega)|^2=H(s)H(-s)$，其 $2N=6$ 个极点均匀分布在巴特沃斯圆上。该圆的半径 $\Omega_c=1$，各极点以 $\pi/3$ 相间隔，恰如图 8.20(a)所示。把左半平面的极点分配给 $H(s)$，则

$$s_1=-1,\quad s_2=-\frac{1}{2}+\mathrm{j}\frac{\sqrt{3}}{2},\quad s_3=-\frac{1}{2}-\mathrm{j}\frac{\sqrt{3}}{2}$$

由此得到巴特沃斯滤波器的传递函数为

$$H(s)=\frac{1}{(s-s_1)(s-s_2)(s-s_3)}=\frac{1}{s^3+2s^2+2s+1}$$

(2) 巴特沃斯多项式和滤波器设计表格。

在给定滤波器阶次 N 的情况下，可以把式(8.34)对 Ω_c 归一化，即把分子、分母都除以 Ω_c^N。为便于区分，令 $\tilde{s}=\dfrac{s}{\Omega_c}$。于是，式(8.34)变为

$$H(\tilde{s})=\frac{1}{\prod\limits_{k=1}^{N}\left(\tilde{s}-\dfrac{s_k}{\Omega_c}\right)}=\frac{1}{B_N(\tilde{s})}$$

$$= \frac{1}{1 + a_1 \tilde{s} + a_2(\tilde{s})^2 + a_3(\tilde{s})^3 + \cdots + a_{N-1}(\tilde{s})^{N-1} + a_N(\tilde{s})^N}$$

通常把上式的分母多项式 $B_N(\tilde{s})$ 称为巴特沃斯多项式，即

$$B_N(\tilde{s}) = 1 + a_1 \tilde{s} + a_2(\tilde{s})^2 + a_3(\tilde{s})^3 + \cdots + a_{N-1}(\tilde{s})^{N-1} + a_N(\tilde{s})^N$$

为了设计的方便，表 8.1 给出了 $B_N(\tilde{s})$ 的设计表格。表中的 $a_1, a_2, \cdots, a_N$ 是上式或巴特沃斯多项式的系数。因此，只要确定了 N 就可以直接引用有关的系数。另外，该表还设定了 $a_N=1$。

表 8.1 巴特沃斯多项式的系数值

N	a_1	a_2	a_3	a_4	a_5	a_6	a_7
2	1.4142						
3	2.0000	2.0000					
4	2.6131	3.4142	2.6131				
5	3.2361	5.2361	5.2361	3.2361			
6	3.8637	7.4641	9.1614	7.4641	3.8637		
7	4.4940	10.0978	14.5920	14.5920	10.0978	4.4940	
8	5.1528	13.1371	21.8462	25.6884	21.8462	13.1371	5.1528

表 8.2 给出了巴特沃斯多项式因式分解的结果。需要说明的是，由于假定了 $\Omega_c=1$，所以 $\tilde{s}=s$，或者说表 8.1 和表 8.2 中的 s 都是归一化的 $\tilde{s}$。

表 8.2 巴特沃斯多项式的因式分解

N	巴特沃斯多项式
1	$s+1$
2	$s^2+1.4142s+1$
3	$(s+1)(s^2+s+1)$
4	$(s^2+0.7654s+1)(s^2+1.8478s+1)$
5	$(s+1)(s^2+0.6180s+1)(s^2+1.6180s+1)$

在设计巴特沃斯滤波器时，可以直接引用以上两个表格的结果。实际上，上表的使用非常简单，例如 $N=2$ 时的巴特沃斯多项式为

$$B_2(\tilde{s}) = (\tilde{s})^2 + 1.4142\,\tilde{s} + 1$$

它与例 8.3 分母的结果相同。因此，例 8.3 给出了设计上述表格的基本思路。两相对照可以更好地理解使用表格时的有关概念。

根据同样的思路，若把频率归一化为 $\tilde{\Omega}=\frac{\Omega}{\Omega_c}$，则 $\tilde{\Omega}$ 是归一化复频率 $\tilde{s}$ 的虚部。通常，把 $\tilde{\Omega}$ 表示的特性称为原型滤波特性。因此，巴特沃斯低通原型滤波器的幅频特性为

$$|H(\mathrm{j}\tilde{\Omega})| = \frac{1}{\sqrt{1+(\tilde{\Omega})^{2N}}} \tag{8.35}$$

显然，低通原型滤波器频率特性的

$$\tilde{\Omega}_c = 1$$

(3) 巴特沃斯滤波器的设计步骤：

① 按给定的滤波器指标要求确定滤波器的阶次 N。

② 按式(8.33)求出 $|H(j\Omega)|^2$ 的极点，并从幅度平方函数 $|H(j\Omega)|^2$ 求出传递函数 $H(s)$。这一步的意思是：求出 N 值之后，按式(8.33)就可以求出幅度平方函数 $|H(j\Omega)|^2$ 的极点。然后，根据物理可实现等条件选取零、极点就可以得到所需的 $H(\tilde{s})$。当然，也可以从步骤①求得的 N 直接查表求出归一化传递函数 $H(\tilde{s})$。

③ 确定 Ω_c。

④ 去归一化，得到实际滤波器的传递函数 $H(s)$，即

$$H(s) = H(\tilde{s})\,\big|_{\tilde{s}=\frac{s}{\Omega_c}}$$

可以对以上步骤说明如下。在设计滤波器时，通常给出的指标是 $\Omega=\Omega_p$ 处的通带最大衰减 δ_p 和 $\Omega=\Omega_s$ 时的阻带最小衰减 δ_s。根据这些条件就可以求出满足设计指标的阶次 N。

用分贝表示式(8.35)可得

$$20\lg|H(j\Omega)| = -10\lg[1+(\Omega/\Omega_c)^{2N}]$$

由给定的设计指标可以得到

$$\begin{cases} 20\lg|H(j\Omega_p)| = -10\lg[1+(\Omega_p/\Omega_c)^{2N}] \leqslant \delta_p \\ 20\lg|H(j\Omega_s)| = -10\lg[1+(\Omega_s/\Omega_c)^{2N}] \geqslant \delta_s \end{cases}$$

因此

$$\begin{cases} (\Omega_p/\Omega_c)^{2N} \geqslant 10^{0.1\delta_p} - 1 \\ (\Omega_s/\Omega_c)^{2N} \leqslant 10^{0.1\delta_s} - 1 \end{cases} \tag{8.36}$$

两式相除

$$(\Omega_p/\Omega_s)^{2N} \geqslant \frac{10^{0.1\delta_p}-1}{10^{0.1\delta_s}-1}$$

对上式的两边取对数，则

$$2N\lg(\Omega_p/\Omega_s) \geqslant \lg\frac{10^{0.1\delta_p}-1}{10^{0.1\delta_s}-1}$$

所以

$$N \geqslant \frac{\lg\sqrt{(10^{0.1\delta_p}-1)/(10^{0.1\delta_s}-1)}}{\lg(\Omega_p/\Omega_s)}$$

通常把 N 取为大于上式结果的整数。

在式(8.36)中取等号可得

$$\Omega_c = \Omega_p(10^{0.1\delta_p}-1)^{-\frac{1}{2N}} \tag{8.37}$$

$$\Omega_c = \Omega_s(10^{0.1\delta_s}-1)^{-\frac{1}{2N}} \tag{8.38}$$

可以用上两式之一确定 Ω_c。用式(8.37)确定时，可以在保证通带指标的前提下，使阻带指标得到改善，从而减少混叠效应。用式(8.38)确定 Ω_c 时，可以在保证阻带指

标的前提下，使通带的指标得到改善。

一旦确定了 N 和 Ω_c 就可以求出巴特沃斯滤波器的传递函数 $H(s)$。

例 8.4 设计一个巴特沃斯低通滤波器，要求通带 3dB 截止频率 $f_c=2\text{kHz}$，阻带起点频率为 $f_s=4\text{kHz}$，在 f_s 处相对于 $f=0$ 处的幅值衰减 $\delta_s\leqslant-15\text{dB}$，采样频率为 20kHz。

解 由式(8.31)可知

$$|H(\mathrm{j}\Omega)|=\frac{1}{\sqrt{1+\left(\dfrac{\Omega}{\Omega_c}\right)^{2N}}}$$

用分贝表示上式可得

$$20\lg|H(\mathrm{j}\Omega)|=-10\lg\left[1+\left(\frac{\Omega}{\Omega_c}\right)^{2N}\right]$$

由给定指标

$$-10\lg\left[1+\left(\frac{\Omega_s}{\Omega_c}\right)^{2N}\right]=-10\lg(1+2^{2N})\leqslant-15$$

所以

$$10^{1.5}\leqslant 1+2^{2N}$$

$$N\geqslant\frac{\lg(10^{1.5}-1)}{2\lg 2}=2.468$$

取整数 $N=3$，由表 8.1 可直接求得

$$H(\tilde{s})=\frac{1}{(\tilde{s})^3+2(\tilde{s})^2+2(\tilde{s})+1}$$

按照式(8.38)可以求得

$$\Omega_c=\Omega_s(10^{0.1\delta_s}-1)^{-\frac{1}{2N}}=0.7105$$

用 $\tilde{s}=\dfrac{s}{\Omega_c}$ 去归一化可得

$$H(s)=\frac{\Omega_c^3}{s^3+2\Omega_c s^2+2\Omega_c^2 s+\Omega_c^3}=\frac{0.3586}{s^3+1.4209s^2+1.0095s+0.3586}$$ ■

本例的 MATLAB 程序如下。

```
wp = 0.2 * pi; ws = 0.4 * pi; As = 15; Rp = 3;
[n,wn] = buttord(wp,ws,Rp,As,'s');
[z,p,k] = buttap(n);
[b,a] = zp2tf(z,p,k);
[b1,a1] = lp2lp(b,a,wn)
[h,w] = freqs(b1,a1);
plot(w * 20000/(2 * pi),20 * log10(abs(h)/abs(h(1))));
axis([0,10000, - 40,5]);
grid;
title('对数幅频响应');
xlabel('frequency in Hz ');
ylabel('in decibels');
```

运行结果为

```
n =         3
wn =   0.7105
b =         0         0         0  1.0000
a =    1.0000   2.0000   2.0000   1.0000
b1 =   0.3586
a1 =   1.0000   1.4209   1.0095   0.3586
```

本例的幅频特性如图 8.22 所示。

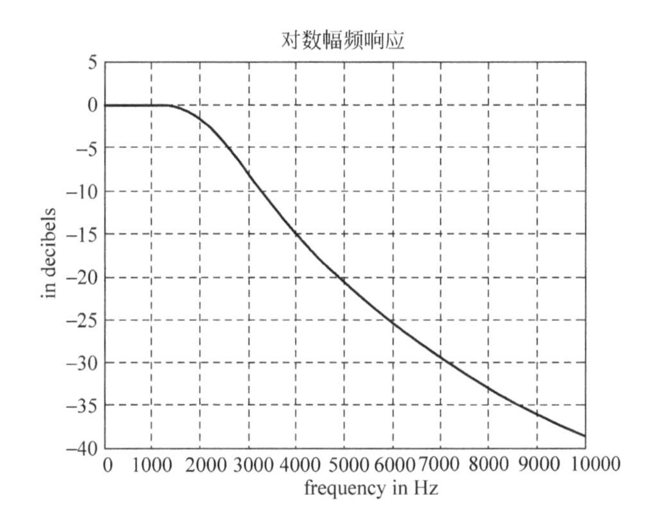

图 8.22 例 8.4 的幅频特性

8.4.2 切比雪夫滤波器

1. 基本概念

巴特沃斯滤波器是最平特性滤波器，它在通带和阻带的幅值都随频率单调变化，因而逼近误差在通带和阻带的分布都是不均匀的。当通带边缘满足指标时，通带内的性能肯定会有富裕量，也就是说超过了指标要求，因而不够经济。如果选择具有等波纹特性的逼近函数就能把逼近误差或者说把指标的精度要求均匀地分布在通带、阻带或其中的某一个，这样做的优点是可以降低滤波器的阶次。当通带等波纹，而阻带为单调变化时，就称为切比雪夫Ⅰ型滤波器。它的幅度平方函数是

$$|H(\mathrm{j}\Omega)|^2=\left(\frac{1}{\sqrt{1+\varepsilon^2T_N^2\left(\frac{\Omega}{\Omega_c}\right)}}\right)^2 \tag{8.39}$$

滤波器的幅频特性示于图 8.23。在式(8.39)中,ε 是小于 1 的正数,它是决定通带内波纹起伏大小的参数;Ω_c 为截止频率,是被通带波纹所限制的最高频率,表示滤波器某一衰减分贝处的通带宽度,也就是通常所说的通带边缘频率。与巴特沃斯滤波器不同的是,此处的 Ω_c 不是 -3dB 处的频率;$\frac{\Omega}{\Omega_c}$是对 Ω_c 的归一化频率。

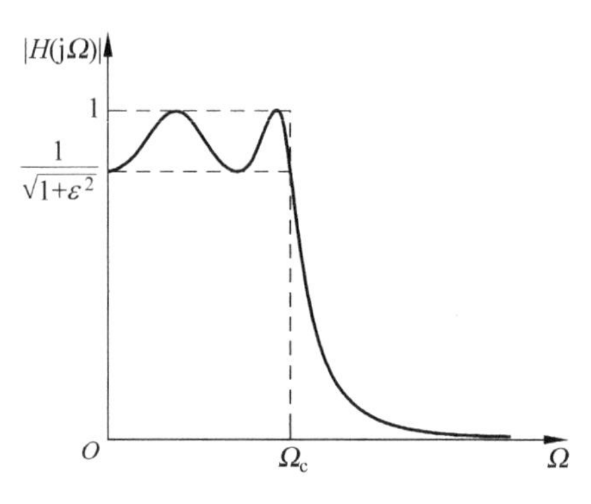

图 8.23 切比雪夫Ⅰ型滤波器的幅频特性

此外,N 为正整数,是滤波器的阶次,而 $T_N(x)$是 N 阶第Ⅰ类切比雪夫多项式,其定义为

$$T_N(x)=\begin{cases}\cos(N\arccos x), & |x|\leqslant 1\\ \operatorname{ch}(N\operatorname{arch}x), & |x|>1\end{cases}\tag{8.40}$$

由式(8.40)可见,当$|x|\leqslant 1$ 时,$T_N(x)$为余弦函数,其幅度在± 1 之间变动。当$|x|>1$ 时,$T_N(x)$是双曲余弦函数,其幅度的变化规律为 $1<|T_N(x)|<\infty$。

图 8.24 画出了多项式 $T_1(x)\sim T_4(x)$的曲线。切比雪夫多项式的递推公式是

$$T_{N+1}(x)=2xT_N(x)-T_{N-1}(x),\quad N=1,2,\cdots\tag{8.41}$$

初始条件为

$$\begin{cases}N=0, & T_0(x)=1\\ N=1, & T_1(x)=x\end{cases}$$

由递推公式(8.41)和初始条件可以求得任意阶次的切比雪夫多项式,如可求得如下的 $T_2(x)$等。

$$T_2(x)=2x^2-1$$

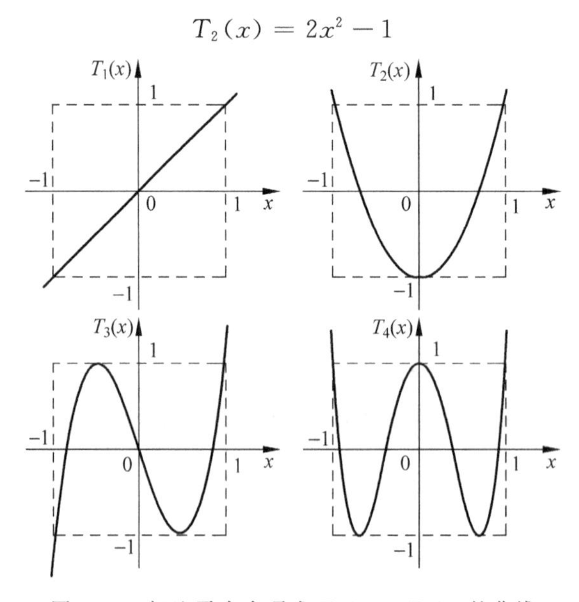

图 8.24 切比雪夫多项式 $T_1(x)\sim T_4(x)$的曲线

表 8.3 给出了 0～7 阶切比雪夫多项式的表达式。

表 8.3　0～7 阶切比雪夫多项式 $T_N(x)$ 的表达式

N	$T_N(x)$	N	$T_N(x)$
0	1	4	$8x^4-8x^2+1$
1	x	5	$16x^5-20x^3+5x$
2	$2x^2-1$	6	$32x^6-48x^4+18x^2-1$
3	$4x^3-3x$	7	$64x^7-112x^5+56x^3-7x$

由式(8.39)和式(8.40)可以看出切比雪夫滤波器和切比雪夫多项式的以下特点：

(1) 当 $|x|\leqslant 1$，即 $\left|\dfrac{\Omega}{\Omega_c}\right|\leqslant 1$ 时，$|T_N(x)|\leqslant 1$。所以，式(8.39)中的 $1+\varepsilon^2T_N^2(x)$ 在 1 和 $1+\varepsilon^2$ 之间变化。这导致了通带范围内 $|H(\mathrm{j}\Omega)|$ 在 1 和 $\dfrac{1}{\sqrt{1+\varepsilon^2}}$ 之间摆动，也就是形成了通带内的波纹起伏。

(2) 当 $|x|>1$，即 $\Omega>\Omega_c$ 时，切比雪夫多项式 $T_N(x)$ 是双曲余弦函数，随着 x 的增加 $|T_N(x)|$ 单调地增加，$1<|T_N(x)|<\infty$，$|x|>1$，故 $|H(\mathrm{j}\Omega)|$ 快速衰减。

(3) 由于 N 为偶数时 $T_N(0)=1$ 或 -1，而 N 为奇数时 $T_N(0)=0$，故可得到不同 N 情况下，$|H(\mathrm{j}\Omega)|^2$ 在 $\Omega=0$ 点的值。例如，N 为偶数时

$$|H(\mathrm{j}\Omega)|^2\Big|_{\Omega=0}=\frac{1}{1+\varepsilon^2}$$

与巴特沃斯滤波器一样，可由式(8.39)求得切比雪夫滤波器的传递函数，并进而求得传递函数的 $2N$ 个极点

$$\begin{aligned}p_k&=\sigma_k+\mathrm{j}\Omega_k=-\Omega_c\sin\left(\frac{2k-1}{2N}\pi\right)\mathrm{sh}\left(\frac{1}{N}\mathrm{arsh}\,\frac{1}{\varepsilon}\right)\\&\quad+\mathrm{j}\Omega_c\cos\left(\frac{2k-1}{2N}\pi\right)\mathrm{ch}\left(\frac{1}{N}\mathrm{arsh}\,\frac{1}{\varepsilon}\right)\\k&=1,2,\cdots,2N\end{aligned}\tag{8.42}$$

其中，σ_k 和 Ω_k 分别是极点 p_k 的实部和虚部。给定 N、Ω_c 和 ε 即可通过式(8.42)求出 $|H(\mathrm{j}\Omega)|^2$ 的 $2N$ 个极点。可以证明，这些极点满足如下关系

$$\frac{\sigma_k^2}{\Omega_c^2\mathrm{sh}^2\left[\dfrac{1}{N}\mathrm{arsh}\,\dfrac{1}{\varepsilon}\right]}+\frac{\Omega_k^2}{\Omega_c^2\mathrm{ch}^2\left[\dfrac{1}{N}\mathrm{arsh}\,\dfrac{1}{\varepsilon}\right]}=1\tag{8.43}$$

式(8.43)是椭圆方程，该式表明，在切比雪夫滤波器中，其幅度平方函数的极点满足椭圆方程，因而这些极点分布在 s 平面的一个椭圆上。图 8.25 画出了 $N=3$ 和 $N=4$ 时极点分布的情况。由图可见，该椭圆和半径为 a 的小圆以及半径为 b 的大圆有联系，这两个圆分别称为巴特沃斯小圆和巴特沃斯大圆。进一步分析可知，N 阶切比雪夫滤波器极点的横、纵坐标(即 σ_k 和 $\mathrm{j}\Omega_k$)分别等于上述 N 阶巴特沃斯小圆极点的横坐标和 N 阶巴特沃斯大圆极点的纵坐标，恰如图 8.25(b)所示。

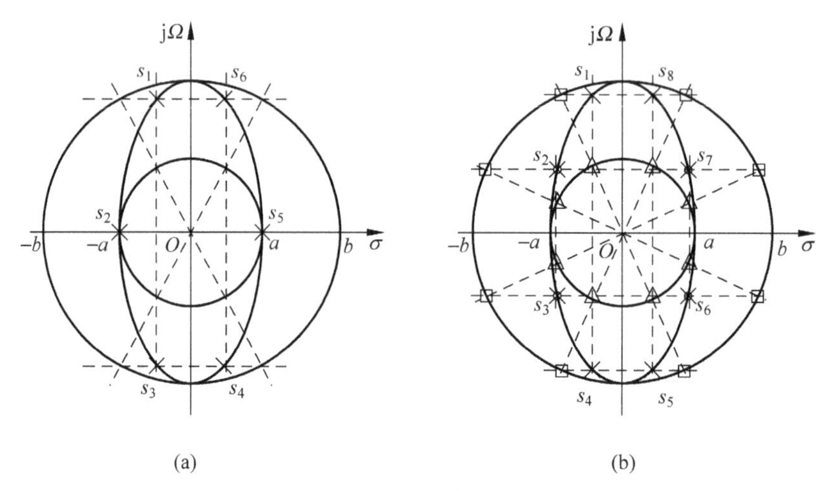

图 8.25 切比雪夫滤波器的极点分布

(a) $N=3$；(b) $N=4$

在图(b)中，×为切比雪夫极点；□为巴特沃斯大圆极点；△为巴特沃斯小圆极点。

对于稳定的 $H(s)$应取左半 s 平面的全部极点。根据

$$|H(\mathrm{j}\Omega)|^2=H(s)H(-s)$$

可以求出切比雪夫Ⅰ型低通滤波器的传递函数为

$$H(s)=\frac{\dfrac{\Omega_c^N}{\varepsilon\cdot 2^{N-1}}}{\prod\limits_{k=1}^{N}(s-p_k)} \tag{8.44}$$

把式(8.44)对 Ω_c 归一化，即把式(8.44)的分子和分母均除以 Ω_c^N 则可得到切比雪夫Ⅰ型低通原型滤波器的传递函数为

$$H(\tilde{s})=\frac{\dfrac{1}{\varepsilon\cdot 2^{N-1}}}{\prod\limits_{k=1}^{N}(\tilde{s}-\tilde{s}_k)}=\frac{\dfrac{1}{\varepsilon\cdot 2^{N-1}}}{(\tilde{s})^N+a_{N-1}(\tilde{s})^{N-1}+\cdots+a_1\tilde{s}+a_0} \tag{8.45}$$

其中

$$\tilde{s}=\frac{s}{\Omega_c},\quad \tilde{s}_k=\frac{s_k}{\Omega_c}$$

表 8.4 和表 8.5 分别给出了切比雪夫Ⅰ型低通原型滤波器分母多项式的系数和该多项式的因式分解，设计时可以非常方便地引用。

表 8.4 切比雪夫Ⅰ型低通原型滤波器分母多项式的系数($a_N=1$)

N	a_0	a_1	a_2	a_3	a_4	a_5	a_6
0.5dB 波纹，$\varepsilon=0.3493$							
1	2.8628						
2	1.5162	1.4256					
3	0.7175	1.5349	1.2529				

续表

N	a_0	a_1	a_2	a_3	a_4	a_5	a_6
4	0.3791	1.0255	1.7169	1.1974			
5	0.1789	0.7525	1.3096	1.9374	1.1725		
6	0.0948	0.4324	1.1719	1.5898	2.1718	1.1592	
7	0.0447	0.2821	0.7557	1.6479	1.8694	2.4127	1.1512
1dB 波纹，$\varepsilon=0.5088$							
1	1.9652						
2	1.1025	1.0977					
3	0.4913	1.2384	0.9883				
4	0.2756	0.7426	1.4539	0.9528			
5	0.1228	0.5805	0.9744	1.6888	0.9368		
6	0.0689	0.3071	0.9393	1.2021	1.9308	0.9283	
7	0.0307	0.2137	0.5486	1.3575	1.4288	2.1761	0.9231

表 8.5　切比雪夫Ⅰ型低通原型滤波器分母多项式的因式分解

0.5dB 波纹，$\varepsilon=0.3493$	
N	
1	$s+2.8628$
2	$s^2+1.4256s+1.5162$
3	$(s+0.6265)(s^2+0.6265s+1.1424)$
4	$(s^2+0.3507s+1.0635)(s^2+0.8467s+0.3564)$
1dB 波纹，$\varepsilon=0.5088$	
1	$s+1.9652$
2	$s^2+1.0978s+1.1025$
3	$(s+0.4942)(s^2+0.5417s+0.9942)$
4	$(s^2+0.2791s+0.9825)(s^2+0.6737s+0.2794)$

以上表格各自给出了两组数据，这些数据分别对应于通带的最大波纹衰减为0.5dB、波纹参数 $\varepsilon=0.3493$ 以及通带的最大波纹衰减为 1dB、波纹参数 $\varepsilon=0.5088$。由这些实例可见，在上述数值不同时，无论是该表所示分母多项式的系数还是分母多项式的因子式都有很大的区别。这就是说，切比雪夫滤波器的表格有很多种，在实际设计时可查阅有关的文献并注意选用。

2. 切比雪夫Ⅰ型滤波器特点的再讨论

(1) 关于切比雪夫滤波器的等波纹特性。

常用的切比雪夫滤波器有以下几种类型：通带等波纹而阻带为单调幅频特性的滤波器是切比雪夫Ⅰ型滤波器。阻带等波纹而通带单调时为切比雪夫Ⅱ型滤波器。

通带和阻带都为等波纹特性的滤波器称为椭圆滤波器。图 8.26 给出了切比雪夫Ⅰ型低通滤波器的幅频特性。

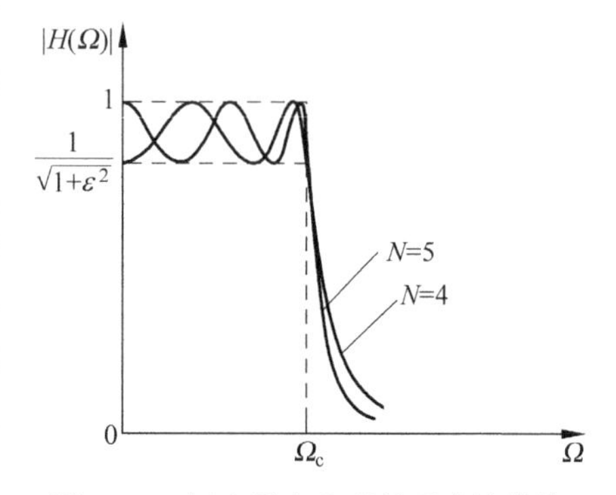

图 8.26 切比雪夫Ⅰ型低通滤波器的幅频特性

(2) 切比雪夫Ⅰ型低通滤波器的通带截止频率为 Ω_c，通带内的误差为均匀分布。要注意的是，Ω_c 是通带边缘频率，或等波纹带宽。一般来说，低通滤波器的 3dB 带宽往往要大于等波纹带宽。当波纹参数满足 $\frac{1}{1+\varepsilon^2}>0.5$ 时，可以求得 -3dB 处的角频率为

$$\Omega_{(-3\text{dB})}=\Omega_c\text{ch}\left[\frac{1}{N}\text{arch}\,\frac{1}{\varepsilon}\right]$$

另外，当 $\Omega=\Omega_c$ 时，N 不相同的所有曲线都通过 $\frac{1}{\sqrt{1+\varepsilon^2}}$ 点。这是因为 $|x|=1$ 时 $|T_N(x)|=1$ 的缘故。

(3) 在通带内，即 $\left|\frac{\Omega}{\Omega_c}\right|\leqslant 1$ 时，$|H(\mathrm{j}\Omega)|$ 在最大值 1 和最小值 $\frac{1}{\sqrt{1+\varepsilon^2}}$ 之间作等波纹振荡，并有 N 个转折点。在 $\left|\frac{\Omega}{\Omega_c}\right|>1$ 时，特性为单调下降，下降速率为 $20N$dB/dec。

(4) 相频特性在通带内为非线性，在使用时要加以注意。

切比雪夫滤波器还有其他一些特点，这里不再讨论。

3. 椭圆滤波器

以上介绍的滤波器中，没有考虑“过渡带”的问题。以切比雪夫Ⅰ型滤波器为例，尽管它在通带内有良好的等波纹特性，但是通带以外的特性还是单调衰减，因此过渡带的特性不够理想。从本质上说，对于巴特沃斯滤波器和切比雪夫滤波器来说，它们的传递函数的零点都在 $s=\infty$。为了得到在通带和阻带都具有等波纹误差的锐截止滤波器，相应的滤波器必须既有极点又有零点。由此可见，解决这个问题的关键在于传递函数的零点。为此，选用了如下的幅度平方函数

$$|H(\mathrm{j}\Omega)|^2=\frac{1}{1+\varepsilon^2U_N^2\left(\frac{\Omega}{\Omega_c}\right)} \tag{8.46}$$

式中，Ω_c 是通带截止频率；ε 是波纹参数，其定义与切比雪夫滤波器相同；$U_N(x)$ 是雅可比椭圆函数，它是既有零点又有极点的周期函数族。可以证明，式(8.46)表示的幅度平方函数在通带和阻带均呈现出等波纹特性，通常称为椭圆滤波器或考尔滤波器。

式(8.46)利用椭圆函数的性质，引进了有限传输零点。因而在给定设计要求，如给定阶数和波纹要求时，椭圆滤波器能获得最窄的过渡带。也就是说，在通带到阻带之间的变化最陡峭，故常把它看成是最优滤波器。由于椭圆滤波器牵涉到的知

识和内容较多,限于篇幅,本书不再讨论。

以上介绍了三种最常用的模拟滤波器。就幅度特性来说,对于相同的设计指标,椭圆滤波器所需的阶次最低,其次是切比雪夫滤波器,而巴特沃斯滤波器的阶次最高。但是从分析的角度看,巴特沃斯滤波器传递函数的选择过程比较简单,也最容易实现,故本章重点介绍了这种类型的滤波器。

另需说明的是,以上几种滤波器都以幅度平方函数作为理想滤波器的逼近函数。在设计时只考虑了对理想特性在幅频特性上的逼近。可以想见的是它们的相频特性都比较差。也就是说,相频特性均为非线性,而且随着阶数的增高,非线性更为严重。从相频特性的角度进行考察时就会发现,巴特沃斯滤波器的相频特性较好,而椭圆滤波器最差,在靠近边界频率时尤甚。

8.5 无限长单位样值响应(IIR)数字滤波器的设计

8.5.1 脉冲响应不变法

如前所述,在 IIR 数字滤波器的设计中采用了根据模拟滤波器理论设计数字滤波器的方法。这个方法的实质就是用特性模仿的方法进行设计,这种模仿可以有不同的出发点。本节的脉冲响应不变法就是让数字滤波器的单位样值响应去逼近或“模仿”模拟滤波器的单位脉冲响应。

1. 原理

对单位脉冲响应 $h(t)$进行采样,把得到的样值作为数字滤波器的单位样值响应 $h[n]$将是一个非常直观的设计方法,即

$$h[n]=h(t)\big|_{t=nT}=h(nT) \tag{8.47}$$

其中 T 为采样间隔。对 $h[n]$取 Z 变换,并把求得的 $H(z)=\mathcal{Z}[h[n]]$作为所求数字滤波器的传递函数。

可见,在把模拟滤波器映射为数字滤波器时,该方法使二者的脉冲响应特性相近。因此,这个设计方法叫做“脉冲响应不变法”或“冲激不变法”。

2. 实现方法

按照上述思路可以设计出 IIR 数字滤波器,下面用例子加以说明。

例 8.5 用脉冲响应不变法设计数字滤波器,已知

$$H(s)=\sum_{k=1}^{N}\frac{A_k}{s-p_k} \tag{8.48}$$

解 求式(8.48)的拉普拉斯反变换可得

$$h(t)=\sum_{k=1}^{N}A_k e^{p_k t}u(t)$$

用周期 T 对 $h(t)$ 采样，可以得到数字滤波器的单位样值响应

$$h[n]=h(t)\big|_{t=nT}=\sum_{k=1}^{N}A_k\mathrm{e}^{p_k nT}u(nT)$$

因此

$$H(z)=\mathcal{Z}[h[n]]=\sum_{k=1}^{N}\frac{A_k}{1-\mathrm{e}^{p_kT}z^{-1}} \tag{8.49}$$

$H(z)$ 就是所求数字滤波器的传递函数。■

由上可见，脉冲响应不变法是循 $H(s)\rightarrow h(t)\rightarrow h[n]\rightarrow H(z)$ 的步骤求解。一般来说，该法特别适合于用部分分式表达传递函数的情况。

由前可知，连续时间系统的传递函数可以表示成如下的因子形式

$$H(s)=K\frac{\prod\limits_{j=1}^{M}(s-z_j)}{\prod\limits_{k=1}^{N}(s-p_k)} \tag{8.50}$$

其中，z_j、p_k 分别是 $H(s)$ 的零点和极点。当 $H(s)$ 只有 N 个一阶极点 p_k 时，可以用部分分式把 $H(s)$ 分解成如下形式

$$H(s)=\sum_{k=1}^{N}\frac{A_k}{s-p_k} \tag{8.51}$$

其中

$$A_k=H(s)(s-p_k)\Big|_{s=p_k}$$

由例 8.5 可知，用“脉冲响应不变法”求得的数字滤波器的传递函数就是式(8.49)。对照式(8.51)、式(8.49)两式可见，s 平面的每个极点 $s=p_k$ 映射为 z 平面的极点 $z=\mathrm{e}^{p_kT}$，即极点位置之间有一一对应的映射关系。

由此可知，通过下面的关系就可以从 $H(s)$ 直接求得 $H(z)$。

$$\frac{1}{s-p_k}\rightarrow\frac{1}{1-\mathrm{e}^{p_kT}z^{-1}} \tag{8.52}$$

与此同时，在 $H(s)$ 和 $H(z)$ 的部分分式展开中，各子项对应的系数不变，即式(8.51)、式(8.49)两式的系数 A_k 并没有改变。所以式(8.52)的关系简化了脉冲响应不变法的设计过程。仿此思路，可以得到

$$\frac{s+a}{(s+a)^2+b^2}\rightarrow\frac{z[z-\mathrm{e}^{-aT}\cos(bT)]}{z^2-2\mathrm{e}^{-aT}\cos(bT)z+\mathrm{e}^{-2aT}} \tag{8.53}$$

$$\frac{b}{(s+a)^2+b^2}\rightarrow\frac{z\mathrm{e}^{-aT}\sin(bT)}{z^2-2\mathrm{e}^{-aT}\cos(bT)z+\mathrm{e}^{-2aT}} \tag{8.54}$$

证明

$$\mathcal{L}^{-1}\left[\frac{s+a}{(s+a)^2+b^2}\right]=\mathcal{L}^{-1}\left[\frac{0.5}{s+a+\mathrm{j}b}+\frac{0.5}{s+a-\mathrm{j}b}\right]$$

根据

$$\frac{1}{s-p_k}\rightarrow\frac{1}{1-\mathrm{e}^{p_kT}z^{-1}}$$

可以得到

$$\frac{0.5}{s+a+\mathrm{j}b}+\frac{0.5}{s+a-\mathrm{j}b}\rightarrow\frac{0.5z}{z-\mathrm{e}^{-(a+\mathrm{j}b)T}}+\frac{0.5z}{z-\mathrm{e}^{-(a-\mathrm{j}b)T}}$$
$$=\frac{z[z-\mathrm{e}^{-aT}\cos(bT)]}{z^2-2\mathrm{e}^{-aT}\cos(bT)z+\mathrm{e}^{-2aT}}$$

式(8.53)得证，同理可证式(8.54)。 ■

当模拟滤波器稳定时，$H(s)$的所有极点 p_k 均位于左半 s 平面，即 $\mathrm{Re}[p_k]<0$。按照式(8.52)的关系映射到 z 平面之后，$H(z)$的极点满足

$$|z|=|\mathrm{e}^{p_kT}|=\mathrm{e}^{\mathrm{Re}[p_k]T}<1$$

即 $H(z)$的极点 $z=\mathrm{e}^{p_kT}$ 均位于 z 平面的单位圆内。所以，在脉冲响应不变法中，通过稳定模拟滤波器设计的数字滤波器也是稳定的。

3. 特点和应用注意

(1) 频率混叠

根据“脉冲响应不变法”的原理以及采样序列 Z 变换与模拟信号拉普拉斯变换之间的关系可知

$$H(z)\big|_{z=\mathrm{e}^{sT}}=\frac{1}{T}\sum_{k=-\infty}^{\infty}H\left(s+\mathrm{j}\frac{2\pi}{T}k\right)$$
$$=\frac{1}{T}\left[H(s)+H\left(s-\mathrm{j}\frac{2\pi}{T}\right)+H\left(s+\mathrm{j}\frac{2\pi}{T}\right)+\cdots\right]\tag{8.55}$$

所以，s 平面到 z 平面的映射不是一一对应的。重新绘出的图 8.27 也说明，两个平面的映射是 $H(s)$的周期延拓与 $H(z)$的关系，这是一个多重映射的关系。

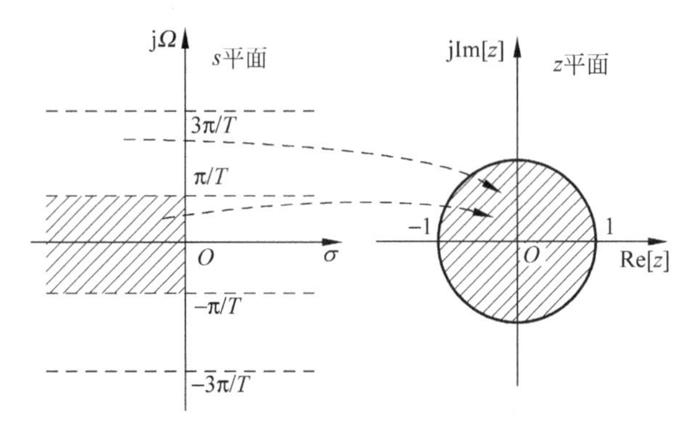

图 8.27　脉冲响应不变法的映射关系

从频响特性的角度观察

$$H(\mathrm{e}^{\mathrm{j}\omega})=\frac{1}{T}\sum_{k=-\infty}^{\infty}H\left(\mathrm{j}\frac{\omega+2\pi k}{T}\right)\tag{8.56}$$

式(8.56)也给出了同样的结论，即数字滤波器的频响是模拟滤波器频响的周期延拓。

从采样定理可知，仅当模拟滤波器的频响为有限带宽，即满足

$$H(\mathrm{j}\Omega)=0,\quad |\Omega|\geqslant\frac{\pi}{T}\tag{8.57}$$

的条件下，数字滤波器的频响才能不失真地重现模拟滤波器的频响

$$H(e^{j\omega}) = \frac{1}{T}H\left(j\frac{\omega}{T}\right), \quad |\omega| < \pi \tag{8.58}$$

但是对实际的模拟滤波器来说，其频响很难做到严格的有限带宽，故在式(8.56)的各项之间会存在相互的“串扰”，或者说出现了图8.28所示的频率混叠现象。其后果是使数字滤波器的频响不同于模拟滤波器的频响，这是脉冲响应不变法最大的缺点。

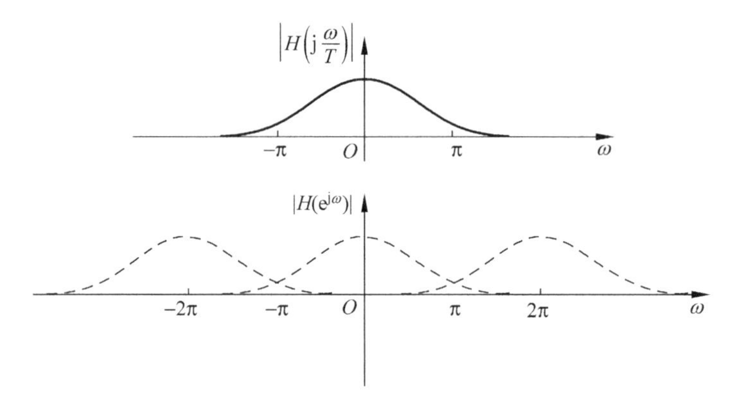

图 8.28 脉冲响应不变法的频率混叠

总之，由于混叠，在频率特性的高端会出现严重失真。所以，这个方法只适用于带限的频响特性，如衰减特性很好的低通、带通等滤波器。此外，这些滤波器的高频衰减越大，频响的混叠效应就越小。但是，对于高通、带阻等滤波器，由于它们频响的高频特性不衰减。因此，无论把 T 取得多么小，都会有非常严重的混叠效应，其后果是频率响应的特性极差。一般来说，用脉冲响应不变法不能设计这种类型的数字滤波器。如果仍需使用，就必须在高通或带阻等滤波器之前加上一个抗混叠滤波器，以滤掉折叠频率以上的频率分量。显然，这些措施增加了滤波器设计的复杂性。

(2) 修正公式

为了减少频率混叠的影响，可以加大抽样频率或减小抽样周期。但从式(8.56)可见，当抽样频率很高即 T 很小时，数字滤波器可能有极高的增益。为了使数字滤波器的增益不随采样频率而变化，通常采用下面的修正公式，即把式(8.49)改为

$$H(z) = \sum_{k=1}^{N} \frac{TA_k}{1 - e^{p_k T} z^{-1}} \tag{8.59}$$

由此可得

$$h[n] = Th(nT) \tag{8.60}$$

这里顺便指出，尽管按照 $z_k = e^{p_k T}$ 的关系把 s 平面的极点映射为 z 平面的极点，但是在脉冲响应不变法中，s 平面和 z 平面之间并不是这种简单的映射关系。例如，对离散时间传递函数中的零点而言，它是部分分式中的极点和 TA_k 的函数。一般情况下，零点与极点的映射方式是不同的。

(3) 脉冲响应不变法中，在 $-\pi/T \leqslant \Omega \leqslant \pi/T$ 的范围内，模拟频率与数字频率之间的转换是线性关系，即满足 $\omega=\Omega T$ 的关系。

4. 脉冲不变法的设计步骤

设计思路是先设计一个等价的模拟滤波器，再把它映射为所期望的数字滤波器。主要的步骤如下：

(1) 确定数字滤波器的性能要求如各个数字临界频率 ω_x（即 ω_p,ω_s）和相应的衰减要求等。

(2) 根据脉冲不变法的变换关系，把 ω_x 变换为模拟域的临界频率 Ω_x。

(3) 按 Ω_x 及给定的衰减指标，设计模拟滤波器的归一化传递函数 $H(s)$。

(4) 由脉冲不变法的变换关系把 $H(s)$ 转换为数字滤波器的传递函数 $H(z)$。

为方便起见，除涉及设计指标的第(2)步要使用采样间隔 T 之外，通常把其后各步的 T 取为 1，即 $T=1$。

例 8.6　已知巴特沃斯模拟低通滤波器 $H(s)$ 的特性是：通带截止频率 $\Omega_c=2\pi\times 2\text{kHz}$，阻带起始频率 $\Omega_s=2\pi\times 4\text{kHz}$，在 Ω_s 处相对于 $\Omega=0$ 的幅度衰减为 $\delta\leqslant -15\text{dB}$，采样频率为 20kHz。用脉冲响应不变法设计巴特沃斯数字滤波器，要求逼近于上述的 $H(s)$。

解　本题给出的设计指标为模拟滤波器指标，故可直接进入前述的设计步骤(2)，无需进行频率之间的转换。另外，由于所给指标与例 8.4 相同。因此模拟低通原型滤波器的传递函数为

$$H(s)=\frac{\Omega_c^3}{s^3+2\Omega_c s^2+2\Omega_c^2 s+\Omega_c^3}$$

为了应用脉冲响应不变法，把 $H(s)$ 展开成部分分式，即

$$H(s)=\frac{\Omega_c}{s-\Omega_c e^{j\pi}}+\frac{\Omega_c\Big/\left(-\dfrac{3}{2}+j\dfrac{\sqrt{3}}{2}\right)}{s-\Omega_c e^{j\frac{2}{3}\pi}}+\frac{\Omega_c\Big/\left(-\dfrac{3}{2}-j\dfrac{\sqrt{3}}{2}\right)}{s-\Omega_c e^{-j\frac{2}{3}\pi}} \tag{8.61}$$

由式(8.52)和式(8.61)可得

$$H(z)=T\left[\frac{\Omega_c}{1-e^{(\Omega_c e^{j\pi})T}z^{-1}}+\frac{\Omega_c\Big/\left(-\dfrac{3}{2}+j\dfrac{\sqrt{3}}{2}\right)}{1-e^{\left(\Omega_c e^{j\frac{2}{3}\pi}\right)T}z^{-1}}+\frac{\Omega_c\Big/\left(-\dfrac{3}{2}-j\dfrac{\sqrt{3}}{2}\right)}{1-e^{\left(\Omega_c e^{-j\frac{2}{3}\pi}\right)T}z^{-1}}\right]$$

由上式可见，$H(z)$ 只与 $\omega_c=\Omega_c T=2\pi f_c/f_s$ 有关，即只与 f_c/f_s 的相对值有关，而与它们的绝对大小没有关系。这一结论对所有的数字滤波器设计都是适用的。

由 $H(z)$ 的表达式可见，它的三个极点都位于单位圆内，因而是稳定系统。此外，它还有三个零点。

整理上式可得

$$H(z)=\frac{0.1084z^2+0.0677z}{z^3-1.6363z^2+1.0541z-0.2415}$$

用 MATLAB 实现时给出了两种方案,读者可参照附录进行练习。

(1) 方法 1 的 MATLAB 程序如下。

```
wp = 0.2 * pi; ws = 0.4 * pi; As = 15; Rp = 3;
[n,wn] = buttord(wp,ws,Rp,As,'s');
[z,p,k] = buttap(n);
[b,a] = zp2tf(z,p,k);
[b1,a1] = lp2lp(b,a,wn);
[bz az] = impinvar(b1,a1)
[h,w] = freqz(bz,az);
plot(w/pi,20 * log10(abs(h)/abs(h(1))));
grid on
title('对数幅频响应');
xlabel('frequency in pi units ');
ylabel('in decibels');
```

运行结果为

```
b1 =     0.3586
a1 =     1.0000    1.4209   1.0095    0.3586
bz =   - 0.0000    0.1084   0.0677         0
az =     1.0000  - 1.6363   1.0541  - 0.2415
```

求得的幅频响应如图 8.29 所示。

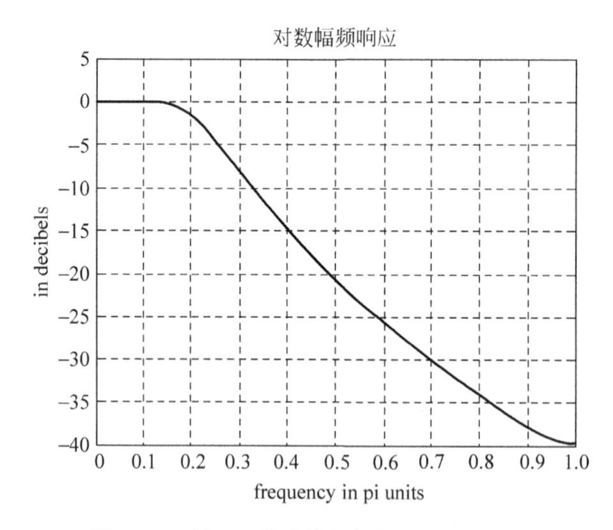

图 8.29 例 8.6 滤波器的幅频响应(方法 1)

(2) 方法 2 的 MATLAB 程序如下。

```
wp = 2 * pi * 2000/20000; ws = 2 * pi * 4000/20000; As = 15; Rp = 3;
[n,wn] = buttord(wp,ws,Rp,As,'s');
[b,a] = butter(n,wn,'s');
```

```
[bz az] = impinvar(b,a)
[h,w] = freqz(bz,az);
plot(w * 20000/(2 * pi),20 * log10(abs(h)/abs(h(1))));
grid on
title('对数幅频响应');
xlabel('frequency in Hz ');
ylabel('in decibels');
```

运行结果为

```
b =        0         0        0       0.3586
a =   1.0000    1.4209   1.0095       0.3586
bz =  0.0000    0.1084   0.0677            0
az =  1.0000   -1.6363   1.0541      -0.2415
```

求得的幅频响应如图 8.30 所示。

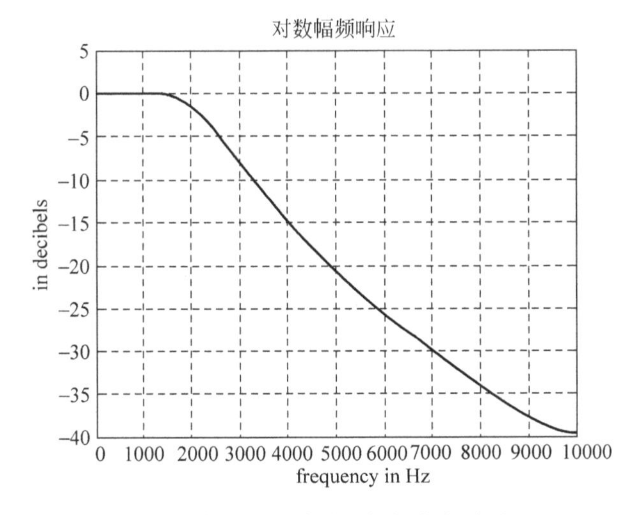

图 8.30　例 8.6 滤波器的幅频响应(方法 2)

可见,两种方法求得的幅频响应相同,但横坐标的标注方式不同。 ■

8.5.2　双线性变换法

用脉冲响应不变法设计数字滤波器时存在着混叠失真,双线性变换法可以克服这一缺点。双线性变换法也是通过模拟到数字的映射设计数字滤波器,并已成为数字滤波器领域一种常用的、重要的设计方法。

1. 原理

为引入双线性变换法,先从数学模型入手。由前可知,因果模拟滤波器的数学

模型是 N 阶常系数微分方程,而 N 阶微分方程可以写成 N 个联立的一阶方程。因此,由一阶微分方程导出的关系可以推广到高阶微分方程的情况。

设系统模型为如下的一阶微分方程

$$C_1 \frac{\mathrm{d}}{\mathrm{d}t}y(t) + C_0 y(t) = E_0 x(t) \tag{8.62}$$

由式(8.62)可得

$$y'(t) = \frac{\mathrm{d}}{\mathrm{d}t}y(t) = -\frac{C_0}{C_1}y(t) + \frac{E_0}{C_1}x(t)$$

以及

$$y(t) = \int_{t_1}^{t} y'(\tau)\mathrm{d}\tau + y(t_1)$$

为把上列各式离散化,令 $t=nT, t_1=(n-1)T$,则

$$y'(nT) = -\frac{C_0}{C_1}y(nT) + \frac{E_0}{C_1}x(nT) \tag{8.63}$$

$$y(nT) = \left[\int_{(n-1)T}^{nT} y'(\tau)\mathrm{d}\tau\right] + y((n-1)T)$$

运用梯形法则逼近积分项可得

$$y(nT) \approx \frac{T}{2}[y'(nT) + y'((n-1)T)] + y((n-1)T) \tag{8.64}$$

把式(8.63)代入式(8.64),并取 $T=1$,则

$$y[n] - y[n-1] \approx \frac{T}{2}\left[-\frac{C_0}{C_1}(y[n] + y[n-1]) + \frac{E_0}{C_1}(x[n] + x[n-1])\right] \tag{8.65}$$

对式(8.65)取 Z 变换,并求解 $H(z)$ 可得

$$H(z) = \frac{Y(z)}{X(z)} = \frac{E_0}{C_1 \dfrac{2}{T}\dfrac{1-z^{-1}}{1+z^{-1}} + C_0} \tag{8.66}$$

又微分方程式(8.62)所对应的传递函数为

$$H(s) = \frac{E_0}{C_1 s + C_0} \tag{8.67}$$

对比式(8.66)和式(8.67)可知,复变量 s 和 z 之间的变换关系是

$$s = \frac{2}{T} \cdot \frac{1-z^{-1}}{1+z^{-1}} \tag{8.68}$$

由此可以推出

$$z = \frac{1 + \dfrac{T}{2}s}{1 - \dfrac{T}{2}s} = \frac{\dfrac{2}{T} + s}{\dfrac{2}{T} - s} \tag{8.69}$$

所以

$$H(z) = H(s)\Big|_{s=\frac{2}{T}\cdot\frac{1-z^{-1}}{1+z^{-1}}}$$

在式(8.68)、式(8.69)两式中，s、z 之间的关系均为两个线性函数之比，或者说都是分式线性变换，故称为双线性变换。实际上，双线性变换是“名实不符”的，即名为线性变换却是个非线性变换，读者即将看到这样一个事实。

2. 双线性变换方法的可行性

如前所述，用模拟滤波器理论设计数字滤波器时，平面间的映射须满足一些要求，下面就针对双线性变换的情况进行考证。由于

$$z=\frac{\frac{2}{T}+s}{\frac{2}{T}-s}=|z|e^{j\omega}$$

$$|z|=\frac{\sqrt{\left(\frac{2}{T}+\sigma\right)^2+\Omega^2}}{\sqrt{\left(\frac{2}{T}-\sigma\right)^2+\Omega^2}}$$

所以

$$\begin{cases}\sigma<0, & |z|<1\\ \sigma=0, & |z|=1\\ \sigma>0, & |z|>1\end{cases}$$

由上式可见，两个平面间的映射是一一对应的，并具有以下特点。

(1) s 平面的虚轴 $s=j\Omega$ 映射为 z 平面的单位圆 $z=e^{j\omega}$。所以，数字频响 $H(e^{j\omega})$ 能够模仿模拟滤波器的频响 $H(j\Omega)$。

(2) 左半 s 平面映射到 z 平面的单位圆内。所以，当 $H(s)$ 因果稳定时，映射后的 $H(z)$ 也满足因果稳定的条件。

由于双线性变换把 s 平面上的虚轴映射为 z 平面的单位圆，因此可以把 $z=e^{j\omega}$ 和 $s=\sigma+j\Omega$ 代入式(8.68)，于是

$$\begin{aligned}s=\sigma+j\Omega&=\frac{2}{T}\cdot\frac{1-z^{-1}}{1+z^{-1}}\\&=\frac{2}{T}\cdot\frac{1-e^{-j\omega}}{1+e^{-j\omega}}=\frac{2}{T}\cdot\frac{e^{j\omega/2}-e^{-j\omega/2}}{e^{j\omega/2}+e^{-j\omega/2}}\\&=\frac{2}{T}\cdot\frac{2j\sin(\omega/2)}{2\cos(\omega/2)}=\frac{2}{T}j\tan(\omega/2)\end{aligned}$$

由上式可得

$$\Omega=\frac{2}{T}\tan(\omega/2) \tag{8.70}$$

式(8.70)给出了双线性变换中频率 Ω 和 ω 之间的关系，这一关系示于图 8.31。

由图 8.31 可见，这一变换是非线性的。当 $\Omega\to\infty$ 时 $\omega=\pi$。因而，双线性变换中不存在混叠效应。由图可见，在零频附近二者的关系接近于线性。另外，该图还给出了参数 T 对非线性关系的影响：当 T 值较小时，可在较大的 Ω 的范围内保持准线

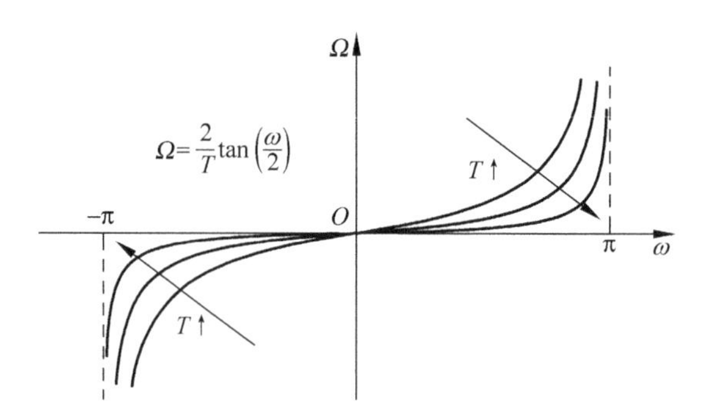

图 8.31 双线性变换法中频率间的非线性关系

性的关系。也就是说，T 值较小或采样频率较高时，畸变比较小。实际上，这些情况可以由下式得到解释，即 ω 较小时

$$\tan\left(\frac{\omega}{2}\right)\approx\frac{\omega}{2}=\frac{\Omega T}{2}$$

3. 对双线性变换法的一种解释

如前所述，脉冲响应不变法的主要缺点是频谱混叠。这一问题来源于 s 平面和 z 平面之间是多值映射关系，即 $z=e^{sT}$。这一关系把 s 平面的一条横带映射为整个 z 平面。这就启示我们可以采用图 8.32 所示的解决办法。

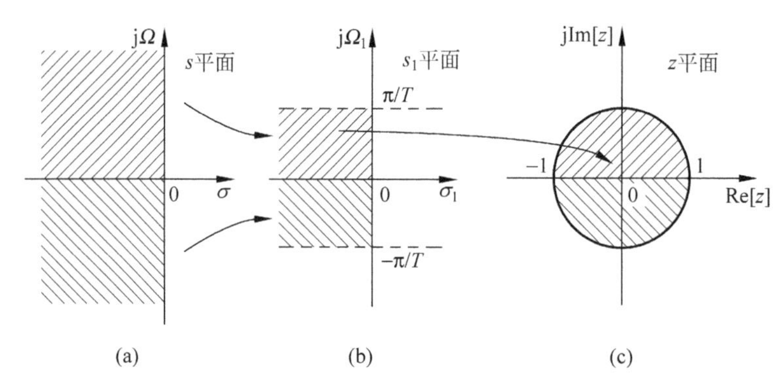

图 8.32 双线性变换的映射关系

在图 8.32 中引进了一个 s_1 平面，该图给出了三个平面之间的关系。其中图 8.32(b)、(c)两图仍采用以前的映射关系，即 $z=e^{s_1 T}$。也就是说它把 s_1 平面的一条横带映射到整个 z 平面。然而图 8.32(a)、(b)两图的映射关系是把整个 s 平面压缩到 s_1 平面的一条横带里。这样一来，在 s 平面和 z 平面之间就建立起一一对应的关系，故可消除上述的混叠现象。如何实现图 8.32(a)、(b)两图的映射呢？式(8.71)给出的关系

$$\Omega=\frac{2}{T}\tan(\Omega_1 T/2) \tag{8.71}$$

恰好把 s 平面的 $\mathrm{j}\Omega$ 轴压缩为 $\mathrm{j}\Omega_1$ 轴上的一段。或者说，当 Ω_1 从 $-\frac{\pi}{T}$ 变到 $\frac{\pi}{T}$ 时，Ω 从 $-\infty$ 变化到 ∞。把式(8.71)的关系解析延拓到整个 s 平面，就可得到 s 平面与 s_1 平面间的映射关系

$$\begin{aligned} s &= \mathrm{j}\Omega \\ &= \frac{2}{T}\mathrm{th}\left(\frac{s_1 T}{2}\right) = \frac{2}{T}\frac{1-\mathrm{e}^{-s_1 T}}{1+\mathrm{e}^{-s_1 T}} \end{aligned} \tag{8.72}$$

其中

$$s_1 = \mathrm{j}\Omega_1$$

$$\mathrm{th}x = \frac{\mathrm{e}^{x}-\mathrm{e}^{-x}}{\mathrm{e}^{x}+\mathrm{e}^{-x}} = \frac{1-\mathrm{e}^{-2x}}{1+\mathrm{e}^{-2x}} \tag{8.73}$$

后者是双曲正切函数。读者可从式(8.71)自行推出式(8.72)。

根据以上过程可以合理地解释双线性变换。该法通过式(8.72)把整个 s 平面映射为 s_1 平面的一条横带，再运用标准变换关系 $z=\mathrm{e}^{s_1 T}$ 进行 s_1 平面和 z 平面之间的映射。这样就得到了 s 平面和 z 平面间的映射关系式，即式(8.68)和式(8.69)的结果。

4. 双线性变换法的优缺点

(1) 优点

① s 平面、z 平面之间是一一对应的关系，因而消除了混叠现象。

② s 平面、z 平面之间有简单的代数关系，因此设计和运算都比较直接、简单。

如上所述，利用式(8.68)和式(8.70)，可以从 $H(s)$ 和 $H(\mathrm{j}\Omega)$ 直接得到数字滤波器的传递函数 $H(z)$ 和频率响应 $H(\mathrm{e}^{\mathrm{j}\omega})$，即

$$H(z) = H(s)\Big|_{s=\frac{2}{T}\cdot\frac{1-z^{-1}}{1+z^{-1}}} = H\left(\frac{2}{T}\cdot\frac{1-z^{-1}}{1+z^{-1}}\right) \tag{8.74}$$

和

$$H(\mathrm{e}^{\mathrm{j}\omega}) = H(\mathrm{j}\Omega)\Big|_{\Omega=\frac{2}{T}\tan(\omega/2)} = H\left(\frac{2}{T}\mathrm{j}\tan(\omega/2)\right) \tag{8.75}$$

例 8.7　已知模拟低通滤波器的传递函数如下式

$$H(s) = \frac{2000}{s+2000}$$

用双线性变换法设计相应的数字滤波器，采样频率为 1500Hz。

解　由于

$$H(s) = \frac{2000}{s+2000}$$

所以

$$\begin{aligned} H(z) = H(s)\Big|_{s=\frac{2}{T}\frac{z-1}{z+1}} &= \frac{2000}{3000\dfrac{z-1}{z+1}+2000} = \frac{2000(z+1)}{3000(z-1)+2000(z+1)} \\ &= \frac{0.4(z+1)}{z-0.2} = \frac{0.4(1+z^{-1})}{1-0.2z^{-1}} \end{aligned}$$

滤波器的频响为

$$H(\mathrm{e}^{\mathrm{j}\omega})=\frac{0.4(1+\mathrm{e}^{-\mathrm{j}\omega})}{1-0.2\mathrm{e}^{-\mathrm{j}\omega}}$$

■

例 8.8 设一阶巴特沃斯模拟低通滤波器的传递函数为 $H(s)$。用双线性变换法把它转换成数字低通滤波器，要求 $H(z)$ 的 3dB 截止频率 $\omega_c=0.25\pi$。

解 巴特沃斯模拟滤波器的幅度平方函数为

$$|H(\mathrm{j}\Omega)|^2=\left(\frac{1}{\sqrt{1+\left(\dfrac{\Omega}{\Omega_c}\right)^{2N}}}\right)^2,\quad N=1,2,3,\cdots$$

由式(8.33)可以得到上式的极点为

$$s_k=\Omega_c\mathrm{e}^{\mathrm{j}\pi(2k+N-1)/2N},\quad k=1,2,\cdots,2N$$

对于一阶滤波器而言，可以得到

$$H(s)H(-s)=\frac{1}{1+\left(\dfrac{s}{\mathrm{j}\Omega_c}\right)^2}$$

其左半平面的极点为

$$s_1=\Omega_c\mathrm{e}^{\mathrm{j}\pi}=-\Omega_c$$

所以

$$H(s)=\frac{\Omega_c}{s-s_1}=\frac{\Omega_c}{s+\Omega_c}=\frac{1}{1+s/\Omega_c}$$

由题目要求，$H(z)$ 的 3dB 截止频率为 $\omega_c=0.25\pi$，把它变换成 Ω_c，即

$$\Omega_c=\frac{2}{T}\tan(\omega_c/2)=\frac{2}{T}\tan(0.25\pi/2)=0.828/T$$

所以

$$H(s)=\frac{1}{1+s/\Omega_c}=\frac{1}{1+sT/0.828}$$

将双线性变换的关系 $s=\dfrac{2}{T}\cdot\dfrac{1-z^{-1}}{1+z^{-1}}$ 代入上式可得

$$H(z)=\frac{1}{1+\dfrac{T}{0.828}\left(\dfrac{2}{T}\cdot\dfrac{1-z^{-1}}{1+z^{-1}}\right)}=\frac{0.292(1+z^{-1})}{1-0.4144z^{-1}}$$

MATLAB 程序和运行结果如下

```
wc = 2 * tan(0.25 * pi./2);
[b,a] = butter(1,wc,'s');
[bz,az] = bilinear(b,a,1)
bz =    0.2929      0.2929
az =    1.0000     - 0.4142
```

由以上二例可见：由 $H(s)$ 设计 $H(z)$ 时，采用双线性变换法比用脉冲响应不变

法的部分分式分解更为简单。■

(2) 缺点

本法的主要缺点是求得的频率响应具有非线性畸变，它是与上述优点共生的。由式(8.70)可知，在 Ω 与 ω 之间存在着严重的非线性，尽管借此消除了脉冲响应不变法的混叠，但所设计的数字滤波器 $H(e^{j\omega})$ 也产生了畸变。这在 $H(e^{j\omega})$ 的幅频和相频特性中都有反映。稍后还要仔细研究其幅频特性，这里仅给出非线性对相频特性的影响。

由图 8.33 可以看到非线性映射对相频特性的影响。在图 8.33(a) 中，原来的模拟滤波器具有线性相频特性。由于图 8.33(b)非线性特性的作用，双线性变换后的相频特性产生了图 8.33(c)所示的畸变。

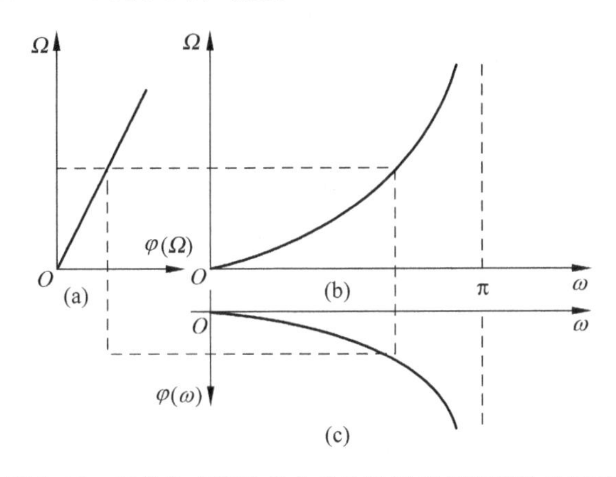

图 8.33　双线性变换法的非线性映射对相频特性的影响

5. 双线性变换法中的预畸变

在双线性变换法中，频率间的关系是

$$\Omega=\frac{2}{T}\tan(\omega/2) \tag{8.76}$$

在频率尺度间存在着非线性关系，这一关系已示于图 8.31。

由图可见，在 ω 较小时二者间存在准线性关系。由于此时的 $\omega\approx T\Omega$，因此在 T 值较小时，可在较大的 Ω 的范围内维持这种准线性关系。在该范围之外，滤波器的频响将发生较大的非线性畸变。

然而从实用的角度看，经常用到的滤波器的频响特性都具有"片段常数"的特点，如低通、高通、带通、带阻等都是如此。用双线性变换法设计这类滤波器时，目标滤波器的通带截止频率、过渡带边缘频率等转折点频率的位置要发生变化。但是其通带、阻带幅频特性的形状仍近似保留了模拟滤波器的变化规律，"片段常数"的特点也还存在。正是这些特点使我们能够采用"预畸变"的方法来补偿这种非线性畸变。

上述转折点频率位置的畸变可以用图 8.34 加以说明。由图可见，在频率高端产生的压缩效应更为明显。例如，当 Ω 与 ω 是线性关系时，Ω_p 应该映射到 ω_p。由于上述的非线性关系，Ω_p 映射为 ω'_p，不能满足设计要求。另由该图可见，只有 Ω' 才能映射为上述的 ω_p。那么当给定模拟滤波器的指标为 Ω_p 时，怎样才能得到 ω_p 而不是 ω'_p 呢？

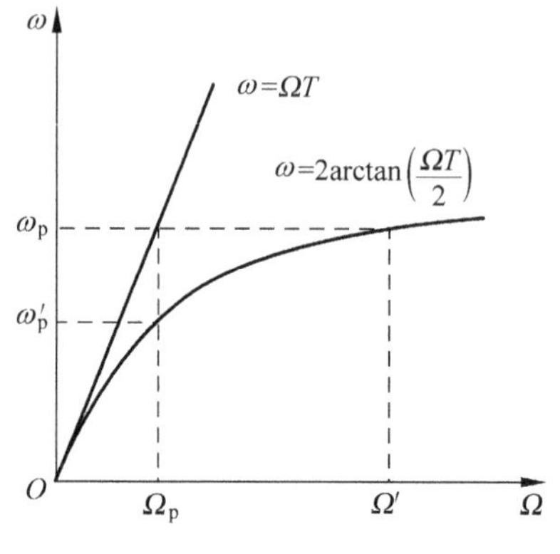

图 8.34 频率的预畸变

为了解决这个问题可以采取“预畸变”的方法。下面用图 8.35 说明这个过程。图中给出了模拟滤波器所要求的临界频率以及 $\Omega=\dfrac{\omega}{T}$ 和 $\Omega=\dfrac{2}{T}\tan(\omega/2)$ 等两条曲线。设所要求模拟滤波器的指标特性如图 8.35(a)的虚线所示，直接按虚线的各个临界频率设计时，由于式(8.70)的作用，得到了图 8.35(c)虚线所示的数字滤波器。也就是说，这里出现了明显的失真，在 ω 高频段的压缩失真更为突出。实际上，我们希望进行准线性变换，即得到图 8.35(c)实线所示的 $H(\mathrm{e}^{\mathrm{j}\omega})$ 特性。通过预畸变的方法可以校正上述失真，并得到希望的结果。“预畸变”法的思路是：先把模拟滤波器的各个临界频率加以“畸变”，以便用双线性变换法设计后，这些临界频率恰好符合设计的要求。实际上，所谓临界频率的“预畸变”就是通过临界频率点的移动来纠正双线性变换所产生的非线性失真的方法。

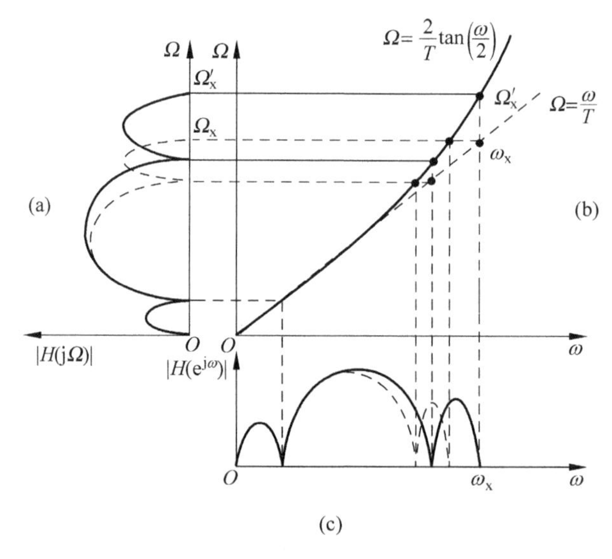

图 8.35 双线性变换法的非线性及其预畸变方法

(a) 模拟滤波器；(b) 频率的预畸变曲线；(c) 数字滤波器

“预畸变”方法的步骤如下所述。

(1) 设 Ω_x 是模拟滤波器技术指标中给定的任何一个临界频率，如 Ω_p、Ω_s 等，也就是图 8.35(a)虚线特性的临界频率。通过 $\omega_x=\Omega_x T$ 得到相应的数字域临界频率 ω_x，即图 8.35(c)实线特性的临界频率。

(2) 进行"预畸变",即通过下式

$$\Omega_x' = \frac{2}{T}\tan(\omega_x/2) = \frac{2}{T}\tan(\Omega_x T/2) \tag{8.77}$$

由 ω_x 确定出预畸变的模拟滤波器的临界频率 Ω_x'。式中的 Ω_x' 是图 8.35(b)实线所示"预畸特性"上的任何一个临界频率。

(3) 用求得的 Ω_x',即 Ω_p'、Ω_s' 等参数设计出归一化模拟低通滤波器的传递函数 $H(s)$,即图 8.35(a)上实线所示的滤波器。

(4) 通过双线性变换的关系将 $H(s)$ 转变为数字滤波器的传递函数 $H(z)$,即图 8.35(c)上实线所示的滤波器。

由上可见,如果给定的技术指标用数字域频率 ω_p、ω_s 等给出,就可以从第(2)步开始进行设计。

在双线性变换法中,只在求数字域临界频率 ω_x 时,采样间隔 T 或采样频率 f_s 才会起到实质性的作用。因此在上述步骤中,通常把除第(1)步外其余各步的 T 取为 1,即 $T=1$。

此外,如果 $\omega/2$ 或 $\Omega T/2$ 小于 0.1π,由于 $\tan(0.1\pi)\approx 0.1\pi$。所以

$$\Omega' = \frac{2}{T}\tan(\omega/2) \approx \frac{2}{T}\frac{\Omega T}{2} = \Omega$$

也就是说,在这种情况下无需进行预畸变,因而设计步骤可以简化。下面举例说明用双线性变换把模拟滤波器变换为数字滤波器的方法。

例 8.9　给定数字滤波器的设计指标为:通带截止频率 $\omega_p=0.25\pi$,通带最大衰减 $\delta_p \geqslant -0.75\text{dB}$,阻带起始频率 $\omega_s=0.4\pi$,阻带幅度衰减 $\delta_s \leqslant -20\text{dB}$。用双线性变换法设计巴特沃斯数字低通滤波器。

解　(1) 由给定的数字滤波器技术指标确定模拟滤波器的技术指标。令 $T=1$,由预畸变公式(8.77)可得

$$\Omega_p = 2\tan\frac{\omega_p}{2} = 2\tan\frac{\pi}{8}$$

$$\Omega_s = 2\tan\frac{\omega_s}{2} = 2\tan\frac{\pi}{5}$$

(2) 设计巴特沃斯低通原型模拟滤波器。

① 阶数 N 的确定

由 $|H(\mathrm{j}\Omega)| = \dfrac{1}{\sqrt{1+\left(\dfrac{\Omega}{\Omega_c}\right)^{2N}}}$ 可得

$$\begin{cases} 20\lg|H(\mathrm{j}\Omega)| = -10\lg\left[1+\left(\dfrac{\Omega_p}{\Omega_c}\right)^{2N}\right] \geqslant -0.75 \\ 20\lg|H(\mathrm{j}\Omega)| = -10\lg\left[1+\left(\dfrac{\Omega_s}{\Omega_c}\right)^{2N}\right] \leqslant -20 \end{cases} \tag{8.78}$$

所以

$$N \geqslant \left(\lg \frac{10^{-0.1\delta_s}-1}{10^{-0.1\delta_p}-1}\right) \Big/ \left(2\lg \frac{\Omega_s}{\Omega_p}\right) = \left(\lg \frac{10^{0.1\times 20}-1}{10^{0.1\times 0.75}-1}\right) \Bigg/ \left(2\lg \frac{2\tan\frac{\pi}{5}}{2\tan\frac{\pi}{8}}\right) = 5.5736$$

取整数 $N=6$。

② 求 Ω_c

由式(8.78)第二式可得

$$1+\left(\frac{\Omega_s}{\Omega_c}\right)^{2N} = 10^2$$

$$\frac{2\tan\frac{\pi}{5}}{\Omega_c} = 99^{1/12}$$

$$\Omega_c = 0.9908$$

③ 由式(8.33)可以得到幅度平方函数的12个极点为

$$s_k = \Omega_c e^{j\pi(2k+N-1)/2N}, \quad k=1,2,\cdots,12$$

选取左半 s 平面的三对极点

$$-0.2564 \pm j0.9570, \quad -0.7006 \pm j0.7007, \quad -0.9571 \pm j0.2563$$

再把 Ω_c 代入，可得巴特沃斯模拟低通滤波器的 $H(s)$

$$H(s) = \frac{0.9461}{(s^2+0.5128s+0.9816)(s^2+1.4012s+0.9818)(s^2+1.9142s+0.9817)} \tag{8.79}$$

或

$$H(s) = \frac{0.9461}{s^6+3.8282s^5+7.3275s^4+8.8918s^3+7.1933s^2+3.6893s+0.9461}$$

④ 求出 $H(z)$

应用双线性变换就可以从 $H(s)$ 求出 $H(z)$

$$H(z) = H(s)\Big|_{s=2\frac{1-z^{-1}}{1+z^{-1}}}$$

$$= \frac{1}{a_6\left(\frac{1-z^{-1}}{1+z^{-1}}\right)^6 + a_5\left(\frac{1-z^{-1}}{1+z^{-1}}\right)^5 + a_4\left(\frac{1-z^{-1}}{1+z^{-1}}\right)^4 + a_3\left(\frac{1-z^{-1}}{1+z^{-1}}\right)^3 + a_2\left(\frac{1-z^{-1}}{1+z^{-1}}\right)^2 + a_1\left(\frac{1-z^{-1}}{1+z^{-1}}\right) + 1}$$

整理后可得

$$H(z) = \frac{0.0023z^{-6}+0.0138z^{-5}+0.0344z^{-4}+0.0459z^{-3}+0.0344z^{-2}+0.0138z^{-1}+0.0023}{z^{-6}-2.4656z^{-5}+3.0686z^{-4}-2.2021z^{-3}+0.9520z^{-2}-0.2300z^{-1}+0.0241}$$

这里要指出的是，按式(8.79)，即按二次多项式代入 $s=2\cdot\frac{1-z^{-1}}{1+z^{-1}}$ 会使运算稍微简便一些。

下面是 MATLAB 程序。

```
wp = 2 * tan(0.125 * pi); ws = 2 * tan(0.2 * pi); Rp = 0.75; As = 20;
[n,wn] = buttord(wp,ws,Rp,As,'s');
```

```
[b,a] = butter(n,wn,'s');
[bz,az] = bilinear(b,a,1)
```

运行结果如下所示。

```
n = 6
wn = 0.9908

b = 0        0        0        0        0        0        0.9461
a = 1.0000   3.8282   7.3275   8.8918   7.1933   3.6893   0.9461

bz = 0.0023    0.0138   0.0344    0.0459   0.0344    0.0138   0.0023
az = 1.0000   -2.4656   3.0686   -2.2021   0.9520   -0.2300   0.0241
```

■

例 8.10　用双线性变换法设计滤波器，使其幅度逼近于具有下述技术指标的模拟低通巴特沃斯滤波器。通带截频 $f_p=1.2\text{kHz}$ 处的衰减不大于 $\delta_p=3\text{dB}$，阻带截频 $f_s=1.5\text{kHz}$ 处的衰减不小于 $\delta_s=25\text{dB}$，采样频率为 $f=8\text{kHz}$。

解　粗看起来，本题与例 8.9 是一个类型，为什么还要重复呢？我们要说明的是以下几点。

(1) 由题目所给指标可以判断，在 $\Delta f=f_s-f_p=300\text{Hz}$ 的范围内，增益要下降 22dB。特别是 Δf 与折叠频率 $f/2=4000\text{Hz}$ 相差一个数量级以上。因此，要求的过渡带比较陡，或者说指标要求比较高。由此可以预计，滤波器的阶次会比较高。

(2) 由于阶次较高，所以从 $H(s)$ 求取 $H(z)$ 时，最好用 MATLAB 实现。

(3) 实际上，一旦设计出数字滤波器即设计出 $H(z)$，则数字滤波器的差分方程表示、数字滤波器的频率响应、数字滤波器结构等方面的问题，就是前面章节内容的复习。

下面仅给出关键步骤。由题设可知

$$\Omega_{p1}=2\pi f_p=2\pi\times1.2\times10^3,\quad \Omega_{s1}=2\pi f_s=2\pi\times1.5\times10^3,\quad T=1/f=1/(8\times10^3)$$

所以

$$\omega_{p1}=T\Omega_{p1}=0.3\pi=0.9425$$
$$\omega_{s1}=T\Omega_{s1}=3\pi/8=1.1781$$

令 $T=1$，则

$$\Omega_p=\frac{2}{T}\tan(\omega_{p1}/2)=\frac{2}{T}\tan(\Omega_{p1}T/2)=2\tan(0.3\pi/2)=1.0191$$

$$\Omega_s=\frac{2}{T}\tan(\omega_{s1}/2)=\frac{2}{T}\tan(\Omega_{s1}T/2)=2\tan(3\pi/16)=1.3364$$

仿照上题可以得到有关结果，如 $n\geqslant10.6$，取 $n=11$ 等。

本题的 MATLAB 程序如下。

```
wp1 = 2 * pi * 1200/8000; wp2 = 2 * pi * 1500/8000;
wp = 2 * tan(wp1/2); ws = 2 * tan(wp2/2); As = 25; Rp = 3;
[n,wn] = buttord(wp,ws,Rp,As,'s');
[b,a] = butter(n,wn,'s');
[bz,az] = bilinear(b,a,1);
```

```
[h,w] = freqz(bz,az);
plot(w * 8000/(2 * pi),20 * log10(abs(h)/abs(h(1))));
axis([0,2000, - 30,0]);
grid;
title('对数幅频响应');
xlabel('frequency in Hz ');
ylabel('in decibels');
```

运行结果如下所示。

```
wp1 =   0.9425
wp2 =   1.1781

wp =   1.0191
ws =   1.3364

n =   11
wn =   1.0288
```

求得的幅频响应如图 8.36 所示。 ■

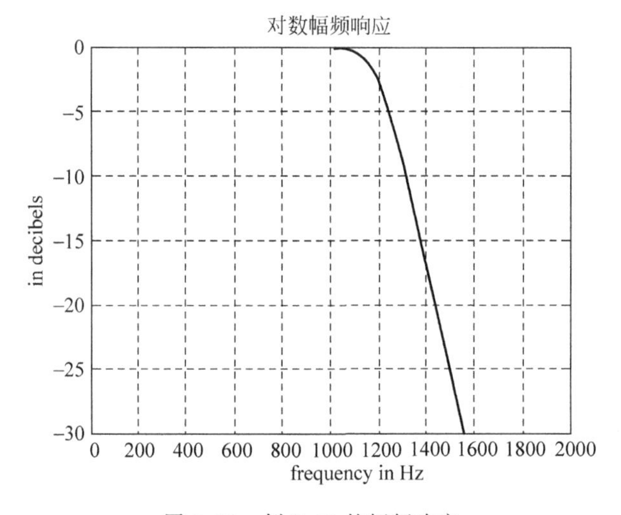

图 8.36　例 8.10 的幅频响应

8.6 IIR 数字滤波器的频率变换

8.6.1 概述

众所周知，在各种实际应用中大量使用着各种类型的滤波器，比较常见的有低通、高通、带通和带阻等四种类型。以上仅讨论了低通滤波器的设计，如何得到所需类型的滤波器呢？实际上，不必单独研究每种类型的设计方法。根据四种类型之间的关系，从一个已经设计好的模拟低通原型滤波器 $H_L(j\Omega)$ 出发，经过频率转换就可以达到目的。目前已经总结出图 8.37 所示的三种方法，特分述如下。

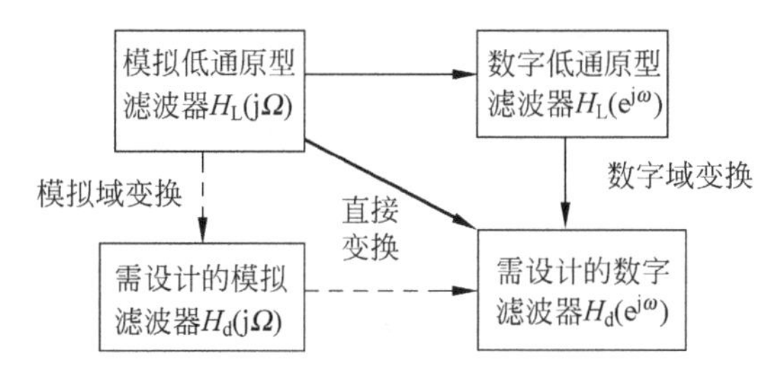

图 8.37 原型变换的三种设计方法

图中，虚线为模拟域变换法，实线为数字域变换法，粗实线为模拟原型直接变换法

1. 模拟域变换法或 s 平面变换法

经频率变换把 $H_L(j\Omega)$ 变成所需的模拟高通、带通或带阻滤波器 $H_d(j\Omega)$，再用双线性变换法或脉冲响应不变法就可得到相应的数字目标滤波器 $H_d(e^{j\omega})$。

2. 模拟原型直接变换法

把模拟低通原型滤波器直接转换成所需的数字高通、带通或带阻滤波器 $H_d(e^{j\omega})$。

3. 数字域变换法或 z 平面变换法

用脉冲响应不变法或双线性变换法把模拟低通原型滤波器转换成数字低通滤波器 $H_L(e^{j\theta})$，再经频率变换把它变成所需的数字高通、带通、带阻滤波器 $H_d(e^{j\omega})$。

前面已经详细讨论过脉冲响应不变法和双线性变换法。因此，实现第 1 种方法的关键是从模拟域的 $H_L(j\Omega)$ 变换成模拟域的 $H_d(j\Omega)$。它的实质是模拟域的频率变换，故称之为模拟域变换法。依此可知另两种方法名称的来源。

这里再次说明：上面提到的低通原型滤波器是指滤波器的角频率 Ω 被截止角频率 Ω_c 归一化的滤波器，即归一化的角频率是

$$\Omega' = \frac{\Omega}{\Omega_c}$$

所以，不同截止频率的滤波器在截止频率处的归一化表示均为 $\Omega'=1$，而相应低通原型滤波器的传递函数可以表示为 $H(j\Omega')$。

8.6.2 模拟域变换法

1. 低通到高通变换

低通和高通的频率响应如图 8.38 所示。为便于理解，该图给出了对称的幅频特性。由图 8.38(a)可见，$\Omega=0$ 为低通滤波器通带的中点，$\Omega\to\infty$ 是阻带的渐近区域。

在图 8.38(b)的高通滤波器中，上述两点的地位正好相反。

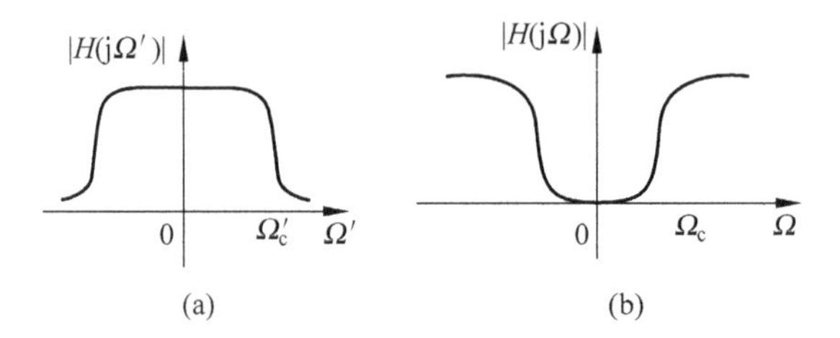

图 8.38　低通和高通滤波器的频率响应

对传递函数的零、极点进行分析也可得到同样的结论。这就是说，从模拟低通到模拟高通的变换应该是变量 s 的倒数变换，即

$$s' \to \frac{\Omega_c}{s}$$

式中，s'、s 分别表示变换前、后的自变量，Ω_c 是高通滤波器的截止频率，$|H(j\Omega')|$ 表示归一化的模拟低通原型滤波器的幅频响应。因此，只要用 Ω_c/s 代替低通原型滤波器传递函数的 s'，就可以得到截止频率为 Ω_c 的高通滤波器的传递函数。

2. 低通到带通的变换

模拟带通滤波器的频响 $H(j\Omega)$ 如图 8.39(b)所示。该频响的特点是在 $\Omega=0$ 和 $\Omega=\pm\infty$ 处的值均近于零。由图可以看到各个频率间的映射关系，如模拟低通的 0、$-\infty$ 和 ∞ 各点分别映射成模拟带通的 Ω_0、0 和 ∞ 点以及 $-\Omega_0$、$-\infty$ 和 0 点。由此可以推出模拟低通、带通归一化频率之间的关系为

$$\Omega' \to \frac{\Omega^2-\Omega_0^2}{\Omega} \tag{8.80}$$

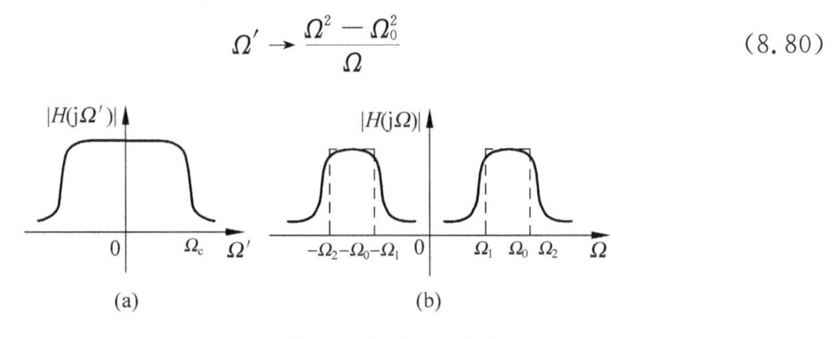

图 8.39　低通和带通滤波器的频率响应

由于归一化低通原型滤波器的通带截止频率 $\Omega'_c=1$，故由式(8.80)可以推出带通滤波器的中心频率为

$$\Omega_0^2=\Omega_1\Omega_2$$

根据式(8.80)的频率变换关系，可以把给定带通滤波器的指标转换成低通原型滤波器的指标，进而求得原型滤波器的转移函数。实际上，把式(8.80)延拓到 s 平面就可以得到低通原型与带通滤波器之间的复频率转换关系

$$s' \to \frac{s^2 + \Omega_0^2}{sB}$$

式中 B 为带通滤波器的通带 $B = \Omega_2 - \Omega_1$，而 Ω_2 和 Ω_1 分别为该通带的上、下截频。Ω_0 和 B 的单位均为 rad/s。由上式可得

$$H_B(s) = H_L(s') \mid_{s' = \frac{s^2+\Omega_0^2}{Bs}}$$

同理可得低通到低通和低通到带阻的变换。表 8.6 小结了相应的变换关系。

表 8.6　归一化模拟低通滤波器到目标滤波器的变换

变换类型	变换关系	备　注
模拟低通—模拟低通	$s' \to \frac{s}{\Omega_c}$	Ω_c 表示所要求的低通截频
模拟低通—模拟高通	$s' \to \frac{\Omega_c}{s}$	Ω_c 表示所要求的高通截频
模拟低通—模拟带通	$s' \to \frac{s^2 + \Omega_0^2}{Bs}$	$B = \Omega_2 - \Omega_1$ 为带通滤波器的通带宽度，Ω_2 和 Ω_1 为该通带的上、下截频，$\Omega_0 = \sqrt{\Omega_1 \Omega_2}$ 表示通带的中心频率
模拟低通—模拟带阻	$s' \to \frac{Bs}{s^2 + \Omega_0^2}$	$B = \Omega_2 - \Omega_1$ 为带阻滤波器的阻带宽度，Ω_2 和 Ω_1 为该阻带的上、下截频，$\Omega_0 = \sqrt{\Omega_1 \Omega_2}$ 表示阻带的中心频率

8.6.3　模拟原型直接变换法

在设计数字滤波器时，模拟原型直接变换法不必经过模拟域或数字域的频率变换，而是从模拟低通原型滤波器出发直接完成 $s \to z$ 的变换。在这一方法中通常只采用双线性变换，这是因为脉冲响应不变法中存在混叠效应的缘故。

1. 低通变换

首先将数字低通滤波器的性能指标转换成相应模拟低通滤波器的指标，并进行设计。然后，应用双线性变换法就可以把刚设计的低通滤波器转换为所需的数字低通滤波器。

2. 高通变换

由前述可知，模拟低通到模拟高通的变换就是取变量 s 的倒数。把这一关系用于数字高通滤波器的设计时，只要把双线性变换中的 s 用 $1/s$ 代替即可。也就是说在高通变换中

$$s = \frac{T}{2} \frac{1 + z^{-1}}{1 - z^{-1}}$$

把 $s = \mathrm{j}\Omega$，$z = \mathrm{e}^{\mathrm{j}\omega}$ 代入上式可得到模拟低通到数字高通的变换关系

$$\Omega = \frac{T}{2} \cot\left(\frac{\omega}{2}\right)$$

3. 带通变换

参见图 8.39 可知，在把模拟低通滤波器 $H_L(s)$映射为数字带通滤波器 $H_B(z)$时，应该把模拟低通的 $\Omega=0$ 映射为数字带通的中心频率$\pm\omega_0$，并把 $\Omega=\pm\infty$映射为数字频率的高端和低端，即映射为 $\omega=\pi$ 和 $\omega=0$。这就是说，应该把 s 平面的原点 $s=0$ 映射为 z 平面的 $z=e^{\pm j\omega_0}$，并把 $s=\pm j\infty$点映射为 z 平面的 $z=\pm 1$。满足这一关系的双线性变换为

$$s=\frac{(z-e^{j\omega_0})(z-e^{-j\omega_0})}{(z-1)(z+1)}=\frac{z^2-2z\cos\omega_0+1}{z^2-1} \tag{8.81}$$

上式中，ω_0 是数字带通的中心频率。由以上推导可知

$$H_B(z)=H_L(s)\Big|_{s=\frac{z^2-2z\cos\omega_0+1}{z^2-1}} \tag{8.82}$$

将 $s=j\Omega$，$z=e^{j\omega}$带入式(8.81)可以得到模拟低通和数字带通之间的频率关系

$$\Omega=\frac{\cos\omega_0-\cos\omega}{\sin\omega} \tag{8.83}$$

式(8.83)的关系如图 8.40 所示。可以证明，式(8.81)的变换把 s 的左半平面映射到 z 平面的单位圆内，因此该式也满足映射时的稳定性要求。

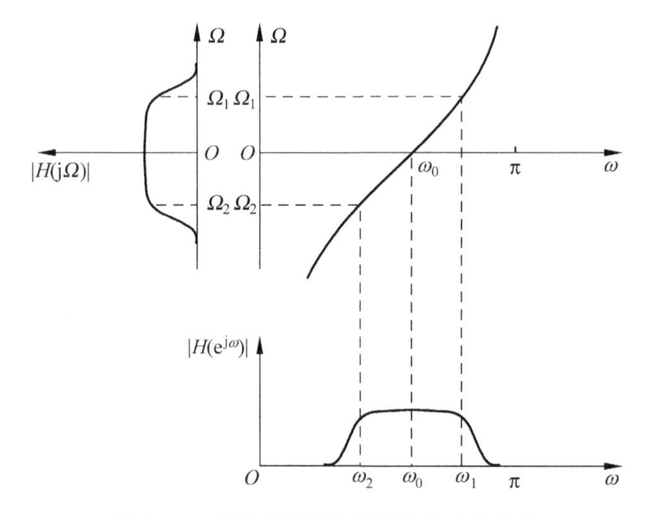

图 8.40 原型低通到数字带通的变换关系

由式(8.83)可知，通过模拟低通设计数字带通时，为了得到模拟低通的截止频率 Ω_c，先要求出数字带通的中心频率。但是，在设计带通滤波器时只给出了数字带通的上、下截止频率 ω_1、ω_2。如何得到所需的参数呢？由图 8.40 和式(8.83)可知

$$\begin{cases}\Omega_1=\dfrac{\cos\omega_0-\cos\omega_1}{\sin\omega_1}\\[2ex]\Omega_2=\dfrac{\cos\omega_0-\cos\omega_2}{\sin\omega_2}\end{cases} \tag{8.84}$$

此外，由图 8.40 可见，Ω_1、Ω_2 就是模拟低通滤波器的截止频率 Ω_c，且构成镜像关

系，即

$$\Omega_c = \Omega_1 = -\Omega_2 \tag{8.85}$$

把式(8.85)的关系代入式(8.84)，经简单推导可以求出

$$\cos\omega_0 = \frac{\sin(\omega_1 + \omega_2)}{\sin\omega_1 + \sin\omega_2} \tag{8.86}$$

再经三角运算可以得到

$$\omega_0 = \arccos\left(\frac{\cos\dfrac{\omega_2 + \omega_1}{2}}{\cos\dfrac{\omega_2 - \omega_1}{2}}\right) \tag{8.87}$$

求得 ω_0 后，就可由式(8.83)得到模拟低通滤波器的截止频率

$$\Omega_c = \frac{\cos\omega_0 - \cos\omega_1}{\sin\omega_1} = -\frac{\cos\omega_0 - \cos\omega_2}{\sin\omega_2} \tag{8.88}$$

综上所述，用双线性变换法从模拟低通设计数字带通滤波器的步骤如下。

(1) 根据设计要求确定出数字带通滤波器的上、下截止频率 ω_1、ω_2。

(2) 根据式(8.87)求得中心频率

$$\omega_0 = \arccos\left(\frac{\cos\dfrac{\omega_2 + \omega_1}{2}}{\cos\dfrac{\omega_2 - \omega_1}{2}}\right)$$

(3) 由式(8.88)得到模拟低通滤波器的通带截止频率

$$\Omega_c = \frac{\cos\omega_0 - \cos\omega_1}{\sin\omega_1}$$

(4) 根据上述参数设计模拟低通原型模拟滤波器 $H_L(s)$。

(5) 由式(8.82)可以得到数字带通滤波器

$$H_B(z) = H_L(s)\Big|_{s=\frac{z^2-2z\cos\omega_0+1}{z^2-1}}$$

4. 带阻变换

将上述带通滤波器的关系式(8.81)倒置就可以得到从模拟低通到数字带阻滤波器的变换关系，即

$$s = \frac{z^2 - 1}{z^2 - 2z\cos\omega_0 + 1}$$

相应的频率变换关系为

$$\Omega = \frac{\sin\omega}{\cos\omega_0 - \cos\omega}$$

式中，ω_0 是数字带阻滤波器的中心频率

$$\cos\omega_0 = \frac{\sin(\omega_1 + \omega_2)}{\sin\omega_1 + \sin\omega_2}$$

$$\omega_0 = \arccos\left(\frac{\cos\dfrac{\omega_2 + \omega_1}{2}}{\cos\dfrac{\omega_2 - \omega_1}{2}}\right)$$

应用上式，由两个阻带的边界频率 ω_1、ω_2 就可以确定出数字带阻的中心频率 ω_0。与此同时，可以得到模拟低通的截止频率

$$\Omega_c = \frac{\sin\omega_1}{\cos\omega_0 - \cos\omega_1} = -\frac{\sin\omega_2}{\cos\omega_0 - \cos\omega_2}$$

表 8.7 中，ω_0 表示带通或带阻滤波器的中心频率。另外，本节开始处已经说明，在模拟原型直接变换法中通常仅采用双线性变换法。

表 8.7 模拟原型直接变换法的变换表

变换类型	变换关系	频率关系
模拟低通—数字低通	$s=\frac{2}{T}\frac{1-z^{-1}}{1+z^{-1}}$	$\Omega=\frac{2}{T}\tan\left(\frac{\omega}{2}\right)$
模拟低通—数字高通	$s=\frac{T}{2}\frac{1+z^{-1}}{1-z^{-1}}$	$\Omega=\frac{T}{2}\cot\left(\frac{\omega}{2}\right)$
模拟低通—数字带通	$s=\frac{z^2-2z\cos\omega_0+1}{z^2-1}$	$\Omega_c=\frac{\cos\omega_0-\cos\omega_1}{\sin\omega_1}$ $\omega_0=\arccos\left(\frac{\cos\frac{\omega_2+\omega_1}{2}}{\cos\frac{\omega_2-\omega_1}{2}}\right)$
模拟低通—数字带阻	$s=\frac{z^2-1}{z^2-2z\cos\omega_0+1}$	$\Omega_c=\frac{\sin\omega_1}{\cos\omega_0-\cos\omega_1}$ $\omega_0=\arccos\left(\frac{\cos\frac{\omega_2+\omega_1}{2}}{\cos\frac{\omega_2-\omega_1}{2}}\right)$

8.6.4 数字域的频率变换法

由已知的数字低通原型滤波器 $H_L(z)$ 到其他类型数字滤波器 $H_d(z)$ 的转换是在数字域进行的，故也称为 z 平面变换法。

为区分起见，把变换前、后两个不同的 z 平面分别表示为 u 平面和 z 平面。考虑到传递函数中的变量 u 和 z 都是以负幂的形式出现，故把两个平面的映射关系表示为

$$u^{-1} = G(z^{-1}) \tag{8.89}$$

z 平面的变换可以表示成

$$H_d(z) = H_L(u)\big|_{u^{-1}=G(z^{-1})} \tag{8.90}$$

上述变换函数应该满足如下要求。

(1) 变换前后系统频响的对应关系是：u 平面的单位圆映射为 z 平面的单位圆。

(2) 变换前后系统的稳定性不变。因此，u 平面的单位圆内部要映射到 z 平面单位圆的内部。

设 u 平面和 z 平面的单位圆分别为 $e^{j\theta}$ 和 $e^{j\omega}$，为了满足上面提出的两个要求，由式(8.89)可得

$$e^{-j\theta} = G(e^{-j\omega}) = |G(e^{-j\omega})| e^{j\varphi(\omega)} \tag{8.91}$$

由上式又可直接得出下面的关系，即

$$\theta = -\varphi(\omega)$$

$$|G(e^{-j\omega})| = 1$$

上式表示单位圆上的幅度恒为1。因此 $G(z^{-1})$ 是一个全通函数，并可表示为

$$G(z^{-1}) = \pm \prod_{i=1}^{N} \frac{z^{-1} - a_i^*}{1 - a_i z^{-1}} \tag{8.92}$$

前面已经讨论过，全通函数的零、极点呈倒共轭分布。为了满足稳定性要求，其极点均在单位圆内。式(8.92)的 N 是全通函数的阶数。可以证明，当 ω 从0变到 π 时，全通函数相角 $\theta=\varphi(\omega)$ 的变化量为 $0\sim N\pi$。实际上，不同类型数字滤波器的设计就是适当选择 N 和式(8.92)中的极点 a_i。因为这些参量将引进不同的相位变化量，进而把低通原型数字滤波器变换为其他类型的数字滤波器。

1. 数字低通到数字低通的变换

在这一变换中，$H_L(e^{j\theta})$、$H_d(e^{j\omega})$ 都是低通滤波器，只是截止频率不同。如前所述，全通函数相位 $\varphi(\omega)$ 最大的变化量为 $N\pi$。然而在当前情况下，当相位 ω 从0变到 π 时，$\theta=\varphi(\omega)$ 也由0变到 π。可见，此时全通函数的阶次 $N=1$，故映射函数为

$$u^{-1} = G(z^{-1}) = \frac{z^{-1} - a}{1 - az^{-1}} \tag{8.93}$$

代入 $u=e^{j\theta}$、$z=e^{j\omega}$，则频率间的关系为

$$e^{-j\theta} = \frac{e^{-j\omega} - a}{1 - ae^{-j\omega}} \tag{8.94}$$

将 ω、θ 等于0代入式(8.91)可得

$$G(1) = 1$$

将 ω、θ 等于 π 代入式(8.91)又可得

$$G(-1) = -1$$

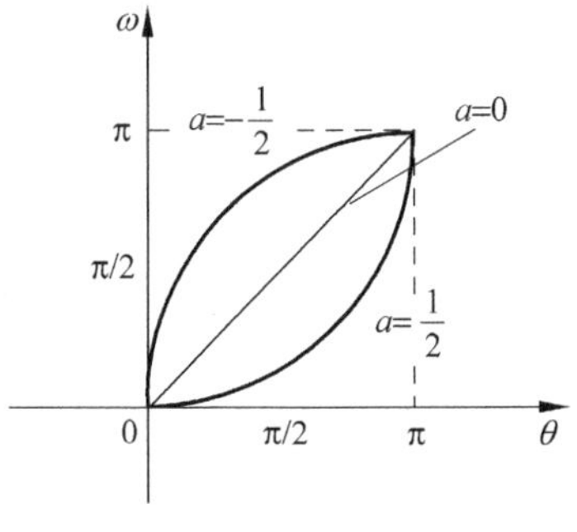

这是低通变换中全通函数应该满足的两个条件。显然，只有 a 是实数，并且 $|a|<1$ 时才能满足这些要求。由式(8.94)可以解出 ω 与 θ 的关系

$$\omega = \arctan\left[\frac{(1-a^2)\sin\theta}{2a + (1+a^2)\cos\theta}\right]$$

由上式给出的 ω 与 θ 的关系如图8.41所示。由图可见，除 $a=0$ 之外，频率变换都是非线性关系。因而在 a 为非零值时，会出现变换频率的压缩或扩展性畸变。

图8.41 数字低通到数字低通的频率变换特性

另外，通过式(8.94)可以确定出参数 a

$$a=\frac{\sin\left(\frac{\theta_c-\omega_c}{2}\right)}{\sin\left(\frac{\theta_c+\omega_c}{2}\right)}$$

其中，θ_c 为数字低通原型滤波器的截止频率，而 ω_c 为变换后的截止频率。由前述可见，只要确定了参数 a，就可通过式(8.93)得到数字低通到数字低通的变换关系。

$$H_d(z)=H_L(u)\Big|_{u^{-1}=G(z^{-1})=\frac{z^{-1}-a}{1-az^{-1}}}$$

2. 数字低通到数字带通的变换

在 6.3.5 节曾经讨论过，数字滤波器具有周期性。在离散时间系统的各类滤波器中 $\omega=0$ 是低频，$\omega=\pi$ 相当于高频，而 $\omega=\pi$ 是幅频特性的对称轴。

数字低通到数字带通的变换关系示于图 8.42，参照该图可以更好地理解各个频率间的对应关系。即：带通滤波器的中心频率 ω_0 对应于低通原型的通带中心 $\theta=0$ 点；当带通的频率 ω 从 0 变到 ω_0 时，低通的 θ 从 $-\pi$ 变到 0；而当带通的频率 ω 从 ω_0 变到 π 时，低通的 θ 从 0 变到 π。由此可见，当带通的频率 ω 从 0 变到 π 时，低通的 θ 从 $-\pi$ 变到 π，即相应频率的变化是 2π。因此，在式(8.92)中所需全通函数的阶数 $N=2$，即数字低通到数字带通的映射关系为

$$G(z^{-1})=\pm\frac{z^{-1}-a^*}{1-az^{-1}}\cdot\frac{z^{-1}-a}{1-a^*z^{-1}}$$

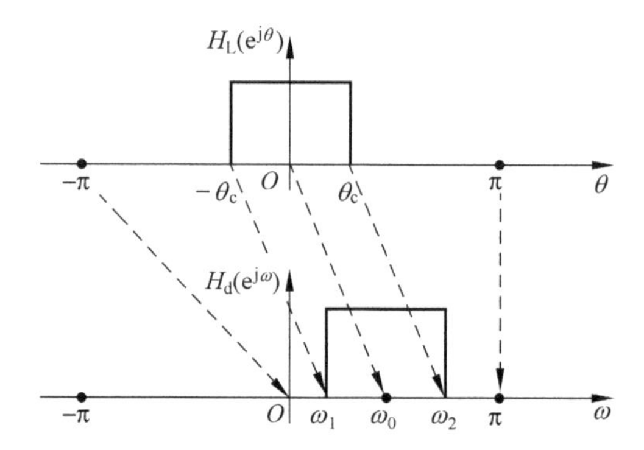

图 8.42 数字低通到数字带通的频率变换示意图

把图 8.42 中的频率对应关系，即 $\omega_1\to-\theta_c$，$\omega_2\to\theta_c$ 代入上式，经推导后可得到以下变换公式

$$G(z^{-1})=-\frac{z^{-2}-\frac{2ak}{k+1}z^{-1}+\frac{k-1}{k+1}}{\frac{k-1}{k+1}z^{-2}-\frac{2ak}{k+1}z^{-1}+1}$$

式中

$$a=\frac{\cos[(\omega_1+\omega_2)/2]}{\cos[(\omega_2-\omega_1)/2]}$$

$$k=\cot\left(\frac{\omega_2-\omega_1}{2}\right)\tan\left(\frac{\theta_c}{2}\right)$$

3. 数字低通到数字高通的变换

把数字低通的频响函数在单位圆上旋转 π，就可把原低通的频响转换为数字高通的频响。为此，只要把前述低通到低通变换的映射关系式，即式(8.93)中所有的 z 替换为 $-z$ 就可实现所要求的变换，即

$$G(z^{-1})=\frac{(-z)^{-1}-a}{1-a(-z)^{-1}}=-\frac{z^{-1}+a}{1+az^{-1}}$$

由上可知，数字低通原型的截止频率 θ_c 与数字高通截止频率 ω_c 的对应关系是 $\theta_c\rightarrow-\omega_c$，由此可以得到数字域的频率变换关系为

$$e^{-j\theta_c}=-\frac{e^{j\omega_c}+a}{1+ae^{j\omega_c}} \tag{8.95}$$

由前面的经验可知，从数字低通到数字高通变换的关键也是求取参数 a，由式(8.95)可以推出

$$a=-\frac{\cos\dfrac{\theta_c+\omega_c}{2}}{\cos\dfrac{\theta_c-\omega_c}{2}}$$

4. 数字低通到数字带阻的变换

通过把带通旋转 π 的方法可以实现数字低通到数字带阻的变换。故全通函数的阶数 N 也等于 2，即 $N=2$。有关的变换参数可参见表 8.8。

表 8.8　z 平面变换法的映射关系和参数

变换类型	变换公式	有关的设计公式
数字低通—数字低通	$\dfrac{z^{-1}-a}{1-az^{-1}}$	$a=\dfrac{\sin\left(\dfrac{\theta_c-\omega_c}{2}\right)}{\sin\left(\dfrac{\theta_c+\omega_c}{2}\right)}$
数字低通—数字高通	$-\dfrac{z^{-1}+a}{1+az^{-1}}$	$a=-\dfrac{\cos\left(\dfrac{\theta_c+\omega_c}{2}\right)}{\cos\left(\dfrac{\theta_c-\omega_c}{2}\right)}$
数字低通—数字带通	$-\dfrac{z^{-2}-\dfrac{2ak}{k+1}z^{-1}+\dfrac{k-1}{k+1}}{\dfrac{k-1}{k+1}z^{-2}-\dfrac{2ak}{k+1}z^{-1}+1}$	$a=\dfrac{\cos\left(\dfrac{\omega_1+\omega_2}{2}\right)}{\cos\left(\dfrac{\omega_2-\omega_1}{2}\right)}$ $k=\cot\left(\dfrac{\omega_2-\omega_1}{2}\right)\tan\left(\dfrac{\theta_c}{2}\right)$
数字低通—数字带阻	$\dfrac{z^{-2}-\dfrac{2a}{1+k}z^{-1}+\dfrac{1-k}{1+k}}{\dfrac{1-k}{1+k}z^{-2}-\dfrac{2a}{1+k}z^{-1}+1}$	$a=\dfrac{\cos\left(\dfrac{\omega_1+\omega_2}{2}\right)}{\cos\left(\dfrac{\omega_2-\omega_1}{2}\right)}$ $k=\tan\left(\dfrac{\omega_2-\omega_1}{2}\right)\tan\left(\dfrac{\theta_c}{2}\right)$

在表 8.8 中，θ_c 为数字低通原型滤波器的截止频率，而 ω_c 为待求数字低通或高通滤波器的截止频率；ω_1、ω_2 为待求数字带通或带阻滤波器的上、下截止频率。

8.7 有限长单位样值响应(FIR)数字滤波器的设计

8.7.1 线性相位 FIR 数字滤波器的特点

上节讨论了利用模拟滤波器的设计成果可以非常简便地设计出 IIR 数字滤波器。但一般来说，IIR 系统的相位特性为非线性特性，这是一个很大的缺陷。

1. FIR 数字滤波器的频率响应和线性相位的条件

(1) FIR 系统的优点

相对于 IIR 系统来说，FIR 系统有以下一些突出的优点。

① 可以实现严格的线性相位特性

在满足幅度特性要求的前提下，FIR 系统可以得到严格的线性相位。实际上，IIR 数字滤波器的选频特性越好，其相位特性的非线性就越严重。要想得到线性特性，必须用全通系统进行相位校正，从而增加了滤波器的阶次和复杂性。为什么会出现这种情况呢？一个主要的原因是 IIR 系统大多利用模拟滤波器的理论进行设计。由前述模拟滤波器的原理和设计方法可知，它主要考虑了幅频特性的逼近(什么地方可以体现这一点?)，很少考虑对相频特性的要求。

② FIR 数字滤波器是稳定系统

FIR 数字滤波器的单位样值响应 $h[n]$ 是有限长序列，它的收敛域是有限 z 平面，不存在稳定性问题(为什么?)。另外，FIR 系统主要用非递归结构实现，在有限精度运算中，不会出现递归结构中的极限环振荡现象。

③ FIR 系统是可以实现的物理系统

通过延时可以把一个非因果的有限长序列变为因果序列，所以 FIR 系统不存在因果性方面的问题。

④ FIR 系统可以用快速傅里叶变换实现，故可进行高速运算

作为对照，IIR 系统的极点可以位于单位圆内的任何地方，因此可用较少的阶数实现很高的选择性。显然，在实现这种系统时运算的次数少，使用的元件数也少，不但经济，效率也高。需要说明的是，在很多应用场合并不在意数字滤波器是否具有线性相位，此时就可更好地体现其计算效率高的优点。此外，由于 IIR 滤波器可以借助模拟滤波器的设计成果，能直接使用非常成熟的大批公式、图表和曲线，因而设计的工作量也较小。

总之，两类滤波器各有所长，对于图像以及相位敏感的数据等应用场合多使用 FIR 滤波器。反之，对相位特性要求不高(如语音处理等)以及具有片段特性滤波器的应用场合，多使用 IIR 滤波器。

（2）线性相位的条件及 FIR 滤波器的频响

由于上述特点特别是严格线性相位的特点，使得 FIR 数字滤波器在数据通信、图像处理等领域有着广泛的应用，在实际工程中也有重要的意义。但是，仅当满足一定条件时 FIR 数字滤波器才具有线性相位。

若 FIR 数字滤波器的单位样值响应 $h[n]$具有如下特性：

① $h[n]$是实序列；

② $h[n]$具有奇对称或偶对称条件，即

$$h[n] = h[N-1-n] \tag{8.96}$$

或

$$h[n] = -h[N-1-n] \tag{8.97}$$

则 FIR 数字滤波器具有严格的线性相位，该系统的频响为

$$\begin{aligned} H(\mathrm{e}^{\mathrm{j}\omega}) &= H(\omega)\mathrm{e}^{\mathrm{j}\varphi(\omega)} \\ &= \mathrm{e}^{-\mathrm{j}\left(\frac{N-1}{2}\right)\omega}\sum_{n=0}^{N-1}h[n]\cos\left[\omega\left(n-\frac{N-1}{2}\right)\right], \quad h[n]\text{ 偶对称} \end{aligned} \tag{8.98}$$

$$\begin{aligned} H(\mathrm{e}^{\mathrm{j}\omega}) &= H(\omega)\mathrm{e}^{\mathrm{j}\varphi(\omega)} \\ &= \mathrm{e}^{-\mathrm{j}\left(\frac{N-1}{2}\omega+\frac{\pi}{2}\right)}\sum_{n=0}^{N-1}h[n]\sin\left[\omega\left(n-\frac{N-1}{2}\right)\right], \quad h[n]\text{ 奇对称} \end{aligned} \tag{8.99}$$

上式的 $H(\omega)$称为幅度函数。由该式可见，$H(\omega)$是一个实函数，它既有正值也有负值。式中的 $\varphi(\omega)$是相位函数，它是 ω 的线性函数。下面证明式(8.98)。

证明　当 $h[n]$为偶对称，即 $h[n]=h[N-1-n]$时，系统的传递函数为

$$H(z) = \sum_{n=0}^{N-1}h[n]z^{-n} = \sum_{n=0}^{N-1}h[N-1-n]z^{-n}$$

令 $m=N-1-n$，则

$$H(z) = \sum_{n=0}^{N-1}h[N-1-n]z^{-n} = \sum_{m=0}^{N-1}h[m]z^{-(N-1-m)} = \sum_{m=0}^{N-1}h[m]z^{m}z^{-(N-1)} = H(z^{-1})z^{-(N-1)} \tag{8.100}$$

由以上两式可得

$$\begin{aligned} H(z) &= \frac{1}{2}\left[\sum_{n=0}^{N-1}h[n]z^{-n} + \sum_{n=0}^{N-1}h[N-1-n]z^{-n}\right] \\ &= \frac{1}{2}\left[\sum_{n=0}^{N-1}h[n]z^{-n} + \sum_{m=0}^{N-1}h[m]z^{m}z^{-(N-1)}\right] \\ &= \frac{1}{2}\sum_{n=0}^{N-1}h[n]\left[z^{-n} + z^{n}\cdot z^{-(N-1)}\right] \\ &= \frac{1}{2}\sum_{n=0}^{N-1}z^{-\frac{N-1}{2}}h[n]\left[z^{-\left(n-\frac{N-1}{2}\right)} + z^{\left(n-\frac{N-1}{2}\right)}\right] \end{aligned}$$

在 $h[n]$为实序列时，由上式可以得到系统的频率响应为

$$H(\mathrm{e}^{\mathrm{j}\omega}) = H(z)\big|_{z=\mathrm{e}^{\mathrm{j}\omega}} = \mathrm{e}^{-\mathrm{j}\left(\frac{N-1}{2}\right)\omega}\sum_{n=0}^{N-1}h[n]\cos\left[\omega\left(n-\frac{N-1}{2}\right)\right] = H(\omega)\mathrm{e}^{\mathrm{j}\varphi(\omega)}$$

式(8.98)得证。其中

$$H(\omega)=\sum_{n=0}^{N-1}h[n]\cos\left[\omega\left(n-\frac{N-1}{2}\right)\right]$$

$$\varphi(\omega)=-\frac{N-1}{2}\omega$$

可见,当$h[n]$满足偶对称条件时,$\varphi(\omega)$具有严格的线性相位特性。该特性表明,FIR滤波器具有$\frac{N-1}{2}$个采样周期的时延,即等于单位样值响应$h[n]$一半长度的延时。这一特性也可表述为,该滤波器的群延时为$\frac{N-1}{2}$个采样周期。

同理可证式(8.99),即$h[n]$为奇对称时的情况,对于这种情况

$$H(\omega)=\sum_{n=0}^{N-1}h[n]\sin\left[\omega\left(n-\frac{N-1}{2}\right)\right]$$

$$\varphi(\omega)=-\left(\frac{N-1}{2}\omega+\frac{\pi}{2}\right)$$

可见,此时的$\varphi(\omega)$是一条不过原点的直线,它在频率为零时的截距是$-\frac{\pi}{2}$。也就是说,除了有$\frac{N-1}{2}$个采样周期的时延外,对通过该系统的信号还产生了$\frac{\pi}{2}$的固定相移。因此,$h[n]$为奇对称的FIR数字滤波器,是一个具有严格线性相位的正交变换网络。所谓正交变换就是对所有频率都产生$\frac{\pi}{2}$相移的变换。在电子技术中,信号的正交变换具有重要的理论意义和实用价值。 ■

2. 线性相位FIR数字滤波器的幅度特性

线性相位FIR数字滤波器的幅度特性不但与$h[n]$的奇对称、偶对称有关,还与N是奇数或偶数有关。因此涉及到它的幅度特性时应当分为四种情况进行讨论,我们把它归纳在表8.9之中。

表8.9所列的四种情况分别称为Ⅰ型、Ⅱ型、Ⅲ型和Ⅳ型线性相位FIR数字滤波器。下面给出相应的证明。

证明 首先证Ⅰ型滤波器的情况,也就是$h[n]$为偶对称、N为奇数的情况。

由于$h[n]=h[N-1-n]$,从式(8.98)可知

$$H(\omega)=\sum_{n=0}^{N-1}h[n]\cos\left[\omega\left(n-\frac{N-1}{2}\right)\right] \tag{8.101}$$

在式(8.101)中,求和号$\sum$内的各项都具有对称性,即每个因子的第n项都与该因子的第$(N-1-n)$项相等,如

$$h[N-1-n]=h[n]$$

$$\cos\left[\omega\left((N-1-n)-\frac{N-1}{2}\right)\right]=\cos\left[\omega\left(\frac{N-1}{2}-n\right)\right]=\cos\left[\omega\left(n-\frac{N-1}{2}\right)\right]$$

表 8.9　四种线性相位 FIR 滤波器

	$h[n]$的对称性和 $\varphi(\omega)$	N 的奇、偶	$H(\omega)$
$h[n]$为偶对称Ⅰ	$h[n]=h[N-1-n]$ $\varphi(\omega)=-\frac{N-1}{2}\omega$	N 为奇数	$H[\omega]=\sum\limits_{n=0}^{(N-1)/2}a[n]\cos n\omega$ $a[n]=2h\left[\frac{N-1}{2}-n\right]$，$n=1,2,\cdots,\frac{N-1}{2}$ $a[0]=h\left[\frac{N-1}{2}\right]$
$h[n]$为偶对称Ⅱ		N 为偶数	$H(\omega)=\sum\limits_{n=1}^{N/2}b[n]\cos\left[\left(n-\frac{1}{2}\right)\omega\right]$ $b[n]=2h\left[\frac{N}{2}-n\right]$，$n=1,2,\cdots,\frac{N}{2}$
$h[n]$为奇对称Ⅲ	$h[n]=-h[N-1-n]$ $\varphi(\omega)=-\frac{N-1}{2}\omega-\frac{\pi}{2}$	N 为奇数	$H[\omega]=\sum\limits_{n=1}^{(N-1)/2}c[n]\sin n\omega$ $c[n]=2h\left[\frac{N-1}{2}-n\right]$，$n=1,2,\cdots,\frac{N-1}{2}$
$h[n]$为奇对称Ⅳ		N 为偶数	$H[\omega]=\sum\limits_{n=1}^{N/2}d[n]\sin\left[\left(n-\frac{1}{2}\right)\omega\right]$ $d[n]=2h\left[\frac{N}{2}-n\right]$，$n=1,2,\cdots,\frac{N}{2}$

因此，可以把这些相等的项两两合并。由于 N 为奇数，故最后剩下的 $h\left[\frac{N-1}{2}\right]$为单项。于是

$$H(\omega)=h\left[\frac{N-1}{2}\right]+\sum_{n=0}^{(N-3)/2}2h[n]\cos\left[\omega\left(n-\frac{N-1}{2}\right)\right]$$

令 $m=n-(N-1)/2$，则

$$H(\omega)=h\left[\frac{N-1}{2}\right]+\sum_{m=1}^{(N-1)/2}2h\left[\frac{N-1}{2}-m\right]\cos(m\omega)$$

把上式的变量用 n 表示，则Ⅰ型线性相位 FIR 数字滤波器的幅度特性为

$$\begin{cases}H(\omega)=\sum_{n=0}^{(N-1)/2}a[n]\cos n\omega\\ a[0]=h\left[\frac{N-1}{2}\right]\\ a[n]=2h\left[\frac{N-1}{2}-n\right],\quad n=1,2,\cdots,\frac{N-1}{2}\end{cases}$$

由于 $\cos n\omega$ 对 ω 的对称性导致了 $H(\omega)$对 ω 的对称性，即它们对于 $\omega=0$、π、2π 都是偶对称。所以

$$H(\omega)=H(2\pi-\omega)$$

同理可证表 8.9 中另外三种类型线性相位滤波器的表达式。 ■

表 8.10 从另一个角度归纳了以上四种类型线性相位 FIR 滤波器的特点。

表 8.10 不同类型 FIR 滤波器中 $H(\omega)$的特点

类型	$h[n]$	N	线性相位滤波器的特点
Ⅰ型	偶对称	奇数	$H(\omega)$对于 $\omega=0$、π、2π 都是偶对称结构，$H(\omega)=H(2\pi-\omega)$
Ⅱ型	偶对称	偶数	$H(\omega)$在 $\omega=\pi$ 处为零，并对该点呈奇对称，$H(\omega)=-H(2\pi-\omega)$。这对应于 $H(z)$在 $z=-1$ 处有零点，所以Ⅱ型不能实现高通和带阻滤波器
Ⅲ型	奇对称	奇数	$H(\omega)$在 $\omega=0$、π、2π 处为零，并对这些点呈奇对称，$H(\omega)=-H(2\pi-\omega)$。这对应于 $H(z)$在 $z=\pm1$ 有零点，所以Ⅲ型不能实现低通、高通和带阻滤波器，但适合用作微分器或 90°移相器
Ⅳ型	奇对称	偶数	$H(\omega)$在 $\omega=0$、2π 处为零，并对 $\omega=\pi$ 呈偶对称，$H(\omega)=H(2\pi-\omega)$。这对应于 $H(z)$在 $z=1$ 有零点，所以Ⅳ型不能实现低通滤波器，但适合用作微分器或 90°移相器

3. 零点特性

由 FIR 数字滤波器线性相位的条件可知，它的单位脉冲响应必然具有对称特性。

设 $h[n]$为实序列，当 $h[n]$为偶对称时，由式(8.100)可得

$$H(z)=H(z^{-1})z^{-(N-1)} \tag{8.102}$$

同样，当 $h[n]$ 为奇对称时，可以证明

$$H(z)=-H(z^{-1})z^{-(N-1)} \tag{8.103}$$

所以，除在原点有极点外，线性相位 FIR 数字滤波器只有零点。这些零点有什么特点呢？

首先，若 $z=z_i$ 是 $H(z)$ 的零点，即

$$H(z_i)=0$$

则

$$H(z_i^{-1})=\pm z_i^{(N-1)}H(z_i)=0$$

也就是说，若 z_i 是 $H(z)$ 的零点，它的倒数 $z=z_i^{-1}$ 也是 $H(z)$ 的零点。其次，由于 $h[n]$ 是实序列，所以 $H(z)$ 的零点必为共轭零点，即 z_i 是 $H(z)$ 的零点时，$z=z_i^*$ 和 $z=1/z_i^*$ 也必定是 $H(z)$ 的零点。因此，线性相位 FIR 数字滤波器的零点一定是互为倒数的共轭对，这样就有图 8.43 所示的三种零点分布。

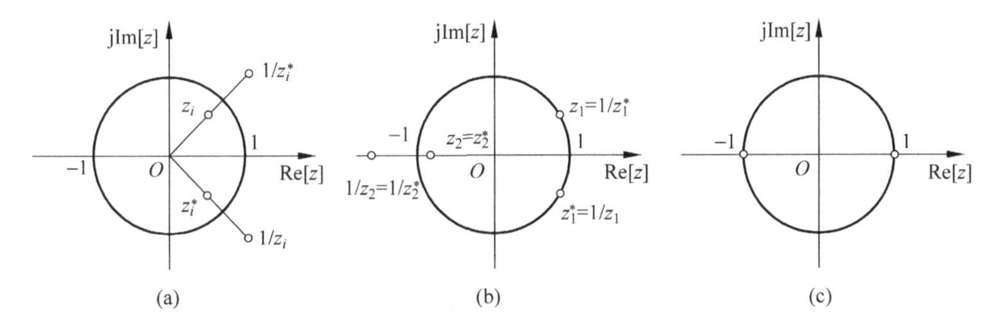

图 8.43　线性相位 FIR 滤波器的零点分布

(1) 四个一组的复数零点

由于 $z=z_i$ 是 $H(z)$ 的零点时，z_i、$\dfrac{1}{z_i}$、z_i^*、$\dfrac{1}{z_i^*}$ 也是 $H(z)$ 的零点，这四个零点是互为倒数的两组共轭对，其零点分布示于图 8.43(a)。

(2) 两个一组的零点——单位圆或实轴上的双零点

当零点 $z=z_i$ 在单位圆上时，其共轭倒数就是 z_i 本身。所以，四个零点合并为两个。

同样，当零点 $z=z_i$ 在实轴上时，z_i 的共轭也是 z_i 本身。所以，四个零点也合并成两个。其图形表示见图 8.43(b)。

(3) 单零点

当零点 $z=z_i$ 既在单位圆上又在实轴上时，四个互为倒数的共轭零点合为一点。显然，这种情况只能出现在 $z=1$ 或 $z=-1$ 处，恰如图 8.43(c)所示。

根据表 8.9 中 $H(\omega)$ 的曲线，你能判断出相应情况下传递函数零点 $z=z_i$ 的情况吗？

线性相位滤波器是 FIR 数字滤波器中最重要也是应用最为广泛的一种滤波器。本节讨论了这种滤波器的多种特性，可根据需要选择合适的滤波器类型。

8.7.2 FIR 数字滤波器的窗函数设计法

1. 窗函数设计法

设 $H_d(e^{j\omega})$是希望得到的理想频率响应，其理想单位样值响应为

$$h_d[n]=\frac{1}{2\pi}\int_{-\pi}^{\pi}H_d(e^{j\omega})e^{j\omega n}d\omega \tag{8.104}$$

一般来说，$h_d[n]$是非因果的无限长序列。

所谓 FIR 数字滤波器的设计就是寻找一个可实现的频率响应 $H(e^{j\omega})$去逼近 $H_d(e^{j\omega})$，后者是目标滤波器的理想频率响应。一种最直接的方法就是设计一个单位样值响应 $h[n]$去逼近理想单位样值响应 $h_d[n]$。

下面以理想低通为例进行讨论。设该滤波器的截止频率是 ω_c，低通的时延为 a，则目标滤波器的理想频率响应为

$$H_d(e^{j\omega})=\begin{cases}e^{-j\omega a}, & |\omega|\leqslant\omega_c\\ 0, & \omega_c<|\omega|\leqslant\pi\end{cases} \tag{8.105}$$

由上式可以求出理想单位样值响应为

$$h_d[n]=\frac{1}{2\pi}\int_{-\omega_c}^{\omega_c}e^{-j\omega a}\cdot e^{j\omega n}d\omega=\frac{\sin[\omega_c(n-a)]}{\pi(n-a)}=\frac{\omega_c}{\pi}\mathrm{Sa}(\omega_c(n-a)) \tag{8.106}$$

$h_d[n]$的波形如图 8.44 所示。可见，它是个无限长、非因果、以 a 为中心的偶对称序列，因而是物理不可实现的系统。为了逼近理想特性为 $h_d[n]$的数字滤波器，可以采用截取一段 $h_d[n]$的方法。由 8.7.1 节可知，在要求 FIR 滤波器为线性相位时，需保证 $h[n]$的偶对称条件，所以要把时延 a 取为 $h[n]$长度的一半，即

$$h_d[N-1-n]=\frac{\omega_c}{\pi}\mathrm{Sa}(\omega_c(N-1-n-a))=h_d[n] \tag{8.107}$$

$$a=(N-1)/2$$

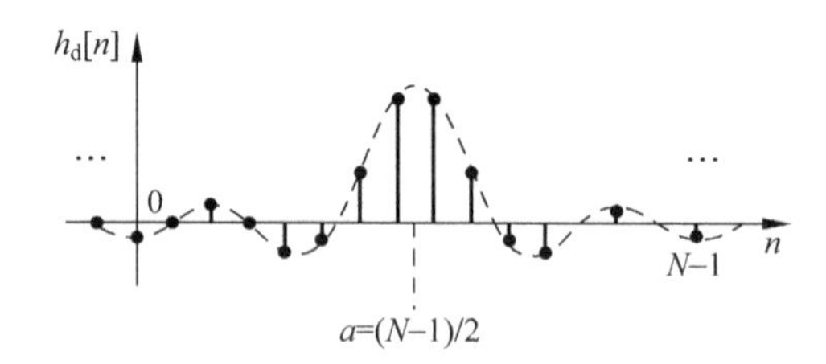

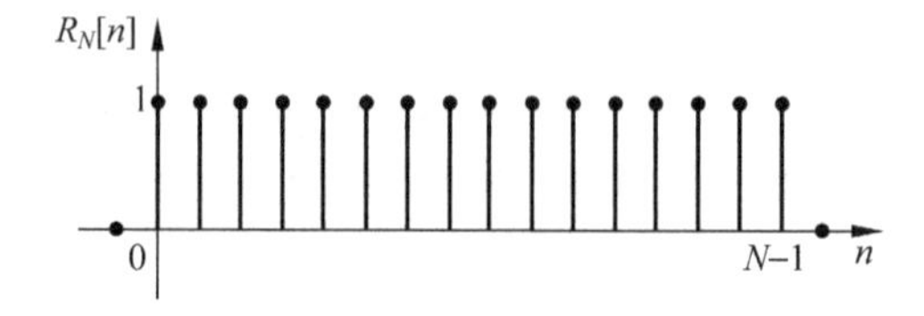

图 8.44 用窗口函数对理想单位样值响应的截取

为了把 $h_d[n]$中 $n=0$ 到 $n=N-1$ 的一段作为欲求的 $h[n]$，可以用如下的截取脉冲

$$w[n]=R_N[n]=\begin{cases}1, & 0\leqslant n\leqslant N-1\\ 0, & \text{其他}\end{cases} \tag{8.108}$$

显然，可以把 $w[n]$看成是一个矩形窗口，透过这个窗口能够看到 $h_d[n]$的一段，并把该段作为欲求的 $h[n]$，即

$$h[n]=h_d[n]\cdot R_N[n]=h_d[n]\cdot w[n] \tag{8.109}$$

因此，常把上述设计方法称为窗函数设计法。

下面讨论待求 FIR 滤波器的频率特性以及观察加窗处理对频率响应的影响和这种方法的逼近质量。根据式(8.109)和频域卷积定理可得

$$H(e^{j\omega})=\frac{1}{2\pi}\int_{-\pi}^{\pi}H_d(e^{j\theta})W(e^{j(\omega-\theta)})d\theta \tag{8.110}$$

式中 $H_d(e^{j\omega})$是理想低通滤波器的频响

$$\begin{aligned}H_d(e^{j\omega})&=\begin{cases}e^{-j\omega a}, & |\omega|\leqslant\omega_c\\ 0, & \omega_c<|\omega|\leqslant\pi\end{cases}\\ &=H_d(\omega)e^{-j\omega a}\end{aligned} \tag{8.111}$$

其中 $H_d(\omega)$是频响的幅度函数

$$H_d(\omega)=\begin{cases}1, & |\omega|\leqslant\omega_c\\ 0, & \omega_c<|\omega|\leqslant\pi\end{cases}$$

另外，$W(e^{j\omega})$是矩形窗口函数的频谱

$$\begin{aligned}W(e^{j\omega})&=\sum_{n=0}^{N-1}e^{-j\omega n}=e^{-j\omega\left(\frac{N-1}{2}\right)}\frac{\sin\left(\frac{\omega N}{2}\right)}{\sin\left(\frac{\omega}{2}\right)}\\ &=W_R(\omega)e^{-j\omega a}\end{aligned} \tag{8.112}$$

式中的 $e^{-j\omega a}$是 $W(e^{j\omega})$的相位函数，a 的数值和意义如式(8.107)和图 8.44 所示。此外，频响 $W(e^{j\omega})$的幅度函数为

$$W_R(\omega)=\frac{\sin\left(\frac{\omega N}{2}\right)}{\sin\left(\frac{\omega}{2}\right)}$$

实际上，对幅频响应起作用的是上式表达的幅度函数。在 7.5.3 节关于频域采样的内插函数部分我们已经讨论过这个函数，现把该函数图形重绘于图 8.45(b)。由式(8.110)～式(8.112)可得

$$\begin{aligned}H(e^{j\omega})&=\frac{1}{2\pi}\int_{-\pi}^{\pi}H_d(\theta)e^{-j\theta a}W_R(\omega-\theta)e^{-j(\omega-\theta)a}d\theta\\ &=\frac{1}{2\pi}e^{-j\omega a}\int_{-\pi}^{\pi}H_d(\theta)W_R(\omega-\theta)d\theta\\ &=H(\omega)e^{-j\omega a}\end{aligned}$$

其中

$$H(\omega)=\frac{1}{2\pi}\int_{-\pi}^{\pi}H_{\mathrm{d}}(\theta)W_R(\omega-\theta)\mathrm{d}\theta \tag{8.113}$$

是欲求滤波器的幅度函数，它是理想滤波器频响的幅度函数与矩形窗函数频响幅度函数的卷积，卷积的过程如图 8.45 所示。下面对这个卷积过程进行分析，以便定性地分析 $H(\omega)$，并据此得到选择窗口函数 $w[n]$的一些依据和结论。

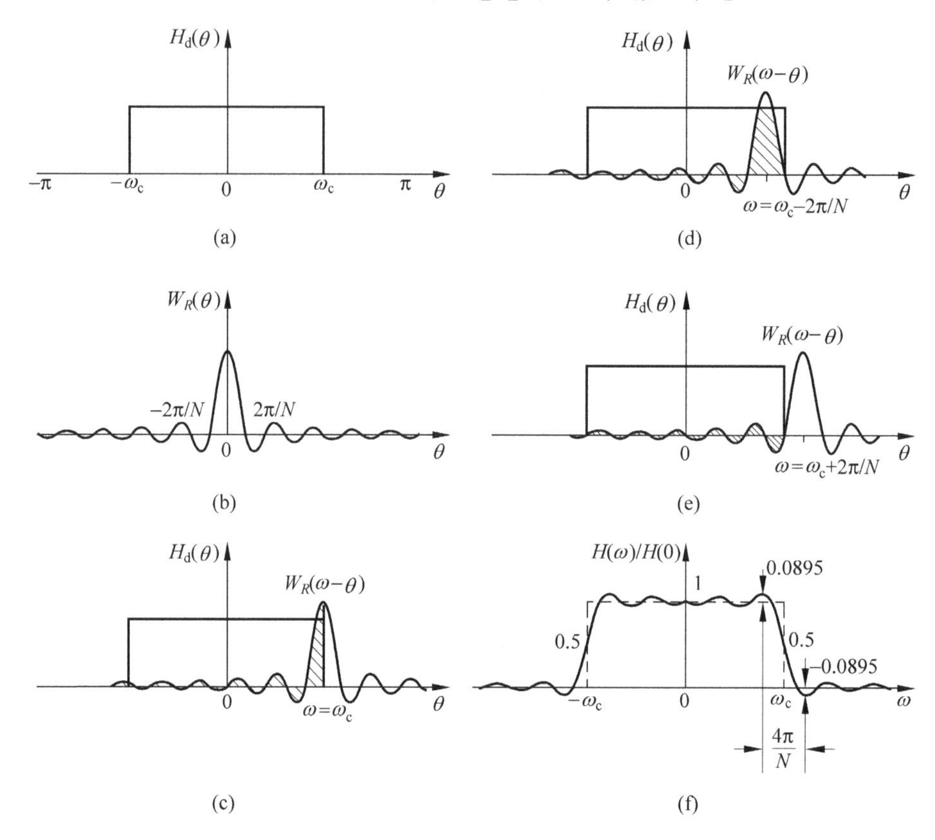

图 8.45　矩形窗的卷积过程

下面根据卷积计算的“卷、移、积、和”等步骤讨论 ω 沿 θ 轴移动时的情况。

(1) $\omega=0$

$H_{\mathrm{d}}(\theta)$和 $W_R(\theta)$的波形如图 8.45(a)、(b)所示。由于 $W_R(\theta)$的主瓣区间为$|\omega|\leqslant\frac{2\pi}{N}$，所以

$$H(0)=\frac{1}{2\pi}\int_{-\omega_c}^{\omega_c}H_{\mathrm{d}}(\theta)W_R(-\theta)\mathrm{d}\theta\approx\frac{1}{2\pi}\int_{-\pi}^{\pi}W_R(-\theta)\mathrm{d}\theta$$

由于一般情况下都满足 $\omega_c\gg\frac{2\pi}{N}$，所以得到了上面的近似式。由上式可见，$H(0)$近似等于 $W_R(\theta)$与 θ 轴($-\pi\leqslant\theta\leqslant\pi$)所围的面积。

(2) 位移 $\omega=\omega_c$

这种情况示于图 8.45(c)，此时 $W_R(\omega-\theta)$的一半恰好移出了积分区间，所以卷

积值为 $H(0)$ 的一半，即 $H(\omega_c)/H(0)=0.5$。

(3) $\omega=\omega_c-\frac{2\pi}{N}$

由图 8.45(d)可见，$W_R(\omega-\theta)$ 的整个主瓣仍在积分区间内，但是右面的第一旁瓣移出了积分区间，而该旁瓣又具有最大的负面积。因此，这时的卷积结果要大于 $\omega=0$ 时的 $H(\omega)$ 值，是整个卷积过程的最大值，这时的响应出现了正肩峰。其比值为

$$H\left(\omega_c-\frac{2\pi}{N}\right)\Big/H(0)=\max(H(\omega)/H(0))=1.0895$$

(4) $\omega=\omega_c+\frac{2\pi}{N}$

在图 8.45(e)中，$W_R(\omega-\theta)$ 的整个主瓣恰好移到积分区间外，而负面积大的左面第一旁瓣仍在积分区间内，因此卷积出现最小值或负肩峰，即

$$H\left(\omega_c+\frac{2\pi}{N}\right)\Big/H(0)=\min(H(\omega)/H(0))=-0.0895$$

(5) 依此类推，当 ω 沿着 θ 轴移动时，随着 $W_R(\omega-\theta)$ 与 θ 轴所围面积在积分区间的变化，就可以求出 ω 变化时 $H(\omega)$ 的特性。

(6) 整个 $H(\omega)$ 的特性如图 8.45(f)所示。显然，其幅度谱具有偶对称特性。

由上述过程可见，用窗口设计法求得的 $H(\omega)$ 具有以下特点。

(1) 过渡带的宽度近似为 $\Delta\omega=\frac{4\pi}{N}$。

由图 8.45 可见，通带截止频率 ω_c 的两旁，在 $\omega=\omega_c\pm\frac{2\pi}{N}$ 处出现了 $H(\omega)$ 的肩峰值，通常把这两个肩峰之间的特性称为滤波器的过渡带，图示的过渡带把理想特性不连续点处的边缘拉宽了。显然，过渡带宽度与矩形窗口频谱的主瓣宽度 $\Delta\omega=\frac{4\pi}{N}$ 有关，当 N 加大时过渡带宽度将减小。实际上，根据过渡带的定义(见图 8.7)，其频宽应小于上述宽度。

(2) 在过渡带的两旁还出现了波纹，这些波纹与窗口频谱的旁瓣有关。

(3) 当截取的长度 N 加大时，主瓣与旁瓣的相对值不会改变。这是因为在主瓣附近的频率响应可以近似为

$$W_R(\omega)=\frac{\sin\left(\frac{N\omega}{2}\right)}{\sin\left(\frac{\omega}{2}\right)}\approx\frac{\sin\left(\frac{N\omega}{2}\right)}{\frac{\omega}{2}}=N\,\frac{\sin x}{x}$$

其中 $x=N\omega/2$。所以 N 的改变只能改变窗口频谱的主瓣宽度、$|W_R(\omega)|$ 的数值以及 ω 坐标的比例关系，而主瓣与旁瓣的相对比例是由 $\sin x/x$ 决定的。在矩形窗的情况下，最大肩峰值是 8.95%。当 N 增大时，波纹会变密，但最大肩峰值不会变。

(4) 矩形窗情况下的肩峰达到了 8.95%，这使得滤波器阻带的最小衰减只能达到 $20\lg 0.089\approx-21\text{dB}$。通常，这个衰减量不能满足工程上的要求，必须加以改进。

实际上,这就是8.1.2节讨论过的吉布斯效应。因此,可以从两个信号卷积的角度分析该效应,请读者比较这两处的异同。

2. 数字信号处理中的窗函数

由上可见,用矩形窗设计的FIR滤波器的性能有待进一步改善。究根寻源,这一性能缺陷来源于窗口函数的频谱。所以,改进性能的出路就是选用其他形式的窗函数。选用窗函数的依据是:

(1) 应使该窗口频谱的旁瓣尽量小。旁瓣小时信号的能量更集中于主瓣,从而有利于减少上述的肩峰和波动,并进一步改善阻带的衰减特性。回想第4章讨论的升余弦谱和矩形脉冲谱的情况就更容易理解这一点。

(2) 主瓣的宽度要尽量窄。主瓣窄可以使过渡带更为陡峭,从而得到性能更好的滤波器。

但是上述两个要求是矛盾的,要根据具体应用的情况进行取舍。通常的做法是更关注于阻带性能的提高,也就是用主瓣宽度的增加换取对旁瓣的抑制。

一些常用的窗函数示于图8.46。

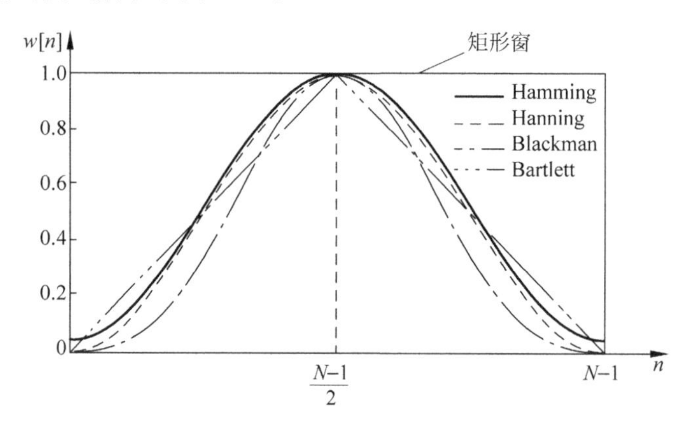

图8.46 常用的窗函数

这些窗函数的定义是

① 矩形窗

$$w[n]=R_N[n] \tag{8.114}$$

$$W_R(\omega)=\frac{\sin\left(\frac{\omega N}{2}\right)}{\sin\left(\frac{\omega}{2}\right)} \tag{8.115}$$

② 升余弦窗或海宁窗(Hanning窗)

$$w[n]=\frac{1}{2}\left[1-\cos\left(\frac{2\pi n}{N-1}\right)\right]R_N[n] \tag{8.116}$$

$$W(\omega)=0.5W_R(\omega)+0.25\left[W_R\left(\omega-\frac{2\pi}{N-1}\right)+W_R\left(\omega+\frac{2\pi}{N-1}\right)\right] \tag{8.117}$$

③ 改进的升余弦窗或海明窗(Hamming 窗)

$$w[n]=\left[0.54-0.46\cos\left(\frac{2\pi n}{N-1}\right)\right]R_N[n] \tag{8.118}$$

$$W(\omega)=0.54W_R(\omega)+0.23\left[W_R\left(\omega-\frac{2\pi}{N-1}\right)+W_R\left(\omega+\frac{2\pi}{N-1}\right)\right] \tag{8.119}$$

④ 二阶升余弦窗或布拉克曼窗(Blackman 窗)

$$w[n]=\left[0.42-0.5\cos\left(\frac{2\pi n}{N-1}\right)+0.08\cos\left(\frac{4\pi n}{N-1}\right)\right]R_N[n] \tag{8.120}$$

$$\begin{aligned}W(\omega)=&0.42W_R(\omega)+0.25\left[W_R\left(\omega-\frac{2\pi}{N-1}\right)+W_R\left(\omega+\frac{2\pi}{N-1}\right)\right]\\&+0.04\left[W_R\left(\omega-\frac{4\pi}{N-1}\right)+W_R\left(\omega+\frac{4\pi}{N-1}\right)\right]\end{aligned} \tag{8.121}$$

上述窗函数的频谱示于图 8.47,应用窗口法和不同窗函数设计的低通数字滤波器的衰减特性示于图 8.48。

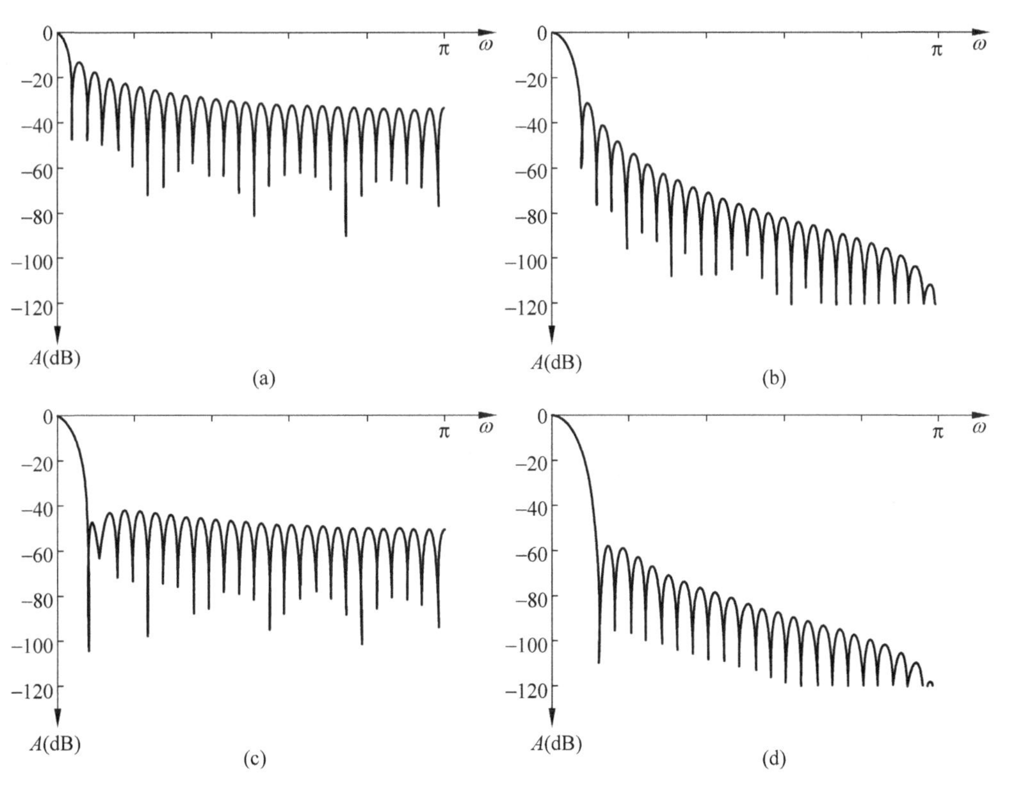

图 8.47　窗口函数频谱

$N=51, A=20\lg|w(\omega)/w(0)|$

(a) 矩形窗；(b) 升余弦窗；(c) 改进的升余弦窗；(d) 二次升余弦窗

为了方便使用,表 8.11 归纳了四种常用窗函数的主要参数。表中的过渡带宽度($\Delta\omega$)是指用相应的窗函数设计 FIR 低通滤波器后,所得频响的过渡带宽度。

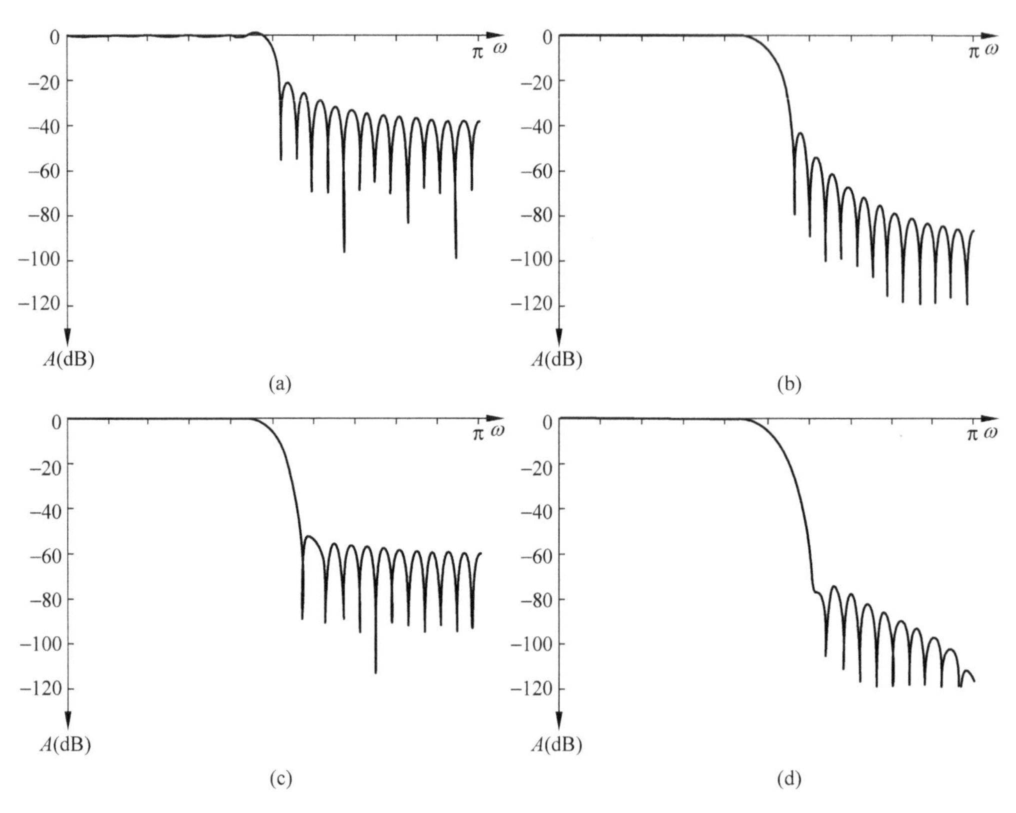

图 8.48 用窗口法设计的低通滤波器的幅频特性

$N=51,\omega_c=\frac{\pi}{2},A=20\lg|H(\omega)/H(0)|$时的设计结果

(a) 矩形窗；(b) 升余弦窗；(c) 改进的升余弦窗；(d) 二次升余弦窗

表 8.11 常用窗函数的主要参数

窗的类型	最大旁瓣幅度(dB)	过渡带宽度($\Delta\omega$)	阻带最小衰减(dB)
矩形窗	−13	$4\pi/N$	−21
升余弦窗	−31	$8\pi/N$	−44
改进的升余弦窗	−41	$8\pi/N$	−53
二阶升余弦窗	−57	$12\pi/N$	−74

从图 8.48 可见，用不同窗函数设计的低通数字滤波器的质量是不同的，主要体现在过渡带宽度和阻带的最小衰减等方面。在观察这些图形时不但要掌握今后设计时选择窗函数的依据，更要与前述用矩形窗设计的分析方法进行对照，以加深对有关概念的理解。

需要说明的是，除了上述的窗口函数之外，在研究和实用中还使用着其他的窗口函数，它们体现了不同的构造思路，例如：

(1) 组构式窗口族

这类窗口由一些简单的窗口组合构成。例如，可以把二阶升余弦窗看成矩形窗函数与两项余弦窗函数之和，而这三个窗函数又有各不相同的加权因子。组构式窗口族还有下式表达的三角窗(Bartlett 窗)等。

$$w[n]=\begin{cases}\dfrac{2n}{N-1}, & 0\leqslant n\leqslant\dfrac{N-1}{2}\\ 2-\dfrac{2n}{N-1}, & \dfrac{N-1}{2}<n\leqslant N-1\end{cases}$$

(2) 可调整窗口族

上述四个窗口函数中，在频谱的主瓣宽度和旁瓣的相对幅度之间存在着矛盾。例如矩形窗的主瓣最窄，但第一旁瓣的相对幅度最大，故用之设计的滤波器过渡带最陡峭，但阻带的衰减特性最差。对于二阶升余弦窗而言，虽然它第一旁瓣的相对幅度最小，但其主瓣又最宽。为了进一步解决这个矛盾，就出现了可调整窗口。它所采取的办法不是更换窗口函数的种类，而是用选择窗口函数参数的方法来满足设计指标的要求。这类窗函数有下式表达的凯塞窗等。

$$w[n]=\frac{I_0\left(\beta\sqrt{1-\left(1-\dfrac{2n}{N-1}\right)^2}\right)}{I_0(\beta)},\quad 0\leqslant n\leqslant N-1 \tag{8.122}$$

式中 $I_0(\cdot)$是第一类零阶修正贝塞尔(Bessel) 函数。在式(8.122)中，改变长度参数 N 或形状参数 β 就可以调整窗口的长度和形状，并达到主瓣宽度与旁瓣相对幅度间的折中。这种窗口的特性是，参数 β 越大旁瓣越小，但主瓣宽度也相应增加。如果在增大 N 的同时保持 β 不变，则在主瓣宽度减小的同时并不影响旁瓣的幅度。另外，当把 β 选为 5.44 或 8.5 时，式(8.122)的曲线形状分别接近于改进的升余弦窗和二阶升余弦窗，而选 $\beta=0$ 时，凯塞窗就是前述的矩形窗。

上述类别的窗口还有一些，限于篇幅，这里不再讨论。

3. FIR 数字滤波器窗函数法的设计步骤

(1) 根据应用要求，确定希望得到的理想频率响应 $H_d(e^{j\omega})$。

(2) 计算上述滤波器的单位样值响应 $h_d[n]$

$$h_d[n]=\frac{1}{2\pi}\int_{-\pi}^{\pi}H_d(e^{j\omega})e^{j\omega n}d\omega$$

(3) 根据允许的过渡带宽度和阻带衰减，选择窗函数的类型及其宽度 N。

(4) 求出 FIR 数字滤波器的单位样值响应 $h[n]$

$$\begin{cases}h[n]=h_d[n]\cdot w[n]\\ a=(N-1)/2\end{cases}$$

其中，$w[n]$是选择的窗函数。

(5) 计算 FIR 数字滤波器的频响

$$H(e^{j\omega})=\sum_{n=0}^{N-1}h[n]e^{j\omega n}$$

(6) 求出 $H(e^{j\omega})$的幅度响应 $H(\omega)$和相位响应 $\varphi(\omega)$，并对各项指标进行检验。

一般来说，为了达到要求的技术指标，常需进行反复多次的设计和调整。

例 8.11 用窗函数法设计一个 FIR 线性相位数字低通滤波器，要求逼近理想低通滤波器。其中，截止频率 $\omega_c=\dfrac{\pi}{2}$，阻带衰减 $\delta_s=0.1$，过渡带宽 $\Delta\omega=\dfrac{\pi}{12}$。

解

(1) 窗函数的选择

不同窗函数可以实现的阻带衰减不同，故可根据阻带衰减选取窗函数。题目要求的阻带衰减为 20lg0.1＝－20dB。由表 8.11 可知，采用矩形窗就能满足指标要求。

(2) 窗口宽度的确定

由前可知，过渡带宽度等于窗函数主瓣的宽度。由于矩形窗的过渡带宽为 $\Delta\omega=\dfrac{4\pi}{N}$，所以窗口的宽度为

$$N=\frac{4\pi}{\Delta\omega}=\frac{4\pi}{\pi/12}=48$$

(3) 求 $h[n]$，由于理想低通的频响为

$$H_d(e^{j\omega})=\begin{cases}e^{-j\omega a}, & |\omega|\leqslant\omega_c\\ 0, & \omega_c<|\omega|\leqslant\pi\end{cases}$$

所以理想单位样值响应为

$$h_d[n]=\frac{1}{2\pi}\int_{-\omega_c}^{\omega_c}e^{-j\omega a}\cdot e^{j\omega n}d\omega=\frac{\omega_c}{\pi}\mathrm{Sa}(\omega_c(n-a))$$

在线性相位的条件下，还需保证 $h[n]$ 的对称条件。当选择偶对称时，要把时延 a 取为 $h[n]$ 长度的一半。为方便起见，取 $N=51$。即

$$\begin{cases}h[n]=h_d[n]\cdot w[n]=h_d[n]\cdot R_N[n]\\ a=(N-1)/2\end{cases}$$

由于

$$h[n]=\frac{\omega_c}{\pi}\mathrm{Sa}((n-a)\omega_c)=\frac{\sin[(n-a)\omega_c]}{\pi(n-a)}=\frac{\sin[(n-25)\pi/2]}{\pi(n-25)}$$

所以

$$\begin{cases}h[0]=h[50]=\dfrac{\sin(-25\pi/2)}{-25\pi}=\dfrac{1}{25\pi}\\ h[1]=h[49]=\dfrac{\sin(-24\pi/2)}{-24\pi}=0\\ \qquad\vdots\\ h[22]=h[28]=\dfrac{\sin(-3\pi/2)}{-3\pi}=\dfrac{-1}{3\pi}\\ h[23]=h[27]=\dfrac{\sin(-2\pi/2)}{-2\pi}=0\\ h[24]=h[26]=\dfrac{\sin(-\pi/2)}{-\pi}=\dfrac{1}{\pi}\\ h[25]=\dfrac{\omega_c}{\pi}=h[a]=\dfrac{1}{2}\end{cases}$$

由此可以得到线性相位低通数字滤波器的传递函数为

$$H(z)=\sum_{n=0}^{50}h[n]z^{-n}=\sum_{n=0}^{24}h[n][z^{-n}+z^{-(N-1-n)}]+h[25]z^{-25}$$

$$=\sum_{n=0}^{24}h[n]z^{-\frac{N-1}{2}}[z^{-\left(n-\frac{N-1}{2}\right)}+z^{\left(n-\frac{N-1}{2}\right)}]+h[25]z^{-25}$$

$$=\sum_{n=0}^{24}h[n]z^{-25}[z^{-(n-25)}+z^{(n-25)}]+h[25]z^{-25}$$

系统的频率响应为

$$H(\mathrm{e}^{\mathrm{j}\omega})=H(z)\Big|_{z=\mathrm{e}^{\mathrm{j}\omega}}$$

$$=\mathrm{e}^{-\mathrm{j}25\omega}\left[h[25]+2\sum_{n=0}^{24}h[n]\cos[\omega(n-25)]\right]$$

$$=H(\omega)\mathrm{e}^{\mathrm{j}\varphi(\omega)}$$

其中

$$\varphi(\omega)=-25\omega$$

可见，$\varphi(\omega)$具有严格的线性相位特性，而所求FIR滤波器的时延等于$h[n]$长度的一半。

窗口法的优点是设计简单、使用简便。主要缺点是不能独立地控制通带和阻带的边界频率和波动，要通过窗函数的形式和长度N的选取来改进。由前可知，不同窗函数的性能不同，改善的效果也不一样，要根据需要进行选择。在频响比较复杂或没有闭合表达式时，只能采用近似的数值计算方法，因而比较繁琐。■

8.8 小结

数字滤波器的特点是可以非常灵活地设计和实现，故可用之进行比较复杂的信号处理。在多数情况下，很难用模拟域的方法实现类似的复杂处理。

然而，无论模拟滤波器还是数字滤波器，最常遇到的大量问题是要根据信号的频率成分把信号分离。也就是说，实际的工程问题经常对滤波器的频域指标提出要求。从这个意义上说，可以把滤波器看成是频域技术或傅里叶分析方法的一个应用。

本章介绍了数字滤波器的基本概念，研究了按频域指标设计简单数字滤波器的基本原理和结构实现。在进行选材时注重于运用、巩固和引申已经学过的课程内容。只要综合运用所学内容或添加少量知识就可理解本章讨论的大部分问题，并在此过程中获取新的知识。因此，深入研究本章将可提高融会贯通地运用所学知识的能力。

对于IIR数字滤波器，我们从巴特沃斯滤波器和切比雪夫滤波器等连续时间滤波器的传递函数出发，利用已经成熟的脉冲响应不变法和双线性变换法设计出满足性能要求的数字滤波器。此外，还对线性相位FIR数字滤波器的特点以及窗函数设计法进行了较为详细的讨论。

本章讨论了IIR数字滤波器的几种基本结构，即：直接Ⅰ型、直接Ⅱ型、级联型和并联型结构。对于FIR数字滤波器的结构也进行了简单的讨论。

习题

8.1 设系统频率特性幅度平方函数的表达式为

(1) $|H(\mathrm{j}\Omega)|^2=\dfrac{1}{\Omega^4+\Omega^2+1}$ (2) $|H(\mathrm{j}\Omega)|^2=\dfrac{1+\Omega^4}{\Omega^4-3\Omega^2+2}$

(3) $|H(\mathrm{j}\Omega)|^2=\dfrac{100-\Omega^4}{\Omega^4+20\Omega^2+10}$

(1) 哪个是可以实现的系统，求出与该系统相应的最小相位函数；

(2) 哪个是不可实现的系统，说明不能实现的理由。

8.2 线性时不变因果系统的差分方程为

$$y[n]=x[n]-x[n-1]-\frac{1}{3}y[n-1]$$

(1) 判断该系统是FIR系统还是IIR系统？

(2) 求该系统的传递函数 $H(z)$ 和频率响应 $H(\mathrm{e}^{\mathrm{j}\omega})$。

8.3 设 $h_{\mathrm{a}}(t)$，$g_{\mathrm{a}}(t)$ 分别为连续时间线性时不变滤波器的单位脉冲响应和单位阶跃响应；$h[n]$ 和 $g[n]$ 分别表示离散时间线性时不变滤波器的相应量。试判断：

(1) 若 $h[n]=h_{\mathrm{a}}(nT)$，那么 $g[n]=\sum\limits_{k=-\infty}^{n}h_{\mathrm{a}}(kT)$ 成立吗？

(2) 若 $g[n]=g_{\mathrm{a}}(nT)$，那么 $h[n]=h_{\mathrm{a}}(nT)$ 成立吗？

8.4 画出以下传递函数的滤波器结构图。

(1) $H_1(z)=\dfrac{1}{1-az^{-1}}$ (2) $H_2(z)=(1-z^{-1})^N$

(3) $H_3(z)=\dfrac{1-z^{-1}}{1-az^{-1}}$ (4) $H_4(z)=\dfrac{(1-z^{-1})^2}{1-(a_1+a_2)z^{-1}+a_2z^{-2}}$

8.5 已知IIR数字滤波器的传递函数为

$$H(z)=\frac{0.28z^2+0.192z+0.05}{z^3+0.68z^2+0.55z+0.03}$$

给出它的直接Ⅱ型、级联型和并联型的信号流程图。

8.6 用级联型和并联型结构实现以下的传递函数。

(1) $X(z)=\dfrac{4z^3+7z^2+3z+1}{z^3+2z^2+z}$ (2) $X(z)=\dfrac{3z^2+z-1}{z(z-1)(z+2)}$

8.7 设FIR数字滤波器的单位样值响应为

$$h[n]=\begin{cases}a^n, & 0\leqslant n\leqslant 7\\ 0, & 其他\end{cases}$$

(1) 画出直接型结构的信号流图；

(2) 给出用级联结构实现 $H(z)$ 的表达式和信号流图。

8.8　试用级联型结构和并联型结构实现以下的传递函数。

(1) $H(z)=\dfrac{2z^3-4.6z^2+2.8z}{(z^2-z+1)(z-0.5)}$　　(2) $H(z)=\dfrac{z^3-5.6z^2+2z}{(z^2-\sqrt{2}z+1)(z+1/\sqrt{2})}$

8.9　用级联型结构实现以下的传递函数。

(1) $X(z)=\dfrac{1-\frac{1}{4}z^{-1}}{\left(1+\frac{1}{4}z^{-1}\right)\left(1+\frac{5}{4}z^{-1}+\frac{3}{8}z^{-2}\right)}$

(2) $X(z)=\dfrac{1+8z^{-1}+14z^{-2}+9z^{-3}}{1+6z^{-1}+11z^{-2}+6z^{-3}}$

8.10　已知滤波器的差分方程为

$$y[n]=2x[n]+\frac{5}{3}x[n-1]+\frac{3}{4}y[n-1]-\frac{1}{8}y[n-2]$$

画出直接Ⅰ型、直接Ⅱ型、级联型和并联型实现的信号流图。

8.11　已知系统的差分方程为

$$y[n]=x[n]+x[n-1]+\frac{1}{3}y[n-1]+\frac{1}{4}y[n-2]$$

画出该系统的直接Ⅰ型、直接Ⅱ型、一阶节级联型和一阶节并联型结构。

8.12　已知全通系统的传递函数为

$$H_{\mathrm{ap}}(z)=\frac{z^{-1}-z_0^*}{1-z_0z^{-1}},\quad z_0\text{ 为实数}$$

(1) 写出该系统的差分方程表达式；

(2) 画出直接Ⅱ型实现的信号流图。

8.13　用直接型和级联型结构实现以下的传递函数。

$$H(z)=(1-1.2658z^{-1}+0.786z^{-2})(1+0.5z^{-1})$$

8.14　FIR 滤波器的 $h[n]$具有如下的偶对称形式，$N=6$，已知

$$h[0]=h[5]=3$$
$$h[1]=h[4]=1.8$$
$$h[2]=h[3]=5$$

求滤波器的直接型结构。

8.15　FIR 滤波器的 $h[n]$具有如下的奇对称形式，$N=7$，已知

$$h[0]=-h[6]=2$$
$$h[1]=-h[5]=-3$$
$$h[2]=-h[4]=2$$
$$h[3]=0$$

求滤波器的直接型结构。

8.16　已知巴特沃斯低通滤波器，证明

(1) 若 N 为奇数，则传递函数 $H(s)$在 $s=-\Omega_c$ 处有一个极点；

(2) 若 N 为偶数，则传递函数 $H(s)$的极点均为复共轭极点。

8.17 设计巴特沃斯低通滤波器，要求其幅频特性满足：在 20rad/s 处的通带最大衰减 $\delta_p \geqslant -2\text{dB}$，而在 30rad/s 处的阻带最小衰减 $\delta_s \leqslant -10\text{dB}$。

8.18 已知巴特沃斯低通滤波器的阶次 $N=5$，截止频率 $\Omega_c=1$。

(1) 求 $H(s)H(-s)$ 的 $2N$ 个极点；

(2) 求 $H(s)$。

8.19 设计二阶切比雪夫低通滤波器，使其满足以下技术指标：通带波纹为 2dB，归一化截止频率为 $\Omega_c=2\text{rad/s}$。

8.20 设计巴特沃斯模拟低通滤波器，要求的特性是：通带截止频率 $f_p=6\text{kHz}$，阻带起始频率 $f_s=10\text{kHz}$，$\delta_p=\delta_s=0.1$。求传递函数 $H(s)$。

8.21 已知滤波器的单位脉冲响应为

$$h(t)=\begin{cases}e^{-0.8t}, & t\geqslant 0\\ 0, & t<0\end{cases}$$

设采样周期为 T，用脉冲响应不变法设计数字滤波器。

(1) 求出数字滤波器的单位样值响应和频率响应；

(2) 该滤波器是低通滤波器还是高通滤波器，请说明理由。

8.22 已知模拟低通原型滤波器的传递函数为

$$H(s)=\frac{s+a}{(s+a)^2+b^2}$$

设采样周期为 T，用脉冲响应不变法求数字滤波器的传递函数 $H(z)$。

8.23 已知系统的传递函数为

$$H(s)=\frac{A}{(s-p_0)^n}$$

n 为任意正整数。设采样周期为 T，用脉冲响应不变法把它变换为 $H(z)$。

8.24 已知

$$H_a(s)=\frac{1}{s^2+s+1}$$

用双线性变换法把它变换为数字滤波器的传递函数 $H(z)$，采样周期 $T=2$。

8.25 已知模拟系统的传递函数为

$$H(s)=\frac{5}{(s+2)(s-3)}$$

设采样周期 $T=0.5$，用以下方法将其转换为数字滤波器。

(1) 脉冲响应不变法；

(2) 双线性变换法。

8.26 已知模拟滤波器的传递函数为

$$H(s)=\frac{3s+2}{2s^2+3s+1}$$

设采样周期 $T=0.5$，用双线性变换法将其转换为数字滤波器。

8.27 已知模拟系统的传递函数为

$$H(s) = \frac{3s+2}{2s^2+3s+1}$$

设采样周期 $T=0.2$,用以下方法将其转换为数字滤波器。

(1) 脉冲响应不变法;

(2) 双线性变换法。

8.28 用双线性变换法设计一个四阶巴特沃斯数字低通滤波器,使其满足以下技术指标:采样频率 $f_s=2.4\text{kHz}$,通带截止频率为 $f_c=600\text{Hz}$。

8.29 切比雪夫低通滤波器的技术指标为:通带波纹小于 1dB,通带截止频率为 0.2π,阻带起始频率为 0.3π,该处的衰减至少为 15dB。

(1) 用脉冲响应不变法实现;

(2) 用双线性变换法实现。

8.30 用双线性变换法设计滤波器,使其传递函数逼近于具有下述技术指标的模拟低通巴特沃斯滤波器。通带截频 $f_p=1\text{kHz}$ 处的衰减不大于 $\delta_p=1\text{dB}$,阻带截频 $f_s=1.5\text{kHz}$ 处的衰减不小于 $\delta_s=15\text{dB}$,采样频率为 $f=10\text{kHz}$。给出 $H(s)$ 和 $H(z)$ 的表达式。

8.31 根据模拟域频率变换法的内容,推导低通到带阻变换的设计公式。

8.32 根据数字域频率变换法的内容,推导数字低通到数字带阻变换的设计公式。

8.33 设 FIR 数字滤波器的脉冲响应具有奇对称特性,即 $h[n]=-h[N-1-n]$,证明其相位特性为

$$\varphi(\omega) = -\left(\frac{N-1}{2}\omega + \frac{\pi}{2}\right)$$

8.34 设 FIR 数字滤波器的脉冲响应具有奇对称特性,即 $h[n]=-h[N-1-n]$,且 N 为偶数,证明滤波器的幅度响应为

$$\begin{cases} H(\omega) = \sum_{n=1}^{N/2} d[n]\sin\left[\omega\left(n-\frac{1}{2}\right)\right] \\ d[n] = 2h\left[\frac{N}{2}-n\right], \quad n=1,2,\cdots,\frac{N}{2} \end{cases}$$

8.35 用窗函数法设计一个线性相位 FIR 滤波器,要求的技术指标为:在 $\Omega_p=30\pi\text{rad/s}$ 处的衰减 $\delta_p \geqslant -3\text{dB}$,在 $\Omega_s=46\pi\text{rad/s}$ 处的衰减 $\delta_s \leqslant -40\text{dB}$,采样周期 $T=0.01\text{s}$。

附录 A　MATLAB 简介

MATLAB 是英文 Matrix Laboratory(矩阵实验室)的缩写,由美国 Mathworks 公司推出。MATLAB 是进行科学研究和工程计算的交互式程序语言,它采用开放式环境策略,用户可以直接阅读算法的源码。它还针对不同领域的需求,配备了相应的"工具箱"。自 20 世纪 90 年代以来,很多欧美大学的应用代数、数理统计以及自动控制、数字信号处理、通信原理等专业课程都不同程度地引入了 MATLAB 的内容。此外,由于 MATLAB 在分析计算、绘制图形等方面的能力很强,很多重要学术刊物上发表的论文大都应用了这一工具。因此,MATLAB 已经成为进行学术研究的得力助手和基本工具。

附录 A、B 和 C 介绍了学习本课程需要的一些 MATLAB 基础知识(附录使用的软件版本是 MATLAB 6.5)。由于篇幅的限制,本附录介绍的内容和所举的例子都比较简单。如需深入了解,可参考 MATLAB 的帮助和有关资料。

A.1　MATLAB 入门学习的要点

1. 了解 MATLAB 各窗口的功能

打开 MATLAB 主程序,主屏幕上将出现图 A.1 所示的窗口。其中

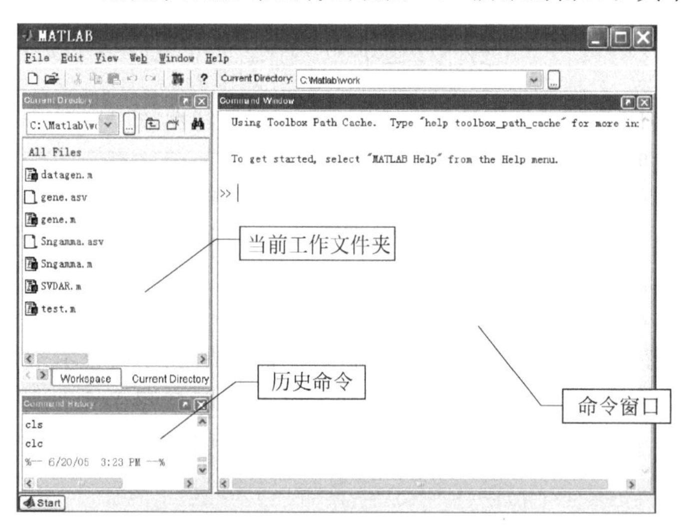

图 A.1　MATLAB 主窗口

(1) 命令窗口。命令窗口的工作区提供了交互式的工作环境。用户输入命令后,只要按回车键,计算机就能即时地给出相应的结果,而 MATLAB 的命令是非常简单易学的。

(2) 历史命令窗口。该窗口列出了曾经用过的命令,可以用鼠标把其中的某些

命令拖到命令窗口，并再次使用。

(3) 当前工作文件夹/工作区域窗口，该窗口列出了当前工作空间中的变量信息，即 MATLAB 把曾经用过的变量都保存在这一空间中。此外，这里还列出了变量名称，每个变量的尺寸、所占的字节数以及变量的类型等。

2. 在安装了 MATLAB 软件的计算机上跟随本附录的内容亲自操作

在学习过程中，出现编程或使用错误是件好事，不出现错误反倒有碍于编程能力的提高。

3. 经常使用帮助语句 help

该命令非常有用，使用方法也很简单，主要有以下两种。

(1) 在命令窗口中输入 help 命令并回车，就可以得到帮助信息。如果知道了一个 MATLAB 函数的名字，但不能确定该函数的用途，或者不清楚它有哪些可选用的变量时，可以利用下面的帮助功能，即在命令行中输入

help function_name

屏幕上就会显示出该函数的参数和用法说明。也就是说，如果把 help 的范围缩小，就可得到比较详细的相关信息。

(2) 利用帮助菜单获取帮助信息。

单击 MATLAB 上方菜单栏中的 help，并选择 MATLAB help 就可以得到具体的帮助信息。例如选择 search，并在 search for 搜索框处输入欲搜索的内容，如 fft。另外，可在 search type 处选择 full text、document titles、function name、online knowledge base 等类型中的一种。MATLAB 会列出该函数的定义、算法、调用方法、示例和参考文献等非常丰富的内容。

值得一提的是：在单击 help→MATLAB Help→printable Documentation 之后，可以看到以 PDF 文档形式提供的使用手册。该手册对 MATLAB 中各个方面的问题都进行了科学的分类和详细的讲解，可供需要时查阅。

总之，帮助系统非常全面、快捷、简单、方便地提供了在线帮助。在使用 MATLAB 时经常利用这一命令是个很好的习惯。正因为这一命令的存在，本教材的讲述才可以大为简化。

4. 有针对性地学习

建议读者采取的方法是，学习本附录或 help 中的入门知识之后，就可以着手练习和应用。由于有 help 的帮助，尽管也需要一本较好的 MATLAB 教材，但不必一开始就通读全书。

5. 使用演示功能(Demos)

MATLAB 带有生动、直观的演示程序，可以帮助用户学习和理解 MATLAB 的

应用和强大的功能。启动演示的方法有以下两种。

① 键入 help demo 或 demo。

② 单击菜单栏的 help→Demos，双击当前工作文件夹所列的 MATLAB 或 Toolboxes 等，就可以根据选择的项目观察演示。

需要说明的是，尽管 Demos 的例子相当多，但是由于读者接触信号处理和控制领域的时间还不长，很多例子还不能理解。然而，知道 MATLAB 的这一功能对今后的学习和研究是很有帮助的。

A.2 MATLAB 语言初步

A.2.1 变量和常量

和其他高级语言一样，MATLAB 也是用变量保存信息，但与 C 语言等不同的是，在 MATLAB 中无需说明 MATLAB 变量的类型，它能根据输入的数据自行确定并分配存储空间，这给用户，特别是初学者的使用提供了极大的方便。

变量命名的规则是：必须以字母开头、字符间不可留空格，变量名的长度不可超过 31 个字符，变量名应区分大小写等。

在 MATLAB 中定义了一些基本常数，主要有：

```
i 或 j                  % 基本虚数单位
eps                     % 系统的浮点(Floating - point)精确度
inf                     % 无限大，例如 1/0
nan 或 NaN              % 非数值(Not a number)，例如 0/0
pi                      % 圆周率(π = 3.1415926...)
realmax                 % 系统所能表示的最大数值
realmin                 % 系统所能表示的最小数值
nargin                  % 函数输入参数的个数
```

上面各行在%后面给出了注释信息。

A.2.2 数组、向量和矩阵

MATLAB 的变量均以数组的方式保存。在 MATLAB 中，数组、向量和矩阵经常混用。例如，MATLAB 的矩阵相当于二维数组，而向量则相当于一维数组。

矩阵是 MATLAB 进行数据处理和运算的基本单元，几乎所有的 MATLAB 操作都是以矩阵操作为基础，可以说 MATLAB 是基于矩阵的计算软件。由于 MATLAB 针对矩阵运算做了相当多的优化，故在写程序的时候，要尽可能采用矩阵的运算方式，这将大大提高程序运行的效率。

1. 向量或矩阵的生成

在 MATLAB 中，生成矩阵的方法有以下几种。

(1) 利用 MATLAB 函数产生特定矩阵，部分例子如下：

```
eye(n)      % 产生 n×n 维单位阵
ones(n)     % 产生 n×n 维的全 1 阵
```

函数 rand 产生 [0,1] 区间内均匀分布的随机数，rand(n,m) 产生 n 行 m 列的随机矩阵。

注：以上例子中需给出具体 n 或 n、m 的数值才可运行。

(2) 输入矩阵

可以采用如下的输入语句：

```
A = [ 1 2 3 4 ];
A = [ 1,2,3,4; 5,6,7,8 ];
A = 1: 4;
```

即把矩阵的元素直接排列在方括号[]中，相同行(row)的元素用空格或逗号分开，行与行之间用分号分隔。输入 A 之后，按回车键，屏幕上会显示出结果。如果无需显示输入的表达式，在表达式后面加上分号"；"即可。如果要查看某个变量的值，可以输入该变量名后回车或者在工作区域双击该变量名。

2. 矩阵的基本操作

(1) MATLAB 中的矩阵运算

设 A,B 为两个矩阵。主要的操作如矩阵的加、减等，都与标量运算类似。

对于矩阵乘法运算如 C=A * B，必须保证 A 的列数等于 B 的行数。因此，矩阵乘法运算的次序不可交换。另外，A、B 中的一个也可以是常数。

对于除法，由于涉及矩阵求逆的运算，故在 MATLAB 中定义了两种除法，即左除(\)和右除(/)。

```
A\B     % = inv(A) * B
A/B     % = A * inv(B)
```

其中，inv 为矩阵求逆函数，以上运算可以用来解线性方程组。

(2) MATLAB 的点运算"."

符号"."表示对矩阵的每个元素做标量运算。即". *"和"./"分别表示两个矩阵对应元素的相乘和相除。

在查看以上命令时，键入 help * 即可得到各种操作和字符的帮助信息。具体有算术操作、逻辑操作、关系操作、位逻辑操作以及各种特殊字符信息的列表。例如，键入 help plus，就可得到矩阵相加的详细信息。如果键入

```
A= [ 1 2 3 4; 5 6 7 8 ]
```

```
B = A'  % 矩阵转置
```

则可得到 A 及其转置矩阵为

```
A = 1    2    3    4
    5    6    7    8
B =
    1    5
    2    6
    3    9
    4    8
```

总之,只要把数据输入计算机,就可在屏幕上立即看到相应的结果。对于矩阵相除、点除等情况也可进行同样的练习,需要指出的是,上文把 A 和 A′执行结果的位置作了一些变动,即把执行结果集中列在相应程序的后边。在第 8 章和附录部分多采用这一方法,这是为了阅读方便。

在 MATLAB 中有一些很有用的命令,它可以提醒用户已经使用的变量名以及数组的维数等信息,如

```
who            % 列出已经存在的变量名
size(y)        % 给出数组 y 的行数和列数
whos           % 给出已经存在的变量名、变量类型、各变量名数组的行数、列数以及所分
               % 配的字节数等
length(y)      % 给出数组 y 的最大维数。当 y 是向量时,则给出该向量中元素的个数
clear p1 p2    % 清除变量 p1 p2
```

A.3 符号运算

在数学和应用工程中经常用到符号运算。在符号运算中,参与运算的是符号变量,因而定义了一种新的数据类型,即 sym 类型。符号对象用来存储代表符号的字符串、符号变量、符号表达式和符号矩阵。本节仅介绍 MATLAB 中经常用到的两类运算。

在使用符号变量之前,先用以下语句声明符号变量。

```
syms 变量名列表
```

其中各个变量名应该用空格分开,而不能使用逗号,如

```
syms a b c
```

声明符号变量的另一种方法是

```
sym('变量名')
```

A.3.1 微分运算

函数 diff 用来演算一个符号表达式的微分项，主要有以下四种形式：

```
diff(f)         % 对符号表达式 f 进行微分运算
diff(f,'t')     % 符号表达式 f 对变量 t 进行微分运算
diff(f,n)       % 计算 f 的 n 阶导数
diff(f,'t',n)   % 计算 f 对变量 t 的 n 阶导数
```

例如

```
syms x b
diff(6 * x^3 - 4 * x^2 + b * x - 5)
    ans = 18 * x^2 - 8 * x + b
diff(6 * x^3 - 4 * x^2 + b * x - 5,'b')
    ans = x
```

例中的 syms 声明，x、b 为符号对象。

数值微分函数也是用 diff。因此，要由输入参数决定它是数值微分还是符号微分。如果参数为向量则执行数值微分，如果参数为符号表达式则执行符号微分。

A.3.2 积分运算

MATLAB 中用于积分运算的函数是 int。这个函数要找出一符号表达式 F，并使得 diff(F)＝f。如果积分的解析式不存在或者 MATLAB 无法找到，则传回原来输入的符号式。int 的形式有以下几种：

```
int(f)            % 求符号表达式 f 对预设变量的不定积分
int(f,'t')        % 计算 f 对变量 t 的不定积分
int(f,a,b)        % 计算 f 对预设变量的定积分,积分区间为[a,b],a 和 b 为数值式
int(f,'t',a,b)    % 计算 f 对变量 t 的定积分,积分区间为[a,b],a 和 b 为数值式
int(f,'m','n')    % 传回 f 对预设变量的积分值,积分区间为[m,n],m 和 n 为符号式
```

示例如下：

```
syms x b;
int(6 * x^3 - 4 * x^2 + b * x - 5,1,2)
    ans = 49/6 + 3/2 * b
```

A.4 绘图函数

MATLAB 具有强大的绘图功能，下面简单介绍常见的绘图函数。

A.4.1 基本绘图函数

```
plot            % x轴和y轴均为线性刻度的绘图函数
loglog          % x轴和y轴均为对数刻度的绘图函数
semilogx        % x轴为对数刻度,y轴为线性刻度的绘图函数
semilogy        % x轴为线性刻度,y轴为对数刻度的绘图函数
stem            % 离散序列的绘图函数
ezplot          % 用于函数绘图的函数
```

A.4.2 使用举例

1. 连续信号曲线的绘制

以 plot 函数为例,它是绘制二维曲线的基本函数。在使用该函数之前必须给出曲线上各点的坐标。例如,画正弦曲线的代码如下,绘图结果示于图 A.2。

```
x = linspace(0,2 * pi,100);      % 100个点的x坐标
y = sin(x);                      % 对应的y坐标
plot(x,y);
```

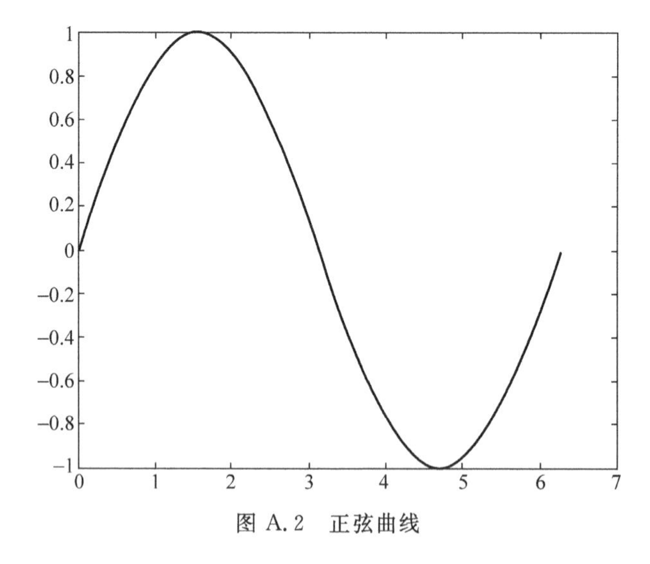

图 A.2 正弦曲线

实际上,根据该函数参数的不同,可以绘制出不同形状的曲线。通过 help 可查阅绘图函数 plot 的不同格式。

2. 离散序列的绘制

```
stem(y)                 % 以x=1,2,3,…为横坐标,画出y向量的各个序列值
stem(x,y,'option')      % 以x向量的各个元素为横坐标,画出y向量的各个序列值
```

其中 option 选项表示绘图时的线型、颜色等。其中,颜色参数如表 A.1 所示。

表 A.1 stem 绘图命令的颜色表

颜色	黄色	黑色	白色	蓝色	绿色	红色	亮青色	锰紫色
字符	y	k	w	b	g	r	c	m

此外,图形的线型如小圆、实线、点线、点划线和虚线等分别用“o”、“—”、“.”、“—.”、“——”符号表示。

A.4.3 绘图技巧

1. 多幅图形的重叠

要把多条曲线画在一张图上时,只需把“坐标对”依次放入 plot 函数即可,例如

```
plot(x1,y1,'option',x2,y2,'option',…)
```

表示分别以向量 x1、x2 为横轴,用 y1、y2 的相应数值绘制曲线。每条曲线的属性由相应的 option 项确定,该选项可以是表示曲线颜色的字符,表示线型格式的符号等。

例如可用函数

```
plot(x,sin(x),x,cos(x))
```

绘制三角函数的曲线。要改变曲线的线型时,只需在“坐标对”的后面加上相关的字符串即可,如

```
plot(x,sin(x),'-',x,cos(x),'--')
```

其波形示于图 A.3。

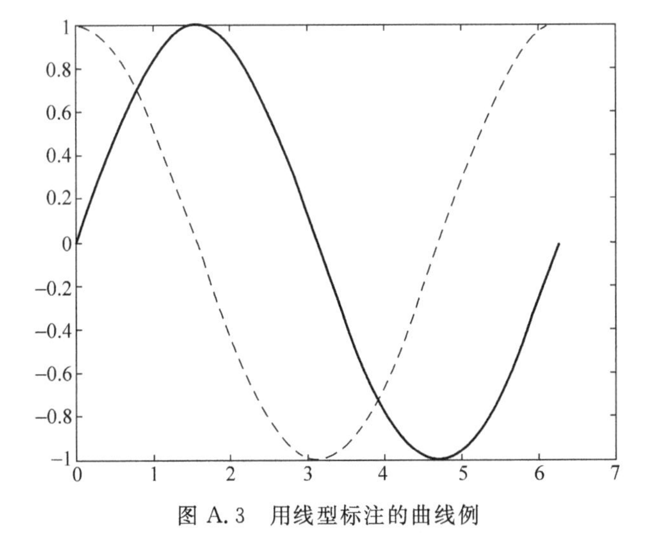

图 A.3 用线型标注的曲线例

2. 图形窗口的分割

要在同一窗口绘制多幅图形时可使用如下的窗口分割函数

```
subplot(m,n,p)
```

该函数把当前窗口分割为 m 行 n 列,并在其中的某个区域绘图。如以下语句的图形示于图 A.4。

```
x = linspace(0,2 * pi,100); % 100 个点的 x 坐标
subplot(2,2,1); plot(x,sin(x)); grid on
subplot(2,2,2); plot(x,cos(x)); grid on
subplot(2,2,3); plot(x,sinh(x)); grid on
subplot(2,2,4); plot(x,x.^2); grid on
```

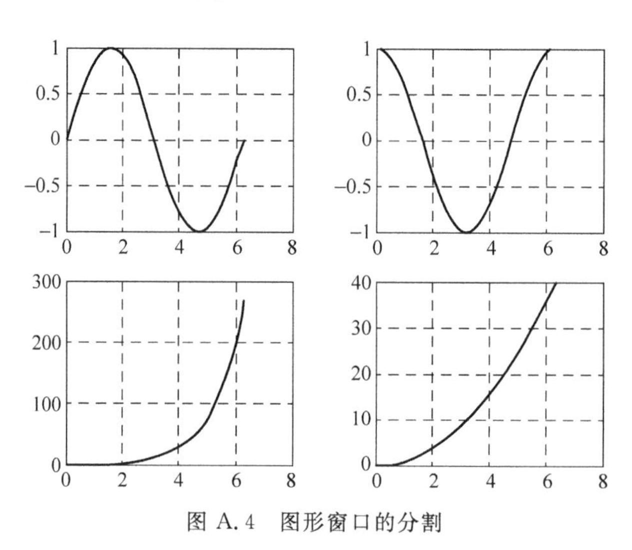

图 A.4 图形窗口的分割

A.4.4 坐标轴的调整和标注

图形完成后,通常要调整坐标轴的范围,或在图形上加入各种标注。请读者对照图 A.5 理解下列函数的意义。

```
x = linspace (0,2 * pi,100);                    % 100 点的 x 坐标
plot(x,sin(x),'-',x,cos(x),'--');               % 绘制三角函数的曲线
axis([0,6, - 1.2,1.2]);                          % 将所画图形的 x 轴和 y 轴的范围限制
到括
                                                 % 号内的数值
xlabel('input value');                          % 给 x 轴加标注
ylabel('fanction value');                       % 给 y 轴加标注
title('Two Trigonometric Functions');           % 给图形加上标题
grid on;                                        % 在所画的图形中添加网格线
```

读者可把图 A.3 和图 A.5 进行对比，并找出二者的差别。

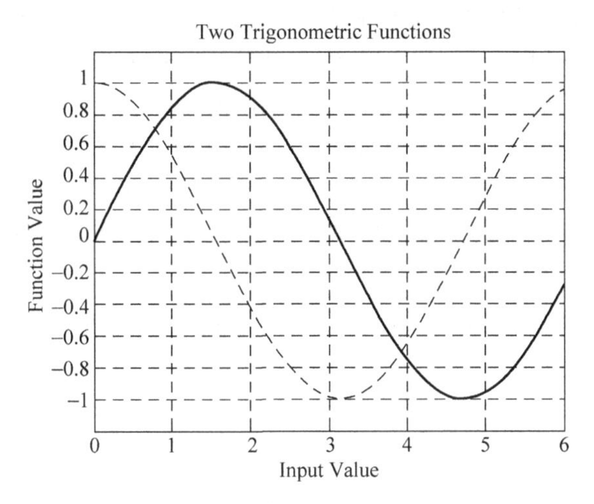

图 A.5　各种处理后的图

A.4.5　其他绘图函数

下面列出另外一些绘图函数，可以用 help 命令查询这些函数的具体用法。

```
bar                                     % 柱状图
errorbar                                % 图形加上误差范围
fplot                                   % 较精确的函数图形
polar                                   % 极坐标图
hist                                    % 直方图
stairs                                  % 阶梯图
fill                                    % 实心图
```

A.5　控制结构

与其他程序设计语言类似，MATLAB 也有控制语句。这类语句主要分为两种类型，即循环控制和逻辑控制。

有关 for、while 循环控制以及 if，elseif 等逻辑控制语句的细节，可以通过 help 命令进行查询，并自行练习。

由于 MATLAB 是对矩阵或数组进行操作，所以要尽量少用这类语句，控制语句的使用会减慢程序的执行速度。

A.6　M 文件

MATLAB 的源程序都是以后缀为.m 的文件存放，它是一个纯文本文件。

M 文件有两种写法，一种是包含了一系列的命令，并像批处理文件一样依序运行，称为脚本文件。另一种称为函数,它能接受输入参数,并在执行后给出输出结果。也就是说,可以通过输入参数和输出参数来传递数据,这与C语言的函数是一样的。

一般来说,可以用任何文本编辑器建立、编辑和修改M文件,也可以用MATLAB内置的编辑器完成。即在MATLAB的文件菜单下选择New→M-file来创建M文件,在赋予一个文件名后加以保存。一旦用M文件创建了命令序列,就可以在命令窗口或另外的M文件里直接调用这个命令序列或函数,从而使程序更为简洁。

例如,为了计算一个正整数的阶乘,可以写一个MATLAB函数并将之存储为fact.m。

```
function output = fact(n)                    % fact 计算 n 的阶乘
output = 1;
for i = 1: n,
    output = output * i;
end
```

其中fact是函数名,n是输入参数,output是输出参数,而i是函数用到的临时变量。要使用此函数,直接键入函数名并辅以适当的输入参数即可,例如

```
y = fact(5)
```

运行结果为

```
y = 120
```

A.7 MATLAB的工具箱

MATLAB配备了种类繁多的工具箱,如信号处理、控制系统以及最优化、数理统计等工具箱,并分别用于相应的领域。随着应用的需要,又在一些新兴学科增加了新的工具箱,如模糊逻辑工具箱等。可以通过help命令查阅有关工具箱的情况。

例如,键入help Control可以得到控制系统工具箱中的有关函数,它可以帮助用户快速了解函数的主要功能和用法。如该条目中含有:Time-domain analysis、Frequency-domain analysis以及Model dynamics、System interconnections等类别。

如果想了解具体的子条目,也可使用help命令。如输入help zpk,屏幕上就会显示出与零-极-增益模型有关的信息。

又如,键入help signal就得到了信号处理工具箱中有关函数的信息,其中含有以下一些条目,如Waveform generation、Transforms、Analog filter design、IIR digital filter design等。

为了解快速傅里叶变换的用法,只需键入help fft就会显示与fft有关的各种信息。

附录 B　信号与系统中使用 MATLAB 的部分例子

本附录中，用以下形式表示线性常系数微分方程或差分方程。

$$\sum_{k=0}^{N} a_k \frac{d^k}{dt^k} y(t) = \sum_{k=0}^{M} b_k \frac{d^k}{dt^k} x(t)$$

$$\sum_{k=0}^{N} a_k y[n-k] = \sum_{k=0}^{M} b_k x[n-k]$$

B.1　信号的产生和图形表示

B.1.1　典型序列的产生

编写 M 文件可以产生以下序列。

1. 单位脉冲序列 $\delta[n-m]$ 的生成函数 impseq.m

```
function [x,n] = impseq(n0,ns,ne)
n = [ns: ne];                  % ns 为序列的起点,ne 为序列的终点
x = [(n - n0) = = 0];          % 在 n = n0 处生成一个单位脉冲
```

2. 单位阶跃序列 $u[n-m]$ 的生成函数 stepseq.m

```
function [x,n] = stepseq(n0,ns,ne)
n = [ns: ne];                  % ns 为序列的起点,ne 为序列的终点
x = [(n - n0)> = 0];           % 生成移位的单位阶跃序列
```

3. 单位阶跃信号 $u(t)$ 的生成函数 uc.m

```
function f = uc(t) f = (t> = 0);
```

该函数是阶跃信号的数值表示方法。另外，在 MATLAB 中，heaviside 是阶跃信号的符号表达式，可在需要时使用。

以上函数可按 A.6 节的方法进行调用。

另外，利用 MATLAB 中的 rectpuls、square、tripuls、sawtooth 等语句可分别产生矩形信号、周期矩形信号、三角波和周期三角波等信号。

B.1.2　信号的图形表示

例 B.1　画出连续时间信号 $\mathrm{Sa}(t)=\frac{\sin t}{t}$ 的波形。

解

```
t = -11: 0.06: 11;
```

```
f = sin(t)./t;
plot(t,f);
title('f(t) = Sa(t)')
xlabel('t')
axis([-11,11,-0.3,1]);
```

运行结果如图 B.1 所示。 ■

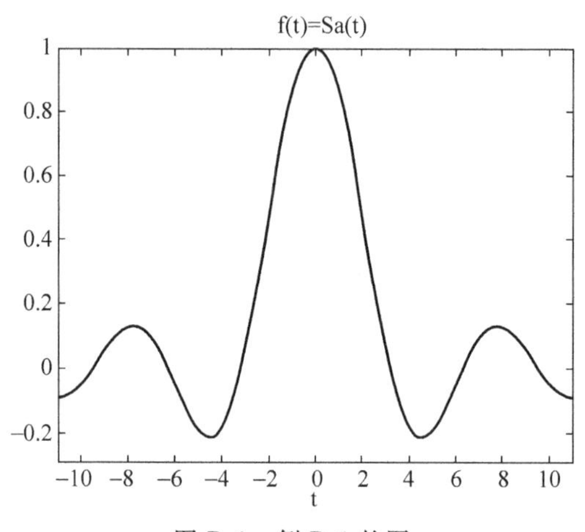

图 B.1 例 B.1 的图

向量 t=−11:0.06:11 定义了 t 的时间范围,分别表示信号的起始时间、时间间隔和终止时间。向量 f 为信号 $Sa(t)$在向量 t 所定义时间点上的样值。

由于 MATLAB 中采样函数的定义是

$$\mathrm{sinc}(t)=\mathrm{Sa}(t)=\sin(\pi t)/(\pi t)$$

所以,本例题也可用如下代码实现:

```
t = -3*pi: pi/100: 3*pi;
f = sinc(t/pi);
plot(t,f);
title('f(t) = Sa(t)');
xlabel('t');
```

得到的波形与图 B.1 相同。

例 B.2 画出实指数序列 $f[n]=\left(-\frac{3}{4}\right)^n u[n]$的波形。

解 程序代码如下,波形如图 B.2 所示。

```
n = 0: 40;
f = (-3/4).^n;
stem(n,f);
title('实指数序列');
xlabel('n');
axis([0,20,-1,1]);
```

■

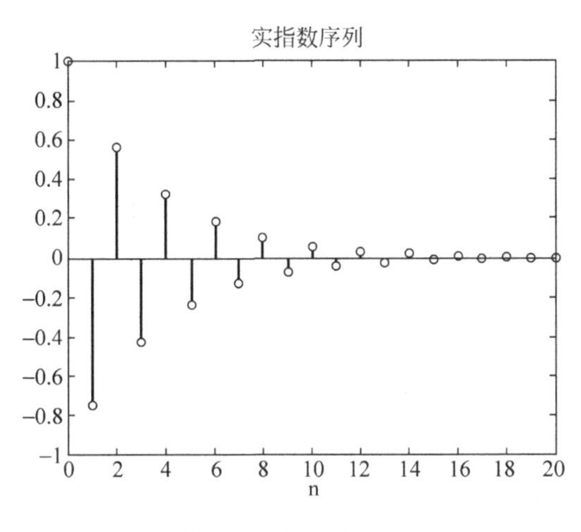

图 B.2 例 B.2 的图

B.2 常用的多项式函数

把一个多项式的系数顺次输入到一个数组就可以描述该多项式，通常约定最后一个系数为 s^0 的系数。例如，本课程中经常用到的一些函数及语句为：

```
p1 = [1 0 0 4]            % 定义多项式 s^3 + 4,最后一项一定是 s^0 的系数
r1 = roots(p1)            % 求解多项式的根向量
p2 = poly(r1)             % 根据给定的根确定相应的多项式
r2 = [-1 -2 -1]           % 直接给出多项式的三个根,即 s = -1,-2 和 -1
p3 = poly(r2)             % p3 = s^3 + 4s^2 + 5s + 2
polyval(p3,5)             % 计算 s = 5 时多项式 p3 的值
```

需要注意的是，在多项式 s^3+4 中，系数向量由多项式的最高幂次开始，一直排到常数项，中间的缺项要用零补齐。如上面的向量表示为 p1=[1 0 0 4]。

B.3 多项式的乘法、除法与卷积

调用函数 conv 和 deconv 可以实现多项式的乘法和除法。

1. 多项式乘法

例 B.3 已知向量

```
a = [2 3 6];
b = [1 6 8];
```

求两个向量的乘积。

解

```
c = conv(a,b)
c =
    2    15    40    60    48
```

本题的含义是 a、b 分别表示两个多项式，即 $2s^2+3s+6$ 和 s^2+6s+8，二者的乘积 c 为

$$(2s^2+3s+6)(s^2+6s+8)=2s^4+15s^3+40s^2+60s+48$$ ■

2. 多项式除法

根据上例的结果，利用 deconv 函数可以求 b。其命令格式为

```
[b,r] = deconv(c,a)
```

其中，r 为多项式除法的余多项式，即 c=conv(a,b)+r。

例 B.4 已知向量 c 和 a，求 b=c/a。

解 程序代码如下。

```
c =[ 2 15 40 60 48];
a =[2 3 6];
[b,r] = deconv(c,a)
```

运行结果为

```
b = 1    6    8
r = 0    0    0    0    0
```

■

3. 卷积与卷积和

实际上，多项式的乘、除法就相当于求卷积和反卷积。在 MATLAB 的信号处理工具箱中有计算两个信号卷积的函数 conv，其调用格式为

```
c = conv(a,b)
```

式中，a、b 是进行卷积的两个信号，当该信号为序列 $x[n]$和 $h[n]$的向量表示时，c 为求得的卷积和

$$y[n]=x[n]*h[n]$$

向量 c 的长度是 a、b 的长度之和减 1，即

```
length(c) = length(a) + length(b) - 1
```

例 B.5 已知向量 a 和 b，画出该二序列卷积和的图形。

解 程序代码如下。

```
a =[2 3 6];
b =[1 6 8];
c = conv(a,b)
```

```
stem(c);
xlabel('n');
ylabel('x[n] * h[n]');
```

运行结果如下并绘于图B.3。

```
c =     2    15    40    60    48
```

■

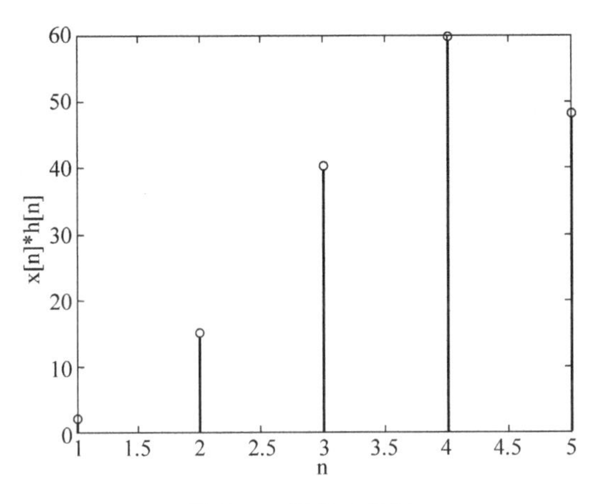

图B.3 例B.5的图

B.4 单位脉冲响应

1. 离散时间系统的单位脉冲响应

```
[h,t] = impz(b,a)
```

对于向量b、a定义的系统，调用上面的函数后返回单位脉冲响应$h[n]$，并用列向量h表示。t为时间向量，通常取为(T=[0 1 2 …]')。直接运行impz(b,a)函数可以画出单位脉冲响应$h[n]$的时域波形。必须注意的是，在用向量表示差分方程描述的系统时，缺项要用0来补齐。

impz函数还有其他的调用方式，可以用help impz自行查阅。

例B.6 已知系统的差分方程为

$$4y[n]-3y[n-1]+2y[n-2]=x[n]+6x[n-1]+4x[n-2]$$

求该系统的单位脉冲响应，并画出相应的波形。

解 程序代码如下所示。

```
a = [4, - 3,2];
b = [1,6,4];
[h,t] = impz(b,a);
impz(b,a, - 2: 20);
```

运行结果如图 B.4 所示。impz 函数属于后面的零可以省略的类型，因此在 a、b 的向量表示中不必考虑 $y[n-2]$后面各项的系数。■

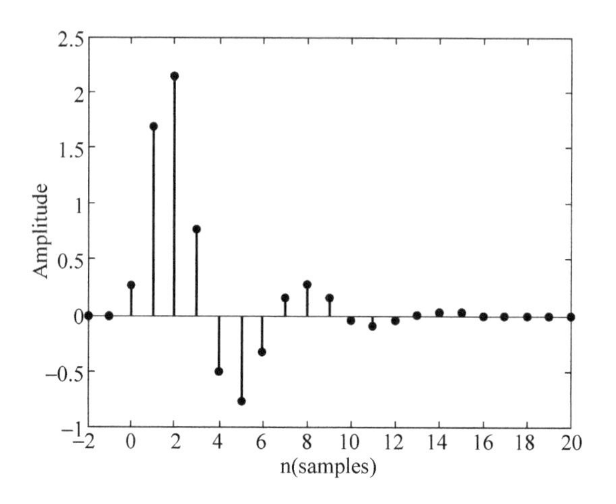

图 B.4 例 B.6 的单位脉冲响应

提请注意的是，其他一些函数也有类似的省略零的情况。

2. 连续时间系统的单位脉冲响应

在连续时间系统中，可以用 impulse(b,a)函数画出单位脉冲响应 $h(t)$的时域波形。

其中，a、b 是表示微分方程的向量，该向量的元素必须以微分方程的导数项按降幂排列。对于导数项的缺项要用 0 补齐。

当需要 $h(t)$的数值解时，可以采用如下语句：

```
[h,t] = impulse(b,a)
h = impulse(b,a)
```

impulse 命令还有其他的调用格式，它们分别画出指定时间范围内的波形或给出$h(t)$的数值解，可以通过 help 自行查阅。

例 B.7 已知

$$\frac{\mathrm{d}^2}{\mathrm{d}t^2}y(t)+3\frac{\mathrm{d}}{\mathrm{d}t}y(t)+2y(t)=\frac{\mathrm{d}}{\mathrm{d}t}x(t)+4x(t)$$

试画出系统的脉冲响应。

解 程序代码如下。

```
a = [1,3,2];
b = [1,4];
impulse(b,a)
h = impulse(b,a)
```

脉冲响应曲线如图B.5所示。另外,本题略去了结果的数值解,可以运行上述程序自行查阅。■

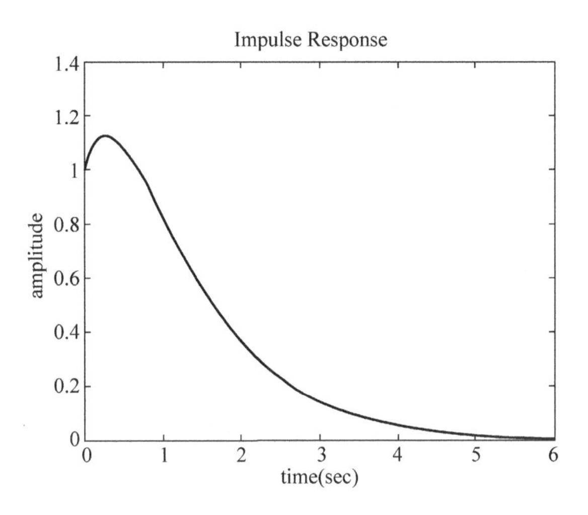

图B.5 脉冲响应曲线

本例题就是本书第2章的例2.8,该例求得的结果是

$$h(t)=(3e^{-t}-2e^{-2t})u(t)$$

作为校验手段,也可以用如下的MATLAB语句画出上式表示的$h(t)$的函数曲线。

```
t=0:0.01:6;
h=3*exp(-1*t)-2*exp(-2*t);
plot(t,h);
xlabel('time(sec)');
ylabel('amplitude');
title('Impulse Response');
```

运行以上程序可以得到与上图相同的波形。另外,核对二者的数值解也可得到同样的结论,请读者进行验证。

3. 连续时间系统的单位阶跃响应

在连续时间系统中,可以用step命令求出指定时间范围内单位阶跃响应$g(t)$的数值解或画出相应的波形。step命令有多种调用格式,可以自行查阅。

例B.8 求例B.7的阶跃响应。

解 程序代码如下,阶跃响应曲线如图B.6所示。

```
a=[1,3,2];
b=[1,4];
step(b,a)
```

■

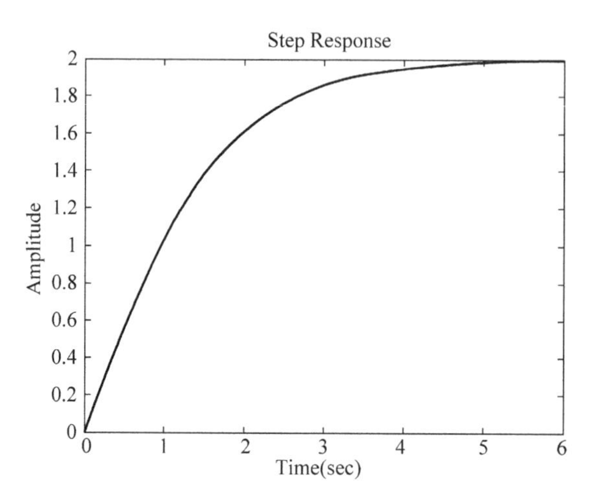

图 B.6 例 B.8 的阶跃响应曲线

B.5 系统的零状态响应

1. 连续时间系统

LTI 连续时间系统可以用常系数微分方程描述，而初始状态为零的微分方程的解就是该系统的零状态响应。在 MATLAB 的控制工具箱中，用

```
y = lsim(b,a,x,t)
```

语句可以得到零状态响应的数值解。其中，行向量 a、b 分别是微分方程左端和右端的系数向量。t 表示计算响应时的采样点向量，x 表示激励信号在向量 t 所定义时间点上的样值。同样，a、b 向量的元素必须以微分方程降幂的导数项顺次排列。对于导数项的缺项要用 0 来补齐。另外，如果在上面的指令中没有输出参数 y，则可直接绘出系统的零状态响应曲线。

例 B.9 已知系统的微分方程是

$$\frac{\mathrm{d}^2}{\mathrm{d}t^2}y(t)+3\frac{\mathrm{d}}{\mathrm{d}t}y(t)+2y(t)=\frac{\mathrm{d}}{\mathrm{d}t}x(t)+4x(t)$$

激励信号为 $x(t)=\mathrm{e}^{-2t}u(t)$，求系统的零状态响应。

解 求解的 MATLAB 程序如下。

```
a = [1,3,2];
b = [1,4];
t = 0: 0.01: 5;
x = exp( - 2 * t);
y = lsim(b,a,x,t);
plot(t,y);
grid on;
```

```
xlabel('Time(sec)');
ylabel('Amplitude')
```

程序的运行结果如图 B.7 所示。 ■

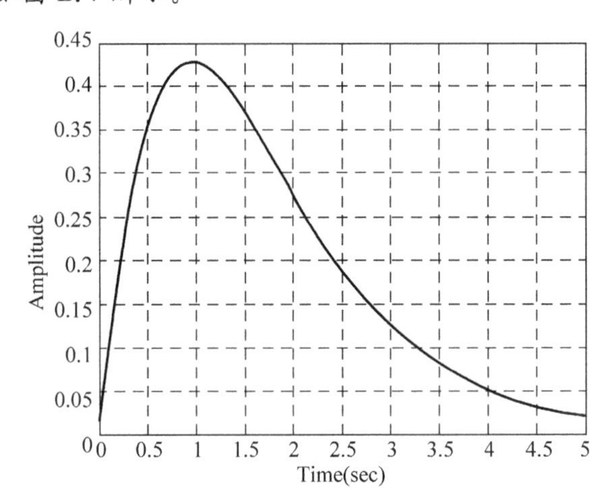

图 B.7 例 B.9 系统的零状态响应

MATLAB 提供了 dsolve 函数，可对常系数微分方程进行符号求解，即求出系统微分方程的零输入响应、零状态响应和完全响应。请读者通过 help 进行自学。

2. 离散时间系统

已知离散时间系统的差分方程，其等号左端和右端的行向量分别为 a 和 b，输入序列的采样值由行向量 x 表示。可以用

```
y = filter(b,a,x)
```

函数求出该系统零状态响应的样值，即求出初始状态为零的差分方程的解。此外，所求 y 的样值位于 x 的各取样时刻。调用 filter 的其他方式可自行查阅。

例 B.10 已知系统的差分方程是

$$4y[n]-3y[n-1]+2y[n-2]=x[n]+6x[n-1]+4x[n-2]$$

输入序列为 $f[n]=\left(\frac{1}{2}\right)^n u[n]$，求系统的零状态响应并画出输入序列和响应序列的波形图。

解 求解的程序代码如下，相应的序列波形绘于图 B.8。

```
a = [4 -3 2];
b = [1 6 4];
n = 0: 20;
x = (1/2).^n;
y = filter(b,a,x)
subplot(2,1,1);
stem(n,x);
title('输入序列')
```

```
subplot(2,1,2);
stem(n,y);
title('零状态响应序列')
```

■

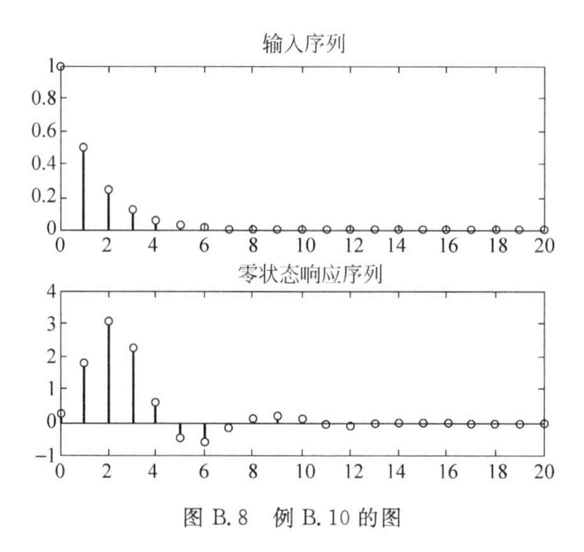

图 B.8 例 B.10 的图

请读者考虑：根据 B.4 节求得的单位脉冲响应，如何用卷积的方法求系统的零状态响应。

顺便说明的是，利用 filter 函数可以非常方便地求出离散系统的阶跃响应。显然，只要把输入信号定义为单位阶跃序列 $u[n]$即可，其 MATLAB 命令为：

```
n = 0: 20;
x = ones(1,length(n));
```

读者可以自行求出上例的阶跃响应。

B.6 傅里叶变换和反变换

```
F = fourier(f)        % 求符号函数 f 的傅里叶变换，该函数默认返回函数的自变量是 ω
f = ifourier(F)       % 求 F 的傅里叶反变换
```

在调用函数 fourier 和 ifourier 之前，对于其中用到的变量要用 syms 语句说明为符号变量。对于 fourier 和 ifourier 括号中的函数 f 和 F 也要用 syms 语句说明为符号表达式。但是，当 f 或 F 为 MATLAB 中通用的函数表达式时，则不必说明。

另外，由于上述函数的返回函数仍是符号表达式，所以对返回函数作图时要用 ezplot 绘图函数，而不能使用 plot 绘图函数。

例 B.11 已知双边指数信号

$$f(t) = e^{-4|t|}, \quad -\infty < t < +\infty$$

求该信号的幅度谱$|F(\omega)|$。

解 求解的代码如下。

```
syms t;
```

```
f = exp( - 4 * abs(t));
F = fourier(f)
ezplot(abs(F));
axis([ - 6,6,0.1,0.5]);
```

运行结果如下，其幅度谱如图 B.9 所示。

```
F = 8/(16 + w^2)
```

■

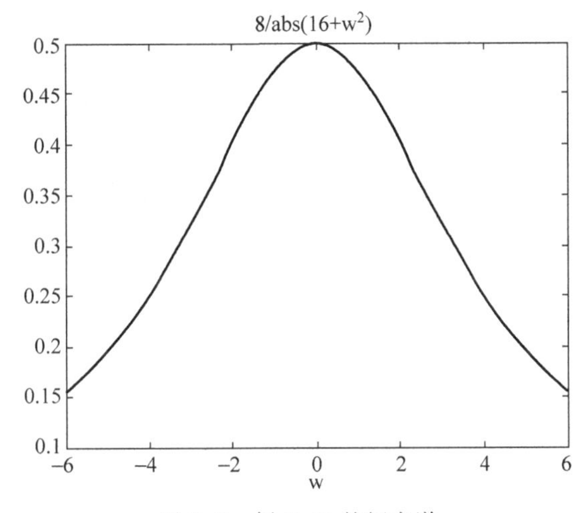

图 B.9 例 B.11 的幅度谱

下面用 MATLAB 核实第 3 章例 3.13 的计算结果。该例给出了如下所示的高斯信号 $f(t)$，求它的傅里叶变换 $F(\omega)$。

$$f(t)=\frac{1}{\sqrt{2\pi}}\mathrm{e}^{-\frac{t^2}{2}}$$

解

```
syms t;
f = (2 * pi)^( - 1/2) * exp( - t^2/2);
F = fourier(f)
```

运行结果为

```
F = exp( - 1/2 * w^2)
```

可见与第 3 章求解的结果相同。 ■

B.7 部分分式展开

1. z 域的部分分式展开

进行部分分式展开的函数为

```
[r,p,k] = residuez(b,a)
```

其中，列向量 b 和 a 分别对应于 $H(z)$的分子和分母多项式。需要注意的是，它的多项式是以递增的 z^{-1}幂次的形式给出的，多项式的第一个项是 z^0 项的系数。此外，r 是部分分式的系数向量，p 为极点向量，k 为多项式的系数向量，当 $H(z)$为真分式时，k=0。具体解释如下。

由于进行部分分式时必须为有理真分式。当不满足这一条件时，要通过长除法等方法化为有理真分式，即

$$X(z)=\frac{\sum_{i=0}^{M}b_i z^{-i}}{1+\sum_{i=1}^{N}a_i z^{-i}}=\sum_{k=1}^{N}\frac{r_k}{1-p_k z^{-1}}+\sum_{k=0}^{M-N}k_k z^{-k}$$

列向量 p_k 为极点，r_k 为对应的留数值。如果是多重极点，第一个余子式对应于单极点，下一个对应于二阶极点，并依此类推。行向量 k_k 给出了直接项，即多项式的系数向量。

另外，当 $H(z)$是以 z 的正幂次表达时，也可以应用 residue 对多项式 $H(z)/z$ 进行部分分式分解，而且多项式的最后一项是 z^0 项的系数。

例 B.12　已知

$$X(z)=\frac{3z^2-\frac{5}{6}z}{z^2-\frac{7}{12}z+\frac{1}{12}}$$

用部分分式法求出 Z 反变换 $x[n]$。

解　求解的代码如下。

```
b=[3,-5/6];
a= [1,-7/12,1/12];
[r,p,k]=residue(b,a);
```

运行结果为

```
r = 2.0000     1.0000
p = 0.3333     0.2500
k =[]
```

由此可得 $X(z)/z$ 的部分分式为

$$\frac{X(z)}{z}=\frac{1}{z-\frac{1}{4}}+\frac{2}{z-\frac{1}{3}}$$

由此可以求出相应的 Z 反变换为

(1) $|z|>\frac{1}{3}, x[n]=\left(\frac{1}{4}\right)^n u[n]+2\left(\frac{1}{3}\right)^n u[n]$

(2) $\frac{1}{4}<|z|<\frac{1}{3}, x[n]=\left(\frac{1}{4}\right)^n u[n]-2\left(\frac{1}{3}\right)^n u[-n-1]$

所得结果与本书第 5 章例 5.9 相同。■

2. s 域的部分分式展开

在 s 域进行部分分式时,一般采用

```
[r,p,k] = residue (b,a)
```

其用法与上面相同。需要注意的是,在 MATLAB 中,向量 a 和 b 均按 s 的降幂直至 s^0 的次序排列其系数。

B.8 拉普拉斯变换及反变换

```
F = laplace(f)
f = ilaplace(F)
```

上式中,f 和 F 分别是时域表示式和 s 域表示式的符号表示。

如前所述,在 MATLAB 中,常用函数 sym 表示符号数字、符号变量和符号对象,它的一种调用方法是

```
s = sym('A')
```

其中,A 代表上述的 f 或 F 等表示式,s 是符号化数字或变量。即调用后得到的结果是解析表达式,而不是以向量表示的数值。

例 B.13 已知 $f(t)=\mathrm{e}^{-at}\cos(bt)u(t)$,求 $f(t)$ 的拉普拉斯变换 $F(s)$。

解 求解的代码如下所示。

```
f = sym('exp( - a * t) * cos(b * t)')
F = laplace(f)
```

运行结果为

```
F  = (s + a)/((s + a)^2 + b^2)
```

■

试用本例给出的 sym 函数重新写出例 B.11 的代码并给出运行结果。

例 B.14 求 $F(s)=\dfrac{s+2}{s^2+4}$ 的拉普拉斯反变换 $f(t)$。

解 求解的代码如下所示。

```
F = sym('(s + 2)/(s^2 + 4)');
f = ilaplace(F)
```

运行结果为

```
f  = cos(2 * t) + sin(2 * t)
```

■

例 B.15 已知 $F(s)=\dfrac{s^2-b^2}{(s^2+b^2)^2}$,求 $F(s)$ 的拉普拉斯反变换 $f(t)$。

解 求解的代码如下所示。

```
F = sym('(s^2 - b^2)/ (s^2 + b^2)^2')
```

```
f = ilaplace(F)
```

运行结果为

```
f  = t * cos(b * t)
```

■

B.9 Z 变换及 Z 反变换

```
F = ztrans(f)
f = iztrans(F)
```

上式中,f 和 F 分别是时域表示式和 z 域表示式的符号表示。由前述可知,应该用函数 sym 表示,其调用方法是

```
s = sym(A)
```

其中,A 为上述 f 或 F 等表示式的字符串,s 是符号化数字或变量,即调用后得到的 s 是解析表达式,而不是以向量表示的数值。

例 B.16 已知 $f[n]=a^n u[n]$,求该序列的 Z 变换,$F(z)$。

解 求解代码如下所示。

```
f = sym('a^n')
F = ztrans(f)
```

运行结果为

```
F  = z/a/(z/a - 1)
```

即

$$F(z)=\frac{\frac{z}{a}}{\frac{z}{a}-1}=\frac{z}{z-a}$$

■

例 B.17 已知 $X(z)=\dfrac{2z^2-2z}{(z-3)(z-5)^2}$,$|z|>5$,求 $x[n]$。

解 求解代码如下所示。

```
F = sym('(2 * z^2 - 2 * z)/(( z - 3) * (z - 5)^2 )')
f = iztrans(F)
```

运行结果为

```
f  = 3^n - 5^n + 4/5 * 5^n * n
```

即

$$x[n]=3^n u[n]-5^n u[n]+4n\cdot 5^{n-1}u[n]$$

■

实际上,本例题就是第 5 章的例 5.8,二者的结果相同。

练习题:已知 $F(z)=\dfrac{az}{(z-a)^2}$,$|z|>a$,求 $f[n]$。

答案为 $f[n]=na^{n}u[n]$。

B.10 系统模型的转换

1. [z,p,k] =tf2zp(b,a),将传递函数模型转换为零极点、增益模型

向量b和a为系统传递函数的分子和分母向量。需要注意的是,两个多项式的长度应该相等,否则需要补零或采用其他函数,这里不再详述。

z,p,k分别为系统零、极点模型的零点、极点向量和系统的增益。

2. [b,a]=zp2tf(z,p,k),零极点、增益模型转换为传递函数模型

B.11 零、极图的绘制

传递函数的零、极点就是传递函数分子或分母多项式的根向量,因此可用MATLAB函数roots求解,已如B.2节所述。本节给出传递函数零、极点分布图的画法。

1. $H(z)$的零、极点分布图

```
zplane(b,a)
```

该函数的作用是在 z 平面上画出单位圆和传递函数的零、极点。

2. $H(s)$的零、极点分布图

```
pzmap(b,a)
```

该函数的作用是在复平面 s 上画出传递函数的零、极点,而下面的函数

```
[p,z] = pzmap(b,a)
```

不画零、极图,只返回极点和零点向量。

例B.18 已知系统传递函数的分母和分子多项式的系数向量分别为a和b,求该传递函数的零、极点,并画出零、极点图。

解 求解的代码如下。

```
a=[4 -3 2];
b=[1 6 4];
[p,z]=pzmap(b,a)
pzmap(b,a);
```

运行结果如下,而其零、极点绘于图B.10。

```
p = 0.3750 + 0.5995i    0.3750 - 0.5995i
z = - 5.2361     - 0.7639
```

■

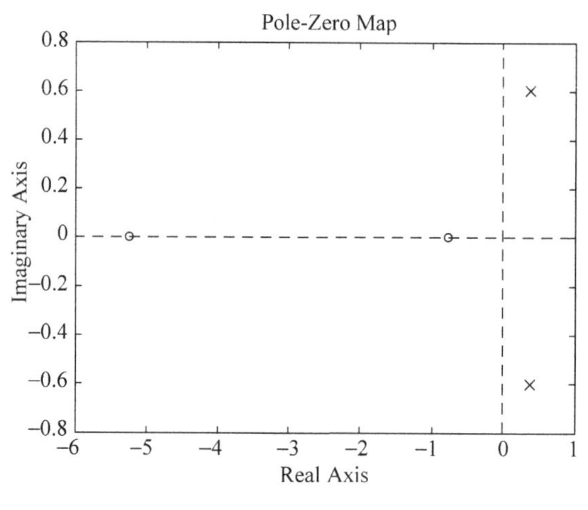

图 B.10 例 B.18 的图

问题：若例 B.18 给出的系统为离散系统，请自行画出其传递函数的零、极点和 z 平面上的单位圆。

B.12 系统的频率响应

1. 求离散系统频率响应的函数是 freqz，其调用方式为

```
[h,w] = freqz(b,a,n)
```

其中，b，a 是待分析系统频率响应分子和分母多项式的系数向量。向量 h 是离散时间系统复频率响应 $H(e^{j\omega})$ 在 $0\sim\pi$ 区间 n 个频率等分点的值，而向量 w（单位为 radians/sample）是 $0\sim\pi$ 区间的 n 个频率等分点。n 的默认值为 512。
另外

```
[h,w] = freqz(b,a,n,'whole')
```

表示在 $0\sim2\pi$ 区间内，在 n 个频率等分点上频率响应 $H(e^{j\omega})$ 的值。

另外，函数 freqz(b,a,n)没有输出参数，它可直接绘出幅频响应和相频响应。

例 B.19 求离散系统的零、极点图和频率响应，已知该系统的传递函数为

$$H(z)=\frac{1+z^{-1}}{1-0.5z^{-1}}$$

解 求解的代码如下，要求的输出如图 B.11(a)、(b)所示。

```
b = [1,1]; a = [1, - 0.5];
zplane(b,a);
title('零极点图')
[h,w]  = freqz(b,a);
freqz(b,a);
```

■

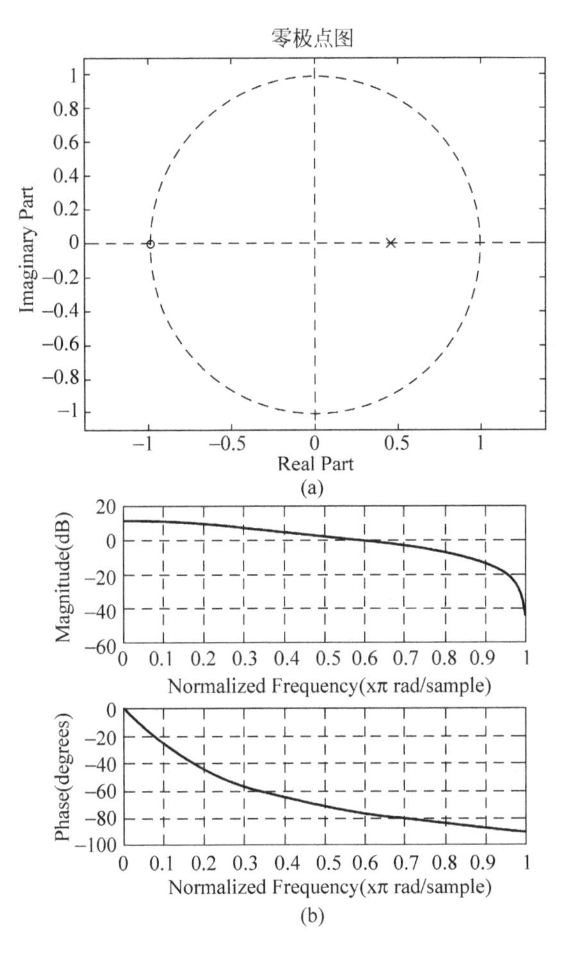

图 B.11 例 B.19 的图

(a) 零极点图；(b) 幅频和相频响应

2. 求连续时间系统频率响应的函数是 freqs，其调用函数为

```
h = freqs(b,a,w)
```

其中，向量 w 为 0～π 区间指定的频率点，单位是 rad/s，对应的复频率响应向量为 h。另外，

```
freqs(b,a,w)
```

是没有输出参数的函数，可以直接画出复频响应的幅频响应和相频响应。

函数

```
y = abs(x)
```

计算 x 各元素的绝对值，当 x 为复数时，则计算 x 的复数模。函数

```
y = angle(x)
```

计算 x 各复数元素的相位角，单位为 rad。

因此，系统的幅频和相频响应分别为

```
y = abs(h)
y = angle(h)
```

B.13 FFT

MATLAB 中有一系列计算快速傅里叶变换的函数，通过 help fft 可以查阅。如

```
F = fft(f)
```

其中，f 为时域向量，F 是 f 的离散傅里叶变换，而

```
F = fft(f,n )
```

是补零或截断的 n 点离散傅里叶变换，即当 f 的长度小于 n 时，在 f 的尾部补零使其长度达到 n。反之，则把 f 截断为 n 点。经这样处理后，再对补零或截断的数据进行 fft。

快速傅里叶反变换为

```
f = ifft(F)
f = ifft(F,n)
```

例 B.20 已知序列 f，利用 fft 求其离散傅里叶变换。

解 求解的代码如下。

```
f = [14,12,10,8,6,10];
F = fft(f);
```

运行结果为

```
F =
60.0000     9.0000 - 5.1962i    3.0000 + 1.7321i
      0     3.0000 - 1.7321i    9.0000 + 5.1962i
```

■

例 B.21 已知信号 $x(t)=\sin(100\pi t)+\cos(800\pi)t$，该信号受到噪声污染，试通过频谱分析鉴别出原信号。

解 设采样频率为 1000Hz，则采样周期为 0.001s。先用 rand 产生代表噪声的随机数

```
t = 0: 0.001: 1;
y = rand(size(t));
plot(y);
xlabel('t');
ylabel('rand');
axis([0,1000,0,1]);
```

求得的噪声信号如图B.12所示。

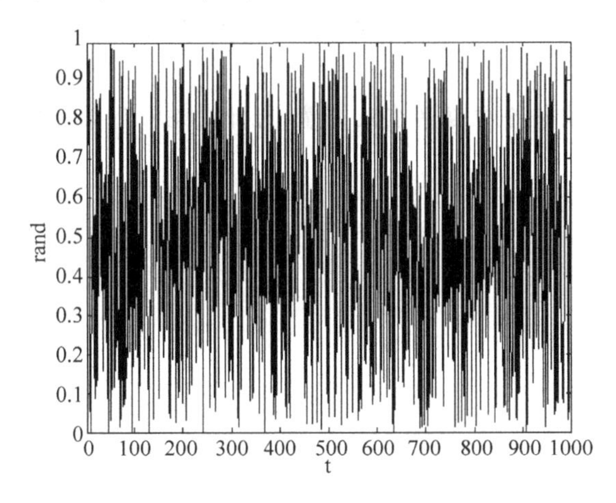

图B.12 例B.21的噪声信号

把噪声叠加到信号上，求频谱。

```
x = sin(2 * pi * 50 * t) + cos(2 * pi * 400 * t) + y;
subplot(2,1,1);
plot(x(1: 50));
xlabel('t')
ylabel('x(t)')
F = fft(x,512);
f = 1000 * (0: 256)/512;                % 设置频率轴坐标,其中1000为采样频率
subplot(2,1,2);
plot(f,F(1: 257));
xlabel('f');
ylabel('fft')
```

计算结果如图B.13所示。

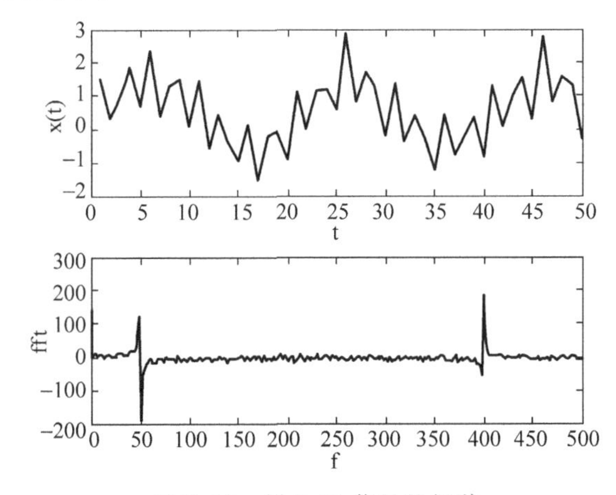

图B.13 例B.21信号的频谱

由图 B.13 可见，由于不同频率信号的叠加和噪声的污染，在 $x(t)$ 的波形中已经较难看出原来的正弦波成分。但是，通过频谱分析可以立即看出 50Hz 和 400Hz 这两个频率分量。

另外，频谱图上有一个较强的直流分量，为什么呢？请读者给出自己的答案。 ■

附录C　数字滤波器用到的MATLAB函数

下面列出了设计数字滤波器时用到的一些函数,并进行了简要的说明。通过help命令可以进一步查阅有关的细节。

C.1　滤波器阶数的选择

```
buttord          % 巴特沃斯滤波器阶次的选择
cheb1ord         % 切比雪夫 I 型滤波器阶次的选择
cheb2ord         % 切比雪夫 II 型滤波器阶次的选择
ellipord         % 椭圆滤波器阶次的选择
```

例如,有关数字或模拟巴特沃斯滤波器阶次选择的部分格式如下:

1. [N,wn]=buttord(wp,ws,Rp,Rs)

Rp和Rs为通带最大衰减和阻带最小衰减,单位为dB。wp和ws为通带和阻带的归一化截止频率,0≤wp,ws≤1。这里的1对应于数字频率π radians/sample。

对低通和高通滤波器来说,wp和ws是标量,而对带通和带阻滤波器来说,因为要给出通带或阻带的上、下截频,因而是1×2的向量,即wp=[wp1,wp2]等。

返回参数N是滤波器的阶次,而wn是巴特沃斯滤波器的3dB频率。当Rp=3dB时,返回的wn就等于滤波器指标中的wp。实际上,由于N要选择略高于指标的整数,因此指标的wp和返回的wn之间略有差别。

2. [N,wn]=buttord(wp,ws,Rp,Rs,'s')

上式的"*s*"表示要设计模拟滤波器。需要强调的是:这时的wp和ws都可以大于1,其单位是radians/second。

C.2　IIR模拟低通原型滤波器的设计

常用函数为

```
buttap,cheb1ap,cheb2ap,ellipap,besselap
```

下面举例说明前两个函数的用法。

1. [z,p,k]=buttap(N)

N阶模拟巴特沃斯低通原型滤波器设计。上面的调用格式中,返回参数分别为传递函数的零点、极点和增益。

2. [z,p,k]=cheb1ap(N,Rp)

N 阶模拟切比雪夫Ⅰ型低通原型滤波器设计,返回参数为其传递函数的零点、极点和增益。Rp 为通带波纹,单位是 dB。

通过 help 命令可以查阅上面列出的另几个 MATLAB 函数及其相应的调用方法。

C.3 模拟域的频率变换

lp2lp、lp2hp、lp2bp、lp2bs 把截止频率为 1rad/sec 的模拟低通原型滤波器 $H(p)$分别转换为实际的模拟低通、模拟高通、模拟带通和模拟带阻滤波器。其调用格式分别是

```
[bt,at] = la2lp[b,a,wo]
[bt,at] = lp2hp[b,a,wo]
[bt,at] = lp2bp[b,a,wo,BW]
[bt,at] = lp2bs[b,a,wo,BW]
```

式中的 b、a 是模拟低通原型滤波器 $H(p)$ 分子、分母多项式的系数向量,而 bt、at 分别是转换后滤波器 $H(s)$ 的分子、分母多项式的系数向量,wo 是低通或高通滤波器的截止频率。在带通或带阻滤波器的情况下,wo 和 BW 分别表示滤波器的中心频率和带宽。

例如,上面的第一个函数可以把截止频率为 1rad/sec 的低通原型滤波器转换成截止频率为 wo rad/sec 的低通滤波器。因而,这一函数经常用于巴特沃斯滤波器的去归一化。

C.4 用模拟滤波器理论设计 IIR 数字滤波器

1. 脉冲响应不变法

```
[bz,az] = impinvar(b,a,fs)
```

传递函数都用分子、分母多项式表示时,impinvar 函数表示用脉冲响应不变法把分子和分母向量分别为 b、a 的模拟滤波器传递函数变换成分子和分母向量分别为 bz 和 az 的数字滤波器传递函数。向量 b、a 的长度要相同,如果不同时要补零。此外,fs 是采样频率,模拟滤波器分子和分母的系数 b 和 a 要用 fs 归一化(被 fs 除),fs 的缺省值为 1Hz。

2. 双线性变换法

函数 bilinear 表示 IIR 数字滤波器设计中的双线性变换法,其用法为

(1) [bz,az]=bilinear(b,a,fs)

b 和 a 是模拟滤波器传递函数的分子和分母向量,并以 s 的降阶排列。bz 和 az

是数字滤波器传递函数的分子和分母向量。这两个向量的长度应该相同，当长度不同时要补零。

(2) [zd,pd,kd]=bilinear(z,p,k,fs)

传递函数都用零、极点—增益模型表示时，用双线性变换法把模拟滤波器的(z,p,k)变换成数字滤波器(zd,pd,kd)。fs是采样频率，单位为Hz。

C.5 直接设计数字和模拟低通滤波器的函数

```
butter,cheby1,cheby2,ellip,besself
```

可用以上函数直接设计巴特沃斯等相应类型的数字滤波器。以butter函数为例，它包含了buttap,lp2lp等函数的功能，因而使设计过程更为简捷。下面仅给出部分调用格式的例子，其他格式可自行查阅。

1. [b,a]=butter(N,wn,'options')

设计N阶巴特沃斯数字低通滤波器的函数。b和a是滤波器分子和分母向量的系数，均按z的降幂排列，向量的长度为(N+1)。通带截止频率wn的取值范围是0<wn<1，而wn=1对应于采样频率的一半。

上面的options代表high,stop等，当用high代替时，对应于高通数字滤波器设计。同样，用stop代替时，则对应于带阻滤波器设计，默认的情况是低通或带通滤波器设计。另外，对于带通滤波器来说，用wp=[wp1,wp2]，代替上面的wn，其中wp1和wp2分别是通带的上、下截频。对于带阻滤波器则为ws=[ws1,ws2]，而ws1和ws2分别是阻带的上、下截频。

2. [b,a]=butter(N,wn,'s')

用于设计模拟巴特沃斯滤波器，这时wn的单位是rad/s，因此可以大于1。

C.6 窗函数

各种类型的窗函数可以自行查阅，如rectwin、boxcar、hamming、hanning、bartlett、blackman、triang、kaiser窗等。要注意给出的一些细节，如blackman(n)返回的列向量为对称的n点blackman窗函数等。

C.7 窗口法设计FIR数字滤波器

1. b=fir1(N,wn)

用窗函数法设计N阶低通FIR数字滤波器。向量b是返回的滤波器系数，其长度为N+1。截止频率wn的取值范围是0≤wn≤1，1对应于采样频率f_s的一半。

需要注意的是，与其他滤波器不同，wn 表示归一化增益为－6dB 时的频率。

2. b＝fir1(N, wn, 'option')

与 C.5 节一样，可以把 options 选为 low、high、bandpass 或 stop。它们分别对应于 N 阶低通、高通、带通和带阻 FIR 数字滤波器的设计。对于低通或高通滤波器，wn 为标量。在设计带通或带阻滤波器时，wn＝[wn1, wn2]，wn1、wn2 分别是通带或阻带的上、下截频。

3. b＝fir1(N, wn, 'win')

其中，win 为指定的窗函数，缺省值为海明窗。对于这个函数的一些细节，可用 help 命令自行查阅。

C.8 零、极、增益模型向二阶节模型的转换

```
[sos,g] = zp2sos(z,p,k)
```

其中，z、p、k 分别是传递函数 $H(z)$的零点、极点和增益。sos 为二阶节形式的矩阵，而 g 是该系统的总增益。因此 $H(z)=g\cdot H_1(z)H_2(z)\cdots H_L(z)$，其中 $H_k(z)$，$k=1,2,\cdots,L$，表示上述二阶节。需要注意的是，上述零、极点必须是共轭复数。

下面的函数把 b、a 表示的传输函数模型转换为二阶节形式的模型

```
[sos,g] = tf2sos(b,a)
```

其中 b、a 是传递函数的分子和分母多项式，返回参数的意义同上。通过 help 命令可以查到 sos 的矩阵结构和二阶节模型的形式。

附录 D　传递函数零、极点分布与 $h(t)$ 波形的对应关系

D.1　传递函数的极点分布与 $h(t)$ 波形的对应关系(一)

$H(s)$	s 平面上的极点	$h(t)$	$h(t)$ 的波形
$\frac{1}{s}$	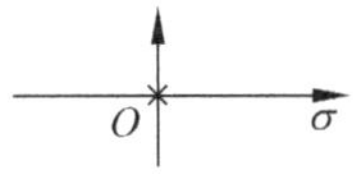	$u(t)$	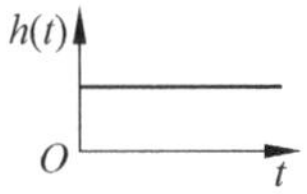
$\frac{1}{s+a}$ $a>0$	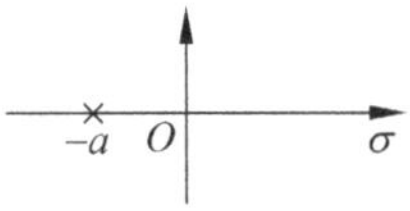	$e^{-at}u(t)$	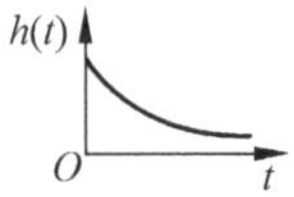
$\frac{1}{s-a}$ $a>0$	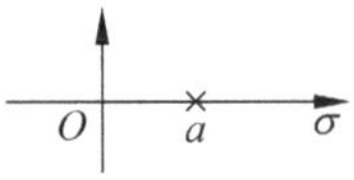	$e^{at}u(t)$	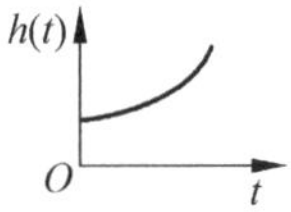
$\frac{\Omega_0}{s^2+\Omega_0^2}$	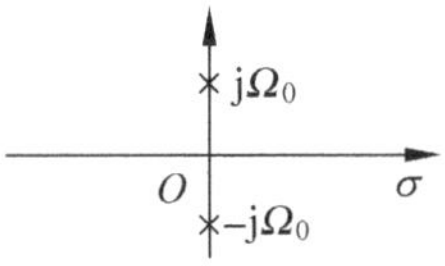	$\sin(\Omega_0 t)u(t)$	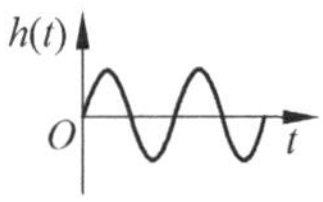
$\frac{\Omega_0}{(s+a)^2+\Omega_0^2}$ $a>0$	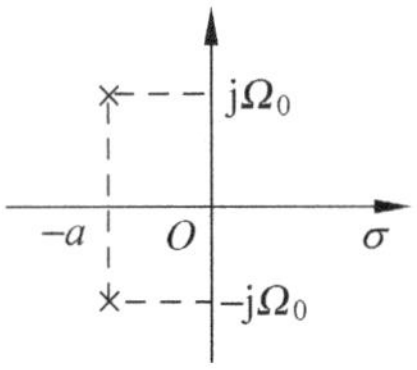	$e^{-at}\sin(\Omega_0 t)u(t)$	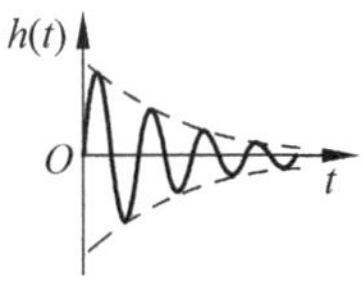
$\frac{\Omega_0}{(s-a)^2+\Omega_0^2}$ $a>0$	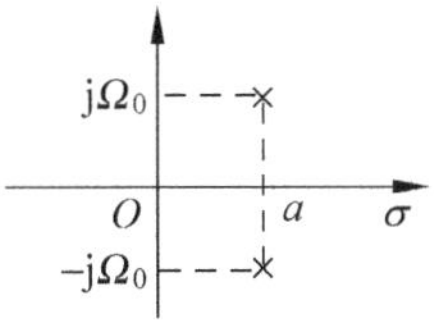	$e^{at}\sin(\Omega_0 t)u(t)$	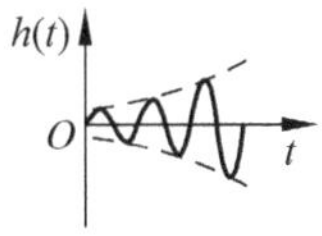

D.2 传递函数的极点分布与 $h(t)$ 波形的对应关系(二)

$H(s)$	s 平面上的极点	$h(t)$	$h(t)$的波形
$\frac{1}{s^2}$	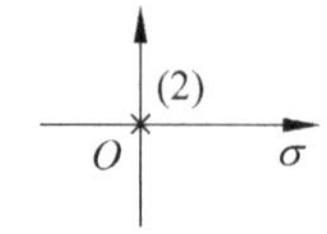 (2) O σ	$tu(t)$	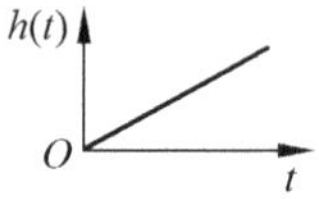 h(t) O t
$\frac{1}{(s+a)^2}$ $a>0$	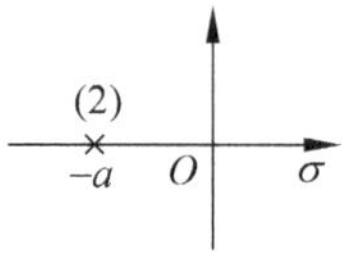 (2) $-a$ O σ	$te^{-at}u(t)$	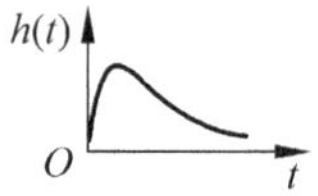 h(t) O t
$\frac{2\Omega_0 s}{(s^2+\Omega_0^2)^2}$	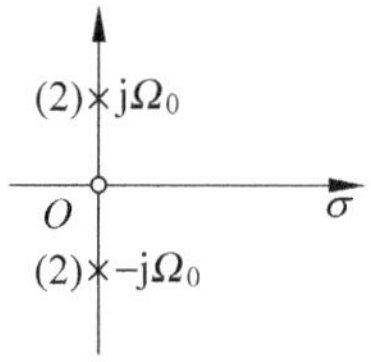 (2) $j\Omega_0$ O σ (2) $-j\Omega_0$	$t\sin(\Omega_0 t)u(t)$	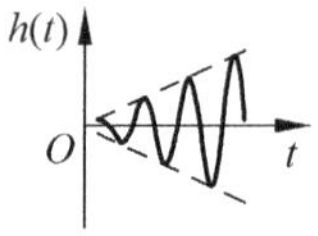 h(t) O t

附录 E　序列傅里叶变换的性质

性质	序　列	序列傅里叶变换	备　注
	$x[n]$ $y[n]$	$X(e^{j\omega})$ $Y(e^{j\omega})$	
1	$ax[n]+by[n]$	$aX(e^{j\omega})+bY(e^{j\omega})$	线性
2	$x[n-m]$	$e^{-j\omega m}X(e^{j\omega})$	时移
3	$e^{jn\omega_0}x[n]$	$X(e^{j(\omega-\omega_0)})$	频移
4	$x^*[n]$	$X^*(e^{-j\omega})$	共轭
5	$x[-n]$	$X(e^{-j\omega})$	反褶
6	$x_{(k)}[n]$	$X(e^{jk\omega})$	时域扩展
	其中	$x_{(k)}[n]=\begin{cases}x[n/k], & n\text{ 为 }k\text{ 的整数倍}\\ 0, & \text{其他}\end{cases}$	
7	$x[n]-x[n-1]$	$(1-e^{-j\omega})X(e^{j\omega})$	时域差分
8	$nx[n]$	$j\dfrac{dX(e^{j\omega})}{d\omega}$	频域微分
9	$x[n]$ 为实数	$\begin{cases}X(e^{j\omega})=X^*(e^{-j\omega})\\ \mathrm{Re}[X(e^{j\omega})]=\mathrm{Re}[X(e^{-j\omega})]\\ \mathrm{Im}[X(e^{j\omega})]=-\mathrm{Im}[X(e^{-j\omega})]\\ \lvert X(e^{j\omega})\rvert=\lvert X(e^{-j\omega})\rvert\\ \arg[X(e^{j\omega})]=-\arg[X(e^{-j\omega})]\end{cases}$	实信号的共轭对称性
10	$x[n]$ 为实、偶信号	$X(e^{j\omega})$ 为实、偶函数	实、偶信号的对称性
11	$x[n]$ 为实、奇信号	$X(e^{j\omega})$ 为虚、奇函数	实、奇信号的对称性
12	$x[n]*y[n]$	$X(e^{j\omega})Y(e^{j\omega})$	时域卷积
13	$x[n]y[n]$	$\dfrac{1}{2\pi}\int_{-\pi}^{\pi}X(e^{j\theta})Y(e^{j(\omega-\theta)})d\theta$	时域相乘
14	$\sum_{n=-\infty}^{\infty}x[n]y^*[n]=\dfrac{1}{2\pi}\int_{-\pi}^{\pi}X(e^{j\omega})Y^*(e^{j\omega})d\omega$		帕斯瓦尔定理
	$\sum_{n=-\infty}^{\infty}\lvert x[n]\rvert^2=\dfrac{1}{2\pi}\int_{-\pi}^{\pi}\lvert X(e^{j\omega})\rvert^2 d\omega$		

习 题 答 案

第 1 章

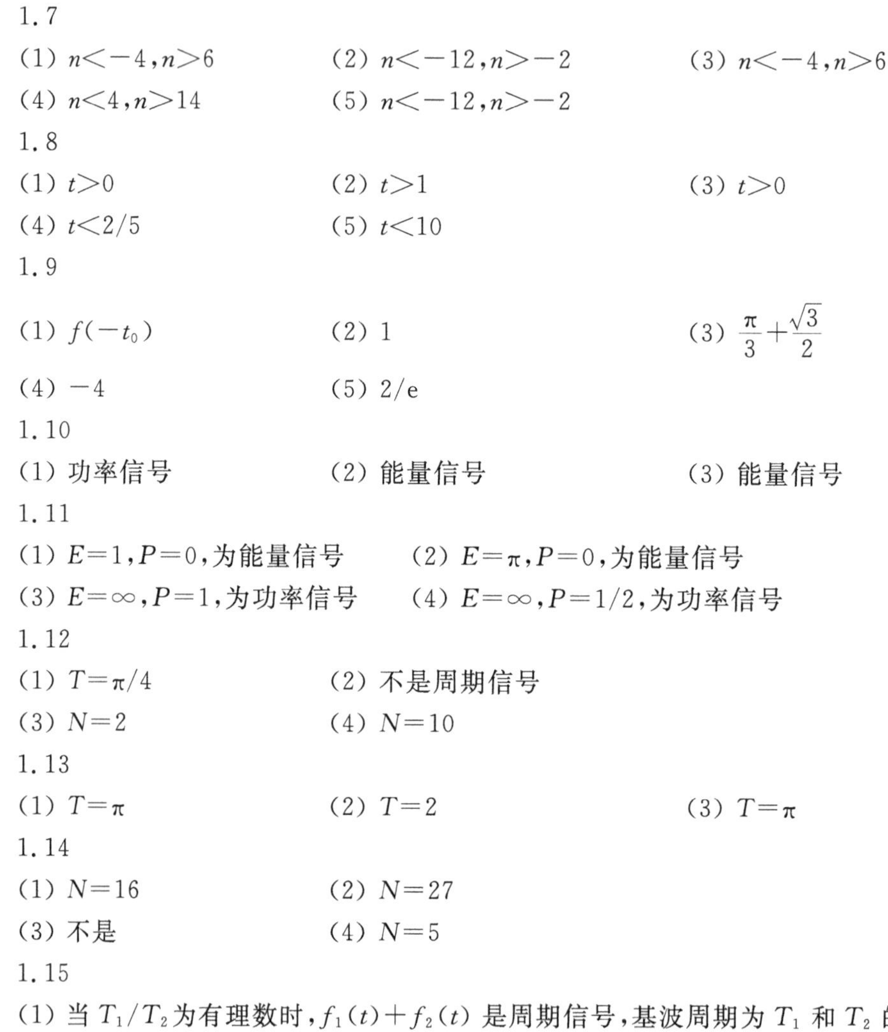

1.7

(1) $n<-4, n>6$　　(2) $n<-12, n>-2$　　(3) $n<-4, n>6$

(4) $n<4, n>14$　　(5) $n<-12, n>-2$

1.8

(1) $t>0$　　(2) $t>1$　　(3) $t>0$

(4) $t<2/5$　　(5) $t<10$

1.9

(1) $f(-t_0)$　　(2) 1　　(3) $\frac{\pi}{3}+\frac{\sqrt{3}}{2}$

(4) -4　　(5) $2/\mathrm{e}$

1.10

(1) 功率信号　　(2) 能量信号　　(3) 能量信号

1.11

(1) $E=1, P=0$,为能量信号　　(2) $E=\pi, P=0$,为能量信号

(3) $E=\infty, P=1$,为功率信号　　(4) $E=\infty, P=1/2$,为功率信号

1.12

(1) $T=\pi/4$　　(2) 不是周期信号

(3) $N=2$　　(4) $N=10$

1.13

(1) $T=\pi$　　(2) $T=2$　　(3) $T=\pi$

1.14

(1) $N=16$　　(2) $N=27$

(3) 不是　　(4) $N=5$

1.15

(1) 当 T_1/T_2 为有理数时,$f_1(t)+f_2(t)$ 是周期信号,基波周期为 T_1 和 T_2 的最小公倍数。

(2) $f_1[n]+f_2[n]$是周期信号,基波周期为 N_1 和 N_2 的最小公倍数。

1.16

(1) 设 $x[n]$的周期为 N,则 N 为偶数时,$y_1[n]$的周期为 $N/2$,而 N 为奇数时,$y_1[n]$的周期为 N;

(2) 错;

(3) 设 $x[n]$的周期为 N,则 $y_2[n]$周期为 $2N$;

(4) 设 $y_2[n]$的周期为 N,则 $x[n]$周期为 $N/2$。

1.18 $i(t)=\frac{C_1C_2E}{C_1+C_2}\delta(t), v_{C_1}(t)=\frac{C_2E}{C_1+C_2}u(t), v_{C_2}(t)=\frac{C_1E}{C_1+C_2}u(t)$

1.19 $y(t)=\cos(5t-1)$

第 2 章

2.3 $\frac{d^2u_C(t)}{dt^2}+7\frac{du_C(t)}{dt}+4u_C(t)=4i_S(t)$

2.4

(1) $i(0_-)=0, i'(0_-)=0, i(0_+)=0, i'(0_+)=10$

(2) $\frac{d^2i(t)}{dt^2}+\frac{di(t)}{dt}+i(t)=0, t\geqslant 0_+$

2.5

(1) $\frac{d^2i_2(t)}{dt^2}+\frac{2RL}{L^2-M^2}\frac{di_2(t)}{dt}+\frac{R^2}{L^2-M^2}i_2(t)=\frac{M}{L^2-M^2}\frac{de(t)}{dt}$

(2) $i_2(0_+)=0, i_2'(0_+)=\frac{M}{L^2-M^2}$

2.6

(1) $y(0_+)=2, y'(0_+)=1$　　(2) $y(0_+)=2, y'(0_+)=-2$

2.7

(1) $y(t)=\frac{1-j}{6}[-e^{-4t}+e^{(-1+3j)t}]u(t)$

(2) $y(t)=\frac{1}{6}[e^{-t}\cos 3t+e^{-t}\sin 3t-e^{-4t}]u(t)$

2.8 $y[n]=\left(\frac{1}{4}\right)^{n-1}u[n-1]$

2.9

(1) $a_0=4, a_1=3$

(2) $y_{zi}(t)=[e^{-t}+3e^{-2t}-2e^{-3t}]u(t), h(t)=[-2e^{-t}-e^{-3t}]u(t)$

(3) $b_0=-3, b_1=-7$

2.10

(1) $\frac{d^2u_C(t)}{dt^2}+4\frac{du_C(t)}{dt}+3u_C(t)=3u_S(t)$

(2) $u_{czi}=(2.5e^{-t}-1.5e^{-3t})u(t), u_{czs}=(1-1.5e^{-t}+0.5e^{-3t})u(t)$

2.11 $y(t)=\frac{1}{10}(e^{-3t}-\cos t+3\sin t)u(t)+\frac{1}{10}(e^{-3(t-\pi)}+\cos t-3\sin t)u(t-\pi)$

2.12 $y[n]=2n-1+\cos\frac{\pi n}{2}, n\geqslant 0$

2.13 $y_{zi}[n]=(-1)^n-(-2)^n$; $y_{zs}[n]=[-2\cdot(-1)^n+2\cdot(-2)^n+3n\cdot(-2)^{n-1}]u[n]$; 全响应 $y[n]=[-(-1)^n+(-2)^n+3n\cdot(-2)^{n-1}]u[n]$。其中

$3n\cdot(-2)^{n-1}u[n]$ 为强迫响应分量，而自由响应分量为$[-(-1)^n+(-2)^n]u[n]$。

2.14

(1) $y[n]-2y[n-1]+y[n-2]=4x[n]+x[n-1]$

(2) $y_{zi}[n]=-2n-3$

(3) $y_{zs}[n]=(4+5n)u[n]$

2.15 $h(t)=e^{-2t}u(t)+\delta'(t)+\delta(t),g(t)=\left(\frac{3}{2}-\frac{1}{2}e^{-2t}\right)u(t)+\delta(t)$

2.16

(1) $h(t)=e^{-2t}(\cos t-2\sin t)u(t)$

(2) $h(t)=e^{-2t}(2-3t)u(t)$

2.17

(1) $h(t)=3\sqrt{3}e^{-t}\sin(\sqrt{3}t)u(t)+\delta'(t)-2\delta(t)$,

$g(t)=\left[-\frac{3}{4}e^{-t}(3\cos\sqrt{3}t+\sqrt{3}\sin\sqrt{3}t)-2\right]u(t)+\delta(t)$

(2) $h(t)=e^{-2t}u(t),g(t)=\frac{1}{2}(1-e^{-2t})u(t)$

2.18 $h(t)=\left(\frac{5}{2}e^{-2t}-\frac{17}{2}e^{-4t}\right)u(t)$

2.19 $h(t)=\left(\frac{1}{4}e^{-t}+\frac{7}{4}e^{-5t}\right)u(t)$

2.20 $h(t)=\frac{1}{2}e^{-2t}u(t)$

2.21

(1) $h[n]=\frac{1}{2}[1+(-1)^n]u[n]$

(2) $h[n]=\frac{1}{2}[1+(-1)^n](u[n]+u[n-2])$

2.22

(1) $y_{zi}[n]=4(1-2^n)$

(2) $h[n]=(-2+3\cdot 2^n)u[n]$

(3) $g[n]=[-2n-5+6\cdot 2^n]u[n]$

(4) $y_{zs}[n]=[(3n-1)\cdot 2^n+2]u[n]$

2.23

(1) $f(t)=(t-1)[u(t-1)-u(t-3)]$

(2) $f(t)=\frac{1}{3}$

(3) $f(t)=u(t+4)-2u(t+2)+2u(t-2)-u(t-4)$

(4) $f(t)=-2u(t-1)+3u(t-2)-u(t-4)$

2.24 $f(t)=2(1-e^{-\frac{1}{2}t})u(t)-2(1-e^{-\frac{1}{2}(t-2)})u(t-2)$

2.25 $f(2)=4, f(3)=1, f(4)=-2$

2.26

(1) $g[n]=\delta[n]$

(2) $h[n]=4\delta[n+2]+(2-4\alpha)\delta[n+1]+(1-2\alpha)\delta[n]+\left(\frac{1}{2}-\alpha\right)\delta[n-1]$

$$-\frac{1}{2}\alpha\delta[n-2]$$

2.27

(1) $y[n]=3$

(2) $y[n]=\delta[n]+(5\cdot 2^{n-1}-1)u[n-1]$

(3) $y[n]=\{0,2,6,12,20,30,42,54,64,58,50,40,28,14\}$,{}中 $y[n]$的序号自己判断。

2.28

(1) 线性、时变； (2) 非线性、时不变；

(3) 线性、时变； (4) 线性、时变。

2.29

(1) 正确； (2) 错。

2.30

(1) 线性、时不变、因果；

(2) 非线性、时变、因果；

(3) 线性、时变、非因果；

(4) 线性、时变、非因果；

(5) 线性、时变、非因果。

2.31 变化后的系统仍为可加系统。

2.32 $y[n]=x[n]+\frac{1}{2}x[n-1]+\frac{1}{4}x[n-2]$,整个系统是线性、时不变系统。

2.33

(1) 因果、线性、时变、不稳定；

(2) 因果、非线性、时不变、稳定；

(3) 非因果、线性、时不变、稳定；

(4) 因果、非线性、时不变、稳定；

(5) 非因果、线性、时变、稳定。

2.34 (1)、(2)、(3)为稳定的系统,(4)不稳定。

2.35 (1) 不稳定；(2)稳定；(3) 不稳定；(4) 不稳定；(5) 稳定。

2.36

(1) 系统 B 的响应为 $ax_1(t)+bx_2(t)$；

(2) 系统 B 的响应为 $x_1(t-\tau)$。

2.37

(1) 不可逆,$x(t)$和 $x_1(t)=x(t)+2\pi$ 给出相同的输出；

(2) 不可逆，$\delta[n]$和 $2\delta[n]$给出相同的输出；
(3) 可逆，逆系统为 $y(t)=x(t/2)$；
(4) 不可逆，$x[n]$和$-x[n]$给出相同的输出；
(5) 可逆，逆系统为 $y[n]=x[2n]$；
(6) 不可逆，当 $x(t)$为任意常数时，$y(t)=0$。

第 3 章

3.1
(1) 正交；
(2) 非归一化正交。
3.2
(1) $f_1(t)=\frac{1}{4}+\sum_{n=1}^{\infty}\left[\frac{\cos n\pi-1}{(n\pi)^2}\cos(n\omega_1 t)-\frac{\cos n\pi}{n\pi}\sin(n\omega_1 t)\right],\omega_1=\frac{2\pi}{T}$；
(2) $f_2(t)=f_1\left(t+\frac{T}{2}\right),f_3(t)=f_2(t)+f_2(-t)$ 把以上关系代入即可得到结果。

3.3 傅里叶级数的系数为 $F_n=\frac{1.175(-1)^n}{1+\mathrm{j}n\pi}$。

3.4 (a) 只含正弦分量；(b) 只含奇次谐波分量；(c) 只含直流和偶次谐波的余弦分量。

3.5 $\omega_1=\frac{2\pi}{T}=1\text{rad/s}$

3.6
(1) $f(t)$是偶函数，但不是实函数；
(2) $\mathrm{d}f(t)/\mathrm{d}t$ 不是偶函数。

3.7 $F_3=F_{-3}=\frac{1}{2}$。

3.8 $f(t)=-2\cos\left(\frac{\pi t}{4}-\frac{\pi}{2}\right)+4\cos\left(\frac{5\pi t}{4}\right)$

3.9
(1) $\frac{\mathrm{j}\omega}{|a|}F\left(\frac{\omega}{a}\right)\mathrm{e}^{-\mathrm{j}\frac{b}{a}\omega}$

(2) $\frac{1}{4\pi}F(\omega)*[F(\omega+\omega_0)+F(\omega-\omega_0)]$

(3) $-\mathrm{j}\frac{\mathrm{d}F(-\omega)}{\mathrm{d}\omega}\mathrm{e}^{-\mathrm{j}\omega}$

(4) $-F\left(-\frac{\omega}{2}\right)+\frac{\mathrm{j}}{2}\frac{\mathrm{d}F\left(-\frac{\omega}{2}\right)}{\mathrm{d}\omega}$

(5) $-F(\omega)-\omega\frac{\mathrm{d}F(\omega)}{\mathrm{d}\omega}$

3.10

$f_0^{(3)}(t)\leftrightarrow-\omega^2 TA\mathrm{S}_\mathrm{a}^2\left(\frac{\omega T}{4}\right)$

$f_0''(t)\leftrightarrow-\frac{\omega TA}{\mathrm{j}}\mathrm{S}_\mathrm{a}^2\left(\frac{\omega T}{4}\right)$

$f_0'(t)\leftrightarrow TA\mathrm{S}_\mathrm{a}^2\left(\frac{\omega T}{4}\right)$

$f_0(t)\leftrightarrow\frac{TA}{\mathrm{j}\omega}\mathrm{S}_\mathrm{a}^2\left(\frac{\omega T}{4}\right)$

3.11

$X_1(\omega)=\frac{1}{j\omega}(1+e^{-j\omega})$ $\quad$ $X_2(\omega)=6Sa(\omega)+2\pi\delta(\omega)-4Sa(2\omega)$

$X_3(\omega)=\frac{1+e^{-j\omega}}{j\omega}+2\pi\delta(\omega)$ $\quad$ $X_4(\omega)=\frac{4}{j\omega}Sa\left(\frac{\omega}{2}\right)e^{-j\frac{3\omega}{2}}+2\pi\delta(\omega)$

3.12

(1) $2\cos(\omega)$

(2) $-2j\sin(2\omega)$

3.13

(1) $f(t)=-\frac{1}{2}t\,\mathrm{sgn}(t)=-\frac{1}{2}|t|$ $\quad$ (2) $f(t)=4-e^{2t}u(-t)-e^{-3t}u(t)$

3.14 $\quad x(t)=\frac{2A}{\pi t}\sin^2\left(\frac{\omega_c t}{2}\right)$

3.16 $\quad f(t)=\frac{2\omega_1}{\pi}Sa(\omega_1 t)\cos\omega_0 t$

3.17

(1) $\frac{e^{3-j\omega}}{1-j\omega}$ $\quad$ (2) $\frac{1}{3+j\omega}(e^{6+j2\omega}-e^{-9-j3\omega})$

(3) $\frac{a+j\omega}{(a+j\omega)^2+\omega_0^2}$

(4) $\frac{j}{2}[F(\omega+4)-F(\omega-4)]$,其中 $F(\omega)=\frac{1}{(2+j\omega)^2}\leftrightarrow te^{-2t}$

(5) $\frac{e^{1+j\omega}}{1-j\omega}$ $\quad$ (6) $j\frac{d}{d\omega}[e^{-j3\omega_0}F(\omega-\omega_0)]$

(7) $2F(2\omega)e^{-j2\omega}$

3.18

(1) $f_1(t)=\frac{a}{2}e^{-(a|t|+j\omega_0 t)}$ $\quad$ (2) $f_2(t)=AR_{2T}(t)e^{j\omega_0 t}$

3.20 (1)说法错误;(2)说法正确。

3.21 $\quad F_2(\omega)=\frac{1}{2}F_1\left(-\frac{\omega}{2}\right)e^{-j\frac{3}{2}\omega\tau}$

3.22 $\quad F_1(\omega)=\frac{E\tau}{4}e^{-2j\omega\tau}\left\{Sa^2\left[\frac{(\omega-\omega_0)\tau}{4}\right]e^{2j\omega_0\tau}+Sa^2\left[\frac{(\omega+\omega_0)\tau}{4}\right]e^{-2j\omega_0\tau}\right\}$

3.23 $\quad F(\omega)=\frac{1}{j\omega}Sa\left(\frac{\omega}{2}\right)+\pi\delta(\omega),G(\omega)=\frac{1}{j\omega}Sa\left(\frac{\omega}{2}\right)$

3.24

(1) $F(\omega)=\frac{2}{j\omega}(Sa(\omega)-\cos2\omega)$ $\quad$ (2) $F(\omega)=-\frac{8\pi E}{\tau}\frac{\cos^2\frac{\omega\tau}{4}}{\omega^2-\left(\frac{2\pi}{\tau}\right)^2}$

3.25

(1) 不是周期信号 $\quad$ (2) 是周期信号,其基频为$\frac{2\pi}{5}$

3.26 $\mathcal{F}[f^2(t)]=\frac{1}{2\pi}[\delta(\omega)+2F_1(\omega)+F_1(\omega)*F_1(\omega)]$，其中，$F_1(\omega)=F(\omega)-\delta(\omega)$

3.27 $f(0)=3, f(4)=0$。

3.31

(1) $te^{-|t|}\leftrightarrow-\frac{4j\omega}{(1+\omega^2)^2}$ (2) $g(t)\leftrightarrow j2\pi\omega e^{-|\omega|}$

3.32

(1) $F(\omega)=2\pi e^{-a|\omega|}$ (2) $F(\omega)=\frac{1}{2}\left(1-\frac{|\omega|}{4\pi}\right)$

3.33 $F(\omega)=R_{4\pi}(\omega)e^{-j2\omega}$，其中，$R_{4\pi}(\omega)$ 是宽度 $\omega=4\pi$，幅度为 1 的矩形。

3.34 $f(t)=\frac{1}{\pi}\mathrm{Sa}(t-1)e^{j(t-1)}$

3.35

(1) $F(\omega)=\begin{cases}\frac{j}{2\pi}, & -2\leqslant\omega<0\\ -\frac{j}{2\pi}, & 0\leqslant\omega\leqslant 2\\ 0 & \text{其他}\end{cases}$ (2) $A=\frac{1}{2\pi^3}$

3.36 $F(\omega)=\left[\mathrm{Sa}\left(\frac{\omega+\pi}{2}\right)+\mathrm{Sa}\left(\frac{\omega-\pi}{2}\right)\right]\cos 2\omega$

3.37 $f(t)=\begin{cases}\frac{1}{\pi(1+t^2)}, & F(\omega)=e^{-|\omega|}\\ -\frac{1}{\pi(1+t^2)}, & F(\omega)=-e^{-|\omega|}\end{cases}$

3.38

(1) $F_1(\omega)=\frac{\pi}{j}e^{j\frac{\pi}{4}}\delta(\omega-2\pi)-\frac{\pi}{j}e^{-j\frac{\pi}{4}}\delta(\omega+2\pi)$

(2) $F_2(\omega)=2\pi\delta(\omega)+\pi e^{j\frac{\pi}{8}}\delta(\omega-6\pi)+\pi e^{-j\frac{\pi}{8}}\delta(\omega+6\pi)$

3.39 (1) $F(\omega)=\mathrm{Sa}^2\left(\frac{\omega}{2}\right)$

3.40

$$X_1(\omega)=-j\pi\left[\delta(\omega-\Omega)-\delta(\omega+\Omega)+\frac{1}{3}\delta(\omega-3\Omega)-\frac{1}{3}\delta(\omega+3\Omega)\right]$$

$$X_2(\omega)=-j8\left[\delta(\omega-8\Omega)-\delta(\omega+8\Omega)+\frac{1}{3}\delta(\omega-24\Omega)-\frac{1}{3}\delta(\omega+24\Omega)+\cdots\right]$$

$$X_3(\omega)=-4\Big\{\delta(\omega-9\Omega)-\delta(\omega-7\Omega)-\delta(\omega+7\Omega)+\delta(\omega+9\Omega)+\frac{1}{3}[\delta(\omega-11\Omega)-\delta(\omega-5\Omega)-\delta(\omega+5\Omega)+\delta(\omega+11\Omega)]+\cdots\Big\}$$

$$x_4(t)=\frac{4}{\pi}\left(\frac{1}{3}\cos 5\Omega t+\cos 7\Omega t-\cos 9\Omega t-\frac{1}{3}\cos 11\Omega t\right)$$

第 4 章

4.3

(1) $X_1(\omega)=\frac{\pi}{2}[\delta(\omega+5\Omega)+\delta(\omega+3\Omega)+\delta(\omega-5\Omega)+\delta(\omega-3\Omega)]$

(2) $X_2(\omega)=\pi[\delta(\omega+4\Omega)+\delta(\omega-4\Omega)]+\frac{j\pi}{4}[\delta(\omega+5\Omega)+\delta(\omega+3\Omega)-\delta(\omega-5\Omega)$
$-\delta(\omega-3\Omega)]$

4.5 $N=7, \Delta v=0.3\text{V}$

4.6 (1) ω_0；(2) ω_0；(3) $2\omega_0$；(4) $3\omega_0$。

4.7 $T=\frac{2\pi}{\omega_s}=\frac{\pi}{\omega_1+\omega_2}$

4.8 (2) $B=160\text{Hz}$；(3) $f_s=320\text{Hz}$。

4.9 (1)、(4)、(6)可以恢复，(2)、(5)不能恢复，(3)不能保证，因为没有给出 $\text{Im}|X(\omega)|$ 的情况。

4.12

(1) $x(2t)$ 的 $T_s=\frac{\pi}{16}\text{s}$，$x(t/2)$ 的 $T_s=\frac{\pi}{4}\text{s}$。

(2) $x_s(2t)$ 的频谱会发生混叠，另外两种情况不发生混叠。

4.13 (3) 需满足采样定理 $\omega_s>2\omega_m$。把 $f_s(t)$ 通过一个低通滤波器 $H(\omega)$ 可以无失真地恢复 $f(t)$。其中

$$H(\omega)=\begin{cases}\frac{1}{\text{Sa}(\omega\tau/2)}, & |\omega|\leqslant\omega_m \\ 0, & |\omega|>\omega_m\end{cases}$$

4.14 $G_s(\omega)=\frac{\tau}{T_s}\sum_{n=-\infty}^{\infty}\text{Sa}^2\left(\frac{n\omega_s\tau}{2}\right)G(\omega-n\omega_s)$

4.15 $f_s\geqslant 2f_m=6.4\text{kHz}$

4.16

(1) 会发生；

(2) $y(t)=\sum_{n=-4}^{4}F_n e^{-j(n\pi/t)}, F_n=\begin{cases}0, & n=0 \\ -j(1/2)^{n+1}, & 1\leqslant n\leqslant 4 \\ j(1/2)^{-n+1}, & -4\leqslant n\leqslant -1\end{cases}$

4.17

(1) $f_s\geqslant 2f_1$　　(3) $H_2(\omega)=\frac{1}{H_1(\omega)}$

4.20

(1) $y(t)$是实值信号　　(2) 可以恢复

4.21 $m=3\pi/2$

4.22 $y(t)=\text{Sa}[\omega_c(t-t_0)]\cos\omega_0 t$

第5章

5.1

(1) $\dfrac{0.5z}{(z-1)^2}, |z|>1$　　(2) $\dfrac{e^a z}{(z-e^a)^2}, |z|>e^a$

(3) $\dfrac{z\sin b}{z^2-2z\cos b+1}, |z|>1$　　(4) $\dfrac{z+1}{(z-1)^3}, |z|>1$

(5) $X(z)=\dfrac{1-(1/2z)^8}{1-(1/2z)}, |z|>0$　　(6) $X(z)=1-\dfrac{1}{6}z^{-5}, |z|>0$

5.2

(1) $X(z)=\dfrac{-3z/2}{z^2-5z/2+1}, \dfrac{1}{2}<|z|<2$　　(2) $\dfrac{2z}{2z-1}, |z|<\dfrac{1}{2}$

(3) $X(z)=\dfrac{4z^3}{1-(1/2)z^{-1}}, |z|>\dfrac{1}{2}$　　(4) $X(z)=\dfrac{1-z^{-N}}{1-z^{-1}}, |z|>0$

5.3 $Y(z)=(1-z^{-1})X(z)$

5.4 $g[n]=\delta[n]-\delta[n-6]$；$G(z)=1-z^{-6}, |z|>0$。

5.5 $X(z)=\dfrac{z-z^{-N+1}+Nz^{-N+1}-Nz^{-N+2}}{(z-1)^2}$

5.6

(1) $X(z)=\dfrac{1}{1-(1/2)z^{-1}}, |z|>\dfrac{1}{2}$　　(2) $X(z)=\dfrac{1}{1-(1/4)z^{-1}}, |z|>\dfrac{1}{4}$

(3) $X(z)=0$　　(4) $X(z)=z^{-8}, |z|>0$

(5) $X(z)=1+\dfrac{1}{4}z^{-1}+\dfrac{1}{16}z^{-2}+\dfrac{1}{64}z^{-3}$,所有的 z

5.7

(1) $G[z]=\dfrac{z}{\left(1-\frac{1}{2}z^{-1}\right)\left(1-\frac{1}{4}z^{-1}\right)}, |z|>\dfrac{1}{2}$

$g[n]=2\left(\dfrac{1}{2}\right)^{n+1}u[n+1]-\left(\dfrac{1}{4}\right)^{n+1}u[n+1]$

(2) $Q(z)=\dfrac{1/2}{\left(1-\frac{1}{2}z^{-1}\right)\left(1-\frac{1}{4}z^{-1}\right)}, |z|>\dfrac{1}{2}$

$q[n]=\left(\dfrac{1}{2}\right)^n u[n]-\dfrac{1}{2}\left(\dfrac{1}{4}\right)^n u[n]$

(3) $q[n]\neq g[n], n\geqslant 0$

5.8

(1) $x[n]=[2\times(0.5)^n-(0.25)^n]u[n]$　　(2) $x[n]=\dfrac{1}{6}n6^n u[n]$

(3) $x[n]=-a\delta[n]+\left(a-\dfrac{1}{a}\right)\left(\dfrac{1}{a}\right)^n u[n]$　　(4) $x[n]=\delta[n]-\cos\left(\dfrac{n\pi}{2}\right)u[n]$

(5) $x[n]=\dfrac{\sin(n+1)\omega+\sin(n\omega)}{\sin\omega}u[n]$

5.10

(1) $x[0]=1, x[1]=\dfrac{2}{3}, x[2]=-\dfrac{2}{9}$

(2) $x[0]=3, x[-1]=-6, x[-2]=18$

5.11 $\begin{cases} 1/2<|z|<3/4, & \text{对应于双边序列} \\ |z|<1/2, & \text{对应于左边序列} \\ |z|>3/4, & \text{对应于右边序列} \end{cases}$

5.12

(1) $x[n]=[5+5\times(-1)^n]u[n]$

(2) $x[n]=\delta[n-1]+2\delta[n]+4\cos\left(\dfrac{2\pi}{3}n-\dfrac{\pi}{3}\right)u[n]$

5.13

(1) $Y_1(z)=z^3X(z)-x[0]z^3-x[1]z^2-x[2]z$

(2) $Y_2(z)=z^{-3}X(z)+x[-1]z^{-2}+x[-2]z^{-1}+x[-3]$

(3) $Y_3(z)=\dfrac{X(z)}{1-z^{-1}}+\sum_{m=1}^{\infty}z^{-m}\sum_{r=1}^{m}x[-r]z^r$

5.14

(1) $X_1(z)=\dfrac{-z}{(z+1)^2}, |z|>1$ (2) $X_2(z)=\dfrac{z+1}{(z-1)^3}, |z|>1$

(3) $X_3(z)=\dfrac{z^2+az}{(z-a)^3}, |z|>a$ (4) $X_4(z)=\dfrac{z^2}{(z-2)(z+4)}, |z|>4$

(5) $X_5(z)=\dfrac{z^2}{a^2}\ln\dfrac{z}{z-a}, |z|>a$ (6) $X(z)=\dfrac{4z^2}{4z^2+1}, |z|>\dfrac{1}{2}$

5.15 $x[n]=\dfrac{a^n}{n!}u[n]$

5.16 $A_1=A_2=1/2, \alpha_1=-1/2, \alpha_2=1/2$

5.17 $x[n]=2\delta[n-1]+6\delta[n]+\left[8-13\left(\dfrac{1}{2}\right)^n\right]u[n]$

5.18 $x[n]=\begin{cases} \left[8-(2n+6)\left(\dfrac{1}{2}\right)^n\right]u[n], & |z|>1 \\ -\left[8-(2n+6)\left(\dfrac{1}{2}\right)^n\right]u[-n-1], & |z|<\dfrac{1}{2} \\ -8u[-n-1]-(2n+6)\left(\dfrac{1}{2}\right)^n u[n], & \dfrac{1}{2}<|z|<1 \end{cases}$

5.19

(1) $F_1(z)=F(z^2)$

(2) $F_2(z)=\dfrac{F(z)-z^{1/2}F(z^{1/2})}{1-z^{1/2}}, F_3(z)=\dfrac{z^{1/2}F(z^{1/2})-z^{1/2}F(z)}{1-z^{1/2}}$

5.21

(1) $x[0]=2, x[\infty]=0$ (2) $x[0]=1, x[\infty]=2$

5.22

(1) $x[0]=1.7, x[\infty]=2.5$ (2) $x[0]=5$,不存在终值

5.23 $y[n]=\left[\frac{10}{3}\left(\frac{1}{2}\right)^n-2\left(\frac{1}{3}\right)^n\right]u[n]+\frac{4}{3}\left(\frac{1}{2}\right)^{-n}u[-n-1]$

5.24

(1) $y[n]=\frac{1}{a-1}(a^n-1)u[n]$ (2) $y[n]=2\sum_{k=1}^{\infty}(-1)^{k-1}u[n-k]$

5.25

(1) $1, |z|\geqslant 0$ (2) $\frac{e^{-b}z\cdot\sin\omega_0}{z^2-2e^{-b}z\cdot\cos\omega_0+e^{-2b}}, |z|>e^{-b}$

5.27

(1) $y[n]=\left[\frac{1}{6}+\frac{1}{2}(-1)^n-\frac{2}{3}(-2)^n\right]u[n]$

(2) $y[n]=\left[-\frac{1}{5}\cdot 2^n-\frac{3}{35}(-3)^n+\frac{2}{7}\cdot 4^n\right]u[n]$

(3) $y[n]=\frac{1}{9}[3n-4+13(-2)^n]u[n]$

(4) $y[n]=\left[\frac{1}{3}+\frac{2}{3}\cos\left(\frac{2n\pi}{3}\right)+\frac{4\sqrt{3}}{3}\sin\left(\frac{2n\pi}{3}\right)\right]u[n]$

5.28

(1) $y_{zi}[n]=(-3)^{n+1}u[n], y_{zs}[n]=\frac{1}{7}\left(\frac{1}{2}\right)^n u[n]+\frac{6}{7}(-3)^n u[n]$

(2) $y_{zi}[n]=\left(\frac{1}{2}\right)^{n+1}u[n], y_{zs}[n]=u[n]$

5.29

(1) $y[n]=-\left(-\frac{1}{2}\right)^n u[n]$

(2) $y[n]=\frac{1}{3}\left(-\frac{1}{2}\right)^n u[n]+\frac{1}{6}\left(\frac{1}{4}\right)^n u[n]$

(3) $y[n]=-\frac{2}{3}\left(-\frac{1}{2}\right)^n u[n]+\frac{1}{6}\left(\frac{1}{4}\right)^n u[n]$

5.30 $y_{zi}[n]=[2^{n+1}-(-1)^n]u[n], y_{zs}[n]=\left[2^{n+1}+\frac{1}{2}(-1)^n-\frac{3}{2}\right]u[n]$

5.31 $y_3[n]=(n+1)(0.5)^n u[n]$

5.32

(1) $X(s)=\frac{s}{s^2+1}$ (2) $X(s)=\frac{2s}{(s^2+1)^2}$

(3) $X(s)=\frac{1}{s+2}$ (4) $X(s)=1+\frac{e^{-6}}{s+2}$

5.33

(1) $X(s)=\dfrac{e^{-2s}-e^{-3s-1}}{s+1}$ (2) $X(s)=\dfrac{1}{s^2}-\dfrac{1}{s^2}e^{-s}-\dfrac{1}{s}e^{-s}$

(3) $X(s)=\dfrac{e^{-3}}{(s+1)^2}$ (4) $X(s)=\dfrac{\omega\cos\varphi+s\sin\varphi}{s^2+\omega^2}$

5.34

(1) $X(s)=\dfrac{2}{s(2-e^{-s})}$, $\mathrm{Re}[s]>-\ln 2$

(2) $X(s)=\dfrac{1}{(s+1)(1+e^{-(s+1)})}$, $\mathrm{Re}[s]>-1$

5.35

(1) $X(s)=\dfrac{-4as}{(s^2-a^2)^2}$, $-a<\mathrm{Re}[s]<a$

(2) $X(s)=\dfrac{-4a\omega_0 s}{(s^2+a^2+\omega_0^2)^2-(2as)^2}$, $-a<\mathrm{Re}[s]<a$

(3) $X(s)=\dfrac{1-e^{-2(s+2)}}{s+2}$, $\mathrm{Re}[s]>-2$

(4) $X(s)=\dfrac{1}{1-s}+\dfrac{1}{s}$, $0<a<1$

(5) $X(s)=\dfrac{(1-3s)e^{2s}}{s^2}$, $\mathrm{Re}[s]<0$

5.36

(1) $x(t)=2e^{-2t}u(t)+e^{-3t}u(t)-[2e^{-2(t-1)}+e^{-3(t-1)}]u(t-1)$

(2) $x(t)=u(t-1)-\cos(t-1)u(t-1)$

(3) $x(t)=\dfrac{1}{2}\sin(2t)u(t)-\dfrac{1}{2}\sin(t-\tau)u(t-\tau)$

(4) $x(t)=\sum\limits_{n=0}^{\infty}(-1)^n u(t-n)$

(5) $x(t)=\dfrac{t^2}{2}u(t)-(t-2)^2u(t-2)+\dfrac{1}{2}(t-4)^2u(t-4)$

(6) $x(t)=\delta(t-2)+\left[\cos 2(t-2)-\dfrac{3}{2}\sin 2(t-2)\right]u(t-2)$

5.37

(1) $x(t)=\delta(t)-3e^{-t}u(t)+3te^{-t}u(t)$

(2) $x(t)=(e^{-2t}-2e^{3t})u(-t)$

(3) $x(t)=-tu(t)-e^{t}u(-t)$

(4) $x(t)=(e^{-t}-e^{-3t})u(t)+[-e^{-(t-2)}+3e^{-3(t-2)}]u(t-2)$
$+2[e^{-(t-4)}-e^{-3(t-4)}]u(t-4)$

5.38 $x(t)=\delta(t)+e^{-t}-5e^{-2t}+6e^{-3t}$

5.39

$$x(t)=-\frac{1}{2}(1+2e^{t}+3e^{-2t})u(-t),\mathrm{Re}[s]<-2$$

$$x(t)=\frac{3}{2}e^{-2t}u(t)-\frac{1}{2}(1+2e^{t})u(-t),-2<\mathrm{Re}[s]<0$$

$$x(t)=\frac{1}{2}(1+3e^{-2t})u(t)-e^{t}u(-t),0<\mathrm{Re}[s]<1$$

$$x(t)=\frac{1}{2}(1+2e^{t}+3e^{-2t})u(t),\mathrm{Re}[s]>1$$

5.40

(1) $X(s)=\dfrac{e^{-\frac{1}{2}s}}{s^2}+\dfrac{e^{-\frac{1}{2}s}}{2s}$ (2) $X(s)=\dfrac{1}{s}e^{-2s}$

(3) $X(s)=\dfrac{\pi(1+e^{-s})}{s^2+\pi^2}$ (4) $X(s)=\dfrac{2-s}{\sqrt{2}(s^2+4)}$

(5) $X(s)=\dfrac{s^2}{(s+1)^2+1}$ (6) $X(s)=\dfrac{\pi}{2}-\arctan\left(\dfrac{s}{a}\right)$

(7) $X(s)=\ln\dfrac{s+5}{s+3}$

5.41 $x(t)=u(t)$

5.42 $X_1(s)=\dfrac{1}{s+1},\mathrm{Re}[s]>-1$

$X_2(s)=e^{2}\dfrac{e^{s}}{s+2},\mathrm{Re}[s]>-2$

$x(t)=(e^{-t+1}-e^{-2t})u(t+1)$

5.43

(1) $x(0_+)=1,x(\infty)=0$ (2) $x(0_+)=0,x(\infty)=0$

(3) $x(0_+)=2$，$x(\infty)$不存在 (4) $x(0_+)=0$，$x(\infty)$不存在

5.44 $v_r(t)=E\left(1+\dfrac{R}{r}e^{-\frac{R}{L}t}\right)u(t)$

5.45 $v_0(t)=e^{-2t}(1.5\cos3t-0.833\sin3t)u(t)$

5.46 $y(t)=(2t+3)e^{-t}u(t)$

5.47 $y(t)=\left(\dfrac{3}{2}e^{-t}-2e^{-2t}+\dfrac{1}{2}e^{-3t}\right)u(t)$

5.48 $y(0_+)=0,y'(0_+)=2$

5.49 $y(0_+)=1,y'(0_+)=3$

5.50 $y_{zi}(t)=(3t+1)e^{-t}u(t),y_{zs}(t)=\left(t-\dfrac{t^2}{2}\right)e^{-t}u(t)$；$y(t)=\left(1+4t-\dfrac{t^2}{2}\right)e^{-t}u(t)$；

自由响应为$(1+4t)e^{-t}u(t)$；强迫响应为$-\dfrac{t^2}{2}e^{-t}u(t)$。

5.51 $\mathcal{L}[x(t)]=\frac{1}{s^2}(1-e^{-2s})-\frac{2}{s}e^{-2s}$

$$\mathcal{L}\left[\frac{d^2x(t)}{dt^2}\right]=1-e^{-2s}-2se^{-2s}$$

$$\mathcal{L}\left[\int_{-\infty}^{t}x(2\tau-1)d\tau\right]=\frac{2}{s^2}\left[\frac{1}{s}(1-e^{-s})-e^{-s}\right]e^{-\frac{s}{2}}$$

5.52

(2) $X(s)=\frac{s-1+e^{-s}}{s^2(1-e^{-s})}$　　(3) $X(s)=\frac{1}{1+e^{-\frac{s}{2}}}$

第6章

6.1 $g(t)$、$x(t)$均为双边信号。

6.2 $y(t)=(3e^{-t}+7e^{-2t}-7e^{-3t})u(t)$

6.3

(1) $h[n]=\left[6\left(\frac{1}{2}\right)^n-4\left(\frac{1}{3}\right)^n\right]u[n]$, $H(z)=\frac{2z^2}{\left(z-\frac{1}{3}\right)\left(z-\frac{1}{2}\right)}$

(3) $y[n]=\left[2\left(\frac{1}{3}\right)^n-6\left(\frac{1}{2}\right)^n+6\right]u[n]$

6.4 $R=2\Omega, L=2H, C=\frac{1}{4}F$

6.6 $h(t)=\frac{3}{2}\delta(t)+(e^{-2t}+8e^{3t})u(t)$

6.7

(1) $h(t)=\delta(t)-e^{-t}u(t)$

(2) $y_{zi}(t)=2e^{-t}u(t)$

(3) $y_3(t)=u(t)-u(t-1)+e^{-t}u(t)$

6.8 $h[n]=(n+1)u[n]$

6.9 $H(z)=\frac{-z+1}{z-\frac{1}{2}}$, $h[n]=-2\delta[n]+\left(\frac{1}{2}\right)^n u[n]$

6.10 $x(t)=(1+3e^{-2t})u(t)$

6.11 (1) $x[n]=\left(\frac{1}{2}\right)^n u[n-1]$

6.12 $H(s)=\frac{s}{s^3+3s^2+s-2}$

6.13

(1) $H(s)=-\frac{2s}{5(s^2+1)}e^{-s}$

(3) $y_{zs}(t)=-\frac{2}{5}e\left[\frac{2}{5}\cos(t-1)+\frac{1}{5}\sin(t-1)-\frac{2}{5}e^{-2(t-1)}\right]u(t-1)$

6.14 $H(s)=\frac{s-5}{s+1}$

6.15

(1) $H(z)=\frac{4z(z+1.25)}{z^2-3z+2}$

(2) $y_{zs}[n]=\left[-\frac{22.5}{3}-\frac{1}{6}(-1)^n+\frac{91}{6}2^n+\frac{1}{2}(-2)^n\right]u[n]$

(3) $y_{zi}[n]=1-2^{n+2}$

6.16

(1) $H(z)=\frac{3-\frac{1}{2}z^{-1}}{1-\frac{3}{4}z^{-1}+\frac{1}{8}z^{-2}}, h[n]=\left[4\left(\frac{1}{2}\right)^n-\left(\frac{1}{4}\right)^n\right]u[n]$

(2) $y[n]-\frac{3}{4}y[n-1]+\frac{1}{8}y[n-2]=3x[n]-\frac{1}{2}x[n-1]$

6.17 $H(s)=\frac{s}{s^2+2s+2}, \mathrm{Re}[s]>-1$

6.18

(1) $y[n]=4x[n-2]+9x[n-3]+2x[n-4]$

(3) 不变

6.19 $h_1[n]=\left(\frac{1}{2}\right)^n u[n]$

6.20 $H(z)=\frac{3z^3+\frac{1}{6}z^2-\frac{5}{12}z}{\left(z-\frac{1}{2}\right)\left(2z^2+\frac{1}{6}z-\frac{1}{6}\right)}$,系统稳定。

6.21 系统为非因果。因为计算当前的 $y[n]$ 时要用到后面输入的 $x[n+1]$,故不能实现。

6.22 (1) 可以,其他不可以。

6.23 (2) $H(z)=\frac{z^2-3}{z^2-5z+6}, h[n]=-0.5\delta[n]-0.5\cdot 2^n u[n]+2\cdot 3^n u[n]$

6.24

(1) $h_1[n]=0.5(0.5)^n u[n]+0.5(-0.5)^n u[n], |z|>0.5$,此时为因果、稳定系统。

$h_2[n]=-0.5(0.5)^n u[-n-1]-0.5(-0.5)^n u[-n-1], |z|<0.5$,此时为非因果、不稳定系统。

(2) 当 $x[n]$为因果序列且 $h[0]$、$h[\infty]$存在才可应用 Z 变换性质求。因此,仅当系统为因果、稳定时才有 $h[0]$、$h[\infty]$,此时的 $h[0]=1, h[\infty]=0$。

6.25

(1) $H(z)=\left(z-\frac{p}{4}\right)\Big/\left(z+\frac{p}{3}\right), |z|>\frac{|p|}{3}$

(2) $|p|<3$

(3) $y[n]=\left[\frac{7}{12}\left(-\frac{1}{3}\right)^n+\frac{5}{12}\left(\frac{2}{3}\right)^n\right]u[n]$

6.26 (1) 不稳定；(2) 不稳定(在 $z=-1$ 处有多重极点)。

6.27 由 $a_2=1, a_1-a_2=1, a_1+a_2=-1$ 等三条直线所围成三角形的内部为系统的稳定区域。

6.28 该系统为因果、稳定的系统。

6.31 $H(z)=\frac{z^2-z\cos(2\pi/N)}{z^2-2z\cos(2\pi/N)+1}$；$h[n]=\cos\left(\frac{2\pi n}{N}\right)u[n]$

6.32
$$\begin{cases} H(e^{j\omega})=\frac{e^{j\omega}}{e^{j\omega}-k} \\ |H(e^{j\omega})|=\frac{1}{\sqrt{1+k^2-2k\cos\omega}} \\ \varphi(\omega)=-\arctan\left(\frac{k\sin\omega}{1-k\cos\omega}\right) \end{cases}$$

6.33

(1) $H(s)=\frac{5}{s^2+2s+5}$，幅频响应为 $|H(j\Omega)|=\frac{5}{\sqrt{(5-\Omega^2)^2+4\Omega^2}}$

(2) $H(s)=\frac{2s}{s^2+2s+5}$，幅频响应为 $|H(j\Omega)|=\frac{2\Omega}{\sqrt{(5-\Omega^2)^2+4\Omega^2}}$

6.35 (a) 低通，(b)、(d)、(e) 带通，(c)、(g)高通，(f)带阻，(h)带通-带阻。

6.36

(1) $H(z)=\frac{\frac{8}{5}z}{z+\frac{1}{3}}+\frac{\frac{2}{5}z}{z+\frac{1}{8}}, |z|>\frac{1}{3}$

(2) $h[n]=\frac{2}{5}\left(-\frac{1}{8}\right)^n u[n]+\frac{8}{5}\left(-\frac{1}{3}\right)^n u[n]$

6.37

(1) $H(e^{j\omega})=\frac{1-be^{-j\omega}}{1-ae^{-j\omega}}$

(2) $a=b$

6.38 $k_1=-\frac{a-3}{3}$

6.39

(1) $H(s)=\frac{U_2(s)}{U_1(s)}=\frac{s^2-\frac{1}{R_1C_1R_2C_2}}{\left(s+\frac{1}{R_1C_1}\right)\left(s+\frac{1}{R_2C_2}\right)}$

(2) 是全通系统

6.40 $H(z)$的零、极点呈倒共轭分布，所以是全通系统。

6.41 (a)是最小相位系统，其他都不是。

6.43

(1) 移动 $H(s)$的零点位置,使移动前后的零点对称于 $\mathrm{j}\omega$ 轴即可。

(2) 可以取 $H_1(s)=kH(s)$,k 为实数。

6.44 $H_3(s)$为稳定的全通系统。

第 7 章

说明:在本章习题及答案中,当把一个序列的序列值直接排列在方括号[]之内时,如无特别说明,其第一个数值均为 $x[0]$或 $Z[0]$

7.1 $X[k]=[5,2+\mathrm{j},-5,2-\mathrm{j}]$

7.2 $\widetilde{X}[k]=[4,-\mathrm{j}\sqrt{3},1,0,1,\mathrm{j}\sqrt{3}]$

7.3

(1) $X(\mathrm{e}^{\mathrm{j}\omega})=\dfrac{1}{1-a\mathrm{e}^{-\mathrm{j}\omega}}$ (2) $\widetilde{X}[k]=\dfrac{1}{1-a\mathrm{e}^{-\mathrm{j}(2\pi/N)k}}$

(3) $\widetilde{X}[k]=X(\mathrm{e}^{\mathrm{j}\omega})\Big|_{\omega=2\pi k/N}$

7.4

(1) $X[k]=1$ (2) $X[k]=W_N^{kn_0}$

(3) $Z[k]=\begin{cases}N/2, & k=0,N/2\\ 0, & \text{其他}\end{cases}$

(4) $Z[k]=\begin{cases}N/2, & k=0\\ \mathrm{e}^{-\mathrm{j}(\pi k/N)(N/2-1)}(-1)^{(k-1)/2}\dfrac{1}{\sin(k\pi/N)}, & k\text{ 为奇数}\\ 0, & \text{其他}\end{cases}$

7.5

(1) $X(z)=\dfrac{1-z^{-N}}{1-z^{-1}}$

(2) $X(\mathrm{e}^{\mathrm{j}\omega})=\dfrac{\sin\left(\dfrac{\omega N}{2}\right)}{\sin\left(\dfrac{\omega}{2}\right)}\mathrm{e}^{-\mathrm{j}\frac{N-1}{2}\omega}$, $|X(\mathrm{e}^{\mathrm{j}\omega})|=\left|\dfrac{\sin\left(\dfrac{\omega N}{2}\right)}{\sin\left(\dfrac{\omega}{2}\right)}\right|$

(3) $X[k]=\dfrac{1-\mathrm{e}^{-\mathrm{j}(2\pi k/N)N}}{1-\mathrm{e}^{-\mathrm{j}(2\pi k/N)}}=\begin{cases}N, & k=0\\ 0, & k\neq 0\end{cases}=N\delta[k]$

7.6

(1) $X[k]=\dfrac{\sin\omega_0\mathrm{e}^{-\mathrm{j}\frac{2\pi}{N}k}-\sin(\omega_0N)+\sin(\omega_0N-\omega_0)\mathrm{e}^{-\mathrm{j}\frac{2\pi}{N}k}}{1-2\cos\omega_0\mathrm{e}^{-\mathrm{j}\frac{2\pi}{N}k}+\mathrm{e}^{-\mathrm{j}\frac{4\pi}{N}k}}$

(2) $X[k]=\dfrac{1-a^N}{1-a\mathrm{e}^{-\mathrm{j}\frac{2\pi}{N}k}}$

(3) $X[k]=\dfrac{N(N-2)W_N^k-N^2}{(1-W_N^k)^2}$,$0\leqslant k\leqslant N-1$

7.7

(1) $Y[k]=\frac{1}{2}[X((k-m))_N+X((k+m))_N]R_N[k]$

(2) $Y[k]=\frac{1}{2\mathrm{j}}[X((k-m))_N-X((k+m))_N]R_N[k]$

7.9

(1) $x[n]=\cos\left(\frac{2\pi}{N}mn+\varphi\right),0\leqslant n\leqslant N-1$

(2) $x[n]=\sin\left(\frac{2\pi}{N}mn+\varphi\right),0\leqslant n\leqslant N-1$

7.11

$$Y[k_1]=\begin{cases}X[k_1/r], & k_1/r\text{ 为整数}\\ \frac{1}{N}\sum_{k=0}^{N-1}X[k]\frac{1-W_{rN}^{k_1N}}{1-W_{rN}^{(k_1-kr)}}, & k_1/r\text{ 非整数}\end{cases}$$

其中,$0\leqslant k\leqslant N-1,0\leqslant k_1\leqslant rN-1$。

7.12

$Y[k]=\sum_{m=0}^{r-1}X[k-mN],0\leqslant k\leqslant rN-1$

7.13

(1) $X_1[k]=\mathrm{e}^{\mathrm{j}\frac{2\pi}{N}k}X[-k]R_N[k]$ (2) $X_2[k]=X\left[k+\frac{N}{2}\right]R_N[k]$

(3) $X_3[k]=[1+(-1)^k]X\left[\frac{k}{2}\right]R_N[k]$ (4) $X_4[k]=X[2k]R_N[k]$

(5) $X_5[k]=X\left[\frac{k}{2}\right]R_N[k]$,$k$ 取偶数 (6) $X_6[k]=X[k]R_N[k]$

(7) $X_7[k]=\frac{1}{2}\left(X[k]+X\left[k+\frac{N}{2}\right]\right)R_N[k]$

7.14

(1) $\tilde{x}_2[n]$ (2) 没有 (3) $\tilde{x}_1[n]$和 $\tilde{x}_3[n]$

7.15

(1) $X[k]=[4,0,4,0]$ (2) $Y[18]=X[3]=0$

7.16 $n=9\sim24$ 时,两个序列的圆卷积与线卷积相等。但是,当 $n=0\sim8$ 时,二者不等。

7.17

(1) $y[n]=[1,3,6,10,14,12,9,5]$

(2) $y[n]=[6,3,6,10,14,12,9]$

(3) 同(1)

7.18

(1) $y_1[n]=\frac{N}{2}\sin\left(\frac{2\pi n}{N}\right)R_N[n]$ (2) $y_2[n]=\frac{N}{2}\cos\left(\frac{2\pi n}{N}\right)R_N[n]$

(3) $y_3[n]=-\frac{N}{2}\cos\left(\frac{2\pi n}{N}\right)R_N[n]$

7.19　$y[n]=[1,1,2,2,-3,1,-4], 0\leqslant n\leqslant 6$

7.20

(1) 复数乘法的次数为 2616 次；(2) 复数乘法的次数为 3328 次。

7.21　直接计算时间为 6442s=1.7895h，用 FFT 计算时间为 5.9638s。

7.22　由于 10=01010，倒序后不变。所以第 11 点对应于 $X[10]$，而第 21 点对应于 $X[5]$。

7.23　错

7.24　先用 FFT 程序由 $X^*(k)$ 计算出序列 $f[n]$，再计算 $\frac{1}{N}f^*[n]$ 就得到了原序列 $x[n]$。

7.25　提示：把 $X[k]$、$Y[k]$ 设计为某个复序列的实部和虚部。

第 8 章

8.1　(1) 是可以实现的系统，$H(s)=\frac{1}{s^2+\sqrt{3}s+1}$，(2)和(3) 都不可实现。

8.2　(1) 是 IIR 系统；(2) $H(e^{j\omega})=\frac{1-e^{-j\omega}}{1+0.33e^{-j\omega}}$。

8.3　(1) 成立；(2) 不成立。

8.7　(2) $H(z)=\left(\frac{1}{1-az^{-1}}\right)(1-a^8z^{-8}), |z|>0$

8.12　(1) $y[n]-z_0y[n-1]=x[n-1]-z_0x[n]$

8.17　(1) $H(s)=\frac{0.27\times 10^6}{(s^2+17.44s+519.6)(s^2+42.12s+519.6)}$

8.18

(1) $s_k=e^{j\pi(2k+4)/10}, k=1,2,\cdots,10$

(2) $H(s)=\frac{1}{1+3.2361s+5.2361s^2+5.2361s^3+3.2361s^4+s^5}$

8.19　$H(s)=\frac{1.0116075}{s^2+1.608s+1.2735362}$

8.20

$$H(s)=\frac{5.977\times 10^{27}}{s^6+1.646\times 10^5 s^5+1.355\times 10^{10}s^4+7.067\times 10^{14}s^3+a}$$

$a=2.458\times 10^{19}s^2+5.421\times 10^{23}s+5.977\times 10^{27}$

注：上式是取 $N=6, \Omega_c=42600$ 的结果。

8.21

(1) $H(z)=\frac{1}{1-e^{-0.8T}z^{-1}}, H(e^{j\omega})=\frac{1}{1-e^{-0.8T}e^{-j\omega}}$

(2) 是低通滤波器

8.22　$H(z)=T\frac{1-e^{-aT}\cos(bT)z^{-1}}{1-2e^{-aT}\cos(bT)z^{-1}+e^{-2aT}z^{-2}}$

8.23 $H(z)=\frac{AT^n}{(n-1)!}\left(-z\frac{\mathrm{d}}{\mathrm{d}z}\right)^{n-1}\left(\frac{1}{1-\mathrm{e}^{p_0T}z^{-1}}\right)$

$$=\begin{cases}\frac{AT}{1-\mathrm{e}^{p_0T}z^{-1}}, & n=1\\ \frac{AT^n\mathrm{e}^{p_0T}z^{-1}}{(1-\mathrm{e}^{p_0T}z^{-1})^n}, & n=2,3,\cdots\end{cases}$$

8.24 $H(z)=\frac{(1+z^{-1})^2}{3+z^{-2}}$

8.25

(1) $H(z)=\frac{2.0569z^{-1}}{1-4.8496z^{-1}+1.6487z^{-2}}$

(2) $H(z)=\frac{0.8333+1.6667z^{-1}+0.8333z^{-2}}{1-7.3333z^{-1}+2.3333z^{-2}}$

8.26 $H(z)=\frac{0.3111+0.0889z^{-1}-0.2222z^{-2}}{1-1.3778z^{-1}+0.4667z^{-2}}$

8.27

(1) $H(z)=\frac{0.6-0.5257z^{-1}}{2-3.4471z^{-1}+1.4816z^{-2}}$

(2) $H(z)=\frac{0.1385+0.0173z^{-1}-0.1212z^{-2}}{1-1.7229z^{-1}+0.7403z^{-2}}$

8.28 $H(z)=\frac{0.0940+0.3759z^{-1}+0.5639z^{-2}0.3759z^{-3}+0.0940z^{-4}}{1+0.4860z^{-2}+0.0177z^{-4}}$,取 $T=2$

8.29

(1) $H(z)=\frac{0.0054z^{-1}+0.0181z^{-2}+0.0040z^{-3}}{1-3.0592z^{-1}+3.8325z^{-2}-2.2930z^{-3}+0.5496z^{-4}}$

(2) $H(z)=\frac{0.0016+0.0065z^{-1}+0.0098z^{-2}+0.0065z^{-3}+0.0016z^{-4}}{1-3.0928z^{-1}+3.9012z^{-2}-2.3402z^{-3}+0.5610z^{-4}}$

8.30 取 $T=1$,则

$$H(s)=\frac{\Omega_c^6}{s^6+3.8637\Omega_c s^5+7.4641\Omega_c^2 s^4+9.1416\Omega_c^3 s^3+7.4641\Omega_c^4 s^2+3.8637\Omega_c^5 s+\Omega_c^6}$$

$$=\frac{0.2023}{s^6+2.9603s^5+4.3818s^4+4.1118s^3+2.5723s^2+1.0202s+0.2023}$$

$$H(z)=\frac{0.0007z^{-6}+0.0044z^{-5}+0.0111z^{-4}+0.0148z^{-3}+0.0111z^{-2}+0.0044z^{-1}+0.0007}{1.0000z^{-6}-3.1837z^{-5}+4.6226z^{-4}-3.7798z^{-3}+1.8138z^{-2}-0.4801z^{-1}+0.0545}$$

8.35 采用海明窗,其单位样值响应为

$$h[n]=\frac{\sin(0.3\pi(n-25))}{\pi(n-25)}[0.54-0.46\cos(2\pi n/50)],\quad 0\leqslant n\leqslant 50$$

索　引

（按拼音次序排列）

B

巴特沃斯滤波器　Butterworth filter　414-421
巴特沃斯圆　Butterworth circle　415
巴特沃斯多项式　Butterworth polynomial　418
包络线　envelope　119,128
比例(变换)特性　scaling property　143
比特　bit　219
边界条件　boundary condition　59,61
变换域　transform domain　303,307
并联型结构　parallel structure　411
波纹　ripple　422
不连续点　discontinuous point　27,28
补零　zero padding　358
部分分式展开　partial fraction expansion　248

C

采样　sampling　194,198
　～保持　sample and hold　204
　～间隔　～interval　198
　～内插公式　～interpolation formula　202
　～频率　～frequency　31,198
　～信号频谱　～signal spectrum　196
　～周期　～period　200
　时域～　time domain～　194
　频域～　frequency domain～　196
采样定理　sampling theorem　198
差分方程　difference equation　51-56,59
　线性常系数～　linear constant coefficient～　52
冲激　impulse　22
　～函数　～function　42
　～响应　～response　74,80
　～信号　～signal　22
　～偶　～doublet　25
重叠相加法　overlap-add method　370
重叠舍弃法　overlap-save method　369
初始条件　initial condition　57,59

初始状态　initial state　57
初值定理　initial value theorem　262,277
传递函数　transfer function　310-311
窗函数　window function　464-467
　FIR～设计法　design a window-based finite impulse response filter　460

D

低通滤波器　lowpass filter　329,330
带通滤波器　bandpass filter　329,330
带阻滤波器　bandstop filter(band reject filter)　329,330
带限信号　bandlimited signal　202
单边 Z 变换　single sided Z-transform　232
单边拉普拉斯变换　single sided Laplace transform　274
单位冲激响应(单位脉冲响应)　unit impulse response　74
单位阶跃序列　unit step sequence　31
单位样值序列　unit sample sequence　31
狄拉克函数(单位脉冲函数)　Dirac delta function　22
狄义赫利条件　Dirichlet conditions　123,133
迭代法　iterative method　59
叠加性　superposition property　43
蝶形流图　butterfly flow graph　380
对称性　symmetry　113
对偶性　duality　158
复用　multiplex　210
　频分～(FDM)　frequency division～　210
　时分～(TDM)　time division～　211
多项式　polynomials　234,249

E

二阶系统　second-order system　330
欧拉公式　Euler's loumula　20

F

反射系数　reflection coefficient　11
方程　equation
　差分～　difference～　52
　代数～　algebraic～　291
　微分～　differential～　51
方块图表示　block diagram representation　407
非递归　nonrecursive　404
非周期信号　non-periodic signal　18
非周期信号频谱　non-periodic signal spectrum　129
分贝　decibels　414

分解　decomposition　28,68,72-74
分量　component
交流～　alternating～　29
基波～　fundamental～　117
偶～　even～　29
奇～　odd～　29
实～　real～　30
虚～　imaginary～　30
谐波～　harmonic～　117
余弦～　cosine～　116
正弦～　sine～　117
直流～　direct～　29
符号函数　symbol function　21
幅度调制　amplitude modulation　179
幅度频谱　amplitude spectrum　119,132
FIR 数字滤波器　finite impulse response digital filter　403,454
～的窗函数设计法　design a window-based～　460
～的结构　structures of～　413
FIR 线性相位数字滤波器　FIR linear phase digital filter
Ⅰ型～　typeⅠ～　456,457
Ⅳ型～　typeⅣ～　457
幅度平方函数　amplitude squared function　405,406,414
复频率　complex frequency　275
复平面　complex plane　232
复数频谱　complex spectrum　120
复指数信号　complex exponential signal　20,32
复指数序列　complex exponential sequence　32-35
傅里叶变换　Fourier transform　129
离散～(DFT)　discrete～　353
快速～(FFT)　fast～　376
傅里叶分析　Fourier analysis　169
傅里叶级数　Fourier series　115,119
三角形式～　trigonometric～　115
指数形式～　exponential～　119

G

高斯信号　Gaussian signal　151
高通滤波器　high-pass filter　329-330
功率谱　power spectrum　368
功率信号　power signal　18,19
共轭　conjugate　30
过渡带　transition band　402,403

H

函数 function 15
采样～ sampling～ 20
传递～(系统函数) transfer～ 311
单位冲激～ unit impulse～ 22,31
单位阶跃～ unit step～ 21,31
频谱～ spectrum～ 131
频谱密度～ spectrum density～ 131
奇谐～ odd harmonic～ 124
全通～ all-pass～ 335,451
实～ real～ 140,141
虚～ imaginary～ 140-142
有理～ rational～ 234
最小相位～ minimum-phase～ 336
混叠 aliasing 199,202
～失真 ～distortion 433

I

IIR 数字滤波器 infinite impulse response digital filter 403,404
～频率变换 frequency transition of～ 444
～的结构 structures of～ 408

J

结构(数字滤波器) structures for digital filter 407
直接Ⅰ型～ direct form Ⅰ～ 408
直接Ⅱ型～ direct formⅡ～ 409
级联型～ cascade form～ 410
并联型～ parallel form～ 411
激励 excitation 42
～函数 ～function 54
～信号 ～signal 52
吉布斯现象 Gibbs phenomenon 400
即位运算 In-place computation 383
极点 pole 234,311-321
间断点(不连续点) discontinuous point 112,123
交流分量 alternating component 29
阶次 order 36,52
阶跃函数 step function 21,31
阶跃信号 step signal 21,31
解析信号 analytic signal 232
截止频率 cut-off frequency 397
矩形信号 rectangular signal 135

矩形序列 rectangular sequence 235
卷积 convolution
～和 ～sum 84
～积分 ～integral 79
～定理 ～theorem 156,157
均方误差 mean square error 405

K

抗混叠滤波器 antialiasing filter 202
考尔滤波器 Kauer filter 426
可逆系统 reversible system 95
可实现性 realizability
系统的物理～ physical～of system 97
柯西定理 Cauchy integral theorem 241
库利-图基算法 Cooley-Tukey algorithm 377
快速傅里叶变换(FFT) fast Fourier transform 376
时域抽取～(DIT) decimation-in-time～ 378
频域抽取～(DIF) decimation-in-frequency～ 384

L

零阶保持 zero-order hold 204
拉普拉斯变换 Laplace transform 273
单边～ single-sided～ 274
双边～ two-sided～ 274
～反变换 inverse～ 274
离散 Discrete
～傅里叶变换 ～Fourier transform 354
～傅里叶反变换 ～inverse Fourier transform 354
～傅里叶级数 ～Fourier series 351
～时间傅里叶变换(序列傅里叶变换) ～time Fourier transform 310
～时间系统 ～time systems 43
～时间信号 ～time signal 30
理想低通滤波器 ideal low-pass filter 397
连续频谱 continuous spectrum 351
连续时间信号 continuous-time signals 17
零点 zero 312
零输入响应 zero-input response 64
零状态响应 zero-state response 64
流图 flow diagram 380,381
留数 residue 234,243
留数定理 residue theorem 243
滤波器 filter 329

M

码位倒置 bit-reversed order 383
脉冲响应 impulse response 72
脉冲响应不变法 impulse invariance 427
幂级数 power series 241
模拟滤波器 analog filter 405,414
模拟信号 analog signal 18

N

内插公式 interpolation formula 203
内插函数 interpolation function 203
奈奎斯特频率 Nyquist frequency 198
能量信号 energy signal 18
逆变换 inverse transform 240
逆系统 inverse system 95

O

欧拉公式 Euler's formula 20
偶分量 even component 29
偶函数 even function 20

P

帕斯瓦尔定理 Parseval theorem 160
频带宽度 bandwidth 127
频分复用 frequency division multiplexing 210
频率 frequency
　～变换 ～transform 444
　角～ angular～ 20,125
　截止～ cut-off～ 397
　～调制 ～modulation 180
　～混叠 ～aliasing 429
　～响应 ～response 321
频谱 spectrum
　～函数 ～function 131
　～密度函数 ～density function 131
　幅度～ amplitude～ 132
　离散～ discrete～ 351
　连续～ continuous～ 351
　相位～ phase～ 132
　周期信号的～ periodic signal～ 164
频移特性 frequency shift characteristics 149
频域 frequency domain 114,115

～采样 ～sampling 196
～分析 ～analysis 112-114
～卷积定理 ～convolution theorem 157
平面映射 planar mapping 303

Q

齐次解 homogeneous solutions 52,53
齐次性 homogeneity 44,104
奇分量 odd component 29
奇谐函数 odd harmonic function 124
奇异函数 singularity function 21
起始条件 original condition 57,59
起始值 original value 277
起始状态 original state 57
强迫响应 forced response 68
切比雪夫滤波器 Chebyshev filters 421
切比雪夫多项式 Chebyshev polynomial 422
全通函数 all-pass function 338,451
全通滤波器 all-pass filter 329
确定性信号 determinate signal 17
群延时 group delay 218

S

s 平面 *s* plane 304
三角形式傅里叶级数 trigonometric Fourier series 116
衰减 attenuation 19,20
上升时间 rise time 400
升余弦信号 rised cosine signal 222
失真 distortion
幅度～ amplitude～ 218
相位～ phase～ 218
时分复用(TDM) time division multiplexing 211
时间常数 time constant 188
时移特性 time-shifting property 145
时域 time domain 44
时域采样 time domain sampling 194
时域卷积定理 time domain convolution theorem 156
实部 real part 20
实函数 real function 140
收敛 convergence 133
～域(ROC) region of～ 233
～轴 axis of～ 279
数字滤波器 digital filter 402

递归～ recursive～ 404
非递归～ nonrecursive～ 404
有限脉冲响应～(FIR) finite impulse response～ 403,413,454
无限脉冲响应～ infinite impulse response～ 403,408
数字-模拟变换 digital-to-analog transform 200～201
(discrete-to-continuous conversion)
数字通信 digital communication 215
双边 Z 变换 two-sided Z transform 232
双边带调幅 bilateral AM 192
双边拉普拉斯变换 two-sided Laplace transform 274
双线性变换法 bilinear transformation 433
随机信号 random signal 17

T

调制 modulation 179
幅度～(调幅) amplitude～(AM) 182
频率～(调频) frequence～(FM) 180
抑制载波调幅 suppressed carrier amplitude～ 192
特解 particular solution 54
特征方程 characteristic equation 53
特征根 characteristics root 53
特征函数 eigenfunction 323
特征值 eigenvalue 323
通带 pass band 402
通带截止频率 pass band cutoff frequency 397,414
通带宽度 width of pass band 400
通信 communication 177
同步解调 synchronous demodulation 185
椭圆滤波器 elliptic filter 426

W

完备正交函数集 complete set of orthogonal function 115
微分方程 differential equations 51,52
线性常系数～ linear constant coefficient～ 51,52
围线积分 contour integral 241,243
稳定系统 stable system 99,318
稳定性 stability 98
无失真传输 distortionless transmission 217
无限脉冲响应数字滤波器 infinite impulse response digital filter 403,427

X

系统 system 42
线性～ linear～ 104

非线性～ nonlinear～ 104
时不变～ time-invariant～ 101
时变～ time-varying～ 102,103
连续时间～ continuous-time～ 43,51
离散时间～ discrete-time～ 43,51
稳定～ stable～ 99,318
不稳定～ nonstable～ 99
临界稳定～ marginally stable～ 320
物理～ physical～ 43
～函数(传递函数) system function～ 310-312
相位 phase 119,120
相位调制 phase modulation 180
相位频谱 phase spectrum 132
响应 response 42
稳态～ steady-state～ 67,68
完全～ complete～ 52,55,56
零输入～ zero-input～ 63,64
零状态～ zero-state～ 63,64
单位样值～ unit sample～ 75
单位脉冲(冲激)～ unit impulse～ 74
阶跃～ step～ 74
泄漏 leakage 389
信号 signal 3,4,6,15
冲激～ impulse～ 22
单位阶跃～ unit step～ 74
单位脉冲～ unit impulse～ 74
非周期～ nonperiodic～ 18,351
功率～ power～ 18
连续时间～ continuous time～ 17
离散时间～ discrete time～ 17
模拟～ analog～ 18
能量～ energy～ 18
确定性～ determinate～ 17
升余弦～ rised cosine～ 222
随机～ random～ 17
数字～ digital～ 18
周期～ periodic～ 18
信号流图 signal flow graph 380
虚函数 virtual function 140-142
序列 sequence 17
单位样值～ unit sampe～ 75
单位阶跃～ unit step～ 31
复指数～ complex exponential～ 32

有限长～ finite length～ 235
序列傅里叶变换 (sequence Fourier transform) 308
(即离散时间傅里叶变换) discrete time Fourier transform

Y

样值 sample 30
已调信号 modulated signal 185
抑制载波双边带调幅 DSB-SC double sideband-suppressed carrier AM 192
因果系统 causal systems 97
有理分式 rational fraction 234
有理函数 rational function 249
有限长序列 finite duration sequence(finite-length sequence) 235
有限脉冲响应数字滤波器(FIR) finite impulse response digital filter 403,454
语音识别 speech recognition(voice recognition) 8
语音合成 speech synthesis(voice synthesis) 8
余弦信号 cosine signal 19
预畸变 pre-distortion(prewarping) 439
圆卷积 circular convolution 357
圆移位 circular shift of sequence 355

Z

z 平面 z plane 232
载波 carrier 179
正交 orthogonal
～函数集 set of～ function 115
完备～函数集 complete set of～function 115
正弦分量 sine component 117
正弦信号 sine signal 19
正弦序列 sine sequence 33
直流分量 DC component 29,117
指数信号 exponential signal 19
指数形式傅里叶级数 exponential Fourier series 119
指数序列 exponential sequence 32
终值定理 final theorem 263,278
周期 period 18
周期信号 periodic signal 18
周期信号的傅里叶变换 Fourier transform of periodic signal 162
周期信号频谱 periodic signal spectrum 128
周期序列 periodic sequence 30,34
主值区间 principal value region 354
主值序列 principal value sequence 354
状态 state
初始～ initial～ 57

起始～ original～ 57

自然顺序 natural order 383

自由响应 free response 68

阻带 stop band 397,402

阻带起始频率 original frequency of stop band 403

终端效应 terminal effect 362

最小相位滤波器 minimum phase filter 335

最平幅度响应 maximally flat amplitude response 414

参考书目

[1] 常迥. 无线电信号与线路原理(上册、中册). 北京：高等教育出版社，1965.

[2] 郑君里，应启珩，杨为理. 信号与系统(上册、下册). 北京：高等教育出版社，1981，2000.

[3] Alan V. Oppenheim, Ronald W. Schafer. Signals and Systems. Prentice-Hall, 1975.

[4] Alan V. Oppenheim, Alan S. Willsky and S. Hamid. Nawab. Signals and Systems. Second edition. Prentice-Hall, 1997.
中译本：刘树棠译. 信号与系统. 西安：西安交通大学出版社，1998.

[5] Alan V. Oppenheim, R. W. Schafer. Digital Signals Processing. Prentice-Hall, 1975.

[6] Alan V. Oppenheim, Ronald W. Schafer and John R. Buck. Discrete-time Signal Processing. Second edition. Prentice-Hall, 1999.
中译本：刘树棠，黄建国译. 信号与系统(第二版). 西安：西安交通大学出版社，2001.

[7] Simon Haykin, Barry Van Veen. Signals and Systems. Second edition. John Wiley & Sons Inc., 2003.

[8] M. J. Roberts. Signals and Systems: Analysis Using Transform Methods and MATLAB. McGraw-Hill Book Co., 2003.

[9] Vinay K. Ingle, John G. Proakis. Digital Signal Processing Using MATLAB. Second edition. Thomson Learning, 2006.

[10] Richard G. Lyons. Understanding Digital Signal Processing. Prentice-Hall PTR, 1996.

[11] Jackson L. B.. Digital Filters and Signal Processing with MATLAB Exercised. 3rd edition. Kluwer academic publishes, 1996.

[12] Phillips C., Parr J.. Signals and Systems and Transform. Prentice-Hall, 1999.

[13] John D. Sherrick. Concepts in Signals and Systems. Pearson Prentice-Hall, 2005.

[14] Rodger E. Ziemer, William H. Tranter, D. Ronald Fannin. Signals and Systems: Continuous and Discrete. Prentice-Hall, 1998.

[15] B. P. Lathi. Signals Systems and Controls. John Wiley & Sons, 1974.

[16] Harr Y-F. Lam. Analog and Digital Filter: Design and Realization. Prentice-Hall, 1979.

[17] J. L. Flanagan. Computers That Talk and Listen: Man-machine Communication by Voice. Proc. IEEE, 1976, 64(4): 405-415.

[18] Cooley J. W., Tukey J. W.. An Algorithm for the Machine Computation of Complex Fourier Series. Mathematics of Computation, 1965, 19: 297-301.

[19] A. H. Zemanian. Distribution Theory and Transform Analysis. McGraw-Hill book company, 1965.

[20] R. F. Hoskins. Generalised Function. Halsted press, 1979.

[21] R. V. Churchill. Fourier Series and Boundary Value Problems. Third edition. McGraw-Hill book company, 1978.

[22] L. R. Rabiner, B. Gold. Theory and Application of Digital Signal Processing. Prentice-Hall, 1975.

[23] Robinson, E. A., Treitel, S.. Geophysical Signal Processing. Prentice-Hall, 1980.

[24] Bracewell, R. N.. The Fourier Transform and Its Applications. Second edition. McGraw-Hill, 1986.

[25] B. P. Lathi. Modern Digital and Analog Communication Systems. Rinehart and Winston, 1983.

[26] John R. Buck, Michael M. Daniel, Andrew C. Singer. Computer Explorations in Signals and

Systems using MATLAB. Second edition. Prentice-Hall,2002.
[27] Simon Haykin, Michael Moher. Introduction Analog and Digital Communications. Second edition. John Wiley & Sons Inc.,2007.
中译本：夏玮玮，宋铁成等译. 模拟与数字通信导论. 北京：电子工业出版社，2007.
[28] 王文渊，阎平凡，卓晴，卢春宇，李兆玉，董登武. 用于指纹锁的图像处理系统和指纹图像摄取仪. 发明专利 ZL95106706.0. 北京：国家知识产权局，2001.
[29] 王文渊，阎平凡，卓晴，卢春宇，李兆玉，董登武. 指纹卡. 发明专利 ZL96120412.5. 北京：国家知识产权局，2001.
[30] 清华大学无线电系快速傅里叶变换编译组（王文渊，朱雪龙等）. 快速傅里叶变换：硬件实现、误差分析及通信应用译文选. 北京：人民邮电出版社，1980.
[31] 杨行骏，迟惠生等. 语音信号数字处理. 北京：电子工业出版社，1995.
[32] 吴麒，王诗宓主编. 自动控制原理. 第2版. 北京：清华大学出版社，2006.
[33] 郑大钟. 线性系统理论. 北京：清华大学出版社，1990.
[34] Katsuhiko Ogata. Discrete-Time Control System. Second edition, Prentice-Hall, 1995.
中译本：陈杰等译. 离散时间控制系统. 北京：机械工业出版社，2006.
[35] Leon W. Couch. Digital and Analog Communication Systems. Sixth edition. Prentice-Hall, 2001.
中译本：罗新民等. 数字与模拟通信系统. 第6版. 北京：电子工业出版社，2002.
[36] 胡寿松主编. 自动控制原理. 第4版. 北京：科学出版社，2001.
[37] 曹志刚，钱亚生. 现代通信原理. 北京：清华大学出版社，1992.
[38] 樊昌信. 通信原理教程. 北京：电子工业出版社，2002.
[39] 肖大光. 通信原理考试要点与真题精解. 长沙：国防科技大学出版社，2007.
[40] 郭爱煌，陈睿，钱业青. 通信原理学习指导与习题解答. 北京：电子工业出版社，2007.
[41] Hwei P. Hsu: Schaum's Outlines Signals and Systems. McGraw-Hill, 1995.
中译本：骆丽，胡建，李哲英译. 信号与系统. 北京：科学出版社，2002.
[42] 郑君里. 信号与系统评注. 北京：高等教育出版社，2005.
[43] 吴湘淇. 信号系统与信号处理（上册、下册）. 北京：电子工业出版社，1996.
[44] 吴大正主编. 信号与线性系统. 第4版. 北京：高等教育出版社，2005.
[45] 管致中，夏恭恪. 信号与线性系统. 第3版. 北京：人民教育出版社，1992.
[46] 芮坤生. 信号分析与处理. 第二版. 北京：高等教育出版社，2003.
[47] 乐正友，杨为理，应启珩. 信号与系统例题分析及习题. 北京：清华大学出版社，1985.
[48] 阎鸿森，Alan V. Oppenheim, Alan S. Willsky. 信号与系统习题解答. 西安：西安交通大学出版社，1988.
[49] 刘泉，宋琪，郑君里等."信号与系统"第二版，题解. 武汉：华中科技大学出版社，2003.
[50] 容太平. 信号与系统学习指导与题解. 武汉：华中科技大学出版社，2003.
[51] 丁天昌，于莉. 信号与系统常见题型解析及模拟题. 北京：国防工业出版社，2005.
[52] 徐守时. 信号与系统——理论、方法和应用. 合肥：中国科学技术大学出版社，2003.
[53] 程佩青. 数字信号处理教程. 北京：清华大学出版社，1995.
[54] 姚天任，江太辉. 数字信号处理. 武汉：华中科技大学出版社，2000.
[55] 何振亚. 数字信号处理的理论和应用. 北京：人民邮电出版社，1983.
[56] 顾福年，胡光锐. 数字信号处理习题解答. 北京：科学出版社，1988.
[57] 陈永彬. 数字信号处理. 南京：南京工学院出版社，1987.
[58] 薛年喜. MATLAB在数字信号处理中的应用. 北京：清华大学出版社，2003.
[59] 赵红怡，张常年. 数字信号处理及其MATLAB实现. 北京：化学工业出版社，2002.
[60] 罗军辉等. MATLAB 7.0在数字信号处理中的应用. 北京：机械工业出版社，2005.

《全国高等学校自动化专业系列教材》丛书书目

教材类型	编　　号	教材名称	主编/主审	主编单位	备注
本科生教材					
控制理论与工程	Auto-2-(1+2)-V01	自动控制原理(研究型)	吴麒、王诗宓	清华大学	
	Auto-2-1-V01	自动控制原理(研究型)	王建辉、顾树生/杨自厚	东北大学	
	Auto-2-1-V02	自动控制原理(应用型)	张爱民/黄永宣	西安交通大学	
	Auto-2-2-V01	现代控制理论(研究型)	张嗣瀛、高立群	东北大学	
	Auto-2-2-V02	现代控制理论(应用型)	谢克明、李国勇/郑大钟	太原理工大学	
	Auto-2-3-V01	控制理论 CAI 教程	吴晓蓓、徐志良/施颂椒	南京理工大学	
	Auto-2-4-V01	控制系统计算机辅助设计	薛定宇/张晓华	东北大学	
	Auto-2-5-V01	工程控制基础	田作华、陈学中/施颂椒	上海交通大学	
	Auto-2-6-V01	控制系统设计	王广雄、何朕/陈新海	哈尔滨工业大学	
	Auto-2-8-V01	控制系统分析与设计	廖晓钟、刘向东/胡佑德	北京理工大学	
	Auto-2-9-V01	控制论导引	万百五、韩崇昭、蔡远利	西安交通大学	
	Auto-2-10-V01	控制数学问题的 MATLAB 求解	薛定宇、陈阳泉/张庆灵	东北大学	
控制系统与技术	Auto-3-1-V01	计算机控制系统(面向过程控制)	王锦标/徐用懋	清华大学	
	Auto-3-1-V02	计算机控制系统(面向自动控制)	高金源、夏洁/张宇河	北京航空航天大学	
	Auto-3-2-V01	电力电子技术基础	洪乃刚/陈坚	安徽工业大学	
	Auto-3-3-V01	电机与运动控制系统	杨耕、罗应立/陈伯时	清华大学、华北电力大学	
	Auto-3-4-V01	电机与拖动	刘锦波、张承慧/陈伯时	山东大学	
	Auto-3-5-V01	运动控制系统	阮毅、陈维钧/陈伯时	上海大学	
	Auto-3-6-V01	运动体控制系统	史震、姚绪梁/谈振藩	哈尔滨工程大学	
	Auto-3-7-V01	过程控制系统(研究型)	金以慧、王京春、黄德先	清华大学	
	Auto-3-7-V02	过程控制系统(应用型)	郑辑光、韩九强/韩崇昭	西安交通大学	
	Auto-3-8-V01	系统建模与仿真	吴重光、夏涛/吕崇德	北京化工大学	
	Auto-3-8-V01	系统建模与仿真	张晓华/薛定宇	哈尔滨工业大学	
	Auto-3-9-V01	传感器与检测技术	王俊杰/王家祯	清华大学	
	Auto-3-9-V02	传感器与检测技术	周杏鹏、孙永荣/韩九强	东南大学	
	Auto-3-10-V01	嵌入式控制系统	孙鹤旭、林涛/袁著祉	河北工业大学	
	Auto-3-13-V01	现代测控技术与系统	韩九强、张新曼/田作华	西安交通大学	
	Auto-3-14-V01	建筑智能化系统	章云、许锦标/胥布工	广东工业大学	
	Auto-3-15-V01	智能交通系统概论	张毅、姚丹亚/史其信	清华大学	
	Auto-3-16-V01	智能现代物流技术	柴跃廷、申金升/吴耀华	清华大学	

续表

教材类型	编　　号	教 材 名 称	主编/主审	主 编 单 位	备注
本科生教材					
信号处理与分析	Auto-5-1-V01	信号与系统	王文渊/阎平凡	清华大学	
	Auto-5-2-V01	信号分析与处理	徐科军/胡广书	合肥工业大学	
	Auto-5-3-V01	数字信号处理	郑南宁、程洪	西安交通大学	
计算机与网络	Auto-6-1-V01	单片机原理与接口技术	杨天怡、黄勤	重庆大学	
	Auto-6-2-V01	计算机网络	张曾科、阳宪惠/吴秋峰	清华大学	
	Auto-6-4-V01	嵌入式系统设计	慕春棣/汤志忠	清华大学	
	Auto-6-5-V01	数字多媒体基础与应用	戴琼海、丁贵广/林闯	清华大学	
软件基础与工程	Auto-7-1-V01	软件工程基础	金尊和/肖创柏	杭州电子科技大学	
	Auto-7-2-V01	应用软件系统分析与设计	周纯杰、何顶新/卢炎生	华中科技大学	
实验课程	Auto-8-1-V01	自动控制原理实验教程	程鹏、孙丹/王诗宓	北京航空航天大学	
	Auto-8-3-V01	运动控制实验教程	綦慧、杨玉珍/杨耕	北京工业大学	
	Auto-8-4-V01	过程控制实验教程	李国勇、何小刚/谢克明	太原理工大学	
	Auto-8-5-V01	检测技术实验教程	周杏鹏、仇国富/韩九强	东南大学	
研究生教材					
	Auto(*)-1-1-V01	系统与控制中的近代数学基础	程代展/冯德兴	中科院系统所	
	Auto(*)-2-1-V01	最优控制	钟宜生/秦化淑	清华大学	
	Auto(*)-2-2-V01	智能控制基础	韦巍、何衍/王耀南	浙江大学	
	Auto(*)-2-3-V01	线性系统理论	郑大钟	清华大学	
	Auto(*)-2-4-V01	非线性系统理论	方勇纯/袁著祉	南开大学	
	Auto(*)-2-6-V01	模式识别	张长水/边肇祺	清华大学	
	Auto(*)-2-7-V01	系统辨识理论及应用	萧德云/方崇智	清华大学	
	Auto(*)-2-8-V01	自适应控制理论及应用	柴天佑、岳恒/吴宏鑫	东北大学	
	Auto(*)-3-1-V01	多源信息融合理论与应用	潘泉、程咏梅/韩崇昭	西北工业大学	
	Auto(*)-4-1-V01	供应链协调及动态分析	李平、杨春节/桂卫华	浙江大学	

教师反馈表

感谢您购买本书！清华大学出版社计算机与信息分社专心致力于为广大院校电子信息类及相关专业师生提供优质的教学用书及辅助教学资源。

我们十分重视对广大教师的服务，如果您确认将本书作为指定教材，请您务必填好以下表格并经系主任签字盖章后寄回我们的联系地址，我们将免费向您提供有关本书的其他教学资源。

<table>
<tr><td>您需要教辅的教材：</td><td colspan="3"></td></tr>
<tr><td>您的姓名：</td><td colspan="3"></td></tr>
<tr><td>院系：</td><td colspan="3"></td></tr>
<tr><td>院/校：</td><td colspan="3"></td></tr>
<tr><td>您所教的课程名称：</td><td colspan="3"></td></tr>
<tr><td>学生人数/所在年级：</td><td colspan="3">__________人/ 1 2 3 4 硕士 博士</td></tr>
<tr><td>学时/学期</td><td colspan="3">__________学时/__________学期</td></tr>
<tr><td>您目前采用的教材：</td><td colspan="3">作者：______________________
书名：______________________
出版社：____________________</td></tr>
<tr><td>您准备何时用此书授课：</td><td colspan="3"></td></tr>
<tr><td>通信地址：</td><td colspan="3"></td></tr>
<tr><td>邮政编码：</td><td></td><td>联系电话</td><td></td></tr>
<tr><td>E-mail：</td><td colspan="3"></td></tr>
<tr><td colspan="2">您对本书的意见/建议：</td><td colspan="2">系主任签字

盖章</td></tr>
</table>

我们的联系地址：

清华大学出版社　学研大厦 A602，A604 室

邮编：100084

Tel：010-62770175-4409，3208

Fax：010-62770278

E-mail：liuli@tup. tsinghua. edu. cn；hanbh@tup. tsinghua. edu. cn